注册结构工程师考试用书

一级注册结构工程师基础考试
复 习 教 程

（第二版）

（上 册）

兰定筠 主编

中国建筑工业出版社

图书在版编目（CIP）数据

一级注册结构工程师基础考试复习教程：上、下册 /
兰定筠主编. — 2 版. — 北京：中国建筑工业出版社，
2024.1
注册结构工程师考试用书
ISBN 978-7-112-29560-9

Ⅰ. ①—… Ⅱ. ①兰… Ⅲ. ①建筑结构－资格考试－
自学参考资料 Ⅳ. ①TU3

中国国家版本馆 CIP 数据核字（2023）第 253115 号

本书根据最新公布的考试大纲、近几年考试真题、新的通用规范和新标准，以及新的国家法律法规等进行编写。本书对考试大纲的要求内容进行了全面、系统的阐述，力求简明扼要，并突出重点和难点；结合考试真题的难度与广度，以及命题规律，本书侧重于阐述考试大纲要求的基本概念、基本知识、基本原理及其公式的正确理解与应用，总结其规律，以考试真题作为书的例题，具有很强的考试针对性，以提高考生的应试能力。本书的每一章节后均附有习题，习题基本均为历年考试真题，并且所有习题均有参考答案和解答过程，方便考生自学，是考生备考复习必备的教程。同时，提供增值服务。

责任编辑：刘瑞霞　辛海丽
责任校对：芦欣甜

注册结构工程师考试用书
一级注册结构工程师基础考试复习教程（第二版）
兰定筠　主编

*

中国建筑工业出版社出版、发行（北京海淀三里河路 9 号）
各地新华书店、建筑书店经销
北京红光制版公司制版
北京君升印刷有限公司印刷

*

开本：787 毫米×1092 毫米　1/16　印张：82¾　字数：2295 千字
2024 年 1 月第二版　　2024 年 1 月第一次印刷
定价：**248.00** 元（上、下册）（含数字资源）
ISBN 978-7-112-29560-9
（42231）

第二版前言

2024 年《复习教程》主要修订内容如下：

（1）各章的高频考点用★★★表示、低频考点用★表示，方便读者有的放矢、提高复习效率；

（2）部分低频（★）考点的复习内容放在网上；

（3）上册第 6 章、第 7 章中部分复习内容属于难点，读者应根据自身情况进行取舍；

（4）各章的习题答案放在网上。

读者可用微信扫描本《复习教程》封面的二维码兑换阅读网上数字资源，如对本《复习教程》有疑问可联系作者 Landj2020@163.com。

数字资源兑换方式如下：

扫描封面数字资源二维码（首次使用请先点击"关注公共号"），选择本书。首次观看用户请先点击右下方"全套购买"进入登录注册页面。登录及注册完成后进入图书详情页面再点击右下方"立即兑换"。

刮开封面贴码涂层，分别输入 ID 和 SN 对应的数字，点击兑换后即可免费观看书中所有数字资源。

第一版前言

本书根据最新公布的考试大纲、近几年考试真题、新的通用规范（如《工程结构通用规范》GB 55001—2021、《建筑与市政工程抗震通用规范》GB 55002—2021、《混凝土结构通用规范》GB 55008—2021 等）和新标准（如《工程测量标准》GB 50026—2020、《建设用砂》GB/T 14684—2022、《建设用卵石、碎石》GB/T 14685—2022 等）以及新的国家法律法规等进行编写。本书对考试大纲的要求内容进行了全面、系统的阐述，力求简明扼要，并突出重点和难点，结合考试真题的难度与广度进行编写。本书上册包括数学、物理学、化学、理论力学、材料力学、流体力学、电气与信息、计算机应用基础、工程经济和法律法规十章；本书下册包括土木工程材料、工程测量、职业法规、土木工程施工与管理、结构力学、结构设计、结构试验和土力学与地基基础八章。

本书编写特色如下：

1. 结合历年考试真题的广度、难度进行编写，主要侧重于阐述各科考试科目的基本概念、基本原理和基本规定，以及它们的具体应用。

2. 针对历年考试真题的考点，将其相关知识从简单到复杂进行阐述，使考生掌握考点必备的知识内容，正确解答题目。

3. 结合新的通用规范、新标准和新科学知识进行编写，如钢筋的最大力总延伸率、荷载基本组合和地震作用组合的各分项系数的新取值等。

4. 对经常出现的考点和经典案例，进行了归纳总结；结合对考试真题的解答，提供了答题技巧、应试方法。

5. 全书的例题均是历年真题，习题中 95% 是历年真题，使本书内容贴合考试实际。习题均有参考答案和详细解答过程，方便考生自学。

6. 利用中国建筑工业出版社的数字资源平台，将法律法规内容纳入数字资源，减少书的页码，便于考试携带复习。

7. 提供书的增值服务，作者及其团队及时做好本书的答疑服务。

兰定筠、叶天义、黄音、黄小莉、郑应亨、罗刚、刘福聪、谢应坤、杨利容、杨莉琼、赵诣深、饶伟立、王源盛、杨松、蓝润生、蓝亮、蓝宁、梁怀庆、王龙、王远等参加了本书的编写工作。

本书编写中参阅了大量的参考文献、教材、标准规范和历年考试真题等，在此一并致谢。

由于本书编者水平有限，难免存在不妥或错误之处，恳请广大读者及专家批评指正。书中的问题请发邮箱：Landj2020@163.com，作者不胜感谢。

兰老师及其团队开通知识星球，提供知识点答疑、备考经验、现场应试能力、历年真题及解答等服务，联系方式：微信小程序搜索"知识星球"，再搜索"兰老师结构基础"进入。微博：搜索"兰定筠"进入。

目　录

（上　册）

第一章 数 学

第一节 空 间 解 析 几 何

一、向量代数

（一）基本概念

1. 向量的概念

既有大小，又有方向的量，例如位移、速度、力等，这一类量称为向量[1]。在数学上，常用一条有方向的线段，即有向线段来表示向量。有向线段的长度表示向量的大小，有向线段的方向表示向量的方向。以 A 为起点、B 为终点的有向线段所表示的向量记作 $\overrightarrow{AB}$；有时也用一个黑体字母或在字母上面加箭头来表示向量，例如 $\boldsymbol{r}$、$\boldsymbol{v}$、$\boldsymbol{F}$ 或 $\vec{r}$、$\vec{v}$、$\vec{F}$ 等。

如果两个向量 $\boldsymbol{a}$ 和 $\boldsymbol{b}$ 的大小相等，且方向相同，则向量 $\boldsymbol{a}$ 和 $\boldsymbol{b}$ 是相等的，记作 $\boldsymbol{a}=\boldsymbol{b}$。

向量的大小称为向量的模。向量 $\overrightarrow{AB}$、$\boldsymbol{a}$ 和 $\vec{a}$ 的模依次记作 $|\overrightarrow{AB}|$、$|\boldsymbol{a}|$ 和 $|\vec{a}|$。

模等于 1 的向量称为单位向量。模等于零的向量称为零向量，记作 $\boldsymbol{0}$ 或 $\vec{0}$，零向量的方向可以看作是任意的。两个非零向量 $\boldsymbol{a}$ 与 $\boldsymbol{b}$ 的夹角 φ 规定为：$0 \leqslant \varphi \leqslant \pi$。

2. 空间直角坐标系

在空间取定一点 O 和三个两两垂直的单位向量 $\boldsymbol{i}$、$\boldsymbol{j}$、$\boldsymbol{k}$，就确定了三条都以 O 为原点的两两垂直的数轴，依次记为 x 轴（横轴）、y 轴（纵轴）、z 轴（竖轴），统称坐标轴。它们构成一个空间直角坐标系，称为 $Oxyz$ 坐标系或 $[O;\ \boldsymbol{i},\ \boldsymbol{j},\ \boldsymbol{k}]$ 坐标系（图 1-1-1）。它们的正向通常符合右手规则，即以右手握住 z 轴，当右手的四个手指从正向 x 轴以 $\frac{\pi}{2}$ 角度转向正向 y 轴时，大拇指的指向就是 z 轴的正向。

任给向量 $\boldsymbol{r}$，有对应点 M，使 $\overrightarrow{OM}=\boldsymbol{r}$，则 $\boldsymbol{r}$ 的坐标分解式为：

$$\boldsymbol{r} = \overrightarrow{OM} = x\boldsymbol{i} + y\boldsymbol{j} + z\boldsymbol{k}$$

有序数 x、y、z 称为向量 $\boldsymbol{r}$ 的坐标，也称为点 M 的坐标。因此，点 M、向量 $\boldsymbol{r}$ 与 $(x,\ y,\ z)$ 之间有一一对应的关系。

（二）向量的线性运算

1. 向量的加减法

如图 1-1-2（a）所示，设有两个向量 $\boldsymbol{a}$ 与 $\boldsymbol{b}$，任取一点 A，作 $\overrightarrow{AB}=\boldsymbol{a}$，再以 B 为起点，作 $\overrightarrow{BC}=\boldsymbol{b}$，连接 AC，则向量 $\overrightarrow{AC}=\boldsymbol{c}$ 称为向量 $\boldsymbol{a}$ 与 $\boldsymbol{b}$ 的和，记作 $\boldsymbol{a}+\boldsymbol{b}$，即：$\boldsymbol{c}=\boldsymbol{a}+\boldsymbol{b}$。

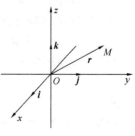

图 1-1-1

---

[1] 在数学上只研究与起点无关的向量称为自由向量，本节针对自由向量，并简称为向量。

该方法称为向量相加的三角形法则。

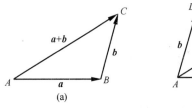

图 1-1-2

如图 1-1-2 （b）所示，当向量 **a** 与 **b** 不平行时，作 $\overrightarrow{AB}=\boldsymbol{a}$，$\overrightarrow{AD}=\boldsymbol{b}$，以 AB、AD 为边作一平行四边形 ABCD，连接对角线 AC，向量 $\overrightarrow{AC}$ 即等于向量 **a** 与 **b** 的和 **a**＋**b**。该方法称为向量相加的平行四边形法则。

向量的加法符合下列运算规律：

（1）交换律　**a**＋**b**＝**b**＋**a**；

（2）结合律　（**a**＋**b**）＋**c**＝**a**＋（**b**＋**c**）。

设 **a** 为一向量，与 **a** 的模相同而方向相反的向量称为 **a** 的负向量，记作－**a**。由此，规定两个向量 **b** 与 **a** 的差，即：**b**－**a**＝**b**＋（－**a**）。

特别地，当 **b**＝**a** 时，有：**a**－**a**＝**a**＋（－**a**）＝**0**。

向量的坐标表达式，设 $\boldsymbol{a}=(a_x,a_y,a_z)$，$\boldsymbol{b}=(b_x,b_y,b_z)$，即 $\boldsymbol{a}=a_x\boldsymbol{i}+a_y\boldsymbol{j}+a_z\boldsymbol{k}$，$\boldsymbol{b}=b_x\boldsymbol{i}+b_y\boldsymbol{j}+b_z\boldsymbol{k}$，则有：

$$\boldsymbol{a}+\boldsymbol{b}=(a_x+b_x)\boldsymbol{i}+(a_y+b_y)\boldsymbol{j}+(a_z+b_z)\boldsymbol{k}$$

$$\boldsymbol{a}-\boldsymbol{b}=(a_x-b_x)\boldsymbol{i}+(a_y-b_y)\boldsymbol{j}+(a_z-b_z)\boldsymbol{k}$$

即：

$$\boldsymbol{a}+\boldsymbol{b}=(a_x+b_x,\ a_y+b_y,\ a_z+b_z)$$

$$\boldsymbol{a}-\boldsymbol{b}=(a_x-b_x,\ a_y-b_y,\ a_z-b_z)$$

2. 向量与数的乘积

向量 **a** 与实数 λ 的乘积记作 λ**a**，规定 λ**a** 是一个向量，它的模 $|\lambda\boldsymbol{a}|=|\lambda||\boldsymbol{a}|$，它的方向当 λ＞0 时与 **a** 相同，当 λ＜0 时与 **a** 相反。

特别地，当 λ＝±1 时，有：1**a**＝**a**，（－1）**a**＝－**a**。

向量与数的乘积符合下列运算规律：

（1）结合律　$\lambda(\mu\boldsymbol{a})=\mu(\lambda\boldsymbol{a})=(\lambda\mu)\boldsymbol{a}$　（λ、u 为实数）；

（2）分配律　$(\lambda+\mu)\boldsymbol{a}=\lambda\boldsymbol{a}+\mu\boldsymbol{a}$，

$\lambda(\boldsymbol{a}+\boldsymbol{b})=\lambda\boldsymbol{a}+\lambda\boldsymbol{b}$。

同样，向量的坐标表达式：

$$\lambda\boldsymbol{a}=(\lambda a_x)\boldsymbol{i}+(\lambda a_y)\boldsymbol{j}+(\lambda a_z)\boldsymbol{k}$$

即：

$$\lambda\boldsymbol{a}=(\lambda a_x,\lambda a_y,\lambda a_z)$$

设向量 **a**≠**0**，则向量 **b** 平行于 **a**（即向量 **b**∥**a**）的充分必要条件是：存在唯一的实数 λ，使 **b**＝λ**a**。

上述结论用坐标表示式为：$(b_x,b_y,b_z)=\lambda(a_x,a_y,a_z)$

这相当于向量 **b** 与 **a** 对应的坐标成比例：$\dfrac{b_x}{a_x}=\dfrac{b_y}{a_y}=\dfrac{b_z}{a_z}$

（三）向量的模、方向角及投影

设向量 $\boldsymbol{r}=(x,\ y,\ z)$，作 $\overrightarrow{OM}=\boldsymbol{r}$，如图 1-1-1 所示，则：$|\boldsymbol{r}|=\sqrt{x^2+y^2+z^2}$。

设有点 $A(x_1,y_1,z_1)$ 和点 $B(x_2,y_2,z_2)$，则点 A 与点 B 间的距离 $|AB|$ 就是向量 $\overrightarrow{AB}$ 的模。由

$$\overrightarrow{AB} = \overrightarrow{OB} - \overrightarrow{OA} = (x_2,y_2,z_2) - (x_1,y_1,z_1) = (x_2-x_1,y_2-y_1,z_2-z_1)$$

可得 A、B 两点间的距离：

$$|AB| = |\overrightarrow{AB}| = \sqrt{(x_2-x_1)^2 + (y_2-y_1)^2 + (z_2-z_1)^2}$$

非零向量 r 与三条坐标轴的夹角 α、β、γ 称为向量 γ 的方向角，则：

$$\cos\alpha = \frac{x}{|r|} = \frac{x}{\sqrt{x^2+y^2+z^2}}$$

$$\cos\beta = \frac{y}{|r|}, \quad \cos\gamma = \frac{z}{|r|}$$

从而

$$(\cos\alpha、\cos\beta、\cos\gamma) = \left(\frac{x}{|r|}, \frac{y}{|r|}, \frac{z}{|r|}\right) = \frac{1}{|r|}(x,y,z) = \frac{r}{|r|} = e_r$$

$\cos\alpha$、$\cos\beta$、$\cos\gamma$ 称为向量 r 的方向余弦。上式表明，以向量 r 的方向余弦为坐标的向量就是与 r 同方向的单位向量 e_r，并由此可得：

$$\cos^2\alpha + \cos^2\beta + \cos^2\gamma = 1$$

向量 a 在直角坐标系 $Oxyz$ 中的坐标 a_x、a_y、a_z 就是 a 在三条坐标轴上的投影，即：

$$a_x = \mathrm{Prj}_x a, \quad a_y = \mathrm{Prj}_y a, \quad a_z = \mathrm{Prj}_z a$$

或记作：$a_x = (a)_x, a_y = (a)_y, a_z = (a)_z$

由此可知，向量的投影具有与坐标相同的性质：

(1) $\mathrm{Prj}_u a = |a|\cos\varphi$，即 $(a)_u = |a|\cos\varphi$，其中 φ 为向量 a 与 u 轴的夹角；

(2) $\mathrm{Prj}_u(a+b) = \mathrm{Prj}_u a + \mathrm{Prj}_u b$，即 $(a+b)_u = (a)_u + (b)_u$；

(3) $\mathrm{Prj}_u(\lambda a) = \lambda \mathrm{Prj}_u a$，即 $(\lambda a)_u = \lambda(a)_u$。

（四）数量积、向量积与混合积

★★★1. 数量积

向量 a 与 b 的数量积，记作 $a \cdot b$，即：$a \cdot b = |a||b|\cos\theta$

其计算结果是一个数。按其定义可以推得：

(1) $a \cdot a = |a|^2$

(2) 对于两个非零向量 a、b，如果 $a \cdot b = 0$，则 $a \perp b$；反之，如果 $a \perp b$，则 $a \cdot b = 0$。也即：$a \perp b$ 的充分必要条件是 $a \cdot b = 0$。

数量积用坐标表示式，设 $a = a_x i + a_y j + a_z k, b = b_x i + b_y j + b_z k$，则：

$$a \cdot b = a_x b_x + a_y b_y + a_z b_z$$

当 a、b 都不是零向量时，其夹角余弦的坐标表示式：

$$\cos\theta = \frac{a \cdot b}{|a||b|} = \frac{a_x b_x + a_y b_y + a_z b_z}{\sqrt{a_x^2 + a_y^2 + a_z^2}\sqrt{b_x^2 + b_y^2 + b_z^2}}$$

由此可知，当 $a \neq 0$，$b \neq 0$，$a \perp b \Leftrightarrow a \cdot b = 0 \Leftrightarrow a_x b_x + a_y b_y + a_z b_z = 0$

上式符号 $\Leftrightarrow$ 表示充分必要条件。

数量积符合下列运算规律：

(1) 交换律　$a \cdot b = b \cdot a$；

(2) 分配律　$(a+b) \cdot c = a \cdot c + b \cdot c$；

(3) 结合律　$(\lambda a) \cdot b = \lambda (a \cdot b)$。

★★★2. 向量积

向量 a 与向量 b 的向量积，记作 $a \times b$，其计算结果为一向量 c，即：$c = a \times b$

c 的模 $|c| = |a| |b| \sin\theta$，其中 θ 为 a、b 间的夹角；c 的方向垂直于 a 与 b 所决定的平面（即 c 既垂直于 a，又垂直于 b），c 的指向按右手规则从 a 转向 b 来确定。

由向量积的定义可以推得：

(1) $a \times a = 0$；

(2) 对于两个非零向量 a、b，如果 $a \times b = 0$，则 $a /\!/ b$；反之，如果 $a /\!/ b$，则 $a \times b = 0$。也即：向量 $a /\!/ b$ 的充分必要条件是 $a \times b = 0$。

向量积用坐标表示式，设 $a = a_x i + a_y j + a_z k$，$b = b_x i + b_y j + b_z k$，则：

$$a \times b = (a_y b_z - a_z b_y)i + (a_z b_x - a_x b_z)j + (a_x b_y - a_y b_x)k$$

利用三阶行列式，上式可写成：

$$a \times b = \begin{vmatrix} i & j & k \\ a_x & a_y & a_z \\ b_x & b_y & b_z \end{vmatrix} = \begin{vmatrix} a_y & a_z \\ b_y & b_z \end{vmatrix} i + (-1) \begin{vmatrix} a_x & a_z \\ b_x & b_z \end{vmatrix} j + \begin{vmatrix} a_x & a_y \\ b_x & b_y \end{vmatrix} k$$

可知，当 $a \neq 0$，$b \neq 0$，$a /\!/ b \Leftrightarrow a \times b = 0 \Leftrightarrow \dfrac{b_x}{a_x} = \dfrac{b_y}{a_y} = \dfrac{b_z}{a_z} \Leftrightarrow a = \lambda b$

向量积符合下列运算规律：

(1) $b \times a = -a \times b$；

(2) 分配律　$(a+b) \times c = a \times c + b \times c$；

(3) 结合律　$(\lambda a) \times b = a \times (\lambda b) = \lambda(a \times b)$。

★3. 混合积

$(a \times b) \cdot c$ 称为向量的混合积，记作 $[abc]$。它的几何意义是：向量的混合积的计算结果为一个数，该数的绝对值表示以向量 a、b、c 为模的平行六面体的体积。当向量 a、b、c 组成右手系时，则混合积的符号为正；当其构成左手系时，则混合积的符号为负。

设 $a = (a_x, a_y, a_z)$，$b = (b_x, b_y, b_z)$，$c = (c_x, c_y, c_z)$，则：

$$[a\, b\, c] = \begin{vmatrix} a_x & a_y & a_z \\ b_x & b_y & b_z \\ c_x & c_y & c_z \end{vmatrix}$$

可知，三向量 a、b、c 共面 $\Leftrightarrow [a\, b\, c] = 0$

【例 1-1-1】(历年真题) 已知向量 $\alpha = (-3, -2, 1)$，$\beta = (1, -4, -5)$，则 $|\alpha \times \beta|$ 等于：

A. 0　　　　　　　B. 6　　　　　　　C. $14\sqrt{3}$　　　　　　　D. $14i + 16j - 10k$

【解答】$\alpha \times \beta = \begin{vmatrix} i & j & k \\ -3 & -2 & 1 \\ 1 & -4 & -5 \end{vmatrix} = 14i - 14j + 14k$

$|\alpha \times \beta| = \sqrt{14^2 + 14^2 + 14^2} = 14\sqrt{3}$，应选 C 项。

【例 1-1-2】（历年真题）若向量 $\boldsymbol{\alpha}$、$\boldsymbol{\beta}$ 满足 $|\boldsymbol{\alpha}|=2$，$|\boldsymbol{\beta}|=\sqrt{2}$，且 $\boldsymbol{\alpha}\cdot\boldsymbol{\beta}=2$，则 $|\boldsymbol{\alpha}\times\boldsymbol{\beta}|$ 等于：

A. 2　　　　　　　B. $2\sqrt{2}$　　　　　　　C. $2+\sqrt{2}$　　　　　　　D. 不能确定

【解答】 $\cos\theta=\dfrac{\boldsymbol{\alpha}\cdot\boldsymbol{\beta}}{|\boldsymbol{\alpha}||\boldsymbol{\beta}|}=\dfrac{2}{2\times\sqrt{2}}=\dfrac{\sqrt{2}}{2}$，故 $\theta=\dfrac{\pi}{4}$

$|\boldsymbol{\alpha}\times\boldsymbol{\beta}|=|\boldsymbol{\alpha}||\boldsymbol{\beta}|\sin\theta=2\times\sqrt{2}\times\sin\dfrac{\pi}{4}=2$，应选 A 项。

【例 1-1-3】（历年真题）已知向量 $\boldsymbol{\alpha}=(2,1,-1)$，$\boldsymbol{\beta}\parallel\boldsymbol{\alpha}$，$\boldsymbol{\alpha}\cdot\boldsymbol{\beta}=3$，则 $\boldsymbol{\beta}=$

A. $(2,1,-1)$　　　　　　　　　　B. $\left(\dfrac{3}{2},\dfrac{3}{4},-\dfrac{3}{4}\right)$

C. $\left(1,\dfrac{1}{2},-\dfrac{1}{2}\right)$　　　　　　　　　　D. $\left(1,-\dfrac{1}{2},\dfrac{1}{2}\right)$

【解答】 由条件，设 $\boldsymbol{\beta}=\lambda\boldsymbol{\alpha}$

$\boldsymbol{\alpha}\cdot\boldsymbol{\beta}=\boldsymbol{\alpha}\cdot\lambda\boldsymbol{\alpha}=\lambda\boldsymbol{\alpha}\cdot\boldsymbol{\alpha}=\lambda[2\times2+1\times1+(-1)\times(-1)]=6\lambda$

又 $\boldsymbol{\alpha}\cdot\boldsymbol{\beta}=3$，则：$\lambda=\dfrac{1}{2}$，$\boldsymbol{\beta}=\dfrac{1}{2}\boldsymbol{\alpha}=\left(1,\dfrac{1}{2},-\dfrac{1}{2}\right)$

应选 C 项。

【例 1-1-4】（历年真题）设向量 $\boldsymbol{\alpha}=(5,1,8)$，$\boldsymbol{\beta}=(3,2,7)$，若 $\lambda\boldsymbol{\alpha}+\boldsymbol{\beta}$ 与 Oz 轴垂直，则常数 λ 等于：

A. $\dfrac{7}{8}$　　　　　　B. $-\dfrac{7}{8}$　　　　　　C. $\dfrac{8}{7}$　　　　　　D. $-\dfrac{8}{7}$

【解答】 采用验证法，Oz 轴向量 $\boldsymbol{\tau}=(0,0,1)$

A 项：$\lambda\boldsymbol{\alpha}+\boldsymbol{\beta}=\left(\dfrac{7}{8}\times5+3,\dfrac{7}{8}\times1+2,\dfrac{7}{8}\times8+7\right)=\left(\dfrac{59}{8},\dfrac{23}{8},\dfrac{112}{8}\right)$

$\boldsymbol{\tau}\cdot(\lambda\boldsymbol{\alpha}+\boldsymbol{\beta})=0+0+1\times\dfrac{112}{8}\neq0$，不满足。

B 项：$\lambda\boldsymbol{\alpha}+\boldsymbol{\beta}=\left(-\dfrac{7}{8}\times5+3,-\dfrac{7}{8}\times1+2,-\dfrac{7}{8}\times8+7\right)=\left(-\dfrac{11}{8},\dfrac{9}{8},0\right)$

$\boldsymbol{\tau}\cdot(\lambda\boldsymbol{\alpha}+\boldsymbol{\beta})=0+0+1\times0=0$，满足。

应选 B 项。

★★★二、平面

（一）平面方程

1. 点法式方程：如果一非零向量垂直于一平面，这个向量就称为该平面的法线向量，设平面过点 (x_0,y_0,z_0) 且以 $\boldsymbol{n}=(A,B,C)$ 为法线向量，则其点法式方程为：

$$A(x-x_0)+B(y-y_0)+C(z-z_0)=0$$

2. 一般方程：$Ax+By+Cz+D=0$

其中 $\boldsymbol{n}=(A,B,C)$ 为平面的法线向量且 $A^2+B^2+C^2\neq0$。

3. 截距式方程　$\dfrac{x}{a}+\dfrac{y}{b}+\dfrac{z}{c}=1$

其中，a、b、c 依次为平面在 x、y、z 轴上的截距。

（二）两平面的夹角、点到平面的距离

1. 两平面的夹角

两平面的法线向量的夹角称为两平面的夹角，通常两平面的夹角为锐角或直角。

设平面 Π_1 和 Π_2 方程分别为 $A_1x+B_1y+C_1z+D_1=0$ 及 $A_2x+B_2y+C_2z+D_2=0$，其中 $\boldsymbol{n_1}=(A_1,B_1,C_1)$，$\boldsymbol{n_2}=(A_2,B_2,C_2)$，平面 Π_1 和 Π_2 的夹角 θ 的余弦为：

$$\cos\theta=\frac{|\boldsymbol{n_1}\cdot\boldsymbol{n_2}|}{|\boldsymbol{n_1}||\boldsymbol{n_2}|}=\frac{|A_1A_2+B_1B_2+C_1C_2|}{\sqrt{A_1^2+B_1^2+C_1^2}\sqrt{A_2^2+B_2^2+C_2^2}}$$

由此推得下列结论：

$$\Pi_1\perp\Pi_2\Leftrightarrow\boldsymbol{n_1}\cdot\boldsymbol{n_2}=0\Leftrightarrow A_1A_2+B_1B_2+C_1C_2=0$$

$$\Pi_1/\!/\Pi_2\Leftrightarrow\boldsymbol{n_1}\times\boldsymbol{n_2}=0\Leftrightarrow\frac{A_2}{A_1}=\frac{B_2}{B_1}=\frac{C_2}{C_1}$$

2. 点到平面的距离公式

平面 Π：$Ax+By+Cz+D=0$ 外一点 $P_0(x_0,y_0,z_0)$ 到该平面的距离 d 为：

$$d=\frac{|Ax_0+By_0+Cz_0+D|}{\sqrt{A^2+B^2+C^2}}$$

★★★三、空间直线

（一）空间直线方程

1. 空间直线的一般方程

空间直线 L 可看作是两相交平面的交线，设两平面方程分别为 Π_1：$A_1x+B_1y+C_1z+D_1=0$，Π_2：$A_2x+B_2y+C_2z+D_2=0$，Π_1 与 Π_2 的交线 L 为：

$$\begin{cases}A_1x+B_1y+C_1z+D_1=0\\A_2x+B_2y+C_2z+D_2=0\end{cases}$$

上述方程组称为空间直线的一般方程。

2. 空间直线的对称式方程与参数方程

如果一个非零向量 $\boldsymbol{s}=(m,n,p)$ 平行于一条已知直线 L，这个向量 $\boldsymbol{s}$ 就称为该直线的方向向量。

设直线过点 $M_0(x_0,y_0,z_0)$ 且与方向向量 $\boldsymbol{s}=(m,n,p)$ 平行，则：

$$\frac{x-x_0}{m}=\frac{y-y_0}{n}=\frac{z-z_0}{p}$$

就称为直线 L 的对称式方程或点向式方程。

$\diamondsuit\dfrac{x-x_0}{m}=\dfrac{y-y_0}{n}=\dfrac{z-z_0}{p}=t$，就得到空间直线的参数方程 $\begin{cases}x=x_0+mt\\y=y_0+nt\\z=z_0+pt\end{cases}$

（二）两直线的交角

两直线的方向向量的夹角称为两直线的夹角，用 φ 表示，通常该夹角为锐角或直角。

设直线 L_1 和 L_2 的方向向量为 $\boldsymbol{s_1}=(m_1,n_1,p_1)$，$\boldsymbol{s_2}=(m_2,n_2,p_2)$，则 L_1 和 L_2 的夹角 φ 的余弦为：

$$\cos\varphi=\frac{|\boldsymbol{s_1}\cdot\boldsymbol{s_2}|}{|\boldsymbol{s_1}||\boldsymbol{s_2}|}=\frac{|m_1m_2+n_1n_2+p_1p_2|}{\sqrt{m_1^2+n_1^2+p_1^2}\sqrt{m_2^2+n_2^2+p_2^2}}$$

由此推出下列结论：

$$L_1 \perp L_2 \Leftrightarrow \boldsymbol{s}_1 \cdot \boldsymbol{s}_2 = 0 \Leftrightarrow m_1 m_2 + n_1 n_2 + p_1 p_2 = 0$$

$$L_1 /\!/ L_2 \Leftrightarrow \boldsymbol{s}_1 \times \boldsymbol{s}_2 = 0 \Leftrightarrow \frac{m_1}{m_2} = \frac{n_1}{n_2} = \frac{p_1}{p_2}$$

（三）直线与平面的夹角

当直线与平面不垂直时，直线和它在平面上的投影直线的夹角 φ 称为直线与平面的夹角，通常该夹角取锐角，当直线与平面垂直时，规定其夹角 $\varphi = \dfrac{\pi}{2}$。

设直线 L 的方向向量为 $\boldsymbol{s} = (m, n, p)$，平面 π 的法向量为 $\boldsymbol{n} = (A, B, C)$，则直线 L 与平面 π 的夹角的正弦等于两向量夹角的余弦，即：

$$\sin\varphi = \frac{|\boldsymbol{s} \cdot \boldsymbol{n}|}{|\boldsymbol{s}||\boldsymbol{n}|} = \frac{|Am + Bn + Cp|}{\sqrt{m^2 + n^2 + p^2}\sqrt{A^2 + B^2 + C^2}}$$

由此推出下列结论：

$$L \perp \pi \Leftrightarrow \boldsymbol{s} \times \boldsymbol{n} = 0 \Leftrightarrow \frac{A}{m} = \frac{B}{n} = \frac{C}{p}$$

$$L /\!/ \pi \Leftrightarrow \boldsymbol{s} \cdot \boldsymbol{n} = 0 \Leftrightarrow Am + Bn + Cp = 0$$

【例 1-1-5】（历年真题）设直线方程为 $x = y - 1 = z$，平面方程为 $x - 2y + z = 0$，则直线与平面：

A. 重合　　　　　B. 平行不重合　　　　C. 垂直相交　　　　D. 相交不垂直

【解答】直线的方向向量 $\boldsymbol{s} = (1, 1, 1)$，平面的法线向量 $\boldsymbol{n} = (1, -2, 1)$

$\boldsymbol{s} \cdot \boldsymbol{n} = 1 \times 1 + 1 \times (-2) + 1 \times 1 = 0$，故直线 // 平面。

直线上取一点 $M(0, 1, 0)$，代入平面方程左边：$0 - 2 \times 1 + 0 \neq 0$，故不重合。

应选 B 项。

【例 1-1-6】（历年真题）设直线 L 为 $\begin{cases} x + 3y + 2z + 1 = 0 \\ 2x - y - 10z + 3 = 0 \end{cases}$，平面 π 为 $4x - 2y + z - 2 = 0$，则直线和平面的关系是：

A. L 平行于 π　　　　　　　　　B. L 在 π 上

C. L 垂直于 π　　　　　　　　　D. L 与 π 斜交

【解答】直线的方向向量 $\boldsymbol{s}$ 为：

$$\boldsymbol{s} = \begin{vmatrix} i & j & k \\ 1 & 3 & 2 \\ 2 & -1 & -10 \end{vmatrix} = -28i + 14j - 7k$$

$\boldsymbol{s} = (-28, 14, -7)$，平面的法向向量 $\boldsymbol{n} = (4, -2, 1)$

由于 $\dfrac{-28}{4} = \dfrac{14}{-2} = \dfrac{-7}{1}$，故 $\boldsymbol{s} /\!/ \boldsymbol{n}$，故直线 $\perp$ 平面 π。

应选 C 项。

【例 1-1-7】（历年真题）设有直线 $L_1: \dfrac{x-1}{1} = \dfrac{y-3}{-2} = \dfrac{z+5}{1}$ 与 $L_2: \begin{cases} x = 3 - t \\ y = 1 - t \\ z = 1 + 2t \end{cases}$，则 L_1

与 L_2 的夹角 θ 等于：

A. $\dfrac{\pi}{2}$ 　　　　　　B. $\dfrac{\pi}{3}$ 　　　　　　C. $\dfrac{\pi}{4}$ 　　　　　　D. $\dfrac{\pi}{6}$

【解答】 直线 L_1 的方向向量 $\boldsymbol{s}_1=$（1，-2，1）

直线 L_2 可化为：$\dfrac{x-3}{-1}=\dfrac{y-1}{-1}=\dfrac{z-1}{2}$，其方向向量 $\boldsymbol{s}_2=(-1,-1,2)$

$$\cos\theta=\frac{\boldsymbol{s}_1\cdot\boldsymbol{s}_2}{|\boldsymbol{s}_1||\boldsymbol{s}_2|}=\frac{1\times(-1)+(-2)\times(-1)+1\times2}{\sqrt{1+(-2)^2+1^2}\times\sqrt{(-1)^2+(-1)^2+2^2}}=\frac{3}{\sqrt{6}\times\sqrt{6}}=\frac{1}{2}$$

故 $\theta=\dfrac{2}{3}$，应选 B 项。

【例 1-1-8】（历年真题）过点（-1，-2，3）且平行于 z 轴的直线的对称方程是：

A. $\begin{cases}x=1\\y=-2\\z=-3t\end{cases}$ 　　　　　　　　B. $\dfrac{x-1}{0}=\dfrac{y+2}{0}=\dfrac{z-3}{1}$

C. $z=3$ 　　　　　　　　　　　　D. $\dfrac{x+1}{0}=\dfrac{y+2}{0}=\dfrac{z-3}{1}$

【解答】 由题目条件及要求，排除 A、C 项。直线的方向向量 $\boldsymbol{s}=$（0，0，1），则：

直线的对称方程：$\dfrac{x+1}{0}=\dfrac{y+2}{0}=\dfrac{z-3}{1}$

应选 D 项。

【例 1-1-9】（历年真题）过点（2，0，-1）且垂直于 xOy 面的直线方程为：

A. $\dfrac{x-2}{1}=\dfrac{y}{0}=\dfrac{z-1}{0}$ 　　　　　　B. $\dfrac{x-2}{0}=\dfrac{y}{1}=\dfrac{z-1}{0}$

C. $\dfrac{x-2}{0}=\dfrac{y}{0}=\dfrac{z+1}{1}$ 　　　　　　D. $\begin{cases}x=0\\z=-1\end{cases}$

【解答】 由条件可知，直线的方向向量 $\boldsymbol{s}=$（0，0，1），过点（2，0，-1）的直线方程为：

$$\frac{x-2}{0}=\frac{y-0}{0}=\frac{z+1}{1}$$

应选 C 项。

【例 1-1-10】（历年真题）过点 M_1（0，-1，2）和 M_2（1，0，1）且平行于 z 轴的平面方程是：

A. $x-y=0$ 　　　　　　　　　B. $\dfrac{x}{1}=\dfrac{y+1}{-1}=\dfrac{z-2}{0}$

C. $x+y-1=0$ 　　　　　　　　D. $x-y-1=0$

【解答】 采用验证法：

A 项：M_1（0，-1，-2），$x-y=0-(-1)\neq0$，不满足。

B 项：M_2（1，0，1），$\dfrac{1}{1}\neq\dfrac{0+1}{-1}$，不满足。

C 项：M_1（0，-1，-2），$x+y-1=0-1-1\neq0$，不满足。

应选 D 项。

★★★**四、曲面**

（一）旋转曲面

以一条平面曲线绕其平面上的一条直线旋转一周所成的曲面称为旋转曲面，旋转曲线和这条定直线分别称为旋转曲面的母线和轴。

设 yOz 坐标面上有一已知曲线 C，其方程为 $f(y,z)=0$，把这曲线绕 z 轴旋转一周就得到一个以 z 轴为旋转轴的旋转曲面（图 1-1-3），其方程为 $f(\pm\sqrt{x^2+y^2},z)=0$。同样，曲线 C 绕 y 轴旋转成的旋转曲面的方程为 $f(y,\pm\sqrt{x^2+z^2})=0$。

直线 L 绕另一条与 L 相交的直线旋转一周，所得旋转曲面称为圆锥面。两直线的交点称为圆锥面的顶点，两直线的夹角 $\alpha\left(0<\alpha<\dfrac{\pi}{2}\right)$ 称为圆锥面的半顶角，如图 1-1-4 所示，在 yOz 坐标面上，直线 L 的方程为 $z=y\cot\alpha$，旋转轴为 z 轴，则该圆锥面的方程为 $z=\pm\sqrt{x^2+y^2}\cot\alpha$ 或 $a^2(x^2+y^2)=z^2$，其中 $a=\cot\alpha$。

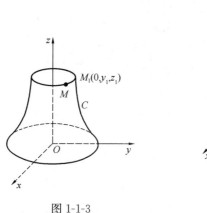

图 1-1-3　　　　　　　　　　图 1-1-4

（二）柱面

一般地，直线 L 沿定曲线 C 平行移动形成的轨迹称为柱面，定曲线 C 称为柱面的准线，动直线 L 称为柱面的母线。

方程 $y^2=2x$ 表示它的母线平行于 z 轴的柱面，它的准线是 xOy 面上的抛物线 $y^2=2x$，该柱面称为抛物柱面（图 1-1-5）。

方程 $x^2+y^2=R^2$ 表示圆柱面。方程 $x-y=0$ 表示母线平行于 z 轴的柱面，它是过 z 轴的平面。

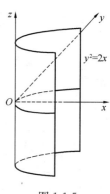

图 1-1-5

（三）二次曲面

用三元二次方程 $F(x,y,z)=0$ 所表示的曲面称为二次曲面。二次曲面的标准方程如下：

1. 球面：$(x-x_0)^2+(y-y_0)^2+(z-z_0)^2=R^2$

当球心在原点时，$x^2+y^2+z^2=R^2$

2. 椭圆锥面［图 1-1-6（a）］：$\dfrac{x^2}{a^2}+\dfrac{y^2}{b^2}=z^2$

3. 椭球面［图 1-1-6（b）］：$\dfrac{x^2}{a^2}+\dfrac{y^2}{b^2}+\dfrac{z^2}{c^2}=1$

4. 单叶双曲面：$\dfrac{x^2}{a^2}+\dfrac{y^2}{b^2}-\dfrac{z^2}{c^2}=1$

把 xOz 面上的双曲线 $\dfrac{x^2}{a^2}-\dfrac{z^2}{c^2}=1$ 绕 z 轴旋转，得旋转单叶双曲面 $\dfrac{x^2+y^2}{a^2}-\dfrac{z^2}{c^2}=1$ ［图 1-1-6（c）］；把此旋转曲面沿 y 轴方向伸缩 $\dfrac{b}{a}$ 倍，即得单叶双曲面 $\dfrac{x^2}{a^2}+\dfrac{y^2}{b^2}-\dfrac{z^2}{c^2}=1$。

5. 双叶双曲面 $\quad \dfrac{x^2}{a^2}-\dfrac{y^2}{b^2}-\dfrac{z^2}{c^2}=1$

把 xOz 面上的双曲线 $\dfrac{x^2}{a^2}-\dfrac{z^2}{c^2}=1$ 绕 x 轴旋转，得旋转双叶双曲面 $\dfrac{x^2}{a^2}-\dfrac{y^2+z^2}{c^2}=1$ ［图 1-1-6（d）］，把此旋转曲面沿 y 轴方向伸缩 $\dfrac{b}{c}$ 倍，即得双叶双曲面 $\dfrac{x^2}{a^2}-\dfrac{y^2}{b^2}-\dfrac{z^2}{c^2}=1$。

6. 椭圆抛物面 ［图 1-1-6（e）］ $\quad \dfrac{x^2}{a^2}+\dfrac{y^2}{b^2}=z$

7. 双曲抛物面（亦称马鞍面）［图 1-1-6（f）］ $\quad \dfrac{x^2}{a^2}-\dfrac{y^2}{b^2}=z$

8. 柱面

（1）椭圆柱面 $\quad \dfrac{x^2}{a^2}+\dfrac{y^2}{b^2}=1$

（2）双曲柱面 $\quad \dfrac{x^2}{a^2}-\dfrac{y^2}{b^2}=1$

（3）抛物柱面 $\quad x^2=ay$

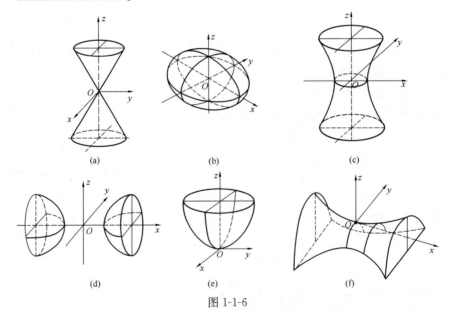

图 1-1-6

（a）椭圆锥面；（b）椭球面；（c）单叶双曲面；（d）双叶双曲面；（e）椭圆抛物面；（f）双曲抛物面

【例 1-1-11】（历年真题）在三维空间中方程 $y^2-z^2=1$ 所代表的图形是：

A. 母线平行 x 轴的双曲柱面　　　　　B. 母线平行 y 轴的双曲柱面

C. 母线平行 z 轴的双曲柱面　　　　　　D. 双曲线

【解答】方程缺 x，故 $y^2-z^2=1$ 为双曲柱面，母线平行 z 轴。

应选 A 项。

【例 1-1-12】（历年真题）方程 $x^2-\dfrac{y^2}{4}+z^2=1$，表示为：

A. 旋转双曲面　　　B. 双叶双曲面　　　C. 双曲柱面　　　D. 锥面

【解答】首先，排除 C、D 项。由双叶双曲面方程的特点，故排除 B 项。应选 A 项。

此外，方程可化为：$x^2+z^2-\dfrac{y^2}{4}=1$，即由双曲线 $\begin{cases} x^2-\dfrac{y^2}{4}=1 \\ z=0 \end{cases}$ 绕 y 轴旋转得到或由

$\begin{cases} z^2-\dfrac{y^2}{4}=1 \\ x=0 \end{cases}$ 绕 y 轴旋转得到。

【例 1-1-13】（历年真题）在空间直角坐标系中，方程 $x^2+y^2-z=0$ 表示的图形是：

A. 圆锥面　　　　　B. 圆柱面　　　　　C. 球面　　　　　D. 旋转抛物面

【解答】首先，排除 B、C 项。由圆锥面方程的特点，排除 A 项。应选 D 项。

此外，方程由抛物线 $\begin{cases} x^2-z=0 \\ y=0 \end{cases}$ 绕 z 轴旋转得到或由 $\begin{cases} y^2-z=0 \\ x=0 \end{cases}$ 绕 z 轴旋转得到。

【例 1-1-14】（历年真题）yOz 坐标面上的曲线 $\begin{cases} y^2+z=1 \\ x=0 \end{cases}$ 绕 Oz 轴旋转一周所生成的

旋转曲面方程是：

A. $x^2+y^2+z=1$　　　　　　　　　B. $x+y^2+z^2=1$

C. $y^2+\sqrt{x^2+z^2}=1$　　　　　　　D. $y^2-\sqrt{x^2+z^2}=1$

【解答】$\begin{cases} y^2+z=1 \\ x=0 \end{cases}$ 表示在 yOz 平面上曲线，其绕 Oz 轴旋转后，其方程为：$x^2+y^2+z=1$，应选 A 项。

【例 1-1-15】（历年真题）下列平面中，平行于且非重合于 yOz 坐标面的平面方程是：

A. $y+z+1=0$　　　　　　　　　　B. $z+1=0$

C. $y+1=0$　　　　　　　　　　　D. $x+1=0$

【解答】由条件可知，D 项满足，应选 D 项。

★五、空间曲线

空间曲线可以看做两个曲面的交线，设 $F(x,y,z)=0$ 和 $G(x,y,z)=0$ 是两个曲面的方程，则方程组

$$\begin{cases} F(x,y,z)=0 \\ G(x,y,z)=0 \end{cases}$$

就是这两个曲面的交线 C 的方程，上述方程组也称为空间曲线 C 的一般方程。

空间曲线的 C 的方程也可以用参数形式表示，若将 C 上的动点的坐标 x，y，z 表示成参数 t 的函数：

$$\begin{cases} x = x(t) \\ x = y(t) \\ z = z(t) \end{cases}$$

上述方程组称为空间曲线的参数方程。

例如，参数方程 $\begin{cases} x = a\cos t \\ y = a\sin t \\ z = bt \end{cases}$ $(a, b, c$ 均为常数) 表示的空间曲线为螺旋线。

设空间曲线 C 的一般方程为 $\begin{cases} F(x, y, z) = 0 \\ G(x, y, z) = 0 \end{cases}$，联立两方程消去变量 z 后所得的方程

$H(x, y) = 0$，则 $\begin{cases} H(x, y) = 0 \\ z = 0 \end{cases}$ 为曲线 C 在坐标面 xOy 上的投影曲线方程。

同理，消去方程组中的变量 x 或变量 y，再分别和 $x=0$ 或 $y=0$ 联立，就可得到包含曲线 C 在 yOz 面或 xOz 面上的投影的曲线方程：

$$\begin{cases} R(y,z) = 0 \\ x = 0 \end{cases} \quad 或 \quad \begin{cases} T(x,z) = 0 \\ y = 0 \end{cases}$$

【例 1-1-16】（历年真题）曲线 $x^2+4y^2+z^2=4$ 与平面 $x+z=a$ 的交线在 yOz 平面上的投影方程是：

A. $\begin{cases} (a-z)^2+4y^2+z^2=4 \\ z=0 \end{cases}$ B. $\begin{cases} x^2+4y^2+(z-x)^2=4 \\ z=0 \end{cases}$

C. $\begin{cases} x^2+4y^2+(a-x)^2=4 \\ x=0 \end{cases}$ D. $(a-z)^2+4y^2+z^2=4$

【解答】将 $x=a-z$ 代入曲线方程，消去 x，且令 $x=0$。

应选 C 项。

习　题

1-1-1　（历年真题）已知直线 L：$\dfrac{x}{3} = \dfrac{y+1}{-1} = \dfrac{z-3}{2}$，平面 π：$-2x+2y+z-1=0$，则：

A. L 与 π 垂直相关   B. L 平行于 π，但 L 不在 π 上

C. L 与 π 非垂直相关   D. L 在 π 上

1-1-2　（历年真题）设 $\boldsymbol{\alpha}$、$\boldsymbol{\beta}$ 均为非零向量，则下面结论正确的是：

A. $\boldsymbol{\alpha} \times \boldsymbol{\beta} = \mathbf{0}$ 是 $\boldsymbol{\alpha}$ 与 $\boldsymbol{\beta}$ 垂直的充要条件

B. $\boldsymbol{\alpha} \cdot \boldsymbol{\beta} = \mathbf{0}$ 是 $\boldsymbol{\alpha}$ 与 $\boldsymbol{\beta}$ 平行的充要条件

C. $\boldsymbol{\alpha} \times \boldsymbol{\beta} = \mathbf{0}$ 是 $\boldsymbol{\alpha}$ 与 $\boldsymbol{\beta}$ 平行的充要条件

D. 若 $\boldsymbol{\alpha} = \lambda\boldsymbol{\beta}$（$\lambda$ 是常数），则 $\boldsymbol{\alpha} \cdot \boldsymbol{\beta} = \mathbf{0}$

1-1-3　已知点 A $(1, 0, \sqrt{2})$ 和 B $(4, 2\sqrt{2}, -\sqrt{2})$，则方向和 $\overrightarrow{AB}$ 一致的单位向量是：

A. $(3, 2\sqrt{2}, 2\sqrt{2})$ B. $(3, 2\sqrt{2}, -2\sqrt{2})$

C. $\left(\dfrac{3}{5}, \dfrac{2\sqrt{2}}{5}, \dfrac{2\sqrt{2}}{5}\right)$ D. $\left(\dfrac{3}{5}, \dfrac{2\sqrt{2}}{5}, -\dfrac{2\sqrt{2}}{5}\right)$

1-1-4　过点 A（1，1，−1）、B（−2，−2，2）和 C（1，−1，2）三点的平面方程为：

A. $x-3y+2z=0$ B. $x+3y-2z-6=0$

C. $x-3y-2z=0$ D. $x+3y+2z-2=0$

1-1-5　过 z 轴和点（1，2，−1）的平面方程是：

A. $x+2y-z-6=0$ B. $2x-y=0$

C. $y+2z=0$ D. $2x+y=0$

1-1-6　过点 M（3，−2，1）且与直线 l：$\begin{cases} x-y-z+1=0 \\ 2x+y-3z+4=0 \end{cases}$ 平行的直线方程为：

A. $\dfrac{x-3}{4}=\dfrac{y+2}{-1}=\dfrac{z-1}{-3}$ B. $\dfrac{x-3}{4}=\dfrac{y+2}{1}=\dfrac{z-1}{-3}$

C. $\dfrac{x-3}{4}=\dfrac{y+2}{-1}=\dfrac{z-1}{3}$ D. $\dfrac{x-3}{4}=\dfrac{y+2}{1}=\dfrac{z-1}{3}$

1-1-7　点 M_1（3，−1，2）到直线 l：$\dfrac{x-1}{0}=\dfrac{y+2}{1}=\dfrac{z-0}{1}$ 的距离为：

A. $\dfrac{3\sqrt{2}}{2}$ B. $\dfrac{\sqrt{2}}{2}$ C. $\dfrac{2\sqrt{2}}{3}$ D. $\dfrac{\sqrt{2}}{3}$

1-1-8　下列曲面的结论中，错误的是：

A. $2x^2-5y^2-z^2=1$ 表示双叶双曲面   B. $2x^2+5y^2-z^2=1$ 表示单叶双曲面

C. $2x^2+5y^2-z=1$ 表示椭圆抛物面   D. $2(x^2+y^2)-z^2=1$ 表示圆锥面

第二节　一元函数微分学

一、函数

（一）基本定义与初等函数

设数集 $D \subset \boldsymbol{R}$，则称映射 f：$D \rightarrow \boldsymbol{R}$ 为定义在 D 上的函数，通常简记为 $y=f(x),x\in D$，其中 x 称为自变量，y 称为因变量，D 称为定义域，记作 D_f，即 $D_f=D$。

基本初等函数包括幂函数、指数函数、对称函数、三角函数和反三角函数五类。由常数和基本初等函数经过有限次的四则运算和有限次的函数复合步骤所构成并可用一个式子表示的函数，称为初等函数。

（二）函数的几个特性

1. 函数的有界性

设函数 $f(x)$ 的定义域为 D，数集 $X \subset D$。如果存在数 K_1，使得 $f(x) \leqslant K_1$，对任一 $x \in X$ 都成立，则称函数 $f(x)$ 在 X 上有上界，而 K_1 称为函数 $f(x)$ 在 X 上的一个上界；如果存在数 K_2，使得 $f(x) \geqslant K_2$，对任一 $x \in X$ 都成立，则称函数 $f(x)$ 在 X 上有下界，而 K_2 称为函数 $f(x)$ 在 X 上的一个下界。

如果存在正数 M，使得 $|f(x)| \leqslant M$，对任一 $x \in X$ 都成立，则称函数 $f(x)$ 在 X 上有界。如果对于任何正数 M，总存在 $x_1 \in X$，使 $|f(x_1)| > M$，则函数 $f(x)$ 在 X 上无界。

2. 函数的单调性

设函数 $f(x)$ 的定义域为 D，区间 $I \subset D$，如果对于区间 I 上任意两点 x_1 和 x_2，当 $x_1 < x_2$ 时，恒有 $f(x_1) < f(x_2)$，则称函数 $f(x)$ 在区间 I 上是单调增加的；如果对于区间 I 上任意两点 x_1 和 x_2，当 $x_1 < x_2$ 时，恒有 $f(x_1) > f(x_2)$，则称函数 $f(x)$ 在区间 I 上是单调减少的。

3. 函数的奇偶性

设函数 $f(x)$ 的定义域 D 关于原点对称，如果对于任一 $x \in D$，恒有 $f(-x) = f(x)$，则称 $f(x)$ 为偶函数。如果对于任一 $x \in D$，恒有 $f(-x) = -f(x)$，则称 $f(x)$ 为奇函数。

4. 函数的周期性

设函数 $f(x)$ 的定义域为 D，如果存在一个正数 l，使得对于任一 $x \in D$ 有 $(x \pm l) \in D$，且 $f(x+l) = f(x)$ 恒成立，则称 $f(x)$ 为周期函数，l 称为 $f(x)$ 的周期。通常周期函数的周期是指最小正周期。

二、极限

（一）数列极限

设 $\{x_n\}$ 为一数列，如果存在常数 a，对于任意给定的正数 ε（不论它多么小），总存在正整数 N，使得当 $n > N$ 时，不等式 $|x_n - a| < \varepsilon$ 都成立，则称常数 a 是数列 $\{x_n\}$ 的极限，或者称数列 $\{x_n\}$ 收敛于 a，记为 $\lim\limits_{n \to \infty} x_n = a$，或 $x_n \to a (n \to \infty)$。如果不存在这样的常数 a，就说数列 $\{x_n\}$ 没有极限，或者说数列 $\{x_n\}$ 是发散的，习惯上也说 $\lim\limits_{n \to \infty} x_n$ 不存在。

（二）函数的极限

1. 函数极限的概念

（1）自变量趋于有限值时的极限

$\lim\limits_{x \to x_0} f(x) = A \Leftrightarrow \forall \varepsilon > 0, \exists \delta > 0$，当 $0 < |x - x_0| < \delta$ 时，有 $|f(x) - A| < \varepsilon$。[①]

上述 $x \to x_0$ 时函数 $f(x)$ 的极限概念中，x 是既从 x_0 的左侧也从 x_0 的右侧趋于 x_0 的。如果 x 仅从 x_0 的右侧趋于 x_0（记作 $x \to x_0^+$），则称 A 为函数 $f(x)$ 当 $x \to x_0$ 时的右极限，记作 $f(x_0^+) = \lim\limits_{x \to x_0^+} f(x) = A$；如果 x 仅从 x_0 的左侧趋于 x_0（记作 $x \to x_0^-$），则称 A 为函数 $f(x)$ 当 $x \to x_0$ 时的左极限，记作 $f(x_0^-) = \lim\limits_{x \to x_0^-} f(x) = A$。

函数 $f(x)$ 当 $x \to x_0$ 时极限存在的充分必要条件是其左极限与右极限各自存在并且相等，即 $f(x_0^+) = f(x_0^-)$。

（2）自变量趋于无穷大时函数的极限

$\lim\limits_{x \to \infty} f(x) = A \Leftrightarrow \forall \varepsilon > 0, \exists X > 0$，当 $|x| > X$ 时，有 $|f(x) - A| < \varepsilon$。

如果 $x > 0$ 且 $|x|$ 无限增大（记作 $x \to +\infty$），则称 A 为函数 $f(x)$ 当 $x \to +\infty$ 时的极限，记作 $\lim\limits_{x \to +\infty} f(x) = A$；如果 $x < 0$ 且 $|x|$ 无限增大（记作 $x \to -\infty$），则称 A 为函数 $f(x)$ 当 $x \to -\infty$ 时的极限，记作 $\lim\limits_{x \to -\infty} f(x) = A$。

$$\lim\limits_{x \to -\infty} f(x) = \lim\limits_{x \to +\infty} f(x) = A \Leftrightarrow \lim\limits_{x \to \infty} f(x) = A.$$

---

① $\forall \varepsilon > 0, \exists \delta > 0$ 表示：任意给定的正数 ε（不论它多么小），总存在正数 δ。

2. 无穷小与无穷大

（1）如果函数 $f(x)$ 当 $x \to x_0$（或 $x \to \infty$）时的极限为零，即 $\lim\limits_{\substack{x \to x_0 \\ (x \to \infty)}} f(x) = 0$，则函数 $f(x)$ 称为 $x \to x_0$（或 $x \to \infty$）时的无穷小。

在自变量的同一变化过程 $x \to x_0$（或 $x \to \infty$）中，函数 $f(x)$ 具有极限 A 的充分必要条件是 $f(x) = A + \alpha$，其中 α 是无穷小。

（2）如果当 $x \to x_0$（或 $x \to \infty$）时，对应的函数值的绝对值 $|f(x)|$ 无限增大，则称函数 $f(x)$ 当 $x \to x_0$（或 $x \to \infty$）时为无穷大，记作 $\lim\limits_{\substack{x \to x_0 \\ (x \to \infty)}} f(x) = \infty$。按函数极限的定义，$f(x)$ 为无穷大是极限不存在的一种情形，但习惯上也称"函数的极限为无穷大"。

$\lim\limits_{\substack{x \to x_0 \\ (x \to \infty)}} f(x) = \infty$ 也可分开记作 $\lim\limits_{\substack{x \to x_0 \\ (x \to \infty)}} f(x) = +\infty$，$\lim\limits_{\substack{x \to x_0 \\ (x \to \infty)}} f(x) = -\infty$。

（3）在自变量的同一变化过程中，如果 $f(x)$ 为无穷大，则 $\dfrac{1}{f(x)}$ 为无穷小；反之，如果 $f(x)$ 为无穷小，且 $f(x) \neq 0$，则 $\dfrac{1}{f(x)}$ 为无穷大。

★★★3. 极限运算法则

（1）两个无穷小的和是无穷小。有限个无穷小之和也是无穷小。

（2）有界函数与无穷小的乘积是无穷小。

1）常数与无穷小的乘积是无穷小。

2）有限个无穷小的乘积是无穷小。

（3）如果 $\lim f(x) = A$，$\lim g(x) = B$，则：[①]

1）$\lim[f(x) \pm g(x)] = \lim f(x) \pm \lim g(x) = A \pm B$；

2）$\lim[f(x) \cdot g(x)] = \lim f(x) \cdot \lim g(x) = A \cdot B$；

3）若 $B \neq 0$，则有 $\lim \dfrac{f(x)}{g(x)} = \dfrac{\lim f(x)}{\lim g(x)} = \dfrac{A}{B}$；

4）$\lim[Cf(x)] = C \lim f(x) = CA$，$C$ 为常数；

5）$\lim[f(x)]^n = [\lim f(x)]^n = A^n$，$n$ 为正整数。

（4）如果 $\varphi(x) \geqslant \psi(x)$，而 $\lim \varphi(x) = A$，$\lim \psi(x) = B$，则 $A \geqslant B$。

此外，求函数极限还可采用洛必达法则，见后面内容。

★★★（三）极限存在准则及两个重要极限

准则 I（夹逼准则） 如果当 $x \in \mathring{U}(x_0, r)$（或 $|x| > M$）时，$g(x) \leqslant f(x) \leqslant h(x)$；$\lim\limits_{\substack{x \to x_0 \\ (x \to \infty)}} g(x) = A$，$\lim\limits_{\substack{x \to x_0 \\ (x \to \infty)}} h(x) = A$，则 $\lim\limits_{\substack{x \to x_0 \\ (x \to \infty)}} f(x)$ 存在，且等于 A。

准则 II 单调有界数列必有极限。

两个重要极限：(1) $\lim\limits_{x \to 0} \dfrac{\sin x}{x} = 1$；(2) $\lim\limits_{x \to \infty} \left(1 + \dfrac{1}{x}\right)^x = \mathrm{e}$。

---

① 记号"lim"下面没有标明自变量的变化过程，即认为上述等号关于"$x \to x_0$""$x \to \infty$"均成立。

由两个重要极限中可以得到：

$$\lim_{x \to 0} \frac{\tan x}{x} = 1, \ \lim_{x \to 0} \frac{\arcsin x}{x} = 1, \ \lim_{x \to 0} \frac{\arctan x}{x} = 1, \ \lim_{x \to 0} \frac{1 - \cos x}{x^2} = \frac{1}{2}, \ \lim_{x \to \infty} \left(1 + \frac{1}{n}\right)^n = $$

e, $\lim\limits_{x \to 0} (1 + x)^{\frac{1}{x}} = $ e 等。

★★★（四）无穷小的比较

下面的 α 及 β 都是在同一个自变量的变化过程中的无穷小，且 $\alpha \neq 0$，$\lim \dfrac{\beta}{\alpha}$ 也是在这个变化过程中的极限。

如果 $\lim \dfrac{\beta}{\alpha} = 0$，则称 β 是比 α 高阶的无穷小，记作 $\beta = o(\alpha)$；

如果 $\lim \dfrac{\beta}{\alpha} = \infty$，则称 β 是比 α 低阶的无穷小；

如果 $\lim \dfrac{\beta}{\alpha} = c \neq 0$，则称 β 与 α 是同阶无穷小；

如果 $\lim \dfrac{\beta}{\alpha} = 1$，则称 β 与 α 是等价无穷小，记作 $\alpha \sim \beta$。

设 $\alpha \sim \tilde{\alpha}$，$\beta \sim \tilde{\beta}$，且 $\lim \dfrac{\tilde{\beta}}{\tilde{\alpha}}$ 存在，则：$\lim \dfrac{\beta}{\alpha} = \lim \dfrac{\tilde{\beta}}{\tilde{\alpha}}$。

由上述结论可知，在求两个无穷小之比的极限时，分子及分母都可用等价无穷小来代替，使计算简化。当 $x \to 0$ 时，常用的等价无穷小：$x \sim \sin x \sim \tan x \sim \arcsin x \sim \arctan x \sim$ $e^x - 1 \sim \ln(1 + x)$，$1 - \cos x \sim \dfrac{x^2}{2}$，$(1 + x)^a - 1 \sim ax$，$a^x - 1 \sim x \ln a$。

【例 1-2-1】（历年真题）函数 $y = \sin \dfrac{1}{x}$ 是定义域内的：

A. 有界函数　　　　B. 无界函数　　　　C. 单调函数　　　　D. 周期函数

【解答】$y = \sin \dfrac{1}{x} \in [-1, 1]$，为有界函数。应选 A 项。

【例 1-2-2】（历年真题）设 $f(x)$ 为偶函数，$g(x)$ 为奇函数，则下列函数中为奇函数的是：

A. $f[g(x)]$　　　　B. $f[f(x)]$　　　　C. $g[f(x)]$　　　　D. $g[g(x)]$

【解答】D 项：$g[g(-x)] = g[-g(x)] = -g[g(x)]$ 为奇函数。

应选 D 项。

此外，A、B、C 项，验证均不是奇函数。

【例 1-2-3】（历年真题）若 $\lim\limits_{x \to 0} (1 - x)^{\frac{k}{x}} = 2$，则常数 k 等于：

A. $-\ln 2$　　　　B. $\ln 2$　　　　C. 1　　　　D. 2

【解答】$\lim\limits_{x \to 0} (1 - x)^{\frac{k}{x}} = \lim\limits_{x \to 0} \left\{ [1 + (-x)]^{\frac{1}{x}} \right\}^{-k} = e^{-k} = 2$

则：$k = -\ln 2$，应选 A 项。

【例 1-2-4】（历年真题）当 $x \to 0$ 时，$\sqrt{1 - x^2} - \sqrt{1 + x^2}$ 与 x^k 是同阶无穷小，则常数 k 等于：

A. 3　　　　B. 2　　　　C. 1　　　　D. $\dfrac{1}{2}$

【解答】$\lim\limits_{x \to 0} \dfrac{x^k}{\sqrt{1-x^2}-\sqrt{1+x^2}} = \lim\limits_{x \to 0} \dfrac{x^k(\sqrt{1-x^2}+\sqrt{1+x^2})}{(1-x^2)-(1+x^2)}$

$$= \lim\limits_{x \to 0} \dfrac{x^k(\sqrt{1-x^2}+\sqrt{1+x^2})}{-2x^2}$$

当 $k=2$ 时，极限 $=-1$，为同阶无穷小。

应选 B 项。

【例 1-2-5】（历年真题）设 $\alpha(x) = 1-\cos x$，$\beta(x) = 2x^2$，则当 $x \to 0$ 时，下列结论中正确的是：

A. $\alpha(x)$ 与 $\beta(x)$ 是等阶无穷小

B. $\alpha(x)$ 是比 $\beta(x)$ 高阶的无穷小

C. $\alpha(x)$ 是比 $\beta(x)$ 低阶的无穷小

D. $\alpha(x)$ 与 $\beta(x)$ 是同阶无穷小但不是等价无穷小

【解答】由于 $1-\cos x \sim \dfrac{x^2}{2}$，$\lim\limits_{x \to 0} \dfrac{\alpha(x)}{\beta(x)} = \dfrac{\frac{x^2}{2}}{2x^2} = \dfrac{1}{4}$

应选 D 项。

三、连续函数

（一）函数的连续性与间断点

1. 函数的连续性

设函数 $y=f(x)$ 在点 x_0 的某一邻域内有定义，如果 $\lim\limits_{\Delta x \to 0} \Delta y = \lim\limits_{\Delta x \to 0}[f(x_0 + \Delta x) - f(x_0)] = 0$，或 $\lim\limits_{x \to x_0} f(x) = f(x_0)$，则称函数 $y=f(x)$ 在点 x_0 连续。

如果 $\lim\limits_{x \to x_0^-} f(x) = f(x_0^-)$ 存在且等于 $f(x_0)$，即 $f(x_0^-) = f(x_0)$，则称函数 $f(x)$ 在点 x_0 左连续。如果 $\lim\limits_{x \to x_0^+} f(x) = f(x_0^+)$ 存在且等于 $f(x_0)$，即 $f(x_0^+) = f(x_0)$，则称函数 $f(x)$ 在点 x_0 右连续。

函数 $y=f(x)$ 在 x_0 处左连续且右连续的充分必要条件是函数 $y=f(x)$ 在 x_0 处连续。

在区间上每一点都连续的函数，称为在该区间上的连续函数，或者说函数在该区间上连续。如果区间包括端点，那么函数在右端点连续是指左连续，在左端点连续是指右连续，则称函数在闭区间（例如 $[a, b]$）上连续。

★★★2. 函数的间断点

设函数 $f(x)$ 在点 x_0 的某去心邻域内有定义，如果函数 $f(x)$ 有下列三种情形之一：

（1）在 $x = x_0$ 处无定义；

（2）虽在 $x = x_0$ 处有定义，但 $\lim\limits_{x \to x_0} f(x)$ 不存在；

（3）虽在 $x = x_0$ 处有定义，$\lim\limits_{x \to x_0} f(x)$ 也存在，但 $\lim\limits_{x \to x_0} f(x) \neq f(x_0)$，则函数 $f(x)$ 在点 x_0 处不连续，x_0 称为 $f(x)$ 的不连续点（间断点）。

间断点可分为如下两类：

（1）如果 x_0 为函数 $f(x)$ 的间断点，但左极限 $f(x_0^-)$ 及右极限 $f(x_0^+)$ 都存在，则 x_0 称为函数 $f(x)$ 的第一类间断点。在第一类间断点中，当 $f(x_0^+) = f(x_0^-)$ 时，则称为可去间断点；当 $f(x_0^+) \neq f(x_0^-)$ 时，则称为跳跃间断点。

（2）不是第一类间断点的任何间断点称为第二类间断点。

（二）连续函数的运算与初等函数的连续性

1. 设函数 $f(x)$ 和 $g(x)$ 在点 x_0 连续，则它们的和（差）$f \pm g$、积 $f \cdot g$ 及商 $\dfrac{f}{g}$ [当 $g(x_0)$ $\neq 0$ 时] 都在点 x_0 连续。

2. 如果函数 $y = f(x)$ 在区间 I_x 上单调增加（或单调减少）且连续，则它的反函数 $x = f^{-1}(y)$ 也在对应的区间 $I_y = \{y \mid y = f(x), x \in I_x\}$ 上单调增加（或单调减少）且连续。

3. 设函数 $y = f[g(x)]$ 是由函数 $u = g(x)$ 与函数 $y = f(u)$ 复合而成，$U(x_0) \subset D_{f \cdot g}$。若函数 $u = g(x)$ 在 $x = x_0$ 连续，且 $g(x_0) = u_0$，而函数 $y = f(u)$ 在 $u = u_0$ 连续，则复合函数 $y = f[g(x)]$ 在 $x = x_0$ 也连续。

4. 一切初等函数在其定义区间内都是连续的，这里的"定义区间"是指包含在定义域内的区间。

（三）闭区间上连续函数的性质

定理 1（有界性与最大值最小值定理） 在闭区间上连续的函数在该区间上有界且一定能取得它的最大值和最小值。

定理 2（零点定理） 设函数 $f(x)$ 在闭区间 $[a, b]$ 上连续，且 $f(a)$ 与 $f(b)$ 异号[即 $f(a) \cdot f(b) < 0$]，则在开区间 (a, b) 内至少有一点 ξ，使 $f(\xi) = 0$。

定理 3（介值定理） 设函数 $f(x)$ 在闭区间 $[a, b]$ 上连续，且在这区间的端点取不同的函数值 $f(a) = A$ 及 $f(b) = B$，则对于 A 与 B 之间的任意一个数 C，在开区间 (a, b) 内至少有一点 ξ，使得 $f(\xi) = C (a < \xi < b)$。

【例 1-2-6】（历年真题）点 $x = 0$ 是函数 $y = \arctan \dfrac{1}{x}$ 的：

A. 可去间断点　　　　B. 跳跃间断点　　　　C. 连续点　　　　D. 第二类间断点

【解答】 函数 y 在 $x = 0$ 处为间断点。

$\lim\limits_{x \to 0^+} y = \lim \dfrac{\pi}{2}$，$\lim\limits_{x \to 0^-} y = -\dfrac{\pi}{2}$，故 $x = 0$ 为跳跃间断点。

应选 B 项。

【例 1-2-7】（历年真题）设 $f(x) = \begin{cases} \cos x + x\sin\dfrac{1}{x}, & x < 0 \\ x^2 + 1, & x \geqslant 0 \end{cases}$，则 $x = 0$ 是 $f(x)$ 的：

A. 跳跃间断点　　　　B. 可去间断点　　　　C. 第二类间断点　　　　D. 连续点

【解答】 $\lim\limits_{x \to 0^+} f(x) = 1$，$\lim\limits_{x \to 0^-} = 1 + 0 = 1$

$f(0) = 0 + 1 = 1$，则 $\lim\limits_{x \to 0^+} f(x) = \lim\limits_{x \to 0^-} f(x) = f(0)$

应选 D 项。

四、导数与微分

（一）导数的基本概念

1. 导数的定义

设函数 $y = f(x)$ 在点 x_0 的某个邻域内有定义，当自变量 x 在 x_0 处取得增量 Δx 时，相应地，因变量取得增量 $\Delta y = f(x_0 + \Delta x) - f(x_0)$；如果 Δy 与 Δx 之比当 $\Delta x \rightarrow 0$ 时的极限存在，则称函数 $y = f(x)$ 在点 x_0 处可导，并称这个极限为函数 $y = f(x)$ 在点 x_0 处的导数，记为 $f'(x_0)$，即：

$$f'(x_0) = \lim_{\Delta x \to 0} \frac{\Delta y}{\Delta x} = \lim_{\Delta x \to 0} \frac{f(x_0 + \Delta x) - f(x_0)}{\Delta x}$$

也可记作 $y'|_{x=x_0}$，$\dfrac{\mathrm{d}y}{\mathrm{d}x}\Big|_{x=x_0}$ 或 $\dfrac{\mathrm{d}f(x)}{\mathrm{d}x}\Big|_{x=x_0}$。

函数 $f(x)$ 在点 x_0 处可导有时也说成 $f(x)$ 在点 x_0 具有导数或导数存在。

函数 $f(x)$ 在点 x_0 处可导的充分必要条件是左导数 $f'_-(x_0)$ 和右导数 $f'_+(x_0)$ 都存在且相等。

如果函数 $y = f(x)$ 在开区间 I 内的每点处都可导，则称函数 $f(x)$ 在开区间 I 内可导。这时，对于任一 $x \in I$，都对应着 $f(x)$ 的一个确定的导数值。这样就构成了一个新的函数，这个函数称为原来函数 $y = f(x)$ 的导函数，记作 y'，$f'(x)$，$\dfrac{\mathrm{d}y}{\mathrm{d}x}$ 或 $\dfrac{\mathrm{d}f(x)}{\mathrm{d}x}$。

2. 函数可导性与连续性的关系

如果函数 $y = f(x)$ 在点 x 处可导，则函数在该点必连续，但一个函数在某点连续却不一定在该点可导。

3. 导数的几何意义和物理意义

$f(x)$ 在 x_0 处的导数 $f'(x_0)$，在几何上表示曲线 $y = f(x)$ 在点 (x_0, y_0) 处的切线的斜率。由此可知曲线 $y = f(x)$ 在点 (x_0, y_0) 处的切线方程为：

$$y - y_0 = f'(x_0)(x - x_0)$$

若 $f'(x_0) \neq 0$，则曲线 $y = f(x)$ 在点 (x_0, y_0) 处的法线方程为：

$$y - y_0 = -\frac{1}{f'(x_0)}(x - x_0)$$

如果沿直线运动的物体在时刻 t 的位置函数是 $s = s(t)$，则导数 $s'(t_0)$ 表示该物体在时刻 t_0 的瞬时速度 $v(t_0)$。

★★★（二）基本求导公式

(1) $(C)' = 0$（C 为常数）

(2) $(x^\mu)' = \mu x^{\mu - 1}$

(3) $(\sin x)' = \cos x$

(4) $(\cos x)' = -\sin x$

(5) $(\tan x)' = \sec^2 x$

(6) $(\cot x)' = -\csc^2 x$

(7) $(\sec x)' = \sec x \tan x$

(8) $(\csc x)' = -\csc x \cot x$

(9) $(a^x)' = a^x \ln a$（$a > 0$，$a \neq 1$）

(10) $(\mathrm{e}^x)' = \mathrm{e}^x$

(11) $(\log_a x)' = \dfrac{1}{x \ln a}$（$a > 0$，$a \neq 1$）

(12) $(\ln x)' = \dfrac{1}{x}$

(13) $(\arcsin x)' = \dfrac{1}{\sqrt{1 - x^2}}$

(14) $(\arccos x)' = -\dfrac{1}{\sqrt{1 - x^2}}$

(15) $(\arctan x)' = \dfrac{1}{1 + x^2}$

(16) $(\text{arccot} x)' = -\dfrac{1}{1 + x^2}$

★★★（三）求导法则

1. 函数的和、差、积、商的求导法则

若 $u = u(x)$、$v = v(x)$ 可导,则:

(1) $[u(x) \pm v(x)]' = u'(x) \pm v'(x)$;

(2) $[u(x)v(x)]' = u'(x)v(x) + u(x)v'(x)$;

(3) $\left[\dfrac{u(x)}{v(x)}\right]' = \dfrac{u'(x)v(x) - u(x)v'(x)}{v^2(x)}$ $[v(x) \neq 0]$。

2. 反函数的求导法则

如果函数 $x = f(y)$ 在区间 I_y 内单调、可导且 $f'(y) \neq 0$,则它的反函数 $y = f^{-1}(x)$ 在区间 $I_x = \{x \mid x = f(y), y \in I_y\}$ 内也可导,且

$$[f^{-1}(x)]' = \frac{1}{f'(y)} \quad \text{或} \quad \frac{\mathrm{d}y}{\mathrm{d}x} = \frac{1}{\dfrac{\mathrm{d}x}{\mathrm{d}y}}$$

3. 复合函数的求导法则

如果 $u = g(x)$ 在点 x 可导,而 $y = f(u)$ 在点 $u = g(x)$ 可导,则复合函数 $y = f[g(x)]$ 在点 x 可导,且其导数为

$$\frac{\mathrm{d}y}{\mathrm{d}x} = f'(u) \cdot g'(x) \quad \text{或} \quad \frac{\mathrm{d}y}{\mathrm{d}x} = \frac{\mathrm{d}y}{\mathrm{d}u} \cdot \frac{\mathrm{d}u}{\mathrm{d}x}$$

复合函数的求导法则可以推广到多个中间变量的情形。以两个中间变量为例,设 $y = f(u)$,$u = \varphi(v)$,$v = \psi(x)$,则:

$$\frac{\mathrm{d}y}{\mathrm{d}x} = \frac{\mathrm{d}y}{\mathrm{d}u} \cdot \frac{\mathrm{d}u}{\mathrm{d}v} \cdot \frac{\mathrm{d}v}{\mathrm{d}x}$$

4. 隐函数的求导法则

设方程 $F(x, y) = 0$ 确定了隐函数 $y = y(x)$。因此,方程 $F(x, y) = 0$ 两边对 x 求导,应注意,$y = y(x)$。此外,也可采用 $\dfrac{\mathrm{d}y}{\mathrm{d}x} = -\dfrac{F_x}{F_y}$,$F_y \neq 0$。

5. 幂指函数的求导法则

对于一般形式的幂指函数 $y = u^v (u > 0)$,如果 $u = u(x)$、$v = v(x)$ 都可导,可利用对数求导法求出幂指函数的导数,也可把幂指函数表示为 $y = \mathrm{e}^{v\ln u}$,则:

$$y' = \mathrm{e}^{v\ln u}\left(v' \cdot \ln u + v \cdot \frac{u'}{u}\right) = u^v\left(v'\ln u + \frac{vu'}{u}\right)$$

6. 由参数方程所确定的函数的求导法则

若函数 $y = y(x)$ 由参数方程 $\begin{cases} x = \varphi(t) \\ y = \psi(t) \end{cases}$ 所确定,且 $x = \varphi(t)$、$y = \psi(t)$ 都可导,$\varphi'(t) \neq 0$,则:

$$\frac{\mathrm{d}y}{\mathrm{d}x} = \frac{\dfrac{\mathrm{d}y}{\mathrm{d}t}}{\dfrac{\mathrm{d}x}{\mathrm{d}t}} = \frac{\psi'(t)}{\varphi'(t)}$$

7. 高阶导数

二阶以及二阶以上的导数称为高阶导数。函数 $f(x)$ 如果存在 n 阶导数,则可记为 $f^{(n)}(x)$ 或 $y^{(n)}$,$\dfrac{\mathrm{d}^n y}{\mathrm{d}x^n}$。显然,$\dfrac{\mathrm{d}^n y}{\mathrm{d}x^n} = \dfrac{\mathrm{d}}{\mathrm{d}x}\left(\dfrac{\mathrm{d}^{n-1}y}{\mathrm{d}x^{n-1}}\right)$。

可见，求高阶导数就是按前述的求导法则多次接连地求导数。求函数的高阶导数公式，需要在逐次求导过程中，善于寻求它的某种规律。

如果函数 $u = u(x)$ 及 $v = v(x)$ 都在点 x 处具有 n 阶导数，则：

$$(u \pm v)^{(n)} = u^{(n)} \pm v^{(n)}, \quad (uv)^{(n)} = \sum_{k=0}^{n} C_n^k u^{(n-k)} v^{(k)}$$

★★★（四）微分

1. 微分的定义

设函数 $y = f(x)$ 在某区间内有定义，x_0 及 $x_0 + \Delta x$ 在这区间内，如果函数的增量 $\Delta y = f(x_0 + \Delta x) - f(x_0)$ 可表示成 $\Delta y = A\Delta x + o(\Delta x)$，其中 A 是不依赖于 Δx 的常数，而 $o(\Delta x)$ 是比 Δx 高阶的无穷小，则称函数 $y = f(x)$ 在点 x_0 是可微的，而 $A\Delta x$ 称为 $y = f(x)$ 在点 x_0 相应于 Δx 的微分，记作 $dy = A\Delta x$。

2. 函数可微与可导的关系

若函数 $y = f(x)$ 在 x 处可导，则 $y = f(x)$ 在 x 处必可微；反之，若函数 $y = f(x)$ 在 x 处可微，则 $y = f(x)$ 在 x 处必可导且 $dy = f'(x)\Delta x$。可见，一元函数 $f(x)$ 在点 x_0 可微的充分必要条件是函数在点 x_0 可导。

一元函数连续、可导与可微的关系，见图 1-2-1。

通常把自变量 x 的增量 Δx 称为自变量的微分，记为 dx，即 $\Delta x = dx$，这样 dy 又可记作 $dy = f'(x)dx$。从而 $\dfrac{dy}{dx} = f'(x)$，这表明函数的微分 dy 与自变量的微分 dx 之商等于该函数的导数，因此，导数也称为"微商"。

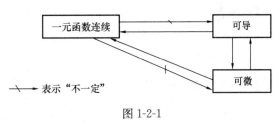

图 1-2-1

3. 基本初等函数的微分公式

（1）$d(C) = 0$（C 为常数）

（2）$d(x^\mu) = \mu x^{\mu-1}dx$

（3）$d(\sin x) = \cos x dx$

（4）$d(\cos x) = -\sin x dx$

（5）$d(\tan x) = \sec^2 x dx$

（6）$d(\cot x) = -\csc^2 x dx$

（7）$d(\sec x) = \sec x \tan x dx$

（8）$d(\csc x) = -\csc x \cot x dx$

（9）$d(a^x) = a^x \ln a dx$（$a > 0, a \neq 1$）

（10）$d(e^x) = e^x dx$

（11）$d(\log_a^x) = \dfrac{1}{x\ln a}dx$（$a > 0, a \neq 1$）

（12）$d(\ln x) = \dfrac{1}{x}dx$

（13）$d(\arcsin x) = \dfrac{1}{\sqrt{1-x^2}}dx$

（14）$d(\arccos x) = -\dfrac{1}{\sqrt{1-x^2}}dx$

（15）$d(\arctan x) = \dfrac{1}{1+x^2}dx$

（16）$d(\text{arccot} x) = -\dfrac{1}{1+x^2}dx$

4. 微分法则

函数 $u = u(x)$，$v = v(x)$ 都可微，则：

$$d(u \pm v) = du \pm dv, \quad d(Cu) = Cdu（C \text{ 为常数}）$$

$$d(uv) = vdu + udv, \quad d\left(\frac{u}{v}\right) = \frac{vdu - udv}{v^2}（v \neq 0）$$

设 $y = f(u)$ 及 $u = g(x)$ 都可导，则复合函数 $y = f[g(x)]$ 的微分为：

$$dy = y'_x dx = f'(u)g'(x)dx$$

由于 $g'(x)dx = du$，上述复合函数的微分也可以写成：

$$dy = f'(u)du \quad 或 \quad dy = y'_u du$$

可见，无论 u 是自变量还是中间变量，微分形式 $dy = f'(u)du$ 保持不变。这一性质称为微分形式不变性。

【例 1-2-8】（历年真题）设 $y = \ln(\sin x)$，则二阶导数 y'' 等于：

A. $\dfrac{\cos x}{\sin^2 x}$ B. $\dfrac{1}{\cos^2 x}$ C. $\dfrac{1}{\sin^2 x}$ D. $-\dfrac{1}{\sin^2 x}$

【解答】$y' = \dfrac{\cos x}{\sin x} = \cot x$，$y'' = (\cot x)' = -\dfrac{1}{\sin^2 x}$

应选 D 项。

【例 1-2-9】（历年真题）设 $f(x)$ 的二阶导数存在，$y = f(e^x)$，则 $\dfrac{d^2 y}{dx^2}$ 等于：

A. $f''(e^x)e^x$ B. $[f''(e^x) + f'(e^x)]e^x$

C. $f''(e^x)e^{2x} + f'(e^x)e^x$ D. $f''(e^x)e^x + f'(e^x)e^{2x}$

【解答】

$$y' = f'(e^x)e^x$$

$$y'' = f''(e^x) \cdot e^x e^x + f'(e^x)e^x = f''(e^x)e^{2x} + f'(e^x)e^x$$

应选 C 项。

【例 1-2-10】（历年真题）设 $f(x) = \begin{cases} 3x^2, & x \leqslant 1 \\ 4x - 1, & x > 1 \end{cases}$，则 $f(x)$ 在点 $x = 1$ 处：

A. 不连续   B. 连续但左、右导数不存在

C. 连续但不可导   D. 可导

【解答】$\lim\limits_{x \to 1^-} f(x) = 3$，$\lim\limits_{x \to 1^+} f(x) = 4 \times 1 - 1 = 3$，$f(1) = 3$，故 $f(x)$ 在点 $x = 1$ 处连续。

$$f'_+(1) = \lim_{x \to 1^+} \frac{4x - 1 - (4 \times 1 - 1)}{x - 1} = \lim_{x \to 1^+} \frac{4(x - 1)}{x - 1} = 4$$

$$f'_-(1) = \lim_{x \to 1^-} \frac{3x^2 - 3}{x - 1} = \lim_{x \to 1^-} \frac{3(x + 1)(x - 1)}{x - 1} = 6$$

$f'_+(1) \neq f'_-(1)$，可知，在点 $x = 1$ 处不可导。应选 C 项。

【例 1-2-11】（历年真题）设 $y = \ln(\cos x)$，则微分 dy 等于：

A. $\dfrac{1}{\cos x} dx$ B. $\cot x dx$

C. $-\tan x dx$ D. $-\dfrac{1}{\cos x \sin x} dx$

【解答】$y' = \dfrac{-\sin x}{\cos x} = -\tan x$，即：$dy = -\tan x dx$

应选 C 项。

【例 1-2-12】（历年真题）设可微函数 $y = y(x)$ 由方程 $\sin y + e^x - xy^2 = 0$ 所确定，则微分 dy 等于：

A. $\dfrac{-y^2 + e^x}{\cos y - 2xy} dx$ B. $\dfrac{y^2 + e^x}{\cos y - 2xy} dx$

C. $\dfrac{y^2+\mathrm{e}^x}{\cos y+2xy}\mathrm{d}x$ 　　　　　　　　　 D. $\dfrac{y^2-\mathrm{e}^x}{\cos y-2xy}\mathrm{d}x$

【解答】对隐函数直接对方程两边进行 x 的求导：

$$\cos y\frac{\mathrm{d}y}{\mathrm{d}x}+\mathrm{e}^x-\left(y^2+x\cdot 2y\frac{\mathrm{d}y}{\mathrm{d}x}\right)=0$$

即：

$$\mathrm{d}y=\frac{y^2-\mathrm{e}^x}{\cos y-2xy}\mathrm{d}x$$

应选 D 项。

★★★五、微分中值定理与洛必达法则

（一）微分中值定理

1. 罗尔中值定理

若函数 $f(x)$ 在闭区间 $[a,b]$ 上连续，在开区间 (a,b) 内可导，且 $f(a)=f(b)$，则在 (a,b) 内至少存在一点 $\xi(a<\xi<b)$，使 $f'(\xi)=0$。

2. 拉格朗日中值定理

若函数 $f(x)$ 在闭区间 $[a,b]$ 上连续，在开区间 (a,b) 内可导，则在 (a,b) 内至少存在一点 ξ $(a<\xi<b)$，使 $f'(\xi)=\dfrac{f(b)-f(a)}{b-a}$。

推论：如果函数 $f(x)$ 在区间 I 上连续，I 内可导且导数恒为零，则 $f(x)$ 在区间 I 上是一个常数。

（二）洛必达法则

对于未定式 $\dfrac{0}{0}$，$\dfrac{\infty}{\infty}$ 可用洛必达法则来求极限，具体如下：

设（1）当 $x\rightarrow a$（或 $x\rightarrow\infty$）时，$f(x)\rightarrow 0$ 及 $F(x)\rightarrow 0$ [或 $f(x)\rightarrow\infty$ 及 $F(x)\rightarrow\infty$]；

（2）在点 a 的某去心邻域内（或当 $|x|>N$，$N>0$ 时）$f'(x)$、$F'(x)$ 均存在且 $F'(x)\neq 0$；

（3）$\lim\limits_{\substack{x\rightarrow a\\(x\rightarrow\infty)}}\dfrac{f'(x)}{F'(x)}$ 存在（或为无穷大），

则：$\lim\limits_{\substack{x\rightarrow a\\(x\rightarrow\infty)}}\dfrac{f(x)}{F(x)}=\lim\limits_{\substack{x\rightarrow a\\(x\rightarrow\infty)}}\dfrac{f'(x)}{F'(x)}$

如果 $\dfrac{f'(x)}{F'(x)}$ 当 $x\rightarrow a$（或 $x\rightarrow\infty$）时仍为未定式 $\dfrac{0}{0}$ 或 $\dfrac{\infty}{\infty}$，且 $f'(x)$、$F'(x)$ 满足上述三个条件，则可继续使用洛必达法则，即：$\lim\limits_{\substack{x\rightarrow a\\(x\rightarrow\infty)}}\dfrac{f(x)}{F(x)}=\lim\limits_{\substack{x\rightarrow a\\(x\rightarrow\infty)}}\dfrac{f'(x)}{F'(x)}=\lim\limits_{\substack{x\rightarrow a\\(x\rightarrow\infty)}}\dfrac{f''(x)}{F''(x)}$，并且可以以此类推。

应注意的是，洛必达法则仅是充分条件，当 $\lim\limits_{\substack{x\rightarrow a\\(x\rightarrow\infty)}}\dfrac{f'(x)}{F'(x)}$ 不存在时（等于无穷大的情况除外），$\lim\limits_{\substack{x\rightarrow a\\(x\rightarrow\infty)}}\dfrac{f(x)}{F(x)}$ 仍可能存在。

对于其他形式的未定式，例如 $0\cdot\infty$，$\infty-\infty$，0^0，1^∞，∞^0 型未定式，必须先通过变形化成 $\dfrac{0}{0}$ 或 $\dfrac{\infty}{\infty}$ 的情形，然后再使用洛必达法则。

【例 1-2-13】（历年真题）下列函数在区间 $[-1，1]$ 上满足罗尔定理条件的是：

A. $f(x) = \sqrt[3]{x^2}$
B. $f(x) = \sin x^2$

C. $f(x) = |x|$
D. $f(x) = \dfrac{1}{x}$

【解答】 A 项：$f'(x) = \dfrac{2}{3}\dfrac{1}{\sqrt[3]{x}}$，在 $x=0$ 处不可导，不满足。

B 项：$f'(x) = 2x\cos x^2$ 在 $(-1,1)$ 可导，且 $f(-1) = f(1) = \sin 1$，$f(x)$ 连续，满足。

应选 B 项。

【例 1-2-14】（历年真题）当 $x \to 0$ 时，$3^x - 1$ 是 x 的：

A. 高阶无穷小
B. 低阶无穷小

C. 等价无穷小
D. 同阶但非等价无穷小

【解答】 $\lim\limits_{x \to 0} \dfrac{3^x - 1}{x} = \lim\limits_{x \to 0} \dfrac{3^x \ln 3}{1} = \ln 3 \neq 0$

应选 D 项。

【例 1-2-15】（历年真题）若 $f'(x_0)$ 存在，则 $\lim\limits_{x \to x_0} \dfrac{xf(x_0) - x_0 f(x)}{x - x_0}$ 等于：

A. $f'(x_0)$
B. $-x_0 f'(x_0)$

C. $f(x_0) - x_0 f'(x_0)$
D. $x_0 f'(x_0)$

【解答】 应用洛必达法则，求导：

$$\lim\limits_{x \to x_0} \dfrac{xf(x_0) - x_0 f(x)}{x - x_0} = \lim\limits_{x \to x_0} \dfrac{f(x_0) - x_0 f'(x)}{1} = f(x_0) - x_0 f'(x_0)$$

应选 C 项。

【例 1-2-16】（历年真题）要使得函数 $f(x) = \begin{cases} \dfrac{x\ln x}{1-x}, & x > 0 \\ a, & x = 1 \end{cases}$ 在 $(0, +\infty)$ 上连续，则

常数 a 等于：

A. 0　　　　　B. 1　　　　　C. -1　　　　　D. 2

【解答】 $\lim\limits_{x \to 1} \dfrac{x\ln x}{1-x} = \lim\limits_{x \to 1} \dfrac{\ln x + x \cdot \dfrac{1}{x}}{-1} = -1$

$f(1) = a = \lim\limits_{x \to 1} f(x) = -1$，即：$a = -1$，应选 C 项。

【例 1-2-17】（历年真题）函数 $f(x) = \dfrac{x - x^2}{\sin \pi x}$ 的可去间断点的个数为：

A. 1个　　　　B. 2个　　　　C. 3个　　　　D. 无穷多个

【解答】 由分母为 0，可知，$x = 0, \pm 1, \pm 2, \cdots$，为间断点。

$x = 0$ 时，$\lim\limits_{x \to 0} f(x) = \lim\limits_{x \to 0} \dfrac{1 - 2x}{\pi\cos\pi x} = \dfrac{1}{\pi}$，故为一个可去间断点。

同样，$x = 1$ 时，$\lim\limits_{x \to 1} f(x) = \dfrac{1 - 2x}{\pi\cos\pi x} = \dfrac{1}{\pi}$，故为一个可去间断点。

$x = -1$ 时，$\lim\limits_{x \to -1} f(x) = \infty$，即极限不存在。

同样，$x = \pm 2, \cdots$；极限不存在。

应选 B 项。

【例 1-2-18】（历年真题）若 $\lim\limits_{x \to 1} \dfrac{2x^2 + ax + b}{x^2 + x - 2} = 1$，则必有：

A. $a = -1, b = 2$ 　　　　　　　　　　B. $a = -1, b = -2$

C. $a = -1, b = -1$ 　　　　　　　　　D. $a = 1, b = 1$

【解答】 $\lim\limits_{x \to 1} f(x) = \lim\limits_{x \to 1} \dfrac{4x + a}{2x + 1} = 1$，则：$a = 2 \times 1 + 1 - 4 \times 1 = -1$

$x = 1, 2x^2 + (-1)x + b = 0$，则：$b = -1$

应选 C 项。

【例 1-2-19】（历年真题）极限 $\lim\limits_{x \to 0} \dfrac{3 + e^{\frac{1}{x}}}{1 - e^{\frac{2}{x}}}$ 为：

A. 3 　　　　　　B. -1 　　　　　　C. 0 　　　　　　D. 不存在

【解答】 令 $t = \dfrac{1}{x}$，则：

$\lim\limits_{t \to +\infty} \dfrac{3 + e^t}{1 - e^{2t}} = \lim\limits_{t \to +\infty} \dfrac{e^t}{-2e^{2t}} = \lim\limits_{t \to +\infty} \dfrac{1}{-2e^t} = 0$

$\lim\limits_{t \to -\infty} \dfrac{3 + e^t}{1 - e^{2t}} = \dfrac{3}{1} = 3$，则左、右极限不等，即 $\lim\limits_{x \to 0} f(x)$ 极限不存在。

应选 D 项。

★★★六、导数的应用

1. 函数单调性的判定法

设函数 $y = f(x)$ 在 $[a, b]$ 上连续，在 (a, b) 内可导：

（1）如果在 (a, b) 内 $f'(x) \geqslant 0$，且等号仅在有限多个点处成立，则函数 $y = f(x)$ 在 $[a, b]$ 上单调增加；

（2）如果在 (a, b) 内 $f'(x) \leqslant 0$，且等号仅在有限多个点处成立，则函数 $y = f(x)$ 在 $[a, b]$ 上单调减少。

2. 函数的极值

设函数 $f(x)$ 在点 x_0 的某邻域 $U(x_0)$ 内有定义，如果对于去心邻域 $\mathring{U}(x_0)$ 内的任一 x，有 $f(x) < f(x_0)$[或 $f(x) > f(x_0)$]，则称 $f(x_0)$ 是函数 $f(x)$ 的一个极大值（或极小值）。

函数的极大值与极小值统称为函数的极值，使函数取得极值的点称为极值点。

定理 1（必要条件） 设函数 $f(x)$ 在 x_0 处可导，且在 x_0 处取得极值，则 $f'(x_0) = 0$。

使 $f'(x_0) = 0$ 的点 x_0 称为 $f(x)$ 的驻点。定理 1 表明：可导函数 $f(x)$ 的极值点必定是它的驻点。但反过来，函数的驻点却不一定是极值点。注意，函数在它的导数不存在的点处也可能取得极值。

判定函数的极值的充分条件按下述定理 2 或定理 3。

定理 2（第一充分条件） 设函数 $f(x)$ 在 x_0 处连续，且在 x_0 的某去心邻域 $\mathring{U}(x_0, \delta)$ 内可导：

(1) 若 $x \in (x_0 - \delta, x_0)$ 时,$f'(x) > 0$,而 $x \in (x_0, x_0 + \delta)$ 时,$f'(x) < 0$,则 $f(x)$ 在 x_0 处取得极大值;

(2) 若 $x \in (x_0 - \delta, x_0)$ 时,$f'(x) < 0$,而 $x \in (x_0, x_0 + \delta)$ 时,$f'(x) > 0$,则 $f(x)$ 在 x_0 处取得极小值;

(3) 若 $x \in \overset{\circ}{U}(x_0, \delta)$ 时,$f'(x)$ 的符号保持不变,则 $f(x)$ 在 x_0 处没有极值。

定理 3(第二充分条件) 设函数 $f(x)$ 在 x_0 处具有二阶导数且 $f'(x_0) = 0$,$f''(x_0) \neq 0$,则:

(1) 当 $f''(x_0) < 0$ 时,函数 $f(x)$ 在 x_0 处取得极大值;

(2) 当 $f''(x_0) > 0$ 时,函数 $f(x)$ 在 x_0 处取得极小值。

3. 函数的最大值、最小值

函数 $f(x)$ 在闭区间 $[a, b]$ 上连续,在开区间 (a, b) 内除有限个点外可导,且至多有有限个驻点,则求 $f(x)$ 在 $[a, b]$ 上的最大值和最小值的方法如下:

(1) 求出 $f(x)$ 在 (a, b) 内的驻点(当没有驻点时,就不考虑驻点)及不可导点;

(2) 计算 $f(x)$ 在上述驻点(若有,才考虑)、不可导点处的函数值及 $f(a)$、$f(b)$;

(3) 比较(2)中诸值的大小,其中最大的就是 $f(x)$ 在 $[a, b]$ 上的最大值,最小的就是 $f(x)$ 在 $[a, b]$ 上的最小值。

4. 曲线的凹凸性与拐点

设函数 $f(x)$ 在区间 I 上连续,如果对于 I 上任意两点 x_1、x_2,恒有 $f\left(\dfrac{x_1 + x_2}{2}\right) < \dfrac{f(x_1) + f(x_2)}{2}$,则称 $f(x)$ 在 I 上图形是凹的(或凹弧);如果恒有 $f\left(\dfrac{x_1 + x_2}{2}\right) > \dfrac{f(x_1) + f(x_2)}{2}$,则称 $f(x)$ 在 I 上的图形是凸的(或凸弧)。

曲线在经过点 (x_0, y_0) 时,曲线的凹凸性改变,则称点 $(x_0 y_0)$ 为曲线的拐点。

设 $f(x)$ 在 $[a, b]$ 上连续,在 (a, b) 内具有一阶和二阶导数,则:

(1) 若在 (a, b) 内 $f''(x) > 0$,则 $f(x)$ 在 $[a, b]$ 上的图形是凹的;

(2) 若在 (a, b) 内 $f''(x) < 0$,则 $f(x)$ 在 $[a, b]$ 上的图形是凸的。

判定区间 I 上的连续曲线 $y = f(x)$ 的拐点的步骤如下:

(1) 求 $f''(x)$;

(2) 令 $f''(x) = 0$,解出这方程在区间 I 内的实根,并求出在区间 I 内 $f''(x)$ 不存在的点;

(3) 对于(2)中求出的每一个实根或二阶导数不存在的点 x_0,检查 $f''(x)$ 在 x_0 左、右两侧邻近的符号,当两侧的符号相反时,点 $(x_0, f(x_0))$ 是拐点;当两侧的符号相同时,点 $(x_0, f(x_0))$ 不是拐点。

【例 1-2-20】(历年真题)若 $x = 1$ 是函数 $y = 2x^2 + ax + 1$ 的驻点,则常数 a 等于:

A. 2   B. -2 C. 4   D. -4

【解答】 $y' = 4x + a = 0$,又 $x = 1$ 为驻点,则:$4 \times 1 + a = 0$,$a = -4$,应选 D 项。

【例 1-2-21】(历年真题)设函数 $f(x)$、$g(x)$ 在 $[a, b]$ 上均可导($a < b$),且恒正,若 $f'(x)g(x) + f(x)g'(x) > 0$,则当 $x \in (a, b)$ 时,下列不等式中成立的是:

A. $\dfrac{f(x)}{g(x)} > \dfrac{f(a)}{g(b)}$ B. $\dfrac{f(x)}{g(x)} > \dfrac{f(b)}{g(b)}$

C. $f(x)g(x) > f(a)g(a)$ D. $f(x)g(x) > f(b)g(b)$

【解答】设 $W(x) = f(x)g(x)$，则：$W'(x) = f'(x)g(x) + f(x)g'(x) > 0$。

故 $W(x)$ 在 $x \in (a, b)$ 内单调增加，即有：

$f(x)g(x) > f(a)g(a)$，应选 C 项。

【例 1-2-22】（历年真题）当 $x > 0$ 时，下列不等式中正确的是：

A. $e^x < 1 + x$ B. $\ln(1 + x) > x$

C. $e^x < ex$ D. $x > \sin x$

【解答】D 项，令 $f(x) = x - \sin x$，$f'(x) = 1 - \cos x \geqslant 0$，单调增加。$x = 0$ 时，$f(x) = 0$；$x > 0$ 时，则 $x - \sin x > 0$。

应选 D 项。

【例 1-2-23】（历年真题）若 $f(-x) = -f(x)(-\infty < x < +\infty)$，且在 $(-\infty, 0)$ 内 $f'(x) > 0$，$f''(x) < 0$，则 $f(x)$ 在 $(0, +\infty)$ 内是：

A. $f'(x) > 0$，$f''(x) < 0$ B. $f'(x) < 0$，$f''(x) > 0$

C. $f'(x) > 0$，$f''(x) > 0$ D. $f'(x) < 0$，$f''(x) < 0$

【解答】$f(-t) = -f(t)$，当 $t < 0$ 时，求导：$f'(-t) \cdot (-1) = -f'(t)$，即：$f'(-t) = f'(t) > 0$

再求导：$f''(-t) \cdot (-1) = f''(t)$，即：$f''(-t) = -f''(t) > 0$

令 $x = -t > 0$，在 $f(x)$ 在 $(0, +\infty)$，$f'(x) > 0$，$f''(x) > 0$，应选 C 项。

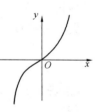

例 1-2-23 解图

此外，本题可作图如例 1-2-23 解图所示，显然，也选 C 项。

【例 1-2-24】（历年真题）函数 $y = (5 - x)x^{\frac{2}{3}}$ 的极值可疑点的个数是：

A. 0   B. 1   C. 2   D. 3

【解答】$y' = -x^{\frac{2}{3}} + (5 - x)\dfrac{2}{3}x^{-\frac{1}{3}} = \dfrac{5}{3}x^{-\frac{1}{3}}(2 - x) = 0$，则 $x = 2$

可知，$x = 0$，$x = 2$ 为极值可疑点，应选 C 项。

【例 1-2-25】（历年真题）$f(x)$ 在 $(-\infty, +\infty)$ 连续，导数函数 $f'(x)$ 图形如例 1-2-25 图所示，则 $f(x)$ 存在：

A. 一个极小值和两个极大值

B. 两个极小值和两个极大值

C. 两个极小值和一个极大值

D. 一个极小值和三个极大值

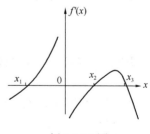

例 1-2-25 图

【解答】根据函数的极值的充分条件：

x_1、x_2，$f'(x)$ 由负变正，取得极小值；

0、x_3，$f'(x)$ 由正变负，取得极大值。

应选 B 项。

【例 1-2-26】（历年真题）函数 $f(x) = \sin\left(x + \dfrac{\pi}{2} + \pi\right)$ 在区间 $[-\pi, \pi]$ 上的最小值点 x_0 等于：

A. $-\pi$ 　　　　　 B. 0 　　　　　 C. $\dfrac{\pi}{2}$ 　　　　　 D. π

【解答】 验证法，A 项：$f(x) = \sin\dfrac{\pi}{2} = 1$

B 项：$f(x) = \sin\left(\dfrac{3}{2}\pi\right) = -1$；C 项：$f(x) = \sin 2\pi = 0$

D 项：$f(x) = \sin\left(2\pi + \dfrac{\pi}{2}\right) = 1$

应选 B 项。

【例 1-2-27】（历年真题）$a < x < b$ 时，有 $f'(x) > 0$，$f''(x) < 0$，则在区间 (a, b) 内，函数 $y = f(x)$ 图形沿 x 轴正向是：

A. 单调减且凸的 　　　　　　　　　 B. 单调减且凹的
C. 单调增且凸的 　　　　　　　　　 D. 单调增且凹的

【解答】 $a < x < b$，$f'(x) > 0$，单调增加；$f''(x) < 0$，曲线是凸的。

应选 C 项。

【例 1-2-28】（历年真题）曲线 $f(x) = xe^{-x}$ 的拐点是：
A. $(2, 2e^{-2})$ 　　　　　　　　　 B. $(-2, -2e^2)$
C. $(-1, e)$ 　　　　　　　　　　　 D. $(1, e^{-1})$

【解答】 $f'(x) = e^{-x} - xe^{-x}$，$f''(x) = -e^{-x} - e^{-x} + xe^{-x} = e^{-x}(x - 2) = 0$
得：$x = 2$；当 $x \in (-\infty, 2)$ 时，$f''(x) < 0$；当 $x \in (2, +\infty)$ 时，$f''(x) > 0$
故拐点为 $(2, 2e^{-2})$，应选 A 项。

【例 1-2-29】（历年真题）曲线 $f(x) = x^4 + 4x^3 + x + 1$ 在区间 $(-\infty, +\infty)$ 上的拐点个数是：

A. 0 　　　　　 B. 1 　　　　　 C. 2 　　　　　 D. 3

【解答】 $f'(x) = 4x^3 + 12x^2 + 1$，$f''(x) = 12x^2 + 24x = 12x(x + 2) = 0$
得：$x = 0$，$x = -2$
$x \in (-\infty, -2)$ 时，$f''(x) > 0$；$x \in (-2, 0)$ 时，$f''(x) < 0$，故 $x = -2$ 为拐点。
$x \in (-2, 0)$ 时，$f''(x) < 0$；$x \in (0, +\infty)$ 时，$f''(x) > 0$，故 $x = 0$ 为拐点。
共 2 个拐点，应选 C 项。

习　题

1-2-1 （历年真题）如果 $f(x)$ 在 x_0 处可导，$g(x)$ 在 x_0 处不可导，则 $f(x)g(x)$ 在 x_0 处：
A. 可能可导也可能不可导 　　　　　 B. 不可导
C. 可导 　　　　　　　　　　　　　 D. 连续

1-2-2 （历年真题）函数在给定区间上不满足拉格朗日定理条件的是：

A. $f(x) = \dfrac{x}{1 + x^2}, [-1, 2]$ 　　　　 B. $f(x) = x^{2/3}, [-1, 1]$

C. $f(x) = \mathrm{e}^{1/2}, [1,2]$ D. $f(x) = \dfrac{x+1}{x}, [1,2]$

1-2-3 $\dfrac{\mathrm{d}\,(\ln x)}{\mathrm{d}\sqrt{x}}$ 等于：

A. $\dfrac{1}{2x^{\frac{3}{2}}}$ B. $\dfrac{2}{\sqrt{x}}$ C. $\dfrac{1}{\sqrt{x}}$ D. $\dfrac{2}{x}$

1-2-4 下列说法中正确的是：

A. 若 $f'(x_0) = 0$ 则 $f(x_0)$ 必是 $f(x)$ 的极值

B. 若 $f(x_0)$ 是 $f(x)$ 的极值，则 $f(x)$ 在点 x_0 处可导，且 $f'(x_0) = 0$

C. 若 $f(x)$ 在点 x_0 处可导，则 $f'(x_0) = 0$ 是 $f(x)$ 在 x_0 取得极值的必要条件

D. 若 $f(x)$ 在点 x_0 处可导，则 $f'(x_0) = 0$ 是 $f(x)$ 在 x_0 取得极值的充分条件

1-2-5 （历年真题）下列极限式中，能够使用洛必达法则求极限的是：

A. $\lim\limits_{x\to 0}\dfrac{1+\cos x}{\mathrm{e}^x - 1}$ B. $\lim\limits_{x\to 0}\dfrac{x - \sin x}{\sin x}$

C. $\lim\limits_{x\to 0}\dfrac{x^2 \sin\dfrac{1}{x}}{\sin x}$ D. $\lim\limits_{x\to\infty}\dfrac{x + \sin x}{x - \sin x}$

1-2-6 （历年真题）设 $\begin{cases} x = t - \arctan t \\ y = \ln(1+t^2) \end{cases}$，则 $\dfrac{\mathrm{d}y}{\mathrm{d}x}\Big|_{t=1}$ 等于：

A. 1   B. -1 C. 2   D. $\dfrac{1}{2}$

1-2-7 （历年真题）$f(x)$ 在点 x_0 处的左、右极限存在且相等是 $f(x)$ 在 x_0 处连续的：

A. 必要非充分的条件   B. 充分非必要的条件

C. 充分且必要的条件   D. 既非充分又非必要的条件

1-2-8 设函数 $f(x)$ 在 (a,b) 内可微，且 $f'(x) \neq 0$，则 $f(x)$ 在 (a,b) 内：

A. 必有极大值   B. 必有极小值

C. 必无极值   D. 不能确定有还是没有极值

1-2-9 下列等式中不成立的是：

A. $\lim\limits_{x\to 0}\dfrac{\sin x^2}{x^2} = 1$ B. $\lim\limits_{x\to\infty}\dfrac{\sin x}{x} = 1$

C. $\lim\limits_{x\to 0}\dfrac{\sin x}{x} = 1$ D. $\lim\limits_{x\to\infty} x\sin\dfrac{1}{x} = 1$

1-2-10 函数 $f(x)$ 在点 $x = x_0$ 处连续是 $f(x)$ 在点 $x = x_0$ 处可微的：

A. 充分条件   B. 充要条件

C. 必要条件   D. 无关条件

1-2-11 （历年真题）若函数 $f(x)$ 在 $[a,b]$ 上连续，在 (a,b) 内可导，且 $f(a) = f(b)$，则在 (a,b) 内满足 $f(x_0) = 0$ 的点 x_0：

A. 必存在且只有一个   B. 至少存在一个

C. 不一定存在   D. 不存在

1-2-12 （历年真题）设 $f(x) = x(x-1)(x-2)$，则方程 $f'(x) = 0$ 的实根个数是：

A. 3   B. 2   C. 1   D. 0

1-2-13 （历年真题）当 $x \to +\infty$ 时，下列函数为无穷大量的是：

A. $\dfrac{1}{2+x}$ B. $x\cos x$ C. $e^{3x}-1$ D. $1-\arctan x$

1-2-14 （历年真题）设函数 $y=f(x)$ 满足 $\lim\limits_{x \to x_0} f'(x)=\infty$，且曲线 $y=f(x)$ 在 $x=x_0$ 处有切线，则此切线：

A. 与 Ox 轴平行   B. 与 Oy 轴平行

C. 与直线 $y=-x$ 平行   D. 与直线 $y=x$ 平行

1-2-15 （历年真题）若 $y=g(x)$ 由方程 $e^y+xy=e$ 确定，则 $y'(0)$ 等于：

A. $-\dfrac{y}{e^y}$ B. $-\dfrac{y}{x+e^y}$

C. 0 D. $-\dfrac{1}{e}$

1-2-16 （历年真题）下列极限计算中，错误的是：

A. $\lim\limits_{n \to \infty} \dfrac{2^n}{x}\sin\dfrac{x}{2^n}=1$ B. $\lim\limits_{n \to \infty} \dfrac{\sin x}{x}=1$

C. $\lim\limits_{x \to \infty}(1-x)^{\frac{1}{x}}=e^{-1}$ D. $\lim\limits_{x \to 0}\left(1+\dfrac{1}{x}\right)^{2x}=e^2$

1-2-17 （历年真题）若 $\lim\limits_{x \to \infty}\left(\dfrac{ax^2-3}{x^2+1}+bx+2\right)=\infty$，则 a 与 b 的值是：

A. $b\neq0$，a 为任意实数   B. $a\neq0$，$b=0$

C. $a=1$，$b=0$ D. $a=0$，$b=0$

1-2-18 曲线 $y=x^3-6x$ 上切线平行于 x 轴的点是：

A. $(0,0)$ B. $(\sqrt{2},1)$

C. $(-\sqrt{2},4\sqrt{2})$ 和 $(\sqrt{2},-4\sqrt{2})$ D. $(1,2)$ 和 $(-1,2)$

1-2-19 （历年真题）设函数 $f(x)$ 在 $(-\infty,+\infty)$ 上是偶函数，且在 $(0,+\infty)$ 内有 $f'(x)>0$，$f''(x)>0$，则在 $(-\infty,0)$ 内必有：

A. $f'(x)>0$，$f''(x)>0$ B. $f'(x)<0$，$f''(x)>0$

C. $f'(x)>0$，$f''(x)<0$ D. $f'(x)<0$，$f''(x)<0$

1-2-20 若在区间 (a,b) 内，$f'(x)=g'(x)$，则下列等式中错误的是：

A. $f(x)=Cg(x)$ B. $f(x)=g(x)+C$

C. $\int df(x)=\int dy(x)$ D. $df(x)=dg(x)$

1-2-21 （历年真题）设函数 $f(x)=\begin{cases} e^{-x}+1 & x\leqslant0 \\ ax+2 & x>0 \end{cases}$，若 $f(x)$ 在 $x=0$ 处可导，则 a 等于：

A. 1 B. 2 C. 0 D. -1

1-2-22 已知函数 $f(x)$ 对一切 x 满足 $xf''(x)+3x[f'(x)]^2=1-e^{-x}$，若 $f(x)$ 在点 $x_0(x_0\neq0)$ 处有极值，则：

A. $f'(x_0)\neq0$ B. $f''(x_0)=0$

C. $f(x_0)$ 为极大值   D. $f(x_0)$ 为极小值

第三节　一元函数积分学

一、不定积分

★★★（一）不定积分的概念与性质

1. 基本概念

如果在区间 I 上，可导函数 $F(x)$ 的导函数为 $f(x)$，即对任一 $x \in I$，都有 $F'(x) = f(x)$ 或 $\mathrm{d}F(x) = f(x)\mathrm{d}x$，则函数 $F(x)$ 就称为 $f(x)$[或 $f(x)\mathrm{d}x$]在区间 I 上的一个原函数。

连续函数一定有原函数。如果 $F(x)$ 是 $f(x)$ 在区间 I 上的原函数，则 $F(x) + C$ 均是 $f(x)$ 在区间 I 上的原函数(其中 C 为任意常数)。$f(x)$ 的任意两个原函数只相差一个常数。

在区间 I 上，函数 $f(x)$ 的带有任意常数项的原函数称为 $f(x)$[或 $f(x)\mathrm{d}x$]在区间 I 上的不定积分，记作 $\int f(x)\mathrm{d}x$。

由此可知，如果 $F(x)$ 是 $f(x)$ 在区间 I 上的一个原函数，则 $F(x) + C$ 就是 $f(x)$ 的不定积分，即：

$$\int f(x)\mathrm{d}x = F(x) + C$$

因而不定积分 $\int f(x)\mathrm{d}x$ 可以表示 $f(x)$ 的任意一个原函数。

函数 $f(x)$ 的原函数的图形称为 $f(x)$ 的积分曲线。

根据不定积分的定义，可得：

(1) $\dfrac{\mathrm{d}}{\mathrm{d}x}\left[\int f(x)\mathrm{d}x\right] = f(x)$，或 $\mathrm{d}\left[\int f(x)\mathrm{d}x\right] = f(x)\mathrm{d}x$

(2) $\int F'(x)\mathrm{d}x = F(x) + C$，或 $\int \mathrm{d}F(x) = F(x) + C$

2. 不定积分的性质

(1) $\int [f(x) + g(x)]\mathrm{d}x = \int f(x)\mathrm{d}x + \int g(x)\mathrm{d}x$

(2) $\int kf(x)\mathrm{d}x = k\int f(x)\mathrm{d}x$ (常数 $k \neq 0$)

3. 不定积分的基本积分表

(1) $\int 0\mathrm{d}x = C$；

(2) $\int k\mathrm{d}x = kx + C(k$ 是常数)

(3) $\int \dfrac{\mathrm{d}x}{x} = \ln|x| + C$

(4) $\int x^u\mathrm{d}x = \dfrac{x^{u+1}}{u+1} + C(u \neq -1)$

(5) $\int \dfrac{\mathrm{d}x}{1+x^2} = \arctan x + C$

(6) $\int \dfrac{\mathrm{d}x}{\sqrt{1-x^2}} = \arcsin x + C$

(7) $\int \cos x\mathrm{d}x = \sin x + C$

(8) $\int \sin x\mathrm{d}x = -\cos x + C$

(9) $\int \dfrac{\mathrm{d}x}{\cos^2 x} = \int \sec^2 x\mathrm{d}x = \tan x + C$

(10) $\int \dfrac{\mathrm{d}x}{\sin^2 x} = \int \csc^2 x\mathrm{d}x = -\cot x + C$

(11) $\int \sec x \tan x \mathrm{d}x = \sec x + C$ (12) $\int \csc x \cot x \mathrm{d}x = -\csc x + C$

(13) $\int \mathrm{e}^x \mathrm{d}x = \mathrm{e}^x + C$ (14) $\int a^x \mathrm{d}x = \dfrac{a^x}{\ln a} + C$

(15) $\int \tan x \mathrm{d}x = -\ln|\cos x| + C$ (16) $\int \cot x \mathrm{d}x = \ln|\sin x| + C$

(17) $\int \sec x \mathrm{d}x = \ln|\sec x + \tan x| + C$ (18) $\int \csc x \mathrm{d}x = \ln|\csc x - \cot x| + C$

(19) $\int \dfrac{\mathrm{d}x}{a^2 + x^2} = \dfrac{1}{a} \arctan \dfrac{x}{a} + C$ (20) $\int \dfrac{\mathrm{d}x}{x^2 - a^2} = \dfrac{1}{2a} \ln\left|\dfrac{x-a}{x+a}\right| + C$

(21) $\int \dfrac{\mathrm{d}x}{\sqrt{a^2 - x^2}} = \arcsin \dfrac{x}{a} + C (a > 0)$ (22) $\int \dfrac{\mathrm{d}x}{\sqrt{x^2 - a^2}} = \ln\left|x + \sqrt{x^2 - a^2}\right| + C$

(23) $\int \dfrac{\mathrm{d}x}{\sqrt{x^2 + a^2}} = \ln(x + \sqrt{x^2 + a^2}) + C$

★★★(二)不定积分的换元积分法和分部积分法

1. 第一类换元法

设 $f(u)$ 具有原函数，$u = \varphi(x)$ 可导，则有换元公式

$$\int f[\varphi(x)]\varphi'(x)\mathrm{d}x = \left[\int f(u)\mathrm{d}u\right]_{u=\varphi(x)}$$

2. 第二类换元法

设 $x = \psi(t)$ 是单调的可导函数，并且 $\psi'(t) \neq 0$，又设 $f[\psi(t)]\psi'(t)$ 具有原函数，则有换元公式

$$\int f(x)\mathrm{d}x = \left\{\int f[\psi(t)]\psi'(t)\mathrm{d}t\right\}_{t=\psi^{-1}(x)}$$

其中，$\psi^{-1}(x)$ 是 $x = \psi(t)$ 的反函数。

如果被积函数含有 $\sqrt{a^2 - x^2}$，可以作代换 $x = a\sin t$ 化去根式；如果被积函数含有 $x^2 + a^2$，可以作代换 $x = a\tan t$ 化去根式；如果被积函数含有 $\sqrt{x^2 - a^2}$，可以作代换 $x = \pm a\sec t$ 化去根式。

倒代换，利用它常可消去被积函数的分母中的变量因子 x。例如，设 $x = \dfrac{1}{t}$，则 $\mathrm{d}x = -\dfrac{\mathrm{d}t}{t^2}$。

3. 分部积分法

$$\int u\mathrm{d}v = uv - \int v\mathrm{d}u$$

通常分部积分法适用于下述情况：

(1) 如果被积函数是幂函数和正(余)弦函数的乘积，例如 $\int x\cos x\mathrm{d}x$，或幂函数和指数函数的乘积，例如 $\int x^2 \mathrm{e}^x \mathrm{d}x$，设幂函数为 u。这样用一次分部积分法就可以使幂函数的幂次降

低一次。这里假定幂指数是正整数。

（2）如果被积函数是幂函数和对数函数的乘积或幂函数和反三角函数的乘积，设对数函数或反三角函数为 u。

★（三）有理函数的积分

1. 有理函数的积分

两个多项式的商 $\dfrac{P(x)}{Q(x)}$ 称为有理函数，又称有理分式。假定分子多项式 $P(x)$ 与分母多项式 $Q(x)$ 之间没有公因式。当分子多项式 $P(x)$ 的次数小于分母多项式 $Q(x)$ 的次数时，称这个有理函数为真分式，否则称为假分式。利用多项式的除法，总可以将一个假分式化分成一个多项式与一个真分式之和的形式。

对于真分式 $\dfrac{P(x)}{Q(x)}$，如果分母可分解为两个多项式的乘积 $Q(x)=Q_1(x)Q_2(x)$，且 $Q_1(x)$ 与 $Q_2(x)$ 没有公因式，则可分拆成两个真分式之和，即：

$$\frac{P(x)}{Q(x)}=\frac{P_1(x)}{Q_1(x)}+\frac{P_2(x)}{Q_2(x)}$$

最终，有理函数的分解式中只出现多项式、$\dfrac{P_1(x)}{(x-a)^k}$、$\dfrac{P_2(x)}{(x^2+px+q)^l}$ 三类函数［这里 $p^2-4q<0$，$P_1(x)$ 为小于 k 次的多项式，$P_2(x)$ 为小于 $2l$ 次的多项式］。这三类函数的积分容易求出。

2. 可化为有理函数的积分

（1）三角函数有理式的积分，可以令 $u=\tan\dfrac{x}{2}$，将原积分化为有理函数的积分。

（2）去掉根号法，被积函数中含有简单根式 $\sqrt[n]{ax+b}$ 或 $\sqrt{\dfrac{ax+b}{cx+d}}$，可以令 $\sqrt[n]{ax+b}=u$ 或 $\sqrt[n]{\dfrac{ax+b}{cx+d}}=u$，将原积分化为有理函数的积分。

【例 1-3-1】（历年真题）不定积分 $\displaystyle\int\frac{x}{\sin^2(x^2+1)}\mathrm{d}x$ 等于：

A. $-\dfrac{1}{2}\cot(x^2+1)+C$ 　　　　　　B. $-\dfrac{1}{\sin(x^2+1)}+C$

C. $-\dfrac{1}{2}\tan(x^2+1)+C$ 　　　　　　D. $-\dfrac{1}{2}\cot x+C$

【解答】原式 $=\dfrac{1}{2}\displaystyle\int\frac{1}{\sin^2(x^2+1)}\mathrm{d}(x^2+1)=-\dfrac{1}{2}\cot(x^2+1)+C$

应选 A 项。

【例 1-3-2】（历年真题）$\displaystyle\int\frac{\mathrm{d}x}{\sqrt{x}(1+x)}$ 等于：

A. $\arctan\sqrt{x}+C$ 　　　　　　B. $2\arctan\sqrt{x}+C$

C. $\tan(1+x)+C$ 　　　　　　D. $\dfrac{1}{2}\arctan x+C$

【解答】原式 $=\dfrac{1}{2}\displaystyle\int\frac{1}{1+x}\mathrm{d}(\sqrt{x})=\dfrac{1}{2}\displaystyle\int\frac{1}{1+(\sqrt{x})^2}\mathrm{d}(\sqrt{x})=2\arctan\sqrt{x}+C$

应选 B 项。

【例 1-3-3】(历年真题) 不定积分 $\int \dfrac{x^2}{\sqrt[3]{1+x^3}}\mathrm{d}x$ 等于:

A. $\dfrac{1}{4}(1+x^3)^{\frac{4}{3}}$ 　　　　　　　B. $(1+x^3)^{\frac{1}{3}}+C$

C. $\dfrac{3}{2}(1+x^3)^{\frac{2}{3}}+C$ 　　　　　D. $\dfrac{1}{2}(1+x^3)^{\frac{2}{3}}+C$

【解答】原式 $=\dfrac{1}{3}\int\dfrac{1}{\sqrt[3]{1+x^3}}\mathrm{d}(1+x^3)=\dfrac{1}{3}\times\dfrac{3}{2}(1+x^3)^{\frac{2}{3}}+C=\dfrac{1}{2}(1+x^3)^{\frac{2}{3}}+C$

应选 D 项。

【例 1-3-4】(历年真题) $f'(x)$ 连续,则 $\int f'(2x+1)\mathrm{d}x$ 等于:

A. $f(2x+1)+C$ 　　　　　　B. $\dfrac{1}{2}f(2x+1)+C$

C. $2f(2x+1)+C$ 　　　　　　D. $f(x)+C$

【解答】原式 $=\dfrac{1}{2}\int f'(2x+1)\mathrm{d}(2x+1)=\dfrac{1}{2}f(2x+1)+C$

应选 B 项。

【例 1-3-5】(历年真题) 若 $\sec^2 x$ 是 $f(x)$ 的一个原函数,则 $\int xf(x)\mathrm{d}x$ 等于:

A. $\tan x+C$ 　　　　　　　B. $x\tan x-\ln|\cos x|+C$

C. $x\sec^2 x+\tan x+C$ 　　　　D. $x\sec^2 x-\tan x+C$

【解答】$\int xf(x)\mathrm{d}x=\int x\mathrm{d}\sec^2 x=x\sec^2 x-\int\sec^2 x\mathrm{d}x$

$$=x\sec^2 x-\tan x+C$$

应选 D 项。

【例 1-3-6】(历年真题) $\int f(x)\mathrm{d}x=\ln x+C$,则 $\int\cos x f(\cos x)\mathrm{d}x$ 等于:

A. $\cos x+C$ 　　　　　　　B. $x+C$

C. $\sin x+C$ 　　　　　　　D. $\ln\cos x+C$

【解答】对 $\int f(x)\mathrm{d}x=\ln x+C$ 两边求导:$f(x)=\dfrac{1}{x}$, 得:$f(\cos x)=\dfrac{1}{\cos x}$

$\int\cos x f(\cos x)\mathrm{d}x=\int\cos x\dfrac{1}{\cos x}\mathrm{d}x=x+C$

应选 B 项。

【例 1-3-7】(历年真题) 若 $\int f(x)\mathrm{d}x=F(x)+C$,则 $\int xf(1-x^2)\mathrm{d}x$ 等于:

A. $F(1-x^2)+C$ 　　　　　　　　B. $-\dfrac{1}{2}F(1-x^2)+C$

C. $\dfrac{1}{2}F(1-x^2)+C$　　　　　　D. $-\dfrac{1}{2}F(x)+C$

【解答】$\displaystyle\int xf(1-x^2)\mathrm{d}x=-\dfrac{1}{2}\int f(1-x^2)\mathrm{d}(1-x^2)=-\dfrac{1}{2}F(1-x^2)+C$

应选 B 项。

【例 1-3-8】　（历年真题）已知函数 $f(x)$ 的一个原函数是 $1+\sin x$，则不定积分 $\displaystyle\int xf'(x)\mathrm{d}x$ 等于：

A. $(1+\sin x)(x-1)+C$　　　　　B. $x\cos x-(1+\sin x)+C$

C. $-x\cos x+(1+\sin x)+C$　　　D. $1+\sin x+C$

【解答】$f(x)=(1+\sin x)'=\cos x$

$$\int xf'(x)\mathrm{d}x=\int x\mathrm{d}f(x)=xf(x)-\int f(x)\mathrm{d}x=x\cos x-\int\cos x\mathrm{d}x$$

$$=x\cos x-\sin x+C_1=x\cos x-(1+\sin x)+C\ (C=1+C_1)$$

应选 B 项。

二、定积分

（一）定积分的概念与性质

1. 定积分的概念

设函数 $f(x)$ 在 $[a,b]$ 上有界，在 $[a,b]$ 中任意插入若干个分点 $a=x_0<x_1<\cdots<x_{n-1}<x_n=b$，把区间 $[a,b]$ 分成 n 个小区间 $[x_{i-1},x_i]$，$i=1,\cdots,n$，各个小区间的长度依次为 $\Delta x_i=x_i-x_{i-1}$，在每个小区间 $[x_{i-1},x_i]$ 上任取一点 $\xi_i(x_{i-1}\leqslant\xi_i\leqslant x_i)$，作函数值 $f(\xi_i)$ 与小区间长度 Δx_i 的乘积 $f(\xi_i)\Delta x_i(i=1,2,\cdots,n)$，并做出和 $S=\sum\limits_{i=1}^{n}f(\xi_i)\Delta x_i$，记 $\lambda=\max\{\Delta x_1,\Delta x_2,\cdots,\Delta x_n\}$，如果当 $\lambda\to0$ 时，这和的极限总存在，且与闭区间 $[a,b]$ 的分法及点 ξ_i 的取法无关，则称这个极限 I 为函数 $f(x)$ 在区间 $[a,b]$ 上的定积分记作 $\displaystyle\int_a^b f(x)\mathrm{d}x$，即：$\displaystyle\int_a^b f(x)\mathrm{d}x-I=\lim\limits_{\lambda\to0}\sum\limits_{i=1}^{n}f(\xi_i)\Delta x_i$，其中 a 称为积分下限，b 称为积分上限，$[a,b]$ 称为积分区间。

定积分的值只与被积函数及积分区间有关，而与积分变量的记法无关，即 $\displaystyle\int_a^b f(x)\mathrm{d}x$ $=\displaystyle\int_a^b f(t)\mathrm{d}t=\int_a^b f(u)\mathrm{d}u$。

设 $f(x)$ 在区间 $[a,b]$ 上连续，则 $f(x)$ 在 $[a,b]$ 上可积。

设 $f(x)$ 在区间 $[a,b]$ 上有界，且只有有限个间断点，则 $f(x)$ 在 $[a,b]$ 上可积。

2. 定积分的几何意义

在 (a,b) 上 $f(x)\geqslant0$ 时，定积分 $\displaystyle\int_a^b f(x)\mathrm{d}x$ 表示由曲线 $y=f(x)$、两条直线 $x=a$、x $=b$ 与 x 轴所围成的曲边梯形的面积；在 $[a,b]$ 上 $f(x)\leqslant0$ 时，定积分 $\displaystyle\int_a^b f(x)\mathrm{d}x$ 表示由

曲线 $y=f(x)$、两条直线 $x=a$、$x=b$ 与 x 轴所围成的曲边梯形位于 x 轴的下方，即为曲边梯形面积的负值；在 $[a,b]$ 上 $f(x)$ 既取得正值又取得负值时，函数 $f(x)$ 的图形某些部分在 x 轴上方，而其他部分在 x 轴下方，定积分 $\int_a^b f(x)\mathrm{d}x$ 表示 x 轴上方图形面积减去 x 轴下方图形面积所得之差，即面积的代数和。

★★★3. 定积分的性质

基本规定：

（1）当 $b=a$ 时，$\int_a^a f(x)\mathrm{d}x=0$；

（2）当 $a>b$ 时，$\int_a^b f(x)\mathrm{d}x=-\int_b^a f(x)\mathrm{d}x$。

由上式可知，交换定积分的上下限时，定积分的绝对值不变而符号相反。

定积分的性质如下：

（1）设 α 与 β 均为常数，则：$\int_a^b[\alpha f(x)+\beta g(x)]\mathrm{d}x=\alpha\int_a^b f(x)\mathrm{d}x+\beta\int_a^b g(x)\mathrm{d}x$

（2）设 $a<c<b$，则：$\int_a^b f(x)\mathrm{d}x=\int_a^c f(x)\mathrm{d}x+\int_c^b f(x)\mathrm{d}x$

（3）如果在区间 $[a,b]$ 上 $f(x)$ 恒为 1，则：$\int_a^b 1\mathrm{d}x=\int_a^b \mathrm{d}x=b-a$

（4）如果在区间 $[a,b]$ 上 $f(x)\geqslant 0$，则：$\int_a^b f(x)\mathrm{d}x\geqslant 0$　$(a<b)$

由此可知：1）如果在区间 $[a,b]$ 上 $f(x)\leqslant g(x)$，则 $\int_a^b f(x)\mathrm{d}x\leqslant\int_a^b g(x)\mathrm{d}x$　$(a<b)$

2）$\left|\int_a^b f(x)\mathrm{d}x\right|\leqslant\int_a^b|f(x)|\mathrm{d}x\ (a<b)$

（5）设 M 及 m 分别是函数 $f(x)$ 在区间 $[a,b]$ 上的最大值及最小值，则：

$$m(b-a)\leqslant\int_a^b f(x)\mathrm{d}x\leqslant M(b-a)\quad(a<b)$$

（6）（定积分中值定理）如果函数 $f(x)$ 在积分区间 $[a,b]$ 上连续，则在 $[a,b]$ 上至少存在一个点 ξ，使下式成立：

$$\int_a^b f(x)\mathrm{d}x=f(\xi)(b-a)\quad(a\leqslant\xi\leqslant b)$$

★★★4. 微积分基本公式

（1）如果函数 $f(x)$ 在区间 $[a,b]$ 上连续，则积分上限的函数 $\Phi(x)=\int_a^x f(t)\mathrm{d}t$ 在 $[a,b]$ 上可导，且它的导数 $\Phi'(x)=\dfrac{\mathrm{d}}{\mathrm{d}x}\int_a^x f(t)\mathrm{d}t=f(x),a\leqslant x\leqslant b$。

如果函数 $f(x)$ 在 $[a,b]$ 上连续，则函数 $\Phi(x)=\int_a^x f(t)\mathrm{d}t$ 就是 $f(x)$ 在 $[a,b]$ 上的一个原函数。

（2）（牛顿-莱布尼茨公式）如果函数 $F(x)$ 是连续函数 $f(x)$ 在区间 $[a,b]$ 上的一个原函数，则：

$$\int_a^b f(x)\mathrm{d}x = F(b) - F(a) = [F(x)]_a^b$$

★★★（二）定积分的换元法和分部积分法

1. 定积分的换元法

设 $f(x)$ 在 $[a,b]$ 上连续，$x=\varphi(t)$ 在 $[\alpha,\beta]$（或 $[\beta,\alpha]$）上具有连续导数，并且 $\varphi(\alpha)=a$，$\varphi(\beta)=b$，则：

$$\int_a^b f(x)\mathrm{d}x = \int_\alpha^\beta f[\varphi(t)]\varphi'(t)\mathrm{d}t$$

应用换元公式时，应注意：（1）用 $x=\varphi(t)$ 把原来变量 x 代换成新变量 t 时，积分限也要换成相应于新变量 t 的积分限；（2）求出 $f[\varphi(t)]\varphi'(t)$ 的一个原函数 $\Phi(t)$ 后，只要把新变量 t 的上、下限分别代入 $\Phi(t)$ 中然后相减就可以了。

当被积函数 $f(x)$ 中含有 $\sqrt{a^2-x^2}$、$\sqrt{x^2+a^2}$、$\sqrt{x^2-a^2}$ 因子时，可令 $x=a\sin t$、$x=a\tan t$、$x=a\sec t$，以达到消去被积函数中根号的目的。

2. 定积分的分部积分法

$$\int_a^b uv'\mathrm{d}x = [uv]_a^b - \int_a^b vu'\mathrm{d}x$$

或

$$\int_a^b u\mathrm{d}v = [uv]_a^b - \int_a^b v\mathrm{d}u$$

3. 几个常用的定积分公式

（1）若 $f(x)$ 在 $[-a,a]$（$a>0$）上连续且为偶函数，则 $\int_{-a}^a f(x)\mathrm{d}x = 2\int_0^a f(x)\mathrm{d}x$；

（2）若 $f(x)$ 在 $[-a,a]$（$a>0$）上连续且为奇函数，则 $\int_{-a}^a f(x)\mathrm{d}x = 0$；

（3）若 $f(x)$ 是以 T 为周期的连续函数，则 $\int_a^{a+T} f(x)\mathrm{d}x = \int_0^T f(x)\mathrm{d}x$；

（4）若 $f(x)$ 在 $[0,1]$ 上连续，则 $\int_0^{\frac{\pi}{2}} f(\sin x)\mathrm{d}x = \int_0^{\frac{\pi}{2}} f(\cos x)\mathrm{d}x$；

（5）若 $f(x)$ 在 $[0,1]$ 上连续，则 $\int_0^\pi xf(\sin x)\mathrm{d}x = \frac{\pi}{2}\int_0^\pi f(\sin x)\mathrm{d}x$。

【例 1-3-9】（历年真题）定积分 $\int_1^2 \dfrac{1-\frac{1}{x}}{x^2}\mathrm{d}x$ 等于：

A. 0　　　　　　B. $-\dfrac{1}{8}$　　　　　　C. $\dfrac{1}{8}$　　　　　　D. 2

【解答】原式 $=\int_1^2 \dfrac{1}{x^2}\mathrm{d}x - \int_1^2 \dfrac{1}{x^3}\mathrm{d}x = [-x^{-1}]_1^2 - \left[\left(\dfrac{-1}{2}\right)x^{-2}\right]_1^2$

$$=\left(-\dfrac{1}{2}+1\right)-\left(-\dfrac{1}{2}\right)\left(\dfrac{1}{4}-1\right)=\dfrac{1}{8}$$

应选 C 项。

【例 1-3-10】（历年真题）$\int_{-2}^{2} \sqrt{4-x^2}\,\mathrm{d}x$ 等于：

A. π B. 2π C. 3π D. $\dfrac{\pi}{2}$

【解答】 令 $x=2\sin t$，$\mathrm{d}x=2\cos t\,\mathrm{d}t$，原式为偶函数，则：

$$\int_{-2}^{2} \sqrt{4-x^2}\,\mathrm{d}x = 2\int_{0}^{2} \sqrt{4-x^2}\,\mathrm{d}x = 2\int_{0}^{\frac{\pi}{2}} 4\cos^2 t\,\mathrm{d}t$$

$$= 2\times 4\times \frac{1}{2}\int_{0}^{\frac{\pi}{2}}(1+\cos 2t)\,\mathrm{d}t = 4\big[t+\sin 2t\big]_{0}^{\frac{\pi}{2}} = 4\times \frac{\pi}{2} = 2\pi$$

应选 B 项。

【例 1-3-11】（历年真题）定积分 $\int_{0}^{\frac{1}{2}} \dfrac{1+x}{\sqrt{1-x^2}}\,\mathrm{d}x$ 等于：

A. $\dfrac{\pi}{3}+\dfrac{\sqrt{3}}{2}$ B. $\dfrac{\pi}{6}+\dfrac{\sqrt{3}}{2}$

C. $\dfrac{\pi}{6}-\dfrac{\sqrt{3}}{2}+1$ D. $\dfrac{\pi}{6}+\dfrac{\sqrt{3}}{2}+1$

【解答】 原式 $= \displaystyle\int_{0}^{\frac{1}{2}} \frac{1}{\sqrt{1-x^2}}\,\mathrm{d}x + \int_{0}^{\frac{1}{2}} \frac{x}{\sqrt{1-x^2}}\,\mathrm{d}x$

$$= \big[\arcsin x\big]_{0}^{\frac{1}{2}} + \left(-\frac{1}{2}\right)\int_{0}^{\frac{1}{2}} \frac{1}{\sqrt{1-x^2}}\,\mathrm{d}(1-x^2)$$

$$= \frac{\pi}{6} + \left(-\frac{1}{2}\right)\times 2\times \Big[(1-x^2)^{\frac{1}{2}}\Big]_{0}^{\frac{1}{2}}$$

$$= \frac{\pi}{6} - \left(\frac{\sqrt{3}}{2}-1\right) = \frac{\pi}{6} - \frac{\sqrt{3}}{2} + 1$$

应选 C 项。

【例 1-3-12】（历年真题）设 $f(x)$ 是连续函数，且 $f(x)=x^2+2\displaystyle\int_{0}^{2}f(t)\,\mathrm{d}t$，则 $f(x)$ 等于：

A. x^2 B. x^2-2 C. $2x$ D. $x^2-\dfrac{16}{9}$

【解答】 由条件，$f'(x)=2x$，则排除 C 项。

A 项：$x^2+2\displaystyle\int_{0}^{2}x^2\,\mathrm{d}x = x^2+2\times\Big[\dfrac{x^3}{3}\Big]_{0}^{2} = x^2+2\times\dfrac{8}{3}\neq x^2$，不满足。

B 项：$x^2+2\displaystyle\int_{0}^{2}(x^2-2)\,\mathrm{d}x = x^2+2x\Big[\dfrac{x^3}{3}-2x\Big]_{0}^{2} = x^2+2x\left(-\dfrac{4}{3}\right)\neq x^2-2$，不满足。

故选 D 项。

【例 1-3-13】（历年真题）设 $\displaystyle\int_{0}^{x}f(t)\,\mathrm{d}t = \dfrac{\cos x}{x}$，则 $f\left(\dfrac{\pi}{2}\right)$ 等于：

A. $\dfrac{\pi}{2}$　　　　　　B. $-\dfrac{2}{\pi}$　　　　　　C. $\dfrac{2}{\pi}$　　　　　　D. 0

【解答】对方程两边求导：$f(x)=\dfrac{-x\sin x-\cos x}{x^2}$

$$f\left(\dfrac{\pi}{2}\right)=\dfrac{-\dfrac{\pi}{2}\times1-0}{\dfrac{\pi^2}{4}}=-\dfrac{2}{\pi}$$

应选 B 项。

【例 1-3-14】（历年真题）设函数 $f(x)=\displaystyle\int_x^2\sqrt{5+t^2}\,\mathrm{d}t$，$f'(1)$ 等于：

A. $2-\sqrt6$　　　　　　　　　　B. $2+\sqrt6$

C. $\sqrt6$　　　　　　　　　　　　D. $-\sqrt6$

【解答】$f(x)=-\displaystyle\int_2^x\sqrt{5+t^2}\,\mathrm{d}t$，求导，则：

$f'(x)=-\sqrt{5+x^2}$，故 $f'(1)=-\sqrt6$，应选 D 项。

【例 1-3-15】（历年真题）$\dfrac{\mathrm{d}}{\mathrm{d}x}\displaystyle\int_{2x}^0 \mathrm{e}^{-t^2}\,\mathrm{d}t$ 等于：

A. e^{-4x^2}　　　　B. $2\mathrm{e}^{-4x^2}$　　　　C. $-2\mathrm{e}^{-4x^2}$　　　　D. e^{-x^2}

【解答】$\dfrac{\mathrm{d}}{\mathrm{d}x}\displaystyle\int_{2x}^0 \mathrm{e}^{-t^2}\,\mathrm{d}t=-\dfrac{\mathrm{d}}{\mathrm{d}x}\displaystyle\int_0^{2x}\mathrm{e}^{-t^2}\,\mathrm{d}t=-\mathrm{e}^{-4x^2}\times2=-2\mathrm{e}^{-4x^2}$

应选 C 项。

【例 1-3-16】（历年真题）已知 $\varphi(x)$ 可导，则 $\dfrac{\mathrm{d}}{\mathrm{d}x}\displaystyle\int_{\varphi(x^2)}^{\varphi(x)}\mathrm{e}^{t^2}\,\mathrm{d}t$ 等于：

A. $\varphi'(x)\mathrm{e}^{[\varphi(x)]^2}-2x\varphi'(x^2)\mathrm{e}^{[\varphi(x^2)]^2}$　　　　B. $\mathrm{e}^{[\varphi(x)]^2}-\mathrm{e}^{[\varphi(x^2)]^2}$

C. $\varphi'(x)\mathrm{e}^{[\varphi(x)]^2}-\varphi'(x^2)\mathrm{e}^{[\varphi(x^2)]^2}$　　　　D. $\varphi'(x)\mathrm{e}^{\varphi(x)}-2x\varphi'(x^2)\mathrm{e}^{\varphi(x^2)}$

【解答】取 C 为任意常数，原式 $=\dfrac{\mathrm{d}}{\mathrm{d}x}\left[\displaystyle\int_{\varphi(x^2)}^C\mathrm{e}^{t^2}\,\mathrm{d}t+\int_C^{\varphi(x)}\mathrm{e}^{t^2}\,\mathrm{d}t\right]$

$$=\dfrac{\mathrm{d}}{\mathrm{d}x}\left[-\int_C^{\varphi(x^2)}\mathrm{e}^{t^2}\,\mathrm{d}t+\int_C^{\varphi(x)}\mathrm{e}^{t^2}\,\mathrm{d}t\right]$$

$$=-\mathrm{e}^{[\varphi(x^2)]^2}\varphi'(x^2)\cdot2x+\mathrm{e}^{[\varphi(x)]^2}\varphi'(x)$$

应选 A 项。

【例 1-3-17】（历年真题）设 $f(x)$ 函数在 $[0,+\infty)$ 上连续，且满足 $f(x)=x\mathrm{e}^{-x}+\mathrm{e}^x\displaystyle\int_0^1 f(x)\,\mathrm{d}x$，则 $f(x)$ 是：

A. $x\mathrm{e}^{-1}$　　　　　　　　　　B. $x\mathrm{e}^{-x}-\mathrm{e}^{x-1}$

B. e^{x-2}　　　　　　　　　　D. $(x-1)\mathrm{e}^{-x}$

【解答】$f(x)=x\mathrm{e}^{-x}+\mathrm{e}^x\displaystyle\int_0^1 f(x)\,\mathrm{d}x$，$\displaystyle\int_0^1 f(x)\,\mathrm{d}x$ 为常数，两边积分，得：

$$\int_0^1 f(x)=\int_0^1 x\mathrm{e}^{-x}\,\mathrm{d}x+\int_0^1 f(x)\,\mathrm{d}x\int_0^1\mathrm{e}^x\,\mathrm{d}x$$

$$\int_0^1 f(x) = -\int_0^1 x\mathrm{d}(\mathrm{e}^{-x}) + \int_0^1 f(x)\mathrm{d}x[\mathrm{e}^x]_0^1$$

$$= -\left\{[x\mathrm{e}^{-x}]_0^1 - \int_0^1 \mathrm{e}^{-x}\mathrm{d}x\right\} + \int_0^1 f(x)\mathrm{d}x(\mathrm{e}-1)$$

$$= -\{(\mathrm{e}^{-1}-0) + [\mathrm{e}^{-x}]_0^1\} + \int_0^1 f(x)\mathrm{d}x \cdot (\mathrm{e}-1)$$

$$= -\{\mathrm{e}^{-1} + \mathrm{e}^{-1} - 1\} + (\mathrm{e}-1)\int_0^1 f(x)\mathrm{d}x$$

则：$\int_0^1 f(x) = -\dfrac{2\mathrm{e}^{-1}-1}{2-\mathrm{e}} = -\mathrm{e}^{-1}$

即：$f(x) = x\mathrm{e}^{-x} + \mathrm{e}^x \times (-\mathrm{e}^{-1}) = x\mathrm{e}^{-x} - \mathrm{e}^{x-1}$

应选 B 项。

【例 1-3-18】 设 $f(x)$ 连续，$f(0)=2$，$\lim\limits_{x\to 0}\dfrac{\int_0^x tf(t)\mathrm{d}t}{x^2}$ 等于：

A. $\dfrac{1}{4}$ B. $\dfrac{1}{2}$ C. 1   D. 2

【解答】 原式 $=\lim\limits_{x\to 0}\dfrac{xf(x)}{2x} = \lim\limits_{x\to 0}\dfrac{f(x)}{2} = 1$

应选 C 项。

★★★三、反常积分(也称广义积分)

(一) 无穷限的反常积分

设函数 $f(x)$ 在区间 $[a,+\infty)$ 上连续，任取 $t>a$，作定积分 $\int_a^t f(x)\mathrm{d}x$，再求极限 $\lim\limits_{t\to+\infty}$ $\int_a^t f(x)\mathrm{d}x$，该极限称为函数 $f(x)$ 在无穷区间 $[a,+\infty)$ 上的反常积分，记为 $\int_a^{+\infty} f(x)\mathrm{d}x$，即：$\int_a^{+\infty} f(x)\mathrm{d}x = \lim\limits_{t\to+\infty}\int_a^t f(x)\mathrm{d}x$。如果该极限存在，则称反常积分 $\int_a^{+\infty} f(x)\mathrm{d}x$ 收敛，并称此极限为该反常积分的值；如果该极限不存在，则称反常积分 $\int_a^{+\infty} f(x)\mathrm{d}x$ 发散。

同理，可定义：

$$\int_{-\infty}^b f(x)\mathrm{d}x = \lim\limits_{t\to-\infty}\int_t^b f(x)\mathrm{d}x$$

$$\int_{-\infty}^{+\infty} f(x)\mathrm{d}x = \int_{-\infty}^0 f(x)\mathrm{d}x + \int_0^{+\infty} f(x)\mathrm{d}x$$

为了方便，有时记 $F(+\infty) = \lim\limits_{t\to+\infty} F(x)$，$F(-\infty) = \lim\limits_{x\to-\infty} F(x)$。

若在 $(-\infty,+\infty)$ 内 $F'(x)=f(x)$，则当 $F(-\infty)$ 与 $F(+\infty)$ 都存在时，则：

$$\int_{-\infty}^{+\infty} f(x)\mathrm{d}x = [F(x)]_{-\infty}^{+\infty}$$

注意，当 $F(-\infty)$、$F(+\infty)$ 有一个不存在时，反常积分 $\int_{-\infty}^{+\infty} f(x)\mathrm{d}x$ 发散。

（二）无界函数的反常积分

如果函数 $f(x)$ 在点 a 的任一邻域内都无界，则点 a 称为函数 $f(x)$ 的瑕点（也称为无界间断点）。

设函数 $f(x)$ 在区间 $(a, b]$ 上连续，点 a 为 $f(x)$ 的瑕点。任取 $t>a$，作定积分 $\int_t^b f(x)\mathrm{d}x$，再求极限 $\lim\limits_{t\to a^+}\int_t^b f(x)\mathrm{d}x$，该极限称为函数 $f(x)$ 在区间 $(a, b]$ 上的反常积分，仍然记为 $\int_a^b f(x)\mathrm{d}x$，即：$\int_a^b f(x)\mathrm{d}x = \lim\limits_{t\to a^+}\int_t^b f(x)\mathrm{d}x$，如果该极限存在，则称反常积分 $\int_a^b f(x)\mathrm{d}x$ 收敛，并称此极限为该反常积分的值；如果该极限不存在，则称反常积分 $\int_a^b f(x)\mathrm{d}x$ 发散。

同理，设函数 $f(x)$ 在区间 $(a, b]$ 上连续，点 b 为 $f(x)$ 的瑕点，反常积分 $\int_a^b f(x)\mathrm{d}x$ 定义为：

$$\int_a^b f(x)\mathrm{d}x = \lim\limits_{t\to b^-}\int_a^t f(x)\mathrm{d}x$$

设函数 $f(x)$ 在区间 $[a, c)$ 及区间 $(c, b]$ 上连续，点 c 为 $f(x)$ 的瑕点，反常积分 $\int_a^b f(x)\mathrm{d}x$ 定义为：

$$\int_a^b f(x)\mathrm{d}x = \int_a^c f(x)\mathrm{d}x + \int_c^b f(x)\mathrm{d}x$$

注意，当 $\int_a^c f(x)\mathrm{d}x$、$\int_c^b f(x)\mathrm{d}x$ 有一个不存在时，反常积分 $\int_a^b f(x)\mathrm{d}x$ 发散。

【例 1-3-19】（历年真题）下列广义积分中发散的是：

A. $\int_0^{+\infty} \mathrm{e}^{-x}\mathrm{d}x$ 　　B. $\int_0^{+\infty} \dfrac{1}{1+x^2}\mathrm{d}x$ 　　C. $\int_0^{+\infty} \dfrac{\ln x}{x}\mathrm{d}x$ 　　D. $\int_0^1 \dfrac{1}{\sqrt{1-x^2}}\mathrm{d}x$

【解答】A 项：原式 $=-\int_0^{+\infty} \mathrm{e}^{-x}\mathrm{d}(-x) = -[\mathrm{e}^{-x}]_0^{+\infty} = -(0-1) = 1$

B 项：原式 $=[\arctan x]_0^{+\infty} = \dfrac{\pi}{2}$

C 项：原式 $=\int_0^{+\infty} \ln x\,\mathrm{d}(\ln x) = \dfrac{1}{2}[(\ln x)^2]_0^{+\infty}$

由于 $[(\ln x)^2]_0^1 = -\infty$，发散，应选 C 项。

【例 1-3-20】（历年真题）若 $\int_{-\infty}^{+\infty} \dfrac{A}{1+x^2}\mathrm{d}x = 1$，则常数 A 等于：

A. $\dfrac{1}{\pi}$ 　　B. $\dfrac{2}{\pi}$ 　　C. $\dfrac{\pi}{2}$ 　　D. π

【解答】原式 $=A\int_{-\infty}^{+\infty} \dfrac{1}{1+x^2}\mathrm{d}x = A\left(\int_{-\infty}^0 \dfrac{1}{1+x^2}\mathrm{d}x + \int_0^{+\infty} \dfrac{1}{1+x^2}\mathrm{d}x\right)$

$$= A\{[\arctan x]_{-\infty}^0 + [\arctan x]_0^{+\infty}\}$$

$$= A\left(\frac{\pi}{2} + \frac{\pi}{2}\right) = A\pi = 1$$

故 $A = \dfrac{1}{\pi}$,应选 A 项。

【例 1-3-21】(历年真题)广义积分 $\displaystyle\int_{-2}^{2} \frac{1}{(1+x)^2}\mathrm{d}x$ 的值为:

A. $\dfrac{4}{3}$ B. $-\dfrac{4}{3}$ C. $\dfrac{2}{3}$ D. 发散

【解答】原式 $= \displaystyle\int_{-2}^{-1} \frac{1}{(1+x)^2}\mathrm{d}x + \int_{-1}^{2} \frac{1}{(1+x)^2}\mathrm{d}x$

$$\int_{-2}^{-1} \frac{1}{(1+x)^2}\mathrm{d}x = \int_{-2}^{-1} \frac{1}{(1+x)^2}\mathrm{d}(1+x) = -\left[\frac{1}{1+x}\right]_{-2}^{-1} = -\infty$$

故原式为发散,应选 D 项。

【例 1-3-22】 $\displaystyle\int_0^{+\infty} x\mathrm{e}^{-2x}\mathrm{d}x$ 等于:

A. $-\dfrac{1}{4}$ B. $\dfrac{1}{2}$ C. $\dfrac{1}{4}$ D. 4

【解答】原式 $= \left(-\dfrac{1}{2}\right)\displaystyle\int_0^{+\infty} x\mathrm{d}(\mathrm{e}^{-2x}) = \left(-\dfrac{1}{2}\right)\left\{\left[x\mathrm{e}^{-2x}\right]_0^{+\infty} - \int_0^{+\infty} \mathrm{e}^{-2x}\mathrm{d}x\right\}$

$$= \left(-\frac{1}{2}\right)\left\{[0-0] + \frac{1}{2}\left[\mathrm{e}^{-2x}\right]_0^{+\infty}\right\}$$

$$= -\frac{1}{4}(0-1) = \frac{1}{4}$$

应选 C 项。

【例 1-3-23】下列结论中,正确的是:

A. $\displaystyle\int_{-1}^{1} \frac{1}{x^2}\mathrm{d}x$ 收敛 B. $\dfrac{\mathrm{d}}{\mathrm{d}x}\displaystyle\int_0^{x^2} f(t)\mathrm{d}t = f(x^2)$

C. $\displaystyle\int_1^{+\infty} \frac{1}{\sqrt{x}}\mathrm{d}x$ 发散 D. $\displaystyle\int_{-\infty}^{0} \mathrm{e}^{-\frac{x}{2}}\mathrm{d}x$ 发散

【解答】A 项:$\displaystyle\int_{-1}^{1} \frac{1}{x^2}\mathrm{d}x = \int_{-1}^{0} \frac{1}{x^2}\mathrm{d}x + \int_0^{-1} \frac{1}{x^2}\mathrm{d}x$

$\displaystyle\int_{-1}^{0} \frac{1}{x^2}\mathrm{d}x = \left(-\dfrac{1}{2}\right)\left[\dfrac{1}{x}\right]_{-1}^{0}$,发散,A 项错误。

B 项:$\dfrac{\mathrm{d}}{\mathrm{d}x}\displaystyle\int_0^{x^2} f(t)\mathrm{d}t = f(x^2) \cdot 2x$,B 项错误。

C 项:$\displaystyle\int_1^{+\infty} \frac{1}{\sqrt{x}}\mathrm{d}x = 2\left[\sqrt{x}\right]_1^{+\infty}$,发散,C 项正确。

应选 C 项。

四、定积分的应用

★★★(一)平面图形的面积

1. 直角坐标

如图 1-3-1(a)所示，若平面图形由曲线 $y=f_1(x)$，$y=f_2(x)$ 和直线 $x=a$，$x=b$ 所围成，则其面积 $A=\int_a^b\left[f_2(x)-f_1(x)\right]\mathrm{d}x$。

如图 1-3-1(b)所示，平面图形由曲线 $x=f_1^{-1}(y)$，$x=f_2^{-1}(y)$ 和直线 $y=c$，$y=d$ 所围成，则其面积 $A=\int_c^d\left[f_2^{-1}(y)-f_1^{-1}(y)\right]\mathrm{d}y$。

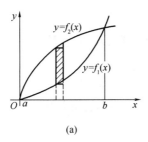 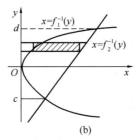

图 1-3-1

当曲线 $y=f(x)$ 由参数方程表达时，即 $\begin{cases}x=\varphi(t)\\y=\psi(t)\end{cases}$，与直线 $x=a$、$x=b$ 及 x 轴围成的图形面积为（图 1-3-2）：

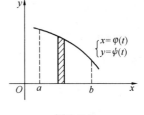

$$A=\int_a^b f(x)\mathrm{d}x=\int_{t_1}^{t_2}\psi(t)\varphi'(t)\mathrm{d}t$$

其中，当 $x=a$ 时，$t=t_1$；$x=b$ 时，$t=t_2$。

图 1-3-2

2. 极坐标

如图 1-3-3(a)所示，若平面图形由曲线 $\rho=\varphi_1(\theta)$，$\rho=\varphi_2(\theta)$，及射线 $\theta=\alpha$，$\theta=\beta$ 所围成，则其面积 $A=\frac{1}{2}\int_\alpha^\beta\left[\varphi_2^2(\theta)-\varphi_1^2(\theta)\right]\mathrm{d}\theta$；特别地，当 $\rho=\varphi_1(\theta)=0$ 时，则 $A=\frac{1}{2}\int_\alpha^\beta\varphi_2^2(\theta)\mathrm{d}\theta$，见图 1-3-3(b)。

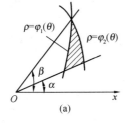 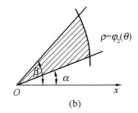

图 1-3-3

★★★（二）体积

1. 旋转体的体积

由连续曲线 $y=f(x)$，$f(x)>0$，与直线 $x=a$，$x=b$ 及 x 轴所围成的曲边梯形绕 x 轴旋转一周而成的立体体积为 $V_x=\pi\int_a^b\left[f(x)\right]^2\mathrm{d}x$。

由连续曲线 $x=\varphi(y)$，$\varphi(y)>0$，与直线 $y=c$，$y=d$ 及 y 轴所围成的曲边梯形绕 y 轴旋转一周而成的立体体积为 $V_y=\pi\int_c^d[\varphi(y)]^2\mathrm{d}y$。

2. 平面截面面积为已知的立体的体积

设立体由某曲面及平面 $x=a$，$x=b$ 所围成，过点 x 且垂直于 x 轴的截面面积为 $A(x)$，则其体积为 $V=\int_a^b A(x)\mathrm{d}x$。

★（三）平面曲线的弧长

设曲线弧的方程为 $y=y(x)(a\leqslant x\leqslant b)$，$y(x)$ 在 $[a,b]$ 上具有一阶连续导数，则其弧长为 $s=\int_a^b\sqrt{1+y'^2}\mathrm{d}x$。

设曲线弧的参数方程为 $x=\varphi(t)$，$y=\psi(t)(\alpha\leqslant t\leqslant\beta)$，$\varphi(t)$、$\psi(t)$ 在 $[\alpha,\beta]$ 上具有连续导数，则其弧长 $s=\int_\alpha^\beta\sqrt{\varphi'^2(t)+\psi'^2(t)}\mathrm{d}t$。

设曲线弧的极坐标方程为 $\rho=\rho(\theta)(\alpha\leqslant\theta\leqslant\beta)$，$\rho(\theta)$ 在 $[\alpha,\beta]$ 上具有连续导数，则其弧长 $s=\int_\alpha^\beta\sqrt{\rho^2(\theta)+\rho'^2(\theta)}\mathrm{d}\theta$。

【例 1-3-24】（历年真题）在区间 $[0,2\pi]$ 上，曲线 $y=\sin x$ 与 $y=\cos x$ 之间所围图形的面积是：

A. $\int_{\frac{\pi}{4}}^{\pi}(\sin x-\cos x)\mathrm{d}x$ B. $\int_{\frac{\pi}{4}}^{\frac{5}{4}\pi}(\sin x-\cos x)\mathrm{d}x$

C. $\int_0^{2\pi}(\sin x-\cos x)\mathrm{d}x$ D. $\int_0^{\frac{5\pi}{4}}(\sin x-\cos x)\mathrm{d}x$

【解答】$y=\sin x$，$y=\cos x$ 在 $[0,2\pi]$ 上的交点为 $\left(\dfrac{\pi}{4},\dfrac{\sqrt{2}}{2}\right)$、$\left(\dfrac{5\pi}{4},-\dfrac{\sqrt{2}}{2}\right)$。

$$A=\int_{\frac{\pi}{4}}^{\frac{5\pi}{4}}(\sin x-\cos x)\mathrm{d}x$$

应选 B 项。

【例 1-3-25】（历年真题）由曲线 $y=\ln x$，y 轴与直线 $y=\ln a$，$y=\ln b(b>a>0)$ 所围成的平面图形的面积等于：

A. $\ln b-\ln a$ B. $b-a$
C. $\mathrm{e}^b-\mathrm{e}^a$ D. $\mathrm{e}^b+\mathrm{e}^a$

【解答】$A=\int_{\ln a}^{\ln b}\mathrm{e}^y\mathrm{d}y=[\mathrm{e}^y]_{\ln a}^{\ln b}=b-a$

应选 B 项。

本题目的图示见例 1-3-25 解图。

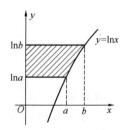

例 1-3-25 解图

【例 1-3-26】曲线 $y=\dfrac{2}{3}x^{\frac{3}{2}}$ 上相应于 x 从 0 到 1 的一段弧的长度是：

A. $\dfrac{2}{3}(\sqrt[3]{4}-1)$ B. $\dfrac{4}{3}\sqrt{2}$

C. $\dfrac{2}{3}(2\sqrt{2}-1)$ D. $\dfrac{4}{15}$

【解答】曲线的方程视为 $\begin{cases} x = x \\ y = \dfrac{2}{3}x^{\frac{3}{2}} \end{cases}$，则：

$$x' = 1, y' = x, s = \int_0^1 \sqrt{x'^2 + y'^2}\,\mathrm{d}x = \int_0^1 \sqrt{1+x}\,\mathrm{d}x$$

$$= \frac{2}{3}\left[(1+x)^{\frac{3}{2}}\right]_0^1 = \frac{2}{3}(2\sqrt{2}-1)$$

应选 C 项。

【例 1-3-27】圆周 $\rho = \cos\theta$，$\rho = 2\cos\theta$ 及射线 $\theta = 0$，$\theta = \dfrac{\pi}{4}$ 所围的图形的面积 A 等于：

A. $\dfrac{3}{8}(\pi+2)$ B. $\dfrac{1}{16}(\pi+2)$

C. $\dfrac{3}{16}(\pi+2)$ D. $\dfrac{7}{8}\pi$

【解答】$A = \dfrac{1}{2}\int_0^{\frac{\pi}{4}}\left[(2\cos\theta)^2 - \cos^2\theta\right]\mathrm{d}\theta = \dfrac{3}{2}\int_0^{\frac{\pi}{4}}\cos^2\theta\,\mathrm{d}\theta = \dfrac{3}{2}\int_0^{\frac{\pi}{4}}\dfrac{1+\cos 2\theta}{2}\,\mathrm{d}\theta$

$$= \frac{3}{4}\left[\theta + \frac{1}{2}\sin 2\theta\right]_0^{\frac{\pi}{4}} = \frac{3}{4}\left(\frac{\pi}{4}+\frac{1}{2}\right) = \frac{3}{16}(\pi+2)$$

应选 C 项。

本题目的图示见例 1-3-27 解图。

例 1-3-27 解图

【例 1-3-28】（历年真题）由曲线 $y = x^3$，直线 $x = 1$ 和 Ox 轴所围成的平面图形绕 Ox 轴旋转一周所形成的旋转体的体积是：

A. $\dfrac{\pi}{7}$ B. 7π

C. $\dfrac{\pi}{6}$ D. 6π

【解答】$V = \int_0^1 \pi(x^3)^2\,\mathrm{d}x = \pi\int_0^1 x^6\,\mathrm{d}x = \pi\left[\dfrac{x^7}{7}\right]_0^1 = \dfrac{\pi}{7}$

应选 A 项。

【例 1-3-29】（历年真题）曲线 $y = (\sin x)^{3/2}$ $(0 \leqslant x \leqslant \pi)$ 与 x 轴围成的平面图形绕 x 轴旋转一周而成的旋转体体积等于：

A. $\dfrac{4}{3}$ B. $\dfrac{4}{3}\pi$ C. $\dfrac{2}{3}\pi$ D. $\dfrac{2}{3}\pi^2$

【解答】$V = \int_0^\pi \pi\left[(\sin x)^{\frac{3}{2}}\right]^2\mathrm{d}x = \pi\int_0^\pi \sin^3 x\,\mathrm{d}x = -\pi\int_0^\pi (1-\cos^2 x)\mathrm{d}(\cos x)$

$$= -\pi\left[\cos x - \frac{1}{3}\cos^3 x\right]_0^\pi = \frac{4}{3}\pi$$

应选 B 项。

习　题

1-3-1　（历年真题）设 $f(x)$ 有连续导数，则下列关系式中正确的是：

A. $\displaystyle\int f(x)\mathrm{d}x = f(x)$ B. $\left[\displaystyle\int f(x)\mathrm{d}x\right]' = f(x)$

C. $\int f'(x)\mathrm{d}x = f(x)\mathrm{d}x$ 　　　　　　D. $\left[\int f(x)\mathrm{d}x\right]' = f(x) + C$

1-3-2 （历年真题）已知 $f(x)$ 为连续的偶函数，则 $f(x)$ 的原函数中：

A. 有奇函数 　　　　　　　　　　B. 都是奇函数

C. 都是偶函数 　　　　　　　　　D. 没有奇函数也没有偶函数

1-3-3 $\int x\sqrt{3-x^2}\,\mathrm{d}x$ 等于：

A. $\dfrac{1}{\sqrt{3-x^2}} + C$ 　　　　　　B. $-\dfrac{1}{3}(3-x^2)^{\frac{3}{2}} + C$

C. $3-x^2 + C$ 　　　　　　　　　D. $-\dfrac{1}{3}(3-x^2) + C$

1-3-4 $\int_{-3}^{3} x\sqrt{9-x^2}\,\mathrm{d}x$ 等于：

A. 0 　　　　　B. 9π 　　　　　C. 3π 　　　　　D. $\dfrac{9}{2}\pi$

1-3-5 （历年真题）$\int f(x)\mathrm{d}x = F(x) + C$，则 $\int \dfrac{1}{\sqrt{x}}f(\sqrt{x})\mathrm{d}x$ 等于：

A. $\dfrac{1}{2}F(\sqrt{x}) + C$ 　　　　　　B. $2F(\sqrt{x}) + C$

C. $F(x) + C$ 　　　　　　　　　D. $\dfrac{F(\sqrt{x})}{\sqrt{x}}$

1-3-6 （历年真题）$\int \dfrac{\cos 2x}{\sin^2 x\cos^2 x}\mathrm{d}x$ 等于：

A. $\cot x - \tan x + C$ 　　　　　　B. $\cot x + \tan x + C$

C. $-\cot x - \tan x + C$ 　　　　　D. $-\cot x + \tan x + C$

1-3-7 （历年真题）若函数 $f(x)$ 的一个原函数是 e^{-2x}，则 $\int f''(x)\mathrm{d}x$ 等于：

A. $\mathrm{e}^{-2x} + C$ 　　　　　　　　B. $-2\mathrm{e}^{-2x} \cdot C$

C. $-2\mathrm{e}^{-2x} + C$ 　　　　　　　D. $4\mathrm{e}^{-2x} + C$

1-3-8 $\int x\mathrm{e}^{-2x}\mathrm{d}x$ 等于：

A. $-\dfrac{1}{4}\mathrm{e}^{-2x}(2x+1) + C$ 　　　　B. $\dfrac{1}{4}\mathrm{e}^{-2x}(2x-1) + C$

C. $-\dfrac{1}{4}\mathrm{e}^{-2x}(2x-1) + C$ 　　　D. $-\dfrac{1}{2}\mathrm{e}^{-2x}(x+1) + C$

1-3-9 $\int \dfrac{1}{1+\sqrt{x}}\mathrm{d}x$ 等于：

A. $2\sqrt{x} + 2\ln(1+\sqrt{x}) + C$ 　　　　B. $2\sqrt{x} - 2\ln(1+\sqrt{x}) + C$

C. $2\sqrt{x}+\ln(1+\sqrt{x})+C$ D. $2\sqrt{x}-\ln(1+\sqrt{x})+C$

1-3-10 $\int_0^\pi \sqrt{1+\cos^2 x}\,\mathrm{d}x$ 等于:

A. 0   B. $\sqrt{2}$ C. $2\sqrt{2}$ D. $4\sqrt{2}$

1-3-11 若 $\int_0^k (3x^2+2x)\,\mathrm{d}x=0, k\neq 0$, 则 k 等于:

A. 1   B. -1 C. $\dfrac{3}{2}$ D. $\dfrac{1}{2}$

1-3-12 (历年真题)设 $\int_0^x f(t)\,\mathrm{d}t=2f(x)-\psi$,且 $f(0)=2$,则 $f(x)$ 是:

A. $\mathrm{e}^{\frac{x}{2}}$ B. $\mathrm{e}^{\frac{x}{2}+1}$ C. $2\mathrm{e}^{\frac{x}{2}}$ D. $\dfrac{1}{2}\mathrm{e}^{2x}$

1-3-13 若 $\int f(x)\,\mathrm{d}x=x^3+C$, 则 $\int f(\cos x)\sin x\,\mathrm{d}x$ 等于:

A. $-\cos^3 x+C$ B. $\sin^3 x+C$

C. $\cos^3 x+C$ D. $\dfrac{1}{3}\cos^3 x+C$

1-3-14 (历年真题)广义积分 $\int_0^{+\infty}\dfrac{C}{2+x^2}\,\mathrm{d}x=1$, 则 C 等于:

A. π B. $\dfrac{\pi}{\sqrt{2}}$ C. $\dfrac{2\sqrt{2}}{\pi}$ D. $-\dfrac{2}{\pi}$

1-3-15 $\dfrac{\mathrm{d}}{\mathrm{d}x}\int_0^{\cos x}\sqrt{1-t^2}\,\mathrm{d}t$ 等于:

A. $\sin x$ B. $|\sin x|$

C. $-\sin^2 x$ D. $-\sin x\,|\sin x|$

1-3-16 下列广义积分中收敛的是:

A. $\int_0^1 \dfrac{1}{x^2}\,\mathrm{d}x$ B. $\int_0^2 \dfrac{1}{\sqrt{2-x}}\,\mathrm{d}x$

C. $\int_{-\infty}^0 \mathrm{e}^{-x}\,\mathrm{d}x$ D. $\int_1^{+\infty}\ln x\,\mathrm{d}x$

1-3-17 反常积分 $\int_0^2 \dfrac{1}{x^2-5x+4}\,\mathrm{d}x$

A. 收敛于 0   B. 收敛于 $\dfrac{1}{3}\ln 3$

C. 收敛于 $\dfrac{2}{3}\ln 2$ D. 发散

1-3-18 直线 $y=\dfrac{H}{R}x\,(x\geqslant 0)$ 与 $y=H$ 及 y 轴所围图形绕 y 轴旋转一周所得旋转体的体积为(H、R 为任意常数):

A. $\dfrac{1}{3}\pi R^2 H$ B. $\pi R^2 H$ C. $\dfrac{1}{6}\pi R^2 H$ D. $\dfrac{1}{4}\pi R^2 H$

1-3-19 心形线 $\rho=a(1+\cos\theta)(a>0)$ 所围成的平面图形的面积为：

A. $\dfrac{3}{2}\pi a^2$　　　　　B. $3\pi a^2$　　　　　C. $2\pi a^2$　　　　　D. $\dfrac{2}{3}\pi a^2$

第四节　多元函数微分学与积分学

一、多元函数微分学

（一）偏导数与全微分

1. 多元函数的极限

设二元函数 $f(P)=f(x,y)$ 的定义域为 D，$P_0(x_0,y_0)$ 是 D 的聚点[①]。如果存在常数 A，对于任意给定的正数 ε，总存在正数 δ，使得当点 $P(x,y)\in D\bigcap \mathring{U}(P_0,\delta)$ 时，都使 $|f(P)-A|=|f(x,y)-A|<\varepsilon$ 成立，则称常数 A 为函数 $f(x,y)$ 当 $(x,y)\to (x_0,y_0)$ 时的极限，记作

$$\lim_{(x,y)\to(x_0,y_0)}f(x,y)=A \quad 或 \quad f(x,y)\to A[(x,y)\to(x_0,y_0)]$$

或记作

$$\lim_{P\to P_0}f(P)=A \quad 或 \quad f(P)\to A(P\to P_0)$$

一般把二元函数的极限称为二重极限。

注意，二重极限存在是指 $P(x,y)$ 以任何方式趋于 $P_0(x_0,y_0)$ 时，$f(x,y)$ 都无限接近于 A。因此，如果 $P(x,y)$ 以某一特殊方式趋于 $P_0(x_0,y_0)$ 时，即使 $f(x,y)$ 无限接近于某一确定值，还不能由此断定函数的极限存在。但是，如果当 $P(x,y)$ 以不同的方式趋于 $P_0(x_0,y_0)$ 时，$f(x,y)$ 趋于不同的值，则可以断定这函数的极限不存在。

2. 多元函数的连续性

设二元函数 $f(P)=f(x,y)$ 的定义域为 D，$P_0(x_0,y_0)$ 为 D 的聚点，且 $P_0\in D$。如果 $\lim\limits_{(x,y)\to(x_0,y_0)}f(x,y)=f(x_0,y_0)$，则称函数 $f(x,y)$ 在点 $P_0(x_0,y_0)$ 连续。

一切多元初等函数在其定义区域内是连续的。

由多元初等函数的连续性，如果要求它在点 P_0 处的极限，而该点又在此函数的定义区域内，则此极限值就是函数在该点的函数值，即：$\lim\limits_{P\to P_0}f(P)=f(P_0)$。

3. 偏导数

设函数 $z=f(x,y)$ 在点 (x_0,y_0) 的某一邻域内有定义，当 y 固定在 y_0 而 x 在 x_0 处有增量 Δx 时，相应的函数有增量 $f(x_0+\Delta x,y_0)-f(x_0,y_0)$，如果 $\lim\limits_{\Delta x\to 0}\dfrac{f(x_0+\Delta x,y_0)-f(x_0,y_0)}{\Delta x}$ 存在，则称此极限为函数 $z=f(x,y)$ 在点 (x_0,y_0) 处对 x 的偏导数，记作

$$\left.\frac{\partial z}{\partial x}\right|_{\substack{x=x_0\\y=y_0}},\left.\frac{\partial f}{\partial x}\right|_{\substack{x=x_0\\y=y_0}},z_x\bigg|_{\substack{x=x_0\\y=y_0}} 或 f_x(x_0,y_0)$$

注意，偏导数记号 z_x、f_x 也可记成 z'_x、f'_x。

类似地，函数 $z=f(x,y)$ 在点 (x_0,y_0) 处对 y 的偏导数定义为：$\lim\limits_{\Delta y\to 0}$

---

① 如果对于任意给定的 $\delta>0$，点 P 的去心邻域 $\mathring{U}(P,\delta)$ 内总有 E（E 指平面点集）中的点，称 P 是 E 的聚点。

$$\frac{f(x_0,\ y_0+\Delta y)-f(x_0,\ y_0)}{\Delta y}$$，该极根存在，记作

$$\frac{\partial z}{\partial y}\bigg|_{\substack{x=x_0\\y=y_0}},\frac{\partial f}{\partial y}\bigg|_{\substack{x=x_0\\y=y_0}},z_y\bigg|_{\substack{x=x_0\\y=y_0}} 或 f_y(x_0,y_0)$$

如果函数 $z=f(x,y)$ 在区域 D 内每一点 (x,y) 处对 x 的偏导数都存在，则这个偏导数就是 x、y 的函数，其称为函数 $z=f(x,y)$ 对自变量 x 的偏导函数（简称偏导数），记作

$$\frac{\partial z}{\partial x},\frac{\partial f}{\partial x},z_x 或 f_x(x,y)$$

类似地，可以定义函数 $z=f(x,y)$ 对自变量 y 的偏导函数（偏导数），记作

$$\frac{\partial z}{\partial y},\frac{\partial f}{\partial y},z_y 或 f_y(x,y)$$

求 $z=f(x,y)$ 的偏导数，属于一元函数的微分法问题。求 $\dfrac{\partial f}{\partial x}$ 时，只要把 y 暂时看作常量而对 x 求导数；求 $\dfrac{\partial f}{\partial y}$ 时，只要把 x 暂时看作常量而对 y 求导数。

4. 二阶偏导数及其他高阶偏导数

设函数 $z=f(x,y)$ 在区域 D 内具有偏导数 $\dfrac{\partial z}{\partial x}=f_x(x,y),\dfrac{\partial z}{\partial y}=f_y(x,y)$，于是在 D 内 $f_x(x,y)$、$f_y(x,y)$ 都是 x、y 的函数。如果这两个函数的偏导数也存在，则称它们是函数 $z=f(x,y)$ 的二阶偏导数。按照对变量求导次序的不同有下列四个二阶偏导数：

$$\frac{\partial}{\partial x}\left(\frac{\partial z}{\partial x}\right)=\frac{\partial^2 z}{\partial x^2}=f_{xx}(x,y),\qquad \frac{\partial}{\partial y}\left(\frac{\partial z}{\partial x}\right)=\frac{\partial^2 z}{\partial x\partial y}=f_{xy}(x,y)$$

$$\frac{\partial}{\partial x}\left(\frac{\partial z}{\partial y}\right)=\frac{\partial^2 z}{\partial y\partial x}=f_{yx}(x,y),\qquad \frac{\partial}{\partial y}\left(\frac{\partial z}{\partial y}\right)=\frac{\partial^2 z}{\partial y^2}=f_{yy}(x,y)$$

其中，第二、三两个偏导数称为混合偏导数。对于二阶混合偏导数，有如下结论：

如果函数 $z=f(x,y)$ 的两个二阶混合偏导数 $f_{xy}(x,y)$、$f_{yx}(x,y)$ 在区域 D 内连续，则在 D 内恒有 $f_{xy}(x,y)=f_{yx}(x,y)$。

由上可知，二阶混合偏导数在连续的条件下与求导的次序无关。

类似地，可得三阶、四阶……以及 n 阶偏导数。二阶及二阶以上的偏导数统称为高阶偏导数。同样，其他高阶混合偏导数在偏导数连续的条件下也与求导的次序无关。

5. 全微分

如果函数 $z=f(x,y)$ 在点 (x,y) 的全增量 $\Delta z=f(x+\Delta x,\ y+\Delta y)-f(x,\ y)$ 可表示为 $\Delta z=A\Delta x+B\Delta y+o(\rho)$，其中 A、B 不依赖于 Δx、Δy 而仅与 x、y 有关，$\rho=\sqrt{(\Delta x)^2+(\Delta y)^2}$，则称函数 $z=f(x,y)$ 在点 (x,y) 可微分，而 $A\Delta x+B\Delta y$ 称为函数 $z=f(x,y)$ 在点 (x,y) 的全微分，记作 $\mathrm{d}z$，即 $\mathrm{d}z=A\Delta x+B\Delta y$。

如果函数在区域 D 内各点处都可微分，则称这函数在 D 内可微分。

定理 1（必要条件）　如果函数 $z=f(x,y)$ 在点 (x,y) 可微分，则该函数在点 (x,y) 的偏导数 $\dfrac{\partial z}{\partial x}$ 与 $\dfrac{\partial z}{\partial y}$ 必定存在，且函数 $z=f(x,y)$ 在点 (x,y) 的全微分为：

$$\mathrm{d}z=\frac{\partial z}{\partial x}\Delta x+\frac{\partial z}{\partial y}\Delta y$$

若记 Δx、Δy 分别为 $\mathrm{d}x$、$\mathrm{d}y$，则上式写为：$\mathrm{d}z=\dfrac{\partial z}{\partial x}\mathrm{d}x+\dfrac{\partial z}{\partial y}\mathrm{d}y$。

定理 2(充分条件) 如果函数 $z=f(x,y)$ 的偏导数 $\dfrac{\partial z}{\partial x}$、$\dfrac{\partial z}{\partial y}$ 在点 (x,y) 连续，则函数在该点可微分。

由上述定理 1、定理 2 可知，多元函数连续、可偏导、可微分的关系，如图 1-4-1 所示。多元函数可(偏)导(即存在偏导数)与多元函数连续没有必然的联系。多元函数可微分必定可偏导，但可偏导不一定可微分，故多元函数的可偏导与可微分并不等价。当偏导数存在且连续时，多元函数必定可微分。

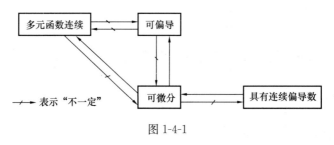

图 1-4-1

★★★(二)多元复合函数的求导法则

1. 如果函数 $u=\varphi(t)$ 及 $v=\psi(t)$ 都在点 t 可导，函数 $z=f(u,v)$ 在对应点 (u,v) 具有连续偏导数，则复合函数 $z=f[\varphi(t),\psi(t)]$ 在点 t 可导，且有：

$$\frac{\mathrm{d}z}{\mathrm{d}t}=\frac{\partial z}{\partial u}\frac{\mathrm{d}u}{\mathrm{d}t}+\frac{\partial z}{\partial v}\frac{\mathrm{d}v}{\mathrm{d}t}$$

推广：设 $z=f(u,v,w)$，$u=\varphi(t)$，$v=\psi(t)$，$w=\omega(t)$，则：

$$\frac{\mathrm{d}z}{\mathrm{d}t}=\frac{\partial z}{\partial u}\frac{\mathrm{d}u}{\mathrm{d}t}+\frac{\partial z}{\partial v}\frac{\mathrm{d}v}{\mathrm{d}t}+\frac{\partial z}{\partial w}\frac{\mathrm{d}w}{\mathrm{d}t}$$

注意：上述两公式中的导数 $\dfrac{\mathrm{d}z}{\mathrm{d}t}$ 称为全导数。

2. 设 $z=f(u,v)$，$u=\varphi(x,y)$，$v=\psi(x,y)$，则：

$$\frac{\partial z}{\partial x}=\frac{\partial z}{\partial u}\frac{\partial u}{\partial x}+\frac{\partial z}{\partial v}\frac{\partial v}{\partial x},\qquad\frac{\partial z}{\partial y}=\frac{\partial z}{\partial u}\frac{\partial u}{\partial y}+\frac{\partial z}{\partial v}\frac{\partial v}{\partial y}$$

3. 设 $z=f(u,v)$，$u=\varphi(x,y)$，$v=\psi(y)$，则：

$$\frac{\partial z}{\partial x}=\frac{\partial z}{\partial u}\frac{\partial u}{\partial x},\qquad\frac{\partial z}{\partial y}=\frac{\partial z}{\partial u}\frac{\partial u}{\partial y}+\frac{\partial z}{\partial v}\frac{\mathrm{d}v}{\mathrm{d}y}$$

4. 设 $z=f(u,x,y)$，$u=\varphi(x,y)$，则：

$$\frac{\partial z}{\partial x}=\frac{\partial f}{\partial u}\frac{\partial u}{\partial x}+\frac{\partial f}{\partial x},\qquad\frac{\partial z}{\partial y}=\frac{\partial f}{\partial u}\frac{\partial u}{\partial y}+\frac{\partial f}{\partial y}$$

★★★(三)隐函数的求导公式

1. 设函数 $F(x,y)$ 在点 $P(x_0,y_0)$ 的某一邻域内具有连续偏导数，且 $F(x_0,y_0)=0$，$F_y(x_0,y_0)\neq0$，则方程 $F(x,y)=0$ 在点 (x_0,y_0) 的某一邻域内恒能唯一确定一个连续且具有连续导数的函数 $y=f(x)$，它满足条件 $y_0=f(x_0)$，并有：

$$\frac{\mathrm{d}y}{\mathrm{d}x} = -\frac{F_x}{F_y}$$

2. 设函数 $F(x, y, z)$ 在点 $P(x_0, y_0, z_0)$ 的某一邻域内具有连续偏导数，且 $F(x_0, y_0, z_0)=0$，$F_z(x_0, y_0, z_0) \neq 0$，则方程 $F(x, y, z)=0$ 在点 (x_0, y_0, z_0) 的某一邻域内恒能唯一确定一个连续且具有连续偏导数的函数 $z=f(x, y)$，它满足条件 $z_0 = f(x_0, y_0)$，并有：

$$\frac{\partial z}{\partial x} = -\frac{F_x}{F_z}, \quad \frac{\partial z}{\partial y} = -\frac{F_y}{F_z}$$

（四）偏导数的应用

★1. 空间曲线的切线与法平面

设空间曲线 Γ 的参数方程为 $\begin{cases} x=\varphi(t) \\ y=\psi(t) \\ z=\omega(t) \end{cases}$，$t \in [\alpha, \beta]$，其中 $\varphi(t)$、$\psi(t)$、$\omega(t)$ 在 $[\alpha、\beta]$ 上可导且 $\varphi'(t)$、$\psi'(t)$、$\omega'(t)$ 不同时为零。

向量 $\boldsymbol{T}[\varphi'(t_0), \psi'(t_0), \omega'(t_0)]$ 称为空间曲线 Γ 上对应 $t=t_0$ 的 M 点 (x_0, y_0, z_0) 的切向量，则 M 点处的切线方程为：

$$\frac{x-x_0}{\varphi'(t_0)} = \frac{y-y_0}{\psi'(t_0)} = \frac{z-z_0}{\omega'(t_0)}$$

通过点 $M(x_0, y_0, z_0)$ 的法平面方程为：
$$\varphi'(t_0)(x-x_0) + \psi'(t_0)(y-y_0) + \omega'(t_0)(z-z_0) = 0$$

★2. 曲面的切平面与法线

设曲面 Σ 的方程为 $F(x, y, z)=0$，其中 $F(x, y, z)$ 具有一阶连续偏导数，且 F_x、F_y、F_z 不同时为零。

向量 $\boldsymbol{n}=[F_x(x_0, y_0, z_0), F_y(x_0, y_0, z_0), F_z(x_0, y_0, z_0)]$ 称为曲面在点 $M_0(x_0, y_0, z_0)$ 处的法向量，则在点 $M_0(x_0, y_0, z_0)$ 处曲面的切平面方程为：

$$F_x(x_0, y_0, z_0)(x-x_0) + F_y(x_0, y_0, z_0)(y-y_0) + F_z(x_0, y_0, z_0)(z-z_0)=0$$

通过点 $M_0(x_0, y_0, z_0)$ 且垂直于上述切平面的法线，其法线方程为：

$$\frac{x-x_0}{F_x(x_0, y_0, z_0)} = \frac{y-y_0}{F_y(x_0, y_0, z_0)} = \frac{z-z_0}{F_z(x_0, y_0, z_0)}$$

如果曲面 Σ 的方程由 $z=f(x, y)$ 给出，则可令 $F(x, y, z)=f(x, y)-1=0$，再用上述方法求出它的切平面与法线方程。

3. 多元函数的极值

★★★（1）无条件极值

定理1（必要条件）　设函数 $z=f(x, y)$ 在点 (x_0, y_0) 具有偏导数，且在点 (x_0, y_0) 处有极值，则：$f_x(x_0, y_0)=0$，$f_y(x_0, y_0)=0$。

凡是能使 $f_z(x, y)=0, f_y(x, y)=0$ 同时成立的点 (x_0, y_0) 称为函数 $z=f(x, y)$ 的驻点。从定理1可知，具有偏导数的函数的极值点必定是驻点，但函数的驻点不一定是极值点。除了考虑函数的驻点外，当有偏导数不存在的点时，对这些点也应当考虑。

定理2（充分条件）　设函数 $z=f(x, y)$ 在点 (x_0, y_0) 的某邻域内连续且有一阶及二阶连续偏导数，又 $f_x(x_0, y_0)=0$，$f_y(x_0, y_0)=0$，令

$$f_{xx}(x_0, y_0) = A, \quad f_{xy}(x_0, y_0) = B, \quad f_{yy}(x_0, y_0) = C$$

则 $f(x, y)$ 在 (x_0, y_0) 处是否取得极值的条件如下：

1) $AC - B^2 > 0$ 时具有极值，且当 $A < 0$ 时有极大值，当 $A > 0$ 时有极小值；

2) $AC - B^2 < 0$ 时没有极值；

3) $AC - B^2 = 0$ 时可能有极值，也可能没有极值，还需另作分析。

如果函数 $f(x, y)$ 在有界闭区域 D 上连续，则 $f(x, y)$ 在 D 上必定能取得最大值和最小值。

假定函数在 D 上连续、在 D 内可微分且只有有限个驻点，此时，求该函数的最大值和最小值的一般方法是：将函数 $f(x, y)$ 在 D 内的所有驻点处的函数值及在 D 的边界上的最大值和最小值相互比较，其中最大的就是最大值，最小的就是最小值。

★(2) 条件极值与拉格朗日乘数法

要找函数 $z = f(x, y)$ 在附加条件 $\varphi(x, y) = 0$ 下的可能极值点，可以先作拉格朗日函数 $L(x, y) = f(x, y) + \lambda \varphi(x, y)$，其中 λ 为参数，求其对 x 与 y 的一阶偏导数，并使之为零，然后与 $\varphi(x, y) = 0$ 联立起来：

$$\begin{cases} f_x(x, y) + \lambda \varphi_x(x, y) = 0 \\ f_y(x, y) + \lambda \varphi_y(x, y) = 0 \\ \varphi(x, y) = 0 \end{cases}$$

由这方程组解出 x、y 及 λ，这样得到的 (x, y) 就是函数 $f(x, y)$ 在附加条件 $\varphi(x, y) = 0$ 下的可能极值点，然后再根据问题本身的性质来确定其是否为极值点。

上述方法可以推广到自变量多于两个而且条件多于一个的情况。

【例 1-4-1】(历年真题) 若 $z = f(x, y)$ 和 $y = \varphi(x)$ 均可微，则 $\dfrac{dz}{dx}$ 等于：

A. $\dfrac{\partial f}{\partial x} + \dfrac{\partial f}{\partial y}$
B. $\dfrac{\partial f}{\partial x} + \dfrac{\partial f}{\partial y} \dfrac{d\varphi}{dx}$
C. $\dfrac{\partial f}{\partial y} \dfrac{d\varphi}{dx}$
D. $\dfrac{\partial f}{\partial x} - \dfrac{\partial f}{\partial y} \dfrac{d\varphi}{dx}$

【解答】$\dfrac{dz}{dx} = \dfrac{\partial f}{\partial x} + \dfrac{\partial f}{\partial y} \cdot \dfrac{d\varphi}{dx}$，应选 B 项。

【例 1-4-2】(历年真题) 设方程 $x^2 + y^2 + z^2 = 4z$ 确定可微，函数 $z = z(x, y)$，则全微分 dz 等于：

A. $\dfrac{1}{2-z}(ydx + xdy)$

B. $\dfrac{1}{2-z}(xdx + ydy)$

C. $\dfrac{1}{2+z}(dx + dy)$

D. $\dfrac{1}{2-z}(dx + dy)$

【解答】设 $F(x, y, z) = x^2 + y^2 + z^2 - 4z$，则：$F_x = 2x$，$F_y = 2y$，$F_z = 2z - 4$

$$\frac{\partial z}{\partial x} = -\frac{F_x}{F_z} = -\frac{2x}{2z-4} = -\frac{x}{z-2}, \quad \frac{\partial z}{\partial y} = -\frac{F_y}{F_z} = -\frac{2y}{2z-4} = -\frac{y}{z-2}$$

$$dz = \frac{\partial z}{\partial x}dx + \frac{\partial z}{\partial y}dy = \frac{x}{2-z}dx + \frac{y}{2-z}dy = \frac{1}{2-z}(xdx + ydy)$$

应选 B 项。

【例 1-4-3】(历年真题) 设函数 $z = \left(\dfrac{y}{x}\right)^x$，则全微分 $dz \Big|_{\substack{x=1 \\ y=2}}$ 等于：

A. $\ln 2 dx - \dfrac{1}{2}dy$

B. $(\ln 2 + 1)dx - \dfrac{1}{2}dy$

C. $2\left[(\ln 2 - 1)\mathrm{d}x + \dfrac{1}{2}\mathrm{d}y\right]$ 　　　　D. $\dfrac{1}{2}\ln 2\mathrm{d}x + 2\mathrm{d}y$

【解答】对函数 z 两边取对数，$\ln z = x\ln\dfrac{y}{x}$，再对 x 求导：

$$\frac{1}{z}z_x = \ln\frac{y}{x} + x\cdot\frac{1}{\dfrac{y}{x}}\cdot\left(-\frac{y}{x^2}\right) = \ln\frac{y}{x} - 1$$

$$z_x = z\left(\ln\frac{y}{x} - 1\right) = \left(\frac{y}{x}\right)^x\left(\ln\frac{y}{x} - 1\right)$$

又 　　　　　　　　　　$\mathrm{d}z = \dfrac{\partial z}{\partial x}\mathrm{d}x + \dfrac{\partial z}{\partial y}\mathrm{d}y$

其中 $\dfrac{\partial z}{\partial x}\mathrm{d}x = \left(\dfrac{y}{x}\right)^x\left(\ln\dfrac{y}{x} - 1\right)\mathrm{d}x = \left(\dfrac{2}{1}\right)^1\left(\ln\dfrac{2}{1} - 1\right)\mathrm{d}x = 2(\ln 2 - 1)\mathrm{d}x$

故应选 C 项。

注意，从 A、B、C、D 项可知，只需计算 $\dfrac{\partial z}{\partial x}\mathrm{d}x$ 就能选出正确答案。

【例 1-4-4】（历年真题）设 $z = \dfrac{1}{x}\mathrm{e}^{xy}$，则全微分 $\mathrm{d}z\,|_{(1,-1)}$ 等于：

A. $\mathrm{e}^{-1}(\mathrm{d}x + \mathrm{d}y)$ 　　　　　　　B. $\mathrm{e}^{-1}(-2\mathrm{d}x + \mathrm{d}y)$

C. $\mathrm{e}^{-1}(\mathrm{d}x - \mathrm{d}y)$ 　　　　　　　D. $\mathrm{e}^{-1}(\mathrm{d}x + 2\mathrm{d}y)$

【解答】$\dfrac{\partial z}{\partial x} = \left(-\dfrac{1}{x^2}\right)\mathrm{e}^{xy} + \dfrac{1}{x}\mathrm{e}^{xy}\cdot y = \mathrm{e}^{xy}\left(-\dfrac{1}{x^2} + \dfrac{y}{x}\right)$

$$\frac{\partial z}{\partial y} = \frac{1}{x}\mathrm{e}^{xy}\cdot x = \mathrm{e}^{xy}$$

$$\mathrm{d}z = \left(-\frac{1}{x^2} + \frac{y}{x}\right)\mathrm{e}^{xy}\mathrm{d}x + \mathrm{e}^{xy}\mathrm{d}y$$

$$= \left(-\frac{1}{1^2} + \frac{-1}{1}\right)\mathrm{e}^{1\times(-1)}\mathrm{d}x + \mathrm{e}^{1\times(-1)}\mathrm{d}y$$

$$= \mathrm{e}^{-1}(-2\mathrm{d}x + \mathrm{d}y)$$

应选 B 项。

【例 1-4-5】（历年真题）若函数 $z = f(x, y)$ 在点 $P_0(x_0, y_0)$ 处可微，则下面结论中错误的是：

A. $z = f(x, y)$ 在 P_0 处连续 　　　　B. $\lim\limits_{\substack{x\to x_0\\ y\to y_0}} f(x, y)$ 存在

C. $f'_x(x_0, y_0)$、$f'_y(x_0, y_0)$ 均存在 　　　　D. $f'_x(x, y)$、$f'_y(x, y)$ 在 P_0 处连续

【解答】$z = f(x, y)$ 在点 P_0 处可微，不能得出 $f'_x(x, y)$、$f'_y(x, y)$ 在 P_0 处连续，D 项错误，应选 D 项。

【例 1-4-6】（历年真题）设 $z = z(x, y)$ 是由方程 $xz - xy + \ln(xyz) = 0$ 所确定的可微函数，则 $\dfrac{\partial z}{\partial y}$ 等于：

A. $\dfrac{-xz}{xz + 1}$ 　　　B. $-x + \dfrac{1}{2}$ 　　　C. $\dfrac{z(-xz + y)}{x(xz + 1)}$ 　　　D. $\dfrac{z(xy - 1)}{y(xz + 1)}$

【解答】设 $F(x, y, z) = xz - xy + \ln(xyz)$

$$F_y = -x + \frac{xz}{xyz} = -x + \frac{1}{y}, \quad F_z = x + \frac{xy}{xyz} = x + \frac{1}{z}$$

$$\frac{\partial z}{\partial y} = -\frac{F_y}{F_z} = -\frac{-x + \frac{1}{y}}{x + \frac{1}{z}} = \frac{z(xy-1)}{y(xz+1)}$$

应选 D 项。

【例 1-4-7】（历年真题）设 $z = e^{xe^y}$，则 $\frac{\partial^2 z}{\partial x^2}$ 等于：

A. $e^{xe^y + 2y}$

B. $e^{xe^y + 2y}(xe^y + 1)$

C. e^{xe^y}

D. $e^{xe^y + y}$

【解答】 $\frac{\partial z}{\partial x} = e^{xe^y} \cdot e^y = e^y e^{xe^y}$

$$\frac{\partial^2 z}{\partial x^2} = e^y \cdot e^{xe^y} \cdot e^y = e^{xe^y + 2y}$$

应选 A 项。

【例 1-4-8】（历年真题）设 $z = \frac{3^{xy}}{x} + xF(u)$，其中 $F(u)$ 可微，且 $u = \frac{y}{x}$，则 $\frac{\partial z}{\partial y}$ 等于：

A. $3^{xy} - \frac{y}{x}F'(u)$

B. $\frac{1}{3}3^{xy}\ln 3 + F'(u)$

C. $3^{xy} + F'(u)$

D. $3^{xy}\ln 3 + F'(u)$

【解答】 $\frac{\partial z}{\partial y} = \frac{1}{x} \cdot 3^{xy}\ln 3 \cdot x + xF'(u) \cdot \frac{1}{x} = 3^{xy}\ln 3 + F'(u)$

应选 D 项。

【例 1-4-9】（历年真题）设 $z = y\varphi\left(\frac{x}{y}\right)$，其中 $\varphi(u)$ 具有二阶连续导数，则 $\frac{\partial^2 z}{\partial x \partial y}$ 等于：

A. $\frac{1}{y}\varphi''\left(\frac{x}{y}\right)$

B. $-\frac{x}{y^2}\varphi''\left(\frac{x}{y}\right)$

C. 1

D. $\varphi''\left(\frac{x}{y}\right) - \frac{x}{y}\varphi'\left(\frac{x}{y}\right)$

【解答】 $\frac{\partial z}{\partial x} = y \cdot \varphi'\left(\frac{x}{y}\right) \cdot \frac{1}{y} = \varphi'\left(\frac{x}{y}\right)$

$\frac{\partial^2 z}{\partial x \partial y} = \varphi''\left(\frac{x}{y}\right) \cdot \left(-\frac{x}{y^2}\right)$，应选 B 项。

【例 1-4-10】（历年真题）设函数 $z = f^2(xy)$，其中 $f(u)$ 具有二阶导数，则 $\frac{\partial^2 z}{\partial x^2}$ 等于：

A. $2y^3 f'(xy)f''(xy)$

B. $2y^2[f'(xy) + f''(xy)]$

C. $2y\{[f'(xy)]^2 + f''(xy)\}$

D. $2y^2\{[f'(xy)]^2 + f(xy)f''(xy)\}$

【解答】 $\frac{\partial z}{\partial x} = 2f(xy)f'(xy) \cdot y = 2yf(xy)f'(xy)$

$$\frac{\partial^2 z}{\partial x^2} = 2y[f'(xy)y \cdot f'(xy) + f(xy)f''(xy) \cdot y]$$

$$= 2y^2\{[f'(xy)]^2 + f(xy)f''(xy)\}$$

应选 D 项。

【**例 1-4-11**】（历年真题）对于函数 $f(x, y)=xy$，原点$(0, 0)$：

A. 不是驻点　　　　　　　　B. 是驻点但非极值点

C. 是驻点且为极小值点　　　D. 是驻点且为极大值点

【**解答**】$f_x=y$，$f_y=x$，故$(0, 0)$为驻点。

$f''_{xx}=0$，$f''_{xy}=1$，$f''_{yy}=0$，即：$A=0$，$B=1$，$C=0$

$AC-B^2=0\times0-1^2=-1<0$，故$(0, 0)$为非极值点。应选 B 项。

二、多元函数的积分学

★★★（一）二重积分的概念和性质及计算

1. 概念

设 $f(x, y)$ 是有界闭区域 D 上的有界函数，将闭区域 D 任意分成 n 个小闭区域或 $\Delta\sigma_1$，$\Delta\sigma_2,\cdots,\Delta\sigma_n$，其中 $\Delta\sigma_i$ 表示第 i 个小闭区域，也表示它的面积。在每个 $\Delta\sigma_i$ 上任取一点(ξ_i, η_i)，作乘积 $f(\xi_i, \eta_i)\Delta\sigma_i(i=1, 2, \cdots, n)$，并作和 $\sum_{i=1}^{n}f(\xi_i, \eta_i)\Delta\sigma_i$。如果当各小闭区域的直径中的最大值 $\lambda\to0$ 时，这和的极限总存在，且与闭区域 D 的分法及点(ξ_i, η_i)的取法无关，则称此极限为函数 $f(x, y)$ 在闭区域 D 上的二重积分，记作 $\iint\limits_{D}f(x,y)\mathrm{d}\sigma$，即：

$$\iint\limits_{D}f(x,y)\mathrm{d}\sigma = \lim_{\lambda\to0}\sum_{i=1}^{n}f(\xi_i, \eta_i)\Delta\sigma_i$$

其中 $\mathrm{d}\sigma$ 称为面积元素，x 与 y 称为积分变量，D 称为积分区域。

在直角坐标系中，有时也把 $\mathrm{d}\sigma$ 记作 $\mathrm{d}x\mathrm{d}y$，而把二重积分记作 $\iint\limits_{D}f(x,y)\mathrm{d}x\mathrm{d}y$。

当 $f(x, y)$ 在 D 上连续时，$\iint\limits_{D}f(x,y)\mathrm{d}\sigma$ 必存在。如果 $f(x, y)\geqslant0$，$(x, y)\in D$，则 $\iint\limits_{D}f(x,y)\mathrm{d}\sigma$ 在几何上表示以曲面 $z = f(x, y)$ 为顶，闭区域 D 为底的曲顶柱体的体积。

2. 性质

(1) 设 α 与 β 为常数，则：$\iint\limits_{D}[\alpha f(x,y)+\beta g(x,y)]\mathrm{d}\sigma = \alpha\iint\limits_{D}f(x,y)\mathrm{d}\sigma+\beta\iint\limits_{D}g(x,y)\mathrm{d}\sigma$

(2) D 分为两个闭区域 D_1 与 D_2，则：$\iint\limits_{D}f(x,y)\mathrm{d}\sigma = \iint\limits_{D_1}f(x,y)\mathrm{d}\sigma+\iint\limits_{D_2}f(x,y)\mathrm{d}\sigma$

(3) 如果在 D 上，$f(x, y)=1$，σ 为 D 的面积，则：$\sigma = \iint\limits_{D}1\cdot\mathrm{d}\sigma = \iint\limits_{D}\mathrm{d}\sigma$

(4) 如果在 D 上，$f(x, y)\leqslant g(x, y)$，则：$\iint\limits_{D}f(x,y)\mathrm{d}\sigma \leqslant \iint\limits_{D}g(x,y)\mathrm{d}\sigma$

推论：$\left|\iint\limits_{D}f(x,y)\mathrm{d}\sigma\right| \leqslant \iint\limits_{D}|f(x,y)|\mathrm{d}\sigma$

(5) 设 M 和 m 分别是 $f(x, y)$ 在闭区域 D 上的最大值和最小值，σ 是 D 的面积，则：

$m\sigma \leqslant \iint\limits_{D}f(x,y)\mathrm{d}\sigma \leqslant M\sigma$

(6) （二重积分的中值定理）设函数 $f(x,y)$ 在闭区域 D 上连续，σ 是 D 的面积，则在

D 上至少存在一点 $(\xi,\ \eta)$，使得 $\displaystyle\iint_D f(x,y)\mathrm{d}\sigma = f(\xi,\eta)\sigma$

3. 计算

(1) 利用直角坐标计算二重积分

如图 1-4-2(a)所示，设 $D=\{(x,\ y)\}\mid \varphi_1(x)\leqslant y\leqslant\varphi_2(x),\ a\leqslant x\leqslant b\}$，则：

$$\iint_D f(x,y)\mathrm{d}\sigma = \int_a^b \mathrm{d}x \int_{\varphi_1(x)}^{\varphi_2(x)} f(x,y)\mathrm{d}y$$

应用上式时，积分区域必须是 X 型区域，X 型区域 D 的特点是：穿过 D 内部且平行于 y 轴的直线与 D 的边界相交不多于两点。

如图 1-4-2(b)所示，设 $D=\{(x,\ y)\mid \psi_1(y)\leqslant x\leqslant\psi_2(y),\ c\leqslant y\leqslant d\}$，则：

$$\iint_D f(x,y)\mathrm{d}\sigma = \int_c^d \mathrm{d}y \int_{\psi_1(y)}^{\psi_2(y)} f(x,y)\mathrm{d}x$$

应用上式时，积分区域必须是 Y 型区域，Y 型区域 D 的特点是：穿过 D 内部且平行于 x 轴的直线与 D 的边界相交不多于两点。

当积分区域 D 既不是 X 型区域，又不是 Y 型区域时，可以把 D 分成几部分，使每个部分是 X 型区域或是 Y 型区域。

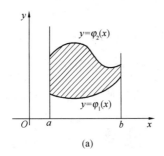 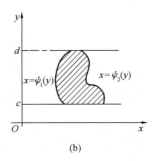

(a)   (b)

图 1-4-2

(a)X 型区域；(b)Y 型区域

(2) 利用极坐标计算二重积分

二重积分的变量从直角坐标变换的极坐标时，被积函数中的 x、y 分别换成 $\rho\cos\theta$、$\rho\sin\theta$，将面积元素 $\mathrm{d}x\mathrm{d}y$ 换成 $\rho\mathrm{d}\rho\mathrm{d}\theta$。

如图 1-4-3(a)、(b)所示，设 $D=\{(\rho,\ \theta)\mid \varphi_1(\theta)\leqslant\rho\leqslant\varphi_2(\theta),\ \alpha\leqslant\theta\leqslant\beta\}$，则：

$$\iint_D f(\rho\cos\theta,\rho\sin\theta)\rho\mathrm{d}\rho\mathrm{d}\theta = \int_\alpha^\beta \mathrm{d}\theta \int_{\varphi_1(\theta)}^{\varphi_2(\theta)} f(\rho\cos\theta,\rho\sin\theta)\rho\mathrm{d}\rho$$

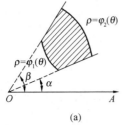 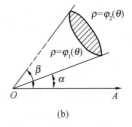 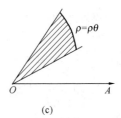

(a)   (b)   (c)

图 1-4-3

如图 1-4-3(c)所示，设 $D=\{(\rho,\theta) \mid 0 \leqslant \rho \leqslant \varphi(\theta),\ \alpha \leqslant \theta \leqslant \beta\}$，则：

$$\iint\limits_{D} f(\rho\cos\theta,\rho\sin\theta)\rho\mathrm{d}\rho\mathrm{d}\theta = \int_{\alpha}^{\beta}\mathrm{d}\theta\int_{0}^{\varphi(\theta)} f(\rho\cos\theta,\rho\sin\theta)\rho\mathrm{d}\rho$$

特别地，D 为闭区域，即：$0 \leqslant \rho \leqslant \varphi(\theta)$，$0 \leqslant \theta \leqslant 2\pi$，则上式变为：

$$\iint\limits_{D} f(\rho\cos\theta,\rho\sin\theta)\rho\mathrm{d}\rho\mathrm{d}\theta = \int_{0}^{2\pi}\mathrm{d}\theta\int_{0}^{\varphi(\theta)} f(\rho\cos\theta,\rho\sin\theta)\rho\mathrm{d}\rho$$

（3）**闭区域 D 的面积 A**

$$A = \iint\limits_{D}\mathrm{d}\sigma = \iint\limits_{D}\rho\mathrm{d}\rho\mathrm{d}\theta$$

【例 1-4-12】（历年真题）二次积分 $\int_{0}^{1}\mathrm{d}x\int_{x^2}^{x} f(x,y)\mathrm{d}y$ 交换积分次序后的二次积分是：

A. $\int_{x^2}^{x}\mathrm{d}y\int_{0}^{1} f(x,y)\mathrm{d}x$ 　　　　B. $\int_{0}^{1}\mathrm{d}y\int_{y^2}^{y} f(x,y)\mathrm{d}x$

C. $\int_{y}^{\sqrt{y}}\mathrm{d}y\int_{0}^{1} f(x,y)\mathrm{d}x$ 　　　　D. $\int_{0}^{1}\mathrm{d}y\int_{y^2}^{\sqrt{y}} f(x,y)\mathrm{d}x$

【解答】如图所示，$0 \leqslant y \leqslant 1$，$y \leqslant x \leqslant \sqrt{y}$

$y=x$，$y=x^2$，即：$x=y$，$x=\sqrt{y}$

原积分 $=\int_{0}^{1}\mathrm{d}y\int_{y}^{\sqrt{y}} f(x,y)\mathrm{d}x$

应选 D 项。

【例 1-4-13】（历年真题）若 D 是由 $y=x$，$x=1$，$y=0$ 所围成的三角形区域，则二重积分 $\iint\limits_{D} f(x,y)\mathrm{d}x\mathrm{d}y$ 在极坐标系下的二次积分是：

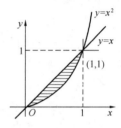

例 1-4-12 解图

A. $\int_{\frac{\pi}{4}}\mathrm{d}\theta\int_{0}^{\cos\theta} f(r\cos\theta,r\sin\theta)r\mathrm{d}r$

B. $\int_{0}^{\frac{\pi}{4}}\mathrm{d}\theta\int_{0}^{\frac{1}{\cos\theta}} f(r\cos\theta,r\sin\theta)r\mathrm{d}r$

C. $\int_{0}^{\frac{\pi}{4}}\mathrm{d}\theta\int_{0}^{\frac{1}{\cos\theta}} r\mathrm{d}r$

D. $\int_{0}^{\frac{\pi}{4}}\mathrm{d}\theta\int_{0}^{\frac{1}{\cos\theta}} f(x,y)\mathrm{d}r$

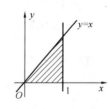

例 1-4-13 解图

【解答】如图所示，$0 \leqslant \theta < \dfrac{\pi}{4}$，$r\cos\theta=1$，即：

$$r = \frac{1}{\cos\theta}$$

$\iint\limits_{D} f(x,y)\mathrm{d}x\mathrm{d}y = \int_{0}^{\frac{\pi}{4}}\mathrm{d}\theta\int_{0}^{\frac{1}{\cos\theta}} f(r\cos\theta,r\sin\theta)r\mathrm{d}r$，应选 B 项。

【例 1-4-14】（历年真题）设 D 是由 $y=x$，$y=0$ 及 $y=\sqrt{a^2-x^2}$ $(x \geqslant 0)$ 所围成的第一象限区域，则二重积分 $\iint\mathrm{d}x\mathrm{d}y$ 等于：

A. $\dfrac{1}{8}\pi a^2$ 　　　　　　　B. $\dfrac{1}{4}\pi a^2$

C. $\dfrac{3}{8}\pi a^2$ 　　　　　　　D. $\dfrac{1}{2}\pi a^2$

【解答】如图所示，则：

$$\iint\limits_{D}\mathrm{d}x\mathrm{d}y = A_{阴影} = \frac{1}{8}A_{圆} = \frac{1}{8}\pi a^2$$

应选 A 项。

【例 1-4-15】（历年真题）若 D 是由 $x=0$，$y=0$，$x^2+y^2=1$ 所

围成在第一象限的区域，则二重积分 $\iint\limits_{D}x^2y\mathrm{d}x\mathrm{d}y$ 等于：

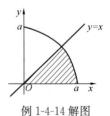

例 1-4-14 解图

A. $-\dfrac{1}{15}$ 　　　　B. $\dfrac{1}{15}$ 　　　　C. $-\dfrac{1}{12}$ 　　　　D. $\dfrac{1}{12}$

【解答】如图所示，$x=r\cos\theta$，$y=r\sin\theta$，

$$\iint\limits_{D}x^2y\mathrm{d}x\mathrm{d}y = \int_0^{\frac{\pi}{2}}\int_0^1 r^2\cos^2\theta\, r\sin\theta\, r\mathrm{d}r\mathrm{d}\theta$$

$$= \int_0^{\frac{\pi}{2}}\cos^2\theta\sin\theta\mathrm{d}\theta\int_0^1 r^4\mathrm{d}r$$

$$= -\frac{1}{5}\int_0^{\frac{\pi}{2}}\cos^2\theta\mathrm{d}(\cos\theta)$$

$$= \left(-\frac{1}{5}\right)\cdot\left[\frac{1}{3}\cos^3\theta\right]_0^{\frac{\pi}{2}} = \frac{1}{15}$$

例 1-4-15 解图

应选 B 项。

【例 1-4-16】（历年真题）若正方形区域 D：$|x|\leqslant 1$，$|y|\leqslant 1$，则二重积分 $\iint\limits_{D}(x^2$

$+y^2)\mathrm{d}x\mathrm{d}y$ 等于：

A. 4 　　　　　　B. $\dfrac{8}{3}$ 　　　　　　C. 2 　　　　　　D. $\dfrac{2}{3}$

【解答】如图所示，利用对称性，且 x^2+y^2 为偶函数，取图
中阴影面积分析，再乘以 4。

原积分 $= 4\iint\limits_{D_1}(x^2+y^2)\mathrm{d}x\mathrm{d}y$

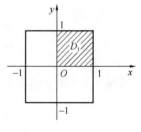

$$= 4\int_0^1\mathrm{d}x\int_0^1(x^2+y^2)\mathrm{d}y = 4\int_0^1\left[x^2y+\frac{y^3}{3}\right]_0^1\mathrm{d}x$$

$$= 4\int_0^1\left(x^2+\frac{1}{3}\right)\mathrm{d}x = 4\times\left[\frac{x^3}{3}+\frac{x}{3}\right]_0^1 = \frac{8}{3}$$

例 1-4-16 解图

应选 B 项。

【例 1-4-17】（历年真题）若 D 是由 x 轴、y 轴及直线 $2x+y-2=0$ 所围成的闭区域，

则二重积分 $\iint\limits_D \mathrm{d}x\mathrm{d}y$ 的值等于：

A. 1   B. 2

C. $\dfrac{1}{2}$ D. -1

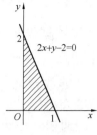

例 1-4-17 解图

【解答】如图所示，$\iint\limits_D \mathrm{d}x\mathrm{d}y$ 为图示阴影面积：

$$A = \iint\limits_D \mathrm{d}x\mathrm{d}y = \frac{1}{2} \times 1 \times 2 = 1$$

应选 A 项。

【例 1-4-18】（历年真题）设 D 是由直线 $y=x$ 和圆 $x^2+(y-1)^2=1$ 所围成且在直线 $y=x$ 下方的平面区域，则二重积分 $\iint\limits_D x\mathrm{d}x\mathrm{d}y$ 等于：

A. $\displaystyle\int_0^{\frac{\pi}{2}} \cos\theta \mathrm{d}\theta \int_0^{2\cos\theta} \rho^2 \mathrm{d}\rho$

B. $\displaystyle\int_0^{\frac{\pi}{2}} \sin\theta \mathrm{d}\theta \int_0^{2\sin\theta} \rho^2 \mathrm{d}\rho$

C. $\displaystyle\int_0^{\frac{\pi}{4}} \sin\theta \mathrm{d}\theta \int_0^{2\sin\theta} \rho^2 \mathrm{d}\rho$

D. $\displaystyle\int_0^{\frac{\pi}{4}} \cos\theta \mathrm{d}\theta \int_0^{2\sin\theta} \rho^2 \mathrm{d}\rho$

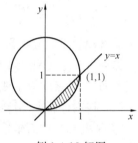

例 1-4-18 解图

【解答】如图所示，由 $y=x$，$x^2+(y-1)^2=1$
求出交点 $A(1，1)$。令 $x=\rho\cos\theta$，$y=\rho\sin\theta$，则：
$\rho\cos^2\theta+(\rho\sin\theta-1)^2=1$，即：$\rho=2\sin\theta$

$$\iint\limits_D x\mathrm{d}x\mathrm{d}y = \int_0^{\frac{\pi}{4}} \int_0^{2\sin\theta} \rho\cos\theta \cdot \rho\mathrm{d}\rho\mathrm{d}\theta$$

$$= \int_0^{\frac{\pi}{4}} \cos\theta \mathrm{d}\theta \int_0^{2\sin\theta} \rho^2 \mathrm{d}\rho$$

应选 D 项。

★★★（二）三重积分的概念和性质及计算

1. 概念

设 $f(x，y，z)$ 是空间有界闭区域 Ω 上的有界函数，将 Ω 任意分成 n 个小闭区域 Δv_1，Δv_2，$\cdots$，Δv_n，其中 Δv_i 表示第 i 个小闭区域，也表示它的体积。在每个 Δv_i 上任取一点 $(\xi_i，\eta_i，\xi_i)$，作乘积 $f(\xi_i，\eta_i，\zeta_i)\Delta v_i (i=1，2，\cdots，n)$，并作和 $\sum\limits_{i=1}^{n} f(\xi_i，\eta_i，\zeta_i)\Delta v_i$。如果当各小闭区域直径中的最大值 $\lambda\to 0$ 时，这和的极限总存在，且与闭区域 Ω 的分法及点 $(\xi_i，\eta_i，\zeta_i)$ 的取法无法，则称此极限为函数 $f(x，y，z)$ 在闭区域 Ω 上的三重积分，记作 $\iiint\limits_D f(x,y,z)\mathrm{d}v$，即：

$$\iiint\limits_\Omega f(x,y,z)\mathrm{d}v = \lim_{\lambda\to 0} \sum_{i=1}^{n} f(\xi_i,\eta_i,\zeta_i)\Delta v_i$$

其中，$\mathrm{d}v$ 称为体积元素，Ω 称为积分区域。

在直角坐标系中，有时也把 $\mathrm{d}v$ 记作 $\mathrm{d}x\mathrm{d}y\mathrm{d}z$，而把三重积分记作 $\iiint\limits_{\Omega}f(x,y,$
$z)\mathrm{d}x\mathrm{d}y\mathrm{d}z$。

当函数 $f(x,y,z)$ 在闭区域 Ω 上连续时，函数 $f(x,y,z)$ 在闭区域 Ω 上的三重积分必定存在。

三重积分的性质与前述二重积分的性质类似，故不再重复。

2. 计算

(1) 利用直角坐标计算三重积分

假设平行于 z 轴且穿过 Ω 内部的直线与 Ω 的边界曲面 S 相交不多于两点。

设 $\Omega=\{(x,y,z)\mid z_1(x,y)\leqslant z\leqslant z_2(x,y),\ (x,y)\in D_{xy}\}$，且 $D_{xy}=\{(x,y)\mid y_1(x)\leqslant y\leqslant y_2(x),\ a\leqslant x\leqslant b\}$，则：

$$\iiint\limits_{\Omega}f(x,y,z)\mathrm{d}v=\iiint\limits_{\Omega}f(x,y,z)\mathrm{d}x\mathrm{d}y\mathrm{d}z=\int_a^b\mathrm{d}x\int_{y_1(x)}^{y_2(x)}\mathrm{d}y\int_{z_1(x,y)}^{z_2(x,y)}f(x,y,z)\mathrm{d}z$$

上式把三重积分化为先对 z，次对 y，最后对 x 的三积分。

如果平行于 x 轴或 y 轴且穿过 Ω 内部的直线与 Ω 的边界曲面 S 相交不多于两点，也可把 Ω 投影到 yOz 面上或 xOz 面上，这样便可把三重积分化为按其他顺序的三次积分。

(2) 利用柱面坐标计算三重积分

直角坐标与柱面坐标的关系是(图 1-4-4)：$x=\rho\cos\theta$，$y=\rho\sin\theta$，$z=z(0\leqslant\rho<+\infty$，$0\leqslant\theta<2\pi$，$-\infty<z<+\infty)$。体积元素 $\mathrm{d}v=\rho\mathrm{d}\rho\mathrm{d}\theta\mathrm{d}z$。

$$\iiint\limits_{\Omega}f(x,y,z)\mathrm{d}v=\iiint\limits_{\Omega}f(\rho\cos\theta,\rho\sin\theta,z)\rho\mathrm{d}\rho\mathrm{d}\theta\mathrm{d}z$$

设 $\Omega=\{(\rho,\theta,z)\mid z_1(\rho,\theta)\leqslant z\leqslant z_2(\rho,\theta),\ (\rho,\theta)\in D_{xy}\}$，其中 $D_{xy}=\{(\rho,\theta)\mid\varphi_1(\theta)\leqslant\rho\leqslant\varphi_2(\theta),\ \alpha\leqslant\theta\leqslant\beta\}$，则：

$$\iiint\limits_{\Omega}f(x,y,z)\mathrm{d}v=\int_\alpha^\beta\mathrm{d}\theta\int_{\varphi_1(\theta)}^{\varphi_2(\theta)}\rho\mathrm{d}\rho\int_{z_1(\rho,\theta)}^{z_2(\rho,\theta)}f(\rho\cos\theta,\rho\sin\theta,z)\mathrm{d}z$$

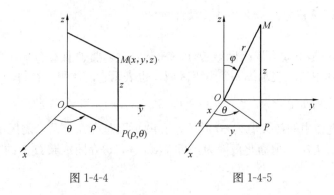

图 1-4-4　　　　　　　　　　图 1-4-5

(3) 利用球面坐标计算三重积分

直角坐标与球面坐标的关系是(图 1-4-5)：$x=r\sin\varphi\cos\theta$，$y=r\sin\varphi\sin\theta$，$z=r\cos\varphi$

$(0 \leqslant r < +\infty,\ 0 \leqslant \varphi \leqslant \pi,\ 0 \leqslant \theta \leqslant 2\pi)$。体积元素 $\mathrm{d}v = r^2 \sin\varphi \mathrm{d}r\mathrm{d}\varphi\mathrm{d}\theta$。

$$\iiint\limits_{\Omega} f(x,y,z)\mathrm{d}v = \iiint\limits_{\Omega} f(r\sin\varphi\cos\theta, r\sin\varphi\sin\theta, r\cos\varphi)r^2\sin\varphi\mathrm{d}r\mathrm{d}\varphi\mathrm{d}\theta$$

若 $\Omega = \{(r,\ \theta,\ \varphi)\ |\ r_1(\theta,\ \varphi) \leqslant r \leqslant r_2(\theta,\ \varphi),\ \varphi_1(\theta) \leqslant \varphi \leqslant \varphi_2(\theta),\ \alpha \leqslant \theta \leqslant \beta\}$，则：

$$\iiint\limits_{D}(x,y,z)\mathrm{d}v = \int_{\alpha}^{\beta}\mathrm{d}\theta\int_{\varphi_1(\theta)}^{\varphi_2(\theta)}\sin\varphi\mathrm{d}\varphi\int_{r_1(\theta,\varphi)}^{r_2(\theta,\varphi)} f(r\sin\varphi\cos\theta, r\sin\varphi\sin\theta, r\cos\varphi)r^2\mathrm{d}r$$

（4）利用三重积分计算几何体的体积

$$V = \iiint\limits_{\Omega}\mathrm{d}v = \iiint\limits_{\Omega}\mathrm{d}x\mathrm{d}y\mathrm{d}z = \iiint\limits_{\Omega}\rho\mathrm{d}\rho\mathrm{d}\theta\mathrm{d}z$$

【例 1-4-19】（历年真题）计算由曲面 $z = \sqrt{x^2 + y^2}$ 及 $z = x^2 + y^2$ 所围成的立体体积的三次积分为：

A. $\int_0^{2\pi}\mathrm{d}\theta\int_0^1 r\mathrm{d}r\int_{r^2}^{r}\mathrm{d}z$

B. $\int_0^{2\pi}\mathrm{d}\theta\int_0^1 r\mathrm{d}r\int_{r}^{1}\mathrm{d}z$

C. $\int_0^{2\pi}\mathrm{d}\theta\int_0^{\frac{\pi}{4}}\sin\varphi\mathrm{d}\varphi\int_0^1 r^2\mathrm{d}r$

D. $\int_0^{2\pi}\mathrm{d}\theta\int_{\frac{\pi}{4}}^{\frac{\pi}{2}}\sin\varphi\mathrm{d}\varphi\int_0^1 r^2\mathrm{d}r$

【解答】如图所示，曲面 $z = \sqrt{x^2 + y^2}$ 为上半圆锥面，$z = x^2 + y^2$ 为旋转抛物面。Ω 化为柱面坐标为：

$$\begin{cases} r^2 \leqslant z \leqslant r \\ 0 \leqslant r \leqslant 1 \\ 0 \leqslant \theta \leqslant 2\pi \end{cases}$$

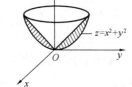

$$V = \iiint\limits_{\Omega}\mathrm{d}v = \int_0^{2\pi}\mathrm{d}\theta\int_0^1 r\mathrm{d}r\int_{r^2}^{r}\mathrm{d}z$$

应选 A 项。

例 1-4-19 解图

★★★（三）对弧长的曲线积分

1. 概念

设 L 为 xOy 面内的一条光滑曲线弧，函数 $f(x,\ y)$ 在 L 上有界。在 L 上任意插入一点列 $M_1,\ M_2,\ \cdots,\ M_{n-1}$ 把 L 分成 n 个小段。设第 i 个小段的长度为 Δs_i，又 $(\xi_i,\ \eta_i)$ 为第 i 个小段上任意取定的一点，作乘积 $f(\xi_i,\ \eta_i)\Delta s_i (i = 1,\ 2,\ \cdots,\ n)$，并作和 $\sum_{i=1}^{n} f(\xi_i,\ \eta_i)\Delta s_i$。如果当各小弧段的长度的最大值 $\lambda \to 0$ 时，这和的极限总存在，且与曲线弧 L 的分法及点 $(\xi_i,\ \eta_i)$ 的取法无关，则称此极限为函数 $f(x,\ y)$ 在曲线弧 L 上对弧长的曲线积分，记作 $\int_L f(x,y)\mathrm{d}s$，即：

$$\int_L f(x,y)\mathrm{d}s = \lim_{\lambda \to 0}\sum_{i=1}^{n} f(\xi_i,\eta_i)\Delta s_i$$

当 $f(x,\ y)$ 在光滑曲线弧 L 上连续时，对弧长的曲线积分即：$\int_L (x,y)\mathrm{d}s$ 是存在的。

如果 L 是闭曲线，函数 $f(x,y)$ 在闭曲线 L 上对弧长的曲线积分记为 $\oint_L f(x,y)\mathrm{d}s$。

2. 性质

（1）设 α、β 为常数，则：$\int_L [\alpha f(x,y) + \beta g(x,y)]\mathrm{d}s = \alpha\int_L f(x,y)\mathrm{d}s + \beta\int_L g(x,y)\mathrm{d}s$

（2）若积分弧段 L 可分成两段光滑曲线弧 L_1 和 L_2，则：

$$\int_L (x,y)\mathrm{d}s = \int_{L_1} f(x,y)\mathrm{d}s + \int_{L_2} f(x,y)\mathrm{d}s$$

（3）设在 L 上 $f(x,y) \leqslant g(x,y)$，则：$\int_L f(x,y)\mathrm{d}s \leqslant \int_L g(x,y)\mathrm{d}s$

推论：$\left|\int_L f(x,y)\mathrm{d}s\right| \leqslant \int_L |f(x,y)|\mathrm{d}s$

（4）与路径无关，即：$\int_{\overset{\frown}{AB}} f(x,y)\mathrm{d}s = \int_{\overset{\frown}{BA}} f(x,y)\mathrm{d}s$

3. 计算

（1）设 $f(x,y)$ 在曲线弧 L 上有定义且连续，L 的参数方程为 $\begin{cases} x=\varphi(t) \\ t=\psi(t) \end{cases}(\alpha \leqslant t \leqslant \beta)$，其中 $\varphi(t)$、$\psi(t)$ 在 $[\alpha,\beta]$ 上具有一阶连续导数，且 $\varphi'^2(t)+\psi'^2(t) \neq 0$，则：

$$\int_L f(x,y)\mathrm{d}s = \int_\alpha^\beta f[\varphi(t),\psi(t)]\sqrt{\varphi'^2(t)+\psi'^2(t)}\,\mathrm{d}t \quad (\alpha < \beta)$$

（2）如果曲线弧 L 由方程 $y=\psi(x)(x_0 \leqslant x \leqslant X)$ 给出，可视为 $x=t$，$y=\psi(t)(x_0 \leqslant t \leqslant X)$，由上式可得：

$$\int_L f(x,y)\mathrm{d}s = \int_{x_0}^X f[x,\psi(x)]\sqrt{1+\psi'^2(x)}\,\mathrm{d}x \quad (x_0 < X)$$

（3）如果曲线弧 L 由方程 $x=\varphi(y)(y_0 \leqslant y \leqslant Y)$ 给出，则：

$$\int_L f(x,y)\mathrm{d}s = \int_{y_0}^Y f[\varphi(y),y]\sqrt{1+\varphi'^2(y)}\,\mathrm{d}y \quad (y_0 < Y)$$

应注意的是：上述定积分的下限必须小于上限。

【例 1-4-20】（历年真题）设 L 是从点 $A(0,1)$ 到点 $B(1,0)$ 的直线段，则对弧长的曲线积分 $\int_L \cos(x+y)\mathrm{d}s$ 等于：

A. $\cos 1$ B. $2\cos 1$

C. $\sqrt{2}\cos 1$ D. $\sqrt{2}\sin 1$

【解答】 如图所示，L 的参数方程 $\begin{cases} x=x \\ y=-x+1 \end{cases}$ $(0 \leqslant x \leqslant 1)$

$$\mathrm{d}s = \sqrt{1^2+(-1)^2}\,\mathrm{d}x = \sqrt{2}\,\mathrm{d}x$$

$$\int_L \cos(x+y)\mathrm{d}s = \int_0^1 \cos(x-x+1)\sqrt{2}\,\mathrm{d}x$$

$$= \sqrt{2}\cos 1[x]_0^1 = \sqrt{2}\cos 1$$

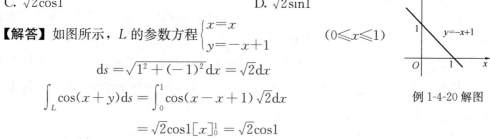

例 1-4-20 解图

应选 C 项。

【例 1-4-21】（历年真题）设 L 为连续点 $(0,2)$ 和点 $(1,0)$ 的直线段，则对弧长的曲线积分 $\int_L (x^2+y^2)\mathrm{d}s$ 等于：

A. $\dfrac{\sqrt{5}}{2}$ B. 2 C. $\dfrac{3\sqrt{5}}{2}$ D. $\dfrac{5\sqrt{5}}{3}$

【解答】 如图所示，L 的参数方法 $\begin{cases} x=x \\ y=-2x+2 \end{cases}$ $(0 \leqslant x \leqslant 1)$

$$x' = 1, \quad y' = -2, \quad ds = \sqrt{1^2 + (-2)^2}\,dx = \sqrt{5}\,dx$$

$$\int_L (x^2 + y^2)\,ds = \int_0^1 \left[x^2 + (-2x+2)^2 \right] \sqrt{5}\,dx$$

$$= \sqrt{5}\left[\frac{5x^3}{3} - 4x^2 + 4x \right]_0^1 = \frac{5\sqrt{5}}{3}$$

应选 D 项。

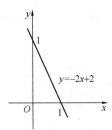

例 1-4-21 解图

【**例 1-4-22**】 （历年真题）设 L 是连续点 $A(1,0)$ 及点 $B(0,$ $-1)$ 的直线段，则对弧长的曲线积分 $\int_L (y-x)\,ds$ 等于：

A. -1 　　　　　　　　 B. 1

C. $\sqrt{2}$ 　　　　　　　　 D. $-\sqrt{2}$

【**解答**】 如图所示，L 的参数方程 $\begin{cases} x = x \\ y = x-1 \end{cases}$ $(0 \leqslant x \leqslant 1)$

$$ds = \sqrt{1^2 + 1^2}\,ds = \sqrt{2}\,ds$$

$$\int_L (y-x)\,ds = \int_0^1 (x-1-x)\sqrt{2}\,dx = -\sqrt{2}\int_0^1 dx = -\sqrt{2}$$

应选 D 项。

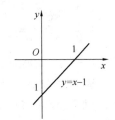

★★★（四）对坐标的曲线积分

1. 概念

设 L 为 xOy 面内从点 A 到点 B 的一条有向光滑曲线弧，函数 P

例 1-4-22 解图

(x,y) 与 $Q(x,y)$ 在 L 上有界。在 L 上沿 L 的方向任意插入一点列 $M_1(x_1, y_1)$，$M_2(x_2, y_2)$，$\cdots$，$M_{n-1}(x_{n-1}, y_{n-1})$，把 L 分成 n 个有向小弧段 $M_{i-1}M_i(i = 1, 2, \cdots, n; M_0 = A, M_n = B)$。设 $\Delta x_i = x_i - x_{i-1}$，$\Delta y_i = y_i - y_{i-1}$，点 (ξ_i, η_i) 为 $M_{i-1}M_i$ 上任意取定的点，作乘积 $P(\xi_i, \eta_i)\Delta x_i(i = 1, 2, \cdots, n)$，并作和 $\sum_{i=1}^n P(\xi_i, \eta_i) \Delta x_i$，如果当各小弧段长度的最大值 $\lambda \to 0$ 时，这和的极限总存在，且与曲线弧 L 的分法及点 (ξ_i, η_i) 的取法无关，则称此极限为函数 $P(x,y)$ 在有向曲线弧 L 上对坐标 x 的曲线积分，记作 $\int_L P(x,y)\,dx$，即：

$$\int_L P(x,y)\,dx = \lim_{\lambda \to 0} \sum_{i=1}^n P(\xi_i, \eta_i) \Delta x_i$$

同理 $\quad \int_L Q(x,y)\,dy = \lim_{\lambda \to 0} \sum_{i=1}^n Q(\xi_i, \eta_i) \Delta y_i$

当 $P(x,y)$、$Q(x,y)$ 在有向光滑曲线弧 L 上连续时，$\int_L P(x,y)\,dx$ 及 $\int_L Q(x,y)\,dy$ 都存在。$\int_L P(x,y)\,dx + \int_L Q(x,y)\,dy$ 通常记作 $\int_L P(x,y)\,dx + Q(x,y)\,dy$。

2. 性质

（1）设 α 与 β 为常数，则：$\int_L \alpha P\,dx + \beta Q\,dy = \alpha \int_L P\,dx + \beta \int_L Q\,dy$；

（2）当 $L = L_1 + L_2$ 时，$\int_L P\,dx + Q\,dy = \int_{L_1} P\,dx + Q\,dy + \int_{L_2} P\,dx + Q\,dy$；

(3) $\int_L P\mathrm{d}x + Q\mathrm{d}y = -\int_{-L} P\mathrm{d}x + Q\mathrm{d}y$，其中 $-L$ 表示与 L 反向的有向曲线弧。

由上式可知，对坐标的曲线积分必须注意积分弧段的方向。例如，两个曲线积分的被积函数相同，起点和终点也相同，但沿不同路径得出的积分值并不一定相等，即与积分弧段的方向有关。

3. 计算

(1) 设函数 $P(x,y)$、$Q(x,y)$ 在有向曲线弧 L 上有定义且连续，L 的参数方程为 $\begin{cases} x = \varphi(t) \\ y = \psi(t) \end{cases}$。当 t 单调地由 α 变到 β 时，点 $M(x,y)$ 从起点 A 沿 L 运动到终点 B，$\varphi(t)$、$\psi(t)$ 在以 α 及 β 为端点的闭区间上具有一阶连续导数，且 $\varphi'^2(t) + \psi'^2(t) \neq 0$，则：

$$\int_L P(x,y)\mathrm{d}x + Q(x,y)\mathrm{d}y = \int_\alpha^\beta \{P[\varphi(t),\psi(t)]\varphi'(t) + Q[\varphi(t),\psi(t)]\psi'(t)\}\mathrm{d}t$$

应用上式时，下限 α 对应于 L 的起点，上限 β 对应于 L 的终点，α 不一定小于 β。

(2) 如果 L 由方程 $y = \psi(x)$ 给出，则上式变为：

$$\int_L P(x,y)\mathrm{d}x + Q(x,y)\mathrm{d}y = \int_a^b \{P[x,\psi(x)] + Q[x,\psi(x)]\psi'(x)\}\mathrm{d}x$$

式中下限 a 对应 L 的起点，上限 b 对应 L 的终点。

★（五）格林公式

对平面区域 D 的边界曲线 L，规定 L 的正向为：当观察者沿 L 的这个方向行走时，D 始终在边界曲线 L 的左边。

设闭区域 D 由分段光滑的曲线 L 围成，若函数 $P(x,y)$ 及 $Q(x,y)$ 在 D 上具有一阶连续偏导数，则：

$$\iint_D \left(\frac{\partial Q}{\partial x} - \frac{\partial P}{\partial y}\right)\mathrm{d}x\mathrm{d}y = \oint_L P\mathrm{d}x + Q\mathrm{d}y$$

其中 L 是 D 的取正向的边界曲线。上式称为格林公式。

具体应用时，当格林公式的右端不容易求解时，可按左端的二重积分进行解答；反之，当格林公式的左端不容易求解时，可按右端的曲线积分进行解答。

【例 1-4-23】（历年真题）设 L 是抛物线 $y = x^2$ 上从点 $A(1,1)$ 到点 $O(0,0)$ 的有向弧线，则对坐标的曲线积分 $\int_L x\mathrm{d}x + y\mathrm{d}y$ 等于：

A. 0   B. 1   C. -1 D. 2

【解答】$\int_L x\mathrm{d}x + y\mathrm{d}y = \int_1^0 x\mathrm{d}x + x^2\mathrm{d}(x^2) = \int_1^0 (x + 2x^3)\mathrm{d}x$

$$= -\int_0^1 (x + 2x^3)\mathrm{d}x = -\left[\frac{1}{2}x^2 + \frac{2}{4}x^4\right]_0^1 = -1$$

应选 C 项。

【例 1-4-24】（历年真题）设 L 是椭圆 $\begin{cases} x = a\cos\theta \\ y = b\sin\theta \end{cases}$ $(a > 0,\ b > 0)$ 的上半椭圆周，沿顺时针方向，则曲线积分 $\int_L y^2\mathrm{d}x$ 等于：

A. $\frac{5}{3}ab^2$ B. $\frac{4}{3}ab^2$ C. $\frac{2}{3}ab^2$ D. $\frac{1}{3}ab^2$

【解答】L 为上半椭圆周，沿顺时针方向，则 θ：$\pi \to 0$；$dx = -a\sin\theta d\theta$

$$\int_L y^2 dx = \int_\pi^0 b^2 \sin^2\theta(-a\sin\theta)d\theta = \int_0^\pi ab^2 \sin^3\theta d\theta$$

$$= -ab^2 \int_0^\pi (1-\cos^2\theta)d(\cos\theta) = -ab^2\left[\cos\theta - \frac{\cos^3\theta}{3}\right]_0^\pi$$

$$= \frac{4}{3}ab^2$$

应选 B 项。

注意，若 L 由上半椭圆周，沿逆时针方向，则 θ：$0 \to \pi$，$\int_L y^2 dx = -\frac{4}{3}ab^2$。

【例 1-4-25】（历年真题）设圆周曲线 L：$x^2 + y^2 = 1$ 取逆时针方向，则对坐标的曲线积分 $\int_L \frac{ydx - xdy}{x^2 + y^2}$ 等于：

A. 2π B. -2π C. π D. 0

【解答】令 $x = \cos\theta$，$y = \sin\theta$；逆时方向，θ：$0 \to 2\pi$。

$$\int_L \frac{ydx - xdy}{x^2 + y^2} = \int_0^{2\pi} \frac{\sin\theta(-\sin\theta) - \cos\theta\cos\theta}{\cos^2\theta + \sin^2\theta}d\theta$$

$$= \int_0^{2\pi}(-1)d\theta = -2\pi$$

应选 B 项。

【例 1-4-26】（历年真题）设 L 为从原点 $O(0,0)$ 到点 $A(1,2)$ 的有向直线段，则对坐标的曲线积分 $\int_L -ydx + xdy$ 等于：

A. 0 B. 1
C. 2 D. 3

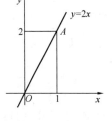

例 1-4-26 解图

【解答】如图所示，L 的参数方向 $\begin{cases} x = x \\ y = 2x \end{cases}$，$x$ 为：$0 \to 1$。

$$\int_L -ydx + xdy = \int_0^1 (-2x + x \cdot 2)dx = \int_0^1 0dx = 0$$

应选 A 项。

注意，若 L 为从点 $A(1,2)$ 到原点 $O(0,0)$，可得：$\int_L -ydx + xdy = 0$

习 题

1-4-1 （历年真题）若函数 $f(x,y)$ 在闭区域 D 上连续，下列关于极值点的叙述，正确的是：

A. $f(x,y)$ 的极值点一定是 $f(x,y)$ 的驻点

B. 如果 P_0 是 $f(x,y)$ 的极值点，则 P_0 点处 $B^2 - AC < 0$

$\left(\text{其中：} A = \frac{\partial^2 f}{\partial x^2}, B = \frac{\partial^2 f}{\partial x \partial y}, C = \frac{\partial^2 f}{\partial y^2}\right)$

C. 如果 P_0 是可微函数 $f(x,y)$ 的极值点，则在 P_0 点处 $df = 0$

D. $f(x,y)$ 的最大值点一定是 $f(x,y)$ 的极大值点

1-4-2 （历年真题）函数 $f(x,y)$ 在点 $P_0(x_0, y_0)$ 处有一阶偏导数是函数在该点连

续的：

A. 必要条件   B. 充分条件

C. 充分必要条件   D. 既非充分又非必要

1-4-3 函数 $f(x，y)$ 在点 $P_0(x_0，y_0)$ 处的一阶偏导数存在是该函数在此点可微分的：

A. 必要条件   B. 充分条件

C. 充分必要条件   D. 既非充分条件也非必要条件

1-4-4 （历年真题)曲面 $z=x^2-y^2$ 在点 $(\sqrt{2}，-1，1)$ 处的法线方程是：

A. $\dfrac{x-\sqrt{2}}{2\sqrt{2}}=\dfrac{y+1}{-2}=\dfrac{z-1}{-1}$ B. $\dfrac{x-\sqrt{2}}{2\sqrt{2}}=\dfrac{y+1}{-2}=\dfrac{z-1}{1}$

C. $\dfrac{x-\sqrt{2}}{2\sqrt{2}}=\dfrac{y+1}{2}=\dfrac{z-1}{-1}$ D. $\dfrac{x-\sqrt{2}}{2\sqrt{2}}=\dfrac{y+1}{2}=\dfrac{z-1}{1}$

1-4-5 曲面 $z=1-x^2-y^2$ 在点 $\left(\dfrac{1}{2}，\dfrac{1}{2}，\dfrac{1}{2}\right)$ 处的切平面方程是：

A. $x+y+z-\dfrac{3}{2}=0$ B. $x-y-z+\dfrac{3}{2}=0$

C. $x-y+z-\dfrac{3}{2}=0$ D. $x-y+z+\dfrac{3}{2}=0$

1-4-6 已知 $xy=kz$（k 为正常数)，则 $\dfrac{\partial x}{\partial y}\cdot\dfrac{\partial y}{\partial z}\cdot\dfrac{\partial z}{\partial x}$ 等于：

A. 1   B. -1

C. k D. $\dfrac{1}{k}$

1-4-7 设 $f(x，y)$ 是连续函数，则 $\displaystyle\int_0^1 \mathrm{d}x\int_0^x f(x,y)\mathrm{d}y$ 等于：

A. $\displaystyle\int_0^x \mathrm{d}y\int_0^1 f(x,y)\mathrm{d}x$ B. $\displaystyle\int_0^1 \mathrm{d}y\int_0^x f(x,y)\mathrm{d}x$

C. $\displaystyle\int_0^1 \mathrm{d}y\int_0^1 f(x,y)\mathrm{d}x$ D. $\displaystyle\int_0^1 \mathrm{d}y\int_y^1 f(x,y)\mathrm{d}x$

1-4-8 设 D 是曲线 $y=x^2$ 与 $y=1$ 所围闭区域，$\displaystyle\iint\limits_{D}2x\mathrm{d}\sigma$ 等于：

A. 1   B. $\dfrac{1}{2}$

C. 0   D. 2

1-4-9 （历年真题)D 域由 x 轴、$x^2+y^2-2x=0(y\geqslant0)$ 及 $x+y=2$ 所围成，$f(x，y)$ 是连续函数，化 $\displaystyle\iint\limits_{D}f(x,y)\mathrm{d}x\mathrm{d}y$ 为二次积分是：

A. $\displaystyle\int_0^{\frac{\pi}{4}} \mathrm{d}f\int_0^{2\cos\varphi} f(\rho\cos\varphi,\rho\sin\varphi)\rho\mathrm{d}\rho$ B. $\displaystyle\int_0^1 \mathrm{d}y\int_{1-\sqrt{1-y^2}}^{2-y} f(x,y)\mathrm{d}x$

C. $\displaystyle\int_0^{\frac{\pi}{3}} \mathrm{d}\varphi\int_0^1 f(\rho\cos\theta,\rho\sin\theta)\rho\mathrm{d}\rho$ D. $\displaystyle\int_0^1 \mathrm{d}x\int_0^{\sqrt{2x-x^2}} f(x,y)\mathrm{d}y$

1-4-10 （历年真题)计算 $I=\displaystyle\iiint\limits_{\Omega}z\mathrm{d}v$，其中 Ω 为 $z^2=x^2+y^2,z=1$ 围成的立体，则正确的解法是：

A. $I = \int_2^{2\pi} \mathrm{d}\theta \int_0^1 r\mathrm{d}r \int_0^1 z\mathrm{d}z$ 　　　　　　　　B. $I = \int_0^{2\pi} \mathrm{d}\theta \int_0^1 r\mathrm{d}r \int_r^1 z\,\mathrm{d}z$

C. $I = \int_0^{2\pi} \mathrm{d}\theta \int_0^1 \mathrm{d}z \int_r^1 r\mathrm{d}r$ 　　　　　　　　D. $I = \int_0^1 \mathrm{d}z \int_0^\pi \mathrm{d}\theta \int_0^z zr\mathrm{d}r$

1-4-11 （历年真题）曲面 $x^2+y^2+z^2=2z$ 之内及曲面 $z=x^2+y^2$ 之外所围成的立体的体积 V 等于：

A. $\int_0^{2\pi} \mathrm{d}\theta \int_0^1 r\mathrm{d}r \int_{r^2}^{\sqrt{1-r^2}} \mathrm{d}z$ 　　　　　　B. $\int_0^{2\pi} \mathrm{d}\theta \int_0^r r\mathrm{d}r \int_{r^2}^{1-\sqrt{1-r^2}} \mathrm{d}z$

C. $\int_0^{2\pi} \mathrm{d}\theta \int_0^r r\mathrm{d}r \int_r^{1-r} \mathrm{d}z$ 　　　　　　D. $\int_0^{2\pi} \mathrm{d}\theta \int_0^1 r\mathrm{d}r \int_{1-\sqrt{1-r^2}}^{r^2} \mathrm{d}z$

1-4-12 立体 $\Omega = \{(x,y,z) \mid 4 \leqslant x^2+y^2+z^2 \leqslant 9, z^2 \leqslant x^2+y^2\}$ 的体积 V 为：

A. $\int_0^{2\pi} \mathrm{d}\theta \int_0^{\frac{\pi}{4}} \sin\varphi \mathrm{d}\varphi \int_2^3 r^2 \,\mathrm{d}r$ 　　　　B. $\int_0^{2\pi} \mathrm{d}\theta \int_{\frac{\pi}{4}}^{\frac{3\pi}{4}} \sin\varphi \mathrm{d}\varphi \int_2^3 r^2 \,\mathrm{d}r$

C. $\int_0^{2\pi} \mathrm{d}\theta \int_0^{\frac{\pi}{4}} \cos\varphi \mathrm{d}\varphi \int_2^3 r\mathrm{d}r$ 　　　　D. $\int_0^{2\pi} \mathrm{d}\theta \int_2^3 r\mathrm{d}r \int_0^r \mathrm{d}z$

1-4-13 设 $\Omega_1 = \{(x,y,z) \mid x^2+y^2+z^2 \leqslant R^2, z \geqslant 0\}, \Omega_2 = \{(x,y,z) \mid x^2+y^2+z^2 \leqslant R^2, x \geqslant 0, y \geqslant 0, z \geqslant 0\}$，则：

A. $\iiint\limits_{\Omega_1} x\mathrm{d}v = 4\iiint\limits_{\Omega_2} x\mathrm{d}v$ 　　　　　　B. $\iiint\limits_{\Omega_1} y\mathrm{d}v = 4\iiint\limits_{\Omega_2} y\mathrm{d}v$

C. $\iiint\limits_{\Omega_1} z\mathrm{d}v = 4\iiint\limits_{\Omega_2} z\mathrm{d}v$ 　　　　　　D. $\iiint\limits_{\Omega_1} xyz\mathrm{d}v = 4\iiint\limits_{\Omega_2} xyz\mathrm{d}v$

1-4-14 （历年真题）设 L 为从点 $A(0，2)$ 到点 $B(2，0)$ 的有向直线段，则对坐标的曲线积分 $\int_L \frac{1}{x-y}\mathrm{d}x + y\mathrm{d}y$ 等于：

A. 1　　　　　　B. -1　　　　　　C. 3　　　　　　D. -3

1-4-15 设 L 为连续点 $(0，0)$ 与点 $(1，1)$ 的抛物线 $y=x^2$，则对弧长的曲线积分 $\int_L x\mathrm{d}s$ 等于：

A. $\frac{1}{12}(5\sqrt{5}-1)$　　　　B. $\frac{5\sqrt{5}}{12}$　　　　C. $\frac{2}{3}(5\sqrt{5}-1)$　　　　D. $\frac{10\sqrt{5}}{3}$

第五节　无　穷　级　数

★★★一、常数项级数

（一）常数项级数的概念和性质

1. 概念

如果级数 $\sum\limits_{i=1}^{\infty} u_i$ 的部分和数列 $\{s_n\}$ 有极限 s，即 $\lim\limits_{n\to\infty} s_n = s$，则称无穷级数 $\sum\limits_{i=1}^{\infty} u_i$ 收敛，这时极限 s 称为这级数的和，并写成 $s = u_1 + u_2 + \cdots + u_i + \cdots$；如果 $\{s_n\}$ 没有极限，则称无穷级数 $\sum\limits_{i=1}^{\infty} u_i$ 发散。

当 $\sum\limits_{i=1}^{\infty} u_n$ 收敛且和为 s 时，记 $r_n = s - s_n = \sum\limits_{k=n+1}^{\infty} u_k$ 为级数 $\sum\limits_{n=1}^{\infty} u_n$ 的余项，且 $\lim\limits_{n\to\infty} r_n = 0$。

2. 性质

(1) 如果级数 $\sum\limits_{n=1}^{\infty} u_n$ 收敛于和 s，则级数 $\sum\limits_{n=1}^{\infty} k u_n$ 也收敛，且其和为 ks。

由此可知，级数的每一项同乘一个不为零的常数后，它的收敛性不会改变。

(2) 如果级数 $\sum\limits_{n=1}^{\infty} u_n$ 与 $\sum\limits_{n=1}^{\infty} v_n$ 分别收敛于和 s 与 σ，则级数 $\sum\limits_{n=1}^{\infty}(u_n \pm v_n)$ 也收敛，且其和为 $s \pm \sigma$。

(3) 在级数中去掉、加上或改变有限项，不会改变级数的收敛性。

(4) 如果级数收敛，则对该级数的项任意加括号后所成的级数仍收敛，且其和不变。由此可知，如果加括号后所成的级数发散，则原来的级数也发散。

(5)(级数收敛的必要条件)如果级数 $\sum\limits_{n=1}^{\infty} u_n$ 收敛，则它的一般项 u_n 趋于零，即 $\lim\limits_{n\to\infty} u_n = 0$。

3. 常见的几个典型级数

(1) 等比级数(几何级数)：$\sum\limits_{n=0}^{\infty} a q^n$，当 $|q| < 1$ 时，级数收敛，且和为 $\dfrac{a}{1-q}$；当 $|q| \geqslant 1$ 时，级数发散。

(2) p 级数：$\sum\limits_{n=1}^{\infty} \dfrac{1}{n^p}$，当 $p > 1$ 时，级数收敛；当 $p \leqslant 1$ 时，级数发散。

(3) 调和级数：$\sum\limits_{n=1}^{\infty} \dfrac{1}{n}$，级数发散。

(二) 常数项级数的审敛法

1. 正项级数及其审敛法

若级数 $\sum\limits_{n=1}^{\infty} u_n$ 的一般项 $u_n \geqslant 0 (n=1,2,\cdots)$，则称级数 $\sum\limits_{n=1}^{\infty} u_n$ 为正项级数。正项级数的部分和数列 $s_n(n=1,2,\cdots)$ 是一个单调增加的数列。

正项级数 $\sum\limits_{n=1}^{\infty} u_n$ 收敛的充分必要条件是：它的部分和数列 $\{s_n\}$ 有界。

(1) 比较审敛法

设 $\sum\limits_{n=1}^{\infty} u_n$ 和 $\sum\limits_{n=1}^{\infty} v_n$ 都是正项级数，且 $u_n \leqslant v_n (n=1,2,\cdots)$。若级数 $\sum\limits_{n=1}^{\infty} v_n$ 收敛，则级数 $\sum\limits_{n=1}^{\infty} u_n$ 收敛；反之，若级数 $\sum\limits_{n=1}^{\infty} u_n$ 发散，则级数 $\sum\limits_{n=1}^{\infty} v_n$ 发散。

由此可知，设 $\sum\limits_{n=1}^{\infty} u_n$ 和 $\sum\limits_{n=1}^{\infty} v_n$ 都是正项级数，如果级数 $\sum\limits_{n=1}^{\infty} v_n$ 收敛，且存在正整数 N，使当 $n \geqslant N$ 时有 $u_n \leqslant k v_n (k > 0)$ 成立，则级数 $\sum\limits_{n=1}^{\infty} u_n$ 收敛；如果级数 $\sum\limits_{n=1}^{\infty} v_n$ 发散，且当 $n \geqslant N$ 时有 $u_n \geqslant k v_n (k > 0)$ 成立，则级数 $\sum\limits_{n=1}^{\infty} u_n$ 发散。

比较审敛法的极限形式如下：

设 $\sum\limits_{n=1}^{\infty} u_n$ 和 $\sum\limits_{n=1}^{\infty} v_n$ 都是正项级数：

1）如果 $\lim\limits_{n \to \infty} \dfrac{u_n}{v_n} = l(0 \leqslant l < +\infty)$，且级数 $\sum\limits_{n=1}^{\infty} v_n$ 收敛，则级数 $\sum\limits_{n=1}^{\infty} u_n$ 收敛；

2）如果 $\lim\limits_{n \to \infty} \dfrac{u_n}{v_n} = l > 0$ 或 $\lim\limits_{n \to \infty} \dfrac{u_n}{v_n} = +\infty$，且级数 $\sum\limits_{n=1}^{\infty} v_n$ 发散，则级数 $\sum\limits_{n=1}^{\infty} u_n$ 发散。

（2）比值审敛法

设 $\sum\limits_{n=1}^{\infty} u_n$ 为正项级数，如果 $\lim\limits_{n \to \infty} \dfrac{u_n+1}{u_n} = \rho$，当 $\rho < 1$ 时，级数收敛；当 $\rho > 1$ $\left(\text{或} \lim\limits_{n \to \infty} \dfrac{u_{n+1}}{u_n} = \infty\right)$ 时，级数发散；当 $\rho = 1$ 时，级数可能收敛也可能发散。

（3）根值审敛法

设 $\sum\limits_{n=1}^{\infty} u_n$ 为正项级数，如果 $\lim\limits_{n \to \infty} \sqrt[n]{u_n} = \rho$，当 $\rho < 1$ 时，级数收敛；当 $\rho > 1$（或 $\lim\limits_{n \to \infty} \sqrt[n]{u_n} = +\infty$）时，级数发散；当 $\rho = 1$ 时，级数可能收敛也可能发散。

（4）极限审敛法

设 $\sum\limits_{n=1}^{\infty} u_n$ 为正项级数：

1）如果 $\lim\limits_{n \to \infty} n u_n = l > 0$（或 $\lim\limits_{n \to \infty} n u_n = +\infty$），则级数 $\sum\limits_{n=1}^{\infty} u_n$ 发散；

2）如果 $p > 1$，而 $\lim\limits_{n \to \infty} n^p u_n = l(0 \leqslant l < +\infty)$，则级数 $\sum\limits_{n=1}^{\infty} u_n$ 收敛。

【例 1-5-1】（历年真题）若级数 $\sum\limits_{n=1}^{\infty} u_n$ 收敛，则下列级数中不收敛的是：

A. $\sum\limits_{n=1}^{\infty} k u_n (k \neq 0)$

B. $\sum\limits_{n=1}^{\infty} u_{n+100}$

C. $\sum\limits_{n=1}^{\infty} \left(u_{2n} + \dfrac{1}{2^n} \right)$

D. $\sum\limits_{n=1}^{\infty} \dfrac{50}{u_n}$

【解答】根据级数的性质，A、B、C 项均收敛，应选 D 项。

此外，D 项：$\sum\limits_{n=1}^{\infty} u_n$ 收敛，可知 $\lim\limits_{n \to \infty} u_n = 0$，则 $\lim\limits_{n \to \infty} \dfrac{50}{u_n} = +\infty$，故 D 项发散。

【例 1-5-2】（历年真题）正项级数 $\sum\limits_{n=1}^{\infty} a_n$ 的部分和数列 $\{s_n\}\left(s_n = \sum\limits_{i=1}^{n} a_i\right)$ 有上界是该级数收敛的：

A. 充分必要条件

B. 充分条件而非必要条件

C. 必要条件而非充分条件

D. 既非充分又非必要条件

【解答】由正项级数收敛的充分必要条件可知，应选 A 项。

【例 1-5-3】（历年真题）下列级数中，发散的是：

A. $\sum\limits_{n=1}^{\infty} \dfrac{1}{n(n+1)}$

B. $\sum\limits_{n=1}^{\infty} \dfrac{1}{n^{3/2}}$

C. $\sum_{n=1}^{\infty}\left(\frac{n}{2n+1}\right)^2$ 　　　　　　　D. $\sum_{n=1}^{\infty}(-1)^n\frac{1}{\sqrt{n}}$

【解答】由 p 级数可知，B 项收敛。

A 项：$\frac{1}{n(n+1)}<\frac{1}{n^2}$，$\sum_{n=1}^{\infty}\frac{1}{n^2}$ 收敛，故 $\sum_{n=1}^{\infty}\frac{1}{n(n+1)}$ 收敛。

C 项：$\lim_{n\to\infty}u_n=\lim_{n\to\infty}\left(\frac{n}{2n+1}\right)^2=\lim\left(\frac{1}{2}\right)^2=\frac{1}{4}\neq0$，故 C 项发散。

应选 C 项。

【例 1-5-4】（历年真题）下列级数发散的是：

A. $\sum_{n=1}^{\infty}\frac{n^2}{3n^4+1}$ 　　　　　　　B. $\sum_{n=2}^{\infty}\frac{1}{\sqrt[3]{n(n-1)}}$

C. $\sum_{n=1}^{\infty}\frac{(-1)^n}{\sqrt{n}}$ 　　　　　　　D. $\sum_{n=1}^{\infty}\frac{5}{3^n}$

【解答】A 项：$\frac{n^2}{2n^4+1}<\frac{n^2}{3n^4}=\frac{1}{3n^2}$

由 p 级数可知，$\sum_{n=1}^{\infty}\frac{1}{n^2}$ 收敛，则 $\sum_{n=1}^{\infty}\frac{1}{3n^2}$ 也收敛，故 $\sum_{n=1}^{\infty}\frac{n^2}{3n^4+1}$ 收敛，A 项收敛。

B 项：$\frac{1}{\sqrt[3]{n(n-1)}}>\frac{1}{\sqrt[3]{n^2}}=\frac{1}{n^{\frac{2}{3}}}$

由 p 级数可知，$\sum_{n=2}^{\infty}n^{\frac{2}{3}}$ 发散，故 $\sum_{n=2}^{\infty}\frac{1}{\sqrt[3]{n(n-1)}}$ 也发散。

应选 B 项。

2. 交错级数及其审敛法

级数的各项是正负交错的称为交错级数。

如果交错级数 $\sum_{n=1}^{\infty}(-1)^{n-1}u_n$ 满足下列条件：

(1) $u_n\geqslant u_{n+1}(n=1,2,3,\cdots)$；

(2) $\lim_{n\to\infty}u_n=0$。

则级数收敛，且其和 $s\leqslant u_1$，其余项 r_n 的绝对值 $|r_n|\leqslant u_{n+1}$。

例如：交错级数 $\sum_{n=1}^{\infty}(-1)^{n-1}\frac{1}{n}$ 是收敛的。

3. 绝对收敛与条件收敛

如果级数 $\sum_{n=1}^{\infty}u_n(u_n$ 为任意实数)各项的绝对值所构成的正项级数 $\sum_{n=1}^{\infty}|u_n|$ 收敛，则称级数 $\sum_{n=1}^{\infty}u_n$ 绝对收敛；如果级数 $\sum_{n=1}^{\infty}u_n$ 收敛，而级数 $\sum_{n=1}^{\infty}|u_n|$ 发散，则称级数 $\sum_{n=1}^{\infty}u_n$ 条件收敛。

如果级数 $\sum_{n=1}^{\infty}u_n$ 绝对收敛，则级数 $\sum_{n=1}^{\infty}u_n$ 必定收敛。

例如：级数 $\sum\limits_{n=1}^{\infty}(-1)^{n-1}\dfrac{1}{n^2}$ 是绝对收敛级数；级数 $\sum\limits_{n=1}^{\infty}(-1)^{n-1}\dfrac{1}{n}$ 是条件收敛级数。

【例 1-5-5】（历年真题）关于级数 $\sum\limits_{n=1}^{\infty}(-1)^{n-1}\dfrac{1}{n^p}$ 收敛性的正确结论是：

A. $0<p\leqslant1$ 时发散　　　　　　　B. $p>1$ 时条件收敛

C. $0<p\leqslant1$ 时绝对收敛　　　　　D. $0<p\leqslant1$ 时条件收敛

【解答】 $\sum\limits_{n=1}^{\infty}\dfrac{1}{n^p}$，即 p 级数，$p>1$ 时，$\sum\limits_{n=1}^{\infty}(-1)^{n-1}\dfrac{1}{n^p}$ 绝对收敛；当 $0<p\leqslant1$ 时，$\sum\limits_{n=1}^{\infty}\dfrac{1}{n^p}$ 发散；排除 B、C 项。

对于 $0<p\leqslant1$ 时，$\sum\limits_{n=1}^{\infty}(-1)^{n-1}\dfrac{1}{n^p}$，则：$\dfrac{1}{n^p}>\dfrac{1}{(n+1)^p}$，即 $u_n>u_{n+1}$，$\lim\limits_{n\to\infty}u_n=\lim\limits_{n\to\infty}\dfrac{1}{n^p}=0$，则交错级数收敛，故 $\sum\limits_{n=1}^{\infty}(-1)^{n-1}\dfrac{1}{n^p}$ 为条件收敛。

应选 D 项。

【例 1-5-6】（历年真题）下列级数中，条件收敛的是：

A. $\sum\limits_{n=1}^{\infty}\dfrac{(-1)^n}{n}$　　　　　　　B. $\sum\limits_{n=1}^{\infty}\dfrac{(-1)^n}{n^3}$

C. $\sum\limits_{n=1}^{\infty}\dfrac{(-1)^n}{n(n+1)}$　　　　D. $\sum\limits_{n=1}^{\infty}(-1)^n\dfrac{n+1}{n+2}$

【解答】 A 项：$\sum\limits_{n=1}^{\infty}\dfrac{1}{n}$，发散；$u_n=\dfrac{1}{n}>u_{n+1}=\dfrac{1}{n+1}$，且 $\lim\limits_{n\to\infty}u_n=0$，故 $\sum\limits_{n=1}^{\infty}\dfrac{(-1)^n}{n}$ 收敛，故为条件收敛。

应选 A 项。

【例 1-5-7】（历年真题）下列级数中，绝对收敛的级数是：

A. $\sum\limits_{n=1}^{\infty}(-1)^{n-1}\dfrac{1}{n}$　　　　　B. $\sum\limits_{n=1}^{\infty}(-1)^{n-1}\dfrac{1}{\sqrt{n}}$

C. $\sum\limits_{n=1}^{\infty}\dfrac{n^2}{1+n^2}$　　　　　　D. $\sum\limits_{n=1}^{\infty}\dfrac{\sin\frac{3}{2}n}{n^2}$

【解答】 D 项：$\sum\limits_{n=1}^{\infty}\left|\dfrac{\sin\frac{3}{2^n}}{n^2}\right|\leqslant\sum\limits_{n=1}^{\infty}\dfrac{1}{n^2}$，而 $\sum\limits_{n=1}^{\infty}\dfrac{1}{n^2}$ 收敛，故 $\sum\limits_{n=1}^{\infty}\left|\dfrac{\sin\frac{3}{2^n}}{n^2}\right|$ 也收敛，故 $\sum\limits_{n=1}^{\infty}\dfrac{\sin\frac{3}{2^n}}{n^2}$ 为绝对收敛，应选 D 项。

此外，C 项明显不对。A、B 项是条件收敛。

★★★二、幂级数

（一）函数项级数的收敛域与和函数

如果给定一个定义在区间 I 上的函数列 $\{u_n(x)\}(n=1,2,\cdots)$，由这个函数列构成的表达式 $u_1(x)+u_2(x)+\cdots+u_n(x)+\cdots$ 称为定义在区间 I 上的函数项级数。对于一个确定的值 $x_0\in I$，则有 $\sum\limits_{n=0}^{\infty}u_n(x_0)$。若 $\sum\limits_{n=0}^{\infty}u_n(x_0)$ 收敛，则称点 x_0 为级数 $\sum\limits_{n=0}^{\infty}u_n(x)$ 的收敛点，

收敛点的全体构成收敛域；若 $\sum\limits_{n=0}^{\infty}u_n(x_0)$ 发散，则称点 x_0 为级数 $\sum\limits_{n=0}^{\infty}u_n(x)$ 的发散点，发散点的全体构成发散域。

对应于收敛域内的任意一个数 x，函数项级数有一确定的和 s。可知，在收敛域上，函数项级数的和是 x 的函数 $s(x)$，通常称 $s(x)$ 为函数项级数的和函数。和函数的定义域就是级数的收敛域。

把函数项级数的前 n 项的部分和记作 $s_n(x)$，则在收敛域上有 $\lim\limits_{n\to\infty}s_n(x)=s(x)$。记 $r_n(x)=s(x)-s_n(x)$，$r_n(x)$ 称为函数项级数的余项，并有 $\lim\limits_{n\to\infty}r_n(x)=0$。

（二）幂级数及其收敛性

1. 概念与收敛性

$\sum\limits_{n=0}^{\infty}a_n(x-x_0)^n$ 称为 $x-x_0$ 的幂级数，其中 $a_n(n=0,1,2,\cdots)$ 称为幂级数的系数。

若令 $t=x-x_0$，则有幂级数 $\sum\limits_{n=0}^{\infty}a_nt^n$，也可记为 $\sum\limits_{n=0}^{\infty}a_nx^n$。

阿贝尔定理：若级数 $\sum\limits_{n=0}^{\infty}a_nx^n$ 当 $x=x_0(x_0\neq0)$ 时收敛，则适合不等式 $|x|<|x_0|$ 的一切 x 使该幂级数绝对收敛；反之，若级数 $\sum\limits_{n=0}^{\infty}a_nx^n$ 当 $x=x_0$ 时发散，则对适合不等式 $|x|>|x_0|$ 的一切 x 使该幂级数发散。

推论：如果幂级数 $\sum\limits_{n=0}^{\infty}a_nx^n$ 不是仅在 $x=0$ 一点收敛，也不是在整个数轴上都收敛，则必有一个确定的正数 R 存在，使得：

（1）当 $|x|<R$ 时，幂级数绝对收敛；

（2）当 $|x|>R$ 时，幂级数发散；

（3）当 $x=R$ 与 $x=-R$ 时，幂级数可能收敛也可能发散。

正数 R 通常称为幂级数 $\sum\limits_{n=0}^{\infty}a_nx^n$ 的收敛半径，开区间 $(-R,R)$ 称为幂级数的收敛区间。再由幂级数在 $x=\pm R$ 处的收敛性就可以决定它的收敛域是 $(-R,R)$、$[-R,R)$、$(-R,R]$ 或 $[-R,R]$ 这四个区间之一。

如果 $\lim\limits_{n\to\infty}\left|\dfrac{a_{n+1}}{a_n}\right|=\rho$，其中 a_n、a_{n+1} 是幂级数 $\sum\limits_{n=0}^{\infty}a_nx^n$ 的相邻两项的系数，则这幂级数的收敛半径为：①当 $\rho\neq0$ 时，$R=1/\rho$；②当 $\rho=0$ 时，$R=+\infty$；③当 $\rho=+\infty$ 时，$R=0$。

应注意的是：① 对于 $\sum\limits_{n=0}^{\infty}a_n(x-C)^n$，$C$ 为常数，可令 $t=x-C$，将它变为 $\sum\limits_{n=0}^{\infty}a_nt^n$ 的形式，求出其 R 值；再根据 $t=x-C$，求出 x 的收敛半径。

② 对于缺少偶次项（或奇次项）的幂级数，求其 R 时，可按比值审敛法。

2. 幂级数的运算

若 $\sum\limits_{n=0}^{\infty}a_nx^n$ 在 $(-R,R)$ 内收敛，$\sum\limits_{n=0}^{\infty}b_nx^n$ 在 $(-R',R')$ 内收敛，则：

(1) $\sum\limits_{n=0}^{\infty} a_n x^n \pm \sum\limits_{n=0}^{\infty} b_n x^n = \sum\limits_{n=0}^{\infty} (a_n \pm b_n) x^n$，其收敛半径 $= \min(R, R')$

(2) $\sum\limits_{n=0}^{\infty} a_n x^n$ 与 $\sum\limits_{n=0}^{\infty} b_n x^n$ 的乘积的级数，其收敛半径 $= \min(R, R')$

(3) $\sum\limits_{n=0}^{\infty} a_n x^n$ 与 $\sum\limits_{n=0}^{\infty} b_n x^n$ 的商的级数，其收敛半径 $\ll R$，且 $\ll R'$。

3. 幂级数的和函数的性质

(1) 幂级数 $\sum\limits_{n=0}^{\infty} a_n x^n$ 的和函数 $s(x)$ 在其收敛域 I 上连续。

(2) 幂级数 $\sum\limits_{n=0}^{\infty} a_n x^n$ 的和函数 $s(x)$ 在其收敛域 I 上可积，并有逐项积分公式，即：

$$\int_0^x s(t)\,dt = \int_0^x \Big(\sum_{n=0}^{\infty} a_n t^n \Big) dt = \sum_{n=0}^{\infty} \int_0^x a_n t^n\,dt = \sum_{n=0}^{\infty} \frac{a_n}{n+1} x^{n+1}$$

(3) 幂级数 $\sum\limits_{n=0}^{\infty} a_n x^n$ 的和函数 $s(x)$ 在其收敛区间 $(-R, R)$ 内可导，且有逐项求导公式，即：

$$s'(x) = \Big(\sum_{n=0}^{\infty} a_n x^n \Big)' = \sum_{n=0}^{\infty} (a_n x^n)' = \sum_{n=0}^{\infty} n a_n x^{n-1}$$

逐项积分后或逐项求导后所得到的幂级数和原级数有相同的收敛半径。

【例 1-5-8】（历年真题）设幂级数 $\sum\limits_{n=1}^{\infty} a_n x^n$ 的收敛半径为 2，则幂级数 $\sum\limits_{n=1}^{\infty} n a_n (x-2)^{n+1}$ 的收敛区间是：

A. $(-2, 2)$ 　　　　B. $(-2, 4)$ 　　　　C. $(0, 4)$ 　　　　D. $(-4, 0)$

【解答】令 $t = x - 2$，则有 $\sum\limits_{n=1}^{\infty} n a_n t^{n+1}$；又 $\lim\limits_{n\to\infty} \left| \dfrac{a_{n+1}}{a_n} \right| = \dfrac{1}{2}$

$\rho = \lim\limits_{n\to\infty} \left| \dfrac{(n+1)a_{n+1}}{n a_n} \right| = \lim\limits_{n\to\infty} \left| \dfrac{a_{n+1}}{a_n} \right| = \dfrac{1}{2}$，即：$|t| < 2$

$|x - 2| < 2$，可知：$0 < x < 4$，应选 C 项。

【例 1-5-9】（历年真题）级数 $\sum\limits_{n=1}^{\infty} \dfrac{(2x+1)^n}{n}$ 的收敛域是：

A. $(-1, 1)$ 　　　　B. $[-1, 1]$ 　　　　C. $[-1, 0)$ 　　　　D. $(-1, 0)$

【解答】令 $t = 2x + 1$，则有 $\sum\limits_{n=1}^{\infty} \dfrac{t^n}{n}$

$$\rho = \lim_{n\to\infty} \left| \frac{\frac{1}{n+1}}{\frac{1}{n}} \right| = 1, \ R = 1/\rho = 1$$

当 $t = 1$ 时，$\sum\limits_{n=1}^{\infty} \dfrac{t^n}{n}$ 发散；当 $t = -1$ 时，$\sum\limits_{n=1}^{\infty} \dfrac{t^n}{n}$ 收敛

则 $-1 \leqslant 2x + 1 < 1$，即：$-1 \leqslant x < 0$，应选 C 项。

【例 1-5-10】（历年真题）幂级数 $\sum\limits_{n=1}^{\infty} (-1)^{n-1} \dfrac{x^{2n-1}}{2n-1}$ 的收敛域是：

A. $[-1, 1]$ B. $(-1, 1]$ C. $[-1, 1)$ D. $(-1, 1)$

【解答】根据 A、B、C、D 项的特点，故验算左、右端点。

$x=1$ 时，$\sum\limits_{n=1}^{\infty}(-1)^{n-1}\dfrac{1}{2n-1}$，由于 $u_n=\dfrac{1}{2n-1}>u_{n+1}=\dfrac{1}{2(n+1)+1}$，且 $\lim\limits_{n\to\infty}u_n=0$，故该交错级数收敛。

同理，$x=-1$ 时，$\sum\limits_{n=1}^{\infty}(-1)^{n-1}\dfrac{-1}{2n-1}$ 也收敛。

故收敛域为 $[-1, 1]$，应选 A 项。

此外，$\lim\limits_{n\to\infty}\left|\dfrac{u_{n+1}(x)}{u_n(x)}\right|=\lim\limits_{n\to\infty}\left|\dfrac{\dfrac{x^{2n+1}}{2n+1}}{\dfrac{x^{2n-1}}{2n-1}}\right|=x^2$

当 $x^2<1$ 时收敛，则 $-1<x<1$ 时收敛。

【例 1-5-11】(历年真题) 若幂级数 $\sum\limits_{n=1}^{\infty}a_n(x+2)^n$ 在 $x=0$ 处收敛，在 $x=-4$ 处发散，则幂级数 $\sum\limits_{n=1}^{\infty}a_n(x-1)^n$ 的收敛域是：

A. $(-1, 3)$ B. $[-1, 3)$ C. $(-1, 3]$ D. $[-1, 3]$

【解答】验证法，由条件可知，$x=-4$ 时，$\sum\limits_{n=1}^{\infty}a_n(x+2)^n=\sum\limits_{n=1}^{\infty}a_n(-2)^n$ 发散；

$x=0$ 时，$\sum\limits_{n=1}^{\infty}a_n(x+2)^n=\sum\limits_{n=1}^{\infty}a_n2^n$ 收敛。

由选项可知，当 $x=-1$ 时，$\sum\limits_{n=1}^{\infty}a_n(x-1)^n=\sum\limits_{n=1}^{\infty}a_n(-2)^n$，故为发散；

$x=3$ 时，$\sum\limits_{n=1}^{\infty}a_n(x-1)^n=\sum\limits_{n=1}^{\infty}a_n2^n$，故为收敛。

故应选 C 项。

(三) 函数展开成幂级数

1. 函数的泰勒级数与麦克劳林级数

设 $f(x)$ 在点 x_0 的某一邻域 $U(x_0)$ 内的各阶导级都存在，取 $a_n=\dfrac{1}{n!}f^{(n)}(x_0)$，$(n=1,2,\cdots)$，以 a_n 作为幂级数的系数称为 $f(x)$ 的泰勒级数，即 $\sum\limits_{n=0}^{\infty}\dfrac{1}{n!}f^{(n)}(x_0)(x-x_0)^n$，但该泰勒级数不一定收敛于 $f(x)$。$f(x)$ 在 $U(x_0)$ 内能展开成泰勒级数的充分必要条件是在该邻域内 $f(x)$ 的泰勒式中的余项 $R_n(x)$，$x\in U(x_0)$，当 $x\to\infty$ 时的极限为零，即：$\lim\limits_{n\to\infty}R_n(x)=0$。

当满足上述条件时，泰勒级数收敛到 $f(x)$，即：

$$f(x)=f(x_0)+f'(x_0)(x-x_0)+\cdots+\dfrac{1}{n!}f^{(n)}(x_0)(x-x_0)^n+\cdots$$

$$=\sum_{n=0}^{\infty}\dfrac{1}{n!}f^{(n)}(x_0)(x-x_0)^n$$

上式称为函数 $f(x)$ 在点 x_0 处的泰勒展开式。

当取 $x_0=0$ 时，上式变为：

$$f(x) = f(0) + f'(0)x + \cdots + \frac{1}{n!}f^{(n)}(0)x^n + \cdots = \sum_{n=0}^{\infty} \frac{1}{n!}f^{(n)}(0)x^n$$

上式称为函数 $f(x)$ 的麦克劳林展开式。

2. 函数展开成幂级数的方法

(1) 直接展开法

直接按公式 $a_n = \frac{1}{n!}f^{(n)}(x_0)$ 计算幂级数的系数，最后分析余项 $R_n(x)$ 是否趋于零。

(2) 间接展开法

利用一些已知的函数展开式，通过幂级数的运算（如四则运算、逐项求导、逐项积分）以及变量代换等，将所求函数展开成幂级数。

常用函数的幂级数展开式如下：

1) $e^x = \sum\limits_{n=0}^{\infty} \frac{1}{n!}x^n \quad (-\infty < x + \infty)$

2) $\sin x = \sum\limits_{n=0}^{\infty} \frac{(-1)^n}{(2n+1)!}x^{2n+1} \quad (-\infty < x < +\infty)$

3) $\cos x = \sum\limits_{n=0}^{\infty} \frac{(-1)^n}{(2n)!}x^{2n} \quad (-\infty < x < +\infty)$

4) $\dfrac{1}{1+x} = \sum\limits_{n=0}^{\infty} (-1)^n x^n \quad (-1 < x < 1)$

5) $\dfrac{1}{1-x} = \sum\limits_{n=0}^{\infty} x^n \quad (-1 < x < 1)$

6) $\ln(1+x) = \sum\limits_{n=0}^{\infty} \frac{(-1)^n}{n+1}x^{n+1} = \sum\limits_{n=1}^{\infty} \frac{(-1)^{n-1}}{n}x^n \quad (-1 < x \leqslant 1)$

7) $a^x = e^{x\ln a} = \sum\limits_{n=0}^{\infty} \frac{(\ln a)^n}{n!}x^n \quad (-\infty < x < +\infty)$

【例 1-5-12】(历年真题) 当 $|x| < \dfrac{1}{2}$ 时，函数 $f(x) = \dfrac{1}{1+2x}$ 的麦克劳林展开式正确的是：

A. $\sum\limits_{n=0}^{\infty} (-1)^{n+1}(2x)^n$ 　　　　　　　B. $\sum\limits_{n=0}^{\infty} (-2)^n x^n$

C. $\sum\limits_{n=1}^{\infty} (-1)^n 2^n x^n$ 　　　　　　　D. $\sum\limits_{n=1}^{\infty} 2^n x^n$

【解答】由于 $\dfrac{1}{1+x} = \sum\limits_{n=0}^{\infty} (-1)^n x^n$，则：

$$f(x) = \frac{1}{1+2x} = \sum_{n=0}^{\infty} (-1)^n (2x)^n = \sum_{n=0}^{\infty} (-2)^n x^n$$

应选 B 项。

【例 1-5-13】(历年真题) 函数 $f(x) = a^x (a > 0, a \neq 1)$ 的麦克劳林展开式中的前三项是：

A. $1+x\ln a+\dfrac{x^2}{2}$ B. $1+x\ln a+\dfrac{\ln a}{2}x^2$

C. $1+x\ln a+\dfrac{(\ln a)^2}{2}x^2$ D. $1+\dfrac{x}{\ln a}+\dfrac{x^2}{2\ln a}$

【解答】由于 $a^x=\sum\limits_{n=0}^{\infty}\dfrac{(\ln a)^n}{n!}x^n$，则前三项为：

$$f(x)=1+\dfrac{\ln a}{1}x+\dfrac{(\ln a)^2}{2}x^2$$

应选 C 项。

【例 1-5-14】(历年真题) 幂级数 $\sum\limits_{n=0}^{\infty}\dfrac{(-1)^n}{2^n}x^n$ 在 $|x|<2$ 的和函数是：

A. $\dfrac{2}{2+x}$ B. $\dfrac{2}{2-x}$

C. $\dfrac{1}{1-2x}$ D. $\dfrac{1}{1+2x}$

【解答】由于 $\dfrac{1}{1+x}=\sum\limits_{n=0}^{\infty}(-1)^n x^n$，令 $x=\dfrac{t}{2}$，则：

$$\dfrac{1}{1+\dfrac{t}{2}}=\dfrac{2}{2+t}=\sum_{n=0}^{\infty}(-1)^n\left(\dfrac{t}{2}\right)^n=\sum_{n=0}^{\infty}\dfrac{(-1)^n}{2^n}t^n$$

由此可知，应选 A 项。

【例 1-5-15】(历年真题) 幂级数 $\sum\limits_{n=0}^{\infty}\dfrac{x^n}{n!}$ 的和函数 $s(x)$ 等于：

A. e^x B. e^x+1

C. e^x-1 D. $\cos x$

【解答】由于 $e^x=\sum\limits_{n=0}^{\infty}\dfrac{1}{n!}x^n=1+\sum\limits_{n=1}^{\infty}\dfrac{1}{n!}x^n$

即：$s(x)=\sum\limits_{n=1}^{\infty}\dfrac{x^n}{n!}=e^x-1$，应选 C 项。

三、傅里叶级数

★★★1. 傅里叶系数、傅里叶级数及收敛定理

设 $f(x)$ 是周期为 2π 的周期函数，有：

$$a_n=\dfrac{1}{\pi}\int_{-\pi}^{\pi}f(x)\cos nx\,\mathrm{d}x \quad (n=0,1,2,3,\cdots)$$

$$b_n=\dfrac{1}{\pi}\int_{-\pi}^{\pi}f(x)\sin nx\,\mathrm{d}x \quad (n=1,2,3,\cdots)$$

若上述式中的积分都存在，此时它们定出的系数 a_0，a_1，b_1，$\cdots$，称为函数 $f(x)$ 的傅里叶系数。以傅里叶系数写出的级数，即：

$$\dfrac{a_0}{2}+\sum_{n=1}^{\infty}(a_n\cos nx+b_n\sin nx)$$

称为函数 $f(x)$ 的傅里叶级数。

定理(收敛定理，狄利克雷充分条件) 设 $f(x)$ 是周期为 2π 的周期函数，如果它

满足：

（1）在一个周期内连续或只有有限个第一类间断点；

（2）在一个周期内至多只有有限个极值点；

则 $f(x)$ 的傅里叶级数收敛，并且当 x 是 $f(x)$ 的连续点时，级数收敛于 $f(x)$；当 x 是 $f(x)$ 的间断点时，级数收敛于 $\frac{1}{2}[f(x^-)+f(x^+)]$。

由上可知，当函数 $f(x)$ 是周期为 2π 的周期函数，且满足收敛定理，则系数 $a_n = \frac{1}{\pi}\int_{-\pi}^{\pi}f(x)\cos nx\,\mathrm{d}x$，$n=0,1,2,\cdots$，$b_n = \frac{1}{\pi}\int_{-\pi}^{\pi}f(x)\sin nx\,\mathrm{d}x$，$n=1,2,\cdots$，该函数的傅里叶级数为：$\frac{a_0}{2}+\sum_{n=1}^{\infty}(a_n\cos nx + b_n\sin nx)$。

★★★2. 正弦级数和余弦级数

（1）当 $f(x)$ 是周期为 2π 的可积的奇函数时，则：

$$a_n = 0 \quad (n=0,1,2,\cdots)$$
$$b_n = \frac{2}{\pi}\int_0^{\pi}f(x)\sin nx\,\mathrm{d}x \quad (n=1,2,3,\cdots)$$

可知，奇函数的傅里叶级数是只含有正弦项的正弦级数，即：$\sum_{n=1}^{\infty}b_n\sin nx$。

（2）当 $f(x)$ 是周期为 2π 的可积的偶函数时，则：

$$a_n = \frac{2}{\pi}\int_0^{\pi}f(x)\cos nx\,\mathrm{d}x \quad (n=0,1,2,\cdots)$$
$$b_n = 0 \quad (n=1,2,3,\cdots)$$

可知，偶函数的傅里叶级数是只含常数项和余弦项的余弦级数，即：$\frac{a_0}{2}+\sum_{n=1}^{\infty}a_n\cos nx$。

★3. 周期为 $2l$ 的周期函数的傅里叶级数

设周期为 $2l$ 的周期函数 $f(x)$ 满足收敛定理的条件，则它的傅里叶级数展开式为：

$$f(x) = \frac{a_0}{2}+\sum_{n=1}^{\infty}\left(a_n\cos\frac{n\pi x}{l}+b_n\sin\frac{n\pi x}{l}\right)$$

其中
$$a_n = \frac{1}{l}\int_{-l}^{l}f(x)\cos\frac{n\pi x}{l}\mathrm{d}x \quad (n=0,1,2,\cdots)$$
$$b_n = \frac{1}{l}\int_{-l}^{l}f(x)\sin\frac{n\pi x}{l}\mathrm{d}x \quad (n=1,2,3,\cdots)$$

在间断点收敛于 $\frac{1}{2}[f(x^-)+f(x^+)]$。

同理，当 $f(x)$ 为奇函数时，有：$b_n = \frac{2}{l}\int_0^{l}f(x)\sin\frac{n\pi x}{l}\mathrm{d}x \quad (n=1,2,\cdots)$，$a_n = 0$。

当 $f(x)$ 为偶函数时，有：$a_n = \frac{2}{l}\int_0^{l}f(x)\cos\frac{n\pi x}{l}\mathrm{d}x \quad (n=0,1,2,\cdots)$，$b_n = 0$。

★4. 周期延拓、奇（偶）延拓

如果函数 $f(x)$ 仅在 $(-l,l)$ 上有定义，并且满足收敛定理条件，可以在 $[-l,l)$ 或 $(-l,l]$ 外将 $f(x)$ 作周期延拓，使它拓广为周期为 $2l$ 的周期函数 $F(x)$，再将 $F(x)$ 展开成傅里叶级数，最后限制 x 在 $(-l, l)$ 内，此时 $F(x) = f(x)$，便得到 $f(x)$ 在 $(-l, l)$ 上的傅里叶级数。特别地，如 $f(x)$ 仅在 $(-\pi, \pi)$ 上有定义，可作周期延拓。

若 $f(x)$ 仅在 $(0, l)$ 上有定义，并且满足收敛定理的条件，可先在 $(-l, 0)$ 内将 $f(x)$ 作奇(偶)延拓，然后在 $(-l, l)$ 外再作周期延拓，使它拓广为以 $2l$ 为周期的奇(偶)函数 $F(x)$，将 $F(x)$ 展开成傅里叶级数，这个级数必定是正(余)弦级数，再限制 x 在 $(0, l)$，此时 $F(x) = f(x)$，这样便得到 $f(x)$ 在 $(0, l)$ 上的正(余)弦级数展开式。特别地，如 $f(x)$ 仅在 $(0, \pi]$ 上有定义，可作奇(偶)延拓。

【例 1-5-16】 将函数 $f(x) = \begin{cases} x & (0 \leqslant x < \pi) \\ 0 & (-\pi \leqslant x < 0) \end{cases}$，在 $[-\pi, \pi]$ 上展开成傅里叶级数，其形式为 $\dfrac{a_0}{2} + \sum\limits_{n=1}^{\infty} a_n \cos nx + b_n \sin nx$，其中，$a_n (n = 1, 2, \cdots)$ 等于：

A. $\dfrac{\pi}{2}$
B. $\dfrac{(-1)^n - 1}{n^2 \pi}$
C. $\dfrac{1 - (-1)^n}{n^2 \pi}$
D. $\dfrac{(-1)^{n-1}}{\pi}$

【解答】 $a_n = \dfrac{1}{\pi} \int_{-\pi}^{\pi} f(x) \cos nx \, \mathrm{d}x = \dfrac{1}{\pi} \int_0^{\pi} x \cos nx \, \mathrm{d}x = \dfrac{(-1)^n - 1}{n^2 \pi} (n = 1, 2, \cdots)$，

应选 B 项。

习 题

1-5-1 (历年真题) 下列幂级数中，收敛半径 $R = 3$ 的幂级数是：

A. $\sum\limits_{n=0}^{\infty} 3x^n$
B. $\sum\limits_{n=0}^{\infty} 3^n x^n$
C. $\sum\limits_{n=0}^{\infty} \dfrac{1}{3^{\frac{n}{2}}} x^n$
D. $\sum\limits_{n=0}^{\infty} \dfrac{1}{3^{n+1}} x^n$

1-5-2 (历年真题) 下列级数中收敛的是：

A. $\sum\limits_{n=1}^{\infty} \sin \dfrac{1}{n}$
B. $\sum\limits_{n=1}^{\infty} \dfrac{n!}{2^n}$
C. $\sum\limits_{n=1}^{\infty} \dfrac{1}{n^n}$
D. $\sum\limits_{n=1}^{\infty} \dfrac{1}{\sqrt[n]{n}}$

1-5-3 (历年真题) 下列级数收敛的是：

A. $\sum\limits_{n=1}^{\infty} \dfrac{(-1)^{n+1}}{\sqrt{n}}$
B. $\sum\limits_{n=1}^{\infty} \dfrac{(-1)^n}{\sqrt[n]{n}}$
C. $\sum\limits_{n=1}^{\infty} (-1)^n \dfrac{n}{n+2}$
D. $\sum\limits_{n=1}^{\infty} (-1)^n \dfrac{5^n - 2^n}{5^n}$

1-5-4 函数 $f(x) = \cos 2x (-\infty < x < +\infty)$ 展开成 x 的幂级数为：

A. $\sum\limits_{n=0}^{\infty} \dfrac{(-1)^n 2^n}{n+1} x^{n+1}$
B. $\sum\limits_{n=0}^{\infty} \dfrac{(-1)^n 2^{2n+1}}{(2n+1)!} x^{2n+1}$

C. $\sum\limits_{n=0}^{\infty} \dfrac{(-1)^n 2^{2n}}{(2n)!} x^{2n}$
D. $\sum\limits_{n=0}^{\infty} \dfrac{(-1)^n 2^n}{2n+1} x^{4n+2}$

1-5-5 函数 $f(x) = \dfrac{1}{x^2 + 3x + 2}$ 展开成 $x + 4$ 的幂级数为：

A. $\sum\limits_{n=0}^{\infty} \left(\dfrac{1}{2^n} - \dfrac{1}{3^n} \right) (x+4)^n \quad (-6 < x < -2)$

B. $\sum\limits_{n=0}^{\infty} \left(\dfrac{1}{2^{n+1}} - \dfrac{1}{3^{n+1}} \right) (x+4)^n \quad (-6 < x < -2)$

C. $\sum\limits_{n=0}^{\infty} \left(\dfrac{1}{2^{n+1}} + \dfrac{1}{3^{n+1}} \right) (x+4)^n \quad (-6 < x < -2)$

D. $\sum\limits_{n=0}^{\infty} \dfrac{1}{3^n}(x+4)^n$ $\quad(-6 < x < -2)$

1-5-6 幂级数 $\sum\limits_{n=1}^{\infty}(-1)^{n-1}x^n$ 的和函数是：

A. $\dfrac{x}{1+x}$ $(-1 < x < 1)$ 　　　　　　B. $\dfrac{1}{1+x}$ $\quad(-1 < x < 1)$

C. $\dfrac{x}{1-x}$ $(-1 < x < 1)$ 　　　　　　D. $\dfrac{1}{1-x}$ $\quad(-1 < x < 1)$

1-5-7 幂级数 $\sum\limits_{n=0}^{\infty} \dfrac{(2n)!}{(n!)^2}x^{2n}$ 的收敛区间是：

A. $\left(-\dfrac{1}{2}, \dfrac{1}{2}\right)$ 　　　　　　　　B. $(-1, 1)$

C. $(-2, 2)$ 　　　　　　　　D. $(-\sqrt{2}, \sqrt{2})$

1-5-8 将函数 $f(x) = x^2$ 在 $\left[0, \dfrac{\pi}{2}\right]$ 上展开成余弦级数，其形式为 $\dfrac{a_0}{2} + \sum\limits_{n=1}^{\infty} a_n\cos nx$，其中 $a_n(n=1, 2, \cdots)$ 等于：

A. $\dfrac{\pi^2}{6}$ 　　　　B. $\dfrac{(-1)^n}{n^2}$ 　　　　C. $\dfrac{(-1)^{n+1}}{n^2}$ 　　　　D. $\dfrac{(-1)^{n+1}}{n}$

1-5-9 设 $f(x) = \begin{cases} x & \left(0 \leqslant x \leqslant \dfrac{\pi}{2}\right) \\ \pi & \left(\dfrac{\pi}{2} < x < \pi\right) \end{cases}$，若将 $f(x)$ 展开成正弦级数，则该级数在 $x = -\dfrac{\pi}{2}$ 处收敛于：

A. $\dfrac{\pi}{2}$ 　　　　　B. $\dfrac{3\pi}{4}$ 　　　　　C. $-\dfrac{3\pi}{4}$ 　　　　　D. 0

第六节　微　分　方　程

一、微分方程的基本概念

一般地，表示未知函数、未知函数的导数与自变量之间的关系的方程称为微分方程。微分方程中所出现的未知函数的最高阶导数的阶数称为微分方程的阶。

代入微分方程能使方程成为恒等式的函数就称为微分方程的解。如果微分方程的解中含有任意常数（任意常数是相互独立的），且任意常数的个数与微分方程的阶数相同，这样的解就称为微分方程的通解。确定了通解中的任意常数以后，就得到微分方程的特解。

通常将用来确定任意常数的条件称为初值条件。求微分方程满足定解条件的特解的问题称为初值问值。

★★★二、一阶微分方程

（一）可分离变量的微分方程

如果一个一阶微分方程能写成 $g(y)\mathrm{d}y = f(x)\mathrm{d}x$ 的形式，原方程就称为可分离变量的微分方程。将该式两端分别积分：

$\int g(y)\mathrm{d}y = \int f(x)\mathrm{d}x$，即可得该方程的通解。

（二）齐次方程

如果一个一阶微分方程可化成 $\dfrac{\mathrm{d}y}{\mathrm{d}x} = \varphi\left(\dfrac{y}{x}\right)$ 的形式，则该方程称为齐次方程。

令 $u = \dfrac{y}{x}$，即 $y = xu$，$\dfrac{\mathrm{d}y}{\mathrm{d}x} = u + x\dfrac{\mathrm{d}u}{\mathrm{d}x}$，代入原方程得 $u + x\dfrac{\mathrm{d}u}{\mathrm{d}x} = \varphi(u)$，即 $x\dfrac{\mathrm{d}u}{\mathrm{d}x} = \varphi(u) - u$，分离变量，可得 $\dfrac{\mathrm{d}u}{\varphi(u) - u} = \dfrac{\mathrm{d}x}{x}$，两端积分可得 $\displaystyle\int \dfrac{\mathrm{d}u}{\varphi(u) - u} = \int \dfrac{\mathrm{d}x}{x}$，求出积分后，再以 $\dfrac{y}{x}$ 代替 u，便得到该齐次方程的通解。

（三）一次线性微分方程

方程 $\dfrac{\mathrm{d}y}{\mathrm{d}x} + P(x)y = Q(x)$ 称为一阶线性微分方程。当 $Q(x)$ 恒为 0 时，方程称为齐次方程；当 $Q(x) \neq 0$ 时，方程称为非齐次方程。设一阶非齐次线性方程为：

$$\frac{\mathrm{d}y}{\mathrm{d}x} + P(x)y = Q(x) \tag{1-6-1}$$

对应于非齐次线性方程(1-6-1)的齐次线性方程为：

$$\frac{\mathrm{d}y}{\mathrm{d}x} + P(x)y = 0 \tag{1-6-2}$$

方程(1-6-2)的通解为： $\quad y = C\mathrm{e}^{-\int P(x)\mathrm{d}x}$

方程(1-6-1)的通解为： $\quad y = \mathrm{e}^{-\int P(x)\mathrm{d}x}\left(\int Q(x)\mathrm{e}^{\int P(x)\mathrm{d}x}\mathrm{d}x + C\right)$

或写成： $\quad y = C\mathrm{e}^{-\int P(x)\mathrm{d}x} + \mathrm{e}^{-\int P(x)\mathrm{d}x}\int Q(x)\mathrm{e}^{\int P(x)\mathrm{d}x}\mathrm{d}x$

上式右端第一项是方程(1-6-2)的通解，第二项是方程(1-6-1)的特解。

可知，一阶非齐次线性方程的通解＝对应的齐次方程的通解＋非齐次方程的一个特解。

（四）全微分方程

设微分方程：

$$P(x,y)\mathrm{d}x + Q(x,y)\mathrm{d}y = 0 \tag{1-6-3}$$

若存在函数 $u(x,y)$，使得 $\mathrm{d}u = P(x,y)\mathrm{d}x + Q(x,y)\mathrm{d}y$，则称方程(1-6-3)为全微分方程，其通解为 $u(x,y) = C$，为隐式通解。

当函数 $P(x,y)$、$Q(x,y)$ 在单连通域 G 内具有一阶连续偏导数时，方程(1-6-3)成为全微分方程的充分必要条件是 $\dfrac{\partial P}{\partial y} = \dfrac{\partial Q}{\partial x}$ 在 G 内恒成立，且当此条件满足时，方程(1-6-3)的通解也可表示为：

$$u(x,y) = \int_{x_0}^{x} P(x,y)\mathrm{d}x + \int_{y_0}^{y} Q(x_0,y)\mathrm{d}y = C$$

或
$$u(x,y) = \int_{x_0}^{x} P(x,y_0)\mathrm{d}x + \int_{y_0}^{y} Q(x,y)\mathrm{d}y = C$$

其中，$M_0(x_0,y_0)$ 为 G 内适当选定的点。案例见本节习题。

【例 1-6-1】（历年真题）微分方程 $xy\mathrm{d}x = \sqrt{2-x^2}\,\mathrm{d}y$ 的通解是：

A. $y = \mathrm{e}^{-C\sqrt{2-x^2}}$　　　　　　　　B. $y = \mathrm{e}^{-\sqrt{2-x^2}+C}$

C. $y = C\mathrm{e}^{-\sqrt{2-x^2}}$　　　　　　　　D. $y = C - \sqrt{2-x^2}$

【解答】$\dfrac{x}{\sqrt{2-x^2}}\mathrm{d}x = \dfrac{1}{y}\mathrm{d}y$，$\dfrac{\left(-\dfrac{1}{2}\right)\mathrm{d}(2-x^2)}{\sqrt{2-x^2}} = \dfrac{1}{y}\mathrm{d}y$，积分得：

$$\ln y = -\sqrt{2-x^2} + C_1，即：y = \mathrm{e}^{-\sqrt{2-x^2}+C_1} = C\mathrm{e}^{-\sqrt{2-x^2}}$$

其中，$C = \mathrm{e}^{C_1}$，应选 C 项。

【例 1-6-2】（历年真题）微分方程 $\dfrac{\mathrm{d}y}{\mathrm{d}x} - \dfrac{y}{x} = \tan\dfrac{y}{x}$ 的通解是：

A. $\sin\dfrac{y}{x} = Cx$　　　　　　　　B. $\cos\dfrac{y}{x} = Cx$

C. $\sin\dfrac{y}{x} = x + C$　　　　　　　D. $Cx\sin\dfrac{y}{x} = 1$

【解答】令 $u = \dfrac{y}{x}$，$y = xu$，$\dfrac{\mathrm{d}y}{\mathrm{d}x} = u + x\dfrac{\mathrm{d}u}{\mathrm{d}x}$，代入原方程，则：

$$\dfrac{\mathrm{d}u}{\tan u} = \dfrac{\mathrm{d}x}{x}，积分得：\ln\sin x = \ln x + C_1$$

$$\sin u = \mathrm{e}^{\ln x + C_1} = Cx，即：\sin\dfrac{y}{x} = Cx$$

其中，$C = \mathrm{e}^{C_1}$，应选 A 项。

【例 1-6-3】（历年真题）已知微分方程 $y' + p(x)y = q(x)\,[q(x)\neq 0]$ 有两个不同的特解 $y_1(x)$、$y_2(x)$，C 为任意常数，则该微分方程的通解是：

A. $y = C(y_1 - y_2)$　　　　　　　B. $y = C(y_1 + y_2)$

C. $y = y_1 + C(y_1 + y_2)$　　　　　D. $y = y_1 + C(y_1 - y_2)$

【解答】由条件可知，$y' + p(x)y = 0$ 的通解为：$C(y_1 - y_2)$

故 $y' + p(x)y = q(x)$ 的通解为：$y_1 + C(y_1 - y_2)$

应选 D 项。

【例 1-6-4】（历年真题）微分方程 $x'y - y = x^2\mathrm{e}^{2x}$ 的通解 y 等于：

A. $x\left(\dfrac{1}{2}x^{2x} + C\right)$　　B. $x(\mathrm{e}^{2x} + C)$　　　C. $x\left(\dfrac{1}{2}x^2\mathrm{e}^{2x} + C\right)$　　D. $x^2\mathrm{e}^{2x} + C$

【解答】原方程化成：$y' - \dfrac{1}{x}y = x\mathrm{e}^{2x}$

$$y = \mathrm{e}^{-\int\left(-\frac{1}{x}\right)\mathrm{d}x}\left[\int x\mathrm{e}^{2x}\mathrm{e}^{\int\left(-\frac{1}{x}\right)\mathrm{d}x}\mathrm{d}x + C\right]$$
$$= \mathrm{e}^{\ln x}\left(\int x\mathrm{e}^{2x}\mathrm{e}^{-\ln x}\mathrm{d}x + C\right) = x\left(\int\mathrm{e}^{2x}\mathrm{d}x + C\right)$$
$$= x\left(\dfrac{1}{2}\mathrm{e}^{2x} + C\right)$$

应选 A 项。

【例 1-6-5】(历年真题) 微分方程 $y\ln x\mathrm{d}x - x\ln y\mathrm{d}y = 0$ 满足条件 $y(1)=1$ 的特解是:

A. $\ln^2 x + \ln^2 y = 1$ 　　　　　　　　B. $\ln^2 x - \ln^2 y = 1$

C. $\ln^2 x + \ln^2 y = 0$ 　　　　　　　　D. $\ln^2 x - \ln^2 y = 0$

【解答】 原方程化成: $\dfrac{\ln y}{y}\mathrm{d}y = \dfrac{\ln x}{x}\mathrm{d}x$, $\ln y\mathrm{d}(\ln y) = \ln x(\mathrm{d}\ln x)$

两边积分得: $\dfrac{1}{2}\ln^2 y = \dfrac{1}{2}\ln^2 x + C$

由初值条件, $\dfrac{1}{2}\ln^2 1 = \dfrac{1}{2}\ln^2 1 + C$, 得 $C=0$

故一个特解为: $\dfrac{1}{2}\ln^2 y = \dfrac{1}{2}\ln^2 x$, 即 $\ln^2 x - \ln^2 y = 0$

应选 D 项。

★★★三、几种可降阶的微分方程

(一) $y^{(n)} = f(x)$ 型的微分方程

这类方程可直接通过程分 n 次得到其通解。每次积分,方程的阶数降低一次,同时,出现一个任意常数。

(二) $y'' = f(x, y')$ 型的微分方程

这类方程的右端不显含未知函数 y,令 $y' = p$,则 $y'' = p'$,这样方程就成为
$$p' = f(x, p)$$
这是关于变量 x、p 的一阶微分方程,设其通解为: $p = \varphi(x, C_1)$。

又由 $p = y' = \dfrac{\mathrm{d}y}{\mathrm{d}x} = \varphi(x, C_1)$,分离变量对其积分,可得 $y'' = f(x, y')$ 的通解为:
$$y = \int \varphi(x, C_1)\mathrm{d}x + C_2$$

(三) $y'' = f(y, y')$ 型的微分方程

这类方程的右端不显含自变量 x,令 $y' = p$,则:
$$y'' = p' = \frac{\mathrm{d}p}{\mathrm{d}x} = \frac{\mathrm{d}p}{\mathrm{d}y}\frac{\mathrm{d}y}{\mathrm{d}x} = p\frac{\mathrm{d}p}{\mathrm{d}y}$$

这样方程就转变为: $p\dfrac{\mathrm{d}p}{\mathrm{d}y} = f(y, p)$,这是关于变量 y、p 的一阶微分方程,设其通解为:

$p = \varphi(y, C_1)$。又由 $p = y' = \dfrac{\mathrm{d}y}{\mathrm{d}x} = \varphi(y, C_1)$,分离变量对其积分,则原方程 $y'' = f(y, y')$

的通解为:
$$\int \frac{\mathrm{d}y}{\varphi(y, C_1)} = x + C_2$$

【例 1-6-6】(历年真题) 微分方程 $y'' = \sin x$ 的通解 y 等于:

A. $-\sin x + C_1 + C_2$ 　　　　　　　　B. $-\sin x + C_1 x + C_2$

C. $-\cos x + C_1 x + C_2$ 　　　　　　　　D. $\sin x + C_1 x + C_2$

【解答】 对方程两边积分得: $y' = \int \sin x\mathrm{d}x = -\cos x + C_1$

再一次积分得: $y = \int(-\cos x + C_1)\mathrm{d}x = -\sin x + C_1 x + C_2$

应选 B 项。

【例 1-6-7】 微分方程 $(1+x^2)y''=2xy'$ 的通解 y 等于：

A. $C_1\left(x+\dfrac{1}{3}x^3\right)+C_2$

B. $C_1\left(x^2+\dfrac{1}{3}x^3\right)+C_2$

C. $C_1(x+x^3)+C_2$

D. $C_1(x^2+x^3)+C_2$

【解答】 设 $y'=p$，$y''=\dfrac{\mathrm{d}p}{\mathrm{d}x}$，代入原方程，则：$\dfrac{\mathrm{d}p}{p}=\dfrac{2x}{1+x^2}\mathrm{d}x=\dfrac{\mathrm{d}(1+x^2)}{1+x^2}$

两边积分得：$\ln|p|=\ln(1+x^2)+C'_1$，$p=C_1(1+x^2)$，其中 $C_1=\pm e^{C'_1}$

$$y'=C_1(1+x^2)，即：\mathrm{d}y=C_1(1+x^2)\mathrm{d}x$$

两边积分得：

$$y=C_1\left(x+\frac{1}{3}x^3\right)+C_2$$

应选 A 项。

【例 1-6-8】 微分方程 $yy''-y'^2=0$ 的通解 y 等于：

A. $C_2 e^{C_1 x+1}$

B. $e^{C_1 x+1}+C_2$

C. $C_2 e^{C_1 x}$

D. $e^{C_1 x}+C_2$

【解答】 设 $y'=p$，则 $y''=p\dfrac{\mathrm{d}p}{\mathrm{d}y}$，代入原方程，可得：

$$yp\frac{\mathrm{d}p}{\mathrm{d}y}-p^2=0，即：\frac{\mathrm{d}p}{p}=\frac{\mathrm{d}y}{y}$$

两边积分得：$\ln|p|=\ln|y|+C'_1$，$p=C_1 y$，其中，$C_1=e^{C'_1}$

$$y'=p=C_1 y，即：\frac{\mathrm{d}y}{y}=C_1\mathrm{d}x$$

两边积分得：$\ln|y|=C_1 x+C'_2$，$y=C_2 e^{C_1 x}$，其中，$C_2=\pm e^{C'_2}$

应选 C 项。

四、二阶线性微分方程

方程 $\dfrac{\mathrm{d}^2 y}{\mathrm{d}x^2}+p(x)\dfrac{\mathrm{d}y}{\mathrm{d}x}+Q(x)y=f(x)$ 称为二阶线性微分方程，当 $f(x)$ 恒为 0 时，方程为齐次的，当 $f(x)\neq 0$ 时，方程为非齐次的。

★★★（一）二阶线性微分方程的性质及解的结构定理

设二阶线性非齐次微分方程为：

$$y''+p(x)y'+Q(x)y=f(x) \tag{1-6-4}$$

对应上述方程的齐次微分方程为：

$$y''+p(x)y'+Q(x)y=0 \tag{1-6-5}$$

1. 如果函数 $y_1(x)$ 与 $y_2(x)$ 是方程(1-6-5)的两个解，则：

$$y=C_1 y_1(x)+C_2 y_2(x)（C_1、C_2 任意常数）$$

也是方程(1-6-5)的解。

2. 如果 $y_1(x)$ 与 $y_2(x)$ 是方程(1-6-5)的两个线性无关的特解，则：

$$y=C_1 y_1(x)+C_2 y_2(x)（C_1、C_2 是任意常数）$$

就是方程(1-6-5)的通解。

3. 设 $y^*(x)$ 是方程(1-6-4)的一个特解；$Y(x)$ 是方程(1-6-5)的通解，则：

$$y = Y(x) + y^*(x)$$

就是方程(1-6-4)的通解。

4.（叠加原理）设方程(1-6-4)的右端是两个函数之和，即：

$$y'' + P(x)y' + Q(x)y = f_1(x) + f_2(x) \qquad (1-6-6)$$

而 $y_1^*(x)$ 与 $y_2^*(x)$ 分别是方程

$$y'' + P(x)y' + Q(x)y = f_1(x), \quad y'' + P(x)y' + Q(x)y = f_2(x)$$

的特解，则 $y_1^*(x) + y_2^*(x)$ 就是方程(1-6-6)的特解。

★★★（二）二阶常系数齐次线性微分方程

$$y'' + py' + qy = 0 \qquad (1-6-7)$$

其中 p、q 均为常数，上述方程称为二阶常系数齐次线性微分方程。

对应的代数方程 $r^2 + pr + q = 0$ 称为微分方程(1-6-7)的特征方程，特征方程的根称为特征根，它们可按下式计算得到：

$$r_{1,2} = \frac{-p \pm \sqrt{p^2 - 4q}}{2}$$

1. 当 $p^2 - 4q > 0$ 时，r_1、r_2 是两个不相等的实根，方程(1-6-7)的通解：$Y = C_1 e^{r_1 x} + C_2 e^{r_2 x}$。

2. 当 $p^2 - 4q = 0$ 时，$r_1 = r_2$ 是两个相等的实根，方程(1-6-7)的通解：$Y = (C_1 + C_2 x) e^{r_1 x}$。

3. 当 $p^2 - 4q > 0$ 时，r_1、r_2 是一对共轭复根，记 $r_{1,2} = \alpha \pm i\beta$，方程(1-6-7)的通解：$Y = e^{\alpha x}(C_1 \cos\beta x + C_2 \sin\beta x)$。

★（三）二阶常系数非齐次线性微分方程

在历年真题中，该知识点考过，现仅作简单介绍。

$f(x) = e^{\lambda x} P_m(x)$，其中 λ 是常数，$P_m(x)$ 是 x 的一个 m 次多项式：

$$P_m(x) = a_0 x^m + a_1 x^{m-1} + \cdots + a_{m-1} x + a_m$$

设二阶常系数非齐次线性微分方程：

$$y'' + py' + qy = e^{\lambda x} P_m(x) \qquad (1-6-8)$$

其对应的齐次线性微分方程为：

$$y'' + py' + qy = 0 \qquad (1-6-9)$$

其对应的特征方程为： $\qquad r^2 + pr + q = 0$

方程(1-6-8)的通解＝方程(1-6-9)的通解＋方程(1-6-8)的一个特解

其中，方程(1-6-9)的通解可按前面的内容计算得到，而方程(1-6-8)的特解可按下述方法得到：

设 $R_m(x)$ 是与 $P_m(x)$ 同次（即 m 次）的多项式：$R_m(x) = b_0 x^m + b_1 x^{m-1} + \cdots + b_{m-1} x + b_m$，其中 $b_0, b_1, \cdots, b_m$ 为待定系数。方程(1-6-8)的特解为：

$$y^* = x^k R_m(x) e^{\lambda x}$$

k 按 λ 不是特征方程的根、是特征方程的单根、是特征方程的重根依次取为 0、1、2。

将 y^* 代入方程(1-6-8)，比较方程两端 x 同次幂的系数，联解方程组，可确定出 $R_m(x)$ 中的待定系数的值，最终得到 y^*。

例如：$y'' - 5y' + 6y = xe^{2x}$，可知 $\lambda = 2$，$P_m(x) = x$；特征方程 $r^2 - 5r + 6 = 0$ 的根为

$r_1=2$，$r_2=3$，则 y^* 为：$y^* = x(b_0x+b_1)\mathrm{e}^{2x}$。

又如：$y''-2y'-3y=3x+1$，可知 $\lambda=0$，$P_m(x)=3x+1$；特征方程 $r^2-2r-3=0$ 的根 $r_1=-1$，$r_2=3$，则 y^* 为：$y^* = x^0(b_0x+b_1)\mathrm{e}^0 = b_0x+b_1$。

【例 1-6-9】（历年真题）微分方程 $y''-2y'+y=0$ 的两个线性无关的特解是：

A. $y_1=x$，$y_2=\mathrm{e}^x$ 　　　　　　　　B. $y_1=\mathrm{e}^{-x}$，$y_2=\mathrm{e}^x$

C. $y_1=\mathrm{e}^{-x}$，$y_2=x\mathrm{e}^{-x}$ 　　　　　D. $y_1=\mathrm{e}^x$，$y_2=x\mathrm{e}^x$

【解答】特征方程 $r^2-2r+1=0$，$r_1=r_2=1$

其通解为：$y = (C_1+C_2x)\mathrm{e}^{1\times x} = (C_1+C_2x)\mathrm{e}^x$

故线性无关的特解为：$y_1 = \mathrm{e}^x$，$y_2 = x\mathrm{e}^x$，应选 D 项。

【例 1-6-10】（历年真题）以 $y_1 = \mathrm{e}^x$，$y_2 = \mathrm{e}^{-3x}$ 为特解的二阶线性常系数齐次微分方程是：

A. $y''-2y'-3y=0$ 　　　　　　　　B. $y''+2y'-3y=0$

C. $y''-3y'+2y=0$ 　　　　　　　　D. $y''+3y'-2y=0$

【解答】由条件可知，$r_1=1$，$r_2=-3$，则特征方程为：

$$(r-1)(r+3) = 0，即：r^2+2r-3 = 0$$

其对应的微分方程为：$y''+2y'-3y=0$，应选 B 项。

【例 1-6-11】（历年真题）函数 $y = C_1\mathrm{e}^{-x+C_2}$（$C_1$、$C_2$ 为任意常数）是微分方程 $y''-y'-2y=0$ 的：

A. 通解 　　　　　　　　　　　　　B. 特解

C. 不是解 　　　　　　　　　　　　D. 解，既不是通解也不是特解

【解答】$y' = -C_1\mathrm{e}^{-x+C_2}$，$y'' = C_1\mathrm{e}^{-x+C_2}$，代入原方程左边：

$$C_1\mathrm{e}^{-x+C_2} + C_1\mathrm{e}^{-x+C_2} - 2C_1\mathrm{e}^{-x+C_2} = 0$$

故 y 是原方程的解。

又 $y = C_1\mathrm{e}^{-x+C_2} = C_1\mathrm{e}^{C_2}\mathrm{e}^{-x} = C_3\mathrm{e}^{-x}$，其中 $C_3 = C_1\mathrm{e}^{C_2}$

故 y 仅含 1 个独立的任意常数，不是方程的通解，也不是特解（特解不含任意常数）。应选 D 项。

【例 1-6-12】（历年真题）已知 y_0 是微分方程 $y''+py'+qy=0$ 的解，y_1 是微分方程 $y''+py'+qy = f(x)[f(x)\neq 0]$ 的解，则下列函数中的微分方程 $y''+py'+qy = f(x)$ 的解是：

A. $y=y_0+C_1y_1$（C_1 是任意常数）

B. $y=C_1y_1+C_2y_0$（C_1、C_2 是任意常数）

C. $y=y_0+y_1$

D. $y=2y_1+3y_0$

【解答】采用验证法，令 $y=C_1y_1$，则：$y'=C_1y_1'$，$y''=C_1y_1''$，代入原方程左端：

$$y''+py'+qy = C_1y_1'' + pC_1y_1' + qC_1y_1 = C_1(y_1''+py_1'+qy_1)$$
$$=C_1f(x) \neq f(x)$$

故 C_1y 不是方程的解，即 A、B、D 项错误，应选 C 项。

【例 1-6-13】（历年真题）微分方程 $y''-3y'+2y=x\mathrm{e}^x$ 的待定特解的形式是：

A. $y = (Ax^2+Bx)\mathrm{e}^x$ 　　　　　　　B. $y = (Ax+B)\mathrm{e}^x$

C. $y = Ax^2\mathrm{e}^x$ 　　　　　　　　　　D. $y = Ax\mathrm{e}^x$

【解答】特征方程 $r^2-3r+2=0$，$r_1=1$，$r_2=2$，又 $\lambda=1$，则：

特解的形式 $y^* = x(Ax+B)e^x$,应选 A 项。

习 题

1-6-1 (历年真题)微分方程 $\dfrac{dy}{dx} + \dfrac{x}{y} = 0$ 的通解是:

A. $x^2 + y^2 = C(C \in R)$ B. $x^2 - y^2 = C(C \in R)$

C. $x^2 + y^2 = C^2(C \in R)$ D. $x^2 - y^2 = C^2(C \in R)$

1-6-2 (历年真题)函数 $y = C_1 C_2 e^{-x}$(C_1、C_2 是任意常数)是微分方程 $y'' - 2y' - 3y = 0$ 的:

A. 通解 B. 特解

C. 不是解 D. 既不是通解又不是特解,而是解

1-6-3 (历年真题)微分方程 $y'' + y' + y = e^x$ 的特解是:

A. $y = e^x$ B. $y = \dfrac{1}{2} e^x$

C. $y = \dfrac{1}{3} e^x$ D. $y = \dfrac{1}{4} e^x$

1-6-4 一曲线经过点 (1,1) 且切线在纵轴上的截距等于切点的横坐标,则该曲线的方程为:

A. $y = x(1 + \ln x)$ B. $y = x(1 - \ln x)$

C. $x = y(1 + \ln y)$ D. $x = y(1 - \ln y)$

1-6-5 下列方程中不是全微分方程的是:

A. $2xy dx + x^2 dy = 0$ B. $(x^2 + y^2)dx + xy dy = 0$

C. $(x + 2y)dx + (2x + y)dy = 0$ D. $e^y dx + (xe^y - 2y)dy = 0$

1-6-6 (历年真题)设 y_1、y_2、y_3 是二阶线性微分方程 $y'' + p(x)y' + q(x)y = f(x)$ 的三个线性无关的特解,则该方程的通解 y 是:

A. $C_1(y_2 - y_1) + C_2(y_3 - y_1) + y_1$ B. $C_1 y_1 + C_2 y_2 + y_3$

C. $C_1(y_2 - y_1) + C_2(y_3 - y_1)$ D. $C_1(y_2 + y_1) + C_2(y_3 + y_1) + y_1$

1-6-7 微分方程 $y'' - 4y' + 5y = 0$ 的通解 y 等于:

A. $(C_1 + C_2 x)e^{2x}$ B. $e^{2x}(C_1 \cos x + C_2 \sin x)$

C. $C_1 e^{2x} + C_2 e^x$ D. $C_1 \cos x + C_2 \sin x$

1-6-8 微分方程 $(5x^4 + 3xy^2 - y^3)dx + (3x^2 y - 3xy^2 + y^2)dy = 0$ 的通解是:

A. $x^5 + \dfrac{3}{2} x^2 y^2 - xy^3 + \dfrac{1}{3} y^3 = C$ B. $x^5 - \dfrac{3}{2} x^2 y^2 - xy^3 + \dfrac{1}{3} y^3 = C$

C. $x^5 + \dfrac{3}{2} x^2 y^2 - xy^3 - \dfrac{1}{3} y^3 = C$ D. $x^5 - \dfrac{3}{2} x^2 y^2 + xy^3 + \dfrac{1}{3} y^3 = C$

第七节 线 性 代 数

★★★一、行列式

(一) 基本定义及计算

一阶行列式 $\qquad\qquad\qquad\qquad D = |a_{11}| = a_{11}$

二阶行列式

$$D = \begin{vmatrix} a_{11} & a_{12} \\ a_{21} & a_{22} \end{vmatrix} = a_{11}a_{22} - a_{12}a_{21}$$

即把 $a_{11} - a_{22}$ 的连线称主对角线，$a_{12} - a_{21}$ 的连线称副对角线。主对角线上各元素（或元）的乘积冠"＋"号，副对角线上各元素的乘积冠"－"号，然后作代数和，所得结果即为二阶行列式的值。

三阶行列式

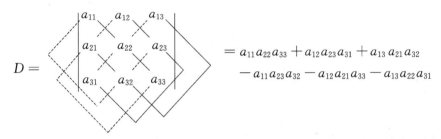

$$D = \begin{vmatrix} a_{11} & a_{12} & a_{13} \\ a_{21} & a_{22} & a_{23} \\ a_{31} & a_{32} & a_{33} \end{vmatrix}$$

$$= a_{11}a_{22}a_{33} + a_{12}a_{23}a_{31} + a_{13}a_{21}a_{32}$$
$$- a_{11}a_{23}a_{32} - a_{12}a_{21}a_{33} - a_{13}a_{22}a_{31}$$

即把主对角线及平行主对角线的连线上各元素的乘积冠"＋"号，副对角线及平行副对角线的连线上各元素的乘积冠"－"号，然后作代数和，所得结果即为三阶行列式的值。

n 阶行列式

$$D = \det(a_{ij}) = \begin{vmatrix} a_{11} & a_{12} & a_{13} & \cdots & a_{1n} \\ a_{21} & a_{22} & a_{23} & \cdots & a_{2n} \\ \vdots & \vdots & \vdots & & \vdots \\ a_{n1} & a_{n2} & a_{n3} & \cdots & a_{nn} \end{vmatrix}$$

上式中，det 为行列式英文的前三个字母。数 a_{ij} 为行列式 D 的 (i,j) 元素（或元）。n 阶行列式（$n \geqslant 4$）的计算一般按行（列）展开法则，具体见后面内容。

（二）行列式性质

1. 记 $D = \begin{vmatrix} a_{11} & a_{12} & \cdots & a_{1n} \\ a_{21} & a_{22} & \cdots & a_{2n} \\ \vdots & \vdots & & \vdots \\ a_{n1} & a_{n2} & \cdots & a_{nn} \end{vmatrix}$，$D^{\mathrm{T}} = \begin{vmatrix} a_{11} & a_{21} & \cdots & a_{n1} \\ a_{12} & a_{22} & \cdots & a_{n2} \\ \vdots & \vdots & & \vdots \\ a_{1n} & a_{2n} & \cdots & a_{nn} \end{vmatrix}$ 为行列式 D 的转置行列式，

则 $D = D^{\mathrm{T}}$。

由此性质可知，行列式中的行与列具有同等的地位，行列式的性质凡是对行成立的对列也同样成立，反之亦然。

2. 互换行列式的两行（列），则行列式的值变号。

3. 如果行列式有两行（列）完全相同，则此行列式 $D = 0$。

4. 行列式的某一行（列）中所有的元素都乘以同一数 k，等于用数 k 乘此行列式。

由此性质可知，行列式中某一行（列）的所有元素的公因子可以提到行列式记号的外面。

5. 行列式中如果某一行(或某一列)的所有元素全为零，则此行列式 $D=0$。

6. 行列式中如果有两行(列)元素相等或成比例，则此行列式等于零。

7. 若行列式的某一列(行)的元素都是两数之和，例如第 i 列的元素都是两数之和

$$D=\begin{vmatrix} a_{11} & a_{12} & \cdots & a_{1i}+a'_{1i} & \cdots & a_{1n} \\ a_{21} & a_{22} & \cdots & a_{2i}+a'_{2i} & \cdots & a_{2n} \\ \vdots & \vdots & & \vdots & & \vdots \\ a_{n1} & a_{n2} & \cdots & a_{ni}+a'_{ni} & \cdots & a_{nn} \end{vmatrix}$$

则 D 等于下列两个行列式之和

$$D=\begin{vmatrix} a_{11} & a_{12} & \cdots & a_{1i} & \cdots & a_{1n} \\ a_{21} & a_{22} & \cdots & a_{2i} & \cdots & a_{2n} \\ \vdots & \vdots & & \vdots & & \vdots \\ a_{n1} & a_{n2} & \cdots & a_{ni} & \cdots & a_{nn} \end{vmatrix}+\begin{vmatrix} a_{11} & a_{12} & \cdots & a'_{1i} & \cdots & a_{1n} \\ a_{21} & a_{22} & \cdots & a'_{2i} & \cdots & a_{2n} \\ \vdots & \vdots & & \vdots & & \vdots \\ a_{n1} & a_{n2} & \cdots & a'_{ni} & \cdots & a_{nn} \end{vmatrix}$$

8. 把行列式的某一列(行)的各元素乘以同一数然后加到另一列(行)对应的元素上去，行列式不变。

【例 1-7-1】如果行列式 $\begin{vmatrix} a & b & c \\ d & e & f \\ g & h & i \end{vmatrix}=M\neq 0$，则 $\begin{vmatrix} a & b & c \\ 2d & 2e & 2f \\ 2g & 2h & 2i \end{vmatrix}=$

A. M B. $2M$ C. $4M$ D. $6M$

【解答】将第 2 行提出公因数 2，第 3 行也提出公因数 2，则变为 M，故 $2\times 2M=4M$，应选 C 项。

(三) 行列式按行(列)展开

在 n 阶行列式中，把元素 a_{ij} 所在的第 i 行和第 j 列划去后，留下来的 $n-1$ 阶行列式称为元素 a_{ij} 的余子式，记作 M_{ij}，而 $A_{ij}=(-1)^{i+j}M_{ij}$ 称为元素 a_{ij} 的代数余子式。显然，M_{ij}、A_{ij} 与 a_{ij} 的值无关。

1. 行列式等于它的任一行(列)的各元素与其对应的代数余子式乘积之和，即：

$$D=a_{i1}A_{i1}+a_{i2}A_{i2}+\cdots+a_{in}A_{in} \quad (i=1,2,\cdots,n)$$

或

$$D=a_{1j}A_{1j}+a_{2j}A_{2j}+\cdots+a_{nj}A_{nj} \quad (j=1,2,\cdots,n)$$

这个结论也称为行列式按行(列)展开法则，利用这一法则并结合行列式的性质，可以简化行列式的计算，也可由此计算四阶及四阶以上的行列式。

2. 行列式某一行(列)的元素与另一行(列)的对应元素的代数余子式乘积之和等于零，即：

$$a_{i1}A_{j1}+a_{i2}A_{j2}+\cdots+a_{in}A_{jn}=0, \quad (i\neq j; \ i,j=1,2,\cdots,n);$$

或

$$a_{1i}A_{1j}+a_{2i}A_{2j}+\cdots+a_{ni}A_{nj}=0, \quad (i\neq j; \ i,j=1,2,\cdots,n)$$

【例 1-7-2】(历年真题) 设行列式 $\begin{vmatrix} 2 & 1 & 3 & 4 \\ 1 & 0 & 2 & 0 \\ 1 & 5 & 2 & 1 \\ -1 & 1 & 5 & 2 \end{vmatrix}$，$A_{ij}$ 表示行列式元素 a_{ij} 的代数余子式，则 $A_{13}+4A_{33}+A_{43}=$

A. -2 B. 2 C. -1 D. 0.1

【解答】将第 3 列元素换为：1，0，4，1，再计算新的行列式的值，即为 $A_{13}+4A_{33}$ $+A_{43}$。

$$D=\begin{vmatrix} 2 & 1 & 1 & 4 \\ 1 & 0 & 0 & 0 \\ 1 & 5 & 4 & 1 \\ -1 & 1 & 1 & 2 \end{vmatrix}=1\times(-1)^{2+1}\begin{vmatrix} 1 & 1 & 4 \\ 5 & 4 & 1 \\ 1 & 1 & 2 \end{vmatrix}\xrightarrow{r_1-r_3}-\begin{vmatrix} 0 & 0 & 2 \\ 5 & 4 & 1 \\ 1 & 1 & 2 \end{vmatrix}$$

$$=(-1)\times 2\times(-1)^{3+3}\begin{vmatrix} 5 & 4 \\ 1 & 1 \end{vmatrix}=(-2)\times(5\times 1-1\times 4)=-2$$

应选 A 项。

（四）常用的几个行列式

1. 对角行列式［其中对角线上的元素是 $\lambda_i(i=1,2,\cdots,n)$，其余元素都是零］

$$D=\begin{vmatrix} \lambda_1 & & & \\ & \lambda_2 & & \\ & & \ddots & \\ & & & \lambda_n \end{vmatrix}=\lambda_1\lambda_2\cdots\lambda_n$$

$$D=\begin{vmatrix} & & & \lambda_n \\ & & \ddots & \\ & \lambda_2 & & \\ \lambda_1 & & & \end{vmatrix}=(-1)^{\frac{n(n-1)}{2}}\lambda_1\lambda_2\cdots\lambda_n$$

2. 上（下）三角形行列式［对角线以下（上）的元素都为零］

$$D=\begin{vmatrix} a_{11} & a_{12} & \cdots & a_{1n} \\ & a_{22} & \cdots & a_{2n} \\ & & \ddots & \\ 0 & & & a_{nn} \end{vmatrix}=a_{11}a_{22}\cdots a_{nn}$$

$$D=\begin{vmatrix} a_{11} & & & \\ a_{21} & a_{22} & & 0 \\ \vdots & \vdots & \ddots & \\ a_{n1} & a_{n2} & \cdots & a_{nn} \end{vmatrix}=a_{11}a_{22}\cdots a_{nn}$$

3. 范德蒙德行列式

$$D=\begin{vmatrix} 1 & 1 & \cdots & 1 \\ x_1 & x_2 & & x_n \\ x_1^2 & x_2^2 & & x_n^2 \\ \cdots & & & \\ x_1^{n-1} & x_2^{n-1} & \cdots & x_n^{n-1} \end{vmatrix}=\prod_{n\geqslant i\geqslant j\geqslant 1}(x_i-x_j)$$

记号"$\prod$"表示全体同类因子的乘积。

★★★二、矩阵及其运算

（一）矩阵的定义

由 $m\times n$ 个数 $a_{ij}(i=1,2,\cdots,m;\ j=1,2,\cdots,n)$ 排成的 m 行 n 列的数表

$$A=\begin{pmatrix} a_{11} & a_{12} & \cdots & a_{1n} \\ a_{21} & a_{22} & \cdots & a_{2n} \\ \cdots & & & \\ a_{m1} & a_{m2} & \cdots & a_{mn} \end{pmatrix}$$

称为 m 行 n 列矩阵,简称 $m\times n$ 矩阵,记为 $\boldsymbol{A}_{m\times n}=(a_{ij})_{m\times n}$,位于第 i 行第 j 列的数 a_{ij} 称为矩阵 $\boldsymbol{A}$ 的第 i 行第 j 列元素(或元)。以数 a_{ij} 为 (i,j) 元的矩阵可简记作 (a_{ij}) 或 $(a_{ij})_{m\times n}$。

行数与列数相等且等于 n 的矩阵 $\boldsymbol{A}$ 称为 n 阶方阵,记作 $\boldsymbol{A}_n$。

只有一行的矩阵 $\boldsymbol{A}=(a_1,a_2,\cdots,a_n)$ 称为行矩阵,又称行向量;只有一列的矩阵 $\boldsymbol{B}=$

$$\begin{pmatrix} b_1 \\ b_2 \\ \vdots \\ b_n \end{pmatrix}$$ 称为列矩阵,又称列向量。

两个矩阵的行数、列数均相等,则称它们是同型矩阵。

设 $\boldsymbol{A}=(a_{ij})$ 与 $\boldsymbol{B}=(b_{ij})$ 是同型矩阵,若 $a_{ij}=b_{ij}(i,j=1,2,\cdots,n)$,则称矩阵 $\boldsymbol{A}$ 与 $\boldsymbol{B}$ 相等,记作 $\boldsymbol{A}=\boldsymbol{B}$。

元素都是零的矩阵称为零矩阵,记作 $\boldsymbol{O}$。注意,不同型的零矩阵是不同的。

主对角线上元素分别为 $\lambda_1,\lambda_2,\cdots,\lambda_n$,其他元素都是零的 n 阶方阵

$$\boldsymbol{\Lambda}=\begin{pmatrix} \lambda_1 & & & \\ & \lambda_2 & & \\ & & \ddots & \\ & & & \lambda_n \end{pmatrix}$$

称为 n 阶对角矩阵,对角矩阵也记作 $\boldsymbol{\Lambda}=\mathrm{diag}(\lambda_1,\lambda_2,\cdots,\lambda_n)$。

主对角线上的元素都是 1,其他元素都是 0 的 n 阶方阵

$$\boldsymbol{E}=\begin{pmatrix} 1 & 0 & \cdots & 0 \\ 0 & 1 & \cdots & 0 \\ \vdots & \vdots & & \vdots \\ 0 & 0 & \cdots & 1 \end{pmatrix}$$

称为 n 阶单位矩阵,简称单位阵。

(二)矩阵的运算

1. 矩阵的加法

设有两个 $m\times n$ 矩阵 $\boldsymbol{A}=(a_{ij})$ 和 $\boldsymbol{B}=(b_{ij})$,则矩阵 $\boldsymbol{A}$ 与 $\boldsymbol{B}$ 的和记作 $\boldsymbol{A}+\boldsymbol{B}$,规定为:

$$\boldsymbol{A}+\boldsymbol{B}=\begin{pmatrix} a_{11}+b_{11} & a_{12}+b_{12} & \cdots & a_{1n}+b_{1n} \\ a_{21}+b_{21} & a_{22}+b_{22} & \cdots & a_{2n}+b_{2n} \\ \vdots & \vdots & & \vdots \\ a_{m1}+b_{m1} & a_{m2}+b_{m2} & \cdots & a_{mn}+b_{mn} \end{pmatrix}$$

注意,只有当两个矩阵是同型矩阵时,这两个矩阵才能进行加法运算。

矩阵加法满足下列运算规律(设 A、B、C 都是 $m \times n$ 矩阵):

(1) $A + B = B + A$

(2) $(A + B) + C = A + (B + C)$

(3) $A - B = A + (-B)$

(4) $A - A = 0$

2. 数与矩阵相乘

数 λ 与矩阵 A 的乘积记作 λA 或 $A\lambda$,规定为:

$$\lambda A = A\lambda = \begin{pmatrix} \lambda a_{11} & \lambda a_{12} & \cdots & \lambda a_{1n} \\ \lambda a_{21} & \lambda a_{22} & \cdots & \lambda a_{2n} \\ \vdots & \vdots & & \vdots \\ \lambda a_{m1} & \lambda a_{m2} & \cdots & \lambda a_{mn} \end{pmatrix}$$

数乘矩阵满足下列运算规律(设 A、B 为 $m \times n$ 矩阵,λ、μ 为数):

(1) $(\lambda\mu)A = \lambda(\mu A)$;

(2) $(\lambda + \mu)A = \lambda A + \mu A$;

(3) $\lambda(A + B) = \lambda A + \lambda B$。

矩阵加法、数乘矩阵统称为矩阵的线性运算。

3. 矩阵与矩阵相乘

$$A_{m \times s}B_{s \times n} = \begin{pmatrix} a_{11} & \cdots & a_{1s} \\ a_{21} & \cdots & a_{2s} \\ \vdots & & \vdots \\ a_{m1} & \cdots & a_{ms} \end{pmatrix} \begin{pmatrix} b_{11} & \cdots & b_{1n} \\ b_{21} & \cdots & b_{2n} \\ \vdots & & \vdots \\ b_{s1} & \cdots & b_{sn} \end{pmatrix} = \begin{pmatrix} c_{11} & \cdots & c_{1n} \\ c_{21} & \cdots & c_{2n} \\ \vdots & & \vdots \\ c_{m1} & \cdots & c_{mn} \end{pmatrix} = C_{m \times n}$$

其中,$c_{ij} = a_{i1}b_{1j} + a_{i2}b_{2j} + \cdots + a_{is}b_{sj} = \sum\limits_{k=1}^{s} a_{ik}b_{kj}$ $(i = 1, 2, \cdots, m; j = 1, 2, \cdots, n)$。可知,$(i, j)$ 元 c_{ij} 就是 A 的第 i 行与 B 的第 j 列的乘积。

注意,只有当第一个矩阵(左矩阵)的列数等于第二个矩阵(右矩阵)的行数时,两个矩阵才能相乘。

(1) 假设运算都是可行的,矩阵与矩阵相乘满足下述运算规律:

1) $(AB)C = A(BC)$

2) $\lambda(AB) = (\lambda A)B = A(\lambda B)$(其中 λ 为数)

3) $A(A + C) = AB + AC$,$(B + C)A = BA + CA$

4) $EA = AE = A$(即 E 在矩阵乘法中的作用类似数 1)

此外,应注意的是:

1) 矩阵的乘法不满足交换律,即在一般情况下,$AB \neq BA$。

2) 若有两个矩阵 A、B 满足 $AB = 0$,不能得出 $A = 0$ 或 $B = 0$;若 $A \neq 0$,而 $A(X - Y) = 0$,也不能得出 $X = Y$。

3) 两个 n 阶方阵 A、B,若 $AB = BA$,则称方阵 A 与 B 是可交换的。

(2) 矩阵的幂

设 A 是 n 阶方阵,定义:

$$A^1 = A, \quad A^2 = A^1 A^1, \quad \cdots, \quad A^{k+1} = A^k A^1 (k \text{ 为正整数})$$

矩阵的幂的运算规律为：

$$A^k A^l = A^{k+l}, \quad (A^k)^l = A^{kl}$$

注意，一般情况，$(AB)^k \neq A^k B^k$，但当 A 与 B 可交换时，才有 $(AB)^k = A^k B^k$。类似可知，一般情况，$(A+B)^2 \neq A^2 + 2AB + B^2$，$(A-B)(A+B) \neq A^2 - B^2$，但当 A 与 B 可交换时，才有 $(A+B)^2 = A^2 + 2AB + B^2$，$(A-B)(A+B) = A^2 - B^2$。

4. 矩阵的转置

把矩阵 A 的行换成同序数的列得到一个新矩阵，称为 A 的转置矩阵，记作 A^T。例如矩阵

$$A = \begin{pmatrix} 4 & 2 & 0 \\ 3 & -1 & 1 \end{pmatrix} \qquad B = \begin{pmatrix} 2 & 5 & 1 \\ 5 & 3 & 6 \\ 1 & 6 & 4 \end{pmatrix}$$

其转置矩阵分别为：

$$A^T = \begin{pmatrix} 4 & 3 \\ 2 & -1 \\ 0 & 1 \end{pmatrix} \qquad B^T = \begin{pmatrix} 2 & 5 & 1 \\ 5 & 3 & 6 \\ 1 & 6 & 4 \end{pmatrix}$$

矩阵的转置也是一种运算，满足下述运算规律（假设运算都是可行的）：

(1) $(A^T)^T = A$

(2) $(A+B)^T = A^T + B^T$

(3) $(\lambda A)^T = \lambda A^T$

(4) $(AB)^T = B^T A^T$

设 A 为 n 阶方阵，如果满足 $A^T = A$，即：

$$a_{ij} = a_{ji} (i, j = 1, 2, \cdots, n)$$

则 A 称为对称矩阵，简称对称阵。对称矩阵的特点是：它的元素以对角线为对称轴对应相等。例如上面的矩阵 B，$B = B^T$，故 B 为对称矩阵。

若 n 阶方阵 A 满足 $A = -A^T$，则称 A 为反对称矩阵。

5. 方阵的行列式

由 n 阶方阵 A 的元素所构成的行列式（各元素的位置不变），称为方阵 A 的行列式，记作 $\det A$ 或 $|A|$。

注意，方阵与行列式是两个不同的概念，n 阶方阵是 n^2 个数按一定方式排成的数表，而 n 阶行列式则是这些数（也就是数表 A）按一定的运算法则所确定的一个数。

由 A 确定 $|A|$ 的这个运算满足下述运算规律（设 A、B 为 n 阶方阵，λ 为数）：

(1) $|A^T| = |A|$

(2) $|\lambda A| = \lambda^n |A|$

(3) $|AB| = |A||B| = |BA|$

6. 逆矩阵

对于 n 阶方阵 A，如果有一个 n 阶方阵 B，使

$$AB = BA = E$$

则称矩阵 A 是可逆的，并把矩阵 B 称为 A 的逆矩阵，简称逆阵。

如果矩阵 A 是可逆的，那么 A 的逆矩阵是唯一的。A 的逆矩阵记作 A^{-1}，即若 $AB=BA=E$，则 $B=A^{-1}$。

引入逆矩阵的目的是利用倒数，将对矩阵的除法转化为乘法，即乘积的形式。

（1）若矩阵 A 可逆，则 $|A|\neq0$

当 $|A|=0$ 时，称 A 为奇异矩阵，否则称 A 为非奇异矩阵。A 是可逆矩阵的充分必要条件是 $|A|\neq0$，即可逆矩阵就是非奇异矩阵。

（2）若 A 可逆，则：$|A^{-1}|=\dfrac{1}{|A|}$。

这是因为 $AA^{-1}=E$，则 $|AA^{-1}|=|A||A^{-1}|=|E|=1$，即 $|A^{-1}|=\dfrac{1}{|A|}$。

（3）逆矩阵满足下述运算规律

1）若 A 可逆，则 A^{-1} 可逆，且 $(A^{-1})^{-1}=A$；

2）若 A 可逆，数 $\lambda\neq0$，则 λA 可逆，且 $(\lambda A)^{-1}=\dfrac{1}{\lambda}A^{-1}$；

3）若 A、B 为同阶矩阵且均可逆，则 AB 可逆，且 $(AB)^{-1}=B^{-1}A^{-1}$；

4）若 A 可逆，则 A^{T} 也可逆，且 $(A^{\mathrm{T}})^{-1}=(A^{-1})^{\mathrm{T}}$。

当 A 可逆时，可定义 $A^0=E$，$A^{-k}=(A^{-1})^k$。

【例 1-7-3】（历年真题）设 A 和 B 都是 n 阶方阵，已知：$|A|=2$，$|B|=3$，则 $|BA^{-1}|$ 等于：

A. $\dfrac{2}{3}$　　　　　B. $\dfrac{3}{2}$　　　　　C. 6　　　　　D. 5

【解答】$|BA^{-1}|=|B||A^{-1}|=|B|\dfrac{1}{|A|}=3\times\dfrac{1}{2}=\dfrac{3}{2}$

应选 B 项。

【例 1-7-4】设 A 为 3 阶矩阵，且 $|A|=2$，则 $\left|\dfrac{1}{2}A\right|$ 为：

A. $\dfrac{1}{8}$　　　　　B. $\dfrac{1}{4}$　　　　　C. $\dfrac{1}{2}$　　　　　D. 1

【解答】$\left|\dfrac{1}{2}A\right|=\left(\dfrac{1}{2}\right)^3|A|=\left(\dfrac{1}{2}\right)^3\times2=\dfrac{1}{4}$，应选 B 项。

【例 1-7-5】（历年真题）设 A、B 均为三阶矩阵，且行列式 $|A|=1$，$|B|=-2$，A^{T} 为 A 的转置矩阵，则行列式 $|-2A^{\mathrm{T}}B^{-1}|$ 等于：

A. -1　　　　　B. 1　　　　　C. -4　　　　　D. 4

【解答】$|-2A^{\mathrm{T}}B^{-1}|=(-2)^3|A^{\mathrm{T}}B^{-1}|=(-2)^3|A^{\mathrm{T}}||B^{-1}|=(-8)|A|\dfrac{1}{|B|}=(-8)\times1\times\dfrac{1}{(-2)}=4$

应选 D 项。

（4）伴随矩阵

行列式 $|A|$ 的各个元素的代数余子式 A_{ij} 所构成的如下的矩阵：

$$A^* = \begin{bmatrix} A_{11} & A_{21} & \cdots & A_{n1} \\ A_{12} & A_{22} & \cdots & A_{n2} \\ \vdots & \vdots & & \vdots \\ A_{1n} & A_{2n} & \cdots & A_{nn} \end{bmatrix}$$

称为矩阵 A 的伴随矩阵(简称伴随阵)，且 $AA^* = A^* A = |A| E$。

若 $|A| \neq 0$，则矩阵 A 可逆，且

$$A^{-1} = \frac{1}{|A|} A^*$$

（5）正交矩阵

n 阶矩阵 A 满足 $A^T A = E$（或 $AA^T = E$），则称 A 为正交矩阵。

显然，单位矩阵 E 是正交矩阵。例如矩阵

$$P = \begin{bmatrix} -\dfrac{2}{\sqrt{6}} & \dfrac{1}{\sqrt{3}} & 0 \\ \dfrac{1}{\sqrt{6}} & \dfrac{1}{\sqrt{3}} & \dfrac{1}{\sqrt{2}} \\ \dfrac{1}{\sqrt{6}} & \dfrac{1}{\sqrt{3}} & -\dfrac{1}{\sqrt{2}} \end{bmatrix}$$

也是正交矩阵。

若 A 是正交矩阵，则 A 可逆，且 $A^{-1} = A^T$。

显然，当 A 为正交矩阵时，A^T 也是正交矩阵，由 $|A|^2 = |A^T| |A| = |A^T A| = |E| = 1$，可知，$|A| = \pm 1$。

7. 克拉默法则

含有 n 个未知数 x_1，x_2，$\cdots$，x_n 的 n 个线性方程的方程组

$$\begin{cases} a_{11}x_1 + a_{12}x_2 + \cdots + a_{1n}x_n = b_1 \\ a_{21}x_1 + a_{22}x_2 + \cdots + a_{2n}x_n = b_2 \\ \cdots\cdots \\ a_{n1}x_1 + a_{n2}x_2 + \cdots + a_{nn}x_n = b_n \end{cases}$$，用矩阵记为 $Ax = b$

如果线性方程组 $Ax = b$ 的系数矩形 A 的行列式不等于零，即：

$$|A| = \begin{vmatrix} a_{11} & \cdots & a_{1n} \\ \vdots & & \vdots \\ a_{n1} & \cdots & a_{nn} \end{vmatrix} \neq 0$$

则方程组 $Ax = b$ 有唯一解，即：

$$x_1 = \frac{|A_1|}{|A|}, \quad x_2 = \frac{|A_2|}{|A|}, \quad \cdots, \quad x_n = \frac{|A_n|}{|A|}$$

其中，$A_j(j = 1,2,\cdots,n)$ 是把系数矩阵 A 中第 j 列的元素用方程组右端的常数项代替后所得到的 n 阶矩阵。

【例 1-7-6】（历年真题）若 n 阶方阵 A 满足 $|A| = b(b \neq 0, n \geq 2)$，而 A^* 是 A 的伴随矩阵，则行列式 $|A^*|$ 等于：

A. b^n B. b^{n-1} C. b^{n-2} D. b^{n-3}

【解答】$A^{-1} = \dfrac{1}{|A|}A^*$，$A^* = |A|A^{-1}$，$n$ 阶方阵，将 $|A|$ 视为一个数，则：

$|A^*| = |A|^n |A^{-1}| = |A|^n \dfrac{1}{|A|} = |A|^{n-1} = b^{n-1}$，应选 B 项。

【例 1-7-7】（历年真题）设 A、B 为三阶方阵，且行列式 $|A| = -\dfrac{1}{2}$，$|B| = 2$，A^* 是 A 的伴随矩阵，则行列式 $|2A^* B^{-1}|$ 等于：

A. 1　　　　　　　　B. -1　　　　　　　　C. 2　　　　　　　　D. -2

【解答】三阶方阵，$A^* = |A|A^{-1}$，将 $|A|$ 视为一个数，则：$|A^*| = |A|^3|A^{-1}| =$

$|A|^3 \dfrac{1}{|A|} = |A|^2$；$|2A^* B^{-1}| = 2^3 |A^*||B^{-1}| = 8|A|^2 \dfrac{1}{|B|} = 8 \times \left(-\dfrac{1}{2}\right)^2 \times \dfrac{1}{2} = 1$

应选 A 项。

【例 1-7-8】设 A 为 3 阶矩阵，且 $|A| = \dfrac{1}{2}$，则 $\left|\dfrac{1}{2}A^{-1} + 7A^*\right|$ 等于：

A. 256　　　　　　　B. 128　　　　　　　C. 32　　　　　　　D. 16

【解答】$A^{-1} = \dfrac{1}{|A|}A^*$，$A^* = |A|A^{-1} = \dfrac{1}{2}A^{-1}$

$\left|\dfrac{1}{2}A^{-1} + 7A^*\right| = \left|\dfrac{1}{2}A^{-1} + 7 \times \dfrac{1}{2}A^{-1}\right| = 4^3 |A^{-1}| = 4^3 \times \dfrac{1}{|A|} = 4^3 \times 2 = 128$

应选 B 项。

【例 1-7-9】（历年真题）设 $A = \begin{pmatrix} 1 & 0 & 1 \\ 0 & 1 & 2 \\ -2 & 0 & -3 \end{pmatrix}$，则 $A^{-1} =$

A. $\begin{pmatrix} 3 & 0 & 1 \\ 4 & 1 & 2 \\ 2 & 0 & 1 \end{pmatrix}$　　　　　　　　B. $\begin{pmatrix} 3 & 0 & 1 \\ 4 & 1 & 2 \\ -2 & 0 & -1 \end{pmatrix}$

C. $\begin{pmatrix} -3 & 0 & -1 \\ 4 & 1 & 2 \\ -2 & 0 & -1 \end{pmatrix}$　　　　　　　　D. $\begin{pmatrix} 3 & 0 & 1 \\ -4 & -1 & -2 \\ 2 & 0 & 1 \end{pmatrix}$

【解答】根据 $AA^{-1} = E$，采用验证法，A 项不满足。

B 项：$\begin{pmatrix} 1 & 0 & 1 \\ 0 & 1 & 2 \\ -2 & 0 & -3 \end{pmatrix} \begin{pmatrix} 3 & 0 & 1 \\ 4 & 1 & 2 \\ -2 & 0 & -1 \end{pmatrix} = \begin{pmatrix} 1 & 0 & 0 \\ 0 & 1 & 0 \\ 0 & 0 & 1 \end{pmatrix}$

应选 B 项。

（三）矩阵的初等变换

1. 下列三种变换称为矩阵的初等行（列）变换。

（1）对调两行（列）[记作 $r_i \leftrightarrow r_j (c_i \leftrightarrow c_j)$]；

（2）以数 $k \neq 0$ 乘某一行（列）中的所有元素[第 i 行（列）乘以 k，记作 $r_i \times k$（$c_i \times k$）]；

（3）把某行（列）所有元素的 k 倍加到另一行（列）对应的元素上去[第 j 行（列）的 k 倍加到第 i 行（列）上，记作 $r_i + kr_j (c_i + kc_j)$]。

矩阵的初等行变换与列变换统称初等变换，初等变换都是可逆的。

如果矩阵 A 经有限次初等行变换变成矩阵 B，就称矩阵 A 与 B 行等价，记作 $A \overset{r}{\sim} B$；如果矩阵 A 经有限次初等列变换变成矩阵 B，就称矩阵 A 与 B 列等价，记作 $A \overset{c}{\sim} B$；如果矩阵 A 经有限次初等变换变成矩阵 B，就称矩阵 A 与 B 等价，记作 $A \sim B$。

矩阵之间的等价关系具有下列性质：

（1）反身性　$A \sim B$;

（2）对称性　若 $A \sim B$，则 $B \sim A$;

（3）传递性　若 $A \sim B$，$B \sim C$，则 $B \sim C$。

2. 行阶梯形矩阵、行最简形矩阵和标准形

例如矩阵 B 经过初等变换变为 B_1、B_2、F，即：

$$B = \begin{pmatrix} 2 & -1 & -1 & 1 & 2 \\ 1 & 1 & -2 & 1 & 4 \\ 4 & -6 & 2 & -2 & 4 \\ 3 & 6 & -9 & 7 & 9 \end{pmatrix} \sim \begin{pmatrix} 1 & 1 & -2 & 1 & 4 \\ 0 & 1 & -1 & 1 & 0 \\ 0 & 0 & 0 & 1 & -3 \\ 0 & 0 & 0 & 0 & 0 \end{pmatrix} = B_1$$

$$B_1 \xrightarrow[r_2 - r_3]{r_1 - r_2} \begin{pmatrix} 1 & 0 & -1 & 0 & 4 \\ 0 & 1 & -1 & 0 & 3 \\ 0 & 0 & 0 & 1 & -3 \\ 0 & 0 & 0 & 0 & 0 \end{pmatrix} = B_2, \quad B_2 \xrightarrow[c_5 - 4c_1 - 3c_2 + 3c_3]{\substack{c_3 \leftrightarrow c_4 \\ c_4 + c_1 + c_2}} \begin{pmatrix} 1 & 0 & 0 & 0 & 0 \\ 0 & 1 & 0 & 0 & 0 \\ 0 & 0 & 1 & 0 & 0 \\ 0 & 0 & 0 & 0 & 0 \end{pmatrix} = F$$

非零矩阵若满足：（1）非零行在零行的上面；（2）非零行的首非零元所在列在上一行（如果存在的话）的首非零元所在列的右面，则称此矩阵为行阶梯形矩阵。因此，B_1、B_2 都是行阶梯形矩阵。

进一步，若 A 是行阶梯形矩阵，并且还满足：（1）非零行的首非零元为 1；（2）首非零元所在的列的其他元均为 0，则称 A 为行最简形矩阵。因此，B_2 是行最简形矩阵。

矩阵 F 称为矩阵 B 的标准形，其特点是：F 的左上角是一个单位矩阵，其余元全为 0。

对于 $m \times n$ 矩阵 A，总可经过初等变换（行变换和列变换）把它化为标准形。

3. 初等矩阵

由单位矩阵 E 经过一次初等变换得到的矩阵称为初等矩阵。

三种初等变换对应有三种初等矩阵：

（1）把单位矩阵中第 i、j 两行对换（或第 i、j 两列对换），得初等矩阵且记为 $E(i,j)$。

用 m 阶初等矩阵 $E_m(i,j)$ 左乘矩阵 $A = (a_{ij})_{m \times n}$，得初等矩阵且记为 $E_m(i,j)A$，其结果相当于对矩阵 A 施行第一种初等行变换：把 A 的第 i 行与第 j 行对换（$r_i \leftrightarrow r_j$）。类似地，以 n 阶初等矩阵 $E_n(i,j)$ 右乘矩阵 A，其结果相当于对矩阵 A 施行第一种初等列变换：把 A 的第 i 列与第 j 列对换（$c_i \leftrightarrow c_j$）。

(2) 以数 $k \neq 0$ 乘单位矩阵的第 i 行(或第 i 列),得初等矩阵,且记为 $\boldsymbol{E}(i(k))$。

(3) 以 k 乘单位矩阵的第 j 行加到第 i 行上或以 k 乘单位矩阵的第 i 列加到第 j 列上,得初等矩阵且记为 $\boldsymbol{E}(ij(k))$。

方阵 A 可逆的充分必要条件是 $\boldsymbol{A} \stackrel{r}{\sim} \boldsymbol{E}$。

$\boldsymbol{A}_{m \times n} \sim \boldsymbol{B}_{m \times n}$ 的充分必要条件是存在 m 阶可逆矩阵 $\boldsymbol{P}$ 和 n 阶可逆矩阵 $\boldsymbol{Q}$,使 $\boldsymbol{PAQ} = \boldsymbol{B}$。

(四) 矩阵的秩

在 $m \times n$ 矩阵 A 中,任取 k 行与 k 列($k \leqslant m$,$k \leqslant n$),位于这些行列交叉处的 k^2 个元素,不改变它们在 A 中所处的位置次序而得的 k 阶行列式,称为矩阵 A 的 k 阶子式。

定义:设在矩阵 A 中有一个不等于 0 的 r 阶子式 D,且所有 $r+1$ 阶子式(如果存在的话)全等于 0,则 D 称为矩阵 A 的最高阶非零子式,数 r 称为矩阵 A 的秩,记作 $R(\boldsymbol{A})$。规定零矩阵的秩等于 0。

n 阶方阵 A,当 $|\boldsymbol{A}| \neq 0$ 时,$R(\boldsymbol{A}) = n$,即可逆矩阵的秩等于矩阵的阶数,故可逆矩阵又称满秩矩阵。

n 阶方阵 A,当 $|\boldsymbol{A}| = 0$ 时,$R(\boldsymbol{A}) < n$,即不可逆矩阵的秩小于矩阵的阶数,故不可逆矩阵又称降秩矩阵。

矩阵的初等变换作为一种运算,其意义在于它不改变矩阵的秩。

矩阵的秩的基本性质如下:

(1) $0 \leqslant R(\boldsymbol{A}_{m \times n}) \leqslant \min\{m, n\}$

(2) $R(\boldsymbol{A}^{\mathrm{T}}) = R(\boldsymbol{A})$

(3) 若 $\boldsymbol{A} \sim \boldsymbol{B}$,则 $R(\boldsymbol{A}) = R(\boldsymbol{B})$

(4) 若 $\boldsymbol{P}$、$\boldsymbol{Q}$ 可逆,则 $R(\boldsymbol{PAQ}) = R(\boldsymbol{A})$

(5) $R(\boldsymbol{A} + \boldsymbol{B}) \leqslant R(\boldsymbol{A}) + R(\boldsymbol{B})$

(6) $R(\boldsymbol{AB}) \leqslant \min\{R(\boldsymbol{A}), R(\boldsymbol{B})\}$

(7) 若 $\boldsymbol{A}_{m \times n}\boldsymbol{B}_{n \times l} = \boldsymbol{0}$,则 $R(\boldsymbol{A}) + R(\boldsymbol{B}) \leqslant n$

(8) $\max\{R(\boldsymbol{A}), R(\boldsymbol{B})\} \leqslant R(\boldsymbol{A}, \boldsymbol{B}) \leqslant R(\boldsymbol{A}) + R(\boldsymbol{B})$

特别地,当 $\boldsymbol{B} = \boldsymbol{b}$ 为非零列向量时,有:$R(\boldsymbol{A}) \leqslant R(\boldsymbol{A}, \boldsymbol{b}) \leqslant R(\boldsymbol{A}) + 1$

对于一般的矩阵,当行数与列数较高时,按定义求矩阵的秩十分烦琐,因此,方便有效的方法是将矩阵化为行阶梯形矩阵,即秩等于非零行的行数。例如前面的举例矩阵 $\boldsymbol{B}$,从 $\boldsymbol{B}_1$ 可知 $R(\boldsymbol{B}) = 3$。

【例 1-7-10】(历年真题)已知矩阵 $A = \begin{bmatrix} 1 & 0 & 0 \\ 0 & 1 & 2 \\ 0 & 2 & 4 \end{bmatrix}$,则 A 的秩 $R(\boldsymbol{A})$ 等于:

A. 0   B. 1   C. 2   D. 3

【解答】$A = \begin{bmatrix} 1 & 0 & 0 \\ 0 & 1 & 2 \\ 0 & 2 & 4 \end{bmatrix} \xrightarrow{r_3 - 2r_2} \begin{bmatrix} 1 & 0 & 0 \\ 0 & 1 & 2 \\ 0 & 0 & 0 \end{bmatrix}$

故 $R(\boldsymbol{A}) = 2$,应选 C 项。

【例 1-7-11】设:$A = \begin{bmatrix} 1 & 2 & -1 & 1 \\ 3 & 2 & \lambda & -1 \\ 5 & 6 & 3 & \mu \end{bmatrix}$,已知 $R(\boldsymbol{A}) = 2$,则 λ 与 μ 的值:

A. $\lambda=5$，$\mu=1$　　　B. $\lambda=-5$，$\mu=1$　　　C. $\lambda=5$，$\mu=-1$　　　D. $\lambda=-5$，$\mu=-1$

【解答】$A \xrightarrow[r_3-5r_1]{r_2-3r_1} \begin{pmatrix} 1 & 2 & -1 & 1 \\ 0 & -4 & \lambda+3 & -4 \\ 0 & -4 & 8 & \mu-5 \end{pmatrix} \xrightarrow{r_3-r_2} \begin{pmatrix} 1 & 2 & -1 & 1 \\ 0 & -4 & \lambda+3 & -4 \\ 0 & 0 & 5-\lambda & \mu-1 \end{pmatrix}$

因 $R(A)=2$，则：

$$\begin{cases} 5-\lambda=0 \\ \mu-1=0 \end{cases}，即\begin{cases} \lambda=5 \\ \mu=1 \end{cases}$$

应选 A 项。

【例 1-7-12】（历年真题）设 A、B 是 n 阶矩阵，且 $B \neq 0$，满足 $AB=0$，则以下选项中，错误的是：

A. $R(A)+R(B) \leqslant n$　　　　　　　　B. $|A|=0$ 或 $|B|=0$

C. $0 \leqslant R(A) < n$　　　　　　　　D. $A=0$

【解答】由于 $B \neq 0$，$AB=0$，则 A 不一定为零，故 D 项错误，应选 D 项。

此外，A 项：$AB=0$，则：$R(A)+R(B) \leqslant n$，正确。

B 项：$AB=0$，则：$|AB|=|A||B|=0$，$|A|=0$ 或 $|B|=0$，正确。

C 项：$0 \leqslant R(A) \leqslant R(A)+R(B) \leqslant n$，正确。

【例 1-7-13】已知矩阵 $A = \begin{pmatrix} 1+\lambda & 1 & 1 \\ 0 & 1+\lambda & 1 \\ 0 & 0 & 1+\lambda \end{pmatrix}$，其秩 $R(A)=3$，λ 取值为：

A. $\lambda=-3$ 且 $\lambda=0$　　　　　　　　B. $\lambda=-3$ 或 $\lambda=0$

C. $\lambda \neq -3$ 且 $\lambda \neq 0$　　　　　　　　D. $\lambda \neq -3$ 或 $\lambda \neq 0$

【解答】已知矩阵 A 为方阵，则：$|A| \neq 0$ 时，$R(A)=3$

$$|A| \xlongequal{r_1+r_2} \begin{vmatrix} 2+\lambda & 2+\lambda & 2 \\ 1 & 1+\lambda & 1 \\ 1 & 1 & 1+\lambda \end{vmatrix} \xlongequal{r_1+r_3} \begin{vmatrix} \lambda+3 & \lambda+3 & \lambda+3 \\ 1 & 1+\lambda & 1 \\ 1 & 1 & 1+\lambda \end{vmatrix}$$

$$=(\lambda+3)\begin{vmatrix} 1 & 1 & 1 \\ 1 & 1+\lambda & 1 \\ 1 & 1 & 1+\lambda \end{vmatrix} = (3+\lambda)\begin{vmatrix} 1 & 1 & 1 \\ 0 & \lambda & 0 \\ 0 & 0 & \lambda \end{vmatrix}$$

$$=(3+\lambda) \times 1 \times \lambda \times \lambda = (3+\lambda)\lambda^2 \neq 0$$

则：$\lambda \neq -3$ 且 $\lambda \neq 0$，应选 C 项。

★★★三、向量

（一）n 维向量与向量组

n 个有次序的数 a_1，a_2，…，a_n 所组成的数组称为 n 维向量，这 n 个数称为该向量的 n 个分量，第 i 个数 a_i 称为第 i 个分量。

n 维向量可写成一行，也可写成一列，分别称为行向量和列向量，也就是行矩阵和列矩阵，并规定行向量与列向量都按矩阵的运算规则进行运算。因此，n 维列向量

$$a = \begin{pmatrix} a_1 \\ a_2 \\ \vdots \\ a_n \end{pmatrix}$$

与 n 维行向量

$$a^{\mathrm{T}} = (a_1, a_2, \cdots, a_n)$$

总看作是两个不同的向量。在本节中，列向量用黑体小写字母 a、b、$\boldsymbol{\alpha}$、$\boldsymbol{\beta}$ 等表示，行向量则用 a^{T}、b^{T}、$\boldsymbol{\alpha}^{\mathrm{T}}$、$\boldsymbol{\beta}^{\mathrm{T}}$ 等表示。

分量都是0的向量，称为零向量，记为$\mathbf{0}$，即$\mathbf{0} = (0, 0, \cdots, 0)^{\mathrm{T}}$；维数不同的零向量是不相等的。

若干个同维数的列向量（或同维数的行向量）所组成的集合称为向量组。例如一个 $m \times n$ 矩阵的全体列向量是一个含 n 个 m 维列向量的向量组，它的全体行向量是一个含 m 个 n 维列向量的向量组。

m 个 n 维列向量所组成的向量组 $A: a_1, a_2, \cdots, a_m$ 构成一个 $n \times m$ 矩阵

$$A = (a_1, a_2, \cdots, a_m)$$

m 个 n 维行向量所组成的向量组 $B: \boldsymbol{\beta}_1^{\mathrm{T}}, \boldsymbol{\beta}_2^{\mathrm{T}}, \cdots, \boldsymbol{\beta}_m^{\mathrm{T}}$，构成一个 $m \times n$ 矩阵

$$B = \begin{pmatrix} \boldsymbol{\beta}_1^{\mathrm{T}} \\ \boldsymbol{\beta}_2^{\mathrm{T}} \\ \vdots \\ \boldsymbol{\beta}_m^{\mathrm{T}} \end{pmatrix}$$

（二）向量的线性表示

定义：给定向量组 $A: a_1, a_2, \cdots, a_m$，对于任何一组实数 k_1，k_2，$\cdots$，k_m，表达式：

$$k_1 a_1 + k_2 a_2 + \cdots + k_m a_m$$

称为向量组 A 的一个线性组合，k_1，k_2，$\cdots$，k_m 称为这个线性组合的系数。

给定向量组 $A: a_1, a_2, \cdots, a_m$ 和向量 b，如果存在一组数 $\lambda_1, \lambda_2, \cdots, \lambda_m$，使

$$b = \lambda_1 a_1 + \lambda_2 a_2 + \cdots + \lambda_m a_m$$

则向量 b 是向量组 A 的线性组合，这时称向量 b 能由向量组 A 线性表示。

向量 b 能由向量组 A 线性表示，也就是方程组 $x_1 a_1 + x_2 a_2 + \cdots + x_m a_m = b$ 有解，两者的说法等价。

定义：设有两个向量组 $A: a_1, a_2, \cdots, a_m$ 及 $B: b_1, b_2, \cdots, b_l$，若 B 组中的每个向量都能由向量组 A 线性表示，则称向量组 B 能由向量组 A 线性表示。若向量组 A 与向量组 B 能相互线性表示，则称这两个向量组等价。

等价的线性无关的向量组所含向量个数相等。

（三）向量组的线性相关性

定义：给定向量组 $A: a_1, a_2, \cdots, a_m$，如果存在不全为零的数 $k_1, k_2, \cdots, k_m$，使

$$k_1 a_1 + k_2 a_2 + \cdots + k_m a_m = \mathbf{0}$$

则称向量组 A 是线性相关的，否则称它线性无关。

向量组 $A: a_1, a_2, \cdots, a_m (m \geqslant 2)$ 线性相关，也就是在向量组 A 中至少有一个向量能由

其余 $m-1$ 个向量线性表示。

向量组的线性相关与线性无关的概念也可移用于线性方程组。当方程组中有某个方程是其余方程的线性组合时，这个方程就是多余的，这时称方程组（各个方程）是线性相关的；当方程组中没有多余方程，就称该方程组（各个方程）线性无关。

向量组 A：$a_1,a_2,\cdots,a_m$ 构成矩阵 $A=(a_1,a_2,\cdots,a_m)$，当向量组 A 线性相关时，就是齐次线性方程组 $x_1a_1+x_2a_2+\cdots+x_ma_m=0$，即 $Ax=0$ 有非零解。当向量组 A 线性无关时，就是 $Ax=0$ 只有零解。

根据线性相关的定义，可得到下述结论：

（1）含有零向量的向量组一定线性相关。

（2）n 维单位坐标向量 $e_1=(1,0,0,\cdots,0)$，$e_2=(0,1,0,\cdots,0)$，$\cdots$，$e_n=(0,\cdots,0,1)$ 组成的向量组 E：$e_1,e_2,\cdots,e_n$ 是线性无关的。

定理 1 向量组 A：$a_1,a_2,\cdots,a_m$ 线性相关的充分必要条件是它所构成的矩阵 $A=(a_1,a_2,\cdots,a_m)$ 的秩小于向量个数 m，即 $R(A)<m$；向量组 A 线性无关的充分必要条件是 $R(A)=m$。

定理 2 （1）若向量组 A：$a_1,\cdots,a_m$ 线性相关，则向量组 B：$a_1,\cdots,a_m,a_{m+1}$ 也线性相关。反之，若向量组 B 线性无关，则向量组 A 也线性无关。

（2）m 个 n 维向量组成的向量组，当维数 n 小于向量个数 m 时一定线性相关。特别地 $n+1$ 个 n 维向量一定线性相关。

（3）设向量组 A：$a_1,a_2,\cdots,a_m$ 线性无关，而向量组 B：$a_1,\cdots,a_m,b$ 线性相关，则向量 b 必能由向量组 A 线性表示，且表示式是唯一的。

根据定理 1，可推知：

n 个 n 维向量 $a_i=(a_{i1},a_{i2},\cdots,a_{in})(i=1,2,\cdots,n)$ 组成的向量组 A，其线性相关的充分必要条件是它构成的矩阵 $A=(a_1,a_2,\cdots,a_n)$ 的行列式 $|A|=0$，即：

$$\begin{vmatrix} a_{11} & a_{12} & \cdots & a_{1n} \\ a_{21} & a_{22} & \cdots & a_{2n} \\ \vdots & \vdots & & \vdots \\ a_{n1} & a_{n2} & \cdots & a_{nn} \end{vmatrix}=0$$

向量组 A 线性无关的充分必要条件是 $|A|\neq0$。

【例 1-7-14】（历年真题）设 α、β、γ、δ 是 n 维向量，已知 α、β 线性无关，γ 可以由 α、β 线性表示，δ 不能由 α、β 线性表示，则以下选项中正确的是：

A. α、β、γ、δ 线性无关 B. α、β、γ 线性无关

C. α、β、δ 线性相关 D. α、β、δ 线性无关

【解答】 γ 可以由 α、β 线性表示，则 α、β、γ 线性相关，B 项错误；δ 不能由 α、β 线性表示，则 α、β、δ 线性无关，D 项正确，应选 D 项。

【例 1-7-15】（历年真题）设 α_1、α_2、α_3、β 为 n 维向量组，已知 α_1、α_2、β 线性相关，α_2、α_3、β 线性无关，则下列结论中正确的是：

A. β 必可用 α_1、α_2 线性表示 B. α_1 必可用 α_2、α_3、β 线性表示

C. α_1、α_2、α_3 必线性无关 D. α_1、α_2、α_3 必线性相关

【解答】 根据定理 2(1)，α_1、α_2、β 线性相关，则 α_1、α_2、β、α_3 也线性相关。

由定理 2(3)，由于 $\boldsymbol{\alpha}_2$、$\boldsymbol{\alpha}_3$、$\boldsymbol{\beta}$ 线性无关，则 $\boldsymbol{\alpha}_1$ 必可用 $\boldsymbol{\alpha}_2$、$\boldsymbol{\alpha}_3$、$\boldsymbol{\beta}$ 线性表示。

应选 B 项。

【例 1-7-16】已知向量组 $\boldsymbol{\alpha}_1$、$\boldsymbol{\alpha}_2$、$\boldsymbol{\alpha}_3$、$\boldsymbol{\alpha}_4$ 线性无关，则向量组：

A. $\boldsymbol{\alpha}_1+\boldsymbol{\alpha}_2$，$\boldsymbol{\alpha}_2+\boldsymbol{\alpha}_3$，$\boldsymbol{\alpha}_3+\boldsymbol{\alpha}_4$，$\boldsymbol{\alpha}_4+\boldsymbol{\alpha}_1$ 线性无关

B. $\boldsymbol{\alpha}_1-\boldsymbol{\alpha}_2$，$\boldsymbol{\alpha}_2-\boldsymbol{\alpha}_3$，$\boldsymbol{\alpha}_3-\boldsymbol{\alpha}_4$，$\boldsymbol{\alpha}_4-\boldsymbol{\alpha}_1$ 线性无关

C. $\boldsymbol{\alpha}_1+\boldsymbol{\alpha}_2$，$\boldsymbol{\alpha}_2+\boldsymbol{\alpha}_3$，$\boldsymbol{\alpha}_3+\boldsymbol{\alpha}_4$，$\boldsymbol{\alpha}_4-\boldsymbol{\alpha}_1$ 线性无关

D. $\boldsymbol{\alpha}_1+\boldsymbol{\alpha}_2$，$\boldsymbol{\alpha}_2+\boldsymbol{\alpha}_3$，$\boldsymbol{\alpha}_3-\boldsymbol{\alpha}_4$，$\boldsymbol{\alpha}_4-\boldsymbol{\alpha}_1$ 线性无关

【解】若存在 k_1、k_2、k_3、k_4 使 $k_1(\boldsymbol{\alpha}_1+\boldsymbol{\alpha}_2)+k_2(\boldsymbol{\alpha}_2+\boldsymbol{\alpha}_3)+k_3(\boldsymbol{\alpha}_3+\boldsymbol{\alpha}_4)+k_4(\boldsymbol{\alpha}_4-\boldsymbol{\alpha}_1)=0$

即 $(k_1-k_4)\boldsymbol{\alpha}_1+(k_1+k_2)\boldsymbol{\alpha}_2+(k_2+k_3)\boldsymbol{\alpha}_3+(k_3+k_4)\boldsymbol{\alpha}_4=0$

因 $\boldsymbol{\alpha}_1$、$\boldsymbol{\alpha}_2$、$\boldsymbol{\alpha}_3$、$\boldsymbol{\alpha}_4$ 线性无关，故有 $k_1-k_4=k_1+k_2=k_2+k_3=k_3+k_4=0$

此方程组只有零解，即 $k_1=k_2=k_3=k_4=0$，应选 C 项。

【例 1-7-17】(历年真题) 若使向量组 $\boldsymbol{\alpha}_1=(6,t,7)^{\mathrm{T}}$，$\boldsymbol{\alpha}_2=(4,2,2)^{\mathrm{T}}$，$\boldsymbol{\alpha}_3=(4,1,0)^{\mathrm{T}}$ 线性相关，则 t 等于：

A. -5　　　　　　B. 5　　　　　　C. -2　　　　　　D. 2

【解答】$\boldsymbol{\alpha}_1$、$\boldsymbol{\alpha}_2$、$\boldsymbol{\alpha}_3$ 构成的矩阵 $\boldsymbol{A}$，令 $|\boldsymbol{A}|=0$，则 $\boldsymbol{\alpha}_1$、$\boldsymbol{\alpha}_2$、$\boldsymbol{\alpha}_3$ 线性相关：

$$|\boldsymbol{A}|=\begin{vmatrix} 6 & 4 & 4 \\ t & 2 & 1 \\ 7 & 2 & 0 \end{vmatrix}=4\times(-1)^{1+3}\begin{vmatrix} t & 2 \\ 7 & 2 \end{vmatrix}+1\times(-1)^{2+3}\begin{vmatrix} 6 & 4 \\ 7 & 2 \end{vmatrix}+0$$

$$=4\times(2t-14)+(-1)\times(12-28)=0$$

可得：$t=5$，应选 B 项。

(四) 最大线性无关组与向量组的秩

定义：设有向量组 $\boldsymbol{A}$，如果在 $\boldsymbol{A}$ 中能选出 r 个向量 a_1，a_2，$\cdots$，a_r，满足：

(1) 向量组 $\boldsymbol{A}_0$：a_1，a_2，$\cdots$，a_r 线性无关；

(2) 向量组 $\boldsymbol{A}$ 中任意 $r+1$ 个向量 (如果 $\boldsymbol{A}$ 中有 $r+1$ 个向量的话) 都线性相关，则称向量组 $\boldsymbol{A}_0$ 是向量组 $\boldsymbol{A}$ 的一个最大线性无关向量组 (简称最大无关组)，也称极大线性无关向量组。最大无关组所含向量个数 r 称为向量组 $\boldsymbol{A}$ 的秩，记作 R_A 或 $R(a_1,a_2,\cdots,a_n)$。

只含零向量的向量组没有最大无关组，规定它的秩为 0。

若向量组 $\boldsymbol{A}$ 线性无关，则 $\boldsymbol{A}$ 自身就是它的最大无关组，而其秩就等于它所含向量的个数。

向量组 $\boldsymbol{A}$ 和它自己的最大无关组 $\boldsymbol{A}_0$ 是等价的。

一个向量组的最大线性无关组尽管可能不唯一，但是这些最大线性无关组之间是等价的，根据前述等价的向量组的结论可知，这些最大线性无关组所含向量的个数是相同的，即向量组的秩是相同的。

矩阵的秩等于它的列向量组的秩，也等于它的行向量组的秩。

由此可知，求一个向量组的秩只需求该向量组构成的矩阵的秩即可，并且向量组的最大线性无关组也可以由此得到。

【例 1-7-18】(历年真题) 已知向量组 $\boldsymbol{\alpha}_1=(3,2,-5)^{\mathrm{T}}$，$\boldsymbol{\alpha}_2=(3,-1,3)^{\mathrm{T}}$，$\boldsymbol{\alpha}_3=\left(1,-\dfrac{1}{3},1\right)^{\mathrm{T}}$，$\boldsymbol{\alpha}_4=(4,-2,6)^{\mathrm{T}}$，则该向量组的一个极大线性无关组是：

A. $\boldsymbol{\alpha}_2$，$\boldsymbol{\alpha}_4$ 　　　　B. $\boldsymbol{\alpha}_3$，$\boldsymbol{\alpha}_4$ 　　　　C. $\boldsymbol{\alpha}_1$，$\boldsymbol{\alpha}_2$ 　　　　D. $\boldsymbol{\alpha}_2$，$\boldsymbol{\alpha}_3$

【解答】$\boldsymbol{\alpha}_1$、$\boldsymbol{\alpha}_2$、$\boldsymbol{\alpha}_3$、$\boldsymbol{\alpha}_4$ 为列向量，作矩阵 $\boldsymbol{A}$，进行初等变换：

$$\boldsymbol{A} = \begin{bmatrix} 3 & 3 & 1 & 6 \\ 2 & -1 & -\frac{1}{3} & -2 \\ -5 & 3 & 1 & 6 \end{bmatrix} \underset{r_1-r_3}{\sim} \begin{bmatrix} 8 & 0 & 0 & 0 \\ 2 & -1 & -\frac{1}{3} & -2 \\ -5 & 3 & 1 & 6 \end{bmatrix} \underset{\frac{1}{8}r_1}{\sim}$$

$$\begin{bmatrix} 1 & 0 & 0 & 0 \\ 2 & -1 & -\frac{1}{3} & -2 \\ -5 & 3 & 1 & 6 \end{bmatrix} \underset{\substack{r_2-2r_1 \\ r_3+5r_1}}{\sim} \begin{bmatrix} 1 & 0 & 0 & 0 \\ 2 & -1 & -\frac{1}{3} & -2 \\ 0 & 3 & 1 & 6 \end{bmatrix} \underset{r_3+3r_2}{\sim}$$

$$\begin{bmatrix} 1 & 0 & 0 & 0 \\ 0 & -1 & -\frac{1}{3} & -2 \\ 0 & 0 & 0 & 0 \end{bmatrix}$$

可知，极大线性无关组可取，$\boldsymbol{\alpha}_1$、$\boldsymbol{\alpha}_2$，或 $\boldsymbol{\alpha}_1$、$\boldsymbol{\alpha}_3$，或 $\boldsymbol{\alpha}_1$、$\boldsymbol{\alpha}_4$，应选 C 项。

此外，也可以采用验证法，容易验证 $\boldsymbol{\alpha}_2$、$\boldsymbol{\alpha}_4$ 是线性相关的（因为其分量对应成比例）；同理，$\boldsymbol{\alpha}_3$、$\boldsymbol{\alpha}_4$ 也是线性相关的，$\boldsymbol{\alpha}_2$、$\boldsymbol{\alpha}_3$ 也是线性相关的。

★★★四、线性方程组

（一）齐次线性方程组

设有齐次线性方程组

$$\begin{cases} a_{11}x_1 + a_{12}x_2 + \cdots a_{1n}x_n = 0 \\ a_{21}x_1 + a_{22}x_2 + \cdots a_{2n}x_n = 0 \\ \cdots\cdots \\ a_{m1}x_1 + a_{m2}x_2 + \cdots a_{mn}x_n = 0 \end{cases} \tag{1-7-1}$$

记

$$\boldsymbol{A} = \begin{bmatrix} a_{11} & a_{12} & \cdots & a_{1n} \\ a_{21} & a_{22} & \cdots & a_{2n} \\ \vdots & \vdots & & \vdots \\ a_{m1} & a_{m2} & \cdots & a_{mn} \end{bmatrix}, \boldsymbol{x} = \begin{bmatrix} x_1 \\ x_2 \\ \vdots \\ x_n \end{bmatrix}$$

则上式可写成向量方程

$$\boldsymbol{Ax} = \boldsymbol{0}$$

其向量形式为

$$x_1\boldsymbol{a}_1 + x_2\boldsymbol{a}_2 + \cdots + x_n\boldsymbol{a}_n = \boldsymbol{0}$$

1. 有非零解的条件

（1）方程组（1-7-1）有非零解的充分必要条件是其系数矩阵的秩 $R(\boldsymbol{A}) < n$。

（2）方程组（1-7-1）有零解的充分必要条件是 $R(\boldsymbol{A}) = n$。

（3）含有 n 个方程和 n 个未知数的齐次线性方程组有非零解的充分必要条件是其系数行列式等于零，即 $|\boldsymbol{A}| = 0$；其有零解的充分必要条件是 $|\boldsymbol{A}| \neq 0$。

显然，方程组（1-7-1）有非零解就是有无穷多解。

2. 齐次线性方程组解的结构

若 $x_1 = \xi_{11}$，$x_2 = \xi_{21}$，$\cdots$，$x_n = \xi_{n1}$ 为方程组（1-7-1）的解，则：

$$x = \xi_1 = \begin{pmatrix} \xi_{11} \\ \xi_{21} \\ \vdots \\ \xi_{n1} \end{pmatrix}$$

称为方程组（1-7-1）的解向量，它也就是向量方程 $Ax = 0$ 的解。

根据向量方程 $Ax = 0$，解向量的性质如下：

（1）若 $x = \xi_1$，$x = \xi_2$ 为向量方程 $Ax = 0$ 的解，则 $x = \xi_1 + \xi_2$ 也是向量方程 $Ax = 0$ 的解。

（2）若 $x = \xi_1$ 为向量方程 $Ax = 0$ 的解，k 为实数，则 $x = k\xi_1$ 也是向量方程 $Ax = 0$ 的解。

把向量方程 $Ax = 0$ 的全体解所组成的集合记作 S，如果能求得解集 S 的一个最大无关组 $S_0: \xi_1$，ξ_2，$\cdots$，ξ_t，方程 $Ax = 0$ 的任一解都可由最大无关组 S_0 线性表示；由上述性质（1）、（2）可知，最大无关组 S_0 的任何线性组合

$$x = k_1\xi_1 + k_2\xi_2 + \cdots + k_t\xi_t \quad (k_1，k_2，\cdots，k_t \text{ 为任意实数})$$

都是向量方程 $Ax = 0$ 的解，因此上式便是方程 $Ax = 0$ 的通解。

齐次线性方程组的解集的最大无关组称为该齐次线性方程组的基础解系。由此可知，要求齐次线性方程组的通解，只需求出它的基础解系。

定理：设 $m \times n$ 矩阵 A 的秩 $R(A) = r$，则 n 元齐次线性方程组 $Ax = 0$ 的解集 S 的秩 $R_S = n - r$。

综上可知：

（1）方程组（1-7-1）的系数矩阵的秩 $R(A) = n$ 时，它只有零解，没有基础解系（此时解集 S 只含一个零向量）。

（2）方程组（1-7-1）的 $R(A) = r < n$ 时，其基础解系含 $n - r$ 个向量；由最大无关组的性质可知，方程组（1-7-1）的任何 $n - r$ 个线性无关的解都可构成它的基础解系，即它的任意解为其基础解系的线性组合。

如果 ξ_1，ξ_2，$\cdots$，ξ_{n-r} 为方程组（1-7-1）的基础解系，则其任意线性组合

$$x = k_1\xi_1 + k_2\xi_2 + \cdots + k_{n-r}\xi_{n-r} \quad (k_1，k_2，\cdots，k_{n-r} \text{ 为任意实数})$$

为方程组（1-7-1）的通解。

由上可知，齐次线性方程组的基础解系并不是唯一的，它的通解的形式也不是唯一的。

3. 用初等行变换解线性方程组

把齐次方程组的系数矩阵化为行最简形，即可写出它的通解。

【例 1-7-19】（历年真题）设 B 是 3 阶非零矩阵，已知 B 的每一列都是方程组
$$\begin{cases} x_1 + 2x_2 - 2x_3 = 0 \\ 2x_1 - x_2 + tx_3 = 0 \\ 3x_1 + x_2 - x_3 = 0 \end{cases}$$
的解，则 t 等于：

A. 0　　　　　　　B. 2　　　　　　　C. −1　　　　　　　D. 1

【解答】B 是 3 阶非零矩阵，故在 B 中至少有一列为非零向量，可知方程组有非零解；又方程组系数矩阵为方阵，则行列式为零：

$$|A| = \begin{vmatrix} 1 & 2 & -2 \\ 2 & -1 & t \\ 3 & 1 & -1 \end{vmatrix} = (-2) \times (-1)^{1+3} \begin{vmatrix} 2 & -1 \\ 3 & 1 \end{vmatrix} + t \times (-1)^{2+3} \begin{vmatrix} 1 & 2 \\ 3 & 1 \end{vmatrix}$$

$$+ (-1) \times (-1)^{3+3} \begin{vmatrix} 1 & 2 \\ 2 & -1 \end{vmatrix}$$

$$= (-2) \times 5 - t \times (-5) + (-1) \times (-5) = 0$$

可得 $t=1$，应选 D 项。

【例 1-7-20】（历年真题）设 A 为矩阵，$\boldsymbol{\alpha}_1 = \begin{pmatrix} 1 \\ 0 \\ 2 \end{pmatrix}$，$\boldsymbol{\alpha}_2 = \begin{pmatrix} 0 \\ 1 \\ -1 \end{pmatrix}$ 都是线性方程组 $Ax = 0$

的解，则矩阵 A 为：

A. $\begin{pmatrix} 0 & 1 & -1 \\ 4 & -2 & -2 \\ 0 & 1 & 1 \end{pmatrix}$ B. $\begin{pmatrix} 2 & 0 & -1 \\ 0 & 1 & 1 \end{pmatrix}$

C. $\begin{pmatrix} -1 & 0 & 2 \\ 0 & 1 & -1 \end{pmatrix}$ D. $(-2 \quad 1 \quad 1)$

【解答】 采用验证法：

D 项：$(-2 \quad 1 \quad 1)\begin{pmatrix} 1 \\ 0 \\ 2 \end{pmatrix} = 0$，$(-2 \quad 1 \quad 1)\begin{pmatrix} 0 \\ 1 \\ -1 \end{pmatrix} = 0$，应选 D 项。

此外，A、B、C 项均不满足。如 C 项：

$\begin{pmatrix} -1 & 0 & 2 \\ 0 & 1 & -1 \end{pmatrix}\begin{pmatrix} 1 \\ 0 \\ 2 \end{pmatrix} = \begin{pmatrix} 3 \\ - \end{pmatrix}$，第一行即不满足，第二行不用再计算。

【例 1-7-21】（历年真题）齐次线性方程组 $\begin{cases} x_1 - x_2 + x_4 = 0 \\ x_1 - x_3 + x_4 = 0 \end{cases}$ 的基础解系为：

A. $\boldsymbol{\alpha}_1 = (1, 1, 1, 0)^T$，$\boldsymbol{\alpha}_2 = (-1, -1, 1, 0)^T$
B. $\boldsymbol{\alpha}_1 = (2, 1, 0, 1)^T$，$\boldsymbol{\alpha}_2 = (-1, -1, 1, 0)^T$
C. $\boldsymbol{\alpha}_1 = (1, 1, 1, 1)^T$，$\boldsymbol{\alpha}_2 = (-1, 0, 0, 1)^T$
D. $\boldsymbol{\alpha}_1 = (2, 1, 0, 1)^T$，$\boldsymbol{\alpha}_2 = (-2, -1, 0, 1)^T$

【解答】 采用验证法：

A 项：$\boldsymbol{\alpha}_1$ 满足方程组；$\boldsymbol{\alpha}_2$ 时，$x_1 - x_3 + x_4 = -1 - 1 + 0 = -2 \neq 0$，不满足
同理，B 项不满足。

C 项：$\boldsymbol{\alpha}_1$ 满足方程组，$\boldsymbol{\alpha}_2$ 也满足方程组，应选 C 项。

此外，采用初等变换求解为：

$$A = \begin{pmatrix} 1 & -1 & 0 & 1 \\ 1 & 0 & -1 & 1 \end{pmatrix} \underset{r_2 - r_1}{\sim} \begin{pmatrix} 1 & -1 & 0 & 1 \\ 0 & 1 & -1 & 0 \end{pmatrix}$$

$$\begin{cases} x_1 - x_2 + x_4 = 0 \\ x_2 - x_3 = 0 \end{cases}, \quad 即 \begin{cases} x_1 = x_2 - x_4 \\ x_3 = x_2 \end{cases}$$

可取 $\boldsymbol{\xi}_1 = \begin{pmatrix} 1 \\ 1 \\ 1 \\ 0 \end{pmatrix}, \boldsymbol{\xi}_2 = \begin{pmatrix} -1 \\ 0 \\ 0 \\ 1 \end{pmatrix}$。

（二）非齐次线性方程组

设有非齐次线性方程组

$$\begin{cases} a_{11}x_1 + a_{12}x_2 + \cdots + a_{1n}x_n = b_1 \\ a_{21}x_1 + a_{22}x_2 + \cdots + a_{2n}x_n = b_2 \\ \cdots\cdots \\ a_{m1}x_1 + a_{m2}x_2 + \cdots + a_{mn}x_n = b_m \end{cases} \tag{1-7-2}$$

上式也可写作向量方程

$$\boldsymbol{Ax} = \boldsymbol{b} \tag{1-7-3}$$

其向量形式为

$$x_1\boldsymbol{a}_1 + x_2\boldsymbol{a}_2 + \cdots + x_n\boldsymbol{a}_n = \boldsymbol{b}$$

记
$$\boldsymbol{B} = \begin{pmatrix} a_{11} & a_{12} & \cdots & a_{1n} & b_1 \\ a_{21} & a_{22} & \cdots & a_{2n} & b_2 \\ \vdots & \vdots & & \vdots & \vdots \\ a_{m1} & a_{m2} & \cdots & a_{mn} & b_m \end{pmatrix}$$

$\boldsymbol{B}$ 称为方程组（1-7-2）的增广矩阵。

若方程组有解，则称非齐次方程组是相容的；若无解，则称非齐次方程组是不相容的。

方程组（1-7-2）的系数矩阵 $\boldsymbol{A}$ 的秩 $R(\boldsymbol{A})$，其增广矩阵 $\boldsymbol{B}$ 的秩 $R(\boldsymbol{B})$，当 $R(\boldsymbol{A}) < R(\boldsymbol{B})$ 时，方程组（1-7-2）无解。

1. 有解的条件

（1）方程组（1-7-2）有解的充分必要条件是它的系数矩阵 $\boldsymbol{A}$ 与增广矩阵 $\boldsymbol{B}$ 有相同的秩，即 $R(\boldsymbol{A}) = R(\boldsymbol{B})$。

（2）如果方程组（1-7-2）有解，即 $R(\boldsymbol{A}) = R(\boldsymbol{B})$，则：

1）当 $R(\boldsymbol{A}) = R(\boldsymbol{B}) = n$ 时，方程组（1-7-2）有唯一解。

2）当 $R(\boldsymbol{A}) = R(\boldsymbol{B}) = r < n$ 时，方程组（1-7-2）有无穷多个解。

（3）如果方程组（1-7-2）的系数矩阵是 n 阶方阵，则：

1）其系数矩阵的行列式 $|\boldsymbol{A}| \neq 0$ 时，方程组有唯一解（见本节前面克拉默法则）。

2）其 $|\boldsymbol{A}| = 0$ 时，方程组可能无解或有无穷多个解。

2. 非齐次线性方程组解的结构

向量方程（1-7-3）的解的性质如下：

（1）设 $\boldsymbol{x} = \boldsymbol{\eta}_1$ 及 $\boldsymbol{x} = \boldsymbol{\eta}_2$ 都是向量方程（1-7-3）的解，则 $\boldsymbol{x} = \boldsymbol{\eta}_1 - \boldsymbol{\eta}_2$ 为对应的齐次线性方程组

$$Ax = 0 \tag{1-7-4}$$

的解。

（2）设 $x = \eta$ 是方程（1-7-3）的解，$x = \xi$ 是方程（1-7-4）的解，则 $x = \xi + \eta$ 仍是方程（1-7-3）的解。

由上可知，如果求得方程（1-7-3）的一个解 η^*（称为特解），则方程（1-7-3）的通解为：

$$x = k_1\xi_1 + \cdots + k_{n-r}\xi_{n-r} + \eta^* \quad (k_1, \cdots, k_{n-r} \text{ 为任意实数})$$

其中 $\xi_1, \cdots, \xi_{n-r}$ 是方程（1-7-4）的基础解系。

所以，非齐次方程的通解＝对应的齐次方程的通解＋非齐次方程的一个特解。

3. 用初等行变换解线性方程组

把非齐次方程的增广矩阵化为阶梯形，即可知它是否有解；在有解时，继续化为行最简形，即可写出它的通解。

【例 1-7-22】（历年真题）设 β_1、β_2 是线性方程组 $Ax = b$ 的两个不同的解，α_1、α_2 是导出组 $Ax = 0$ 的基础解系，k_1、k_2 是任意常数，则 $Ax = b$ 的通解是：

A. $\dfrac{\beta_1 - \beta_2}{2} + k_1\alpha_1 + k_2(\alpha_1 - \alpha_2)$ 　　B. $\alpha_1 + k_1(\beta_1 - \beta_2) + k_2(\alpha_1 - \alpha_2)$

C. $\dfrac{\beta_1 + \beta_2}{2} + k_1\alpha_1 + k_2(\alpha_1 - \alpha_2)$ 　　D. $\dfrac{\beta_1 + \beta_2}{2} + k_1\alpha_1 + k_2(\beta_1 - \beta_1)$

【解答】$A\beta_1 = b$，$A\beta_2 = b$，则：$A\beta_1 + A\beta_2 = 2b$，$A\dfrac{\beta_1 + \beta_2}{2} = b$，即 $\dfrac{\beta_1 + \beta_2}{2}$ 为 $Ax = b$ 的特解。

$\alpha_1 x = 0$，$\alpha_2 x = 0$，则：$(\alpha_1 - \alpha_2)x = 0$，即 $\alpha_1 - \alpha_2$ 是 $Ax = 0$ 的解。

所以 $Ax = b$ 的通解为：$\dfrac{\beta_1 + \beta_2}{2} + k\alpha_1 + k_2(\alpha_1 - \alpha_2)$

应选 C 项。

【例 1-7-23】方程组 $\begin{cases} x_1 + 2x_2 + \lambda x_3 = 2 \\ 3x_1 + 2\lambda x_2 + 9x_3 = 6 \\ \lambda x_1 + 6x_2 + 9x_3 = 6 \end{cases}$，则 λ 取下项何值时，方程组有无穷多个解。

A. $\lambda = 3$ 　　　　　　　　　　B. $\lambda = -6$

C. $\lambda = 3$，或 $\lambda = -6$ 　　　D. $\lambda \neq 3$，且 $\lambda \neq -6$

【解答】系数矩阵是方阵，则：

$$|A| = \begin{vmatrix} 1 & 2 & \lambda \\ 3 & 2\lambda & 9 \\ \lambda & 6 & 9 \end{vmatrix} \xrightarrow{r_3 - r_2} \begin{vmatrix} 1 & 2 & \lambda \\ 3 & 2\lambda & 9 \\ \lambda-3 & 6-2\lambda & 0 \end{vmatrix} = (\lambda-3)\begin{vmatrix} 1 & 2 & \lambda \\ 3 & 2\lambda & 9 \\ 1 & -2 & 0 \end{vmatrix}$$

$$= 2(\lambda-3)\begin{vmatrix} 1 & 1 & \lambda \\ 3 & \lambda & 9 \\ 1 & -1 & 0 \end{vmatrix} \xrightarrow{c_2 + c_1} 2(\lambda-3)\begin{vmatrix} 1 & 2 & \lambda \\ 3 & \lambda+3 & 9 \\ 1 & 0 & 0 \end{vmatrix} = -2(\lambda-3)^2(\lambda+6)$$

当 $|A| = 0$ 时，即 $\lambda = 3$ 或 $\lambda = -6$

$\lambda = 3$ 时，增广矩阵 B 为：

$$B = \begin{pmatrix} 1 & 2 & 3 & 2 \\ 3 & 2 & 9 & 6 \\ 3 & 6 & 9 & 6 \end{pmatrix} \overset{r_2 - 3r_1}{\underset{r_2 - 3r_1}{\sim}} \begin{pmatrix} 1 & 2 & 3 & 2 \\ 0 & 0 & 0 & 0 \\ 0 & 0 & 0 & 0 \end{pmatrix}$$

$R(A) = R(B) = 1 < 3$，方程组有无穷多个解。

$\lambda = -6$ 时，B 为：

$$B = \begin{pmatrix} 1 & 2 & -6 & 2 \\ 3 & -12 & 9 & 6 \\ -6 & 6 & 9 & 6 \end{pmatrix} \overset{r_2 - 3r_1}{\underset{r_3 + 6r_1}{\sim}} \begin{pmatrix} 1 & 2 & -6 & 2 \\ 0 & -18 & 27 & 0 \\ 0 & 18 & -27 & 18 \end{pmatrix} \overset{r_3 + r_2}{\sim} \begin{pmatrix} 1 & 2 & -6 & 2 \\ 0 & -18 & 27 & 0 \\ 0 & 0 & 0 & 18 \end{pmatrix}$$

$R(A) = 2$，$R(B) = 3$，方程组无解。

应选 A 项。

此外，本题也可采用对增广矩阵 B 施行初等变换进行求解。

【例 1-7-24】（历年真题）已知 n 元非齐次线性方程组 $Ax = b$，秩 $R(A) = n-2$，α_1、α_2、α_3 为其线性无关的解向量，k_1、k_2 为任意常数，则 $Ax = b$ 的通解为：

A. $x = k_1(\alpha_1 - \alpha_2) + k_2(\alpha_1 + \alpha_3) + \alpha_1$　B. $x = k_1(\alpha_1 - \alpha_3) + k_2(\alpha_2 + \alpha_3) + \alpha_1$

C. $x = k_1(\alpha_2 - \alpha_1) + k_2(\alpha_2 - \alpha_3) + \alpha_1$　D. $x = k_1(\alpha_2 - \alpha_3) + k_2(\alpha_1 + \alpha_2) + \alpha_1$

【解答】$Ax = b$，$R(A) = n-2$，则 $Ax = 0$ 的基础解系中的线性无关解向量的个数为 $n - (n-2) = 2$ 个。

$A\alpha_1 = b$，$A\alpha_2 = b$，则：$A(\alpha_2 - \alpha_1) = 0$，即 $\alpha_2 - \alpha_1$ 是 $Ax = 0$ 的解。

同理，$A\alpha_2 = b$，$A\alpha_3 = b$，则 $A(\alpha_2 - \alpha_3) = 0$，$\alpha_2 - \alpha_3$ 是 $Ax = 0$ 的解。

α_1 是 $Ax = b$ 的特解，故 $Ax = b$ 的通解为：

$$x = k_1(\alpha_2 - \alpha_1) + k_2(\alpha_2 - \alpha_3) + \alpha_1$$

应选 C 项。

★★★五、方阵的特征值与特征向量

定义：设 A 是 n 阶方阵，如果数 λ 和 n 维非零列向量 x 使关系式

$$Ax = \lambda x$$

成立，则数 λ 称为矩阵 A 的特征值，非零向量 x 称为 A 的对应于特征值 λ 的特征向量。

上式也可写成：

$$(A - \lambda E)x = 0$$

这是 n 个未知数 n 个方程的齐次线性方程组，它有非零解的充分必要条件是系数行列式

$$|A - \lambda E| = 0$$

即：

$$\begin{vmatrix} a_{11} - \lambda & a_{12} & \cdots & a_{1n} \\ a_{21} & a_{22} - \lambda & \cdots & a_{2n} \\ \vdots & \vdots & & \vdots \\ a_{n1} & a_{n2} & \cdots & a_{nn} - \lambda \end{vmatrix} = 0$$

上式是以 λ 为未知数的一元 n 次方程，称为矩阵 A 的特征方程，其左端 $|A - \lambda E|$ 是 λ 的 n 次多项式，记作 $f(\lambda)$，称为矩阵 A 的特征多项式。显然，A 的特征值就是特征方程的解。

1. 设 n 阶方阵 $\boldsymbol{A} = (a_{ij})$ 的特征值为 λ_1, λ_2, $\cdots$, λ_n, 则:

(1) $\lambda_1 + \lambda_2 + \cdots + \lambda_n = a_{11} + a_{22} + \cdots + a_{m}$

(2) $\lambda_1 \lambda_2 \cdots \lambda_n = |\boldsymbol{A}|$

由 (2) 可知, $\boldsymbol{A}$ 是可逆矩阵的充分必要条件是它的 n 个特征值全不为零。

设 $\lambda = \lambda_i$ 为矩阵 $\boldsymbol{A}$ 的一个特征值, 则由方程 $(\boldsymbol{A} - \lambda_i \boldsymbol{E}) \boldsymbol{x} = \boldsymbol{0}$, 可求得非零解 $\boldsymbol{x} = \boldsymbol{p}_i$, 则 $\boldsymbol{p}_i$ 便是 $\boldsymbol{A}$ 的对应于特征值 λ_i 的特征向量。显然, $k\boldsymbol{p}_i(k \neq 0)$ 也是对应于 λ_i 的特征向量。

可知, 一个特征值对应着无穷多个特征向量, 而一个特征向量只对应着一个特征值。

2. 方阵的特征值性质

(1) 设 λ 是方阵 $\boldsymbol{A}$ 的特征值, k 是正整数, 则 λ^k 是方阵 $\boldsymbol{A}^k$ 的特征值。

(2) 若 λ 是可逆方阵 $\boldsymbol{A}$ 的特征值, 则 $\dfrac{1}{\lambda}$ 是 $\boldsymbol{A}^{-1}$ 的特征值。

(3) $\varphi(\lambda) = a_0 + a_1\lambda + \cdots + a_m\lambda^m$ 是 λ 的多项式, $\varphi(\boldsymbol{A}) = a_0\boldsymbol{E} + a_1\boldsymbol{A} + \cdots + a_m\boldsymbol{A}^m$ 是方阵 $\boldsymbol{A}$ 的多项式, 则 $\varphi(\lambda)$ 是 $\varphi(\boldsymbol{A})$ 的特征值。

【例 1-7-25】(历年真题) 已知矩阵 $\boldsymbol{A} = \begin{bmatrix} 5 & -3 & 2 \\ 6 & -4 & 4 \\ 4 & -4 & a \end{bmatrix}$ 的两个特征值为 $\lambda_1 = 1$, $\lambda_2 = 3$, 则常数 a 和另一特征值 λ_3 为:

A. $a = 1$, $\lambda_3 = -2$ B. $a = 5$, $\lambda_3 = 2$

C. $a = -1$, $\lambda_3 = 0$ D. $a = -5$, $\lambda_3 = -8$

【解答】

$$|\boldsymbol{A} - \lambda\boldsymbol{E}| = \begin{vmatrix} 5-1 & -3 & 2 \\ 6 & -4-1 & 4 \\ 4 & -4 & a-1 \end{vmatrix} \xlongequal{r_3 - r_1} \begin{vmatrix} 4 & -3 & 2 \\ 6 & -5 & 4 \\ 0 & -1 & a-3 \end{vmatrix}$$

$$= (-1) \times (-1)^{3+2} \begin{vmatrix} 4 & 2 \\ 6 & 4 \end{vmatrix} + (a-3) \times (-1)^{3+3} \begin{vmatrix} 4 & -3 \\ 6 & -5 \end{vmatrix}$$

$$= -2(a-3) + 4 = 0$$

可得: $a = 5$, 应选 B 项。

此外, 由 $\lambda_1\lambda_2\lambda_3 = |\boldsymbol{A}|$, 可得: $\lambda_3 = 2$。

【例 1-7-26】(历年真题) 设 $\boldsymbol{A}$ 是 3 阶矩阵, $\boldsymbol{\alpha}_1 = (1, 0, 1)^{\mathrm{T}}$, $\boldsymbol{\alpha}_2 = (1, 1, 0)^{\mathrm{T}}$ 是 $\boldsymbol{A}$ 的属于特征值为 1 的特征向量。$\boldsymbol{\alpha}_3 = (0, 1, 2)^{\mathrm{T}}$ 是 $\boldsymbol{A}$ 的属于特征值为 -1 的特征向量, 则:

A. $\boldsymbol{\alpha}_1 - \boldsymbol{\alpha}_2$ 是 $\boldsymbol{A}$ 的属于特征值为 1 的特征向量

B. $\boldsymbol{\alpha}_1 - \boldsymbol{\alpha}_3$ 是 $\boldsymbol{A}$ 的属于特征值为 1 的特征向量

C. $\boldsymbol{\alpha}_1 - \boldsymbol{\alpha}_3$ 是 $\boldsymbol{A}$ 的属于特征值为 2 的特征向量

D. $\boldsymbol{\alpha}_1 + \boldsymbol{\alpha}_2 + \boldsymbol{\alpha}_3$ 是 $\boldsymbol{A}$ 的属于特征值为 1 的特征向量

【解答】根据特征值的定义, $\boldsymbol{A}\boldsymbol{x} = \lambda\boldsymbol{x}$, 则:

$$\boldsymbol{A}\boldsymbol{\alpha}_1 = 1 \times \boldsymbol{\alpha}_1, \ \boldsymbol{A}\boldsymbol{\alpha}_2 = 1 \times \boldsymbol{\alpha}_2, \ \boldsymbol{A}(\boldsymbol{\alpha}_1 - \boldsymbol{\alpha}_2) = 1 \times (\boldsymbol{x}_1 - \boldsymbol{x}_2)$$

故 A 项正确, 应选 A 项。

【例 1-7-27】(历年真题) 设 $\boldsymbol{A}$ 是 3 阶实对称矩阵, $\boldsymbol{p}$ 是 3 阶可逆矩阵, $\boldsymbol{B} = \boldsymbol{p}^{-1}\boldsymbol{A}\boldsymbol{p}$, 已

知 $\boldsymbol{\alpha}$ 是 A 的属于特征值λ 的特征向量，则 B 的属于特征值λ 的特征向量是：

A. $p\boldsymbol{\alpha}$　　　　　B. $p^{-1}\boldsymbol{\alpha}$　　　　　C. $p^{\mathrm{T}}\boldsymbol{\alpha}$　　　　　D. $(p^{-1})^{\mathrm{T}}\boldsymbol{\alpha}$

【解答】根据特值的定义，$Ax = \lambda x$，则：

$$由条件\ \boldsymbol{B} = \boldsymbol{p}^{-1}\boldsymbol{Ap}，则：\boldsymbol{pBp}^{-1} = \boldsymbol{pp}^{-1}\boldsymbol{App}^{-1} = \boldsymbol{A}$$

即：$\boldsymbol{pBp}^{-1}\boldsymbol{\alpha} = \boldsymbol{A\alpha} = \lambda\boldsymbol{\alpha}$，两边同乘 $\boldsymbol{p}^{-1}$：

$$\boldsymbol{p}^{-1}\boldsymbol{pBp}^{-1}\boldsymbol{\alpha} = \boldsymbol{p}^{-1}\lambda\boldsymbol{\alpha} = \lambda(\boldsymbol{p}^{-1}\boldsymbol{\alpha})，即：\boldsymbol{B}(\boldsymbol{p}^{-1}\boldsymbol{\alpha}) = \lambda(\boldsymbol{p}^{-1}\boldsymbol{\alpha})$$

应选 B 项。

【例 1-7-28】设 3 阶矩阵 A 的特征值为 1、-1、2。当取 $\lambda = 1$ 时，则 $A^* + 3A - 4E$ 的特征值为：

A. -3　　　　　B. -1　　　　　C. 1　　　　　D. 3

【解答】A 的特征值不全为 0，可知 A 可逆，$A^* = |A|A^{-1} = \lambda_1\lambda_2\lambda_3 A^{-1} = 1\times(-1)\times 2A^{-1} = -2A^{-1}$

$$\varphi(\boldsymbol{A}) = \boldsymbol{A}^* + 3\boldsymbol{A} - 4\boldsymbol{E} = -2\boldsymbol{A}^{-1} + 3\boldsymbol{A} - 4\boldsymbol{E}$$

故：$\varphi(\lambda) = -\dfrac{2}{\lambda} + 3\lambda - 4 = -\dfrac{2}{1} + 3\times 1 - 4 = -3$

应选 A 项。

【例 1-7-29】（历年真题）已知 3 维列向量 $\boldsymbol{\alpha}$、$\boldsymbol{\beta}$ 满足 $\boldsymbol{\beta} \neq k\boldsymbol{\alpha}$（$k$ 为常数），$\boldsymbol{\alpha}^{\mathrm{T}}\boldsymbol{\beta} = 4$，设 3 阶矩阵 $\boldsymbol{A} = \boldsymbol{\beta\alpha}^{\mathrm{T}}$，则：

A. $\boldsymbol{\beta}$ 是 A 的属于特征值 0 的特征向量

B. $\boldsymbol{\alpha}$ 是 A 的属于特征值 0 的特征向量

C. $\boldsymbol{\beta}$ 是 A 的属于特征值 4 的特征向量

D. $\boldsymbol{\alpha}$ 是 A 的属于特征值 4 的特征向量

【解答】根据特征值的定义，$Ax = \lambda x$，则：

$$由条件\ \boldsymbol{A} = \boldsymbol{\beta\alpha}^{\mathrm{T}}，\boldsymbol{A\beta} = \boldsymbol{\beta\alpha}^{\mathrm{T}}\boldsymbol{\beta} = \boldsymbol{\beta}4 = 4\boldsymbol{\beta}$$

故 C 项正确，应选 C 项。

★六、相似矩阵

为了方便理解相似矩阵，首先简单介绍向量的内积、长度和正交性。

（一）向量的内积、长度和正交性

设有 n 维向量

$$\boldsymbol{x} = \begin{pmatrix} x_1 \\ x_2 \\ \vdots \\ x_n \end{pmatrix}, \quad \boldsymbol{y} = \begin{pmatrix} y_1 \\ y_2 \\ \vdots \\ y_n \end{pmatrix}$$

令

$$[\boldsymbol{x}, \boldsymbol{y}] = x_1y_1 + x_2y_2 + \cdots + x_ny_n$$

$[\boldsymbol{x}, \boldsymbol{y}]$ 称为向量 $\boldsymbol{x}$ 与 $\boldsymbol{y}$ 的内积。内积是两个向量之间的一种运算，其结果是一个实数，用矩阵记号表示。

内积具有下列性质（其中 $\boldsymbol{x}$、$\boldsymbol{y}$、$\boldsymbol{z}$ 为 n 维向量，λ 为实数）：

(1) $[x, y] = [y, x]$;

(2) $[\lambda x, y] = \lambda[x, y]$;

(3) $[x + y, z] = [x, z] + [y, z]$;

(4) 当 $x = 0$ 时，$[x, x] = 0$；当 $x \neq 0$ 时，$[x, x] > 0$。

令

$$\| x \| = \sqrt{[x, x]} = \sqrt{x_1^2 + x_2^2 + \cdots + x_n^2}$$

$\| x \|$ 称为 n 维向量 x 的长度（或范数）。

当 $\| x \| = 1$ 时，称 x 为单位向量。若 $a \neq 0$，取 $x = \dfrac{a}{\| a \|}$，则 x 是一个单位向量。由向量 a 得到 x 的过程称为把向量 a 单位化。

当 $[x, y] = 0$ 时，称向量 x 与 y 正交。显然，若 $x = 0$，则 x 与任何向量都正交。

按施密特标准正交化方法，可将线性无关的向量组 a_1，a_2，$\cdots$，a_m 得到一个与向量组 a_1，a_2，$\cdots$，a_m 等价的标准正交向量组 e_1，e_2，$\cdots$，e_m。具体的施密特标准正交化方法的内容，本书略。

方阵 A 为正交矩阵（正交矩阵的内容见本节二矩阵及其运算）的充分必要条件是 A 的列向量（或行向量）都是单位向量，且两两正交。

p 为正交矩阵，则线性变换 $y = px$ 称为正交变换。此时，$\| y \| = \| x \|$，即经正交变换线段长度保持不变，这是正交变换的优点。

（二）相似矩阵

定义：设 A、B 都是 n 阶方阵，若有可逆矩阵 P，使

$$P^{-1}AP = B$$

则称 B 是 A 的相似矩阵，或说矩阵 A 与 B 相似。对 A 进行运算 $P^{-1}AP$ 称为对 A 进行相似变换，可逆矩阵 P 称为把 A 变成 B 的相似变换矩阵。

（1）若 n 阶方阵 A 与 B 相似，则 A 与 B 的特征多项式相同，从而 A 与 B 的特征值也相同。

（2）若 n 阶方阵 A 与对角矩阵

$$\boldsymbol{\Lambda} = \begin{pmatrix} \lambda_1 & & & \\ & \lambda_2 & & \\ & & \ddots & \\ & & & \lambda_n \end{pmatrix}$$

相似，则 λ_1，λ_2，$\cdots$，λ_n 即是 A 的 n 个特征值。

（3）n 阶方阵 A 与对角矩阵相似（即 A 能对角化）的充分必要条件是 A 有 n 个线性无关的特征向量。

（4）如果 n 阶方阵 A 的 n 个特征值互不相等，则 A 与对角矩阵相似。

（三）对称方阵的对角化

实对称方阵（以下称为对称方阵）A 的性质为：

（1）对称方阵 A 的特征值为实数。

（2）设 λ_1、λ_2 是对称方阵 A 的两个特征值，p_1、p_2 是对应的特征向量。若 $\lambda_1 \neq \lambda_2$，则 p_1 与 p_2 正交。

设 A 为 n 阶对称方阵，则必有正交矩阵 P，使 $P^{-1}AP = P^{T}AP = \Lambda$，其中 Λ 是以 A 的 n 个特征值为对角元的对角矩阵。

由上可知，把对称矩阵 A 对角化的步骤：

（1）求出 A 的全部互不相等的特征值 $\lambda_1, \cdots, \lambda_s$，它们的重数依次为 $k_1, \cdots, k_s (k_1 + \cdots + k_s = n)$。

（2）对每个 k_i 重特征值 λ_i，求方程 $(A - \lambda_i E)x = 0$ 的基础解系，得 k_i 个线性无关的特征向量；再把它们正交化、单位化，得 k_i 个两两正交的单位特征向量。因 $k_1 + \cdots + k_s = n$，故总共可得 n 个两两正交的单位特征向量。

（3）把这 n 个两两正交的单位特征向量构成正交矩阵 P，便有 $P^{-1}AP = P^{T}AP = \Lambda$。注意，$\Lambda$ 中对角元的排列次序 $(\lambda_1, \lambda_2, \cdots, \lambda_s)$ 应与 P 中列向量 $p_1, p_2, \cdots, p_s$ 排列次序相对应，即 λ_i 与 $p_i (i = 1, 2, \cdots, s)$ 相对应。

【例 1-7-30】（历年真题）已知矩阵 $A = \begin{bmatrix} 1 & -1 & 1 \\ 2 & 4 & -2 \\ -3 & -3 & 5 \end{bmatrix}$ 与 $B = \begin{bmatrix} \lambda & 0 & 0 \\ 0 & 2 & 0 \\ 0 & 0 & 2 \end{bmatrix}$ 相似，则 λ 等于：

A. 6　　　　　　　　B. 5　　　　　　　　C. 4　　　　　　　　D. 14

【解答】A 与 B 相似，则其特征值相同，故特征值之和相等。

A 的特征值之和 $= 1 + 4 + 5 = 10$，B 的特征值之和 $= \lambda + 2 + 2$

$$10 = \lambda + 4, \lambda = 6$$

应选 A 项。

【例 1-7-31】（历年真题）设 $\lambda_1 = 6, \lambda_2 = \lambda_3 = 3$ 为三阶实对称矩阵 A 的特征值，属于 $\lambda_2 = \lambda_3 = 3$ 的特征向量为 $\xi_2 = (-1, 0, 1)^{T}$，$\xi_3 = (1, 2, 1)^{T}$，则属于 $\lambda_1 = 6$ 的特征向量是：

A. $(1, -1, 1)^{T}$　　　　　　　　　B. $(1, 1, 1)^{T}$

C. $(0, 2, 2)^{T}$　　　　　　　　　　D. $(2, 2, 0)^{T}$

【解答】根据对称方阵的性质，可知，$\lambda_1 = 6$ 对应的特征向量 ξ_1 一定与 λ_2、λ_3 对应的特征向量 ξ_2、ξ_3 正交，即：$[\xi_1, \xi_2] = 0$，$[\xi_1, \xi_3] = 0$

A 项：$[\xi_1, \xi_2] = 1 \times (-1) + (-1) \times 0 + 1 \times 1 = 0$

$[\xi_1, \xi_3] = 1 \times 1 + (-1) \times 2 + 1 \times 1 = 0$

满足，应选 A 项。

【例 1-7-32】（历年真题）已知二阶实对称矩阵 A 的一个特征值为 1，而 A 对应特征值 1 的特征向量为 $\begin{pmatrix} 1 \\ -1 \end{pmatrix}$，若 $|A| = -1$，则 A 的另一个特征值及其对应的特征向量是：

A. $\lambda = 1, x = (1, 1)^{T}$　　　　　　B. $\lambda = -1, x = (1, 1)^{T}$

C. $\lambda = -1, x = (-1, 1)^{T}$　　　　　D. $\lambda = -1, x = (1, -1)^{T}$

【解答】$|A| = \lambda_1 \lambda_2$，$-1 = 1 \times \lambda_2$，则：$\lambda_2 = -1$，A 项错误。

对称方阵的不同特征值对应的特征向量一定正交，即：$[p_1, p_2] = 0$

B 项：$[p_1, p_2] = 1 \times 1 + (-1) \times 1 = 0$，满足，应选 B 项。

★七、二次型与正定二次型

（一）二次型

二次齐次函数

$$f(x_1, \cdots, x_n) = a_{11}x_1^2 + a_{22}x_2^2 + \cdots + a_{nn}x_n^2 + 2a_{12}x_1x_2 + \cdots + 2a_{n-1,n}x_{n-1}x_n$$

称为二次型。

当 $j > i$ 时，取 $a_{ji} = a_{ij}$，则 $2a_{ij}x_ix_j = a_{ij}x_ix_j + a_{ji}x_jx_i$，于是二次型可写成

$$f(x, \cdots, x_n) = (x_1, x_2, \cdots, x_n) \begin{pmatrix} a_{11} & a_{12} & \cdots & a_{1n} \\ a_{21} & a_{22} & \cdots & a_{2n} \\ \vdots & \vdots & & \vdots \\ a_{n1} & a_{n2} & \cdots & a_{nn} \end{pmatrix} \begin{pmatrix} x_1 \\ x_2 \\ \vdots \\ x_n \end{pmatrix} = \boldsymbol{x}^{\mathrm{T}} \boldsymbol{A} \boldsymbol{x}$$

其中 $\boldsymbol{A}$ 为对称方阵。对称方阵 $\boldsymbol{A}$ 就称为二次型 f 的矩阵，而 f 就称为对称方阵 $\boldsymbol{A}$ 的二次型。规定二次型 f 的秩就是对称方阵 $\boldsymbol{A}$ 的秩。

只含平方项的二次型称为二次型的标准形（或法式）。对于二次型，主要的问题是：寻求可逆的线性变换

$$\begin{cases} x_1 = c_{11}y_1 + c_{12}y_2 + \cdots + c_{1n}y_n \\ x_2 = c_{21}y_1 + c_{22}y_2 + \cdots + c_{2n}y_n \\ \cdots\cdots\cdots\cdots\cdots \\ x_n = c_{n1}y_1 + c_{n2}y_2 + \cdots + c_{nn}y_n \end{cases} \quad (\text{即 } \boldsymbol{x} = \boldsymbol{C}\boldsymbol{y})$$

把二次型化为标准形，就是使

$$f = \boldsymbol{x}^{\mathrm{T}} \boldsymbol{A} \boldsymbol{x} = (\boldsymbol{C}\boldsymbol{y})^{\mathrm{T}} \boldsymbol{A}(\boldsymbol{C}\boldsymbol{y}) = \boldsymbol{y}^{\mathrm{T}}(\boldsymbol{C}^{\mathrm{T}}\boldsymbol{A}\boldsymbol{C})\boldsymbol{y} = k_1y_1^2 + k_2y_2^2 + \cdots + k_ny_n^2$$

也就是要寻求可逆阵 $\boldsymbol{C}$，使

$$\boldsymbol{C}^{\mathrm{T}}\boldsymbol{A}\boldsymbol{C} = \begin{pmatrix} k_1 & & & \\ & k_2 & & \\ & & \ddots & \\ & & & k_{n-1} \end{pmatrix}$$

如果标准形的系数 $k_1, k_2, \cdots, k_n$ 只在 $1, -1, 0$ 三个数中取值，也就是用 $\boldsymbol{x} = \boldsymbol{C}\boldsymbol{y}$ 代入能使

$$f = y_1^2 + \cdots + y_p^2 - y_{p+1}^2 - \cdots - y_n^2$$

则称上式为二次型的规范形。

（二）合同矩阵

定义：设 $\boldsymbol{A}$ 和 $\boldsymbol{B}$ 是 n 阶方阵，若有可逆矩阵 $\boldsymbol{C}$，使 $\boldsymbol{B} = \boldsymbol{C}^{\mathrm{T}}\boldsymbol{A}\boldsymbol{C}$，则称矩阵 $\boldsymbol{A}$ 与 $\boldsymbol{B}$ 合同，记为 $\boldsymbol{A} \simeq \boldsymbol{B}$。

矩阵的合同关系是等价关系。

若 $\boldsymbol{A}$ 为对称方阵，则 $\boldsymbol{B} = \boldsymbol{C}^{\mathrm{T}}\boldsymbol{A}\boldsymbol{C}$ 也为对称方阵，且 $R(\boldsymbol{A}) = R(\boldsymbol{B})$。由此可知，经可逆变换 $\boldsymbol{x} = \boldsymbol{C}\boldsymbol{y}$ 后，二次型 f 的矩阵由 $\boldsymbol{A}$ 变为与 $\boldsymbol{A}$ 合同的矩阵 $\boldsymbol{C}^{\mathrm{T}}\boldsymbol{A}\boldsymbol{C}$，且二次型的秩不变。

任给对称方阵 $\boldsymbol{A}$，必有正交阵 $\boldsymbol{P}$，使

$$P^{-1}AP = \Lambda，正交阵 P^{-1} = P^{T}，则 P^{T}AP = \Lambda$$

其中
$$\Lambda = \begin{pmatrix} \lambda_1 & & & \\ & \lambda_2 & & \\ & & \ddots & \\ & & & \lambda_{n-1} \end{pmatrix}$$

Λ 为对角阵，λ_1，λ_2，$\cdots$，λ_n 为对称方阵 A 的 n 个特征值，正交阵 P 的 n 个列向量是 A 的两两正交的单位特征向量。

对称方阵与其合同的矩阵的特征值相同。

任给二次型 $f = \sum\limits_{i,j=1}^{n} a_{ij}x_ix_j (a_{ij} = a_{ji})$，总有正交变换 $x = Py$，使 f 化为标准形
$$f = \lambda_1 y_1^2 + \lambda_2 y_2^2 + \cdots + \lambda_n y_n^2$$
其中，λ_1，λ_2，$\cdots$，λ_n 是 f 的方阵 $A = (a_{ij})$ 的特征值。

此外，二次型在可逆线性变换下化为标准形，还可以采用拉格朗日配方法，此时，平方项的系数一般不是特征值。

注意，二次型的标准形显然不是唯一的，只是标准形中所含项数（即非零平方项的个数）是确定的（即是二次型的秩）。

【例 1-7-33】（历年真题）设 $A = \begin{pmatrix} 1 & 1 \\ 1 & 2 \end{pmatrix}$，与 A 合同的矩阵是：

A. $\begin{pmatrix} 1 & -1 \\ -1 & 2 \end{pmatrix}$　　　　　　　　　B. $\begin{pmatrix} -1 & 1 \\ 1 & -2 \end{pmatrix}$

C. $\begin{pmatrix} 1 & 1 \\ -1 & 2 \end{pmatrix}$　　　　　　　　　D. $\begin{pmatrix} 1 & -1 \\ 1 & 2 \end{pmatrix}$

【解答】A 为对称方阵，与其合同的矩阵的特征值相同：

$$|A - \lambda E| = \begin{vmatrix} 1-\lambda & 1 \\ 1 & 2-\lambda \end{vmatrix} = (1-\lambda)(2-\lambda) - 1 = \lambda^2 - 3\lambda + 1 = 0$$

A 项：$|A - \lambda E| = \begin{vmatrix} 1-\lambda & -1 \\ -1 & 2-\lambda \end{vmatrix} = (1-\lambda)(2-\lambda) - (-1) \times (-1) = \lambda^2 - 3\lambda + 1 = 0$

可见，两者特征值相同，应选 A 项。

此外，采用验证法可取 $C = \begin{pmatrix} -1 & 1 \\ 0 & 1 \end{pmatrix}$，$|C| = -1 \neq 0$，$C$ 可逆。

根据合同矩阵的定义：$C^{T}AC = \begin{pmatrix} -1 & 0 \\ 1 & 1 \end{pmatrix}\begin{pmatrix} 1 & 1 \\ 1 & 2 \end{pmatrix}\begin{pmatrix} -1 & 1 \\ 0 & 1 \end{pmatrix} = \begin{pmatrix} 1 & -1 \\ -1 & 2 \end{pmatrix}$

故 A 项正确。

【例 1-7-34】设 $f = x_1^2 + 2x_2^2 + 3x_3^2 + 4x_1x_2 - 4x_2x_3$，且已知可用正交变换 $\begin{pmatrix} x_1 \\ x_2 \\ x_3 \end{pmatrix} =$

$$\frac{1}{3}\begin{bmatrix} 1 & 2 & -2 \\ 2 & 1 & 2 \\ -2 & 2 & 1 \end{bmatrix}\begin{bmatrix} y_1 \\ y_2 \\ y_3 \end{bmatrix}$$ 将 f 化为标准形，则其标准形为 $f=$

A. $5y_1^2 + 2y_2^2 - y_3^2$　　　　　　　　B. $5y_1^2 + 2y_2^2 + y_3^2$

C. $5y_1^2 - 2y_2^2 + y_3^2$　　　　　　　　D. $5y_1^2 - 2y_2^2 - y_3^2$

【解答】

$$\boldsymbol{A} = \begin{bmatrix} 1 & 2 & 0 \\ 2 & 2 & -2 \\ 0 & -2 & 3 \end{bmatrix},\ \boldsymbol{C} = \frac{1}{3}\begin{bmatrix} 1 & 2 & -2 \\ 2 & 1 & 2 \\ -2 & 2 & 1 \end{bmatrix},\ \boldsymbol{C}^{\mathrm{T}} = \frac{1}{3}\begin{bmatrix} 1 & 2 & -2 \\ 2 & 1 & 2 \\ -2 & 2 & 1 \end{bmatrix}$$

$$\boldsymbol{C}^{\mathrm{T}}\boldsymbol{A}\boldsymbol{C} = \frac{1}{3} \times \frac{1}{3}\begin{bmatrix} 1 & 2 & -2 \\ 2 & 1 & 2 \\ -2 & 2 & 1 \end{bmatrix}\begin{bmatrix} 1 & 2 & 0 \\ 2 & 2 & -2 \\ 0 & -2 & 3 \end{bmatrix}\begin{bmatrix} 1 & 2 & -2 \\ 2 & 1 & 2 \\ -2 & 2 & 1 \end{bmatrix}$$

$$= \frac{1}{9}\begin{bmatrix} 5 & 10 & -10 \\ 4 & 2 & 4 \\ 2 & -2 & -1 \end{bmatrix}\begin{bmatrix} 1 & 2 & -2 \\ 2 & 1 & 2 \\ -2 & 2 & 1 \end{bmatrix} = \frac{1}{9}\begin{bmatrix} 45 & 0 & 0 \\ 0 & 18 & 0 \\ 0 & 0 & -9 \end{bmatrix}$$

$$= \begin{bmatrix} 5 & 0 & 0 \\ 0 & 2 & 0 \\ 0 & 0 & -1 \end{bmatrix}$$

故：$f = 5y_1^2 + 2y_2^2 - y_3^2$，应选 A 项。

【例 1-7-35】（历年真题）矩阵 $\boldsymbol{A} = \begin{bmatrix} 1 & -1 & 0 \\ -1 & 3 & 0 \\ 0 & 0 & 0 \end{bmatrix}$ 所对应的二次型的标准形是：

A. $f = y_1^2 - 3y_2^2$　　　　　　　　B. $f = y_1^2 - 2y_2^2$

C. $f = y_1^2 + 2y_2^2$　　　　　　　　D. $f = y_1^2 - y_2^2$

【解答】采用配方法：

$$f = x_1^2 - 2x_1 x_2 + 3x_2^2 = (x_1 - x_2)^2 + 2x_2^2 = y_1^2 + 2y_2^2$$

应选 C 项。

（三）正定二次型

定理 1（惯性定理）：设二次型 $f = \boldsymbol{x}^{\mathrm{T}}\boldsymbol{A}\boldsymbol{x}$ 的秩为 r，且有两个可逆变换

$$\boldsymbol{x} = \boldsymbol{Cy} \quad 及 \quad \boldsymbol{x} = \boldsymbol{Pz}$$

使

$$f = k_1 y_1^2 + k_2 y_2^2 + \cdots + k_r y_r^2 \quad (k_i \neq 0)$$

及

$$f = \lambda_1 z_1^2 + \lambda_2 z_2^2 + \cdots + \lambda_r z_r^2 \quad (\lambda_i \neq 0)$$

则 $k_1,\ \cdots,\ k_r$ 中正数的个数与 $\lambda_1,\ \cdots,\ \lambda_r$ 中正数的个数相等。

二次型的标准形中正系数的个数称为二次型的正惯性指数，负系数的个数称为负惯性指数。若二次型 f 的正惯性指数为 p，秩为 r，则 f 的规范形便可确定为：$f = y_1^2 + \cdots + y_p^2 - y_{p+1}^2 - \cdots - y_r^2$。

定义：设二次型 $f(x) = x^T Ax$，如果对任何 $x \neq 0$，都有 $f(x) > 0$（显然 $f(0) = 0$），则称 f 为正定二次型，并称对称矩阵 A 是正定的；如果对任何 $x \neq 0$ 都有 $f(x) < 0$，则称 f 为负定二次型，并称对称矩阵 A 是负定的。

n 元二次型 $f = x^T Ax$ 为正定的充分必要条件是：它的标准形的 n 个系数全为正，即它的规范形的 n 个系数全为 1，即它的正惯性指数等于 n。

对称矩阵 A 为正定的充分必要条件是：A 的特征值全为正。

定理 2（赫尔维茨定理）：对称矩阵 A 为正定的充分必要条件是：A 的各阶顺序主子式都为正，即：

$$a_{11} > 0, \quad \begin{vmatrix} a_{11} & a_{12} \\ a_{21} & a_{22} \end{vmatrix} > 0, \cdots, \quad \begin{vmatrix} a_{11} & \cdots & a_{1n} \\ \vdots & & \vdots \\ a_{n1} & \cdots & a_{nn} \end{vmatrix} > 0$$

对称矩阵 A 为负定的充分必要条件是：奇数阶顺序主子式为负，而偶数阶顺序主子式为正，即：

$$(-1)^r \begin{vmatrix} a_{1i} & \cdots & a_{1r} \\ \vdots & & \vdots \\ a_{r1} & \cdots & a_{rr} \end{vmatrix} > 0 \quad (r = 1, 2, \cdots, n)$$

【例 1-7-36】（历年真题）设二次型 $f(x_1, x_2, x_3) = x_1^2 + t x_2^2 + 3 x_3^2 + 2 x_1 x_2$，要使其秩为 2，则 t 的值等于：

A. 3   B. 2   C. 1   D. 0

【解答】二次型 f 的秩就是对应矩阵 A 的秩：

$$A = \begin{pmatrix} 1 & 1 & 0 \\ 1 & t & 0 \\ 0 & 0 & 3 \end{pmatrix} \underbrace{r_2 - r_1} \begin{pmatrix} 1 & 1 & 0 \\ 1 & t-1 & 0 \\ 0 & 0 & 3 \end{pmatrix}$$

$R(A) = 2$，则 $t - 1 = 0$，$t = 1$，应选 C 项。

【例 1-7-37】（历年真题）要使得二次型 $f(x_1, x_2, x_3) = x_1^2 + 2t x_1 x_2 + x_2^2 - 2 x_1 x_3 + 2 x_2 x_3 + 2 x_3^2$ 为正定的，则 t 的取值条件是：

A. $-1 < t < 1$ B. $-1 < t < 0$

C. $t > 0$ D. $t < -1$

【解答】根据定理 2，$A = \begin{pmatrix} 1 & t & -1 \\ t & 1 & 1 \\ -1 & 1 & 2 \end{pmatrix}$，其各阶顺序主子式都为正。

$a_{11} = 1 > 0, \quad \begin{vmatrix} 1 & t \\ t & 1 \end{vmatrix} = 1 - t^2 > 0$，可得：$-1 < t < 1$

$$\begin{vmatrix} 1 & t & -1 \\ t & 1 & 1 \\ -1 & 1 & 2 \end{vmatrix} \xrightarrow[c_3 + 2c_1]{c_2 + c_1} \begin{vmatrix} 1 & t+1 & 1 \\ t & t+1 & 2t+1 \\ -1 & 0 & 0 \end{vmatrix} = (-1) \times (-1)^{3+1} \begin{vmatrix} t+1 & 1 \\ t+1 & 2t+1 \end{vmatrix}$$

$$= (-1)(t+1)(2t+1-1) = -2t(t+1) > 0$$

可解得：$-1 < t < 0$

综上可知，取 $-1 < t < 0$，应选 B 项。

【例 1-7-38】（历年真题）下列结论中正确的是：

A. 如果矩阵 $\boldsymbol{A}$ 中所有顺序主子式都小于零，则 $\boldsymbol{A}$ 一定为负定矩阵

B. 设 $\boldsymbol{A} = (a_{ij})_{n \times n}$，若 $a_{ij} = a_{ji}$，且 $a_{ij} > 0 (i, j = 1, 2 \cdots, n)$，则 $\boldsymbol{A}$ 一定为正定矩阵

C. 如果二次型 $f(x_1, x_2, \cdots, x_n)$ 中缺少平方项，则它一定不是正定二次型

D. 二次型 $f(x_1, x_2, x_3) = x_1^2 + x_2^2 + x_3^2 + x_1 x_2 + x_1 x_3 + x_2 x_3$ 所对应的矩阵是 $\begin{pmatrix} 1 & 1 & 1 \\ 1 & 1 & 1 \\ 1 & 1 & 1 \end{pmatrix}$

【解答】根据定理 2：

A 项：错误；

B 项：取 $\boldsymbol{A} = \begin{pmatrix} 1 & 1 \\ 1 & 1 \end{pmatrix}$，则：$\begin{vmatrix} 1 & 1 \\ 1 & 1 \end{vmatrix} = 0$，故 B 项错误。

D 项：$\boldsymbol{A} = \begin{pmatrix} 1 & \frac{1}{2} & \frac{1}{2} \\ \frac{1}{2} & 1 & \frac{1}{2} \\ \frac{1}{2} & \frac{1}{2} & 1 \end{pmatrix}$，故 D 项错误。

应选 C 项。

【例 1-7-39】已知对称阵 $\boldsymbol{A} = \begin{pmatrix} 1 & t \\ t & 1 \end{pmatrix}$ 是正定的，则 t 为：

A. $t < 0$ 　　　　　 B. $t > 0$ 　　　　　 C. $|t| < 1$ 　　　　 D. $|t| > 1$

【解答】根据定理 2：

$a_{11} = 1 > 0$，$\begin{vmatrix} 1 & t \\ t & 1 \end{vmatrix} = 1 - t^2 > 0$，可得：$|t| < 1$

应选 C 项。

习　题

1-7-1　设 $D = \begin{vmatrix} 1 & -3 & 2 & 2 \\ 1 & 1 & 2 & 1 \\ -2 & 1 & 0 & 3 \\ 3 & 0 & 2 & -1 \end{vmatrix}$，$A_{ij}$ 表示行列式元素 a_{ij} 的代数余子式，则 $A_{41} +$

$A_{42} + 2A_{43} + A_{44} =$

A. 3 　　　　　　　 B. 2 　　　　　　　 C. 1 　　　　　　　 D. 0

1-7-2　（历年真题）设 $\boldsymbol{A}$ 是 3 个阶矩阵，$\boldsymbol{P} = (\boldsymbol{\alpha}_1, \boldsymbol{\alpha}_2, \boldsymbol{\alpha}_3)$ 是 3 阶可逆矩阵，且 $\boldsymbol{P}^{-1}\boldsymbol{AP}$

$= \begin{pmatrix} 1 & 0 & 0 \\ 0 & 2 & 0 \\ 0 & 0 & 0 \end{pmatrix}$，若矩阵 $\boldsymbol{Q} = (\boldsymbol{\alpha}_2, \boldsymbol{\alpha}_1, \boldsymbol{\alpha}_3)$，则 $\boldsymbol{Q}^{-1}\boldsymbol{AQ} =$

A. $\begin{pmatrix} 1 & 0 & 0 \\ 0 & 2 & 0 \\ 0 & 0 & 0 \end{pmatrix}$ 　　　　　　　　B. $\begin{pmatrix} 2 & 0 & 0 \\ 0 & 1 & 0 \\ 0 & 0 & 0 \end{pmatrix}$

C. $\begin{pmatrix} 0 & 1 & 0 \\ 2 & 0 & 0 \\ 0 & 0 & 0 \end{pmatrix}$ 　　　　　　　　D. $\begin{pmatrix} 0 & 2 & 0 \\ 1 & 0 & 0 \\ 0 & 0 & 0 \end{pmatrix}$

1-7-3 （历年真题）已知 n 阶可逆矩阵 A 的特征值为 λ_0，则矩阵 $(2A)^{-1}$ 的特征值是：

A. $\dfrac{2}{\lambda_0}$ 　　　　　　　　B. $\dfrac{\lambda_0}{2}$

C. $\dfrac{1}{2\lambda_0}$ 　　　　　　　　D. $2\lambda_0$

1-7-4 （历年真题）若非齐次线性方程组 $Ax = b$ 中，方程的个数少于未知量的个数，则下列结论中正确的是：

A. $Ax = 0$ 仅有零解 　　　　　　B. $Ax = 0$ 必有非零解

C. $Ax = 0$ 一定无解 　　　　　　D. $Ax = b$ 必有无穷多解

1-7-5 （历年真题）下列结论中正确的是：

A. 矩阵 A 的行秩与列秩可以不等

B. 秩为 r 的矩阵中，所有 r 阶子式均不为零

C. 若 n 阶方阵 A 的秩小于 n，则该矩阵 A 的行列式必等于零

D. 秩为 r 的矩阵中，不存在等于零的 $r-1$ 阶子式

1-7-6 （历年真题）设 A 为 $m \times n$ 矩阵，则齐次线性方程组 $Ax = 0$ 有非零解的充分必要条件是：

A. 矩阵 A 的任意两个列向量线性相关

B. 矩阵 A 的任意两个列向量线性无关

C. 矩阵 A 的任一列向量是其余列向量的线性组合

D. 矩阵 A 必有一个列向量是其余列向量的线性组合

1-7-7 （历年真题）要使齐次线性方程组 $\begin{cases} ax_1 + x_2 + x_3 = 0 \\ x_1 + ax_2 + x_3 = 0 \\ x_1 + x_2 + ax_3 = 0 \end{cases}$，有非零解，则 a 应满足：

A. $-2 < a < 1$ 　　　　　　　　B. $a = 1$ 或 $a = -2$

C. $a \neq -1$ 且 $a \neq -2$ 　　　　D. $a > 1$

1-7-8 （历年真题）设 A 为 n 阶方阵，B 是只对调 A 的一、二列所得的矩阵，若 $|A| \neq |B|$，则下面结论中一定成立的是：

A. $|A|$ 可能为 0 　　　　　　　B. $|A| \neq 0$

C. $|A + B| \neq 0$ 　　　　　　　D. $|A - B| \neq 0$

1-7-9 （历年真题）设 $A = \begin{bmatrix} 1 & x & 1 \\ x & 1 & y \\ 1 & y & 1 \end{bmatrix}$，$B = \begin{bmatrix} 0 & 0 & 0 \\ 0 & 1 & 0 \\ 0 & 0 & 2 \end{bmatrix}$，且 A 与 B 相似，则下列结论

中成立的是：

A. $x = y = 0$ B. $x = 0$，$y = 1$

C. $x = 1$，$y = 0$ D. $x = y = 1$

1-7-10 设 $A = \begin{bmatrix} a_1b_1 & a_1b_2 & \cdots & a_1b_n \\ a_2b_1 & a_2b_2 & \cdots & a_2b_n \\ \vdots & \vdots & & \vdots \\ a_nb_1 & a_nb_2 & \cdots & a_nb_n \end{bmatrix}$，其中 $a_i \neq 0$，$b_i \neq 0 (i = 1, 2, \cdots, n)$，则矩

阵 A 的秩等于：

A. n B. 0 C. 1 D. 2

1-7-11 对任意 n 阶方阵 A、B，则有：

A. $|A + B| = |A| + |B|$ B. $(AB)^T = A^T B^T$

C. $(A + B)^2 = A^2 + 2AB + B^2$ D. $|AB| = |BA|$

1-7-12 设方阵 A 满足 $A^2 - 2A + 3E = 0$，A 可逆，则 $A^{-1} =$

A. $\dfrac{1}{3}(A - 2E)$ B. $-\dfrac{1}{3}(A - 2E)$

C. $\dfrac{1}{3}(A + 2E)$ D. $-\dfrac{1}{3}(A + 2E)$

1-7-13 矩阵 $A = \begin{bmatrix} 1 & 2 & 4 \\ 0 & 2 & 0 \\ 2 & -1 & 3 \end{bmatrix}$ 的特征值为：

A. $-1, 2, 5$ B. $-1, 2, -5$

C. $-1, -2, 5$ D. $1, -2, -5$

1-7-14 已知二次型 $f = x^2 + 3y^2 + az^2 + 2xy - 4yz$ 的秩为 2，则系数 a 等于：

A. 4 B. 2 C. 1 D. 0

1-7-15 对任意一个 n 阶方阵，$A + A^T$ 一定是：

A. 对称阵 B. 反对称阵

C. 零矩阵 D. 对角矩阵

第八节　概率论与数理统计

★★★一、随机事件与概率

（一）基本概念

具有下列三个特点的试验称为随机试验（用符号 E 表示）：

（1）可以在相同的条件下重复地进行；

（2）每次试验的可能结果不止一个，并且能事先明确试验的所有可能结果；

（3）进行一次试验之前不能确定哪一个结果会出现。

将随机试验 E 的所有可能结果组成的集合称为 E 的样本空间，记为 S。样本空间的元素，即 E 的每个结果，称为样本点。例如：抛一枚硬币，观察正面 H、反面 T 出现的情况。该试验 E 的样本空间 S：$\{H, T\}$。

一般我们称试验 E 的样本空间 S 的子集为 E 的随机事件，简称事件。在每次试验中，当且仅当这一子集中的一个样本点出现时，称这一事件发生。特别地，由一个样本点组成的单点集，称为基本事件。例如，上面举例的试验 E 有两个基本事件 $\{H\}$ 和 $\{T\}$。

样本空间 S 包含所有的样本点，它是 S 自身的子集，在每次试验中它总是发生的，S 称为必然事件。空集 $\varnothing$ 不包含任何样本点，它也作为样本空间的子集，它在每次试验中都不发生，$\varnothing$ 称为不可能事件。

（二）事件的关系与事件的运算

设试验 E 的样本空间为 S，而 A、B、$A_k（k=1，2，\cdots）$ 是 S 的子集（图 1-8-1）。

1. 若 $A \subset B$，则称事件 B 包含事件 A，这指的是事件 A 发生必导致事件 B 发生。若 $A \subset B$ 且 $B \subset A$，即 $A=B$，则称事件 A 与事件 B 相等。

2. 事件 $A \bigcup B = \{x \mid x \in A 或 x \in B\}$ 称为事件 A 与事件 B 的和事件。当且仅当 A、B 中至少有一个发生时，事件 $A \bigcup B$ 发生。

3. 事件 $A \bigcap B = \{x \mid x \in A 且 x \in B\}$ 称为事件 A 与事件 B 的积事件。当且仅当 A、B 同时发生时，事件 $A \bigcap B$ 发生。注意，$A \bigcap B$ 也记作 AB。

4. 事件 $A-B = \{x \mid x \in A 且 x \notin B\}$ 称为事件 A 与事件 B 的差事件。当且仅当 A 发生、B 不发生时事件 $A-B$ 发生。

5. 若 $A \bigcap B = \varnothing$，则称事件 A 与 B 是互不相容的或互斥的。这指的是事件 A 与事件 B 不能同时发生。基本事件是两两互不相容的。

6. 若 $A \bigcup B = S$ 且 $A \bigcap B = \varnothing$，则称事件 A 与事件 B 互为逆事件，又称事件 A 与事件 B 互为对立事件。这指的是对每次试验而言，事件 A、B 中必有一个发生，且仅有一个发生。A 的对立事件记为 $\overline{A}$，即 $\overline{A} = S-A$。当 A 与 B 互为对立事件时，记 $B = \overline{A}$。

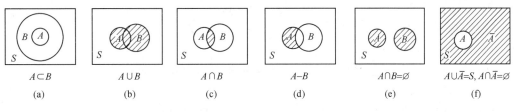

$A \subset B$	$A \bigcup B$	$A \bigcap B$	$A-B$	$A \bigcap B = \varnothing$	$A \bigcup \overline{A} = S, A \bigcap \overline{A} = \varnothing$
(a)	(b)	(c)	(d)	(e)	(f)

图 1-8-1

事件的运算律：

交换律：$A \bigcap B = B \bigcap A$（或表达为 $AB = BA$）；$A \bigcup B = B \bigcup A$

结合律：$A \bigcup (B \bigcup C) = (A \bigcup B) \bigcup C$

　　　　$A \bigcap (B \bigcap C) = (A \bigcap B) \bigcap C$

分配律：$A \bigcup (B \bigcap C) = (A \bigcup B) \bigcap (A \bigcup C)$

　　　　$A \bigcap (B \bigcup C) = (A \bigcap B) \bigcup (A \bigcap C)$

德摩根律：$\overline{A \bigcup B} = \overline{A} \bigcup \overline{B}$；$\overline{A \bigcap B} = \overline{A} \bigcup \overline{B}$

【例 1-8-1】（历年真题）有 A、B、C 三个事件，下列选择中与事件 A 互斥的是：

A. $\overline{B \bigcup C}$　　　　　　　　　　　B. $\overline{A \bigcup B \bigcup C}$

C. $\overline{A}B + AC$　　　　　　　　　　　D. $A(B+C)$

【解答】A 项：$A\overline{B \bigcup C} = A\overline{B}\,\overline{C}$，可能发生，A 项错误。

B 项：$A\overline{A}\bigcup B\bigcup C=A\overline{A}\,\overline{B}\,\overline{C}=\varnothing$，B 项正确。

应选 B 项。

(三) 概率及其性质

概率 $P(A)$ 用来表征事件 A 在一次试验中发生的可能性的大小。

概率的性质如下：

(1) $P(\varnothing)=0$；

(2) 若 A_1，A_2，$\cdots$，A_n 是两两互不相容的事件，则：$P(A_1\bigcup A_2\bigcup\cdots\bigcup A_n)=P(A_1)+P(A_2)+\cdots+P(A_n)$；

(3) 设 A、B 是两个事件，若 $A\subset B$，则：

$$P(B-A)=P(B)-P(A)；P(B)\geqslant P(A)$$

(4) 对于任一事件 A，则有：$P(A)\leqslant 1$；

(5) 对于任一事件 A，则：$P(\overline{A})=1-P(A)$；

(6) 对于任意两事件 A、B，则：$P(A\bigcup B)=P(A)+P(B)-P(AB)$。

【例 1-8-2】 (历年真题) 若 $P(A)=0.8$，$P(A\overline{B})=0.2$，则 $P(\overline{A}\bigcup\overline{B})$ 等于：

A. 0.4   B. 0.6   C. 0   D. 0.3

【解答】 $A=A(B\bigcup\overline{B})$，则：$A=AB\bigcup A\overline{B}$

即：$P(A)=P(AB)+P(A\overline{B})$，$P(AB)=0.8-0.2=0.6$

$$P(\overline{A}\bigcup\overline{B})=P(\overline{A\bigcap B})=1-P(AB)=1-0.6=0.4$$

应选 A 项。

【例 1-8-3】 (历年真题) 若 $P(A)=0.5$，$P(B)=0.4$，$P(\overline{A}-B)=0.3$，则 $P(A\bigcup B)$ 等于：

A. 0.9   B. 0.8   C. 0.7   D. 0.6

【解答】 $\overline{A}-B=\overline{A}\bigcap\overline{B}=\overline{A\bigcup B}$

或：$\overline{A}-B=S-A-B=\overline{A\bigcup B}$

$$P(A\bigcup B)=1-P(\overline{A\bigcup B})=1-P(\overline{A}-B)=1-0.3=0.7$$

应选 C 项。

【例 1-8-4】 (历年真题) 若事件 A、B 互不相容，且 $P(A)=p$，$P(B)=q$，则 $P(\overline{A}\,\overline{B})$ 等于：

A. $1-p$ B. $1-q$

C. $1-(p+q)$ D. $1+p+q$

【解答】 A、B 互不相容，$P(AB)=0$；$\overline{A}\,\overline{B}=\overline{A\bigcup B}$

$$P(\overline{A}\,\overline{B})=P(\overline{A\bigcup B})=1-P(A\bigcup B)=1-[P(A)+P(B)-P(AB)]$$

$$=1-[p+q-0]=1-(p+q)$$

应选 C 项。

【例 1-8-5】 (历年真题) 设 A、B 是两个事件，$P(A)=0.3$，$P(B)=0.8$，则当 $P(A\bigcup B)$ 为最小值时，$P(AB)$ 等于：

A. 0.1   B. 0.2   C. 0.3   D. 0.4

【解答】 $P(A\bigcup B)=P(A)+P(B)-P(AB)=0.3+0.8-P(AB)=1.1-P(AB)$

由于 $P(A) < P(B)$，故 $P(A \bigcup B)$ 的最小值为：$P(B) = 0.8$，相应地，$P(AB) = 1.1 - 0.8 = 0.3$，应选 C 项。

（四）古典概型（等可能概型）

如果试验只可能有有限个（记作 n）不同的试验结果，且这些不同结果的出现具有等可能性，则随机事件 A 的概率为：

$$P(A) = \frac{m}{n}$$

其中，m 为 A 所包含的不同试验结果的个数。这个概率称为古典（型）概率；用这个方法计算概率的数学模型称为古典概型。

例如，设有 N 件产品，其中有 D 件次品，现从中任取 n 件，其中恰有 $k(k \leqslant D)$ 件次品的概率是：

$$P(A) = \frac{C_D^k \cdot C_{N-D}^{n-k}}{C_N^n}$$

【例 1-8-6】（历年真题）袋中有 5 个球，其中 3 个是白球，2 个是红球，一次随机地取出 3 个球，其中恰有 2 个是白球的概率是：

A. $\left(\frac{3}{5}\right)^2 \frac{2}{5}$ 　　　　　　　　　　B. $C_5^3 \left(\frac{3}{5}\right)^2 \frac{1}{5}$

C. $\left(\frac{3}{5}\right)^2$ 　　　　　　　　　　　　D. $\dfrac{C_3^2 C_2^1}{C_5^3}$

【解答】恰有 2 个白球的概率：$P(A) = \dfrac{C_3^2 \cdot C_2^1}{C_5^3}$

应选 D 项。

【例 1-8-7】 n 张奖券中含有 m 张有奖的，k 个人购买，每人一张，其中至少有一个人中奖的概率是：

A. $1 - \dfrac{C_{n-m}^k}{C_n^k}$ 　　　B. $\dfrac{m}{C_n^k}$ 　　　C. $\dfrac{C_m^1 C_{n-m}^{k-1}}{C_n^k}$ 　　　D. $\sum\limits_{r=1}^{k} \dfrac{C_m^r}{C_n^k}$

【解答】 k 个人都未中奖的概率：$\dfrac{C_{n-m}^k}{C_n^k}$

至少有一个人中奖的概率：$1 - \dfrac{C_{n-m}^k}{C_n^k}$

应选 A 项。

（五）条件概率

1. 条件概率

设 A、B 是两个事件，且 $P(A) > 0$，称

$$P(B \mid A) = \frac{P(AB)}{P(A)}$$

为在事件 A 发生的条件下事件 B 发生的条件概率。

前面介绍的概率的性质都适用于条件概率。例如，对于任意事件 B_1、B_2，则有：

$P(B_1 \bigcup B_2 \mid A) = P(B_1 \mid A) + P(B_2 \mid A) - P(B_1 B_2 \mid A)$

例如,一盒子装有 4 只产品,其中有 3 只一等品,1 只二等品。从中取产品两次,每次任取一只,作不放回抽样。设事件 A 为"第一次取到的是一等品",事件 B 为"第二次取到的是一等品",求条件概率 $P(B \mid A)$。

该问题的分析:样本空间 S 的元素(样本点)有 12 个;A 的样本点有 9 个;AB 的样本点有 6 个,则:

$$P(B \mid A) = \frac{P(AB)}{P(A)} = \frac{\frac{6}{12}}{\frac{9}{12}} = \frac{6}{9} = \frac{2}{3}$$

也可以直接按条件概率的含义求 $P(B \mid A)$,即 A 的样本点 9 个只有 6 个属于 B,则:

$$P(B \mid A) = \frac{6}{9} = \frac{2}{3}$$

2. 乘法定理

设 $P(A) > 0$,则:$P(AB) = P(B \mid A)P(A)$

3. 全概率公式

设试验 E 的样本空间为 S,A 为 E 的事件,B_1,B_2,…,B_n 为 S 的一个划分,且 $P(B_i) > 0 (i = 1, 2, \cdots, n)$,则:

$$P(A) = P(A \mid B_1)P(B_1) + P(A \mid B_2)P(B_2) + \cdots + P(A \mid B_n)P(B_n)$$

4. 贝叶斯公式

设试验 E 的样本空间为 S,A 为 E 的事件,B_1,B_2,…,B_n 为 S 的一个划分,且 $P(A) > 0$,$P(B_i) > 0 (i = 1, 2, \cdots, n)$,则:

$$P(B_i \mid A) = \frac{P(A \mid B_i)P(B_i)}{\sum_{j=1}^{n}P(A \mid B_j)P(B_j)} \quad (i = 1, 2, \cdots, n)$$

注意,上式右端分母的实质是:$\sum_{j=1}^{n}P(A \mid B_j)P(B_j) = P(A)$

上式右端分子的实质是:$P(A \mid B_i)P(B_i) = P(B_iA)$

【例 1-8-8】 某电子设备制造厂所用的元件是由三家元件制造厂提供的。根据以往的记录有以下的数据(例 1-8-8 表)。

例 1-8-8 表

元件制造厂	次品率	提供元件的份额
1	0.02	0.15
2	0.01	0.75
3	0.03	0.10

设这三家工厂的产品在仓库中是均匀混合的,且无区别的标志。

在仓库中随机取一只元件,若取到的是次品,则该产品由第 1 家工厂生产的概率是:

A. 0.16   B. 0.22   C. 0.43   D. 0.64

【解答】 设 A 表示"取到的是一只次品",$B_i(i = 1, 2, 3)$ 表示"所取到的产品是由第 i 家工厂提供的"。

$$P(B_1) = 0.15, P(B_2) = 0.75, P(B_3) = 0.10$$

$$P(A \mid B_1) = 0.02, P(A \mid B_2) = 0.01, P(A \mid B_3) = 0.03$$

$$P(B_1 \mid A) = \frac{P(A \mid B_1)P(B_1)}{P(A \mid B_1)P(B_1) + P(A \mid B_2)P(B_2) + P(A \mid B_3)P(B_3)}$$

$$= \frac{0.02 \times 0.15}{0.02 \times 0.15 + 0.01 \times 0.75 + 0.03 \times 0.10} = 0.22$$

应选 B 项。

【例 1-8-9】（历年真题）设 A、B 是两事件，$P(A) = \frac{1}{4}$，$P(B \mid A) = \frac{1}{3}$，$P(A \mid B) = \frac{1}{2}$，则 $P(A \bigcup B)$ 等于：

A. $\frac{3}{4}$ B. $\frac{3}{5}$ C. $\frac{1}{2}$ D. $\frac{1}{3}$

【解答】$P(AB) = P(A)P(B \mid A) = \frac{1}{4} \times \frac{1}{3} = \frac{1}{12}$

$P(AB) = P(B)P(A \mid B)$，则：$P(B) = \frac{1/12}{1/2} = 1/6$

$P(A \bigcup B) = P(A) + P(B) - P(AB) = \frac{1}{4} + \frac{1}{6} - \frac{1}{12} = \frac{1}{3}$

应选 D 项。

（六）独立性

1. 事件的相互独立性

设 A、B 是两事件，如果满足等式

$$P(AB) = P(A)P(B)$$

则称事件 A、B 相互独立，简称 A、B 独立。

（1）设 A、B 是两事件，且 $P(A) > 0$，若 A、B 相互独立，则 $P(B \mid A) = P(B)$；反之亦然。

（2）若事件 A 与 B 相互独立，则下列各对事件也相互独立：

$$A \text{ 与 } \overline{B}, \overline{A} \text{ 与 } B, \overline{A} \text{ 与 } \overline{B}$$

（3）设 A、B、C 是三个事件，如果满足下列等式

$$P(AB) = P(A)P(B)$$

$$P(BC) = P(B)P(C)$$

$$P(AC) = P(A)P(C)$$

$$P(ABC) = P(A)P(B)P(C)$$

则称事件 A、B、C 相互独立。

一般地，设 $A_1, A_2, \cdots, A_n$ 是 $n(n \geqslant 2)$ 个事件，如果对于其中任意 2 个，任意 3 个，$\cdots$，任意 n 个事件的积事件的概率，都等于各事件概率之积，则称事件 $A_1, A_2, \cdots, A_n$ 相互独立。

2. 独立重复试验

设试验 E 只有两个可能结果：A 及 $\overline{A}$，则称 E 为伯努利试验。设 $P(A) = p(0 < p < 1)$，此时 $P(\overline{A}) = 1 - p$，将试验 E 独立重复地进行 n 次，则称这一串重复的独立试验为 n 重伯努利试验。这里"重复"是指在每次试验中 $P(A) = p$ 保持不变；"独立"是指各次试

验的结果互不影响。在 n 次试验中 A 发生 k 次的概率为：

$$P\{X=k\}=C_n^k p^k (1-p)^{n-k} \quad (k=0,1,2,\cdots,n)$$

上式也称为二次分布。

【例 1-8-10】（历年真题）设事件 A、B 相互独立，且 $P(A)=\dfrac{1}{2}$，$P(B)=\dfrac{1}{3}$，则 $P(B \mid A \bigcup \overline{B})$ 等于：

A. $\dfrac{5}{6}$ 　　　　 B. $\dfrac{1}{6}$ 　　　　 C. $\dfrac{1}{3}$ 　　　　 D. $\dfrac{1}{5}$

【解答】 $B(A \bigcup \overline{B})=BA \bigcup B\overline{B}=BA=AB$，$P(\overline{B})=1-\dfrac{1}{3}=\dfrac{2}{3}$

$$P(B \mid A \bigcup \overline{B})=\frac{P(AB)}{P(A \bigcup \overline{B})}=\frac{P(A)P(B)}{P(A)+P(\overline{B})-P(A)P(\overline{B})}$$

$$=\frac{\dfrac{1}{2} \times \dfrac{1}{3}}{\dfrac{1}{2}+\dfrac{2}{3}-\dfrac{1}{2} \times \dfrac{2}{3}}=\frac{1}{5}$$

应选 D 项。

【例 1-8-11】（历年真题）设有事件 A 和 B，已知 $P(A)=0.8$，$P(B)=0.7$，且 $P(A \mid B)=0.8$，则下列结论中正确的是：

A. A 与 B 独立 　　　　　　　　　 B. A 与 B 互斥

C. $B \supset A$ 　　　　　　　　　　 D. $P(A \bigcup B)=P(A)+P(B)$

【解答】 $P(AB)=P(B)P(A \mid B)=0.7 \times 0.8=0.56$

假定：$P(AB)=P(A)P(B)=0.8 \times 0.7=0.56$

可知，假定正确，即 A 与 B 独立，应选 A 项。

【例 1-8-12】（历年真题）若 $P(A)>0$，$P(B)>0$，$P(A \mid B)=P(A)$，则下列各式不成立的是：

A. $P(B \mid A)=P(B)$ 　　　　　　　 B. $P(A \mid \overline{B})=P(A)$

C. $P(AB)=P(A)P(B)$ 　　　　　　　 D. A、B 互斥

【解答】 $P(A \mid B)=\dfrac{P(AB)}{P(B)}$，由条件 $P(A \mid B)=P(A)$

$\dfrac{P(AB)}{P(B)}=P(A)$，即：$P(AB)=P(A)P(B)$，A 与 B 相互独立。又 $P(A)>0$，$P(B)>0$，则：$P(AB) \neq 0$，即 $AB \neq \varnothing$，故 A 与 B 相容，所以 D 项错误，应选 D 项。

【例 1-8-13】 设某人打靶，每次命中率为 0.8。现独立地重复射击 5 次，则至少命中 4 次的概率为：

A. $C_5^4 0.8^4 \times 0.2$ 　　　　　　　 B. $0.8^4 \times 0.2+0.8^5$

C. $C_5^4 0.8^4 \times 0.2+0.8^5$ 　　　　　 D. 0.8^5

【解答】 事件 A：至少命中 4 次；事件 B：恰命中 4 次；事件 C：恰命中 5 次。

$$P(A)=P(B)+P(C)=C_5^4 0.8^4 \times 0.2+C_5^5 0.8^5 \times 0.2^0$$

应选 C 项。

二、随机变量及其分布

设随机试验的样本空间为 $S = \{e\}$，$X = X(e)$ 是定义在样本空间 S 上的实值单值函数，称 $X = X(e)$ 为随机变量。

（一）随机变量的分布函数

设 X 是一个随机变量，x 是任意实数，函数

$$F(x) = P\{X \leqslant x\}(-\infty < x < \infty)$$

称为 X 的分布函数。

对于任意实数 x_1、$x_2(x_1 < x_2)$，有：

$$P\{x_1 < X \leqslant x_2\} = P\{X \leqslant x_2\} - P\{X \leqslant x_1\} = F(x_2) - F(x_1)$$

上式表明，若已知随机变量 X 的分布函数，我们就知道 X 落在任一区间 $(x_1, x_2]$ 上的概率，从这个意义上说，分布函数完整地描述了随机变量的统计规律性。

分布函数 $F(x)$ 具有以下的基本性质：

（1）$F(x)$ 是一个不减函数；

（2）$0 \leqslant F(x) \leqslant 1$，且 $F(-\infty) = \lim\limits_{x \to \infty} F(x) = 0$，$F(\infty) = \lim\limits_{x \to \infty} F(x) = 1$；

（3）$F(x+0) = F(x)$，即 $F(x)$ 是右连续的。

★★★（二）离散型随机变量及其分布律与分布函数

有些随机变量，它全部可能取到的值是有限个或可列无限多个，这种随机变量称为离散型随机变量。

设离散型随机变量 X 所有可能取的值为 $x_k(k = 1, 2, \cdots)$，X 取各个可能值的概率，即事件 $\{X = x_k\}$ 的概率为：

$$P\{X = x_k\} = p_k, \ k = 1, 2, \cdots$$

上式为离散型随机变量 X 的分布律，分布律也可以用表格的形式来表示

X	x_1	x_2	$\cdots$	x_n	$\cdots$
p_k	p_1	p_2	$\cdots$	p_n	$\cdots$

由概率的定义，p_k 满足如下两个条件：

（1）$p_k \geqslant 0(k = 1, 2, \cdots)$；

（2）$\sum\limits_{k=1}^{\infty} p_k = 1$。

离散型随机变量的分布函数：

$$F(x) = P\{X \leqslant x\} = \sum_{x_k \leqslant x} P\{X = x_k\}$$

即

$$F(x) = \sum_{x_k \leqslant x} p_k$$

【例1-8-14】（历年真题）离散型随机变量 X 的分布律为 $P(X = k) = C\lambda^k(k = 0, 1, 2, \cdots)$，则下列不成立的是：

A. $C > 0$　　　　B. $0 < \lambda < 1$　　　　C. $C = 1 - \lambda$　　　　D. $C = \dfrac{1}{1 - \lambda}$

【解答】根据分布律的性质：

$C\lambda^k \geqslant 0(k=0, 1, \cdots)$；当 $|\lambda|<1$，$\sum\limits_{k=0}^{\infty}C\lambda^k=\dfrac{C}{1-\lambda}=1$，故 $C>0$，$0<\lambda<1$

故 D 项错误，选 D 项。

【例 1-8-15】若 $P(X\leqslant x_2)=0.6$，$P(X\geqslant x_1)=0.7$，其中 $x_1<x_2$，则 $P(x_1\leqslant X\leqslant x_2)$ 的值为：

A. 0.7　　　　　　B. 0.6　　　　　　C. 0.3　　　　　　D. 0.1

【解答】$P(x_1\leqslant X\leqslant x_2)=P(X\leqslant x_2)-P(X<x_1)$

$\qquad\qquad=P(X\leqslant x_2)-[1-P(X\geqslant x_1)]=0.6-(1-0.7)=0.3$

应选 C 项。

★★★（三）连续型随机变量及其概率密度与分布函数

如果对于随机变量 X 的分布函数 $F(x)$，存在非负可积函数 $f(x)$，使对于任意实数 x 有：

$$F(x)=\int_{-\infty}^{x}f(t)\mathrm{d}t$$

则称 X 为连续型随机变量，$f(x)$ 称为 X 的概率密度函数，简称概率密度。

由上式可知，连续型随机变量的分布函数是连续函数。

由定义知道，概率密度 $f(x)$ 具有以下性质：

（1）$f(x)\geqslant 0$；

（2）$\int_{-\infty}^{\infty}f(x)\mathrm{d}x=1$；

（3）对于任意实数 x_1、$x_2(x_1\leqslant x_2)$，有：$P\{x_1<X\leqslant x_2\}=F(x_2)-F(x_1)$

$=\int_{x1}^{x_2}f(x)\mathrm{d}x$；

（4）若 $f(x)$ 在点 x 处连续，则有 $F'(x)=f(x)$。

应注意的是，对任一指定实数值 a，有 $P\{X=a\}=0$。由此可知，在计算连续型随机变量落在某一区间的概率时，可以不必区分该区间是开区间或闭区间或半闭区间。例如有：$P\{a<X\leqslant b\}=P\{a\leqslant X\leqslant b\}=P\{a<X<b\}$。

【例 1-8-16】（历年真题）下列函数中，可以作为连续型随机变量的分布函数的是：

A. $\Phi(x)=\begin{cases}0, & x<0 \\ 1-\mathrm{e}^x, & x\geqslant 0\end{cases}$　　　　B. $F(x)=\begin{cases}\mathrm{e}^x, & x<0 \\ 1, & x\geqslant 0\end{cases}$

C. $G(x)=\begin{cases}\mathrm{e}^{-x}, & x<0 \\ 1, & x\geqslant 0\end{cases}$　　　　D. $H(x)=\begin{cases}0, & x<0 \\ 1+\mathrm{e}^{-x}, & x\geqslant 0\end{cases}$

【解答】根据连续型随机变量的分布函数的性质：

A 项：$\lim\limits_{x\to\infty}\Phi(x)=-\infty$，A 项错误。

B 项：$\lim\limits_{x\to-\infty}F(x)=0$，$\lim\limits_{x\to\infty}F(x)=1$，$0\leqslant F(x)\leqslant 1$，$F(x)$ 右连续，满足，应选 B 项。

【例 1-8-17】（历年真题）设随机变量 X 的概率密度为 $f(x)=\begin{cases}\dfrac{1}{x^2} & x\geqslant 1 \\ 0 & \text{其他}\end{cases}$，则 $P(0\leqslant X\leqslant 3)$ 等于：

A. $\dfrac{1}{3}$　　　　B. $\dfrac{2}{3}$　　　　C. $\dfrac{1}{2}$　　　　D. $\dfrac{1}{4}$

【解答】$P(0 \leqslant X \leqslant 3) = \displaystyle\int_0^3 f(x)\mathrm{d}x = \int_1^3 \dfrac{1}{x^2}\mathrm{d}x = -\dfrac{1}{x}\Big|_1^3$

$$= -\left(\dfrac{1}{3} - 1\right) = \dfrac{2}{3}$$

应选 B 项。

★★★（四）常用随机变量

1. 离散型随机变量

（1）两点分布（也称为 0-1 分布）

设随机变量 X 只可能取 0 与 1 两个值，它的分布律是：

$$P\{X=k\} = p^k(1-p)^{1-k} \quad (k=0,1; \ 0<p<1)$$

或

X	0	1
p_k	$1-p$	p

称 X 服从以 p 为参数的（0-1）分布。

（2）二次分布 $b(n,p)$

以 X 表示 n 重伯努利试验中事件 A 发生的次数，X 是一个随机变量，事件 A 的概率为：

$$P\{X=k\} = C_n^k p^k q^{n-k}(k=0,1,2,\cdots,n; \ q=1-p)$$

称随机变量 X 服从参数为 n、p 的二项分布，记为 $X \sim b(n,p)$。

当 $n=1$ 时，二项分布 $b(1,p)$ 为：$p\{x=k\} = p^k q^{1-k}(k=0,1)$，就是（0-1）分布。

（3）泊松分布 $\pi(\lambda)$

设随机变量 X 所有可能取的值为 $0,1,2,\cdots$，而取各个值的概率为：

$$P\{X=k\} = \dfrac{\lambda^k \mathrm{e}^{-\lambda}}{k!}(k=0,1,2,\cdots)$$

其中 $\lambda>0$ 是常数，则称 X 服从参数为 λ 的泊松分布，记为 $X \sim \pi(\lambda)$。

2. 连续型随机变量

（1）均匀分布 $U(a,b)$

若连续型随机变量 X 具有概率密度

$$f(x) = \begin{cases} \dfrac{1}{b-a} & (a<x<b) \\ 0 & \text{（其他）} \end{cases}$$

则称 X 在区间 (a,b) 上服从均匀分布，记为 $X \sim U(a,b)$。

（2）指数分布

若连续型随机变量 X 的概率密度为

$$f(x) = \begin{cases} \lambda \mathrm{e}^{-\lambda x} & (x>b) \\ 0 & \text{（其他）} \end{cases}$$

其中，$\lambda>0$，为常数，则称 X 服从参数为 λ 的指数分布。

（3）正态分布

若连续型随机变量 X 的概率密度为

$$f(x) = \frac{1}{\sqrt{2\pi}\sigma} e^{-\frac{(x-\mu)^2}{2\sigma^2}} \quad (-\infty < x < \infty)$$

其中，μ、$\sigma(\sigma > 0)$ 为常数，则称 X 服从参数为 μ、σ 的正态分布或高斯分布，记为 $X \sim N(\mu, \sigma^2)$。$f(x)$ 的图形曲线关于 $x = \mu$ 对称；当 $x = \mu$ 时，$f(\mu)$ 为最大值。

由上式可得 X 的分布函数为（图 1-8-2）：

$$F(x) = \int_{-\infty}^{x} f(t)\,dt = \frac{1}{\sqrt{2\pi}\sigma} \int_{-\infty}^{x} e^{-\frac{(t-\mu)^2}{2\sigma^2}}\,dt$$

特别，当 $\mu = 0$、$\sigma = 1$ 时称随机变量 X 服从标准正态分布，其概率密度和分布函数分别用 $\varphi(x)$、$\Phi(x)$ 表示，即：

$$\varphi(x) = \frac{1}{\sqrt{2\pi}} e^{-x^2/2}$$

$$\Phi(x) = \frac{1}{\sqrt{2\pi}} \int_{-\infty}^{x} e^{-t^2/2}\,dt$$

$$\Phi(-x) = 1 - \Phi(x)$$

容易得到（图 1-8-3）：

可知，$\Phi(0) = \dfrac{1}{2}$。为了方便计算，人们已编制了 $\Phi(x)$ 的函数表。如图 1-8-4 所示，查 $\Phi(x)$ 的函数表可得其值，如 $\Phi(1) = 0.8413$，$\Phi(2) = 0.9772$。

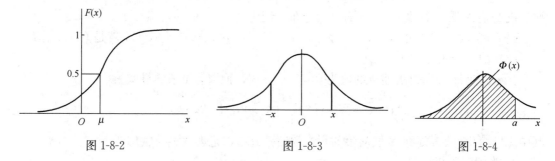

图 1-8-2   图 1-8-3   图 1-8-4

若 $X \sim N(\mu, \sigma^2)$，则 $Z = \dfrac{X-\mu}{\sigma} \sim N(0, 1)$。

于是，若 $X \sim N(\mu, \sigma^2)$，则它的分布函数 $F(x)$ 可写成

$$F(x) = P\{X \leqslant x\} = P\left\{\frac{X-\mu}{\sigma} \leqslant \frac{x-\mu}{\sigma}\right\} = \Phi\left(\frac{x-\mu}{\sigma}\right)$$

对于任意区间 $(x_1, x_2]$，有：

$$P\{x_1 < X \leqslant x_2\} = P\left\{\frac{x_1-\mu}{\sigma} < \frac{X-\mu}{\sigma} \leqslant \frac{x_2-\mu}{\sigma}\right\} = \Phi\left(\frac{x_2-\mu}{\sigma}\right) - \Phi\left(\frac{x_1-\mu}{\sigma}\right)$$

为了便于在数理统计中的应用，对于标准正态随机变量，引入上 α 分位点的定义，即：设 $X \sim N(0, 1)$，若 z_α 满足条件

$$P\{X > z_\alpha\} = \alpha \quad (0 < \alpha < 1)$$

则称点 z_α 为标准正态分布的上 α 分位点（图 1-8-5）。

例如：$\alpha = 0.05$，$z_\alpha = z_{0.05} = 1.645$；$\alpha = 0.025$，$z_{0.025} = 1.960$。

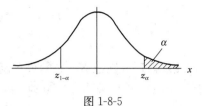

图 1-8-5

由 $\varphi(x)$ 图形的对称性可知，$z_{1-\alpha} = -z_\alpha$。

此外，根据 $\Phi(x)$ 的定义可知，$\Phi(z_\alpha) = P(X \leqslant z_\alpha) = 1 - \alpha$。

【例 1-8-18】设 $\Phi(1) = a$，$X \sim N(2, 9)$，则 $P(-1 < X < 5)$ 等于：

A. $2a + 1$　　　　　B. $2a - 1$　　　　　C. $a + 1$　　　　　D. $a - 1$

【解答】$\Phi(-1) = 1 - \Phi(1) = 1 - a$；$X \sim N(2, 9)$，则 $\mu = 2$，$\sigma = 3$

$$P(-1 < X < 5) = \Phi\left(\frac{5-2}{3}\right) - \Phi\left(\frac{-1-2}{3}\right) = \Phi(1) - \Phi(-1) = a - (1-a)$$
$$= 2a - 1$$

应选 B 项。

★★★（五）随机变量的函数的分布

由已知的随机变量 X 的概率分布去求得它的函数 $Y = g(X)$ [$g(\cdot)$ 是已知的连续函数] 的概率分布。这里 Y 是这样的随机变量，当 X 取值 x 时，Y 取值 $g(x)$。

【例 1-8-19】设随机变量 X 具有以下的分布律，则 $Y = (X-1)^2$ 的分布律为：

X	-1	0	1	2
p_k	0.2	0.3	0.1	0.4

A. $P\{Y = 1\} = 0.7$，$P\{Y = 4\} = 0.1$　　B. $P\{Y = 0\} = 0.1$，$P\{Y = 1\} = 0.7$

C. $P\{Y = 1\} = 0.7$，$P\{Y = 4\} = 0.2$　　D. $P\{Y = 0\} = 0.2$，$P\{Y = 1\} = 0.7$

【解答】Y 所有可能取的值为 0，1，4，则：

$$P\{Y = 0\} = P\{(X-1)^2 = 0\} = P\{X = 1\} = 0.1$$
$$P\{Y = 1\} = P\{X = 0\} + P\{X = 2\} = 0.3 + 0.4 = 0.7$$
$$P\{Y = 4\} = P\{X = -1\} = 0.2$$

即得 Y 的分布律为：

Y	0	1	4
p_k	0.1	0.7	0.2

应选 B 项。

【例 1-8-20】设随机变量 X 具有概率密度 $f_X(x)$，$-\infty < x < \infty$，$Y = X^2$ 的概率密度为：

A. $f_Y(y) = \begin{cases} \dfrac{1}{\sqrt{y}}[f_X(\sqrt{y}) + f_X(-\sqrt{y})] & (y > 0) \\ 0 & (y \leqslant 0) \end{cases}$

B. $f_Y(y) = \begin{cases} \dfrac{1}{\sqrt{y}}[f_X(\sqrt{y}) - f_X(-\sqrt{y})] & (y > 0) \\ 0 & (y \leqslant 0) \end{cases}$

C. $f_Y(y) = \begin{cases} \dfrac{1}{2\sqrt{y}}[f_X(\sqrt{y}) + f_X(-\sqrt{y})] & (y > 0) \\ 0 & (y \leqslant 0) \end{cases}$

D. $f_Y(y) = \begin{cases} \dfrac{1}{2\sqrt{y}}\left[f_X(\sqrt{y}) - f_X(-\sqrt{y})\right] & (y > 0) \\ 0 & (y \leqslant 0) \end{cases}$

【解答】分别记 X、Y 的分布函数为 $F_X(x)$、$F_Y(y)$。先来求 Y 的分布函数 $F_Y(y)$，由于 $Y = X^2 \geqslant 0$，故当 $y \leqslant 0$ 时，$F_Y(y) = 0$。当 $y > 0$ 时，有：

$$F_Y(y) = P\{Y \leqslant y\} = P\{X^2 \leqslant y\}$$

$$= P\{-\sqrt{y} \leqslant X \leqslant \sqrt{y}\} = F_X(\sqrt{y}) - F_X(-\sqrt{y})$$

将 $F_Y(y)$ 关于 y 求导数，即得 Y 的概率密度为：

$$f_Y(y) = \begin{cases} \dfrac{1}{2\sqrt{y}}\left[f_X(\sqrt{y}) + f_X(-\sqrt{y})\right] & (y > 0) \\ 0 & (y \leqslant 0) \end{cases}$$

应选 C 项。

★（六）二维随机变量及其分布

1. 联合分布律

（1）离散型的随机变量

设二维离散型随机变量 (X, Y) 所有可能取的值为 (x_i, y_i)，$i, j = 1, 2, \cdots$，记 $P\{X = x_i, Y = y_i\} = p_{ij}$，$i, j = 1, 2, \cdots$，则由概率的定义有：

$$p_{ij} \geqslant 0, \ \sum_{i=1}^{\infty} \sum_{j=1}^{\infty} p_{ij} = 1$$

则称 $P\{X = x_i, Y = y_i\} = p_{ij}$，$i, j = 1, 2, \cdots$ 为二维离散型随机变量 (X, Y) 的分布律，或称为随机变量 X 和 Y 的联合分布律。

（2）连续型的随机变量

对于二维随机变量 (X, Y) 的分布函数 $F(x, y)$，如果存在非负可积函数 $f(x, y)$ 使对于任意 x、y 有：

$$F(x, y) = \int_{-\infty}^{y} \int_{-\infty}^{x} f(u, v)\mathrm{d}u\mathrm{d}v$$

则称 (X, Y) 是连续型的二维随机变量，函数 $f(x, y)$ 称为二维随机变量 (X, Y) 的概率密度，或称为随机变量 X 和 Y 的联合概率密度。

按定义，概率密度 $f(x, y)$ 具有以下性质：

（1）$f(x, y) \geqslant 0$；

（2）$\displaystyle\int_{-\infty}^{\infty} \int_{-\infty}^{\infty} f(x, y)\mathrm{d}x\mathrm{d}y = F(-\infty, \infty) = 1$；

（3）设 G 是 xOy 平面上的区域，点 (X, Y) 落在 G 内的概率为：$P\{(X, Y) \in G\} = \displaystyle\iint_G f(x, y) = \mathrm{d}x\mathrm{d}y$；

（4）若 $f(x, y)$ 在点 (x, y) 连续，则有：$\dfrac{\partial^2 F(x, y)}{\partial x \partial y} = f(x, y)$。

2. 边缘分布

二维随机变量 (X, Y)，X 和 Y 都是随机变量，各自也有分布函数，将它们分别记为 $F_X(x)$、$F_Y(y)$，依次称为二维随机变量 (X, Y) 关于 X 和关于 Y 的边缘分布函数。边缘分

布函数可以由 (X, Y) 的分布函数 $F(x, y)$ 确定。

（1）离散型随机变量

$$F_X(x) = F(x, \infty) = \sum_{x_i \leqslant x} \sum_{j=1}^{\infty} p_{ij}$$

X 的分布律为：$p_{i.} = \sum_{j=1}^{\infty} p_{ij} = P\{X = x_i\}$ （$i = 1, 2, \cdots$）

同理，Y 的分布律为：$p_{.j} = \sum_{i=1}^{\infty} p_{ij} = P\{Y = y_j\}$ （$j = 1, 2, \cdots$）

分别称 $p_{i.}(i = 1, 2, \cdots)$ 和 $p_{.j}(j = 1, 2, \cdots)$ 为 (X, Y) 关于 X 和关于 Y 的边缘分布律。注意，记号 $p_{i.}$ 中的"·"表示 p_i 是由 p_{ij} 关于 j 求和后得到的；同样，$p_{.j}$ 是由 p_{ij} 关于 i 求和后得到的。

（2）连续型随机变量

设连续型随机变量的概率密度为 $f(x, y)$，由于

$$F_X(x) = F(x, \infty) = \int_{-\infty}^{x} \left[\int_{-\infty}^{\infty} f(x, y) \mathrm{d}y \right] \mathrm{d}x$$

X 是一个连续型随机变量，则其概率密度为：

$$f_X(x) = \int_{-\infty}^{\infty} f(x, y) \mathrm{d}y$$

同理 $$f_Y(y) = \int_{-\infty}^{\infty} f(x, y) \mathrm{d}x$$

分别称 $f_X(x)$、$f_Y(y)$ 为 (X, Y) 关于 X 和关于 Y 的边缘概率密度。

3. 相互独立的随机变量

（1）离散型随机变量

当 (X, Y) 是离散型随机变量时，X 和 Y 相互独立的条件是：对于 (X, Y) 的所有可能取的值 (x_i, y_j) 有：

$$P\{X = x_i, Y = y_j\} = P\{X = x_i\}P\{Y = y_j\}$$

（2）连续型随机变量

设 (X, Y) 是连续型随机变量，$f(x, y)$、$f_X(x)$、$f_Y(y)$ 分别为 (X, Y) 的概率密度和边缘概率密度，则 X 和 Y 相互独立的条件是：

$$f(x, y) = f_X(x)f_Y(y)$$

上式在平面上几乎处处成立。

上述离散型随机变量、连续型随机变量，X 和 Y 相互独立的条件与定义随机变量 X 和 Y 是相互独立的条件 $F(x, y) = F_X(x)F_Y(y)$ 是等价的。

【例 1-8-21】（历年真题）若二维随机变量 (X, Y) 的分布规律为：

Y ＼ X	1	2	3
1	$\frac{1}{6}$	$\frac{1}{9}$	$\frac{1}{18}$
2	$\frac{1}{3}$	β	α

且 X 与 Y 相互独立，则 α、β 取值为：

A. $\alpha = \dfrac{1}{6}$，$\beta = \dfrac{1}{6}$ B. $\alpha = 0$，$\beta = \dfrac{1}{3}$

C. $\alpha = \dfrac{2}{9}$，$\beta = \dfrac{1}{9}$ D. $\alpha = \dfrac{1}{9}$，$\beta = \dfrac{2}{9}$

【解答】$P\{X = 2, Y = 1\} = P\{X = 2\}P\{Y = 1\}$

$\dfrac{1}{9} = \left(\dfrac{1}{9} + \beta\right) \times \left(\dfrac{1}{6} + \dfrac{1}{9} + \dfrac{1}{18}\right)$，可得：$\beta = \dfrac{2}{9}$

应选 D 项。

此外，$P(Y = 1) + P(Y = 2) = \dfrac{1}{6} + \dfrac{1}{9} + \dfrac{1}{18} + \dfrac{1}{3} + \beta + \alpha = 1$，可得：$\alpha = \dfrac{1}{9}$

【例 1-8-22】（历年真题）设二维随机变量（X，Y）的概率密度为 $f(x,y) = \begin{cases} e^{-2ax+by}, & x > 0, y > 0 \\ 0, & \text{其他} \end{cases}$，则常数 a、b 应满足的条件是：

A. $ab = -\dfrac{1}{2}$，且 $a > 0, b < 0$ B. $ab = \dfrac{1}{2}$，且 $a > 0, b > 0$

C. $ab = -\dfrac{1}{2}$，$a < 0, b < 0$ D. $ab = \dfrac{1}{2}$，且 $a < 0, b < 0$

【解答】$\displaystyle\int_{-\infty}^{+\infty}\int_{-\infty}^{+\infty} f(x, y)\mathrm{d}x\mathrm{d}y = 1$，则：

$$\int_0^{+\infty}\int_0^{+\infty} e^{-2ax+by}\mathrm{d}x\mathrm{d}y = \int_0^{+\infty} e^{-2ax}\mathrm{d}x \int_0^{+\infty} e^{by}\mathrm{d}y = 1$$

当 $a > 0, b < 0$ 时，上式 $= \dfrac{-1}{2a}e^{-2ax}\Big|_0^{+\infty} \cdot \dfrac{1}{b}e^{by}\Big|_0^{+\infty} = \dfrac{1}{2a} \cdot \left(\dfrac{-1}{b}\right) = 1$

应选 A 项。

三、随机变量的数字特征

★★★ （一）数学期望

1. 数学期望的定义

设离散型随机变量 X 的分布律为 $P\{X = x_k\} = p_k (k = 1, 2, \cdots)$，若级数 $\displaystyle\sum_{k=1}^{\infty} x_k p_k$ 绝

对收敛，则称级数 $\displaystyle\sum_{k=1}^{\infty} x_k p_k$ 的和为随机变量 X 的数学期望，记为 $E(X)$，即：

$$E(X) = \sum_{k=1}^{\infty} x_k p_k$$

设连续型随机变量 X 的概率密度为 $f(x)$，若积分 $\displaystyle\int_{-\infty}^{\infty} xf(x)\mathrm{d}x$ 绝对收敛，则称积分

$\displaystyle\int_{-\infty}^{\infty} xf(x)\mathrm{d}x$ 的值为随机变量 X 的数学期望，记为 $E(X)$，即：

$$E(X) = \int_{-\infty}^{\infty} xf(x)\mathrm{d}x$$

数学期望简称期望，又称为均值。

数学期望 $E(X)$ 完全由随机变量 X 的概率分布确定。

2. 数学期望的重要性质

(1) 设 C 是常数，则有 $E(C) = C$；

（2）设 X 是一个随机变量，C 是常数，则：$E(CX) = CE(X)$；

（3）设 X 是一个随机变量，C、b 均是常数，则：$E(CX + b) = CE(X) + b$；

（4）设 X、Y 是两个随机变量，则：$E(X + Y) = E(X) + E(Y)$；

（5）设 X、Y 是相互独立的随机变量，则：$E(XY) = E(X)E(Y)$。

这一性质可以推广到任意有限个相互独立的随机变量之积的情况。

3. 随机变量的函数的数学期望

（1）设 Y 是随机变量 X 的函数：$Y = g(X)$（g 是连续函数）：

1）如果 X 是离散型随机变量，它的分布律为 $P\{X = x_k\} = p_k$，$k = 1，2，\cdots$，若 $\sum\limits_{k=1}^{\infty} g(x_k) p_k$ 绝对收敛，则有：

$$E(Y) = E[g(X)] = \sum_{k=1}^{\infty} g(x_k) p_k$$

2）如果 X 是连续型随机变量，它的概率密度为 $f(x)$，若 $\int_{-\infty}^{\infty} g(x) f(x) \mathrm{d}x$ 绝对收敛，则有：

$$E(Y) = E[g(X)] = \int_{-\infty}^{\infty} g(x) f(x) \mathrm{d}x$$

由上可知，当求 $E(Y)$ 时，不必算出 Y 的分布律或概率密度，而只需利用 X 的分布律或概率密度就可以了。

（2）设 Z 是随机变量 X、Y 的函数 $Z = g(X, Y)$（g 是连续函数）：

1）若 (X, Y) 为离散型随机变量，其分布律为 $P\{X = x_i, Y = y_j\} = p_{ij}$，$i, j = 1，2，\cdots$，则有：

$$E(Z) = E[g(X, Y)] = \sum_{j=1}^{\infty} \sum_{i=1}^{\infty} g(x_i, y_j) p_{ij}$$

这里设上式右边的级数绝对收敛。

2）若二维随机变量 (X, Y) 的概率密度为 $f(x, y)$，则有：

$$E(Z) = E[g(X, Y)] = \int_{-\infty}^{\infty} \int_{-\infty}^{\infty} g(x, y) f(x, y) \mathrm{d}x \mathrm{d}y$$

这里设上式右边的积分绝对收敛。

【例 1-8-23】（历年真题）设随机变量 X 的分布函数为 $F(x) = \begin{cases} 0, & x \leqslant 0 \\ x^3, & 0 < x \leqslant 1 \\ 1, & x > 1 \end{cases}$，则数学期望 $E(X)$ 等于：

A. $\int_0^1 3x^2 \mathrm{d}x$ 　　　　　　　B. $\int_0^1 3x^3 \mathrm{d}x$

C. $\int_0^1 \dfrac{x^4}{4} \mathrm{d}x + \int_1^{+\infty} x \mathrm{d}x$ 　　　D. $\int_0^{+\infty} 3x^3 \mathrm{d}x$

【解答】

$$f(x) = F'(x) = \begin{cases} 3x^2, & 0 < x \leqslant 1 \\ 0, & 其他 \end{cases}$$

$$E(X) = \int_{-\infty}^{\infty} x f(x) \mathrm{d}x = \int_0^1 x \cdot 3x^2 \mathrm{d}x = \int_0^1 3x^3 \mathrm{d}x$$

应选 B 项。

【例 1-8-24】（历年真题）设 (X, Y) 的联合概率密度为 $f(x, y) = \begin{cases} k, 0 < x < 1, 0 < y < x \\ 0, 其他 \end{cases}$，则数学期望 $E(XY)$ 等于：

A. $\dfrac{1}{4}$ B. $\dfrac{1}{3}$ C. $\dfrac{1}{6}$ D. $\dfrac{1}{2}$

【解答】$\int_{-\infty}^{\infty} \int_{-\infty}^{\infty} f(x, y) \mathrm{d}x\mathrm{d}y = \int_0^1 \int_0^x k \mathrm{d}x\mathrm{d}y = \dfrac{k}{2} = 1$，可得：$k = 2$

$$E(XY) = \int_{-\infty}^{\infty} \int_{-\infty}^{\infty} xy f(x, y) \mathrm{d}x\mathrm{d}y = \int_0^1 \int_0^x 2xy \mathrm{d}x\mathrm{d}y =$$

$$= \int_0^1 x^3 \mathrm{d}x = \frac{x^4}{4} \Big|_0^1 = \frac{1}{4}$$

应选 A 项。

【例 1-8-25】（历年真题）若随机变量 X 与 Y 相互独立，且 X 在区间 $[0, 2]$ 上服从均匀分布，Y 服从参数为 3 的指数分布，则数学期望 $E(XY)$ 等于：

A. $\dfrac{4}{3}$ B. 1 C. $\dfrac{2}{3}$ D. $\dfrac{1}{3}$

【解答】X 与 Y 相互独立，则 $E(XY) = E(X)E(Y)$

$$E(X) = \frac{a+b}{2} = \frac{0+2}{2} = 1,\ E(Y) = \frac{1}{\lambda} = \frac{1}{3},\ E(XY) = 1 \times \frac{1}{3} = \frac{1}{3}$$

应选 D 项。

★★★（二）方差

1. 方差的定义与计算

设 X 是一个随机变量，若 $E\{[X-E(X)]^2\}$ 存在，则称 $E\{[X-E(X)]^2\}$ 为 X 的方差，记为 $D(X)$，即：

$$D(X) = E\{[X-E(X)]^2\}$$

在应用上还引入量 $\sqrt{D(X)}$，记为 $\sigma(X)$，称为标准差或均方差。

设离散型随机变量 X 的分布律为 $P\{X = x_k\} = p_k (k = 1, 2, \cdots)$，则：

$$D(X) = \sum_{k=1}^{\infty} [x_k - E(X)]^2 p_k$$

设连续型随机变量 X 的概率密度为 $f(x)$，则：

$$D(X) = \int_{-\infty}^{\infty} [x - E(X)]^2 f(x) \mathrm{d}x$$

随机变量 X 的方差可按下列公式计算：

$$D(X) = E(X^2) - [E(X)]^2$$

2. 方差的重要性质

（1）设 C 是常数，则 $D(C) = 0$；

（2）设 X 是随机变量，C、b 是常数，则：$D(CX) = C^2D(X), D(X+C) = D(X)$，$D(CX+b) = C^2D(X)$；

（3）设 X、Y 是两个随机变量，则：

$$D(X+Y) = D(X) + D(Y) + 2E\{[X-E(X)][Y-E(Y)]\}$$

特别地，若 X、Y 相互独立，则：$D(X+Y) = D(X) + D(Y)$

★★★（三）常用随机变量的数字特征

1. 二点分布（0-1 分布）

$$E(X) = p, D(X) = p(1-p)$$

2. 二项分布 $b(n,p)$

$$E(X) = np, D(X) = np(1-p)$$

3. 泊松分布 $\pi(\lambda)$

$$E(X) = \lambda, D(X) = \lambda$$

4. 均匀分布 $U(a,b)$

$$E(X) = \frac{a+b}{2}, D(X) = \frac{(b-a)^2}{12}$$

5. 指数分布 $E(\lambda)$

$$E(X) = \frac{1}{\lambda}, D(X) = \frac{1}{\lambda^2}$$

6. 正态分布 $N(\mu, \sigma^2)$

$$E(X) = \mu, D(X) = \sigma^2$$

（1）若 $X_i \sim N(\mu_i, \sigma_i^2), i = 1, 2, \cdots, n$，且它们相互独立，则它们的线性组合：$C_1X_1 + C_2X_2 + \cdots + C_nX_n(C_1, C_2, \cdots, C_n$ 是不全为 0 的常数）仍然服从正态分布，由数学期望和方差的性质可得：

$$C_1X_1 + C_2X_2 + \cdots + C_nX_n \sim N(\sum_{i=1}^{n} C_i\mu_i, \sum_{i=1}^{n} C_i^2\sigma_i^2)$$

（2）若 $X \sim N(\mu, \sigma^2)$，线性函数 $Y = aX + b$（$a \neq 0$）仍然服从正态分布，可得：

$$Y = aX + b \sim N[a\mu + b, (a\sigma)^2]$$

特别，取 $a = \frac{1}{\sigma}$，$b = -\frac{\mu}{\sigma}$，可得：$Y = \frac{X-\mu}{\sigma} \sim N(0, 1)$

【例 1-8-26】（历年真题）设随机变量 X 与 Y 相互独立，方差 $D(X) = 1$，$D(Y) = 3$，则方差 $D(2X - Y)$ 等于：

A. 7　　　　　　　B. −1　　　　　　　C. 1　　　　　　　D. 4

【解答】X 与 Y 相互独立，$D(2X - Y) = 2^2D(X) + (-1)^2D(Y) = 4 \times 1 + 1 \times 3 = 7$，应选 A 项。

【例 1-8-27】已知 $E(X) = 3$，$D(X) = 1$，$Y = X^2$，则 $E(Y)$ 等于：

A. 1　　　　　　　B. 4　　　　　　　C. 5　　　　　　　D. 10

【解答】$E(Y) = E(X^2) = D(X) + [E(X)]^2 = 1 + 3^2 = 10$

应选 D 项。

【例 1-8-28】已知随机变量 X 服从二项分布，且 $E(X) = 2.4, D(X) = 1.44$，则二项分布的参数 n、p 的值为：

A. $n=4$，$p=0.6$　　　　　　　　　B. $n=6$，$p=0.4$

C. $n=8$，$p=0.3$　　　　　　　　　D. $n=24$，$p=0.1$

【解答】二项分布，$E(X)=np=2.4$，$D(X)=np(1-p)=1.44$

可得：$n=6$，$p=0.4$，应选 B 项。

★（四）协方差、相关系数与矩

1. 协方差与相关系数

量 $E\{[X-E(X)][Y-E(Y)]\}$ 称为随机变量 X 与 Y 的协方差，记为 $\text{Cov}(X, Y)$，即：

$$\text{Cov}(X,Y) = E\{[X-E(X)][Y-E(Y)]\}$$

而

$$\rho_{XY} = \frac{\text{Cov}(X,Y)}{\sqrt{D(X)}\sqrt{D(Y)}}$$

称为随机变量 X 与 Y 的相关系数。

由定义，可知：

$$\text{Cov}(X,Y) = \text{Cov}(Y,X), \text{Cov}(X,X) = D(X)$$
$$D(X+Y) = D(X)+D(Y)+2\text{Cov}(X,Y)$$

将 $\text{Cov}(X, Y)$ 的定义式展开，可得：

$$\text{Cov}(X,Y) = E(XY)-E(X)E(Y)$$

（1）协方差的性质

1）$\text{Cov}(X, C)=0$（C 为常数）；

2）$\text{Cov}(aX, bY)=ab\text{Cov})(X, Y)$（$a$，$b$ 是常数）；

3）$\text{Cov}(X_1 \pm X_2, Y)=\text{Cov}(X_1, Y) \pm \text{Cov}(X_2, Y)$；

4）若 X 与 Y 相互独立时，$\text{Cov}(X, Y)=0$，$E(XY)=E(X)E(Y)$。

（2）相关系数的性质

1）$|\rho_{XY}| \leqslant 1$；

2）$|\rho_{XY}|=1$ 的充分必要条件是：存在常数 a、b 使 $P\{Y=a+bX\}=1$；

3）当 $\rho_{XY}=0$ 时，称随机变量 X 与 Y 不相关。

【例 1-8-29】已知 $\rho(X, Y)=0.2$，则 $\rho(1-2X, Y)$ 等于：

A. -0.2　　　　　B. -0.1　　　　　C. 0.1　　　　　D. 0.2

【解答】$D(1-2X) = (-2)^2 D(X) = 4D(X)$

$\text{Cov}(1-2X,Y) = \text{Cov}(1,Y) - 2\text{Cov}(X,Y) = 0 - 2\text{Cov}(X,Y) = -2\text{Cov}(X,Y)$

$\rho(1-2X,Y) = \dfrac{\text{Cov}(1-2X,Y)}{\sqrt{D(1-2X)}\sqrt{D(Y)}} = \dfrac{-2\text{Cov}(X,Y)}{\sqrt{4D(X)}\sqrt{D(Y)}} = -\rho(X,Y) = -0.2$

应选 A 项。

【例 1-8-30】已知 $D(X)=4, D(Y)=1, \rho(X,Y)=-0.25$，则 $D(X-Y)$ 等于：

A. 3　　　　　　　B. 4　　　　　　　C. 6　　　　　　　D. 8

【解答】$\text{Cov}(X,Y) = \rho(X,Y)\sqrt{D(X)}\sqrt{D(Y)} = -0.25 \times \sqrt{4} \times \sqrt{1} = -0.5$

$D(X-Y) = D(X)+D(Y)-2\text{Cov}(X,Y) = 4+1-2 \times (-0.5) = 6$

应选 C 项。

2. 矩

设 X 和 Y 是随机变量：

（1）若 $E(X^k)(k=1,2,\cdots)$ 存在，称它为 X 的 k 阶原点矩，简称 k 阶矩。

（2）若 $E\{[X-E(X)]^k\}$ $(k=2,3,\cdots)$ 存在，称它为 X 的 k 阶中心矩。

（3）若 $E(X^kY^l)$ $(k,l=1,2,\cdots)$ 存在，称它为 X 和 Y 的 $k+l$ 阶混合矩。

（4）若 $E\{[X-E(X)]^k[Y-E(Y)]^l\}$ $(k,l=1,2,\cdots)$ 存在，称它为 X 和 Y 的 $k+l$ 阶混合中心矩。

显然，X 的数学期望 $E(X)$ 是 X 的一阶原点矩，方差 $D(X)$ 是 X 的二阶中心矩，协方差 $\mathrm{Cov}(X,Y)$ 是 X 和 Y 的二阶混合中心矩。

★★★四、数理统计的基本概念

（一）总体与样本

在数理统计中，将试验的全部可能的观察值称为总体。总体中所包含的个体（是指每一个可能观察值）的个数称为总体的容量。

设 X 是具有分布函数 F 的随机变量，若 X_1，X_2，$\cdots$，X_n 是具有同一分布函数 F 的、相互独立的随机变量，则称 X_1，X_2，$\cdots$，X_n 为服从分布函数 F（或总体 F，或总体 X）得到的容量为 n 的简单随机样本，简称样本，它们的观察值 x_1，x_2，$\cdots$，x_n 称为样本值，又称为 X 的 n 个独立的观察值。

（二）统计量

设 X_1，X_2，$\cdots$，X_n 是来自总体 X 的一个样本，$g(X_1,X_2,\cdots,X_n)$ 是 X_1，X_2，$\cdots$，X_n 的函数，若 g 中不含未知参数，则称 $g(X_1,X_2,\cdots,X_n)$ 是一统计量。

因为 X_1，X_2，$\cdots$，X_n 都是随机变量，而统计量 $g(X_1,X_2,\cdots,X_n)$ 是随机变量的函数，因此统计量是一个随机变量。设 x_1，x_2，$\cdots$，x_n 是相应于样本 X_1，X_2，$\cdots$，X_n 的样本值，则称 $g(x_1,x_2,\cdots,x_n)$ 是 $g(X_1,X_2,\cdots,X_n)$ 的观察值。

设 X_1，X_2，$\cdots$，X_n 是来自总体 X 的一个样本，x_1，x_2，$\cdots$，x_n 是这一样本的观察值：

样本平均值

$$\overline{X}=\frac{1}{n}\sum_{i=1}^{n}X_i$$

样本方差

$$S^2=\frac{1}{n-1}\sum_{i=1}^{n}(X_i-\overline{X})^2=\frac{1}{n-1}(\sum_{i=1}^{n}X_i^2-n\overline{X}^2)$$

样本标准差

$$S=\sqrt{S^2}=\sqrt{\frac{1}{n-1}\sum_{i=1}^{n}(X_i-\overline{X})^2}$$

样本 k 阶（原点）矩　　$A_k=\frac{1}{n}\sum_{i=1}^{n}X_i^k(k=1,2,\cdots)$

样本 k 阶中心矩　　$B_k=\frac{1}{n}\sum_{i=1}^{n}(X_i-\overline{X})^k(k=2,3,\cdots)$

统计量的性质如下：

记 $E(X)=\mu,D(X)=\sigma^2$，则：

$$E(\overline{X}) = \mu, D(\overline{X}) = \frac{\sigma^2}{n}, E(S^2) = \sigma^2$$

上述结论来源见本节后面估计量的评选标准。

【例 1-8-31】$E\left[\dfrac{1}{n}\displaystyle\sum_{i=1}^{n}(X_i - \overline{X})^2\right]$ 等于：

A. $\dfrac{n-1}{n}\mu$ B. μ C. $\dfrac{n-1}{n}\sigma^2$ D. σ^2

【解答】原式 $= E\left[\dfrac{n-1}{n}\cdot\dfrac{1}{n-1}\displaystyle\sum_{i=1}^{n}(X_i - \overline{X})^2\right]$

$$= E\left(\frac{n-1}{n}S^2\right) = \frac{n-1}{n}E(S^2) = \frac{n-1}{n}\sigma^2$$

应选 C 项。

(三) 三个常用分布

1. χ^2 分布

设 X_1，X_2，$\cdots$，X_n 是来自总体标准正态分布 $N(0,1)$ 的样本，则称统计量

$$\chi^2 = X_1^2 + X_2^2 + \cdots + X_n^2$$

服从自由度为 n 的 χ^2 分布，记为 $\chi^2 \sim \chi^2(n)$。其中，自由度是指上式右端包含的独立变量的个数。

χ^2 分布的性质：

(1) 设 $\chi_1^2 \sim \chi^2(n_1)$，$\chi_2^2 \sim \chi^2(n_2)$，并且 χ_1^2、χ_2^2 相互独立，则：$\chi_1^2 + \chi_2^2 \sim \chi^2(n_1 + n_2)$；

(2) 若 $\chi^2 \sim \chi^2(n)$，则：$E(\chi^2) = n$，$D(\chi^2) = 2n$。

对于给定的正数 α，$0 < \alpha < 1$，满足条件

$$P\{\chi^2 > \chi_\alpha^2(n)\} = \int_{\chi_\alpha^2(n)}^{\infty} f(y)\mathrm{d}y = \alpha$$

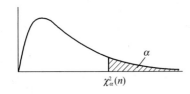

图 1-8-6   (非对称图)

的点 $\chi_\alpha^2(n)$ 就是 $\chi^2(n)$ 分布的上 α 分位点，如图 1-8-6 所示。对于不同的 α、n，上 α 分位点的值已制成表格。例如对于 $\alpha = 0.1$，$n = 25$，查得 $\chi_{0.1}^2(25) = 34.382$。

2. t 分布（也称为学生氏分布）

设 $X \sim N(0,1)$，$Y \sim \chi^2(n)$，且 X、Y 相互独立，则称随机变量

$$t = \frac{X}{\sqrt{Y/n}}$$

服从自由度为 n 的 t 分布，记为 $t \sim t(n)$。

$t(n)$ 分布的概率密度函数 $h(t)$ 的图形关于 $t = 0$ 对称。

对于给定的 α，$0 < \alpha < 1$，满足条件

$$P\{t > t_\alpha(n)\} = \int_{t_\alpha(n)}^{\infty} h(t)\mathrm{d}t = \alpha$$

的点 $t_\alpha(n)$ 就是 $t(n)$ 分布的上 α 分位点(图 1-8-7)。

由 t 分布上 α 分位点的定义及 $h(t)$ 图形的对称性，可知：

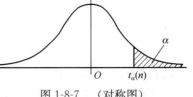

图 1-8-7   (对称图)

$$t_{1-\alpha}(n)=-t_\alpha(n)$$

3. F 分布

设 $U\sim\chi^2(n_1)$，$V\sim\chi^2(n_2)$，且 U、V 相互独立，则称随机变量

$$F=\frac{U/n_1}{V/n_2}$$

服从自由度为 (n_1,n_2) 的 F 分布，记为 $F\sim F(n_1,n_2)$。

由定义可知，若 $F\sim F(n_1,n_2)$，则：$\dfrac{1}{F}\sim F(n_2,n_1)$

对于给定的 α，$0<\alpha<1$，满足条件

$$P\{F>F_\alpha(n_1,n_2)\}=\int_{F_\alpha(n_1,n_2)}^\infty\psi(y)\mathrm{d}y=\alpha$$

的点 $F_\alpha(n_1,n_2)$ 就是 $F(n_1,n_2)$ 分布的上 α 分位点（图 1-8-8）。

F 分布的上 α 分位点有如下性质：

$$F_{1-\alpha}(n_1,n_2)=\frac{1}{F_\alpha(n_2,n_1)}$$

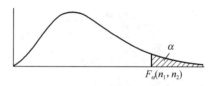

图 1-8-8　（非对称图）

（四）正态总体的某些常用统计量的分布

1. 设 X_1，X_2，$\cdots$，X_n 是来自正态总体 $N(\mu,\sigma^2)$ 的样本，$\overline{X}$ 是样本均值，则：

$$\overline{X}\sim N(\mu,\sigma^2/n),\ \frac{\overline{X}-\mu}{\frac{\sigma}{\sqrt{n}}}\sim N(0,1)$$

2. 设 X_1，X_2，$\cdots$，X_n 是来自总体 $N(\mu,\sigma^2)$ 的样本，$\overline{X}$、S^2 分别是样本均值和样本方差，则：

（1）$\overline{X}$ 与 S^2 相互独立；

（2）$\dfrac{(n-1)S^2}{\sigma^2}\sim\chi^2(n-1)$；

（3）$\dfrac{\overline{X}-\mu}{S/\sqrt{n}}\sim t(n-1)$。

3. 设 X_1，X_2，$\cdots$，X_{n_1} 与 Y_1，Y_2，$\cdots$，Y_{n_2} 分别是来自正态总体 $N(\mu_1,\sigma_1^2)$ 和 $N(\mu_2,\sigma_2^2)$ 的样本，且这两个样本相互独立。设 $\overline{X}=\dfrac{1}{n_1}\sum\limits_{i=1}^{n_1}X_i,\overline{Y}=\dfrac{1}{n_2}\sum\limits_{i=1}^{n_2}Y_i$ 分别是这两个样本的样本均值；$S_1^2=\dfrac{1}{n_1-1}\sum\limits_{i=1}^{n_1}(X_i-\overline{X})^2,S_2^2=\dfrac{1}{n_2-1}\sum\limits_{i=1}^{n_2}(Y_i-\overline{Y})^2$ 分别是这两个样本的样本方差，则：

（1）$\dfrac{S_1^2/S_2^2}{\sigma_1^2/\sigma_2^2}\sim F(n_1-1,n_2-1)$；

（2）当 $\sigma_1^2=\sigma_2^2=\sigma^2$ 时，

$$\frac{(\overline{X}-\overline{Y})-(\mu_1-\mu_2)}{S_w\sqrt{\dfrac{1}{n_1}+\dfrac{1}{n_2}}}\sim t(n_1+n_2-2)$$

其中 $\qquad S_w^2 = \dfrac{(n_1-1)S_1^2 + (n_2-1)S_2^2}{n_1+n_2-2}, S_w = \sqrt{S_w^2}$

为了便于理解,下面补充两个结论及其推导过程:

(3) $\sigma_1^2 = \sigma_2^2 = \sigma^2$ 时,$\overline{X} \sim N\left(\mu, \dfrac{\sigma_1^2}{n_1}\right)$,即:$\overline{X} \sim N\left(\mu, \dfrac{\sigma^2}{n_1}\right)$

同理,$\overline{Y} \sim N\left(\mu, \dfrac{\sigma^2}{n_2}\right)$,则有:

$\overline{X} - \overline{Y} \sim N\left(\mu_1-\mu_2, \dfrac{\sigma^2}{n_1}+\dfrac{\sigma^2}{n_2}\right)$,可得:

$$\dfrac{(\overline{X}-\overline{Y}) - (\mu_1-\mu_2)}{\sigma\sqrt{\dfrac{1}{n_1}+\dfrac{1}{n_2}}} \sim N(0,1)$$

(4) $\dfrac{\dfrac{1}{n_1\sigma_1^2}\sum\limits_{i=1}^{n_1}(X_i-\mu_1)}{\dfrac{1}{n_2\sigma_2^2}\sum\limits_{i=1}^{n_2}(Y_i-\mu_2)} \sim F(n_1,n_2)$

上式推导如下:

$\dfrac{X_i-\mu_1}{\sigma_1} \sim N(0,1)$,则:$\sum\limits_{i=1}^{n_1}\left(\dfrac{X_i-\mu_1}{\sigma_1}\right)^2 = \dfrac{1}{\sigma_1^2}\sum\limits_{i=1}^{n_1}(X_i-\mu_1)^2 \sim \chi^2(n_1)$

同理,$\dfrac{1}{\sigma_2^2}\sum\limits_{i=1}^{n_2}(Y_i-\mu_2)^2 \sim \chi^2(n_2)$

由 F 分布的定义,即可得上述结论。

【例 1-8-32】(历年真题)设 $(X_1, X_2, \cdots, X_{10})$ 是抽自正态总体 $N(\mu, \sigma^2)$ 的一个容量为 10 的样本,其中 $-\infty < \mu < +\infty, \sigma^2 > 0$,记 $\overline{X}_9 = \dfrac{1}{9}\sum\limits_{i=1}^{9}X_i$,则 $\overline{X}_9 - X_{10}$ 所服从的分布是:

A. $N\left(0, \dfrac{10}{9}\sigma^2\right)$ 　　　　　　　B. $N\left(0, \dfrac{8}{9}\sigma^2\right)$

C. $N(0, \sigma^2)$ 　　　　　　　　　　D. $N\left(0, \dfrac{11}{9}\sigma^2\right)$

【解答】由正态总体抽样结论可知,$\overline{X}_9 \sim N\left(\mu, \dfrac{\sigma^2}{9}\right)$,且 $\overline{X}_9$ 与 X_{10} 相互独立。

$\overline{X}_9 - X_{10}$ 服从正态分布,且 $E(\overline{X}_9 - X_{10}) = E(\overline{X}_9) - E(X_{10}) = \mu - \mu = 0$

$D(\overline{X}_9 - X_{10}) = D(\overline{X}_9) + (-1)^2 D(X_{10}) = \dfrac{\sigma^2}{9} + \sigma^2 = \dfrac{10}{9}\sigma^2$

即:$\overline{X}_9 - X_{10} \sim N\left(0, \dfrac{10}{9}\sigma^2\right)$,应选 A 项。

【例 1-8-33】(历年真题)设 $X_1, X_2, \cdots, X_n$ 与 $Y_1, Y_2, \cdots, Y_n$ 是来自正态总体 $X \sim N$

(μ, σ^2) 的样本,并且相互独立,$\overline{X}$ 与 $\overline{Y}$ 分别是其样本均值,则 $\dfrac{\sum\limits_{i=1}^{n}(X_i-\overline{X})^2}{\sum\limits_{i=1}^{n}(Y_i-\overline{Y})^2}$ 服从的分布是:

A. $t(n-1)$ B. $F(n-1, n-1)$ C. $\chi^2(n-1)$ D. $N(\mu, \sigma^2)$

【解答】根据正态总体下统计量的分布的结论，即：

$\dfrac{(n-1)S_1^2}{\sigma^2} \sim \chi^2(n-1)$，又 $S_1^2 = \dfrac{1}{n-1}\sum\limits_{i=1}^{n}(X_i - \overline{X})^2$，则：

$\dfrac{\sum\limits_{i=1}^{n}(X_i - \overline{X})^2}{\sigma^2} \sim \chi^2(n-1)$，同理，$\dfrac{\sum\limits_{i=1}^{n}(Y_i - \overline{Y})^2}{\sigma^2} \sim \chi^2(n-1)$

可得：$\dfrac{\sum\limits_{i=1}^{n}\dfrac{(X_i - \overline{X})^2}{\sigma^2} \cdot \dfrac{1}{n-1}}{\sum\limits_{i=1}^{n}\dfrac{(Y_i - \overline{Y})^2}{\sigma^2} \cdot \dfrac{1}{n-1}} \sim F(n-1, n-1)$

即：$\dfrac{\sum\limits_{i=1}^{n}(X_i - \overline{X})^2}{\sum\limits_{i=1}^{n}(Y_i - \overline{Y})^2} \sim F(n-1, n-1)$，应选 B 项。

【例 1-8-34】（历年真题）设随机变量 X 和 Y 都服从 $N(0,1)$ 分布，则下列叙述中正确的是：

A. $X+Y \sim$ 正态分布　　　　　　　　B. $X^2 + Y^2 \sim \chi^2$ 分布

C. X^2 和 Y^2 都 $\sim \chi^2$ 分布　　　　　　D. $\dfrac{X^2}{Y^2} \sim F$ 分布

【解答】根据 χ^2 分布的定义，则 $X^2 \sim \chi^2(1)$，$Y^2 \sim \chi^2(1)$，C 项正确，应选 C 项。

此外，题目条件未提供 X 与 Y 是否相互独立，例如 $X \sim N(0, 1)$，$Y = -X$ 时，$Y \sim N(0, 1)$，但 $X+Y = 0$ 不是随机变量。

【例 1-8-35】（历年真题）设随机变量 X 与 Y 相互独立，且 $X \sim N(\mu_1, \sigma_1^2)$，$Y \sim N(\mu_2, \sigma_2^2)$，则 $Z = X+Y$ 服从的分布是：

A. $N(\mu_1, \sigma_1^2 + \sigma_2^2)$　　　　　　　　B. $N(\mu_1 + \mu_2, \sigma_1\sigma_2)$

C. $N(\mu_1 + \mu_2, \sigma_1^2\sigma_2^2)$　　　　　　　D. $N(\mu_1 + \mu_2, \sigma_1^2 + \sigma_2^2)$

【解答】根据题目条件，则：$E(Z) = E(X) + E(Y) = \mu_1 + \mu_2$

$$D(Z) = D(X) + D(Y) = \sigma_1^2 + \sigma_2^2$$

应选 D 项。

五、参数估计

用样本对总体所含未知参数进行估计，这就是参数估计。参数估计的形式有两种：点估计与区间估计。

★★★（一）点估计

设总体 X 的分布函数 $F(x; \theta)$ 的形式为已知，θ 是待估参数。X_1，X_2，$\cdots$，X_n 是 X 的一个样本，x_1，x_2，$\cdots$，x_n 是相应的一个样本值。点估计问题就是要构造一个适当的统计量 $\hat{\theta}(X_1, X_2, \cdots, X_n)$，用它的观察值 $\hat{\theta}(x_1, x_2, \cdots, x_n)$ 作为未知参数 θ 的近似值。我们称 $\hat{\theta}(X_1, X_2, \cdots, X_n)$ 为 θ 的估计量，称 $\hat{\theta}(x_1, x_2, \cdots, x_n)$ 为 θ 的估计值。在不致混淆的情况下，统称估计量和估计值为估计，并都简记为 $\hat{\theta}$。由于估计量是

样本的函数，因此，对于不同的样本值，θ 的估计值一般是不相同的。

1. 矩估计法

设 X 为连续型随机变量，其概率密度为 $f(x; \theta_1, \theta_2, \cdots, \theta_k)$，或 X 为离散型随机变量，其分布律为 $P\{X=x\}=p(x; \theta_1, \theta_2, \cdots, \theta_k)$，其中 $\theta_1, \theta_2, \cdots, \theta_k$ 为待估参数，$X_1, X_2, \cdots, X_n$ 是来自 X 的样本。假设总体 X 的前 k 阶矩

$$\mu_l = E(X^l) = \int_{-\infty}^{\infty} x^l f(x; \theta_1, \theta_2, \cdots, \theta_k) \mathrm{d}x \ (X \text{ 连续型}, l=1,2,\cdots,k)$$

或 $\quad \mu_l = E(X^l) = \sum_{x \in R_X} x^l p(x; \theta_1, \theta_2, \cdots, \theta_k) \ (X \text{ 离散型}, l=1,2,\cdots,k)$

一般地，μ_l 是 $\theta_1, \theta_2, \cdots, \theta_k$ 的函数。

样本矩 $\qquad\qquad\qquad \frac{1}{n}\sum_{i=1}^{n} X_i^l \quad (l=1,2,\cdots,k)$

我们就用样本矩作为相应的总体矩的估计量，而以样本矩的连续函数作为相应的总体矩的连续函数的估计量，这种估计方法称为矩估计法。

例如：设总体 X 的均值 μ 及方差 σ^2 都存在，且有 $\sigma^2 > 0$，但 μ、σ^2 均为未知。又设 $X_1, X_2, \cdots, X_n$ 是来自 X 的样本，求 μ、σ^2 的矩估计量。

分析如下：

$\mu_1 = E(X) = \mu$

$\mu_2 = E(X^2) = D(X) + [E(X)]^2 = \sigma^2 + \mu^2$

可得：$\mu = \mu_1$，$\sigma^2 = \mu_2 - \mu_1^2$

用样本矩 $\overline{X}$ 代替 μ_1，样本矩 $\frac{1}{n}\sum_{i=1}^{n} X_i^2$ 代替 μ_2，则：

$$\hat{\mu} = \overline{X}, \quad \hat{\sigma}^2 = \frac{1}{n}\sum_{i=1}^{n} X_i^2 - \overline{X}^2$$

【例 1-8-36】（历年真题）设总体 X 的概率分布为：

X	0	1	2	3
p	θ^2	$2\theta(1-\theta)$	θ^2	$1-2\theta$

其中 $\theta\left(0<\theta<\frac{1}{2}\right)$ 是未知参数，利用样本值 3，1，3，0，3，1，2，3，所得 θ 的矩估计值是：

A. $\frac{1}{4}$ $\qquad\qquad$ B. $\frac{1}{2}$ $\qquad\qquad$ C. 2 $\qquad\qquad$ D. 0

【解答】$E(X) = 0 \times \theta^2 + 1 \times 2\theta(1-\theta) + 2 \times \theta^2 + 3 \times (1-2\theta) = 3 - 4\theta$

$\theta = \dfrac{3-E(X)}{4}$，用样本矩 $\overline{X}$ 代替 $E(X)$，即：$\hat{\theta} = \dfrac{3-\overline{X}}{4}$

又 $\overline{X} = \dfrac{1}{8} \times (3+1+3+0+3+1+2+3) = 2$

故 $\hat{\theta} = \dfrac{3-2}{4} = \dfrac{1}{4}$，应选 A 项。

【例 1-8-37】（历年真题）设总体 X 服从均匀分布 $U(1,\theta)$，$\overline{X} = \dfrac{1}{n}\sum_{i=1}^{n} X_i$，则 θ 的矩估计

为：

A. $\overline{X}$ B. $2\overline{X}$

C. $2\overline{X}-1$ D. $2\overline{X}+1$

【解答】$X \sim U(1,\theta)$，故 $E(X) = \dfrac{1+\theta}{2}, \theta = 2E(X)-1$

用 $\overline{X}$ 代替 $E(X)$，则：$\hat{\theta} = 2\overline{X}-1$，应选 C 项。

【例 1-8-38】（历年真题）设总体 X 的概率密度 $f(x) = \begin{cases} (\theta+1)x^{\theta}, & 0 < x < 1 \\ 0, & \text{其他} \end{cases}$，其中

$\theta > -1$ 是未知参数，$X_1, X_2, \cdots, X_n$ 是来自总体 X 的样本，则 θ 的矩估计量是：

A. $\overline{X}$ B. $\dfrac{2\overline{X}-1}{1-\overline{X}}$ C. $2\overline{X}$ D. $\overline{X}-1$

【解答】$E(X) = \displaystyle\int_{-\infty}^{\infty} xf(x)\mathrm{d}x = \int_0^1 x(\theta+1)x^{\theta}\mathrm{d}x = \dfrac{\theta+1}{\theta+2}$

$\theta = \dfrac{2E(x)-1}{1-E(x)}$，用 $\overline{X}$ 代替 $E(x)$，则：

$\hat{\theta} = \dfrac{2\overline{X}-1}{1-\overline{X}}$，应选 B 项。

2. 最大似然估计法

设总体 X 是离散型随机变量，其分布值 $p\{X=x\} = p(x_i; \theta)$，$\theta$ 为待估参数，设 X_1，X_2，$\cdots$，X_n 是来自 X 的样本，则 X_1，X_2，$\cdots$，X_n 的联合分布称为 $\displaystyle\prod_{i=1}^{n} p(x_i; \theta)$，则：

$$L(\theta) = L(x_1, x_2, \cdots, x_n; \theta) = \prod_{i=1}^{n} p(x_i; \theta) \text{ 称为似然函数。}$$

设总体 X 是连续型随机变量，其概率密度为 $f(x, \theta)$，θ 为待估参数。设 $X_1, X_2, \cdots, X_n$ 是来自 X 的样本，则 $X_1, X_2, \cdots, X_n$ 的联合密度为 $\displaystyle\prod_{i=1}^{n} f(x_i, \theta)$，则：

$$L(\theta) = L(x_1, x_2, \cdots, x_n; \theta) = \prod_{i=1}^{n} f(x_i; \theta) \text{ 称为似然函数。}$$

若 $L(x_1, x_2, \cdots, x_n; \hat{\theta}) = \max\limits_{\theta \in \Theta} L(x_1, x_2, \cdots, x_n; \theta)$，则称为 $\hat{\theta}(x_1, x_2, \cdots, x_n)$ 为 θ 的

最大似然估计值，称 $\hat{\theta}(X_1, X_2, \cdots, X_n)$ 为 θ 的最大似然估计量。这样，确定最大似然估计量的问题就归结为微分学中的求最大值的问题。

解方程 $\dfrac{\partial \mathrm{L}}{\partial \theta} = 0$ 或 $\dfrac{\partial ln\mathrm{L}}{\partial \theta} = 0$

得到的解 $\hat{\theta} = \hat{\theta}(X_1, \cdots, X_n)$ 就是 θ 的极大似然估计量。

最大似然估计法也适用于分布中含多个未知参数 θ_1，θ_2，$\cdots$，θ_k 的情况。这时，似然函数 L 是这些未知参数的函数，分别令：

$$\dfrac{\partial L}{\partial \theta_i} = 0 \text{ 或 } \dfrac{\partial nL}{\partial \theta_i} = 0 \quad (i=1, 2, \cdots, k)$$

解上述由 k 个方程组成的方程组，即可得到各未知参数 θ_i（$i=1$，2，$\cdots$，k）的最

大似然估计值 $\hat{\theta}_i$。

例如，设 $X \sim b(1, p)$，X_1，X_2，$\cdots$，X_n 是来自 X 的一个样本，求参数 p 的最大似然估计量。

分析如下：

设 x_1，x_2，$\cdots$，x_n 是相应于样本 X_1，X_2，$\cdots$，X_n 的一个样本值。

$$L(p) = \prod_{i=1}^{n} p^{x_i}(1-p)^{1-x_i} = p^{\sum_{i=1}^{n} x_i}(1-p)^{n-\sum_{i=1}^{n} x_i}$$

$$\ln L(p) = (\sum_{i=1}^{n} x_i)\ln p + (n - \sum_{i=1}^{n} x_i)\ln(1-p)$$

令：

$$\frac{\mathrm{d}}{\mathrm{d}p}\ln L(p) = \frac{\sum_{i=1}^{n} x_i}{p} - \frac{n - \sum_{i=1}^{n} x_i}{1-p} = 0$$

可得 p 的最大似然估计值

$$\hat{p} = \frac{1}{n}\sum_{i=1}^{n} x_i = \bar{x}$$

p 的最大似然估计量

$$\hat{p} = \frac{1}{n}\sum_{i=1}^{n} X_i = \bar{X}$$

【例 1-8-39】设总体 X 服从参数为 $\frac{1}{\theta}$ 的指数分布，θ 未知，$\theta > 0$。X_1，$\cdots$，X_n 是取自总体 X 的一个样本。未知参数 θ 的最大似然估计量是：

A. $\bar{X}$ 　　　　 B. $\frac{1}{\bar{X}}$ 　　　　 C. $2\bar{X}$ 　　　　 D. $\frac{1}{2\bar{X}}$

【解答】X 的概率密度函数为 $f(x,\theta) = \frac{1}{\theta}\mathrm{e}^{-\frac{x}{\theta}}$，$x > 0$，似然函数 $L(\theta)$ 为：

$$L(\theta) = \prod_{i=1}^{n}\left(\frac{1}{\theta}\mathrm{e}^{-\frac{x_i}{\theta}}\right) = \theta^{-n}\mathrm{e}^{-\frac{1}{\theta}\sum_{i=1}^{n} x_i}$$

可得：

$$\ln L(\theta) = -n\ln\theta - \frac{1}{\theta}\sum_{i=1}^{n} x_i$$

令：

$$\frac{\partial}{\partial\theta}\ln L(\theta) = -\frac{n}{\theta} + \frac{1}{\theta^2}\sum_{i=1}^{n} x_i = 0$$

可得 θ 的最大似然估计值：$\hat{\theta} = \frac{1}{n}\sum_{i=1}^{n} x_i = \bar{x}$，其最大似然估计量：$\hat{\theta} = \bar{X}$，应选 A 项。

【例 1-8-40】（历年真题）设总体 X 的概率密度为 $f(x,\theta) = \begin{cases} \mathrm{e}^{-(x-\theta)}, & x \geq \theta \\ 0, & x < \theta \end{cases}$，而 X_1，X_2，$\cdots$，X_n 是来自该总体的样本，则未知参数 θ 的最大似然估计值是：

A. $\bar{X}-1$ 　　　　　　　　　　 B. $n\bar{X}$
C. $\min(X_1, X_2, \cdots, X_n)$ 　　　　 D. $\max(X_1, X_2, \cdots, X_n)$

【解答】$L(\theta) = \prod_{i=1}^{n}\mathrm{e}^{-(x_i-\theta)}$，且 $x_1, x_2, \cdots, x_n \geq \theta$

$\ln L(\theta) = \sum_{i=1}^{n}(\theta - x_i) = n\theta - \sum_{i=1}^{n} x_i$，$\frac{\partial \ln L(\theta)}{\partial\theta} = n > 0$，故 $\ln L(\theta)$ 单调增加，要使 $\ln L(\theta)$ 最大，应使 θ 最大，又 $x_1, x_2, \cdots, x_n \geq \theta$，故 θ 的最大似然估计值是 $\min(X_1,X_2,\cdots,X_n)$，应

选 C 项。

★（二）估计量的评选标准

1. 无偏性

若估计量 $\hat{\theta} = \hat{\theta}(X_1, X_2, \cdots, X_n)$ 的数学期望 $E(\hat{\theta})$ 存在，且对于任意 $\theta \in \Theta(\Theta$ 是 θ 的取值范围）有：$E(\hat{\theta}) = \theta$，则称 $\hat{\theta}$ 是 θ 的无偏估计量。

设总体 X（总体可为任意一种分布）的均值为 μ，方差 $\sigma^2 > 0$ 均未知，样本均值 $\overline{X}$，样本方差 $S^2 = \dfrac{1}{n-1} \sum\limits_{i=1}^{n} (X_i - \overline{X})^2$，$E(\overline{X}) = \mu$，$E(S^2) = \sigma^2$，则 $\overline{X}$ 是总体均值 μ 的无偏估计，S^2 是总体方差的无偏估计。而估计量 $\dfrac{1}{n} \sum\limits_{i=1}^{n} (X_i - \overline{X})^2$ 却不是 σ^2 的无偏估计。因此，一般取 S^2 作为 σ^2 的估计量。

此外，一个未知参数可以有不同的无偏估计量。

2. 有效性

设 $\hat{\theta}_1 = \hat{\theta}_1(X_1, X_2, \cdots, X_n)$ 与 $\hat{\theta}_2 = \hat{\theta}_2(X_1, X_2, \cdots, X_n)$ 都是 θ 的无偏估计量，若对于任意 $\theta \in \Theta$，有：$D(\hat{\theta}_1) \leqslant D(\hat{\theta}_2)$，且至少对于某一个 $\theta \in \Theta$ 前式中的不等号成立，则称 $\hat{\theta}_1$ 较 $\hat{\theta}_2$ 有效。

3. 相合性

设 $\hat{\theta}(X_1, X_2, \cdots, X_n)$ 为参数 θ 的估计量，若对于任意 $\theta \in \Theta$，当 $n \to \infty$ 时，$\hat{\theta}(X_1, X_2, \cdots, X_n)$ 依概率收敛于 θ，则称 $\hat{\theta}$ 为 θ 的相合估计量，也即若对于任意 $\theta \in \Theta$ 都满足：对于任意 $\varepsilon > 0$，有 $\lim\limits_{n \to \infty} P\{|\hat{\theta} - \theta| < \varepsilon\} = 1$，则称 $\hat{\theta}$ 是 θ 的相合估计量。

【例 1-8-41】（历年真题）设 $\hat{\theta}$ 是参数 θ 的一个无偏估计量，又方差 $D(\hat{\theta}) > 0$，下面结论中正确的是：

A. $\hat{\theta}^2$ 是 θ^2 的无偏估计量

B. $\hat{\theta}^2$ 不是 θ^2 的无偏估计量

C. 不能确定 $\hat{\theta}^2$ 是不是 θ^2 的无偏估计量

D. $\hat{\theta}^2$ 不是 θ^2 的估计量

【解答】因为 $\hat{\theta}$ 是 θ 的一个无偏估计量，所以 $E(\hat{\theta}) = \theta$。

$$E(\hat{\theta}^2) = D(\hat{\theta}) + [E(\hat{\theta})]^2 = D(\hat{\theta}) + \theta^2 > 0 + \theta^2 = \theta^2$$

故 $\hat{\theta}^2$ 不是 θ^2 的无偏估计量，应选 D 项。

【例 1-8-42】设 X_1, X_2, X_3 是取自正态总体 $N(\mu, 1)$ 的一个样本，μ 未知。未知参数 μ 的下列无偏估计中，具有有效性的估计量是：

A. $\overline{X}$　　　　　　　　　　　　B. $0.3X_1 + 0.7X_2$

C. X_3　　　　　　　　　　　　　　D. $0.5X_1 + 0.2X_2 + X_3$

【解答】$D(\overline{X}) = \dfrac{D(X)}{3} = \dfrac{1}{3}$，$D(0.3X_1 + 0.7X_2) = 0.3^2 \times 1 + 0.7^2 \times 1 = 0.58$

$D(X_3) = 1$，$D(0.5X_1 + 0.2X_2 + 0.3X_3) = 0.5^2 \times 1 + 0.2^2 \times 1 + 0.3^2 \times 1 = 0.38$

故 $D(\overline{X}) = \dfrac{1}{3}$ 最小，应选 A 项。

★（三）区间估计

1. 置信区间

对于未知参数 θ，根据样本 $(X_1, \cdots, X_n)$ 构造区间 $[\underline{\theta}, \overline{\theta}]$ 作为 θ 的估计，称为区间估计。区间估计中最常用的一种形式是置信区间。

设总体 X 的分布函数 $F(x; \theta)$ 含有一个未知参数 θ，$\theta \in \Theta$，对于给定值 $\alpha(0 < \alpha < 1)$，若由来自 X 的样本 $X_1, X_2, \cdots, X_n$ 确定的两个统计量 $\underline{\theta} = \underline{\theta}(X_1, X_2, \cdots, X_n)$ 和 $\overline{\theta} = \overline{\theta}(X_1, X_2, \cdots, X_n)(\underline{\theta} < \overline{\theta})$，对于任意 $\theta \in \Theta$ 满足

$$P\{\underline{\theta}(X_1, X_2, \cdots, X_n) < \theta < \overline{\theta}(X_1, X_2, \cdots, X_n)\} \geqslant 1 - \alpha$$

则称随机区间 $(\underline{\theta}, \overline{\theta})$ 是 θ 的置信水平为 $1 - \alpha$ 的置信区间，$\underline{\theta}$ 和 $\overline{\theta}$ 分别称为置信水平为 $1 - \alpha$ 的双侧置信区间的置信下限和置信上限，$1 - \alpha$ 称为置信水平。

上式的含义是：若反复抽样多次（各次得到的样本的容量相等，都是 n），每个样本值确定一个区间 $(\underline{\theta}, \overline{\theta})$，每个这样的区间可能含 θ 的真值，也可能不含 θ 的真值。在这么多的区间中，含 θ 真值的约占 $100(1 - \alpha)\%$，不含 θ 真值的约仅占 $100\alpha\%$。

求未知参数 θ 的置信区间的方法如下：

(1) 寻求一个样本 $X_1, X_2, \cdots, X_n$ 和 θ 的函数 $W = W(X_1, X_2, \cdots, X_n; \theta)$，使得 W 的分布不依赖于 θ 以及其他未知参数，称具有这种性质的函数 W 为枢轴量。枢轴量的构造通常可以从 θ 的点估计进行考虑。

(2) 对于给定的置信水平 $1 - \alpha$，定出两个常数 a、b 使得

$$P\{a < W(X_1, X_2, \cdots, X_n; \theta) < b\} = 1 - \alpha$$

若能从 $a < W(X_1, X_2, \cdots, X_n; \theta) < b$ 得到与之等价的 θ 的不等式 $\underline{\theta} < \theta < \overline{\theta}$，其中 $\underline{\theta} = \underline{\theta}(X_1, X_2, \cdots, X_n)$，$\overline{\theta} = \overline{\theta}(X_1, X_2, \cdots, X_n)$ 都是统计量，则 $(\underline{\theta}, \overline{\theta})$ 就是 θ 的一个置信水平为 $1 - \alpha$ 的置信区间。

2. 单个正态总体的均值和方差的置信区间

设已给定置信水平为 $1 - \alpha$，并设 $X_1, X_2, \cdots, X_n$ 为总体 $N(\mu, \sigma^2)$ 的样本。$\overline{X}$、S^2 分别是样本均值和样本方差。

(1) 均值 μ 的置信区间

1) σ^2 已知，求 μ 的置信区间

取 $\hat{\mu} = \overline{X}$，枢轴量 $\dfrac{\overline{X} - \mu}{\sigma/\sqrt{n}} \sim N(0, 1)$，则：$P\left\{\left|\dfrac{\overline{X} - \mu}{\sigma/\sqrt{n}}\right| < z_{\alpha/2}\right\} = 1 - \alpha$

即 $$P\left\{\overline{X} - \dfrac{\sigma}{\sqrt{n}} z_{\alpha/2} < \mu < \overline{X} + \dfrac{\sigma}{\sqrt{n}} z_{\alpha/2}\right\} = 1 - \alpha$$

总体均值 μ 的一个置信水平为 $1 - \alpha$ 的置信区间为：

$$\left(\overline{X} - \dfrac{\sigma}{\sqrt{n}} z_{\alpha/2}, \ \overline{X} + \dfrac{\sigma}{\sqrt{n}} z_{\alpha/2}\right)$$

上述置信区间常写成：$\left(\overline{X}\pm\dfrac{\sigma}{\sqrt{n}}z_{a/2}\right)$

2）σ^2 未知，求 μ 的置信区间

取 $\hat{\mu}=\overline{X}$，枢轴量 $\dfrac{\overline{X}-\mu}{S/\sqrt{n}}\sim t(n-1)$，则：

$$P\left\{-t_{a/2}(n-1)<\frac{\overline{X}-\mu}{S/\sqrt{n}}<t_{a/2}(n-1)\right\}=1-\alpha$$

总体均值 μ 的一个置信水平为 $1-\alpha$ 的置信区间为：

$$\left(\overline{X}\pm\frac{S}{\sqrt{n}}t_{a/2}(n-1)\right)$$

（2）方差 σ^2 的区间估计（μ 未知）

取 $\hat{\sigma^2}=S^2$，枢轴量 $\dfrac{(n-1)S^2}{\sigma^2}\sim\chi^2(n-1)$，则：

$$P\left\{\chi^2_{1-a/2}(n-1)<\frac{(n-1)S^2}{\sigma^2}<\chi^2_{a/2}(n-1)\right\}=1-\alpha$$

总体方差 σ^2 的一个置信水平为 $1-\alpha$ 的置信区间为：

$$\left(\frac{(n-1)S^2}{\chi^2_{a/2}(n-1)},\ \frac{(n-1)S^2}{\chi^2_{1-a/2}(n-1)}\right)$$

3. 两个正态总体的均值差和方差比的区间估计

设已给定置信水平为 $1-\alpha$，并设 X_1，X_2，$\cdots$，X_{n_1} 是来自第一个总体的样本；Y_1，Y_2，$\cdots$，Y_{n_2} 是来自第二个总体的样本，这两个样本相互独立，且设 $\overline{X}$、$\overline{Y}$ 分别为第一、第二个总体的样本均值，S_1^2、S_2^2 分别是第一、第二个总体的样本方差。

（1）两个总体均值差 $\mu_1-\mu_2$ 的置信区间

1）σ_1^2、σ_2^2 均为已知，求 $\mu_1-\mu_2$ 的置信区间

由于 $\overline{X}-\overline{Y}\sim N\left(\mu_1-\mu_2,\ \dfrac{\sigma_1^2}{n_1}+\dfrac{\sigma_2^2}{n_2}\right)$，则有：$\dfrac{(\overline{X}-\overline{Y})-(\mu_1-\mu_2)}{\sqrt{\dfrac{\sigma_1^2}{n_1}+\dfrac{\sigma_2^2}{n_2}}}\sim N(0,\ 1)$

均值差 $\mu_1-\mu_2$ 的一个置信水平为 $1-\alpha$ 的置信区间为：

$$\left(\overline{X}-\overline{Y}\pm z_{a/2}\sqrt{\frac{\sigma_1^2}{n_1}+\frac{\sigma_2^2}{n_2}}\right)$$

2）σ_1^2、σ_2^2 均为未知，但 $\sigma_1^2=\sigma_2^2$，求 $\mu_1-\mu_2$ 的置信区间

$$\frac{(\overline{X}-\overline{Y})-(\mu_1-\mu_2)}{S_w\sqrt{\dfrac{1}{n_1}+\dfrac{1}{n_2}}}\sim t(n_1+n_2-2)$$

此处　　　　　$S_w^2=\dfrac{(n_1-1)S_1^2+(n_2-1)S_2^2}{n_1+n_2-2}$，$S_w=\sqrt{S_w^2}$

均值差 $\mu_1-\mu_2$ 的一个置信水平为 $1-\alpha$ 的置信区间为：

$$\left(\overline{X}-\overline{Y}\pm t_{a/2}(n_1+n_2-2)S_w\sqrt{\frac{1}{n_1}+\frac{1}{n_2}}\right)$$

（2）方差比 σ_1^2/σ_2^2 的置信区间（μ_1、μ_2 均为未知时）

$$\frac{S_1^2/S_2^2}{\sigma_1^2/\sigma_2^2}\sim F(n_1-1,\ n_2-1)$$

方差比 σ_1^2/σ_2^2 的一个置信水平为 $1-\alpha$ 的置信区间为：

$$\left(\frac{S_1^2}{S_2^2}\frac{1}{F_{\alpha/2}(n_1-1,\ n_2-1)},\ \frac{S_1^2}{S_2^2}\frac{1}{F_{1-\alpha/2}(n_1-1,\ n_2-1)}\right)$$

【例 1-8-43】设一批零件的长度 $\sim N(\mu,\ \sigma^2)$，μ、σ^2 均未知，现抽 16 个零件，得 $\overline{X}=20$，$S=1$，则 μ 的置信水平为 0.9 的置信区间为：

A. $\left(20-\dfrac{1}{4}t_{0.1}(16),\ 20+\dfrac{1}{4}t_{0.1}(16)\right)$ B. $\left(20-\dfrac{1}{4}t_{0.1}(15),\ 20+\dfrac{1}{4}t_{0.1}(15)\right)$

C. $\left(20-\dfrac{1}{4}t_{0.05}(16),\ 20+\dfrac{1}{4}t_{0.05}(16)\right)$ D. $\left(20-\dfrac{1}{4}t_{0.05}(15),\ 20+\dfrac{1}{4}t_{0.05}(15)\right)$

【解答】$1-\alpha=0.9$，则 $\alpha=0.1$，$\dfrac{\alpha}{2}=0.05$；由于 μ、σ^2 未知，则置信区间为：

$$\left(\overline{X}\pm\frac{S}{\sqrt{n}}t_{\frac{\alpha}{2}}(n-1)\right)=\left(20\pm\frac{1}{\sqrt{16}}t_{0.05}(16-1)\right)=\left(20\pm\frac{1}{4}t_{0.05}(15)\right)$$

应选 D 项。

★六、假设检验

（一）未知参数的假设检验的一般步骤

在总体的分布函数完全未知或只知其形式但不知其参数的情况，为了推断总体的某些未知特性，提出某些关于总体的假设。例如，对于正态总体提出数学期望等于 μ_0 的假设等。需要根据样本对所提出的假设作出是接受还是拒绝的决策。假设检验是作出这一决策的过程。

总体分布的未知参数的假设检验的一般步骤如下：

（1）根据实际问题的要求，提出原假设 H_0 及备择假设 H_1；

（2）给定显著性水平 α 以及样本容量 n；

（3）确定检验统计量以及拒绝域的形式；

（4）按 $P\{当\ H_0\ 为真拒绝\ H_0\}\leqslant\alpha$ 求出拒绝域；

（5）取样，根据样本观察值作出决策，是接受 H_0 还是拒绝 H_0。

（二）正态总体的未知参数的假设检验

1. 正态总体 $N(\mu,\sigma^2)$ 的均值 μ 的假设检验

（1）σ^2 已知，关于 μ 的检验（Z 检验）

原假设 $H_0:\mu=\mu_0$，备择假设 $H_1:\mu\neq\mu_0$（μ_0 为已知常数）；

上述称为双边假设检验。当 H_0 成立时，检验统计量 $Z=\dfrac{\overline{X}-\mu_0}{\sigma\sqrt{n}}\sim N(0,1)$；

当 Z 的观察值满足 $|Z|=\left|\dfrac{\overline{x}-\mu_0}{\sigma/\sqrt{n}}\right|\geqslant z_{\alpha/2}$ 时，则拒绝 H_0；当 $|z|<z_{\alpha/2}$ 时，则接受 H_0。

单边检验的假设检验，见表 1-8-1。

（2）σ^2 未知，关于 μ 的检验（t 检验）

原假设 $H_0:\mu=\mu_0$，备择假设 $H_1:\mu\neq\mu_0$（μ_0 为已知常数）；

当 H_0 成立时，检验统计量 $t=\dfrac{\overline{X}-\mu_0}{S/\sqrt{n}}\sim t(n-1)$；

当观察值 $|t|=\left|\dfrac{\overline{x}-\mu_0}{s/\sqrt{n}}\right|\geqslant t_{\alpha/2}(n-1)$ 时，则拒绝 H_0；当 $|t|<t_{\alpha/2}(n-1)$ 时，则

接受 H_0。

单边检验的假设检验，见表 1-8-1。

正态总体的均值、方差的检验法（显著性水平为 α）　　　　表 1-8-1

编号	原假设 H_0		检验统计量	备择假设 H_1	拒绝域
1	σ^2 已知	$\mu\leqslant\mu_0$	$Z=\dfrac{\overline{X}-\mu_0}{\sigma/\sqrt{n}}$ $\sim N(0,1)$	$\mu>\mu_0$	$z\geqslant z_\alpha$
		$\mu\geqslant\mu_0$		$\mu<\mu_0$	$z\leqslant-z_\alpha$
		$\mu=\mu_0$		$\mu\neq\mu_0$	$|z|\geqslant z_{\alpha/2}$
2	σ^2 未知	$\mu\leqslant\mu_0$	$t=\dfrac{\overline{X}-\mu_0}{S/\sqrt{n}}$ $\sim t(n-1)$	$\mu>\mu_0$	$t\geqslant t_\alpha(n-1)$
		$\mu\geqslant\mu_0$		$\mu<\mu_0$	$t\leqslant-t_\alpha(n-1)$
		$\mu=\mu_0$		$\mu\neq\mu_0$	$|t|\geqslant t_{\alpha/2}(n-1)$
3	μ 未知	$\sigma^2\leqslant\sigma_0^2$	$\chi^2=\dfrac{(n-1)S^2}{\sigma_0^2}$ $\sim\chi^2(n-1)$	$\sigma^2>\sigma_0^2$	$\chi^2\geqslant\chi_\alpha^2(n-1)$
		$\sigma^2\geqslant\sigma_0^2$		$\sigma^2<\sigma_0^2$	$\chi^2\leqslant\chi_{1-\alpha}^2(n-1)$
		$\sigma^2=\sigma_0^2$		$\sigma^2\neq\sigma_0^2$	$\chi^2\geqslant\chi_{\alpha/2}^2(n-1)$ 或 $\chi^2\leqslant\chi_{1-\alpha/2}^2(n-1)$

2. 正态总体 $N(\mu,\sigma^2)$ 的方差的假设检验（μ 未知）

原假设 H_0：$\omega^2=\sigma_0^2$，备择假设 H_1：$\sigma^2\neq\sigma_0^2$（σ_0^2 为已知常数）；

当 H_0 成立时，检验统计量 $\chi^2=\dfrac{(n-1)S^2}{\sigma_0^2}\sim\chi^2(n-1)$；

当观察值 $\chi^2=\dfrac{(n-1)S^2}{\sigma_0^2}\leqslant\chi_{1-\alpha/2}^2(n-1)$ 或 $\chi^2=\dfrac{(n-1)S^2}{\sigma_0^2}\geqslant\chi_{\alpha/2}^2(n-1)$ 时，则拒绝 H_0；

反之，则接受 H_0。

单边检验的假设检验，见表 1-8-1。

【例 1-8-44】（历年真题）设 X_1，X_2，$\cdots$，X_n 是来自总体 $N(\mu,\sigma^2)$ 的样本，μ、σ^2 未知，$\overline{X}=\dfrac{1}{n}\sum\limits_{i=1}^{n}X_i$，$Q^2=\sum\limits_{i=1}^{n}(X_i-\overline{X})^2$，$Q>0$。则检验假设 H_0：$\mu=0$ 时，应选取的统计量是：

A. $\sqrt{n(n-1)}\,\dfrac{\overline{X}}{Q}$

B. $\sqrt{n}\,\dfrac{\overline{X}}{Q}$

C. $\sqrt{n-1}\,\dfrac{\overline{X}}{Q}$

D. $\sqrt{n}\,\dfrac{\overline{X}}{Q^2}$

【解答】μ、σ^2 未知，检验假设 H_0：$\mu=0=\mu_0$，故选用的检验统计量 $t=\dfrac{\overline{X}-\mu_0}{S/\sqrt{n}}$

又 $S^2=\dfrac{1}{n-1}\sum\limits_{i=1}^{n}(X_i-\overline{X})^2=\dfrac{1}{n-1}Q^2$，$S=\dfrac{Q}{\sqrt{n-1}}$，则：

$t=\dfrac{\overline{X}-0}{\dfrac{Q}{\sqrt{n-1}\sqrt{n}}}=\sqrt{n(n-1)}\dfrac{\overline{X}}{Q}$，应选 A 项。

【例 1-8-45】某种元件的寿命 X（以 h 计）服从正态分布 $N(\mu,\sigma^2)$，μ、σ^2 均未知。观测得 16 只元件的寿命，并得到其平均寿命 $\overline{x}=242\text{h}$，样本方差 $S^2=100^2$。在显著性水平

$\alpha=0.1$ 下，已知 $t_{0.05}(15)=1.753$，$t_{0.1}(15)=1.341$。试问，是否有理由认为元件的平均寿命大于 225h?

【解答】H_0：$\mu\leqslant\mu_0=225$，H_1：$\mu>225$

该检验问题的拒绝域为：$t=\dfrac{\overline{X}-\mu_0}{S/\sqrt{n}}\geqslant t_\alpha(n-1)$

由观测值计算：

$$t=\frac{242-225}{100\sqrt{16}}=0.68<t_{0.1}(15)=1.341$$

t 没有落在拒绝域中，故接受 H_0，即认为元件的平均寿命 $\leqslant$ 225h。

习　题

1-8-1　（历年真题）三个人独立地去破译一份密码，每人能独立译出这份密码的概率分别为 $\dfrac{1}{5}$、$\dfrac{1}{3}$、$\dfrac{1}{4}$，则这份密码被译出的概率为：

A. $\dfrac{1}{3}$　　　　　　B. $\dfrac{1}{2}$　　　　　　C. $\dfrac{2}{5}$　　　　　　D. $\dfrac{3}{5}$

1-8-2　（历年真题）设随机变量 X 的概率密度为 $f(x)=\begin{cases}2x,0<x<1\\0,\qquad 其他\end{cases}$，用 Y 表示对 X 的 3 次独立重复观察中事件 $\{X\leqslant\dfrac{1}{2}\}$ 出现的次数，则 $P\{Y=2\}=$：

A. $\dfrac{3}{64}$　　　　　　B. $\dfrac{9}{64}$　　　　　　C. $\dfrac{3}{16}$　　　　　　D. $\dfrac{9}{16}$

1-8-3　（历年真题）设 A 和 B 为两个相互独立的事件，且 $P(A)=0.4,P(B)=0.5$，则 $P(A\bigcup B)$ 等于：

A. 0.9　　　　　　B. 0.8　　　　　　C. 0.7　　　　　　D. 0.6

1-8-4　（历年真题）设总体 $X\sim N(0,\sigma^2)$，X_1，X_2，$\cdots$，X_n 是来自总体的样本，则 σ^2 的矩估计是：

A. $\dfrac{1}{n}\sum\limits_{i=1}^{n}X_i$　　　　　　　　　　B. $n\sum\limits_{i=1}^{n}X_i$

C. $\dfrac{1}{n^2}\sum\limits_{i=1}^{n}X_i^2$　　　　　　　　　D. $\dfrac{1}{n}\sum\limits_{i=1}^{n}X_i^2$

1-8-5　（历年真题）设 A 与 B 是互不相容的事件，$P(A)>0$，$P(B)>0$，则下列式子一定成立的是：

A. $P(A)=1-P(B)$　　　　　　B. $P(A\mid B)=0$

C. $P(A\mid\overline{B})=1$　　　　　　D. $P(\overline{AB})=0$

1-8-6　（历年真题）某店有 7 台电视机，其中 2 台次品。现从中随机地取 3 台，设 X 为其中的次品数，则数学期望 $E(X)$ 等于：

A. $\dfrac{3}{7}$　　　　　　B. $\dfrac{4}{7}$　　　　　　C. $\dfrac{5}{7}$　　　　　　D. $\dfrac{6}{7}$

1-8-7　（历年真题）设总体 $X\sim N(0,\sigma^2),X_1,X_2,\cdots,X_n$ 是来自总体的样本，$\hat{\sigma^2}=$

$\dfrac{1}{n}\sum\limits_{i=1}^{n}X_i^2$,则下面结论中正确的是:

A. $\hat{\sigma}^2$ 不是 σ^2 的无偏估计量　　　　B. $\hat{\sigma}^2$ 是 σ^2 的无偏估计量

C. $\hat{\sigma}^2$ 不一定是 σ^2 的无偏估计量　　D. $\hat{\sigma}^2$ 不是 σ^2 的估计量

1-8-8 (历年真题) 设 A、B 为两个事件,且 $P(A)=\dfrac{1}{3}$,$P(B)=\dfrac{1}{4}$,$P(B\mid A)=\dfrac{1}{6}$,则 $P(A\mid B)$ 等于:

A. $\dfrac{1}{9}$　　　　　B. $\dfrac{2}{9}$　　　　　C. $\dfrac{1}{3}$　　　　　D. $\dfrac{4}{9}$

1-8-9 甲、乙两人独立地对同一目标射击一次,其命中率分别为 0.6 和 0.7。现已知目标被命中,则它是由甲射中的概率是:

A. 0.45　　　　B. 0.55　　　　C. 0.68　　　　D. 0.75

1-8-10 设 总体 X 服从参数为 λ 的指数分布,$X_1,\cdots,X_n$ 是从中抽取的样本,$\overline{X}$ 是其样本均值,则 $E(\overline{X})$ 与 $D(\overline{X})$ 为:

A. $\dfrac{1}{\lambda}$,$\dfrac{1}{\lambda^2}$　　　　　　　B. $\dfrac{1}{\lambda}$,$\dfrac{1}{n\lambda^2}$

C. λ,$\dfrac{\lambda^2}{n}$　　　　　　　D. λ,λ^2

1-8-11 设总 体 X 服从参数为 p 的两点分布,p 未知,$0<p<1$。$X_1,\cdots,X_n$ 是取自总体 X 的一个样本,$n\geqslant 2$。未知参数 p 的下列点估计中,具有无偏性的估计量是:

A. $\sum\limits_{i=1}^{n}X_i$　　　B. $0.3X_1+0.7X_2$　　C. $\overline{X}-X_n$　　　D. S^2

1-8-12 (历年真题)设随机变量 X 的概率密度为 $f(x)=\begin{cases}\dfrac{3}{8}x^2,0<x<2\\0,\qquad\quad\text{其他}\end{cases}$,则 $Y=\dfrac{1}{X}$ 的数学期望是:

A. $\dfrac{3}{4}$　　　　　B. $\dfrac{1}{2}$　　　　　C. $\dfrac{2}{3}$　　　　　D. $\dfrac{3}{4}$

第一章 习题解答

第二章 物理学

第一节 热 学

热运动是物质的一种基本运动形式，是构成宏观物体的大量微观粒子永不停息的无规则运动。热现象就是组成物体的大量粒子热运动的集体表现。热学就是研究物体热现象和热运动规律的学科。由于研究的观点和采用的方法不同，热学又分成热力学和统计物理学两种理论。

热力学是通过观察和实验归纳出有关热现象的规律，从能量观点出发，分析研究在物质状态变化过程中有关热功转化的关系和条件。

统计物理学是从物质的微观结构出发，依据粒子运动所遵循的力学规律，运用统计的方法，揭露物质宏观现象的本质，其结论的正确性，需要经热力学来检验和证实。气体动理论就是运用统计方法，求出大量分子的某些微观量的统计平均值，并用以解释在实验中直接观测到的物体的宏观性质。

一、气体动理论

（一）基本概念

1. 状态参量

用来描述热力学系统运动状态的物理量称为状态参量。组成热力学系统的每个分子具有的质量、速度、动量以及能量等统称为微观量。在热力学实验中，一般不能直接对微观量进行观察与测量，我们所能测量到的只是气体的体积、压强和温度，因此，对于一定的气体（质量为 m、摩尔质量为 M），通常把体积、压强和温度三个物理量称为气体的状态参量（简称状态量）。而状态量的函数称为状态函数，如内能 E。描写气体宏观性质的状态参量称为宏观量。

体积 V 是指气体分子活动所能达到的空间，而不是气体分子本身的体积。当不计分子大小时，气体体积等于容器的容积。其国际单位为"立方米"（m^3）。

压强 p 是气体作用于容器壁单位面积上指向器壁的垂直作用力，是大量气体分子碰撞器壁的宏观表现和平均效果。压强的国际单位为"帕斯卡"（Pa），即牛顿/米²（N/m^2）。

温度 T 是大量气体分子热运动剧烈程度的量度。温度是一个重要的状态参量，它是决定一个物体是否与其他物体处于热平衡的宏观性质。温度的国际单位为"开尔文"（K）。热力学温度 T 与摄氏温度 t（℃）的关系是：

$$T = t + 273.15 \tag{2-1-1}$$

气体由大量分子或原子组成，每摩尔气体包含 6.022×10^{23} 个分子，该常量称为阿伏伽德罗常量，以 N_A 表示，即 $N_A = 6.022 \times 10^{23} \, \text{mol}^{-1}$。

2. 平衡态与准静态过程

热力学系统在不受外界影响（即系统与外界没有物质和能量的交换，也无外力场作用）

的条件下，无论初始状态如何，系统的宏观性质在经充分长时间后不再发生变化的状态，称为平衡状态(简称平衡态)，否则就是非平衡态。

应当指出，平衡态是指系统的宏观性质不随时间变化，从微观方面看，组成系统的分子的热运动是永不停息的，通过分子的热运动的相互碰撞，其总效果在宏观上表现为是不随时间变化的，所以平衡态实际上是热动平衡状态。

当气体的外界条件发生改变时，它的状态就会发生变化。气体从一个状态不断地变化到另一状态，所经历的是一个状态变化的过程。如果过程进展得十分缓慢，使所经历的一系列中间状态都无限接近平衡状态，这个过程就称为准静态过程或平衡过程。显然，准静态过程是个理想的过程。系统在经历一个准静态过程中，其间任一时刻的状态都可以当作平衡态来处理。

3. 理想气体的微观模型

理想气体(其定义见本节后面)的微观模型可作如下假设：

(1)气体分子的大小与气体分子之间的距离相比要小得多，因此，分子的大小可以忽略不计。

(2)由于分子力的作用距离很短，可以认为气体分子之间除了碰撞的瞬间外，分子间的相互作用力可忽略不计。

(3)分子间的碰撞以及分子与容器壁的碰撞可以看作完全弹性碰撞，这样气体分子的动能就不会因碰撞而损失。

总之，理想气体可看作是自由运动的质点系。

鉴于分子热运动的统计性，还须作出一些统计性假设：

(1)气体处于平衡态时，气体分子在空间的分布平均说来是均匀的。由此假设可知，气体分子数密度 n 在空间处处相等。

(2)气体处于平衡态时，气体分子沿空间各个方向运动的概率相等。由此假设可知，气体分子沿各个方向运动的分子数是相等的，分子速率沿各个方向分量的各种平均值相等。例如，沿 x 轴运动的 $v_{ix} > 0$ 的分子数与 $v_{ix} < 0$ 的分子数相同，气体分子在 x 轴方向速度分量的平均值 $\bar{v}_x = 0$，即：

$$\bar{v}_x = \frac{\sum_{i=1}^{N} v_{ix}}{N} = 0, \ \bar{v}_y = \frac{\sum_{i=1}^{N} v_{iy}}{N} = 0, \ \bar{v}_z = \frac{\sum_{i=1}^{N} v_{iz}}{N} = 0 \tag{2-1-2}$$

式中，N 为总分子数。又如，分子速度分量的平方平均值也相等：

$$\overline{v^2} = \overline{v_x^2} + \overline{v_y^2} + \overline{v_z^2} \tag{2-1-3}$$

所以

$$\overline{v_x^2} = \overline{v_y^2} = \overline{v_z^2} = \frac{1}{3}\overline{v^2} \tag{2-1-4}$$

★★★(二)基本内容

1. 理想气体物态方程

一般气体在密度不太高、压强不太大(与大气压比较)和温度不太低(与室温比较)的实验范围内，遵守玻意耳定律、盖吕萨克定律和查理定律。实际上在任何情况下都服从上述三条实验定律的气体是不存在的。我们把实际气体抽象化，提出理想气体的概念，认为理想气体能无条件地服从这三条实验定律。理想气体是气体的一个理想模型。

(1)当一定质量的理想气体从状态 I (p_1，V_1，T_1)变化到状态 II (p_2，V_2，T_2)时，两状态的状态参量之间的关系为：

$$\frac{p_1 V}{T_1} = \frac{p_2 V_2}{T_2} = 恒量 \tag{2-1-5}$$

(2)当已知理想气体的质量为 m、摩尔质量为 M 时，理想气体物态方程为：

$$pV = \frac{m}{M}RT \tag{2-1-6}$$

式中，$R=8.31J/(mol \cdot K)$ 称为普适气体常数。

(3)理想气体物态方程的另一种形式

设每个气体分子的质量是 m_0，则气体的摩尔质量 M 与 m_0 之间应有关系 $M = N_A m_0$，设气体质量为 m 时的总分子数为 N，则 m 与 m_0 之间也有关系 $m = N m_0$，把这两个关系代入理想气体物态方程 $pV = \frac{m}{M}RT$ 中，消去 m_0 可得：

$$p = \frac{N}{V}\frac{R}{N_A}T = nkT \tag{2-1-7}$$

式中，$n = \frac{N}{V}$ 表示单位体积中的分子数，又称分子数密度；$k = \frac{R}{N_A} = 1.38 \times 10^{-23} J/K$ 称为玻耳兹曼常量。

2. 理想气体的压强公式

设在任意形状的容器 V 中贮有理想气体，其总分子数为 N，每个分子的质量为 m_0，在上述理想气体统计假设模型下，可以推知理想气体的压强公式为：

$$p = \frac{2}{3}n\left(\frac{1}{2}m_0 \overline{v^2}\right) = \frac{2}{3}n\overline{\varepsilon}_k \tag{2-1-8}$$

式中，$\overline{\varepsilon}_k = \frac{1}{2}m_0\overline{v^2}$ 为一个气体分子的平均平动动能；$\overline{v^2}$ 为 N 个分子的速度平方的平均值。

上式为气体动理论的理想气体压强公式，它把宏观量 p 与微观量 $\frac{1}{2}m_0\overline{v_0}$ 的统计平均值 $\overline{\varepsilon}_k$ 联系了起来。

从微观上看，气体对器壁的压强是大量气体分子对器壁不断碰撞的结果，犹如大量密集的雨点打在伞上而使我们感受到一个持续向下的压力那样。压强 p 是一个统计平均值，是对时间、对大量气体分子、对面积统计平均的结果。对个别分子或少数分子谈论压强是毫无意义的。

★★★(三)理想气体的温度公式

根据理想气体物态方程(2-1-7)和压强公式(2-1-8)可得到理想气体的温度公式：

$$\overline{\varepsilon}_k = \frac{3}{2}kT \tag{2-1-9}$$

上式表明，气体分子的平均平动动能只与温度有关，并且与热力学温度 T 成正比，它表明了温度的微观实质——温度标志着物体内部分子无规则热运动的剧烈程度，温度越高表示物体内部分子无规则热运动越剧烈。

根据上述，可以认为是气体动理论对温度的定义：温度是大量分子热运动的平动动能的统计平均值 $\bar{\varepsilon}_k$ 的量度。式(2-1-9)揭示了宏观量 T 与微观量 $\bar{\varepsilon}_k$ 之间的联系，温度也与压强一样是大量分子热运动的集体表现，具有统计意义，说单个或少数分子的温度也是没有意义的。

★★★（四）能量按自由度均分定理

1. 分子的自由度

分子的运动不仅有平动，还有转动以及分子内原子间的振动。按分子的结构，气体分子可以是单原子的、双原子的、三原子的或多原子的。单原子的分子可以看作一质点，确定它在空间的位置需要用 3 个独立的坐标，因此，单原子气体分子有 3 个自由度。在双原子分子中，如果原子间的相对位置保持不变，这分子就可看作由保持一定距离的两个质点组成。由于质心的位置需要用 3 个独立坐标决定，连续的方位需用 2 个独立坐标决定，而两质点以连续为轴的转动又可不计，所以，双原子气体分子共有 5 个自由度（3 个平动自由度和 2 个转动自由度）。在 3 个及 3 个以上原子的多原子分子中，如果这些原子之间的相对位置不变，则整个分子就是一个自由刚体，共有 6 个自由度（3 个平动自由度和 3 个转动自由度）。

原子间距离不变的分子一般称为"刚性"分子，事实上，双原子或多原子的气体分子一般不是完全刚性的，原子间的距离在原子间的相互作用下会发生变化，分子内部会出现振动。因此，除平动自由度和转动自由度外，还有振动自由度。但在常温下，大多数分子的振动自由度可以不予考虑。

2. 能量按自由度均分定理

已知理想气体分子的平均平动动能量 $\bar{\varepsilon}_k = \dfrac{3}{2}kT$。然而，由于气体分子做无规则运动时，向各方向运动的机会是均等的，可以认为分子的平均平动动能 $\dfrac{3}{2}kT$ 均匀地分配于每个平动自由度上，其值为 $\dfrac{1}{2}kT$。这个结论可以推广到分子的转动自由度上，即在温度为 T 的平衡态下，物质分子的每一个自由度都具有相同的平均动能，其大小都等于 $\dfrac{1}{2}kT$。这一结论称为能量按自由度均分定理（简称能量均分定理）。

根据能量均分定理，单原子分子、刚性双原子分子、刚性多原子分子的平均动能分别是 $\dfrac{3}{2}kT$、$\dfrac{5}{2}kT$、$\dfrac{6}{2}kT$。一般地，如果刚性分子的自由度数为 i，则刚性分子的平均动能为：

$$\bar{\varepsilon}_k = \frac{i}{2}kT \tag{2-1-10}$$

1 摩尔刚性分子理想气体的内能为：

$$E_0 = N_A\bar{\varepsilon}_k = N_A\frac{i}{2}kT = \frac{i}{2}RT \tag{2-1-11}$$

质量为 m（摩尔质量为 M）的刚性分子组成的理想气体内能为：

$$E = \frac{m}{M}\frac{i}{2}RT \tag{2-1-12}$$

由上式可知，理想气体的内能只是温度的单值函数。一定质量的理想气体在不同的状态变化过程中,只要温度的变化量相等,则其内能的变化量就相同,而与过程无关。

【例 2-1-1】(历年真题)一瓶氦气和一瓶氮气它们每个分子的平均平动动能相同,而且都处于平衡态,则它们:

A. 温度相同,氦分子和氮分子的平均动能相同

B. 温度相同,氦分子和氮分子的平均动能不同

C. 温度不同,氦分子和氮分子的平均动能相同

D. 温度不同,氦分子和氮分子的平均动能不同

【解答】分子的平均平动动能 $\bar{\varepsilon}_k = \frac{3}{2}kT$,相同,则温度相同;

分子的平均动能 $\bar{\varepsilon}_k = \frac{i}{2}kT$,则:

氦分子 $\bar{\varepsilon}_k = \frac{3}{2}kT$,氮分子 $\bar{\varepsilon}_k = \frac{5}{2}kT$,不同。

应选 B 项。

【例 2-1-2】(历年真题)在标准状态下,当氢气和氦气的压强与体积都相等时,氢气和氦气的内能之比为:

A. $\frac{5}{3}$ B. $\frac{3}{5}$ C. $\frac{1}{2}$ D. $\frac{3}{2}$

【解答】内能 $E = \frac{m}{M}\frac{i}{2}RT = \frac{i}{2}pV$,$i_氢 = 5$,$i_氦 = 3$

$E_氢/E_氦 = i_氢/i_氦 = 5/3$,应选 A 项。

【例 2-1-3】(历年真题)关于温度的意义,有下列几种说法:

(1)气体的温度是分子平均平动动能的量度;

(2)气体的温度是大量气体分子热运动的集体体现,具有统计意义;

(3)温度的高低反映物质内部分子运动剧烈程度的不同;

(4)从微观上看,气体的温度表示每个分子的冷热程度。

这些说法中正确的是:

A. (1),(2),(4)   B. (1),(2),(3)

C. (2),(3),(4)   D. (1),(3),(4)

【解答】根据气体的温度公式,(1)正确,排除 C、D 项。由气体的温度的实质,(2)、(3)正确,(4)错误。

应选 B 项。

【例 2-1-4】(历年真题)1mol 理想气体(刚性双原子分子),当温度为 T 时,每个分子的平均平动动能为:

A. $\frac{3}{2}RT$ B. $\frac{5}{2}RT$ C. $\frac{3}{2}kT$ D. $\frac{5}{2}kT$

【解答】每个刚性双原子分子的 $\bar{\varepsilon}_k = \frac{3}{2}kT$,应选 C 项。

★★★(五)麦克斯韦分子速率分布律

1. 麦克斯韦速率分布函数

在平衡状态下,气体分子的速率分布遵从一定的统计规律。研究气体分子速率的分

布，分子的速率在原则上可以连续取值，而分子数是不连续的，因此，需要将速率按其大小分成若干相等的区间。若设速率处在 $v \sim v + \Delta v$ 之间的分子数为 ΔN，在总分子数 N 中占的比率为 $\dfrac{\Delta N}{N}$。当 Δv 较小时，$\dfrac{\Delta N}{N}$ 将与 Δv 成正比，而且与 Δv 这个区间所在处的 v 有关。显然，$\dfrac{\Delta N}{N \Delta v}$ 仅与 v 有关，将 Δv 取得足够小，可以得到精确的分布情况，因此，定义下列函数：

$$f(v) = \lim_{\Delta v \to 0} \frac{\Delta N}{N \Delta v} = \frac{\mathrm{d}N}{N \mathrm{d}v} \tag{2-1-13}$$

为分子速率分布函数，它描述的是在速率 v 附近的单位速率区间内分子数占总分子数的比率。因此，它描写了分子数按速率分布的情况。对单个分子来说，它表示分子速率在 v 附近单位速率区间内的概率，所以 $f(v)$ 也叫做分子速率分布的概率密度。

$Nf(v)\mathrm{d}v$ 表示速率在 $v \sim v + \mathrm{d}v$ 区间内的分子数，速率处在 $v_1 \sim v_2$ 区间内的分子数可用下列积分计算：

$$\Delta N = \int_{v_1}^{v_2} Nf(v)\mathrm{d}v \tag{2-1-14}$$

速率处在 $[0, \infty)$ 区域内的分子数应当等于总分子数：

$$N = \int_0^\infty Nf(v)\mathrm{d}v$$

即：

$$\int_0^\infty f(v)\mathrm{d}v = 1 \tag{2-1-15}$$

这称为归一化条件，它是分布函数 $f(v)$ 必须满足的条件。

2. 麦克斯韦速率分布律

麦克斯韦从理论上导出理想气体在平衡态下气体分子速率分布函数的具体形式是：

$$f(v) = 4\pi \left(\frac{m_0}{2\pi kT} \right)^{3/2} \mathrm{e}^{-\frac{m_0 v^2}{2kT}} v^2 \tag{2-1-16}$$

上式的 $f(v)$ 叫做麦克斯韦速率分布函数。表示速率分布函数的曲线叫做麦克斯韦速率分布曲线，如图 2-1-1 所示。由图可知：

(1)某一区间 $v \sim v + \Delta v$ 的小长方形的面积为：

$$f(v)\Delta v = \frac{\Delta N}{N \Delta v} \Delta v = \frac{\Delta N}{N}$$

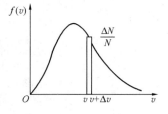

图 2-1-1　某一温度下速率分布曲线

表示某分子的速率在区间 $v \sim v + \Delta v$ 内的概率，也表示在该区间内的分子数占总分子数的百分率。在不同的区间内，有不同面积的小长方形，说明不同区间内的分布百分率不相同。

(2)曲线下的总面积，表示分子在整个速率范围 $[0, +\infty)$ 的概率的总和，按归一化条件，应等于 1。

(3)具有很大速率或很小速率的分子数较少，其百分率较低，而具有中等速率的分子数很多，百分率很高。曲线上有一个最大值，与这个最大值相应的速率值 v_p 称为最概然速率，它的物理意义是：在一定温度下，速度大小与 v_p 相近的气体分子的百分率最大，也即：以相同速率间隔来说，气体分子中速率大小在 v_p 附近的概率最大。

如图 2-1-2 所示，不同温度下的分子速率分布曲线，当温度升高时，气体分子的速率普遍增大，速率分布曲线上的最大值也向量值增大的方向迁移，也即最概然速率增大了；但因曲线下的总面积，即分子数的百分数的总和是不变的，因此分布曲线在宽度增大的同时，高度降低，整个曲线将变得"较平坦些"。同时，分子速率分布比较分散，无序性增加。最概然速率的大小反映了速率分布无序性的大小，因此，最概然速率常被用来反映分子速率分布的概况。

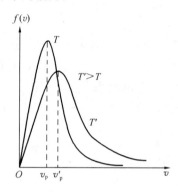
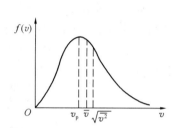

图 2-1-2　不同温度的分布曲线　　　图 2-1-3　某一温度下，分子速率的 3 个统计值

3. 麦克斯韦分子速率分布中的三个统计平均值(图 2-1-3)应用速率分布函数，可以求出一些与分子无规则运动有关的物理量的统计平均值。

(1)最概然速率 v_p

根据分布函数 $f(v)$ 的极大值条件即 $df(x)/dv = 0$，可得 v_p 为：

$$v_p = \sqrt{\frac{2kT}{m_0}} = \sqrt{\frac{2RT}{M}} = 1.41\sqrt{\frac{RT}{M}} \tag{2-1-17}$$

(2)算术平均速率 $\bar{v}$

大量分子的速率的算术平均值叫做分子的平均速率，常用 $\bar{v}$ 表示。由式(2-1-13)及 $\bar{v}$ 的定义：

$$\bar{v} = \frac{\int_0^\infty v\,dN}{N} = \frac{\int_0^\infty vf(v)N\,dv}{N} = \int_0^\infty vf(v)\,dv$$

$$= \sqrt{\frac{8kT}{\pi m_0}} = \sqrt{\frac{8RT}{\pi M}} = 1.60\sqrt{\frac{RT}{M}} \tag{2-1-18}$$

(3)方均根速率 $\sqrt{\overline{v^2}}$

按同样的道理，可求得方均根速率为：

$$\overline{v^2} = \frac{\int_0^\infty v^2\,dN}{N} = \frac{\int_0^\infty v^2 f(v)N\,dv}{N} = \int_0^\infty v^2 f(v)\,dv = \frac{3kT}{m_0}$$

即：

$$\sqrt{\overline{v^2}} = \sqrt{\frac{3kT}{m_0}} = \sqrt{\frac{3RT}{M}} = 1.73\sqrt{\frac{RT}{M}} \tag{2-1-19}$$

显然，理想气体分子热运动的三种特征速率都与$\sqrt{T}$成正比，与$\sqrt{M}$成反比，它们的相对大小关系为$v_p<\overline{v}<\sqrt{\overline{v^2}}$(图 2-1-3)。三种速度为三个统计平均值，各有不同的应用，讨论分子速率分布时用v_p，讨论分子平均平动动能时用$\sqrt{\overline{v^2}}$，讨论分子碰撞频率和平均自由程时用$\overline{v}$。

★★★(六)平均碰撞频率和平均自由程

设想如图 2-1-4 所示，"跟踪"一个分子，例如A 分子，它以平均相对速率$\overline{v}_r$在运动，而认为其他分子都不动即视为静止分子，还假设每个分子都是有效直径为 d 的刚性小球。在 A 分子运动过程中，显然只有中心与 A 分子的中心之间的距离小于或等于有效直径 d 的那些分子才有可能与 A 分子相碰。设单位体积内的分子数为 n，则在 1s 内静止分子的中心在横截面为 πd^2 的圆柱体内的数目为

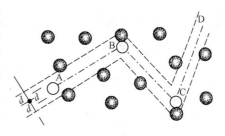

图 2-1-4　$\overline{Z}$ 及 $\overline{\lambda}$ 的计算

$\pi d^2 \overline{v}_r n$，此处 $\pi d^2 \overline{v}_r$ 是圆柱体的体积，因中心在圆柱体内的所有静止分子都将与运动分子相撞。利用麦克斯韦速率分布可以从理论上导出平均相对速率与算术平均速率的关系为：$\overline{v}_r=\sqrt{2}\overline{v}$，因此，运动分子在 1s 内与其他分子的平均碰撞频率 $\overline{Z}$ 为：

$$\overline{Z}=\pi d^2 \overline{v}_r n=\sqrt{2}\pi d^2 \overline{v} n \qquad (2\text{-}1\text{-}20)$$

由于 1s 内每个分子平均走过的路程为 $\overline{v}\times 1=\overline{v}$，而 1s 内每一个分子和其他分子碰撞的平均频率为 $\overline{Z}$，故分子平均自由程 $\overline{\lambda}$ 为：

$$\overline{\lambda}=\frac{\overline{v}}{\overline{Z}}=\frac{1}{\sqrt{2}\pi d^2 n} \qquad (2\text{-}1\text{-}21)$$

根据 $p=nkT$，可以求出 $\overline{\lambda}$ 和温度 T 及压强 p 的关系为：

$$\overline{\lambda}=\frac{kT}{\sqrt{2}\pi d^2 p} \qquad (2\text{-}1\text{-}22)$$

可见，当温度一定时，$\overline{\lambda}$ 与 p 成反比，压强越小，则平均自由程越长。

【例 2-1-5】(历年真题)在恒定不变的压强下，气体分子的平均碰撞频率 $\overline{Z}$ 与温度 T 的关系是：

A. $\overline{Z}$ 与 T 无关　　　　　　　　　B. $\overline{Z}$ 与 $\sqrt{T}$ 无关

C. $\overline{Z}$ 与 $\sqrt{T}$ 成反比　　　　　　　D. $\overline{Z}$ 与 $\sqrt{T}$ 成正比

【解答】$\overline{Z}=\sqrt{2}\pi d^2 \overline{v} n$，$\overline{v}=\sqrt{\dfrac{8RT}{\pi M}}$，$p=nkT$，则：

$$\overline{Z}=\sqrt{2}\pi d^2\sqrt{\frac{8RT}{\pi M}}\cdot\frac{p}{kT}，则：\overline{Z}\propto\frac{1}{\sqrt{T}}$$

应选 C 项。

【例 2-1-6】(历年真题)假定氧气的热力学温度提高一倍，氧分子全部离解为氧原子，则氧原子的平均速率是氧分子平均速率的：

A. 4 倍　　　　　　B. 2 倍　　　　　　C. $\sqrt{2}$ 倍　　　　　　D. $\dfrac{1}{\sqrt{2}}$ 倍

【解答】 $\bar{v} = \sqrt{\dfrac{8RT}{\pi M}}$, $\bar{v}_{O_2} = \sqrt{\dfrac{8RT}{\pi M}} = \sqrt{\dfrac{8RT}{\pi \times 32}}$

$$\bar{v}_O = \sqrt{\dfrac{8R \times 2T}{\pi \times 16}}, \text{则}: \dfrac{\bar{v}_O}{\bar{v}_{O_2}} = \sqrt{\dfrac{2}{16} \times \dfrac{32}{1}} = 2$$

应选 B 项。

【例 2-1-7】(历年真题)容积恒定的容器内盛有一定量的某种理想气体,分子的平均自由程为 $\bar{\lambda}_0$,平均碰撞频率为 $\bar{Z}_0$,若气体的温度降低为原来的 $\dfrac{1}{4}$ 倍,则此时分子的平均自由程 $\bar{\lambda}$ 和平均碰撞频率 $\bar{Z}$ 为:

A. $\bar{\lambda} = \bar{\lambda}_0$, $\bar{Z} = \bar{Z}_0$ B. $\bar{\lambda} = \bar{\lambda}_0$, $\bar{Z} = \dfrac{1}{2}\bar{Z}_0$

C. $\bar{\lambda} = 2\bar{\lambda}_0$, $\bar{Z} = 2\bar{Z}_0$ D. $\bar{\lambda} = \sqrt{2}\bar{\lambda}$, $\bar{Z} = 4\bar{Z}_0$

【解答】 $\bar{Z}_0 = \sqrt{2}\pi d^2 n\bar{v} = \sqrt{2}\pi d^2 n\sqrt{\dfrac{8RT}{\pi M}}$, 则: $\bar{Z} = \dfrac{1}{2}\bar{Z}_0$

$\bar{\lambda}_0 = \dfrac{1}{\sqrt{2}\pi d^2 n}$, 则: $\bar{\lambda} = \bar{\lambda}_0$, 应选 B 项。

【例 2-1-8】(历年真题)具有相同温度的氧气和氢气的分子平均速率之比 $\dfrac{\bar{v}_{O_2}}{\bar{v}_{H_2}}$ 为:

A. 1   B. $\dfrac{1}{2}$ C. $\dfrac{1}{3}$ D. $\dfrac{1}{4}$

【解答】 $\bar{v}_{O_2} = \sqrt{\dfrac{2RT}{\pi M}} = \sqrt{\dfrac{8RT}{\pi \times 32}}$, $\bar{v}_{H_2} = \sqrt{\dfrac{8RT}{\pi \times 2}}$, 则:

$\dfrac{\bar{v}_{O_2}}{\bar{v}_{H_2}} = \sqrt{\dfrac{2}{32}} = \dfrac{1}{4}$, 应选 D 项。

二、热力学基础

热力学的研究方法是在归纳总结实验规律的基础上,用能量观点分析研究热力学系统在状态变化过程中有关功、热转换的条件和方向。热力学的核心内容是热力学第一定律和热力学第二定律。

(一)功、热量、内能

★★★1. 内能

在热力学中,通常把系统与热现象有关的那部分能量(不包括宏观的机械能)称为热力学系统的内能,用 E 表示。从前面气体动理论观点来说,系统的内能就是系统中所有分子热运动的动能和分子间相互作用的势能之总和。而对于理想气体,由于不计分子间的相互作用力,故其内能 E 只是系统中所有分子热运动的动能之和,E 按式(2-1-12)计算。

内能是状态量,对于一定量的理想气体,内能只是系统状态量温度 T 的单值函数。实验证明,内能的改变只取决于系统的始、末状态,而与系统所经历的过程无关。质量一定的理想气体,当系统从 T_1 状态经历某过程到达 T_2 状态,其内能的增量为:

$$\Delta E = E_2 - E_1 = \dfrac{m}{M}\dfrac{i}{2}R(T_2 - T_1) \tag{2-1-23}$$

系统状态的变化总是通过外界对系统做功或向系统传递热量,或两者并施来实现的。

也就是说，对系统做功或向系统传递热量都将引起系统状态发生变化，两者的效果是等效的，而且热功可以转换，1 卡(cal)＝4.186 焦耳(J)。在国际单位制中，热量和功均用焦耳(J)作为单位。

2. 功

做功是改变热力学系统状态的基本方式之一。设有一气缸，其中气体的压强为 p，活塞的面积为 S(图 2-1-5)，活塞与气缸间无摩擦，为了维持气体时时处在平衡态，外界和气体对活塞的压力必须相等，当活塞缓慢移动一微小距离 $\mathrm{d}l$ 时，在这一微小的变化过程中，可认为压强 p 处处均匀而且不变，在此过程中，气体所做的功 $\mathrm{d}A$(或用符号 $\mathrm{d}W$)为：

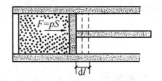

图 2-1-5　气体膨胀时
所做的功

$$\mathrm{d}A = pS\mathrm{d}l = p\mathrm{d}V \tag{2-1-24}$$

式中，$\mathrm{d}V$ 是气体体积的微小增量。在气体膨胀时，$\mathrm{d}V$ 是正的，$\mathrm{d}A$ 也是正的，表示系统对外做正功；在气体被压缩时，$\mathrm{d}V$ 是负的，$\mathrm{d}A$ 也是负的，表示系统做负功，也即外界对系统做正功。

在一个有限的准静态过程中，系统的体积由 V_1 变为 V_2，系统对外界做的功 A(或用符号 W)为：

$$A = \int \mathrm{d}A = \int_{V_1}^{V_2} p\mathrm{d}V$$

式中，$\int_{V_1}^{V_2} p\mathrm{d}V$ 在 p-V 图上是由代表这个准静态过程的实线对 V 轴所覆盖的画斜线面积表示的(图 2-1-6)，如果系统沿图中虚线所表示的过程进行状态变化，则它所做的功将等于虚线下面的面积，这比实线表示的过程中的功要大。因此，根据图示可以清楚地看到，系统由一个状态变化到另一状态时，所做的功不仅取决于系统的始末状态，而且与系统所经历的过程有关。

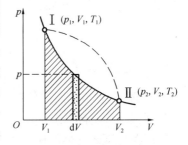

图 2-1-6　气体膨胀做功的图示

3. 热量

热力学系统相互作用的另一种方式是热传递。这种系统间由于热相互作用(或者说由于温度差)而传递的能量叫做热量，一般用 Q 表示。

传递热量与做功不同，这种交换能量的方式是通过分子的无规则运动来完成的。当外界物体(热源)与系统相接触时，不需借助于机械的方式，直接在两者的分子无规则运动之间进行着能量的交换，这就是传递热量，热量只有在过程发生时才有意义，其大小也与过程有关，因此，热量是过程量。

★★★(二)热力学第一定律

在一般情况下，当系统状态变化时，做功与热传递往往是同时存在的。如果有一系统，外界对它传递的热量为 Q，系统从内能为 E_1 的初始平衡状态改变到内能为 E_2 的终末平衡状态，同时系统对外做功为 A，不论过程如何，总有：

$$Q = \Delta E + A = E_2 - E_1 + A \tag{2-1-25}$$

上式就是热力学第一定律，并且规定：系统从外界吸收热量时，Q 为正值，反之为负；系统对外界做功时，A 为正值，反之为负；系统内能增加时，E_2-E_1 为正，反之为负。可知，外界对系统传递的热量，一部分是使系统的内能增加，另一部分是用于系统对外做功。热力学第一定律其实是包括热量在内的能量守恒定律。对微小的状态变化过程，上式可写成：

$$dQ = dE + dA \qquad (2\text{-}1\text{-}26)$$

★★★(三)热力学第一定律在理想气体等值过程和绝热过程中的应用

1. 等体过程与摩尔定容热容(图 2-1-7)

特征：$V=$恒量，$dV=0$，所以 $dA=0$

参量关系：$\dfrac{p}{T}=\dfrac{m}{M}\dfrac{R}{V}=$常量

热力学第一定律形式：

微小过程　$dQ_V = dE$

有限过程　$Q_V = E_2 - E_1 = \dfrac{m}{M}\dfrac{i}{2}R\Delta T$

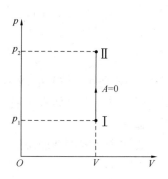

用 C_V(或 $C_{V,m}$)表示摩尔定容热容，它是指 1mol 气体在体积不变的条件下，温度改变 1K 所需要的热量。引入 C_V 后，系统在体积不变的过程中吸收的热量即为 $Q_V = \dfrac{m}{M}C_V\Delta T$，与上式比较可得：

图 2-1-7　气体的等体过程

$$C_V = \dfrac{dQ_V}{\dfrac{m}{M}dT} = \dfrac{i}{2}R \qquad (2\text{-}1\text{-}27)$$

2. 等压过程与摩尔定压热容(图 2-1-8)

特征：$p=$恒量，$dp=0$

等压条件下，气体的体积由 V_1 变为 V_2 过程中，气体外做的功为：

$$A = \int_{V_1}^{V_2} p\,dV = p(V_2-V_1) = \dfrac{m}{M}R(T_2-T_1)$$

参量关系：$\dfrac{V}{T}=\dfrac{m}{M}\dfrac{R}{p}=$常量

热力学第一定律形式：

微小过程　$dQ_p = dE + p\,dV$

有限过程　$Q_p = \Delta E + \int_{V_1}^{V_2} p\,dV$

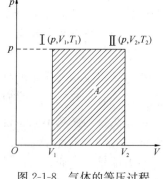

图 2-1-8　气体的等压过程

由于内能增量总是 $\Delta E = \dfrac{m}{M}C_V(T_2-T_1)$，以 C_p(或 $C_{p,m}$)表示摩尔定压热容，它是指 1mol 气体在压强不变的条件下，温度改变 1K 所需要的热量。引入 C_p 后，则 $Q_p = \dfrac{m}{M}C_p\Delta T$，再根据热力学第一定律可求出：

$$C_p = \frac{dQ_p}{\frac{m}{M}dT} = C_V + R = \frac{i+2}{2}R \qquad (2\text{-}1\text{-}28)$$

定义热容比 γ 为：

$$\gamma = \frac{C_p}{C_V} = \frac{i+2}{i} \qquad (2\text{-}1\text{-}29)$$

式(2-1-28)称为迈耶公式。

气体在等压膨胀过程中，所吸收的热量一部分用来增加内能，另一部分用于气体对外做功；气体在等压压缩过程中，外界对气体做功，同时内能减小，其和等于放出的热量。

3. 等温过程(图 2-1-9)

特征：$T=$ 恒量，$dT=0$，所以 $dE=0$

参量关系：$pV = \frac{m}{M}RT =$ 常量

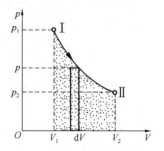

在保持温度不变时，气体的体积由 V_1 变为 V_2 过程中，气体外做的功 A，由理想气体物态方程，则：

$$A = \int_{V_1}^{V_2} pdV = \frac{m}{M}RT\int_{V_1}^{V_2}\frac{dV}{V} = \frac{m}{M}RT\ln\frac{V_2}{V_1}$$

图 2-1-9　等温过程中功的计算

热力学第一定律形式：

微小过程 $\qquad\qquad dQ_T = pdV$

有限过程 $\qquad Q_T = A = \frac{m}{M}RT\ln\frac{V_2}{V_1} = \frac{m}{M}RT\ln\frac{p_1}{p_2} \qquad (2\text{-}1\text{-}30)$

由于等温过程中温度始终保持不变，因此，根据热容量的定义 $C = \frac{dQ}{dT}$，得到等温过程的热容量为无穷大。

等温过程在 p-V 图上是一条等温线(双曲线)上的一段，如图 2-1-9 中所示的过程Ⅰ→Ⅱ是一等温膨胀过程。在等温膨胀过程中，理想气体所吸取的热量全部转化为对外所做的功；反之，在等温压缩时，外界对理想气体所做的功，将全部转化为传给恒温热源的热量。

4. 绝热过程(图 2-1-10)

特征：$dQ=0$

参量关系：由理想气体状态方程和热力学第一定律可以导出：

$$\left.\begin{array}{l} pV^\gamma = C_1 \\ TV^{\gamma-1} = C_2 \\ p^{\gamma-1}T^{-\gamma} = C_3 \end{array}\right\} \qquad (2\text{-}1\text{-}31)$$

上式称为绝热过程方程，其中，C_1、C_2、C_3 均为常量，其大小在三个式子中各不相同。

热力学第一定律形式：

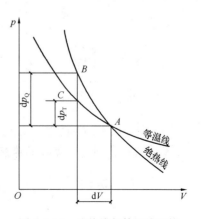

图 2-1-10　绝热线与等温线比较

微小过程 $\qquad\qquad\qquad\qquad 0 = dE + pdV$

有限过程 $\qquad\qquad\qquad\qquad 0 = \Delta E + \int_{V_1}^{V_2} p dV$

绝热过程中的功： $\qquad A = -\Delta E = -\dfrac{m}{M}C_V(T_2 - T_1)$ $\qquad\qquad$ (2-1-32)

也可以由功的定义，结合式(2-1-31)的绝热方程求得：

$$A = \int_{V_1}^{V_2} \frac{C_1}{V^\gamma} dV = \frac{1}{\gamma - 1}(p_1 V_1 - p_2 V_2) \qquad\qquad (2\text{-}1\text{-}33)$$

式(2-1-32)表明，理想气体在绝热压缩过程中，外界所做的功全部转为气体内能的增加，使温度升高；在绝热膨胀过程中，它消耗本身的内能来对外做功，使温度降低。

如图 2-1-10 所示，A 点是两线的相交点，等温线($pV=$常量)和绝热线($pV^\gamma=$常量)在交点 A 处的斜率$\left(\dfrac{dp}{dV}\right)$可以分别求出：等温线的斜率$=-\dfrac{p_A}{V_A}$；绝热线的斜率$=-\gamma\dfrac{p_A}{V_A}$，由于 $\gamma > 1$，所以在两线的交点处，绝热线的斜率的绝对值比等温线的斜率的绝对值要大。这表明同一气体从同一初状态作同样的体积压缩时，压强的变化在绝热过程中比在等温过程中要大。

【例 2-1-9】(历年真题)一定量的理想气体，经过等体过程，温度增量 ΔT，内能变化 ΔE_1，吸收热量 Q_1；若经过等压过程，温度增量也为 ΔT，内能变化 ΔE_2，吸收热量 Q_2，则一定是：

A. $\Delta E_2 = \Delta E_1$，$Q_2 > Q_1$ $\qquad\qquad\qquad$ B. $\Delta E_2 = \Delta E_1$，$Q_2 < Q_1$

C. $\Delta E_2 > \Delta E_1$，$Q_2 > Q_1$ $\qquad\qquad\qquad$ D. $\Delta E_2 < \Delta E_1$，$Q_2 < Q_1$

【解答】 内能增量 $\Delta E = \dfrac{m}{M}\dfrac{i}{2}R\Delta T$，现两个过程 ΔT 相同，故 $\Delta E_1 = \Delta E_2$，排除 C、D 项。

等体过程：$A_1 = 0$，$Q_1 = \Delta E_1 + A_1 = \Delta E_1$；

等压过程：温度增量 ΔT，由 $pV/T=$ 恒量，则 V 变大，$A > 0$；

$Q_2 = \Delta E_2 + A_2 > Q_1$。应选 A 项。

【例 2-1-10】(历年真题)有 1mol 刚性双原子分子理想气体，在等压过程中对外做功 W，则其温度变化 ΔT 为：

A. $\dfrac{R}{W}$ $\qquad\qquad$ B. $\dfrac{W}{R}$ $\qquad\qquad$ C. $\dfrac{2R}{W}$ $\qquad\qquad$ D. $\dfrac{2W}{R}$

【解答】 $W = p(V_2 - V_1) = \dfrac{m}{M}R\Delta T = 1 \times R\Delta T$，则：

$\Delta T = \dfrac{W}{R}$，应选 B 项。

【例 2-1-11】(历年真题)一定量理想气体由初态(p_1, V_1, T_1)经等温膨胀到达终态(p_2, V_2, T_1)，则气体吸收的热量 Q 为：

A. $Q = p_1 V_1 \ln\dfrac{V_2}{V_1}$ $\qquad\qquad\qquad$ B. $Q = p_1 V_2 \ln\dfrac{V_2}{V_1}$

C. $Q = p_1 V_1 \ln\dfrac{V_1}{V_2}$ $\qquad\qquad\qquad$ D. $Q = p_2 V_1 \ln\dfrac{p_2}{p_1}$

【解答】等温过程，$\Delta E=0$，则：$Q=A=\dfrac{m}{M}RT\ln\dfrac{V_2}{V_1}=p_1V_1\ln\dfrac{V_2}{V_1}$

应选 A 项。

【例 2-1-12】(历年真题)一定量的理想气体对外做了 500J 的功，如果过程是绝热的，气体内能的增量为：

A. 0   B. 500J   C. $-500J$ D. 250J

【解答】$Q=A+\Delta E$，则：$0=500+\Delta E$，$\Delta E=-500J$

应选 C 项。

【例 2-1-13】(历年真题)一定量的理想气体从初态经一热力学过程达到终态，如初、终态均处于同一温度线上，则此过程中的内能变化 ΔE 和气体做功 W 为：

A. $\Delta E=0$，W 可正可负   B. $\Delta E=0$，W 一定为正

C. $\Delta E=0$，W 一定为负   D. $\Delta E>0$，W 一定为正

【解答】初、终态为同一温度，则：$\Delta E=0$。

功 W 是过程量，由题目条件，则：W 可正可负。

应选 A 项。

★★★(四)循环过程 卡诺循环

1. 循环过程

一个热力学系统从某一状态出发，经过一系列变化过程，最后又回到初始状态，这样的过程称为循环过程。如果一个循环过程所经历的每一个分过程都是准静态过程，那么循环过程就可在 $p\text{-}V$ 图上用一闭合曲线来表示。系统沿闭合曲线顺时针方向的循环称为正循环，反之称为逆循环，如图 2-1-11 所示。循环过程的特征是系统经历一个循环后内能不变，根据热力学第一定律有：$\Delta E=0$，$Q=A$，也即：系统吸收(或放出)的净热量等于系统对外所做的净功(或外界对系统所做的净功)。

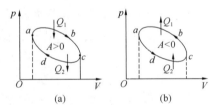

图 2-1-11 循环过程
(a)正循环；(b)逆循环

工程上常把作循环过程的热力学系统称为工作物质，简称工质。作正循环的设备称为热机，作逆循环的设备称为制冷机。

如图 2-1-11(a)所示正循环，在过程 abc 中，工质膨胀对外界做功 A_1，其数值等于 abc 曲线下的面积，同时从外界吸取热量 Q_1；在过程 cda 中，外界压缩工质而对工质做功 A_2，其数值等于 cda 曲线下的面积，同时放出热量 Q_2(取绝对值)。由于 $A_1>A_2$，因此整个循环过程中工质对外界做净功 A，其数值等于循环过程曲线所包围的面积，即 $A=A_1-A_2$。由于整个循环 $\Delta E=0$，故 $Q_1-Q_2=A$。

热机的工作过程就是工质从高温热源吸取热量 Q_1，其中一部热量 Q_2 传给低温热源，同时工质对外做功 A。热机循环的一个重要性能指标就是热机效率，以 η 表示，它表示一次循环中，在工质从高温热源吸收热量 Q_1 中有多大的比例转变为对外输出的有用功，即：

$$\eta=\frac{A}{Q_1}=\frac{Q_1-Q_2}{Q_1}=1-\frac{Q_2}{Q_1}$$

(2-1-34)

同理可知，当循环过程沿逆时针方向进行时［图 2-1-11(b)］，过程 abc 为膨胀过程，工质对外界做功，过程 cba 为压缩过程，外界对工质做功，经过整个循环，外界对工质做了净功 A。显然，工质将从低温热源吸取热量 Q_2，又接受外界对工质所做的功 A，向高温热源传递热量 $Q_1 = A + Q_2$。

制冷机的工作过程就是外界对工质做功 A 与从低温热源吸取的热量 Q_2 全部以热能形式转移给高温热源，即放出热量为 Q_1(取绝对值)。 制冷机的功效常用从低温热源中所吸取的热量 Q_2 和所消耗的外功 A 的比值来衡量，这一比值叫做制冷系数，即：

$$\omega = \frac{Q_2}{A} = \frac{Q_2}{Q_1 - Q_2} \tag{2-1-35}$$

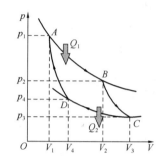

图 2-1-12 卡诺循环(热机)

2. 卡诺循环

卡诺循环是一个理想循环，它由两个等温过程和两个绝热过程组成，其工作物质为理想气体，如图 2-1-12 所示。

根据效率的定义，工作在高温热源(T_1)和低温热源(T_2)间的理想气体准静态过程卡诺循环热机的效率为：

$$\eta = 1 - \frac{T_2}{T_1} \tag{2-1-36}$$

可见，理想气体准静态过程的卡诺循环热机效率仅由两个热源的温度决定。

理想气体准静态过程卡诺逆循环从低温热源吸取热量 Q_2，接受外界对气体所做的功，向高温热源放出热量 Q_1，其制冷系数为：

$$\omega = \frac{Q_2}{A} = \frac{Q_2}{Q_1 - Q_2} = \frac{T_2}{T_1 - T_2} \tag{2-1-37}$$

由上式可知，T_2 越小，ω 也越小，即要从温度很低的低温热源中吸取热量，所消耗的外功也是很多的。

★(五) 热力学第二定律及其统计意义

实验表明，一切热力学过程都满足热力学第一定律，即服从能量转换和守恒定律。但是，满足热力学第一定律的过程不一定都能实现。自然界中有许多过程虽然不违背热力学第一定律，但绝不会自动地发生。也就是说，自然界中实际上自发发生的过程(自然过程)都具有方向性；热力学第二定律则解决了这个自发过程进行的方向和限度问题。

热力学第二定律的开尔文叙述是：不可能制成一种循环动作的热机，只从一个热源吸取热量，使之全部变为有用的功，而不产生其他影响。要特别注意"不产生其他影响"的内涵，例如气体作等温膨胀，则气体从一个热源吸取热量，全部转化为对外做功。但在做功的同时，气体的体积膨胀了，压强降低又不能自动地回到原来的状态，这就是对外界有了影响。可见，热力学第二定律的开尔文叙述反映了热功转化的一种特殊规律。

热力学第二定律的克劳修斯叙述是：热量不可能自动地从低温物体传向高温物体。从卡诺制冷机的分析中可知，要使热量从低温物体传到高温物体，靠自发地进行是不可能的，必须依靠外界做功。因此，克劳修斯的叙述正是反映了热量传递的这种特殊规律。

可以证明开尔文表述和克劳修斯表述是等价的。

热力学第二定律本质上是一条统计规律，它指出：一般来说，一个不受外界影响的封闭系统，其内部发生的过程，总是由包含微观状态数目少的宏观状态向包含微观状态数目多的宏观状态进行，即由概率小的状态向概率大的状态进行。

★(六)可逆过程与不可逆过程

设有一个过程，使物体从状态 A 变为状态 B，对它来说，如果存在另一个过程，它不仅使物体进行反向变化，从状态 B 回复到状态 A，而且当物体回复到状态 A 时，周围一切也都各自回复原状，则从状态 A 进行到状态 B 的过程是个可逆过程。反之，如对于某一过程，不论经过怎样复杂曲折的方法都不能使物体和外界回复到原来状态而不引起其他变化，则此过程就是不可逆过程。

在热力学中，过程的可逆与否和系统所经历的中间状态是否为平衡态密切相关。只有过程进行得无限缓慢，没有由于摩擦等引起机械能的耗散，由一系列无限接近于平衡状态的中间状态所组成的准静态过程，才是可逆过程。实践中遇到的一切过程都是不可逆过程，或者说只是接近可逆过程。研究可逆过程，就是研究从实际情况中抽象出来的理想情况，从而可以基本上掌握实际过程的规律性。

★★★(七)卡诺定理

卡诺循环中每个过程都是平衡过程，故卡诺循环是理想的可逆循环。完成可逆循环的热机叫做可逆机。卡诺定理表述为：

(1) 在同样高低温热源(高温热源的温度为 T_1，低温热源的温度为 T_2)之间工作的一切可逆机，不论用什么工作物，效率都等于 $\left(1-\dfrac{T_2}{T_1}\right)$。

(2)在同样高低温热源之间工作的一切不可逆机的效率，不可能高于可逆机，即：

$$\eta \leqslant 1-\frac{T_2}{T_1} \tag{2-1-38}$$

上式为卡诺定理的数学表述，式中等号用于可逆热机，小于号用于不可逆热机。

卡诺定理指出了提高热机效率的途径，就过程而论，应当使实际的不可逆机尽量地接近可逆机。对高温热源和低温热源的温度来说，应该尽量地提高两热源的温度差，但是在实际热机中，想获得更低的低温热源温度，就必须用制冷机，而制冷机要消耗外功，因此，用降低低温热源的温度来提高热机的效率是不经济的，故要提高热机的效率应当从提高高温热源的温度着手。

【例 2-1-14】(历年真题)一卡诺热机，低温热源的温度为 27℃，热机效率为 40%，其高温热源温度为：

A. 500K　　　　　　B. 45℃　　　　　　C. 400K　　　　　　D. 500℃

【解答】$\eta = 1-\dfrac{T_2}{T_1}$，$40\% = 1-\dfrac{273+27}{T_1}$，则：$T_1 = 500K$

应选 A 项。

【例 2-1-15】(历年真题)两个卡诺热机的循环曲线如图所示，一个工作在温度为 T_1 与 T_3 的两个热源之间，另一个工作在温度为 T_2 与 T_3 的两个热源之间，已知这两个循环曲线所包围的面积相等，由此可知：

A. 两个热机的效率一定相等

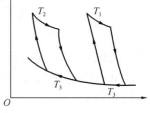

例 2-1-15 图

B. 两个热机从高温热源所吸收的热量一定相等

C. 两个热机向低温热源所放出的热量一定相等

D. 两个热机吸收的热量与放出的热量(绝对值)的差值一定相等

【解答】净功 A 相等，即两个热机的 $Q_1 - Q_2$ 的差值相等，应选 D 项。

习　题

2-1-1　(历年真题)最概然速率 v_p 的物理意义是：

A. v_p 是速率分布中最大速率

B. v_p 是大多数分子的速率

C. 在一定的温度下，速度与 v_p 相近的气体分子所占的百分率最大

D. v_p 是所有分子速率的平均值

2-1-2　(历年真题)速率分布函数 $f(v)$ 的物理意义为：

A. 具有速率 v 的分子数占总分子数的百分比

B. 速率分布在 v 附近单位速率间隔中的分子数占总分子数的百分比

C. 具有速率 v 的分子数

D. 速率分布在 v 附近的单位速率间隔中的分子数

2-1-3　(历年真题)一密闭容器中盛有 1mol 氢气(视为理想气体)，容器中分子无规则运动的平均自由程仅取决于：

A. 压强 p 　　　　　　　　　　B. 体积 V

C. 温度 T 　　　　　　　　　　D. 平均碰撞频率 $\overline{Z}$

2-1-4　(历年真题)刚性双原子分子理想气体的定压摩尔热容量 C_p，与其定体摩尔热容量 C_V 之比，C_p/C_V 等于：

A. 5/3 　　　　　　B. 3/5 　　　　　　C. 7/5 　　　　　　D. 5/7

2-1-5　(历年真题)有两种理想气体，第一种的压强为 p_1，体积为 V_1，温度为 T_1，总质量为 M_1，摩尔质量为 μ_1；第二种的压强为 p_2，体积为 V_2，温度为 T_2，总质量为 M_2，摩尔质量为 μ_2。当 $V_1 = V_2$，$T_1 = T_2$，$M_1 = M_2$ 时，则 $\dfrac{\mu_1}{\mu_2}$ 为：

A. $\dfrac{\mu_1}{\mu_2} = \sqrt{\dfrac{p_1}{p_2}}$ 　　　B. $\dfrac{\mu_1}{\mu_2} = \dfrac{p_1}{p_2}$ 　　　C. $\dfrac{\mu_1}{\mu_2} = \sqrt{\dfrac{p_2}{p_1}}$ 　　　D. $\dfrac{\mu_1}{\mu_2} = \dfrac{p_2}{p_1}$

2-1-6　(历年真题)某理想气体分子在温度 T_1 时的方均根速率等于温度 T_2 时的最概然速率，则两温度之比 $\dfrac{T_2}{T_1}$ 等于

A. $\dfrac{3}{2}$ 　　　　　B. $\dfrac{2}{3}$ 　　　　　C. $\sqrt{\dfrac{3}{2}}$ 　　　　　D. $\sqrt{\dfrac{2}{3}}$

2-1-7　(历年真题)1mol 理想气体从平衡态 $2p_1$、V_1 沿直线变化到另一平衡态 p_1、$2V_1$，则此过程中系统的功和内能的变化是：

A. $W > 0$，$\Delta E > 0$ 　　　　　　　　　B. $W < 0$，$\Delta E < 0$

C. $W > 0$，$\Delta E = 0$ 　　　　　　　　　D. $W < 0$，$\Delta E > 0$

2-1-8　(历年真题)一定量的理想气体由 a 状态经过一过程到达 b 状态，吸热为 335J，

系统对外做功 126J；若系统经过另一过程由 a 状态到达 b 状态，系统对外做功 42J，则过程中传入系统的热量为：

A. 530J　　　　　　　B. 167J　　　　　　　C. 251J　　　　　　　D. 335J

2-1-9 （历年真题）一定量的理想气体经等压膨胀后，气体的：

A. 温度下降，做正功　　　　　　　　B. 温度下降，做负功

C. 温度升高，做正功　　　　　　　　D. 温度升高，做负功

2-1-10 （历年真题）理想气体在等温膨胀过程中：

A. 气体做负功，向外界放出热量　　　B. 气体做负功，从外界吸收热量

C. 气体做正功，向外界放出热量　　　D. 气体做正功，从外界吸收热量

2-1-11 （历年真题）一定量的某种理想气体由初始态经等温膨胀变化到终末态时，压强为 p_1；若由相同的初始态经绝热膨胀到另一终末态时，压强为 p_2，若两过程终末态体积相同，则：

A. $p_1 = p_2$　　　　B. $p_1 > p_2$　　　　C. $p_1 < p_2$　　　　D. $p_1 = 2p_2$

2-1-12 （历年真题）一定量的理想气体，由一平衡态（p_1，V_1，T_1）变化到另一平衡态（p_2，V_2，T_2），若 $V_2 > V_1$，但 $T_2 = T_1$，无论气体经历怎样的过程：

A. 气体对外做的功一定为正值　　　　B. 气体对外做的功一定为负值

C. 气体的内能一定增加　　　　　　　D. 气体的内能保持不变

2-1-13 （历年真题）在保持高温热源温度 T_1 和低温热源温度 T_2 不变的情况下，使卡诺热机的循环曲线所包围的面积增大，则会：

A. 净功增大，效率提高　　　　　　　B. 净功增大，效率降低

C. 净功和效率都不变　　　　　　　　D. 净功增大，效率不变

2-1-14 （历年真题）在卡诺循环过程中，理想气体在一个绝热过程中所做的功为 W_1，内能变化为 ΔE_1，则在另一绝热过程中所做的功为 W_2，内能变化为 ΔE_2，则 W_1、W_2 及 ΔE_1、ΔE_2 之间的关系为：

A. $W_2 = W_1$，$\Delta E_2 = \Delta E_1$　　　　　　B. $W_2 = -W_1$，$\Delta E_2 = \Delta E_1$

C. $W_2 = -W_1$，$\Delta E_2 = -\Delta E_1$　　　　D. $W_2 = -W_1$，$\Delta E_2 = -\Delta E_1$

2-1-15 （历年真题）热力学第二定律的开尔文表述和克劳修斯表述中，下述正确的是：

A. 开尔文表述指出了功热转换的过程是不可逆的

B. 开尔文表述指出了热量由高温物体传到低温物体的过程是不可逆的

C. 克劳修斯表述指出通过摩擦而做功变成热的过程是不可逆的

D. 克劳修斯表述指出气体的自由膨胀过程是不可逆的

2-1-16 （历年真题）"理想气体和单一恒温热源接触作等温膨胀时，吸收的热量全部用来对外界做功。"对此说法，有以下几种讨论，其中正确的是：

A. 不违反热力学第一定律，但违反热力学第二定律

B. 不违反热力学第二定律，但违反热力学第一定律

C. 不违反热力学第一定律，也不违反热力学第二定律

D. 违反热力学第一定律，也违反热力学第二定律

2-1-17 （历年真题）理想气体向真空作绝热膨胀：

A. 膨胀后，温度不变，压强减小　　　B. 膨胀后，温度降低，压强减小

C. 膨胀后，温度升高，压强减小　　　D. 膨胀后，温度不变，压强不变

第二节　波　动　学

一、机械波的产生和传播

1. 机械波产生的条件

机械波是机械振动在弹性介质中的传播，因此，机械波的产生首先要有作机械振动的物体即波源；其次还要有能够传播这种振动的弹性介质。

2. 机械波的传播及特点

弹性介质可以看成是大量质元的集合，各质元间由相互作用联系着。如果介质中有一个质元发生振动时，由于该质元与相邻质元之间的弹性力，使邻近质元跟着振动，邻近质元的振动又引起较远的质元振动，于是振动就以一定的速度由近及远地传播出去，形成波动。

当机械波在弹性介质中传播时，介质中各质元都在各自的平衡位置附近振动。这些质元的振动规律相同，但振动的相位不同。由于振动状态是由相位决定的，所以波动是振动状态的传播，也可以说是振动相位的传播。由于"下游"质元是由"上游"质元带动而开始振动，因此必有能量由"上游"质元传递给"下游"质元，所以波的传播也伴随着能量的传播。

3. 机械波的分类

按介质中质元的振动方向和波在介质中传播的方向之间的关系，可以把波分成横波和纵波两大类型。如果质元的振动方向和波的传播方向相互垂直，这种波称为横波，如图2-2-1(a)所示。

如果质元的振动方向和波的传播方向相互平行，这种波称为纵波，如图2-2-1(b)所示。

(a)　　　　　　　　　　　　　　　(b)

图 2-2-1　机械波的分类

(a)横波；(b)纵波

4. 波的几何描述

为了形象地描述波在空间的传播，常把某一时刻振动相位相同的点连成的面称为波阵面或波面，把最前面的那个波面称为波前。由于波阵面上各点的相位相同，所以波阵面是同相面。

我们把波阵面是平面的波动称为平面波[图 2-2-2(a)]，波阵面是球面的波动称为球面波[图 2-2-2(b)]。波的传播方向称为波线。在各向同性的介质中，波线总是与波阵面垂直，平面波的波线是垂直于波阵面的平行直线，球面波的波线是以波源为中心从中心向外的径向直线。

5. 描述波动的特征是

波动传播时，不但具有时间周期性，还具有空间周期性。时间周期性用周期、频率和角频率来描述，空间周期性则用波长来描述。

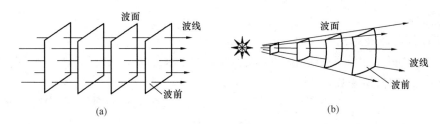

图 2-2-2 波面与波线

(a)平面波的波面和波线；(b)球面波的波面和波线(图中只画出球面波波面的一部分)

(1)波长

波传播时，在同一波线上两个相邻的、相位差为 2π 的质元之间的距离，称为波长，用 λ 表示，它是波源作一次完全振动，波前进一个完整波的距离。

(2)周期、频率

波前进一个波长的时间叫做波的周期，用 T 表示。周期的倒数叫做频率，用 ν 表示，$\nu=1/T$。频率为单位时间内波前进距离中波的数目。波的频率由波源的振动频率决定。

角频率(亦称圆频率)ω 为：$\omega=2\pi\nu=2\pi/T$。

(3)波速

单位时间内振动状态传播的距离，称为波速，用 u 表示，由于振动状态是由相位确定，所以波速就是波的相位的传播速度。波速由介质的性质决定。

波速与波长、周期和频率之间的关系为：

$$u=\frac{\lambda}{T}=\nu\lambda \tag{2-2-1}$$

波在不同介质中传播时，频率保持不变，由于在不同介质中的波速不同，所以波长也是不同的。

(4)机械波在不同介质中的波速公式

固体介质能够产生线变、体变和切变等各种弹性形变，所以固体介质中既可以传播与切变有关的横波，又能传播与线变及体变有关的纵波；但液体和气体介质中无切变，只有线变和体变，所以只能传播纵波。

固体中横波

$$u=\sqrt{\frac{G}{\rho}} \tag{2-2-2}$$

固体中纵波

$$u=\sqrt{\frac{E}{\rho}} \tag{2-2-3}$$

式中，G 为固体的切变横量；E 为固体的弹性模量(杨氏模量)；ρ 为固体的密度。

流体中纵波

$$u=\sqrt{\frac{K}{\rho}} \tag{2-2-4}$$

式中，K 为流体的体积模量；ρ 为流体的密度。

★★★二、平面简谐波表达式

谐振动在介质中传播形成的波称为简谐波。如果简谐波的波面为平面，则这样的简谐波称为平面简谐波。平面简谐波传播时，任一时刻处在同一波面上的各点具有相同的振动状态。因此，只要知道了与波面垂直的任意一条波线上波的传播规律，就可以知道整个平面波的传播规律。

1. 平面简谐波表达式

定量地描述介质中各质点的位移 y 随各质点的平衡位置 x 和时间坐标 t 而变化的数学函数式 $y(x,t)$ 叫做波函数,又称波动表达式。

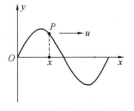

图 2-2-3 建立波函数

设平面简谐波以速度 u 沿 x 轴正方向传播。取 O 作为坐标原点(图 2-2-3),其振动表达式为:

$$y_0(t) = A\cos(\omega t + \varphi_0)$$

波线上另一任意点 P 的坐标为 x。振动从 O 点传播到 P 点需时 $\Delta t = \dfrac{x}{u}$,因而 O 点在 $t - \Delta t = \left(t - \dfrac{x}{u}\right)$ 时刻的振动状态在 t 时刻传播到 P 点。从相位来说,P 点落后于 O 点,其相位差为 $\omega \Delta t = \omega \dfrac{x}{u}$。考虑到 P 点的任意性,其平面简谐行波的波动表达式即为:

$$
\begin{aligned}
y(x,t) &= A\cos\left[\omega\left(t - \frac{x}{u}\right) + \varphi_0\right] = A\cos\left[\omega t - \frac{2\pi x}{\lambda} + \varphi_0\right] \\
&= A\cos\left[2\pi\left(\nu t - \frac{x}{\lambda}\right) + \varphi_0\right] = A\cos\left[2\pi\left(\frac{t}{T} - \frac{x}{\lambda}\right) + \varphi_0\right]
\end{aligned}
\tag{2-2-5}
$$

如果简谐波是沿 x 轴负方向传播的,则 P 点处质点的振动在步调上要超前于 O 点处质点的振动,所以,只要将式(2-2-5)中的负号改为正号即可得到相应的波函数:

$$y(x,t) = A\cos\left[\omega\left(t + \frac{x}{u}\right) + \varphi_0\right] = A\cos\left[\omega t + \frac{2\pi x}{\lambda} + \varphi_0\right] \tag{2-2-6}$$

如果知道介质中两定点 x_1 和 x_2 的振动状态,则两者的相位差为:

$$\Delta\varphi = \varphi_{x_2} - \varphi_{x_1} = \left[\omega t - \frac{2\pi x_2}{\lambda} + \varphi_0\right] - \left[\omega t - \frac{2\pi x_1}{\lambda} + \varphi_0\right] = \frac{2\pi}{\lambda}(x_2 - x_1) \tag{2-2-7}$$

2. 平面简谐波表达式的物理意义

(1)如果 x 给定(即考察该处的质元),则位移 y 就只是 t 的周期函数,这时波函数表示距原点为 x 处的质元在各不同时刻的位移,也就是该质元在作周期为 T 的谐振动,并且还给出该点落后于波源 O 的相位差是 $\omega\dfrac{x}{u}$。如图 2-2-4 所示,y-t 振动曲线的(时间)周期是 T。

(2)如果 t 给定,位移 y 将只是 x 的周期函数,这时波函数给出在给定时刻波线上各个不同质元的位移,也就是表示出在给定时刻的波形。如图 2-2-5 所示,y-x 波形曲线的(空间)周期是波长 λ。

(3)如果 x 和 t 都在变化,那么这个波函数将表示波线上各个不同质元在不同时刻的位移。如图 2-2-6 所示。

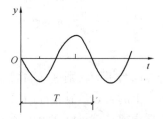

图 2-2-4 振动质元的振动曲线

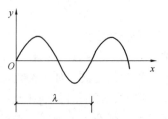

图 2-2-5 给定时刻波的波形曲线

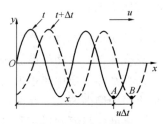

图 2-2-6 波的传播

3. 波的动力学方程

将波的表达式分别对 x、t 求二次导数，比较后可得一般平面波的动力学方程

$$\frac{\partial^2 y}{\partial x^2} = \frac{1}{u^2}\frac{\partial^2 y}{\partial t^2} \tag{2-2-8}$$

无论是横波还是纵波，都可用上述波函数表示。 对于横波，质点离开平衡位置的位移 y 与波的传播方向 x 轴垂直；而对于纵波，位移 y 沿 x 轴方向。

【例 2-2-1】 (历年真题)一平面简谐波沿 x 轴正方向传播，振幅 $A=0.02\text{m}$，周期 $T=0.5\text{s}$，波长 $\lambda=100\text{mm}$，原点处质元的初相位 $\varphi=0$，则波动方程的表达式为：

A. $y=0.02\cos2\pi\left(\dfrac{t}{2}-0.01x\right)(\text{SI})$ 　　B. $y=0.02\cos2\pi(2t-0.01x)(\text{SI})$

C. $y=0.02\cos2\pi\left(\dfrac{t}{2}-100x\right)(\text{SI})$ 　　D. $y=0.02\cos2\pi(2t-100x)(\text{SI})$

【解答】 $y=A\cos\left[\omega\left(t-\dfrac{x}{u}\right)+\varphi_0\right]$

$\varphi_0=0$，$\omega=2\pi/T=2\pi/0.5=2\pi\times2$，$u=\lambda\nu=100\times\dfrac{1}{0.5}=100\times2$

$$y=0.002\cos2\pi\times2\left(t-\frac{x}{100\times2}\right)=0.02\cos2\pi(2t-0.01x)$$

应选 B 项。

【例 2-2-2】 (历年真题)已知平面简谐波的方程为 $y=A\cos(Bt-Cx)$，式中 A、B、C 为正常数，此波的波长和波速分别为：

A. $\dfrac{B}{C}$，$\dfrac{2\pi}{C}$ 　　　B. $\dfrac{2\pi}{C}$，$\dfrac{B}{C}$ 　　　C. $\dfrac{\pi}{C}$，$\dfrac{2B}{C}$ 　　　D. $\dfrac{2\pi}{C}$，$\dfrac{C}{B}$

【解答】 将 y 化为标准形：$y=A\cos B\left(t-\dfrac{x}{B/C}\right)$

$u=\dfrac{B}{C}$，应选 B 项。

【例 2-2-3】 (历年真题)一横波沿一根弦线传播，其方程为 $y=-0.02\cos\pi(4x-50t)$ (SI)，该波的振幅与波长分别为：

A. 0.02cm，0.5cm 　　　　　　　　B. -0.02m，-0.5m

C. -0.02m，0.5m 　　　　　　　　D. 0.02m，0.5m

【解答】 根据振幅的规定，则 $A=0.02\text{m}$，应选 D 项。

本题详解，将 y 化为标准形：

$$y=-0.02\cos\pi(50t-4x)=0.02\cos\left[50\pi\left(t-\frac{x}{50/4}\right)+\pi\right]$$

则：$A=0.02\text{m}$，$u=\dfrac{50}{4}$，$\omega=50\pi=\dfrac{2\pi}{T}$，$T=\dfrac{1}{25}$，$\lambda=uT=\dfrac{50}{4}\times\dfrac{1}{25}=0.5\text{m}$

【例 2-2-4】 (历年真题)在波的传播方向上，有相距为 3m 的两质元，两者的相位差为 $\dfrac{\pi}{6}$，若波的周期为 4s，则此波的波长和波速分别为：

A. 36m 和 6m/s 　　　　　　　　　B. 36m 和 9m/s

C. 12m 和 6m/s   D. 12m 和 9m/s

【解答】$\Delta\varphi = \dfrac{2\pi}{\lambda}(x_2 - x_1)$，则：$\dfrac{\pi}{6} = \dfrac{2\pi}{\lambda} \times 3$，$\lambda = 36\text{m}$

$$u = \frac{\lambda}{T} = \frac{36}{4} = 9\text{m/s}，应选 B 项。$$

【例 2-2-5】(历年真题)一平面简谐波的波动方程为 $y = 2\times10^{-2}\cos2\pi\left(10t - \dfrac{x}{5}\right)$(SI)。

$t = 0.25\text{s}$ 时，处于平衡位置且与坐标原点 $x=0$ 最近的质元的位置是：

A. $\pm5\text{m}$ B. 5m C. $\pm1.25\text{m}$ D. 1.25m

【解答】$y = 2\times10^{-2}\cos2\pi\left(10\times0.25 - \dfrac{x}{5}\right) = 0$，则：

$$2\pi\left(2.5 - \frac{x}{5}\right) = (2k+1)\frac{\pi}{2} \quad (k = 0, \pm1, \pm2, \cdots)$$

$x = 12.5 - \dfrac{5}{4}(2k+1)$，当 $k = 4$ 时，$x = 1.25\text{m}$；当 $k = 5$ 时，$x = -1.25\text{m}$

应选 C 项。

注意：本题目也可采用验证，将 A、B 项代入 y，y 不等于零，排除 A、B 项。

【例 2-2-6】(历年真题)一横波的波动方程为 $y = 2\times10^{-2}\cos2\pi\left(10t - \dfrac{x}{5}\right)$(SI)，$t = 0.25\text{s}$ 时，距离原点$(x=0)$处最近的波峰位置为：

A. $\pm2.5\text{m}$ B. $\pm7.5\text{m}$ C. $\pm4.5\text{m}$ D. $\pm5\text{m}$

【解答】将 A 项代入 y，则：$y = 2\times10^{-2}\cos2\pi\left(10\times0.25 - \dfrac{2.5}{5}\right) = 2\times10^{-2}\text{m}$

应选 A 项。

★三、波的能量和能流密度

当机械波传播到介质中的某处时，该处原来不动的质元开始振动，因而具有动能，同时该处的介质也将产生形变，因而也具有势能。波动传播时，介质由近及远地振动着，可见，能量是向外传播出去的，这是波动的重要特征。

1. 波的能量

以棒中传播的横波为例导出波动能量的表达式，在棒中任取一个体积元 ΔV，棒的质量密度为 ρ，则质元的质量为 $\rho\Delta V$。当棒中有平面简谐波传播时，设波函数为：

$$y = A\cos\omega\left(t - \frac{x}{u}\right)$$

质元的动能 $\Delta E_\text{k} = \dfrac{1}{2}mv^2 = \dfrac{1}{2}\rho\Delta V\left(\dfrac{\partial y}{\partial t}\right)^2$，其弹性势能 $\Delta E_\text{p} = \Delta E_\text{k}$，可推导得到：

$$\Delta E_\text{k} = \Delta E_\text{p} = \frac{1}{2}\rho\Delta V A^2\omega^2\sin^2\omega\left(t - \frac{x}{u}\right) \tag{2-2-9}$$

质元的总机械能为：

$$\Delta E = \Delta E_\text{k} + \Delta E_\text{p} = \rho\Delta V A^2\omega^2\sin^2\omega\left(t - \frac{x}{u}\right) \tag{2-2-10}$$

由上述公式可知：

（1）在波传播过程中，质元的动能和势能的时间关系式是相同的，两者不仅同相，而且大小总是相等的。动能达最大值时，势能也达最大值；动能为零时，势能也为零。这是因为在波动中与势能相关的是质元间的相对位移（体积元的形变 $\Delta y/\Delta x$），如图 2-2-7 所示，在 B 点外，速度为零，动能为零，同时 $\Delta y/\Delta x$ 也为零，所以弹性势能也为零。在 C 点处，速度最大，动能最大，同时波形曲线较陡，$\Delta y/\Delta x$ 有最大值，所以弹性势能也最大。

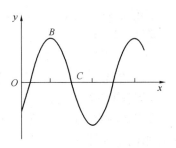

图 2-2-7　波传播时的体积元的变形

（2）质元的总机械能是随时间而变化的，它在零和最大值之间周期地变化着。波动系统任一质元的总能量是时间的函数，这表明波动传播能量，振动系统并不传播能量。

2. 能量密度和能流及能流密度

介质中单位体积的波动能量称为波的能量密度 w（单位为 J/m^3），即：

$$w = \frac{\Delta E}{\Delta V} = \rho A^2 \omega^2 \sin^2 \omega \left(t - \frac{x}{u} \right) \tag{2-2-11}$$

波的能量密度是随时间而变化的，通常取其在一个周期内的平均值，用 $\overline{w}$ 表示，称为平均能量密度。因为正弦函数的平方在一个周期内的平均值为 $1/2$ $\left(\text{即} \frac{1}{T} \int_0^T \sin^2 \omega t \, dt = \frac{1}{2} \right)$，所以能量密度在一个周期内的平均值为：

$$\overline{w} = \frac{1}{2} \rho A^2 \omega^2 \tag{2-2-12}$$

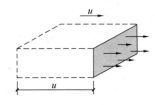

图 2-2-8　体积 uS 内的能量在单位时间内通过 S 面

由上式可知，平面简谐波的能量与振幅的平方、频率的平方成正比。该结论对于所有机械波都是适用的。

单位时间内通过介质中某面积的能量称为通过该面积的能流。设在介质中垂直于波速 u 取面积 S，则在单位时间内通过 S 面的能量等于体积 uS 中的能量（图 2-2-8），这能量是周期性变化的，通常取其一个周期的时间平均值，即得平均能流 $\overline{P}$（单位为 J/s）为：

$$\overline{P} = \overline{w} u S \tag{2-2-13}$$

通过与波动传播方向垂直的单位面积的平均能流，称为平均能流密度（亦称波的强度），用 I 来表示，其单位为 $J/(m^2 \cdot s)$ 或 W/m^2（瓦特/米²），即：

$$I = \overline{w} u = \frac{1}{2} \rho u \omega^2 A^2 \tag{2-2-14}$$

【例 2-2-7】（历年真题）一平面简谐波的波动方程为 $y = 2 \times 10^{-2} \cos 2\pi \left(10t - \frac{x}{5} \right)$（SI），对 $x = 2.5m$ 处的质元，在 $t = 0.25s$ 时，它的：

A. 动能最大，势能最大　　　　　B. 动能最大，势能最小

C. 动能最小，势能最大　　　　　D. 动能最小，势能最小

【解答】由题目条件，$y = 2 \times 10^{-2} \cos 2\pi \left(10 \times 0.25 - \frac{2.5}{5} \right) = 0.02m$

为波峰处，故动能、势能均为最小，均为零，应选D项。

【例2-2-8】(历年真题)在波的传播过程中，若保持其他条件不变，仅使振幅增加一倍，则波的强度增加到：

A. 1倍   B. 2倍   C. 3倍   D. 4倍

【解答】根据 I 与 A^2 成正比，应选D项。

【例2-2-9】(历年真题)一列机械横波在 t 时刻的波形曲线如图所示，则该时刻能量处于最大值的媒质质元的位置是：

A. a B. b

C. c D. d

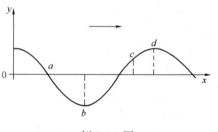

例 2-2-9 图

【解答】质元位于平衡位置时，其能量处于最大值，应选A项。

【例2-2-10】(历年真题)波的能量密度的单位是：

A. J/m   B. J/m^2 C. J/m^3 D. J

【解答】根据波的能量密度的定义，故单位为J/m^3，应选C项。

★四、声波的声强级

在弹性介质中，如果波源所激起的纵波的频率在20Hz到20000Hz之间，就能引起人的听觉，在这频率范围内的振动称为声振动，所激起的纵波称为声波。频率高于20000Hz的机械波叫做超声波，频率低于20Hz的机械波叫做次声波。声波是机械波。

声强就是声波的平均能流密度 I，即单位时间内通过垂直于声波传播方向的单位面积的声波能量。在1000Hz时，一般正常人听觉的最高声强为1W/m^2，最低声强为 10^{-12}W/m^2。通常把这一最低声强作为测定声强的标准，用 I_0 表示。由于声强的数量级相差悬殊，所以常用对数标度作为声强级的量度，声强级 I_L 为：

$$I_L = \lg \frac{I}{I_0} \tag{2-2-15}$$

声强级的单位为贝尔(Bel)。实际上，贝尔这一单位太大，常采用分贝(dB)，此时声强级的公式为：

$$I_L = 10\lg \frac{I}{I_0} \tag{2-2-16}$$

【例2-2-11】(历年真题)两人轻声谈话的声强级为40dB，热闹市场上噪声的声强级为80dB。市场上噪声的声强与轻声谈话的声强之比为：

A. 2   B. 20   C. 10^2 D. 10^4

【解答】$I_{L1} = 10\lg \frac{I_1}{I_0}$，即：$40 = 10\lg \frac{I_1}{I_0}$，$I_1/I_0 = 10^4$

同理，$I_2/I_0 = 10^8$，则：$I_2/I_1 = 10^8/10^4 = 10^4$

应选D项。

五、波的衍射和干涉及驻波

(一)惠更斯原理

惠更斯原理是指在波的传播过程中，波阵面（波前）上的每一点都可看作是发射子波的波源，在其后的任一时刻，这些子波的包迹就成为新的波阵面。惠更斯原理对任何波动过程都是适用的，不论是机械波或电磁波，只要知道某一时刻的波阵面，就可根据这一原理用几何方法来决定任一时刻的波阵面。如图 2-2-9 所示，用惠更斯原理描绘出球面波和平面波的传播。根据惠更斯原理，还可以简捷地用作图方法说明波在传播中发生的衍射、反射和折射等现象。但是，惠更斯原理并没有说明各个子波在传播中对某一点振动的相位和振幅究竟有多少贡献，不能给出沿不同方向传播的波的强度分布。

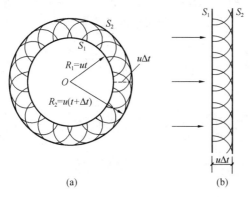
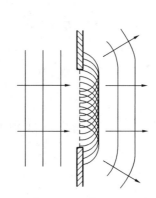

图 2-2-9　用惠更斯原理求作新的波阵面　　　　图 2-2-10　波的衍射
(a)球面波；(b)平面波

（二）波的衍射

当波在传播过程中遇到障碍物时，其传播方向绕过障碍物发生偏折的现象，称为波的衍射。如图 2-2-10 所示，平面波通过一狭缝后能偏离原直线前进，根据惠更斯原理，当波阵面到达狭缝时，缝处各点成为子波源，它们发射的子波的包迹在边缘处不再是平面，从而使传播方向偏离原方向而向外延展，进入缝两侧的阴影区域。

★★★（三）波的干涉

1. 波的叠加原理

若有几列波同时在一介质中传播，如果这几列波在空间某点处相遇，则它们将保持自己原有的特性（频率、波长、振动方向等）独立传播，这称为波传播的独立性。在几列波相遇的区域内，任一点处质元的振动为各列波单独在该点引起的振动的合振动，即在任一时刻，该点处质元的振动位移是各个波在该点所引起的位移的矢量和。这一规律称为波的叠加原理。注意，波的叠加原理仅在波的强度不太大时（即波动方程为线性的）才成立。

2. 波的干涉

两列频率相同、振动方向相同、相位差恒定的简谐波的叠加，其叠加会使空间某些点处的振动始终加强，而另一些点处的振动始终减弱，呈现规律性分布，这种现象称为干涉现象。能产生干涉现象的波称为相干波，相应的波源称为相干波源。同频率、同振动方向、恒定相差称为相干条件。

如图 2-2-11 所示，设有两个相干波源 S_1、S_2 的振动分别为：

$$y_{S_1} = A_1 \cos(\omega t + \varphi_1)$$
$$y_{S_2} = A_2 \cos(\omega t + \varphi_2)$$

两列波分别经过 r_1 和 r_2 的距离后，在相遇点 P 处的振动表达式分别为：

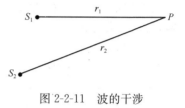

$$y_1 = A_1 \cos\left(\omega t + \varphi_1 - \frac{2\pi r_1}{\lambda}\right)$$

$$y_2 = A_2 \cos\left(\omega t + \varphi_2 - \frac{2\pi r_2}{\lambda}\right)$$

图 2-2-11　波的干涉

P 点的合成振动为：

$$y_P = y_1 + y_2 = A\cos(\omega t + \varphi)$$

式中，A 为合振幅；φ 为合振动的初相。A 和 φ 与各分振动的关系分别为：

$$A = \sqrt{A_1^2 + A_2^2 + 2A_1 A_2 \cos\left(\varphi_2 - \varphi_1 - 2\pi\frac{r_2 - r_1}{\lambda}\right)} \tag{2-3-17}$$

$$\tan\varphi = \frac{A_1 \sin\left(\varphi_1 - 2\pi\frac{r_1}{\lambda}\right) + A_2 \sin\left(\varphi_2 - 2\pi\frac{r_2}{\lambda}\right)}{A_1 \cos\left(\varphi_1 - 2\pi\frac{r_1}{\lambda}\right) + A_2 \cos\left(\varphi_2 - 2\pi\frac{r_2}{\lambda}\right)} \tag{2-3-18}$$

两个相干波在该点所引起的两个振动的相位差为：

$$\Delta\varphi = \varphi_2 - \varphi_1 - 2\pi\frac{r_2 - r_1}{\lambda}$$

对应空间不同的点，若 $\Delta\varphi$ 不同，则合成的结果就不同。合振幅最大和最小应满足如下条件：

$$\Delta\varphi = \begin{cases} \pm 2k\pi & A = A_1 + A_2,\text{干涉加强} & (k = 0,1,2,\cdots) \\ \pm(2k+1)\pi & A = |A_1 - A_2|,\text{干涉减弱} & (k = 0,1,2,\cdots) \end{cases} \tag{2-2-19}$$

如果 $\varphi_2 = \varphi_1$，即对于初相相同的相干波源，上述干涉加强、减弱条件可表示为：

$$\delta = r_2 - r_1 = \begin{cases} \pm k\lambda & A = A_1 + A_2,\text{干涉加强} & (k = 0,1,2,\cdots) \\ \pm(2k+1)\dfrac{\lambda}{2} & A = |A_1 - A_2|,\text{干涉减弱} & (k = 0,1,2,\cdots) \end{cases}$$

$$\tag{2-2-20}$$

式中，$\delta = r_2 - r_1$ 表示从波源 S_1 和 S_2 发出的两列相干波到达 P 点所经过的几何路程差，称为波程差。式(2-2-20)说明，两列相干波源为同相位时，在两列波的叠加的区域内，在波程差等于零或等于波长的整数倍的各点合振幅最大；在波程差等于半波长的奇数倍的各点合振幅最小。

【例 2-2-12】（历年真题）两相干波源，频率为 $100\mathrm{Hz}$，相位差为 π，两者相距 $20\mathrm{m}$，若两波源发出的简谐波的振幅均为 A，则在两波源连续的中垂线上各点合振动的振幅为：

A. $-A$　　　　　B. 0　　　　　C. A　　　　　D. $2A$

【解答】$r_2 - r_1 = 0$，则：$\cos\left[\varphi_2 - \varphi_1 - \dfrac{2\pi(r_2 - r_1)}{\lambda}\right] = \cos\pi = -1$

$A_1 = A_2 = A$，则：$A_合 = \sqrt{A_1^2 + A_2^2 + 2A_1A_2 \times (-1)} = 0$，应选 B 项。

【例 2-2-13】(历年真题)两列相干波，其表达式分别为 $y_1 = 2A\cos2\pi\left(\nu t - \dfrac{x}{2}\right)$ 和 $y_2 = A\cos2\pi\left(\nu t + \dfrac{x}{2}\right)$，在叠加后形成的合成波中，波中质元的振幅范围是：

A. $A\sim0$　　　　　　　　　　B. $3A\sim0$

C. $3A\sim-A$　　　　　　　　　D. $3A\sim A$

【解答】两相干波，在同一直线上沿相反方向传播，则：

$$A = \sqrt{A_1^2 + A_2^2 + 2A_1A_2\cos\Delta\varphi}$$

当 $\cos\Delta\varphi=1$ 时，$A = \sqrt{4A^2 + A^2 + 2\times2A\times A} = 3A$

当 $\cos\Delta\varphi=-1$ 时，$A = \sqrt{4A^2 + A^2 - 2\times2A\times A} = A$

应选 D 项。

★★★(四)驻波

两列振幅相同的相干波，在同一直线上，沿相反方向传播时所产生的叠加结果，如图 2-2-12 所示。由这些波形可以知道，合成波中各质元都以相同的频率但不同的振幅作振动，其中有些质元总是不动的(图中以"·"表示)，称为波节。具有振幅最大的那些质元(图中以"+"表示)，称为波腹。这种合成波中各质元以各自确定的不同振幅在各自平衡位置附近振动，且没有振动状态或相位传播的波称为驻波。

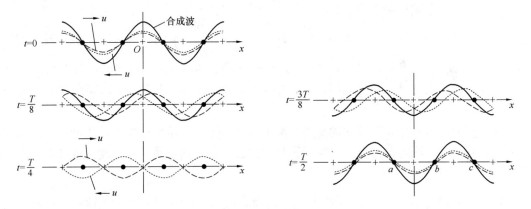

图 2-2-12　驻波的形成

设两波的振幅都是 A，初相 $\varphi_{01} = \varphi_{02} = 0$，把沿 Ox 轴的正方向传播的波写为：

$$y_1 = A\cos2\pi\left(\frac{t}{T} - \frac{x}{\lambda}\right)$$

把沿 Ox 轴负方向传播的波写为：

$$y_2 = A\cos2\pi\left(\frac{t}{T} + \frac{x}{\lambda}\right)$$

其合成波为：

$$y = y_1 + y_2 = A\left[\cos2\pi\left(\frac{t}{T} - \frac{x}{\lambda}\right) + \cos2\pi\left(\frac{t}{T} + \frac{x}{\lambda}\right)\right]$$

由和差化积公式，上式可写为：

$$y = \left(2A\cos\frac{2\pi}{\lambda}x \right)\cos\frac{2\pi}{T}t \tag{2-2-21}$$

由上式可看出，合成以后各点都在作同周期的谐振动，但各质元的振幅为 $\left| 2A\cos\frac{2\pi}{\lambda}x \right|$，即驻波的振幅与位置有关，与时间无关。

由上式可知，波腹的位置应满足：

$$\frac{2\pi}{\lambda}x = k\pi$$

即：

$$x = k\frac{\lambda}{2} \quad (k = 0, \pm 1, \pm 2, \cdots) \tag{2-2-22}$$

相邻两个波腹间的距离为：$\frac{\lambda}{2}$

波节的位置应满足：

$$\frac{2\pi}{\lambda}x = (2k+1)\frac{\pi}{2}$$

即：

$$x = (2k+1)\frac{\lambda}{4} \quad (k = 0, \pm 1, \pm 2, \cdots) \tag{2-2-23}$$

相邻两个波节间的距离为：$\lambda/2$。

驻波中各点的相位关系，例如图 2-2-12 中，当 $t = \frac{T}{2}$ 时刻，在 ab 段之间，各点的振幅不同，但其振动都到达负最大，故它们振动的相位相同；在 bc 段之间，各点振动都到达正最大，故它们振动的相位相同，但与相邻的段（如 ab 段）相反。所以同段同相，邻段反相。

介质在振动过程中，驻波的动能和势能不断地转换。在转换过程中，能量不断地由波腹附近转移到波节附近，再由波节附近转移到波腹附近，这就是说在驻波行进过程中没有能量的定向传播。

【例 2-2-14】(历年真题)两列相干波，其表达式 $y_1 = A\cos 2\pi\left(\nu t - \frac{x}{\lambda} \right)$ 和 $y_2 = A\cos 2\pi\left(\nu t + \frac{x}{\lambda} \right)$，在叠加后形成的驻波中，波腹处质元振幅为：

A. A B. $-A$

C. $2A$ D. $-2A$

【解答】两相干波形成驻波，故波腹处质元的振幅为 $2A$，应选 C 项。

【例 2-2-15】(历年真题)在波长为 λ 的驻波中，两个相邻波腹之间的距离为：

A. $\lambda/2$ B. $\lambda/4$

C. $3\lambda/4$ D. λ

【解答】驻波的两个相邻波腹之间的距离为 $\frac{\lambda}{2}$，应选 A 项。

★六、自由端反射与固定端反射

入射波在行进中遇到介质的分界面会发生反射，如果反射波在反射点的相位较之入射波跃变了 π，相当于波在反射时突然损失（或增加）了半个波长的波程。这种现象称为半波损失。这种反射称为固定端反射，其反射点是波节，如图 2-2-13(a) 所示。若反射波在反射点的相位与入射波相同，则称波在自由端反射，反射点会形成波腹，即无半波损失，如图 2-2-13(b) 所示。

一般情况下，波在两种介质的分界处反射时，反射波是否存在半波损失，与波的种类、两种介质的性质以及入射角等因素有关。对弹性波而言，当入射波垂直界面入射时，它由介质的密度 ρ 和波速 u 所决定。ρu 较大的介质称为波密介质，ρu 较小的介质称为波疏介质。当波从波疏介质垂直入射到波密介质而在分界面处反射时，反射波有相位 π 的突变，即有半波损失；反之，当波从波密介质垂直入射到波疏介质时，无半波损失。

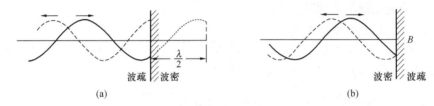

(a)   (b)

图 2-2-13 入射波（实线）与反射波（虚线）在反射点的相位情况

★七、多普勒效应

当波源或观测者相对介质运动时，观测者接收到的频率不等于波源的频率。这种频率随波源或观测者运动而改变的现象叫做多普勒效应。

假定声源和观测者在同一直线上运动，以 v_S 表示波源相对于介质的速度，v_R 表示观测者相对于介质的速度，并规定波源与观测者相向运动时 v_S 和 v_R 均为正，二者相背运动时均为负。以 u 表示波在介质中的传播速度，并且它只决定于介质的性质，而与波源及观测者的运动无关。于是，多普勒效应所表示的观测者接收到的频率 ν_R 与波源频率 ν_S 之间的关系为：

$$\nu_R = \frac{u + v_R}{u - v_S} \nu_S \tag{2-2-24}$$

当波源和观察者是沿着它们连线的垂直方向运动时，则 $\nu_R = \nu_S$，即没有多普勒效应发生。当波源和观察者的运动是任意方向时，则只要将速度在它们连线上的分量代入上述公式即可。

【例 2-2-16】（历年真题）火车疾驰而来时人们听到的汽笛音调，与火车远离而去时人们听到的汽笛音调比较，音调：

A. 由高变低   B. 由低变高

C. 不变   D. 变高，还是变低不能确定

【解答】根据多普勒效应，火车疾驰而来，速度 v_S 为正，则频率 ν_R 变大；火车远离时，速度 v_S 为负，则 ν_R 变小，故选 A 项。

习 题

2-2-1 （历年真题）对于机械横波而言，下面说法正确的是：

A. 质元处于平衡位置时，其动能最大，势能为零

B. 质元处于平衡位置时，其动能为零，势能最大

C. 质元处于波谷处时，动能为零，势能最大

D. 质元处于波峰处时，动能与势能均为零

2-2-2 （历年真题）一平面简谐波在弹性媒质中传播时，在某一瞬时，某质元正处于其平衡位置时，此时它的：

A. 动能为零，势能最大

B. 动能为零，势能为零

C. 动能最大，势能最大

D. 动能最大，势能为零

2-2-3 （历年真题）对平面简谐波而言，波长 λ 反映：

A. 波在时间上的周期性

B. 波在空间上的周期性

C. 波中质元振动位移的周期性

D. 波中质元振动速度的周期性

2-2-4 （历年真题）当机械波在媒质中传播时，一媒质质元的最大形变量发生在：

A. 媒质质元离开其平衡位置的最大位移处

B. 媒质质元离开其平衡位置的 $\frac{\sqrt{2}}{2}A$ 处（A 为振幅）

C. 媒质质元离开其平衡位置的 $\frac{A}{2}$ 处

D. 媒质质元在其平衡位置处

2-2-5 （历年真题）一横波沿绳子传播时，波的表达式为 $y = 0.05\cos(4\pi x - 10\pi t)$（SI），则：

A. 其波长为 0.5m

B. 波速为 5m/s

C. 波速为 25m/s

D. 频率为 2Hz

2-2-6 （历年真题）图示为一平面简谐机械波在 t 时刻的波形曲线，若此时 A 点处媒质质元的弹性势能在减小，则：

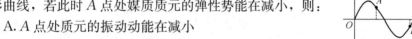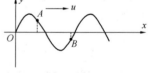

A. A 点处质元的振动动能在减小

B. A 点处质元的振动动能在增加

C. B 点处质元的振动动能在增加

D. B 点处质元在正向平衡位置处运动

题 2-2-6 图

2-2-7 （历年真题）一平面简谐波，波动方程为 $y = 0.02\sin(\pi t + x)$（SI），波动方程的余弦形式为：

A. $y = 0.02\cos\left(\pi t + x + \dfrac{\pi}{2}\right)$（SI）

B. $y = 0.02\cos\left(\pi t + x - \dfrac{\pi}{2}\right)$（SI）

C. $y = 0.02\cos(\pi t + x + \pi)$（SI）

D. $y = 0.02\cos\left(\pi t + x + \dfrac{\pi}{4}\right)$（SI）

第三节　光　　学

麦克斯韦的电磁理论证实了光是一种电磁波，为光的波动说奠定了牢固的基础。爱因斯坦提出光子理论，认为光是由光子组成，完美地解释了光和物质相互作用时表现出粒子性的实验事实。最终，使人们认识到光具有波粒二象性。

一、几何光学的基础知识

为了理解和掌握光学的干涉、衍射等，下面简单介绍几何光学的基本内容。

1. 光的反射定律和折射定律

如图 2-3-1 所示，反射角等于入射角，即：$i' = i$。

入射角 i 与折射角 r 的正弦之比与入射角无关，而与介质的折射率（n_1、n_2）有关，即：

$$\frac{\sin i}{\sin r} = \frac{n_2}{n_1}$$

或 $\qquad n_1 \sin i = n_2 \sin r \qquad (2\text{-}3\text{-}1)$

上式为光的折射定理。

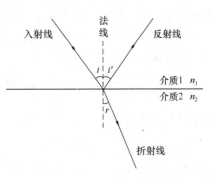

图 2-3-1　光的反射和折射

2. 凸透镜成像

(1) 平行于光轴的光线，经透镜后通过像方焦点 F'。

(2) 通过物方焦点 F 的光线，经透镜后平行于光轴。

(3) 若物、像两方折射率相等，通过光心 O 的光线经透镜后方向不变。

图 2-3-2 画出了凸透镜成像的部分光路图。

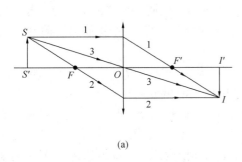

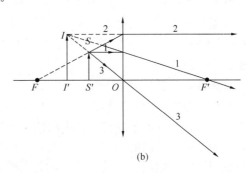

(a) (b)

图 2-3-2　凸透镜成像光路图

二、光的干涉

(一) 相干光

1. 光源发光机理与特点

一般普通光源（即非激光光源）发光的机理是处于激发态的原子（或分子）的自发辐射，在能级跃迁中原子向外发射电磁波即光波。每个原子的发光是间歇的，一个原子经一次发光后，只有在重新获得足够能量后才会再次发光，每次发光的持续时间极短，约为 10^{-8} s。可见，原子发射的光波是一段频率一定、振动方向一定、有限长的光波，通常称为光

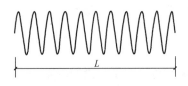

图 2-3-3　光波波列

波波列(图 2-3-3)。同一原子在不同时刻所发出的波列之间振动方向和相位也各不相同；不同原子发光是一种随机过程，故不同原子在同一时刻所发出的波列在频率、振动方向和相位上各自独立。

可见光是波长为 $400\sim760\mathrm{nm}$，也即频率在 $4.3\times10^{14}\sim7.5\times10^{14}\mathrm{Hz}$ 之间的电磁波。具有单一频率的光波称为单色光。

2. 相干光的获得

由于普通光源发光的非相干性特点，获得相干光的基本思路是：将同一光源同一点上某时刻发出的一束光分成两束，让它们经过不同路径再相遇，以满足相干条件。获得相干光的两种常见方法是分波阵面法和分振幅法。

★★★3. 光程和光程差

已知光在折射率为 n 的介质中传播速度 $v=\dfrac{c}{n}$，对应的波长为 $\lambda_{\mathrm{n}}=\dfrac{\lambda}{n}$。这里，$c$ 为光在真空中的传播速度，$\lambda=\dfrac{c}{\nu}$ 为光在真空中的波长。

假定波长为 λ 的单色光在介质界面处分成两束相干光，它们分别在不同的介质中传播后再相遇。设两束光各自所经历的几何路程为 x_1 和 x_2，在两种介质中波长分别为 $\lambda_1=\lambda/n_1$、$\lambda_2=\lambda/n_2$，则在相遇处，其相位差为：

$$\Delta\varphi=2\pi\left(\frac{x_2}{\lambda_2}-\frac{x_1}{\lambda_1}\right)=2\pi\frac{n_2x_2-n_1x_1}{\lambda}=2\pi\frac{\delta}{\lambda} \tag{2-3-2}$$

通常将 nx 定义为光程，$\delta=n_2x_2-n_1x_1$ 称为光程差。光程是光在介质中通过的路程折合到同一时间内在真空中通过的相应路程。相干光在各处干涉加强或减弱取决于两束光的光程差，而不是几何路程之差。应注意的是：由于平行光的同一波阵面上各点有相同的相位，经薄透镜(如凸透镜)会聚于焦点后仍有相同的相位，即薄透镜不引起附加的光程差。

★★★(二)杨氏双缝干涉

杨氏双缝实验的装置如图 2-3-4 所示，在普通单色光源后放一狭缝 S，相当于一个线光源，S 后放有与 S 平行且等距离的两平行狭缝 S_1 和 S_2，这时 S_1 和 S_2 构成一对相干光源，从 S_1 和 S_2 发出的光波在空间叠加，产生干涉现象。如果在双缝后放置一屏幕，将出现一系列稳定的明暗相间的条纹，称为干涉条纹。由于相干波源 S_1 和 S_2 是从 S 发出的波阵面上取出的两部分，所以把这种获得相干光的方法称为分波阵面法。

如图 2-3-5 所示，设相干光源 S_1 与 S_2 之间的距离为 d，从 S_1 或 S_2 到屏幕的垂直距离为 D，屏上的任意一点 P 距 S_1 与 S_2 的距离分别为 r_1 与 r_2，P 点到屏幕上对称中心 O 点的距离为 x，从 S_1 和 S_2 发出的两光波到达 P 点的光程差为：

$$\delta=n(r_2-r_1) \tag{2-3-3}$$

干涉加强、减弱条件为：

$$\delta=\begin{cases}\pm k\lambda & (k=0,1,2,\cdots),\text{明纹}\\ \pm(2k+1)\dfrac{\lambda}{2} & (k=0,1,2,\cdots),\text{暗纹}\end{cases} \tag{2-3-4}$$

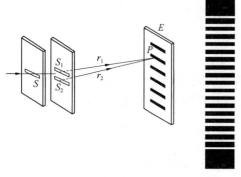

图 2-3-4　杨氏双缝干涉

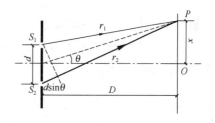

图 2-3-5　双缝干涉条纹计算用图

式中，λ 为光在真空中的波长。

由图 2-3-5 可知：$r_2 - r_1 \approx d\sin\theta \approx \dfrac{xd}{D}$

由式（2-3-3），则：$\delta = nd\sin\theta = n\dfrac{xd}{D}$

所以明纹、暗纹的位置为：

$$x = \begin{cases} \pm k\dfrac{D\lambda}{nd} & (k = 0,1,2,\cdots)，明纹 \\[2mm] \pm(2k+1)\dfrac{D\lambda}{2nd} & (k = 0,1,2,\cdots)，暗纹 \end{cases} \tag{2-3-5}$$

特别地，当在空气中时，$n=1$，上式写为：

$$x = \begin{cases} \pm k\dfrac{D\lambda}{d} & (k = 0,1,2,\cdots)，明纹 \\[2mm] \pm(2k+1)\dfrac{D\lambda}{2d} & (k = 0,1,2,\cdots)，暗纹 \end{cases} \tag{2-3-6}$$

明纹条件中 $k=0$ 称为零级明纹或中央明纹；相应于 $k=1$，2 等的明纹称为第一级、第二级明纹等。

相邻明纹（或暗纹）的间距为：

$$\Delta x = \frac{D\lambda}{nd} \tag{2-3-7}$$

在空气中，$\Delta x = \dfrac{D\lambda}{d}$。

可知，条纹是明暗相间等距离分布且与狭缝平行的直条纹。当用白光（即复色光）作为光源时，在零级（$k=0$）部位形成白色的中央明条纹，其他各级明条纹的位置，由于波长的不同而逐级拉开距离，在中央明纹的两侧对称地排列着由紫到红的彩色光谱，其中有些级次的光谱会发生重叠，有些级次的光谱不发生重叠。

【例 2-3-1】（历年真题）在双缝干涉实验中，波长 λ 的单色平行光垂直入射到缝间距为 a 的双缝上，屏到双缝的距离是 D，则某一条明纹与其相邻的一条暗纹的间距为：

A. $\dfrac{D\lambda}{a}$　　　　　B. $\dfrac{D\lambda}{2a}$　　　　　C. $\dfrac{2D\lambda}{a}$　　　　　D. $\dfrac{D\lambda}{4a}$

【解答】空气中，明纹（或暗纹）的间距为：$\dfrac{D\lambda}{d}$，故明纹与相邻的一条暗纹的间距为：$\dfrac{D\lambda}{2}$，应选 B 项。

【例 2-3-2】（历年真题）双缝干涉实验中，若在两缝后（靠近屏一侧）各覆盖一块厚度均为 d，但折射率分别为 n_1 和 n_2（$n_2 > n_1$）的透明薄片，则从两缝发出的光在原来中央明纹处相遇时，光程差为：

A. $d(n_2 - n_1)$ B. $2d(n_2 - n_1)$

C. $d(n_2 - 1)$ D. $d(n_1 - 1)$

【解答】光程差 $\delta = r + n_2 d - d - (r + n_1 d - d) = d(n_2 - n_1)$，应选 A 项。

【例 2-3-3】（历年真题）在双缝干涉实验中，入射光的波长为 λ，用透明玻璃纸遮住双缝中的一条缝（靠近屏一侧），若玻璃纸中光程比相同厚度的空气的光程大 2.5λ，则屏上原来的明纹处：

A. 仍为明条纹   B. 变为暗条纹

C. 既非明纹也非暗纹   D. 无法确定是明纹还是暗纹

【解答】无玻璃纸时，$\delta = r_2 - r_1 = k\lambda$，明纹，$k = 0, \pm 1, \pm 2, \cdots$；有玻璃纸时，$\delta = r_2 + 2.5\lambda - r_1 = k\lambda + 2.5\lambda = \left[2(k+2) + \dfrac{1}{2}\right]\lambda$，故变为暗纹，选 B 项。

【例 2-3-4】（历年真题）在空气中用波长为 λ 的单色光进行双缝干涉实验时，观测到相邻明条纹的间距为 1.33mm，当把实验装置放入水中（水的折射率为 $n = 1.33$）时，则相邻明条纹的间距变为：

A. 1.33mm   B. 2.66mm   C. 1mm   D. 2mm

【解答】水中相邻明纹的间距为：$\Delta x = \dfrac{D\lambda}{nd} = \dfrac{\Delta X_{空}}{1.33} = \dfrac{1.33}{1.33} = 1\text{mm}$

应选 C 项。

（三）薄膜干涉

薄膜干涉的相干光的获取是采用分振幅法。

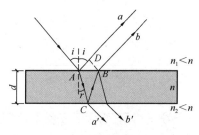

图 2-3-6 薄膜两界面
反射光的附加光程差

1. 反射光的相位突变和附加光程差

当两束光都是从光疏到光密界面反射或都是从光密到光疏界面反射，则两束反射光之间无附加的相位差。如果一束光从光疏到光密界面反射，而另一束从光密到光疏界面反射，则两束反射光之间有附加的相位差 π，或者说有附加光程差 $\dfrac{\lambda}{2}$，如图 2-3-6 所示，a、b 的光程差存在附加光程差 $\lambda/2$。

a、b 的光程差 δ 计算如下：

$$AC = CB = \dfrac{d}{\cos r}, \quad AD = AB\sin i = 2d\tan r\sin i$$

$\delta = n(AC + CB) - n_1 AD + \dfrac{\lambda}{2}$，将 AC、CB、AD 代入，同时，折射定理 $n_1\sin r_1 = n\sin r$，则：

$$\delta = \frac{2nd}{\cos r}(1 - \sin^2 r) + \frac{\lambda}{2} = 2nd\cos r + \frac{\lambda}{2}$$

或

$$\delta = 2d\sqrt{n^2 - n_1^2 \sin^2 i} + \frac{\lambda}{2} \tag{2-3-8}$$

注意，对于折射光，则任何情况下都不会有相位突变。

★★★2. 等倾干涉与增透膜

（1）管倾干涉

如图 2-3-7 所示，波长为 λ 的单色光入射到薄膜上表面，入射角为 i，经膜的上、下表面反射后产生一对相干的平行光束 a 和 b，这一对光束只能在无限远处相交而发生干涉。在实验室中用一个会聚透镜 L 使它们在其焦平面上 P 点叠加而产生干涉。根据式（2-3-8），可知，对于厚度均匀的薄膜，光程差是由入射角 i 决定的。凡以相同倾角入射的光，经膜的上、下表面反射后产生的相干光束都有相同的光程差，从而对应于干涉图样中的一条条纹，故将此类干涉条纹称为等倾条纹。

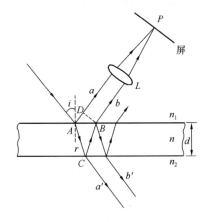

图 2-3-7　薄膜的干涉

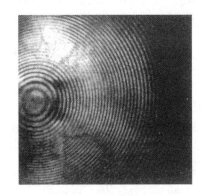

图 2-3-8　等倾条纹

等倾干涉明纹、暗纹的条件为：

$$\delta = 2d\sqrt{n^2 - n_1^2 \sin^2 i} + \frac{\lambda}{2} = \begin{cases} k\lambda & (k = 1, 2, 3, \cdots),\text{明纹} \\ (2k+1)\dfrac{\lambda}{2} & (k = 0, 1, 2, \cdots),\text{暗纹} \end{cases} \tag{2-3-9}$$

当垂直入射，即 $i = 0$ 时，上式变为：

$$\delta = 2nd + \frac{\lambda}{2} = \begin{cases} k\lambda & (k = 1, 2, 3, \cdots),\text{明纹} \\ (2k+1)\dfrac{\lambda}{2} & (k = 0, 1, 2, \cdots),\text{暗纹} \end{cases} \tag{2-3-10}$$

由式（2-3-9）可知，入射角 i 越大，光程差 δ 越小，干涉级也越低。在等倾环纹中，半径越大的圆环对应的 i 也越大，其干涉级越低，越向内的圆环纹干涉级越高，中心处的干涉级最高。此外，从中央向外各相邻明环或相邻暗环间的距离也不相同。中央的环纹间的距离较大，环纹较稀疏，越向外，环纹间的距离越小，环纹越密集，见图 2-3-8。

（2）增透膜

利用薄膜的干涉使反射光减到最小，而透射光加强，该薄膜称为增透膜。

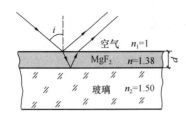

图 2-3-9 增透膜

如图 2-3-9 所示，光垂直入射（图中将 i 画大是为了方便理解），在增透膜（由 MgF_2 制作）的上、下表面反射时都有相位突变大，故没有附加的相位差（或无附加光程差），其光程差 $\delta = 2nd$，其干涉相消，透射光加强应满足的条件为：

$$2nd = (2k+1)\frac{\lambda}{2} \quad (k = 0,1,2,\cdots)$$

当取 $k = 0$ 时，增透膜的最小厚度 d 为：

$$d = \frac{\lambda}{4n} \tag{2-3-11}$$

【例 2-3-5】（历年真题）在空气中有一肥皂膜，厚度为 $0.32\mu m$（$1\mu m = 10^{-6}m$），折射率 $n = 1.33$，若用白光垂直照射，通过反射，此膜呈现的颜色大体是：

A. 紫光（430nm）　　　　　　　　　B. 蓝光（470nm）

C. 绿光（566nm）　　　　　　　　　D. 红光（730nm）

【解答】膜呈现的颜色是反射光加强的单色光 λ，即满足：

$$\delta = 2nd + \frac{\lambda}{2} = k\lambda, \lambda = \frac{2nd}{k - \frac{1}{2}} = \frac{2 \times 1.33 \times 0.32 \times 10^3}{k - \frac{1}{2}}$$

$k = 1$ 时，$\lambda = 1702.4nm$；$k = 2$ 时，$\lambda = 567nm$

$k = 3$ 时，$\lambda = 340nm$，应选 C 项。

【例 2-3-6】（历年真题）在玻璃（折射率 $n_3 = 1.60$）表面镀一层 MgF_2（折射率 $n_2 = 1.38$）薄膜作为增透膜，为了使波长为 500nm（$1nm = 10^{-9}m$）的光从空气（$n_1 = 1.00$）正入射时尽可能少反射，MgF_2 薄膜的最小厚度应是：

A. 78.1nm　　　　B. 90.6nm　　　　C. 125nm　　　　D. 181nm

【解答】增透膜最小厚度为：$d = \dfrac{\lambda}{4n} = \dfrac{500}{4 \times 1.38} = 90.6nm$

应选 B 项。

3. 等厚干涉

★★★（1）劈尖干涉

如图 2-3-10（a）所示，两块平板玻璃片，一端相互叠合（称为棱边），另一端夹一薄片，构成夹角 θ 非常小、厚度不均匀的空气劈尖形状的介质膜，简称劈尖膜。当单色平行光垂直入射到这样的劈尖上时，在劈尖的上、下表面的反射光将形成干涉。因此，按图 2-3-10（a）观察介质膜上表面时就会看到干涉条纹。

假设劈尖膜是折射率为 n 的介质，$n < n_1$。如图 2-3-10（b）所示，用 e 来表示光的入射点处膜的厚度，则两束相干的反射光在相遇时的光程差为 $\delta = 2ne + \frac{\lambda}{2}$。干涉明纹、暗纹的条件为：

$$\delta = 2ne + \frac{\lambda}{2} = \begin{cases} k\lambda & (k = 1,2,3,\cdots),\text{明纹} \\ (2k+1)\frac{\lambda}{2} & (k = 0,1,2,\cdots),\text{暗纹} \end{cases} \tag{2-3-12}$$

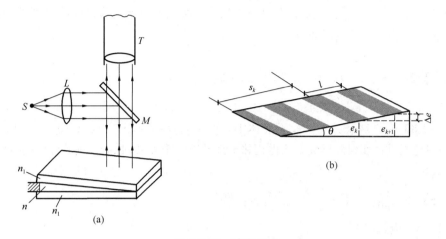

图 2-3-10　劈尖干涉

　　每一明纹暗纹都与一定的 k 级相联系，也就是与劈尖膜在该条纹处的厚度 e 相联系，这些干涉条纹称为等厚干涉条纹。由于劈尖的等厚条纹是一系列平行于棱边（上下表面的相交线）的直线，所以劈尖的等厚条纹是一些与棱边平行的明暗相间的直条纹。

　　对于空气中的劈尖，在棱边处膜厚 $e=0$，由于半波损失，光程差为 $\dfrac{\lambda}{2}$，所以看到的应该是零级暗条纹，然后，随着膜厚 e 增加依次是一级明纹，一级暗纹，二级明纹，二级暗纹等。其他介质的劈尖，应具体分析 $e=0$ 处是否存在半波损失。

　　由式（2-3-12）可知，两相邻明纹（或暗纹）间对应的介质膜的厚度差都相等，即：

$$\Delta e = e_{k+1} - e_k = \frac{\lambda}{2n} \tag{2-3-13}$$

由于劈尖的夹角为 θ 很小，则相邻明纹（或暗纹）的间距为：

$$l = \frac{\lambda}{2n\sin\theta} \approx \frac{\lambda}{2n\theta} \tag{2-3-14}$$

第 k 级条纹中心到棱边的距离 s_k 为：

$$s_k = \frac{e_k}{\theta} \tag{2-3-15}$$

明纹　　　　　$e_k = \left(k\lambda - \dfrac{\lambda}{2}\right)\dfrac{1}{2n} = (2k-1)\dfrac{\lambda}{4n}$　　　　$(k=1,2,3,\cdots)$

暗纹　　　　　$e_k = \left[(2k+1)\dfrac{\lambda}{2} - \dfrac{\lambda}{2}\right]\dfrac{1}{2n} = k\dfrac{\lambda}{2n}$　　　　$(k=0,1,2,\cdots)$

　　由式（2-3-14）可知，对于一定波长的入射光，条纹间距与 θ 角成反比，劈尖夹角 θ 越大，则条纹分布越密。如果劈尖的夹角 θ 相当大，干涉条纹就密得无法分开。

　　对于固定的夹角 θ，条纹间距与波长 λ 成正比。当用白光入射在劈尖上每一级明纹将呈现彩色的条纹。

　　利用劈尖干涉可以测量头发丝的粗细、箔片的厚度、单色光的波长，还可以检测光学工件的平整度等。

　　【例 2-3-7】（历年真题）波长为 λ 的单色光垂直照射在折射率为 n 的劈尖薄膜上，在由反射光形成的干涉条纹中，第五级明条纹与第三级明条纹所对应的薄膜厚度差为：

A. $\dfrac{\lambda}{2n}$ 　　　　B. $\dfrac{\lambda}{n}$ 　　　　C. $\dfrac{\lambda}{5n}$ 　　　　D. $\dfrac{\lambda}{3n}$

【解答】$2ne_5+\dfrac{\lambda}{2}=5\lambda$，$2ne_3+\dfrac{\lambda}{2}=3\lambda$，则：

$$e_5-e_3=(5\lambda-3\lambda)/(2n)=\lambda/n，应选 B 项。$$

【例2-3-8】有一玻璃劈尖，置于液体中，劈尖角 $\theta=8\times10^{-5}$ rad（弧度），用波长 $\lambda=589$nm 的单色光垂直照射此劈尖，测得相邻干涉条纹间距 $l=2.4$mm，则此液体的折射率为：

A. 2.86 　　　　B. 1.53 　　　　C. 15.3 　　　　D. 28.6

【解答】$l=\dfrac{\lambda}{2n\theta}$，$2.4=\dfrac{589\times10^{-6}}{2\times n\times8\times10^{-5}}$，则：

$n=1.53$，应选 B 项。

★★★（2）牛顿环

图 2-3-11 表示由曲率半径为 R 的一个平凸透镜，放在一个很平整的平板玻璃上，二者之间形成厚度不均匀的空气（$n=1$）薄膜。当波长为 λ 的平行光垂直地射向平凸透镜时，可以观察到透镜表面出现一组等厚干涉条纹，这些条纹都是以接触点为圆心的一系列间距不等的同心圆环，称为牛顿环。

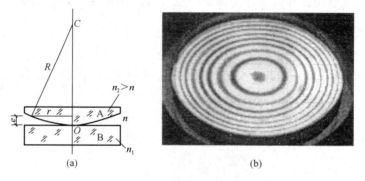

图 2-3-11　牛顿环

实验中常在透镜和玻璃之间注油，形成油膜（n），且 $n<n_1$。

当入射光在空气膜（或油膜）的上、下表面反射时，在膜上表面出现明、暗环，其光程差应满足的条件是：

$$\delta=2ne+\frac{\lambda}{2}=\begin{cases}2k\dfrac{\lambda}{2}&(k=1,2,3,\cdots)，明纹\\[2mm](2k+1)\dfrac{\lambda}{2}&(k=0,1,2,\cdots)，暗纹\end{cases}\tag{2-3-16}$$

由于在中心 O 处膜厚度为零，其光程差产生于下表面反射光存在半波损失，所以空气膜（或油膜）的牛顿环中心是一个暗斑。由中心往边缘，膜厚的增加越来越快，因而牛顿环也就越来越密。

由图 2-3-11（a）可知，e 很小，$r^2=R^2-(R-e)^2=2Re-e^2\approx2Re$，则：$e=\dfrac{r^2}{2R}$

因此，以牛顿环的半径 r 表征的明、暗环条件为：

$$r = \begin{cases} \sqrt{\left(k - \dfrac{1}{2}\right)\dfrac{R\lambda}{n}} & (k = 1,2,3,\cdots),\text{明纹} \\[3mm] \sqrt{k\dfrac{R\lambda}{n}} & (k = 0,1,2,\cdots),\text{暗纹} \end{cases} \tag{2-3-17}$$

牛顿环与等倾干涉条纹都是内疏外密的圆环形条纹，但牛顿环的条纹级次是由环心向外递增，而等倾条纹则反之。

★（3）迈克耳孙干涉仪

迈克耳孙干涉仪是根据光的干涉原理制成的精密测量仪器，它可测量波长及长度的微小变化等，其主要结构和光路示意图如图 2-3-12 所示。若平面反射镜 M_1 和 M_2 相互垂直，光线 1 和光线 2 的光程近似相等，则薄银层 M_1 的虚像 M_1' 在 M_2 附件，M_1' 与 M_2 之间形成空气层。来自光源 S 的光被分光板 G_1 分成光线 1 和光线 2 两部分，分别垂直入射到平面镜 M_1 和 M_2 上，经反射后会聚成光线 $1'2'$，等效为 M_1'、M_2 间空气膜上、下表面的反射相干光相遇，形成空气薄膜干涉条纹。当 M_1 和 M_2 相互严格垂直时，形成等倾干涉条纹；当 M_1 和 M_2 不严

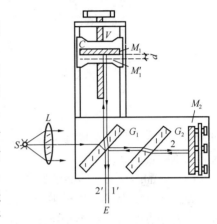

图 2-3-12　迈克耳孙构造示意图

格垂直时，M_1' 和 M_2 之间形成空气劈尖，这时可以观察到等厚干涉条纹。此外，G_2 是为避免两束光线在玻璃中经过的路程不等而引起较大的光程差专门设置的补偿板。

M_2 可用螺旋控制作微小移动，每当其平移 $\lambda/2$ 时，在 E 处的观察者可以看到一条明条纹移动。若在视场中有 N 条明条纹移过，则 M_2 平移的距离 d 为：

$$d = N\frac{\lambda}{2} \tag{2-3-18}$$

【例 2-3-9】（历年真题）若在迈克耳孙干涉仪的可动反射镜 M 移动了 0.620mm 的过程中，观察到干涉条纹移动了 2300 条，则所用光波的波长为：

A. 269nm　　　　　B. 539nm　　　　　C. 2690nm　　　　　D. 5390nm

【解答】$d = N\dfrac{\lambda}{2}$，$0.620 \times 10^6 = 2300 \times \dfrac{\lambda}{2}$，则：

$\lambda = 539$nm，应选 B 项。

★三、光的衍射

1. 惠更斯-菲涅耳原理

用惠更斯原理可以对波的衍射现象作定性说明，但不能解释光的衍射图样中光强的分布。菲涅耳发展了惠更斯原理，其假定：波在传播过程中，从同一波阵面上各点发出的子波，经传播而在空间某点相遇时，产生相干叠加。该原理称为惠更斯-菲涅耳原理。应用惠更斯-菲涅耳原理，可解决一般衍射问题的定量计算，但计算相当复杂。因此，一般使用半波带法来解释衍射现象。

★★★2. 单缝衍射

图 2-3-13（a）所示平行光线照射宽度为 a 的单缝、透镜 L（焦距为 f）聚焦衍射条纹

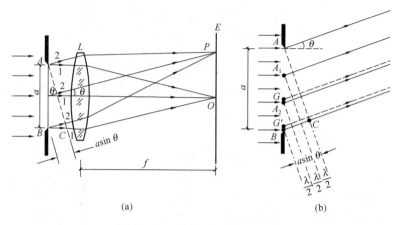

图 2-3-13　单缝衍射条纹的计算

的现象，称为夫琅禾费单缝衍射。夫琅禾费单缝条纹的显著特征是：中央明条纹较其他级次的明条纹宽而亮。

（1）屏上出现明、暗条纹的条件

如图 2-3-13 所示，单色平行光垂直照射在狭缝上，通过狭缝的光发生衍射，衍射光与原入射光方向的夹角 θ 叫做衍射角；引入透镜 L 即可将衍射角相同的平行衍射光都会聚在透镜焦平面上的同一点 P，该点的光强就由这些平行光的干涉结果所决定。由于透镜 L 并不产生附加的光程差，所以这些平行光的光程差就由 AC 面上的光程差决定。由于入射光在 AB 面处是同相位的，则 AC 面上的最大光程差 δ 为：$\delta = BC = a\sin\theta$。

如图 2-3-13（b）所示，把狭缝分割成一系列宽度相等的窄条 ΔS，并使相邻 ΔS 各对应点发出的光线的光程差为半个波长，这样的窄条称为半波带（亦称波带）。对应衍射角为 θ 的半波带数 N 为：

$$N = \frac{a\sin\theta}{\lambda/2}$$

显然，当 N 为偶数时，相邻半波带各对应点的光程差均为 $\lambda/2$，即相位差为 π，叠加后将相互抵消。由于一对对相邻半波带发出的光都分别在 P 点相互抵消，所以合振幅为零，P 点为暗条纹的中心。当 N 恰好为奇数时，因一对对相邻半波带发出的光分别在 P 点相互抵消，还剩下一个半波带发出的光在 P 点合成，这时 P 点应近似为明条纹的中心。

根据上述分析，夫琅禾费单缝衍射条纹的明、暗条件为：

$$\delta = a\sin\theta = \begin{cases} \pm 2k\dfrac{\lambda}{2} & (k = 1,2,3,\cdots)，暗纹 \\[2mm] \pm(2k+1)\dfrac{\lambda}{2} & (k = 1,2,3,\cdots)，明纹 \end{cases}$$

（2-3-19）

式中，k 为衍射级，分别称为第一级暗（明）纹，第二级暗（明）纹，……。

当 $k = 0$ 时，各衍射光光程差为零，通过透镜后会聚在透镜的焦平面上，这就是中央明纹（或零级明纹）中心的位置，该处的光强最大。中央明纹宽度是由紧邻中央明纹两侧的暗纹（$k = 1$）决定的，即：

$$-\lambda < a\sin\theta < \lambda$$

对任意衍射角 θ 来说，AB 一般不能恰好分成整数个半波带，亦即 BC 不等于 $\dfrac{\lambda}{2}$ 的整数倍。此时，衍射光束经透镜聚焦后，形成屏幕上照度介于最明和最暗之间的中间区域。在单缝衍射条纹中，光强分布并不是均匀的，如图 2-3-14 所示，中央条纹（即零级明纹）最亮，同时也最宽。中央条纹的两侧，光强迅速减小，直至第一个暗纹；

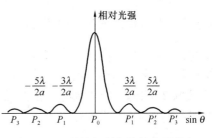

图 2-3-14　单缝衍射条纹的光强分布

其后，光强又逐渐增大而成为第一级明纹，依此类推。注意：各级明纹的光强随着级数的增大而逐渐减小，这是由于 θ 角越大，分成的半波带数越多，每个半波带的面积变小，未被抵消的半波带面积仅占单缝面积的一微小部分。

（2）衍射明纹、暗纹的衍射角及宽度

近轴条件下，由于 θ 角很小，故 $\sin\theta \approx \theta$，由式（2-3-19）可得：

$$\theta_k = \begin{cases} \pm 2k\dfrac{\lambda}{2a} \quad (k=1,2,3,\cdots),\text{暗纹} \\[2mm] \pm(2k+1)\dfrac{\lambda}{2a} \quad (k=1,2,3,\cdots),\text{明纹} \end{cases} \tag{2-3-20}$$

k 级明纹或暗纹中心的位置（即 P 相对于屏中心 O 的位置）为 x_k，可取 $\tan\theta_k = \theta_k$，$x_k \approx f\tan\theta_k$，$f$ 为透镜的焦距（屏幕放在焦平面处），则：

$$x_k = f\theta_k = \begin{cases} \pm 2k\dfrac{\lambda f}{2a} \quad (k=1,2,3,\cdots),\text{暗纹} \\[2mm] \pm(2k+1)\dfrac{\lambda f}{2a} \quad (k=1,2,3,\cdots),\text{明纹} \end{cases} \tag{2-3-21}$$

由上述公式可知：

中央明纹的角宽度 α_0 为第一级暗纹的衍射角，其屏上线宽度 Δx_0 分别为：

角宽度　$\alpha_0 = 2\dfrac{\lambda}{a}$；半角宽度　$\dfrac{\alpha_0}{2} = \dfrac{\lambda}{a}$

线宽度　$\Delta x_0 = 2\dfrac{\lambda f}{a}$

相邻两条暗纹（或明纹）的角宽度为：

$$\Delta\alpha = \theta_{k+1} - \theta_k = \dfrac{\lambda}{a} \tag{2-3-22}$$

除中央明纹外，各级明纹的线宽度 Δx 为：

$$\Delta x = x_{k+1} - x_k = \dfrac{\lambda f}{a} \tag{2-3-23}$$

可见，中央明纹的线宽度是其他各级明纹线宽度的 2 倍。

（3）单缝宽度 a 和波长 λ 对衍射条纹的影响

由式（2-3-22）和式（2-3-23）可知，对于一定的波长 λ 来说，a 越小，衍射越显著；a 越大，衍射越不明显。

如果用白光做光源，由于衍射图样中各级条纹的位置与波长 λ 有关，条纹的角宽度正

比于 $\frac{\lambda}{a}$，各种单色光条纹按波长逐级分开，除中央明纹中心因各种单色光重叠在一起仍为白光外，将会出现以中央明纹为中心，各级明条纹形成由紫到红的顺序向两侧对称分布的彩色条纹，称为衍射光谱。

【例 2-3-10】（历年真题）在夫琅禾费单缝衍射实验中，屏上第三级暗纹对应的单缝处波面可分成的半波带的数目为：

A. 3   B. 4   C. 5   D. 6

【解答】 暗纹：$a\sin\theta = 2k\frac{\lambda}{2} = 2 \times 3 \times \frac{\lambda}{2} = 6 \times \frac{\lambda}{2}$，应选 D 项。

【例 2-3-11】（历年真题）在夫琅禾费单缝衍射实验中，波长为 λ 的单色光垂直入射到单缝上，对应衍射角为 30° 的方向上，若单缝处波阵面可分成 3 个半波带，则缝宽 a 为：

A. λ B. 1.5λ C. 2λ D. 3λ

【解答】 $a\sin 30° = 3 \times \frac{\lambda}{2}$，则：$a = 3\lambda$，应选 D 项。

【例 2-3-12】（历年真题）在夫琅禾费单缝衍射实验中，单缝宽度 $a = 1 \times 10^{-4}$ m，透镜焦距 $f = 0.5$ m。若用 $\lambda = 400$ nm 的单色平行光垂直入射，中央明纹的宽度为：

A. 2×10^{-3} m   B. 2×10^{-4} m   C. 4×10^{-4} m   D. 4×10^{-3} m

【解答】 中央明纹：$\Delta x_0 = 2\frac{\lambda}{a}f = 2 \times \frac{400 \times 10^{-9}}{1 \times 10^{-4}} \times 0.5 = 4 \times 10^{-3}$ m，应选 D 项。

★★★ 3. 光栅衍射

光栅是由大量平行、等宽、等间距的狭缝构成的光学器件。光栅总缝数 N 的数量级可达 10^5。透光狭缝的宽度 a 与缝间距（两相邻单缝间不透光部分）的宽度 b 之和，即 $d = a + b$，称为光栅常数。

如图 2-3-15 所示，单色平行光垂直照射在光栅上，经透镜 L 会聚，就会在透镜的焦平面上出现光栅衍射图样。对光栅中每一个宽度相等的狭缝来说，它们各自在屏上产生强度分布完全相同、位置完全重合的单缝衍射图样。各狭缝射出的各光束，在屏幕上满足干涉加强、减弱条件处，就会出现明、暗相间的条纹。可见，光栅衍射实质是每一单缝的单缝衍射和各缝间多缝干涉相叠加的综合效果，其对应的条纹强度分布图如图 2-3-16 所示。

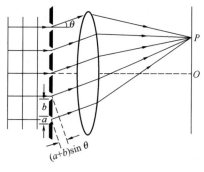

图 2-3-15 光栅衍射

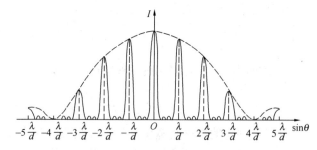

图 2-3-16 光栅衍射的光强分布

对应于衍射角 θ，任意相邻两缝发出的光到达 P 点的光程差都是 $\delta = (a+b)\sin\theta$，当光程差 δ 为波长的整数倍时：

$$(a+b)\sin\theta = \pm k\lambda \quad (k=0,1,2\cdots) \tag{2-3-24}$$

所有对应点发出的光将互相干涉加强，使 P 点出现明条纹，称为主极大。上式是决定主极大位置的方程，称为光栅方程。对光栅方程应注意的是：

(1) $(a+b)$ 越小，透光缝 N 越多，条纹越细、越亮，条纹分得越开。满足光栅方程的明条纹也称光谱线，k 称为主极大级次，$k=0$ 时，称为中央主极大条纹，$k=1$，2，3，…分别称第一级、第二级、第三级、……主极大条纹。

(2) 给定光栅，也即光栅常数一定，对应同一级明纹（k 一定），入射光波长 λ 较大时，相应的衍射角 θ 也较大。因此，用白光照射光栅时，除中央明纹外，其两侧其他各级明纹都形成内紫外红的彩色光谱。

(3) 由于 $|\sin\theta| \leqslant 1$，因此，光栅常数和入射光波长一定时，k 值不可能是无限的，主极大（即明纹）的最高级次 $k \leqslant \dfrac{a+b}{\lambda}$，主极大的数目最多是：$2\dfrac{a+b}{\lambda}+1$。

在相邻两主极大之间还存在 $N-1$ 条暗纹和 $N-2$ 条次极大。例如，图 2-3-16 光栅总缝数 $N=4$，在任意相邻两主极大之间，如 O 至 $\dfrac{\lambda}{d}\sin\theta$ 之间，存在 $N-1=4-1=3$ 条暗纹，$N-2=4-2=2$ 条次极大。次极大的光强很弱，所以光栅的缝数 N 很大时，则在两相邻主极大之间的暗纹和次极大的数目也都很大，形成了一个较大的暗区，这就使光栅衍射的主极大条纹成为又细又宽的条纹。

如果光栅相邻两缝对应光线到达屏上 P 点的光程差满足明纹条件式（2-3-14），而每一单缝两条边缘光线到达该点的光程差恰好满足暗纹条件，即：

$$a\sin\theta = \pm 2k'\frac{\lambda}{2} \quad (k'=1,2,\cdots,k' \neq k) \tag{2-3-25}$$

这时，每一单缝对屏上 P 点的亮度没有贡献。光栅衍射的明条纹在该处不再出现，这种现象称为缺级，所缺的级次由光栅常数 d 和缝宽 a 的比值所决定，即缺级条件为：

$$\frac{a+b}{a} = \frac{k}{k'} \tag{2-3-26}$$

例如，当 $\dfrac{a+b}{b} = \dfrac{k}{k'} = \dfrac{2}{1}$ 时，2，4，6，8，…级次的主极大不再出现，发生缺级；

又如，当 $\dfrac{a+b}{b} = \dfrac{k}{k'} = \dfrac{4}{1}$ 时，4，8，12，…级次的主极大发生缺级。

【例 2-3-13】（历年真题）波长 $\lambda=550\text{nm}$（$1\text{nm}=10^{-9}\text{m}$）的单色光垂直入射于光栅常数为 $2\times10^{-4}\text{cm}$ 的平面衍射光栅上，可能观察到光谱线的最大级次为：

A. 2　　　　　　B. 3　　　　　　C. 4　　　　　　D. 5

【解答】$(a+b)\sin\theta = \pm k\lambda$，则：$2\times10^{-4}\times10^{-2}\sin90° = \pm k\times550\times10^{-9}$

$k=\pm3$，6，故最大级次为 3，应选 B 项。

【例 2-3-14】（历年真题）一单色平行光垂直入射到光栅上，衍射光谱中出现了五条明纹，若已知此光栅的缝宽 a 与不透光部分 b 相等，那么在中央明纹一侧的两条明纹级次分别是：

A. 1 和 3　　　　B. 1 和 2　　　　C. 2 和 3　　　　D. 2 和 4

【解答】$\dfrac{a+b}{a} = \dfrac{2a}{a} = 2$，又 $\dfrac{a+b}{a} = \dfrac{k}{k'}$，故 $k=2$，4 级发生缺级，故中央明纹一侧的

两条明级为：1，3级，应选 A 项。

【例 2-3-15】(历年真题) 若用衍射光栅准确测定一单色可见光的波长，在下列各种光栅常数的光栅中，选用哪一种最好：

A. 1.0×10^{-1} mm

B. 5.0×10^{-1} mm

C. 1.0×10^{-2} mm

D. 1.0×10^{-3} mm

【解答】$(a+b)\sin\theta = \pm k\lambda$，故 $(a+b)$ 越小，θ 则越大，应选 D 项。

注意，单色可见光 λ 为 400～760nm，即：$(a+b)\sin\theta = \pm k(0.4\sim 0.76) \times 10^{-3}$，可知，$a+b$ 的数量级为 10^{-3} mm。

★4. 圆孔衍射和光学仪器分辨率

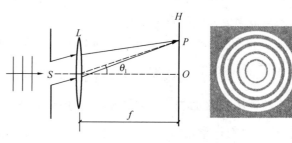

图 2-3-17　圆孔衍射和艾里斑

如果在观察夫琅禾费单缝衍射的实验装置中，用小圆孔代替狭缝，如图 2-3-17 所示。当单色平行光垂直照射到圆孔 S 时，在位于透镜 L 焦平面所在的屏幕 H 上将出现环形衍射斑，中央是一个较亮的圆斑，它集中了全部衍射光能的 84%，称为中央亮斑或艾里斑。外围是一组同心的暗环和明环，且强度随级次增大而迅速下降。

艾里斑的角半径 θ_1 就是第一暗环所对应的衍射角，即：

$$\theta_1 = 1.22 \frac{\lambda}{d} \qquad (2\text{-}3\text{-}27)$$

艾里斑的半径为 r，取 $\tan\theta_1 \approx \theta_1$，$r = f\tan\theta_1 \approx f\theta_1$，则：

$$r = 1.22 \frac{\lambda f}{d} \qquad (2\text{-}3\text{-}28)$$

对一个光学仪器来说，如果一个点光源的衍射图样的中央最亮处刚好与另一个点光源的衍射图样的第一个最暗处相重合，这时两衍射图样（重叠区的）光强度约为单个衍射图样的中央最大光强的 80%，一般人的眼睛刚刚能够判断出这是两个光点的像。这时，我们说这两个点光源恰好为这一光学仪器所分辨。这一条件称为瑞利判据。此时，两点光源在透镜处所张的角称为最小分辨角 θ_R（图 2-3-18）：

$$\theta_R = 1.22 \frac{\lambda}{d} \qquad (2\text{-}3\text{-}29)$$

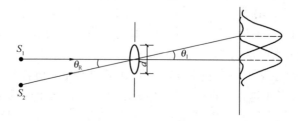

图 2-3-18　最小分辨角

最小分辨角的倒数称为分辨本领或分辨率 R：

$$R = \frac{1}{\theta_R} = \frac{d}{1.22\lambda} \tag{2-3-30}$$

【例 2-3-16】（历年真题）通常亮度下，人眼睛瞳孔的直径约为 3mm，视觉感受到最灵敏的光波波长为 550nm（1nm＝1×10^{-9}m），则人眼睛的最小分辨角约为：

A. 2.24×10^{-3}rad

B. $1.12\times\times10^{-4}$rad

C. 2.24×10^{-4}rad

D. 1.12×10^{-3}rad

【解答】$\theta_k = 1.22\frac{\lambda}{d} = 1.22\times\frac{550\times10^{-9}}{3\times10^{-3}} = 2.24\times10^{-4}$rad

应选 C 项。

★5. X 射线衍射

X 射线即伦琴射线，本质上也是电磁波，但它的波长极短（0.1nm 数量级），只能借助于原子晶格间距来研究它的波动性。设一束平行单色 X 射线，以掠射角 θ 射向晶体的晶面，它们将分别被表面层原子和晶体内部各层原子散射。如果各层原子（或晶面）之间的距离为 d，则被相邻的上、下两原子层（晶面）散射的 X 射线的光程差 δ 满足下式时，相互干涉加强（图 2-3-19）：

$$\delta = 2d\sin\theta = k\lambda \quad (k = 1,2,3,\cdots) \tag{2-3-31}$$

上式称为布拉格公式或布拉格条件。

四、光的偏振

光是电磁波，光的振动矢量 E 与光的传播方向垂直。但是，在垂直于光的传播主向平面内，光矢量 E 还可能有各种不同的振动状态。如果光矢量始终沿某一方向振动，这样的光就称为线偏振光。我们把光的振动方向和传播方向组成的平面称为振动面。光的振动方向在振动面内不具有对称性，这称为偏振。显然，

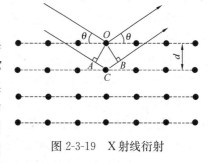

图 2-3-19 X 射线衍射

只有横波才有偏振现象。偏振是光作为横波区别于纵波的一个最明显的标志。

（一）自然光和偏振光

1. 自然光

普通光源所发出的光是由大量原子的持续时间很短的波列组成，这些波列的振动方向和相位是随机变化的。在垂直光传播方向的平面上看，几乎各个方向都有大小不等、前后不同而变化很快的光矢量的振动。按统计平均来说，光矢量的振动在各方向上的分布是对称的，振幅也可看成完全相等［图 2-3-20（a）］，这种光就是自然光，它是非偏振的。

我们把自然光分解为两个相互独立、等振幅、相互垂直方向的振动［图 2-3-20（b）］，这样的分解也就是把自然光分解为两束相互独立的、等振幅的、振动方向相互垂直的线偏振光，这两个线偏振光的光强各等于自然光光强的一半。自然光可用图 2-3-20（c）所示的方法表示，图中用短线和点分别表示在纸面内的光振动和垂直于纸面的光振动。

2. 偏振光与部分偏振光

采用某种方法将自然光两个互相垂直的独立振动分量中的一个完全消除或移走，只剩下仅一个方向的光振动，就获得线偏振光。如果只是部分地移去一个分量，使得两个独立

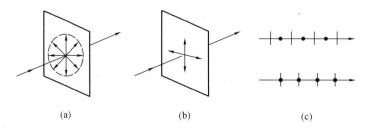

图 2-3-20　自然光

分量不相等，就获得部分偏振光。线偏振光和部分偏振光的表示方法如图 2-3-21 所示。在 2-3-21（b）中，上图表示在纸面内的光振动较强；下图表示垂直于纸面的光振动较强。

★★★（二）起偏和检偏及马吕斯定律

从自然光获得偏振光的过程称为起偏，产生起偏作用的光学元件称为起偏器，如偏振片就是起偏器。偏振片只能透过沿某个方向的光矢量或光矢量振动沿该方向的分量。我们把这个透光方向称为偏振片的偏振化方向或透振方向。

图 2-3-21　线偏振光和部分偏振光的表示法
(a) 线偏振光；(b) 部分偏振光

两个平行放置的偏振片 P_1 和 P_2，它们的偏振化方向分别用一组平行线表示，如图 2-3-22所示。当自然光垂直入射于偏振片 P_1，透过的光将成为线偏振光，其振动方向平行于 P_1 的偏振化方向，强度 I_1 等于入射自然光强度 I_0 的 1/2。透过 P_1 的线偏振光再入射到偏振片 P_2 上，将 P_2 绕光的传播方向慢慢转动，可以看到透过 P_2 的光强随 P_2 的转动而变化。可见，偏振片 P_2 的作用是检验入射光是否偏振光，故称为检偏器。

如图 2-3-23 所示，设 A_1 为入射线偏振光的光矢量的振幅，P_2 是检偏器的偏振化方向，入射光矢量的振动方向与 P_2 方向间的夹角为 α，将光振动分解为平行于 P_2 和垂直于 P_2 的两个分振动，它们的振幅分别为 $A_1\cos\alpha$ 和 $A_1\sin\alpha$。因为只有平行分量可以透过 P_2，所以透射光的振幅 $A_2 = A_1\cos\alpha$。又光强与振幅的平方成正比，则透射光的光强 I_2 为：

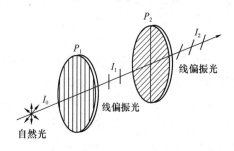

图 2-3-22　起偏和检偏

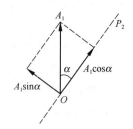

图 2-3-23　推导马吕斯定律用图

$$I_2 = I_1\cos^2\alpha \qquad (2\text{-}3\text{-}32)$$

式中，α 为检偏器的偏振化方向与入射线偏振光的光矢量振动方向之间的夹角。上式称为马吕斯定律。

【例 2-3-17】（历年真题）一束自然光垂直穿过两个偏振片，两个偏振片的偏振化方向成 45°。已知通过此两偏振片后光强为 I，则入射至第二个偏振片的线偏振光强度：

A. I 　　　　　　B. $2I$ 　　　　　　C. $3I$ 　　　　　　D. $I/2$

【解答】$I = I_1 \cos^2 \alpha = I_1 \cos^2 45°$，则：$I_1 = 2I$

应选 B 项。

【例 2-3-18】（历年真题）一束自然光通过两块叠放在一起的偏振片，若两偏振片的偏振化方向间夹角由 α_1 转到 α_2，则前后透射光强度之比为：

A. $\dfrac{\cos^2 \alpha_2}{\cos^2 \alpha_1}$ 　　　B. $\dfrac{\cos \alpha_2}{\cos \alpha_1}$ 　　　C. $\dfrac{\cos^2 \alpha_1}{\cos^2 \alpha_2}$ 　　　D. $\dfrac{\cos \alpha_1}{\cos \alpha_2}$

【解答】α_1 时：$I_1 = I_0 \cos^2 \alpha_1$

α_2 时：$I_2 = I_0 \cos^2 \alpha_2$，则：$\dfrac{I_1}{I_2} = \dfrac{\cos^2 \alpha_1}{\cos^2 \alpha_2}$，应选 C 项。

【例 2-3-19】（历年真题）两偏振片叠放在一起，欲使一束垂直入射的线偏振光经过两个偏振片后振动方向转过 $90°$，且使出射光强尽可能大，则入射光的振动方向与前后两偏振片的偏振化方向夹角分别为：

A. $45°$ 和 $90°$ 　　　B. $0°$ 和 $90°$ 　　　C. $30°$ 和 $90°$ 　　　D. $60°$ 和 $90°$

【解答】设前后偏振化方向分别为：α，$90° - \alpha$，则：

第一个偏振片后，$I_1 = I_0 \cos^2 \alpha$

第二个偏振片后：

$$I_2 = I_1 \cos^2 (90° - \alpha) = I_0 \cos^2 \alpha \sin^2 \alpha = \frac{I_0}{4} \sin^2 (2\alpha)$$

取 $2\alpha = 90°$，即 $\alpha = 45°$，I_2 最大，应选 A 项。

★★★（三）反射和折射时光的偏振

如图 2-3-24 所示，当一束自然光以任意入射角 i 入射到两种各向同性介质的分界面上而发生反射和折射时，不仅光的传播方向要改变，而且其反射光和折射光一般都变为部分偏振光。其中，反射光是以垂直于入射面的光振动为主的部分偏振光；折射光是以平行于入射面的光振动为主的部分偏振光。

布儒斯特在实验中发现，反射光的偏振化程度随入射角的变化而变化。当入射角为某一特定的角度 i_B 时，反射光成为光振动垂直于入射面的线偏振光，即完全偏振光，如图 2-3-25 所示。这个特定的角度 i_B 称为起偏角或布儒斯特角。实验还表明，当光线以起偏角 i_B 入射时，反射光和折射光的传播方向相互垂直，即有 $i_B + r = 90°$。由折射定律 $n_1 \sin i_B = n_2 \sin r = n_2 \cos i_B$ 可得：

$$\frac{n_2}{n_1} = \frac{\sin i_B}{\cos i_B} = \tan i_B \qquad (2\text{-}3\text{-}33)$$

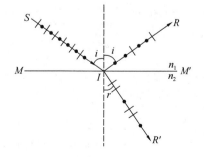

图 2-3-24　自然光反射和折射后产生的部分偏振光

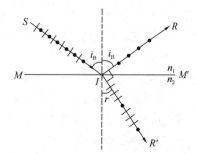

图 2-3-25　布儒斯特角

上式称为布儒斯特定律，其中 n_1 和 n_2 分别表示入射光和折射光所在介质的折射率。例如自然光从空气入射到玻璃而反射时，$n_1 = 1$，$n_2 = 1.5$，可以算出 $i_B = 56.3°$。反之，光线由玻璃射向空气而反射时，$i'_B = 33.7°$。可见，这两者互为余角。

当自然光以布儒斯特角入射时，反射光虽是线偏振光，但光强较弱，而折射光虽光强较大，但却是部分偏振光。为了提高折射光的偏振度，可以将许多玻璃片叠在一起构成玻璃片堆。将自然光以布儒斯特角入射到玻璃片堆时，光在各层玻璃片上经过多次反射和折射，逐渐除去垂直振动的成分，最后透射出的几乎全部为平行于入射面的光振动。

【例 2-3-20】（历年真题）一束自然光从空气投射到玻璃板表面上，当折射角为 30° 时，反射光为完全偏振光，则此玻璃的折射率为：

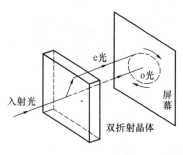

图 2-3-26　双折射现象

A. 2

B. 3

C. $\sqrt{2}$

D. $\sqrt{3}$

【解答】$i_B = 90° - 30° = 60°$，$\tan 60° = \dfrac{n_2}{n_1} = \dfrac{n_2}{1.0}$，$n_2 = \sqrt{3}$，应选 D 项。

★（四）光的双折射

当一束光进入各向异性介质的晶体（如方解石晶体等）中，一束光线便能分解成两束折射光，这种现象称为双折射现象，如图 2-3-26 所示。其中一束折射光遵守折射定律，并始终在入射面内，这束光叫做寻常光线，简称 o 光；另一束折射光不遵守折射定律，即 $\dfrac{\sin i}{\sin r}$ 的比值不是恒量，一般情况下，该光束也不在入射面内，这束光称为非常光线，简称 e 光。寻常光在晶体内的所有方向上有相同的折射率，即在晶体中各方向的传播速度都是相同的，而非常光的传播速度则随传播方向的改变而改变。

当改变入射光的方向时，在方解石这类晶体内部有一确定的方向，光沿这个方向传播时，寻常光和非常光不再分开，不产生双折射现象，这一方向称为晶体的光轴。光轴仅表示晶体内的一个方向，因此，在晶体内任何一条与上述光轴方向平行的直线都是光轴。晶体中仅具有一个光轴方向的，称为单轴晶体（如方解石、石英等）。有些晶体具有两个光轴方向，称为双轴晶体（如云母、硫磺等）。

光轴与晶体表面法线所构成的平面称为晶体的主截面。我们把包含光轴和任一已知光线所组成的平面称为晶体中该光线的主平面。由 o 光和光轴所组成的平面就是 o 光的主平面；由 e 光和光轴所组成的平面就是 e 光的主平面。o 光和 e 光都是线偏振光，o 光的振动方向垂直于它对应的主平面；e 光的振动方向平行于与它对应的主平面。

在一般情况下，对应于一给定的入射光来说，o 光和 e 光的主平面通常并不重合，这两个主平面之间有一个很小的夹角。但当光轴位于入射面内时，这两个主平面是重合的，即晶体的主截面，此时的 o 光和 e 光的振动相互垂直，见图 2-3-27。

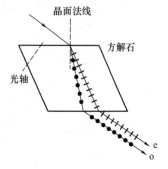

图 2-3-27　光轴在入射面

习 题

2-3-1 （历年真题）在真空中，可见光的波长范围是：

A. $400\sim760$nm

B. $400\sim760$mm

C. $400\sim760$cm

D. $400\sim760$m

2-3-2 有一玻璃劈尖，置于空气中，劈尖角为 θ，用波长为 λ 的单色光垂直照射时，测得相邻明纹间距为 l，若玻璃的折射率为 n，则 θ、λ、l 与 n 之间的关系为：

A. $\theta=\dfrac{\lambda n}{2l}$

B. $\theta=\dfrac{\lambda}{2l}$

C. $\theta=\dfrac{l\lambda}{2}$

D. $\theta=\dfrac{\lambda}{2nl}$

2-3-3 （历年真题）真空中波长为 λ 的单色光，在折射率为 n 的均匀透明媒质中，从 A 点沿某一路径传播到 B 点，路径的长度为 l，A、B 两点光振动的相位差为 $\Delta\varphi$，则：

A. $l=\dfrac{3\lambda}{2}, \Delta\varphi=3\pi$

B. $l=\dfrac{3\lambda}{2n}, \Delta\varphi=3n\pi$

C. $l=\dfrac{3\lambda}{2n}, \Delta\varphi=3\pi$

D. $l=\dfrac{3n\lambda}{2}, \Delta\varphi=3n\pi$

2-3-4 （历年真题）在双缝干涉实验中，用单色自然光在屏上形成干涉条纹。若在两缝后放一个偏振片，则：

A. 干涉条纹的间距不变，但明纹的亮度加强

B. 干涉条纹的间距不变，但明纹的亮度减弱

C. 干涉条纹的间距变窄，且明纹的亮度减弱

D. 无干涉条纹

2-3-5 （历年真题）在双缝干涉实验中，光的波长 600nm，双缝间距 2mm，双缝与屏的间距为 300cm，则屏上形成的干涉图样的相邻明条纹间距为：

A. 0.45mm

B. 0.9mm

C. 9mm

D. 4.5mm

2-3-6 （历年真题）在夫琅禾费单缝衍射实验中，单缝宽度为 a，所用单色光波长为 λ，透镜焦距为 f，则中央明条纹的半宽度为：

A. $\dfrac{f\lambda}{a}$

B. $\dfrac{2f\lambda}{a}$

C. $\dfrac{a}{f\lambda}$

D. $\dfrac{2a}{f\lambda}$

2-3-7 （历年真题）在光栅光谱中，假如所有偶数级次的主极大都恰好在每透光缝衍射的暗纹方向上，因而出现缺级现象，那么此光栅每个透光缝宽度 a 和相邻两缝间不透光部分宽度 b 的关系为：

A. $a=2b$

B. $b=3a$

C. $a=b$

D. $b=2a$

2-3-8 （历年真题）在单缝衍射实验中，若单缝处波面恰好被分成奇数个半波带，在相邻半波带上，任何两个对应点所发出的光在明条纹处的光程差为：

A. λ

B. 2λ

C. $\lambda/2$

D. $\lambda/4$

2-3-9 （历年真题）在双缝干涉实验中，设缝是水平的，若双缝所在的平板稍微向上平移，其他条件不变，则屏上的干涉条纹：

A. 向下平移，且间距不变

B. 向上平移，且间距不变

C. 不移动，但间距改变

D. 向上平移，且间距改变

2-3-10 （历年真题）三个偏振片 P_1、P_2 与 P_3 堆叠在一起，P_1 和 P_3 的偏振化方向相互垂直，P_2 和 P_1 的偏振化方向间的夹角为 $30°$，强度为 I_0 的自然光垂直入射于偏振片

P_1，并依次通过偏振片 P_1、P_2 与 P_3，则通过三个偏振片后的光强为：

  A. $I = I_0/4$ B. $I = I_0/8$ C. $I = 3I_0/32$ D. $I = 3I_0/8$

2-3-11 （历年真题）P_1 和 P_2 为偏振化方向相互垂直的两个平行放置的偏振片，光强为 I_0 的自然光垂直入射在第一个偏振片 P_1 上，则透过 P_1 和 P_2 的光强分别为：

  A. $\dfrac{I_0}{2}$ 和 0   B. 0 和 $\dfrac{I_0}{2}$ C. I_0 和 I_0 D. $\dfrac{I_0}{2}$ 和 $\dfrac{I_0}{2}$

2-3-12 （历年真题）一束自然光自空气射向一块平板玻璃，设入射角等于布儒斯特角，则反射光为：

  A. 自然光   B. 部分偏振光   C. 完全偏振光   D. 圆偏振光

2-3-13 （历年真题）两块偏振片平行放置，光强为 I_0 的自然光垂直入射在第一块偏振片上，若两偏振片的偏振化方向夹角为 $45°$，则从第二块偏振片透出的光强为：

  A. $\dfrac{I_0}{2}$ B. $\dfrac{I_0}{4}$ C. $\dfrac{I_0}{8}$ D. $\dfrac{\sqrt{2}}{4}I_0$

第二章　习题解答

第三章 化 学

第一节 物质的结构和物质状态

一、原子结构的近代概念

★（一）核外电子运动的特征

1. 氢原子光谱玻尔理论

丹麦物理学家玻尔从氢原子线状光谱的实验事实出发，引用了普朗克的量子论，提出了"玻尔理论"，他提出了量子数 n 的概念。对于氢原子，核外电子运动的轨道能量：

$$E = \frac{-1312}{n^2}\text{kJ/mol}, \ n = 1,2,3,4,\cdots\text{（正整数）} \tag{3-1-1}$$

上式表明原子核外电子运动状态不同，具有不同的能量，而且它们是不连续变化的。玻尔理论成功地解释了氢原子的线状光谱，首先提出了电子运动能量量子化，但这个理论并未完全冲破经典力学理论的束缚，因此，它不仅不能说明多电子原子的光谱，甚至在解释氢光谱的精细结构方面也遇到了困难，更不能解释原子如何结合成分子的化学键的本质。

2. 量子力学对原子结构的描述

1905 年爱因斯坦提出了"光子学说"，指出光不仅是电磁波而且是一种光子流。光子学说指出了光既具有波动性又具有粒子性，即光具有波粒二象性。每一种频率的光，都是具有一定能量的微粒——光（量）子。动量为 P 的光子，其波长为 λ，二者之间通过普朗克常量 h（6.626×10^{-34} J·s）联系起来，即：

$$P = \frac{h}{\lambda} \tag{3-1-2}$$

在光的波粒二象性的启发下，法国物理学家德布罗意提出了物质波的概念，认为电子、质子、原子等微观粒子的运动应该和光子一样同时具有波动性和粒子性的特征，即具有波粒二象性，并提出了著名的物质波公式：

$$\lambda = \frac{h}{mv} \tag{3-1-3}$$

式（3-1-3）亦称德布罗意关系式，式中 λ 为物质波的波长。式（3-1-3）把表征波动性特征的物理量 λ 与表征粒子性运动特征的动量（$P = mv$）有机地联系在一起了。后来通过电子衍射实验，成功地揭示了电子运动的波动性特征，证实了德布罗意的预言。

与宏观物体不同，微观粒子不可能同时测出其准确的位置与速率，它们的运动特点遵循海森堡测不准关系式：

$$\Delta x \cdot \Delta P = h \tag{3-1-4}$$

式中 Δx 为微观粒子的位置测量误差，ΔP 为微观粒子的动量测量误差。因此，对微观粒子的运动而言，确定的轨迹已无意义。因此，对微观粒子运动的描述常用统计的方法，给出一种统计的规律，微观粒子运动的物质波可以看作是一种概率波。在空间任一点上，电子波的强度与电子出现的概率密度成正比。具有波动性的电子运动没有确定的经典运动轨道，只有一定的与波的强度成正比的概率密度分布规律。

综上所述，原子核外电子的运动具有能量量子化、波粒二象性和统计性三大特性。

（二）波函数和原子轨道

1926 年奥地利物理学家薛定谔提出了描述微观粒子运动规律的波动方程——薛定谔方程，建立了近代量子力学理论。薛定谔方程是一个二阶偏微分方程：

$$\frac{\partial^2 \psi}{\partial x^2} + \frac{\partial^2 \psi}{\partial y^2} + \frac{\partial^2 \psi}{\partial z^2} + \frac{8\pi^2 m}{h^2}(E-V)\psi = 0 \tag{3-1-5}$$

式（3-1-5）包含了体现微观粒子波动性的物理量——波函数 ψ；体现微观粒子微粒性的物理量——微粒的质量 m；总能量 E；势能 V；h 为普朗克常量；x、y、z 为微粒的空间坐标。解薛定谔方程，就可求出描述微观粒子（如电子）运动状态的函数式——波函数以及与此状态相应的能量 E。

波函数不是一个具体的数值，而是用空间坐标（如 r、θ、φ 或 x、y、z）来描写波的数学函数式。在量子力学里，将描述原子中单个电子运动状态的波的数学函数式称为波函数，习惯上又称为原子轨道。波函数记为 $\psi_{n,l,m}(r,\theta,\varphi)$，简写为 $\psi_{n,l,m}$ 或 $\psi(r,\theta,\varphi)$ 或 ψ。其中，$\psi(r,\theta,\varphi)$ 表示波函数是空间球极坐标 r、θ、φ 的函数；n、l、m 是解薛定谔方程时自然产生的 3 个参数，称为 3 个量子数。n 为主量子数；l 为角量子数；m 为磁量子数。这 3 个确定的量子数组成一套参数就规定了波函数的具体形式 $\psi_{n,l,m}$。

★★★1. 四个量子数

要完全描述核外电子的运动状态除了 n、l、m 外，还须确定第 4 个量子数——自旋量子数 m_s。只有四个量子数（n，l，m，m_s）都完全确定后，才能完全描述核外电子的运动状态。

（1）主量子数 n

主量子数 n 是决定电子能量大小的主要量子数。n 取值为正整数 1，2，3，…。n 值越大，表示电子运动的能量越高，电子出现概率最大的区域离核越远。n 不同的原子轨道称为不同的电子层。用符号 K，L，M，N，O，P 等分别表示电子层 $n=1$，2，3，4，5，6 等。

（2）角量子数 l

角量子数 l 是决定电子运动角动量的量子数。l 的取值受 n 所限，$l=0$，1，2，…，$(n-1)$，它和波函数的角度分布（空间形状）有关，是决定电子运动能量的次要量子数。

$l=0$　ψ 的空间形状是球形，用符号 s 表示。

$l=1$　ψ 的空间形状是无柄哑铃形，用符号 p 表示。

$l=2$　ψ 的空间形状是四瓣梅花形，用符号 d 表示。

$l=3$　ψ 的空间形状更复杂，用符号 f 表示。

与 n 表示电子层相应，角量子数 l 表示同一电子层中的不同"电子亚层"，即在同一电子层中将相同角量子数 l 的各原子轨道归并起来，称它们属于同一个"电子亚层"，简称"亚层"。

（3）磁量子数 m

m 是决定电子运动的角动量在外磁场方向上分量的大小的量子数。m 取值受 l 的限制，即对应每一个 l 值，m 可取 $m=0$，± 1，± 2，$\cdots$，$\pm l$，它和波函数 ψ 在空间的取向有关。n、l 相同而 m 不同的波函数对应的电子运动状态，只是空间的取向不同。当原子单独存在时，这些 m 不同的轨道具有相同的能级称为简并轨道，如 $n=2$，$l=1$ 时，m 可能等于 0，$+1$，-1，即 $2p_x$，$2p_y$，$2p_z$ 三个等价轨道。但当该原子处于外电场中，或与其他原子相互作用时，这些轨道因空间取向不同而产生能级分裂。

（4）自旋量子数 m_s

考虑到电子自旋运动方向不同，造成电子能级的微小差别，引入了自旋量子数 m_s，它的取值为 $+1/2$ 或 $-1/2$。常用向上和向下的箭头（↑，↓）来表示两种自旋状态，两个电子处于相同的自旋状态时称为自旋平行，用符号"↑↑"或"↓↓"表示；当两个电子处于不同的自旋状态时称为自旋反平行（亦称自旋反向），用"↑↓"或"↑↓"表示。

四个量子数允许的取值和相应的波函数及核外电子运动可能的状态，见表 3-1-1。其中，各电子层总电子数为 $2 \times n^2$。

核外电子运动的可能状态数　　　　　　　　表 3-1-1

主量子数 n	电子层符号	角量子数 l	亚层符号	磁量子数 m	轨道空间取向数	电子层中轨道总数	自旋量子数 m_s	状态数 各类轨道电子数	状态数 各电子层总电子数
1	K	0	1s	0	1	1	$\pm \frac{1}{2}$	2	2
2	L	0	2s	0	1	4	$\pm \frac{1}{2}$	2	8
		1	2p	-1, 0, $+1$	3		$\pm \frac{1}{2}$	6	
3	M	0	3s	0	1	9	$\pm \frac{1}{2}$	2	18
		1	3p	-1, 0, $+1$	3		$\pm \frac{1}{2}$	6	
		2	3d	-2, -1, 0, $+1$, $+2$	5		$\pm \frac{1}{2}$	10	
4	N	0	4s	0	1	16	$\pm \frac{1}{2}$	2	32
		1	4p	-1, 0, $+1$	3		$\pm \frac{1}{2}$	6	
		2	4d	-2, -1, 0, $+1$, $+2$	5		$\pm \frac{1}{2}$	10	
		3	4f	-3, -2, -1, 0, $+1$, $+2$, $+3$	7		$\pm \frac{1}{2}$	14	

【例 3-1-1】（历年真题）确定原子轨道函数 ψ 形状的量子数是：

A. 主量子数　　　　　　　　　　　B. 角量子数

C. 磁量子数　　　　　　　　　　　　D. 自旋量子数

【解答】确定原子轨道函数 ψ 的形状是角量子数，应选 B 项。

【例 3-1-2】（历年真题）量子数 $n=4$，$l=2$，$m=0$ 的原子轨道数目是：

A. 1　　　　　　　　B. 2　　　　　　　　C. 3　　　　　　　　D. 4

【解答】由 $n=4$，$l=2$，$m=0$ 可确定一个原子轨道，应选 A 项。

【例 3-1-3】（历年真题）主量子数 $n=3$ 的原子轨道最多可容纳的电子总数是：

A. 10　　　　　　　　B. 6　　　　　　　　C. 18　　　　　　　　D. 32

【解答】各电子层总电子数为：$2n^2=2\times3^2=18$，应选 C 项。

★2. 原子轨道角度分布图和电子云

波函数 $\psi(r, \theta, \varphi)$ 可写为：$\psi(r,\theta,\varphi)=R(r) \cdot Y(\theta,\varphi)$，其中，$R(r)$ 称为波函数的径向部分；$Y(\theta, \varphi)$ 称为波函数的角度部分。波函数的角度部分 $Y(\theta,\varphi)$ 的球坐标图称为波函数的角度分布图（也称原子轨道的角度分布图），它表示在同一球面的不同方向上 ψ 的相对大小。原子轨道的角度部分 $Y(\theta,\varphi)$ 只与量子数 l 和 m 有关，与 n 无关，故 1s，2s，3s，…；$2p_z$，$3p_z$，$4p_z$，…的角度分布图都是分别相同的，如图 3-1-1 所示。

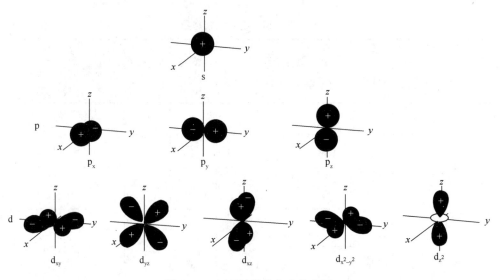

图 3-1-1　原子轨道的角度分布图

德国物理学家波恩指出，空间某点电子波波函数的平方（ψ^2）与该点附近电子出现的概率密度成正比。以 ρ 表示电子出现的概率密度，则：

$$\psi^2 \propto \rho \tag{3-1-6}$$

即空间某点上电子波函数的平方可表示电子在空间某点附近单位体积内出现的概率，即概率密度。ψ^2 在空间各点的分布表示电子在空间各点出现的概率密度分布。为了便于理解，常形象化地将 ψ^2 在空间的分布称为电子云。通常 ψ^2 大的地方，电子出现的概率密度大，电子云密度大；ψ^2 小的地方，电子出现的概率密度小，电子云密度小。可以说，电子云是 ψ^2 在空间的分布或电子在空间的概率密度分布的形象化说法。

波函数的 $Y^2(\theta,\varphi)$ 的球坐标图反映了电子云（ψ^2）的角度分布情况，将 $Y^2(\theta、\varphi)$ 随 θ、φ 的变化作图就得到电子云的角度分布图。电子云的角度分布图与波函数（原子轨道）的角度分布图（图 3-1-1）有些相似，但有区别：（1）波函数的角度分布图除 s 态外均有正、负号之分，而电子云的角度分布图因 Y 平方后均为正值；（2）p、d 态电子云的角度分布图比波函数的角度分布图要"瘦"一些。电子云的角度分布图也只与 l、m 两个量子数有关，而与主量子数 n 无关。

★★★二、多电子原子的核外电子分布

（一）电子排布三条原则

电子在各种可能的原子轨道中的分布基本上遵循以下三条原则：

1. 泡利（Pauli）不相容原理

在同一个原子中不可能有四个量子数完全相同的两个电子。即任一给定量子数 n、l、m 确定的原子轨道中最多可容纳两个自旋反向的电子，其自旋量子数 m_s 不同，分别为 $+\dfrac{1}{2}$ 和 $-\dfrac{1}{2}$。

2. 能量最低原理

核外电子在各种可能的轨道上的分布总是采取使体系总能量尽可能最低的一种排布方式。在稳定的基态，原子中的电子总是优先占据能级较低的轨道。

在多电子原子中，电子的能量由所处轨道的主量子数 n 和角量子数 l 二者决定，n 和 l 都确定的轨道称为一个能级。

根据鲍林能级图，基态原子各能级组轨道能级高低顺序为：$ns < (n-2)f < (n-1)d < np$。因此，基态原子的各能级组电子填充顺序是：$\rightarrow ns \rightarrow (n-2)f \rightarrow (n-1)d \rightarrow np$。基态原子的电子填充顺序见图 3-1-2。

我国徐光宪教授根据光谱数据的分析，提出对于原子的外层电子可用 $(n+0.7l)$ 的大小判别其能级的高低，并可把 $(n+0.7l)$ 数值的整数部分相同的能级编为一个能级组。

3. 洪德（Hund）规则

在量子数 n 和 l 相同的轨道，即等价轨道中，电子将优先占据不同的等价轨道，并保持自旋相同。如 N 原子最外层有 5 个电子，其中 2 个电子，进入 2s 轨

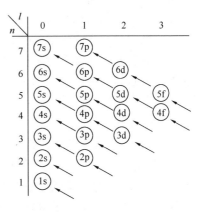

图 3-1-2 电子填充顺序

道中，它们的自旋相反，而另 3 个电子，分占 3 个不同的 2p 轨道，呈 $2p_x^1 p_y^1 p_z^1$，保持自旋相同，可表示为：

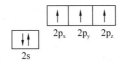

实验结果也表明，当等价轨道呈全充满、半充满或全空时的电子排布较稳定，其能量较低。

【例 3-1-4】（历年真题）多电子原子中同一电子层原子轨道能级（量）最高的亚层是：

A. s 亚层　　　　　B. p 亚层　　　　　C. d 亚层　　　　　D. f 亚层

【解答】多电子原子中同一电子层原子轨道能级最高的亚层是 f 层，应选 D 项。

【例 3-1-5】（历年真题）钴的价层电子构型是 $3d^7 4s^2$，钴原子外层轨道中未成对电子数是：

A. 1　　　　　　B. 2　　　　　　C. 3　　　　　　D. 4

【解答】d 有 5 个轨道空间取向数，$3d^7$ 中 2 个轨道空间取向为成对电子，未成对电子数为 3 个，应选 C 项。

（二）原子的核外电子分布式和价层电子分布式

多电子原子中的电子，在核外各个轨道上分布的表达式叫核外电子分布式，简称电子分布式（排布式）。填写核外电子分布式主要是根据实验结果，再结合排布原则进行填写。

如：Mn（锰第 25 号元素）$1s^2 2s^2 2p^6 3s^2 3p^6 3d^5 4s^2$

Cu（铜第 29 号元素）$1s^2 2s^2 2p^6 3s^2 3p^6 3d^{10} 4s^1$

正确书写核外电子分布式，可先根据三个基本原则和近似能级的顺序将电子依次排入相应轨道，再按电子层顺序整理一下分布式，按 n 由小到大自左向右排列，相同 n 的轨道排在一起。例如 4s 轨道的能级比 3d 轨道低，在排电子时，先排入 4s，后排入 3d，但 4s 是比 3d 更外层的轨道，因而在正确书写原子的电子分布式时，3d 总是写在左面（紧跟 3p 后面），而 4s 写在 3d 的右边。如上述 Mn、Cu 的电子分布式。

对于核外电子比较多的元素（主要是长周期的副族元素），由光谱测定的电子排布情况，并不完全与理论预测的一致，此时应该以实验事实为准。

外层电子对元素的化学性质有显著影响，外层电子可以包括部分次外层电子甚至某些 $(n-2)$f 层的电子，是化学反应中可能得失的电子。描述电子在外层轨道上分布的式子叫外层电子分布式（也称外层电子构型或价层电子分布式）。例如：

Mn 的外层电子构型：$3d^5 4s^2$

Cu 的外层电子构型：$3d^{10} 4s^1$

（三）离子的核外电子分布式和外层电子分布式

原子得到电子或失去若干个电子后变成了负离子或正离子。原子失去电子的顺序是按核外电子排布式从外到里的次序失去，而不是按填充时能级高低顺序失去。同层电子则是能级高的电子先失去。而原子得到电子变成负离子时新加电子总是加到最外层轨道上。例如：

Cu^{2+} 的核外电子分布式：$1s^2 2s^2 2p^6 3s^2 3p^6 3d^9$

Cl^- 的核外电子分布式：$1s^2 2s^2 2p^6 3s^2 3p^6$

离子的外层电子分布式就是离子外层轨道上的电子分布式。

【例 3-1-6】（历年真题）29 号元素的核外电子分布式为：

A. $1s^2 2s^2 2p^6 3s^2 3p^6 3d^9 4s^2$　　　　　　B. $1s^2 2s^2 2p^6 3s^2 3p^6 3d^{10} 4s^1$

C. $1s^2 2s^2 2p^6 3s^2 3p^6 4s^1 3d^{10}$　　　　　　D. $1s^2 2s^2 2p^6 3s^2 3p^6 4s^2 3d^9$

【解答】根据电子排布的三条原则，应选 B 项。

★★★三、原子结构和元素周期表

随元素原子序数（核电荷）的递增，原子的电子层结构发生周期性的变化，元素的性质呈现周期性的变化。这个规律称为元素周期律。根据元素周期律，按照元素原子序数递增的顺序从左到右排成横列，再把电子层结构相似的元素按电子层数的递增由上到下排成一个纵行而得到元素周期表（表 3-1-2）。元素周期表中电子层的排布情况，见表 3-1-3。

表 3-1-2

元素周期表

电子层 / 族 / 周期

图例说明:
- 95 — 原子序数
- Am — 元素符号(红色的为放射性元素)
- 镅 — 元素名称(注▲的为人造元素)
- 5f⁷7s² — 价层电子构型
- 243.06138(2)⁺ — 注▲的是半衰期最长同位素的原子量(红色的为红色)
- 氧化态(单质的氧化态为0, 未列入; 常见的为红色)
- 以¹²C=12为基准的原子量(注▲的是半衰期最长素的原子量)

周期	IA 1	IIA 2	IIIB 3	IVB 4	VB 5	VIB 6	VIIB 7	VIIIB(VIII) 8	9	10	IB 11	IIB 12	IIIA 13	IVA 14	VA 15	VIA 16	VIIA 17	VIIIA(0) 18
1	1 H 氢 1s¹ 1.008																	2 He 氦 1s² 4.002602(2)
2	3 Li 锂 2s¹ 6.94	4 Be 铍 2s² 9.0121831(5)											5 B 硼 2s²2p¹ 10.81	6 C 碳 2s²2p² 12.011	7 N 氮 2s²2p³ 14.007	8 O 氧 2s²2p⁴ 15.999	9 F 氟 2s²2p⁵ 18.998403163(6)	10 Ne 氖 2s²2p⁶ 20.1797(6)
3	11 Na 钠 3s¹ 22.98976928(2)	12 Mg 镁 3s² 24.305											13 Al 铝 3s²3p¹ 26.9815385(7)	14 Si 硅 3s²3p² 28.085	15 P 磷 3s²3p³ 30.973761998(5)	16 S 硫 3s²3p⁴ 32.06	17 Cl 氯 3s²3p⁵ 35.45	18 Ar 氩 3s²3p⁶ 39.948(1)
4	19 K 钾 4s¹ 39.0983(1)	20 Ca 钙 4s² 40.078(4)	21 Sc 钪 3d¹4s² 44.955908(5)	22 Ti 钛 3d²4s² 47.867(1)	23 V 钒 3d³4s² 50.9415(1)	24 Cr 铬 3d⁵4s¹ 51.9961(6)	25 Mn 锰 3d⁵4s² 54.938044(3)	26 Fe 铁 3d⁶4s² 55.845(2)	27 Co 钴 3d⁷4s² 58.933194(4)	28 Ni 镍 3d⁸4s² 58.6934(4)	29 Cu 铜 3d¹⁰4s¹ 63.546(3)	30 Zn 锌 3d¹⁰4s² 65.38(2)	31 Ga 镓 4s²4p¹ 69.723(1)	32 Ge 锗 4s²4p² 72.630(8)	33 As 砷 4s²4p³ 74.921595(6)	34 Se 硒 4s²4p⁴ 78.971(8)	35 Br 溴 4s²4p⁵ 79.904	36 Kr 氪 4s²4p⁶ 83.798(2)
5	37 Rb 铷 5s¹ 85.4678(3)	38 Sr 锶 5s² 87.62(1)	39 Y 钇 4d¹5s² 88.90584(2)	40 Zr 锆 4d²5s² 91.224(2)	41 Nb 铌 4d⁴5s¹ 92.90637(2)	42 Mo 钼 4d⁵5s¹ 95.95(1)	43 Tc 锝▲ 4d⁵5s² 97.90721(3)	44 Ru 钌 4d⁷5s¹ 101.07(2)	45 Rh 铑 4d⁸5s¹ 102.90550(2)	46 Pd 钯 4d¹⁰ 106.42(1)	47 Ag 银 4d¹⁰5s¹ 107.8682(2)	48 Cd 镉 4d¹⁰5s² 112.414(4)	49 In 铟 5s²5p¹ 114.818(1)	50 Sn 锡 5s²5p² 118.710(7)	51 Sb 锑 5s²5p³ 121.760(1)	52 Te 碲 5s²5p⁴ 127.60(3)	53 I 碘 5s²5p⁵ 126.90447(3)	54 Xe 氙 5s²5p⁶ 131.293(6)
6	55 Cs 铯 6s¹ 132.90545196(6)	56 Ba 钡 6s² 137.327(7)	57~71 La~Lu 镧系	72 Hf 铪 5d²6s² 178.49(2)	73 Ta 钽 5d³6s² 180.94788(2)	74 W 钨 5d⁴6s² 183.84(1)	75 Re 铼 5d⁵6s² 186.207(1)	76 Os 锇 5d⁶6s² 190.23(3)	77 Ir 铱 5d⁷6s² 192.217(3)	78 Pt 铂 5d⁹6s¹ 195.084(9)	79 Au 金 5d¹⁰6s¹ 196.966569(5)	80 Hg 汞 5d¹⁰6s² 200.592(3)	81 Tl 铊 6s²6p¹ 204.38	82 Pb 铅 6s²6p² 207.2(1)	83 Bi 铋 6s²6p³ 208.98040(1)	84 Po 钋▲ 6s²6p⁴ 208.98243(2)	85 At 砹▲ 6s²6p⁵ 209.98715(5)	86 Rn 氡▲ 6s²6p⁶ 222.01758(2)
7	87 Fr 钫▲ 7s¹ 223.01974(2)	88 Ra 镭▲ 7s² 226.02541(2)	89~103 Ac~Lr 锕系	104 Rf 鑪▲ 6d²7s² 267.122(4)⁺	105 Db 𨧀▲ 6d³7s² 270.131(4)⁺	106 Sg 𬭳▲ 6d⁴7s² 269.129(3)⁺	107 Bh 𬭛▲ 6d⁵7s² 270.133(2)⁺	108 Hs 𬭶▲ 6d⁶7s² 270.134(2)⁺	109 Mt 鿏▲ 6d⁷7s² 278.156(5)⁺	110 Ds 𫟼▲ 6d⁸7s² 281.165(4)⁺	111 Rg 𬬭▲ 6d⁹7s² 281.166(6)⁺	112 Cn 鿔▲ 5d¹⁰7s² 285.177(4)⁺	113 Nh 鉨▲ 286.182(5)⁺	114 Fl 𫓧▲ 289.190(4)⁺	115 Mc 镆▲ 289.194(6)⁺	116 Lv 𫟷▲ 293.204(4)⁺	117 Ts 鿬▲ 293.208(6)⁺	118 Og 鿫▲ 294.214(5)⁺

★ 镧系

57 La 镧 5d¹6s² 138.90547(7)	58 Ce 铈 4f¹5d¹6s² 140.116(1)	59 Pr 镨 4f³6s² 140.90766(2)	60 Nd 钕 4f⁴6s² 144.242(3)	61 Pm 钷▲ 4f⁵6s² 144.91276(2)⁺	62 Sm 钐 4f⁶6s² 150.36(2)	63 Eu 铕 4f⁷6s² 151.964(1)	64 Gd 钆 4f⁷5d¹6s² 157.25(3)	65 Tb 铽 4f⁹6s² 158.92535(2)	66 Dy 镝 4f¹⁰6s² 162.500(1)	67 Ho 钬 4f¹¹6s² 164.93033(2)	68 Er 铒 4f¹²6s² 167.259(3)	69 Tm 铥 4f¹³6s² 168.93422(2)	70 Yb 镱 4f¹⁴6s² 173.045(10)	71 Lu 镥 4f¹⁴5d¹6s² 174.9668(1)

★ 锕系

89 Ac 锕▲ 6d¹7s² 227.02775(2)⁺	90 Th 钍▲ 6d²7s² 232.0377(4)	91 Pa 镤▲ 5f²6d¹7s² 231.03588(2)	92 U 铀▲ 5f³6d¹7s² 238.02891(3)	93 Np 镎▲ 5f⁴6d¹7s² 237.04817(2)⁺	94 Pu 钚▲ 5f⁶7s² 244.06421(4)⁺	95 Am 镅▲ 5f⁷7s² 243.06138(2)⁺	96 Cm 锔▲ 5f⁷6d¹7s² 247.07035(3)⁺	97 Bk 锫▲ 5f⁹7s² 247.07031(4)⁺	98 Cf 锎▲ 5f¹⁰7s² 251.07959(3)⁺	99 Es 锿▲ 5f¹¹7s² 252.0830(3)⁺	100 Fm 镄▲ 5f¹²7s² 257.09511(5)⁺	101 Md 钔▲ 5f¹³7s² 258.09843(3)⁺	102 No 锘▲ 5f¹⁴7s² 259.1010(7)⁺	103 Lr 铹▲ 5f¹⁴6d¹7s² 262.110(2)⁺

元素周期表中电子层的排布情况　　　　　表 3-1-3

周期 (能级组)	原子序数 (元素)	元素最后填写的电子所进入的电子层及在此层上的电子数								每周期 增加的 电子数	每周期所 包含的元 素数目
		ⅠAⅡA $ns^{1\sim2}$		ⅢB～ⅦB　Ⅷ $(n-1)d^{1\sim8}$		ⅠB	ⅡB	ⅢA～ⅥA　ⅦA $np^{1\sim6}$			
1 (1s)	1→2 (H→He)	$1s^1$ (H)							$1s^2$ He	2	2
2 (2s2p)	3→10 (Li→Ne)	$2s^1$ Li	$2s^2$ Be					$2p^1\to2p^5$ B→F	$2p^6$ Ne	8	8
3 (3s3p)	11→18 (Na→Ar)	$3s^1$ Na	$3s^2$ Mg					$3p^1\to3p^5$ Al→Cl	$3p^6$ Ar	8	8
4 (4s3d4p)	19→36 (K→Kr)	$4s^1$ K	$4s^2$ Ca	$3d^1\to3d^5$ Sc→Mn	$3d^63d^73d^8$ FeCoNi	$3d^{10}$ Cu	$3d^{10}$ Zu	$4p^1\to4p^5$ Ga→Br	$4p^6$ Kr	18	18
5 (5s4d5p)	37→54 (Rb→Xe)	$5s^1$ Rb	$5s^2$ Sr	$4d^1\to4d^5$ Y→Tc	$4d^74d^84d^{10}$ RuRhPd	$4d^{10}$ Ag	$4d^{10}$ Cd	$5p^1\to5p^5$ In→I	$5p^6$ Xe	18	18
6 (6s4f5d6p)	55→86 (Cs→Rn)	$6s^1$ Cs	$6s^2$ Ba	$5d^1\to5d^5$ La→Re	$5d^65d^75d^9$ OsIrPt	$5d^{10}$ Au	$5d^{10}$ Hg	$6p^1\to6p^5$ Tl→At	$6p^6$ Ru	32	32
7 (7s5f6d7p)	87→ Fr→	$7s^1$ Fr	$7s^2$ Ra	$6d^1$ AC						—	—
		s 区		d 区		ds 区		p 区			
		f 区 $\begin{cases}镧系\ 4f^{1\sim14}\\ 锕系\ 5f^{1\sim14}\end{cases}$									

1. 周期

每一横行为一个周期。每周期开始出现一个新的主层、一个新的主量子数 n。元素所在周期的号数等于该元素原子具有的最高主层号数即最外电子层的主量子数,也等于原子所具有的电子层数。但46Pb 钯例外。

2. 族

(1) 主族元素:主族元素最后填充的是 ns 或 np 电子,外层电子构型是 $ns^{1\sim2}$ 及 $ns^2np^{1\sim5}$,族号数等于最外层电子数(即 ns 或 $ns+np$ 电子数)。同族元素由于外层电子结构相同,故其性质极为相似。ⅠA、ⅡA 主族是典型的金属元素,经中部的过渡,到ⅦA 主族则是典型的非金属元素。同主族从上到下金属性增强,非金属性减弱。

(2) ⅧA 族元素。ⅧA 族元素的外层电子构型除 He 是 $1s^2$ 外,其余为 ns^2np^6。现已制得不少化合物,如 XeF_2、XeO_3,故新的周期表中将"零族"更名为ⅧA 族,包括在主族之中,不再称它们为惰性气体而改称"稀有气体"。

(3) 副族元素。副族元素最后填充的是 $(n-1)d$ 电子,外层电子构型是 $(n-1)d^{1\sim10}$ $ns^{1\sim2}$,在周期表中处于 d 区和 ds 区。d 区的ⅢB～ⅧB 副族元素的族号数等于 $ns+(n-1)$ d 电子数之和,为 8,9,10;ds 区的 ⅠB、ⅡB 副族元素的族号数等于 ns 电子数。

镧系、锕系元素:最后填充的是 $(n-2)f$ 电子,在周期表中的 f 区,电子层结构特征一般为 $(n-2)f^{1\sim14}(n-1)d^{0\sim1}ns^2$。其中,较为特殊的是 La、Ac 分别为镧系元素和锕系元素的第一个元素，它们的 f 电子数为零；而元素 Th 的外层电子构型为 $5f^0 6s^2 7s^2$，也没有 f 电子。由于镧系和锕系元素的原子电子层结构只是外数第三层的 f 电子逐渐递增，而最外层和次外层的电子层结构基本相同，所以它们彼此间性质极为相似，都是金属元素。

3. 周期表的分区

根据元素的外层电子构型可把周期表分成 5 个区：

（1）s 区包括ⅠA、ⅡA 主族元素，外层电子构型是 ns^1 和 ns^2。

（2）p 区包括ⅢA～ⅦA 和ⅧA 主族元素，外层电子构型是 $ns^2np^1 \sim ns^2np^6$（ⅧA 族中 He 例外，为 $1s^2$）。

（3）d 区包括ⅢB～ⅦB 副族和第Ⅷ族元素，外层电子构型一般是 $(n-1)d^1 ns^2 \sim (n-1)d^8 ns^2$。但是有一些元素例外，不是 ns^2 和 ns^1。

（4）ds 区包括ⅠB、ⅡB 副族。外层电子构型为 $(n-1)d^{10} ns^1$ 和 $(n-1)d^{10} ns^2$。

（5）f 区包括镧系元素和锕系元素。外层电子构型一般为 $(n-2)f^1 ns \sim (n-2)f^{14} ns^2$。有的还有 $(n-1)d$ 电子，例外情况比 d 区更多。

d 区和 ds 区元素统称过渡元素，f 区元素又称内过渡元素。

【例 3-1-7】（历年真题）价层电子构型为 $4d^{10} 5s^1$ 的元素在周期表中属于：

A. 第四周期ⅦB 族　　　　　　　　　B. 第五周期ⅠB 族

C. 第六周期ⅦB 族　　　　　　　　　D. 镧系元素

【解答】 $4d^{10} 5s^1$ 为第五周期，应选 B 项。

【例 3-1-8】（历年真题）某元素正二价离子（M^{2+}）的外层电子构型是 $3s^2 3p^6$，该元素在元素周期表中的位置是：

A. 第三周期，第Ⅷ族　　　　　　　　B. 第三周期，第ⅥA 族

C. 第四周期，第ⅡA 族　　　　　　　D. 第四周期，第Ⅷ族

【解答】 M^{2+} 的外层电子构型是 $3s^2 3p^6$，故其基态的外层电子构型是 $3s^2 3p^6 4s^2$，为第四周期ⅡA 族，应选 C 项。

★★★四、元素及其化合物性质的周期性变化

（一）原子半径、电离能、电子亲和能和电负性

1. 原子半径

在短周期中，从左到右，原子半径显著递减。每周期的最后一个元素ⅧA 族元素的原子半径特别大，这是因为对稀有气体测定的是范德华半径。

在长周期的前半部ⅠA～ⅡA 主族及后半部ⅢA～ⅦA 主族，与短周期的递变情况一致，原子半径明显递减。但在中部ⅢB～ⅦB 副族的过渡元素原子半径减小得很缓慢；ⅠB、ⅡB 副族元素，原子半径反而增大。同一主族的元素，从上到下，原子半径显著增大。同一副族的元素，从上到下，原子半径也增大。

2. 电离能（I）

使气态的基态原子失去一个电子，变成带一个正电荷的气态离子所需的最低能量，称为该元素原子的第一电离能 I_1；使气态带一个正电荷的离子失去一个电子，变成气态带两个正电荷的离子所需的最低能量称为第二电离能 I_2；以此类推。若未特别指出，通常说的电离能是 I_1。电离能的单位常用 kJ/mol。电离能的大小可以衡量原子在气态时失去电子的难易程度，可以估计元素金属活泼性的强弱。电离能越小，越易失去电子，金属活

泼性越强，反之亦然。

以第二周期为例，第一电离能（I_1）自左至右逐渐增大。但是有两处例外即 B<Be，O<N，这是因为 Be 的价电子排布为 $2s^2$，是全充满，而 N 的价电子排布为 $2s^2 2p^3$，是半充满，比较稳定的缘故。

3. 电子亲和能（Y）

气态的基态原子获得一个电子变成带一个负电荷的气态离子时所吸收（取正值）或放出（取负值）的能量，称为该元素原子的第一电子亲和能 Y_1。与电离能类似，也有第二亲和能 Y_2 等。电子亲和能的单位常用 kJ/mol。

大多数情况下，中性原子吸收一个电子时要放出能量，$Y_1<0$（但稀有气体 $Y_1>0$，要吸收能量）；而 Y_2 总是大于零，必须吸收较多的能量才能克服负离子对电子的排斥力。

元素的电子亲和能的代数值越小（负得越多），体系放出能量越多，反映了这种元素的原子越易获得电子，非金属性越强。

4. 电负性（X）

元素的原子吸引成键电子的相对能力可以用该元素的相对电负性来表示，简称电负性（X）。原子吸引成键电子的能力越强，其电负性越大；反之，其电负性越小。

ⅠA 族元素的电负性较小，最小的是周期表左下方的 Cs 和 Fr（0.79 和 0.7）；ⅦA 族元素的电负性较大，最大的是周期表右上方的 F（3.98）。一般以 $X \approx 2$ 作为金属与非金属的大致分界线，金属元素的电负性小于 2，非金属元素大于 2。

同一周期元素从左到右由于原子半径递减，原子吸引成键电子的能力逐渐增强，电负性逐渐增大。同一主族中，从上到下由于外层电子构型相同，原子半径增加较多，故原子吸引成键电子的能力减弱，电负性递减。但是副族元素电负性的变化较复杂。ⅢB 族电负性的变化与主族相似。镧系元素的电负性很小（1.1~1.2），是很活泼的金属。

【例 3-1-9】（历年真题）下列各组元素的原子半径从小到大排序错误的是：

A. Li<Na<K   B. Al<Mg<Na

C. C<Si<Al   D. P<As<Se

【解答】根据周期原子半径变化规律，As 的半径大于 Se 的半径，应选 D 项。

【例 3-1-10】（历年真题）下列元素中第一电离能最小的是：

A. H   B. Li   C. Na   D. K

【解答】根据第一电离能的变化规律，应选 D 项。

【例 3-1-11】（历年真题）下列元素，电负性最大的是：

A. F   B. Cl   C. Br   D. I

【解答】根据电负性的变化规律，应选 A 项。

（二）氧化物及其水合物的酸碱性

1. 氧化物的分类

根据氧化物与酸、碱反应的不同，可将氧化物分为下列四类：

（1）酸性氧化物：如非金属氧化物，高价的金属氧化物。

（2）碱性氧化物：如碱金属、碱土金属（铍 Be 除外）的氧化物。

（3）两性氧化物：如 Al、Sn、Pb 等元素的氧化物，大多数是周期表中靠近非金属的一些金属元素的氧化物，其化合价为 +2 到 +4。

（4）不成盐氧化物：如 CO、NO 等，它们不与水、酸、碱作用。

氧化物的酸碱性与其对应水合物（氢氧化物）的酸碱性是一致的。

2. 一般规律

（1）同一周期从左到右各主族元素的最高价氧化物及其水合物的酸性逐渐增强（碱性减弱）。例如第三周期，各元素最高价氧化物及其水合物的酸碱性递变情况如下：

氧化物：	Na_2O	MgO	Al_2O_3	SiO_2	P_2O_5	SO_3	Cl_2O_7
水合物：	$NaOH$	$Mg(OH)_2$	$Al(OH)_3$	H_2SiO_3	H_3PO_4	H_2SO_4	$HClO_4$
酸碱性：	强碱	中强碱	两性	弱酸	中强酸	强酸	极强酸

长周期副族元素的最高价氧化物及其水合物的酸碱性递变情况基本相似。例如第四周期副族元素的氧化物及水合物的酸碱性递变情况如下：

氧化物：	Sc_2O_3	TiO_2	V_2O_5	CrO_3	Mn_2O_7
水合物：	$Sc(OH)_3$	$Ti(OH)_4$	HVO_3	H_2CrO_4	$HMnO_4$
酸碱性：	碱性	两性	弱酸性	中强酸性	强酸性

（2）同一族中从上而下各元素相同价态的氧化物及其水合物的酸性逐渐减弱（碱性增强）。例如 VA 族各元素生成的化合价为 +5 的氧化物中 N_2O_3、P_2O_3 呈酸性，As_2O_3、Sb_2O_3 呈两性，Bi_2O_3 呈碱性，它们对应的水合物的酸碱性变化规律也是一样的。

（3）同一元素不同价态的氧化物及其水合物的酸碱性变化规律是：高价氧化物或水合物的酸性比低价的高。例如：Cl 的含氧酸的酸性：$HClO < HClO_2 < HClO_3 < HClO_4$；$CrO$（碱性）、$Cr_2O_3$（两性）、$CrO_3$（酸性）。

3. 用 R—O—H 规则解释氧化物的水合物的酸碱性递变的规律

氧化物的水合物不论是酸或碱，都具有 R—O—H 的结构，它有下列两种电离方式

$$R\overset{..}{\underset{..}{}}O—H \qquad R—O\overset{..}{\underset{..}{}}H$$
$$碱式电离 \qquad 或 \qquad 酸式电离$$

当 R 是电负性较小的活泼金属元素时，R^{n+} 离子的电荷数较少，半径较大，则 R 与 O 的联系弱，易发生碱式电离，在水溶液中易形成 OH^- 离子，呈碱性，如 $NaOH$、$Mg(OH)_2$ 等；当 R 是电负性较大的活泼非金属元素时，R^{n+} 的电荷数较多，半径较小，则 R 与 O 联系强，易发生酸式电离，在水溶液中易形成 H^+，呈酸性，如 H_2SO_4、$HClO_4$ 等。

★★★五、化学键

物质通常是以单个分子或晶体的形式存在。除了稀有气体是单原子分子外，其余绝大多数的分子或晶体都是由原子或离子结合而成。化学上把分子中或晶体内紧密相邻的两个或多个原子或离子之间强烈的相互作用力称为化学键，键能约为几百 kJ/mol。化学键分为离子键、共价键和金属键等。

（一）离子键

1. 离子键的形成与特点

活泼金属原子和活泼非金属原子相互接近时，前者失去电子变成正离子，后者得到电子变为负离子，由正、负离子之间静电引力所形成的化学键叫离子键。由离子键形成的化合物称为离子化合物，在通常情况下，离子化合物是以离子晶体存在，只有在较高温度下，气态离子化合物才以小分子存在。

离子键的特点是没有饱和性也没有方向性。这是因为离子的电荷分布是球形对称的，它从任何方向都可以与相反电荷离子相互吸引成键，而且只要空间体积允许，每种离子都能与尽量多的相反电荷的离子吸引成键，在空间形成巨大的离子晶体。

2. 离子的电子层构型

能形成典型离子键的正、负离子的外层电子构型一般都是8电子结构，也称8电子构型。一般简单的负离子都是8电子构型。而正离子由于形成它的原子失去电子的数目不同，因而具有多种构型。各种简单离子的构型如下：

2电子构型：最外层有2个电子的离子，如 Li^+，Be^{2+}，H^-。

8电子构型：最外层有8个电子的离子，如 Na^+，Mg^{2+}，Al^{3+}，F^-，O^{2-}，Cl^-。

18电子构型：最外层有18个电子的离子，如 Cu^+（$\cdots 3s^2 3P^6 3d^{10}$），Zn^{2+}（$\cdots 3s^2 3p^6 3d^{10}$），Ag^+（$\cdots 4s^2 4P^6 4d^{10}$），Hg^{2+}（$\cdots 5s^2 5p^6 5d^{10}$）。

（18+2）电子构型：次外层有18个电子，最外层有2个电子的离子，如 Sn^{2+}（$\cdots 4s^2 4p^6 4d^{10} 5s^2$），$Pb^{2+}$（$\cdots 5s^2 5p^6 5d^{10} 6s^2$）。

（9～17）电子构型：最外层的电子数在9～17的离子，如 Cr^{3+}（$\cdots 3s^2 3p^6 3d^3$），Mn^{2+}（$\cdots 3s^2 3p^6 3d^5$），Fe^{3+}（$\cdots 3s^2 3p^6 3d^5$），Fe^{2+}（$\cdots 3s^2 3p^6 3d^6$）。

3. 离子的极化作用

在电场（外电场或离子本身电荷产生的电场）作用下，离子的电子云发生变化，产生偶极或使原来偶极增大，这种现象叫做离子的极化。离子间除有静电引力作用外，还有其他的作用力。阳离子一般半径较小，又带正电荷，它对相邻阴离子会起诱导作用而使其变形，这种使带异号电荷的离子发生变形的能力称为离子的极化力。阴离子一般半径较大，外围有较多电子，因而在电场作用下容易发生电子云变形，这种被带相反电荷离子极化发生变形的性能，称为离子的变形性。实际上，每个离子都有使相反离子变形的极化作用和本身被其他离子作用而发生变形的双重性质。

离子的极化力的强弱与离子的结构有关：

（1）电荷越高，阳离子极化力越强。例如：$Si^{4+} > Al^{3+} > Mg^{2+} > Na^+$。

（2）电荷相同、半径相近的正离子，它们的极化力取决于电子层结构，其极化力大小顺序为：18或18+2电子构型的离子＞9～17电子构型的离子＞8电子构型的离子。例如：$Ag^+ > K^+$。

（3）电荷相等和电子层结构相同的离子，半径越小，离子的极化力越强。例如：$Na^+ > K^+ > Rb^+ > Cs^+$。

离子间相互极化作用越强，电子云重叠程度就越大，键的共价性就越强，就有可能由离子键过渡为共价键。相应地，键长也同时缩短，离子晶体构型发生改变；熔点也会相应降低。

【例 3-1-12】（历年真题）在 $NaCl$、$MgCl_2$、$AlCl_2$、$SiCl_4$ 四种物质中，离子极化作用最强的是：

A. $NaCl$ B. $MgCl_2$ C. $AlCl_2$ D. $SiCl_4$

【解答】同一周期，电荷越高，阳离子极化力越强，应选 D 项。

【例 3-1-13】（历年真题）在 Li^+、Na^+、K^+、Rb^+ 中，极化力最大的是：

A. Li^+ B. Na^+ C. K^+ D. Rb^+

【解答】同一主族，半径越小，离子的极化力越强，应选 A 项。

（二）共价键

分子中原子之间通过共用电子对使原子结合起来的化学键称为共价键。由共价键形成的化合物称为共价型化合物，共价型化合物的晶体有原子晶体和分子晶体。共价键理论有价键理论、杂化轨道理论和分子轨道理论等。

1. 价键理论

（1）共价键的形成与特点

同种或不同种元素的原子之间由于电子配对共享而形成的化学键称为共价键。由共价键形成的分子称为共价分子。例如：

H_2 $H\!:\!H$ N_2 $:N\!::\!N:$ H_2O $H\overset{\cdot\cdot}{\underset{\cdot\cdot}{\overset{\times\times}{\times}O\times}}H$

共价分子中"："表示一个共价键，也有用"—"短线表示。共价分子中元素的化合价等于分子中该元素原子形成共价键的个数。如上述分子中 H 的化合价为 1；N 的化合价为 3；O 的化合价为 2。

共价键有饱和性，它是指成键原子有多少未成对电子，最多就可形成几个共价键，已经配对成键的电子，不会再成键。

共价键有方向性，这是因为在电子配对时，原子轨道必须发生重叠，而且要求是最大程度的重叠；原子轨道只有沿着伸展方向发生重叠，才能达到最大程度的重叠，形成稳定的共价键。

（2）共价键的分类

根据原子轨道重叠方式不同，共价键分为 σ 键和 π 键。

如图 3-1-3（a）所示，σ 键是未成对电子所在的原子轨道沿着两个原子核的连线（键轴），以"头"碰"头"的方式进行重叠形成的共价键。σ 键相对于键轴呈圆柱形对称，σ键可以绕键轴旋转。σ 键重叠程度大，比较稳定。

如图 3-1-3（b）所示，π 键是未成对电子所在的原子轨道垂直于键轴方向以"肩"并"肩"的方式进行重叠形成的共价键。π 键相对于键轴平面呈双冬瓜形镜面反对称，π 键

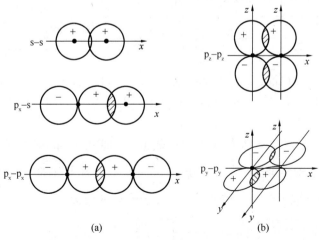

图 3-1-3 σ 键和 π 键（重叠方式）示意图
（a）σ 键；（b）π 键

不可绕键轴旋转，重叠程度比 σ 键的小，稳定性较差。例如，$CH_2=CH_2$（乙烯）分子中的双键是由一个 σ 键和一个 π 键组成。假定键轴方向为 x 轴方向，则 p_x-p_x 组成 σ 键，而 p_y-p_y 则为 π 键。

2. 杂化轨道理论

杂化轨道理论能较好地解释共价分子中形成共价键的数量及其在空间的分布，故能解释 或预测分子的空间构型。

（1）杂化轨道理论的要点

1）在原子化合成分子即形成化学键的过程中，部分能量相近的原子轨道会重新组合，形成新的平均化的原子轨道。这种原子轨道混合、重组的过程称为杂化，杂化后的原子轨道叫杂化轨道。

2）有多少个原子轨道参加杂化，就形成多少个杂化轨道。原子间结合是以杂化轨道彼此成键的。

3）杂化轨道的成键能力比原来轨道更强，形成的键更牢固，形成的分子更稳定。

（2）几种典型的杂化类型

1）sp 杂化：由 1 个 ns 轨道和 1 个 np 轨道，杂化成 2 个 sp 杂化轨道。每个 sp 杂化轨道都含有 $\frac{1}{2}$ s 轨道成分和 $\frac{1}{2}$ p 轨道成分，2 个 sp 杂化轨道间的夹角为 $180°$，呈直线形。例 如，在气态的 $BeCl_2$ 分子中 Be 的成键过程中：

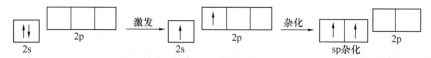

Be 原子的 2 个 sp 杂化轨道上的未成对电子分别与 2 个 Cl 原子的 3p 轨道上的单电子配对，形成 2 个 σ 键。$BeCl_2$ 的空间构型为直线形。

2）sp^2 杂化：由 1 个 ns 轨道和 2 个 np 轨道组合成 3 个 sp^2 杂化轨道。每个 sp^2 杂化轨道都含 $\frac{1}{3}$ s 轨道成分和 $\frac{2}{3}$ p 轨道成分，3 个 sp^2 杂化轨道位于同一平面，互成 $120°$ 夹角。例如，在 BF_3 分子中 B 的成键过程中：

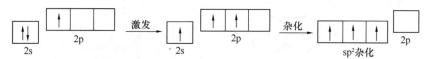

3 个 sp^2 杂化轨道上的未成对电子分别和 3 个 F 原子的 2p 轨道上未成对电子配对成键，形成 3 个 B—F 间 σ 键，它们在同一平面上，夹角互为 $120°$，因此，BF_3 分子的空间构型是平面三角形。

3）sp^3 杂化：由 1 个 ns 轨道和 3 个 np 轨道组合成 4 个 sp^3 杂化轨道。每个 sp^3 杂化轨道都含有 $\frac{1}{4}$ s 轨道成分和 $\frac{3}{4}$ p 轨道成分，4 个 sp^3 杂化轨道分别指向正四面体的 4 个顶角，轨道间的夹角互成 $109°8'$，例如，CH_4 分子中 C 的成键过程中：

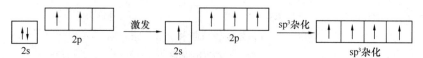

4 个 sp^3 轨道上的 4 个成单电子分别与 4 个 H 原子中的未成对电子配对成键。4 个 H 原子排布在正四面体的顶点，所以 CH_4 的分子空间构型为正四面体形。

4）sp^3 不等性杂化：如果在杂化轨道上含有不成键的孤对电子，则形成的 4 个 sp^3 杂化轨道是不完全等同的，这种杂化称为不等性杂化。例如，在 NH_3 分子中 N 的成键过程中：

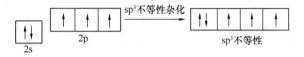

其中有一个 sp^3 杂化轨道上有孤对电子，不能形成共价键。其余 3 个 sp^3 杂化轨道上的未成对电子分别和 3 个 H 原子的单电子成键，形成 3 个 N—H 键。因为孤对电子所占据的杂化轨道的电子云比较密集，对其余 3 个成键电子对起排斥作用，因而 NH_3 分子中 N—H 键之间夹角等于 $107°$。NH_3 分子的空间构型为三角锥形。

综上所述，可将杂化轨道的类型和分子的空间构型小结如下：

sp 杂化　　　　　　　直线形，如 $BeCl_2$、$HgCl_2$、CO_2、$CH\equiv CH$ 等。

sp^2 杂化　　　　　　平面三角形，如 BF_3、BCl_3、$CH_2{=}CH_2$、苯等。

sp^3 杂化　　　　　　四面体形，如 CH_4、$SiCl_4$ 等。

sp^3 不等性杂化　　　三角锥形，如 NH_3、PCl_3 等。

　　　　　　　　　　　V 形，如 H_2O、H_2S、SO_2 等。

【例 3-1-14】（历年真题）PCl_3 分子空间几何构型及中心原子杂化类型分别为：

A. 正四面体，sp^3 杂化　　　　　　　　B. 三角锥形，不等性 sp^3 杂化

C. 正方形，dsp^2 杂化　　　　　　　　D. 正三角形，sp^2 杂化

【解答】PCl_3 为 sp^3 不等性杂化，为三角锥形，应选 B 项。

【例 3-1-15】（历年真题）$H_2C{=}HC{-}CH{=}CH_2$ 分子中所含化学键共有：

A. 4 个 σ 键，2 个 π 键　　　　　　　B. 9 个 σ 键，2 个 π 键

C. 7 个 σ 键，4 个 π 键　　　　　　　D. 5 个 σ 键，4 个 π 键

【解答】题目分子结构为：

$$\begin{array}{cccccccc} & H & & & & & H & \\ & | & & & & & | & \\ & C & = & C & - & C & = & C \\ \diagup & & \diagdown & & & & \diagdown & \\ H & & H & H & H & & & H \end{array}$$

一个双键含一个 σ 键、1 个 π 键，共有 9 个 σ 键，2 个 π 键，应选 B 项。

（三）金属键

在金属晶体的晶格节点上排列着金属的原子和正离子。由于金属元素的电负性较小，电离能也较小，外层价电子容易脱落下来并不断在原子和离子间进行交换。这些电子不受某一定的原子或离子的束缚，能在金属晶体中自由地运行，故称为自由电子。自由电子与原子或正离子之间的作用力称为金属键。由于这种键可以看作是由许多原子和离子共用许多自由电子而形成的化学键，故也称改性共价键。

金属键无方向性和饱和性，故金属晶体是由金属原子紧密堆积而成。

由于自由电子的存在，故金属具有导电、传热、延展性、可塑性等特性。金属原子的

价电子数越多、原子半径越小，则金属键越强。

★★★六、分子间力和氢键

分子内部原子间形成化学键的较强的相互作用力，同时，分子和分子之间还存在着比化学键弱得多的相互作用力——分子间力。分子间力的本质属于一种静电力，为此先简单介绍分子的极性。

1. 分子的极性

任何一个分子都是由带正电荷的原子核和带负电荷的电子所组成的。正、负电荷中心不重合的分子称为极性分子；正、负电荷中心重合的分子称为非极性分子。在极性分子中，正、负电荷中心分别形成了正、负两极，又称偶极或固有偶极。偶极间的距离 l 称为偶极长度，偶极长度 l 与正极（或负极）上电荷 q 的乘积称为分子的电偶极矩。

分子之所以表现出极性，实质是电子云在空间的不对称分布。键的极性是分子极性产生的内因。由非极性共价键构成的分子，如 N_2、H_2 等，必然是非极性分子。由极性共价键构成的分子是否有极性，则与分子的空间立体结构有关：（1）双原子分子，键有极性，分子就必然有极性。（2）多原子分子，若在空间其正、负电荷中心重合，则是非极性分子，如直线形的 CO_2、CS_2，平面三角形的 BF_3，正四面体的 CCl_4 等；若在空间其正、负电荷中心不重合，则是极性分子，如 V 形的 H_2O、H_2S，三角锥形的 NH_3，四面体形的 $CHCl_3$ 等。

2. 分子间力（亦称范德华力）

（1）色散力

在非极性分子中，由于每个分子中的电子和原子核都在不断运动着，不可能每一瞬间正、负电荷中心都完全重合。在某一瞬时，总会有一个偶极存在，这种偶极称为瞬时偶极。把瞬时偶极间产生的分子间作用力称为色散力。虽然瞬时偶极存在的时间极短，但偶极却不断地重复着异极相邻的状态，所以任何分子(极性分子或非极性分子)相互靠近时，都存在色散力。

（2）诱导力

当极性分子和非极性分子靠近时，非极性分子受极性分子电场的作用，原来重合的正、负电荷中心分离开来，产生诱导偶极。诱导偶极与极性分子固有偶极间的作用力称为诱导力。

（3）取向力

当极性分子相互靠近时，它们的固有偶极相互作用，两个分子在空间按照异极相邻的状态取向。由于固有偶极的取向而引起的分子间作用力称为取向力。

总之，在非极性分子间只存在色散力；极性分子与非极性分子间存在着诱导力和色散力；极性分子间既存在着取向力，还存在诱导力和色散力。分子间力又称范德华力，通常就是这三种力的总称。分子间力永远存在于一切分子之间，无方向性、无饱和性。化学键的键能为 $100\sim800kJ/mol$，而分子间作用能只有几到几十 kJ/mol，即分子间力的强度比化学键小 $1\sim2$ 个数量级。分子间力的作用范围一般在 $5\times10^{-10}m$ 以内。

大多数分子其分子间力是以色散力为主；只有极性很强的分子（如水分子）才是以取向力为主。

分子间力对物质的熔点、沸点、溶解度等性质有很大的影响。同族元素的单质及同类型化合物中，随相对分子质量的增大，色散力增大，熔、沸点升高。

3. 氢键

在含氢分子中的氢原子与电负性大的原子 X 以共价键相结合时，还可以和另一个电负性大的原子 Y 形成一种特殊的吸引作用，这种相互作用力称为氢键。氢键可用化学式 X—H…Y 表示，其中 X、Y 均是电负性大、半径小的原子，最常见的有 F、O、N 原子。X 和 Y 可以是同一种元素的原子，如 O—H…O、F—H…F；也可以是两种不同元素的原子，如 N—H…O 等。

氢键有两个重要特征：

（1）氢键比化学键弱得多，比分子间力稍强，其键能为 $10\sim40kJ/mol$. 氢键的强弱取决于 X、Y 的电负性和半径大小：F—H…F 的氢键最强，O—H…O 次之，而 N—H…F>N—H…O>N—H…N。

（2）氢键具有方向性和饱和性。在氢键中 X、H、Y 三原子一般是在一条直线上，同时，氢键中氢的配位数一般为 2。

从氢键的特征看，一般认为氢键的本质是一种较强的具有方向性的静电引力。从键能上看，它属于分子间力的范畴，但它具有方向性和饱和性。

HF、H_2O、NH_3 等分子间都存在氢键。无机含氧酸、有机羧酸、醇、蛋白质等物质的分子之间也存在氢键。

【例 3-1-16】（历年真题）在 CO 和 N_2 分子之间存在的分子间力有：

A. 取向力、诱导力、色散力　　　　B. 氢键

C. 色散力　　　　　　　　　　　　D. 色散力、诱导力

【解答】极性分子 CO 和非极性分子 N_2 之间存在色散力、诱导力，应选 D 项。

【例 3-1-17】（历年真题）在 HF、HCl、HBr、HI 中，按熔、沸点由高到低顺序排列正确的是：

A. HF、HCl、HBr、HI　　　　　　B. HI、HBr、HCl、HF

C. HCl、HBr、HI、HF　　　　　　D. HF、HI、HBr、HCl

【解答】由于 HF 有氢键，故熔、沸点最高；分子间力随相对分子质量的增大，其熔、沸点也升高，故选 D 项。

【例 3-1-18】（历年真题）下列物质中，同种分子间不存在氢键的是：

A. HI　　　　　　　　　　　　　　B. HF

C. NH_3　　　　　　　　　　　　　D. C_2H_5OH

【解答】元素 F、O、N 才可能形成氢键，应选 A 项。

七、晶体类型与物质性质

1. 晶体与非晶体

固态物质可分为晶体和非晶体（无定形体）两大类。

晶体是由原子、离子、分子等微粒在空间按一定规律周期性地重复排列构成的固体物质。晶体中微粒的排列具有三维空间的周期性，这种周期性规律就是晶体结构的基本特征，也是与非晶体的区别所在。由于晶体所具有的这种基本特征，带来若干晶体的共同特征：①整齐规则的几何外形；②各向异性；③确定的熔点；④均匀性和对称性等。

晶体与非晶体性质差异的根本原因是组成晶体的微粒是规则有序地排列起来并贯穿于

整个晶体之中。而在非晶体中，其微粒只可能在几个原子间距的短程范围处于有序状态，在大范围内则是混乱、无规则的，常称之为"短程有序，长程无序"。

2. 晶体的基本类型及其性质

根据占据晶格结点上微粒的种类和微粒间相互作用力的不同，可将晶体分为四种基本类型：离子晶体、原子晶体、分子晶体和金属晶体，它们的物质性质见表 3-1-4。

晶体的基本类型及其物质性质　　　　　　　　　　表 3-1-4

晶体的类型	离子晶体	原子晶体	分子晶体	金属晶体
晶格结点上的微粒	正、负离子	原子	分子	金属原子或金属离子
微粒间的作用力	离子键	共价键	分子间力（氢键）	金属键
熔点、沸点	较高	高	低	一般较高
硬度	较大	大	小	一般较大
延展性	差	差	差	良
导电性	良好	绝缘体或半导体	绝缘体	良
实例	$NaCl$、MgO、K_2SO_4	金刚石、Si、SiC、Ga、As	CO_2、H_2O、CH_4、CCl_4、I_2、He	金属、合金

【例 3-1-19】（历年真题）下列晶体中熔点最高的是：

A. NaCl　　　　　　　B. 冰　　　　　　　C. SiC　　　　　　　D. Cu

【解答】 SiC 为原子晶体，其熔点最高，应选 C 项。

习　　题

3-1-1（历年真题）$BeCl_2$ 中 Be 的原子轨道杂化轨道类型为：

A. sp　　　　　　　B. sp^2　　　　　　　C. sp^3　　　　　　　D. 不等性 sp^3

3-1-2（历年真题）26 号元素原子的价层电子构型为：

A. $3d^5 4s^2$　　　　　　B. $3d^6 4s^2$　　　　　　C. $3d^6$　　　　　　D. $4s^2$

3-1-3（历年真题）某第 4 周期的元素，当该元素原子失去一个电子成为 +1 价离子时，该离子的价层电子排布式为 $3d^{10}$，则该元素的原子序数是：

A. 19　　　　　　　B. 24　　　　　　　C. 29　　　　　　　D. 36

3-1-4（历年真题）某原子序数为 15 的元素，其基态原子的核外电子分布中，未成对电子数是：

A. 0　　　　　　　B. 1　　　　　　　C. 2　　　　　　　D. 3

第二节　溶　　液

溶液是一种或多种物质（溶质）均匀分散在另一种物质（溶剂）之中的一类分散体系，可以是气态溶液（如空气）、固态溶液（如合金）以及液态溶液。一般所谓溶液是指液态溶液，水是最常见的溶剂，故以水为溶剂的溶液通常简称为溶液。

一、溶液的浓度

溶液的浓度是指一定量溶液（或溶剂）中所含溶质的量。

1. 质量百分比浓度

溶液中溶质 B 的质量百分比浓度，可表示为：

$$B = \frac{m_B}{m} \times 100\%$$

(3-2-1)

式中，m_B 为溶质的质量（g）；m 为溶液（溶剂 A 和溶质 B）的质量（g）。

2. 物质的量浓度（亦称体积摩尔浓度）

物质的量浓度是指单位体积溶液中含有溶质 B 的物质的量 n_B，可表示为：

$$C_B = \frac{n_B}{V} = \frac{m/M_B}{V}$$

(3-2-2)

式中，C_B 为溶质 A 的物质的量浓度（mol/dm³ 或 mol/L）；n_B 为溶质 B 的物质的量（mol）；M_B 为物质 B 的摩尔质量（g/mol）；V 为溶液的体积（dm³ 或 L）。

3. 摩尔分数

摩尔分数是指溶质 B 的物质的量 n_B 与溶液总量（溶质的物质的量 n_B 和溶剂的物质的量 n_A）之比，可表示为：

$$x_B = \frac{n_B}{n_A + n_B}$$

(3-2-3)

式中，x_B 为溶质 B 的摩尔分数。

4. 质量摩尔浓度

质量摩尔浓度是指 1kg 溶剂中所含溶质 B 的物质的量 n_B，可表示为：

$$b_B = \frac{n_B}{m_A}$$

(3-2-4)

式中，b_B 为溶质 A 的质量摩尔浓度（mol/kg）；m_A 为溶剂的质量（kg）。

【例 3-2-1】（历年真题）现有 100mL 浓硫酸，测得其质量分数为 98%，密度为 1.84g/mL，其物质的量浓度为：

A. 18.4mol/L

B. 18.8mol/L

C. 18.0mol/L

D. 1.84mol/L

【解答】硫酸的摩尔质量为 98，$C_B = \dfrac{(100 \times 1.84 \times 98\%)\ /98}{0.1} = 18.4\text{mol/L}$

应选 A 项。

【例 3-2-2】（历年真题）已知铁的相对原子质量是 56，测得 100mL 某溶液中含有 112mg 铁，则溶液中铁的浓度为：

A. 2mol/L

B. 0.2mol/L

C. 0.02mol/L

D. 0.002mol/L

【解答】　$C_B = \dfrac{0.112/56}{0.1} = 0.02\text{mol/L}$

应选 C 项。

★二、非电解质稀溶液通性

溶液的颜色、导电性、酸碱性等由溶质的本性决定，溶质的分散状态也影响着溶液的性质。所以，根据溶质的不同，溶液又可以分为非电解质溶液和电解质溶液。实验证明：难挥发非电解质的稀溶液的性质（溶液的蒸气压下降、沸点上升、凝固点下降和渗透压）

与一定量溶剂中所溶解溶质的物质的量成正比，而与溶质的本性无关，这称为稀溶液定律，此类性质又称为稀溶液的依数性。

1. 溶液的饱和蒸气压下降

在一定温度下，液体表面的分子会脱离液面形成蒸气，这种过程称为蒸发（也称为气化），其逆过程称为凝聚（或冷凝）。

在一定温度下，当液相的蒸发与气相的冷凝达到平衡（即蒸发速率与凝聚速率相等）时，蒸气所具有的压力即为一定值，称为该液体在此温度的饱和蒸气压，简称蒸气压。随温度的升高，液体的蒸气压也相应增大。对于难挥发非电解质的稀溶液，由于溶剂表面的一部分被溶质微粒占据，单位面积内从溶液中蒸发出的溶剂分子数比从纯溶剂中蒸发出的分子数少，从而导致溶液中溶剂的蒸气压低于纯溶剂的蒸气压（图 3-2-1）。在一定温度下，纯溶剂蒸气压与溶液蒸气压之差称为溶液的蒸气压下降。实验证明：在一定温度时，难挥发非电解质稀溶液的蒸气压 p_A 等于纯溶剂的饱和蒸气压 p_A^* 与溶液中溶剂的摩尔分数 x_A 的乘积，即：

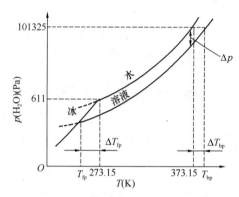

图 3-2-1　溶液的沸点升高和凝固点
　　　　降低示意图

$$p_A = p_A^* x_A \tag{3-2-5}$$

$$\Delta p = p_A^* - p_A \tag{3-2-6}$$

这是法国物理学家拉乌尔根据大量实验总结出的规律，故称为拉乌尔定律。

如果溶液仅由溶剂 A 和溶质 B 组成，则 $x_B = 1 - x_A$，故拉乌尔定律也可以写成：

$$\Delta p = p_A^* - p_A = p_A^* - p_A^* x_A = p_A^* x_B \tag{3-2-7}$$

上式表明：在一定温度下，难挥发非电解质稀溶液的蒸气压下降值与溶质在溶液中的摩尔分数成正比，而与溶质的性质无关。

2. 溶液的沸点升高和凝固点下降

当液体的蒸气压等于外界压力时，液体就会沸腾，此时的温度称为该液体的沸点，用 T_{bp} 表示。一般情况下，外界压力是指 101.325kPa，该压力下的沸点称为正常沸点。当某物质的液相蒸气压和固相蒸气压相等时的温度称为该物质的凝固点，也称熔点，用 T_{fp} 表示。在给定压力下，所有晶体物质都有固定的凝固点和沸点。但是，由于溶质的加入，溶液的蒸气压下降，导致溶液的沸点升高、凝固点降低，如图 3-2-1 所示。同样，实验也证明：难挥发非电解质稀溶液的沸点升高值和凝固点下降值与溶液的质量摩尔浓度成正比，即：

$$\Delta T_{bp} = K_b \cdot m \tag{3-2-8}$$

$$\Delta T_{fp} = K_f \cdot m \tag{3-2-9}$$

式中，K_b 为溶液的沸点升高常数；K_f 为溶液的凝固点下降常数。它们的数值取决于溶剂的本性。例如，水的 $K_b = 0.52\text{K} \cdot \text{kg/mol}$，$K_f = 1.86\text{K} \cdot \text{kg/mol}$。难挥发非电解质稀溶液的蒸气压下降、沸点升高和凝固点下降的规律，也称为拉乌尔定律。

3. 溶液的渗透压

只允许溶剂分子通过，而溶质分子不能通过的膜称为半透膜，半透膜两侧的溶液因浓度不同而出现液面差的现象称为渗透。如果用半透膜将溶液和纯溶剂隔开，纯溶剂内溶剂分子在单位时间内进入溶液的数目，要比溶液内的溶剂分子在同一时间内进入纯溶剂的数目多。结果使得溶液的体积逐渐增大，溶液液面上升。当单位时间内从膜两侧透过的溶剂分子数相等时，溶液一侧的液面不再升高，此时体系达到渗透平衡，这时溶液液面上增加的压力称为溶液的渗透压，常用 Π 表示，单位是 Pa。

对于难挥发的非电解质稀溶液的渗透压，有如下关系式：

$$\Pi = C_B RT = \frac{n_B}{V}RT \tag{3-2-10}$$

式中，R 为摩尔气体常量，$R=8.315\text{Pa} \cdot \text{m}^3/(\text{K} \cdot \text{mol})$。这表明，在一定温度下，溶液的渗透压只与所含溶质的物质的量有关，而与溶质的本性无关。

综上所述，可将稀溶液的通性归纳为：溶液的蒸气压下降、沸点升高、凝固点下降和渗透压等特性仅与一定量溶剂或溶液中所含溶质的量成正比，而与溶质的本性无关。

【例 3-2-3】把 2.76g 甘油溶于 200g 水中，甘油的摩尔质量为 92g/mol，则该溶液的凝固点为：

（水的 K_f 为 1.86K · kg/mol）

A. 0.279K 　　　B. 0.361K　　　　　C. 0.386K　　　　　D. 0.412K

【解答】
$$m=\frac{2.76/92}{0.2}=0.15\text{mol/kg}$$
$$\Delta T_{fp}=K_f m=1.86\times 0.15=0.279\text{K}$$

应选 A 项。

三、溶液中的酸碱平衡

★★★1. 一元弱酸、弱碱的电离平衡（也称解离平衡）

酸碱平衡服从化学平衡的基本规律，可用一个相应的平衡常数来表示酸碱电离平衡的特征，这个平衡常数叫电离常数（也称解离常数），用 $K_i^\ominus$ 表示（弱酸也可用 $K_a^\ominus$ 表示，弱碱用 $K_b^\ominus$ 表示）。例如，醋酸 HAc（或 HOAc）（即乙酸 CH₃COOH）：

$$HAc \Longleftrightarrow H^+ Ac^-$$

$$K_a^\ominus = \frac{[C_{H^+}/C^\ominus] \cdot [C_{Ac^-}/C^\ominus]}{[C_{HAc}/C^\ominus]}，或 K_a^\ominus = \frac{C_{H^+} \cdot C_{Ac^-}}{C_{HAc}}$$

$$NH_3 \cdot H_2O \Longleftrightarrow NH_4^+ + OH^-$$

$$K_b^\ominus = \frac{[C_{NH_4^+}/C^\ominus] \cdot [C_{OH^-}/C^\ominus]}{[C_{NH_3 \cdot H_2O}/C^\ominus]}，或 K_b^\ominus = \frac{C_{NH_4^+} \cdot C_{OH^-}}{C_{NH_3 \cdot H_2O}}$$

式中，$C^\ominus$ 为标准浓度，$C^\ominus = 1\text{mol/dm}^3$。

对任何指定的弱酸/弱碱而言，或是对于任一指定的酸碱平衡而言，在指定温度下，其 $K_a^\ominus$ 或 $K_b^\ominus$ 都是定值，并不随任何平衡组分的浓度（无论是起始浓度还是平衡浓度）变化而改变。$K_a^\ominus$ 或 $K_b^\ominus$ 是温度的函数，随温度的改变而改变。

电离程度大小也可用电离度 α 来表示：

$$\alpha = \frac{\text{已电离的电解质的量}}{\text{电解质总量}} \times 100\%，或 \alpha = \frac{\text{已电离的电解质浓度}}{\text{电解质总浓度}} \times 100\% \tag{3-2-11}$$

注意，任何指定的弱酸或弱碱的电离度是随其初始浓度不同而变化的，起始浓度越大，其电离度 α 越小，这是 α 与 $K_i^{\ominus}$ 不同之处。但对同一酸碱电离平衡而言，其 $K_i^{\ominus}$ 与 α 之间是相关的，可以互相换算：

例如 $\qquad\qquad\qquad\qquad\qquad$ $HAc \rightleftharpoons H^+ + Ac^-$

起始浓度（mol/dm³） $\qquad\qquad$ $C\qquad\quad 0 \qquad\quad 0$

平衡浓度（mol/dm³） $\qquad\qquad$ $C-C\alpha\qquad C\alpha\qquad C\alpha$

$$K_i^{\ominus} = \frac{(C\alpha)^2}{(C-C\alpha)} = \frac{C\alpha^2}{1-\alpha}$$

当 $C/K_i^{\ominus} \geqslant 400$ 时，α 很小，可作近似计算：$1-\alpha \approx 1$，则上式变为：

$$K_i^{\ominus} = C\alpha^2$$

$$\alpha = \sqrt{\frac{K_i^{\ominus}}{C}} \qquad\qquad\qquad (3\text{-}2\text{-}12)$$

上式亦称为稀释定律的表达式，应注意到：溶液浓度越大，电离度越小，但溶液中电离出来的离子浓度却越大，这是因为：

$$C_{H^+} = C_{Ac^-} = C\alpha = C \cdot \sqrt{\frac{K_i}{C}} = \sqrt{K_i C} \qquad\qquad (3\text{-}2\text{-}13)$$

【例 3-2-4】（历年真题）已知 $K_b^{\ominus}(NH_3 \cdot H_2O) = 1.8 \times 10^{-5}$，0.1mol/L 的 $NH_3 \cdot H_2O$ 溶液的 pH 值为：

A. 2.87 $\qquad\qquad$ B. 11.13 $\qquad\qquad$ C. 2.37 $\qquad\qquad$ D. 11.63

【解答】 $NH_3 \cdot H_2O$ 为一元弱碱：

$$C_{OH^-} = \sqrt{K_b \cdot C} = \sqrt{1.8 \times 10^{-5} \times 0.1} = 1.34 \times 10^{-3} \text{mol/L}$$

$$C_{H^+} = 10^{-14}/C_{OH^-} = 7.46 \times 10^{-12}, \quad pH = -\lg C_{H^+} = 11.13$$

应选 B 项。

【例 3-2-5】（历年真题）将 0.1mol/L 的 HOAc 溶液冲稀一倍，下列叙述正确的是：

A. HOAc 的电离度增大 $\qquad\qquad$ B. 溶液中有关离子浓度增大

C. HOAc 的电离常数增大 $\qquad\qquad$ D. 溶液的 pH 值降低

【解答】 根据醋酸 HOAc 的电离度 $\alpha = \sqrt{K_a/C}$

当冲稀一倍，C 变小，则 α 变大，应选 A 项。

★★★2. 多元弱酸的电离平衡

多元弱酸（如 H_2S、H_2CO_3 等）在水中的电离是分步进行的，称为分级电离。每一级电离都形成独立的电离平衡，具有自己的电离常数。只有当各步分级电离都达到平衡时，多元弱酸的多级电离才能达到平衡。例如，H_2S 分二级电离：

一级电离：$H_2S \rightleftharpoons HS^- + H^+$

$$K_{a1}^{\ominus} = \frac{C_{HS^-} \cdot C_{H^+}}{C_{H_2S}}$$

二级电离：$HS^- \rightleftharpoons S^{2-} + H^+$

$$K_{a2}^{\ominus} = \frac{C_{S^{2-}} \cdot C_{H^+}}{C_{HS^-}}$$

通常一级电离比二级电离容易得多，$K_{a1}^{\ominus} \gg K_{a2}^{\ominus}$，因此，$H_2S$ 溶液中 H^+ 主要是由一级

电离产生的，H⁺ 浓度近似等于：

$$C_{H^+} = \sqrt{K_{a1}^{\ominus} C_{H_2S}}$$

由于 $K_{a2} \ll K_{a1}$，可取 $C_{H^+} \approx C_{HS^-}$，则：

$$C_{S^{2-}} \approx K_{a2}^{\ominus}$$

★★★3. 水的离子积溶液的 pH 值

纯水是一种很弱的电解质，存在着以下电离平衡：

$$H_2O \rightleftharpoons H^+ + OH^-$$

$$K_w^{\ominus} = \frac{C_{H^+} \cdot C_{OH^-}}{C_{H_2O}}$$

水的电离很弱，达到电离平衡时，C_{H_2O} 近似为常数（55.6mol/dm³），将其并入常数项中，故上式可写成：

$$K_w^{\ominus} = C_{H^+} \cdot C_{OH^-}$$

实验测得在 22℃时，水中 $C_{H^+} = C_{OH^-} = 1 \times 10^{-7} mol/dm^3$，则：

$$K_w^{\ominus} = 10^{-7} \times 10^{-7} = 10^{-14}$$

$K_w^{\ominus}$ 称为水的离子积常数。只要是水溶液，无论呈中性、酸性或碱性，溶液中存在：

$$C_{H^+} \cdot C_{OH^-} = K_w^{\ominus} = 10^{-14} \tag{3-2-14}$$

弱酸或弱碱溶液的酸碱性可用其 H⁺（或 OH⁻）离子浓度来表示。在实际应用中，为了计算方便，常用 H⁺ 离子浓度的负对数 pH，或 OH⁻ 离子浓度的负对数 pOH 来表示：

$$pH = -lgC_{H^+} \tag{3-2-15}$$

$$pOH = -lgC_{OH^-} = 14 - pH \tag{3-2-16}$$

pH<7，呈酸性；pH=7，呈中性；pH>7，呈碱性。

★★★4. 同离子效应和缓冲溶液

在弱电解质溶液中，加入具有相同离子的强电解质，使弱电解质的电离度降低的现象，称为同离子效应。如醋酸 HAc 溶液中加入 NaAc 盐，结果使 HAc 的电离度降低，溶液中 H⁺ 浓度减小。

由弱酸及其盐（如 HAc+NaAc），或弱碱及其盐（如 NH₃·H₂O+NH₄Cl）组成的混合溶液，能在一定程度上抵消、减轻外加少量强酸或强碱对溶液酸度的影响，从而保持溶液的 pH 值相对稳定，这种溶液称为缓冲溶液。组成缓冲液的弱酸（或弱碱）与其盐组成了一个缓冲对。缓冲溶液的 pH 值计算公式如下：

弱酸及其盐组成的缓冲溶液（酸性缓冲液）：

$$[H^+] = K_a^{\ominus} \frac{C_{酸}}{C_{弱酸盐}}$$

$$pH = pK_a^{\ominus} - lg \frac{C_{酸}}{C_{弱酸盐}} \tag{3-2-17}$$

式中，$C_{酸}$、$C_{弱酸盐}$ 为组成缓冲液的弱酸及弱酸盐的起始浓度；$K_a^{\ominus}$ 为弱酸的电离常数。

由弱碱及其盐组成的缓冲溶液（碱性缓冲液），同样有：

$$[OH^-] = K_b^{\ominus} \frac{C_{碱}}{C_{弱碱盐}}$$

$$pOH = pK_b^\ominus - \lg \frac{C_碱}{C_{弱碱盐}} \tag{3-2-18}$$

$$pH = 14 - pOH = 14 - pK_b^\ominus + \lg \frac{C_碱}{C_{弱碱盐}}$$

式中，$K_b^\ominus$ 为弱碱的电离常数；$C_碱$、$C_{弱碱盐}$ 为组成缓冲液的弱碱及弱碱盐的起始浓度。

缓冲溶液缓冲能力的大小取决于缓冲组分的浓度及其比值 $C_酸/C_{弱酸盐}$ 或 $C_碱/C_{弱碱盐}$。理论上已证明，若缓冲组分的浓度较大，且缓冲组分的比值为 1:1，缓冲能力最大。当 $C_酸/C_{弱酸盐}$ 或 $C_碱/C_{弱碱盐}$ 等于 1 时，则缓冲溶液的 pH 值等于相应的弱酸或弱碱的 $pK_a^\ominus$ 或 $pK_b^\ominus$。

当把缓冲溶液稍加稀释，由于 $C_酸/C_{弱酸盐}$ 或 $C_碱/C_{弱碱盐}$ 比值不变，则缓冲溶液稀释后 pH 值可基本保持不变。但是，缓冲溶液的缓冲能力是有限的，若加入大量强酸或强碱后，缓冲体系中某一组分被消耗过多，则缓冲溶液将失去其缓冲能力，溶液的 pH 值将会发生较大的变化。

【例 3-2-6】已知 $0.10mol/dm^3$ HAc 与 $0.10mol/dm^3$ NaAc 缓冲溶液，HAc 的 $K_a^\ominus = 1.8 \times 10^{-5}$，则缓冲液的 pH 值为：

　　A. 4.65　　　　　B. 4.75　　　　　C. 4.85　　　　　D. 4.95

【解答】$pH = pK_a^\ominus - \lg \frac{C_酸}{C_{弱酸盐}}$

$$= -\lg 1.8 \times 10^{-5} - \lg \frac{0.10}{0.10} = 4.745$$

应选 B 项。

【例 3-2-7】（历年真题）下列溶液混合，属于缓冲溶液的是：

　　A. 50mL0.2mol/LCH$_3$COOH 与 50mL0.1mol/LNaOH

　　B. 50mL0.1mol/LCH$_3$COOH 与 50mL0.1mol/LNaOH

　　C. 50mL0.1mol/LCH$_3$COOH 与 50mL0.2mol/LNaOH

　　D. 50mL0.2mol/LHCl 与 50mL0.1mol/LNH$_3 \cdot$ H$_2$O

【解答】NaOH 为强碱，A 项的 CH$_3$COOH 过量，首先与 NaOH 产生 CH$_3$COONa 弱酸盐，再与过量 CH$_3$COOH 形成缓冲溶液，应选 A 项。

★★★5. 盐类的水解平衡

弱酸盐或弱碱盐与水作用，生成弱酸或弱碱，这种反应称为盐类的水解。例如：

$$NH_4Cl + H_2O = Cl^- + H^+ + NH_3 \cdot H_2O$$

$$NH_4Ac + H_2O = HAc + NH_3 \cdot H_2O$$

可知，盐类的水解反应实质是盐的离子与 H$_2$O 作用生成了难电离的弱酸或弱碱，引起水的电离平衡的移动，导致溶液 pH 值的改变。弱酸强碱盐水解呈碱性；弱碱强酸盐水解呈酸性。

弱酸弱碱盐水解结果呈现酸性或碱性则要视弱酸和弱碱的相对强弱而定。而强酸强碱盐则基本不发生水解，溶液呈中性。

盐类水解反应是酸碱中和反应的逆过程，反应的终点即达到平衡，这就是水解平衡。可用一般平衡规则来处理水解平衡，进行计算。以一元弱酸强碱盐 NaAc 为例，其水解平衡：

$$NaAc + H_2O = Na^+ + OH^- + HAc$$
$$Ac^- + H_2O = HAc + OH^-$$

$$K_h^\ominus = \frac{C_{OH^-} \cdot C_{HAc}}{C_{Ac^-}} = \frac{C_{OH^-} \cdot C_{H^+}}{C_{Ac^-} \cdot C_{H^+} / C_{HAc}} = \frac{K_w^\ominus}{K_a^\ominus} \tag{3-2-19}$$

$$C_{OH^-} = \sqrt{K_h^\ominus C_{Ac^-}} \tag{3-2-20}$$

式中，$K_h^\ominus$ 为 NaAc（或 Ac^-）的水解平衡常数，简称水解常数，它可由相应的弱酸电离常数 $K_a^\ominus$ 与水的离子积常数 $K_w^\ominus$ 求出。同样，对于强酸弱碱盐，则有：

$$K_h^\ominus = \frac{K_w^\ominus}{K_b^\ominus} \tag{3-2-21}$$

从 $K_h^\ominus$ 的表达式可以看出，组成盐的弱酸（或弱碱）的酸性（或碱性）越弱，即 $K_a^\ominus$（或 $K_b^\ominus$）越小，则由它们组成的盐的 $K_h^\ominus$ 越大，即该盐越易水解。

多元弱酸弱碱盐的水解是分级进行的。例如，Na_2CO_3 的水解：

一级水解 $\qquad CO_3^{2-} + H_2O \Longrightarrow OH^- + HCO_3^- \qquad K_{h1} = \frac{K_w}{K_{a2}}$

二级水解 $\qquad HCO_3^- + H_2O \Longrightarrow OH^- + H_2CO_3 \qquad K_{h2} = \frac{K_w}{K_{a1}}$

由于多元弱酸 $K_{a1}^\ominus > K_{a2}^\ominus > K_{a3}^\ominus$，所以相应地 $K_{h1}^\ominus > K_{h2}^\ominus > K_{h3}^\ominus$。因此，在判断盐类水解的结果（如溶液的酸碱性）时，实际主要依据一级水解的结果。

盐类水解程度也可用水解度（h）来表示：

$$h = \frac{已水解盐的量}{盐的总量} \times 100\%，或 h = \frac{已水解盐的浓度}{盐的起始浓度} \times 100\% \tag{3-2-22}$$

水解度与水解常数的关系：

$$h = \sqrt{\frac{K_h}{C_{盐}}} \tag{3-2-23}$$

【例 3-2-8】（历年真题）浓度均为 0.1mol/L 的 NH_4Cl、$NaCl$、$NaOAc$、Na_3PO_4 溶解，其 pH 值从小到大顺序正确的是：

A. NH_4Cl，$NaCl$，$NaOAc$，Na_3PO_4 B. Na_3PO_4，$NaOAc$，$NaCl$，NH_4Cl
C. NH_4Cl，$NaCl$，Na_3PO_4，$NaOAc$ D. $NaOAc$，Na_3PO_4，$NaCl$，NH_4Cl

【解答】NH_4Cl 为强酸弱碱盐，水解显酸性；$NaCl$ 不水解；$NaOAc$ 和 Na_3PO_4 均为强碱弱酸盐，水解显碱性，因为 $K_a(HAc) = 1.8 \times 10^{-5} > K_{a3}(H_3PO_4) = 4.4 \times 10^{-13}$，所以 Na_3PO_4 的一级水解的 OH^- 浓度更大，碱性更强。应选 A 项。

【例 3-2-9】（历年真题）已知 $K_b(NH_3 \cdot H_2O) = 1.8 \times 10^{-5}$，将 0.2mol/L 的 $NH_3 \cdot H_2O$ 溶液和 0.2mol/L 的 HCl 溶液等体积混合，其混合溶液 pH 值为：

A. 5.12 B. 8.87 C. 1.63 D. 9.73

【解答】将 0.2mol/L 的 $NH_3 \cdot H_2O$ 与 0.2mol/L 的 HCl 溶液等体积混合生成 0.1mol/L 的 NH_4Cl 溶液，NH_4Cl 为强酸弱碱盐，可以水解，则：

$$C_{H^+} = \sqrt{C_{NH_4^+} \cdot K_w/K_b} = \sqrt{0.1 \times \frac{10^{-14}}{1.8 \times 10^{-5}}} = 7.5 \times 10^{-6}, \quad pH = -lgC_{H^+} = 5.12$$

应选 A 项。

★6. 酸碱质子理论

按酸碱质子理论定义，凡能给出质子（H^+）的物质（分子或离子）是酸（质子酸），能接受质子（H^+）的物质（分子或离子）是碱（质子碱）。酸失去质子变成了碱，碱得到质子就变成酸。这对酸和碱具有对应的共轭关系，称为共轭酸碱对。例如：

酸 $\Longleftrightarrow$ 碱 $+ H^+$

$HCl = Cl^- + H^+$，HCl/Cl^- 为共轭酸碱对

$HAc \Longleftrightarrow Ac^- + H^+$，$HAc/Ac^-$ 为共轭酸碱对

$H_2CO_3 \Longleftrightarrow HCO_3^- + H^+$，$H_2CO_3/HCO_3^-$ 为共轭酸碱对

$HCO_3^- \Longleftrightarrow CO_3^{2-} + H^+$，$HCO_3^-/CO_3^{2-}$ 为共轭酸碱对

$H_2O \Longleftrightarrow OH^- + H^+$，$H_2O/OH^-$ 为共轭酸碱对

$NH_4^+ \Longleftrightarrow NH_3 + H^+$，$NH_4^+/NH_3$ 为共轭酸碱对

$NH_3 \Longleftrightarrow NH_2^- + H^+$，$NH_3/NH_2^-$ 为共轭酸碱对

据此，水溶液中各类涉及质子的反应与平衡，实质都是质子传递的过程，是争夺质子的平衡：

$$酸_1 + 碱_2 \Longleftrightarrow 碱_1 + 酸_2$$

酸碱中和 $H_3O^+ + OH^- \Longleftrightarrow H_2O + H_2O$

酸碱电离 $HAc + H_2O \Longleftrightarrow Ac^- + H_3O^+$

              $H_2O + NH_3 \Longleftrightarrow OH^- + NH_4^+$

盐类水解 $H_2O + Ac^- \Longleftrightarrow OH^- + HAc$

              $NH_4^+ + H_2O \Longleftrightarrow NH_3 + H_3O^+$

酸碱质子理论扩大了酸碱的含义及酸碱反应的范围，摆脱了酸碱反应必须发生在水中的局限性，解决了非水溶液或气体间的酸碱反应，并把在水溶液中进行的解离、中和、水解等反应都概括成一类反应，即质子传递式酸碱反应。但是该理论也有一定的缺点，例如，对不含氢的一类化合物的酸碱性问题却无能为力。

★★★四、多相离子平衡（亦称沉淀溶解平衡）

1. 溶度积常数（简称溶度积）$K_{sp}^{\ominus}$

在一定温度下难溶电解质晶体与溶解在溶液中的离子之间存在溶解和结晶平衡，是一种多相离子平衡，也称沉淀溶解平衡。它遵循化学平衡的一般规律，每个多相离子平衡都具有一个特征的平衡常数，称为化合物的溶度积常数，用 $K_{sp}^{\ominus}$ 表示。例如：

$$AgCl(s) \Longleftrightarrow Ag^+ + Cl^-$$

$$K_{sp}^{\ominus} = C_{Ag^+} \cdot C_{Cl^-}$$

$$Mg(OH)_2(s) \Longleftrightarrow Mg^{2+} + 2OH^-$$

$$K_{sp}^{\ominus} = C_{Mg^{2+}} \cdot [C_{OH^-}]^2$$

$$Ca_3(PO_4)_2(s) = 3Ca^{2+} + 2PO_4^{3-}$$

$$K_{sp}^{\ominus} = [C_{Ca^{2+}}]^3 \cdot [C_{PO_4^{3-}}]^2$$

通常还用溶解度来衡量或表征难溶盐在水中的溶解特性。某物质的溶解度就是指一定温度下，一定量的溶液或溶剂中，能溶解该物质的最大量，常采用该物质的饱和溶液的体积摩尔浓度 S（mol/dm^3）表示。溶解度 S 和溶度积常数 $K_{sp}^{\ominus}$ 都能反映难溶电解质的溶解性的大小，并可相互换算。例如，AB（1:1）型难溶电解质，其饱和溶液（体积摩尔浓度为 S）中存在下列平衡：

$$AgCl(s) \rightleftharpoons Ag^+ + Cl^-$$
$$\qquad\qquad S \quad\; S$$

$K_{sp}^{\ominus}(AgCl) = C_{Ag^+} \cdot C_{Cl^-} = S^2$，则：

$$S = \sqrt{K_{sp}^{\ominus}(AgCl)} \text{ 或 } S = \sqrt{K_{sp}^{\ominus}(AB)} \qquad\qquad (3\text{-}2\text{-}24)$$

对 AB_2（1:2）型难溶电解质，如 $Mg(OH)_2$、Ag_2CrO_4 等，则有：

$$S = \sqrt[3]{\frac{K_{sp}^{\ominus}(AB_2)}{4}} \qquad\qquad (3\text{-}2\text{-}25)$$

在应用溶度积常数比较难溶电解质的溶解度大小时，应注意：

（1）同类型难溶电解质可以直接用溶度积常数比较溶解度。

（2）不同类型难溶电解质要用溶度积常数计算出溶解度后再进行比较。不能简单认为溶度积常数小的溶解度一定小。

2. 溶度积规则

在溶液中，有关离子能否生成难溶晶体析出，可采用相应离子的实际浓度系数方次之积（即离子积）Q 与其溶度积常数 $K_{sp}^{\ominus}$ 相比较从而作出判断，这称为溶度积规则。

Q 与 $K_{sp}^{\ominus}$ 相比较有如下三种情况：

（1）$Q < K_{sp}^{\ominus}$，溶液未达饱和，沉淀不能生成；

（2）$Q = K_{sp}^{\ominus}$，溶液达到饱和，多相体系处于平衡状态；

（3）$Q > K_{sp}^{\ominus}$，溶液过饱和，沉淀可以生成。

例如，在含 $AgNO_3$ 和 K_2CrO_4 的混合溶液中，可用溶度积规则来判断是否有 Ag_2CrO_4 沉淀生成：

$$2Ag^+ + CrO_4^{2-} \rightleftharpoons Ag_2CrO_4(s), \quad K_{sp}^{\ominus} = [C_{Ag^+}]^2 \cdot C_{CrO_4^{2-}}$$

根据溶液中实际的 C_{Ag^+} 和实际的 $C_{CrO_4^{2-}}$，可得 $Q = [C_{Ag^+}]^2 \cdot C_{CrO_4^{2-}}$；然后比较 Q 与 $K_{sp}^{\ominus}$，可确定沉淀的生成或沉淀的溶解。

3. 分步沉淀与沉淀转化

（1）分步沉淀

若溶液中存在两种及以上离子，选用某种沉淀剂可使这些离子先后沉淀析出，这就称为分步沉淀。分步沉淀本质上是多种离子对同一种沉淀剂离子的竞争过程。运用溶度积规则，可以计算出在指定条件下，哪种离子会最先沉淀，哪些离子会随后沉淀；还能计算出某种离子应在什么浓度开始沉淀，什么条件下可沉淀完全；以及当某种离子开始析出沉淀时，先前沉淀的一种离子在溶液中残存的浓度等。若第二种离子刚开始沉淀时，第一种离子浓度已经降至 $10^{-5}\,mol/dm^3$ 以下，则可认为选用这种沉淀剂，用分步沉淀法将两种离子完全分离。

【例 3-2-10】 在溶液中含有 Cl^- 和 CrO_4^{2-}，其离子浓度都为 $0.1mol/dm^3$，若用 Ag^+ 作沉淀剂，$K_{sp,AgCl}^{\ominus}=1.8\times10^{-10}$，$K_{sp,Ag_2CrO_4}^{\ominus}=2.0\times10^{-12}$，则：

　　A. CrO_4^{2-} 先沉淀，沉淀远离完全分离　　B. Cl^- 先沉淀，沉淀远离完全分离

　　C. CrO_4^{2-} 先沉淀，沉淀接近完全分离　　D. Cl^- 先沉淀，沉淀接近完全分离

【解答】 要使 Cl^- 沉淀所需 Ag^+ 浓度为：

$$C_{Ag^+}=\frac{K_{sp,AgCl}^{\ominus}}{C_{Cl^-}}=\frac{1.8\times10^{-10}}{0.1}=1.8\times10^{-9}mol/dm^3$$

要使 CrO_4^{2-} 沉淀所需 Ag^+ 浓度为：

$$C_{Ag^+}=\sqrt{\frac{K_{sp,Ag_2CrO_4}^{\ominus}}{C_{CrO_4^{2-}}}}=\sqrt{\frac{2.0\times10^{-12}}{0.1}}=4.47\times10^{-6}mol/dm^3$$

当 CrO_4^{2-} 开始要沉淀时，Cl^- 离子浓度为：

$$C_{Cl^-}=\frac{K_{sp,AgCl}^{\ominus}}{C_{Ag^+}}=\frac{1.8\times10^{-10}}{4.47\times10^{-6}}=4.0\times10^{-5}mol/dm^3$$

可见，当 CrO_4^{2-} 开始沉淀时，Cl^- 的残留浓度很小，沉淀接近完全分离。

应选 D 项。

（2）沉淀的转化

把一种沉淀转化为另一种沉淀的过程称为沉淀的转化。利用溶度积可以计算沉淀转化反应的平衡常数。例如：

$$Ag_2CrO_4(s)+2Cl^-\rightleftharpoons2AgCl(s)+CrO_4^{2-}$$

$$K=\frac{C_{CrO_4^{2-}}}{[C_{Cl^-}]^2}=\frac{C_{CrO_4^{2-}}\cdot[C_{Ag^+}]^2}{[C_{Cl^-}]^2\cdot[C_{Ag^+}]^2}=\frac{K_{sp,Ag_2CrO_4}^{\ominus}}{(K_{sp,AgCl}^{\ominus})^2}$$

$$=\frac{2.0\times10^{-12}}{(1.8\times10^{-10})^2}=6.17\times10^7$$

计算结果表明，【例 3-2-10】这个沉淀转化反应比较彻底。

【例 3-2-11】（历年真题）在 $BaSO_4$ 饱和溶液中，加入 $BaCl_2$，利用同离子效应使 $BaSO_4$ 的溶解度降低，体系中 $C(SO_4^{2-})$ 的变化是：

　　A. 增大　　　　　　　　　　　　B. 减小

　　C. 不变　　　　　　　　　　　　D. 不能确定

【解答】 在 $BaSO_4$ 饱和溶液中，存在 $BaSO_4\rightleftharpoons Ba^{2+}+SO_4^{2-}$ 平衡，加入 $BaCl_2$，溶液中 Ba^{2+} 增加，平衡向左移动，SO_4^{2+} 的浓度减小。应选 B 项。

习　题

3-2-1　（历年真题）$K_{sp}^{\ominus}[Mg(OH)_2]=5.6\times10^{-12}$，则 $Mg(OH)_2$ 在 0.01mol/LNaOH 溶

液中的溶解度为：

    A. $5.6 \times 10^{-9} \, mol/L$
                B. $5.6 \times 10^{-10} \, mol/L$

    C. $5.6 \times 10^{-8} \, mol/L$
                D. $5.6 \times 10^{-5} \, mol/L$

3-2-2 （历年真题）常温下，在 CH_3COOH 与 CH_3COONa 的混合溶液中，若它们的浓度均为 $0.10mol/L$，测得 pH 是 4.75，现将此溶液与等体积的水混合后，溶液的pH 是：

    A. 2.38
        B. 5.06
        C. 4.75
        D. 5.25

3-2-3 （历年真题）通常情况下，$K_a^{\ominus}$、$K_b^{\ominus}$、$K^{\ominus}$、$K_{sp}^{\ominus}$，它们的共同特性是：

    A. 与有关气体分压有关
        B. 与温度有关

    C. 与催化剂的种类有关
        D. 与反应物浓度有关

3-2-4 （历年真题）pH＝2 的溶液中的 $C(OH^-)$ 是 pH＝4 的溶液中 $C(OH^-)$ 的倍数是：

    A. 2
                B. 0.5

    C. 0.01
              D. 100

3-2-5 （历年真题）下列物质水溶液 pH＞7 的是：

    A. $NaCl$
              B. Na_2CO_3

    C. $Al_2(SO_4)_3$
         D. $(NH_4)_2SO_4$

3-2-6 （历年真题）已知 $K^{\ominus}(HOAc) = 1.8 \times 10^{-5}$，$0.1mol/L NaOAc$ 溶液的 pH值为：

    A. 2.87
              B. 11.13

    C. 5.13
              D. 8.88

第三节　氧化还原反应与电化学

    根据反应前后，元素氧化数是否发生变化，可把化学反应分为氧化还原反应和非氧化还原反应两大类。利用自发氧化还原反应产生电流的装置叫原电池；利用电流促使非自发氧化还原反应发生的装置叫电解池。研究原电池和电解池中氧化还原反应过程以及电能和化学能相互转化的科学称为电化学。

一、氧化还原反应的基本概念

1. 氧化数

    氧化还原反应的实质是反应物之间电子转移或电子得失的结果。氧化数是某元素一个原子的荷电数，即该元素在特定形式下所带的电荷数。氧化数的概念与化合价不同，化合价只能是整数，而氧化数可以是分数。这样，就能利用氧化数的变化来定义氧化和还原，即：氧化是氧化数升高的过程，还原是氧化数降低的过程。

    确定氧化数的规则如下：

    （1）单质中元素的氧化数为零。

    （2）氧在化合物中的氧化数一般为－2。在过氧化物（如 H_2O_2、Na_2O_2）中为－1；在超氧化物（如 KO_2）中为－1/2；在臭氧化物（如 KO_3）中为－1/3；在二氟化物（如 OF_2）中为＋2。

(3) 氢在化合物中的氧化数一般为+1。在与活泼金属生成的离子型氢化物（如 NaH、CaH_2）中为-1。

(4) 碱金属和碱土金属在化合物中的氧化数分别为+1和+2；氟的氧化数是-1。

(5) 在离子型化合物中，元素原子的氧化数等于该元素原子的离子电荷数。例如：$NaCl$ 中 Na 的氧化数为+1，Cl 的氧化数为-1。

(6) 在共价化合物中，共用电子对偏向于电负性大的元素的原子，两原子的表观电荷数即为它们的氧化数。例如，HCl 中，H 的氧化数为+1，Cl 的氧化数为-1。

(7) 在任何化合物分子中各元素氧化数的代数和都等于零；在多原子离子中各元素氧化数的代数和等于该离子所带电荷数。

2. 氧化还原反应

在氧化还原反应中，失电子过程叫氧化，得电子过程叫还原。氧化还原是一对矛盾，必须同时发生，相互依存。在反应中得电子的物质叫氧化剂，失电子的物质叫还原剂，例如，氧化还原反应：

$$\overset{\displaystyle -2e}{Zn + Cu^{2+} = Zn^{2+} + Cu} \\ \underset{\displaystyle +2e}{}$$

氧化半反应：$Zn - 2e^- = Zn^{2+}$　　Zn 为还原剂，被氧化。

上式也可写成：$Zn = Zn^{2+} + 2e^-$

还原半反应：$Cu^{2+} + 2e^- = Cu$　　Cu^{2+} 为氧化剂，被还原。

在氧化反应中，还原剂由低价态 Zn 变为高价态 Zn^{2+}；在还原反应中，氧化剂由高价态 Cu^{2+} 变为低价态 Cu。

在半反应中，同一元素的两个不同氧化值的物质组成电对，其中，氧化值较大的物质称为氧化态物质，氧化值较小的物质称为还原态物质，通常电对表示成：氧化态/还原态。例如，Cu^{2+}/Cu，Zn^{2+}/Zn 等。

★3. 氧化还原反应方程式配平

配平氧化还原方程式，首先要知道在反应条件下，氧化剂的还原产物和还原剂的氧化产物，然后再根据氧化剂和还原剂氧化数变化相等的原则，或氧化剂和还原剂得失电子数相等的原则进行配平，前者称为氧化数法，后者称为离子-电子法。

（1）氧化数法

以高锰酸钾和盐酸反应为例，说明用氧化数法配平氧化还原反应方程式的步骤：

1）根据实验结果写出反应物和生成物的化学式。

2）求元素氧化数的变化值。将氧化数有变化的元素的氧化数标出。用生成物的氧化数减去反应物的氧化数，求出氧化剂元素氧化数降低的值和还原剂元素氧化数升高的值。

3）调整系数，使氧化数变化相等。根据氧化剂中氧化数降低的数值和还原剂中氧化数升高的数值必须相等的原则，在氧化剂和还原剂的化学式前，分别乘以相应的系数。

4）配平氧化数未发生变化的原子数，即原子数配平。

$$\overset{\displaystyle -5 \times 2}{KMnO_4 + 2HCl \longrightarrow MnCl_2 + Cl_2 + KCl + H_2O} \\ \underset{\displaystyle +2 \times 5}{}$$

$$2KMnO_4 + 16HCl \longrightarrow 2MnCl_2 + 5Cl_2 + 2KCl + 8H_2O$$

（2）离子-电子法

以重铬酸钾和硫酸亚铁在硫酸溶液中的反应为例，说明离子-电子法的具体步骤：

$$K_2Cr_2O_7 + FeSO_4 + H_2SO_4 \longrightarrow Cr_2(SO_4)_3 + Fe_2(SO_4)_3 + K_2SO_4$$

1）将发生电子转移的反应物和生成物以离子形式（气体、纯液体、固体和弱电解质则写分子式）列出：

$$Cr_2O_7^{2-} + Fe^{2+} \longrightarrow Cr^{3+} + Fe^{3+}$$

2）将氧化还原反应分成两个半反应式。

$$还原：Cr_2O_7^{2-} \longrightarrow 2Cr^{3+}$$

$$氧化：Fe^{2+} \longrightarrow Fe^{3+}$$

3）配平半反应式，使半反应两边的原子数和电荷数相等。

在配平半反应式时，首先应配平氧原子。反应在酸性介质中进行，配平时在多氧原子的一边加 H^+，少氧原子的一边加 H_2O。$Cr_2O_7^{2-}$ 中有 7 个 O，需加 14 个 H^+ 和 7 个 O 形成 $7H_2O$，因此在还原半反应式左边加 $14H^+$，右边加 $7H_2O$，这样半反应式两边的原子数相等，然后根据电荷数相等的原则在左边加上 6 个电子，半反应式即配平。

$$Cr_2O_7^{2-} + 14H^+ + 6e^- \longrightarrow 2Cr^{3+} + 7H_2O$$

氧化半反应式中没有氧原子，只需根据电荷相等的原则配平电荷，因此在右边加上一个电子，氧化半反应式即配平。

$$Fe^{2+} \longrightarrow Fe^{3+} + e^-$$

4）根据氧化剂获得的电子数和还原剂失去的电子数必须相等的原则，求出两个半反应式中得失电子的最小公倍数，将两个半反应式各自乘以相应的系数，然后相加消去电子就可得到配平的离子方程式：

$$Cr_2O_7^{2-} + 14H^+ + 6e^- = 2Cr^{3+} + 7H_2O \qquad \times 1$$
$$+) \qquad\qquad Fe^{2+} = Fe^{3+} + e^- \qquad\qquad \times 6$$
$$\overline{Cr_2O_7^{2-} + 14H^+ + 6Fe^{2+} = 2Cr^{3+} + 6Fe^{3+} + 7H_2O}$$

5）在离子反应式中添上不参加反应的反应物和生成物的离子，并写出相应的分子式，就得到配平的分子方程式：

$$K_2Cr_2O_7 + 6FeSO_4 + 7H_2SO_4 = Cr_2(SO_4)_3 + 3Fe_2(SO_4)_3 + K_2SO_4 + 7H_2O$$

在配平半反应时，氧原子的配平方法是：酸性介质中，在氧原子多的一边加 H^+，每多一个氧原子加 2 个 H^+，在另 1 边加 1 个 H_2O；碱性介质中，在氧原子少的一边加 OH^-，每少一个氧原子加 2 个 OH^-，在另一边加 1 个 H_2O。注意，在同一方程式中 H^+ 和 OH^- 不能同时出现。

【例 3-3-1】（历年真题）在酸性介质中，反应 $MnO_4^- + SO_3^{2-} + H^+ \longrightarrow Mn^{2+} + SO_4^{2-}$，配平后，$H^+$ 的系数为：

A. 8   B. 6   C. 0   D. 5

【解答】配平后的方程式为：$2MnO_4^- + 5SO_3^{2-} + 6H^+ \Longrightarrow 2Mn^{2+} + 5SO_4^{2-} + 3H_2O$，应选 B 项。

二、原电池

（一）原电池的组成、符号和电极类型

★★★1. 原电池的组成和符号

原电池是将氧化还原反应的化学能转变为电能的装置。图 3-3-1 表示了一种典型的原电池——铜锌原电池的装置。原电池由两个半电池（电极）组成，原电池中电子流出的电极叫负极（Zn 极），电子流入的电极叫正极（Cu 极）。

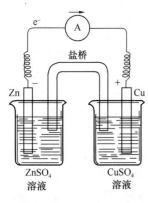

图 3-3-1　原电池装置

负极发生氧化反应：$Zn = Zn^{2+} + 2e^-$

正极发生还原反应：$Cu^{2+} + 2e^- = Cu$

这两个半电池用盐桥联通。盐桥是用饱和 KCl 水溶液调和的琼脂，充灌在 U 形玻璃管中结成凝胶。盐桥中有大量 K^+、Cl^-，它们在外电场作用下发生电泳，可起着沟通内电路的作用。K^+ 流向正极（正极区因 SO_4^{2-} 多余而带负电），Cl^- 流向负极（负极区，因 Zn^{2+} 多余而带正电），起着中和电性的作用，使电池能继续工作下去。

每个电极反应的实质是同种元素不同价态间得失电子的变化，如电对 Cu^{2+}/Cu，电对 Zn^{2+}/Zn，氧化还原反应实际上就是发生在两个电对间的电子转移过程。

电对类型有：金属电对 Zn^{2+}/Zn，非金属电对 Cl_2/Cl^-，离子电对 Fe^{3+}/Fe^{2+}，金属/难溶盐电对 $AgCl/Ag$ 等。

原电池可用符号表示，如图 3-3-1 所示电池的铜锌原电池，其符号表达式为：

$$(-)Zn \mid Zn^{2+}(C_{Zn^{2+}}) \parallel Cu^{2+}(C_{Cu^{2+}}) \mid Cu(+)$$

原电池符号的表示方法如下：

(1) "｜"表示电极导体与电解质溶液之间的相界面，同一相中不同物质之间用"，"分开。

(2) "‖"表示盐桥，盐桥两边是相应电极的电解质溶液。

(3) 要注明各种离子的浓度和气体分压，并写在括号内。

(4) 规定负极写在左边，正极写在右边。

(5) 当半电池中没有电子导体（金属）时，就必须外加惰性电极作为导体，纯气体、液体和固体，如 $Cl_2(g)$、$Br_2(l)$ 和 I_2 要紧靠惰性电极。

例如，将氧化还原反应：

$$2MnO_4^- + 10Cl^- + 16H^+ \Longrightarrow 2Mn^{2+} + 5Cl_2 + 8H_2O$$

组成原电池，则其电池符号为：

$$(-)Pt \mid Cl_2(p^{\ominus}) \mid Cl^-(C_{Cl^-}) \parallel MnO_4^-(C_{MnO_4^-}), H^+(C_{H^+}), Mn^{2+}(C_{Mn^{2+}}) \mid Pt(+)$$

2. 电极类型

常见电极类型，见表 3-3-1。

常见电极类型 表 3-3-1

电极类型	电极图式示例	电极反应示例
金属-金属离子电极	$Zn \mid Zn^{2+}$	$Zn^{2+} + 2e^- \rule[0.5ex]{1.5em}{0.4pt} Zn$
气体-离子电极	$Pt \mid Cl_2 \mid Cl^-$	$Cl_2 + 2e^- \rule[0.5ex]{1.5em}{0.4pt} 2Cl^-$
金属-难溶盐电极	$Ag \mid AgCl(s)Cl^-$	$AgCl(s) + e^- \rule[0.5ex]{1.5em}{0.4pt} Ag(s) + Cl^-$
金属-难溶氧化物电极	$Sb \mid Sb_2O_3(s) \mid H^+$	$Sb_2O_3(s) + 6H^+ + 6e^- \rule[0.5ex]{1.5em}{0.4pt} 2Sb + 3H_2O$
氧化还原电极	$Pt \mid Fe^{3+}, Fe^{2+}$	$Fe^{3+} + e^- \rule[0.5ex]{1.5em}{0.4pt} Fe^{2+}$

★★★（二）电极电势（也称电极电位）

原电池之所以能产生电流，是由于两极具有不同的电势。电极所具有的电势称为电极电势。电流由电势高的正极流向电势低的负极，电子则由负极流向正极。人们无法测量电极电势的绝对值，但可以用比较的方法测定各电极之间的电位差，也就可以测出电极的相对电极电势值。

当离子浓度为标准浓度（$1mol/dm^3$），气体分压为标准压力（100kPa）时，该电极称为标准电极，其电极电势就是该电极的标准电极电势，以 $E^\ominus$ 表示，单位是伏特（V）。

规定 298K 时，标准氢电极作为测量其他电极电势的基准，其电极电势等于 0V。记作：$E^\ominus_{H^+/H_2} = 0V$。其他任何电极的电极电势值 E，都可由该电极与标准氢电极比较求得。

为了正确使用标准电极电势，应注意：

（1）利用标准电极电势 $E^\ominus$ 值的大小，可以判断电对中氧化态物质的氧化能力和还原态物质的还原能力的相对强弱。$E^\ominus$ 值越大，表示在标准状态时该电对中氧化态物质的氧化能力越强，或其还原态物质的还原能力越弱。$E^\ominus$ 值越小，表示该电对中还原态物质的还原能力越强，或其氧化态物质的氧化能力越弱。

（2）标准电极电势符号的正负不随电极反应的书写方式不同而改变，如：$Zn^{2+} + 2e^- \rule[0.5ex]{1.5em}{0.4pt} Zn$，或 $Zn \rule[0.5ex]{1.5em}{0.4pt} Zn^{2+} + 2e^-$，其标准电极电势值相同，$E^\ominus_{Zn^{2+}/Zn} = -0.7618V$。

（3）标准电极电势 $E^\ominus$ 值的大小是衡量氧化剂氧化能力或还原剂还原能力强弱的标度，是体系的强度性质，与物质的本性有关，而与物质的量的多少无关。例如：

$$Cl_2 + 2e^- \rule[0.5ex]{1.5em}{0.4pt} 2Cl^- \qquad E^\ominus = 1.358V$$

$$\frac{1}{2}Cl_2 + e^- \rule[0.5ex]{1.5em}{0.4pt} Cl^- \qquad E^\ominus = 1.358V$$

★★★（三）能斯特方程

电极电势的大小不仅取决于构成电极物质的自身性质，而且也与溶液中离子的浓度、气态物质的分压、温度和物质状态等因素有关。对于任意一个电极反应均可写成下面的通式：

$$氧化态 + ne^- \rightleftharpoons 还原态$$

或 $$aO + ne^- \rightleftharpoons bR$$

热力学研究指出，离子的浓度、气体的分压和温度 T 与上述电极反应的电极电势之间有如下关系：

$$E_{氧化态/还原态} = E^\ominus_{氧化态/还原态} + \frac{RT}{nF} \ln \frac{[C_O/C^\ominus]^a}{[C_R/C^\ominus]^b} \qquad (3\text{-}3\text{-}1)$$

这个关系式称为能斯特（Nernst）方程式，其中，n 为电极反应中电子的化学计量数（取正值）；F 为法拉第常量；R 为摩尔气体常量。$C^\ominus$ 为标准浓度，$C^\ominus = 1\text{mol/dm}^3$（或为标准气压，$p^\ominus = 100\text{kPa}$）。若温度为 298.15K，代入 R、F 的数值，将自然对数换为以 10 为底的对数，上式变为：

$$E_{\text{氧化态/还原态}} = E^\ominus_{\text{氧化态/还原态}} + \frac{0.0592\text{V}}{n}\lg\frac{[\text{氧化态}]}{[\text{还原态}]}$$

$$= E^\ominus_{\text{氧化态/还原态}} - \frac{0.0592\text{V}}{n}\lg\frac{[\text{还原态}]}{[\text{氧化态}]}$$

$$(3\text{-}3\text{-}2)$$

能斯特方程表示的是浓度或分压的变化对电极电势的影响。电对的电极电势随氧化态浓度的增加而增大，随还原态浓度的增加而减小。

应用能斯特方程时，应注意：

（1）电极反应中，如果有气体，则用相对气压 $p/p^\ominus = p/100\text{kPa}$ 表示，而纯固体和纯液体不计入方程式中。例如：

$$\text{Br}_2(\text{l}) + 2\text{e}^- \Longrightarrow 2\text{Br}^-$$

$$E_{\text{Br}_2/\text{Br}^-} = E^\ominus_{\text{Br}_2/\text{Br}^-} - \frac{0.0592\text{V}}{2}\lg[C_{\text{Br}^-}]^2$$

（2）若除了直接参与电极反应的电对外，在电极反应中还涉及 H^+，OH^- 或是与某些固相沉淀如 AgCl、Hg_2Cl_2 等相关的离子，如 Cl^- 等。这些物质虽然不直接发生电子得失，但是它们可与电对中的某些组分发生酸碱反应或沉淀反应，改变这些组分的有效浓度，从而间接影响到电极电位，它们的浓度在能斯特方程中应表示出来。其原则是：在电极反应式中，该物质项若写在氧化态一边，就作为氧化态物质处理；若写在还原态一边，则作为还原态物质处理。例如：

$$\text{MnO}_4^- + 5\text{e}^- + 8\text{H}^+ \Longrightarrow \text{Mn}^{2+} + 4\text{H}_2\text{O}$$

$$E_{\text{MnO}_4^-/\text{Mn}^{2+}} = E^\ominus_{\text{MnO}_4^-/\text{Mn}^{2+}} - \frac{0.0592\text{V}}{5}\lg\frac{C_{\text{Mn}^{2+}}}{C_{\text{MnO}_4^-} \cdot [C_{\text{H}^+}]^8}$$

$$\text{AgCl}(\text{s}) + \text{e}^- \Longrightarrow \text{Ag}(\text{s}) + \text{Cl}^-$$

$$E_{\text{AgCl/Ag}} = E^\ominus_{\text{AgCl/Ag}} - \frac{0.0592\text{V}}{1}\lg C_{\text{Cl}^-}$$

【例 3-3-2】（历年真题）下列各电对的电极电势与 H^+ 浓度有关的是：

A. Zn^{2+}/Zn
B. Br_2/Br^-

C. AgI/Ag
D. $\text{MnO}_4^-/\text{Mn}^{2+}$

【解答】

$$\text{Zn}^{2+} + 2\text{e}^- = \text{Zn}$$

$$\text{Br}_2 + 2\text{e}^- = 2\text{Br}^-$$

$$\text{AgI} + \text{e}^- = \text{Ag} + \text{I}^-$$

$$\text{MnO}_4^- + 8\text{H}^+ + 5\text{e}^- = \text{Mn}^{2+} + 4\text{H}_2\text{O}$$

故只有 $\text{MnO}_4^-/\text{Mn}^{2+}$ 电对的电极反应与 H^+ 的浓度有关。

根据电极电势的能斯特方程式，MnO_4^-/Mn^{2+} 电对的电极电势与 H^+ 的浓度有关。应选 D 项。

★★★（四）电极电势的应用

1. 计算原电池的电动势 E

$$E = E_{(+)} - E_{(-)} \tag{3-3-3}$$

由于实际上电池的电动势总是大于零的，若根据计算 $E_{(+)} < E_{(-)}$，说明设定的正负极应该反过来。

【例 3-3-3】（历年真题）两个电极组成原电池，下列叙述正确的是：

A. 作正极的电极的 $E_{(+)}$ 值必须大于零

B. 作负极的电极的 $E_{(-)}$ 值必须小于零

C. 必须是 $E_{(+)}^{\ominus} > E_{(-)}^{\ominus}$

D. 电极电势 E 值大的是正极，E 值小的是负极

【解答】$E_{(+)}$ 可正或可负；$E_{(-)}$ 也可正或可负；电极电势 E 值大的是正极，E 值小的是负极，应选 D 项。

【例 3-3-4】（历年真题）向原电池$(-)Ag，AgCl \mid Cl^- \parallel Ag^+ \mid Ag(+)$的负极中加入 NaCl，则原电池电动势的变化是：

A. 变大   B. 变小

C. 不变   D. 不能确定

【解答】负极　氧化反应：$Ag + Cl^- = AgCl + e^-$

正极　还原反应：$Ag^+ + e^- = Ag$

负极的能斯特方程为：$E_{AgCl/Cl} = E_{AgCl/Cl}^{\ominus} - 0.0591 \lg C_{Cl^-}$

负极加入 NaCl，Cl^- 浓度增加，负极电极电势减小，而正极电极电势未变，故 E 变大，应选 A 项。

【例 3-3-5】（历年真题）有原电池$(-)Zn \mid ZnSO_4(C_1) \parallel CuSO_4(C_2) \mid Cu(+)$，如向铜半电池中通入硫化氢，则原电池电动势变化趋势是：

A. 变大   B. 变小

C. 不变   D. 无法判断

【解答】正极　还原反应：$Cu^{2+} + 2e^- = Cu$

正极的能斯特方程为：$E_{Cu^{2+}/Cu} = E_{Cu^{2+}/Cu}^{\ominus} - \dfrac{0.0592}{2} \lg \dfrac{1}{C_{Cu^{2+}}}$

由于铜半电池加入 H_2S，生成 CuS，故 Cu^{2+} 减少，故正极电极电势减小，而 $E_{(-)}$ 不变，故 E 减小，应选 B 项。

2. 判断氧化剂或还原剂的相对强弱

电极电势代数值越大，表示电对中氧化态物质越易得到电子，其氧化性越强。反之，电极电势代数值越小，表示电对中还原态物质越易失去电子，其还原性越强。例如：

$E_{Fe^{2+}/Fe}^{\ominus} = -0.40V$，$E_{Sn^{4+}/Sn^{2+}}^{\ominus} = +0.15V$，$E_{Fe^{3+}/Fe^{2+}}^{\ominus} = +0.77V$，$E_{MnO_4^-/Mn^{2+}}^{\ominus} = +1.51V$

则氧化剂的氧化性依次为：$MnO_4^- > Fe^{3+} > Sn^{4+} > Fe^{2+}$；而还原剂的还原性依次为：

$Fe > Sn^{2+} > Fe^{2+} > Mn^{2+}$。

3. 判断氧化还原反应进行的方向

（1）$E > 0$，正反应可自发进行；

（2）$E = 0$，反应处于平衡状态；

（3）$E < 0$，正反应不能自发进行，逆反应可自发进行。

此外，$E^{\ominus} > 0$，标准状态下正反应自发行进；$E^{\ominus} < 0$，标准状态下逆反应自发进行。

【例 3-3-6】已知 $E^{\ominus}_{Pb^{2+}/Pb} = -0.126V$，$E^{\ominus}_{Sn^{2+}/Sn} = -0.136V$，分别判断反应：

$$Pb^{2+} + Sn(s) \rightleftharpoons Pb(s) + Sn^{2+}$$

在标准状态下，及在 $C_{Sn^{2+}} = 1.0mol/dm^3$，$C_{Pb^{2+}} = 0.1mol/dm^3$ 时，正反应能否自发进行？

【解答】将反应设计成电池：

$$(-)Sn(s) \mid Sn^{2+}(1.0mol/dm^3) \parallel Pb^{2+}(0.1mol/dm^3) \mid Pb(s)(+)$$

$$E^{\ominus} = E^{\ominus}_{Pb^{2+}/Pb} - E^{\ominus}_{Sn^{2+}/Sn} = 0.01V > 0$$

所以正反应可自发进行。

当 $C_{Sn^{2+}} = 1mol/dm^3$ 时：

$$E_{Sn^{2+}/Sn} = E^{\ominus}_{Sn^{2+}/Sn} = -0.136V$$

$C_{Pb^{2+}} = 0.1mol/dm^3$ 时：

$$E_{Pb^{2+}/Pb} = E^{\ominus}_{Pb^{2+}/Pb} - \frac{0.0592V}{2}lg\frac{1}{C_{Pb^{2+}}} = -0.126 - \frac{0.0592}{2}lg\frac{1}{0.1} = -0.156V$$

$$E = E_{Pb^{2+}/Pb} - E_{Sn^{2+}/Sn} = -0.156 - (-0.136) = -0.02V < 0$$

所以正反应不能自发进行。

4. 判别氧化还原反应进行的程度

氧化还原反应的完全程度可用反应平衡常数来判断。在标准状态下，平衡常数和原电池标准电动势 $E^{\ominus}$ 的关系为：

$$lgK^{\ominus} = \frac{nE^{\ominus}}{0.0592V} \tag{3-3-4}$$

上式说明，平衡常数 $K^{\ominus}$ 与温度、n 和 $E^{\ominus}$ 有关。注意：（1）同一氧化还原反应书写不同，$E^{\ominus}$ 虽然不变，但因 n 不同，$K^{\ominus}$ 值也不同；（2）不同的氧化还原反应的 $E^{\ominus}$ 是不同的，$E^{\ominus}$ 越大，$K^{\ominus}$ 值也越大，正反应进行的程度也越大。

【例 3-3-7】298.15K 时反应：

$$MnO_4^- + 5Fe^{2+} + 8H^+ \rightleftharpoons Mn^{2+} + 5Fe^{3+} + 4H_2O$$

已知 $E^{\ominus}_{MnO_4^-/Mn^{2+}} = 1.51V$，$E^{\ominus}_{Fe^{3+}/Fe^{2+}} = 0.771V$，则其标准平衡常数为多少？

【解答】$E^{\ominus} = E^{\ominus}_{MnO_4^-/Mn^{2+}} - E^{\ominus}_{Fe^{3+}/Fe^{2+}} = 1.51 - 0.771 = 0.739V$

$$lgK^{\ominus} = \frac{5 \times 0.739}{0.0592} = 62.416$$

可得：

$$K^{\ominus} = 2.61 \times 10^{62}$$

【例 3-3-8】（历年真题）已知：酸性介质中，$E^{\ominus}(ClO_4^-/Cl^-) = 1.39V$，$E^{\ominus}(ClO_3^-/$

Cl^-）$=1.45V$，$E^{\ominus}(HClO/Cl^-)=1.49V$，$E^{\ominus}(Cl_2/Cl^-)=1.36V$，以上各电对中氧化型物质氧化能力最强的是：

A. ClO_4^-　　　　B. ClO_3^-　　　　C. $HClO$　　　　D. Cl_2

【解答】$E^{\ominus}$越大，电对中氧化型物质氧化能力越强，故 $HClO$ 最强，应选 C 项。

★（五）元素电势图

把同一元素的不同氧化值物质所对应电对的标准电极电势，按各物质的氧化值从高到低的顺序排成以下图示，并在两种氧化值物质之间标出对应电对的标准电极电势。例如，在酸性溶液中：

$$ClO_4^- \xrightarrow{+1.20V} ClO_3^- \xrightarrow{+1.18V} HClO_2 \xrightarrow{+1.65V} HClO \xrightarrow{+1.67V} Cl_2 \xrightarrow{+1.358V} Cl^-$$

这种表示元素各种氧化态物质之间标准电极电势变化的关系图，称为元素标准电极电势图（简称元素电势图）。元素电势图的主要用途如下：

1. 求标准电极电势

根据几个相邻电对的已知标准电极电势，可求算任一未知电对的标准电极电势。设有一种元素的电势图为：

$$A \underset{n_1}{\overset{E_1^{\ominus}}{—}} B \underset{n_2}{\overset{E_2^{\ominus}}{—}} C \underset{n_3}{\overset{E_3^{\ominus}}{—}} D$$
$$\underset{n_1+n_2+n_3}{\overset{E_x^{\ominus}}{\rule{4cm}{0.4pt}}}$$

则：

$$E_x^{\ominus} = \frac{n_1 E_1^{\ominus} + n_2 E_2^{\ominus} + n_3 E_3^{\ominus}}{n_1 + n_2 + n_3}$$

2. 判断歧化反应

歧化反应是指同一种元素的一部分原子或离子氧化，而另一部分原子或离子还原的反应。元素电势图可用来判断一种元素的某一氧化态能否发生歧化反应。同一元素不同氧化态的三种物质从左到右按氧化态由高到低排列如下：

$$A \overset{E_{左}^{\ominus}}{—} B \overset{E_{右}^{\ominus}}{—} C$$

假设 $E_右^{\ominus} > E_左^{\ominus}$，即 $E_{B/C}^{\ominus} > E_{A/B}^{\ominus}$，因氧化还原方向总是电极电势大的氧化态物质氧化电极电势小的还原态物质，因此，反应 $2B \Longleftrightarrow A+C$ 能自发进行，则 B 发生歧化反应。

【例 3-3-9】（历年真题）已知 $Fe^{3+} \xrightarrow{0.771} Fe^{2+} \xrightarrow{-0.44} Fe$，则 $E^{\ominus}(Fe^{3+}/Fe)$ 等于：

A. $0.331V$　　　　　　　　　　B. $1.211V$

C. $-0.036V$　　　　　　　　　　D. $0.110V$

【解答】$E^{\ominus}(Fe^{3+}/Fe) = \dfrac{1 \times 0.771 + 2 \times (-0.44)}{3} = -0.036V$

应选 C 项。

【例 3-3-10】（历年真题）元素的标准电极电势图如下：

$$Cu^{2+} \xrightarrow{0.159} Cu^+ \xrightarrow{0.52} Cu \qquad Au^{3+} \xrightarrow{1.36} Au^+ \xrightarrow{1.83} Au$$

$$Fe^{3+} \xrightarrow{0.771} Fe^{2+} \xrightarrow{-0.44} Fe \qquad MnO_4 \xrightarrow{1.51} Mn^{2+} \xrightarrow{-1.18} Mn$$

在空气存在的条件下，下列离子在水溶液中最稳定的是：

A. Cu^{2+} B. Au^+ C. Fe^{2+} D. Mn^{2+}

【解答】Au^+可发生歧化反应，Fe^{2+}、Mn^{2+}不是最高氧化数，而 Cu^{2+} 是最高氧化数，故 Cu^{2+} 在水溶液中最稳定，应选 A 项。

★★★三、金属的腐蚀与防护

（一）金属的腐蚀

根据金属腐蚀过程的不同特点和机理，可分为化学腐蚀和电化学腐蚀两大类。

1. 化学腐蚀

由金属与介质直接起化学作用而引起的腐蚀称为化学腐蚀。金属在干燥气体和无导电性非水溶液中的腐蚀，都属于化学腐蚀。

2. 电化学腐蚀

当金属与电解质溶液接触时，形成局部原电池而引起的腐蚀称为电化学腐蚀。金属在大气、土壤及海水中的腐蚀和在电解质溶液中的腐蚀都是电化学腐蚀。电化学腐蚀中常将发生氧化反应的部分称为阳极（对应原电池的负极），将发生还原反应的部分称为阴极（对应原电池的正极）。电化学腐蚀可分为：析氢腐蚀、吸氧腐蚀和氧浓差腐蚀。

（1）析氢腐蚀

钢铁制品在酸性较强的环境中，易发生析氢腐蚀，其反应如下：

阳极(Fe) $Fe(s)=Fe^{2+}+2e^-$

阴极（杂质如渗碳体） $2H^++2e^-=H_2(g)$

总反应 $2H^++Fe(s)=H_2(g)+Fe^{2+}$

$Fe^{2+}+2OH^-=Fe(OH)_2$，$Fe(OH)_2$被空气氧化为 $Fe(OH)_3$，然后部分脱水变成Fe_2O_3（铁锈）。在这类腐蚀过程中，有H_2析出，故称析氢腐蚀。

（2）吸氧腐蚀

钢铁制品在酸性不强、近中性的环境中，一般发生吸氧腐蚀。其反应如下，

阳极 (Fe) $Fe(s)=Fe^{2+}+2e^-$

阴极（杂质） $O_2(g)+2H_2O+4e^-=4OH^-$

总反应：$2Fe(s)+O_2(g)+2H_2O=2Fe(OH)_2$

$Fe(OH)_2$进一步被空气中的O_2氧化成 $Fe(OH)_3$，部分脱水后变成Fe_2O_3（铁锈）。这类腐蚀过程中有O_2参与，需从空气中吸入氧气作为氧化剂，故称吸氧腐蚀。

3. 氧浓差腐蚀（也称差异空气腐蚀）

氧浓差腐蚀是吸氧腐蚀的一种，它是因为在钢铁表面O_2分布不均匀引起的吸氧腐蚀。O_2浓度小分压低处，电极电势比较低，作为腐蚀电池的阳极，金属发生氧化反应，而O_2浓度大处作为腐蚀电池阴极，发生还原反应。反应式如下：

阳极(Fe) $Fe=Fe^{2+}+2e^-$

阴极(Fe) $O_2+2H_2O+4e^-=4OH^-$

总反应 $2Fe+O_2+2H_2O=2Fe(OH)_2$

同样，$Fe(OH)_2$进一步被氧化成 $Fe(OH)_3^-$，并进一步脱水变成Fe_2O_3（铁锈）。例如埋在土中的钢铁部件，常发生氧浓差腐蚀，其腐蚀部位在非暴露空气处，铁锈则在暴露空气处堆积（OH^-多处）。

在常温下，钢铁腐蚀以电化学腐蚀为主，在电化学腐蚀中，通常以吸氧腐蚀为主。

（二）金属腐蚀的防护

1. 改善金属的性质

可以组成合金，如含铬不锈钢等。

2. 在金属表面形成保护层

根据保护层性质不同可分为金属保护层和非金属保护层。覆盖金属保护层的方法有：电镀、化学镀、喷镀、浸镀、碾压、真空膜等。

3. 应用缓蚀剂法

在腐蚀介质中加入缓蚀剂，以防止或可以显著延缓腐蚀，缓蚀剂有：$NaNO_2$、Na_3PO_4、$(CH_2)_6N_4$（六次甲基四胺）等。

4. 电化学保护法

常用阴极保护法，它又可分为牺牲阳极法和外加电流阴极保护法。

（1）牺牲阳极法：借助外加阳极（较活泼金属如 Zn 等），人为组成腐蚀电池，让外加阳极在电化学腐蚀中被腐蚀掉以保护作为阴极的金属。例如，在海洋中行驶的轮船，通常把 Zn 板嵌在外甲板上，发生电化学腐蚀时，被腐蚀的是作为阳极的锌板。

（2）外加电流阴极保护法：将需保护的金属构件与外电源负极相连，不断外加一定电压的直流电，使其保持为阴极，而另用一些废铁作为阳极，这样发生电化学腐蚀时，被腐蚀的总是废铁组成的阳极，而使作为阴极的金属制件得到保护。

★★★四、电解

（一）基本概念

将直流电通过电解液使电极上发生氧化还原反应的过程称为电解。借助电流引起化学变化，将电能转变为化学能的装置，称为电解池。电解池中与外界电源的负极相接的极称为阴极，与外界电源正极相接的极称为阳极，电子从电源负极流出，进入电解池的阴极，经电解质，由电解池的阳极流回电源的正极。在电解中，正离子向阴极移动，阴极上发生还原反应；负离子向阳极移动，阳极上发生氧化反应。

以电解 NaOH 溶液为例，当发生电解时，H^+ 移向阴极，发生还原反应生成氢，OH^- 移向阳极，发生氧化反应生成氧。

阴极	$4H^+ + 4e^- =\!=\!= 2H_2(g)$
阳极	$4OH^- =\!=\!= 2H_2O + O_2(g) + 4e^-$
总反应	$2H_2O =\!=\!= 2H_2(g) + O_2(g)$

因此，电解 NaOH 溶液的结果实际是电解水，NaOH 的作用是增加溶液的导电性。

（二）电解产物的确定

1. 阳极产物的析出次序

（1）若用金属包括 Cu、Ag 等作阳极材料，在电解时，阳极上首先发生的是作为阳极板的金属失去电子，变成金属离子进入溶液，这一过程称为阳极溶解。Pt、Au 是惰性金属，一般不发生阳极溶解。

（2）若阳极用惰性电极（Pt、石墨）等作电极板，溶液中简单负离子（如I^-、Br^-、Cl^-等）将先于OH^-，在阳极上失去电子形成单质析出。

（3）若溶液中只有含氧酸根离子（如SO_4^{2-}、NO_3^-等），则水溶液中OH^-将在阳极放电，析出O_2，而含氧酸根不易氧化，一般不在阳极放电。

2. 阴极产物析出的次序

（1）在阴极，导电电极材料不参与反应，因此，首先是电极电位代数值较大的金属离子如 Ag^+、Cu^{2+}、Ni^{2+}、Zn^{2+} 等得到电子，形成单质。

（2）若溶液中只有电极电位代数值小的活泼金属离子如 Na^+、K^+、Mg^{2+}、Ca^{2+} 等，则水溶液中 H^+ 可能优先得到电子而析出氢气。但要考虑相应离子与 H^+ 的实际浓度及 H^+ 在电极上放电的过电位，通过能斯特方程具体计算才能确定。

【例 3-3-11】（历年真题）电解 NaCl 水溶液时，阴极上放电的离子是：

A. H^+　　　　　B. OH^-　　　　　C. Na^+　　　　　D. Cl^-

【解答】电解 NaCl 实质是电解 H_2O，故阴极上 H^+ 放电析出 H_2，应选 A 项。

【例 3-3-12】（历年真题）电解 Na_2SO_4 水溶液时，阳极上放电的离子是：

A. H^+　　　　　B. OH^-　　　　　C. Na^+　　　　　D. SO_4^{2-}

【解答】电解 Na_2SO_4 实质是电解 H_2O，故阳极上 OH^- 放电析出 O_2，应选 B 项。

习　题

3-3-1　（历年真题）在铜锌原电池中，将铜电极的 $C(H^+)$ 由 1mol/L 增加到 2mol/L，则铜电极的电极电势：

A. 变大　　　　　B. 变小　　　　　C. 无变化　　　　　D. 无法确定

3-3-2　（历年真题）已知 $E^{\ominus}(Fe^{3+}/Fe^{2+})=0.77V$，$E^{\ominus}(MnO_4^-/Mn^{2+})=1.51V$，当同时提高两电对酸度时，两电对电极电势数值的变化下列正确的是：

A. $E^{\ominus}(Fe^{3+}/Fe^{2+})$ 变小，$E^{\ominus}(MnO_4^-/Mn^{2+})$ 变大

B. $E^{\ominus}(Fe^{3+}/Fe^{2+})$ 变大，$E^{\ominus}(MnO_4^-/Mn^{2+})$ 变大

C. $E^{\ominus}(Fe^{3+}/Fe^{2+})$ 不变，$E^{\ominus}(MnO_4^-/Mn^{2+})$ 变大

D. $E^{\ominus}(Fe^{3+}/Fe^{2+})$ 不变，$E^{\ominus}(MnO_4^-/Mn^{2+})$ 不变

3-3-3　（历年真题）有原电池（－）Zn｜$ZnSO_4$（C_1）‖$CuSO_4$（C_2）｜Cu（＋），如提高 $ZnSO_4$ 浓度 C_1 的数值，则原电池电动势：

A. 变大　　　　　B. 变小　　　　　C. 不变　　　　　D. 无法判断

第四节　化学反应的基本规律

对于一个化学反应，首先要关注的有两个方面的问题：一个是反应的方向或自发性，另一个是反应速率，前者涉及化学热力学，后者与化学动力学有关。

在化学学科领域里，化学热力学、化学动力学和物质结构理论组成了近代化学的三大基本理论。

一、化学热力学与化学反应的方向

热力学是研究自然界各种形式的能量之间相互转化的规律，以及能量转化对物质的影响的学科。将热力学的基本原理用于研究化学现象及与化学有关的物理现象的学科称为化学热力学。化学热力学的内容涉及探索化学变化与能量传递、能量转换间的关系及其变化规律，并用以判断化学变化的方向和反应程度等。

　　化学热力学是以热力学第一定律、热力学第二定律及热力学第三定律为基础和核心内容发展起来的。

　　化学热力学的特点是：（1）由于化学热力学研究的对象是宏观的由大量质点组成的体系，故其结论具有统计意义，不适用于个别原子、分子；（2）它只需知道被研究对象的始态和终态及变化时的条件就可进行相应的计算，不需考虑物质的微观结构和反应机理；（3）热力学的研究不涉及速率问题，所以化学热力学解决了一定条件下反应的可能性问题，至于如何把可能变成现实，还需要其他研究的配合。

　　（一）基本概念

　　1. 体系与环境

　　为了明确讨论的对象，人为地将所研究的这部分物质或空间与其周围的物质或空间分开。被划分出来作为研究对象的这部分物质或空间，称为体系。体系以外与其密切相关的其他部分称为环境。根据体系与环境间的关系，可将体系分为三种类型：

　　（1）敞开体系：体系与环境间既有物质交换，又有能量交换。

　　（2）封闭体系：体系与环境间没有物质交换，只有能量交换。

　　（3）孤立体系：体系与环境间既无物质交换，也无能量交换。

　　封闭体系是化学热力学研究中最常见的体系。

　　2. 体系的状态和状态函数

　　用热力学描述一个体系，就必须确定它的温度、体积、压力、组成等一系列物理、化学性质。这些性质的总和就确定了体系的状态。所以，体系的状态就是体系的物理性质和化学性质的综合表现。体系的状态一定，体系的各个物理、化学性质都具有相应于该状态的确定的量值。当体系的任何一个性质发生变化时，则体系由一种状态转变为另一种状态。体系的性质和状态之间存在一一对应的关系，即存在一定的函数关系。体系的每一个物理、化学性质都是状态的函数，简称状态函数。常见的温度、压力、体积、浓度以及后面介绍的热力学能、焓等都是状态函数。状态函数有如下两个重要特性：

　　（1）各状态函数之间是互相联系的。

　　（2）当一种状态转变到另一种状态时，状态函数的变化量（增量）只取决于体系发生变化前的状态（即始态）和变化后的状态（即终态），而与变化的途径无关。

　　3. 标准状态

　　标准状态是为了便于研究而人为设定的一种参比状态。这是一种假想的状态，作为一种统一的比较标准。实际体系存在的真实状态，大部分都不是标准状态。热力学对标准状态的定义是：

　　（1）对气体物质而言，当其分压为 100kPa 时，该气体即处于标准状态，该压力也称标准压力 $p^{\ominus}$，$p^{\ominus}=100kPa$。

　　（2）对纯液态、纯固态物质而言，当其处于 100kPa 压力下，该纯液态或纯固态物质即处于标准状态。

　　（3）对溶液中溶质，其标准状态是指在标准压力下溶质组分的浓度为 $1mol/dm^3$ 时的状态，即标准浓度 $C^{\ominus}$，$C^{\ominus}=0.1mol/dm^3$。

　　（4）对于任一体系而言，当其中所有组分的物质都处于标准状态时，则整个体系即处于标准状态。

（5）热力学对标准状态的规定中，并未规定统一的温度标准。因此，标准态的温度是可以任意选定的，实际上每个温度都存在一个标准态。国际纯粹与应用化学联合会（IU-PAC）推荐用 298.15K 作参比标准，所以，若不特别指明标准状态的温度，则通常是指298.15K（或 298K）。

4. 自发过程与化学反应的方向性

自然界中发生的变化都具有一定的方向性。例如，两个温度不同的物体互相接触时，热会自动地从高温物体传向低温物体，直至两个物体温度相同而达平衡；该过程的逆过程，即热量从低温物体传向高温物体，则显然是不会自动发生的。化学反应也存在类似情况。热力学中把那些无需外界干涉便可自动发生的反应或变化称为自发反应或自发变化。在指定条件下，如果某一反应能自发进行，则其逆反应必不能自发进行。反之，若某反应不能自发进行，则其逆反应必能自发进行。研究化学反应的方向性，就是要判别某一反应体系在指定状态下，能否自发反应，反应该向什么方向进行。

【例 3-4-1】（历年真题）体系与环境之间只能量交换而没有物质交换，这种体系在热力学上称为：

A. 绝热体系　　　　B. 循环体系　　　　C. 孤立体系　　　　D. 封闭体系

【解答】只有能量交换而没有物质交换为封闭体系，应选 D 项。

★★★（二）热化学和焓

1. 热力学能

体系内部所具有的一切能量的总和称为体系的热力学能 U。体系热力学能是体系的一种本质特征，属于状态函数。体系在任何指定状态下的热力学能的绝对值无法求得，但当体系发生变化时，变化前后热力学能之差 ΔU 却是可以测得的。如果体系由状态（1）（其热力学能为 U_1），变化到状态（2）（其热力学能为 U_2），在此过程中体系从环境中吸热 Q（热力学规定，体系从环境吸热，Q 取正值，体系向环境放热，Q 取负值），同时对环境做功 W（热力学规定，体系对环境做功，取 W 为负值；环境对体系做功，取 W 为正值），则按照能量守恒原理，有：

$$\Delta U = U_2 - U_1 = Q + W \tag{3-4-1}$$

这就是化学热力学第一定律（能量守恒定律）的表达式。

2. 化学反应的热效应 Q 和体系的焓 H

（1）热效应

许多化学反应都伴随着放热或吸热，称为化学反应的热效应或反应热。许多化学反应都是在通常大气压力下进行的，在反应或变化过程中，大气压的变化很小，可认为是恒定不变的。因此，这些化学反应都可近似看作为恒压反应，相应的热效应就是恒压热效应，通常用 Q_P 表示。若化学反应是在一个固定的容器中进行的，则为恒容反应，其相应的热效应称为恒容热效应，通常用 Q_V 表示。

（2）焓 H 与焓变 ΔH

设体系经过一个恒压变化（$P_1 = P_2 = P_外$），由状态 1（U_1、P_1、V_1）变化到状态 2（U_2、P_2、V_2），并假定在变化过程中，体系不做非膨胀功，即体系在变化过程中，除因体积变化而做功外，不做其他任何功。体系对环境做功为负，即：

$$W = -(P_2 V_2 - P_1 V_1) = -P_外 (V_2 - V_1) = -P_外 \Delta V$$

$$Q = Q_P$$

按能量守恒原理得：

$$\Delta U = U_2 - U_1 = Q + W = Q_P - P_外 \Delta V, 则：$$

$$Q_P = \Delta U + P_外 \Delta V$$
$$= (U_2 - U_1) + P_外 (V_2 - V_1)$$
$$= (U_2 + P_2 V_2) - (U_1 + P_1 V_1)$$

令 $H = U + PV$，H 称为焓，是由人们设定的一个热力学函数，既然 U 和 P、V 都是状态函数，由它们组合而成的 H 也必然是状态函数。令 $H_1 = U_1 + P_1 V_1$，$H_2 = U_2 + P_2 V_2$，则上式变为：

$$Q_P = H_2 - H_1 = \Delta H \tag{3-4-2}$$

ΔH 代表了体系由状态 1 变化到状态 2 时，其焓值的变化，称为体系的焓变。只要状态 1 和状态 2 确定，则 H_1 和 H_2 的值也就确定了，ΔH 的值也随之确定，并可用在状态 1 到状态 2 之间的恒压变化过程的热效应来衡量。可知，如果指定某一反应的反应物为始态（状态 1），而指定其生成物为终态（状态 2），则 $\Delta H = H_2 - H_1$，就是该反应的焓变，其数值上等于该反应的恒压反应热 Q_P。

对焓 H 和焓变 ΔH 的理解如下：

1）焓是状态函数，具有能量的量纲，其绝对值至今无法确定。

2）在封闭体系中发生只做体积功的等压过程，这一特定条件下，$\Delta H = Q_P$。吸热过程：$Q_P > 0$，$\Delta H > 0$，焓增；放热过程：$Q_P < 0$，$\Delta H < 0$，焓减。

3）对一定量的某物质而言，由于由液态变为气态必须吸热，所以气态的焓值要大于液态的焓值，同理，液态的焓值又高于固态的焓值，即：$H(g) > H(l) > H(s)$。

一定量的某物质，由低温上升到高温状态，要吸收热量，焓值增大，即：H（高温）$> H$（低温）。

4）对于化学反应，等压过程的热 Q_P 等于体系的焓变 ΔH：

$\Delta H = H_{生成物} - H_{反应物} > 0$，即体系吸收热量使焓值增加，为吸热反应。

$\Delta H = H_{生成物} - H_{反应物} < 0$，即体系放出热量使焓值降低，为放热反应。

5）当过程反向进行时，ΔH 改变符号。例如：ΔH（正）$= H_2 - H_1$；ΔH（逆）$= H_1 - H_2 = -\Delta H$（正）。所以，在化学反应中，正反应与逆反应的焓变也是数值相等、符号相反。

（3）热和功

热和功都不是状态函数，均与变化的途径有关。

（4）化学反应的标准摩尔焓变 $\Delta_r H_m^\ominus$

标准状态下化学反应的焓变称为化学反应的标准焓变，用 $\Delta_r H^\ominus$ 表示。下标"r"表示一般的化学反应，上标"$\ominus$"表示标准状态，$\Delta_r H$ 的单位是 kJ。

任何一个化学反应的焓变不仅与反应体系所处的状态有关，而且与反应过程中消耗的物质的量有关，也就是与反应进度 ξ（见本节后面）有关。因此定义，当化学反应进度为 $\xi = 1 mol$ 时，化学反应的标准焓变为化学反应的标准摩尔焓变，以 $\Delta_r H_m^\ominus$ 表示，右下标 "r、m" 代表相应的化学反应的进度为 1mol；$\Delta_r H_m^\ominus = \Delta_r H^\ominus / \xi$。$\Delta_r H_m^\ominus$ 的单位是kJ/mol。

由于化学反应的进度与计量方程密切相关，所以 $\Delta_r H_m^\ominus$ 的量值与热化学方程式的书写方式是联系在一起的。例如：

$$C(石墨)+\frac{1}{2}O_2(g)\!=\!=\!CO(g) \quad \Delta_r H_m^\ominus(298.15K)=-110.5kJ/mol$$

$$2C(石墨)+O_2(g)\!=\!=\!2CO(g) \quad \Delta_r H_m^\ominus(298.15K)=-221kJ/mol$$

（5）标准摩尔生成焓 $\Delta_f H_m^\ominus$（298.15K）

在标准状态下，由参考态单质生成 1mol 某物质的化学反应标准摩尔焓变称为该物质的标准摩尔生成焓。温度常选取 298.15K，用 $\Delta_f H_m^\ominus$（298.15K）表示，其下标"f"代表生成（formation）。例如：

$$\frac{1}{2}H_2(g)+\frac{1}{2}Cl_2(g)\!=\!=\!HCl(g) \quad \Delta_f H_m^\ominus(298.15K)=-92.3kJ/mol$$

所以，$HCl(g)$ 的标准摩尔生成焓 $\Delta_f H_m^\ominus$（298.15K）$=-92.3kJ/mol$。

根据上述定义可知，参考态单质的标准摩尔生成焓都等于零。换个角度来讲，它们自己生成自己，没有发生变化，也就没有焓变。但非参考态单质的 $\Delta_f H_m^\ominus$（298.15K）不为零，如金刚石，$\Delta_f H_m^\ominus$（298.15K）$=1.9kJ/mol$，它表示下列反应的焓变：

$$C(石墨)\!=\!=\!C(金刚石) \quad \Delta_r H_m^\ominus(298.15K)=1.9kJ/mol$$

同一物质的不同聚集态，它们的标准摩尔生成焓也是不同的，应予以注意。例如，$H_2O(g)$ 的 $\Delta_f H_m^\ominus(298.15K)=-241.8kJ/mol$，而 $H_2O(l)$ 的 $\Delta_f H_m^\ominus(298.15K)=-285.8kJ/mol$。

（6）由 $\Delta_f H_m^\ominus$ 计算 $\Delta_r H_m^\ominus$ 的一般式

如图 3-4-1 所示，设定标准状态、298.15K 下参考态单质为始态，标准状态、298.15K 下生成物为终态。由始态到终态可经两条不同的路径：其一，由参考态单质先结合成反应物，再由反应物转变为生成物；其二，由参考态单质直接结合为生成物。由于焓是状态函数，其增量（即焓变）只与始态及终态有关而与途径无关。相同的始态及终态，两条途径的焓变应当是相等的。

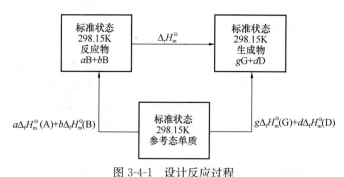

图 3-4-1 设计反应过程

给定反应：

$$aA+bB\!=\!=\!gG+dD$$

式中，A、B、G、D 为物质的化学式；a、b、g、d 为化学式前的系数。略去 298.15K，该反应的标准摩尔焓变为：

$$\Delta_r H_m^\ominus=[g\Delta_f H_m^\ominus(G)+d\,\Delta_f H_m^\ominus(D)]-[a\Delta_f H_m^\ominus(A)+b\Delta_f H_m^\ominus(B)] \tag{3-4-3}$$

瑞士籍俄国化学家赫斯（Hess）在热力学第一定律建立之前，从分析大量热效应实验出发，提出了一条规律：总反应的热效应只与反应的始态及终态（包括温度、反应物和生成物的量及聚集态等）有关，而与变化的途径无关。也可表达为：一个反应无论是一步完成还是分几步完成，它们的热效应是相等的。总反应的热效应等于各分步反应的热效应之和，此经验规律称为赫斯定律。此定律适用于等压热效应或等容热效应。

【例 3-4-2】（历年真题）下列反应的热效应等于 $CO_2(g)$ 的 $\Delta_f H_m^\ominus$ 是：

A. $C(金刚石)+O_2(g) \rightarrow CO_2(g)$
B. $CO(g)+\dfrac{1}{2}O_2(g) \rightarrow CO_2(g)$

C. $C(石墨)+O_2(g) \rightarrow CO_2(g)$
D. $2C(石墨)+2O_2(g) \rightarrow 2CO_2(g)$

【解答】根据 $\Delta_f H_m^\ominus$ 的定义，C 的参考态单质为石墨，应选 C 项。

【例 3-4-3】（历年真题）在 298K、100kPa 下，反应 $2H_2(g)+O_2(g)=2H_2O(l)$ 的 $\Delta_r H_m^\ominus = -572kJ/mol$，则 $H_2O(l)$ 的 $\Delta_f H_m^\ominus$ 是：

A. 572kJ/mol
B. -572kJ/mol

C. 286kJ/mol
D. -286kJ/mol

【解答】根据 $\Delta_f H_m^\ominus$ 的定义，则 $H_2O(l)$ 的 $\Delta_f H_m^\ominus$ 为：$-572/2=-286$kJ/mol，应选 D 项。

★★★（三）熵 S 和熵变 ΔS

1. 熵的概念与计算

熵是物质的一个重要的状态函数，用符号 S 表示。熵是体系混乱度的量度。体系较有序，混乱程度较小，熵较小；体系越无序，混乱程度越大，熵就越大。体系的状态确定后，其内部混乱程度就是一定的，即有一确定熵。

同一物质从固态到液态再到气态，随着分子运动混乱度的增加，熵逐渐增大，即：$S(s) < S(l) < S(g)$。

同一物质的同一聚集态，温度升高，热运动增强，体系混乱度增加，熵也增大，即：$S(低温) < S(高温)$。

在孤立体系中，过程的方向及限度的熵判据如下：

（1）$(\Delta S)_{孤立} > 0$，该过程正反应可自发进行；

（2）$(\Delta S)_{孤立} = 0$，体系处于平衡态；

（3）$(\Delta S)_{孤立} < 0$，该过程正反应不能自发进行，其逆反应可自发进行。

可知，在孤立体系中自发过程总是朝着体系混乱度增加，即熵增的方向进行，又称熵增原理，它是热力学第二定律的一种表述形式。

可以设想，在热力学温度为 0K 时，纯物质的完整晶体只有一种可能的微观状态，其中的粒子是完全整齐、规则、有序地排列的，是完全的、理想的、混乱度最小的状态，其熵规定为零，记为 $S_0 = 0$，这称为热力学第三定律。

2. 熵变 ΔS

如果将某纯物质完整晶体从 0K 加热至某一温度 T，过程的熵变为：

$$\Delta S = S(T) - S_0 = S(T) - 0 = S(T) \tag{3-4-4}$$

用热力学的方法加上适当的数学处理可以求出把 1mol 纯物质的完整晶体从 0K 加热至 T 过程中的熵变 ΔS，即求出了 1mol 此物质在 T 时的熵 $S(T)$，称它为该物质在 T 时的摩尔规定熵，记为 $S_m(T)$。这与前面讨论的状态函数 H 不同，H 的绝对值无法求得，而摩尔规定熵 $S_m(T)$ 是有具体量值的。

在热力学标准状态下，某物质的摩尔规定熵称为该物质的标准摩尔熵，记为 $S_m^{\ominus}(T)$。单质、化合物在298.15K 的标准摩尔熵，记为 $S_m^{\ominus}$ (298.15K)，它的单位是 J/(mol·K)。注意，任何单质的标准摩尔熵不等于零。

对于给定反应 $a\text{A}+b\text{B}=\!=\!=g\text{G}+d\text{D}$，由于熵是状态函数，在标准状态、298.15K 时化学反应的标准摩尔熵变 $\Delta_r S_m^{\ominus}$(298.15K) 可由下式计算：

$$\Delta_r S_m^{\ominus}(298.15\text{K})=[gS_m^{\ominus}(\text{G})+dS_m^{\ominus}(\text{D})]-[aS_m^{\ominus}(\text{A})+bS_m^{\ominus}(\text{B})] \qquad (3\text{-}4\text{-}5)$$

根据熵的概念，可以估计许多化学反应 ΔS 的符号。一般来说，若反应后气体物质的量增加了，则由于混乱度增加较多，反应熵也要增加，$\Delta_r S>0$；反之 $\Delta_r S<0$。若反应前后气体物质的量不变，$\Delta_r S$ 通常是很小的。

【例 3-4-4】（历年真题）金属钠在氯气中燃烧生成氯化钠晶体，其反应的熵变是：

A. 增大　　　　　B. 减少　　　　　C. 不变　　　　　D. 无法判断

【解答】 反应方程式为 $2\text{Na(s)}+\text{Cl}_2(\text{g})=\!=\!=2\text{NaCl(s)}$，生成的气体分子数增加，故熵值增大，应选 A 项。

★★★（四）吉布斯自由能

在自然界中各种物理、化学变化过程的发生与进行的方向，至少受到两大因素的制约：一是体系的自发变化将使体系的能量趋于降低；二是体系的自发变化将使体系的混乱度增加。用热力学函数来表述，即体系的自发变化将向 ΔH 减小和 ΔS 增大的方向进行。基于这些事实，美国物理化学家吉布斯定义了一个新的热力学函数 G，称为吉布斯函数或吉布斯自由能，即：

$$G=H-TS \qquad (3\text{-}4\text{-}6)$$

由于 H、T、S 都是状态函数，故 G 也是状态函数，具有状态函数的一切特征。

在等温、等压、只做体积功的条件下，凡是体系吉布斯自由能减小的过程都能自发进行，这也是热力学第二定律的一种表达形式。

在等温、等压、只做体积功的条件下，体系由状态 1 转变到状态 2，吉布斯自由能变 $G_2-G_1=\Delta G$ 与自发过程的关系（即吉布斯判据）是：

(1) $\Delta G<0$，该过程正反应可自发进行；

(2) $\Delta G=0$，体系处于平衡状态；

(3) $\Delta G>0$，该过程正反应不能自发进行，但其逆反应可自发进行。

在热力学标准状态下，发生 1mol 反应时，反应的吉布斯自由能变化称为化学反应的标准摩尔吉布斯自由能变，用 $\Delta_r G_m^{\ominus}$ 表示，单位是 J/mol。298.15K 下化学反应的标准摩尔吉布斯自由能变记为 $\Delta_r G_m^{\ominus}$(298.15K)。

化学反应的标准摩尔吉布斯自由能变 $\Delta_r G_m^{\ominus}$ 的量值也与化学反应方程式的书写方法有关。例如：

$$\text{H}_2\text{O(l)}=\!=\!=\text{H}_2(\text{g})+\frac{1}{2}\text{O}_2(\text{g}) \qquad \Delta_r G_m^{\ominus}(298.15\text{K})=237.1\text{kJ/mol}$$

$$2\text{H}_2\text{O(l)}=\!=\!=2\text{H}_2(\text{g})+\text{O}_2(\text{g}) \qquad \Delta_r G_m^{\ominus}(298.15\text{K})=474.2\text{kJ/mol}$$

由于 G 具有状态函数的性质，故正反应的 $\Delta_r G_m^{\ominus}$ 与逆反应的 $\Delta_r G_m^{\ominus}$ 数值相等、符号相反。

吉布斯自由能变 ΔG 只与始态及终态有关而与变化的途径无关。若把一个反应设计成几个分步反应的总和，则总反应的 $\Delta_r G_m^{\ominus}$ 等于各个分步反应的 $\Delta_r G_m^{\ominus}$ 之和。

吉布斯自由能和热力学能、焓一样，无法获得其绝对值，可以利用各物质的标准摩尔生成吉布斯自由能($\Delta_f G_m^{\ominus}$)计算反应的标准摩尔吉布斯自由能变($\Delta_f G_m^{\ominus}$)。在标准状态下，由参考态单质生成 1mol 该物质的反应的标准吉布斯自由能变称为该物质的标准摩尔生成吉布斯自由能 $\Delta_f G_m^{\ominus}$。常用 298.15K 下的数据，故记为 $\Delta_f G_m^{\ominus}$(298.15K)，单位是 kJ/mol。参考态单质的 $\Delta_f G_m^{\ominus}$(298.15K)=0，化合物的 $\Delta_f G_m^{\ominus}$(298.15K)可查有关手册。

任一给定反应 $a\mathrm{A}+b\mathrm{B}\Longrightarrow g\mathrm{G}+d\mathrm{D}$，其 $\Delta_r G_m^{\ominus}$(298.15K)等于生成物的标准生成吉布斯自由能的总和减去反应物的标准生成吉布斯自由能的总和，即：

$$\Delta_r G_m^{\ominus}(298.15K)=[g\Delta_f G_m^{\ominus}(\mathrm{G})+d\Delta_f G_m^{\ominus}(\mathrm{D})]-[a\Delta_f G_m^{\ominus}(\mathrm{A})+b\Delta_f G_m^{\ominus}(\mathrm{B})] \quad (3\text{-}4\text{-}7)$$

★★★（五）吉布斯-亥姆霍兹公式及其应用

吉布斯和德国科学家亥姆霍兹各自独立地证明了在等温、等压、热力学温度为 T 时，吉布斯自由能变 $\Delta G(T)$ 与焓变 $\Delta H(T)$ 和熵变 $\Delta S(T)$ 之间的关系为：

$$\Delta G(T) = \Delta H(T) - T\Delta S(T) \quad (3\text{-}4\text{-}8)$$

上式称吉布斯-亥姆霍兹公式，T 为热力学温度。

在温度变化范围不太大时，可作近似处理，将 $\Delta H(T)$ 和 $\Delta S(T)$ 视为不随温度而变，直接使用298.15K的数据。对于标准状态下，T K 时化学反应的 $\Delta_r G_m^{\ominus}(T)$，可用吉布斯-亥姆霍兹公式的如下常用形式：

$$\Delta_r G_m^{\ominus}(T)=\Delta_r H_m^{\ominus}(298.15K)-T\Delta_r S_m^{\ominus}(298.15K) \quad (3\text{-}4\text{-}9)$$

根据吉布斯-亥姆霍兹公式，判别反应方向如下：

（1）对于 $\Delta H<0$，$\Delta S>0$ 的反应，不管温度高低（因为热力学温度 T 恒大于零），ΔG 总是小于零。这类反应不论在任何温度下，正反应都能自发进行。

（2）对于 $\Delta H>0$，$\Delta S<0$ 的反应，不管温度高低，ΔG 总是大于零。正反应在任何温度下都不会自发进行。

（3）对于 $\Delta H<0$，$\Delta S<0$ 的反应，当温度较低，$T<\left|\dfrac{\Delta H}{\Delta S}\right|$ 时，$\Delta G<0$，正反应能自发进行；而当 $T>\left|\dfrac{\Delta H}{\Delta S}\right|$ 时，$\Delta G>0$，正反应不能自发进行。当 $T_{转}=\left|\dfrac{\Delta H}{\Delta S}\right|$ 时，$\Delta G=0$，体系达平衡，$T_{转}$ 称为该反应的转化温度，是这类正反应能自发进行的最高温度。

（4）对于 $\Delta H>0$，$\Delta S>0$ 的反应，当 $T>\left|\dfrac{\Delta H}{\Delta S}\right|$ 时，$\Delta G<0$，正反应能自发进行；而当 $T<\left|\dfrac{\Delta H}{\Delta S}\right|$ 时，$\Delta G>0$，正反应不能自发进行。$T_{转}=\left|\dfrac{\Delta H}{\Delta S}\right|$ 是这类正反应能自发进行的最低温度。

【例 3-4-5】（历年真题）已知反应 $\mathrm{N_2(g)}+3\mathrm{H_2(g)}\longrightarrow 2\mathrm{NH_3(g)}$ 的 $\Delta_r H_m<0$，$\Delta_r S_m<0$，则该反应为：

A. 低温易自发，高温不易自发　　　　B. 高温易自发，低温不易自发

C. 任何温度都易自发　　　　　　　　D. 任何温度都不易自发

【解答】由 $\Delta G=\Delta H-T\Delta S$ 可知，当 ΔH 和 ΔS 均小于零时，ΔG 在低温时小于零，

所以低温自发，高温非自发，应选 A 项。

【例 3-4-6】（历年真题）某化学反应在任何温度下都可以自发进行，此反应需满足的条件是：

A. $\Delta_r H_m < 0$，$\Delta_r S_m > 0$ B. $\Delta_r H_m > 0$，$\Delta_r S_m < 0$

C. $\Delta_r H_m < 0$，$\Delta_r S_m < 0$ D. $\Delta_r H_m > 0$，$\Delta_r S_m > 0$

【解答】 由 $\Delta G = \Delta H - T \Delta S$ 可知，当 $\Delta H < 0$ 和 $\Delta S > 0$ 时，ΔG 在任何温度下都小于零，都能自发进行，应选 A 项。

【例 3-4-7】（历年真题）某反应在 298K 及标准态下不能自发进行，当温度升高到一定值时，反应能自发进行，符合此条件的是：

A. $\Delta_r H_m^{\ominus} > 0$，$\Delta_r S_m^{\ominus} > 0$ B. $\Delta_r H_m^{\ominus} < 0$，$\Delta_r S_m^{\ominus} < 0$

C. $\Delta_r H_m^{\ominus} < 0$，$\Delta_r S_m^{\ominus} > 0$ D. $\Delta_r H_m^{\ominus} > 0$，$\Delta_r S_m^{\ominus} < 0$

【解答】 由 $\Delta G = \Delta H - T \Delta G$ 可知，当 $\Delta H > 0$ 和 $\Delta S > 0$ 时，在 T 升高到一定值，$\Delta G < 0$，反应能自发进行，应选 A 项。

二、化学反应速率

★★★ （一）化学反应的进度和反应速率的表示方法

在反映某一阶段内化学反应中任何一种反应物或生成物的物质的量变化 Δn_B 与其化学计量数 ν_B 之商为该化学反应的反应进度 ξ（单位是 mol）：

$$\xi = \frac{\Delta n_B}{\nu_B} \tag{3-4-10}$$

例如，反应：$2H_2(g) + O_2(g) = 2H_2O(g)$

$$\xi = \frac{\Delta n_{H_2}}{-2} = \frac{\Delta n_{O_2}}{-1} = \frac{\Delta n_{H_2O}}{2}$$

化学计量数就是化学反应方程中物质前面的系数（化学反应系数）。由于在反应中反应物是减少的，其 Δn_B 为负值，而生成物是增加的，其 Δn_B 为正值。因此，在计算反应进度时，规定反应物的 ν_B 取负值，生成物的 ν_B 取正值。

假定当上述反应进行到反应进度 ξ 时，消耗掉 1.0mol 的 H_2 气，即 $\Delta n_{H_2} = -1.0$mol，则按反应方程式可以推知同时消耗掉的 $O_2(g)$ 的量应为 0.5mol，即 $\Delta n_{O_2} = -0.5$mol，同时生成了 1.0mol 的 H_2O 气，即 $\Delta n_{H_2O} = 1.0$mol，按反应进度的定义可求算 ξ：$\xi = \Delta n_{H2}/\nu_{H_2} = \frac{-1.0\text{mol}}{-2} = 0.5$mol，或 $\xi = \Delta n_{O_2}/\nu_{O_2} = \frac{-0.5\text{mol}}{-1} = 0.5$mol，或 $\xi = \Delta n_{H_2O}/\nu_{H_2O} = \frac{1.0\text{mol}}{2} = 0.5$mol。

由此可知，对任何反应，在任何指定的反应进度，不管以任何反应物或生成物作测量标准，得出的 ξ 值都是相同的。因此，用化学反应进度随时间的变化率来表示化学反应速率 $\dot{\xi}$（单位为 mol/s），将不随测量标准不同而不同，即：

$$\dot{\xi} = \Delta \xi / \Delta t \qquad 或 \qquad \dot{\xi} = d\xi / dt \tag{3-4-11}$$

★★★ （二）影响化学反应速率的因素

影响反应速率的因素除反应物的本质、浓度、温度外，还有催化剂、反应物的聚集状态、反应介质和光照等。

1. 反应物浓度对反应速率的影响

根据反应机理，化学反应可以分为基元反应和复合反应两大类。其中，反应物分子直接碰撞发生的化学反应称为基元反应，它是一步完成的反应，故也称简单反应。例如：

$$O_2 + H(g) \longrightarrow HO(g) + O(g)$$

但多数化学反应的历程较为复杂，反应物分子要经过几步才能转化为生成物。这类由两个或两个以上的基元反应构成的化学反应，称为复合反应。

当温度不变时，基元反应的反应速率与反应物浓度的乘积成正比，乘积中各浓度的指数等于反应方程式中该物质的化学计量数（只取正值）。假若反应 $aA + bB \longrightarrow cC$ 是基元反应，则有：

$$v = kC_A^a C_B^b \tag{3-4-12}$$

上式称为化学反应速率方程式，又称质量作用定律表达式。式中，比例常数 k 称为速率常数。k 取决于反应物的本性、反应温度和催化剂等，但与浓度无关。这就是说，不同的反应在同一温度下，k 不同；同一反应在不同温度或有无催化剂的不同条件下，k 也不同。同一反应仅改变反应物浓度，其 k 不变。k 的物理意义是：当反应物的浓度都是 1.0mol/dm^3 时该反应的速率。

非基元反应的速率方程式中，浓度的方次和反应物的系数不一定相符，不能由化学反应方程式直接写出，而要由实验确定。

对于任一化学反应：$aA + bB + \cdots \longrightarrow gG + dD + \cdots$

其反应速率方程式可写为：

$$v = kC_A^\alpha C_B^\beta \cdots \tag{3-4-13}$$

上式中，各浓度项上的指数 α，β，$\cdots$ 称为反应的分级数，它们分别表示反应物 A，B，$\cdots$ 的浓度对反应速率影响的程度，而各浓度项指数之和 $\alpha + \beta + \cdots = n$，则称为总反应级数。$\alpha$，$\beta$，$\cdots$ 和 n 的数值完全是由实验测定的。它们的值可以是零、正整数、分数或负数。

大多数反应都是由多步基元反应组成的复杂反应。复杂反应的每步反应都可单独按基元反应处理，按反应化学计量数直接写出速率方程式中相关浓度项的指数。在复杂反应中，各分步反应中速率最慢的一步，决定了整个反应的速率，称为反应速率的决定步骤。当人们在实践中希望加快某反应的速率时，首先要提高反应速率决定步骤的速率。

2. 温度对反应速率的影响

化学反应速率通常随温度升高而增大，但不同的反应增大的程度不同。这是因为化学反应速率常数 k 随温度升高而变大。阿伦尼乌斯公式表明了反应速率常数 k 随温度 T 变化的定量关系：

$$\lg k = A - \frac{E_a}{2.303RT} \tag{3-4-14}$$

式中，R 为气体常数，其值取 8.315J/(mol·K)。利用上式，可由两个不同温度 T_1、T_2 时的速率常数 k_1 和 k_2，求得活化能 E_a（单位为 kJ/mol）；也可由某一温度时的反应速率常数及活化能 E_a 求算另一温度时的速率常数。

活化能 E_a 实质上代表了反应物分子发生反应时所必须首先克服的。现代化学反应速率理论认为，化学反应的历程可以描述为：具有足够能量的反应物分子，在运动中相互接近，发生碰撞，有可能生成一种活泼的不稳定的过渡态，通常称为活化配合物，然后，活化配合物再分解形成生成物：

$$A + BC \xrightarrow{碰撞} [A \cdots B \cdots C] \Longleftrightarrow AB + C$$

具有足够能量的反应物　活化络合物　生成物

按照气体分子运动理论可知，在任何温度下反应体系中所有分子的能量总是高低不等的。这中间只有一部分分子能量足够高，它们在相互碰撞时才可能引起化学变化，人们把这种碰撞称为有效碰撞。把那些具有足够高能量、能发生有效碰撞及化学变化的分子称为活化分子。活化分子所具有的平均能量与反应物分子的平均能量之差就是活化能 E_a。如果一个反应的活化能很小，则反应物只需从环境中吸收少量的能量（如热和光）即能克服活化能，使反应开始，并不断进行下去。这类反应就容易进行，反应速率就快。反之亦然。

由式（3-4-14）可知：（1）在相同温度下，活化能 E_a 越小，其速率常数 k 就越大，反应速率也就越快；反之，活化能 E_a 越大，其速率常数 k 就越小，反应速率也就越慢；（2）对同一反应来说，温度越高，k 就越大，反应速率也越快；反之，温度越低，k 就越小，反应速率也越慢。

3. 催化剂对化学反应速率的影响

通常将那些能改变反应速率而本身在反应前后质量和化学组成均没有变化的物质称为催化剂。凡能加快反应速率的催化剂，称为正催化剂，即一般所说的催化剂。凡能降低反应速率的称为负催化剂，如防止塑料、橡胶的老化，需要添加适当的负催化剂以减缓反应速率。

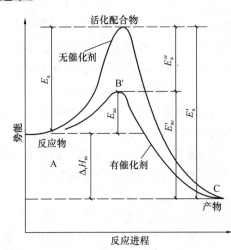

图 3-4-2　催化剂对活化能的影响

催化剂改变反应速率的作用称为催化作用。当反应体系中引入催化剂时，催化剂与反应物形成一种势能较低的活化配合物，改变了反应的历程，与未使用催化剂的反应相比较，所需的活化能显著降低，导致反应速率加快。如图 3-4-2所示，无催化剂时正反应的活化能为 E_a，逆反应的活化能为 E_a'；有催化剂时正反应的活化能为 E_{ac}，逆反应的活化能为 E_{ac}'。因 $E_a > E_{ac}$，$E_a' > E_{ac}'$，且 $E_a - E_{ac} = E_a' - E_{ac}' = E_a''$，这表明有催化剂时，正、逆反应的活化能同等程度降低了。因此，催化剂对正、反应速率增加的倍数是相同的。

【例 3-4-8】（历年真题）催化剂可加快反应速率的原因，下列叙述正确的是：

A. 降低了反应的 $\Delta_r H_m^{\ominus}$
B. 降低了反应的 $\Delta_r H_m^{\ominus}$
C. 降低了反应的活化能
D. 使反应的平衡常数 $K^{\ominus}$ 减小

【解答】催化剂加快反应的速率是因为它改变了反应的历程，降低了反应的活化能，增加了活化分子百分数，应选 C 项。

三、化学平衡

（一）分压定律

混合气体的总压力等于各组分气体的分压力之和，组分气体的分压力是指在同一温度下，它单独占有与混合气体相同体积时所产生的压力，这就是道尔顿分压定律。

设体积为 V 的容器，有 n 种组分气体，各种气体的物质的量为 n_n（下标 $n=1$，2，$\cdots$，i，n)，它们均为理想气体即满足 $p_iV=n_iRT$，则：

$$p_{总}=p_1+p_2+\cdots+p_i+\cdots+p_n$$

$$=(n_1+n_2+\cdots+n_i+\cdots+n_n)\frac{RT}{V}=n_{总}\frac{RT}{V}$$

$$p_i=p_{总}\frac{n_i}{n_{总}}=p_{总}\,x_i \tag{3-4-15}$$

上式表明，组分气体 i 的分压等于混合气体的总压与组分气体 i 的摩尔分数 x_i 之积。

相同温度下，若组分气体 i 具有与混合气体相同的压力 $p_{总}$，此时组分气体 i 单独占有的体积为 V_i，则：

$$p_i=p_{总}\frac{V_i}{V_{总}}=p_{总}\,\varphi_i \tag{3-4-16}$$

上式表明，组分气体 i 的分压等于混合气体总压与组分气体 i 的体积分数 φ_i 之积。

★★★（二）平衡常数与多重平衡规则

1. 平衡常数

化学平衡是可逆反应中，当正、逆反应速率相等时体系所处的状态。处于化学平衡的体系，只要外界条件不变，反应物和生成物的浓度或分压不再随时间而改变。平衡态是一定条件下化学反应所能进行的最大限度。

体系达到平衡状态后，所有平衡组分的浓度或分压都不再随时间而改变，即为该组分的平衡浓度或平衡分压。对于指定反应 $a\mathrm{A}+b\mathrm{B}\rightleftharpoons d\mathrm{D}+e\mathrm{E}$ 而言，达平衡时，各组分的平衡浓度 C_A、C_B、C_D、C_E 或平衡分压 p_A，p_B，p_D，p_E 都是确定的值，不再随时间而变化，则：

$$K_\mathrm{C}=\frac{C_\mathrm{D}^d\cdot C_\mathrm{E}^e}{C_\mathrm{A}^a\cdot C_\mathrm{B}^b},\quad K_\mathrm{C}^{\ominus}=\frac{[C_\mathrm{D}/C^{\ominus}]^d\cdot[C_\mathrm{E}/C^{\ominus}]^e}{[C_\mathrm{A}/C^{\ominus}]^a\cdot[C_\mathrm{B}/C^{\ominus}]^b}$$

或

$$K_\mathrm{p}=\frac{p_\mathrm{D}^d\cdot p_\mathrm{E}^e}{p_\mathrm{A}^a\cdot p_\mathrm{B}^b},\quad K_\mathrm{p}^{\ominus}=\frac{[p_\mathrm{D}/p^{\ominus}]^d\cdot[p_\mathrm{E}/p^{\ominus}]^e}{[p_\mathrm{A}/p^{\ominus}]^a\cdot[p_\mathrm{B}/p^{\ominus}]^b} \tag{3-4-17}$$

K_C 或 K_p 都是常数，称为化学反应的平衡常数。用平衡浓度表示的常数 K_C 称浓度平衡常数，用平衡分压表示的常数 K_p 称压力平衡常数。$K_\mathrm{C}^{\ominus}$ 或 $K_\mathrm{p}^{\ominus}$ 为标准平衡常数。

化学反应的平衡常数的大小，表示了反应进行的难易程度，也代表了一个反映达到平衡时产物与反应物的比例，因而也表示了反应进行的程度。K 值越大，就表示这个反应在指定条件下，正向进行的倾向越大，进行的程度也越彻底。

平衡常数 K 是随反应温度 T 而变化的条件常数。当反应温度保持一定时，指定反应的平衡常数 K 亦为定值，不因反应物浓度或生成物浓度的改变而变化。

在书写和应用平衡常数时，应注意：

（1）平衡常数表达式与反应方程式的书写方式有关，在进行有关化学平衡的计算时，应注意使用与反应方程式相应的平衡常数。例如：

$$3\mathrm{H}_2(\mathrm{g})+\mathrm{N}_2(\mathrm{g})\rightleftharpoons 2\mathrm{NH}_3(\mathrm{g})，则：$$

$$K_p = \frac{[p_{NH_3}/p^{\ominus}]^2}{[p_{H_2}/p^{\ominus}]^3 \cdot [p_{N_2}/p^{\ominus}]}$$

$\frac{3}{2}H_2(g) + \frac{1}{2}N_2(g) \Longrightarrow NH_3(g)$，则：

$$K_p = \frac{p_{NH_3}/p^{\ominus}}{[p_{H_2}/p^{\ominus}]^{3/2} \cdot [p_{N_2}/p^{\ominus}]^{1/2}}$$

（2）对于有纯固体或纯液体参加的反应，它们的浓度或分压不写入平衡常数表达式中。

2. 多重平衡规则

如果一个反应是若干个相关反应之和，在相同的温度下，这个反应的平衡常数就等于它们相应的平衡常数之积；相反，一个反应是另外两个反应之差，这个反应的平衡常数就等于另外两个平衡常数之商，这就是多重平衡规则。例如：

反应（1）　　$2H_2O(g) \Longrightarrow 2H_2(g) + O_2(g)$ 　　　　$K_1^{\ominus}$

反应（2）　　$CO_2(g) + H_2(g) \Longrightarrow H_2O(g) + CO(g)$ 　　　　$K_2^{\ominus}$

反应（3）　　$2CO_2(g) \Longrightarrow 2CO(g) + O_2(g)$ 　　　　$K_3^{\ominus}$

因为（3）＝（1）＋2×（2），则：$K_3^{\ominus} = K_1^{\ominus} \times [K_2^{\ominus}]^2$

【例 3-4-9】（历年真题）已知反应（1）$H_2(g) + S(g) \Longrightarrow H_2S(g)$，其平衡常数为 $K_1^{\ominus}$

（2）$S(s) + O_2(g) \Longrightarrow SO_2(g)$，其平衡常数为 $K_2^{\ominus}$，则反应

（3）$H_2(g) + SO_2(s) \Longrightarrow O_2(g) + H_2S(g)$ 的平衡常数为 $K_3^{\ominus}$ 是：

A. $K_1^{\ominus} + K_2^{\ominus}$ 　　　　　　　　　　　　　B. $K_1^{\ominus} \cdot K_2^{\ominus}$

C. $K_1^{\ominus} - K_2^{\ominus}$ 　　　　　　　　　　　　　D. $K_1^{\ominus}/K_2^{\ominus}$

【解答】反应（3）＝（1）－（2），则：$K_3^{\ominus} = \dfrac{K_1^{\ominus}}{K_2^{\ominus}}$，应选 D 项。

★（三）化学反应的吉布斯自由能变与标准平衡常数

对于理想气体反应：$aA(g) + bB(g) \Longrightarrow gG(g) + dD(g)$，在恒温恒压下，在任意给定状态时的气体分压分别为：p'_A、p'_B、p'_G、p'_D，根据热力学可以得到：

$$\Delta_r G_m(T) = \Delta_r G_m^{\ominus}(T) + RT\ln J \tag{3-4-18}$$

$$J = J_p = \frac{[p'_G/p^{\ominus}]^g [p'_D/p^{\ominus}]^d}{[p'_A/p^{\ominus}]^a [p'_B/p^{\ominus}]^b} \tag{3-4-19}$$

对于稀溶液反应：$aA + bB \Longrightarrow gG + dD$，同样有式（3-4-18），及下式：

$$J = J_c = \frac{[C'_G/C^{\ominus}]^g [C'_D/C^{\ominus}]^d}{[C'_A/C^{\ominus}]^a [C'_B/C^{\ominus}]^b} \tag{3-4-20}$$

上述式中，J_p 为压力商，J_c 为浓度商，统一用 J 表示。

在恒温恒压下，反应达到平衡时，其 $\Delta_r G_m(T) = 0$，则可推导得到：

$$平衡状态 \quad \Delta_r G_m^{\ominus}(T) = -RT\ln K^{\ominus} \tag{3-4-21}$$

$$非平衡状态 \quad \Delta_r G_m(T) = RT\ln \frac{J}{K^{\ominus}} \tag{3-4-22}$$

式（3-4-21）也是判断化学反应方向和限度的重要公式。

将任意给定状态时物质的 J（J_p 或 J_c）与 $K^\ominus$ 进行比较，可以判断该状态下反应自发进行的方向：

（1）若 $J < K^\ominus$，则 $\Delta_r G_m (T) < 0$，正反应能自发进行；

（2）若 $J = K^\ominus$，则 $\Delta_r G_m (T) = 0$，反应处于平衡；

（3）若 $J > K^\ominus$，则 $\Delta_r G_m (T) > 0$，正反应不能自发进行，但其逆反应能自发进行。

根据上述结论，很容易理解压力、浓度对化学平衡的影响。

【例 3-4-10】（历年真题）已知 298K 时，反应 $N_2O_4(g) \rightleftharpoons 2NO_2(g)$ 的 $K^\ominus = 0.1132$，在 298K 时，如 $p(N_2O_4) = p(NO_2) = 100kPa$，则上述反应进行的方向是：

A. 反应向正向进行　　　　　　　　B. 反应向逆向进行

C. 反应达平衡状态　　　　　　　　D. 无法判断

【解答】$J = J_c = \dfrac{(100/100)^2}{100/100} = 1.0 > K^\ominus$，反应向逆向进行，应选 B 项。

★★★（四）化学平衡的移动

1. 浓度对化学平衡的影响

在一定温度下，体系处于平衡状态，如果这时增加反应物的浓度，或者减少某一生成物的浓度，则 $J_c < K^\ominus$，故 $\Delta_r G_m (T) < 0$，化学反应将向正反应自发地进行，即平衡向正反应方向移动。

2. 压力对化学平衡的影响

对只有液体或固体参加的反应，压力变化对平衡的影响很小。对有气体参加的反应，改变体系的总压力将引起各组分气体的分压力同等程度的改变，此时平衡移动的方向将由反应体系本身的特点来决定：（1）对那些反应前后计量系数不变的气相反应，如 $H_2(g) + I_2(g) \rightleftharpoons 2HI(g)$，压力对其平衡没有影响；（2）对反应前后计量系数有变化的气相反应，在一定温度下，增加平衡时的总压力，化学平衡将向气体物质化学计量数减小的方向移动（其实质是 $J_p < K^\ominus$，故 $\Delta_r G_m (T) < 0$）。

3. 温度对化学平衡的影响

温度对化学平衡移动的影响，主要是影响平衡常数 $K^\ominus$，因为平衡常数是温度的函数。设某一可逆反应在温度为 T_1、T_2 时的标准平衡常数分别为 $K_1^\ominus$ 和 $K_2^\ominus$，可推导得到：

$$\ln \frac{K_2^\ominus}{K_1^\ominus} = \frac{\Delta_r H_m^\ominus}{R} \left(\frac{T_2 - T_1}{T_2 T_1} \right) \tag{3-4-23}$$

由上式可知：（1）对于吸热反应（$\Delta_r H_m^\ominus > 0$），若升高温度，则 $K^\ominus$ 变大，平衡向吸热反应方向移动；降低温度，则 $K^\ominus$ 变小，平衡向放热反应方向移动。（2）对于放热反应（$\Delta_r H_m^\ominus < 0$），若升高温度，则 $K^\ominus$ 变小，平衡向吸热反应方向移动；降低温度，则 $K^\ominus$ 变大，平衡向放热反应方向移动。

4. 吕·查德理原理

吕·查德理原理指出了平衡移动的规律：当体系达到平衡后，若因外部原因使平衡条件发生了变化，将打破平衡而使平衡移动，平衡移动的方向是使平衡向减弱外因所引起的变化的方向移动。比如，在平衡体系中增加反应物量或减少生成物的量，则引起平衡向正反应方向移动，消耗掉更多的反应物而生成更多的生成物。若对体系加热升温就使平衡向吸热的方向移动，以消耗更多的能量。

吕·查德理原理只适用于已处于平衡状态的体系，不适用于未达到平衡状态的体系。

【例3-4-11】（历年真题）在一容器中，反应 $2SO_2(g)+O_2(g)\rightleftharpoons 2SO_3(g)$ 达到平衡，在恒温下加入一定量 Ar 气体，并保持总压不变，平衡将会：

A. 正向移动　　　　B. 逆向移动　　　　C. 无明显变化　　　　D. 不能判断

【解答】加入 Ar 气体，总压不变，则各气体分压减小，平衡向气体分子数增加方向移动，逆向移动，应选 B 项。

【例3-4-12】（历年真题）已知反应 $C_2H_2(g)+2H_2(g)\rightleftharpoons C_2H_6(g)$ 的 $\Delta_rH_m<0$，当反应达平衡后，欲使反应向右进行，可采取的方法是：

A. 升温，升压　　　　　　　　　　B. 升温，减压

C. 降温，升压　　　　　　　　　　D. 降温，减压

【解答】此反应为气体分子数减小，升压，反应向右进行；$\Delta_rH_m<0$，为放热反应，降温，反应向右进行，应选 C 项。

【例3-4-13】（历年真题）反应 $A(S)+B(g)\rightleftharpoons C(g)$ 的 $\Delta H<0$，欲增大其平衡常数，可采取的措施是：

A. 增大 B 的分压　　　　　　　　　B. 降低反应温度

C. 使用催化剂　　　　　　　　　　D. 减小 C 的分压

【解答】平衡常数只是温度的函数，浓度（或压力）改变或使用催化剂对平衡常数无影响，应选 B 项。

习　　题

3-4-1　（历年真题）对一个化学反应来说，下列叙述正确的是：

A. $\Delta_rG_m^\ominus$ 越小，反应速率越快　　　　B. $\Delta_rH_m^\ominus$ 越小，反应速率越快

C. 活化能越小，反应速率越快　　　　D. 活化能越大，反应速率越快

3-4-2　（历年真题）下列反应中 $\Delta_rS_m^\ominus>0$ 的是：

A. $2H_2(g)+O_2(g)\longrightarrow 2H_2O(g)$

B. $N_2(g)+3H_2(g)\longrightarrow 2NH_3(g)$

C. $NH_4Cl(s)\longrightarrow NH_3(g)+HCl(g)$

D. $CO_2(g)+2NaOH(eq)\longrightarrow Na_2CO_3(aq)+H_2O(l)$

3-4-3　（历年真题）对于一个化学反应，下列各组中关系正确的是：

A. $\Delta_rG_m^\ominus>0$，$K^\ominus<1$　　　　　　B. $\Delta_rG_m^\ominus>0$，$K^\ominus>1$

C. $\Delta_rG_m^\ominus<0$，$K^\ominus=1$　　　　　　D. $\Delta_rG_m^\ominus<0$，$K^\ominus<1$

3-4-4　（历年真题）反应 $PCl_3(g)+Cl_2(g)\rightleftharpoons PCl_5(g)$，298K 时 $K^\ominus=0.767$，此温度下平衡时，如 $p(PCl_5)=p(PCl_3)$，则 $p(Cl_2)$ 等于：

A. 130.38kPa　　　　　　　　　　B. 0.767kPa

C. 7607kPa　　　　　　　　　　　D. 7.67×10^{-3}kPa

3-4-5　（历年真题）某温度下，在密闭容器中进行如下反应 $2A(g)+B(g)\rightleftharpoons 2C(g)$，开始时，$p(A)=p(B)=300$kPa，$p(C)=0$kPa，平衡时，$p(C)=100$kPa，在此温度下反应的标准平衡常数 $K^\ominus$ 是：

A. 0.1　　　　　　B. 0.4　　　　　　C. 0.001　　　　　　D. 0.002

第五节 有 机 化 学

通常把含有碳、氢两种元素的化合物称为烃。烃中的氢被其他原子或基团取代的产物称为烃的衍生物。因此，有机化合物就是烃及烃的衍生物，有机化学也就是研究烃及烃的衍生物的化学。

一、有机化学的特点、分类和命名

(一)有机化学的特点

与无机化合物相比，有机化合物一般具有如下特点：

(1)数量庞大，结构复杂，同分异构现象(见后内容)普遍存在。

(2)易燃烧。

(3)熔点、沸点低，热稳定性差。

(4)难溶于水，易溶于有机溶剂。

(5)反应速率慢，副反应多，产物复杂。

(二)有机化学的结构和分子结构的表示方法

有机化合物分子中的碳、氢等原子是通过共价键相结合的。有机化合物分子结构式的常见表示方法如下：

1. 价键式

在价键式中，每一元素符号代表该元素的一个原子，原子之间的每一价键都用一短线表示。例如：

乙烯	乙炔	苯	乙醇

2. 结构简式

在价键式的基础上，将单键省去(环状化合物中环上的单键不能省去)，有相同原子时，要把它们合在一起，其数目用阿拉伯数字表示，并把数字写在该原子的元素符号的右下角。例如：

$$H_2C = CH_2 \qquad HC \equiv CH \qquad \qquad CH_3CH_2OH$$

乙烯	乙炔	苯	乙醇

(三)有机化合物的分类

有机化合物的分类，一种是按碳链分类，另一种是按官能团分类。

1. 按碳链分类

(1)开链化合物

在开链化合物中，碳原子互相结合形成链状。因为这类化合物最初是从脂肪中得到的，故又称脂肪族化合物。例如：

$$CH_3CH_2CH_3 \quad CH_3CH=CH_2 \quad CH_2=CH-CH=CH_2 \quad CH_3CH_2OH$$

丙烷　　　　　丙烯　　　　　　1,3-丁二烯　　　　　乙醇

（2）碳环化合物

碳环化合物分子中的碳原子相互结合成环状结构。它们又可分为以下两类：

1）脂环化合物：它们的化学性质与脂肪族化合物相似，因此称为脂环族化合物。例如：

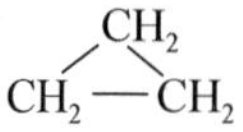

环丙烷 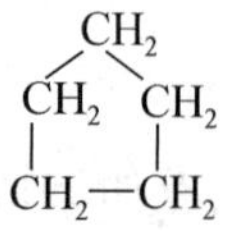　　　　　环戊烷 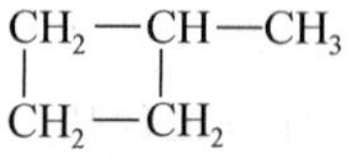　　　　甲基环丁烷

为书写方便，上述结构式可以分别简化为：

2）芳香族化合物：这类化合物大多数都含有芳环，它们具有与开链化合物和脂环化合物不同的化学特性。例如：

苯 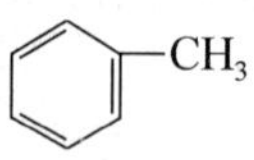　　　　甲苯 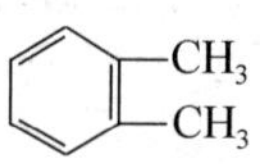　　　　　1,2-二甲苯 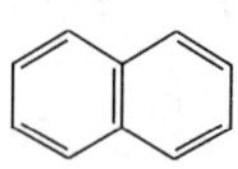　　　　　萘

（3）杂环化合物

在这类化合物分子中含有碳原子和其他元素的原子(如氧、硫、氮)共同组成的环。例如：

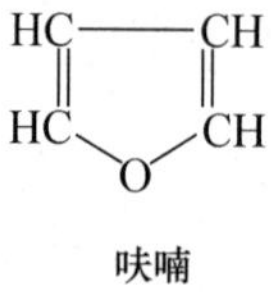

呋喃 　　　　噻吩 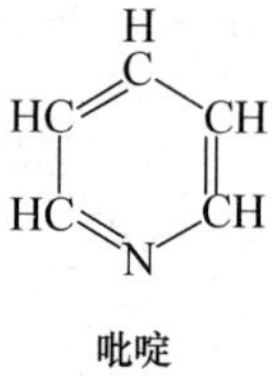　　　　吡啶

2. 按官能团分类

官能团是分子中比较活泼而又易发生化学反应的原子或基团，它常常决定化合物的主要化学性质。含有相同官能团的化合物在化学性质上基本是相同的。常见有机化合物的官能团及其代表化合物见表3-5-1。

常见有机化合物的官能团及其代表化合物　　　　　　　　表3-5-1

化合物类别	官能团结构	官能团名称	实　　例
烯烃	$\diagdown C=C\diagup$	双键	$CH_2=CH_2$（乙烯）
炔烃	$-C\equiv C-$	三键	$HC\equiv CH$（乙炔）
卤代烃	$-X$	卤基	CH_3CH_2-X（卤乙烷）
醇	$-OH$	羟基	CH_3CH_2OH（乙醇）

续表

化合物类别	官能团结构	官能团名称	实　例
酚	—OH	烃基	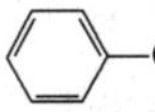 —OH(苯酚)
醚	—C—O—C—	醚键	C_2H_5—O—C_2H_5（乙醚）
醛	$\overset{O}{\underset{-CH}{\parallel}}$	醛基	CH_3—CH（乙醛）（带O双键）
酮	$C=O-$	酮基	CH_3COCH_3（丙酮）
羧酸	—COOH	羧基	CH_3COOH（乙酸）
羧酸酯	—COOR	酯基	CH_3COOCH_3（乙酸甲酯）
胺	—NH_2	氨基	CH_3CH_2—NH_2（乙胺）
硝基化合物	—NO_2	硝基	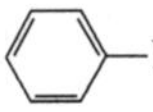 —NO_2(硝基苯)
酰胺化合物	$\overset{O}{\underset{-C-NH_2}{\parallel}}$	酰氨基	CH_3—$\overset{O}{\underset{C}{\parallel}}$—$NH_2$（乙酰胺）
腈	—CN	氰基	CH_3CN（乙腈）
磺酸	—SO_3H	磺酸基	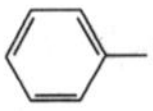 —SO_3H(苯磺酸)

★★★（四）有机化合物的命名

1. 烷烃

最简单的烷烃是甲烷，分子式为 CH_4，随着碳原子数的增长，依次是乙烷（C_2H_6）、丙烷（CH_3H_8）、丁烷（C_4H_{10}）等，可以用一个通式 C_nH_{2n+2} 来表示烷烃，其中，n 为碳原子的数目。

像烷烃这样，凡是具有同一通式、结构和化学性质相似、物理性质则随着碳原子数的增加而有规律地变化的化合物系列称为同系列。同系列中的化合物互称为同系物，同系列组成上相差的"CH_2"称为系列差。

烷烃常用的命名法有普通命名法和系统命名法。

（1）普通命名法

普通命名法一般只适用于简单、含碳原子较少的烷烃，其基本原则是：根据分子中碳原子的数目称"某烷"。碳原子数由一到十分别用甲、乙、丙、丁、戊、己、庚、辛、壬、癸表示；碳原子数在十一个以上时，则用汉字的数字表示。例如：

$$CH_3CH_2CH_2CH_2CH_3 \qquad CH_3(CH_2)_{10}CH_3$$
$$\text{戊烷} \qquad\qquad\qquad \text{十二烷}$$

为了区别同分异构现象，直链烷烃称"正"某烷；在链端第二个碳原子上连有一个甲基且无其他支链的烷烃，称"异"某烷；在链端第二个碳原子上连有两个甲基且无其他支链的烷烃，称"新"某烷。例如：戊烷的三种同分异构体，分别称为正戊烷、异戊烷和新戊烷。

（2）系统命名法

1) 选择一个最长的碳链作为主链，按这个链所含的碳原子数目称为"某烷"。将主链以外的其他烷基看作是主链上的取代基。

2) 从靠近支链的一端开始，将主链碳原子依次用阿拉伯数字编号，以确定支链的位置。将支链的位置和名称写在主链名称的前面，阿拉伯数字和汉字之间用"-"隔开。例如：

$$
\begin{array}{c}
CH_3 \\
| \\
CH_3-CH-CH_2-CH_2-CH_2-CH_3 \\
1 2 3 4 5 6
\end{array}
$$

2-甲基己烷

如果取代基的数目较多，应采用最低系列对主链碳原子进行编号。所谓"最低系列"是指碳链以不同方向编号，得到两种或两种以上的不同编号的系列，顺次比较各系列的不同位次，最先遇到位次最小者，定为"最低系列"。例如：

$$
\begin{array}{c}
\overset{1}{CH_3} \quad\quad\quad\quad\quad CH_3 \quad CH_3 \\
| \quad\quad\quad\quad\quad\quad\quad | \quad\quad | \\
\underset{8'}{CH_3}-\overset{2}{\underset{7'}{C}}-\overset{3}{\underset{6'}{CH_2}}-\overset{4}{\underset{5'}{CH_2}}-\overset{5}{\underset{4'}{CH_2}}-\overset{6}{\underset{3'}{C}}-\overset{7}{\underset{2'}{CH}}-\overset{8}{\underset{1'}{CH_3}} \\
| \quad\quad\quad\quad\quad\quad\quad | \\
CH_3 \quad\quad\quad\quad\quad CH_3
\end{array}
$$

取代基的位置从左到右编号得 2、2、6、6、7，从右到左编号得 $2'$、$3'$、$3'$、$7'$、$7'$。第一个数字都是"2"，故比较第二个数字"2"与"3"。因 2＜3，故编号从左到右为最低系列。

3) 如果分子中含有几个相同的取代基，则把它们合并起来，取代基数目用二、三、四等汉字来表示，其位次必须逐个注明，位次数字之间用","隔开。如果含有不同的取代基，其列出先后顺序按《有机物命名原则》，按"顺序规则"将顺序较小的取代基列在前，顺序较大的列在后。例如：

$$
\begin{array}{c}
CH_3 \\
| \\
CH_3-C-CH_2-CH-CH_2-CH_3 \\
| \quad\quad\quad | \\
CH_3 \quad\quad CH_3
\end{array}
\qquad
\begin{array}{c}
CH_2CH_3 \quad\quad CH_3 \\
| \quad\quad\quad\quad\quad | \\
CH_3-CH_2-CH-CH_2-CH-CH_3
\end{array}
$$

2，2，4，-三甲基己烷 　　　　　　2-甲基-4-乙基己烷

有机化合物中常见的元素，其顺序排列为：H＜C＜N＜O＜F＜P＜S＜Cl＜Br＜I，故—H＜—CH_3＜—NH_2＜—OH。

4) 如果按照取代基所在位置得到的两种编号相同，则以顺序规则中顺序小的取代基位次小为原则对主链编号。例如：

$$
\begin{array}{c}
CH_3-CH_2-CH-CH_2-CH-CH_2-CH_2 \\
| \quad\quad\quad\quad\quad | \\
CH_3 \quad\quad\quad CH_2CH_3
\end{array}
$$

3-甲基-5-乙基庚烷

5) 当具有相同长度的碳链可以作为主链时，应选定具有取代基数目最多的碳链。

2. 烯烃和炔烃

单烯烃是指分子中含有一个碳碳双键的不饱和烃，它比同碳数的烷烃少两个氢原子，通式为 C_nH_{2n}。烯烃的系统命名法，其步骤基本上与烷烃相似，但不同点是：标记双键位置，写出双键碳原子中位次较小的编号，放在烯烃名称前。例如：

$$CH_2=C-CH_3 \qquad CH_3-C=CH-CH-CH_2-CH_3 \qquad CH_3-CH-C=CH_2$$

2-甲基丙烯	2,4-二甲基-2-己烯	3-甲基-2-乙基-1-丁烷

炔烃是含有碳碳三键的不饱和烃，炔烃比同碳数的单烯烃少两个氢原子，通式为 C_nH_{2n-2}。

炔烃的系统命名法，其步骤与烯烃相似，不同点是：将"烯"字改为"炔"字。

3. 芳香烃

根据分子中所含苯环数目的不同，芳香烃分为单环芳香烃和多环芳香烃。

单环芳香烃的命名规定如下：

（1）一烃基苯。简单的烃基苯的命名是以苯环作母体，烃基作取代基，称为某烃基苯（"基"字常省略）。如果烃基较复杂或有不饱和键时，也可把链烃当作母体，苯环作取代基（苯基）。例如：

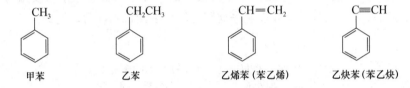

甲苯	乙苯	乙烯苯（苯乙烯）	乙炔苯（苯乙炔）

（2）二烃基苯。二烃基苯有三种同分异构体，这是由于取代基在苯环上的相对位置不同而产生的。命名时，两个烃基的相对位置既可用数字表示，也可用"邻""间""对"表示。用数字表示时，若烃基不同，按顺序规则，顺序小的位置编号为"1"。例如：

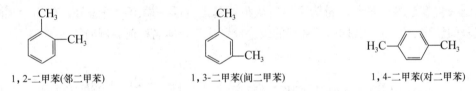

1,2-二甲苯（邻二甲苯）	1,3-二甲苯（间二甲苯）	1,4-二甲苯（对二甲苯）

（3）芳香烃衍生物

1）某些取代基如硝基（—NO_2）、亚硝基（—NO）、卤基（—X）等通常只作取代基。因此，具有这些取代基的芳烃衍生物应把芳烃看作母体，称为某基（代）芳烃。例如：

硝基苯	溴苯

2）当取代基为氨基（—NH_2）、羟基（—OH）、醛基（—CHO）、羧基（—COOH）、磺酸基（—SO_3H）等时，则把它们各看作一类化合物，分别称为苯胺、苯酚、苯甲醛、苯甲酸、苯磺酸等。

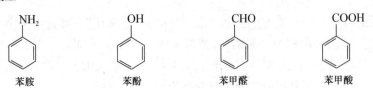

苯胺	苯酚	苯甲醛	苯甲酸

芳烃分子中去掉一个氢原子后剩余的基团称为芳基，用 Ar— 表示。

4. 卤代烷烃

卤代烃是指烃分子中的氢原子被卤原子取代后的化合物。卤代烃一般可用 R—X 表示，X 代表卤原子（F、Cl、Br、I），是卤代烃的官能团。卤代烷烃的命名规定如下：

（1）根据与卤原子相连的碳原子的类型不同，卤代烷可分为伯卤代烷（一级卤代烷）、仲卤代烷（二级卤代烷）和叔卤代烷（三级卤代烷）。例如：

$$R-CH_2-X \qquad \underset{\substack{|\\R'}}{\overset{\substack{R\\|}}{CH-X}} \qquad \underset{\substack{|\\R''}}{\overset{\substack{R\\|}}{R'-C-X}}$$

伯卤代烷（一级卤代烷）　　仲卤代烷（二级卤代烷）　　叔卤代烷（三级卤代烷）

（2）结构比较简单的卤代烷可用普通命名法命名。复杂的卤代烷可用系统命名法命名，其原则和烷烃的命名相似，即选择连有卤原子的最长碳链作为主链，根据主链碳原子数称为"某烷"，从距支链（烃基或卤原子）最近的一端给主链碳原子依次编号，把支链的位次和名称写在母体名称前，并按顺序规则将较优基团排列在后。例如：

$$\underset{\substack{|\\CH_3}}{\overset{\substack{CH_3 \quad Cl\\| \quad |}}{CH_3CHCH_2CHCH_3}} \qquad \underset{}{\overset{\substack{CH_2Br\\|}}{CH_3CH_2CHCH_2CH_3}}$$

2-甲基-4-氯戊烷　　　　　　2-乙基-1-溴丁烷

5. 醇

醇是脂肪烃分子中饱和碳原子上的氢原子被羟基（—OH）取代的衍生物。醇主要有两种命名方法：普通命名法和系统命名法。结构复杂的醇采用系统命名法命名。命名时，首先选择含有羟基的最长碳链为主链，从距羟基最近的一端给主链编号，称为"某醇"，取代基的位次、数目、名称以及羟基的位次分别注于母体名称前。例如：

$$\underset{\substack{|\\OH}}{\overset{\substack{C_2H_5\\|}}{CH_3-CH-CH-CH_3}} \qquad \qquad CH_2CH_2OH$$

3-甲基-2-戊醇　　　　　　　　　　　2-环己基乙醇

命名芳香醇时，将芳环看作取代基。例如：

$$\overset{\substack{CHCH_3\\|}}{\underset{\substack{|\\OH}}{}} \qquad \qquad \overset{\substack{CHCH_2OH\\|}}{\underset{\substack{|\\CH_3}}{}}$$

1-苯荃乙醇　　　　　　　　　　　2-苯荃-1-丙醇

6. 酚

在芳香烃的芳环上一个或几个氢原子被羟基（—OH）取代后的衍生物叫酚。酚的命名是根据羟基所连芳环的名称称为"某酚"，芳环上的—NH₂、—OR、—R、—X、—NO₂ 等作为取代基；若芳环上连有—COOH、—SO₃H、—COOR、—COX、—CONH₂、—CN、—CHO、—COR 等基团时，则酚羟基作为取代基。例如：

苯酚（石炭酸）   3-乙基苯酚   2,4,6-三硝基苯酚

3-羟基苯甲醛   2-甲基-5-羟基苯甲醛

7. 醛与酮

羰基（—C—，上方为O）至少和一个氢原子相连的化合物称为醛。醛分子中的 —C—H（上方为O）称为醛基，简写为—CHO，但不能写成—COH。

羰基和两个烃基相连的化合物称为酮，酮分子中的羰基称为酮基。例如：

$$R—C—R' \qquad Ar—C—R \qquad Ar—C—Ar'$$
（各羰基上方为O）

结构复杂的醛、酮通常采用系统命名法命名。选择含有羰基的最长碳链为主链（母体），不饱和醛、酮要选择同时含有不饱和键和羰基的最长碳链为主链，从距羰基最近的一端编号，根据主链的碳原子数称为"某醛"或"某酮"。命名时除要注明取代基和不饱和键的位次和名称外，还需注明羰基的位次。由于醛基总是在分子的端头，所以醛基的编号始终为1，命名醛时可不用标明醛基的位次，但酮基的位次必须标明。醛、酮中取代基或不饱和键的位次和名称放在母体名称前，其位次除用2、3、4、…表示外，也可用希腊字母 α、β、γ、…表示。例如：

$$CH_3—CH—CHO$$
2-甲基丙醛（或 α-甲基丙醛）

$$CH_3CCH_2CHCH_3$$
4-甲基-2-戊酮

$$CH_3—C=CH—CH_2—CHO$$
4-甲基-3-戊烯醛

8. 羧酸与酯

羧酸是分子中含有羧基（—COOH）官能团的含氧有机化合物。羧酸分子中羧基上的羟基被其他原子或基团取代后生成的化合物称为羧酸衍生物（如酯和酰胺等）。

脂肪族一元羧酸的系统命名法与醛的命名法相似。

芳香羧酸和脂环羧酸的系统命名一般把环作为取代基。例如：

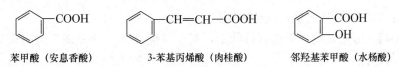

苯甲酸（安息香酸）   3-苯基丙烯酸（肉桂酸）   邻羟基苯甲酸（水杨酸）

酯根据形成它的羧酸和醇来命名，称为"某酸某酯"。例如：

乙酸甲酯   苯甲酸乙酯

9. 胺

根据氮原子上所连烃基数目的不同,可把胺分为伯胺(一级胺)、仲胺(二级胺)、叔胺(三级胺)等,例如:

$$NH_3 \quad RNH_2 \quad RR'NH \quad RR'NR''$$

氨　　　伯胺　　　仲胺　　　叔胺

式中 R、R′ 和 R″ 可以是相同的烃基,也可以是不同的烃基。

注意,伯、仲、叔胺的分类方法与伯、仲、叔卤代烃以及伯、仲、叔醇的分类方法是不同的。

结构简单的胺可以根据烃基的名称命名,即在烃基的名称后加上“胺”字。芳香胺的命名与脂肪胺相似。复杂的胺则以烃为母体,氨基作为取代基来命名。例如:

CH_3NH_2　　　　　　　　　　　　　　　　　　　　　2-甲基-4-氨基戊烷

甲胺　　　　　　　　苯胺　　　　　　对甲基苯胺

【**例 3-5-1**】(历年真题)下列物质中,不属于醇类的是:

A. C_4H_9OH　　　　B. 甘油　　　　C. $C_6H_5CH_2OH$　　　　D. C_6H_5OH

【**解答**】羟基(—OH)与芳香基直接相连为酚,D 项为苯酚,应选 D 项。

【**例 3-5-2**】(历年真题)按系统命名法,下列有机化合物命名正确的是:

A. 2-乙基丁烷　　　　　　　　　　　B. 2,2-二甲基丁烷

C. 3,3-二甲基丁烷　　　　　　　　　D. 2,3,3-三甲基丁烷

【**解答**】结构式:

$$CH_3\!-\!\overset{\overset{\displaystyle CH_3}{|}}{\underset{\underset{\displaystyle CH_3}{|}}{C}}\!-\!CH_2\!-\!CH_3$$

,命名为:2,2-二甲基丁烷,应选 B 项。

【**例 3-5-3**】(历年真题)结构简式为 $(CH_3)_2CHCH(CH_3)CH_2CH_3$ 的有机物的正确命名是:

A. 2-甲基-3-乙基戊烷　　　　　　　B. 2,3-二甲基戊烷

C. 3,4-二甲基戊烷　　　　　　　　　D. 1,2-二甲基戊烷

【**解答**】结构式:

$$CH_3\!-\!\overset{\overset{\displaystyle CH_3}{|}}{CH}\!-\!\overset{\overset{\displaystyle CH_3}{|}}{CH}\!-\!CH_2\!-\!CH_3$$

命名为:2,3-二甲基戊烷,应选 B 项。

【**例 3-5-4**】(历年真题)下列有机物中,对于可能处在同一平面上的最多原子数目的判断,正确的是:

A. 丙烷最多有 6 个原子处于同一平面上

B. 丙烯最多有 9 个原子处于同一平面上

C. 苯乙烯（ $\bigcirc$ —CH＝CH$_2$ ）最多有 16 个原子处于同一平面上

D. CH$_3$CH＝CH—C≡C—CH$_3$ 最多有 12 个原子处于同一平面上

【解答】丙烷最多 5 个原子处于一个平面，丙烯最多 7 个原子处于一个平面，苯乙烯最多 16 个原子处于一个平面，应选 C 项。

此外，D 项：最多 10 个原子处于一个平面。

★二、同分异构现象

同分异构现象是指分子式相同，但结构不同，从而性质各异的现象。

有机化学中的同分异构现象可分为两大类：构造异构（或结构异构）和立体异构。其中，构造异构是指分子中原子或官能团的连接顺序或方式不同而产生的异构现象，包括碳链异构、官能团位置异构、官能团异构和互变异构。立体异构是指分子中原子或官能团的连接顺序或方式相同，但空间的排列方式不同而产生的异构现象，包括构象异构、顺反异构和旋光异构。

1. 碳链异构

碳链异构是指由于碳链的构造不同产生的异构。例如，戊烷有三种同分异构体：

$$CH_3CH_2CH_2CH_2CH_3 \qquad CH_3—\underset{\underset{\displaystyle CH_3}{|}}{CH}_2CH_3 \qquad CH_3\underset{\underset{\displaystyle CH_3}{|}}{\overset{\overset{\displaystyle CH_3}{|}}{C}}CH_3$$

正戊烷（沸点 36.1℃）　　异戊烷（沸点 28℃）　　新戊烷（沸点 9.5℃）

2. 官能团位置异构

官能团位置异构是指在碳架结构不变的情况下，官能团在碳链中的位置不同而产生的异构。例如，丁烯有两种同分异构体：

$$CH_2＝CHCH_2CH_3 \qquad CH_3CH＝CHCH_3$$
　　1-丁烯　　　　　　2-丁烯

3. 官能团异构

官能团异构是指分子式相同，但官能团不同而产生的异构。例如，乙醇 CH$_3$CH$_2$OH 和甲醚 CH$_3$OCH$_3$。

4. 顺反异构

如 2-丁烯的同分异构体，其产生是由于组成双键的两个碳原子不能相对自由旋转，使这两个碳原子上所连接的原子或基团在空间的排列不同，以致形成的几何构型不同，这称为顺反异构现象。

顺-2-丁烯（沸点 3.7℃）　　　　反-2-丁烯（沸点 0.88℃）

互变异构、构象异构、旋光异构见有关化学书籍。

【例 3-5-5】（历年真题）下述化合物中，没有顺、反异构体的是：

A. CHCl＝CHCl

B. CH$_3$CH＝CHCH$_2$Cl

C. CH$_2$＝CHCH$_2$CH$_3$

D. CHF＝CClBr

【解答】CH_2＝$CHCH_2CH_3$ 的双链左侧均为 H 原子，故没有顺、反异构体，应选 C 项。

【例 3-5-6】（历年真题）分子式为 C_5H_{12} 各种异构体中，所含甲基数和它的一氯代物的数目与下列情况相符的是：

A. 2 个甲基，能生成 4 种一氯代物

B. 3 个甲基，能生成 5 种一氯代物

C. 3 个甲基，能生成 4 种一氯代物

D. 4 个甲基，能生成 4 种一氯代物

【解答】C_5H_{12} 的异构体如下，不同类型的氢原子对应不同的一氯化物：

H_3C—CH_2—CH_2—CH_2—CH_3，有 2 个甲基，3 种一氯代物；

H_3C—CH—CH_2—CH_3，有 3 个甲基，4 种一氯代物；
$\quad\quad\quad$|
$\quad\quad\quad CH_3$

$\quad\quad\quad CH_3$
$\quad\quad\quad$|
H_3C—C—CH_3，有 4 个甲基，1 种一氯代物；
$\quad\quad\quad$|
$\quad\quad\quad CH_3$

应选 C 项。

★★★三、有机化合物的重要反应

（一）取代反应

有机化合物中的氢原子被其他元素的原子或基团所代替的反应称为取代反应。其中，被卤素取代的反应称为卤代反应。例如：

$$CH_4 + Cl_2 \xrightarrow{\text{日光}} CH_3Cl + HCl$$

此取代反应还可进一步取代，生成二取代、三取代、四取代的产物。当控制 CH_4 和 Cl_2 的比例，可以使主要产物为一取代或四取代。

又如：⬡ ＋HNO_3(液) ⟶ ⬡—NO_2 ＋H_2O

硝基（—NO_2）的取代反应也称为硝化反应。

（二）消除反应

消除反应是指从有机化合物分子中消除一个小分子（如 HCl、H_2O 等），生成双键的反应。例如：

$$H_2C—CH_2 \xrightarrow[160\sim180℃]{H_2SO_4} H_2C＝CH_2 + H_2C$$
$$\quad|\quad\quad|$$
$$\;H\quad\; OH$$

$$CH_3—CH—CH_2 + NaOH \xrightarrow{\text{醇作溶剂}} CH_3—CH＝CH_2 + NaCl + H_2O$$
$$\quad\quad\;\;|\quad\quad|$$
$$\quad\quad\;\;H\quad\;\;Cl$$

（三）加成反应

含有重键（双键或三键，也称不饱和键）的有机化合物易发生加成反应，即重键中的 π 键断开，与其他原子或原子团结合，形成两个新的单键。例如加 H_2、X_2（卤素）、HX（卤化氢），以及同类分子间因加成而产生聚合等。例如：

$$CH_3—CH=CH_2+Br_2 \xrightarrow{CCl_4} CH_3—\underset{\underset{Br}{|}}{CH}—\underset{\underset{Br}{|}}{CH_2}$$

反应后，溴的红棕色消失。

$$CH\equiv CH+HCN \longrightarrow CH_2=CH—CN（丙烯腈）$$

$$nCH_2=CH_2 \xrightarrow{Al(C_2H_5)_3+TiCl_4} [CH_2—CH_2]_n（聚乙烯）$$

结构不对称的烯烃与极性分子（如 H_2O、HCl）加成时，后者分子中带有正电的部分（即 H 原子）加到含 H 较多的双键碳原子上，这称为马氏规则。例如：

$$CH_3—CH=CH_2+H_2O \longrightarrow CH_3—\underset{\underset{OH}{|}}{CH}—CH_3$$

不仅是烯烃和炔烃，其他含重键的化合物（如醛、酮等）也可以发生加成反应。

（四）缩合反应

反应物分子间相互作用，在脱去水、卤化氢等小分子的同时，其主要骨架的剩余部分（残基）彼此结合，生成新的有机化合物的反应称为缩合反应。这类反应很多，这里只介绍几种常见反应。

1. 置换反应

R-X 卤化物和 NaCN、NaOH 或 NaOR（醇钠）缩去 NaX，生成腈、醇和酯。例如：

$$CH_3CH_2Cl+NaCN \longrightarrow CH_3CH_2CN（丙腈）+NaCl$$

$$CH_3CH_2Cl+NaOH \longrightarrow CH_3CH_2OH（乙醇）+NaCl$$

$$CH_3CH_2Cl+NaOCH_2CH_3 \longrightarrow CH_3CH_2OCH_2CH_3（乙醚）+NaCl$$

2. 醚化反应

二个醇分子在浓硫酸作用下，失去水，生成醚。例如：

$$CH_3CH_2\boxed{OH+H}OCH_2CH_3 \xrightarrow[413K]{H_2SO_4} CH_3CH_2OCH_2CH_3+H_2O$$

3. 酯化反应

酸（有机酸、无机酸）和醇在催化剂作用下，失去水生成酯。例如：

$$CH_3—\overset{\overset{O}{\|}}{C}\boxed{OH} + CH_2—CH_3 \boxed{H_2O} \xrightarrow{H^+} CH_3—\overset{\overset{O}{\|}}{C}—OCH_2CH_3$$

4. 酰胺反应

酸、酰卤（RCOX）、酸酐与含有 H 原子的胺（如伯胺、仲胺）或氨作用，失去一些小分子（H_2O、H—X、RCOOH）生成酰胺。例如：

$$CH_3—\overset{\overset{O}{\|}}{C}—OH +H_2NCH_3 \longrightarrow CH_3—\overset{\overset{O}{\|}}{C}—NHCH_3 （N—甲基乙酰胺）+H_2O$$

（五）氧化反应

有机化学中广义的氧化反应是指化合物与 O 结合或分子中失去 H 的反应。这些反应都使有机化合物中 C 原子的氧化数升高。

烷烃、烯烃、炔烃、醇、醛、酮等各类化合物在不同条件下，发生氧化反应，生成不同程度的氧化产物（如醇、醛、酮、酸和CO_2等）。例如：

$$CH_4 + O_2 \longrightarrow CO_2 + H_2O$$

$$CH_3-CH=CH_2 + 2KMnO_4 + 4H_2O \longrightarrow CH_3-\underset{OH}{CH}-\underset{OH}{CH_2} + 2MnO_2 + 2KOH$$

注意，苯环较稳定，一般不易发生因氧化反应而导致开环的情况。

1. 醇的氧化反应

（1）在酸性条件下，伯醇或仲醇可被高锰酸钾或重铬酸钾氧化，首先生成不稳定的胞二醇，然后脱去一分子水形成醛或酮。

（2）伯醇或仲醇的蒸气在高温下通过活性铜（或银、镍等）催化剂，氢原子脱除，伯醇生成醛，仲醇则生成酮。此反应多用于有机化工生产中合成醛或酮。

2. 醛的氧化反应

（1）托伦试剂：托伦试剂是硝酸银的氨溶液。将醛和托伦试剂共热，醛被氧化为羧酸，银离子被还原为单质银，以黑色沉淀析出：

$$RCHO + 2\left[Ag(NH_3)_2\right]^+ + 2OH^- \longrightarrow RCOO^- NH_4^+ + 2Ag\downarrow + H_2O + 3NH_3$$

单质银就附着在试管壁上形成明亮的银镜，故该反应也称为银镜反应。

托伦试剂既可氧化脂肪醛，又可氧化芳香醛。酮不与托伦试剂反应。

（2）斐林试剂：斐林试剂由斐林 A 和斐林 B 两种溶液组成，斐林 A 为硫酸铜溶液，斐林 B 为酒石酸钾钠和氢氧化钠的混合溶液，使用时等量混合即得到深蓝色的斐林试剂。

醛与斐林试剂反应，醛被氧化为羧酸，Cu^{2+} 被还原为砖红色的 Cu_2O 沉淀：

$$RCHO + 2Cu^{2+} + 5OH^- \longrightarrow RCOO^- + Cu_2O（红）\downarrow + 3H_2O$$

甲醛可使斐林试剂中的 Cu^{2+} 还原成单质铜而附着在试管壁上形成明亮的铜镜，故该反应也称为铜镜反应。

酮、芳香醛不与斐林试剂反应。

（六）催化加氢

常温、常压下，烯烃很难同氢气发生反应，但在催化剂存在下，烯烃与氢气发生加成反应，生成相应的烷烃：

$$R-CH=CH_2 + H_2 \xrightarrow{\text{催化剂}} R-CH_2-CH_3$$

在特定条件下，苯环可发生加氢反应，表现出一定的不饱和性。但苯环的加氢反应不会停留在部分加成阶段，不会生成环己二烯或环己烯，这与脂肪族不饱和烃能够分步加成不同。

$$\text{（苯）} + 3H_2 \xrightarrow[180\sim250℃]{Ni} \text{（环己烷）}$$

【例 3-5-7】（历年真题）下列各组物质在一定条件下反应，可以制得比较纯净的 1,2-二氯乙烷的是：

A. 乙烯通入浓盐酸中　　　　　　　　B. 乙烷与氯气混合

C. 乙烯与氯气混合　　　　　　　　　D. 乙烯与卤化氢气体混合

【解答】乙烯与氯气混合，可以发生加成反应：$C_2H_4 + Cl_2 \longrightarrow CH_2ClCH_2Cl$，应选 C 项。

【例 3-5-8】（历年真题）某液体烃与溴水发生加成反应生成 2,3-二溴-2-甲基丁烷，该液体烃是：

A. 2-丁烯　　　　　　　　　　　　　B. 2-甲基-1-丁烷

C. 3-甲基-1-丁烷　　　　　　　　　D. 2-甲基-2-丁烯

【解答】加成反应生成 2,3-二溴-2-甲基丁烷，所以在 2,3 位碳碳间有双键，所以该液体烃为 2-甲基-2-丁烯，应选 D 项。

【例 3-5-9】（历年真题）下列有机物中，既能发生加成反应和酯化反应，又能发生氧化反应的化合物是：

A. $CH_3CH{=}CHCOOH$　　　　　　　B. $CH_3CH{=}CHCOOC_2H_5$

C. $CH_3CH_2CH_2CH_2OH$　　　　　　D. $HOCH_2CH_2CH_2CH_2OH$

【解答】A 项为丙烯酸，烯烃能发生加成反应和氧化反应，酸可以发生酯化反应，应选 A 项。

【例 3-5-10】（历年真题）在下列有机物中，经催化加氢反应后不能生成 2-甲基戊烷的是：

A.　$\underset{\underset{CH_3}{|}}{CH_2{=}C}CH_2CH_2CH_2$　　　　　B.　$(CH_3)_2CHCH_2CH{=}CH_2$

C.　$\underset{\underset{CH_3}{|}}{CH_3C{=}}CHCH_2CH_3$　　　　　D.　$CH_3CH_2\underset{\underset{CH_3}{|}}{CH}CH{=}CH_2$

【解答】A、B、C 项催化加氢均生成 2-甲基戊烷，D 项催化加氢生成 3-甲基戊烷，应选 D 项。

【例 3-5-11】（历年真题）下列物质使溴水褪色的是：

A. 乙醇　　　　　　　　　　　　　　B. 硬脂酸甘油酯

C. 溴乙烷　　　　　　　　　　　　　D. 乙烯

【解答】乙烯与溴发生加成反应，溴水褪色，应选 D 项。

【例 3-5-12】（历年真题）昆虫能分泌信息素。下列是一种信息素的结构简式：

$$CH_3(CH_2)_5CH{=}CH(CH_2)_9CHO$$

下列说法正确的是：

A. 这种信息素不可以与溴发生加成反应

B. 它可以发生银镜反应

C. 它只能与 1mol H_2 发生加成反应

D. 它是乙烯的同系物

【解答】信息素中含有醛基（—CHO），可以发生银镜反应，选 B 项。

【例 3-5-13】（历年真题）以下是分子式为 $C_5H_{12}O$ 的有机物，其中能被氧化为含相同碳原子数的醛的化合物是：

① $CH_2CH_2CH_2CH_2CH_3$
    |
    OH

② $CH_3CHCH_2CH_2CH_3$
    |
    OH

③ $CH_3CH_2CHCH_2CH_3$
     |
     OH

④ $CH_3CHCH_2CH_3$
    |
    CH_2OH

A. ①②
B. ③④
C. ①④
D. 只有①

【解答】羟基（—OH）与主碳链端部 C 原子相连，则氧化为醛；羟基与其他 C 原子相连，则氧化为酮，应选 C 项。

★★★四、基本有机物的结构、性质与用途

1. 烷烃

甲烷 CH_4 是最简单的饱和烷烃，能发生取代、氧化反应，主要用作能源及化工原料。

2. 烯烃

乙烯 $CH_2=CH_2$ 是最简单的烯烃，能发生催化加氢、加成、氧化、卤代、聚合等反应，可用作水果的催熟剂。

3. 炔烃

乙炔 $HCC≡CH$ 是最简单的炔烃，具有炔烃的典型性质，可发生加成、水解、取代、氧化、聚合等反应。它主要用作基本化工原料及高聚物单体，并可用于氧乙炔焰切割及气焊。

4. 苯与甲苯

苯 ⬡（C_6H_6）是最基本的芳香烃，具有芳香烃的典型性质，能发生取代、氧化反应。它主要用途是用作基本化工原料及优质溶剂。

甲苯 ⬡—CH_3 是取代芳香烃，具有芳香烃及取代烷烃的典型性质，可在苯环及—CH_3 基上发生取代反应、氧化反应。它主要用途为基本化工原料及工业溶剂。

5. 乙醇

乙醇 CH_3CH_2OH 是典型的醇类，具有醇类的各种典型性质，易发生脱水生成烯烃，亦可氧化为醛（酮）或羧酸甚至 CO_2，亦可发生取代、酯化、醚化，还可发生缩合反应。它是一种重要的基本化工原料，也是一种良好的溶剂，还可作燃料，或作医用消毒剂。

6. 苯酚（俗称碳酸）

苯酚 ⬡—OH 兼具芳香族化合物及酚类特征，苯环上能发生典型的芳香环反应（如取代、氧化等）及酚、醇类的反应（如具有酸碱性，能发生酸化及醚化反应）。它主要用作基本化工原料、聚合单体、溶剂及防腐消毒剂等。

7. 甲醛与乙醛

甲醛 HCHO 是无色有刺激性气味的气体，沸点为 $-21℃$，易溶于水。甲醛能凝固蛋白

质，因而有杀菌和防腐的作用。含有10％甲醇的37％甲醛水溶液俗称"福尔马林"。长期低剂量接触甲醛可引起各种慢性呼吸道疾病，高浓度甲醛对神经系统、免疫系统、肝脏等都有较大伤害。

乙醛 CH_3CHO 是典型的一种醛，具有醛类的特性，其典型反应是可被氧化成羧酸或 CO_2，也可被还原成醇，再脱水成烯烃。乙醛是重要的化工合成原料，是合成高聚物的单体。

8. 甲酸与乙酸

甲酸 HCOOH（俗称蚁酸）是有强烈腐蚀性和刺激性的液体，沸点为100.5℃，熔点为8.4℃，可与水、乙醇等混溶。 甲酸的结构不同于其他羧酸，分子中的羧基与一个氢原子直接相连，因此，甲酸同时具有羧基和醛基的结构。

乙酸 CH_3COOH（俗称醋酸）是一种重要的有机低碳羧酸。乙酸具有有机羧酸的典型性质，可还原成醇，亦可脱水成酸酐，还可进一步氧化为 CO_2；可与醇、胺、卤素作用生成酯或酰胺、酰卤等；可在—CH_3 基上发生取代，生成卤代酸、氨基酸等并继而发生缩合和缩聚反应。它可用作基本有机原料，醋酸-醋酸钠混合液是常用的缓冲溶液。醋酸还是食用调味品——醋的主要成分，也可用于环境杀菌消毒。

9. 乙酸乙酯

乙酸乙酯 $CH_3COOC_2H_5$ 是一种重要的低碳有机酯类，具有酯类的典型性质，最重要的反应有水解反应、皂化反应、取代反应及缩聚反应等。它主要用途是作为有机合成原料、高聚物单体，也是良好的有机溶剂。

五、有机高分子化合物

（一）基本概念

1. 链节、聚合度

有机高分子化合物（以下简称高分子化合物）的分子量很大，都是由成千上万的原子以共价键相互连接而成，但是它们的分子的化学组成比较简单，高分子化合物是由一些简单的结构单元多次重复而成。这种结构单元叫做链节，链节重复的次数叫聚合度。例如，天然橡胶的分子是由链节

$$—CH_2—\overset{\overset{\displaystyle CH_3}{|}}{C}=CH—CH_2—$$

多次重复而成，天然橡胶化学式可写成

$$\left[—CH_2—\overset{\overset{\displaystyle CH_3}{|}}{C}=CH—CH_2—\right]_n$$

，n 为聚合度。

聚合物与高分子化合物的相对分子质量有如下关系：

$$M_r = n \times m$$

式中 M_r 为高分子化合物的相对分子质量；n 为聚合度；m 为链节的相对分子质量。例如，聚氯乙烯，当 $n=3000$ 时，链节的相对分子质量 $m=62$，则聚氯乙烯高分子的相对分子质量为：

$$M_r = n \times m = 600 \times 62 = 186000$$

高分子化合物在形成过程中，由于反应条件不同，所形成的高分子化合物分子的相对分子质量并不是完全相同的。由于高分子化合物是链节结构相同、聚合度不同的同系物的混合物，因此，高分子化合物的相对分子质量是平均的相对分子质量。

可知，高分子化合物是相对分子质量特别大的有机化合物的总积。按照来源，它可分为天然高分子化合物和合成高分子化合物。

2. 高分子链的结构（亦称几何形状）

高分子化合物具有链状结构，根据高分子中链节在空间连接位置的不同，高分子化合物分子链的几何形状有线型、支链型和体型三种，如图 3-5-1 所示。

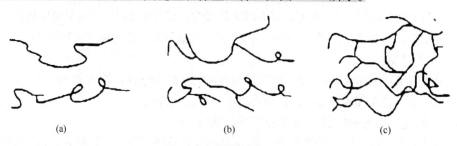

（a）　　　　　　　　　　　（b）　　　　　　　　　　（c）

图 3-5-1　高分子链的几何形状

（a）线型；（b）支链型；（c）体型

线型高分子在拉伸或低温下可呈直线形状，在较高温度下或稀溶液中，则易呈卷曲形状 [图 3-5-1 （a）]。线型高分子的特点是具有弹性和可塑性，可以溶解在一定的溶剂中，加热时可以熔化，冷却后又定型，可反复加工成型，通常热塑性聚合物是线型高分子，如聚乙烯、聚氯乙烯、尼龙、未硫化的天然橡胶等。

支链型高分子就好像一根"节上生枝"的树干一样 [图 3-5-1 （b）]，支链的数量、长短可以不同，有时支链上还有支链，它的性质与线型高分子基本相同。

体型高分子是线型或支链型高分子的分子间以化学键交联而形成的，具有空间网状结构 [图 3-5-1 （c）]。这种高分子弹性、可塑性较小，而硬度和脆性则较大，一次加工成型后不再熔化，在一般溶剂作用下也不溶解，通常热固性聚合物是体型高分子，如硫化橡胶、离子交换树脂等。

★★★ （二）高分子化合物的合成

高分子化合物是由低分子有机物（单体）相互连接在一起而形成的，这个形成的过程称为聚合反应。根据聚合反应的方式，可分为加成聚合（简称加聚）和缩合聚合（简称缩聚）两种基本类型。

1. 加聚反应

具有不饱和键（含有双、三键）的单体经加成反应形成高分子化合物，这类反应称为加聚反应，其产物称为加聚物。例如，聚氯乙烯是由一种单体氯乙烯聚合而成，属均聚物；丁苯橡胶是由丁二烯、苯乙烯两种单体聚合而成，属共聚物。

$$n CH_2\!=\!CH \quad\xrightarrow{\text{均聚反应}}\quad \left[\!\!\begin{array}{c} CH_2\!-\!CH \\ | \\ Cl \end{array}\!\!\right]_n$$

氯乙烯　　　　　　　　　聚氯乙烯

$$n CH_2\!=\!CH\!-\!CH\!=\!CH_2 + n \underset{\text{苯乙烯}}{\overset{CH=CH_2}{\bigcirc}} \quad\xrightarrow{\text{共聚反应}}\quad \left[\!CH_2\!-\!CH\!=\!CH\!-\!CH_2\!-\!CH\!-\!CH_2\!\right]_n$$

丁二烯　　　　　　　苯乙烯　　　　　　　　　　　　　丁苯橡胶

加聚反应在几秒内即可完成。加聚反应合成的高聚物中链节的化学组成和原料单体的组成相同，但化学结构不同。

2. 缩聚反应

缩聚反应是指单体在聚合过程中，同时缩减掉一部分低分子化合物的反应。由缩聚反应得到的聚合物称为缩聚物。在缩聚反应中，由于有一部分低分子缩减掉了，因而缩聚物的链节与单体有所不同。例如，当己二胺与己二酸进行缩聚反应时，己二酸分子上的羧基与己二胺分子上的氨基相互在各自分子两端发生缩合，生成聚酰胺-66（尼龙-66）。聚酰胺-66 的每个链节都是由己二酸与己二胺分子间脱水缩合而成的。

$$nNH_2-(CH_2)_6-\underset{\underset{H}{|}}{N}-H+nHO-\underset{\underset{O}{\|}}{C}-(CH_2)_4-COOH\longrightarrow$$

己二胺　　　　　　　　己二酸

$$\left[NH-(CH_2)_6-N\underset{\underset{O}{\|}}{C}H(CH_2)_4-\underset{\underset{O}{\|}}{C}\right]_n+(2n-1)H_2O$$

尼龙-66

（三）高分子化合物的性能

1. 高分子化合物的柔顺性和结晶形态

在有机化合物中，任何一种单键（共价键）都有一定的键角和键长。这种单键可以在保持键角、键长不变的情况下转动，称为内旋转。内旋转是指每一个单键可围绕它附近的单键按一定的角度进行转动。高分子链中含有很多的单键，这些单键均可内旋转，从而使高分子链很容易卷曲成各种不同的形状。高分子的这种能力称为高分子链的柔顺性。

高分子化合物按其结构形态可分为晶态和非晶态（无定形）两种。晶态的分子是按一定的方向排列的，而非晶态分子的排列是无规则的。同一种高分子化合物可以兼有晶态和非晶态两种结构 。

2. 高分子化合物的物理形态

非晶态聚合物的温度-形变曲线，如图 3-5-2 所示。

在玻璃态，整个大分子链和链段都被冻结，在聚合物受力时，仅能发生主链上键长和键角微小的改变，宏观上表现为形变量很小，形变与受力大小成正比。当外力除去后，形变能立即恢复，这种形变称为普弹形变。

随着温度的升高，分子热运动能量增加，当温度升高到玻璃化温度以上时，虽然整个大分子链仍不能移动，但链段却可随外力作用的方向而运动，由此产生很大的形变，外力解除后，形变能恢复原状，因此称这种受力后产生很大形变、外力解除后又可恢复的形变为高弹形变，所处的状态称为高弹态。由玻璃态转变到高弹态的温度称为玻璃化温度，用 T_g 表示。

温度再升高，不仅链段，而且整个大分子链都能发生相对滑动，它同小分子液体类似，这种流动形变是不可逆的，外力除去后，流动形态不能恢复，这种形变称为黏流形变，所处的状态称为黏流态。由高弹态转变到黏流态的温度称为黏

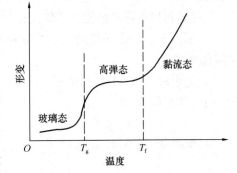

图 3-5-2　非晶态聚合物的温度-形变曲线

流化温度，用 T_f 表示。

结晶聚合物，若其相对分子质量不太大，加热到熔点 T_m（即结晶熔化的温度）后就直接产生流动而进入黏流态。

塑料在室温下大都处于玻璃态，T_g 是其使用的上限温度；橡胶处于高弹态，T_g 是其使用的下限温度。

大多数合成纤维是结晶聚合物，熔点 T_m 是其使用的上限温度。

聚合物的玻璃化温度 T_g 越高，其使用温度也越高，即表明其耐热性越高。

（四）重要的高分子材料

高分子材料也称为聚合物材料，它以高分子化合物为基体，再配有其他添加剂（助剂）。按性能和用途可分为塑料、橡胶、纤维、胶黏剂、涂料、功能高分子材料及聚合物基复合材料等。随着3D打印技术的迅速发展，应用范围较广的3D打印材料是工程塑料。

1. 塑料

塑料根据受热后性能的不同分为热塑性塑料和热固性塑料，前者的基料是线型或支链型高分子化合物，具有热塑性，可以反复加热成型。后者的基料是体型高分子化合物，具有热固性，只能一次加热成型，不能反复加工。塑料根据用途不同可分为通用塑料、工程塑料等。

（1）通用塑料

通用塑料是指应用范围广、产量大的塑料，主要有以下几种：

1）聚氯乙烯（PVC）：$\left[CH_2-CH\right]_n$，Cl，主要用作建筑管道、化工输送管道、农用薄膜等。

2）聚苯乙烯（PS）：$\left[CH_2-CH\right]_n$，主要用作玩具、电器外壳、泡沫塑料及防震、隔声、隔热保暖材料。

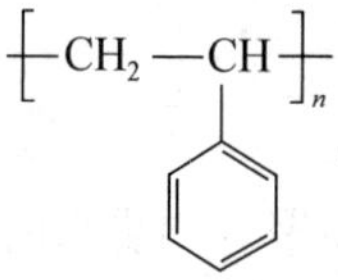

3）聚乙烯（PE）：$\left[CH_2-CH_2\right]_n$，主要用作各种输送饮管、食品包装材料等。

上述塑料为热塑性塑料。

（2）工程塑料

工程塑料指有特种性能和特殊用途的塑料，主要有以下几种：

1）ABS塑料：由丙烯腈、丁二烯和苯乙烯共聚而成，广泛用于电信器材、汽车和飞机零部件等。

2）聚甲醛（POM）：$\left[CH_2-O\right]_n$，用作汽车轴承、喷雾器喷嘴、自来水管、煤气管、阀门及泵体等。

3）聚酰胺（PA 尼龙）：$\left[C-(CH_2)_4-C-NH-(CH_2)_6-NH\right]_n$，尼龙66，主要用作化纤，也作缆绳、轴承等。

4）聚碳酸酯（PC）：

$$\left[O-\!\!\left\langle \bigcirc \right\rangle\!\!\overset{\underset{\displaystyle CH_3}{|}}{\underset{\underset{\displaystyle CH_3}{|}}{C}}\!\!\left\langle \bigcirc \right\rangle\!\!O-\overset{\displaystyle O}{\overset{\|}{C}} \right]_n$$

，可用作信号灯罩、汽车和飞机的挡风玻璃、驾驶员头盔等。

5）聚甲基丙烯酸甲酯：

$$\left[CH_2-\overset{\underset{\displaystyle COOCH_3}{|}}{\overset{\overset{\displaystyle CH_3}{|}}{CH}} \right]_n$$

，俗称有机玻璃，用于各种光学透镜、光学仪器及光纤等。

2. 合成橡胶

橡胶是在室温下处于高弹态的高分子材料，可分为通用橡胶和特种橡胶两大类。

（1）通用橡胶

1）丁苯橡胶是由丁二烯和苯乙烯共聚的产物。

2）异戊橡胶是由氯丁二烯均聚而成。

3）丁腈橡胶是丁二烯与丙烯腈的共聚物。

（2）特种橡胶

特种橡胶是生产量相对较少而有特殊用途的橡胶。

1）硅橡胶是二甲基二氯硅烷的均聚物。

2）氟橡胶是四氯乙烯与六氟丙烯等的共聚物。

3. 合成纤维

合成纤维是指可加工成纤维使用的合成高分子材料。

常用的合成纤维有：涤纶（聚酯-对苯二甲酸乙二酯）、锦纶（聚酰胺纤维）、腈纶（聚丙烯腈）、氯纶（聚氯乙烯）、丙纶（聚丙烯）等。

【例 3-5-14】（历年真题）人造象牙的主要成分是 $\left[CH_2-O \right]_n$，它是经加聚反应制得的。合成此高聚物的单体是：

A.（CH_3）$_2$O   B. CH_3CHO

C. HCHO   D. HCOOH

【解答】加聚反应，加聚物的化学组成与原料单体的组成相同，应选 C 项。

【例 3-5-15】（历年真题）人造羊毛的结构简式为： $\left[CH_2-\overset{\underset{\displaystyle CN}{|}}{CH} \right]_n$，它属于：

①共价化合物；②无机化合物；③有机化合物；④高分子化合物；⑤离子化合物。

A.②④⑤   B.①④⑤

C.①③④   D.③④⑤

【解答】人造羊毛为聚丙烯腈，由单体丙烯腈通过加聚反应合成，为高分子化合物；其分子中存在共价键，为共价化合物，同时为有机化合物。应选 C 项。

【例 3-5-16】（历年真题）某高聚物分子的一部分为：

$$CH_2-\underset{\underset{\displaystyle COOCH_3}{|}}{CH}-CH_2-\underset{\underset{\displaystyle COOCH_3}{|}}{CH}-CH_2-\underset{\underset{\displaystyle COOCH_3}{|}}{CH}-$$

在下列叙述中，正确的是：

A. 它是缩聚反应的产物

B. 它的链节为

$$\begin{array}{c} CH_3 \quad\; H \\ | \qquad\; | \\ -C-\!\!-\!\!-C- \\ | \qquad\quad | \\ H \quad\; COOCH_3 \end{array}$$

C. 它的单体为 $CH_2\!=\!CHCOOCH_3$ 和 $CH_2\!=\!CH_2$

D. 它的单体为 $CH_2\!=\!CHCOOCH_3$

【解答】该高聚物分子的重复单元即链节为：

$$-CH_2-\!\!\!\!\underset{\underset{COOCH_3}{|}}{CH}-\!\!\!\!\!\!$$，故其单体为：

$CH_2\!=\!CHCOOCH_3$，故选 D 项。

习　题

3-5-1 （历年真题）下列各化合物的结构式，不正确的是：

A. 聚乙烯：$\text{+}CH_2-CH_2\text{+}_n$

B. 聚氯乙烯：$\underset{\underset{Cl}{|}}{\text{+}CH_2-CH\text{+}_n}$

C. 聚丙烯：$\text{+}CH_2CH_2CH_2\text{+}_n$

D. 聚 1-丁烯：$\text{+}CH_2CH(C_2H_5)\text{+}_n$

3-5-2 （历年真题）六氯苯的结构式正确的是：

3-5-3 （历年真题）下列物质中，两个氢原子的化学性质不同的是：

A. 乙炔　　　　　　　　　　　　B. 甲酸

C. 甲醛　　　　　　　　　　　　D. 乙二酸

3-5-4 （历年真题）苯胺酸和山梨酸（$CH_3CH\!=\!CHCH\!=\!CHCOOH$）都是常见的食品防腐剂。下列物质中只能与其中一种酸发生化学反应的是：

A. 甲醇　　　　　　　　　　　　B. 溴水

C. 氢氧化钠　　　　　　　　　　D. 金属钾

3-5-5 （历年真题）受热到一定程度就能软化的高聚物是：

A. 分子结构复杂的高聚物　　　　B. 相对摩尔质量较大的高聚物

C. 线型结构的高聚物　　　　　　D. 体型结构的高聚物

3-5-6 （历年真题）下列物质中与乙醇互为同系物的是：

A. CH_2＝$CHCH_2OH$ B. 甘油

C. —CH_2OH D. $CH_3CH_2CH_2CH_2OH$

3-5-7 （历年真题）下列有机物不属于烃的衍生物的是：

A. CH_2＝$CHCl$ B. CH_2＝CH_2

C. $CH_3CH_2NO_2$ D. CCl_4

3-5-8 （历年真题）下列物质在一定条件下不能发生银镜反应的是：

A. 甲醛   B. 丁醛

C. 甲酸甲酯   D. 乙酸乙酯

3-5-9 （历年真题）下列物质一定不是天然高分子的是：

A. 蔗糖   B. 塑料

C. 橡胶   D. 纤维素

3-5-10 （历年真题）化合物对羟基苯甲酸乙酯，其结构式为HO—⬡—$COOC_2H_5$，它是一种常用的化妆品防霉剂。下列叙述正确的是：

A. 它属于醇类化合物

B. 它既属于醇类化合物，又属于酯类化合物

C. 它属于醚类化合物

D. 它属于酚类化合物，同时还属于酯类化合物

第三章 习题解答

第四章 理 论 力 学

第一节 静力学的基本原理和平面力系的简化

静力学主要研究物体在力的作用下的平衡问题，主要包括力系的简化和力系的平衡。在静力学中，所研究的物体都是指刚体。所谓刚体，是指在任何外力作用下都不变形的物体。

一、静力学的基本概念

1. 力的概念

力是指物体间的相互机械作用。力的作用有两种效应：运动效应（使物体产生运动状态变化）和变形效应（使物体产生形状变化）。在运动效应中，平衡是运动的一种特殊形式，它一般是指物体相对于地面保持静止或作匀速直线运动。

力对物体的作用效应取决于力的三要素：力的大小、方向和作用点。力的方向是指力在空间的方位和指向，力的作用点是指力在物体上的作用位置。力是矢量，其可以用带箭矢的线段表示。力的作用线是指过力的作用点沿力的矢量方向画出的直线。

在国际单位制中，力的单位为牛顿（N）或千牛顿（kN）。使 1kg 质量的物体产生 $1m/s^2$ 加速度的力定义为 1N。

为了区分，本章中一般用黑体 $\boldsymbol{F}$ 表示矢量，用普通字母 F 表示力的大小。

2. 静力学公理

（1）力的平行四边形法则

作用于物体上同一点的两个力可以合成为作用于该点的一个合力 $\boldsymbol{F}_R$，该合力 $\boldsymbol{F}_R$ 的大小和方向由这两个力矢量为邻边所构成的平行四边形的对角线表示。这一矢量和法则称为力的平行四边形法则［图 4-1-1（a）］，记为：

$$\boldsymbol{F}_R = \boldsymbol{F}_1 + \boldsymbol{F}_2 \tag{4-1-1}$$

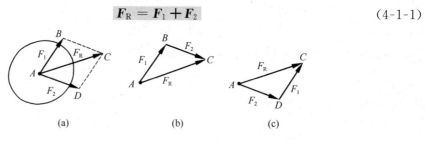

图 4-1-1　力的合成
(a) 平行四边形法则；(b)、(c) 三角形法则

也可采用三角形法则求合力的大小和方向［图 4-1-1（b）］，作矢量 AB 代表力 $\boldsymbol{F}_1$，再从 $\boldsymbol{F}_1$ 的终点 B 作矢量 BC 代表力 $\boldsymbol{F}_2$，最后从 A 点指向终点 C 的矢量 AC 就代表合力 $\boldsymbol{F}_R$。此外，也可先作 $\boldsymbol{F}_2$，再从 $\boldsymbol{F}_2$ 的终点作 $\boldsymbol{F}_1$，所得合力相同［图 4-1-1（c）］。因此，三角形

法则与分力的次序无关。

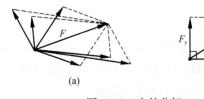

图 4-1-2　力的分解

(a) 力的任意方向分解；(b) 正交分解

注意：分力可以合成为一个合力，其逆过程是将一个合力用两个分力来代替，称为力的分解。由力的平行四边形法则可知，力的合成结果是唯一的，而力的分解结果有无数个 [图 4-1-2 (a)]。通常将力 F 分解为两个正交方向的分力 F_x 和 F_y，见图 4-1-2 (b)。

（2）二力平衡原理

作用于同一刚体上的两个力，使刚体平衡的必要和充分条件是：这两个力等值、反向、共线。在图 4-1-3 (a) 中，假若各物体在力 F_1 及 F_2 的作用下保持平衡，则此两力必等值、反向，并沿着其作用点 A、B 的连线，作用在同一物体上。否则，该物体就不能平衡。通常将受两个力作用处于平衡的构件称为二力杆，例如图 4-1-3 (b) 中杆件均属于二力杆。

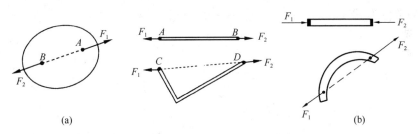

图 4-1-3　二力平衡

(a) 二力平衡条件；(b) 二力杆

（3）加减平衡力系原理

在作用于刚体上的任一力系中，加上或者减去一个平衡力系，所得新力系与原力系对刚体的运动效应相同，称为加减平衡力系原理。根据加减平衡力系原理可推导出下面两个推论：

推论1：力的可传性。作用于刚体上的力可沿其作用线移至刚体内的任一点，而不改变此力对刚体的运动效应。由力的可传性可知，对作用在刚体上的力，其作用的效应与作用点的位置无关，可沿其作用线任意滑动，故作用在刚体上的力是一个滑动矢量。这样，作用在刚体上的力的三要素又可表述为：力的大小、方向和作用线。

推论2：三力汇交平衡定律。作用于刚体上的三个相互平衡的力，若其中两个力的作用线汇交于一点，则这三个力的作用线必在同一平面内，并且第三个力的作用线一定通过汇交点。如图 4-1-4 中，三个力一定汇交于 O 点。

（4）作用与反作用定律

两物体间的相互作用力总是大小相等、方向相反、沿同一作用线，分别作用于这两个物体上。

（5）刚化原理

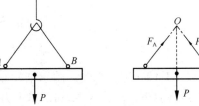

图 4-1-4　三力汇交平衡

当变形体在已知力系作用下处于平衡时，若将此变形体转换为刚体（刚化），其平衡状态不变。

3. 力矩

对于一般情况，作用在物体上质心以外点的力将使物体产生移动，同时也能使物体产生相对于质心的转动。力对物体的转动效应用力矩来度量：力对某点的矩是力使物体绕该点转动效应的度量，而力对某轴的矩，则是力使物体绕该轴转动效应的度量。

（1）力对点的矩（简称力矩）

在平面问题中，力 F 对矩心 O 的矩是个代数量，即：

$$M_O(F) = \pm Fa \tag{4-1-2}$$

式中，a 为矩心 O 点至力 F 作用线的距离，称为力臂。通常规定力使物体绕矩心转动的方向即力矩的转向为逆时针方向，上式取正号，反之则取负号。

在空间问题中，力对点之矩是个定位矢（图 4-1-5），其表达式为：

$$M_O(F) = M_O = r \times F \tag{4-1-3}$$

力矩的单位为 N·m（牛·米）或 kN·m（千牛·米）。

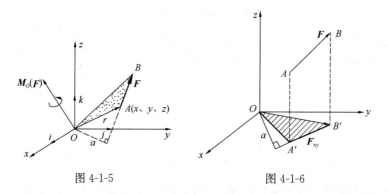

图 4-1-5   图 4-1-6

（2）力对轴的矩

力 F 对任一 z 轴的矩定义为力 F 在垂直 z 轴的平面上的投影对该平面与 z 轴交点 O 的矩（图 4-1-6），即：

$$M_z(F) = M_O(F_{xy}) = \pm F_{xy} \cdot a = \pm 2\Delta OA'B' \tag{4-1-4}$$

其大小等于二倍三角形 $OA'B'$ 的面积，正负号用右手螺旋法则确定。显然，当力 F 与矩轴 z 共面（包括平行与相交）时，力对该轴之矩等于零。其单位与力矩的单位相同。

（3）合力矩定理

汇交力系的合力对某点（或某轴）之矩等于力系中各分力对同一点（或同一轴）之矩的矢量和（或代数和），即：

$$M_O(R_R) = \sum M_O(F_i) \tag{4-1-5}$$

或

$$M_z(F_R) = M_z(F_i) \tag{4-1-6}$$

【例 4-1-1】（历年真题）图示结构直杆 BC，受荷载 F、q 作用，$BC = L$，$F = qL$，其中 q 为荷载集度，单位为 N/m，集中力以 N 计，长度以 m 计。则该主动力系对 O 点的合力矩为：

A. $M_O = 0$

B. $M_O = \dfrac{qL^2}{2} \mathrm{N \cdot m}$ （⌒）

C. $M_O = \dfrac{3qL^2}{2} \mathrm{N \cdot m}$ （⌒）

D. $M_O = qL^2 \mathrm{kN \cdot m}$ （⌒）

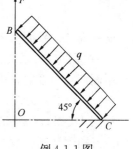

例 4-1-1 图

【解答】 根据合力矩定理：

$$M_O(F_R) = M_O(F) + M_O(ql) = 0 + 0 = 0$$

应选 A 项。

4．力偶

（1）力偶与力偶矩

刚体在一对大小相等、方向相反、作用线相互平行的力作用下，将只产生转动。由这一对力组成的力系称为力偶，如图 4-1-7 所示，记为：(F, F')。力偶所在平面称为力偶作用面，力偶的两力间的垂直距离 d 称为力偶臂。力偶对刚体的转动效应用力偶矩来度量。对于平面力偶系，力偶矩的值等于力的大小与力偶臂的乘积，即：

$$M = \pm Fd \tag{4-1-7}$$

由上式可知，在平面力偶中 M 是一个代数量。力偶矩的单位是牛顿·米（N·m）或千牛·米（kN·m）。在平面力偶系中，正负号表示力偶的转动方向，通常规定逆时针方向为正，顺时针方向为负。在空间力偶系中 M 是一个矢量，称为力偶矩矢量，其三要素是：力偶矩的大小、力偶作用平面的方位、力偶矩矢量的指向（按右手螺旋法则确定）。

力偶的性质是：力偶不能与一个力等效（即力偶没有合力），力偶只能由力偶来平衡。

（2）力偶的等效条件及其推论

力偶没有合力，力偶对刚体的作用效应取决于力偶矩矢量，因此，两力偶等效的充分必要条件是两个力偶的力偶矩矢量相等。由此，可得力偶性质的推论如下：

1）力偶可在其作用平面内任意移动，而不会改变对刚体的作用效应。

2）保持力偶矩的大小和转向不变，可同时改变力偶中力的大小与力偶臂的长短，而不会改变对刚体的作用效应。

可知，力偶矩是力偶作用的唯一度量，故常采用图 4-1-8 所示的符号来表示力偶，其中 M 为力偶矩。

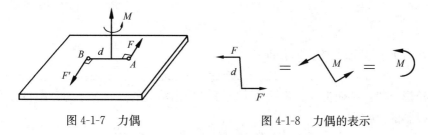

图 4-1-7　力偶　　　　　图 4-1-8　力偶的表示

在平面力偶系中，力偶对平面内任意点的力偶矩都相同，与该任意点位置无关。

（3）力偶的合成

平面力偶系可以合成为一个合力偶，此合力偶的力偶矩等于力偶中各分力偶矩的代数和，即：

$$M = M_1 + M_2 + \cdots + M_n = \sum M_i \qquad (4\text{-}1\text{-}8)$$

★★★二、平面力系的简化

1. 平面汇交力系的合成

平面汇交力系的合成可采用几何法和解析法。

（1）平面汇交力系合成的几何法

如图 4-1-9（a）所示，平面汇交力系由 F_1、F_2、F_3、F_4 四个力组成，利用平行四边形法则或三角形法则，现将其中某两个力（例如 F_1、F_2）合成为一个合力，其仍作用于公共作用点 A。这样，对该汇交力系只需连续采用三角形法则将各力依次合成，即可得该汇交力系的合力 F_R，如图 4-1-9（b）所示。实际上，作图时中间合力的过程可以不画，直接将所有分力首尾依次相连，组成一个"开口"的力多边形 $Aabcd$，其从起始点 A 指向终点 d 的力 F_R 即为该汇交力系的合力，如图 4-1-9（c）所示。用力多边形求合力的方法称为力多边形法则。

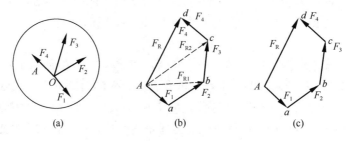

图 4-1-9　力多边形法则

（2）平面汇交力系合成的解析法

如图 4-1-10 所示，为了得到力 F 在 x 轴上的投影，过力 F 的起点 A 和终点 B 分别作 x 轴的垂线，所得垂足 a 和 b 之间的线段长度即为力 F 在 x 轴上的投影的绝对值。当 a 到 b 的指向与 x 轴的正方向一致时，投影为正，反之为负。故力 F 在 x 轴上的投影是一个代数量，用符号 F_x 表示，其大小等于力 F 的大小乘以力 F 与 x 轴正方向夹角 α 的余弦，即：

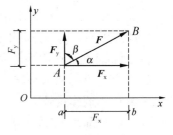

图 4-1-10　力的投影

$$F_x = F\cos\alpha$$

同理，力 F 在 y 轴上的投影，即：

$$F_y = F\cos\beta = F\sin\alpha$$

合力投影定律：平面汇交力系的合力在任一坐标轴上的投影等于力系中各分力在同一坐标轴上投影的代数和，即：

$$F_{Rx} = F_{1x} + F_{2x} + \cdots = \sum F_{ix} \qquad (4\text{-}1\text{-}9)$$

$$F_{Ry} = F_{1y} + F_{2y} + \cdots = \sum F_{iy} \qquad (4\text{-}1\text{-}10)$$

此外，合力投影定律也适用于平面任意力系。

【例 4-1-2】（历年真题）将大小为 100N 的力 F 沿 x、y 方向分解，若 F 在 x 轴上的投

影为 50N，而沿 x 方向的分力的大小为 200N，则 F 在 y 轴上的投影为：

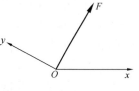

例 4-1-2 图

A. 0   B. 50N

C. 200N   D. 100N

【解答】由 $F_x = F\cos\alpha$，故 $\alpha = 60°$；

又 F_x 的大小为 F 大小的 2 倍，可知，F 与 y 轴垂直，其上投影为 0，如图所示，应选 A 项。

2. 平面任意力系的简化

（1）力的平移定律

如图 4-1-11 所示，力 F 作用在刚体上的 A 点，根据加减平衡力系原理，在刚体上的任意一点 B 点处加上一对与 F 大小相等、方向平行的平衡力 F' 和 F''（$F = F' = -F''$），将与原力系等效。然后，将其重新组合成一个力偶（F，F''）和一个力 F'，将（F，F''）称为附加力偶，其力偶矩 $M = Fd = M_B(F)$。由此得到力的平移定律：作用在刚体上 A 点的力 F 要平行移动到任意一点 B 点而不改变其对刚体的作用效应，则必须同时附加一个力偶，该附加力偶的力偶矩等于原来的力 F 对 B 点的矩。

图 4-1-11 力的平移

（2）平面任意力系向作用面内一点的简化

对图 4-1-12（a）所示的平面任意力系，在平面内任一点 O 点作为简化中心，根据力的平移定律，将所有力平移到 O 点，如图 4-1-12（b）所示，可知作用在 O 点的力是一个汇交于 O 点的平面汇交力系和一个由附加力偶组成的平面力偶系。对于汇交于 O 点的平面汇交力系，根据力的平行四边形法则，其最后合成为一个力 F_R，如图 4-1-12（c）所示，即：

$$F_R = F_1' + F_2' + \cdots = \sum F_i' \tag{4-1-11}$$

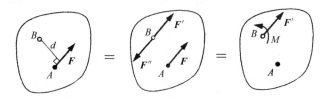

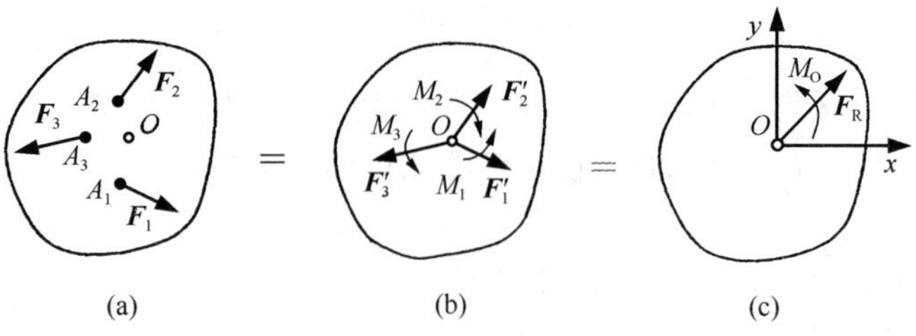

(a)   (b)   (c)

图 4-1-12 平面任意力系的简化

对于平面力偶系可合成为一个力偶 M_O，即：

$$M_O = M_1 + M_2 + \cdots = \sum M_i \tag{4-1-12}$$

由上可知，一般情况下，平面任意力系向平面内任一点简化，可得一个力 F_R 和一个力偶 M_O。力 F_R 等于原力系各力的矢量和，作用在简化中心，称为主矢量，简称主矢。力偶 M_O 等于原力系对简化中心的力偶矩的代数和，称为主矩。

（3）平面任意力系简化的最后结果

平面任意力系简化的最后结果，见表 4-1-1。

平面任意力系简化的最后结果　　　　　　表 4-1-1

F_R（主矢）	M_O（主矩）	最后结果	说明
$F_R \neq 0$	$M_O \neq 0$	合力	合力作用线到简化中心的距离为 $d = \dfrac{\|M_O\|}{F_R}$
	$M_O = 0$	合力	合力作用线通过简化中心
$F_R = 0$	$M_O \neq 0$	合力偶	此时主矩与简化中心的位置无关
	$M_O = 0$	平衡	此为平面任意力系平衡的充分必要条件

【例 4-1-3】（历年真题）力 F_1、F_2、F_3、F_4 分别作用在刚体上同一平面内的 A、B、C、D 四点，各力矢首尾相连形成一矩形如图所示。该力系的简化结果为：

A. 平衡　　　　　B. 一合力

C. 一合力偶　　　D. 一力和一力偶

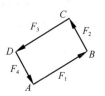

例 4-1-3 图

【解答】 力系简化后，其主矢为零，F_1 与 F_3 形成逆时针方向的力偶，F_2 与 F_4 形成逆时针方向的力偶，其主矩为一合力偶，应选 C 项。

【例 4-1-4】（历年真题）图示平面力系中，已知 $q=10kN/m$，$M=20kN \cdot m$，$a=2m$。则该主动力系对 B 点的合力矩为：

A. $M_B = 0$

B. $M_B = 20kN \cdot m$（⌢）

C. $M_B = 40kN \cdot m$（⌢）

D. $M_B = 40kN \cdot m$（⌢）

【解答】 $M_B = M - \dfrac{qa^2}{2} = 20 - \dfrac{10 \times 2^2}{2} = 0$

应选 A 项。

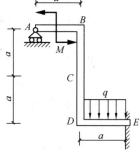

例 4-1-4 图

【例 4-1-5】（历年真题）图示边长 a 的正方形物块 $OABC$。已知：力 $F_1=F_2=F_3=F_4=F$，力偶矩 $M_1=M_2=Fa$。该力系向 O 点简化后的主矢及主矩应为：

A. $F_R = 0N$，$M_O = 4Fa$（⌢）

B. $F_R = 0N$，$M_O = 3Fa$（⌢）

C. $F_R = 0N$，$M_O = 2Fa$（⌢）

D. $F_R = 0N$，$M_O = 2Fa$（⌢）

【解答】 向 O 点简化后，主矢 $F_R=0$。

$M_O = M_1 + F_2 a + F_3 a - M_2 = Fa + Fa + Fa - Fa = 2Fa$（⌢）

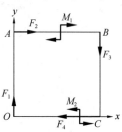

例 4-1-5 图

应选 D 项。

★★★三、约束与约束力

1. 约束与约束力

约束是指阻碍物体运动的限制物。约束力（亦称约束反力）是指约束施加于被约束物的力。除约束力以外的其他力称为主动力，例如重力、土压力、水压力、风压力等。一般地，主动力是已知的，而约束力是未知的。约束力的方向总是与约束所能阻止物体的运动或运动趋势方向相反。工程中常见的约束类型及其确定约束力的方法如下：

（1）柔索约束

由绳索、皮带、链条等构成的约束称为柔索约束。该类约束的特点是柔索本身只能承受拉力，故其对物体的约束力也只能是拉力。因此，柔索约束的约束力必定沿着柔索的中心线且背离被约束物体，如图 4-1-13 所示。

（2）光滑接触面约束

光滑接触面约束只能阻碍物体沿接触面的公法线方向往约束内部的运动，而不能阻碍物体在切线方向的运动，因此，该类约束的约束力作用在接触点，方向沿接触面的公法线并指向被约束物体，如图 4-1-14 所示。

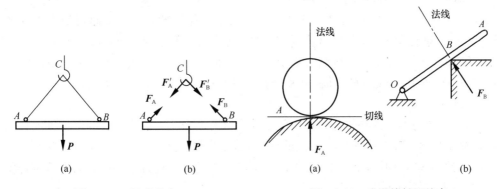

图 4-1-13 柔索约束　　　　　图 4-1-14 光滑接触面约束

（3）铰链连接和固定铰支座

1）铰链连接

两个构件用圆柱形光滑销钉连接起来，这种约束称为铰链连接，简称铰接，如图 4-1-15（a）所示。铰链的表示方式用小圆圈，见图 4-1-15（c）。铰链约束的特点是被连接的两个构件可以绕销钉轴线相对转动和沿销钉轴线相对滑动，但不能在垂直于销钉轴线平面内任意方向相对移动。因此，铰链的约束力作用在垂直于销钉轴线的平面内，通过销钉中心，但方向无法预先确定〔图 4-1-15（b）中 F_A〕。工程中通常表示为两个相互垂直

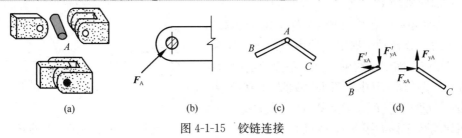

图 4-1-15 铰链连接

的约束力 F_{xA} 和 F_{yA}，指向待定（F_{xA} 可表示为向右或向左；F_{yA} 可表示为向上或向下），见图4-1-15(d)。注意，用一个力 F_A 或用两个分力 F_{xA}、F_{yA} 表示，应结合具体受力分析问题而定。

2) 固定铰支座

当铰链连接的两构件中有一个构件被固定在地基（或结构）上作为支座，则这种约束称为固定铰支座，其示意图见图 4-1-16 (a)。固定铰支座的各种表示方式见图 4-1-16 (c)。与铰链相同，固定铰支座的约束力的方向也无法预先确定［图 4-1-16 (b) 中 F_A］，工程中常用两个相互垂直的约束力 F_{xA} 和 F_{yA}，指向待定，见图 4-1-16 (d)。

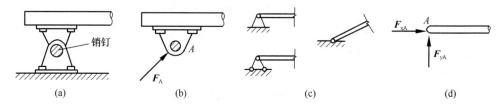

图 4-1-16　固定铰支座

(4) 辊轴支座（亦称可动铰支座）

如图 4-1-17 (a) 所示，在铰链支座的底部装上一排滑轮，此时支座可沿支承面产生滚动，这种约束称为辊轴支座（亦称可动铰支座）。可动铰支座的各种表示方式见图 4-1-17 (b)。可动铰支座仅限制垂直于支承面方向的运动，故其约束力通过铰链中心并垂直于支承面，指向待定（F_A 可表示为向上或向下），如图 4-1-17 (c) 所示。

(5) 链杆约束

两端用铰链与不同的物体连接而中间不受力（忽略自重）的直杆称为链杆（或称二力杆），如图 4-1-18 (a) 所示中杆 AB。链杆约束只能限制物体与链杆连接的一点沿着链杆中心线方向的运动，而不能限制其他方向的运动。因此，链杆约束的约束力沿着链杆中心线，指向待定，如图 4-1-18 (b) 所示。

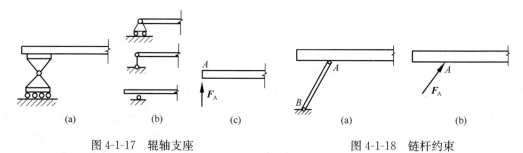

图 4-1-17　辊轴支座　　　　　　　　　图 4-1-18　链杆约束

(6) 固定端约束

固定端约束的特点是：被约束物体既不能移动，也不能在约束处转动。固定端约束被用于支座时，称为固定支座。固定端约束可分为平面固定端约束和空间固定端约束。其中，平面固定端约束的约束力常用两个分约束力 F_{xA}、F_{yA} 和一个约束力偶 M_A 表示，指向均待定，如图 4-1-19 (b) 所示。

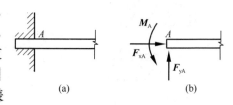

图 4-1-19　平面固定端约束

（7）定向支座（滑动支座）

如图 4-1-20（a）所示为定向支座（亦称滑动支座）的示意图。定向支座能限制物体在支座处的转动和沿一个方向上的运动，仅允许物体在另一方向上自由滑动，其表示方式如图 4-1-20（b）、（c）所示。定向支座的约束力可以用一个沿链杆轴线方向的力 F_{yA} 和一个约束力偶 M_A 表示，指向均待定。

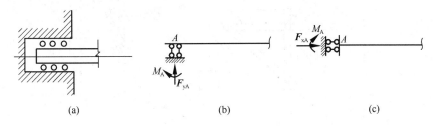

图 4-1-20　定向支座

（a）、（b）可左右滑动；（c）可上下滑动

注意：由多个物体组成的物体系统，整体物体系统与地基（或基础）之间常采用的约束是固定支座、固定铰支座、可动铰支座等，称为外部约束；而物体与物体之间常采用的约束是铰链、链杆、固定端约束等，称为内部约束。其中，外部约束的约束力也称为支座反力。

2. 物体的受力分析与受力图

为了确定某个物体上所受的未知的约束力，首先必须分析物体的受力情况，明确物体受到哪些力的作用，明确每个力的作用位置和作用方向，哪些力是已知的，哪些力是未知的。这一过程称为物体的受力分析。其次，在此基础上运用平衡条件求解。

物体的受力分析的基本方法是将物体从约束中脱离出来，以相应的约束力代替约束，然后再画上所有的主动力。该过程称为画受力图。画受力图的具体步骤如下：

（1）取隔离体：根据求解需要，选择受力分析对象，并画出隔离体图。

（2）画主动力：画上该隔离体上所有的主动力。

（3）画约束力：根据约束性质，正确画出所有的约束力。

【例 4-1-6】（历年真题）两直角刚杆 AC、CB 支承如图所示，在铰 C 处受力 F 作用，则 A、B 两处约束力的作用线与 x 轴正向所成的夹角分别为：

A. 0°，90°

B. 90°，0°

C. 45°，60°

D. 45°，135°

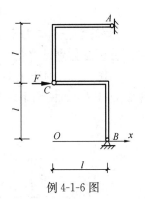

例 4-1-6 图

【解答】 AC 杆、BC 杆均为二力杆，由三力汇交平衡定理，约束力 F_A、F_B 的作用线与 x 轴正向的夹角分别为 45°，135°，应选 D 项。

【例 4-1-7】（历年真题）图示构架由 AC、BD、CE 三杆组成，A、B、C、D 处为铰接，E 处为光滑接触。已知：$F_P = 2kN$，$\theta = 45°$，杆及轮重均不计，则 E 处约束力的方向与 x 轴正向所成的夹角为：

A. 0°   B. 45°   C. 90°   D. 225°

【解答】E 处为光滑接触面约束，故约束力 F_E 垂直于支撑斜面，与 x 轴正向的夹角为 45°，应选 B 项。

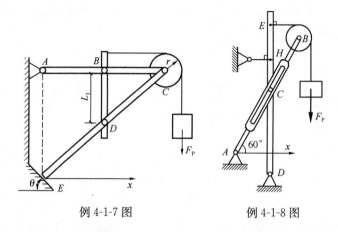

例 4-1-7 图   例 4-1-8 图

【例 4-1-8】（历年真题）图示结构，杆 DE 的点 H 由水平闸拉住，其上的销钉 C 置于杆 AB 的光滑直槽中，各杆自重均不计，已知 $F_P=10\text{kN}$。销钉 C 处约束力的作用线与 x 轴正向所成的夹角为：

A. 0°   B. 90°   C. 60°   D. 150°

【解答】销钉 C 处为光滑接触面约束，其约束力方向垂直于 AB 光滑直槽，故其作用线与 x 轴正向的夹角为 150°，应选 D 项。

【例 4-1-9】（历年真题）图示结构由直杆 AC、DE 和直角弯杆 BCD 所组成，自重不计，受荷载 F 与 $M=Fa$ 作用。则 A 处约束力的作用线与 x 轴正向所成的夹角为：

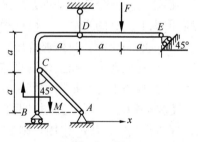

A. 135°   B. 90°

C. 0°   D. 45°

【解答】分别取 DE、铰 D、ABD 为研究对象，其受力分析图分别见解图（a）、（b）和（c）。

例 4-1-9 图

由图（c），对 B 点取力矩，约束力 F_A 与 $F'_{D左}$ 构成逆时针方向的力偶与 M（顺时针）平衡，故 F_A 方向向下，与 x 轴正向的夹角为 45°，应选 D 项。

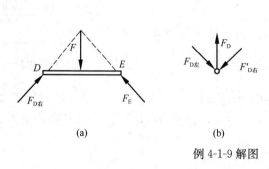
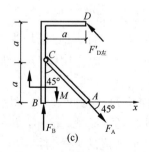

(a)   (b)   (c)

例 4-1-9 解图

习 题

4-1-1 （历年真题）图示等边三角板 ABC，边长 a，沿其边缘作用大小均为 F 的力，方向如图所示。则此力系简化为：

A. $F_R=0$；$M_A=\dfrac{\sqrt{3}}{2}Fa$ 　　　　　B. $F_R=0$；$M_A=Fa$

C. $F_R=2F$；$M_A=\dfrac{\sqrt{3}}{2}Fa$ 　　　　D. $F_R=2F$；$M_A=\sqrt{3}Fa$

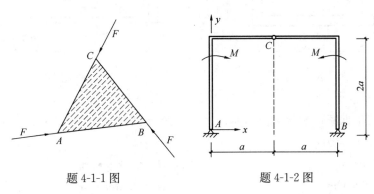

题 4-1-1 图　　　　　　　　题 4-1-2 图

4-1-2 （历年真题）图示三铰拱上作用有大小相等、转向相反的二力偶，其力偶矩大小为 M。略去自重，则支座 A 的约束力大小为：

A. $F_{Ax}=0$；$F_{Ay}=\dfrac{M}{2a}$ 　　　　　B. $F_{Ax}=\dfrac{M}{2a}$；$F_{Ay}=0$

C. $F_{Ax}=\dfrac{M}{a}$；$F_{Ay}=0$ 　　　　　D. $F_{Ax}=\dfrac{M}{a}$；$F_{Ay}=M$

4-1-3 （历年真题）在图示四个力三角形中，表示 $\boldsymbol{F}_R=\boldsymbol{F}_1+\boldsymbol{F}_2$ 图是：

A. 　　　　　　　B. 　　　　　　　C. 　　　　　　　D.

4-1-4 （历年真题）图示一绞盘有三个等长为 l 的柄，三个柄均在水平面内，其间夹角都是 $120°$。如在水平面内，每个柄端分别作用一垂直于柄的力 F_1、F_2、F_3，且有 $F_1=F_2=F_3=F$，该力系向 O 点简化后的主矢及主矩应为：

A. $F_R=0$，$M_O=3Fl$（ $\cap$ ）

B. $F_R=0$，$M_O=3Fl$（ $\cup$ ）

C. $F_R=2F$（水平向右），$M_O=3Fl$（ $\cap$ ）

D. $F_R=2F$（水平向左），$M_O=3Fl$（ $\cup$ ）

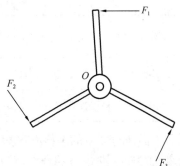

题 4-1-4 图

4-1-5 （历年真题）设力 $\boldsymbol{F}$ 在 x 轴上的投影为 F，则该力在与 x 轴共面的任一轴上的投影：

A. 一定不等于零   B. 不一定不等于零

C. 一定等于零   D. 等于 F

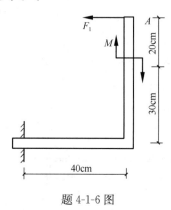   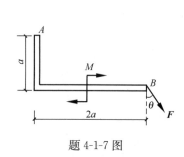

题 4-1-6 图   题 4-1-7 图

4-1-6 （历年真题）图示平面力系，已知：$F_1=160\text{N}$，$M=4\text{N}\cdot\text{m}$，该力系向 A 点简化后的主矩大小应为：

A. $M_A=4\text{N}\cdot\text{m}$ B. $M_A=1.2\text{N}\cdot\text{m}$

C. $M_A=1.6\text{N}\cdot\text{m}$ D. $M_A=0.8\text{N}\cdot\text{m}$

4-1-7 （历年真题）图示直角构件受力 $F=150\text{N}$，力偶 $M=\dfrac{1}{2}Fa$ 作用，$a=50\text{cm}$，$\theta=30°$，则该力系对 B 点的合力矩为：

A. $M_B=3750\text{N}\cdot\text{cm}$（顺时针）   B. $M_B=3750\text{N}\cdot\text{cm}$（逆时针）

C. $M_B=12990\text{N}\cdot\text{cm}$（逆时针）   D. $M_B=12990\text{N}\cdot\text{cm}$（顺时针）

第二节　静力学的平面力系的平衡与应用

★★★一、平面任意力系的平衡条件和平衡方程

平面任意力系平衡的必要和充分条件是主矢和主矩均等于零：$\boldsymbol{F}_R=0$，$M_O=0$。

平面任意力系的平衡方程，见表 4-2-1。

平面任意力系的平衡方程　　　　　　　　　　　　　　　　表 4-2-1

	平衡方程	限制条件
基本形式	$\sum F_{ix}=0$，$\sum F_{iy}=0$，$\sum M_O(\boldsymbol{F}_i)=0$	均有三个独立方程，可解三个未知量
二力矩形式	$\sum F_{ix}=0$，$\sum M_A(\boldsymbol{F}_i)=0$，$\sum M_B(\boldsymbol{F}_i)=0$	AB 两点连线不能与 x 轴垂直
三力矩形式	$\sum M_A(\boldsymbol{F}_i)=0$，$\sum M_B(\boldsymbol{F}_i)=0$，$\sum M_C(\boldsymbol{F}_i)=0$	矩心 A、B、C 三点不共线

平面任意力系的平衡方程基本形式的实质是：水平方向的合力为零、铅垂方向的合力为零、对任一点 O 点的合力矩为零。

平面汇交力系、平面平行力系为平面任意力系的特殊情况，其平衡方程见表 4-2-2。

分类		平衡方程	限制条件
平面汇交力系	基本形式	$\sum F_{ix}=0$，$\sum F_{iy}=0$	—
平面平行力系（选取 y 轴与各力作用线平行）	基本形式	$\sum F_{iy}=0$，$\sum M_A(\boldsymbol{F}_i)=0$	—
	二力矩形式	$\sum M_A(\boldsymbol{F}_i)=0$，$\sum M_B(\boldsymbol{F}_i)=0$	AB 两点连线不与各力平行

平面汇交力系和平面平行力系的平衡方程　　　　　　表 4-2-2

计算时选取何种形式的平衡方程，完全取决于计算是否简便。一般地，尽可能一个方程能解得一个未知量，避免解联立方程。

★★★二、物体系统的平衡

每一种类型的力系都有确定的独立平衡方程数目，因此，能求解的未知约束力数目也是确定的。如果所考察问题的未知约束力数目恰好等于独立的平衡方程数，则未知约束力就可全部由平衡方程求得，这类问题称为静定问题，相应的结构称为静定结构；如果未知约束力的数目超过独立平衡方程的数目，仅仅运用静力学平衡方程不可能完全求得那些未知量，这类问题称为超静定问题或静不定问题，相应的结构称为超静定结构。

物体系统（也称刚体系统），是指由若干个刚体通过适当的约束相互连接而组成的系统。当系统平衡时，根据刚化原理，刚体平衡条件对系统也成立。系统内各刚体之间的联系构成内约束，内约束处的约束力是系统内部刚体之间的作用力，称为内约束力，简称内力。根据作用力与反作用力的关系，内力总是成对出现的，在研究整个系统的平衡时，成对的内力并不影响平衡，故内力可以不考虑。刚体系统以外的物体作用于该系统的力，称为外力。外力通常包括主动力和外约束力。

注意，内力与外力是相对的概念，它们将随着研究对象的不同而转化。例如，图 4-2-1 所示的三铰拱由 AC、BC 两部分组成，当选取三铰拱 ABC 整体为研究对象时，受力图应如图所示，C 处的约束力是内力，可以不画，而主动力 F_1、F_2 以及约束力 F_{Ax}、F_{Ay}、F_{Bx}、F_{By} 则是外力；而当选取 AC 为研究对象时，则 C 处的约束力 F_{Cx}、F_{Cy} 就应视作外力。

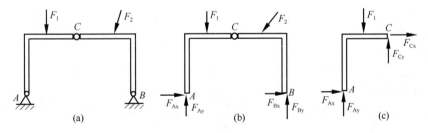

图 4-2-1　内力与外力

研究刚体系统的平衡问题时，首先要判断它是静定问题还是超静定问题。静定刚体系统的平衡问题的解法有：一般解法和分析解法。

1. 一般解法

若由 n 个物体组成的静定刚体系统，且在平面任意力系作用下平衡，则该系统总共可列出 $3n$ 个独立平衡方程，通过对线性代数方程组的求解，以解出 $3n$ 个未知量。

2. 分析解法

实际工程问题通常只需求出某一部分的约束力，故采用分析解法。该方法的关键是选择合适的研究对象。研究对象的选择原则如下：

（1）能够由整体受力图求出的未知约束力或中间量，应尽量选取整体为研究对象求解。

（2）通常先考虑受力情形最简单、未知约束力最少的某一刚体或分系统的受力情况。研究对象的选择应尽可能满足一个平衡方程求解一个未知力的要求。

（3）选择不同平衡对象时要分清内力和外力、施力体与受力体、作用力与反作用力等关系。

（4）可以用二力平衡条件和三力平衡汇交原理简化计算过程。

【例 4-2-1】（历年真题）图示简支梁受分布荷载作用，支座 A、B 的约束力为：

A. $F_A = 0$，$F_B = 0$

B. $F_A = \dfrac{1}{2}qa \uparrow$，$F_B = \dfrac{1}{2}qa \uparrow$

C. $F_A = \dfrac{1}{2}qa \uparrow$，$F_B = \dfrac{1}{2}qa \downarrow$

D. $F_A = \dfrac{1}{2}qa \downarrow$，$F_B = \dfrac{1}{2}qa \uparrow$

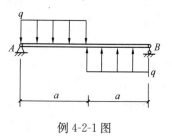

例 4-2-1 图

【解答】荷载形成一个逆时针方向力偶，支座约束力形成一个顺时针方向力偶，两者平衡，则：

$$F_A = \frac{qa \times a}{2a} = \frac{qa}{2}(\uparrow), F_B = \frac{qa}{2}(\downarrow)$$

应选 C 项。

【例 4-2-2】（历年真题）均质杆 AB 长为 l，重 W，受到图示的约束，绳索 ED 处于铅垂位置，A、B 两处为光滑接触，杆的倾角为 α，又 $CD = l/4$。则 A、B 两处对杆作用的约束关系为：

A. $F_{NA} = F_{NB} = 0$

B. $F_{NA} = F_{NB} \neq 0$

C. $F_{NA} \leqslant F_{NB}$

D. $F_{NA} \geqslant F_{NB}$

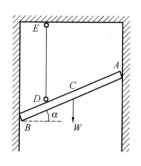

例 4-2-2 图

【解答】重力与拉力（ED 杆）形成一个顺时针方向力偶，约束力 F_{NA} 和 F_{NB} 形成一个逆时针方向力偶，故 $F_{NA} = F_{NB} \neq 0$，应选 B 项。

【例 4-2-3】（历年真题）图示平面构架，不计各杆自重。已知：物块 M 重 F_P，悬挂如图示，不计小滑轮 D 的尺寸与质量，A、E、C 均为光滑铰链，$L_1 = 1.5\text{m}$，$L_2 = 2\text{m}$。则支座 B 的约束力为：

A. $F_B = 3F_P/4$（$\rightarrow$）

B. $F_B = 3F_P/4$（$\leftarrow$）

C. $F_B = F_P$（$\leftarrow$）

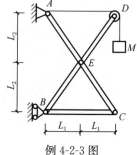

例 4-2-3 图

D. $F_B=0$

【解答】约束力 F_B 的方向水平向右，$\sum M_A(F)=0$：

$$F_B \times 2L_2 = F_P \times 2L_1，即：$$

$$F_B = \frac{L_1 F_P}{L_2} = \frac{1.5 \times F_P}{2} = \frac{3}{4} F_P$$

应选 A 项。

【例 4-2-4】（历年真题）图示机构中，已知：F_P，$L=$ 2m，$r=0.5$m，$\theta=30°$，$BE=EG$，$CE=EH$，则支座 A 的约束力为：

A. $F_{Ax}=F_p$（←），$F_{Ay}=1.75F_p$（↓）

B. $F_{Ax}=0$，$F_{Ay}=0.75F_p$（↓）

C. $F_{Ax}=0$，$F_{Ay}=0.75F_p$（↑）

D. $F_{Ax}=F_p$（→），$F_{Ay}=1.75F_p$（↑）

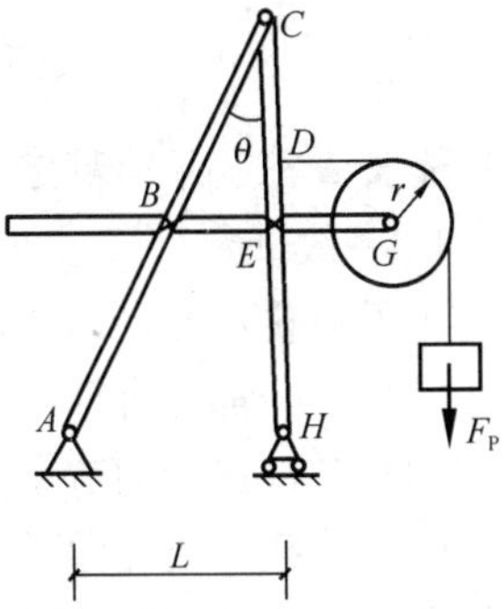

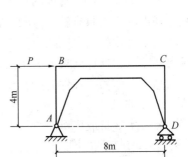

例 4-2-4 图

【解答】水平方向力平衡，$F_{Ax}=0$

$\sum M_H(F)=0$，则：$F_{Ay}L=F_P \times (0.5L+r)$

可得：$F_{Ay} = \frac{0.5 \times 2 + 0.5}{2} F_P = 0.75 F_P$（↓）

应选 B 项。

【例 4-2-5】（历年真题）图示刚架中，若将作用于 B 处的水平力 P 沿其作用线移至 C 处，则 A、D 处的约束力：

A. 都不变

B. 都改变

C. 只有 A 处改变

D. 只有 D 处改变

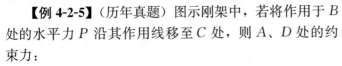

例 4-2-5 图

【解答】力在 B 点处，$\sum M_A(F)=0$，$F_D=\frac{4P}{8}=\frac{P}{2}$（↑）

力在 C 点处，$\sum M_A(F)=0$，$F_D=\frac{4P}{8}=\frac{P}{2}$（↑）

应选 A 项。

【例 4-2-6】（历年真题）均质圆柱体重力为 P，直径为 D，置于两光滑的斜面上。设有图示方向力 F 作用，当圆柱不移动时，接触面 2 处的约束力 F_{N2} 的大小为：

A. $F_{N2}=\frac{\sqrt{2}}{2}(P-F)$　　　　　　　B. $F_{N2}=\frac{\sqrt{2}}{2}F$

C. $F_{N2}=\frac{\sqrt{2}}{2}P$　　　　　　　　　　D. $F_{N2}=\frac{\sqrt{2}}{2}(P+F)$

【解答】如图所示，F_{N2} 方向的力平衡：

$$F_{N2}=P\cos45°-F\cos45°=\frac{\sqrt{2}}{2}(P-F)$$

应选 A 项。

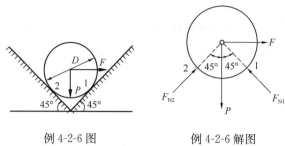

例 4-2-6 图　　　　　　　　例 4-2-6 解图

★★★三、平面静定桁架

1. 一般规定

为了简化计算，通常对实际的平面桁架采用如下计算假定：

（1）各杆都是直杆，其轴线位于同一平面内。

（2）各杆连接的节点（亦称节点）都是光滑铰链连接，即节点为铰接点。

（3）荷载（或外力）和支座的约束力（即支座反力）都集中作用在节点上，并且位于桁架平面内。各杆自重不计。

根据上述假定，这样的桁架称为理想桁架。各杆都视为只有两端受力的二力杆，因此，杆件的内力只有轴力（轴向拉力或轴向压力），单位为 N 或 kN。

桁架杆件的内力以拉力为正。计算时，一般先假定所有杆件均为拉力，在受力图中画成离开节点，计算结果若为正值，则杆件受拉力；若为负值，则杆件受压力。

静定平面桁架杆件的内力计算方法有节点法、截面法，以及这两种方法的联合应用。

2. 节点法

节点法就是取桁架的节点为隔离体，用平面汇交力系的两个静力平衡方程来计算杆件内力的方法。由于平面汇交力系只能列出两个静力平衡方程，故每次截取的节点上的未知力个数不应多于两个。

3. 截面法

截面法是用一个适当的截面（平面或曲面），截取桁架的某一部分为隔离体，然后利用平面任意力系的三个平衡方程计算杆件的未知内力。一般地，所取的隔离体上未知内力的杆件数不多于 3 根，且它们即不全部汇交于一点也不全部平行，可以直接求出所有未知内力。

4. 零杆及其运用

（1）零杆

内力为零的杆称为零杆。零杆不能取消，因为理想桁架有计算假定，而实际桁架对应的杆件的内力并不等于零，只是内力很小而已。

判别零杆的方法是：

1）不共线的两杆相交的节点上无荷载（或无外力）时，该两杆的内力均为零即零杆，见图 4-2-2（a）。

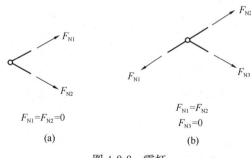

$F_{N1}=F_{N2}=0$

(a)

$F_{N1}=F_{N2}$

$F_{N3}=0$

(b)

图 4-2-2　零杆

2）三杆汇交的节点上无荷载（或无外力），且其中两杆共线时，则第三杆为零杆 [图 4-2-2（b）]，而在同一直线上的两杆的内力必定相等，受力性质相同。

3）利用对称性判别零杆，见后面内容。

其他判别零杆的方法，均可采用受力分析和力平衡方程得到。

（2）等力杆

判别等力杆的方法如下：

1）**X 形节点（四杆节点）**。直线交叉形的四杆节点上无荷载（或无外力）时，则在同一直线上两杆的内力值相等，且受力性质相同，见图 4-2-3（a）。

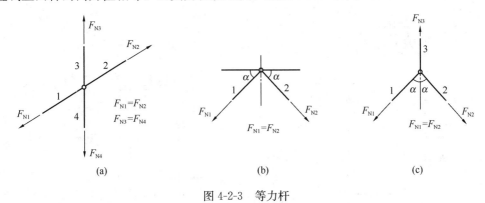

图 4-2-3 等力杆

2）**K 形节点（四杆节点）**。侧杆倾角相等的 K 形节点上无荷载（或无外力）时，则两侧杆的内力值相等，且受力性质相同，见图 4-2-3（b）。

3）**Y 形节点（三杆节点）**。三杆汇交的节点上无荷载（或无外力）时，见图 4-2-3（c），对称两杆的内力值相等（$F_{N1} = F_{N2}$），且受力性质相同。

4）利用对称性判别等力杆，见后面内容。

5. 对称性的利用

桁架的各杆件的轴力是对称的，因此，杆件的轴力为对称内力。对称桁架是指桁架的几何形状、支承条件和杆件材料都关于某一轴对称，该轴称为对称轴。对称桁架的特点如下：

（1）在正对称荷载作用下，对称杆件的内力是对称的。

（2）在反对称荷载作用下，对称杆件的内力是反对称的。

（3）在任意荷载作用下，可将该荷载分解为正对称荷载、反对称荷载两组，分别计算出内力后再叠加。

6. 静定平面桁架受力分析与计算的总结

（1）首先根据零杆判别法进行零杆的判别。

（2）利用对称性进行零杆的判别、杆件的内力分析。

（3）采用截面法、节点法进行杆件内力的计算，及截面法与节点法的联合应用。

【例 4-2-7】（历年真题）图示平面结构，自重不计。已知 $F = 100\text{kN}$。判断图示 BCH 桁架结构中，内力为零的杆数是：

A. 3 根　　　B. 4 根　　　C. 5 根　　　D. 6 根

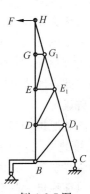

例 4-2-7 图

【解答】GG_1 为零杆；其次，EG_1、EE_1、E_1D、DD_1、D_1B 杆均为零件，其计 6 根杆为零件，应选 D 项。

【例 4-2-8】（历年真题）图示不计自重的水平梁与桁架在 B 点铰接。已知：荷载 F_1、F 均与 BH 垂直，$F_1=8\text{kN}$，$F=4\text{kN}$，$M=6\text{kN}\cdot\text{m}$，$q=1\text{kN/m}$，$L=2\text{m}$，则杆件 1 的内力为：

A. $F_1=0$ B. $F_1=8\text{kN}$

C. $F_1=-8\text{kN}$ D. $F_1=-4\text{kN}$

【解答】杆 1 为零杆，应选 A 项。

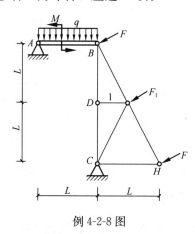
例 4-2-8 图

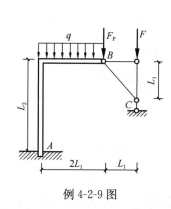
例 4-2-9 图

【例 4-2-9】（历年真题）图示平面结构，各杆自重不计，已知 $q=10\text{kN/m}$，$F_P=20\text{kN}$，$F=30\text{kN}$，$L_1=2\text{m}$，$L_2=5\text{m}$，B、C 处为铰链连接，则 BC 杆的内力为：

A. $F_{BC}=-30\text{kN}$ B. $F_{BC}=30\text{kN}$

C. $F_{BC}=10\text{kN}$ D. $F_{BC}=0$

【解答】BC 杆为零杆，应选 D 项。

四、摩擦

两个表面粗糙的物体，当其接触表面之间有相对滑动趋势或相对滑动时，彼此作用有阻碍相对滑动的阻力，即滑动摩擦力。摩擦力作用在相互接触处，其方向与相对滑动趋势（或相对滑动）的方向相反，它的大小根据主动力作用的不同，可以分为三种情况，即静滑动摩擦力、最大静滑动摩擦力和动滑动摩擦力。

★★★1. 静滑动摩擦力（F_s）和最大静滑动摩擦力（F_{max}）

如图 4-2-4 所示，当拉力 F_T 由零逐渐增加，物体仅有相对滑动趋势，但仍保持静止。可见支承面对物体除法向约束力 F_N 外，还有一个阻碍物体沿水平面向右滑动的切向约束力，此力即为静滑动摩擦力（简称静摩擦力），常以 F_s 表示，方向向左，它的大小由平衡条件确定，即：$F_s=F_T$。

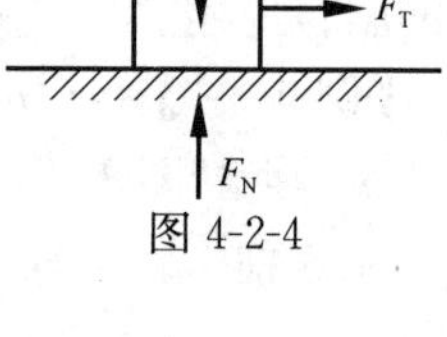

静摩擦力与一般约束力不同，它并不随主动力 F_T 的增大而无限度地增大。当主动力 F_T 的大小达到一定数值时，物块处于平衡的临界状态。这时，静摩擦力达到最大值，即为最大静滑动摩擦力（简称最大静摩擦力），以 F_{max} 表示。此后，如果主动力 F_T 再

图 4-2-4

继续增大，物体将失去平衡而滑动。可知，静摩擦力的大小随主动力的情况而改变，并介于零与最大值之间，即：

$$0 \leqslant F_s \leqslant F_{max} \tag{4-2-1}$$

最大静摩擦力的大小与两物体间的正压力（即法向约束力）成正比，即：

$$F_{max} = f_s F_N \tag{4-2-2}$$

式中，f_s 是比例常数，称为静摩擦因数，式（4-2-2）称为静摩擦定律（亦称库仑摩擦定律）。

★★★2. 动滑动摩擦力（F_d）

当滑动摩擦力已达到最大值时，若主动力 F_T 再继续加大，接触面之间将出现相对滑动。此时，接触物体之间仍作用有阻碍相对滑动的阻力，这种阻力称为动滑动摩擦力（简称动摩擦力），以 F_d 表示。动摩擦力的大小与接触物体间的正压力成正比，即：

$$F_d = f_d F_N \tag{4-2-3}$$

式中，f_d 为动摩擦因数。一般情况下，动摩擦因数小于静摩擦因数，即 $f_d < f_s$。

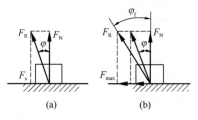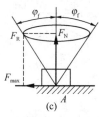

图 4-2-5

★3. 摩擦角

当有摩擦时，支承面对平衡物体的约束力包含法向约束力 F_N 和切向约束力 F_s（即静摩擦力）。这两个分力的和 $F_R = F_N + F_s$ 称为支承面的全约束力，它的作用线与接触面的公法线成一偏角 φ，如图 4-2-5（a）所示。当物块处于平衡的临界状态时，静摩擦力达到最大静摩擦力，偏角 φ 也达到最大值 φ_f，如图 4-2-5（b）所示。全约束力与法线间的夹角的最大值 φ_f 称为摩擦角。由图可得：

$$\tan\varphi_f = \frac{F_{max}}{F_N} = \frac{f_s F_N}{F_N} = f_s \tag{4-2-4}$$

可知，摩擦角的正切等于静摩擦因数。当物块的滑动趋势方向改变时，全约束力作用线的方位也随之改变；在临界状态下，F_R 的作用线将画出一个以接触点 A 为顶点的锥面，如图 4-2-5（c）所示，称为摩擦锥。

★4. 自锁现象

物块平衡时，静摩擦力不一定达到最大值，可在零与最大值 F_{max} 之间变化，所以全约束力与法线间的夹角 φ 也在零与摩擦角 φ_f 之间变化，即：

$$0 \leqslant \varphi \leqslant \varphi_f$$

由于静摩擦力不可能超过最大值，因此，全约束力必在摩擦角之内。由此可知：

（1）如果作用于物块的全部主动力的合力 Q 的作用线在摩擦角 φ_f 之内，即：$\theta < \varphi_f$，则无论这个力怎样大，物块必保持静止。这种现象称为自锁现象。因为在这种情况下，Q 和全约束力 F_R 必能满足二力平衡条件，且 $\theta = \varphi < \varphi_f$，如图 4-2-6（a）所示。

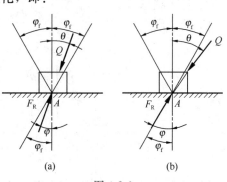

图 4-2-6

（2）如果全部主动力的合力 Q 的作用线在摩擦角 φ_f 之外，即：$\theta > \varphi_f$，则无论这个力怎样小，物块一定会滑动。此时，Q 与 F_R 不满足二力平衡条件。如图 4-2-6（b）所示。

5. 考虑摩擦时物体平衡问题

当静摩擦力达到最大时，必须补充物理方程 $F_s \leqslant f_s F_N$。由于物体平衡时摩擦力有一定范围（$0 \leqslant F_s \leqslant f_s F_N$），当同时有多种可能的滑动趋势存在时，平衡问题的解亦有一定的范围，而不是一个确定的值。

如图 4-2-7（a）所示，重 W 的物块放在倾角 α 大于摩擦角 φ_f 的斜面上，施加一水平力 P 使物块保持静止。设摩擦系数为 f_s。求 P 的最小值和最大值。

因 $\alpha > \varphi_f$，如 P 太小，则物块将下滑；如 P 过大，又将使物块上滑，所以，需要分两种情况，分别见图 4-2-7（b）、（c）。

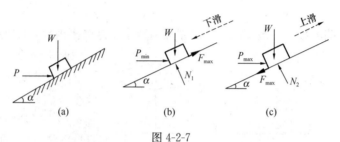

(a)　　　　　　　　(b)　　　　　　　　(c)

图 4-2-7

【例 4-2-10】（历年真题）杆 AB 的 A 端置于光滑水平面上，AB 与水平面夹角为 $30°$，杆重力大小为 P，如图所示，B 处有摩擦，则杆 AB 平衡时，B 处的摩擦力与 x 方向的夹角为：

A. $90°$　　　　　　　　B. $30°$

C. $60°$　　　　　　　　D. $45°$

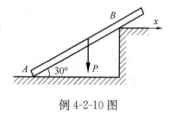

例 4-2-10 图

【解答】在杆的重力作用下，A 端有向左侧滑动趋势，故 B 处的摩擦力方向沿 AB 杆向右上方向，与 x 轴正向的夹角为 $30°$，应选 B 项。

【例 4-2-11】（历年真题）重力大小为 W 的物块自由地放在倾角为 α 的斜面上，如图所示，且 $\sin\alpha = \dfrac{3}{5}$，$\cos\alpha = \dfrac{4}{5}$。物块上作用一水平力 F，且 $F = W$。若物块与斜面间的静摩擦系数 $f = 0.2$，则该物块的状态为：

A. 静止状态　　　　　　　　B. 临界平衡状态

C. 滑动状态　　　　　　　　D. 条件不足，不能确定

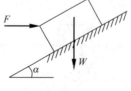

例 4-2-11 图 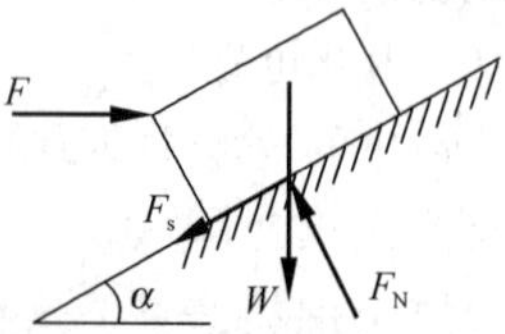　　　　　　　　例 4-2-11 解图

【解答】若滑块有上滑趋势，其平衡条件，如图所示，则：

$$F_s = F\cos\alpha - W\sin\alpha = F \times \frac{4}{5} - F \times \frac{3}{5} = 0.2F$$

$$F_{max} = fF_N = 0.2 \times (F\sin\alpha + W\cos\alpha) = 0.2 \times \left(F \times \frac{3}{5} + F \times \frac{4}{5}\right) = 0.28F$$

$F_{max} > F_s$，物块静止。

若物块有下滑趋势，则：

$$F_s = W\sin\alpha - F\cos\alpha = F \times \frac{3}{5} - F \times \frac{4}{5} = -0.2F$$

可知，不会出现下滑趋势。

应选 A 项。

【例 4-2-12】（历年真题）图示物块重力 $F_p = 100\text{N}$ 处于静止状态，接触面处的摩擦角 $\varphi_f = 45°$，在水平力 $F = 100\text{N}$ 的作用下，物块将：

A. 向右加速滑动

B. 向右减速滑动

C. 向左加速滑动

D. 处于临界平衡状态

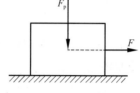

例 4-2-12 图

【解答】主动力 F 和 F_p 的合力的作用线与接触面的法线间的夹角 $\theta = 45°$，则 $\theta = \varphi_f$，故物块将处于临界平衡状态，应选 D 项。

习　　题

4-2-1　（历年真题）图示重 W 的物块自由地放在倾角为 α 的斜面上，若物块与斜面的静摩擦因数 $f = 0.4$，$W = 60\text{kN}$，$\alpha = 30°$，则该物块的状态为：

A. 静止状态

B. 临界平衡状态

C. 滑动状态

D. 条件不足，不能确定

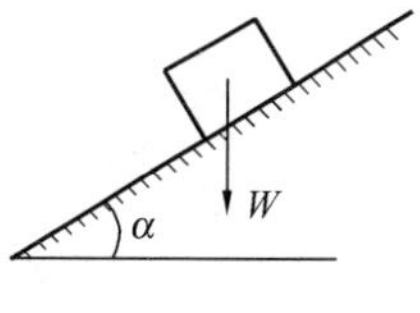

题 4-2-1 图

4-2-2　（历年真题）图示起重机的平面构架，自重不计，且不计滑轮重量，已知：$F = 100\text{kN}$，$L = 70\text{cm}$，B、D、E 为铰链连接，则支座 A 的约束力为：

A. $F_{Ax} = 100\text{kN}(\leftarrow)$　　$F_{Ay} = 150\text{kN}(\downarrow)$

B. $F_{Ax} = 100\text{kN}(\rightarrow)$　　$F_{Ay} = 50\text{kN}(\uparrow)$

C. $F_{Ax} = 100\text{kN}(\leftarrow)$　　$F_{Ay} = 50\text{kN}(\downarrow)$

D. $F_{Ax} = 100\text{kN}(\leftarrow)$　　$F_{Ay} = 100\text{kN}(\downarrow)$

4-2-3　（历年真题）在图示结构中，已知 $AB = AC = 2r$，物重 F_p，其余质量不计，则支座 A 的约束力为：

A. $F_A = 0$

B. $F_A = \frac{1}{2}F_p\ (\leftarrow)$

C. $F_A = \frac{3}{2}F_p\ (\rightarrow)$

D. $F_A = \frac{3}{2}F_p\ (\leftarrow)$

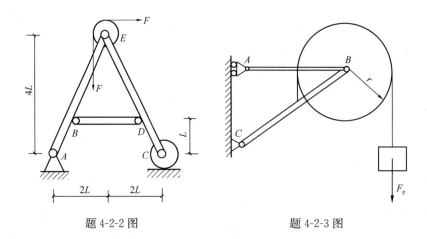

题 4-2-2 图　　　　　　　　　　　题 4-2-3 图

4-2-4 （历年真题）图示承重装置，B、C、D、E 处均为光滑铰链连接，各杆和滑轮的重量略去不计，已知：a、r 及 F_p。则固定端 A 的约束力偶为：

A. $M_A = F_p \times \left(\dfrac{a}{2} + r \right)$（顺时针）　　　　B. $M_A = F_p \times \left(\dfrac{a}{2} + r \right)$（逆时针）

C. $M_A = F_p r$（逆时针）　　　　　　　　D. $M_A = \dfrac{a}{2} F_p$（顺时针）

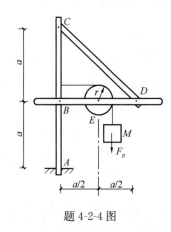

题 4-2-4 图　　　　　　　　　　题 4-2-5 图

4-2-5 （历年真题）判断图示桁架结构中，内力为零的杆数是：

A. 3 根　　　　　　　　　　　　　　B. 4 根

C. 5 根　　　　　　　　　　　　　　D. 6 根

4-2-6 （历年真题）图示多跨梁由 AC 和 CD 铰接而成，自重不计。已知 $q = 10\text{kN/m}$，$M = 40\text{kN·m}$，$F = 2\text{kN}$ 作用在 AB 中点，且 $\theta = 45°$，$L = 2\text{m}$。则支座 D 的约束力为：

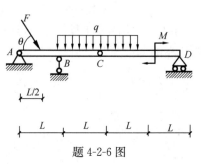

A. $F_D = 10\text{kN}$（铅垂向上）

B. $F_D = 15\text{kN}$（铅垂向上）

C. $F_D = 40.7\text{kN}$（铅垂向上）

D. $F_D = 14.3\text{kN}$（铅垂向下）

题 4-2-6 图

第三节 运 动 学

运动学单独研究物体运动的几何性质，即物体在空间的位置随时间变化的规律。它包括物体的运动轨迹、速度和加速度等。

★★★一、点的运动

在研究点的运动时，首先要描述点在所选坐标系中的位置随时间变化的规律，进而研究点在每一瞬时的运动状态（轨迹、速度、加速度）。描述点的运动可采用矢量法、直角坐标法和自然坐标法等。点的运动的基本公式，见表 4-3-1。

点的运动的基本公式   表 4-3-1

描述方法	运动方程与轨迹	速度公式	加速度公式
矢量法	$r = r(t)$ r 是时间的单值连续函数。 M 的轨迹是 r 的矢端曲线	$v = \dfrac{dr}{dt} = \dot{r}$ v 沿轨迹的切线方向	$a = \dfrac{dv}{dt} = \ddot{r}$ 指向轨迹曲线凹的一侧
直角坐标法 取参考系中的某一固定点为直角坐标系的原点，则动点 M 在空间的位置可以用直角坐标 x、y、z 来表示	$x = f_1(t)$, $y = f_2(t)$, $z = f_3(t)$, x、y、z 是时间 t 的单值连续函数。 M 的轨道从上述方程中消去 t： $F_1(x,\ y) = 0$ $F_2(y,\ z) = 0$	$v = v_x i + v_y j + v_z k$ $v_x = \dfrac{dx}{dt}, v_y = \dfrac{dy}{dt}$, $v_z = \dfrac{dz}{dt}$, $v = \sqrt{v_x^2 + v_y^2 + v_z^2}$ $\cos(v,i) = \dfrac{v_x}{v}$, $\cos(v,j) = \dfrac{v_y}{v}$, $\cos(v,k) = \dfrac{v_z}{v}$	$a = a_x i + a_y j + a_z k$ $a_x = \dfrac{d^2 x}{dt^2}, a_y = \dfrac{d^2 y}{dt^2}$ $a_z = \dfrac{d^2 z}{dt^2}$, $a = \sqrt{a_x^2 + a_y^2 + a_z^2}$ $\cos(a,i) = \dfrac{a_x}{a}$ $\cos(a,j) = \dfrac{a_y}{a}$ $\cos(a,k) = \dfrac{a_z}{a}$ 匀加速直线运动 $a_x =$ 常数 $x = x_0 + v_{0x} t + \dfrac{1}{2} a_x t^2$ $v_x^2 = v_{0x}^2 + 2 a_x (x - x_0)$ $v_x = v_{0x} + a_x t$
自然坐标法 当运动点的运动轨迹已知时，可取轨迹上的任一点 O 为参考点，并取 O 的一侧为正，另一侧为负，则点在轨迹上的位置可以用弧坐标 s 来确定 $s = s_0 + v_0 t + \dfrac{1}{2} a_\tau t^2$	$s = f(t)$ 可表示为时间 t 的单值连续函数，称为点的弧坐标形式的运动方程。 M 的轨迹是已知的	$v(t) = \dot{s}$, $v(t) = \dot{s}\tau$，这里，τ 是曲线上 M 处的切向单位矢量	$a = a_t + a_n + a_b$, $a_t = \dfrac{dv}{dt} = \dot{s}$; 沿切线方向，$a_n = \dfrac{v^2}{\rho}$，沿主法线方向，$a_b = 0$，$\rho$ 是曲线上 M 点处的曲率半径 $a = \sqrt{a_t^2 + a_n^2}$ $\tan\varphi = \dfrac{\mid a_t \mid}{a_n}$

【例 4-3-1】（历年真题）点沿直线运动，其速度 $v=20t+5$，已知：当 $t=0$ 时，$x=5\text{m}$，则点的运动方程为：

A. $x=10t^2+5t+5$ B. $x=20t+5$

C. $x=10t^2+5t$ D. $x=20t^2+5t+5$

【解答】 方法一：验证法，A 项满足，选 A 项。

方法二：对速度积分，则：$\int_5^x \mathrm{d}x = \int_0^t (20t+5)\mathrm{d}t$，$x-5=10t^2+5t$。

应选 A 项。

【例 4-3-2】（历年真题）动点 A 和 B 在同一坐标系中的运动方程分别为 $\begin{cases} x_A=t \\ y_A=2t^2 \end{cases}$，

$\begin{cases} x_B=t^2 \\ y_B=2t^4 \end{cases}$，其中 x、y 以 cm 计，t 以 s 计，则两点相遇的时刻为：

A. $t=1\text{s}$ B. $t=0.5\text{s}$ C. $t=2\text{s}$ D. $t=1.5\text{s}$

【解答】 两点相遇，则：$x_A=x_B$，$y_A=y_B$

$t=t^2$，可得：$t=1$ 或 0，应选 A 项。

【例 4-3-3】（历年真题）一动点沿直线轨道按照 $x=3t^3+t+2$ 的规律运动（x 以 m 计，t 以 s 计），则当 $t=4\text{s}$ 时，动点的位移、速度和加速度分别为：

A. $x=54\text{m}$，$v=145\text{m/s}$，$a=18\text{m/s}^2$ B. $x=198\text{m}$，$v=145\text{m/s}$，$a=72\text{m/s}^2$

C. $x=198\text{m}$，$v=49\text{m/s}$，$a=72\text{m/s}^2$ D. $x=192\text{m}$，$v=145\text{m/s}$，$a=12\text{m/s}^2$

【解答】 $t=4\text{s}$，$x=3\times4^3+4+2=198\text{m}$

$v=\dot{x}=9t^2+1=9\times4^2+1=145\text{m/s}$，应选 B 项。

此外，$a=\ddot{x}=18t=18\times4=72\text{m/s}$。

【例 4-3-4】（历年真题）已知动点的运动方程为 $x=t$，$y=2t^2$，则其轨迹方程为：

A. $x=t^2-t$ B. $y=2t$

C. $y-2x^2=0$ D. $y+2x^2=0$

【解答】 将运动方程中的参数 t 消去，则：$y=2x^2$，应选 C 项。

【例 4-3-5】（历年真题）汽车匀加速运动，在 10s 内，速度由 0 增加到 5m/s。则汽车在此时间内行驶距离为：

A. 25m B. 50m C. 75m D. 100m

【解答】 $a=\dfrac{5-0}{10}=0.5\text{m/s}^2$

$v^2=v_0^2+2as$，则：$5^2=0^2+2\times0.5s$，可得：$s=25\text{m}$

应选 A 项。

【例 4-3-6】（历年真题）一炮弹以初速度和仰角 α 射出，对于图示直角坐标的运动方程为 $x=v_0\cos\alpha t$，$y=v_0\sin\alpha t-\dfrac{1}{2}gt^2$，则当 $t=0$ 时，炮弹的速度和加速度的大小分别为：

A. $v=v_0\cos\alpha$，$a=g$

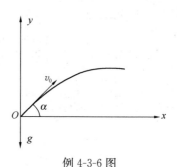

例 4-3-6 图

B. $v=v_0$，$a=g$

C. $v=v_0\sin\alpha$，$a=-g$

D. $v=v_0$，$a=-g$

【解答】$\dot{x}=v_0\cos\alpha$，$\ddot{x}=0$

$\dot{y}=v_0\sin\alpha-gt$，$\ddot{y}=-y$

$t=0$ 时，$v=\sqrt{\dot{x}^2+\dot{y}^2}=v_0$，$a=\sqrt{\ddot{x}^2+\ddot{y}^2}=g$

应选 B 项。

注意：本题目 $v_0\cos\alpha t$ 应理解为：$(v_0\cos\alpha)\,t$，$v_0\sin\alpha t$ 应理解为：$(v_0\sin\alpha)\,t$。

★★★二、刚体的基本运动

刚体的基本运动包括刚体的平行移动（简称移动或平动或平移）和刚体的定轴转动。刚体基本运动的特征和基本公式，见表 4-3-2。

刚体基本运动的特征和基本公式　　　　　　　　表 4-3-2

基本运动	移　　　动	定轴转动	
		整　体	刚体上任一点
特征	刚体上任一直线始终平行于它的初始位置。各点轨迹相同，在同一瞬时的各点速度、加速度也相同。刚体的移动可简化为一个点的运动	刚体内（或其扩展部分）有一直线始终保持不动	垂直于转轴的平面内作圆周运动
基本公式	用移动刚体上任一点的运动描述整个刚体的运动。 直线运动 $x=f_1(t)$，$v_x=\dfrac{\mathrm{d}x}{\mathrm{d}t}$，$a_x=\dfrac{\mathrm{d}^2x}{\mathrm{d}t^2}$ 曲线运动 $s=f(t)$，$v(t)=\dfrac{\mathrm{d}s}{\mathrm{d}t}=\dot{s}$， $a_t=\dfrac{\mathrm{d}v}{\mathrm{d}t}=\ddot{s}$，$a_n=\dfrac{v^2}{\rho}$	用转角 φ 确定整个刚体的位置转动方程 $\varphi=f(t)$ 角速度 $\omega=\dfrac{\mathrm{d}\varphi}{\mathrm{d}t}=\dot{\varphi}\ (\mathrm{rad/s})$ $\omega=\dfrac{2\pi n}{60}=\dfrac{\pi n}{30}$ n 为转速（转／分）。 角加速度 $\alpha=\dfrac{\mathrm{d}\omega}{\mathrm{d}t}=\dot{\omega}=\ddot{\varphi}\ (\mathrm{rad/s^2})$	用弧坐标 s 描述各点的运动 $s=\rho\varphi$ 速度 $v=\dfrac{\mathrm{d}s}{\mathrm{d}t}=\rho\dfrac{\mathrm{d}\varphi}{\mathrm{d}t}=\rho\omega$ 加速度 $a_t=\dfrac{\mathrm{d}v}{\mathrm{d}t}=\rho\dfrac{\mathrm{d}\omega}{\mathrm{d}t}=\rho\alpha$ $a_n=\dfrac{v^2}{\rho}=\dfrac{(\rho\omega)^2}{\rho}=\rho\omega^2$ $a=\sqrt{a_t^2+a_n^2}=\rho\sqrt{\alpha^2+\omega^4}$ 加速度的大小与方向 $a=\sqrt{a_t^2+a_n^2}=\rho\sqrt{\alpha^2+\omega^4}$ $\tan\varphi=\dfrac{|a_t|}{a_n}=\dfrac{\rho|\alpha|}{\rho\omega^2}=\dfrac{|\alpha|}{\omega^2}$ 对于图 $\rho=R$

刚体绕定轴转动时，由于在每一瞬时，刚体的 ω 和 α 都只有一个确定的数值，因此，刚体内各点的速度和加速度有如下特点：

（1）在每一瞬时，转动刚体内所有各点的速度和加速度的大小，分别与这些点到轴线的垂直距离成正比；

（2）在每一瞬时，刚体内所有各点的加速度 a 与半径间的夹角 θ 都有相同的值。

用一垂直于轴线的平面横截刚体，得一截面。根据上述结论，可画出截面上各点的速度〔图 4-3-1（a）〕和加速度〔图 4-3-1（b）〕；在通过轴心的直线上各点的加速度按线性分布，将加速度矢的端点连成直线，此直线通过轴心，如图 4-3-1（c）所示。

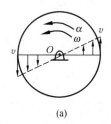 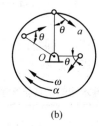 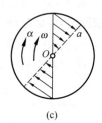

(a)   (b)   (c)

图 4-3-1 刚体转动截面

【例 4-3-7】（历年真题）刚体作平动时，某瞬时体内各点的速度与加速度为：

A. 体内各点速度不相同，加速度相同

B. 体内各点速度相同，加速度不相同

C. 体内各点速度相同，加速度也相同

D. 体内各点速度不相同，加速度也不相同

【解答】根据刚体的平动的特征，应选 C 项。

【例 4-3-8】（历年真题）一木板放在两个半径 $r=0.25m$ 的传输鼓轮上面，在图示瞬时，木板具有不变的加速度 $a=0.5m/s^2$，方向向右；同时，鼓轮边缘上的点具有一大小为 $3m/s^2$ 的全加速度，如果木板在鼓轮上无滑动，则此木板的速度为：

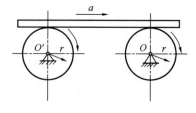

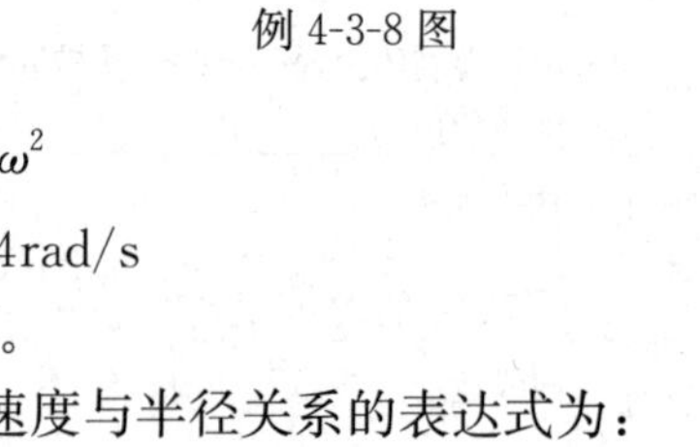

例 4-3-8 图

A. 0.86m/s   B. 3m/s

C. 0.5m/s   D. 1.67m/s

【解答】切向加速度 $a_t=0.5m/s^2$，法向加速度 $a_n=r\omega^2$

由 $a=\sqrt{a_t^2+a_n^2}$，$3=\sqrt{0.5^2+(r\omega^2)^2}$，可得：$\omega=3.44rad/s$

木板速度 $v=r\omega=0.25\times3.44=0.86m/s$，应选 A 项。

【例 4-3-9】（历年真题）图示二摩擦轮，则两轮的角速度与半径关系的表达式为：

A. $\dfrac{\omega_1}{\omega_2}=\dfrac{R_1}{R_2}$ B. $\dfrac{\omega_1}{\omega_2}=\dfrac{R_2}{R_1^2}$

C. $\dfrac{\omega_1}{\omega_2}=\dfrac{R_1}{R_2^2}$ D. $\dfrac{\omega_1}{\omega_2}=\dfrac{R_2}{R_1}$

 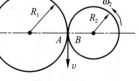

【解答】两轮啮合点 A、B 的速度相同，且 $v_A=R_1\omega_1=v_B=R_2\omega_2$，则：

例 4-3-9 图

$\dfrac{\omega_1}{\omega_2}=\dfrac{R_2}{R_1}$，应选 D 项。

【例 4-3-10】（历年真题）杆 $OA=l$，绕固定轴 O 转动，某瞬时杆端 A 点的加速度 a 如图所示，则该瞬时杆 OA 的角速度及角加速度为：

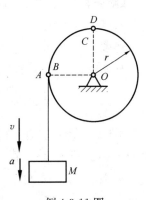

例 4-3-10 图

A. 0，$\dfrac{a}{l}$

B. $\sqrt{\dfrac{a\cos\alpha}{l}}$，$\dfrac{a\sin\alpha}{l}$

C. $\sqrt{\dfrac{a}{l}}$，0

D. 0，$\sqrt{\dfrac{a}{l}}$

【解答】 刚体作定轴转动，$a_n=l\omega^2=0$，则：$\omega=0$

$a_t=a=l\alpha$，则：$\alpha=\dfrac{a}{l}$，应选 A 项。

【例 4-3-11】（历年真题）图示一绳缠绕在半径为 r 的鼓轮上，绳端系一重物 M，重物 M 以速度 v 和加速度 a 向下运动，则绳上两点 A、D 和轮缘上两点 B、C 的加速度是：

A. A、B 两点的加速度相同，C、A 两点的加速度相同

B. A、B 两点的加速度不相同，C、D 两点的加速度不相同

C. A、B 两点的加速度相同，C、D 两点的加速度不相同

D. A、B 两点的加速度相同，C、D 两点的加速度相同

【解答】 绳上各点的加速度大小均为 a，且方向相同；轮缘上各点的加速度大小为 $\sqrt{a^2+(v^2/r)^2}$，但方向不相同。

应选 B 项。

【例 4-3-12】（历年真题）物体作定轴转动的运动方程为 $\varphi=4t-3t^2$（φ 以 rad 计，t 以 s 计），则此物体内转动半径 $r=0.5$m 的一点，在 $t=1$s 时的速度和切向加速度的大小分别为：

A. -2m/s，-20m/s^2

B. -1m/s，-3m/s^2

C. -2m/s，-8.54m/s^2

D. 0m/s，-20.2m/s^2

【解答】 $\omega=\dot{\varphi}=4-6t$，$\alpha=\ddot{\varphi}=-6$

$t=1$s 时，$v=r\omega=0.5\times(4-6\times1)=-1$m/s

$a_t=r\alpha=0.5\times(-6)=-3$m/s^2

应选 B 项。

【例 4-3-13】（历年真题）图示四连杆机构，已知曲柄 O_1A 长为 r，且 $O_1A=O_2B$，$O_1O_2=AB=2b$，角速度为 ω，角加速度为 α，则杆 AB 的中点 M 的速度、法向和切向加速度的大小分别为：

A. $v_M=b\omega$，$a_M^n=b\omega^2$，$a_M^t=b\alpha$

B. $v_M=b\omega$，$a_M^n=r\omega^2$，$a_M^t=r\alpha$

C. $v_M=r\omega$，$a_M^n=r\omega^2$，$a_M^t=r\alpha$

D. $v_M=r\omega$，$a_M^n=b\omega^2$，$a_M^t=b\alpha$

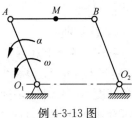

例 4-3-13 图

【解答】AB 杆作平动，则 M 点的速度、加速度与 A 点的速度、加速度相同：

$v_M = v_A = r\omega$

$a_M^n = a_A^n = r\omega^2$，$a_M^t = a_A^t = r\alpha$

应选 C 项。

【例 4-3-14】（历年真题）图示机构中，曲柄 $OA = r$，以常角速度 ω 转动，则滑动构件 BC 的速度、加速度的表达式为：

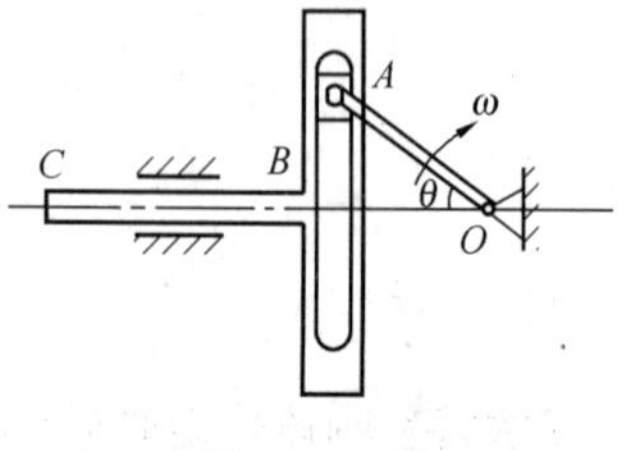

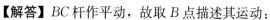

A. $r\omega\sin\omega t$，$r\omega\cos\omega t$

B. $r\omega\cos\omega t$，$r\omega^2\sin\omega t$

C. $r\sin\omega t$，$r\omega\cos\omega t$

D. $r\omega\sin\omega t$，$r\omega^2\cos\omega t$

例 4-3-14 图

【解答】BC 杆作平动，故取 B 点描述其运动：

$x_B = -r\cos\omega t$

速度：$v_{BC} = v_B = \dot{x}_B = r\omega\sin\omega t$

加速度：$a_{BC} = a_B = \dot{x}_B = r\omega^2\cos\omega t$，应选 D 项。

习　题

4-3-1　（历年真题）已知质点沿半径为 40cm 的圆周运动，其运动规律为：$s = 20t$（s 以 cm 计，t 以 s 计）。若 $t = 1$s，则点的速度与加速度的大小为：

A. 20cm/s；$10\sqrt{2}$cm/s²　　　　　　B. 20cm/s；10cm/s²

C. 40cm/s；20cm/s²　　　　　　　　D. 40cm/s；10cm/s²

4-3-2　（历年真题）已知动点的运动方程为 $x = 2t$，$y = t^2 - t$，则其轨迹方程为：

A. $y = t^2 - t$　　　　　　　　　　B. $x = 2t$

C. $x^2 - 2x - 4y = 0$　　　　　　　D. $x^2 + 2x + 4y = 0$

4-3-3　（历年真题）直角刚杆 OAB 在图示瞬时角速度 $\omega = 2$rad/s，角加速度 $\alpha = 5$rad/s²，若 $OA = 40$cm，$AB = 30$cm，则 B 点的速度大小、法向加速度的大小和切向加速度的大小为：

A. 100cm/s；200cm/s²；250cm/s²

B. 80cm/s；160cm/s²；200cm/s²

C. 60cm/s；120cm/s²；150cm/s²

D. 100cm/s；200cm/s²；200cm/s²

4-3-4　（历年真题）当点运动时，若位置矢大小保持不变，方向可变，则其运动轨迹为：

题 4-3-3 图

A. 直线　　　　　B. 圆周

C. 任意曲线　　　D. 不能确定

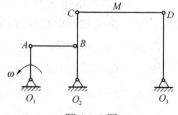

4-3-5　（历年真题）在图示机构中，杆 $O_1A \parallel O_2B$，杆 $O_2C \parallel O_3D$，且 $O_1A = 20$cm，$O_2C = 40$cm，若杆 AO_1 以角速度 $\omega = 3$rad/s 匀速转动，则 CD 杆上任意点 M 的速度及加速度大小为：

题 4-3-5 图

A. 60cm/s，180cm/s^2 | B. 120cm/s，360cm/s^2

C. 90cm/s，270cm/s^2 | D. 120cm/s，150cm/s^2

4-3-6 （历年真题）动点以常加速度 2m/s^2 作直线运动。当速度由 5m/s 增加到 8m/s 时，则点运动的路程为：

A. 7.5m | B. 12m

C. 2.25m | D. 9.75m

4-3-7 （历年真题）物体作定轴转动的运动方程为 $\varphi = 4t - 3t^2$（φ 以 rad 计，t 以 s 计）。此物体内，转动半径 $r = 0.5$m 的一点，在 $t_0 = 0$ 时的速度和法向加速度的大小为：

A. 2m/s，8m/s^2 | B. 3m/s，3m/s^2

C. 2m/s，8.54m/s^2 | D. 0，8m/s^2

4-3-8 （历年真题）杆 OA 绕固定轴 O 转动，长为 l，某瞬时杆端 A 点的加速度 a 如图所示，则该瞬时 OA 的角速度及角加速度为：

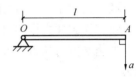
题 4-3-8 图

A. 0，$\dfrac{a}{l}$ | B. $\sqrt{\dfrac{a\cos\alpha}{l}}$，$\dfrac{a\sin\alpha}{l}$

C. $\sqrt{\dfrac{a}{l}}$，0 | D. 0，$\sqrt{\dfrac{a}{l}}$

4-3-9 （历年真题）点在直径为 6m 的圆形轨道上运动，走过的距离是 $s = 3t^2$，则点在 2s 末的切向加速度为：

A. 48m/s^2 | B. 4m/s^2

C. 96m/s^2 | D. 6m/s^2

4-3-10 （历年真题）杆 $OA = l$，绕固定轴 O 转动，某瞬时杆端 A 点的加速度 a 如图所示，则该瞬时杆 OA 的角速度及角加速度为：

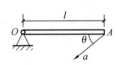
题 4-3-10 图

A. 0，$\dfrac{a}{l}$ | B. $\sqrt{\dfrac{a\cos\theta}{l}}$，$\dfrac{a\sin\theta}{l}$

C. $\sqrt{\dfrac{a}{l}}$，0 | D. 0，$\sqrt{\dfrac{a}{l}}$

4-3-11 （历年真题）点的运动由关系式 $s = t^4 - 3t^3 + 2t^2 - 8$ 决定（s 以 m 计，t 以 s 计），则 $t = 2$s 时的速度和加速度为：

A. -4m/s，16m/s^2 | B. 4m/s，12m/s^2

C. 4m/s，16m/s^2 | D. 4m/s，-16m/s^2

4-3-12 （历年真题）质点以匀速度 15m/s 绕直径为 10m 的圆周运动，则其法向加速度为：

A. 22.5m/s^2 | B. 45m/s^2

C. 0 | D. 75m/s^2

4-3-13 （历年真题）滑轮半径 $r = 50$mm，安装在发动机上旋转，其皮带的运动速度为 20m/s，加速度为 6m/s^2。扇叶半径 $R = 75$mm，如图所示。则扇叶最高点 B 的速度和切向加速度分别为：

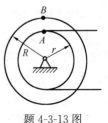
题 4-3-13 图

A. 30m/s，9m/s^2 | B. 60m/s，9m/s^2

C. 30m/s，6m/s^2 D. 60m/s，18m/s^2

第四节 动 力 学

动力学研究物体的运动与物体受力之间的关系。

★★★一、动力学基本定律与质点运动微分方程

1. 动力学基本定律

（1）第一定律（惯性定律）

任何物体，若不受外力作用，将永远保持静止或作匀速直线运动。这一定律指出了力是改变物体运动状态的唯一外界因素。物体的这一属性称为"惯性"。

（2）第二定律（力与加速度关系定律）

物体受到外力作用时，其加速度大小与所受力的大小成正比，而与质点的质量成反比，加速度方向与力的方向一致。以矢量 $\boldsymbol{F}$ 和 $\boldsymbol{a}$ 表示力和加速度，则这一定律的公式表示为：

$$\boldsymbol{F} = m\boldsymbol{a} \tag{4-4-1}$$

（3）第三定律（作用与反作用定律）

两物体间相互作用的力总是大小相等，方向相反，沿同一作用线，且同时分别作用于两个物体上。

2. 质点运动微分方程

（1）矢量形式的质点运动微分方程

$$m\frac{\mathrm{d}v}{\mathrm{d}t} = \boldsymbol{F} \quad 或 \quad m\frac{\mathrm{d}^2\boldsymbol{r}}{\mathrm{d}t^2} = \boldsymbol{F} \tag{4-4-2}$$

（2）直角坐标形式的质点运动微分方程

$$m\frac{\mathrm{d}^2x}{\mathrm{d}t^2} = F_x, m\frac{\mathrm{d}^2y}{\mathrm{d}t^2} = F_y, m\frac{\mathrm{d}^2z}{\mathrm{d}t^2} = F_z \tag{4-4-3}$$

（3）自然坐标形式的质点运动微分方程

$$m\frac{\mathrm{d}^2s}{\mathrm{d}t^2} = F_t, \, m\frac{v^2}{\rho} = F_n, \, 0 = F_b \tag{4-4-4}$$

应用质点运动微分方程可求解质点动力学的如下两类基本问题：

第一类问题：已知质点的运动规律，求作用于质点上的力。这类问题可用运动方程对时间求导数的方法求得解答，称为微分问题。

第二类问题：已知作用于质点上的力，求质点的运动规律。这类问题归结为求解运动微分方程，属于积分问题。因为是积分问题，为确定积分常数，还须给出运动初始条件，即运动初瞬时质点的位置和初速度，才能确定质点的运动。

【例 4-4-1】（历年真题）重为 W 的人乘电梯铅垂上升，当电梯加速上升、匀速上升及减速上升时，人对地板的压力分别为 p_1、p_2、p_3，它们之间的关系为：

A. $p_1 = p_2 = p_3$ B. $p_1 > p_2 > p_3$

C. $p_1 < p_2 < p_3$ D. $p_1 < p_2 > p_3$

【解答】根据牛顿第二定律：

加速上升：$p_1 - W = \dfrac{W}{g}a$，即：$p_1 = W + \dfrac{W}{g}a$

匀速上升：$p_2 = W$

减速上升：$W - p_3 = \dfrac{W}{g}a$，即：$p_3 = W - \dfrac{W}{g}a$

可得：$p_1 > p_2 > p_3$，应选 B 项。

【例 4-4-2】（历年真题）图示质量为 m 的物块 A，置于与水平面成 θ 角的斜面 B 上。A 与 B 间的摩擦系数为 f，为保持 A 与 B 一起以加速度 a 水平向右运动，则所需的加速度 a 至少是：

A. $a = \dfrac{g(f\cos\theta + \sin\theta)}{\cos\theta + f\sin\theta}$

B. $a = \dfrac{gf\cos\theta}{\cos\theta + f\sin\theta}$

C. $a = \dfrac{g(f\cos\theta - \sin\theta)}{\cos\theta + f\sin\theta}$

D. $a = \dfrac{gf\sin\theta}{\cos\theta + f\sin\theta}$

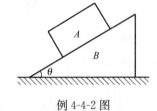

例 4-4-2 图　　　　　　　例 4-4-2 解图

【解答】根据题目条件可知摩擦力 F_s 应斜向右，如图所示。

x 方向：$F_s - mg\sin\theta = ma\cos\theta$

y 方向：$mg\cos\theta - F_N = ma\sin\theta$

当 $F_s \leqslant F_N f$ 时满足向右运动，则：

$$F_s = mg\sin\theta + ma\cos\theta \leqslant (mg\cos\theta - ma\sin\theta) \cdot f$$

可得：$a \leqslant \dfrac{g(f\cos\theta - \sin\theta)}{\cos\theta + f\sin\theta}$

应选 C 项。

【例 4-4-3】（历年真题）在图示圆锥摆中，球 M 的质量为 m，绳长 l，若 α 角保持不变，则小球的法向加速度为：

A. $g\sin\alpha$　　　B. $g\cos\alpha$　　　C. $g\tan\alpha$　　　D. $g\cot\alpha$

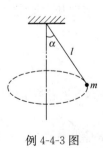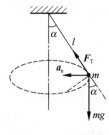

例 4-4-3 图　　　　　　　例 4-4-3 解图

【解答】如图所示，垂直于绳的铅垂面上，由牛顿第二定律：

$$mg\sin\alpha = ma_n\cos\alpha,\ \text{即：}\ a_n = g\tan\alpha$$

应选 C 项。

【例 4-4-4】（历年真题）质量为 m 的小球，放在倾角为 α 的光滑面上，并用平行于斜面的软绳将小球固定在图示位置，如斜面与小球均以加速度 a 向左运动，则小球受到斜面的约束力 N 应为：

A. $N = mg\cos\alpha - ma\sin\alpha$ B. $N = mg\cos\alpha + ma\sin\alpha$

C. $N = mg\cos\alpha$ D. $N = ma\sin\alpha$

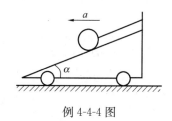
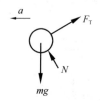

例 4-4-4 图   例 4-4-4 解图

【解答】 如图所示，沿 N 方向，由牛顿第二定理：

$N - mg\cos\alpha = ma\sin\alpha$，可得：$N = mg\cos\alpha + ma\sin\alpha$

应选 B 项。

【例 4-4-5】（历年真题）质量为 m 的物体 M 在地面附近自由降落，它所受的空气阻力的大小为 $F_R = Kv^2$，其中 K 为阻力系数，v 为物体速度，该物体所能达到的最大速度为：

A. $v = \sqrt{\dfrac{mg}{K}}$ B. $v = \sqrt{mgK}$ C. $v = \sqrt{\dfrac{g}{K}}$ D. $v = \sqrt{gK}$

【解答】 根据牛顿第二定律：$F_R - mg = ma$，即：$Kv^2 - mg = ma$

当 $a = 0$ 时，v 为最大，则：$Kv^2 - mg = 0$，得：$v = \sqrt{\dfrac{mg}{K}}$

应选 A 项。

二、动力学普遍定理

忽略物体的大小、形状，而只将物体视为具有一定质量的几何点，称为质点。有限或无限多质点的组合，称为质点系。质点系包含刚体、刚体系。

将某些与运动有关的物理量（动量、动量矩、动能）以及与作用于质点系上的与力有关的物理量（冲量、冲量矩、功）对应联系起来，建立它们之间数学上的关系。这些关系统称为动力学普遍定理，它包括动量定理、动量矩定理和动能定理。

★★★1. 动量定理

（1）基本概念

1）动量

质点在瞬时 t 的动量就是质点的质量 m 与其在该瞬时的速度 v 的乘积，动量用 $\boldsymbol{p}$ 表示为：

$$\boldsymbol{p} = m\boldsymbol{v} \tag{4-4-5}$$

动量是表征物体机械运动强弱的一个物理量。动量是矢量，与速度的方向一致。动量的单位是 kg·m/s。

质点系中所有质点的动量的矢量和称为质点系的动量，表示为：

$$p = \sum m_i v_i \tag{4-4-6}$$

设由 n 个质点 M_1，M_2，…，M_n 组成的质点系，各质点的质量分别为 m_1，m_2，…，m_n。若以 $m = \sum m_i$ 表示质点系总的质量，并以 r_1，r_2，…，r_n 表示各质点对任选的点 O 的矢径，则由下列公式：

$$r_C = \frac{\sum m_i r_i}{m} \tag{4-4-7}$$

或

$$m r_C = \sum m_i r_i \tag{4-4-8}$$

确定的一点 C 称为该质点系的质心。质心是反映质点系质量分布的一个特征量。

引入质心，则质点系的动量又可以表示为：

$$p = m v_C \tag{4-4-9}$$

即质点系的动量等于质点系的质量与其质心速度的乘积。

动量是矢量，具体计算时，可按下式计算：

$$p = \sum m_i v_{ix} \mathbf{i} + \sum m_i v_{iy} \mathbf{j} + \sum m_i v_{iz} \mathbf{k} = m v_{Cx} \mathbf{i} + m v_{Cy} \mathbf{j} + m v_{Cz} \mathbf{k}$$

2）冲量

把力在某一时间段里的累积效应称为力的冲量，以 $\mathbf{I}$ 表示：

$$\mathbf{I} = \int_{t_1}^{t_2} \mathbf{F} dt \tag{4-4-10}$$

其中 $\mathbf{F} dt$ 是力 $\mathbf{F}$ 在 dt 时间内的元冲量，表示为：$d\mathbf{I} = \mathbf{F} dt$。

冲量是矢量，其方向与力 $\mathbf{F}$ 的方向一致。冲量的单位为 N·s，也可以化为 kg·m/s。

将式（4-4-10）投影至直角坐标轴上，则冲量 $\mathbf{I}$ 在三个直角坐标轴上的投影为：

$$I_x = \int_{t_1}^{t_2} F_x dt, \; I_y = \int_{t_1}^{t_2} F_y dt, \; I_z = \int_{t_1}^{t_2} F_z dt$$

（2）动量定理与质心运动定理

质点系中任一质点所受到的力可以分为两类：一类是质点系以外的物体对它的作用力，称为外力，以 $\mathbf{F}_i^E$ 表示；另一类是质点系中质点间相互作用的力，称为内力，以 $\mathbf{F}_i^I$ 表示。要确定某个力是"内力"还是"外力"，取决于被观察的质点系的范围，外力与内力的区分是相对的。对整个质点系而言，内力系的矢量之和等于零，内力系对任一点或任一轴（x 轴）之矩的和也等于零。

动量定理与质心运动定理见表 4-4-1。

动量定理和质心运动定理　　　　　　　　　　　　　　　　　表 4-4-1

定理		内容	表达式
动量定理	微分形式	质点系的动量对时间的导数等于作用于质点系的所有外力的矢量和	$\dfrac{d\mathbf{p}}{dt} = \sum \mathbf{F}_i^E$ 或 $\dfrac{dp_x}{dt} = \sum F_{ix}^E, \dfrac{dp_y}{dt} = \sum F_{iy}^E, \dfrac{dp_z}{dt} = \sum F_{iz}^E$
	积分形式	质点系的动量在一段时间间隔的改变量等于质点系上所有外力的冲量的矢量和	$\mathbf{p}_2 - \mathbf{p}_1 = \sum \mathbf{I}_i^E$ 或 $p_{2x} - p_{1x} = \sum I_{ix}^E, \; p_{2y} - p_{1y} = \sum I_{iy}^E, \; p_{2z} - p_{1z} = \sum I_{iz}^E$

定理	内容	表达式
动量守恒定理	若作用于质点系的所有外力的矢量和恒等于零,则质点系的动量保持为常量	若 $\sum \boldsymbol{F}_i^E = 0$,则 $\boldsymbol{p} = \sum m_i v_i = m v_C =$ 常矢量 若 $\sum F_{ix}^E = 0$,则 $p_x = \sum m_i v_{ix} = m v_{Cx} =$ 常量
质心运动定理	质点系的质量与质心加速度的乘积等于质点系所受外力的矢量和	$m \boldsymbol{a}_C = \sum \boldsymbol{F}_i^E$ 或 $m \dfrac{\mathrm{d}^2 x_C}{\mathrm{d}t^2} = \sum F_{ix}^E = F_{Rx}$, $m \dfrac{\mathrm{d}^2 y_C}{\mathrm{d}t^2} = \sum F_{iy}^E = F_{Ry}$, $m \dfrac{\mathrm{d}^2 z_C}{\mathrm{d}t^2} = \sum F_{iz}^E = F_{Rz}$
质心运动守恒定理	若作用于质点系的外力的主矢量恒等于零,则质心的速度为常矢量	若 $\sum \boldsymbol{F}_i^E = 0$,则 $\boldsymbol{a}_C = 0$,$v_C =$ 常矢量 若 $\sum \boldsymbol{F}_{ix}^E = 0$,则: $m \dfrac{\mathrm{d}^2 x_C}{\mathrm{d}t^2} = 0$,$v_{Cx} = \dfrac{\mathrm{d}x_C}{\mathrm{d}t} =$ 常量

由质心运动守恒定理,可知:

1)当质点系外力的主矢量恒等于零时,质点系的质心将作匀速直线运动;如果质心原来是静止的,则它将在原处不动。

2)当质点系外力主矢量在某一轴上的投影等于零时,质心的速度在该轴上的投影保持为常量;如果质心的速度在该轴上的投影原来就等于零,则质心在该轴上的坐标不变。

【例 4-4-6】(历年真题)图示均质链条传动机构的大齿轮以角速度 ω 转动,已知大齿轮半径为 R,质量为 m_1,小齿轮半径为 r,质量为 m_2,链条质量不计,则此系统的动量为:

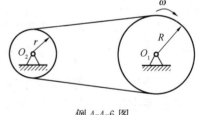

例 4-4-6 图

A. $(m_1 + 2m_2)v \rightarrow$

B. $(m_1 + m_2)v \rightarrow$

C. $(2m_2 - m_1)v \rightarrow$

D. 0

【解答】系统的动量 $p = \sum m_i v_i$,两轮质心的速度均为零,故两轮的动量为 0;链条质量不计,故链条的动量为 0,可知,整个系统的动量为 0,应选 D 项。

【例 4-4-7】(历年真题)图示均质细杆 AB 重力为 W,A 端置于光滑水平面上,B 端用绳悬挂。当绳断后杆在倒地的过程中,质心 C 的运动轨迹为:

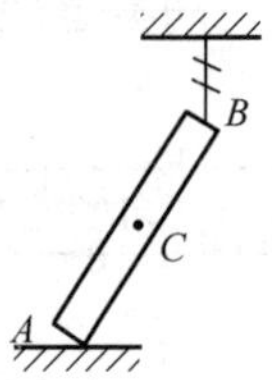

A. 圆弧线　　　　B. 曲线

C. 铅垂直线　　　D. 抛物线

例 4-4-7 图

【解答】水平方向,根据质心运动守恒定理,$m a_{Cx} = 0$,初始静止,故质心 C 的运动轨迹为铅垂直线,应选 C 项。

【例 4-4-8】(历年真题)图示两重物 M_1、M_2 的质量分别为 m_1 和 m_2,二重物系在不计重量的软绳上,绳绕过均质定滑轮,滑轮半径为 r,质量为 M,则此滑轮系统的动量为:

A. $\left(m_1 - m_2 + \dfrac{1}{2}M\right)v \downarrow$

B. $(m_1 - m_2)v \downarrow$

C. $\left(m_1 + m_2 + \dfrac{1}{2}M\right)v \uparrow$

D. $(m_1 - m_2)v \uparrow$

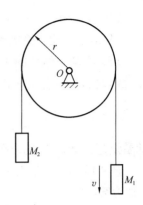

【解答】根据动量 $p = \sum m_i v_i$，则：

$p = (m_1 - m_2)v$（$\downarrow$），应选 B 项。

★★★2. 动量矩定理

（1）转动惯量

在刚体动力学中，除了刚体的受力分析、运动学分析外，还
需研究描述刚体惯性性质的物理量——转动惯量和平行轴定理（表 4-4-2）。

例 4-4-8 图

转动惯量和平行轴定理 表 4-4-2

转动惯量	表达式	说　明
对任一 z 轴	$J_O = \sum m_i r_i^2 = m\rho^2$ $J_O = \int r_i^2 \, \mathrm{d}m$	r_i 是 i 质点到 z 轴的距离，ρ 为刚体对 z 轴的回转半径
转动惯量的平行移轴定理	$J_{Oz} = J_{Cz'} + md^2$	z' 轴通过质心 C 且 z 与 z' 轴平行，d 为 z 轴与 z' 轴之间的距离

几种常见均质刚体的转动惯量和回转半径列于表 4-4-3。

常见均质刚体的转动惯量和回转半径 表 4-4-3

刚体形状	简图	转动惯量	回转半径
细杆		$J_y = J_z = \dfrac{1}{12}ml^2$ $J_x = 0$	$\dfrac{1}{\sqrt{12}}l$ 0
细圆环		$J_x = J_y = \dfrac{1}{2}mr^2$ $J_x = mr^2$	$\dfrac{1}{\sqrt{2}}r$ r
薄圆板		$J_x = J_y = \dfrac{1}{4}mr^2$ $J_z = \dfrac{1}{2}mr^2$	$\dfrac{1}{2}r$ $\dfrac{1}{\sqrt{2}}r$

（2）动量矩

1）质点、质点系的动量矩

由 n 个质点组成的质点系，其中，任一质点 M_i 的质量为 m_i，其绝对速度为 v_i，对于任选的点 O 的矢径为 r_i，则在该瞬时，质点 M_i 的动量为 m_iv_i，动量 m_iv_i 对点 O 的矩 L_{Oi} 定义为：

$$L_{Oi} = r_i \times m_iv_i \qquad (4\text{-}4\text{-}11)$$

动量矩是矢量，它垂直于 r_i 与 m_iv_i 组成的平面。动量矩的单位为 $\mathrm{kg \cdot m^2/s}$。

质点的动量对于某一点的矩在经过该点的任一轴上的投影等于动量对于该轴的矩，以 z 轴为例，则：

$$\left[L_O(m_iv_i)\right]_z = L_z(m_iv_i) \qquad (4\text{-}4\text{-}12)$$

质点系对点 O 的动量矩 L_O 定义为：

$$L_O = \sum L_{Oi} = \sum r_i \times m_iv_i \qquad (4\text{-}4\text{-}13)$$

质点系中所有各质点的动量对任一轴的矩的代数和称为质点系对该轴的动量矩，即：

$$L_z = \sum L_{zi} \qquad (4\text{-}4\text{-}14)$$

2）平移刚体的动量矩

平移刚体对任一点 O 的动量矩为：

$$L_O = r_C \times mv \qquad (4\text{-}4\text{-}15)$$

平移刚体对质心的动量矩为零。

3）定轴转动刚体的动量矩

对转动轴 Z 的动量矩为：

$$L_z = J_z\omega \qquad (4\text{-}4\text{-}16)$$

（3）动量矩定理

动量矩定理见表 4-4-4。

动量矩定理 表 4-4-4

定理		内容	表达式
动量矩定理	定点 O	质点系对任一静点 O 的动量矩对时间的导数等于作用于质点系的所有外力对同一点之矩的矢量和	$\dfrac{\mathrm{d}L_O}{\mathrm{d}t} = \sum M_O(F_i^{\mathrm{E}})$ 或 $\dfrac{\mathrm{d}L_x}{\mathrm{d}t} = \sum M_x(F_i^{\mathrm{E}})$, $\dfrac{\mathrm{d}L_y}{\mathrm{d}t} = \sum M_y(F_i^{\mathrm{E}})$, $\dfrac{\mathrm{d}L_z}{\mathrm{d}t} = \sum M_z(F_i^{\mathrm{E}})$
	质心 C	质点系质心的动量矩对时间的导数等于作用于质点系的所有外力对质心之矩的矢量和	$\dfrac{\mathrm{d}L_C}{\mathrm{d}t} = \sum M_C(F_i^{\mathrm{E}})$
动量矩守恒定理		质点系所受外力对任一静点 O（或轴）之矩始终为零,则质点系对该点（或轴）的动量矩为常量	若 $M_O(F^{\mathrm{E}}) = 0$,则 $L_O =$ 常矢量, 若 $M_x(F^{\mathrm{E}}) = 0$,则 $L_x =$ 常量
刚体定轴转动微分方程			$J_z\alpha = \sum M_z(F_i^{\mathrm{E}})$ 或 $J_z\ddot{\varphi} = \sum M_z(F_i^{\mathrm{E}})$

【**例 4-4-9**】（历年真题）图示两重物 M_1 和 M_2 的质量分别为 m_1 和 m_2，二重物系在不计重量的软绳上，绳绕过均质定滑轮，滑轮半径为 r，质量为 M，则此滑轮系统对转轴 O 之动量矩为：

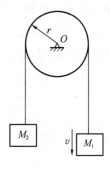

A. $L_O = \left(m_1 + m_2 - \dfrac{1}{2}M\right)rv$（$\curvearrowright$）

B. $L_O = \left(m_1 - m_2 - \dfrac{1}{2}M\right)rv$（$\curvearrowright$）

C. $L_O = \left(m_1 + m_2 + \dfrac{1}{2}M\right)rv$（$\curvearrowright$）

D. $L_O = \left(m_1 + m_2 + \dfrac{1}{2}M\right)rv$（$\curvearrowright$）

例 4-4-9 图

【**解答**】滑轮 M 的动量矩为：$J_O\omega = \dfrac{1}{2}Mr^2\dfrac{v}{r} = \dfrac{1}{2}Mrv$（$\curvearrowright$）

整个系统的动量矩为：$L_O = \left(m_1 + m_2 + \dfrac{1}{2}M\right)rv$（$\curvearrowright$）

应选 C 项。

【**例 4-4-10**】（历年真题）均质圆盘质量为 m，半径为 R，在铅垂图面内绕 O 轴转动，图示瞬时角速度为 ω，则其对 O 轴的动量矩大小为：

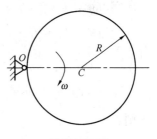

A. $mR\omega$　　　　　　　　B. $\dfrac{1}{2}mR\omega$

C. $\dfrac{1}{2}mR^2\omega$　　　　　　D. $\dfrac{3}{2}mR^2\omega$

例 4-4-10 图

【**解答**】定轴转动刚体的动量矩：

$$L_O = J_C\omega = (J_C + mR^2)\omega$$
$$= \left(\dfrac{1}{2}mR^2 + mR^2\right)\omega = \dfrac{3}{2}mR^2\omega$$

应选 D 项。

【**例 4-4-11**】（历年真题）图示圆环以角速度 ω 绕铅直轴 AC 自由转动，圆环的半径为 R，对转轴 z 的转动惯量为 I。在圆环中的 A 点放一质量为 m 的小球，设由于微小的干扰，小球离开 A 点。忽略一切摩擦，则当小球达到 B 点时，圆环的角速度为：

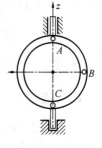

A. $\dfrac{mR^2\omega}{I + mR^2}$　　　　　　B. $\dfrac{I\omega}{I + mR^2}$

C. ω　　　　　　　　　　D. $\dfrac{2I\omega}{I + mR^2}$

例 4-4-11 图

【**解答**】根据动量矩守恒定理，设小球达到 B 点时圆环角速度为 ω_1，则：

$$I\omega = (I + mR^2)\,\omega_1, \quad 解：\omega_1 = \dfrac{I\omega}{I + mR^2}$$

应选 B 项。

【**例 4-4-12**】（历年真题）图示质量 m_1 与半径 r 均相同的三个均质滑轮，在绳端作用有力或挂有重物。已知均质滑轮的质量为 $m_1 = 2\text{kN} \cdot \text{s}^2/\text{m}$，重物的质量分别为 $m_2 = 0.2\text{kN} \cdot \text{s}^2/\text{m}$，$m_3 = 0.1\text{kN} \cdot \text{s}^2/\text{m}$，重力加速度按 $g = 10\text{m/s}^2$ 计算，则各轮转动的角加速度 α 间的关系是：

A. $\alpha_1 = \alpha_3 > \alpha_2$ B. $\alpha_1 < \alpha_2 < \alpha_3$

C. $\alpha_1 > \alpha_3 > \alpha_2$ D. $\alpha_1 \ne \alpha_2 = \alpha_3$

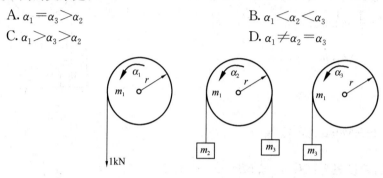

例 4-4-12 图

【解答】 根据动量矩定理：

左侧滑轮：$J\alpha_1 = 1 \times r$，得：$\alpha_1 = \dfrac{r}{J}$

中间滑轮：$L_O = J\omega + m_2 vr - m_3 vr$

$$\frac{\mathrm{d}L_O}{\mathrm{d}t} = J\alpha_2 + m_2 a_2 r + m_3 a_2 r = J\alpha_2 + m_2 r^2 \alpha_2 + m_3 r^2 \alpha_2$$

$$J\alpha_2 + m_2 r^2 \alpha_2 + m_3 r^2 \alpha_2 = (m_2 g - m_3 g) \times r = (0.2 \times 10 - 0.1 \times 10) \times r = r$$

则：
$$\alpha_2 = \frac{r}{J + m_2 r^2 + m_3 r^2}$$

右侧滑轮：
$$\alpha_3 = \frac{0.1 \times 10 \times r}{J + m_3 r^2} = \frac{r}{J + m_3 r^2}$$

可知：$\alpha_1 > \alpha_3 > \alpha_2$，应选 C 项。

【例 4-4-13】（历年真题）图示均质细杆 AB 重 P、长 $2L$，A 端铰支，B 端用绳系住，处于水平位置，当 B 端绳突然剪断瞬时 AB 杆的角加速度的大小为：

A. 0   B. $\dfrac{3g}{4L}$

C. $\dfrac{3g}{2L}$ D. $\dfrac{6g}{L}$

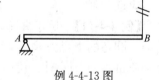

例 4-4-13 图

【解答】 根据刚体定轴转动微分方程：

$$J_A \alpha = mg \times L，\text{即：} \frac{1}{3} m (2L)^2 \alpha = mgL$$

得：$\alpha = \dfrac{3g}{4L}$，应选 B 项。

★★★3. 动能定理

（1）功

能（机械能，动能是机械能的一部分）是物体运动的能量，功是能量变化的度量。

当质点 M 在力 $\boldsymbol{F}$ 作用下沿空间轨迹从点 M_1 运动到点 M_2 时，则力 $\boldsymbol{F}$ 所做的总功为：

$$W = \int_{M_1}^{M_2} \boldsymbol{F} \cdot \mathrm{d}\boldsymbol{r} \tag{4-4-17}$$

因为功是标量，功的单位为焦耳（J），它的值与坐标系的选择无关。因此，在具体计算时，可以任意选用方便的坐标系。通常选用直角坐标系和自然坐标系。功的直角坐标系形式为：

$$W = \int_{M_1}^{M_2} (F_x \mathrm{d}x + F_y \mathrm{d}y + F_z \mathrm{d}z) \tag{4-4-18}$$

各类功的特征与表达式，见表 4-4-5。

各类功的特征与表达式　　　　　　　　　　　　　表 4-4-5

名称	特征	表达式
常力的功	只与力作用点的起点和终点的位置 r_1 和 r_2 有关，与路径无关	$W = \boldsymbol{F} \cdot (r_2 - r_1)$
重力的功	只与质点的起点和终点的位置有关，即仅与高差有关	$W = mg(Z_1 - Z_2) = mgh$
弹性力的功	只与弹簧的起始变形和终了变形有关	$W = \dfrac{k}{2}(\delta_1^2 - \delta_2^2)$
力偶（力矩）的功	定轴转动刚体上力偶（或力矩）的功	$W = \int_{\varphi_1}^{\varphi_2} M_Z \mathrm{d}\varphi$ 或 M_Z 为常量，则 $W = M_Z(\varphi_2 - \varphi_1)$
动滑动摩擦力的功	它的大小等于动滑动摩擦力与滑动距离的乘积	$W = -F_{\mathrm{d}}s$

（2）动能

动能的计算与表达式，见表 4-4-6。

动能的计算与表达式　　　　　　　　　　　　　表 4-4-6

动能	计算	表达式	备注
质点系	质点系中所有各质点动能之和	$T = \sum \dfrac{1}{2} m_i v_i^2$	
平移刚体	刚体的质量与速度（质心速度）的平方之半	$T = \dfrac{1}{2} m v^2 = \dfrac{1}{2} m v_C^2$	刚体各点速度相同
定轴转动刚体	刚体的转动惯量与角速度的平方之半	$T = \dfrac{1}{2} J_z \omega^2$	
平面运动刚体	随质心平移的动能与绕质心转动的动能之和	$T = \dfrac{1}{2} m v_C^2 + \dfrac{1}{2} J_C \omega^2$	

如果某个系统包含若干个刚体，而每个刚体又各按不同的形式运动，则计算该系统的动能时，可先按各个刚体的运动形式分别算出其动能，然后把它们相加起来，所得的总和就是该系统的动能。

（3）动能定理

动能定理见表 4-4-7。

动能定理   表 4-4-7

动能定理	表达式	内容
微分形式	$dT = \sum dW_i$	质点系动能的微分等于作用于质点系的力的元功之和
积分形式（具有理想约束的刚体系统）	$T_2 - T_1 = \sum W_i$	具有理想约束的刚体系统动能的变化等于作用于系统上所有主动力功之和

【例 4-4-14】（历年真题）图示 A 块与 B 块叠放，各接触面处均考虑摩擦。当 B 块受力 **F** 作用沿水平面运动时，A 块仍静止于 B 块上，则：

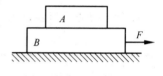
例 4-4-14 图

A. 各接触面处的摩擦力均做负功

B. 各接触面处的摩擦力均做正功

C. A 块上的摩擦力做正功

D. B 块上的摩擦力做正功

【解答】 B 块向右运动，其上、下表面的摩擦力方向向左，做负功。

A 块向右运动，其下表面摩擦力方向向右，做正功。

应选 C 项。

【例 4-4-15】（历年真题）图示质量 $m=5$kg 的物体受力拉动，沿与水平面 30°夹角的光滑斜平面上移动 6m，其拉动物体的力为 70N，且与斜面平行，则所有力做功之和是：

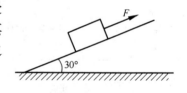
例 4-4-15 图

A. 420N·m   B. −147N·m

C. 273N·m   D. 567N·m

【解答】 拉力做功：$W = 70 \times 6 = 420$N·m

重力做功：$W = -mg\Delta h = -mgL\sin30° = -5 \times 9.8 \times 6 \times \sin30° = -147$N·m

斜角的约束力做功：$W = 0$

$\sum W = 420 - 147 + 0 = 273$N·m，应选 C 项。

【例 4-4-16】（历年真题）图示均质圆轮，质量 m，半径 R，由挂在绳上的重力大小为 W 的物块使其绕 O 运动。设物块速度为 v，不计绳重，则系统动量、动能的大小为：

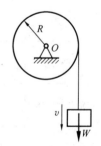
例 4-4-16 图

A. $\dfrac{W}{g} \cdot v$；$\dfrac{1}{2} \cdot \dfrac{v^2}{g}\left(\dfrac{1}{2}mg + W\right)$

B. mv；$\dfrac{1}{2} \cdot \dfrac{v^2}{g}\left(\dfrac{1}{2}mg + W\right)$

C. $\dfrac{W}{g} \cdot v + mv$；$\dfrac{1}{2} \cdot \dfrac{v^2}{g}\left(\dfrac{1}{2}mg - W\right)$

D. $\dfrac{W}{g} \cdot v - mv$；$\dfrac{W}{g} \cdot v + mv$

【解答】 系统的动量：$p = mv_c R + \dfrac{W}{g}v = 0 + \dfrac{W}{g}v = \dfrac{W}{g}v$，应选 A 项。

此外，系统的动能：

$$T = \frac{1}{2}J_O\omega^2 + \frac{1}{2} \cdot \frac{W}{g}v^2 = \frac{1}{2} \times \frac{1}{2}mR^2\left(\frac{v}{R}\right)^2 + \frac{1}{2} \cdot \frac{W}{g}v^2$$

$$= \frac{1}{4}mv^2 + \frac{1}{2}\frac{W}{g}v^2 = \frac{1}{2} \cdot \frac{v^2}{g}\left(\frac{1}{2}mg + W\right)$$

【例 4-4-17】（历年真题）均质圆柱体半径为 R，质量为 m，绕关于纸面垂直的固定水平轴自由转动，初瞬时静止（质心 G 在 O 轴的铅垂线上，$\theta = 0$），如图所示，则圆柱体在位置 $\theta = 90°$ 时的角速度是：

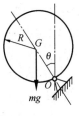

A. $\sqrt{\dfrac{g}{3R}}$ 　　　　　　　　　　B. $\sqrt{\dfrac{2g}{3R}}$

C. $\sqrt{\dfrac{4g}{3R}}$ 　　　　　　　　　　D. $\sqrt{\dfrac{g}{2R}}$

例 4-4-17 图

【解答】 根据动能定理，初瞬时静止，故 $T_1 = 0$

$$T_2 = \frac{1}{2}J_O\omega^2 = \frac{1}{2}(J_G + mR^2)\omega^2 = \frac{1}{2}\left(\frac{1}{2}mR^2 + mR^2\right)\omega^2 = \frac{3}{4}mR^2\omega^2$$

$$T_2 - T_1 = \frac{3}{4}mR^2\omega^2 - 0 = W = mgR$$

可得：$\omega = \sqrt{\dfrac{4g}{3R}}$，应选 C 项。

【例 4-4-18】（历年真题）图示质量为 m，长为 $2l$ 的均质杆初始位于水平位置。A 端脱落后，杆绕轴 B 转动，当杆转到铅垂位置时，AB 杆 B 处的约束力大小为：

A. $F_{Bx} = 0$，$F_{By} = 0$ 　　　　　　　B. $F_{Bx} = 0$，$F_{By} = \dfrac{mg}{4}$

C. $F_{Bx} = l$，$F_{By} = mg$ 　　　　　　　D. $F_{Bx} = 0$，$F_{By} = \dfrac{5mg}{2}$

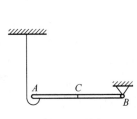　　　　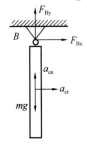

例 4-4-18 图　　　　　　　例 4-4-18 解图

【解答】 根据动能定理：$T_1 = 0$，$T_2 = \dfrac{1}{2}J_B\omega^2 = \dfrac{1}{2} \times \dfrac{1}{3}m(2l)^2\omega^2 = \dfrac{2}{3}ml^2\omega^2$

$W = mgl$；由 $T_2 - T_1 = W$，则：

$$\frac{2}{3}ml^2\omega^2 - 0 = mgl，得：\omega = \sqrt{\frac{3g}{2l}}$$

由定轴转动微分方程：$J_B\alpha = M_B(F) = 0$，则：$\alpha = 0$

质心 C 的加速度，如图所示：$a_{ct} = l\alpha = 0$，$a_{cn} = l\omega^2 = \dfrac{3g}{2}$

由质心运动定理：

$$F_{Bx} = ma_{ct} = 0，F_{By} - mg = ma_{cn} = m \times \frac{3g}{2}，得：F_{By} = \frac{5mg}{2}$$

应选 D 项。

★4. 机械能守恒定律

(1) 势能

当质点或质点系处在某一力场中，如果作用在质点上或质点系中各质点上的力大小及方向只决定于质点或质点系的位置，且这些力的功只决定于质点或质点系的起始和终止位置，与质点或质点系运动的路径无关，则这力场称为有势力场，而这样的力称为有势力。如重力、弹性力、万有引力都是有势力。

作用在位于势力场中某一给定位置 $M(x, y, z)$ 的质点的有势力，相对于任一选定的零位置 $M_0(x_0, y_0, z_0)$ 的做功能力，称为质点在给定位置 M 的势能，以 V 表示。

1) 重力场中的势能。以 z_0 表示零势能位的坐标，点 M 的势能为：

$$V = mg(z - z_0) \tag{4-4-19}$$

质点系
$$V = mg(z_c - z_{c0}) \tag{4-4-20}$$

2) 弹性力场中的势能。弹簧原长 l_0 为零势能位，则弹性力的势能为：

$$V = \frac{k}{2}\delta^2 = \frac{k}{2}(r - l_0)^2$$

式中，$\delta = r - l_0$ 表示质点在该位置时弹簧的净伸长。

(2) 机械能守恒定律

若质点系在势力场中运动，在任意两位置 1 和 2 的动能分别为 T_1 和 T_2，势能分别为 V_1 和 V_2，则：

$$T_1 + V_1 = T_2 + V_2 \tag{4-4-21}$$

$$T + V = 恒量 \tag{4-4-22}$$

这一结论称为机械能守恒定律，动能和势能之和称为机械能。可表述为：质点系在势力场中运动时，动能与势能之和为常量。

★★★三、达朗贝尔原理

达朗贝尔原理特点是将动力学的问题在形式上化为静力学的问题，即用静力学方法求解动力学问题，所以达朗贝尔原理又称为动静法。

当质点受外力作用而改变其原来运动状态时，由于质点的惯性产生对外界反抗的反作用力，称为质点的惯性力。惯性力的大小等于质点的质量与其加速度的乘积，方向与加速度方向相反，作用在施力物体上。用符号 F_I 表示，即：

$$F_I = -ma \tag{4-4-23}$$

1. 达朗贝尔原理

达朗贝尔原理见表 4-4-8。

达朗贝尔原理   表 4-4-8

	达朗贝尔原理	表达式
质点	非自由质点 M 运动中的每一瞬时，作用于质点的主动力 F、约束反力 F_N 和假想加上的惯性力 F_I 构成一假想的平衡力系	$F + F_N + F_I = 0$
质点系	在非自由质点系运动中的每一瞬时，作用于质点系内每一质点的主动力 F_i、约束反力 F_{Ni} 和假想加上的惯性力 F_{Ii} 构成一假想的平衡力系。 由于内力成对性，可表达为右侧第二种形式	$\left.\begin{array}{l}\sum F_i + \sum F_{Ni} + \sum F_{Ii} = 0 \\ \sum M_0(F_i) + \sum M_0(F_{Ni}) + \sum M_0(F_{Ii}) = 0\end{array}\right\}$ $\left.\begin{array}{l}\sum F_i^E + \sum F_{Ni} + \sum F_{Ii} = 0 \\ \sum M_0(F_i^E) + \sum M_0(F_{Ni}) + \sum M_0(F_{Ii}) = 0\end{array}\right\}$

2. 刚体惯性力系的简化

空间惯性力系向任一点 O（即简化中心）简化，得到惯性力主矢（用 F_I 表示）和惯性力主矩（用 M_{IO} 表示）。刚体惯性力系的简化结果，见表 4-4-9。

刚体惯性力系的简化结果　　　　　　　　　　表 4-4-9

刚体运动形式	简化中心	惯性力系简化结果
平动刚体	质心 C	$F_I = -ma_C, M_{IC} = 0$
定轴转动刚体	转轴 O	$F_I = -ma_C, M_{IO} = -J_O\alpha$
（具有垂直于转轴的质量对称平面）	质心 C	$F_I = -ma_C, M_{IC} = -J_C\alpha$
平面运动刚体 （具有与平面图形平行的质量对称平面）	质心 C	$F_I = -ma_C, M_{IC} = -J_C\alpha$

【**例 4-4-19**】（历年真题）图示均质圆轮，质量为 m，半径为 r，在铅垂图面内绕通过圆盘中心 O 的水平轴转动，角速度为 ω，角加速度为 α，此时将圆轮的惯性力系向 O 点简化，其惯性力主矢和惯性力主矩的大小分别为：

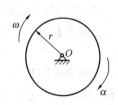

例 4-4-19 图

A. 0；0

B. $mr\alpha$；$\dfrac{1}{2}mr^2\alpha$

C. 0；$\dfrac{1}{2}mr^2\alpha$

D. 0；$\dfrac{1}{4}mr^2\alpha^2$

【**解答**】根据定轴转动刚体惯性力系的简化结果：

$$F_I = -ma_O = 0, M_{IO} = -J_O\alpha = -\frac{1}{2}mr^2\alpha$$

应选 C 项。

【**例 4-4-20**】（历年真题）质量为 m，半径为 R 的均质圆盘，绕垂直于图面的水平轴 O 转动，其角速度为 ω。在图示瞬时，角加速度为零，盘心 C 在其最低位置，此时将圆盘的惯性力系向 O 点简化，其惯性力主矢和惯性力主矩的大小分别为：

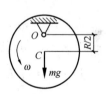

例 4-4-20 图

A. $m\dfrac{R}{2}\omega^2$；0

B. $mR\omega^2$；0

C. 0；0

D. 0；$\dfrac{1}{2}mR^2\omega^2$

【**解答**】根据定轴转动刚性惯性力系的简化结果：

$$F_I = -ma_C = -m\times\left(\frac{R}{2}\omega^2\right) = -m\frac{R}{2}\omega^2, M_{IO} = -J_O\alpha = -J_O\times 0 = 0$$

应选 A 项。

【**例 4-4-21**】（历年真题）图示均质直杆 OA 的质量为 m，长为 l，以匀角速度 ω 绕 O 轴转动。此时将 OA 杆的惯性力系向 O 点简化，其惯性力主矢和惯性力主矩的大小分别为：

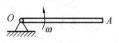

例 4-4-21 图

A. 0，0

B. $\dfrac{1}{2}ml\omega^2$，$\dfrac{1}{3}ml^2\omega^2$

C. $ml\omega^2$，$\dfrac{1}{2}ml^2\omega^2$

D. $\dfrac{1}{2}ml\omega^2$，0

【**解答**】由条件，匀角速度转动，$\alpha=0$，惯性力系：

$$F_{\mathrm{I}}=-ma_C=-m\times\left(\frac{l}{2}\omega^2\right),\ M_{\mathrm{IO}}=-J_O\alpha=0$$

应选 D 项。

【**例 4-4-22**】（历年真题）物块 A 的质量为 8kg，静止放在无摩擦的水平面上。另一质量为 4kg 的物块 B 被绳系住，如图所示，滑轮无摩擦。若物块 A 的加速度 $a=3.3\mathrm{m/s^2}$，则物块 B 的惯性力是：

例 4-4-22 图

A. 13.2N（铅垂向上）

B. 13.2N（铅垂向下）

C. 26.4N（铅垂向上）

D. 26.4N（铅垂向下）

【**解答**】$a_B=a_A=3.3\mathrm{m/s^2}$

$$F_{\mathrm{I}}=-m_Ba_B=-4\times3.3=13.2\mathrm{N}\ (\uparrow)，应选 A 项。$$

【**例 4-4-23**】（历年真题）质量不计的水平细杆 AB 长为 L，在铅垂图面内绕 A 轴转动，其另一端固连质量为 m 的质点 B，图示水平位置静止释放，则此瞬时质点 B 的惯性力为：

例 4-4-23 图

A. $F_g=mg$

B. $F_g=\sqrt{2}mg$

C. 0

D. $F_g=\frac{\sqrt{2}}{2}mg$

【**解答**】方法一：根据动量矩定理，角速度 $\omega=0$：

$$L_A=J_A\omega=0,\ \frac{\mathrm{d}L_A}{\mathrm{d}t}=0，则：M_A\ (F)=0，(F_g-mg)\ l=0$$

得：$F_g=mg$，应选 A 项。

方法二：角速度 $\omega=0$，则：$a_{Bn}=L\omega^2=0$

$$J_A\cdot\alpha=mgL，则：mL^2\alpha=mgL，得：\alpha=\frac{g}{L}$$

$$a_{Bt}=L\alpha=g；F_g=-ma_{Bt}=-mg，应选 A 项。$$

【**例 4-4-24**】（历年真题）图示质量为 m，长为 l 的均质杆 OA 绕 O 轴在铅垂平面内作定轴转动。已知某瞬时杆的角速度为 ω，角加速度为 α，则杆惯性力系合力的大小为：

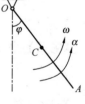

例 4-4-24 图

A. $\frac{l}{2}m\sqrt{\alpha^2+\omega^2}$

B. $\frac{l}{2}m\sqrt{\alpha^2+\omega^4}$

C. $\frac{l}{2}m\alpha$

D. $\frac{l}{2}m\omega^2$

【**解答**】质心 C 点处的加速度：

$$a_t=\frac{l}{2}\alpha,a_n=\frac{l}{2}\omega^2，则：a_C=\sqrt{a_t^2+a_n^2}=\frac{l}{2}\sqrt{\alpha^2+\omega^4}$$

惯性力系合力 $F_{\mathrm{I}}=-ma_C=-\frac{l}{2}m\sqrt{\alpha^2+\omega^4}$，应选 B 项。

四、质点的直线振动

振动是指物体在平衡位置附近所作的往复运动。当振动物体作微振动时，它的位移和速度都很小，可认为弹性力、阻尼力及惯性力分别是位移、速度及加速度的一次方函数（线性）。这时振动可用常系数线性微分方程来描述，称为线性振动。

★★★1. 单自由度系统的自由振动

（1）自由振动特性

单自由度系统的自由振动分为：无阻尼振动；有阻尼振动（又可分为小阻尼 $n < \omega_n$、临界阻尼 $n = \omega_n$、大阻尼 $n > \omega_n$）。单自由度系统的无阻尼自由振动和小阻尼自由振动特性见表 4-4-10。其中，n 为阻尼系数，ω_n 为振动系统固有圆频率，c 为阻力系数。

单自由度系统的自由振动特性　　　　　　　　　　　　　表 4-4-10

	无阻尼振动	有阻尼衰减振动（小阻尼 $n < \omega_n$）
运动微分方程	$\ddot{x} + \omega_n^2 x = 0$，$\omega_n^2 = \dfrac{k}{m}$	$\ddot{x} + 2n\dot{x} + \omega_n^2 x = 0$，$2n = \dfrac{c}{m}$，$\omega_n^2 = \dfrac{k}{m}$
振动方程（通解）	$x = x_0 \cos \omega_n t + v_0 \sin \omega_n t = A \sin(\omega_n t + \theta)$	$x = A e^{-nt} \sin(\omega_d t + \theta)$，$\omega_d = \sqrt{\omega_n^2 - n^2}$
积分常数	振幅 $A = \sqrt{x_0^2 + \left(\dfrac{\dot{x}_0}{\omega_n}\right)^2}$	$A = \sqrt{x_0^2 + \dfrac{(\dot{x}_0 + nx_0)^2}{\omega_n^2 - n^2}}$
	初位相　$\tan \theta = \dfrac{\omega_n x_0}{\dot{x}_0}$	$\tan \theta = \dfrac{x_0 \sqrt{\omega_n^2 - n^2}}{\dot{x}_0 + nx_0}$
周期	$T_n = \dfrac{2\pi}{\omega_n}$	$T_d = \dfrac{2\pi}{\omega_d} = \dfrac{2\pi}{\sqrt{\omega_n^2 - n^2}}$
频率	$f_n = \dfrac{1}{T_n}$	$f_d = \dfrac{1}{T_d}$
圆频率（固有频率）	$\omega_n = 2\pi f$	$\omega_d = 2\pi f_d = \sqrt{\omega_n^2 - n^2}$
对数减幅系数	—	$\delta = \ln \dfrac{A_i}{A_{i+1}} = nT_d$

（2）振动系统的固有圆频率 ω_n 及其计算

振动系统的圆有圆频率 ω_n 仅与系统的质量和结构的刚度有关，与外部无关（如与干扰力无关），一般通过无阻尼自由振动计算确定 ω_n，具体计算方法如下：

1）直接法：质量-弹簧系统，设已知质量 m 和弹簧刚性系数 k，直接代入公式 $\omega_n = \sqrt{\dfrac{k}{m}}$。

2）平衡法：质量-弹簧系统，在平衡时 $k\delta_{st} = mg$，即 $k = \dfrac{mg}{\delta_{st}}$，则：$\omega_n = \sqrt{\dfrac{k}{m}} = \sqrt{\dfrac{g}{\delta_{st}}}$。

3）列出系统的运动微分方程，然后化为标准形式，如：$m_{eq}\ddot{x} + k_{eq}x = 0$，可得：$\omega_n = \sqrt{\dfrac{k_{eq}}{m_{eq}}}$，其中，$m_{eq}$ 为等效质量；k_{eq} 为等效刚性系数，表示系统的弹性。具体举例见后面

例题。

4）**能量法**：一单自由度振动系统，当不计阻尼时，该系统在振动过程中机械能保持不变。如取平衡位置为零势能点，则系统在平衡位置的最大动能值 T_{max} 将等于系统在极端位置时的最大势能值 V_{max}，即：

$$T+V = 恒量 \quad 或 \ T_{max} = V_{max}$$

应用上式，即可求得系统的固有圆频率 ω。

例如：无阻尼单自由度系统自由振动的振动方程 $x = A\sin(\omega_n t + \theta)$，则：

$$T_{max} = \frac{1}{2}m\dot{x}_{max}^2 = \frac{1}{2}mA^2\omega_n^2, \ V_{max} = \frac{1}{2}kx_{max}^2 = \frac{1}{2}kA^2$$

由 $T_{max} = V_{max}$，可得：$\omega_n = \sqrt{\dfrac{k}{m}}$

（3）并联或串联弹簧的等效刚度系数

并联

$$k = k_1 + k_2 + \cdots + k_n = \sum_{i=1}^{n} k_i \tag{4-4-24}$$

串联

$$\frac{1}{k} = \frac{1}{k_1} + \frac{1}{k_2} + \cdots + \frac{1}{k_n} = \sum_{i=1}^{n} \frac{1}{k_i} \tag{4-4-25}$$

（4）衰减振动（小阻尼自由振动 $n < \omega_n$）

小阻尼自由振动特性见表 4-4-10，其振动的运动图线如图 4-4-1 所示。

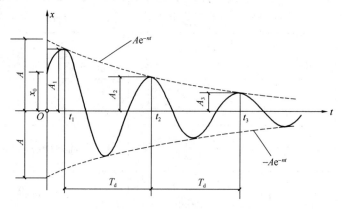

图 4-4-1　小阻尼自由振动的运动图线

（5）大阻尼（$n > \omega_n$）和临界阻尼（$n = \omega_n$）

运动已无振动的特性了，且随着时间的增大，系统逐渐趋近于平衡位置。

★2. 单自由度系统的受迫振动（亦称强迫振动）

由激励引起的振动称为受迫振动。单自由度系统的受迫振动可分为无阻尼和有阻尼两大类。若激励力随时间而简谐变化称为谐扰力，其可表达为 $S = H\sin\omega t$。

现以系统的平衡位置为坐标原点，以坐标 x 为独立参数，将受谐扰力作用下的受迫振动的主要内容列于表 4-4-11，其中，$h = \dfrac{H}{m}$，$b_0 = \dfrac{h}{\omega_n^2}$，$b_0$ 表示系统在谐扰力的最大幅值 H 静止作用下所产生的偏移，$\lambda = \dfrac{\omega}{\omega_n}$ 称为频率比，n 称为阻尼系数，$\xi = \dfrac{n}{\omega_n}$ 称为阻尼比，φ

称为谐扰力的初位相，ε 称为位相差。

单自由度系统的受迫振动特性　　　　　　　　　　　表 4-4-11

	无阻尼（$n=0$）	小阻尼（$n < \omega_n$）
运动微分方程	$\ddot{x} + \omega_n^2 x = h\sin\omega t$	$\ddot{x} + 2n\dot{x} + \omega_n^2 x = h\sin(\omega t + \varphi)$
振动方程（全解） $h = \dfrac{H}{m}$	(1) $\omega \neq \omega_n, x = x_1 + x_2,$ $x_1 = A\sin(\omega_n t + \theta)$ $x_2 = b\sin(\omega t + \varphi - \varepsilon)$ (2) $\omega = \omega_n$，共振方程： $x_2 = -\dfrac{h}{2\omega_n}t\cos(\omega_n t + \varphi)$	$x = x_1 + x_2,$ $x_1 = Ae^{-nt}\sin(\omega_d t + \theta),$ $x_2 = b\sin(\omega t + \varphi - \varepsilon)$ 式中，x_1 为衰减振动（瞬态解，可以不考虑），x_2 为受迫振动（稳态解）
振幅	$b = \dfrac{h}{\omega_n^2 - \omega^2}$	$b = \dfrac{h}{\sqrt{(\omega_n^2 - \omega^2)^2 + 4n^2\omega^2}}$
干扰力的圆频率	ω	ω
位相差	$\lambda = \dfrac{\omega}{\omega_n}$ 为 $<1, =1, >1, \theta$ 为 $0, \dfrac{\pi}{2}, \pi$	$\tan\varepsilon = \dfrac{2n\omega}{\omega_n^2 - \omega^2}$
放大系数 （动力系数）	$\beta = \left\| \dfrac{b}{b_0} \right\| = \left\| \dfrac{1}{1 - \lambda^2} \right\|$ 共振：$\omega = \omega_n$，b 为无穷大	$\beta = \dfrac{1}{\sqrt{(1 - \lambda^2)^2 + 4\xi^2\lambda^2}}$ 共振频率　$\omega_{cr} = \omega_n\sqrt{1 - 2\xi^2}$ 共振时振幅　$b_{max} = \dfrac{b_0}{2\xi\sqrt{1 - \xi^2}}$

在稳态过程中，小阻尼受迫振动的一个重要特征是：振幅、位相差的取值与激振力的频率、系统的自由振动固有频率和阻尼有关，其关系曲线如图 4-4-2、图 4-4-3 所示。

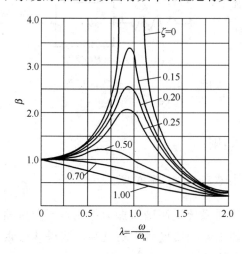

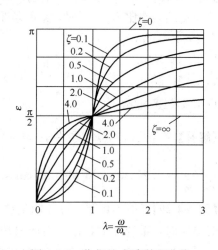

图 4-4-2　振幅-频率特征曲线　　　　　图 4-4-3　位相差-频率特征曲线

【**例 4-4-25**】（历年真题）图示装置中，已知质量 $m=200$kg，弹簧刚度 $k=100$N/cm，则图中各装置的振动周期为：

A. 图（a）装置振动周期最大　　　　B. 图（b）装置振动周期最大

C. 图（c）装置振动周期最大　　　　D. 三种装置振动周期相等

【解答】无阻尼自由振动的频率、周期为：

图(a)：$\omega_{na} = \sqrt{\dfrac{2k}{m}}$，$T_a = \dfrac{2\pi}{\omega_{na}} = 2\pi\sqrt{\dfrac{m}{2k}}$

图(b)：$\omega_{nb} = \sqrt{\dfrac{k}{2m}}$，$T_b = 2\pi\sqrt{\dfrac{2m}{k}}$

图(c)：$k_{eq} = 2k + k = 3k$

$\omega_{nc} = \sqrt{\dfrac{3k}{m}}$，$T_c = 2\pi\sqrt{\dfrac{m}{3k}}$

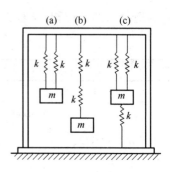

例 4-4-25 图

故图（b）的周期最大，应选 B 项。

【例 4-4-26】（历年真题）已知单自由度系统的振动固有频率 $\omega_n = 2\mathrm{rad/s}$，若在其上分别作用幅值相同而频率为 $\omega_1 = 1\mathrm{rad/s}$；$\omega_2 = 2\mathrm{rad/s}$；$\omega_3 = 3\mathrm{rad/s}$ 的简谐干扰力，则此系统强迫振动的振幅为：

A. $\omega_1 = 1\mathrm{rad/s}$ 时振幅最大　　　　　　B. $\omega_2 = 2\mathrm{rad/s}$ 时振幅最大

C. $\omega_3 = 3\mathrm{rad/s}$ 时振幅最大　　　　　　D. 不能确定

【解答】当 $\omega_1 = \omega_n = 2\mathrm{rad/s}$ 时，共振，幅值最大，应选 B 项。

【例 4-4-27】（历年真题）质量为 110kg 的机器固定在刚度为 $2\times10^6\mathrm{N/m}$ 的弹性基础上，当系统发生共振时，机器的工作频率为：

A. 66.7rad/s　　　　B. 95.3rad/s　　　　C. 42.6rad/s　　　　D. 134.8rad/s

【解答】当 $\omega = \omega_n$ 时，共振：

$\omega = \omega_n = \sqrt{\dfrac{k}{m}} = \sqrt{\dfrac{2\times10^6}{110}} = 134.8\mathrm{rad/s}$，应选 D 项。

【例 4-4-28】（历年真题）如图所示系统中，当物块振动的频率比为 1.27 时，k 的值是：

A. $1\times10^5\mathrm{N/m}$

B. $2\times10^5\mathrm{N/m}$

C. $6\times10^4\mathrm{N/m}$

D. $1.5\times10^5\mathrm{N/m}$

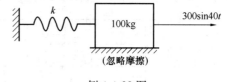

例 4-4-28 图

【解答】$\dfrac{\omega}{\omega_n} = 1.27$，$\omega_n = \sqrt{\dfrac{k}{m}}$，$\omega = 40\mathrm{rad/s}$，则：

$\dfrac{40}{\sqrt{k/m}} = 1.27$，得：$k = 99200\mathrm{N/m} \approx 1\times10^5\mathrm{N/m}$，应选 A 项。

【例 4-4-29】（历年真题）一无阻尼弹簧-质量系统受简谐激振力作用，当激振频率为 $\omega_1 = 6\mathrm{rad/s}$ 时，系统发生共振。给质量块增加 1kg 的质量后重新试验，测得共振频率为 $\omega_2 = 5.86\mathrm{rad/s}$。则原系统的质量及弹簧刚度系数是：

A. 19.68kg，623.55N/m　　　　　　B. 20.68kg，623.55N/m

C. 21.68kg，774.53N/m　　　　　　D. 20.68kg，744.53N/m

【解答】当固有频率 $\omega_n = \omega_1$ 时，发生共振：

$\omega_n = \omega_1 = \sqrt{\dfrac{k}{m}} = 6$，$\omega_2 = \sqrt{\dfrac{k}{1+m}} = 5.86$

联解可得：$m=20.682\text{kg}$，$k=744.53\text{N/m}$，应选 D 项。

【例 4-4-30】（历年真题）图示重力大小为 W 的质点，由长为 l 的绳子连接，则单摆运动的固有频率为：

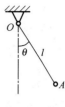

A. $\sqrt{\dfrac{g}{2l}}$

B. $\sqrt{\dfrac{W}{l}}$

C. $\sqrt{\dfrac{g}{l}}$

D. $\sqrt{\dfrac{2g}{l}}$

例 4-4-30 图

【解答】对 O 点用动量矩定理：

$$\frac{\mathrm{d}(mvl)}{\mathrm{d}t}=\frac{\mathrm{d}(ml\dot{\theta}l)}{\mathrm{d}t}=ml^2\ddot{\theta}=-mg\sin\theta\times l$$

微幅摆动，$\sin\theta=\theta$，则上式变为：$\ddot{\theta}+\dfrac{g}{l}\theta=0$

与无阻尼自由振动标准形式对比，可得：$\omega_n=\sqrt{\dfrac{g}{l}}$

应选 C 项。

【例 4-4-31】图示单摆由无重刚杆 OA 和质量为 m 的小球 A 构成，杆 OA 长为 l，小球上连有两个刚性系数为 k 的弹簧，则摆微小振动的固有圆频率为：

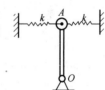

A. $\sqrt{\dfrac{2k}{m}}$

B. $\sqrt{\dfrac{k}{m}}$

C. $\sqrt{\dfrac{2k}{m}-\dfrac{g}{l}}$

D. $\sqrt{\dfrac{2k}{m}+\dfrac{g}{l}}$

例 4-4-31 图

【解答】根据定轴转动微分方程：

$J_O\ddot{\varphi}=-2k(l\varphi)l+mgl\varphi,J_O=ml^2$，即：

$$\ddot{\varphi}+\left(\frac{2k}{m}-\frac{g}{l}\right)\varphi=0$$

可得：$\omega_n=\sqrt{\dfrac{2k}{m}-\dfrac{g}{l}}$，应选 C 项。

习 题

4-4-1（历年真题）图示均质圆轮，质量为 m，半径为 r，在铅垂图面内绕通过圆盘中心 O 的水平轴以匀角速度 ω 转动。则系统动量、对中心 O 的动量矩、动能的大小为：

A. 0；$\dfrac{1}{2}mr^2\omega$；$\dfrac{1}{4}mr^2\omega^2$

B. $mr\omega$；$\dfrac{1}{2}mr^2\omega$；$\dfrac{1}{4}mr^2\omega^2$

C. 0；$\dfrac{1}{2}mr^2\omega$；$\dfrac{1}{2}mr^2\omega^2$

D. 0；$\dfrac{1}{4}mr^2\omega^2$；$\dfrac{1}{4}mr^2\omega^2$

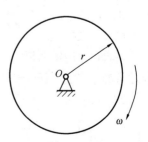

4-4-2（历年真题）图示杆 OA 与均质圆轮的质心用光滑

题 4-4-1 图

铰链 A 连接，初始时它们静止于铅垂面内，现将其释放，则圆轮 A 所做的运动为：

A. 平面运动　　　　　　　　　　B. 绕轴 O 的定轴转动

C. 平行移动　　　　　　　　　　D. 无法判断

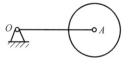
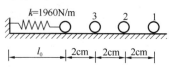

题 4-4-2 图　　　　　　　　　　题 4-4-3 图

4-4-3　（历年真题）图示质点受弹簧力作用而运动，l_0 为弹簧自然长度，k 为弹簧刚度系数，质点由位置 1 到位置 2 和由位置 3 到位置 2 弹簧力所做的功为：

A. $W_{12}=-1.96$J，$W_{32}=1.176$J　　　B. $W_{12}=1.96$J，$W_{32}=1.176$J

C. $W_{12}=1.96$J，$W_{32}=-1.176$J　　　D. $W_{12}=-1.96$J，$W_{32}=-1.176$J

4-4-4　（历年真题）汽车重力大小为 $W=2800$N，并以匀速 $v=10$m/s 的行驶速度驶入刚性洼地底部，洼地底部的曲率半径 $\rho=5$m，取重力加速度 $g=10$m/s^2，则在此处地面给汽车约束力的大小为：

A. 5600N　　　　　　　　　　　B. 2800N

C. 3360N　　　　　　　　　　　D. 8400N

4-4-5　（历年真题）边长为 L 的均质正方形平板，位于铅垂平面内并置于光滑水平面上，在微小扰动下，平板从图示位置开始倾倒，在倾倒过程中，其质心 C 的运动轨迹为：

A. 半径为 $L/\sqrt{2}$ 的圆弧

B. 抛物线

C. 铅垂直线

D. 椭圆曲线

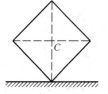

题 4-4-5 图

4-4-6　（历年真题）图示质量为 m 的小物块在匀速转动的圆桌上，与转轴的距离为 r。设物块与圆桌之间的摩擦系数为 μ，为使物块与桌面之间不产生相对滑动，则物块的最大速度为：

A. $\sqrt{\mu g}$　　　　　　　　　　B. $2\sqrt{\mu gr}$

C. $\sqrt{\mu gr}$　　　　　　　　　　D. $\sqrt{\mu r}$

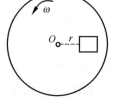

题 4-4-6 图

4-4-7　（历年真题）重 10N 的物块沿水平面滑行 4m，如果摩擦系数是 0.3，则重力及摩擦力各做的功是：

A. 40N·m，40N·m　　　　　　B. 0，40N·m

C. 0，12N·m　　　　　　　　　D. 40N·m，12N·m

4-4-8　（历年真题）均质细杆 OA，质量为 m，长 l。在图示水平位置静止释放，释放瞬时轴承 O 施加于杆 OA 的附加动反力为：

题 4-4-8 图

A. $3mg$（↑）　　　　　　　　B. $3mg$（↓）

C. $\dfrac{3}{4}mg$（↑）　　　　　　　D. $\dfrac{3}{4}mg$（↓）

4-4-9 （历年真题）重为 W 的货物由电梯载运下降，当电梯加速下降、匀速下降及减速下降时，货物对地板的应力分别为 F_1、F_2、F_3，它们之间的关系为：

A. $F_1 = F_2 = F_3$　　　　　　　　B. $F_1 > F_2 > F_3$

C. $F_1 < F_2 < F_3$　　　　　　　　D. $F_1 < F_2 > F_3$

4-4-10 （历年真题）图示均质圆柱体半径为 R，质量为 m，绕关于纸面垂直的固定水平轴自由转动，初瞬时静止（$\theta = 0°$），则圆柱体在任意位置 θ 时的角速度是：

A. $\sqrt{\dfrac{4g(1-\sin\theta)}{3R}}$　　　　　　B. $\sqrt{\dfrac{4g(1-\cos\theta)}{3R}}$

C. $\sqrt{\dfrac{2g(1-\cos\theta)}{3R}}$　　　　　　D. $\sqrt{\dfrac{g(1-\cos\theta)}{2R}}$

题 4-4-10 图　　　　　　　题 4-4-11 图

4-4-11 （历年真题）图示质量为 m 的物块 A，置于水平成 θ 角的倾面 B 上。A 与 B 间的摩擦系数为 f，当保持 A 与 B 一起以加速度 a 水平向右运动时，物块 A 的惯性力是：

A. ma（←）　　　　　　　　B. ma（→）

C. ma（↗）　　　　　　　　D. ma（↙）

4-4-12 （历年真题）图示系统中，$k_1 = 2 \times 10^5 \text{N/m}$，$k_2 = 1 \times 10^5 \text{N/m}$。激振力 $F = 200\sin 50t$，当系统发生共振时，质量 m 是：

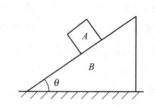

题 4-4-12 图

A. 80kg　　　　　　　　　　B. 40kg

C. 120kg　　　　　　　　　　D. 100kg

4-4-13 （历年真题）在两个半径及质量均相同的均质滑轮 A 及 B 上，各绕以不计质量的绳，如图所示。轮 B 绳末端挂一重力为 P 的重物，轮 A 绳末端作用一铅垂向下的力为 P，则此两轮绕以不计质量的绳中拉力大小的关系为：

A. $F_A < F_B$　　　B. $F_A > F_B$

C. $F_A = F_B$　　　D. 无法判断

第四章 习题解答

(a)　　　　　　　(b)

题 4-4-13 图

第五章 材 料 力 学

第一节 材料在拉伸与压缩时的力学性能

一、概述

材料力学是研究工程结构构件强度、刚度和稳定性计算的学科。其中，强度是指构件在荷载作用下抵抗破坏的能力；刚度是指构件在荷载作用下抵抗变形的能力；稳定性是指构件保持其原有平衡形式的能力。材料力学是固体力学的一个分支，通过研究工程结构构件在外力作用下的变形、受力与破坏或失效规律，为设计工程构件的形状、尺寸和选用合适的材料提供计算依据，使设计出的构件既安全又经济。

材料力学中对变形固体所作的基本假设：连续性假设；均匀性假设；各向同性假设。

在材料力学中，外力作用产生构件的内力；由内力分析计算构件的强度、刚度、稳定性。根据强度（刚度、稳定）条件，分析解决三个问题：①强度（刚度、稳定）校核；②确定许用荷载；③设计截面。

杆件是指长度远大于宽和高的构件，杆件的基本变形如图 5-1-1 所示。

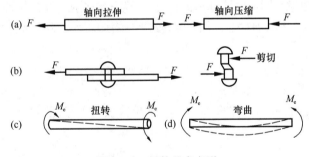

图 5-1-1　杆件基本变形

二、材料在拉伸与压缩时的力学性能

1. 低碳钢轴向拉伸与压缩时的力学性质

（1）低碳钢轴向拉伸时的力学性质

低碳钢轴向拉伸时的 σ-ε 曲线如图 5-1-2 所示，曲线分为四个阶段。

1）弹性阶段（OB 段）

加载过程中若应力值不超过 B 点应力值（σ_e）就卸载，载荷降为零时，变形会完全消失，应变为零，OB 段的变形是纯弹性变形，故此段命名为弹性阶段，与 B 点对应的应力 σ_e 称为弹性极限。OA 段呈直线，应力与应

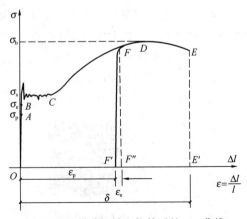

图 5-1-2　低碳钢轴向拉伸时的 σ-ε 曲线

变成正比，胡克定律在此段成立，OA 线的斜率 $\tan\alpha$ 即弹性模量 E，故 A 点的应力值称为比例极限，记为 σ_p。

2）屈服阶段（BC 段）

此段特征是载荷基本不变，变形不断地剧增，曲线呈锯齿状，最高点数值不稳定，最低点应力值稳定，称为屈服极限，记为 σ_s（或 σ_y）。

3）强化阶段（CD）段

经调整后，晶粒排列整齐，承载能力提高，载荷得以上升，变形随之增大，但斜率越来越小，直到降至零，σ-ε 曲线达到最高点 D，对应的应力记为 σ_b，称为强度极限。

4）颈缩阶段（DE 段）

在试验中，可以看到此时试样中某一部位（薄弱截面）迅速变细、伸长，试样很快就在最细处断裂。

在加载至 CD 段时卸载，卸载过程如图 5-1-2 的 FF' 线，它与 OA 线平行，即卸载规律是线弹性的。在 F' 点重新加载，σ-ε 曲线沿 $F'F$ 线上升，至原屈服应力 σ_s 处，不再发生屈服，仍是线性上升，直返 F 点，此现象称为冷作硬化。经冷作硬化的材料，比例极限 σ_p 提高，在较高的应力值下变形量较小。但钢材变脆，抗冲击能力减弱，应力集中现象加剧。

若卸载至 F' 点后，让材料时效后再加载，则钢材的比例极限 σ_p 在 σ-ε 曲线上将高于 F 点。

试件拉断后，可测得以下两个反映材料塑性性能的指标：

① 延伸率

$$\delta = \frac{l_1 - l_0}{l_0} \times 100\% \qquad (5\text{-}1\text{-}1)$$

式中，l_0 为试件原长；l_1 为试件拉断后的长度。

工程上对于 $l = 10d$ 的试样，$\delta \geqslant 5\%$ 的材料称为塑性材料，$\delta < 5\%$ 的材料称为脆性材料。

② 截面收缩率

$$\psi = \frac{A_0 - A_1}{A_0} \times 100\% \qquad (5\text{-}1\text{-}2)$$

式中，A_0 为变形前的试件横截面面积；A_1 为试件拉断后的最小截面面积。

对于低碳钢，δ 可在 30% 左右，ψ 可在 60% 左右，均表现出良好的塑性。

（2）低碳钢轴向压缩时的力学性能

低碳钢在轴向压缩时的应力-应变曲线如图 5-1-3 中实线所示。

低碳钢压缩时的比例极限 σ_p、屈服极限 σ_s、弹性模量 E 与拉伸时基本相同，但测不出抗压强度 σ_p。

工程上对于无屈服极限 σ_s 的塑性材料，用 $\sigma_{0.2}$ 代替，$\sigma_{0.2}$ 称为名义屈服应力，$\sigma_{0.2}$ 是塑性应变 ε_p 等于 0.2% 时的应力。

2. 铸铁拉伸与压缩时的力学性质

铸铁是脆性材料，其拉伸时的 σ-ε 曲线见图 5-1-4 的 OD' 线。它只有一个阶段，一个强度极限 $(\sigma_b)_t$，无严格的弹性模量 E，通常用割线 OD' 斜率代替。可见，铸铁拉伸时塑性很差，抗

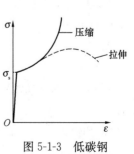

图 5-1-3　低碳钢轴向压缩 σ-ε 曲线

拉能力也不强。

铸铁压缩时的 σ-ε 曲线为图 5-1-4 的 OA' 线，可见仍只有一个阶段，但破坏时的强度极限 $(\sigma_b)_c$ 值高，变形明显，圆柱状变成鼓状，断面为约 $50°$ 的斜面，是斜截面上的切应力导致破坏。

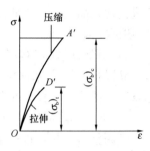

图 5-1-4　铸铁轴向拉伸、
压缩时 σ-ε 曲线

3. 许用应力

对于塑性材料，取屈服极限 σ_s（或名义屈服极限 $\sigma_{0.2}$）为极限应力，对于脆性材料，取强度极限 σ_b 为极限应力。在强度计算中，把极限应力除以一个大于 1 的安全系数定为许用应力：

塑性材料
$$[\sigma] = \frac{\sigma_s}{n_s} \text{或} \frac{\sigma_{0.2}}{n_s}$$
（5-1-3）

脆性材料
$$[\sigma] = \frac{\sigma_b}{n_b}$$
（5-1-4）

式中，n_s、n_b 称为安全系数。不同材料，其安全系数也不同。

习　题

5-1-1 （历年真题）截面面积为 A 的等截面直杆，受轴向拉力作用。杆件的原始材料为低碳钢，若将材料改为木材，其他条件不变，下列结论中正确的是：

A. 正应力增大，轴向变形增大　　　　B. 正应力减小，轴向变形减小

C. 正应力不变，轴向变形增大　　　　D. 正应力减小，轴向变形不变

5-1-2 （历年真题）桁架由 2 根细长直杆组成，杆的截面尺寸相同，材料分别是结构钢和普通铸铁。在下列桁架中，布局比较合理的是：

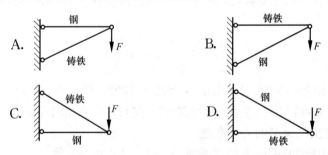

5-1-3 （历年真题）图示四种材料的应力-应变曲线中，强度最大的材料是：

A. A

C. C

B. B

D. D

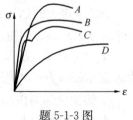

题 5-1-3 图

5-1-4 （历年真题）在低碳钢拉伸试验中，冷作硬化现象发生在：

A. 弹性阶段

C. 强化阶段

B. 屈服阶段

D. 局部变形阶段

第二节　拉伸和压缩

★★★一、轴向拉伸（压缩）杆横截面上的内力与轴力图

1. 概念

如图 5-2-1（a）所示：

（1）受力特征：作用于杆两端的外力的合力，大小相等、指向相反、沿杆件轴线作用。

（2）变形特征：杆主要产生轴线方向的均匀伸长（或缩短）。

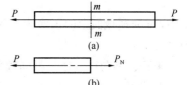

2. 内力与轴力图

图 5-2-1　轴向拉伸（压缩）杆

内力是由外力作用而引起的构件内部各部分之间的相互作用力。

截面法是求内力的一般方法。用截面求内力的步骤如下［图 5-2-1(b)］：

（1）截开：在需求内力的截面处，假想地沿该截面将构件截分为二。

（2）代替：任取一部分为研究对象，称为脱离体。用内力代替弃去部分对脱离体的作用。

（3）平衡：对脱离体列写平衡条件，求解未知内力。

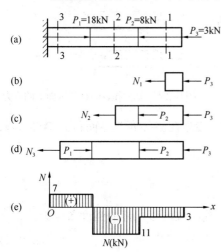

图 5-2-2　杆轴力图

轴向拉压杆横截面上的内力，其作用线必定与杆轴线相重合，称为轴力，以 F_N 或 N 表示。轴力 F_N 规定以拉力为正，压力为负。

轴力图是表示沿杆件轴线各横截面上轴力变化规律的图线。

例如绘出图 5-2-2（a）中直杆的轴力图。

用截面 1-1、2-2、3-3 将杆截开，取脱离体如图所示。各截面的轴力 N_1、N_2、N_3 均假定为拉力。由静力平衡方程 $\Sigma X = 0$，分别求得

$$N_1 = -P_3 = -3\text{kN（压力）}$$
$$N_2 = -P_2 - P_3 = -11\text{kN（压力）}$$
$$N_3 = P_1 - P_2 - P_3 = 7\text{kN（拉力）}$$

其中负号表示轴力为压力。

取坐标系 NOx，x 轴平行于杆轴线，根据各段轴力的大小和正负可绘出轴力图如图 5-2-2（e）所示。

思考：

（1）本例中若取截面左部分为脱离体时，则应先计算杆件的未知外力（包括支座反力）。

（2）用截面法求轴力时，总是假设截面上的内力为正，这样由平衡条件解得的内力的正负号，就是该截面上内力的实际正负号。

（3）作多个集中外力作用杆的轴力图可采用简易法，其原则是：在集中外力作用的截面上轴力图有突变，突变大小等于集中力的大小。

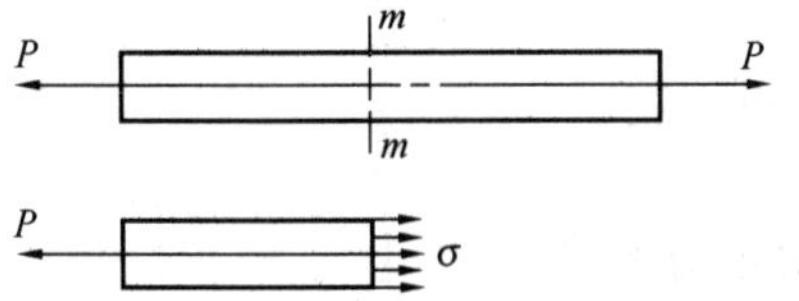

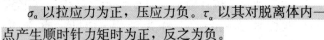

图 5-2-3　轴向拉(压)杆横截面上的应力

★★★二、轴向拉（压）杆横截面上的应力

轴向拉（压）杆横截面上的应力垂直于截面，为正应力。正应力在整个横截面上均匀分布，如图 5-2-3所示。其表示为

$$\sigma = \frac{F_N}{A} \tag{5-2-1}$$

式中，σ 为横截面上的正应力（N/mm^2 或 Pa 或 MPa）；F_N 为轴力（N）；A 为横截面面积（mm^2）。

★三、轴向拉（压）杆斜截面上的应力

斜截面上的应力均匀分布，如图 5-2-4 所示，其总应力及应力分量为

总应力　　　　　$$p_\alpha = \frac{F_N}{A_\alpha} = \sigma_0 \cos\alpha \tag{5-2-2}$$

正应力　　　　　$$\sigma_\alpha = p_\alpha \cos\alpha = \sigma_0 \cos^2\alpha \tag{5-2-3}$$

切应力　　　　　$$\tau_\alpha = p_\alpha \sin\alpha = \frac{\sigma_0}{2} \sin2\alpha \tag{5-2-4}$$

式中，α 为由横截面外法线转至斜截面外法线的夹角，以逆时针转动为正；A_α 为斜截面 $m\text{-}m$ 的截面积；σ_0 为横截面上的正应力。

σ_α 以拉应力为正，压应力负。τ_α 以其对脱离体内一点产生顺时针力矩时为正，反之为负。

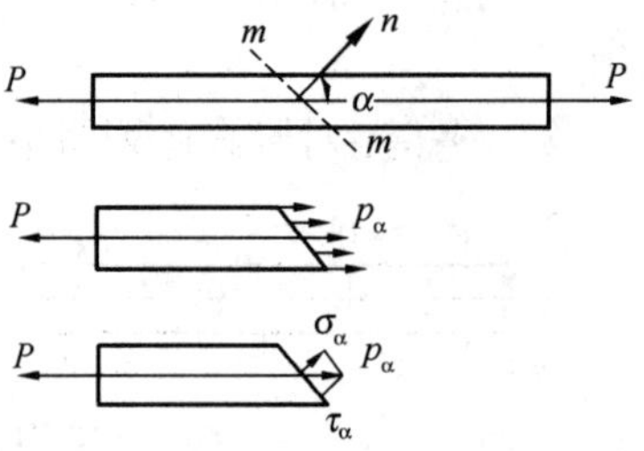

轴向拉压杆中最大正应力发生在 $\alpha=0°$ 的横截面上，最小正应力发生在 $\alpha=90°$ 的纵截面上，其值分别为：

$$\sigma_{\alpha max} = \sigma_0, \ \sigma_{\alpha min} = 0$$

图 5-2-4　轴向拉(压)杆斜截面上的应力

最大切应力发生在 $\alpha=\pm45°$ 的斜截面上，最小切应力发生在 $\alpha=0°$ 的横截面和 $\alpha=90°$ 的纵截面上，其值分别为：

$$|\tau_\alpha|_{max} = \frac{\sigma_0}{2}, \ |\tau_\alpha|_{min} = 0$$

★★★四、强度条件

构件的最大工作应力不得超过材料的许用应力。轴向拉（压）杆的强度条件为：

$$\sigma_{max} = \frac{F_{N,max}}{A} \leqslant [\sigma] \tag{5-2-5}$$

强度计算的三类问题：

（1）强度校核：$\sigma_{max} = \dfrac{F_{N,max}}{A} \leqslant [\sigma]$

（2）截面设计：$A \geqslant \dfrac{F_{N,max}}{[\sigma]}$

（3）确定许可荷载：$F_{N,max} \leqslant [\sigma] A$，再根据平衡条件，由 $F_{N,max}$ 计算 $[F]$。

【例 5-2-1】（历年真题）图示结构的两杆许用应力均为 $[\sigma]$，杆 1 的面积为 A，杆 2 的面积为 $2A$，则该结构的许可荷载是：

A. $[F] = A[\sigma]$　　　　B. $[F] = 2A[\sigma]$

C. $[F] = 3A[\sigma]$　　　　D. $[F] = 4A[\sigma]$

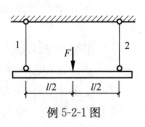

例 5-2-1 图

【解答】杆1、杆2受力是对称的，故 $F_1 = F_2 = \dfrac{F}{2}$

杆1：$\sigma_1 = \dfrac{F_1}{A_1} = \dfrac{\dfrac{F}{2}}{A} = \dfrac{F}{2A} \leqslant [\sigma]$，则：$F \leqslant 2A[\sigma]$

杆2：$\sigma_2 = \dfrac{F_2}{A_2} = \dfrac{\dfrac{F}{2}}{2A} = \dfrac{F}{4A} \leqslant [\sigma]$，则：$F \leqslant 4A[\sigma]$

从两者中取小值，所以 $[F] = 2A[\sigma]$，应选 B 项。

★★★五、轴向拉（压）杆的变形——胡克定律

1. 变形

杆件在轴向拉伸时，轴向伸长，横向缩短；而在轴向压缩时，轴向缩短，横向伸长。如图 5-2-5 所示。

轴向变形　$\Delta L = L' - L$

轴向线应变　$\varepsilon = \dfrac{\Delta L}{L}$

横向变形　$\Delta b = b' - b$

横向线应变　$\varepsilon' = \dfrac{\Delta b}{b}$

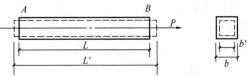

图 5-2-5　轴向拉（压）杆的变形

2. 胡克定律

当应力不超过材料比例极限时，应力与应变成正比，即：

$$\sigma = E\varepsilon \tag{5-2-6}$$

式中，E 为材料的弹性模量。

（1）轴向变形

杆的轴向线应变 $\varepsilon = \dfrac{F_N}{EA}$，变形量 $\Delta l = \displaystyle\int_l \varepsilon \mathrm{d}l$，则杆 AB 段的变形量 Δl_{AB} 为：

$$\Delta l_{AB} = \int_{x_A}^{x_B} \varepsilon \mathrm{d}x = \int_{x_A}^{x_B} \frac{F_N(x)}{EA(x)} \mathrm{d}x \tag{5-2-7}$$

当 AB 段的轴力 F_N、横截面面积 A 均不变时，则上式变为：

$$\Delta l_{AB} = \frac{F_N l_{AB}}{EA} \ \text{或} \ \Delta l = \frac{F_N l}{EA} \tag{5-2-8}$$

式中，EA 为抗拉（压）刚度，表示杆件抵抗拉（压）变形的能力。

（2）横向变形

当应力不超过材料的比例极限时，横向线应变 ε' 与轴向线应变 ε 之比的绝对值为一常数，称为泊松比，即：

$$\nu = \left| \frac{\varepsilon'}{\varepsilon} \right| = -\frac{\varepsilon'}{\varepsilon} \tag{5-2-9}$$

泊松比 ν 是材料的弹性常数之一，无量纲。

由 $\varepsilon = F_N/(EA)$，轴向拉（压）杆的横向线应变为：

$$\varepsilon' = -\nu \frac{F_N}{EA} \tag{5-2-10}$$

图 5-2-5 所示杆的横向变形量：

$$\Delta l' = \varepsilon' b = -\nu \frac{F_N b}{EA} \tag{5-2-11}$$

【例 5-2-2】（历年真题）变截面杆 AC 受力如图所示。已知材料弹性模量为 E，杆 BC 段的截面积为 A，杆 AB 段的截面积为 $2A$，则杆 C 截面的轴向位移是：

A. $\dfrac{FL}{2EA}$ B. $\dfrac{FL}{EA}$

C. $\dfrac{2FL}{EA}$ D. $\dfrac{3FL}{EA}$

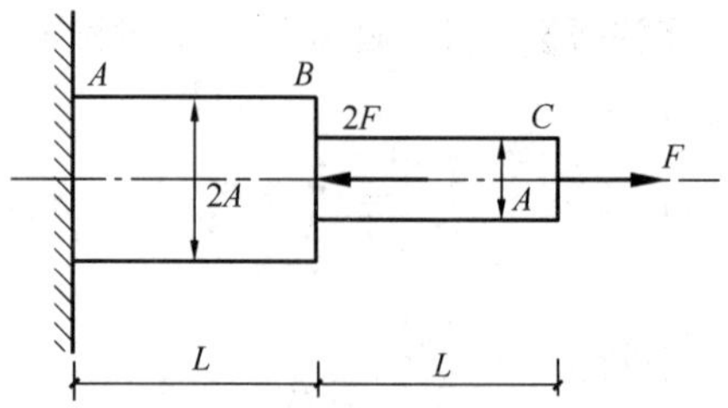

例 5-2-2 图

【解答】$F_{NAB} = -F, F_{NBC} = F$

$$\Delta l_{CA} = \Delta l_{BC} + \Delta l_{AB} = \frac{FL}{EA} + \frac{-FL}{E \times 2A} = \frac{FL}{2EA}$$

应选 A 项。

【例 5-2-3】（历年真题）如图所示，已知拉杆横截面积 $A = 100\text{mm}^2$，弹性模量 $E = 200\text{GPa}$，横向变形系数 $\mu = 0.3$，轴向拉力 $F = 20\text{kN}$，拉杆的横向应变是：

A. $\varepsilon' = 0.3 \times 10^{-3}$ B. $\varepsilon' = -0.3 \times 10^{-3}$

C. $\varepsilon' = 10^{-3}$ D. $\varepsilon' = -10^{-3}$

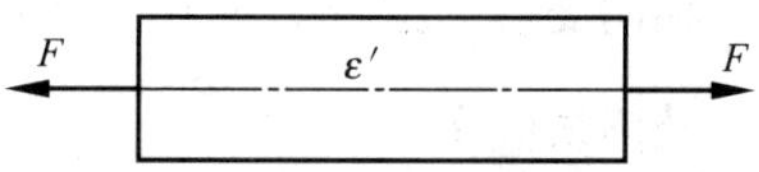

例 5-2-3 图

【解答】$\varepsilon' = -\mu\varepsilon = -\mu\dfrac{F_N}{AE}$

$$= -0.3 \times \frac{20 \times 10^3}{100 \times 200 \times 10^3} = -0.3 \times 10^{-3}$$

应选 B 项。

3. 节点位移

如图 5-2-6（a）所示，确定节点 A 变形后的位置。在工程上，为了方便计算，采用切线代圆弧。如图 5-2-6（b）所示，变形后 A 点应在以 B 点为圆心，$l_1 + \Delta l_1$ 为半径的圆弧上，也应在以 C 为圆心，$l_2 + \Delta l_2$ 为半径的圆弧上，即在

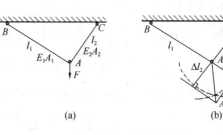

图 5-2-6 节点位移图

两圆弧的交点上，见图中虚线。采用切线代圆弧，以两切线的交点 A' 作为变形后 A 点的位置。

【例 5-2-4】（历年真题）如图（a）所示结构的两杆面积和材料相同，在铅直向下的力 F 作用下，下面结论正确的是：

A. C 点位移向下偏左，1 杆轴力不为零

B. C 点位移向下偏左，1 杆轴力为零

C. C 点位移铅直向下，1 杆

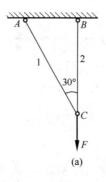

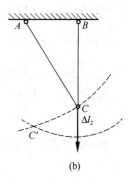

例 5-2-4 图

轴力为零

D. C 点位移向下偏右，1 杆轴力不为零

【解答】 如图（b）所示，$F_{NBC}=F$，$F_{NAC}=0$。以 B 点为圆心，$l_{BC}+\Delta l_2$ 为半径作圆弧；再以 A 点为圆心，以 l_{AC} 为半径作圆弧，则两圆弧的交点位于：C 点位移向下偏左。应选 A 项。

<h2 align="center">习　题</h2>

5-2-1　（历年真题）图示等截面直杆，材料的拉压刚度为 EA，杆中距离 A 端 $1.5L$ 处横截面的轴向位移是：

A. $\dfrac{4FL}{EA}$

B. $\dfrac{3FL}{EA}$

C. $\dfrac{2FL}{EA}$

D. $\dfrac{FL}{EA}$

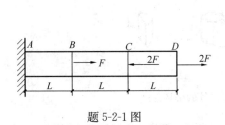

题 5-2-1 图　　　　　题 5-2-2 图

5-2-2　（历年真题）图示结构的两杆面积和材料相同，在铅直力 F 作用下，拉伸正应力最先达到许用应力的杆是：

A. 杆 1　　　　　　　　　　　B. 杆 2

C. 同时达到　　　　　　　　　D. 不能确定

5-2-3　（历年真题）图示等截面直杆，杆的横截面面积为 A，材料的弹性模量为 E，在图示轴向荷载作用下杆的总伸长量为：

A. $\Delta L=0$

B. $\Delta L=\dfrac{FL}{4EA}$

C. $\Delta L=\dfrac{FL}{2EA}$

D. $\Delta L=\dfrac{FL}{EA}$

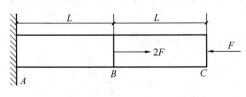
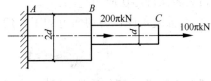

题 5-2-3 图　　　　　题 5-2-4 图

5-2-4　（历年真题）圆截面杆 ABC 轴向受力如图所示，已知 BC 杆的直径 $d=100\text{mm}$，AB 杆的直径为 $2d$，杆的最大拉应力是：

A. 40MPa　　　　B. 30MPa　　　　C. 80MPa　　　　D. 120MPa

第三节 剪切和挤压

★★★一、剪切和挤压的实用计算

在实际工程中，螺栓、铆钉、销钉、榫头等连接件的受力形式是：构件两侧受到大小相等、方向相反而作用线相距极近的作用，正如剪刀剪物一般，故称为剪切变形。如图 5-3-1 所示，连接件的破坏形式有两种：剪切破坏，挤压破坏。

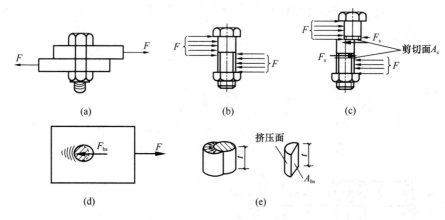

图 5-3-1 连接件的破坏形式

剪切面：连接件两相反力之间产生相对错动的截面，剪切面面积用 A_s 表示。

剪力：剪切面上"躺在"截面上的内力，用 F_s 表示。

挤压面：连接件与被连接件之间相互接触面上有压力传递的这一部分面积，挤压面的面积用 A_{bs} 表示。

挤压力：挤压面上传递的总压力，用 F_{bs} 表示。

1. 剪切实用计算

假定切应力沿剪切面是均匀分布的。若 A_s 为剪切面面积，F_s 为剪力，则名义切应力：

$$\tau = \frac{F_s}{A_s} \tag{5-3-1}$$

按实际构件的受力方式，用试验的方法求得名义剪切极限应力 τ_b，再除以安全系数 n，得到名义许用切应力 $[\tau]$。

剪切强度条件：剪切面上的工作切应力不得超过材料的许用切应力，即：

$$\tau = \frac{F_s}{A_s} \leqslant [\tau] \tag{5-3-2}$$

【例 5-3-1】（历年真题）图示冲床在钢板上冲一圆孔，圆孔直径 $d=100$mm，钢板的厚度 $t=10$mm，钢板的剪切强度极限 $\tau_b=300$MPa，需要的冲压力 F 是：

A. $F=300\pi$kN

B. $F=3000\pi$kN

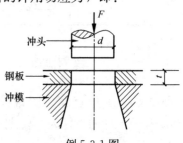

例 5-3-1 图

C. $F=2500\pi$kN

D. $F=7500\pi$kN

【解答】被冲断的钢板的剪切面是一个圆柱面，其面积 $A_Q=\pi dt$，则：

$$\tau=\frac{F}{A}=\frac{F}{\pi dt}=\tau_b$$

$$F=\pi dt\tau_b=\pi\times100\times10\times300=300\pi\times10^3\text{N}=300\pi\text{kN}$$

应选 A 项。

【例 5-3-2】（历年真题）图示直径 $d=0.5$m 的圆截面立柱，固定在直径 $D=1$m 的圆形混凝土基座上，圆柱的轴向压力 $F=1000$kN，混凝土的许用切应力 $[\tau]=1.5$MPa。假设地基对混凝土板的支反力均匀分布，为使混凝土基座不被立柱压穿，混凝土基座所需的最小厚度 t 应是：

A. 159mm

B. 212mm

C. 318mm

D. 424mm

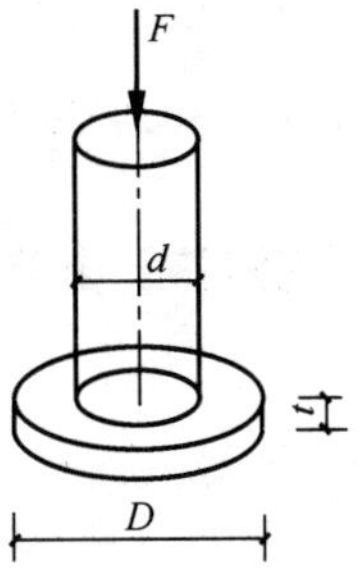

例 5-3-2 图

【解答】地基对板的反力 p：

$$p=\frac{F}{\frac{\pi}{4}D^2}$$

立柱击穿底板的剪切面为圆柱面，$A_s=\pi dt$，其击穿力 $F_s=p\left(\dfrac{\pi}{4}D^2-\dfrac{\pi}{4}d^2\right)$

$$\tau=\frac{F_s}{A_s}=\frac{\dfrac{F}{\dfrac{\pi}{4}D^2}\times\left(\dfrac{\pi}{2}D^2-\dfrac{\pi}{4}d^2\right)}{\pi dt}=\frac{F\times\left(1-\dfrac{d^2}{D^2}\right)}{\pi dt}\leqslant[\tau]$$

$$t\geqslant\frac{1000\times10^3\times\left(1-\dfrac{500^2}{1000^2}\right)}{2\times500\times1.5}=318\text{mm}$$

应选 C 项。

2. 挤压的实用计算

假设挤压力在名义挤压面上均匀分布，则名义挤压应力：

$$\sigma_{bs}=\frac{F_{bs}}{A_{bs}} \tag{5-3-3}$$

式中，A_{bs} 为名义挤压面面积。当挤压面为平面时，则名义挤压面面积等于实际的承压接触面面积；当挤压面为曲面时，则名义挤压面面积取为实际承压接触面在垂直挤压力方向的投影面积，如图 5-3-1 所示。

根据直接试验结果，按照名义挤压应力公式计算名义极限挤压应力，再除以安全系数，得到许用挤压应力 $[\sigma_{bs}]$。

挤压强度条件：挤压面上的工作挤压应力不得超过材料的许用挤压应力，即：

$$\sigma_{bs}=\frac{F_{bs}}{A_{bs}}\leqslant[\sigma_{bs}] \tag{5-3-4}$$

【例 5-3-3】（历年真题）已知铆钉的许用切应力为 $[\tau]$，许用挤压应力为 $[\sigma_{bs}]$，钢板的厚度为 t，则图示铆钉直径 d 与钢板厚度 t 的合理关系是：

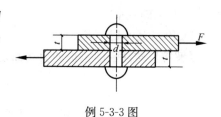

例 5-3-3 图

A. $d = \dfrac{8t[\sigma_{bs}]}{\pi[\tau]}$

B. $d = \dfrac{4t[\sigma_{bs}]}{\pi[\tau]}$

C. $d = \dfrac{\pi[\tau]}{8t[\sigma_{bs}]}$

D. $d = \dfrac{\pi[\tau]}{4t[\sigma_{bs}]}$

【解答】由剪切强度条件：$\tau = \dfrac{F_s}{A_s} = \dfrac{F}{\dfrac{\pi}{4}d^2} = [\tau]$

可得：
$$\frac{4F}{\pi d^2} = [\tau] \tag{1}$$

由挤压强度条件：$\sigma_{bs} = \dfrac{F_{bs}}{A_{bs}} = \dfrac{F}{dt} = [\sigma_{bs}]$

可得：
$$\frac{F}{dt} = [\sigma_{ts}] \tag{2}$$

式（1）除以式（2）：
$$\frac{4t}{\pi d} = \frac{[\tau]}{[\sigma_{bs}]}$$

即：
$$d = \frac{4t[\sigma_{bs}]}{\pi[\tau]}$$

应选 B 项。

【例 5-3-4】（历年真题）图示两根木杆连接结构，已知木材的许用切应力为 $[\tau]$，许用挤压应力为 $[\sigma_{bs}]$，则 a 与 h 的合理比值是：

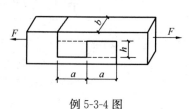

例 5-3-4 图

A. $\dfrac{h}{a} = \dfrac{[\tau]}{[\sigma_{bs}]}$　　B. $\dfrac{h}{a} = \dfrac{[\sigma_{bs}]}{[\tau]}$

C. $\dfrac{h}{a} = \dfrac{[\tau]}{[\sigma_{bs}]}a$　　D. $\dfrac{h}{a} = \dfrac{[\sigma_{bs}]}{[\tau]}a$

【解答】由剪切强度条件：
$$\tau = \frac{F}{ab} = [\tau] \tag{1}$$

由挤压强度条件：
$$\sigma_{bs} = \frac{F}{hb} = [\sigma_{bs}] \tag{2}$$

由(1)除以(2)，可得
$$\frac{h}{a} = \frac{[\tau]}{[\sigma_{bs}]}$$

应选 A 项。

★二、剪切虎克定律

1. 纯剪切（图 5-3-2）

若单元体各个侧面上只有切应力而无正应力，则称为纯剪切。纯剪切引起切应变 γ，即在切应力作用下，单元体两相互垂直边间直角的改变量，单位为 rad，无量纲。

图 5-3-2　纯剪切

在材料力学中规定以单元体左下直角增大时，γ 为正，反之为负。

2. 切应力互等定律

在互相垂直的两个平面上，垂直于两平面交线的切应力，总是大小相等，且共同指向或背离这一交线（图 5-3-2），即：

$$\tau = -\tau'$$ (5-3-5)

3. 剪切虎克定律

当切应力不超过材料的剪切比例极限时，切应力 τ 与切应变 γ 成正比，即：

$$\tau = G\gamma$$ (5-3-6)

式中，G 为材料的切变模量。

对各向同性材料，E、G、ν 间只有两个独立常数，它们之间的关系为：

$$G = \frac{E}{2(1+\nu)}$$ (5-3-7)

习 题

5-3-1 （历年真题）钢板用两个铆钉固定在支座上，铆钉直径为 d，在图示荷载作用下，铆钉的最大切应力是：

A. $\tau_{\max} = \dfrac{4F}{\pi d^2}$

B. $\tau_{\max} = \dfrac{8F}{\pi d^2}$

C. $\tau_{\max} = \dfrac{12F}{\pi d^2}$

D. $\tau_{\max} = \dfrac{2F}{\pi d^2}$

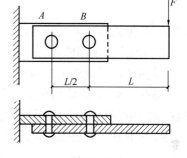

题 5-3-1 图

5-3-2 （历年真题）螺钉受力如图示，已知螺钉和钢板的材料相同，拉伸许用应力 $[\sigma]$ 是剪切许用应力 $[\tau]$ 的 2 倍，即 $[\sigma] = 2[\tau]$，钢板厚度 t 是螺钉头高度 h 的 1.5 倍，则螺钉直径 d 的合理值为：

A. $d = 2h$ 　　　　B. $d = 0.5h$ 　　　　C. $d^2 = 2Dt$ 　　　　D. $d^2 = 0.5Dt$

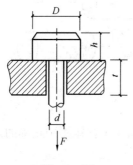

题 5-3-2 图

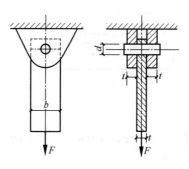

题 5-3-3 图

5-3-3 （历年真题）图示钢板用钢轴连接在铰支座上，下端受轴向拉力 F，已知钢板和钢轴的许用挤压应力均为 $[\sigma_{\text{bs}}]$，则钢轴的合理直径 d 是：

A. $d \geqslant \dfrac{F}{t \left[\sigma_{bs}\right]}$ B. $d \geqslant \dfrac{F}{b \left[\sigma_{bs}\right]}$ C. $d \geqslant \dfrac{F}{2t \left[\sigma_{bs}\right]}$ D. $d \geqslant \dfrac{F}{2b \left[\sigma_{bs}\right]}$

第四节 扭 转

★★★一、扭矩和扭矩图

1. 扭转和外力偶矩

扭转（图 5-4-1）的特征：

（1）受力特征：杆两端受到一对力偶矩相等、转向相反、作用平面与杆件轴线相垂直的外力偶作用。

（2）变形特征：杆件表面纵向线变成螺旋线，即杆件任意两横截面绕杆件轴线发生相对转动。

（3）扭转角 φ：杆件任意两横截面间相对转动的角度。

轴所传递的功率、转速与外力偶矩 M_e（kN·m）间有如下关系：

$$M_e = 9.55 \frac{P}{n} \tag{5-4-1}$$

式中，P 为传递功率（kW）；n 为转速（r/min）。

2. 扭矩和扭矩图

受扭杆件横截面上的内力是一个在截面平面内的力偶，其力偶矩称为扭矩，用 T 表示，见图 5-4-2，其值用截面法求得。扭矩 T 的正负号规定，以右手法则表示扭矩矢量，当矢量的指向与截面外法线的指向一致时，扭矩为正，反之为负。扭矩图是指表示沿杆件轴线各横截面上扭矩变化规律的图线。

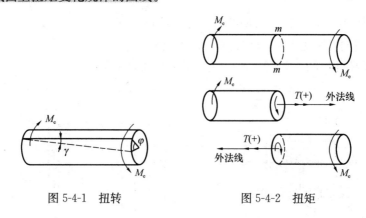

图 5-4-1　扭转　　　　　　　图 5-4-2　扭矩

【例 5-4-1】（历年真题）圆轴受力如图所示，下面 4 个扭矩图中正确的是：

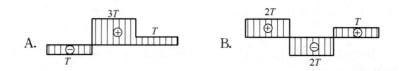

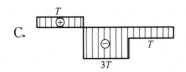

C.

D.

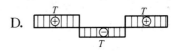

【解答】从右往左，依次取三个横截面，则：

最右段：$T_1 = +T$

中间段：$T_2 = -T$

最左段：$T_3 = +T$

故应选 D 项。

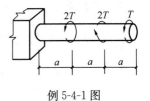

例 5-4-1 图

★★★二、圆轴扭转切应力与扭转强度条件

1. 扭转切应力

横截面上任一点的切应力，其方向垂直于该点所在的半径，其值与该点到圆心的距离成正比，如图 5-4-3 所示。

横截面上距圆心为 ρ 的任一点的切应力：

$$\tau_\rho = \frac{T}{I_p} \cdot \rho \tag{5-4-2}$$

横截面上的最大切应力发生在横截面周边各点处，其值为：

$$\tau_{max} = \frac{T}{I_p} \cdot R = \frac{T}{W_p} \tag{5-4-3}$$

扭转切应力计算公式适用于线弹性范围，小变形条件下的等截面实心或空心圆直杆。I_p 称为极惯性矩，W_p 称为抗扭截面系数，其值与截面尺寸有关。

对于实心圆截面 [图 5-4-4 (a)]：

$$I_p = \frac{\pi d^4}{32}, W_p = \frac{\pi d^3}{16}$$

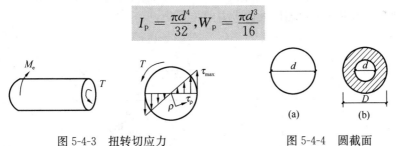

图 5-4-3 扭转切应力   图 5-4-4 圆截面

对于空心圆截面 [图 5-4-4 (b)]：

$$I_p = \frac{\pi D^4}{32}(1 - \alpha^4), W_p = \frac{\pi D^3}{16}(1 - \alpha^4)$$

式中，$\alpha = \frac{d}{D}$。

2. 扭转的强度条件

圆轴扭转时横截面上的最大切应力不得超过材料的许用切应力 $[\tau]$，即：

$$\tau_{max} = \frac{T}{W_p} \leqslant [\tau] \tag{5-4-4}$$

由强度条件可对受扭圆轴进行强度校核、截面设计和确定许可荷载。

【例 5-4-2】（历年真题）已知实心圆轴按强度条件可承担的最大扭矩为 T，若改变该轴的直径，使其横截面积增加 1 倍，则可承担的最大扭矩为：

A. $\sqrt{2}T$ B. $2T$ C. $2\sqrt{2}T$ D. $4T$

【解答】改变前：$T=[\tau]W_p=[\tau]\dfrac{\pi d^3}{16}$

改变后：$T_1=[\tau]\dfrac{\pi d_1^3}{16}$，且 $A_1=\dfrac{\pi d_1^2}{4}=2A=\dfrac{2\pi d^2}{4}$

则：$d_1=\sqrt{2}d,\dfrac{T_1}{T}=\left(\dfrac{d_1}{d}\right)^3=(\sqrt{2})^3=2\sqrt{2}$

应选 C 项。

【例 5-4-3】（历年真题）图示圆轴的抗扭截面系数为 W_T，切变模量为 G。扭转变形后，圆轴表面 A 点处截取的单元体互相垂直的相邻边线改变了 γ 角，如图所示。圆轴承受的扭矩 T 是：

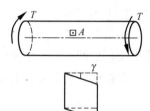

A. $T=G\gamma W_T$ B. $T=\dfrac{G\gamma}{W_T}$

C. $T=\dfrac{\gamma}{G}W_T$ D. $T=\dfrac{W_T}{G\gamma}$

例 5-4-3 图

【解答】根据扭转切应力计算公式：$\tau=\dfrac{T}{W_T}$

由剪切虎克定律：$\tau=G\gamma$

则：$T=G\gamma W_T$，应选 A 项。

【例 5-4-4】（历年真题）图示两根圆轴，横截面积相同，但分别为实心圆和空心圆。在相同的扭矩 T 作用下，两轴最大切应力的关系是：

A. $\tau_a<\tau_b$ B. $\tau_a=\tau_b$ C. $\tau_a>\tau_b$ D. 不能确定

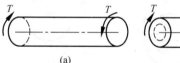 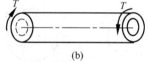

(a) (b)

例 5-4-4 图

【解答】设实心圆轴直径为 d；空心圆外径为 D，内外径之比为 α，由于两圆轴横截面积相同，即：

$$\frac{\pi}{4}d^2=\frac{\pi}{4}D^2(1-\alpha^2),则：d=D(1-\alpha^2)^{\frac{1}{2}}$$

$$\frac{\tau_a}{\tau_b}=\frac{\dfrac{T}{\dfrac{\pi}{16}d^3}}{\dfrac{T}{\dfrac{\pi}{16}D^3(1-\alpha^4)}}=\frac{D^3(1-\alpha^4)}{d^3}=\frac{D^3(1-\alpha^4)}{D^3(1-\alpha^2)\sqrt{1-\alpha^2}}=\frac{1+\alpha^2}{\sqrt{1-\alpha^2}}>1$$

故选 C 项。

★★★三、圆轴扭转时的扭转角计算及刚度条件

1. 扭转角计算

单位长度扭转角 θ（rad/m）：

$$\theta = \frac{\mathrm{d}\varphi}{\mathrm{d}x} = \frac{T}{GI_{\mathrm{p}}} \tag{5-4-5}$$

扭转角 φ（rad）：

$$\varphi = \int_L \frac{T}{GI_{\mathrm{p}}} \mathrm{d}x \tag{5-4-6}$$

若长度 L 内 M_{T}、G、I_{p} 均为常量，则：

$$\varphi = \frac{TL}{GI_{\mathrm{p}}} \tag{5-4-7}$$

上述公式适用于线弹性范围，小变形下的等直圆杆。GI_{p} 表示圆杆抵抗扭转弹性变形的能力，称为抗扭刚度。

2. 圆轴扭转时的刚度条件

圆轴扭转时的最大单位长度扭转角不得超过规定的许可值，即：

$$\theta_{\max} = \frac{T_{\max}}{GI_{\mathrm{p}}} \times \frac{180^\circ}{\pi} \leqslant [\theta] \quad (^\circ/\mathrm{m}) \tag{5-4-8}$$

由刚度条件可对受扭圆杆进行刚度校核、截面设计和确定许可荷载。

【例 5-4-5】（历年真题）实心圆轴受扭，若将轴的直径减小一半，则扭转角是原来的：

A. 2 倍　　　　　　B. 4 倍　　　　　　C. 8 倍　　　　　　D. 16 倍

【解答】改变前：$\varphi = \frac{TL}{GI_{\mathrm{p}}} = \frac{TL}{G\frac{\pi d^4}{32}}$

改变后：$d_1 = \frac{1}{2}d$，$\varphi_1 = \frac{TL}{G\frac{\pi d_1^4}{32}}$

则：$\frac{\varphi_1}{\varphi} = \left(\frac{d}{d_1}\right)^4 = 2^4 = 16$

应选 D 项。

习　题

5-4-1（历年真题）圆轴直径为 d，切变模量为 G，在外力作用下发生扭转变形，现测得单位长度扭转角为 θ，圆轴的最大切应力是：

A. $\tau_{\max} = \frac{16\theta G}{\pi d^3}$　　B. $\tau_{\max} = \theta G\frac{\pi d^3}{16}$　　C. $\tau_{\max} = \theta Gd$　　D. $\tau_{\max} = \frac{\theta Gd}{2}$

5-4-2（历年真题）图示受扭空心圆轴横截面上的切应力分布图中，正确的是：

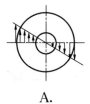　　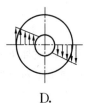

A.　　　　B.　　　　C.　　　　D.

5-4-3 （历年真题）直径为 d 的实心圆轴受扭，若使扭转角减小一半，圆轴的直径需变为：

A. $\sqrt[4]{2}d$ B. $\sqrt[3]{2}d$ C. $0.5d$ D. d

5-4-4 （历年真题）在一套传动系统中，有多根圆轴。假设所有圆轴传递的功率相同，但转速不同。各轴所承受的扭矩与其转速的关系是：

A. 转速快的轴扭矩大   B. 转速慢的轴扭矩大

C. 各轴的扭矩相同   D. 无法确定

5-4-5 （历年真题）直径为 d 的实心圆轴受扭，为使扭转最大切应力减小一半，圆轴的直径应改为：

A. $2d$ B. $0.5d$ C. $\sqrt{2}d$ D. $\sqrt[3]{2}d$

第五节　截 面 几 何 性 质

★★★一、静矩和形心

设任意形状截面图形的面积为 A（图 5-5-1）：

对 z 轴的静矩 $S_z = \int_A y\,dA = y_C A$

对 y 轴的静矩 $S_y = \int_A z\,dA = z_C A$ (5-5-1)

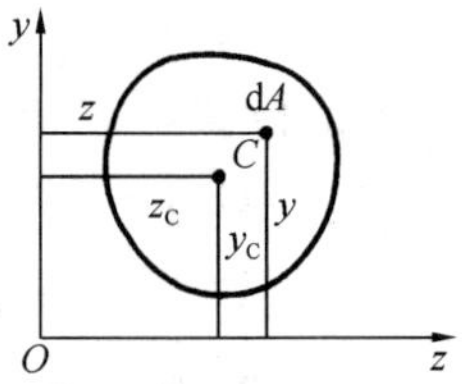

图 5-5-1 截面静矩

形心 C 的坐标

$$y_C = \frac{S_z}{A}$$

$$z_C = \frac{S_y}{A}$$

(5-5-2)

组合图形对某一轴的静矩，等于各组分图形对同一轴静矩的代数和，即：

$$S_z = A_1 y_1 + A_2 y_2 + \cdots + A_n y_n = A \cdot y_C$$

$$S_y = A_1 z_1 + A_2 z_2 + \cdots + A_n z_n = A \cdot z_C$$

(5-5-3)

形心 C 的坐标：

$$y_C = \frac{A_1 y_1 + A_2 y_2 + \cdots + A_n y_n}{A_1 + A_2 + \cdots + A_n} = \frac{S_z}{A}$$

$$z_C = \frac{A_1 z_1 + A_2 z_2 + \cdots + A_n z_n}{A_1 + A_2 + \cdots + A_n} = \frac{S_y}{A}$$

(5-5-4)

静矩的特征如下：

（1）静矩是对一定的轴而言的，同一图形对不同坐标轴的静矩不同。静矩可能为正、为负或为零。

（2）静矩的量纲为 $[L^3]$，单位为 m^3。

（3）图形对任一形心轴的静矩为零；反之，若图形对某一轴的静矩为零，则该轴必通过图形的形心。

（4）若截面图形有对称轴，则图形对于对称轴的静矩必为零，图形的形心一定在此对称轴上。

★★★二、惯性矩和惯性积及惯性半径

设任意形状截面图形的面积为 A（图 5-5-2）：

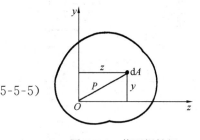

图 5-5-2　截面惯性矩

对 y 轴的惯性矩　$I_y = \int_A z^2 \mathrm{d}A$

对 z 轴的惯性矩　$I_z = \int_A y^2 \mathrm{d}A$

$$\left.\begin{array}{l} I_y = \int_A z^2 \mathrm{d}A \\ I_z = \int_A y^2 \mathrm{d}A \end{array}\right\} \tag{5-5-5}$$

对 O 点的极惯性矩　$I_p = \int_A \rho^2 \mathrm{d}A = I_y + I_z \tag{5-5-6}$

对 y、z 轴的惯性积　$I_{yz} = \int_A yz \mathrm{d}A \tag{5-5-7}$

组合图形对某一点的极惯性矩或对某一轴的惯性矩分别等于各组分图形对同一点的极惯性矩或对同一轴的惯性矩之和，即：

$$I_p = \sum_{i=1}^{n} I_{pi} \tag{5-5-8}$$

$$I_y = \sum_{i=1}^{n} I_{yi}, \ I_z = \sum_{i=1}^{n} I_{zi} \tag{5-5-9}$$

组合图形对某一对坐标轴的惯性积等于各组分图形对同一对坐标轴的惯性积之和，即：

$$I_{yz} = \sum_{i=1}^{n} I_{yzi} \tag{5-5-10}$$

惯性矩、极惯性矩和惯性积的特征如下：

（1）惯性矩、极惯性矩、惯性积的量纲为 $[L^4]$，单位为 m^4。

（2）惯性矩、极惯性矩的数值均为正；惯性积的数值可正可负，也可能为零。若一对坐标轴中有一轴为图形的对称轴，则图形对这一对坐标轴的惯性积必等于零；但图形对某一对坐标轴的惯性积为零，则这对坐标轴不一定为图形的对称轴。

任意形状截面图形的面积为 A，则图形对 y 轴和 z 轴的惯性半径 i_y、i_z 分别为：

$$\left.\begin{array}{l} i_y = \sqrt{\dfrac{I_y}{A}} \\[4mm] i_z = \sqrt{\dfrac{I_z}{A}} \end{array}\right\} \tag{5-5-11}$$

常用截面的几何性质，见表 5-5-1。

常用截面的几何性质

表 5-5-1

项目	矩形	圆形	空心圆
截面图形	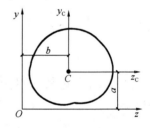 h, b, C	C, D	C, d, D
截面的几何性质	$I_z = \dfrac{bh^3}{12}$ $I_y = \dfrac{hb^3}{12}$ $I_{yz} = 0$ $i_z = \dfrac{h}{\sqrt{12}}$ $i_y = \dfrac{b}{\sqrt{12}}$ $W_z = \dfrac{bh^2}{6}, \; W_y = \dfrac{hb^2}{6}$	$I_z = I_y = \dfrac{\pi}{64}D^4$ $I_p = \dfrac{\pi}{32}D^4$ $I_{yz} = 0$ $i_z = i_y = \dfrac{D}{4}$ $W_z = W_y = \dfrac{\pi}{32}D^3$ $W_p = \dfrac{\pi}{16}D^3$	$I_z = i_y = \dfrac{\pi}{64}D^4(1-\alpha^4), \alpha = \dfrac{d}{D}$ $I_p = \dfrac{\pi}{32}D^4(1-\alpha^4)$ $I_{yz} = 0$ $i_z = i_y = \dfrac{\sqrt{D^2+d^2}}{4}$ $W_z = W_y = \dfrac{\pi}{32}D^3(1-\alpha^4)$ $W_p = \dfrac{\pi}{16}D^3(1-\alpha^4)$

注：W_z、W_y 为抗弯截面系数，W_p 为抗扭截面系数。

★★★三、平行移轴公式

设任意形状截面图形的面积为 A（图 5-5-3），形心为 C，图形对形心轴 y_C、z_C 的轴惯性矩分别为 I_{yC}、I_{zC}，惯性积为 I_{yCzC}，则图形对平行于形心轴的坐标轴 y、z 的惯性矩和惯性积分别为：

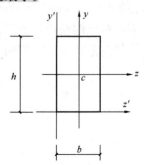

图 5-5-3 平行移轴概念

$$\left.\begin{array}{l} I_y = I_{yC} + b^2 A \\ I_z = I_{zC} + a^2 A \\ I_{yz} = I_{yCzC} + abA \end{array}\right\} \qquad (5\text{-}5\text{-}12)$$

注意：①利用平行移轴公式计算是从形心轴起算；②在所有相互平行的坐标轴中，图形对形心轴的惯性矩为最小，但图形对形心轴的惯性积不一定是最小。

如图 5-5-4 所示，确定其 z'-z' 轴、y'-y' 轴的惯性矩。此时，根据平行移轴公式，则：

$$I_{z'} = I_z + A\left(\frac{h}{2}\right)^2 = \frac{1}{12}bh^3 + bh \times \frac{h^2}{4} = \frac{1}{3}bh^3$$

$$I_{y'} = I_y + A\left(\frac{h}{2}\right)^2 = \frac{1}{12}hb^3 + bh \times \frac{b^2}{4} = \frac{1}{3}hb^3$$

★四、形心主轴和形心主惯性矩概念

截面图形对于某一对正交坐标轴的惯性积为零，则这对轴称为主惯性轴，简称主轴。主轴的方位：

图 5-5-4 平行移轴应用

$$\tan 2\alpha_0 = \frac{-2I_{yz}}{I_z - I_y} \tag{5-5-13}$$

截面图形对主轴的惯性矩称为主惯性矩。它是图形对过同一点的所有坐标轴的惯性矩中的最大值和最小值，其值为：

$$\begin{array}{c}I_{max}\\I_{min}\end{array} = \frac{I_z + I_y}{2} \pm \sqrt{\left(\frac{I_z - I_y}{2}\right)^2 + I_{yz}^2} \tag{5-5-14}$$

且

$$I_{max} + I_{min} = I_z + I_y \tag{5-5-15}$$

形心主轴是指通过图形形心的一对主轴。形心主惯性矩是指截面图形对形心主轴的惯性矩。

可以证明如下结论：

（1）若图形有一根对称轴，则此轴即为形心主轴之一，另一形心主轴为通过图形形心并与对称轴垂直的轴；

（2）若图形有二根对称轴，则此二轴即为形心主轴；

（3）若图形有三根以上对称轴时，则通过形心的任一轴均为形心主轴，且主惯性矩相等。

【例 5-5-1】（历年真题）图示截面对 z 轴的惯性矩 I_z 为：

A. $I_z = \dfrac{\pi d^4}{64} - \dfrac{bh^3}{3}$

B. $I_z = \dfrac{\pi d^4}{64} - \dfrac{bh^3}{12}$

C. $I_z = \dfrac{\pi d^4}{32} - \dfrac{bh^3}{6}$

D. $I_z = \dfrac{\pi d^4}{64} - \dfrac{13bh^3}{12}$

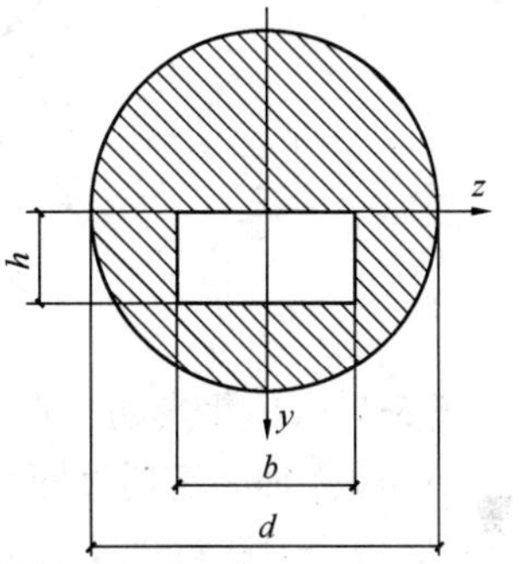

【解答】　$I_z = I_{圆} - I_{矩} = \dfrac{\pi d^4}{64} - \dfrac{1}{3}bh^3$

应选 A 项。

例 5-5-1 图

【例 5-5-2】（历年真题）面积相同的三个图形如图所示，对各自水平形心轴 z 的惯性矩之间的关系为：

A. $I_{(a)} > I_{(b)} > I_{(c)}$ 　　　　　　B. $I_{(a)} < I_{(b)} < I_{(c)}$

C. $I_{(a)} < I_{(c)} = I_{(b)}$ 　　　　　　D. $I_{(a)} = I_{(b)} > I_{(c)}$

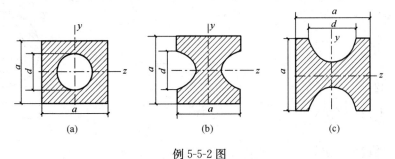

例 5-5-2 图

【解答】图（a）、（b）的 I_z 均是正方形的惯性矩减去一个圆形的惯性矩，故二者相等，应选 D 项。

此外，图（c）的面积分布的位置到 z 轴的距离小，故其惯性矩比图（a）、（b）的小。

<h1 style="text-align:center">习　题</h1>

5-5-1　（历年真题）图示截面的抗弯截面模量 W_z 为：

A. $W_z = \dfrac{\pi d^3}{32} - \dfrac{a^3}{6}$

B. $W_z = \dfrac{\pi d^3}{32} - \dfrac{a^4}{6d}$

C. $W_z = \dfrac{\pi d^3}{32} - \dfrac{a^3}{6d}$

D. $W_z = \dfrac{\pi d^3}{64} - \dfrac{a^4}{12}$

5-5-2　（历年真题）图示矩形截面对 z_1 轴的惯性矩 I_{z1} 为：

A. $I_{z1} = \dfrac{bh^3}{12}$　　　B. $I_{z1} = \dfrac{bh^3}{3}$　　　C. $I_{z1} = \dfrac{7bh^3}{6}$　　　D. $I_{z1} = \dfrac{13bh^3}{12}$

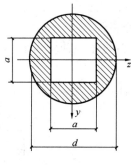　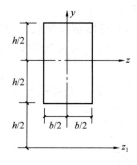

题 5-5-1 图　　　　　　　　　　　　题 5-5-2 图

5-5-3　（历年真题）在下列关于平面图形几何性质的说法中，错误的是：

A. 对称轴必定通过图形形心

B. 两个对称轴的交点必为图形形心

C. 图形关于对称轴的静矩为零

D. 使静矩为零的轴必定为对称轴

5-5-4　（历年真题）在平面图形的几何性质中，数值可正、可负，也可为零的是：

A. 静矩和惯性矩　　　　　　　　　B. 静矩和惯性积

C. 极惯性矩和惯性矩　　　　　　　D. 惯性矩和惯性积

5-5-5　（历年真题）图示，空心圆轴的外径为 D，内径为 d，其极惯性矩 I_p 是：

A. $I_p = \dfrac{\pi}{16}(D^3 - d^3)$

B. $I_p = \dfrac{\pi}{32}(D^3 - d^3)$

C. $I_p = \dfrac{\pi}{16}(D^4 - d^4)$

D. $I_p = \dfrac{\pi}{32}(D^4 - d^4)$

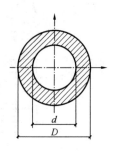

题 5-5-5 图

第六节 弯 曲

★★★一、弯曲内力

1. 平面弯曲的概念

以弯曲为主要变形的杆件通常称为梁。弯曲变形特征是：**任意两横截面绕垂直杆轴线的轴作相对转动，同时杆的轴线也弯成曲线。**

平面弯曲是指荷载作用面（外力偶作用面或横向力与梁轴线组成的平面）与弯曲平面（即梁轴线弯曲后所在平面）相平行或重合的弯曲，如图 5-6-1 所示。

产生平面弯曲的条件是：

（1）梁具有纵对称面时，只要外力（横向力或外力偶）都作用在此纵对称面内。

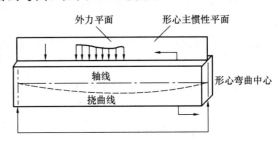

图 5-6-1 平面弯曲

（2）对非对称截面梁，纯弯曲时，只要外力偶作用在与梁的形心主惯性平面平行的平面内；横向力弯曲时，横向力必须通过横截面的弯曲中心（其概念见本节后面）并在与梁的形心主惯性平面平行的平面内。

2. 梁横截面上的内力——剪力与弯矩

梁横截面上切向分布内力的合力称为剪力，以 F_s（或 F_Q 或 V 或 Q）表示。

梁横截面上法向分布内力形成的合力偶矩称为弯矩，以 M 表示。

剪力与弯矩的符号：**考虑梁微段 $\mathrm{d}x$，使右侧截面对左侧截面产生向下相对错动的剪力为正，反之为负；使微段产生凹向上的弯曲变形的弯矩为正，反之为负，如图 5-6-2(b) 所示。**

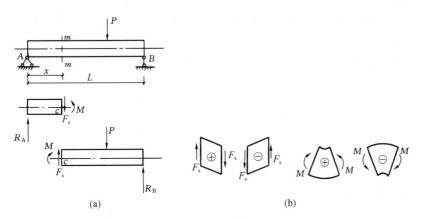

图 5-6-2 梁横截面上的内力

由截面法可知：

（1）横截面上的剪力，其数值等于该截面左侧（或右侧）梁上所有外力在横截面方向的投影代数和，且左侧梁上向上的外力或右侧梁上向下的外力引起正剪力，反之则引起负剪力，见图 5-6-2（a）。

（2）横截面上的弯矩，其数值等于该截面左侧（或右侧）梁上所有外力对该截面形心的力矩代数和，且向上外力均引起正弯矩，左侧梁上顺时针转向的外力偶及右侧梁上逆时针转向的外力偶引起正弯矩，反之则引起负弯矩，如图 5-6-2（a）所示。

表示沿杆轴各横截面上剪力随截面位置变化的函数称为剪力方程，表示为：

$$F_s = F_s(x)$$

表示沿杆轴各横截面上弯矩随截面位置变化的函数称为弯矩方程，表示为：

$$M = M(x)$$

剪力图是指表示沿杆轴各横截面上剪力随截面位置变化的图线。剪力图的纵轴以向上为正。

弯矩图是指表示沿杆轴各横截面上弯矩随截面位置变化的图线。弯矩图的纵轴以向下为正。

常见单跨静定梁的剪力图和弯矩图见图 5-6-3。

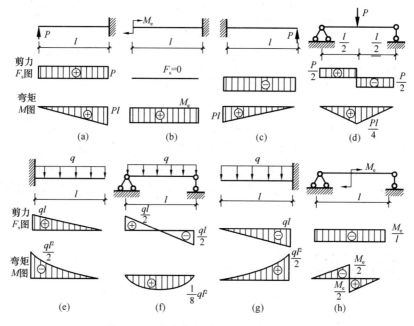

图 5-6-3 单跨静定梁的剪力图和弯矩图

3. 分布荷载、剪力与弯矩之间的微分关系

梁上受均布荷载（亦称荷载集度）q 作用，q 向上为正，则梁任一横截面上的剪力、弯矩与荷载集度 q 之间的微分关系为：

$$
\left.
\begin{aligned}
\frac{\mathrm{d}F_s}{\mathrm{d}x} &= q \\[2mm]
\frac{\mathrm{d}M}{\mathrm{d}x} &= F_s \\[2mm]
\frac{\mathrm{d}^2 M}{\mathrm{d}x^2} &= q
\end{aligned}
\right\}
\tag{5-6-1}
$$

由式（5-6-1）可知，剪力图上某点的切线斜率等于梁上相应点处的荷载集度；弯矩图上某点的切线斜率等于梁上相应截面上的剪力。

梁上荷载与对应的剪力图和弯矩图的特征见图 5-6-4。

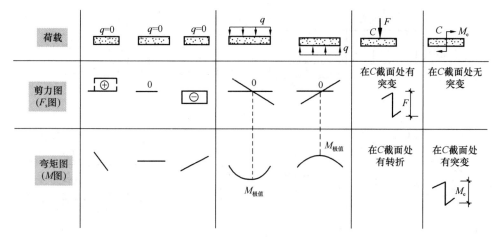

图 5-6-4　梁上荷载与对应的剪力图和弯矩图的特征

【例 5-6-1】（历年真题）简支梁 AC 的 A、C 截面为铰支端。已知的弯矩图如图示，其中 AB 段为斜直线，BC 段为抛物线。以下关于梁上荷载的正确判断是：

A. AB 段 $q=0$，BC 段 $q \neq 0$，B 截面处有集中力

B. AB 段 $q \neq 0$，BC 段 $q=0$，B 截面处有集中力

C. AB 段 $q=0$，BC 段 $q \neq 0$，B 截面处有集中力偶

D. AB 段 $q \neq 0$，BC 段 $q=0$，B 截面处有集中力偶

（q 为分布荷载集度）

例 5-6-1 图

【解答】由 AB 段 M 图可知，$q=0$；由 BC 段 M 图可知，$q \neq 0$。B 点 M 图有转折，有集中力，应选 A 项。

【例 5-6-2】（历年真题）悬臂梁的弯矩如图示，根据梁的弯矩图，梁上的荷载 F、m 的值应是：

A. $F = 6kN$，$m = 10kN \cdot m$

B. $F = 6kN$，$m = 6kN \cdot m$

C. $F = 6kN$，$m = 4kN \cdot m$

D. $F = 4kN$，$m = 6kN \cdot m$

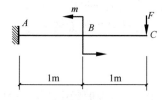

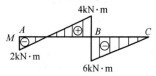

【解答】B 点有突变，可知，$m = 10kN \cdot m$，应选 A 项。

【例 5-6-3】（历年真题）悬臂梁的荷载如图示，若有集中力偶 m 在梁上移动，梁的内力变化情况是：

A. 剪力图、弯矩图均不变

B. 剪力图、弯矩图均改变

C. 剪力图不变，弯矩图改变

D. 剪力图改变，弯矩图不变

例 5-6-2 图

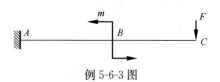

例 5-6-3 图

【解答】集中力偶 m 在梁上移动，对剪力图无影响，即剪力图不变；对弯矩图有影响，产生突变，应选 C 项。

【例 5-6-4】（历年真题）简支梁 AB 的剪力图和弯矩图如图示，该梁正确的受力图是：

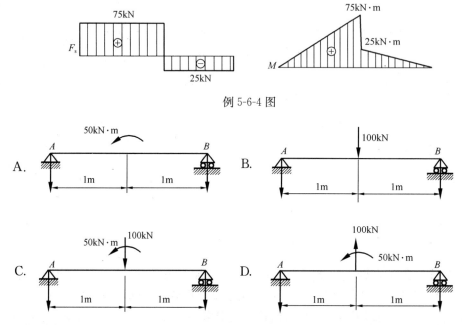

例 5-6-4 图

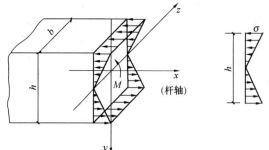

【解答】首先排除 A、B 项。由剪力图可知，其突变向下，故集中力方向向下，弯矩图有突变，有集中力偶，故选 C 项。

★★★二、弯曲正应力和正应力强度条件

纯弯曲是指梁的横截面上只有弯矩而无剪力时的弯曲。

中性层是指杆件弯曲变形时既不伸长也不缩短的一层。中性轴是指中性层与横截面的交线，即横截面上正应力为零的各点的连线。当杆件发生平面弯曲，且处于线弹性范围时，中性轴通过横截面形心，且垂直于荷载作用平面，以此确定中性轴位置。

杆件发生平面弯曲时，中性层的曲率与弯矩间的关系为：

$$\frac{1}{\rho} = \frac{M}{EI_z} \tag{5-6-2}$$

式中，ρ 为变形后中性层的曲率半径，$\frac{1}{\rho}$ 称为曲率；EI_z 为杆的抗弯刚度，轴 z 为横截面的中性轴，见图 5-6-5。

1. 平面弯曲杆件横截面上的正应力（图 5-6-5）

正应力的大小与该点至中性轴的垂直距离成正比，呈线性分布，中性轴一侧为拉应力，另一侧为压应力。其正应力计算如下：

任一点正应力：

图 5-6-5　矩形梁截面弯曲正应力分布

$$\sigma = \frac{M}{I_z}y \tag{5-6-3}$$

最大正应力

$$\sigma_{max} = \frac{M}{I_z}y_{max} = \frac{M}{W_z} \tag{5-6-4}$$

式中，M 为所求截面的弯矩；I_z 为截面对中性轴的惯性矩；W_z 为抗弯截面系数，$W_z = \frac{I_z}{y_{max}}$，它是一个只与横截面的形状和尺寸有关的几何量，常见截面的 W_z 见表 5-5-1。

2. 梁的弯曲正应力强度条件

梁的最大工作弯曲正应力不得超过材料的许用正应力 $[\sigma]$ 或许用拉应力 $[\sigma_t]$ 或许用压应力 $[\sigma_c]$，即：

塑性材料
$$\sigma_{max} = \frac{M}{W_z} \leqslant [\sigma] \tag{5-6-5}$$

脆性材料
$$\sigma_{tmax} = \frac{M}{I_z}y_{tmax} \leqslant [\sigma_t] \tag{5-6-6}$$

$$\sigma_{cmax} = \frac{M}{I_z}y_{cmax} \leqslant [\sigma_c] \tag{5-6-7}$$

式中，y_{tmax}、y_{cmax} 分别为最大拉应力、最大压应力所在截面边缘到中性轴 z 的距离。

【例 5-6-5】（历年真题）图示悬臂梁 AB 由三根相同的矩形截面直杆胶合而成。材料的许用应力为 $[\sigma]$，若胶合面开裂，假设开裂后三根杆的挠曲线相同，接触面之间无摩擦力，则开裂后的梁承载能力是原来的：

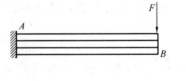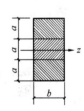

例 5-6-5 图

A. 1/9　　　　　　B. 1/3

C. 两者相同　　　　D. 3 倍

【解答】开裂前：$M = [\sigma]W_z = [\sigma] \times \frac{1}{6}b(3a)^2 = \frac{9}{6}ba^2[\sigma]$

开裂后：$M_1 = [\sigma]W_{z1} = [\sigma] \times \frac{1}{6}ba^3 \times 3 = \frac{3}{6}ba^2[\sigma]$

$\frac{M_1}{M} = \frac{3}{9} = \frac{1}{3}$，应选 B 项。

【例 5-6-6】（历年真题）如图材料相同的两根矩形截面梁叠合在一起，接触面之间可以相对滑动且无摩擦力。设两根梁的自由端共同承担集中力偶 m，弯曲后两根梁的挠曲线相同，则上面梁承担的力偶矩是：

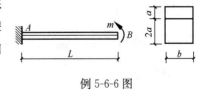

例 5-6-6 图

A. $m/9$　　　　　　B. $m/5$

C. $m/3$　　　　　　D. $m/2$

【解答】两根梁的挠曲线相同，则：

$$\frac{1}{\rho} = \frac{M_{上梁}}{EI_1} = \frac{M_{下梁}}{EI_2}, \text{ 即：}$$

$$\frac{M_{上梁}}{M_{下梁}} = \frac{I_1}{I_2} = \frac{\frac{1}{12}ba^3}{\frac{1}{12}b(2a)^3} = \frac{1}{8}$$

$$M_{上梁} + M_{下梁} = M, \text{ 则：} M_{上梁} = \frac{1}{1+8}M = \frac{M}{9}$$

应选 A 项。

★★★三、弯曲切应力和切应力强度条件

1. 矩形截面梁的切应力

当 $h > b$ 时，可忽略 τ_z，取 $\tau \approx \tau_y$，且假定 τ 沿宽度均匀分布，则梁切应力计算公式（图 5-6-6）：

$$\tau = \frac{F_s S_z^*}{b I_z} \tag{5-6-8}$$

式中，F_s 为横截面上的剪力；b 为横截面的宽度；I_z 为整个横截面对中性轴的惯性矩；S_z^* 为横截面上距中性轴为 y 处横线一侧的部分截面对中性轴的静矩。

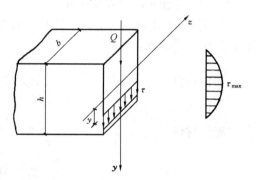

图 5-6-6 矩形梁截面切应力分布

最大切应力 τ_{max} 发生在中性轴处，其计算公式：

$$\tau_{max} = \frac{3F_s}{2bh} = \frac{3F_s}{2A} \tag{5-6-9}$$

对于截面由矩形组合而成的梁（不包括薄壁截面梁），用式（5-6-8）算出的切应力沿高度分布图见图 5-6-7。

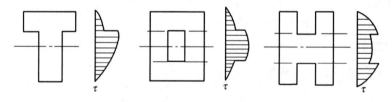

图 5-6-7 矩形组合图形的切应力沿高度分布图

2. 其他常用截面图形的最大切应力

工字形截面

$$\tau_{max} = \frac{F_s S_{zmax}^*}{I_z t_w} \tag{5-6-10}$$

式中，t_w 为腹板厚度；S_{zmax}^* 为中性轴一侧的横截面积对中性轴的静矩。

圆形截面

$$\tau_{max} = \frac{4}{3}\frac{F_s}{A} \tag{5-6-11}$$

环形截面

$$\tau_{max} = 2\frac{F_s}{A} \tag{5-6-12}$$

最大切应力均发生在中性轴上。

3. 切应力强度条件

梁的最大工作切应力不得超过材料的许用切应力 $[\tau]$，即：

$$\tau_{\max} = \frac{F_{s\max} \cdot S_{z\max}^*}{bI_z} \leqslant [\tau] \tag{5-6-13}$$

式中，$F_{s\max}$ 为梁的最大剪力。

4. 梁的合理截面

梁的强度通常是由横截面上的正应力控制的。由弯曲正应力强度条件 $\sigma_{\max} = \dfrac{M_{\max}}{W_z} \leqslant$ $[\sigma]$，可知，在截面面积 A 一定的条件下，截面图形的抗剪截面系数越大，梁的承载能力就越大，故截面就越合理。为此，梁截面的中部应尽量薄或空，使材料集中于上、下面，如工字形、矩形、圆形三种截面，当截面面积 A 相同时，工字形最为合理，矩形次之，圆形最差。

对于 $[\sigma_t] = [\sigma_c]$ 的塑性材料，一般采用对称于中性轴的截面，使截面上、下边缘的最大拉应力和最大压应力同时达到许用应力，如图 5-6-8（a）所示。对于 $[\sigma_t] \neq [\sigma_c]$ 的脆性材料，一般采用不对称于中性轴的截面如 T 形、槽形等，使最大拉应力 $\sigma_{t,\max}$ 和最大压应力 $\sigma_{c,\max}$ 同时达到 $[\sigma_t]$ 和 $[\sigma_c]$，如图 5-6-8（b）所示。

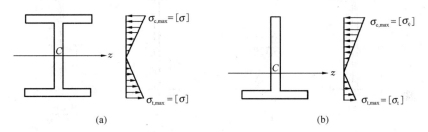

(a)　　　　　　　　　　　　(b)

图 5-6-8　梁截面

【例 5-6-7】（历年真题）梁的横截面如图薄壁工字形，z 轴为截面中性轴，设截面上的剪力竖直向下，则该截面上的最大弯曲切应力在：

A. 翼缘的中性轴处 4 点

B. 腹板上缘延长线与翼缘相交处的 2 点

C. 左侧翼缘的上端 1 点

D. 腹板上边缘的 3 点

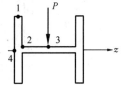

例 5-6-7 图

【解答】根据前面式（5-6-8），在 2 点处 b 发生突变，变大，其切应力也随之发生突变，由大变为很小，故应选 B 项。

【例 5-6-8】图示悬臂梁，由三根矩形木板胶接而成，已知木胶缝的许用切应力 $[\tau]$，木板的许用切应力 $1.5[\tau]$。根据胶缝的切应力强度条件，设计荷载 F 的许用值是：

A. $\dfrac{9}{4}ab[\tau]$ 　　　B. $\dfrac{7}{4}ab[\tau]$ 　　　C. $\dfrac{27}{8}ab[\tau]$ 　　　D. $\dfrac{21}{8}ab[\tau]$

【解答】 胶缝处的 τ 为：

$$\tau = \frac{FS_z^*}{I_z b} = \frac{F \times ab \times a}{\frac{1}{12}b(3a)^3 b} = \frac{4F}{9ab}$$

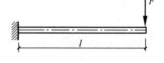
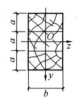

切应力互等定律，胶接面上的 τ' 为：$\tau' = \tau$，又 $\tau' \leqslant [\tau]$，则：

例 5-6-8 图

$$\frac{4F}{9ab} \leqslant [\tau]，即：F \leqslant \frac{9}{4}ab[\tau]$$

应选 A 项。

★四、弯曲中心概念

沿形心主惯性轴方向施加荷载（或力）时，两个方向切应力合力（即 F_{sy}、F_{sz}）的交点，即为弯曲中心，也称剪切中心，用符号 S 表示。弯曲中心的位置是截面的几何性质之一，仅与截面的几何形状有关，与外部荷载（或力）和材料性质无关。

当梁上的横向力不通过截面的弯曲中心时，除了弯曲变形外，还伴随有扭转变形。梁仅发生平面弯曲的充分必要条件：横向力与形心主轴平行且通过弯曲中心。

常用的简单截面的弯曲中心位置有如下规律（图 5-6-9）：

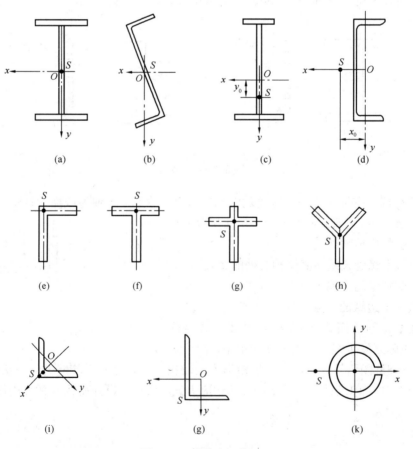

图 5-6-9　弯曲中心位置

（1）如果截面有两个对称轴（或反对称轴），如工字形截面，则弯曲中心与形心（用符号O表示）重合；

（2）如果截面有一个对称轴，如槽形截面，弯曲中心必在此对称轴上；

（3）如果截面是由中线交于一点的两个狭长矩形组成，如角钢（等边或不等边）、T形截面，则交点就是弯曲中心。

★★★五、梁的变形

1. 挠曲线、挠度和转角

在外力作用下，梁的轴线由直线变为曲线。变弯后的梁轴线称为挠曲线。它是一条连续而光滑的曲线。平面弯曲情况下，梁的挠曲线为一条平面曲线，其所在平面与荷载作用的纵向平面平行。

以图 5-6-10 所示的简支梁为例，轴线 AB 为 x 轴，y 轴是截面的形心主轴，变形后的挠曲线为一条 xy 平面内的曲线（图 5-6-10 所示虚线）。梁横截面产生两个位移分量（小变形时横截面的轴向线位移是高阶小量，可以忽略）：

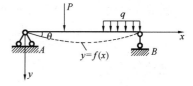

图 5-6-10　简支梁的变形

（1）挠度：横截面的形心沿垂直于轴线方向的线位移，记为 y（或 v）。在图示直角坐标下，挠度 y（或 v）以向下为正。梁的挠度 y 随截面位置 x 变化的解析表达式，称为挠曲线方程或挠度方程，表示为：

$$y = f(x)$$

（2）转角：横截面绕中性轴的转动角度，记为 θ，一般用弧度表示。在图示直角坐标下，转角 θ 以顺时针转向为正。

由平面假设，变形前与轴线（x 轴）垂直的横截面在变形后仍与轴线（挠曲线）垂直，挠曲线的切线与 x 轴的夹角等于相应横截面的转角 θ。对于梁的弹性小变形而言，挠曲线是一条非常平坦的曲线，转角很小，因此，梁的转角可以用挠曲线的斜率近似代替：

$$\theta(x) \approx \tan\theta = \frac{\mathrm{d}y}{\mathrm{d}x} = y'(x)$$

2. 挠曲线近似微分方程

在线弹性范围、小变形条件下（忽略剪力对变形的影响），梁的挠曲线近似微分方程为：

$$\frac{\mathrm{d}^2 y}{\mathrm{d}x^2} = -\frac{M(x)}{EI} \tag{5-6-14}$$

3. 计算挠度、转角的积分法

对挠曲线近似微分方程式积分两次可得到：

转角方程　　　　　$\theta(x) = y'(x) = \int -\dfrac{M(x)}{EI(x)} \mathrm{d}x + C$

挠曲线方程　　　　$y(x) = \int \left[\int -\dfrac{M(x)}{EI(x)} \mathrm{d}x \right] \mathrm{d}x + Cx + D$

这就是求挠度、转角的积分法。式中的积分部分体现了梁的变形，积分常数 C、D 分别表示支承对梁的刚体转动量和平动量的限定值。当梁的弯矩方程需分段列出时，挠曲线近似微分方程也需分段建立，分段积分，此时除利用梁的支承条件外，还需利用分段处挠度和转角的连续条件才能确定全部的积分常数。梁的支承条件和连续条件统称为梁的边界条件。

注意：

(1) 凡荷载有突变处、有中间支承处、截面有变化处或材料有变化处，均应作为分段点。

(2) 中间铰视为两个梁段间的联系，此种联系体现为两部分之间的相互作用力，故应作为分段点。在中间铰处，虽然两侧转角不同，但挠度却是唯一的。

如图 5-6-11 所示两根梁，其积分法分别确定梁的挠曲线方程如下：

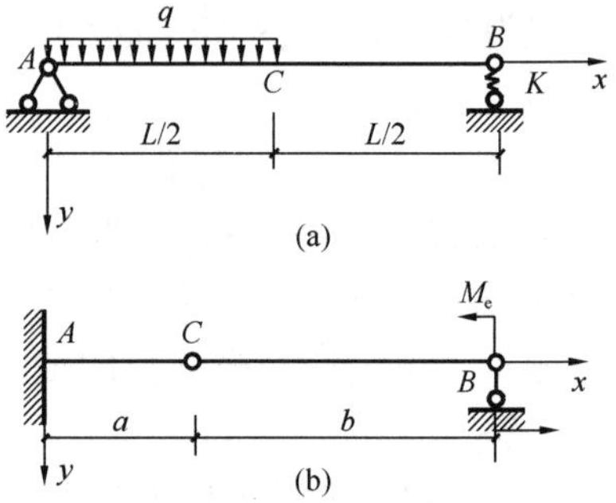

图 5-6-11 (a)：挠曲线方程应分为两段，共有 4 个积分常数。

边界条件为：$x_1 = 0$，$y_A = 0$

$$x_2 = L, \quad y_B = \frac{R_B}{k} = \frac{qL}{8k}$$

连续条件为：

$$x_1 = x_2 = \frac{L}{2}, \quad \theta_{c1} = \theta_{c2}, \quad y_{c1} = y_{c2}$$

（或表达为：$\theta_{c\text{左}} = \theta_{c\text{右}}$，$y_{c\text{左}} = y_{c\text{右}}$）

图 5-6-11 (b)：挠曲线方程应分为两段，共有 4 个积分常数。

边界条件为：$x_1 = 0$，$y_A = 0$，$\theta_A = 0$

$$x_2 = a + b, \quad y_B = 0$$

连续条件为：

$$x_1 = x_2 = a_1, \quad y_{c1} = y_{c2}（或表达为：y_{c\text{左}} = y_{c\text{右}}）$$

图 5-6-11

【例 5-6-9】 （历年真题）图示梁 ACB 用积分法求变形时，确定积分常数的条件是（式中 v 为梁的挠度，θ 为梁横截面的转角，ΔL 为杆 DB 的伸长变形）：

A. $v_A = 0$，$v_B = 0$，$v_{C\text{左}} = v_{C\text{右}}$，$\theta_C = 0$

B. $v_A = 0$，$v_B = \Delta L$，$v_{C\text{左}} = v_{C\text{右}}$，$\theta_C = 0$

C. $v_A = 0$，$v_B = \Delta L$，$v_{C\text{左}} = v_{C\text{右}}$，$\theta_{C\text{左}} = \theta_{C\text{右}}$

D. $v_A = 0$，$v_B = \Delta L$，$v_C = 0$，$\theta_{C\text{左}} = \theta_{C\text{右}}$

【解答】 边界条件：$v_A = 0$，$v_B = \Delta L$

连续条件：$v_{C\text{左}} = v_{C\text{右}}$，$\theta_{C\text{左}} = \theta_{C\text{右}}$

应选 C 项。

例 5-6-9 图

4. 计算挠度、转角的叠加法

叠加法计算挠度、转角的理论基础及特征：材料变形处于线弹性阶段时，在小变形前提下，梁的挠度和转角与作用在梁上的载荷成线性关系，因此，多个荷载作用时在梁上某一截面产生的挠度和转角等于各荷载单独作用时在同一截面产生的挠度和转角的代数和。叠加法在工程计算中具有重要的实用意义，适宜于求梁上某些特定截面的挠度和转角。

几种常用梁在简单荷载作用下的变形见表 5-6-1。在具体用叠加法计算梁的变形时，只要把梁上的实际荷载分解成几个简单荷载，查表 5-6-1，得到指定截面在各种简单荷载作用下的挠度和转角，按照代数和叠加，即可得到梁在实际荷载作用下指定截面的挠度和转角。

几种常用梁在各种简单荷载作用下的变形 表 5-6-1

序号	支承和载荷作用情况	梁端截面转角	最大挠度
1	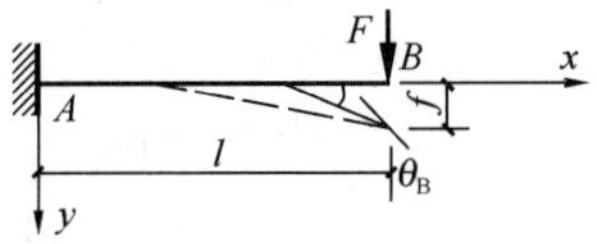	$\theta_B = \dfrac{Fl^2}{2EI}$	$f = \dfrac{Fl^3}{3EI}$
2	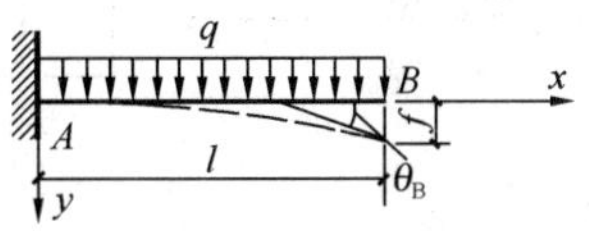	$\theta_B = \dfrac{ql^3}{6EI}$	$f = \dfrac{ql^4}{8EI}$
3	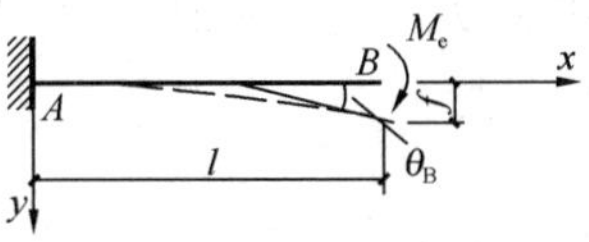	$\theta_B = \dfrac{M_e l}{EI}$	$f = \dfrac{M_e l^3}{2EI}$
4	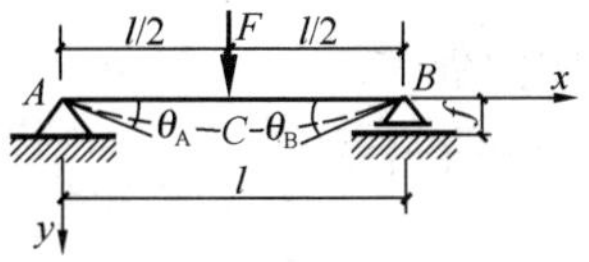	$\theta_A = -\theta_B = \dfrac{Fl^2}{16EI}$	$f = \dfrac{Fl^3}{48EI}$
5	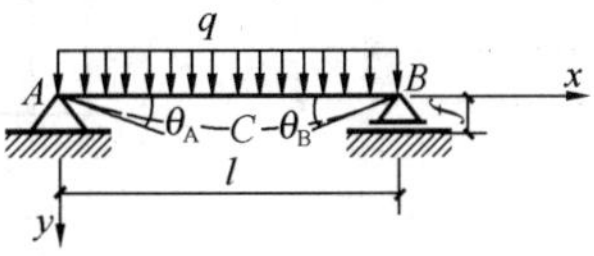	$\theta_A = -\theta_B = \dfrac{ql^3}{24EI}$	$f = \dfrac{5ql^4}{384EI}$
6	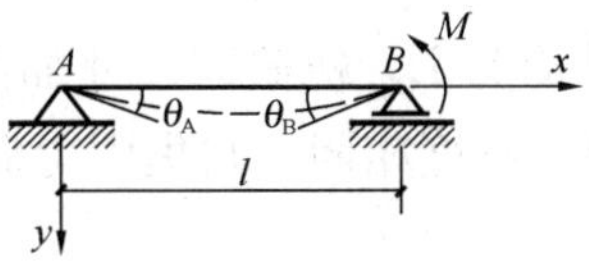	$\theta_A = \dfrac{M_e l}{6EI}$ $\theta_B = \dfrac{M_e l}{3EI}$	在 $x = l/\sqrt{3}$ 处 $f = \dfrac{M_e l^2}{9\sqrt{3}EI}$ $f\mid_{x=\frac{1}{2}} = \dfrac{M_e l^2}{16EI}$

【例 5-6-10】（历年真题）图示悬臂梁自由端承受集中力偶 M_e。若梁的长度减小一半，梁的最大挠度是原来的：

A. 1/2   B. 1/4
C. 1/8   D. 1/16

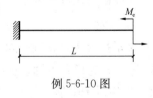

例 5-6-10 图

【解答】 $f_{\max} = \dfrac{M_e L^2}{2EI}$

当 L 变为 $\dfrac{L}{2}$ 时，其最大挠度 $f'_{\max} = \dfrac{M_e \left(\dfrac{L}{2}\right)^2}{2EI} = \dfrac{M_e L^2}{4 \times 2EI} = \dfrac{1}{4}f_{\max}$

应选 B 项。

习　题

5-6-1 （历年真题）梁的弯矩图如图所示，最大值在 B 截面，在梁的 A、B、C、D 四个截面中，剪力为零的截面是：

A. A 截面　　　　　　B. B 截面　　　　　　C. C 截面　　　　　　D. D 截面

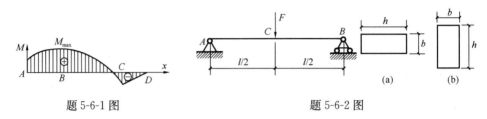

题 5-6-1 图　　　　　　　　　　　　　　　　题 5-6-2 图

5-6-2 （历年真题）矩形截面简支梁梁中点承受集中力 F，若 $h=2b$，分别采用图 (a)、(b) 两种方式放置，图 (a) 梁的最大挠度是图 (b) 梁的：

A. 0.5 倍　　　　　　B. 2 倍　　　　　　C. 4 倍　　　　　　D. 8 倍

5-6-3 （历年真题）简支梁梁 ABC 的弯矩如图所示，根据梁的弯矩图，可以断定该梁 B 点处：

A. 无外荷载　　　　　　　　　　　B. 只有集中力偶

C. 只有集中力　　　　　　　　　　D. 有集中力和集中力偶

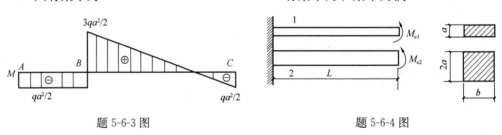

题 5-6-3 图　　　　　　　　　　　　　　　　题 5-6-4 图

5-6-4 （历年真题）两根矩形截面悬臂梁，弹性模量均为 E，横截面尺寸如图所示，两梁的荷载均为作用在自由端的梁中力偶。已知两梁的最大挠度相同，则集中力偶 M_{e2} 是 M_{e1} 的：

$$\left(悬臂梁受自由端集中力偶 M 作用，自由端挠度为 \frac{ML^2}{2EI}。\right)$$

A. 8 倍　　　　　　B. 4 倍　　　　　　C. 2 倍　　　　　　D. 1 倍

5-6-5 （历年真题）图示等边角钢制成的悬臂梁 AB，C 点为截面形心，x' 为该梁轴线，y'、z' 为形心主轴，集中力 F 竖直向下，作用线过角钢两个狭长矩形边中线的交点，梁将发生以下变形：

A. $x'z'$ 平面内的平面弯曲

B. 扭转和 $x'z'$ 平面内的平面弯曲

C. $x'y'$ 平面和 $x'z'$ 平面内的双向弯曲

D. 扭转和 $x'y'$ 平面、$x'z'$ 平面内的双向弯曲

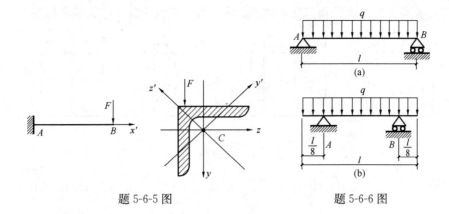

题 5-6-5 图　　　　　　　　题 5-6-6 图

5-6-6　（历年真题）承受均布荷载的简支梁如图（a）所示，现将两端的支座同时向梁中间移动 $l/8$，如图（b）所示，两根梁的中点 $\left(\dfrac{l}{2}\, \text{处}\right)$ 弯矩之比 $\dfrac{M_a}{M_b}$ 为：

A. 16　　　　　　B. 4　　　　　　C. 2　　　　　　D. 1

5-6-7　（历年真题）图示悬臂梁 AB 由两根相同的矩形截面梁胶合而成。若胶合面全部开裂，假设开裂后两杆的弯曲变形相同，接触面之间无摩擦力，则开裂后梁的最大挠度是原来的：

A. 两者相同　　　　B. 2 倍　　　　C. 4 倍　　　　D. 8 倍

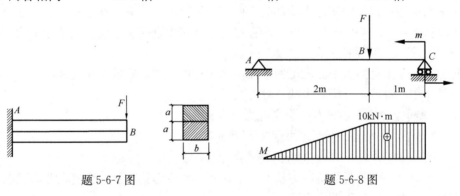

题 5-6-7 图　　　　　　　　题 5-6-8 图

5-6-8　（历年真题）悬臂梁的弯矩如图所示，根据弯矩图推得梁上的荷载应为：

A. $F=10\text{kN}$，$m=10\text{kN}\cdot\text{m}$　　　　　B. $F=5\text{kN}$，$m=10\text{kN}\cdot\text{m}$

C. $F=10\text{kN}$，$m=5\text{kN}\cdot\text{m}$　　　　　D. $F=5\text{kN}$，$m=5\text{kN}\cdot\text{m}$

5-6-9　（历年真题）若梁 ABC 的弯矩图如图所示，则该梁上的荷载为：

A. AB 段有分布荷载，B 截面无集中力偶

B. AB 段有分布荷载，B 截面有集中力偶

C. AB 段无分布荷载，B 截面无集中力偶

D. AB 段无分布荷载，B 截面有集中力偶

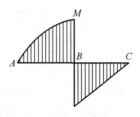

题 5-6-9 图

5-6-10　（历年真题）承受竖直向下荷载的等截面悬臂梁，结构分别采用整块材料、两块材料并列、三块材料并列和两块材料叠合（未粘结）四种方

案，对应横截面如图所示。在这四种横截面中，发生最大弯曲正应力的截面是：

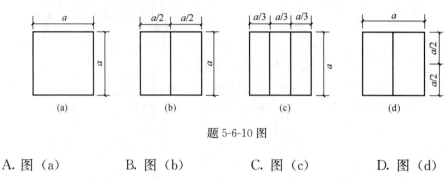

题 5-6-10 图

A. 图（a）　　　B. 图（b）　　　C. 图（c）　　　D. 图（d）

第七节　应　力　状　态

★★★一、平面应力状态分析的解析法和应力圆法

1. 应力状态的基本概念

通过受力构件内一点的所有截面上的应力情况称为一点的应力状态。

围绕所研究的点，截取一个边长为无穷小的正六面体，用各面上的应力分量表示周围材料对其作用，此正六面体称为应力单元体时，其特点：①单元体的尺寸无限小，每个面上的应力均匀分布；②单元体表示一点处的应力，故相互平行截面上的应力相同。

主平面是指单元体中切应力为零的平面。主平面上的正应力称为主应力。

可以证明：受力构件内任一点，均存在三个互相垂直的主平面。三个主应力用 σ_1、σ_2 和 σ_3 表示，且按代数值排列即 $\sigma_1 > \sigma_2 > \sigma_3$。

用三对互相垂直的主平面取出的单元体称为主单元体。根据主单元体上三个主应力中有几个是非零的数值，可将应力状态分为三类：

（1）单向应力状态：只有一个主应力不等于零。

（2）二向应力状态：有两个主应力不等于零。

（3）三向应力状态：三个主应力都不等于零。

单向应力状态又称为简单应力状态，二向和三向应力状态统称为复杂应力状态。单向及二向应力状态又称为平面应力状态。

2. 平面应力状态分析的解析法

如图 5-7-1（a）所示，单元体上应力分量的正负号规定如下：正应力以拉为正，压为负；切应力以所在截面的外法线顺时针转动 90° 所得到的方向为正，反之为负。

（1）平面应力状态下斜截面上的应力计算公式 ［图 5-7-1（b）］：

$$\sigma_\alpha = \frac{\sigma_x + \sigma_y}{2} + \frac{\sigma_x - \sigma_y}{2}\cos 2\alpha - \tau_x \sin 2\alpha \tag{5-7-1}$$

$$\tau_\alpha = \frac{\sigma_x - \sigma_y}{2}\sin 2\alpha + \tau_x \cos 2\alpha \tag{5-7-2}$$

α 角以 x 轴的正向逆时针转过的角度为正。由上式可知：

$$\sigma_\alpha + \sigma_{\alpha+\frac{\pi}{2}} = \sigma_x + \sigma_y$$

上式表明互相垂直截面上的正应力之和是常数。

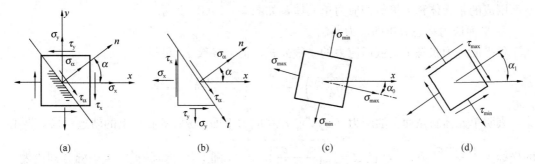

图 5-7-1 平面应力示意

（2）主应力与主平面

主应力的大小为：

$$\begin{matrix} \sigma_{max} \\ \sigma_{min} \end{matrix} = \frac{\sigma_x + \sigma_y}{2} \pm \sqrt{\left(\frac{\sigma_x - \sigma_y}{2}\right)^2 + \tau_x^2} \qquad (5\text{-}7\text{-}3)$$

考虑到单元体零应力面上的主应力为零，则有：

1）若 $\sigma_{max} > \sigma_{min} > 0$，则 $\sigma_1 = \sigma_{max}$，$\sigma_2 = \sigma_{min}$，$\sigma_3 = 0$

2）若 $\sigma_{max} > 0$，$\sigma_{min} < 0$，则 $\sigma_1 = \sigma_{max}$，$\sigma_2 = 0$，$\sigma_3 = \sigma_{min}$

3）若 $\sigma_{max} < 0$，$\sigma_{min} < 0$，则 $\sigma_1 = 0$，$\sigma_2 = \sigma_{max}$，$\sigma_3 = \sigma_{min}$

主应力的方向：

$$\tan 2\alpha_0 = -\frac{2\tau_x}{\sigma_x - \sigma_y} \qquad (5\text{-}7\text{-}4)$$

可解出两个相差 90° 的主方向 α_0 和 $\alpha_0 + \frac{\pi}{2}$，确定两个相互垂直的主平面。

若要进一步确定两个主应力所对应的方向，除了将 α_0 和 $\alpha_0 + \frac{\pi}{2}$ 代回斜截面应力计算公式（5-7-1）确定外，还可根据 σ_x 和 σ_y 的大小来判定：若 $\sigma_x > \sigma_y$，则主方向 α_0 对应最大主应力 σ_{max} 的方向；若 $\sigma_x < \sigma_y$，则主方向 α_0 对应最小主应力 σ_{min} 方向，如图5-7-1（c）所示。此外，快速简易判别主方向的方法，见本节后面的例题。

（3）极值切应力的大小、方向

由式（5-7-2）可知，切应力 τ_α 随 α 角的变化而变化，切应力达到极值时称为极值切应力（也称最大切应力），其大小为：

$$\begin{matrix} \tau_{max} \\ \tau_{min} \end{matrix} = \pm \sqrt{\left(\frac{\sigma_x - \sigma_y}{2}\right)^2 + \tau_x^2} \qquad (5\text{-}7\text{-}5)$$

极值切应力的方向：

$$\tan 2\alpha_1 = -\frac{\sigma_x - \sigma_y}{2\tau_x} \qquad (5\text{-}7\text{-}6)$$

可解出两个相差 90° 的角度 α_1 和 $\alpha_1 + \frac{\pi}{2}$，确定两个极值切应力所在的平面。极值切应力作用面与主平面成 45°角，极值切应力作用面上的正应力 $\sigma_{\alpha1} = \frac{\sigma_x + \sigma_y}{2}$。由极值切应力平面围成的单元体称为极值切应力单元体，如图 5-7-1（d）所示。

3. 平面应力状态分析的应力圆法

将平面应力状态下斜截面应力的一般公式，消去参数 α，可得

$$\left(\sigma_\alpha - \frac{\sigma_x + \sigma_y}{2}\right)^2 + \tau_\alpha = \left(\frac{\sigma_x - \sigma_y}{2}\right)^2 + \tau_x^2$$

表明单元体斜截面上的应力（σ_α，τ_α）在应力平面（$\sigma\tau$ 平面）上的轨迹是圆，圆心的坐标为 $\left(\frac{\sigma_x + \sigma_y}{2}, 0\right)$，半径 $R = \sqrt{\left(\frac{\sigma_x - \sigma_y}{2}\right)^2 + \tau_x^2}$，圆上任一点的横、纵坐标分别代表单元体相应截面上的正应力 σ_α 和切应力 τ_α，称此圆为应力圆或莫尔圆。

对于图 5-7-2（a）所示的平面应力状态，画应力圆的步骤如下：

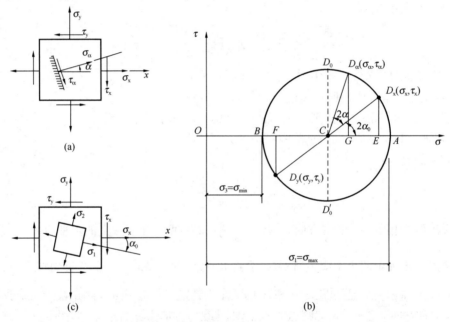

图 5-7-2　应力圆

（1）建立 $\sigma\text{-}\tau$ 直角坐标系，标上刻度或比例；

（2）在坐标系中确定 $D_x(\sigma_x, \tau_x)$、$D_y(\sigma_y, \tau_y)$ 点的位置，D_x、D_y 点分别对应 x 面和 y 面；

（3）连接 D_x 和 D_y 交 σ 轴于 C 点，若 D_x 和 D_y 在 σ 轴上，则 C 为 $\overline{D_x D_y}$ 的中点；

（4）以点 C 为圆心，$\overline{CD_x}$ 或 $\overline{CD_y}$ 为半径作圆，即得与单元体对应的应力圆，如图 5-7-2(b)所示。

应力圆与单元体之间的对应关系，见表 5-7-1。

表 5-7-1

应力圆	单元体
应力圆上某点的坐标	单元体某对应平面上的应力分量
应力圆上两点所夹的圆心角（2α）	单元体两对应平面间的夹角 α

应力圆	单元体
应力圆与 σ 轴交点的坐标	单元体的主应力值
应力圆的半径 $\left(\dfrac{\sigma_1-\sigma_3}{2}\right)$	单元体的极值切应力值 τ_{max}

以上对应关系可概括为"点面对应，转向相同，夹角两倍"。

【**例 5-7-1**】（历年真题）图示（a）xy 坐标系下，单元体的最大主应力 σ_1 大致指向：

A. 第一象限，靠近 x 轴 　　　　B. 第一象限，靠近 y 轴

C. 第二象限，靠近 x 轴 　　　　D. 第二象限，靠近 y 轴

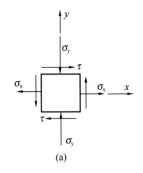　　　　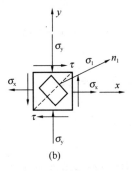

例 5-7-1 图

【**解答**】如图（b）所示，切应力的箭头相对的角点连续虚线，则主应力 σ_1 必在 σ_x 与该对角虚线之间，即本题目大致指向为：第一象限，靠近 x 轴。应选 A 项。

【**例 5-7-2**】（历年真题）两单元体分别如图（a）、（b）所示。关于其主应力和主方向，下面论述中正确的是：

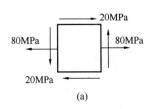　　　　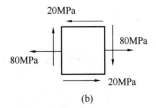

例 5-7-2 图

A. 主应力大小和方向均相同 　　　　B. 主应力大小相同，但方向不同

C. 主应力大小和方向均不同 　　　　D. 主应力大小不同，方向相同

【**解答**】图（a）、（b）的主应力大小，$\sigma_y=0$，则：

$$\begin{array}{c}\sigma_1\\\sigma_3\end{array}=\frac{\sigma}{2}\pm\sqrt{\left(\frac{\sigma}{2}\right)^2+\tau^2}=\frac{80}{2}\pm\sqrt{\left(\frac{80}{2}\right)^2+20^2}=\begin{array}{l}84.72\text{MPa}\\-4.72\text{MPa}\end{array}$$

可见，两图的主应力大小相同。

图（a），σ_1 的指向：位于切应力两角点对角虚线与 σ_x 之间，即第一象限。

图（b），σ_1 的指向：位于切应力两角点对角虚线与 σ_x 之间，即第四象限。

应选 B 项。

【**例 5-7-3**】（历年真题）在图示 4 种应力状态中，最大切应力 τ_{max} 数值最大的应力状态是：

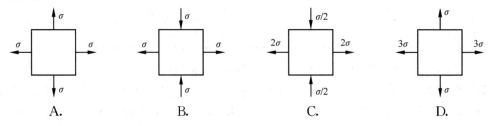

A.   B.   C.   D.

【**解答**】A 项：$\sigma_1 = \sigma$，$\sigma_2 = \sigma$，$\sigma_3 = 0$，$\tau_{max} = \dfrac{\sigma_1 - \sigma_3}{2} = \dfrac{\sigma - 0}{2} = \dfrac{\sigma}{2}$

B 项：$\sigma_1 = \sigma$，$\sigma_2 = 0$，$\sigma_3 = -\sigma$，$\tau_{max} = \dfrac{\sigma_1 - \sigma_3}{2} = \dfrac{\sigma - (-\sigma)}{2} = \sigma$

C 项：$\sigma_1 = 2\sigma$，$\sigma_2 = 0$，$\sigma_3 = -\dfrac{\sigma}{2}$，$\tau_{max} = \dfrac{2\sigma - \left(-\dfrac{\sigma}{2}\right)}{2} = \dfrac{5}{4}\sigma$

D 项：$\sigma_1 = 3\sigma$，$\sigma_2 = \sigma$，$\sigma_3 = 0$，$\tau_{max} = \dfrac{3\sigma - 0}{2} = \dfrac{3}{2}\sigma$

应选 D 项。

★二、复杂应力状态下的最大应力

考虑如图 5-7-3（a）所示主平面单元体，三个主应力分别为 σ_1、σ_2 和 σ_3。用图解法分别分析与三个主应力平行的斜截面的应力，可在 σ-τ 平面内画出三个应力圆——三向应力圆 [图 5-7-3（b）]。可以证明，与三个主应力均不平行的任意斜截面，其应力值落在三个应力圆圆周之间，即图 5-7-3（b）的阴影区域内。因此，可得出结论：在 σ-τ 平面内，与单元体任一截面的应力对应的点，或位于应力圆上，或位于三个应力圆所构成的阴影区域内。

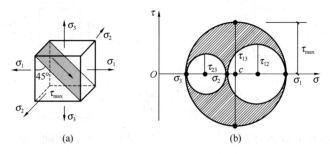

图 5-7-3 三向应力圆

从三向应力圆中可以看出，一点的最大与最小正应力分别为最大、最小主应力，即：

$$\sigma_{max} = \sigma_1, \quad \sigma_{min} = \sigma_3 \tag{5-7-7}$$

一点的最大切应力 τ_{max} 发生在与 σ_2 平行且与 σ_1、σ_3 作用面成 45°的斜面上 [图 5-7-3（a）]，大小为：

$$\tau_{max} = \dfrac{\sigma_1 - \sigma_3}{2} \tag{5-7-8}$$

★三、广义胡克定律

在线弹性范围内，小变形条件下，理论计算和实验均证明，切应力对正应变的影响很小，可忽略。因此，一般空间应力状态下，其应力-应变关系满足：

$$
\left.
\begin{aligned}
\varepsilon_x &= \frac{1}{E}\left[\sigma_x - \nu(\sigma_y + \sigma_z)\right] \\
\varepsilon_y &= \frac{1}{E}\left[\sigma_y - \nu(\sigma_x + \sigma_z)\right] \\
\varepsilon_z &= \frac{1}{E}\left[\sigma_z - \nu(\sigma_y + \sigma_x)\right]
\end{aligned}
\right\}
\tag{5-7-9}
$$

上式即为一般形式的广义胡克定律。

在空间应力条件下切应力和切应变（弹性变形范围内）仍满足剪切胡克定律：

$$
\gamma_{xy} = \frac{\tau_{xy}}{G}, \quad \gamma_{yz} = \frac{\tau_{yz}}{G}, \quad \gamma_{zx} = \frac{\tau_{zx}}{G}
\tag{5-7-10}
$$

对于主应力单元体，主方向的正应变称为主应变，主应力与主应变的关系为：

$$
\left.
\begin{aligned}
\varepsilon_1 &= \frac{1}{E}\left[\sigma_1 - \nu(\sigma_2 + \sigma_3)\right] \\
\varepsilon_2 &= \frac{1}{E}\left[\sigma_2 - \nu(\sigma_1 + \sigma_3)\right] \\
\varepsilon_3 &= \frac{1}{E}\left[\sigma_3 - \nu(\sigma_1 + \sigma_2)\right]
\end{aligned}
\right\}
\tag{5-7-11}
$$

对于平面应力状态，应力-应变关系为：

$$
\left.
\begin{aligned}
\varepsilon_x &= \frac{1}{E}\left[\sigma_x - \nu\sigma_y\right] \\
\varepsilon_y &= \frac{1}{E}\left[\sigma_y - \nu\sigma_x\right] \\
\varepsilon_z &= -\frac{\nu}{E}\left[\sigma_x + \sigma_y\right] \\
\gamma_{xy} &= \frac{\tau_{xy}}{G}
\end{aligned}
\right\}
\tag{5-7-12}
$$

上列式中，E 为弹性模量；ν 为泊松比；G 为切变模量。

★★★四、强度理论

在复杂应力状态下关于材料破坏原因的假设称为强度理论。研究强度理论的目的是：利用简单应力状态下的实验结果，建立材料在复杂应力状态下的强度条件。

材料破坏形式不仅与材料本身的材质有关，而且与材料所处的应力状态、加载速度及温度等因素有关。材料在常温、静荷载作用下的破坏形式主要有以下两种：

（1）脆性断裂：材料在无明显的变形下突然断裂。

（2）塑性屈服（流动）：材料出现显著的塑性变形而丧失其正常的工作能力。

对于脆性断裂破坏的原因与强度理论有：第一强度理论（最大拉应力理论）；第二强度理论（最大拉应变理论）。

对于塑性屈服破坏的原因与强度理论有：第三强度理论（最大切应力理论）；第四强度理论（最大形状改变比能理论）。

第一强度理论：
$$\sigma_{r1} = \sigma_1 \leqslant [\sigma] \tag{5-7-13}$$

第二强度理论：
$$\sigma_{r2} = \sigma_1 - \nu(\sigma_2 + \sigma_3) \leqslant [\sigma] \tag{5-7-14}$$

第三强度理论：
$$\sigma_{r3} = \sigma_1 - \sigma_3 \leqslant [\sigma] \tag{5-7-15}$$

第四强度理论：
$$\sigma_{r4} = \sqrt{\frac{1}{2}\left[(\sigma_1 - \sigma_2)^2 + (\sigma_2 - \sigma_3)^2 + (\sigma_3 - \sigma_1)^2\right]} \leqslant [\sigma] \tag{5-7-16}$$

式中，$\sigma_{ri}(i = 1,2,3,4)$ 为相当应力。

对于工程上常见的一种二向应力状态如图 5-7-4 所示，其特点是平面内某一方向的正应力为零。设 $\sigma_y = 0$，则该点的主应力为：

$$\begin{matrix}\sigma_1\\\sigma_2\end{matrix} = \frac{\sigma_x}{2} \pm \sqrt{\left(\frac{\sigma_x}{2}\right)^2 + \tau_{xy}^2}$$

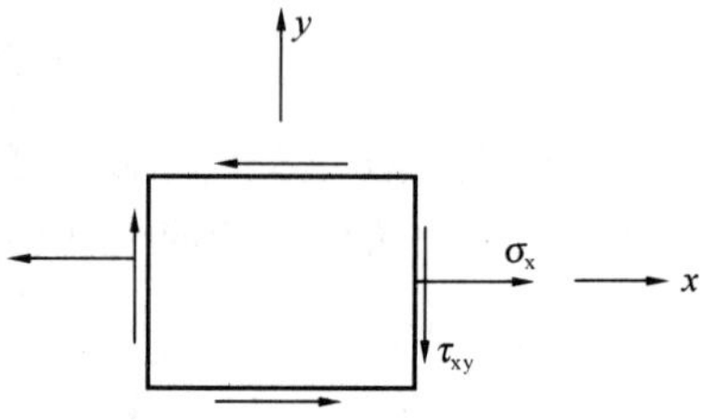

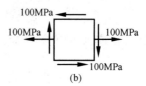

图 5-7-4　二向应力状态

代入式（5-7-15）、式（5-7-16），可得：

第三强度理论
$$\sigma_{r3} = \sqrt{\sigma_x^2 + 4\tau_{xy}^2} \tag{5-7-17}$$

第四强度理论
$$\sigma_{r4} = \sqrt{\sigma_x^2 + 3\tau_{xy}^2} \tag{5-7-18}$$

【例 5-7-4】（历年真题）按照第三强度理论，图示两种应力状态的危险程度是：

A. 无法判断　　　　B. 两者相同　　　　C.（a）更危险　　　　D.（b）更危险

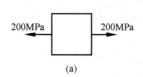

例 5-7-4 图

【解答】图（a）：$\sigma_1 = 200$，$\sigma_2 = 0$，$\sigma_3 = 0$

$$\sigma_{r3} = \sigma_1 - \sigma_3 = 200 - 0 = 200\text{MPa}$$

图（b）：$\begin{matrix}\sigma_{max}\\\sigma_{min}\end{matrix} = \frac{100 + 0}{2} \pm \sqrt{\left(\frac{100 - 0}{2}\right)^2 + 100^2} = \begin{matrix}161.8\text{MPa}\\-61.8\text{MPa}\end{matrix}$

故 $\sigma_1 = 161.8\text{MPa}$，$\sigma_2 = 0$，$\sigma_3 = -61.8\text{MPa}$

$$\sigma_{r3} = \sigma_1 - \sigma_3 = 161.8 - (-61.8) = 223.6\text{MPa}$$

故图（b）更危险，应选 D 项。

【例 5-7-5】（历年真题）图示单元体上的 $\sigma > \tau$，则按第三强度理论，其强度条件为：

A. $\sigma - \tau \leqslant [\sigma]$

B. $\sigma + \tau \leqslant [\sigma]$

C. $\sqrt{\sigma^2 + 4\tau^2} \leqslant [\sigma]$

D. $\sqrt{\left(\frac{\sigma}{2}\right)^2 + \tau^2} \leqslant [\sigma]$

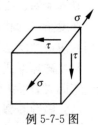

例 5-7-5 图

【解答】切应力平面：

$$\begin{matrix}\sigma_{max}\\\sigma_{min}\end{matrix} = \frac{0 + 0}{2} \pm \sqrt{\left(\frac{0 - 0}{2}\right)^2 + \tau^2} = \pm\tau$$

又 $\sigma > \tau$，故取 $\sigma_1 = \sigma$，$\sigma_2 = \tau$，$\sigma_3 = -\tau$

$\sigma_{r3} = \sigma_1 - \sigma_3 = \sigma - (-\tau) = \sigma + \tau \leqslant [\sigma]$

应选 B 项。

习　题

5-7-1　（历年真题）图示单元体，法线与 x 轴夹角 $\alpha = 45°$ 的斜截面上切应力 τ_α 是：

A. $\tau_\alpha = 10\sqrt{2}\text{MPa}$　　　　　　　　　B. $\tau_\alpha = 50\text{MPa}$

C. $\tau_\alpha = 60\text{MPa}$　　　　　　　　　　　D. $\tau_\alpha = 0$

5-7-2　（历年真题）按照第三强度理论，图示两种应力状态的危险程度是：

A. 图（a）更危险　　B. 图（b）更危险　　C. 两者相同　　　　D. 无法判断

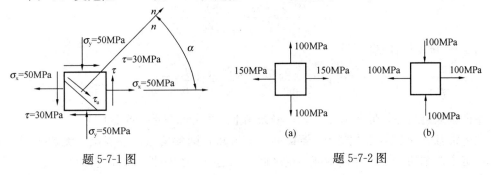

题 5-7-1 图　　　　　　　　　　　　　　题 5-7-2 图

5-7-3　（历年真题）分析受力物体内一点处的应力状态，如可以找到一个平面，在该平面上有最大切应力，则该平面上的正应力：

A. 是主应力　　　　　　　　　　　B. 一定为零

C. 一定不为零　　　　　　　　　　D. 不属于前三种情况

第八节　组　合　变　形

一、组合变形概述

杆件在外力作用下，同时产生两种或两种以上的同一数量级的基本变形称为组合变形。在小变形和材料服从胡克定律的前提下，可以认为组合变形中的每一种基本变形都是各自独立、互不影响的。因此，对组合变形杆件进行强度计算可以应用叠加原理，采用先分解而后叠加的方法。其基本步骤如下：

（1）将作用在杆件上的荷载进行简化与分解（横向力向截面的弯曲中心简化，并沿截面的形心主惯性轴方向分解；纵向力则向截面形心简化），使简化后每一组荷载只产生一种基本变形。

（2）分别计算杆件在各个基本变形下的应力和位移。

（3）将各基本变形情况下的应力叠加，便得在组合变形下杆件的总应力，根据危险点的应力状态，建立强度条件；将在同一截面上产生的位移进行合成。

★二、斜弯曲

斜弯曲是指横向力（或力偶）的作用线（作用面）通过横截面的弯曲中心，但不平行于梁的形心主惯性平面。其变形特征：弯曲平面与荷载（或力）作用平面不平行。

以图 5-8-1（a）所示受横向力 F 作用的矩形截面悬挑梁为例，说明斜弯曲变形的应力分析和强度计算。

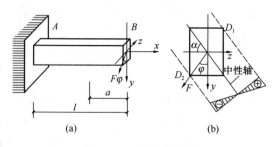

距梁 B 端任意位置 a 处的弯矩：$M_z = Fa\cos\varphi$，$M_y = Fa\sin\varphi$

梁 A 端（危险截面）处的弯矩：$M_{zmax} = Fl\cos\varphi$，$M_{ymax} = Fl\sin\varphi$

图 5-8-1　斜弯曲变形

任意位置 a 处的任一点（x、z）的正应力：

$$\sigma = \frac{M_y z}{I_y} + \frac{M_z y}{I_z} = \frac{M_y}{W_y} + \frac{M_z}{W_z} \tag{5-8-1}$$

由 $\sigma = 0$ 确定中性轴位置：

$$\tan\alpha = \frac{y_0}{z_0} = -\frac{M_y}{M_z}\frac{I_z}{I_y} = -\frac{I_z}{I_y}\tan\varphi \tag{5-8-2}$$

中性轴通过形心，但非形心主轴；横截面上应力分布见图 5-8-1（b）。

距中性轴最远的点是危险点。若截面具有棱角，则棱角点是危险点；无棱角的截面，应先确定中性轴的位置，再找到最远点（截面周边上平行中性轴的切点处）。危险点处于单向应力状态。危险截面上的危险条的最大应力及强度条件：

$$\sigma_{max} = \frac{M_{ymax}}{W_y} + \frac{M_{zmax}}{W_z} \leqslant [\sigma] \tag{5-8-3}$$

★★★三、拉伸（压缩）与弯曲的组合变形

1. 轴向力与横向力的组合变形

如图 5-8-2 所示悬挑梁同时受轴向拉力 F 及横向分布荷载 q 作用。

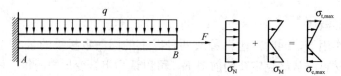

图 5-8-2　拉伸（压缩）与弯曲变形

任一横截面上的内力中，由轴向力引起轴力 F_N，由横向力引起弯矩 M_z、剪力 F_{sy}。

横截面上任一点的正应力：

$$\sigma = \frac{F_N}{A} + \frac{M_z \cdot y}{I_z} \tag{5-8-4}$$

图示 A 截面为危险截面，上边缘点为危险点，处于单向应力状态，故强度条件为：

$$\sigma_{max} = \frac{F_N}{A} + \frac{M_{zmax}}{W_z} \leqslant [\sigma] \tag{5-8-5}$$

对于脆性材料，应分别校核其抗拉和抗压强度，取 $\sigma_{t,max}$、$\sigma_{c,max}$ 中绝对值最大者校核强度。

2. 偏心压缩（拉伸）的变形

图 5-8-3（a）所示杆件受偏心拉力（或压力）作用时，它也是拉伸（压缩）与弯曲的组合。偏拉力下的位置 A 点的坐标（y_p，z_p），将偏拉力 F 向顶面形心 O 点简化，可得：

轴力 $F_N = F$

弯矩 $M_y = Fz_p$，$M_z = Fy_p$

任意截面 k 上任一点（y，z）的正应力：

$$\sigma = \frac{F_N}{A} + \frac{M_y z}{I_y} + \frac{M_z y}{I_z}$$
$$= \frac{F_N}{A}\left(1 + \frac{z_p z}{i_y^2} + \frac{y_p y}{i_z^2}\right)$$

$$(5-8-6)$$

式中，$i_z^2 = I_z/A$，$i_y^2 = I_y/A$。截面正应力分布见图 5-8-3（b）。

由 $\sigma = 0$ 确定中性轴方程：

$$1 + \frac{z_p z}{i_y^2} + \frac{y_p y}{i_z^2} = 0 \quad (5-8-7)$$

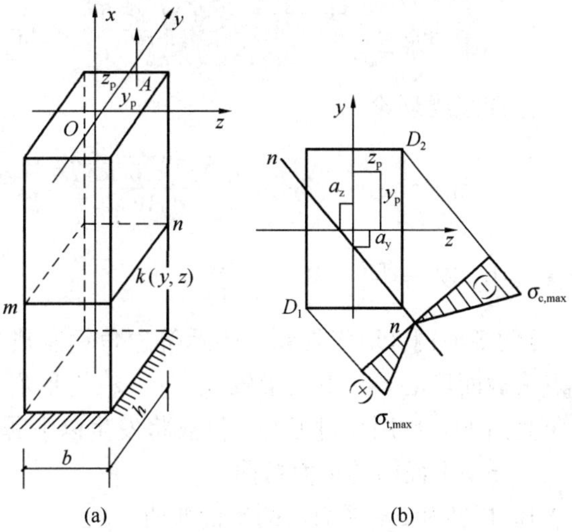

中性轴为不通过截面形心的斜直线，见图 5-8-3（b），截距为：

$$a_y = -\frac{i_z^2}{y_p}, \quad a_z = -\frac{i_y^2}{z_p} \qquad (5-8-8)$$

图 5-8-3 偏心压缩（或拉伸）变形

危险点位于距中性轴最远的点处。若截面有棱角，则危险点必在棱角处；若截面无棱角，则在截面周边上平行于中性轴的切点处。危险点的应力状态为单位应力状态，其强度条件为：

$$\sigma_{max} = \frac{F_{Nmax}}{A} + \frac{M_{ymax}}{W_y} + \frac{M_{zmax}}{W_z} \leqslant [\sigma] \qquad (5-8-9)$$

若材料的 $[\sigma_t] \neq [\sigma_c]$，则最大拉应力点与最大压应力点均需校核。

★★★四、扭转和弯曲的组合

圆截面轴同时承受向横向荷载 F 和力偶 M_e 的共同作用时，发生弯扭组合变形。圆杆横截面上的内力［图 5-8-4（a）］：

扭矩 $T = M_e$

弯矩 $M_z = Fa\cos\varphi$，$M_y = Fa\sin\varphi$

合成弯矩 $M = \sqrt{M_y^2 + M_z^2}$

M 产生的正应力： $\sigma = \dfrac{M}{W}$

由 T 产生的切应力： $\tau = \dfrac{T}{W_p}$

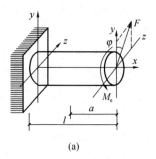

危险点 D_1、D_2 的应力状态如图 5-8-4（b）所示。

强度条件：

第三强度理论

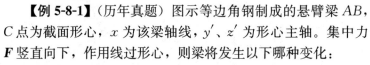

$$\sigma_{r3} = \sqrt{\sigma^2 + 4\tau^2} = \frac{\sqrt{M^2 + T^2}}{W} \leqslant [\sigma] \qquad (5\text{-}8\text{-}10)$$

第四强度理论

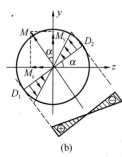

$$\sigma_{r3} = \sqrt{\sigma^2 + 3\tau^2} = \frac{\sqrt{M^2 + 0.75T^2}}{W} \leqslant [\sigma] \qquad (5\text{-}8\text{-}11)$$

上述式中，$W = \dfrac{\pi d^3}{32}$，$W_p = \dfrac{\pi d^3}{16}$。

图 5-8-4　弯扭组合变形

【例 5-8-1】（历年真题）图示等边角钢制成的悬臂梁 AB，C 点为截面形心，x 为该梁轴线，y'、z' 为形心主轴。集中力 F 竖直向下，作用线过形心，则梁将发生以下哪种变化：

A. xy 平面内的平面弯曲

B. 扭转和 xy 平面内的平面弯曲

C. xy' 和 xz' 平面内的双向弯曲

D. 扭转及 xy' 和 xz' 平面内的双向弯曲

【解答】 F 未通过弯曲中心，发生扭转变形，同时，还在 xy' 和 xz' 平面内发生双向弯曲，应选 D 项。

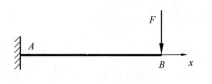 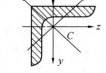

例 5-8-1 图

【例 5-8-2】（历年真题）图示正方形截面杆 AB，力 F 作用在 xOy 平面内，与 x 轴夹角 α，杆距离 B 端为 a 的横截面上最大正应力在 $\alpha = 45°$ 时的值是 $\alpha = 0°$ 时的值的：

A. $\dfrac{7\sqrt{2}}{2}$ 倍

B. $3\sqrt{2}$ 倍

C. $\dfrac{5\sqrt{2}}{2}$ 倍

D. $\sqrt{2}$ 倍

【解答】 $\alpha = 45°$ 时：

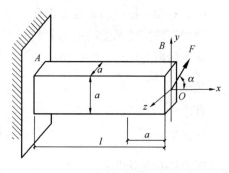

例 5-8-2 图

$$\sigma_{\text{max},1} = \frac{\frac{\sqrt{2}}{2}F}{A} + \frac{\frac{\sqrt{2}}{2}Fa}{W_z} = \frac{\frac{\sqrt{2}}{2}F}{a^2} + \frac{\frac{\sqrt{2}}{2}Fa}{\frac{1}{6}a^3} = \frac{7\sqrt{2}}{2}\frac{F}{a^2}$$

$\alpha = 0$ 时：

$$\sigma_{\text{max},2} = \frac{F}{a^2}, \quad 则：\frac{\alpha_{\text{max},1}}{\alpha_{\text{max},2}} = \frac{7\sqrt{2}}{2}$$

应选 A 项。

【例 5-8-3】（历年真题）图示圆轴截面面积为 A，抗弯截面系数为 W，若同时受到扭矩 T、弯矩 M 和轴向力 F_N 的作用，按照第三强度理论，下面的强度条件表达式正确的是：

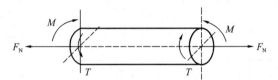

例 5-8-3 图

A. $\dfrac{F_N}{A} + \dfrac{1}{W}\sqrt{M^2 + T^2} \leqslant [\sigma]$

B. $\sqrt{\left(\dfrac{F_N}{A}\right)^2 + \left(\dfrac{M}{W}\right)^2 + \left(\dfrac{T}{2W}\right)^2} \leqslant [\sigma]$

C. $\sqrt{\left(\dfrac{F_N}{A} + \dfrac{M}{W}\right)^2 + \left(\dfrac{T}{W}\right)^2} \leqslant [\sigma]$

D. $\sqrt{\left(\dfrac{F_N}{A} + \dfrac{M}{W}\right)^2 + 4\left(\dfrac{T}{W}\right)^2} \leqslant [\sigma]$

【解答】危险截面的一点应力为：

正应力　$\sigma = \dfrac{F_N}{A} + \dfrac{M}{W}$

切应力　$\tau = \dfrac{T}{W_p}$, $W_p = 2W$, 即：$\tau = \dfrac{T}{2W}$

$$\sigma_{r3} = \sqrt{\sigma^2 + 4\tau^2} = \sqrt{\left(\frac{F_N}{A} + \frac{M}{W}\right)^2 + 4\left(\frac{T}{2W}\right)^2}$$

$$= \sqrt{\left(\frac{F_N}{A} + \frac{M}{W}\right)^2 + \left(\frac{T}{W}\right)^2} \leqslant [\sigma]$$

应选 C 项。

习　题

5-8-1　（历年真题）图示圆轴固定端最上缘 A 点的单元体的应力状态是：

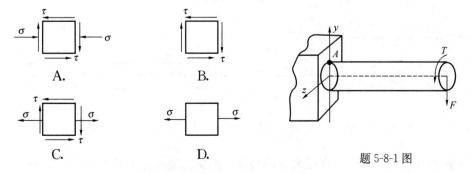

题 5-8-1 图

5-8-2 （历年真题）图示变截面短杆，AB 段的压应力 σ_{AB} 与 BC 段压应力 σ_{BC} 的关系是：

A. σ_{AB} 比 σ_{BC} 大 $1/4$

B. σ_{AB} 比 σ_{BC} 小 $1/4$

C. σ_{AB} 是 σ_{BC} 的 2 倍

D. σ_{AB} 是 σ_{BC} 的 $1/2$

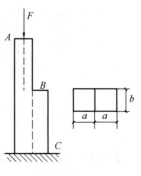

题 5-8-2 图

5-8-3 （历年真题）矩形截面受压杆，杆的中间段右侧有一槽，如图（a）所示。若在杆的左侧，即槽的对称位置也挖出同样的槽如图（b），则图（b）杆的最大压应力是图（a）最大压应力的：

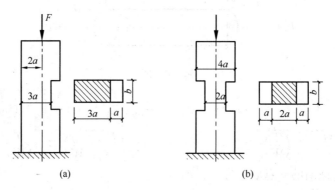

(a)　　　　　　　(b)

题 5-8-3 图

A. $3/4$　　　　　B. $4/3$　　　　　C. $3/2$　　　　　D. $2/3$

5-8-4 （历年真题）图示槽形截面杆，一端固定，另一端自由，作用在自由端角点的外力 F 与杆轴线平行。该杆将发生的变形是：

A. xy 平面 xz 平面内的双向弯曲

B. 轴向拉伸及 xy 平面和 xz 平面内的双向弯曲

C. 轴向拉伸和 xy 平面内的平面弯角

D. 轴向拉伸和 xz 平面内的平面弯曲

5-8-5 （历年真题）图示矩形截面拉杆中间开一深为 $\dfrac{h}{2}$ 的缺口，与不开缺口时的拉杆相比（不计应力集中影响），杆内最大正应力是不开口时正应力的多少倍？

A. 2　　　　　　B. 4　　　　　　C. 8　　　　　　D. 16

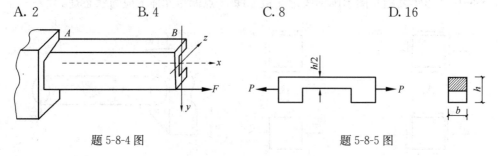

题 5-8-4 图　　　　　　　　　　题 5-8-5 图

5-8-6 （历年真题）图示直径为 d 的圆轴，承受轴向拉力 F 和扭矩 T。按第三强度理论，截面危险的相当应力 σ_{eq3} 为：

A. $\sigma_{eq3} = \dfrac{32}{\pi d^3}\sqrt{F^2 + T^2}$

B. $\sigma_{eq3} = \dfrac{16}{\pi d^3}\sqrt{F^2 + T^2}$

C. $\sigma_{eq3} = \sqrt{\left(\dfrac{4F}{\pi d^2}\right)^2 + 4\left(\dfrac{16T}{\pi d^3}\right)^2}$

D. $\sigma_{eq3} = \sqrt{\left(\dfrac{4F}{\pi d^2}\right)^2 + 4\left(\dfrac{32T}{\pi d^3}\right)^2}$

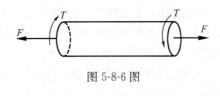

图 5-8-6 图

第九节 压 杆 稳 定

★★★一、细长压杆的临界力与临界应力

压杆由直线平衡状态突变到弯曲的曲线平衡状态这一过程称为失稳。压杆的临界状态所受的轴向压力 F_{cr} 称为压杆的临界压力或临界力。

细长压杆临界力的欧拉公式为：

$$F_{cr} = \frac{\pi^2 EI}{(\mu L)^2} \tag{5-9-1}$$

式中，E 为材料的弹性模量；I 为压杆失稳而弯曲时，横截面对中性轴的惯性矩；L 为压杆长度；μ 为长度系数，与杆两端的约束条件有关，常见的各种支承方式的长度系数见表 5-9-1。

各种支承条件下等截面细长压杆的长度系数 μ 表 5-9-1

支端情况	两端铰支	一端固定 另一端铰支	两端固定	一端固定 另一端自由	两端固定但可 沿横向相对移动
失稳时 挠曲线 形状		C—挠曲绕拐点	C、D—挠曲绕拐点		C—挠曲线拐点
长度系数 μ	$\mu=1$	$\mu\approx0.7$	$\mu=0.5$	$\mu=2$	$\mu=1$

细长压杆的临界应力：

$$\sigma_{cr} = \frac{F_{cr}}{A} = \frac{\pi^2 EI}{(\mu l)^2 A} = \frac{\pi^2 EI}{\left(\dfrac{\mu l}{i}\right)^2} = \frac{\pi^2 E}{\lambda^2} \tag{5-9-2}$$

式中，$i = \sqrt{\dfrac{I}{A}}$，称为截面的惯性半径；$\lambda = \dfrac{\mu l}{i}$，称为压杆的柔度或长细比。

柔度 λ 是一个无量纲的量，综合反映杆端约束、杆件的尺寸及截面形状等因素对临界应力的影响。柔度越大，杆越细长，临界应力越小，压杆越容易失稳。如果压杆在两个形心主惯性平面的柔度不同（即 $\lambda_z = \mu_z l_z / i_z$，$\lambda_y = \mu_y l_y / i_y$，$\lambda_z \neq \lambda_y$），则压杆总是在柔度较大的那个形心主惯性平面内失稳。

【例 5-9-1】（历年真题）图示两端铰支细长（大柔度）压杆，在下端铰链处增加一个扭簧弹性约束。该压杆的长度系数 μ 的取值范围是：

A. $0.7 < \mu < 1$ 　　　　　　　　B. $2 > \mu > 1$

C. $0.5 < \mu < 0.7$ 　　　　　　　D. $\mu < 0.5$

【解答】 弹簧的约束比固定支座弱，比铰支座强，则：

$0.7 < \mu < 1$，应选 A 项。

【例 5-9-2】（历年真题）图示细长压杆 AB 的 A 端自由，B 端固定在简支梁上。该压杆的长度系数 μ 是：

A. $\mu > 2$ 　　　　　　　　　　　B. $2 > \mu > 1$

C. $1 > \mu > 0.7$ 　　　　　　　　D. $0.7 > \mu > 0.5$

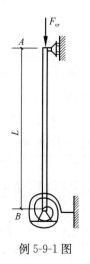

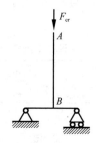

例 5-9-1 图　　　　　　　　　例 5-9-2 图

【解答】 B 点的约束比固定支座弱，则：

$\mu > 2$，应选 A 项。

【例 5-9-3】（历年真题）一端固定另一端自由的细长（大柔度）压杆，长度为 L，见图（a）。当杆的长度减小一半时，见图（b），其临界荷载是原来的：

A. 4 倍　　　　　　　B. 3 倍

C. 2 倍　　　　　　　D. 1 倍

【解答】 $F_{cr} = \dfrac{\pi^2 EI}{(2L)^2}$

当 L 变为 $\dfrac{L}{2}$ 时：$F_{cr1} = \dfrac{\pi^2 EI}{\left(2 \times \dfrac{L}{2}\right)^2}$

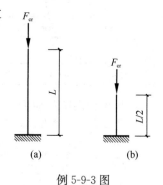

例 5-9-3 图

$F_{cr1}/F_{cr} = 4$，应选 A 项。

【例 5-9-4】（历年真题）图示矩形截面细长压杆，$h = 2b$，见图（a），如果将宽度 b 改为 h 后，见图（b），仍为细长压杆，临界力 F_{cr} 是原来的：

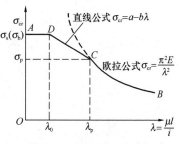

例 5-9-4 图

A. 16 倍 　　　　　　B. 8 倍

C. 4 倍 　　　　　　D. 2 倍

【解答】压杆首先在惯性矩最小的方向失稳：

图（a）：　$I_a = \dfrac{bh^3}{12} = \dfrac{h \cdot \left(\dfrac{h}{2}\right)^3}{12} = \dfrac{1}{8} h^4 \over 12$

图（b）：　$I_b = \dfrac{hh^3}{12} = \dfrac{h^4}{12}$

$$F_{cr} = \frac{\pi^2 EI}{(2L)^2}，\text{则：} \frac{F_{cr,b}}{F_{cr,a}} = \frac{1}{\dfrac{1}{8}} = 8$$

应选 B 项。

★二、欧拉公式的适用范围与临界应力总图

1. 欧拉公式的适用范围

欧拉公式只在小变形以及材料服从胡克定律的前提条件下才成立，因此，其适用条件为：

$$\sigma_{cr} = \frac{\pi^2 E}{\lambda^2} \leqslant \sigma_p，\text{即为：}$$

$$\lambda \geqslant \sqrt{\frac{\pi^2 E}{\sigma_p}} = \lambda_p \tag{5-9-3}$$

式中，$\lambda_p = \sqrt{\dfrac{\pi^2 E}{\sigma_p}}$ 为适用欧拉公式的最小柔度，其值仅与材料的弹性模量 E 及比例极限 σ_p 有关。只有当杆的柔度 $\lambda \geqslant \lambda_p$ 时，才能使用欧拉公式计算临界压力与临界应力。满足 $\lambda \geqslant \lambda_p$ 条件的压杆称为细长压杆（亦称大柔度压杆）。

对于柔度 $\lambda < \lambda_p$ 的非细长杆，其临界应力计算分为两类：

（1）中长压杆（亦称中柔度杆）（$\lambda_0 \leqslant \lambda < \lambda_p$）

$$\lambda_0 = \frac{a - \sigma^0}{b} \tag{5-9-4}$$

式中，λ_0 为中长杆与粗短杆的柔度分界值（图 5-9-1）；塑性材料取 $\sigma^0 = \sigma_s$，脆性材料取 $\sigma^0 = \sigma_b$；a、b 为与材料有关的常数。

临界应力可按直线经验公式计算：

$$\sigma_{cr} = a - b\lambda \tag{5-9-5}$$

（2）粗短杆（亦称小柔度杆）（$\lambda \leqslant \lambda_0$）

临界应力计算：　$\sigma_{cr} = \sigma^0$ 　　　（5-9-6）

2. 临界应力总图

临界应力 σ_{cr} 随柔度 λ 变化的关系曲线如图 5-9-1 所示，该图称为临界应力总图。

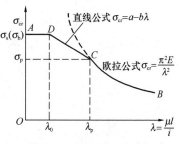

图 5-9-1　临界应力总图

★三、压杆的稳定校核

工程中常用的压杆稳定校核方法有两种：稳定安全系数法和折减系数法（表 5-9-2）。

压杆的稳定校核   表 5-9-2

稳定安全系数法	折减系数法
稳定条件： $$F \leqslant \frac{F_{cr}}{n_{st}} = [F_{cr}]$$ 式中，F 为压杆的轴向压力；$[F_{cr}]$ 为稳定许用压力；n_{st} 为稳定安全系数。 用安全系数表示的稳定条件为 $$n = \frac{F_{cr}}{F} = \frac{\sigma_{cr}}{\sigma} \geqslant n_{st}$$ n 为压杆的工作安全系数	稳定条件： $$\sigma = \frac{F}{A} \leqslant \varphi[\sigma]$$ 式中，σ 为压杆的轴向应力；φ 为小于 1 系数，反映柔度对临界应力、稳定安全系数 n_{st} 的影响，是 λ 的函数，称为折减系数或稳定系数

★四、提高压杆稳定性的措施

（1）选择合理的截面形状。在不改变截面面积的情况下，尽可能将材料布置到离截面形心较远处，从而得到较大的惯性矩 I；使两个形心主惯性平面的柔度 λ_x、λ_y 尽量相等。

（2）改变压杆的支承条件。如铰支座改为固定支座。

（3）减小压杆的长度。

（4）合理选用材料。选用弹性模量 E 值较大的材料，能提高细长压杆的临界应力。中长杆的临界应力与材料的强度有关，强度越高的材料，其临界应力也越高。

习　题

5-9-1　（历年真题）图示三根压杆均为细长（大柔度）压杆，且弯曲刚度均为 EI。三根压杆的临界荷载 F_{cr} 的关系为：

A. $F_{cr,a} > F_{cr,b} > F_{cr,c}$
B. $F_{cr,b} > F_{cr,a} > F_{cr,c}$
C. $F_{cr,c} > F_{cr,a} > F_{cr,b}$
D. $F_{cr,b} > F_{cr,c} > F_{cr,a}$

5-9-2　（历年真题）图示四根细长（大柔度）压杆，弯曲刚度均为 EI，其中具有最大临界荷载 F_{cr} 的压杆是：

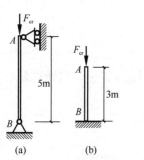
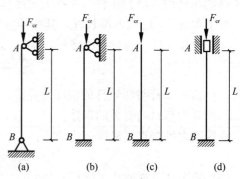

题 5-9-1 图　　　　　　　题 5-9-2 图

A. 图（a）　　　B. 图（b）　　　C. 图（c）　　　D. 图（d）

第五章　习题解答

第六章 流 体 力 学

第一节 流体的主要物性与流体静力学

一、流体和连续介质模型

流体力学研究的对象是流体，流体包括液体和气体。而流体力学常见的研究对象是水和空气。流体力学是研究流体的机械运动规律及其应用的科学。

从微观角度来看，流体是由大量的分子构成的，这些分子都在作无规则的热运动。由于分子间是离散的，流体的物理量（如密度、压强和速度等）在空间的分布是不连续的，又由于分子的随机运动，在空间任一点上，流体的物理量随时间的变化也是不连续的，因此，以分子作为流动的基本单元来研究流体的运动将极为困难。从宏观角度，几乎观察不到分子间的空隙。以空气为例，在标准状态下，$1cm^3$所含气体分子就有 2.7×10^{19} 个，分子间的间距从宏观角度来讲已是忽略不计了。因此，对于流体的宏观运动来说，可以把流体视为由无数质点组成的致密的连续体，并认为流体的各物理量的变化随时间和空间也是连续的。这种假设的连续体称为连续介质。把流体视为连续介质，可应用高等数学中的连续函数来表达流体中各种物理量随空间、时间的变化关系。

二、作用在流体上的力

作用在流体上的力，按作用方式的不同，分为两类：表面力和质量力。

1. 表面力

表面力是通过直接接触，作用在所取流体表面上的力，简称面力。如图 6-1-1 所示，A 为隔离体表面上的一点，则 A 点的应力为：

压应力（也称压强）$p_A = \lim\limits_{\Delta A \to 0} \dfrac{\Delta P}{\Delta A}$ (6-1-1)

切应力 $\tau_A = \lim\limits_{\Delta A \to 0} \dfrac{\Delta T}{\Delta A}$ (6-1-2)

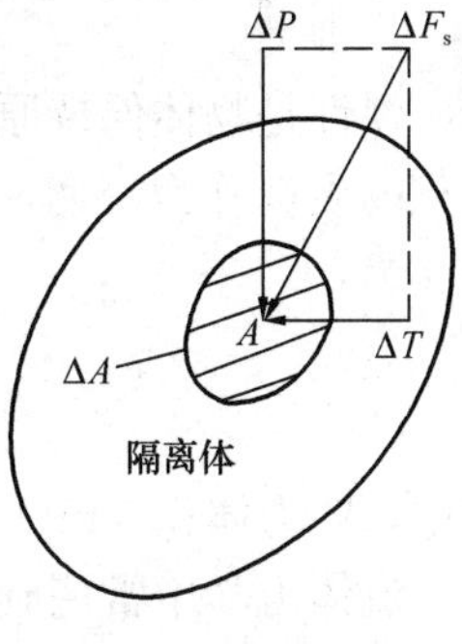

应力的单位是帕斯卡（简称帕），以符号 Pa 表示，$1Pa = 1N/m^2$。

流体的黏性力（亦称黏滞力）属于表面力。

图 6-1-1 表面力

2. 质量力

质量力是作用在所取流体体积内每个质点上的力，由于力的大小与流体的质量成比例，故称质量力。在均质流体中，质量与体积成正比，质量力简称体力。重力是最常见的质量力，惯性力也是质量力。

质量力的大小用单位质量力表示。设均质流体的质量为 m，所受质量力为 $\boldsymbol{F}_B$，则单位质量力为：

$$f_B = \frac{F_B}{m} \tag{6-1-3}$$

在各坐标轴上的分量：

$$X = \frac{F_{Bx}}{m}, \; Y = \frac{F_{By}}{m}, \; Z = \frac{F_{Bz}}{m} \tag{6-1-4}$$

若作用在流体上的质量力，只有重力（图 6-1-2），则：

$$F_{Bx} = 0 \quad F_{By} = 0 \quad F_{Bz} = -mg \tag{6-1-5}$$

单位质量力

$$X = 0, \; Y = 0, \; Z = \frac{-mg}{m} = -g \tag{6-1-6}$$

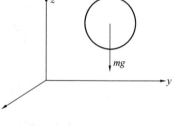

图 6-1-2　重力

负号表示重力方向与 z 轴的方向相反。单位质量力的单位为"m/s^2"，与加速度单位相同。

【例 6-1-1】（历年真题）连续介质假设意味着是：

A. 流体分子相互紧连　　　　　　　B. 流体的物理量是连续函数

C. 流体分子间有间隙　　　　　　　D. 流体不可压缩

【解答】连续介质假设，则流体的物理量是连续函数，应选 B 项。

【例 6-1-2】（历年真题）重力和黏滞力分别属于：

A. 表面力、质量力　　　　　　　　B. 表面力、表面力

C. 质量力、表面力　　　　　　　　D. 质量力、质量力

【解答】重力属于质量力、黏滞力属于表面力，应选 C 项。

三、流体的主要物理性质

流体的物理性质是决定流动状态的内在因素，同流体运动有关的主要物理性质是惯性、黏性和压缩性。

1. 惯性

惯性是物体保持原有运动状态的性质，质量是用来度量物体惯性大小的物理量，单位体积的质量称为密度，以符号 ρ 表示，在连续介质假设的前提下，对于均质流体其密度的定义为：

$$\rho = \frac{m}{V} \tag{6-1-7}$$

式中，V 为体积（m^3）；m 为质量（kg）；ρ 为密度（kg/m^3）。

流体力学中常用到与密度相关的一个组合物理量即重度，其定义是单位体积的重量，以符号 γ 表示，重度与密度的关系为：

$$\gamma = \rho g \tag{6-1-8}$$

式中，g 为地球引力场的加速度（m/s^2）；γ 为重度（kN/m^3）。

液体的密度随压强和温度的变化很小，一般可视为常数，如水的密度为 $1000kg/m^3$，水银的密度为 $136000kg/m^3$。

气体的密度随压强和温度而变化，一个标准大气压下 $0℃$ 空气的密度为 $1.29kg/m^3$。

★★★2. 黏性

观察图 6-1-3 所示两块平行平板，其间充满静止流体，两平板间距离为 h，以 y 方向为法线方向。保持下平板固定不动，使上平板沿所在平面以速度 U 运动。于是"粘附"

于上平板表面的一层流体，随平板以速度 U 运动，并一层一层地向下影响，各层相继运动，直至粘附于下平板的流层速度为零。在 u 和 h 都较小的情况下，各流层的速度沿法线方向呈直线分布。上平板带动粘附在板上的流层运动，而且能影响到内部各流层运动，表明内部各流层之间存在着剪切力，即内摩擦力，这就是黏性的表象。由此得出，黏性是流体的内摩擦特性。

根据牛顿内摩擦定律，拉动上平板保持匀速运动的切向力 T（流体的内摩擦力）与流体的接触面面积 A 和流层的速度梯度 $\left(\dfrac{\mathrm{d}u}{\mathrm{d}y}\right)$ 成正比，则：

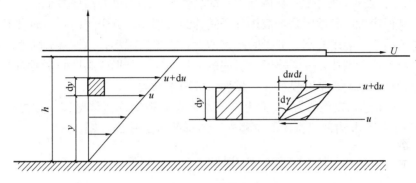

图 6-1-3　黏性表象

$$T = \mu A \frac{\mathrm{d}u}{\mathrm{d}y} \tag{6-1-9}$$

切向应力 τ 表示上述方程：

$$\tau = \mu \frac{\mathrm{d}u}{\mathrm{d}y} \tag{6-1-10}$$

式中，μ 称为流体的动力黏性系数（亦称动力黏滞系数）（Pa·s）。在分析黏性流体运动规律时，还常用运动黏性系数（亦称运动黏滞系数）ν 表示，常用单位 m^2/s，运动黏性系数 ν 为动力黏性系数 μ 与密度 ρ 的比：

$$\nu = \frac{\mu}{\rho} \tag{6-1-11}$$

流体的黏性系数随压强变化的影响很小，随温度的变化相对较大。表 6-1-1 是水的黏性系数，表 6-1-2 是空气的黏性系数。

不同温度下水的黏性系数　　　　　　　　　　　　　表 6-1-1

t (℃)	μ 10^{-3} (Pa·s)	ν 10^{-6} (m²/s)	t (℃)	μ 10^{-3} (Pa·s)	ν 10^{-6} (m²/s)
0	1.781	1.785	40	0.653	0.658
5	1.518	1.519	50	0.547	0.553
10	1.307	1.306	60	0.466	0.474
15	1.139	1.139	70	0.404	0.413
20	1.002	1.003	80	0.354	0.364
25	0.890	0.893	90	0.315	0.326
30	0.798	0.800	100	0.282	0.294

不同温度下空气的黏性系数
表 6-1-2

t ($\degree C$)	μ 10^{-5} (Pa·s)	ν 10^{-5} (m²/s)	t ($\degree C$)	μ 10^{-5} (Pa·s)	ν 10^{-5} (m²/s)
−20	1.61	1.15	40	1.90	1.68
0	1.71	1.32	60	2.00	1.87
10	1.76	1.41	80	2.09	2.09
20	1.81	1.50	100	2.18	2.31
30	1.86	1.60	200	2.58	3.45

由表 6-1-1、表 6-1-2 可知，液体（水）的黏性系数随温度升高而减小，空气的黏性系数随温度升高而增大，其原因是：液体分子间的距离很小，分子间的引力即黏聚力，是形成黏性的主要因素，温度升高，分子间距离增大，黏聚力减小，黏性系数随之减小；气体分子间的距离远大于液体，分子热运动引起的动量交换，是形成黏性的主要因素，温度升高，分子热运动加剧，动量交换加大，黏性系数随之增大。

如图 6-1-3 所示，在距离为 dy 的上、下两流层间取矩形流体微团，该微团上、下层的速度相差 du，经 dt 时间，微团除位移外，还有剪切变形 dγ，则：

$$d\gamma \approx \tan(d\gamma) = \frac{du\,dt}{dy} \qquad 即：$$

$$\frac{du}{dy} = \frac{d\gamma}{dt} \tag{6-1-12}$$

将式 (6-1-12) 代入式 (6-1-10)，则：

$$\tau = \mu \frac{d\gamma}{dt} \tag{6-1-13}$$

即流体的切应力与剪切应变率成正比。

凡是符合牛顿内摩擦定律的流体称为牛顿流体，如水、酒精和一般气体。凡 τ 与 $\frac{du}{dy}$ 不成线性关系的流体称为非牛顿流体，如泥浆、血液、油漆、颜料等。本章主要讨论牛顿流体。

此外，为了简化理论分析，引入无黏性流体概念，所谓无黏性流体，是指 $\mu=0$ 的流体。无黏性流体也称理想流体，实际上是不存在的，它只是一种对物性简化的力学模型。

【例 6-1-3】（历年真题）空气的黏滞系数与水的黏滞系数 μ 分别随温度的降低而：

A. 降低、升高
B. 降低、降低
C. 升高、降低
D. 升高、升高

【解答】空气的黏滞系数、水的黏滞系数分别随温度的降低而降低、升高，应选 A 项。

【例 6-1-4】（历年真题）半径为 R 的圆管中，横截面上流速分布为 $u = 2\left(1 - \dfrac{r^2}{R^2}\right)$，其中 r 表示到圆管轴线的距离，则在 $r_1 = 0.2R$ 处的黏性切应力与 $r_2 = R$ 处的黏性切应力大小之比为：

A. 5 B. 25 C. $\dfrac{1}{5}$ D. $\dfrac{1}{25}$

【解答】　$\tau = \mu\dfrac{\mathrm{d}u}{\mathrm{d}y} = \mu\dfrac{\mathrm{d}u}{\mathrm{d}(R-r)} = -\mu\dfrac{\mathrm{d}u}{\mathrm{d}r} = \dfrac{-\mu \times 2 \times (-2r)}{R^2} = \dfrac{4\mu r}{R^2}$

则：$\dfrac{\tau_1}{\tau_2} = \dfrac{r_1}{r_2} = \dfrac{0.2R}{R} = \dfrac{1}{5}$

应选 C 项。

★3. 可压缩性与热膨胀性

可压缩性是流体受压，体积缩小，密度增大，除去外力后能恢复原状的性质。可压缩性实际上是流体的弹性。热膨胀性是流体受热，体积膨胀，密度减小，温度下降后能恢复原状的性质。

（1）流体的可压缩性和热膨胀性

液体的可压缩性用压缩系数来表示，它表示在一定的温度下，体积的相对缩小值与压强的增值之比。若液体的原体积为 V，压强增加 $\mathrm{d}p$ 后，体积减小 $\mathrm{d}V$，压缩系数 κ 为：

$$\kappa = \frac{\mathrm{d}V/V}{\mathrm{d}p} = -\frac{1}{V}\frac{\mathrm{d}V}{\mathrm{d}p} \tag{6-1-14}$$

由于液体受压体积减小，$\mathrm{d}p$ 和 $\mathrm{d}V$ 异号，式中右侧加负号，以使 κ 为正值，其值越大，越容易压缩。κ 的单位是"1/Pa"。

由于增压前后质量无变化，故压缩系数可表示为：

$$\kappa = \frac{1}{\rho}\frac{\mathrm{d}\rho}{\mathrm{d}p} \tag{6-1-15}$$

液体的热膨胀性用热膨胀系数 α_v 表示，它表示在一定的压强下，体积的相对增加值与温度的增值之比。若液体的原体积为 V，温度增加 $\mathrm{d}T$ 后，体积增加 $\mathrm{d}V$，热膨胀系数为：

$$\alpha_v = \frac{1}{V}\frac{\mathrm{d}V}{\mathrm{d}T} = -\frac{1}{\rho}\frac{\mathrm{d}\rho}{\mathrm{d}T} \tag{6-1-16}$$

α_v 的单位是"1/K"或"1/℃"。

液体的压缩系数和热膨胀系数随压强和温度变化。一般情况下，水的可压缩性和热膨胀性均可忽略不计。

（2）气体的可压缩性和热膨胀性

气体具有显著的可压缩性和热膨胀性。在一般工程条件下，常用气体（如空气、氮、氧、二氧化碳等）的密度、压缩和温度三者之间的关系，符合理想气体状态方程，即：

$$\frac{p}{\rho} = RT \tag{6-1-17}$$

式中，p 为气体的绝对压强（N/m²）；ρ 为气体的密度（kg/m³）；T 为气体的热力学温度（K）；R 为气体常数，在标准状态下，空气的气体常数 $R=287\mathrm{J}/(\mathrm{kg}\cdot\mathrm{K})$。

四、流体静力学

1. 流体静压强的特性

静止流体中的静压强具有以下两个特性：

特性一：静压强的方向沿作用面的内法线方向。

这是因为静止流体不能承受剪切力，流体不能承受拉力，因此，静压强的方向只能与作用面的内法线方向一致。

特性二：静压强的大小与作用面方位无关。

2. 等压面

等压面是指压强相等的空间点构成的面（平面或曲面）。

等压面与质量力正交。当质量力只有重力时，等压面是水平面。当除重力之外，还有其他质量力时，等压面是曲面。

静止的同一种连续介质才可能是等压面。

★★★3. 重力作用下流体静压强的分布规律

（1）流体静力学的基本方程

在一静止流体中，取一截面积为 dA 的柱体（图 6-1-4），自由表面的压强为 p_0，建立直角坐标系 $Oxyz$，z 轴为垂直向上的，在重力作用下，建立竖直方向的力的平衡式：

$$p\,dA - (p + dp)\,dA - \rho g\,dz\,dA = 0$$

简化后得：

$$dp = -\rho g\,dz$$

如为均质流体，密度为常数，积分得：

$$p = -\rho g z + c \qquad (6\text{-}1\text{-}18)$$

或

$$\frac{p}{\rho g} + z = c \qquad (6\text{-}1\text{-}19)$$

由边界条件 $z = z_0$，$p = p_0$，代入式（6-1-18），得：$c = p_0 + \rho g z$，再代回式（6-1-18），则：

$$p = p_0 + \rho g (z_0 - z)$$

或

$$p = p_0 + \rho g h \qquad (6\text{-}1\text{-}20)$$

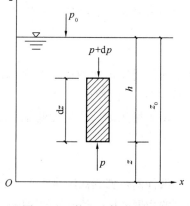

图 6-1-4　静止流体中的压强

式（6-1-19）、式（6-1-20）以不同形式表示重力作用下液体静压强的分布规律，均称为液体静力学基本方程式，式中符号定义为：p 为静止液体内某点的压强；p_0 为液体表面压强，对于液面通大气的开口容器，p_0 即为大气压强，并以符号 p_a 表示；h 为该点到液面的距离，称淹没深度；z 为该点在坐标平面以上的高度。

从基本方程可以推出在重力作用下静止流体的如下性质：

1）静止流体中的压强与水深成线性关系。

2）静止流体中任意两点的压差仅与它们的垂直距离有关，其值等于两点间单位面积垂直液柱的重量。

3）静止流体中任意点压强的变化，将等值地传递到其他各点。

（2）压强的度量

压强的大小，可从不同的基准算起，根据起算基准的不同，压强分为两种：绝对压强和相对压强。

绝对压强是以无气体分子存在的完全真空为基准起算的压强，以符号 p_{abs} 表示。相对压强是以当地大气压为基准起算的压强，以符号 p 表示。绝对压强和相对压强之间，相差一个当地大

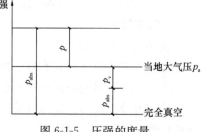

图 6-1-5　压强的度量

气压（图 6-1-5）：

$$p = p_{\text{abs}} - p_{\text{a}} \tag{6-1-21}$$

大气压随当地高程和气温变化而有所差异，国际上规定标准大气压符号 atm，1atm＝101325Pa。此外，工程界为便于计算，采用工程大气压，符号为 at，1at＝98000Pa，也有用 1at＝0.1MPa。

当绝对压强小于当地大气压（图 6-1-5）时，相对压强便是负值，又称负压，这种状态用真空度来度量。真空度是指绝对压强不足当地大气压的差值，即相对压强的负值，以符号 p_{v} 表示：

$$p_{\text{v}} = p_{\text{a}} - p_{\text{abs}} \tag{6-1-22}$$

工业用的各种压力表，因测量元件处于大气压作用之下，测得的压强是该点的绝对压强超过当地大气压的值，乃是相对压强，故相对压强又称为表压强或计示压强。

【例 6-1-5】（历年真题）图示密闭水箱，已知水深 $h＝2m$，自由面上的压强 $p_0＝$ 88kN/m^2，当地大气压强 $p_{\text{a}}＝10$kN/m^2，则水箱底部 A 点的绝对压强与相对压强分别为：

A. 107.6kN/m^2 和 $-$6.6kN/m^2

B. 107.6kN/m^2 和 6.6kN/m^2

C. 20.6kN/m^2 和 $-$6.6kN/m^2

D. 120.6kN/m^2 和 6.6kN/m^2

【解答】 A 点绝对压强：$p_{\text{abs}} = p_0 + \rho gh = 88 + 1 \times 9.8 \times 2$
$=107.6$kPa

A 点相对压强：$p = p_{\text{abs}} - p_{\text{a}} = 107.6 - 101 = 6.6$kPa

应选 B 项。

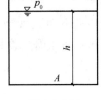

例 6-1-5 图

【例 6-1-6】（历年真题）图示密闭水箱，已知水深 $h＝1m$，自由面上的压强 $p_0＝90$kN/m^2，当地大气压 $p_{\text{a}}＝101$kN/m^2，则水箱底部 A 点的真空度为：

A. $-$1.2kN/m^2　　　B. 9.8kN/m^2

C. 1.2kN/m^2　　　　D. $-$9.8kN/m^2

【解答】 真空度：$p_{\text{v}} = p_{\text{a}} - p_{\text{abs}}$
$$= p_0 - (p_0 + \rho gh)$$
$$= 101 - (90 + 1 \times 9.8 \times 1) = 1.2\text{kN/m}^2$$

应选 C 项。

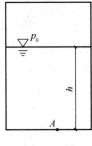

例 6-1-6 图

（3）测压管水头

1）测压管高度、测压管水头

液体静力学基本方程式（6-1-19）：

$$z + \frac{p}{\rho g} = c$$

结合图 6-1-6，说明上式中各项的意义。

z 为某点（如 A 点）在基准面以上的高度，可直接量测，称为位置高度或位置水头。它的物理意义是单位重量液体具有的，相对于基准面的重力势能,简称位能。

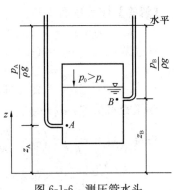

图 6-1-6　测压管水头

$\dfrac{p}{\rho g}$ 也是可以直接量测的高度。量测的方法是，当测点的绝对压强大于当地大气压时，在该点接一根竖直向上的开口玻璃管，这样的玻璃管称为测压管，液体沿测压管上升的高度为 h_p。按式（6-1-20）：

$$p = \rho g h_p$$

可得：

$$h_p = \dfrac{p}{\rho g}$$

h_p 称为测压管高度或压强水头，其物理意义是单位重量液体具有的压强势能，简称压能。

$z + \dfrac{p}{\rho g}$ 称为测压管水头，是单位重量液体具有的总势能。液体静力学基本方程 $z + \dfrac{p}{\rho g} = c$ 表示静止液体中各点的测压管水头相等，测压管水头线是水平线，其物理意义是静止液体中各点单位重量液体具有的总势能相等。

2）真空高度

当测点的绝对压强小于当地大气压，即处于真空状态时，$\dfrac{p_v}{\rho g}$ 也是可以直接量测的高度。量测的方法是，在该点接一根竖直向下插入液槽内的开口玻璃管（图 6-1-7），槽内的液体沿玻璃管上升的高度为 h_v，因玻璃管内液面的压强等于测点的压强：

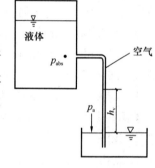

$$p_{abs} + \rho g h_v = p_a$$

可得：

$$h_v = \dfrac{p_a - p_{abs}}{\rho g} = \dfrac{p_v}{\rho g}$$

图 6-1-7　真空高度

h_v 称为真空高度。

【例 6-1-7】图示用 U 形管水银压差计测量水管 A、B 两点的压强差，已知两测点的高差 $\Delta z = 0.5\mathrm{m}$，压差计的读值 $h_p = 0.2\mathrm{m}$，水银的密度为 $13600\mathrm{kg/m^3}$。则 A、B 两点的压强差（$p_A - p_B$）、测压管水头差是：

A. 19.80kPa、2.52m

B. 19.80kPa、2.72m

C. 20.78kPa、2.52m

D. 20.78kPa、2.72m

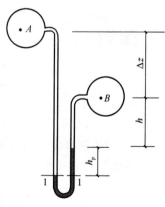

【解答】作等压面 1-1：

$$p_A + \rho g(\Delta z + h + h_p) = p_B + \rho g h + \rho_p g h_p$$

压强差：
$$\begin{aligned} p_A - p_B &= (\rho_p - \rho)g h_p - \rho g \Delta z \\ &= (13.6-1) \times 9.8 \times 0.2 - 1 \times 9.8 \times 0.5 \\ &= 19.80\mathrm{kPa} \end{aligned}$$

测压管水头差：$p_A - p_B = (\rho_p - \rho)g h_p - \rho g(z_A - z_B)$

可得：
$$\left(z_A + \dfrac{p_A}{\rho g}\right) - \left(z_B + \dfrac{p_B}{\rho g}\right) = \dfrac{\rho_p - \rho}{\rho} h_p$$

$$= \dfrac{13.6-1}{1} \times 0.2 = 2.52\mathrm{m}$$

例 6-1-7 图

应选 A 项。

★★★4. 作用在平面上的静力总压力

液体作用在平面上的总压力，计算方法有解析法和图算法。

（1）解析法

设任意形状平面，面积为 A，与水平面夹角为 α（图 6-1-8）。选坐标系，以平面的延伸面与液面的交线为 Ox 轴，Oy 轴垂直于 Ox 轴向下。将平面所在坐标面绕 Oy 轴旋转 $90°$，展现受压平面。

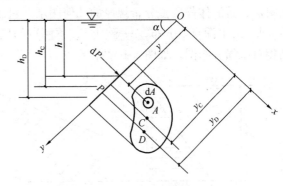

图 6-1-8 平面上总压力（解析）

在受压面上，围绕任一点 (h, y) 取微元面积 dA，液体作用在 dA 上的微小压力：

$$dP = \rho g h \, dA = \rho g y \sin\alpha \, dA$$

作用在平面上的静总压力 P 是平行力系的合力：

$$P = \int dP = \rho g \sin\alpha \int_A y \, dA$$

积分 $\int_A y \, dA = y_C A$，为受压面 A 对 Ox 轴的静矩，代入上式，得：

$$P = \rho g \sin\alpha y_C A = \rho g h_C A = p_C A \tag{6-1-23}$$

式中，y_C 为受压面形心到 Ox 轴的距离；h_C 为受压面形心点的淹没深度；p_C 为受压面形心点的压强。

式(6-1-23)表明，任意形状平面上，静水总压力的大小等于受压面面积与其形心点的压强的乘积。总压力的方向沿受压面的内法线方向。

总压力作用点（压力中心）D 到 Ox 轴的距离为 y_D，根据合力矩定理：

$$P y_D = \int dP \cdot y = \rho g \sin\alpha \int_A y^2 \, dA$$

积分 $\int_A y^2 \, dA = I_x$，为受压面 A 对 Ox 轴的惯性矩，代入上式，得：

$$P y_D = \rho g \sin\alpha I_x$$

将 $P = \rho g \sin\alpha y_C A$ 代入上式化简，得：

$$y_D = \frac{I_x}{y_C A}$$

由惯性矩的平行移轴定理，$I_x = I_C + y_C^2 A$，代入上式，得：

$$y_D = y_C + \frac{I_C}{y_C A} \tag{6-1-24}$$

式中，y_D 为总压力作用点到 Ox 轴的距离；I_C 为受压面对平行 Ox 轴的形心轴的惯性矩。

式（6-1-24）中 $\frac{I_C}{y_C A} > 0$，故 $y_D > y_C$，即总压力作用点 D 一般在受压面形心 C 之下，这是由于压强沿淹没深度增加的结果。随着受压面淹没深度的增加，y_C 增大，$\frac{I_C}{y_C A}$ 减小，

总压力作用点则靠近受压面形心。

（2）图算法

压强分布图是在受压面承压的一侧，以一定比例尺的矢量线段，表示压强大小和方向的图形，是液体静压强分布规律的几何图示。对于通大气的开敞容器，液体的相对压强 $p = \rho g h$，沿水深直线分布，只要把上、下两点的压强用线段绘出，中间以直线相连，就得到相对压强分布图，如图 6-1-9 所示。

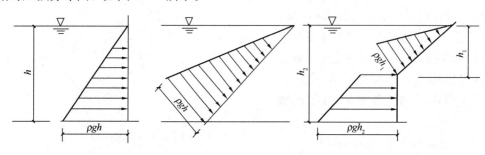

图 6-1-9　平板压强分布图

图算法的步骤是：先绘出压强分布图，总压力的大小等于压强分布图的面积 S，乘以受压面的宽度 b，即：

$$P = bS \tag{6-1-25}$$

总压力的作用线通过压强分布图的形心，作用线与受压面的交点，就是总压力的作用点。

【**例 6-1-8**】 如图（a）所示，矩形平板一侧挡水，与水平面夹角 $\alpha = 30°$，平板上边与水面齐平，水深 $h = 3\text{m}$，平板宽 $b = 5\text{m}$。则作用在平板上的静水总压力 P、作用点位置 y_D 为：

A. 220kN，4m　　　B. 362kN，6m　　　C. 441kN，4m　　　D. 532kN，6m

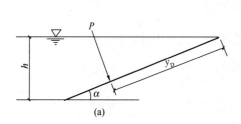
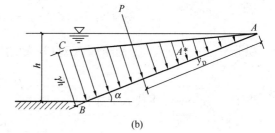

例 6-1-8 图

【**解答**】（1）解析法

总压力的大小按式（6-1-23）：

$$P = p_c A = \rho g h_c A = \rho g \frac{h}{2} b \frac{h}{\sin\alpha} = \rho g b h^2 = 1000 \times 9.8 \times 5 \times 3^2 = 441\text{kN}$$

方向为受压面内法线方向。

作用点按式（6-1-24）：

$$y_{\mathrm{D}} = y_{\mathrm{C}} + \frac{I_{\mathrm{C}}}{y_{\mathrm{C}}A} = \frac{l}{2} + \frac{\dfrac{bl^3}{12}}{\dfrac{l}{2} \times bl} = \frac{2}{3}l = \frac{2}{3} \times \frac{3}{\sin 30°} = 4\mathrm{m}$$

应选 C 项。

（2）图算法

绘出压强分布图 ABC，如图（b）所示，作用力的大小：

$$P = bS = b\frac{1}{2}\rho g h\frac{h}{\sin 30°} = 441\mathrm{kN}$$

方向为受压面内法线方向。

总压力作用点为压强分布图的形心：

$$y_{\mathrm{D}} = \frac{2}{3} \times \frac{h}{\sin 30°} = 4\mathrm{m}$$

★5. 作用在曲面上的总压力

设二向曲面 $\overset{\frown}{AB}$（柱面），母线垂直于图面，曲面的面积为 A，一侧承压。选坐标系，令 xOy 平面与液面重合，Oz 轴向下，如图 6-1-10（a）所示。

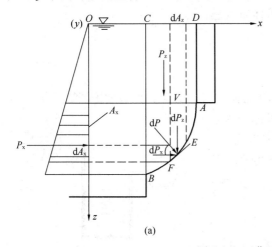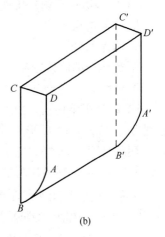

图 6-1-10 曲面上的总压力

经分析，可得曲面上总压力的水平分力 P_{x} 为：

$$P_{\mathrm{x}} = \rho g h_{\mathrm{C}} A_{\mathrm{x}} = p_{\mathrm{C}} A_{\mathrm{x}} \tag{6-1-26}$$

式中，A_{x} 为曲面的铅垂投影面积；h_{C} 为投影面 A_{x} 形心点的淹没深度；p_{C} 为投影面 A_{x} 形心点的压强。

式（6-1-26）表明，液体作用在曲面上总压力的水平分力，等于作用在该曲面的铅垂投影面上的压力。

曲面上总压力的铅垂分力 P_{z} 为：

$$P_{\mathrm{z}} = \int \mathrm{d}P_{\mathrm{z}} = \rho g \int_{A_{\mathrm{z}}} h\,\mathrm{d}A_{\mathrm{z}} = \rho g V \tag{6-1-27}$$

$\int_{A_{\mathrm{z}}} h\,\mathrm{d}A_{\mathrm{z}} = V$ 是曲面到自由液面（或自由液面延伸面）之间的铅垂柱体（图中 $ABCDA'B'$

$C'D'$的体积)——压力体的体积。式（6-1-27）表明，液体作用在曲面上总压力的铅垂分力等于压力体的重量。

液体作用在二向曲面的总压力是平面汇交力系的合力：

$$P = \sqrt{P_x^2 + P_z^2} \tag{6-1-28}$$

总压力作用线与水平面夹角：

$$\theta = \arctan \frac{P_z}{P_x} \tag{6-1-29}$$

【例6-1-9】（历年真题）图示水下有一半径为$R=0.1$m的半球形侧盖，球心至水面距离$H=5$m，作用于半球盖上水平方向的静水压力是：

A. 0.98kN   B. 1.96kN

C. 0.77kN   D. 1.54kN

【解答】$P_x = p_C A_x = 1 \times 9.8 \times 5 \times \pi \times 0.1^2 = 1.54$kN
应选D项。

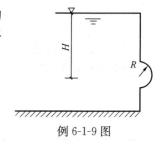

例6-1-9图

习 题

6-1-1 （历年真题）按连续介质概念，流体质点是：

A. 几何的点

B. 流体的分子

C. 流体内的固体颗粒

D. 几何尺寸在宏观上同流动特征尺度相比是微小量，又含有大量分子的微元体

6-1-2 （历年真题）图示设A、B两处液体的密度分别为ρ_A与ρ_B，由U形管连接，已知水银密度为ρ_m，1、2面的高度差为Δh，它们与A、B中心点的高度差分别是h_1与h_2，则AB两中心点的压强差$p_A - p_B$为：

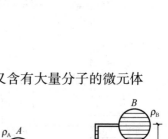

A. $(-h_1\rho_A + h_2\rho_B + \Delta h \rho_m)g$

B. $(h_1\rho_A - h_2\rho_B - \Delta h \rho_m)g$

C. $[-h_1\rho_A + h_2\rho_B + \Delta h(\rho_m - \rho_A)]g$

D. $[h_1\rho_A - h_2\rho_B - \Delta h(\rho_m - \rho_A)]g$

题6-1-2图

6-1-3 （历年真题）标准大气压时的自由液面下1m处的绝对压强为：

A. 0.11MPa   B. 0.12MPa   C. 0.15MPa   D. 2.0MPa

6-1-4 （历年真题）压力表测出的压强是：

A. 绝对压强   B. 真空压强   C. 相对压强   D. 实际压强

6-1-5 （历年真题）静止流体能否承受切应力？

A. 不能承受   B. 可以承受

C. 能承受很小的   D. 具有黏性可以承受

6-1-6 （历年真题）图示，在上部为气体下部为水的封闭容器上有U形水银测压计，其中1、2、3点位于同一平面上，其压强的关系为：

A. $p_1 < p_2 < p_3$ B. $p_1 > p_2 > p_3$

C. $p_2 < p_1 < p_3$ D. $p_2 = p_1 = p_3$

6-1-7 （历年真题）盛水容器形状如图所示，已知 $h_1 = 0.9\text{m}$，$h_2 = 0.4\text{m}$，$h_3 = 1.1\text{m}$，$h_4 = 0.75\text{m}$，$h_5 = 1.33\text{m}$，则下列各点的相对压强是：

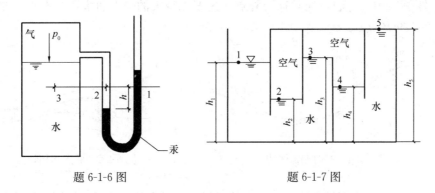

题 6-1-6 图   题 6-1-7 图

A. $p_1 = 0$，$p_2 = 4.90\text{kPa}$，$p_3 = -1.96\text{kPa}$，$p_4 = -1.96\text{kPa}$，$p_5 = -7.64\text{kPa}$

B. $p_1 = -4.90\text{kPa}$，$p_2 = 0$，$p_3 = -6.86\text{kPa}$，$p_4 = -6.86\text{kPa}$，$p_5 = -19.4\text{kPa}$

C. $p_1 = 1.96\text{kPa}$，$p_2 = 6.86\text{kPa}$，$p_3 = 0$，$p_4 = 0$，$p_5 = -5.68\text{kPa}$

D. $p_1 = 7.64\text{kPa}$，$p_2 = 12.54\text{kPa}$，$p_3 = 5.68\text{kPa}$，$p_4 = 5.68\text{kPa}$，$p_5 = 0$

第二节　流体动力学基础

★一、流体运动的描述方法

二、流体运动的分类

1. 恒定流与非恒定流

在流场中，任意空间位置上运动参数都不随时间而改变，即对时间的偏导数等于零，如 $\frac{\partial u}{\partial t} = 0$，$\frac{\partial p}{\partial t} = 0$ 等，这种流动称为恒定流；反之，称为非恒定流。在恒定流中，流速等运动参数仅是位置坐标的函数，所以不存在当地加速度。

2. 均匀流与非均匀流

在任何时刻，流体质点的流速不随空间位置的变化而变，或质点的迁移加速度为零，这种流场称为均匀流；反之，称为非均匀流。

三、流体运动的基本概念

★★★1. 流线与迹线

（1）流线

流线是速度场的矢量线，它是某一确定时刻，在速度场中绘出的空间曲线，线上所有质点在该时刻的速度矢量都与曲线相切（图 6-2-1）。流线的性质是：在一般情况下不相交，否则位于交点的流体质点，在同一时刻就有与两条流线相切的两个速度矢量，这是不可能的；流线不能是折线，而是光滑的曲线或直线。流线只在一些特殊点相交，如速度为零的点（图 6-2-2 中 A 点），通常称为驻点；速度无穷大的点，通常称为奇点；流线相切点（图 6-2-2 中 B 点）。

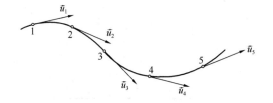 

图 6-2-1　某时刻流线图　　　　　图 6-2-2　驻点和相切点

由于流场中每一点都可以绘一条光滑的流线，这样在整个流场中绘制出流线簇后，流体的运动状况就一目了然了。某点流速的方向便是流线在该点的切线方向。流速的大小可以由流线的疏密程度反映出来，流线越密处流速越大，流线越稀疏处流速越小。

恒定流因各空间点上速度矢量不随时间变化，所以流线的形状和位置不随时间变化，非恒定流一般来说流线随时间变化。均匀流质点的迁移加速度为零，速度矢量不随位移变化，在这样的流场中，流线是相互平行的直线。

设某时刻在流线上任一点 $M(x, y, z)$ 附近取微元线段矢量 $\overrightarrow{\mathrm{d}s}$，其坐标轴方向的分量为 $\mathrm{d}x$、$\mathrm{d}y$、$\mathrm{d}z$，根据流线的定义，过该点的速度矢量 $\overrightarrow{u}$ 与 $\overrightarrow{\mathrm{d}s}$ 共线，满足：

$$\overrightarrow{\mathrm{d}s} \times \overrightarrow{u} = 0$$

由上式可得流线微分方程：

$$\frac{\mathrm{d}x}{u_x} = \frac{\mathrm{d}y}{u_y} = \frac{\mathrm{d}z}{u_z} \qquad (6\text{-}2\text{-}8)$$

（2）迹线

流体质点在某一时段的运动轨迹称为迹线，因此，迹线是与拉格朗日法相对应的。

流线和迹线是两个不同的概念。迹线是由一个流体质点构成的，而流线是由无穷多个流体质点组成的。在一般情况下，流线与迹线是不重合的。只有当恒定流的情况下，由于流体的流速与时间无关，流场中的流线恒定不变，流体质点将沿着流线运动，因此，流体质点的运动轨迹与流线相重合。

【例 6-2-1】（历年真题）对某一非恒定流，以下对于流线和迹线的正确说法是：

A. 流线和迹线重合

B. 流线越密集，流速越小

C. 流线曲线上任意一点的速度矢量都与曲线相切

D. 流线可能存在折弯

【解答】对于非恒定流及恒定流，流线曲线上任意一点的速度矢量都与曲线相切，应选 C 项。

【例 6-2-2】（历年真题）关于流线，下列说法错误的是：

A. 流线不能相交

B. 流线可以是一条直线，也可以是光滑的曲线，但不可能是折线

C. 在恒定流中，流线与迹线重合

D. 流线表示不同时刻的流动趋势

【解答】流线表示同一时刻的流动趋势，D 项错误，应选 D 项。

★2. 流管、过流断面和总流

（1）流管

在流场中任取不与流线重合的封闭曲线，过曲线上各点作流线，所构成的管状表面称为流管。充满流体的流管称为流束（图 6-2-3）。因为流线不能相交，故流体不能由流管壁出入。

（2）过流断面

在流束上作出的与流线正交的横断面是过流断面，也称过水断面。过流断面不都是平面，只有在流线相互平行的均匀流段，过流断面才是平面（图 6-2-4）。

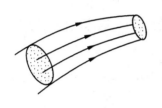
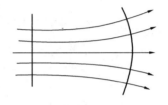

图 6-2-3　流束　　　　　　　　　图 6-2-4　过流断面

（3）元流和总流

元流是过流断面无限小的流束，几何特征与流线相同。由于元流的过流断面无限小，断面上各点的流动参数如 z（位置高度）、$\vec{u}$（流速）、p（压强）均相同。

总流是由无数元流构成的，断面上各点的流动参数一般情况下不相同。

★★★3. 流量、断面平均流速

（1）流量

单位时间通过某一过流断面的流体体积或质量称为该断面的流量，流量一般分为体积流量和质量流量。如以 dA 表示过流断面的微元面积，u 表示该微元上速度，则流量 Q 为：

体积流量
$$Q = \int_A u\,dA \ (\mathrm{m^3/s})$$

质量流量
$$Q_{\mathrm{m}} = \int_A \rho u\,dA \ (\mathrm{kg/s})$$

对于不可压缩流体，密度 ρ 为常数，则：
$$Q_{\mathrm{m}} = \rho Q$$

（2）断面平均流速

总流的过流断面上各点流速 u 一般是不相等的，以管流为例，管壁附近流速较小，轴线处的流速最大。为了便于分析、计算，常用平均流速表示，平均流速 v 定义为：
$$Q = \int_A u\,dA = vA$$

或

$$v = \frac{Q}{A}$$

(6-2-9)

四、恒定总流连续性方程

★1. 连续性微分方程

因流体被视为连续介质，若在流场中任意划定一个封闭曲面，在某一给定时段中流入封闭曲面的流体质量与流出的流体质量之差应等于该封闭曲面内因密度变化而引起的质量总变化，即流动必须遵循质量守恒定律。上述结果的数学表达式即为流体运动的连续性方程。

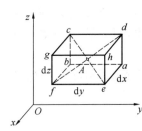

图 6-2-5　微分平行六面体

设想在流场中取一空间微分平行六面体（图 6-2-5），六面体的边长为 dx、dy、dz，其形心为 $A(x, y, z)$，A 点的流速在各坐标轴的投影为 u_x、u_y、u_z，A 点的密度为 ρ。

分析得到，经过 dt 时段后六面体因密度变化所引起的总的质量变化为 $\frac{\partial \rho}{\partial t} dx dy dz dt$。在同一时段内，流进与流出六面体总的流体质量的差值应与六面体内因密度变化所引起的总的质量变化相等，即：

$$-\left[\frac{\partial(\rho u_x)}{\partial x} + \frac{\partial(\rho u_y)}{\partial y} + \frac{\partial(\rho u_z)}{\partial z}\right] dx dy dz dt = \frac{\partial \rho}{\partial t} dx dy dz dt$$

等式两边同除以 $dx dy dz dt$，整理可得：

$$\frac{\partial \rho}{\partial t} + \left[\frac{\partial(\rho u_x)}{\partial x} + \frac{\partial(\rho u_y)}{\partial y} + \frac{\partial(\rho u_z)}{\partial z}\right] = 0$$

(6-2-10)

式（6-2-10）就是可压缩流体非恒定流的连续性微分方程。它表达了任何可实现的流体运动所必须满足的连续性条件。其物理意义是，流体在单位时间流经单位体积空间时，流出与流入的质量差与其内部质量变化的代数和为零。

对不可压缩均质流体 ρ＝常数，式（6-2-10）简化为：

$$\frac{\partial u_x}{\partial x} + \frac{\partial u_y}{\partial y} + \frac{\partial u_z}{\partial z} = 0$$

(6-2-11)

式（6-2-11）即为不可压缩均质流体的连续性微分方程。它表明，对于不可压缩的流体，单位时间流经单位体积空间时，流出和流入的流体体积之差等于零，即流体体积守恒。

对不可压缩流体二元流，连续性微分方程可写为：

$$\frac{\partial u_x}{\partial x} + \frac{\partial u_y}{\partial y} = 0$$

(6-2-12)

连续性微分方程中没有涉及任何力，描述的是流体运动学规律。它对理想流体与实际流体、恒定流与非恒定流、均匀流与非均匀流、渐变流与急变流、有压流与无压流等都适用。

【例 6-2-3】（历年真题）下列不可压缩二维流动中，满足连续方程的是：

A. $u_x = 2x$，$u_y = 2y$　　　　　　　B. $u_x = 0$，$u_y = 2xy$

C. $u_x = 5x$，$u_y = -5y$　　　　　　D. $u_x = 2xy$，$u_y = -2xy$

【解答】验证法，对于 C 项：

$\dfrac{\partial u_x}{\partial x}+\dfrac{\partial u_y}{\partial y}=5-5=0$，满足，应选 C 项。

★★★2. 恒定总流连续性方程

在恒定总流中，任取一段作为分析对象，其进口过流断面面积为 A_1，平均流速为 v_1；出口过流断面面积为 A_2，平均流速为 v_2，见图 6-2-6。在恒定流的情况下，被分析的总流段中，根据质量守恒定律，其质量不随时间变化，因此，单位时间内流入进口断面的质量等于流出出口断面的质量，则：

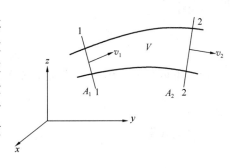

$$Q_{\mathrm{m}}=\rho_1 v_1 A_1=\rho_2 v_2 A_2 \qquad (6\text{-}2\text{-}13)$$

图 6-2-6　恒定总流的连续性方程

如将流体视为不可压缩的，密度为常数，则上式可简化为：

$$v_1 A_1 = v_2 A_2 = 常数 \qquad\qquad (6\text{-}2\text{-}14)$$

式（6-2-14）为流体恒定总流的连续性方程。它表明，在不可压缩的流体运动中，平均流速与过流面积成反比。

【例 6-2-4】（历年真题）图示汇流水管，已知三部分水管的横截面积分别为 $A_1=0.01\mathrm{m}^2$，$A_2=0.005\mathrm{m}^2$，$A_3=0.01\mathrm{m}^2$，入流速度 $v_1=4\mathrm{m/s}$，$v_2=6\mathrm{m/s}$，求出流的流速 v_3 为：

A. 8m/s　　　　　　　B. 6m/s

C. 7m/s　　　　　　　D. 5m/s

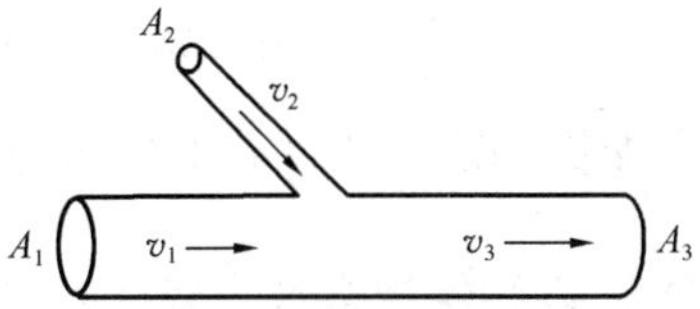

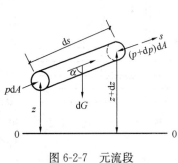

例 6-2-4 图

【解答】根据连续性方程：

$$v_1 A_1 + v_2 A_2 = v_3 A_3$$

则：

$$v_3=\dfrac{0.01\times4+0.005\times6}{0.01}=7\mathrm{m/s}$$

应选 C 项。

五、恒定总流能量方程

★1. 理想流体恒定元流能量方程

在流场中，沿流向取一长度为 ds、过流断面积为 dA 的微小元流段，如图 6-2-7 所示。作用在流向 s 的外力有：进口断面的压力 $p\mathrm{d}A$，出口断面的压力 $(p+\mathrm{d}p)\mathrm{d}A$，作用在元流段的重力在流向的分力 d$G\cos\alpha$，对于理想流体，作用在元流侧表面的切应力为零。在流向 s 应用牛顿第二定律，则：

$$p\mathrm{d}A-(p+\mathrm{d}p)\mathrm{d}A-\mathrm{d}G\cos\alpha=\mathrm{d}m\cdot\dfrac{\mathrm{d}u}{\mathrm{d}t}$$

图 6-2-7　元流段

式中，$dm=\rho dAds$ 为元流段质量，$dG=\rho gdAds$ 为元流段重量，根据图 6-2-7 中几何关系有 $\cos\alpha=\dfrac{dz}{ds}$。将 dm、dG、$\cos\alpha$ 关系式代入上式，化简整理，并考虑到 $\dfrac{ds}{dt}=u$，$udu=d\left(\dfrac{u^2}{2}\right)$，得：

$$dz+\frac{1}{\rho g}dp+\frac{1}{g}d\left(\frac{u^2}{2}\right)=0$$

对于不可压缩流体，$\rho=$ 常数，故上式可写成：

$$d\left(z+\frac{p}{\rho g}+\frac{u^2}{2g}\right)=0$$

积分上式得：

$$z+\frac{p}{\rho g}+\frac{u^2}{2g}=C \tag{6-2-15}$$

对同一流线上的任意两点 1、2，则：

$$z_1+\frac{p_1}{\rho g}+\frac{u_1^2}{2g}=z_2+\frac{p_2}{\rho g}+\frac{u_2^2}{2g}$$

或

$$z_1+\frac{p_1}{\gamma}+\frac{u_1^2}{2g}=z_2+\frac{p_2}{\gamma}+\frac{u_2^2}{2g} \tag{6-2-16}$$

式中，$\gamma=\rho g$，为单位体积流体的重量。

式（6-2-16）为单位重量不可压缩理想流体恒定元流的能量方程。它反映恒定流中沿流各断面的能量关系，如将压力也作为能量的概念，则：元流各断面的位能 z、压能 $\dfrac{p}{\gamma}$ 和动能 $\dfrac{u^2}{2g}$ 之和保持常数。因此，在恒定流中能量是守恒的并可相互转换的。

对于实际流体，流体在流动中由于黏性的存在而产生能量损失。设 h_w' 为单位重量流体由断面 1-1 运动至断面 2-2 的能量损失，则单位重量不可压缩实际流体恒定元流的能量方程改写为：

$$z_1+\frac{p_1}{\gamma}+\frac{u_1^2}{2g}=z_2+\frac{p_2}{\gamma}+\frac{u_2^2}{2g}+h_w' \tag{6-2-17}$$

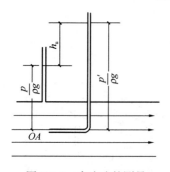

图 6-2-8　点流速的测量

利用理想流体元流能量方程原理，可设计制造出测量流体某处流速 u 的仪器，即常用的毕托管。如图 6-2-8 所示，在该点放置一根两端开口、前端弯转 90° 的细管，使前端管口正对来流方向，另一端垂直向上，此管称为测速管。来流在 A 点受测速管的阻滞速度为零，动能全部转化为压能，测速管中液面升高 $\dfrac{p'}{\rho g}$。另在 A 点上游的同一流线上取相距很近的 O 点，因这两点相距很近，O 点的速度 u、压强 p 实际上等于放置测速管以前 A 点的速度和压强，应用理想流体恒定元流能量方程：

$$z+\frac{p}{\rho g}+\frac{u^2}{2g}=z+\frac{p'}{\rho g}$$

可得：
$$\frac{u^2}{2g} = \frac{p'}{\rho g} - \frac{p}{\rho g} = h_u$$

式中，O 点的压强水头由另一根测压管量测，于是测速管和测压管中液面的高度差 h_u 就是 A 点的流速水头，该点的流速：

$$u = \sqrt{2g\frac{p'-p}{\rho g}} = \sqrt{2gh_u}$$

★2. 渐变流及其性质

在推导总流的能量方程之前，作为方程的导出条件，将前述非均匀流按非均匀程度的不同分为渐变流和急变流。流体质点的迁移加速度很小，或者说流线近于平行直线的流动定义为渐变流，否则，称为急变流（图 6-2-9）。

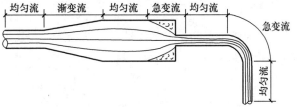

图 6-2-9　渐变流和急变流

显然，渐变流是均匀流的宽延，故均匀流的性质对于渐变流都近似成立。主要是：

（1）渐变流的过流断面近于平面，面上各点的速度方向近于平行。

（2）渐变流过流断面上的动压强与静压强的分布规律相同，即：

$$z + \frac{p}{\rho g} = c$$

由定义可知，渐变流没有准确的界定标准，流动是否按渐变流处理，以所得结果能否满足工程要求的精度而定。

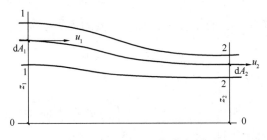

图 6-2-10　总流的能量方程

★★★3. 恒定总流的能量方程

设一恒定总流，过流断面 1-1、2-2 为渐变流断面，断面面积分别为 A_1、A_2。在总流中任取一元流，其过流断面的微元面积、位置高度、压强和流速分别为 $\mathrm{d}A_1$、z_1、p_1、u_1；$\mathrm{d}A_2$、z_2、p_2、u_2，见图 6-2-10。根据总流的定义，对式（6-2-17）分别在过流断面 1-1、2-2 上进行积分就可得到恒定总流的能量方程：

$$\int_{A_1}\left(z_1 + \frac{p_1}{\rho g}\right)\rho g u_1 \mathrm{d}A_1 + \int_{A_1}\frac{u_1^2}{2g}\rho g u_1 \mathrm{d}A_1$$

$$= \int_{A_2}\left(z_2 + \frac{p_2}{\rho g}\right)\rho g u_2 \mathrm{d}A_2 + \int_{A_2}\frac{u_2^2}{2g}\rho g u_2 \mathrm{d}A_2 + \int_Q h_w' \rho g \mathrm{d}Q \qquad (6\text{-}2\text{-}18)$$

分别确定式中三种类型的积分：

（1）势能积分 $\int_A \left(z+\dfrac{p}{\rho g}\right)\rho g u\,\mathrm{d}A$

因所取过流断面是渐变流断面，面上各点单位重量流体的总势能相等，$z+\dfrac{p}{\rho g}=c$，于是：

$$\int_A \left(z+\frac{p}{\rho g}\right)\rho g u\,\mathrm{d}A = \left(z+\frac{p}{\rho g}\right)\rho g Q$$

（2）动能积分 $\displaystyle\int_A \frac{u^2}{2g}\rho g u\,\mathrm{d}A = \int_A \frac{u^3}{2g}\rho g\,\mathrm{d}A$

面上各点的速度 u 不同，引入修正系数，积分按断面平均流速 v 计算，则：

$$\int_A \frac{u^3}{2g}\rho g\,\mathrm{d}A = \frac{\alpha v^2}{2g}\rho g Q$$

式中，α 为修正以断面平均流速计算的动能，与实际动能的差值而引入的修正系数，称为动能修正系数：

$$\alpha = \frac{\displaystyle\int_A \frac{u^3}{2g}\rho g\,\mathrm{d}A}{\displaystyle\int_A \frac{v^3}{2g}\rho g\,\mathrm{d}A} = \frac{\displaystyle\int_A u^3\,\mathrm{d}A}{v^3 A}$$

α 值取决于过流断面上速度的分布情况，分布较均匀的流动 $\alpha=1.05\sim1.10$，通常取 $\alpha=1.0$。

（3）水头损失积分 $\displaystyle\int_Q h'_{\mathrm{w}}\rho g\,\mathrm{d}Q$

积分 $\displaystyle\int_Q h'_{\mathrm{w}}\rho g\,\mathrm{d}Q$ 是总流由 1-1 至 2-2 断面的机械能损失。现在定义 h_{w} 为总流单位重量流体由 1-1 至 2-2 断面的平均机械能损失，称为总流的水头损失，则：

$$\int_Q h'_{\mathrm{w}}\rho g\,\mathrm{d}Q = h_{\mathrm{w}}\rho g Q$$

将上面三部分结果代入式（6-2-18）：

$$\left(z_1+\frac{p_1}{\rho g}\right)\rho g Q_1 + \alpha_1\frac{v_1^2}{2g}\rho g Q_1 = \left(z_2+\frac{p_2}{\rho g}\right)\rho g Q_2 + \alpha_2\frac{v_2^2}{2g}\rho g Q_2 + h_{\mathrm{w}}\rho g Q$$

由于两断面间无分流及汇流，$Q_1=Q_2=Q$，整理得：

$$z_1+\frac{p_1}{\rho g}+\alpha_1\frac{v_1^2}{2g} = z_2+\frac{p_2}{\rho g}+\alpha_2\frac{v_2^2}{2g}+h_{\mathrm{w}} \tag{6-2-19}$$

式（6-2-19）为实际流体恒定总流的能量方程。将元流的能量方程推广为总流的能量，其中引入了一些限制条件，也是恒定总流能量方程的适用条件，包括：恒定流、质量力仅为重力、不可压缩流体以及所取的断面为渐变流断面和断面间无分流和汇流以及能量的输入和输出。

总流的能量方程是断面间平均能量的关系，在流动过程中会互相转变，下面分别分析各项的物理意义和几何意义：

式中，z 为总流过流断面上单位重量流体的位能、位置高度或位置水头；$\dfrac{p}{\rho g}$ 为总流过流断面上单位重量流体的压能或压强水头；$z+\dfrac{p}{\rho g}$ 为总流过流断面上单位重量流体的平均势能、测压管水头；$\dfrac{\alpha v^2}{2g}$ 为总流过流断面上单位重量流体的平均动能、平均流速高度或速度水头；h_{w} 为总流两断面间单位重量流体平均的机械能损失；$z + \dfrac{p}{\rho g} + \alpha \dfrac{v^2}{2g}$ 为总流过流断面上的单位重量流体的平均机械能。

★★★4. 能量方程的应用

能量方程是流体力学中最主要的方程之一，它与连续性方程联立，可计算总流断面的压强和流速。在应用能量方程时，必须注意以下几点：

（1）选好过流断面。所取断面须符合渐变流或均匀流条件。

（2）基准面的选择。基准面可以任意选择，但在同一个能量方程中只能采用同一个基准面。基准面的选择要便于问题的求解，如以通过管道出口断面中心的平面作为基准面，则出口断面的 $z=0$，这样可以简化能量方程。

（3）能量方程中压强可以用相对压强，也可以用绝对压强，但对同一问题必须采用相同的标准。计算中通常采用相对压强。

（4）应尽量选择未知量较少的过流断面。例如水箱水面、管道出口等，因为这些地方相对压强等于零，可以简化能量方程。

（5）因渐变流同一过流断面上任何点的测压管水头 $\left(z + \dfrac{p}{\rho g}\right)$ 都相等，所以测压管水头可以选取过流断面上任意点来计算。对管道，一般选管轴中心点计算较为方便；对于明渠，一般选在自由表面上，此处相对压强为零，自由表面到基准面的高度就是测压管水头。

（6）动能修正系数 α。不同过流断面上的动能修正系数 α_1 与 α_2 严格来讲是不相等的，且不等于 1，实用上对渐变流的多数情况可令 $\alpha_1 = \alpha_2 = 1$。

（7）两断面间有能量输入或输出的能量方程。在工程实践中，如碰到两断面间有能量的输入（如中间有水泵或风机等）或能量的输出（如中间有水轮机等），则相应的能量方程应为：

$$z_1 + \frac{p_1}{\gamma} + \alpha_1 \frac{v_1^2}{2g_1} \pm H = z_2 + \frac{p_2}{\gamma} + \alpha_2 \frac{v_2^2}{2g_2} + h_{\mathrm{w1\text{-}2}}$$

式中，$+H$ 为有能量输入；$-H$ 为有能量输出。

（8）两断面间有分流或汇流的能量方程

由于总流能量方程中每一项都是单位重量流体所具有的能量，因此，对于两断面间有流量汇入或分出的情况，可以分别对每支流动建立能量方程。

对有流量汇入的情况 ［图 6-2-11 (a)］：

1-1 断面和 3-3 断面间

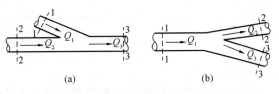

图 6-2-11　两断面间有流量汇入或分出的流动

$$z_1 + \frac{p_1}{\rho g} + \frac{\alpha_1 v_1^2}{2g} = z_3 + \frac{p_3}{\rho g} + \frac{\alpha_3 v_3^2}{2g} + h_{\mathrm{w1\text{-}3}}$$

2-2 断面和 3-3 断面间

$$z_2 + \frac{p_2}{\rho g} + \frac{\alpha_2 v_2^2}{2g} = z_3 + \frac{p_3}{\rho g} + \frac{\alpha_3 v_3^2}{2g} + h_{w2\text{-}3}$$

对于有流量分出的情况〔图 6-2-11 （b）〕：

1-1 断面和 2-2 断面间

$$z_1 + \frac{p_1}{\rho g} + \frac{\alpha_1 v_1^2}{2g} = z_2 + \frac{p_2}{\rho g} + \frac{\alpha_2 v_2^2}{2g} + h_{w1\text{-}2}$$

1-1 断面和 3-3 断面间

$$z_1 + \frac{p_1}{\rho g} + \frac{\alpha_1 v_1^2}{2g} = z_3 + \frac{p_3}{\rho g} + \frac{\alpha_3 v_3^2}{2g} + h_{w1\text{-}3}$$

★★★5. 总水头线和测压管水头线

水头线是恒定总流各断面沿流能量变化的曲线，总水头是过流断面上单位重量流体三部分能量之和，一般用 H 表示。以能量方程建立两断面总水头 H_1、H_2 的形式是：

$$H_2 = H_1 - h_{w1\text{-}2}$$

即每个过流断面的总水头是上游断面总水头减去两断面之间的水头损失。根据这一关系，从最上游断面起，沿流向依次减去水头损失，求得各断面的总水头，直至流动的结束。将这些总水头，直接点绘并连成的线为总水头线，见图 6-2-12。由能量方程可得，在无能量输入和输出的情况下，总水头线是沿水流逐渐下降的。总水头线沿程下降的坡度称为水力坡度，用 J 表示，即：

$$J = \frac{\mathrm{d}h_w}{\mathrm{d}l} = -\frac{\mathrm{d}H}{\mathrm{d}l} \tag{6-2-20}$$

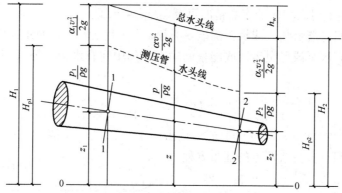

图 6-2-12　总水头线和测压管水头线

J 恒为正值。

测压管水头线是压能与位能之和点绘并连成的线，如以总水头线为基准，是同一断面总水头减去流速水头。根据这一关系，测压管水头线与总水头线之间相距流速水头，由于流速的大小取决于管径，所以测压管水头线坡度沿程的变化（可上升或可下降或可不变）要按管径的变化来判别。若测压管水头线的坡度用 J_p 表示，则：

$$J_p = -\frac{\mathrm{d}\left(z + \frac{p}{\rho g}\right)}{\mathrm{d}l} \tag{6-2-21}$$

测压管水头线下降时，J_p 为正值；上升时，J_p 为负值。

★★★6. 能量方程的应用举例

（1）文丘里流量计

图 6-2-13 所示为文丘里流量计的示意图，它是直接安装在管道上测量流量的，由收缩段、喉部和扩散段组成。在收缩段前部与喉部分别安装一测压装置。在恒定流情况下，只要已知两断面的压差，即可根据理论推导得出管道中流量值。

在文丘里管的测压处（渐变流断面）取 1-1、2-2 断面，基准面为一水平面，图中以 0-0 表示；假设流动过程中可忽略水头损失，并取 $\alpha_1 = \alpha_2 = 1$，又 $\rho g = \gamma$，总流的能量方程为：

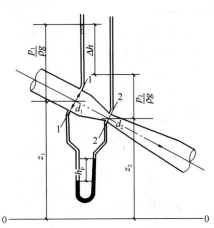

$$z_1 + \frac{p_1}{\gamma} + \frac{v_1^2}{2g} = z_2 + \frac{p_2}{\gamma} + \frac{v_2^2}{2g}$$

整理得：

$$\frac{v_2^2}{2g} - \frac{v_1^2}{2g} = \left(z_1 + \frac{p_1}{\gamma}\right) - \left(z_2 + \frac{p_2}{\gamma}\right)$$

由连续性方程：

$$v_1 A_1 = v_2 A_2 = 常数$$

如已知两断面的测压管水头差为 Δh，联立能量方程和连续性方程得：

图 6-2-13　文丘里流量计

$$\left(\frac{d_1}{d_2}\right)^4 \frac{v_1^2}{2g} - \frac{v_1^2}{2g} = \left(z_1 + \frac{p_1}{\gamma}\right) - \left(z_2 + \frac{p_2}{\gamma}\right) = \Delta h$$

则：

$$v_1 = \frac{1}{\sqrt{\left(\dfrac{d_1}{d_2}\right)^4 - 1}} \sqrt{2g \Delta h}$$

流量：$Q = v_1 A_1 = K\sqrt{\Delta h}$

式中，$K = \dfrac{\frac{1}{4}\pi d_1^2}{\sqrt{\left(\dfrac{d_1}{d_2}\right)^4 - 1}}\sqrt{2g}$，该数仅取决于文丘里管的几何尺寸及重力加速度，通常称为

文丘里管系数。在实际应用文丘里流量计时，由于水头损失的忽略、渐变流的假设，实际值与理论结果有差异，需对理论计算式进行修正。在实际应用中，常用 U 形汞压差计来测量两断面的测压管水位差，其换算公式：$\Delta h = \dfrac{\rho_{Hg} - \rho}{\rho} \cdot h_p$，式中，$\rho_{Hg}$、$h_p$ 分别为汞的密度和 U 形汞压差计测压管的高差；ρ 为流体的密度。

（2）典型例题

【例 6-2-5】（历年真题）图示一水平放置的恒定变直径圆管流，不计水头损失，取两个截面标记为 1 和 2，当 $d_1 > d_2$ 时，则两截面形心压强关系是：

A. $p_1 < p_2$ 　　　　B. $p_1 > p_2$

C. $p_1 = p_2$ 　　　　D. 不能确定

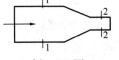

例 6-2-5 图

【解答】列断面 1-1、2-2 的能量方程：

$$z_1 + \frac{p_1}{\rho g} + \frac{\alpha_1 v_1^2}{2g} = z_2 + \frac{p_2}{\rho g} + \frac{\alpha_2 v_2^2}{2g}$$

$z_1 = z_2$；又 $d_1 > d_2$，由连续性方程知，$v_1 < v_2$

则：$p_1 > p_2$，应选 B 项。

【例 6-2-6】（历年真题）水从铅直圆管向下流出，如图所示，已知 $d_1 = 10\text{cm}$，管口处水流速度 $v_1 = 1.8\text{m/s}$，则管口下方 $h = 2\text{m}$ 处的水流速度 v_2 和直径 d_2 为：

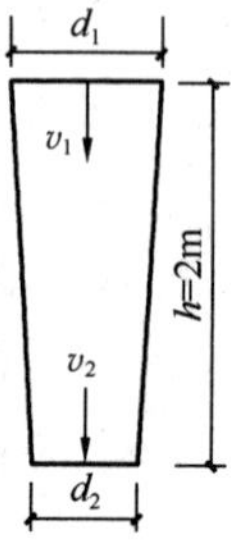

A. $v_2 = 6.5\text{m/s}$，$d_2 = 5.2\text{cm}$

B. $v_2 = 3.25\text{m/s}$，$d_2 = 5.2\text{cm}$

C. $v_2 = 6.5\text{m/s}$，$d_2 = 2.6\text{cm}$

D. $v_2 = 3.25\text{m/s}$，$d_2 = 2.6\text{cm}$

【解答】 选基准面 0-0 与断面 2-2 重合，列断面 1-1、2-2 的能量方程：

例 6-2-6 图

$$z_1 + \frac{\alpha_1 v_1^2}{2g} = z_2 + \frac{\alpha_2 v_2^2}{2g}$$

$$2 + \frac{1 \times 1.8^2}{2 \times 9.8} = \frac{1 \times v_2^2}{2 \times 9.8}，则：v_2 = 6.51\text{m/s}$$

由连续性方程：$v_1 A_1 = v_2 A_2$

$$1.8 \times \frac{\pi}{4} \times 0.1^2 = 6.51 \times \frac{\pi}{4} d_2^2，则：d_2 = 0.052\text{m} = 5.2\text{cm}$$

应选 A 项。

【例 6-2-7】 图示离心泵由吸水池抽水，已知抽水量 $Q = 6\text{L/s}$，泵的安装高度 $H_s = 5\text{m}$，吸水管直径 $d = 100\text{mm}$，吸水管的水头损失 $h_w = 0.25\text{m}$ 水柱。则水泵进口断面 2-2 的真空度为：

A. 51.7kPa   B. 45.3kPa

C. 38.1kPa   D. 28.6kPa

【解答】 选基准面 0-0 与吸水池水面重合。选吸水池水面为 1-1 断面，水泵进口断面为 2-2 断面。

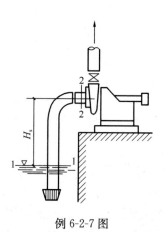

例 6-2-7 图

$$v_2 = \frac{Q}{A} = \frac{6 \times 10^{-3}}{\frac{\pi}{4} \times 0.1^2} = 0.764\text{m/s}$$

$$\frac{p_a}{\rho g} = H_s + \frac{p_2}{\rho g} + \frac{\alpha_2 v_2^2}{2g} + h_w，则：$$

$$\frac{p_v}{\rho g} = \frac{p_a - p_2}{\rho g} = H_s + \frac{\alpha_2 v_2^2}{2g} + h_w$$

$$= 5 + \frac{1 \times 0.764^2}{2 \times 9.8} + 0.25 = 5.28\text{m}$$

$p_v = 1000 \times 9.8 \times 5.28 = 51.744\text{kPa}$，应选 A 项。

【例 6-2-8】 图示为测定水泵扬程的装置。已知水泵吸水管直径为 200mm，压水管直径为 150mm，测得流量为 60L/s，水泵进口真空表读数为 3m 水柱，水泵出口压力表读数为 196kPa，两表连接的测压孔位置高差 $h = 0.5\text{m}$。则水泵的扬程 H 为：

A. 24.9m

B. 23.9m

C. 22.6m

D. 21.6m

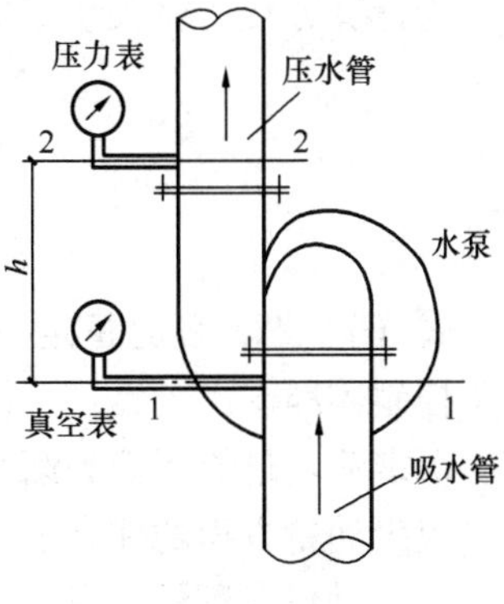

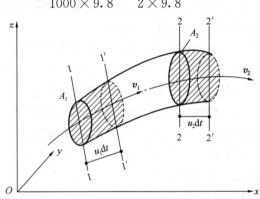

例 6-2-8 图

【解答】 选基准面 0-0 为真空表所在的管道断面，取 1-1、2-2 断面如图所示。

$$v_1 = \frac{Q}{A_1} = \frac{60 \times 10^{-3}}{\frac{\pi}{4} \times 0.2^2} = 1.91 \text{m/s}$$

$$v_2 = \frac{Q}{A_2} = \frac{60 \times 10^{-3}}{\frac{\pi}{4} \times 0.15^2} = 3.40 \text{m/s}, \frac{p_1}{\rho g} = -3\text{m}$$

$$z_1 + \frac{p_1}{\rho g} + \frac{\alpha_1 v_1^2}{2g} + H = z_2 + \frac{p_2}{\rho g} + \frac{\alpha_2 v_2^2}{2g}$$

$$0 + (-3) + \frac{1 \times 1.91^2}{2 \times 9.8} + H = 0.5 + \frac{196 \times 10^3}{1000 \times 9.8} + \frac{1 \times 3.40^2}{2 \times 9.8}$$

得：$H = 23.90$m，应选 B 项。

★★★六、恒定总流的动量方程

如图 6-2-14 所示，设在恒定总流中取过流断面 1-1、2-2 为渐变流断面，断面面积分别为 A_1、A_2，断面上的点速度分别为 u_1、u_2，以两断面及总流的侧表面所围成的空间为控制体。在外力的作用下，经过单位时间 dt，过流断面分别移到 $1'-1'$ 和 $2'-2'$。由于流体是不可压缩的恒定流，在断面 $1'-1'$、2-2 间的流体其动量保持不变，所以在单位时间内的动量的增量实际上为

图 6-2-14　总流的动量方程

2-2 和 $2'-2'$ 断面间与 1-1 和 $1'-1'$ 断面间的动量差。因此，单位时间内的动量的增量为：

$$\Delta m \boldsymbol{u} = \int_{A_2} \rho \boldsymbol{u} \boldsymbol{u} \mathrm{d}A \mathrm{d}t - \int_{A_1} \rho \boldsymbol{u} \boldsymbol{u} \mathrm{d}A \mathrm{d}t = \left(\int_{A_2} \rho \boldsymbol{u} \boldsymbol{u} \mathrm{d}A - \int_{A_1} \rho \boldsymbol{u} \boldsymbol{u} \mathrm{d}A \right) \mathrm{d}t$$

在动量方程中引入动量修正系数 β，定义如下：

$$\beta = \frac{\int_A u^2 \mathrm{d}A}{v^2 A}$$

动量修正系数 β 取决于流速分布的均匀程度，如流速分布是均匀的，则 $\beta = 1$。流速分布越不均匀，修正系数越大，实际工程中一般取 $1.01 \sim 1.05$ 之间。引入修正系数 β，以断面平均流速 $\boldsymbol{v}$ 代替 $\boldsymbol{u}$，因此动量的增量为：

$$\Delta m \boldsymbol{v} = \rho (\beta_2 v_2 \boldsymbol{v}_2 A_2 - \beta_1 v_1 \boldsymbol{v}_1 A_1) \mathrm{d}t = \rho (\beta_2 \boldsymbol{v}_2 - \beta_1 \boldsymbol{v}_1) Q \mathrm{d}t$$

由动量定律可得，控制体的动量的增量等于外力的冲量，设控制体的外力为 $\Sigma \boldsymbol{F}$，冲量为 $\Sigma \boldsymbol{F} \mathrm{d}t$，所以动量方程变为：

$$\Sigma \boldsymbol{F} \mathrm{d}t = \rho Q (\beta_2 \boldsymbol{v}_2 - \beta_1 \boldsymbol{v}_1) \mathrm{d}t$$

即：

$$\Sigma \boldsymbol{F} = \rho Q (\beta_2 \boldsymbol{v}_2 - \beta_1 \boldsymbol{v}_1) \tag{6-2-22}$$

为计算方便，将矢量型的动量方程分解为分量方程：

$$\begin{aligned}
\Sigma F_{x} &= \rho Q(\beta_2 v_{2x} - \beta_1 v_{1x}) \\
\Sigma F_{y} &= \rho Q(\beta_2 v_{2y} - \beta_1 v_{1y}) \\
\Sigma F_{z} &= \rho Q(\beta_2 v_{2z} - \beta_1 v_{1z})
\end{aligned}\right\}$$

(6-2-23)

式（6-2-22）就是恒定总流的动量方程。方程表明，作用于控制体内流体上的外力，等于控制体净流出的动量。结合推导式（6-2-22）规定的条件，总流动量方程的应用条件有：恒定流，过流断面为渐变流断面，不可压缩流体。

应用动量方程的注意事项：

（1）动量方程量矢量式，式中流速和作用力都是有方向的量。因此，首先要选定坐标轴并标明其正方向，然后把流速和作用力向该坐标轴投影。凡是和坐标轴指向一致的流速和作用力均为正值，反之为负值。坐标的选择以方便计算为宜。

（2）动量方程式的右端，是单位时间内所取流段的动量变化值，必须是流出的动量减去流进的动量，两者不可颠倒。

（3）所选择的两个过流断面应符合渐变流条件，这样便于计算两断面上的动水压力。因为渐变流断面上的动水压强可按静水压强公式计算。由于运动流体及固体边界均受当地大气压强的作用，压强一律采用相对压强。

（4）根据问题的要求，选定两个渐变流断面间的流体作为隔离体，作用在隔离体上的外力应包括：两断面上的流体压力、固体边界对流体的作用力以及流体本身的重力。

（5）虽然动量方程的推导是在无流量汇入与流出条件下进行的，但它可以应用于有流量汇入与流出的情况。

【例 6-2-9】 水流以速度 $v=5\text{m/s}$ 流入直径 $d=200\text{mm}$ 的 $60°$ 水平弯管，如图所示，弯管进口端的压强 $p=98\text{kPa}$，如不计水头损失，则水流对弯管的作用力 R 为：

A. 1931N　　　　　B. 2218N

C. 2941N　　　　　D. 3620N

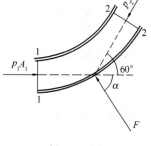

例 6-2-9 图

【解答】 在弯管的前后端取 1-1 和 2-2 断面。根据连续性方程，进出口流速相等，$v_1 = v_2 = 5\text{m/s}$。根据能量方程，由于流速一致、位置高度不变，故 1-1 和 2-2 断面的压强相等，即 $p_1 = p_2 = 98\text{kPa}$。

两断面的压力：

$$P_1 = P_2 = p_1 A_1 = 98 \times 10^3 \times \frac{\pi}{4} \times 0.2 = 3077.2\text{N}$$

由于弯管是水平放置的，重力在水平方向上不起作用。根据动量方程：

$$\Sigma F_{x} = \rho Q(\beta_2 v_{2x} - \beta_1 v_{1x})$$
$$\Sigma F_{y} = \rho Q(\beta_2 v_{2y} - \beta_1 v_{1y})$$

取 $\beta_1 = \beta_2 = 1.0$，得：

$$P_1 - P_2\cos60° - F_x = 1000 \times \frac{\pi}{4} \times 0.2^2 \times 5 \times (5\cos60° - 5)$$

可得：$F_x = 1931.1\text{N}$

$$F_y - P_2\sin 60° = 100 \times \frac{\pi}{4} \times 0.2^2 \times 5 \times (5\sin 60° - 0)$$

可得：$F_y = 2218.4\text{N}$

合力 $\qquad\qquad F = \sqrt{F_x^2 + F_y^2} = 2941.2\text{N}$

水流对弯管的作用力 R 与 F 大小相等，方向相反，$R = 2941.2\text{N}$，应选 C 项。

【例 6-2-10】（历年真题）图示水由喷嘴水平喷出，冲击在光滑平板上，已知出口流速为 50m/s，喷射流量为 $0.2\text{m}^3/\text{s}$，不计阻力，则平板受到的冲击力为：

A. 5kN

B. 10kN

C. 20kN

D. 40kN

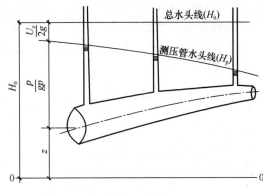

【解答】 根据能量方程：

$$\sum F_x = F = \rho Q(0 - v_{1x}) = 1000 \times 0.2 \times [0 - (-50)]$$
$$= 10 \times 10^3 \text{N} = 10\text{kN}$$

例 6-2-10 图

应选 B 项。

习　题

6-2-1　（历年真题）如图所示，下列说法中，错误的是：

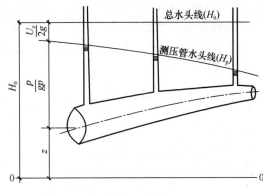

题 6-2-1 图

A. 对理想流体，该测压管水头线（H_p 线）应该沿程无变化

B. 该图是理想流体流动的水头线

C. 对理想流体，该总水头线（H_0 线）沿程无变化

D. 该图不适用于描述实际流体的水头线

6-2-2　（历年真题）一直径 $d_1 = 0.2\text{m}$ 的圆管，突然扩大到直径为 $d_2 = 0.3\text{m}$，若 $v_1 = 9.55\text{m/s}$，则 v_2 与 Q 分别为：

A. 4.24m/s，$0.3\text{m}^3/\text{s}$

B. 2.39m/s，$0.3\text{m}^3/\text{s}$

C. 4.24m/s，$0.5\text{m}^3/\text{s}$

D. 2.39m/s，$0.5\text{m}^3/\text{s}$

6-2-3　（历年真题）有一变截面压力管道，测得流量为 15L/s，其中一截面的直径为 100mm，另一截面处的流速为 20m/s，则此截面的直径为：

A. 29mm

B. 31mm

C. 35mm

D. 26mm

6-2-4　（历年真题）流体的连续性方程 $v_1 A_1 = v_2 A_2$ 适用于：

A. 可压缩流体   B. 不可压缩流体

C. 理想流体   D. 任何流体

6-2-5 （历年真题）利用动量定理计算流体对固体壁面的作用力时，进、出口截面上的压强应为：

A. 绝对压强   B. 相对压强   C. 大气压   D. 真空度

第三节　流动阻力和能量损失

一、流动阻力和水头损失的分类

在边壁沿程无变化（边壁形状、尺寸、过流方向均无变化）的均匀流流段上，产生的流动阻力称为沿程阻力或摩擦阻力。由于沿程阻力做功而引起的水头损失称为沿程水头损失。沿程水头损失均匀分布在整个流段上，与流段的长度成比例。流体在等直径的直管中流动的水头损失就是沿程水头损失，以 h_f 表示。

在边壁沿程急剧变化，流速分布发生变化的局部区段上，集中产生的流动阻力称为局部阻力。由局部阻力引起的水头损失，称为局部水头损失。发生在管道入口、异径管、弯管、三通、阀门等各种管件处的水头损失，都是局部水头损失，以 h_j 表示。

如图 6-3-1 所示的管道流动，ab、bc、cd 各段只有沿程阻力，h_{fab}、h_{fbc}、h_{fcd} 是各段的沿程水头损失；管道入口、管径突然缩小及阀门处产生局部阻力，h_{ja}、h_{jb}、h_{jc} 是各种的局部水头损失。整个管道的水头损失 h_w 等于各管段的沿程水头损失和所有局部水头损失的总和。

$$h_w = \sum h_f + \sum h_j = (h_{fab} + h_{fbc} + h_{fcd}) + (h_{ja} + h_{jb} + h_{jc})$$

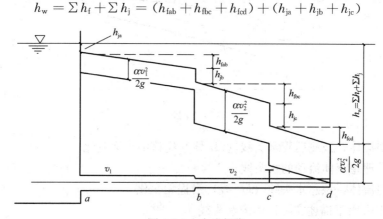

图 6-3-1　水头损失

圆管沿程水头损失计算公式：

$$h_f = \lambda \frac{l}{d} \frac{v^2}{2g} \tag{6-3-1}$$

式中，l 为管长；d 为管径；v 为断面平均流速；g 为重力加速度；λ 为沿程摩阻系数（沿程阻力系数）。

式（6-3-1）称为达西-魏斯巴赫公式。

局部水头损失按下式计算：

$$h_{\mathrm{j}} = \zeta \frac{v^2}{2g}$$ (6-3-2)

式中，ζ 为局部水头损失系数（局部阻力系数），由实验确定；v 为 ζ 对应的断面平均流速。

★★★二、实际流体的两种流态

1. 雷诺实验

雷诺实验的装置如图 6-3-2 所示，由水箱引出玻璃管 A，末端装有阀门 B，在水箱上部的容器 C 中装有密度和水接近的颜色水，打开阀门 D，颜色水就可经针管 E 注入 A 管中。

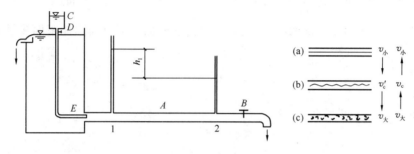

图 6-3-2　雷诺实验

实验时保持水箱内水位恒定，稍许开启阀门 B，使玻璃管内保持较低流速。再打开阀门 D，颜色水经针管 E 流出。这时可见玻璃管内的颜色水成一条界线分明的纤流，与周围清水不相混合 [图 6-3-2（a）]。表明玻璃管中的水，一层套着一层呈层状流动，各层质点互不掺混，这种流动形态称为层流。

逐渐开大阀门 B，玻璃管内流速增大到某一临界值 v_{c}'（上临界流速）时，颜色水纤流出现抖动 [图 6-3-2（b）]。再开大阀门 B，颜色水纤流破散并与周围清水混合，使玻璃管的整个断面都带颜色 [图 6-3-2（c）]。表明此时质点的运动轨迹极不规则，各层质点相互掺混，这种流动形态称为紊流或湍流。

将以上实验按相反的顺序进行。先开大阀门 B，使玻璃管内为紊流，然后逐渐关小阀门 B，则按相反的顺序重演前面实验中发生的现象。只是由紊流转变为层流的流速 v_{c}（下临界流速）小于由层流转变为紊流的流速 v_{c}'。

实验发现，v_{c}' 是不稳定的，受启动扰动的影响很大，而实际流体流动中扰动难以避免，因此，实用上把下临界流速 v_{c} 作为流态转变的临界流速：$v < v_{\mathrm{c}}$ 流动是层流；$v > v_{\mathrm{c}}$ 流动是紊流。

经实验观测与整理得出不同流态，沿程水头损失 h_{f} 和流速 v 的关系如下：

（1）层流沿程水头损失与流速的 1 次方成比例，$h_{\mathrm{f}} \propto v^{1.0}$；

（2）紊流沿程水头损失与流速的 1.75～2.0 次方成比例，$h_{\mathrm{f}} \propto v^{1.75 \sim 2.0}$。

2. 流态的判别——雷诺数

雷诺等人进一步实验表明，流态不仅和断面平均流速 v 有关，还与管径 d、流体的动力黏性系数 μ 和密度 ρ 有关。流态既反映管道中流动的特性，又反映管道的特性。将前述四个参数合成一无量纲数（或无因次数），称为雷诺数，用 Re 表示：

$$Re = \frac{vd\rho}{\mu} = \frac{vd}{\nu} \qquad (6\text{-}3\text{-}3)$$

式中，ν 为流体的运动黏性系数。

对应于临界流速的雷诺数称为临界雷诺数，通常用 Re_{cr} 表示。大量实验表明：不同的管道（即圆管）、不同的流体以及不同的外界条件，其临界雷诺数均在 $2000 \sim 2300$，所以通常采用 $Re_{cr} = 2300$。当圆管中雷诺数小于临界雷诺数时，管中流动为层流，否则为紊流。

对于明渠、天然河道及非圆管中的流动，可采用特征长度 R 来替代管径 d，$R = \dfrac{A}{\chi}$，称为水力半径，A 为过流断面面积，χ 为湿周（过流断面上流体与固体壁面接触的周长）。以圆管流作比较，由于：

$$R = \frac{A}{\chi} = \frac{\frac{1}{4}\pi d^2}{\pi d} = \frac{1}{4}d$$

则以水力半径 R 为特征长度，相应的临界雷诺数：

$$Re_{cr,R} = \frac{vR}{\nu} = \frac{2300}{4} = 575$$

【例 6-3-1】（历年真题）水流经过变直径圆管，管中流量不变，已知前段直径 $d_1 = 30\text{mm}$，雷诺数为 5000，后段直径变为 $d_2 = 60\text{mm}$，则后段圆管中的雷诺数为：

A. 5000　　　　B. 4000　　　　C. 2500　　　　D. 1250

【解答】根据连续性方程：$v_1 A_1 = v_2 A_2$，$v_2 = v_1 \left(\dfrac{d_1}{d_2}\right)^2 = v_1 \times \left(\dfrac{30}{60}\right)^2 = \dfrac{v_1}{4}$

$$Re_1 = \frac{v_1 d_1}{\nu} = 5000, \quad Re_2 = \frac{v_2 d_2}{\nu}$$

$\dfrac{Re_2}{Re_1} = \dfrac{\frac{v_4}{4}}{v_1}\dfrac{d_2}{d_1} = \dfrac{1 \times 60}{4 \times 30} = \dfrac{1}{2}$，则：$Re_2 = 2500$

应选 C 项。

【例 6-3-2】（历年真题）直径为 20mm 的管道，平均流速为 9m/s，已知水的运动黏性系数 $\nu = 0.0114\text{cm}^2/\text{s}$，则管中水流的流态和水流流态转变的层流流速分别是：

A. 层流，19cm/s　　　　　　　B. 层流，13cm/s

C. 紊流，19cm/s　　　　　　　D. 紊流，13cm/s

【解答】$Re = \dfrac{vd}{\nu} = \dfrac{9 \times 0.02}{0.0114 \times 10^{-4}} = 157895 > Re_{cr} = 2300$，为紊流

$$v = \frac{\nu Re_{cr}}{d} = \frac{0.0114 \times 10^{-4} \times 2300}{0.02} = 0.1311\text{m/s} = 13\text{cm/s}$$

应选 D 项。

★三、沿程水头损失与切应力的关系

均匀流内部流层间的切应力（即沿程阻力）是造成沿程水头损失的直接原因。因此，建立沿程水头损失与切应力的关系式，找出切应力的变化规律，就能解决沿程水头损失的计算问题。

设圆管恒定均匀流段 1-2（图 6-3-3），作用于流段上的外力：压力、壁面切力、重力。经分析可得沿程水头损失与切应力的关系为：

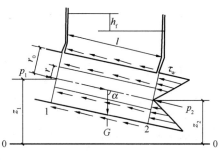

$$h_f = \frac{\tau_w \chi l}{\rho g A} = \frac{\tau_w l}{\rho g R} \qquad (6\text{-}3\text{-}4)$$

$$\tau_w = \rho g R \frac{h_f}{l} = \rho g R J \qquad (6\text{-}3\text{-}5)$$

图 6-3-3　圆管均匀流段

式中，τ_w 为壁面切应力；J 为水力坡度，$J = \frac{h_f}{l}$。

式（6-3-4）或式（6-3-5）给出了圆管均匀流沿程水头损失与切应力的关系，称为均匀流动方程式。上述公式对层流和紊流均适用。

圆管均匀流过流断面上的切应力 τ 为：

$$\tau = \frac{r}{r_0} \tau_w \qquad (6\text{-}3\text{-}6)$$

即圆管均匀流过流断面上切应力呈直线分布，管轴处 $\tau = 0$，管壁处切应力达最大值 $\tau = \tau_w$（图 6-3-3）。

【例 6-3-3】（历年真题）沿程水头损失 h_f：

A. 与流程长度成正比，与壁面切应力和水力半径成反比

B. 与流程长度和壁面切应力成正比，与水力半径成反比

C. 与水力半径成正比，与流程长度和壁面切应力成反比

D. 与壁面切应力成正比，与流程长度和水力半径成反比

【解答】根据 $h_f = \frac{\tau_w l}{\rho g R}$，应选 B 项。

★★★四、圆管中的层流运动

圆管中的层流，各层质点沿平行管轴线方向运动。与管壁接触的一层速度为零，管轴线上速度最大，整个管流如同无数薄壁圆筒一个套着一个滑动（图 6-3-4）。

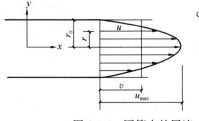

图 6-3-4　圆管中的层流

过流截面上任意一点（r 处）的流速为：

$$u = \frac{\rho g J}{4\mu}(r_0^2 - r^2) \qquad (6\text{-}3\text{-}7)$$

上式为抛物线方程，过流断面上流速

呈抛物线分布，是圆管层流的重要特征之一。

流速最大值：

$$r = 0, \quad u_{max} = \frac{\rho g J}{4\mu} r_0^2 \tag{6-3-8}$$

流量：

$$Q = \int_A u \, dA = \frac{\rho g J}{8\mu} r_0^4$$

平均流速：

$$v = \frac{Q}{A} = \frac{\rho g J}{8\mu} r_0^2 = \frac{1}{2} u_{max} \tag{6-3-9}$$

从上述关系式可得：最大流速发生在管轴线上，并且最大流速为平均流速的两倍，这是圆管层流的流速特性，也是抛物面的特性。

以 $r_0 = \dfrac{d}{2}$，$J = \dfrac{h_f}{l}$ 代入式（6-3-9），整理得：

$$h_f = \frac{32\mu l}{\rho g d^2} v = \frac{64}{Re} \frac{l}{d} \frac{v^2}{2g} = \lambda \frac{l}{d} \frac{v^2}{2g} \tag{6-3-10}$$

因此，圆管层流的沿程阻力系数 λ 为：

$$\lambda = \frac{64}{Re} \tag{6-3-11}$$

式（6-3-11）表明，圆管层流的沿程阻力系数 λ 只是雷诺数的函数，与管壁的粗糙度无关。

【例 6-3-4】（历年真题）一直径为 50mm 的圆管，运动黏滞系数 $\nu = 0.18\text{cm}^2/\text{s}$、密度 $\rho = 0.85\text{g/cm}^3$ 的油在管内以 $v = 10\text{cm/s}$ 的速度作层流运动，则沿程损失系数是：

A. 0.18　　　　　B. 0.23　　　　　C. 0.20　　　　　D. 0.26

【解答】 $\lambda = \dfrac{64}{Re} = \dfrac{64}{\dfrac{vd}{\nu}} = \dfrac{64}{\dfrac{10 \times 5}{0.18}} = 0.2304$

应选 B 项。

五、紊流运动

★1. 紊流的特征

2. 紊流的沿程水头损失

★★★（1）尼古拉兹实验

尼古拉兹采用人工粗糙管进行实验，用砂粒的直径 k_s 来表示管壁的粗糙度，k_s 称为绝对粗糙，用 k_s/d 称为相对粗糙。通过观测，计算出 Re 和 λ 值，从而得到 $\lambda = f(Re,$

k_s/d）曲线，即尼古拉兹实验曲线（图 6-3-7）。根据 λ 的变化特性，尼古拉兹实验曲线分为五个阻力区：

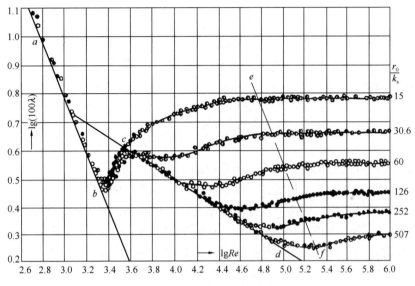

图 6-3-7　尼古拉兹实验曲线图

1）（ab 线，$\lg Re < 3.36$，$Re < 2300$）该区是层流。不同的相对粗糙管的实验点在同一直线上。表明 λ 与相对粗糙 k_s/d 无关，只是 Re 的函数，并符合 $\lambda = 64/Re$，其变化规律为：$\lambda = f_1(Re)$。

2）（bc 线，$\lg Re = 3.36 \sim 3.6$，$Re = 2300 \sim 4000$）不同的相对粗糙管的实验点在同一直线上。表明 λ 与相对粗糙 k_s/d 无关，只是 Re 的函数，此区是层流向紊流过渡，这个区的范围很窄，实用意义不大，其变化规律为：$\lambda = f_2(Re)$。

3）（cd 线，$\lg Re > 3.6$，$Re > 4000$）不同的相对粗糙管的实验点在同一直线上。表明 λ 与相对粗糙 k_s/d 无关，只是 Re 的函数。随着 Re 的增大，k_s/d 大的管道，实验点在 Re 较低时便离开此线，而 k_s/d 小的管道，在 Re 较大时才离开。该区称为紊流光滑区，其变化规律为：$\lambda = f_3(Re)$。

4）（cd、ef 之间的曲线族）不同的相对粗糙管的实验点分别落在不同的曲线上。表明 λ 既与 Re 有关，又与 k_s/d 有关，该区称为紊流过流区，其变化规律为：$\lambda = f_4(Re, k_s/d)$。

5）（ef 右侧水平的直线族）不同的相对粗糙管的实验点分别落在不同的水平直线上。表明 λ 只与相对粗糙 k_s/d 有关，与 Re 无关，该区称为紊流粗糙区。在这个阻力区，对于一定的管道（k_s/d 一定），λ 是常数。沿程水头损失与流速的平方成正比，故紊流粗糙区又称为阻力平方区，其变化规律为：$\lambda = f_5(k_s/d)$。

【例 6-3-5】（历年真题）尼古拉兹实验曲线中，当某管路流动在紊流光滑区内时，随着雷诺数 Re 的增大，其沿程损失系数 λ 将：

A. 增大　　　　　B. 减小　　　　　C. 不变　　　　　D. 增大或减小

【解答】由尼古拉兹实验曲线图可知，在紊流光滑区，随着雷诺数 Re 的增大，沿程损失系数将减小，应选 B 项。

★（2）紊流的沿程阻力系数 λ 的半经验公式

根据混合长度理论结合尼古拉兹实验，得到半经验公式：

1）紊流光滑区

$$\frac{1}{\sqrt{\lambda}} = 2\lg \frac{Re\sqrt{\lambda}}{2.51}$$ (6-3-15)

上式也称为尼古拉兹光滑管公式。该式也适用于工业管道。

2）紊流粗糙区

$$\frac{1}{\sqrt{\lambda}} = 2\lg \frac{3.7d}{k_s}$$ (6-3-16)

上式也称为尼古拉兹粗糙管公式。该式也适用于工业管道，但 k_s 应采用工业管道的当量粗糙。把直径相同、紊流粗糙区 λ 值相等的人工粗糙管的粗糙突起高度 k_s 定义为该管材工业管道的当量粗糙。就是以工业管道紊流粗糙区实测的 λ 值，代入尼古拉兹粗糙管公式 (6-3-16)，反算得到的 k_s 值。可见，工业管道的当量粗糙是按沿程损失的效果相同得出的折算高度，它反映了粗糙各种因素对 λ 的综合影响。常用的工业管道的当量粗糙见表 6-3-1。

常用工业管道的当量粗糙　　　　　　　表 6-3-1

输水管道	k_s（mm）
聚乙烯管、聚氯乙烯管、玻璃钢管	0.01～0.03
铅管、铜管、玻璃管	0.01
钢管	0.046
涂沥青铸铁管	0.12
新铸铁管	0.15～0.5
旧铸铁管	1～1.5

3）紊流过渡区

科尔布鲁克和怀特给出适用于工业管道紊流过渡区的 λ 计算公式：

$$\frac{1}{\sqrt{\lambda}} = -2\lg\left(\frac{k_s}{3.7d} + \frac{2.51}{Re\sqrt{\lambda}}\right)$$ (6-3-17)

式中，k_s 为工业管道的当量粗糙。

为了简化计算，1944 年美国工程师穆迪以科尔布鲁克公式为基础，以相对粗糙为参数，把 λ 作为 Re 的函数，绘制出工业管道摩阻系数曲线图，即穆迪图（图 6-3-8）。在图上按 k_s/d 和 Re 可直接查出 λ 值。

★（3）紊流的沿程阻力系数 λ 的其他经验公式

除了以上的半经验公式外，还有许多根据实验资料整理而成的经验公式。其中，谢才公式应用广泛。谢才公式为：

$$v = \sqrt{\frac{8g}{\lambda}}\sqrt{RJ} = C\sqrt{RJ}$$ (6-3-18)

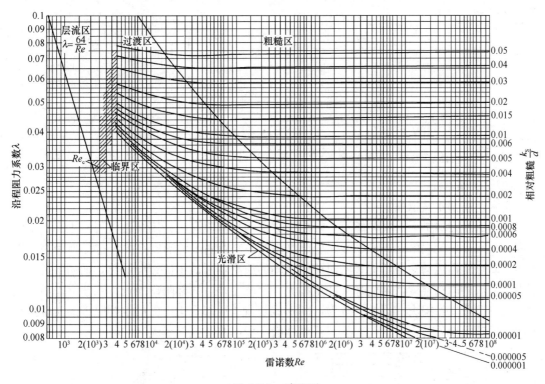

图 6-3-8　穆迪图

$$C = \sqrt{\frac{8g}{\lambda}} \qquad (6\text{-}3\text{-}19)$$

式中，v 为断面平均流速；R 为水力半径；J 为水力坡度；C 为反映沿程摩阻的系数，称为谢才系数。

谢才系数 C 在实用上另由经验公式计算，其中曼宁公式为：

$$C = \frac{1}{n}R^{1/6} \qquad (6\text{-}3\text{-}20)$$

式中，R 为水力半径（m）；n 为表示壁面粗糙的系数，称为曼宁粗糙系数。

（4）紊流的沿程损失计算

紊流的沿程损失计算公式仍按公式（6-3-1），其中，λ 应按上述紊流的半经验公式或经验公式确定。

【例 6-3-6】（历年真题）图示由大体积水箱供水，且水位恒定，水箱顶部压力表读数 19600Pa，水深 $H = 2$m，水平管道长 $l = 100$m，直径 $d = 200$mm，沿程损失系数 0.02，忽略局部损失，则管道通过流量是：

A. 83.8L/s　　　　　B. 196.5L/s

C. 59.3L/s　　　　　D. 47.4L/s

【解答】列水箱自由液面、管道出口的能

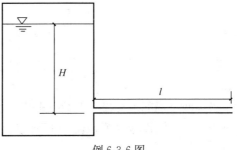

例 6-3-6 图

量方程：

$$H+\frac{p}{\rho g}=\frac{\alpha_1 v^2}{2g}+h_f=\frac{1\times v^2}{2g}+\lambda\frac{L}{d}\frac{v^2}{2g}$$

$$2+\frac{19600}{1000\times 9.8}=\frac{v^2}{2\times 9.8}+0.02\times\frac{100}{0.2}\times\frac{v^2}{2\times 9.8}$$

可得：$v=2.67\mathrm{m/s}$

$$Q=vA=2.67\times\frac{\pi}{4}\times 0.2^2=0.08384\mathrm{m^3/s}=83.8\mathrm{L/s}$$

应选 A 项。

★六、局部水头损失

流体流经突然扩大、突然缩小、转向、分岔等局部阻碍时，因惯性作用，主流与壁面脱离，其间形成旋涡区（图 6-3-9）。局部水头损失同旋涡区的形成有关，这是因为在旋涡区内，质点旋涡运动集中耗能，同时旋涡运动的质点不断被主流带向下游，加剧下游一定范围内主流的紊动强度，从而加大能量损失。除此之外，局部阻碍附近，流速分布不断改组，也将造成能量损失。因此，旋涡区的形成是造成局部水头损失的主要原因。实验结果表明，局部阻碍处旋涡区越大，旋涡强度越大，局部水头损失越大。

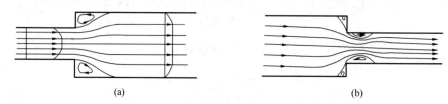

(a)   (b)

图 6-3-9　局部阻碍

局部水头损失计算公式按式（6-3-2），即：

$$h_j=\zeta\frac{v^2}{2g}$$

局部水头损失系数 ζ，理论上应与局部阻碍处的雷诺数 Re 和边界情况有关。但是，因受局部阻碍的强烈扰动，流动在较小的雷诺数时，就已充分紊动，雷诺数的变化对紊动程度的实际影响很小。故一般情况下，ζ 只决定于局部阻碍的形状，与 Re 无关。因局部阻碍的形式繁多，流动现象极其复杂，局部水头损失系数多由实验确定。

1. 突然扩大管

根据理论公式可导出局部水头损失系数：

$$h_j=\left(1-\frac{A_1}{A_2}\right)^2\frac{v_1^2}{2g}=\zeta_1\frac{v_1^2}{2g},\ \zeta_1=\left(1-\frac{A_1}{A_2}\right)^2$$

$$h_j=\left(\frac{A_2}{A_1}-1\right)^2\frac{v_2^2}{2g}=\zeta_2\frac{v_2^2}{2g},\ \zeta_2=\left(\frac{A_2}{A_1}-1\right)^2$$

以上两个局部水头损失系数，分别与突然扩大前、后两个断面的平均速度对应。

当流体在淹没情况下，流入断面很大的容器时（图 6-3-10），作为突然扩大的特例，

$\dfrac{A_1}{A_2}\approx0$，$\xi=\xi_{出}=1$，称为管道的出口损失系数。

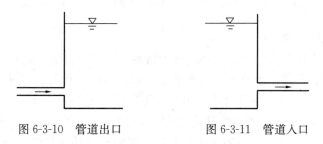

图 6-3-10　管道出口　　　　图 6-3-11　管道入口

2. 突然缩小管

突然缩小管的局部水头损失系数决定于收缩面积比。当流体由断面很大的容器流入管道时（图 6-3-11），作为突然缩小的特例，$A_2/A_1\approx0$，$\xi=\xi_{入}=0.5$，称为管道入口损失系数。

★七、边界层概念与绕流阻力
★八、减小阻力的措施

习　题

6-3-1 （历年真题）管径 $d=50\mathrm{mm}$ 的水管，在水温 $t=10℃$ 时，管内要保持层流的最大流速是（$10℃$ 的水的运动黏滞系数 $\nu=1.31\times10^{-6}\mathrm{m^2/s}$）：

A. 0.21m/s　　　B. 0.115m/s　　　C. 0.105m/s　　　D. 0.0603m/s

6-3-2 （历年真题）管道长度不变，管中流动为层流，允许的水头损失不变，当直径变为原来的 2 倍时，若不计局部损失，流量将变为原来的：

A. 2 倍　　　　B. 4 倍　　　　C. 8 倍　　　　D. 16 倍

6-3-3 （历年真题）如图所示，当阀门的开度变小时，流量将：

A. 增大　　　　B. 减小

C. 不变　　　　D. 条件不足，无法确定

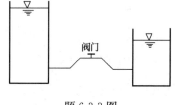

题 6-3-3 图

6-3-4 （历年真题）尼古拉斯实验的曲线图中，在（　）区域里，不同相对粗糙度的试验点，分别落在一些与横轴平行的直线上，阻力系数 λ 与雷诺数无关。

A. 层流区　　　　　　　　　B. 临界过渡区

C. 紊流光滑区　　　　　　　D. 紊流粗糙区

6-3-5 （历年真题）圆管层流中，下述错误的是：

A. 水头损失与雷诺数有关　　　　B. 水头损失与管长度有关

C. 水头损失与流速有关　　　　　D. 水头损失与粗糙度有关

第四节 孔口、管嘴出流和有压管流

★★★一、孔口出流

孔口出流时，水流与孔壁仅在一条周线上接触，壁厚对出流无影响，这样的孔口称为薄壁孔口。孔口上、下缘在水面下的深度是不同的，其作用水头也不同（图 6-4-1）。在实

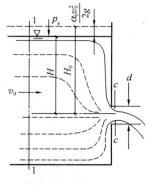

图 6-4-1 孔口自由出流

际计算中，当孔口的直径 d（或高度 e）与孔口形心在水面下的深度 H 相比很小，如 $d \leqslant H/10$ 时，便可认为孔口断面上各点的水头相等，这样的孔口是小孔口；当 $d > H/10$ 时，应考虑不同高度上的水头不等，这样的孔口是大孔口。

1. 自由出流

水由孔口流入大气中称为自由出流，如图 6-4-1 所示。在孔口断面流线并不平行，距孔口约为 $d/2$ 处流束收缩完毕，流线趋于平行，该断面称为收缩断面，见图中的 c-c 断面。设孔口断面面积为 A，收缩断面面积为 A_c，收缩系数 ε 为：$\varepsilon = A_c/A$，当完全收缩时，取 $\varepsilon = 0.64$。

为推导孔口出流的基本公式，选通过孔口形心的水平面为基准面，取容器内符合渐变流条件的过流断面 1-1、收缩断面 c-c 列能量方程：

$$H + \frac{p_0}{\rho g} + \frac{\alpha_0 v_0^2}{2g} = \frac{p_c}{\rho g} + \frac{\alpha_c v_c^2}{2g} + \zeta \frac{v_c^2}{2g}$$

式中，$p_0 = p_c = p_a$，且令 $H_0 = H + \frac{\alpha_0 v_0^2}{2g}$，代入上式，整理得：

收缩断面流速

$$v_c = \frac{1}{\sqrt{\alpha_c + \zeta}} \sqrt{2gH_0} = \varphi \sqrt{2gH_0} \qquad (6\text{-}4\text{-}1)$$

孔口的流量

$$Q = v_c A_c = \varphi \varepsilon A \sqrt{2gH_0} = \mu A \sqrt{2gH_0} \qquad (6\text{-}4\text{-}2)$$

式中，H_0 为作用水头，如 $v_0 \approx 0$，则 $H_0 = H$；ζ 为孔口的局部水头损失系数，取为 0.06；φ 为孔口的流速系数，$\varphi = \dfrac{1}{\sqrt{\alpha_c + \zeta}} = \dfrac{1}{\sqrt{1 + \zeta}} = \dfrac{1}{\sqrt{1 + 0.06}} = 0.97$；$\mu$ 为孔口的流量系数，$\mu = \varepsilon \varphi = 0.64 \times 0.97 = 0.62$。

2. 淹没出流

水由孔口直接流入另一部分水体中（图 6-4-2）称为淹没出流。孔口淹没出流也和自由出流一样，水流经孔口流束形成收缩断面 c-c，然后扩大。选通过孔口形心的水平面为基准面，取上下游过流断面 1-1、2-2 列能量方程，式中水头损失项包括孔口的局部损失和收缩断面 c-c 至过流断面 2-2 流束突然扩大局部损失：

$$H_1 + \frac{\alpha_1 v_1^2}{2g} = H_2 + \frac{\alpha_2 v_2^2}{2g} + \zeta \frac{v_c^2}{2g} + \zeta_{se} \frac{v_c^2}{2g}$$

令 $H_0 = H_1 - H_2 + \frac{\alpha_1 v_1^2}{2g}$，又 v_2 忽略不计，代入上

式，整理得：

收缩断面流速

$$v_c = \frac{1}{\sqrt{\zeta + \zeta_{se}}} \sqrt{2gH_0} = \varphi \sqrt{2gH_0}$$

(6-4-3)

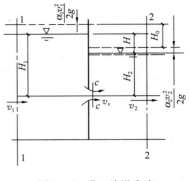

图 6-4-2　孔口淹没出流

孔口的流量

$$Q = v_c A_c = \varphi \varepsilon A \sqrt{2gH_0} = \mu A \sqrt{2gH_0}$$ (6-4-4)

式中，H_0 为作用水头，如 $v_1 \approx 0$，则 $H_0 = H_1 - H_2 = H$；ζ 为孔口的局部水头损失系数，取为 0.06；ζ_{se} 为水流自收缩断面突然扩大的局部水头损失系数，当 $A_2 \gg A_c$ 时，$\zeta_{se} \approx 1$；φ 为淹没孔口的流速系数，$\varphi = \frac{1}{\sqrt{\zeta + \zeta_{se}}} = \frac{1}{\sqrt{1 + \zeta}} = \frac{1}{\sqrt{1 + 0.06}} = 0.97$；$\mu$ 为淹没孔口的流量系数，$\mu = \varepsilon \varphi = 0.64 \times 0.97 = 0.62$。

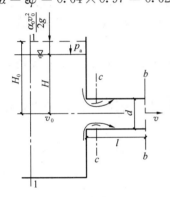

图 6-4-3　管嘴出流

注意，自由出流的水头 H 是水面至孔口形心的高度，而淹没出流的水头 H 乃是上下游水面高差。因为淹没出流孔口断面各点的水头相同，所以淹没出流无"大""小"孔口之分。

★★★二、管嘴出流

在孔口上对接长度为 3～4 倍孔径的短管，水通过短管并在出口断面满管流出的水力现象称为管嘴出流。如图 6-4-3 所示，设开口容器，水由管嘴自由出流，取容器内过流断面 1-1 和管嘴出口断面 b-b 列能量方程

$$H + \frac{\alpha_0 v_0^2}{2g} = \frac{\alpha v^2}{2g} + \zeta_n \frac{v^2}{2g}$$

令 $H_0 = H + \frac{\alpha_0 v_0^2}{2g}$，代入上式，整理得：

管嘴出口流速

$$v = \frac{1}{\sqrt{\alpha + \zeta_n}} \sqrt{2gH_0} = \varphi_n \sqrt{2gH_0}$$

(6-4-5)

管嘴流量

$$Q = vA = \varphi_n A \sqrt{2gH_0} = \mu_n A \sqrt{2gH_0}$$

(6-4-6)

式中，H_0 为作用水头，如 $v_0 \approx 0$，则 $H_0 = H$；ζ_n 为管嘴的局部水头损失系数，$\zeta_n = 0.5$；φ_n 为管嘴的流速系数，$\varphi_n = \frac{1}{\sqrt{\alpha + \zeta_n}} = \frac{1}{\sqrt{1 + 0.5}} = 0.82$；$\mu_n$ 为管嘴的流量系数，因出口断面无收缩，$\mu_n = \varphi_n = 0.82$。

比较式（6-4-6）和式（6-4-2），两式形式上完全相同，然而流量系数 $\mu_n = 1.32\mu$，可见在相同的作用水头下，同样面积管嘴的过流能力是孔口过流能力的 1.32 倍。

孔口外接短管成为管嘴，增加了阻力，但流量不减，反而增加，这是收缩断面处真空的作用。可推导出收缩断面的真空高度为：

$$\frac{p_v}{\rho g} = \frac{p_a - p_c}{\rho g} = 0.75 H_0 \tag{6-4-7}$$

比较孔口自由出流和管嘴出流，前者收缩断面在大气中，而后者的收缩断面为真空区，真空高度达作用水头的 75%，相当于把孔口出流的作用水头增大 75%，这正是圆柱形外管嘴的流量比孔口流量大的原因。

由式（6-4-7）可知，作用水头 H_0 越大，管嘴内收缩断面的真空高度也越大。但当收缩断面的真空高度超过 7m 水柱时，空气会从管嘴出口断面吸入，使得收缩断面的真空被破坏，管嘴不能保持满管出流。为了限制收缩断面的真空高度 $\frac{p_v}{\rho g} \leqslant 7m$，规定管嘴作用水头的限值 $[H_0] = \dfrac{7m}{0.75} = 9m$。

其次，对管嘴的长度也有一定限制。长度过短，流束在管嘴内收缩后来不及扩大到整个出口断面，收缩断面不能形成真空，管嘴仍不能发挥作用；长度过长，沿程水头损失不容忽略，管嘴出流变为短管出流。

综上可知，圆柱形外管嘴的正常工作条件是：（1）作用水头 $H_0 \leqslant 9m$；（2）管嘴长度 $l = (3 \sim 4)d$。

【例 6-4-1】（历年真题）圆柱形管嘴，直径为 0.04m，作用水头为 7.5m，则出水流量为：

A. 0.008m³/s   B. 0.023m³/s   C. 0.020m³/s   D. 0.013m³/s

【解答】根据圆柱形管嘴流量计算公式

$$Q = \mu_n A \sqrt{2gH_0} = 0.82 \times \frac{\pi}{4} \times 0.04^2 \times \sqrt{2 \times 9.8 \times 7.5} = 0.0125 \text{m}^3/\text{s}$$

应选 D 项。

【例 6-4-2】（历年真题）正常工作条件下，若薄壁小孔口直径为 d_1，圆柱形管嘴的直径为 d_2，作用水头 H 相等，要使得孔口与管嘴的流量相等，则直径 d_1 与 d_2 的关系是：

A. $d_1 > d_2$ B. $d_1 < d_2$

C. $d_1 = d_2$ D. 条件不足无法确定

【解答】根据薄壁小孔口、圆柱形管嘴的流量计算公式

$Q_1 = \mu A_1 \sqrt{2gH_0}$，$Q_2 = \mu_n A_2 \sqrt{2gH_0}$，又 $\mu = 0.62$，$\mu_n = 0.82$

由 $\mu A_1 = \mu_n A_2$，则：$d_1 > d_2$

应选 A 项。

★★★三、有压管流

有压管流是输送液体和气体的主要方式。由于有压管流沿程具有一定的长度，其水头损失包括沿程损失和局部损失。工程上为了简化计算，按两类水头损失在全部损失中所占比例的不同，将管道分为短管和长管。短管是指水头损失中，沿程损失和局部损失都占相

当比例，两者都不可忽略的管道，如水泵吸水管、虹吸管，以及工业送风管等都是短管；长管是指水头损失以沿程损失为主，局部损失和流速水头的总和与沿程损失相比很小，可忽略不计的管道，如给水管道就属于长管。

1. 短管的水力计算

设短管自由出流（图 6-4-4），水箱水位恒定。取水箱内过流断面 1-1、管道出口断面 2-2 列能量方程，其中 $v_1 \approx 0$，则：

$$H = \frac{\alpha v^2}{2g} + h_w$$

水头损失
$$h_w = \left(\lambda \frac{l}{d} + \Sigma \zeta \right) \frac{v^2}{2g}$$

由上述公式可计算出流速 v，流量 $Q = vA$。

若短管淹没出流（图 6-4-5），取上、下游水箱内过流断面 1-1、2-2 列能量方程，其中 $v_1 \approx v_2 \approx 0$，则：

$$H = h_w = \left(\lambda \frac{l}{d} + \Sigma \zeta \right) \frac{v^2}{2g}$$

由上式可计算出流速 v，流量 $Q = vA$。

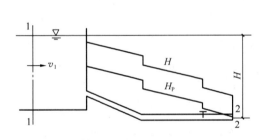

图 6-4-4 短管自由出流

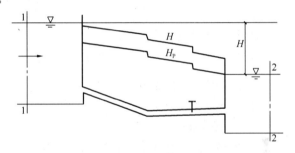

图 6-4-5 短管淹没出流

【例 6-4-3】（历年真题）图示两个水箱用两段不同直径的管道连接，1～3 管段长 $l_1 =$ 10m，直径 $d_1 = 200$mm，$\lambda_1 = 0.019$；3～6 管段长 $l_2 = 10$m，直径 $d_2 = 100$mm，$\lambda_2 = 0.018$，管道中的局部管件：1 为入口（$\zeta_1 = 0.5$）；2 和 5 为 90°弯头（$\zeta_2 = \zeta_5 = 0.5$）；3 为渐缩管（$\zeta_3 = 0.024$）；4 为闸阀（$\zeta_1 = 0.5$）；6 为管道出口（$\xi_6 = 1$）。若输送流量为 40L/s，则两水箱水面高度差为：

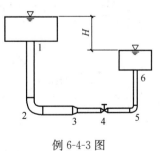

例 6-4-3 图

A. 3.501m
B. 4.312m
C. 5.204m
D. 6.123m

【解答】列两水箱水面的能量方程：$H = h_w = h_{w1} + h_{w2}$

1～3 段：
$$v_1 = \frac{Q}{A_1} = \frac{0.04}{\frac{\pi}{4} \times 0.2^2} = 1.27 \text{m/s}$$

3～6 段：
$$v_2 = \frac{Q}{A_2} = \frac{0.04}{\frac{\pi}{4} \times 0.1^2} = 5.10 \text{m/s}$$

$$h_{w1} = \left(\lambda_1 \frac{l_1}{d_1} + \Sigma\xi_1\right)\frac{v_1^2}{2g} = \left(0.019 \times \frac{10}{0.2} + 0.5 + 0.5 + 0.024\right) \times \frac{1.27^2}{2 \times 9.8} = 0.162\text{m}$$

同理，$h_{w2} = \left(0.018 \times \frac{10}{0.1} + 0.5 + 0.5 + 1\right) \times \frac{5.1^2}{2 \times 9.8} = 5.043\text{m}$

$H = h_{w1} + h_{w2} = 5.205\text{m}$，应选 C 项。

2. 长管的水力计算

由于长管不计流速水头和局部水头损失，故水管的水力计算大为简化。

(1) 简单管道

沿程直径不变、流量也不变的管道称为简单管道。如图 6-4-6 所示，由水箱引出简单管道，长度 l，直径 d，水箱水面距管道出口高度为 H。由于为长管，不考虑流速水头和局部水头损失。取水箱内过流断面 1-1 和管道出口断面 2-2 列能量方程：

$$H = h_f$$

式中

$$h_f = \lambda \frac{l}{d} \frac{v^2}{2g} = \frac{8\lambda}{g\pi^2 d^5} lQ^2 \tag{6-4-8}$$

令

$$S_0 = \frac{8\lambda}{g\pi^2 d^5}，S_0 \text{ 称为比阻} \tag{6-4-9}$$

令 $S = S_0 l$，S 称为阻抗，则：

$$H = h_f = S_0 lQ^2 = SQ^2 \tag{6-4-10}$$

式 (6-4-10) 是简单管道按比阻（或阻抗）计算的基本公式。式中比阻 S_0 取决于沿程摩阻系数 λ 和管径 d。

(2) 串联管道

由直径不同的管段顺序连接起来的管道，称为串联管道。如图 6-4-7 所示。节点流量关系：

$$Q_i = Q_{i+1} + q_i \tag{6-4-11}$$

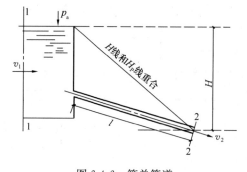

图 6-4-6　简单管道

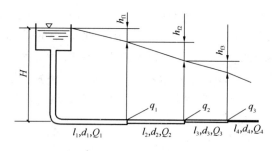

图 6-4-7　串联管道

总水头损失：

$$H = \sum_{i=1}^{n} h_{fi} = \sum_{i=1}^{n} S_i Q_i^2 \tag{6-4-12}$$

(3) 并联管道

在两节点之间，并联两根以上管段的管道称为并联管道。如图 6-4-8 所示，节点 A、

B 之间就是三根并接的并联管道。设并联节点 A、B 间各管段分配流量为 Q_1、Q_2、Q_3（待求），A 节点分出流量为 q_A，由节点流量平衡条件：

$$Q = q_A + Q_1 + Q_2 + Q_3$$

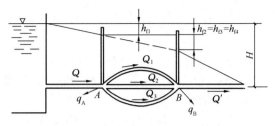

图 6-4-8　并联管道

因各管段的首端 A 和末端 B 是共同的，则单位重量流体由断面 A 通过节点 A、B 间的任一根管段至断面 B 的水头损失，均等于 A、B 两断面的总水头差，故并联各管段的水头损失相等：

$$h_{f1} = h_{f2} = h_{f3} \tag{6-4-13}$$

以阻抗和流量表示：

$$S_1 Q_1^2 = S_2 Q_2^2 = S_3 Q_3^2 \tag{6-4-14}$$

由式（6-4-14）得出并联管段的流量之间的关系，将其代入节点流量平衡关系式，就可求得并联管段分配的流量。

式（6-4-14）可改写为：

$$Q_1 : Q_2 : Q_3 = \frac{1}{\sqrt{S_1}} : \frac{1}{\sqrt{S_2}} : \frac{1}{\sqrt{S_3}} \tag{6-4-15}$$

上式说明，并联各管的流量分配取决于各管阻抗的大小，阻抗小的通过的流量大，阻抗大的通过的流量小。

【例 6-4-4】（历年真题）主干管在 A、B 间是由两条支管组成的一个并联管路，两支管的长度和管径分别为 $l_1 = 1800\text{m}$，$d_1 = 150\text{mm}$，$l_2 = 3000\text{m}$，$d_2 = 200\text{mm}$，两支管的沿程阻力系数 λ 均为 0.01，若主干管流量 $Q = 39\text{L/s}$，则两支管流量分别为：

A. $Q_1 = 12\text{L/s}$，$Q_2 = 27\text{L/s}$　　　　B. $Q_1 = 15\text{L/s}$，$Q_2 = 24\text{L/s}$

C. $Q_1 = 24\text{L/s}$，$Q_2 = 15\text{L/s}$　　　　D. $Q_1 = 27\text{L/s}$，$Q_2 = 12\text{L/s}$

【解答】 根据比阻：$S_0 = \dfrac{8\lambda}{g\pi^2 d^5}$，两管 λ 相同，则：

$$\frac{S_1}{S_2} = \frac{S_{01} l_1}{S_{02} l_2} = \frac{l_1 \times d_2^5}{d_1^5 \times l_2} = \frac{1800 \times 0.25}{3000 \times 0.15^5} = 2.528$$

则：$\dfrac{Q_1}{Q_2} = \sqrt{\dfrac{S_2}{S_1}} = \sqrt{\dfrac{1}{2.528}} = 0.629$

$Q_1 + Q_2 = Q = 39\text{L/s}$，则：$Q_1 = 15\text{L/s}$，$Q_2 = 24\text{L/s}$

应选 B 项。

习　题

6-4-1　（历年真题）圆柱形管嘴的长度为 l，直径为 d，管嘴作用水头为 H_0，则其正常工作条件为：

A. $l = (3 \sim 4)d$，$H_0 > 9\text{m}$　　　　B. $l = (3 \sim 4)d$，$H_0 < 9\text{m}$

C. $l = (7 \sim 8)d$，$H_0 > 9\text{m}$　　　　D. $l = (7 \sim 8)d$，$H_0 < 9\text{m}$

6-4-2　（历年真题）两孔口形状、尺寸相同，一个是自由出流，出流流量为 Q_1；另一个是淹没出流，出流流量为 Q_2。若自由出流和淹没出流的作用水头相等，则 Q_1 与 Q_2 的关系是：

A. $Q_1 > Q_2$ B. $Q_1 = Q_2$ C. $Q_1 < Q_2$ D. 不确定

6-4-3 （历年真题）并联管路的流动特征是：

A. 各分管流量相等

B. 总流量等于各分管的流量和，且各分管水头损失相等

C. 总流量等于各分管的流量和，且各分管水头损失不等

D. 各分管测压管水头差不等于各分管的总水头差

6-4-4 （历年真题）并联长管 1、2，两管的直径相同，沿程阻力系数相同，长度 $L_2 = 3L_1$，通过的流量为：

A. $Q_1 = Q_2$ B. $Q_1 = 1.5Q_2$

C. $Q_1 = 1.73Q_2$ D. $Q_1 = 3Q_2$

第五节　明渠恒定流

一、明渠流动概述

明渠流动是水流的部分周界与大气接触，具有自由表面的流动。由于自由表面受大气压作用，相对压强为零，所以又称为无压流。水在渠道、无压管道以及江河中的流动都是明渠流动。

当明渠中水流的运动要素不随时间变化时，称其为明渠恒定流，否则称为明渠非恒定流。在明渠恒定流中，如果水流运动要素不随流程变化，称为明渠恒定均匀流，否则称为明渠恒定非均匀流。在明渠非均匀流中，若流线接近于相互平行的直线，称为渐变流，否则称为急变流。本节主要介绍明渠恒定流。

重力作用、明渠底坡影响、水深可变是明渠流动有别于有压管流的特点。

根据渠道的几何特性，分为棱柱形渠道和非棱柱形渠道：（1）断面形状、尺寸及底坡沿程不变的长直渠道是棱柱形渠道。对于棱柱形渠道，过流断面面积只随水深改变；（2）断面的形状、尺寸或底坡沿程有变化的渠道是非棱柱形渠道。对于非棱柱形渠道，过流断面面积既随水深改变，又随位置改变。渠道的连接过渡段是典型的非棱柱形渠道，天然河道的断面不规则，都属于非棱柱形渠道。

如图 6-5-1 所示，明渠渠底与纵剖面的交线称为底线。底线沿流程单位长度的降低值称为渠道纵坡或底坡，以符号 i 表示：

$$i = \frac{\Delta z}{l} = \sin\theta \tag{6-5-1}$$

通常渠道底坡 i 很小，为便于量测和计算，以水平距离 l_x 代替流程长度 l，同时以铅垂断面作为过流断面，以铅垂深度 h 作为过流断面的水深，则：

$$i = \frac{\Delta z}{l} = \tan\theta \tag{6-5-2}$$

底坡分为三种类型（图 6-5-2）：底线高程沿程降低，$i > 0$，称为正底坡或顺坡；底线高程沿程不变，$i = 0$，称为平坡；底线高程沿程升高，$i < 0$，称为反底坡或逆坡。

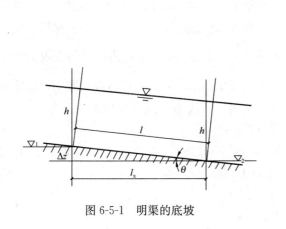

图 6-5-1　明渠的底坡

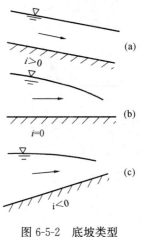

图 6-5-2　底坡类型
（a）顺坡；（b）平坡；（c）逆坡

★★★二、明渠均匀流

1. 明渠均匀流形成的条件及特征

明渠均匀流是流线为平行直线的明渠水流，也就是具有自由表面的等深、等速流。

明渠均匀流的条件是水流高程降低提供的重力势能与沿程水头损失相平衡，而水流的动能保持不变。按这个条件，明渠均匀流只能出现在底坡不变，断面形状、尺寸、粗糙系数都不变的顺坡（$i>0$）长直渠道中。在平坡、逆坡渠道，非棱柱形渠道以及天然河道中，都不能形成均匀流。

因为明渠均匀流是等深流，水面线即测压管水头线与渠底线平行，坡度相等，即：$J_p = i$；明渠均匀流又是等速流，总水头线与测压管水头线平行，坡度相等，即：$J = J_p$。因此，可得出明渠均匀流的特征是各项坡度皆相等：

$$J = J_p = i \tag{6-5-3}$$

2. 明渠恒定均匀流的水力计算

（1）水力计算公式

在本章第三节已得到均匀流动水头损失的计算公式——谢才公式，这一公式是均匀流的通用公式，既适用于有压管道均匀流，也适用于明渠均匀流。由于明渠均匀流中，水力坡度 J 与渠道底坡 i 相等，$J=i$，则：

$$v = C\sqrt{RJ} = C\sqrt{Ri} \tag{6-5-4}$$

流量
$$Q = Av = AC\sqrt{Ri} = K\sqrt{i} \tag{6-5-5}$$

式中，K 为流量模数，$K=AC\sqrt{R}$；C 为谢才系数，按曼宁公式，$C=\dfrac{1}{n}R^{1/6}$，R 的单位为 m；n 为粗糙系数。

谢才系数采用曼宁公式时，流量 Q 可写成：

$$Q = A\frac{1}{n}R^{\frac{2}{3}}i^{\frac{1}{2}} \tag{6-5-6}$$

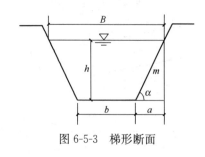

图 6-5-3　梯形断面

（2）过流断面的几何要素

明渠断面以梯形最具代表性，如图 6-5-3 所示，表示底宽为 b，水面宽为 B，水深为 h 的梯形断面，它的边坡系数 $m=\dfrac{a}{h}=\cot\alpha$，表示边坡倾斜程度的大小，其中 α 为边坡角。由几何关系可得液面宽 B、过流断面面积 A、湿周 χ 和水力半径 R 分别为：

$$B = b + 2mh \tag{6-5-7}$$

$$A = (b + mh)h \tag{6-5-8}$$

$$\chi = b + 2h\sqrt{1+m^2} \tag{6-5-9}$$

$$R = \frac{A}{\chi} \tag{6-5-10}$$

3. 水力最优断面

由式（6-5-6）及 $R = \dfrac{A}{\chi}$，得：

$$Q = \frac{1}{n}AR^{\frac{2}{3}}i^{\frac{1}{2}} = \frac{i^{\frac{1}{2}}}{n}\frac{A^{\frac{5}{3}}}{\chi^{\frac{2}{3}}}$$

上式指出明渠均匀流输水能力的影响因素，其中底坡 i 随地形条件而定，粗糙系数 n 决定于壁面材料，在这种情况下输水能力 Q 只决定于过流断面的大小和形状。当 i、n 和 A 一定时，使所通过的流量 Q 最大的断面形状，或者使水力半径 R 最大，即湿周 χ 最小的断面形状定义为水力最优断面。

在土中开挖的渠道一般为梯形断面，边坡系数 m 决定于土体稳定和施工条件，于是渠道断面的形状只由宽深比 b/h 决定。由式（6-5-8）可得 $b = A/h - mh$，代入式（6-5-9）令 $\mathrm{d}\chi/\mathrm{d}h = 0$，可得水力最优梯形断面的宽深比 β_h 为：

$$\beta_h = \left(\frac{b}{h}\right)_h = 2(\sqrt{1+m^2} - m) \tag{6-5-11}$$

上式中取边坡系数 $m = 0$，便得到水力最优矩形断面的宽深比 $\beta_h = 2$，即水力最优矩形断面的底宽为水深的 2 倍：$b = 2h$。

对于梯形断面，由式（6-5-11）得：$b = 2(\sqrt{1+m^2} - m)h$，代入 $R = \dfrac{A}{\chi}$，可得：

$$R_h = \frac{h}{2}$$

上式表明，在任何边坡系数 m 的情况下，水力最优梯形断面的水力半径 R_h 为水深 h 的一半。

以上有关水力最优断面的概念，只是按渠道边壁对流动的影响最小提出的，所以"水力最优"不同于"技术经济最优"。对于工程造价基本上由土方及衬砌量决定的小型渠道，水力最优断面接近于技术经济最优断面。大型渠道需由工程量、施工技术、运行管理等各方面因素综合比较，方能定出经济合理的断面。

4. 允许流速

为确保渠道能长期稳定地通水，设计流速应控制在不冲刷渠槽，也不使水中悬浮的泥砂沉降淤积的不冲不淤的范围之内，即：

$$[v]_{max} > v > [v]_{min}$$

式中，$[v]_{max}$ 为渠道不被冲刷的最大设计流速，即最大设计流速，可按设计规范采用；$[v]_{min}$ 为渠道不被淤积的最小设计流速，即最小设计流速，可按设计规范采用。

【例 6-5-1】（历年真题）半圆形明渠，半径 $r_0 = 4m$，水力半径为：

A. 4m   B. 3m   C. 2m   D. 1m

【解答】水力半径 R 为：

$$R = \frac{\pi r_0^2 / 2}{\pi r_0} = \frac{r_0}{2} = \frac{4}{2} = 2m，应选 C 项。$$

【例 6-5-2】（历年真题）一梯形断面明渠，水力半径 $R = 1m$，底坡 $i = 0.0008$，粗糙系数 $n = 0.02$，则输水流速度为：

A. 1m/s   B. 1.4m/s   C. 2.2m/s   D. 0.84m/s

【解答】根据谢才公式：

$$v = C\sqrt{Ri} = \frac{1}{n} R^{\frac{1}{6}} \sqrt{Ri} = \frac{1}{0.02} \times 1^{\frac{1}{6}} \times \sqrt{1 \times 0.0008} = 1.41 m/s$$

应选 B 项。

【例 6-5-3】（历年真题）两条明渠过水断面面积相等，断面形状分别为：（1）方形，边长为 a；（2）矩形，底边宽为 $2a$，水深为 $0.5a$，它们的底坡与粗糙系数相同，则两者的均匀流流量关系式为：

A. $Q_1 > Q_2$ B. $Q_1 = Q_2$ C. $Q_1 < Q_2$ D. 不能确定

【解答】根据谢才公式：

$$v = C\sqrt{Ri} = \frac{1}{n} R^{\frac{1}{6}} \sqrt{Ri}，Q = vA，则：$$

$$Q = A \times \frac{1}{n} R^{\frac{1}{6}} \sqrt{Ri} = \frac{1}{n} A R^{\frac{2}{3}} i^{\frac{1}{2}}$$

$$方形：R_1 = \frac{a^2}{3a} = \frac{a}{3}；矩形：R_2 = \frac{2a \times 0.5a}{2a + 2 \times 0.5a} = \frac{a}{3}$$

$$\frac{Q_1}{Q_2} = \left(\frac{R_1}{R_2}\right)^{\frac{2}{3}} = 1，应选 B 项。$$

【例 6-5-4】（历年真题）矩形水力最优断面的底宽是水深的：

A. $\frac{1}{2}$ B. 1 倍   C. 1.5 倍   D. 2 倍

【解答】矩形断面水力最优断面的底宽是水深的 2 倍，应选 D 项。

★三、明渠恒定非均匀流的流动状态

习　题

6-5-1 （历年真题）水力最优断面是指当渠道的过流断面面积 A、粗糙系数 n 和渠道底坡 i 一定时，其：

A. 水力半径最小的断面形状　　　　B. 过流能力最大的断面形状

C. 湿周最大的断面形状　　　　　　D. 造价最低的断面形状

6-5-2 （历年真题）下面对明渠均匀流的描述中，正确的是：

A. 明渠均匀流必须是非恒定流

B. 明渠均匀流的粗糙系数可以沿程变化

C. 明渠均匀流可以有支流汇入或流出

D. 明渠均匀流必须是顺坡

6-5-3 （历年真题）矩形排水沟，底宽 5m，水深 3m，则水力半径为：

A. 5m　　　　　B. 3m　　　　　C. 1.36m　　　　　D. 0.94m

第六节　渗流、井和集水廊道

渗流是液体在孔隙介质中的流动。孔隙介质包括土、岩层等各种多孔介质和裂隙介质。在水利工程、土木工程中，渗流主要指水在地表面以下的土或岩层中流动，因此往往称作地下水运动。土是孔隙介质的典型代表，本节介绍的渗流主要指水在土中的流动，是水流与土相互作用的产物，二者互相依存、互相影响。

一、渗流的基本概念

1. 水在土中的状态

水在土中的状态可以分为气态水、附着水、薄膜水、毛细水和重力水。

气态水以水蒸气的状态存在于土孔隙中，其数量很少，对于一般水利工程的影响可以不计。附着水和薄膜水都是由于土颗粒与水分子相互作用而形成的，也称结合水。结合水数量很少，很难移动，在渗流运动中也可以忽略不计。毛细水指由于表面张力（毛细）作用而保持在土中的水，它可在土中移动，可传递静水压力。除特殊情况（极细颗粒土中渗流）外，毛细水一般在工程中也是可以忽略不计的。

当土的含水量很大时，除少量水分吸附于土粒四周和存在于毛细区外，绝大部分的水受重力作用而在孔隙中流动，称为重力水或自由水。重力水是渗流运动研究的主要对象。毛细水区与重力水区分界面上的压强等于大气压强，此分界面称为地下水面或浸润面。重力水区内的孔隙一般为水所充满，故又称为饱和区。

2. 土的渗透特性

土的性质对渗流有很大的制约作用和影响。土的结构是由大小不等的各级固体颗粒混合组成的，由土粒组成的结构称为骨架。水在土体孔隙中的渗流特性与土体孔隙的形状、大小等有关，而土体孔隙的形状大小又与土颗粒的形状、大小等有关。

土孔隙的大小可以用土的孔隙率 n 来反映，它表示一定体积的土中，孔隙的体积 V_v 与土体体积 V（包含孔隙体积）的比值：$n = V_v/V$，n 反映了土的密实程度。

土颗粒大小的均匀程度通常用不均匀系数 C_u 来反映：$C_u = d_{60}/d_{10}$，其中，d_{60} 和 d_{10}

分别表示小于这种粒径的土粒重量占土样总重量的 60% 和 10%。一般 C_u 值总是大于 1，C_u 值越大，表示组成土的颗粒大小越不均匀。均匀颗粒组成的土体，$C_u=1$。

若土的透水性能各处相同，不随空间位置而变化，则称为均质土，否则就称为非均质土。若土中任意一点的透水性能在各个方向均相同，则称为各向同性土，否则就是各向异性土。自然界中土的构造是十分复杂的，一般都是非均质各向异性的。本节介绍较简单的均质各向同性土的渗流。

3. 渗流模型

由于土孔隙的形状、大小及分布情况极其复杂，要详细地确定渗流在土孔隙通道中的流动情况极其困难，也无此必要。工程中所关心的是渗流的宏观平均效果，而不是孔隙内的流动细节，为此引入简化的渗流模型来代替实际的渗流。

渗流模型是渗流区域（流体和孔隙介质所占据的空间）的边界条件保持不变，略去全部土颗粒，认为渗流区连续充满流体，而流量与实际渗流相同，压强和渗流阻力也与实际渗流相同的替代流场。

按渗流模型的定义，渗流模型中某一过水断面面积 ΔA（其中包括土颗粒面积和孔隙面积）通过的实际流量为 ΔQ，则 ΔA 上的平均速度（简称为渗流速度）：

$$u = \frac{\Delta Q}{\Delta A} \tag{6-6-1}$$

而水在孔隙中的实际平均速度：

$$u' = \frac{\Delta Q}{\Delta A'} = \frac{\Delta Q}{n \Delta A} = \frac{1}{n}u > u \tag{6-6-2}$$

式中，$\Delta A'$ 为 ΔA 中孔隙面积；$n = \dfrac{\Delta A'}{\Delta A}$ 为土的孔隙率。可见，渗流速度小于土孔隙中的实际速度。

渗流模型将渗流作为连续空间内连续介质的运动，使得前面基于连续介质建立起来的描述流体运动的方法和概念能直接应用于渗流中，使得在理论上研究渗流问题成为可能。

★★★二、渗流的基本定律——达西定律

1. 达西定律

在 1852—1855 年间，法国工程师达西经过大量实验，总结出了渗流的基本规律，称为达西定律。

达西实验的装置如图 6-6-1 所示，装置中通过砂土的渗流是恒定流，测压管中水面保持恒定不变。

如果圆筒横断面面积为 A，则断面平均渗流流速为：

$$v = \frac{Q}{A}$$

由于渗流流速 v 极微小，可以不计流速水头，因此，渗流中的总水头 H 可用测压管水头 h_1 来表示，水头损失 h_w 可以用测压管水头差来表示，即：

$$h_w = h_1 - h_2$$

水力坡度
$$J = \frac{h_w}{l} = \frac{h_1 - h_2}{l}$$

达西分析了大量实验资料发现，渗流流量 Q 与过水断面面积 A 以及水力坡度 J 成正

比，即：

$$Q = kJA \qquad (6\text{-}6\text{-}3)$$

式中，k 为反映土的透水性质的比例系数，称为渗透系数（m/d 或 cm/s）。

上式也可以写为：

$$v = kJ \qquad (6\text{-}6\text{-}4)$$

式（6-6-4）即为达西公式，它表明均质孔隙介质中渗流流速与水力坡度的一次方成比例并与土的性质有关，即达西定律。

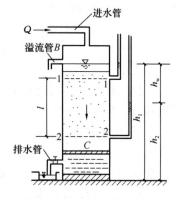

图 6-6-1 达西渗流实验装置

2. 适用范围

达西定律表明渗流的水头损失与流速的一次方成正比，即水头损失与流速成线性关系，这是流体作层流运动所遵循的规律。大量研究表明，达西定律只能适应于层流渗流，而不能适用于紊流运动。

根据实验，达西定律的适用范围为：

$$Re = \frac{vd}{\nu} \leqslant 1 \sim 10 \qquad (6\text{-}6\text{-}5)$$

式中，d 为土颗粒的有效直径，一般采用 d_{10}。为安全起见，可把 $Re = 1.0$ 作为线性定律适用的上限。

3. 渗透系数

渗透系数是反映土性质和流体性质综合影响渗流的系数，是分析计算渗流问题最重要的参数。由于该系数取决于土颗粒大小、形状、分布情况及地下水的物理化学性质等多种因素，要准确地确定其数值相当困难。确定渗透系数的方法大致分为三类：①实验室测定法；②现场测定法；③经验为主法。几类土的渗透系数见表 6-6-1。

几类土的渗透系数 表 6-6-1

土 名	渗透系数 k		土 名	渗透系数 k	
	m/d	cm/s		m/d	cm/s
黏土	<0.005	>6×10^{-6}	粉砂	0.5~1.0	6×10^{-4}~1×10^{-3}
粉质黏土	0.005~0.1	6×10^{-6}~1×10^{-6}	细砂	1.0~5.0	1×10^{-3}~6×10^{-3}
黏质粉土	0.1~0.5	1×10^{-4}~6×10^{-4}	中砂	5.0~20.0	6×10^{-3}~2×10^{-2}
黄土	0.25~0.5	3×10^{-4}~6×10^{-4}	均质中砂	35~50	4×10^{-2}~6×10^{-2}

【例 6-6-1】（历年真题）图示均匀砂质土壤装在容器中，设渗透系数为 0.012cm/s，渗流流量为 0.3m³/s，则渗流流速为：

A. 0.003cm/s   B. 0.006cm/s

C. 0.009cm/s   D. 0.012cm/s

【解答】根据达西定律：

$$v = kJ$$
$$= 0.012 \times \frac{1.5 - 0.3}{2.4}$$
$$= 0.006 \text{cm/s}$$

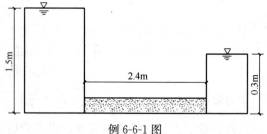

例 6-6-1 图

应选 B 项。

【例 6-6-2】（历年真题）渗流达西定律适用于：

A. 地下水渗流　　　　　　　　　　B. 砂质土壤渗流

C. 均匀土壤层流渗流　　　　　　　D. 地下水层流渗流

【解答】渗流达西定律适用于均匀土壤（或土）层流渗流，应选 C 项。

★三、裘布依（J. Dupuit）公式

在透水地层中的地下水流动，很多情况是具有自由液面的无压渗流。对于无压渗流，重力水的自由表面称为浸润面，在渗流空间较大时可视为平面渗流，浸润面的剖面为浸润线。无压渗流可分为：流线是平行直线、等深、等速的均匀渗流；流线近于平行直线的非均匀渐变渗流。

设非均匀渐变渗流，底坡为 i，如图 6-6-2 所示。取相距为 ds 的过流断面 1-1、2-2，根据渐变流的性质，过流断面近于平面，面上各点的测压管水头皆相等。又由于渗流的总水头等于测压管水头，所以，断面 1-1 与 2-2 之间任一流线上的水头损失相同：

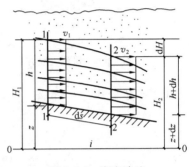

图 6-6-2　渐变渗流

$$H_1 - H_2 = -dH$$

因为渐变流的流线近于平行直线，断面 1-1 与 2-2 间各流线的长度近于 ds，则过流断面上各点的水力坡度相等：

$$J = -\frac{dH}{ds}$$

代入式（6-6-4），过流断面上各点的流速相等，并等于断面平均流速，流带分布图为矩形，但不同过流断面的流速大小不同：

$$v = u = kJ = -k\frac{dH}{ds} \qquad (6\text{-}6\text{-}6)$$

上式称为裘布依公式。

如图 6-6-2 所示，$dH = (z + dz + h + dh) - (z + h) = dz + dh$

代入式（6-6-5），且 $i = -\frac{dz}{ds}$，则：

$$v = -k\left(\frac{dz}{ds} + \frac{dh}{ds}\right) = k\left(i - \frac{dh}{ds}\right) \qquad (6\text{-}6\text{-}7)$$

$$Q = vA = kA\left(i - \frac{dh}{ds}\right)$$

$i = 0$：

$$Q = -kA\frac{dh}{ds} \qquad (6\text{-}6\text{-}8)$$

式（6-6-8）即为集水廊道渗流的基本方程。

★★★四、井

在具有自由水面的潜水层中凿的井称为普通井或潜水井，其中贯穿整个含水层，井底直达不透水层的称为完整井（亦称完全井），井底未达到不透水层的称不完整井（亦称非完整井或非完全井）。

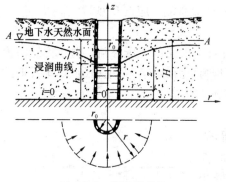

图 6-6-3　普通完整井

含水层位于两个不透水层之间，含水层顶面压强大于大气压强，这样的含水层称为承压含水层。汲取承压地下水的井，称为承压井或自流井。承压井也分为完全井和非完全井。

1. 普通完整井（潜水完整井）

水平不透水层上的普通完整井如图 6-6-3 所示，设含水层中地下水的天然水面 A-A，含水层厚度为 H，井的半径为 r_0。从井内抽水时，井内水位下降，四周地下水向井中补给，并形成对称于井轴的漏斗形浸润面。

由裴布依公式：

$$v = kJ = -k \frac{\mathrm{d}H}{\mathrm{d}s}$$

将 $H = z, \mathrm{d}s = -\mathrm{d}r$ 代入上式，则：

$$v = k \frac{\mathrm{d}z}{\mathrm{d}r}$$

渗流量

$$Q = Av = 2\pi r z k \frac{\mathrm{d}z}{\mathrm{d}r}$$

分离变量并积分：

$$\int_h^z z \mathrm{d}z = \int_{r_0}^r \frac{Q}{2\pi k} \frac{\mathrm{d}r}{r}$$

$$z^2 - h^2 = \frac{Q}{\pi k} \ln \frac{r}{r_0}$$

或

$$z^2 - h^2 = \frac{0.732Q}{k} \lg \frac{r}{r_0} \tag{6-6-9}$$

从理论上讲，浸润线是以地下水天然水面线为渐近线，当 $r \to \infty$ 时，$z = H$。但从工程实用观点来看，认为渗流区存在影响半径 R，R 以外的地下水位不受影响，即 $r = R$，$z = H$，代入式（6-6-9），得：

$$Q = 1.366 \frac{k(H^2 - h^2)}{\lg \frac{R}{r_0}} \tag{6-6-10}$$

式中，Q 为产水量；h 为井水深；s 为抽水降深；R 为影响半径；r_0 为井半径。

影响半径 R 可由现场抽水试验测定，估算时，可根据经验数据选取，对于细砂 $R = 100 \sim 200$m，中等粒径砂 $R = 250 \sim 500$m，粗砂 $R = 700 \sim 1000$m。R 也可用下面的经验公式计算：

$$R = 3000s\sqrt{k} \tag{6-6-11}$$

或

$$R = 575s\sqrt{Hk} \tag{6-6-12}$$

式中，k 以"m/s"计，R、s 和 H 均以"m"计。

2. 承压完整井

承压完整井如图 6-6-4 所示，含水层位于两不透水层之间。设水平走向的承压含水层厚度为 t，凿井穿透含水层，未抽水时地下水位上升到 H，为承压含水层的总水头，井中水面高于含水层厚 t，有时甚至高出地表面向外喷涌。

自井中抽水，井中水深由 H 降至 h，井周围测压管水头线形成漏斗形曲面。取距井轴 r 处，测压管水头为 z 的过水断面，由裘布依公式：

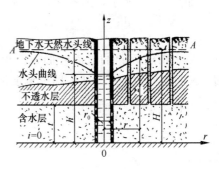

图 6-6-4　承压完整井

$$v = k\frac{\mathrm{d}z}{\mathrm{d}r}$$

流量

$$Q = Av = 2\pi rtk\frac{\mathrm{d}z}{\mathrm{d}r}$$

分离变量积分：

$$\int_h^z \mathrm{d}z = \frac{Q}{2\pi kt}\int_{r_0}^r \frac{\mathrm{d}r}{r}$$

承压完整井水头线方程为：

$$z - h = 0.366\frac{Q}{kt}\lg\frac{r}{r_0}$$

同样引入影响半径概念，当 $r=R$ 时，$z=H$，代入上式，解得承压完整井涌水量公式：

$$Q = 2.732\frac{kt(H-h)}{\lg\dfrac{R}{r_0}} = 2.732\frac{kts}{\lg\dfrac{R}{r_0}} \tag{6-6-13}$$

【例 6-6-3】（历年真题）潜水完全井抽水量大小与相关物理量的关系是：

A. 与井半径成正比　　　　　　　　B. 与井的影响半径成正比

C. 与含水层厚度成正比　　　　　　D. 与土体渗透系数成正比

【解答】根根潜水完全井抽水量计算公式，应选 D 项。

【例 6-6-4】（历年真题）有一完全井，半径 $r_0=0.3$m，含水层厚度 $H=15$m，抽水稳定后，井水深度 $h=10$m，影响半径 $R=375$m，已知井的抽水量是 0.0276m³/s，求土壤的渗流系数 k 为：

A. 0.0005m/s　　　　　　　　　　B. 0.0015m/s

C. 0.0010m/s　　　　　　　　　　D. 0.00025m/s

【解答】根据潜水完全井的抽水量计算公式

$$Q = 1.366\frac{k(H^2-h^2)}{\ln\dfrac{R}{r_0}}，则：$$

$$0.0276 = 1.366 \times \frac{k \times (15^2 - 10^2)}{\lg \frac{375}{0.3}}，得：k = 0.0005 \text{m/s}$$

应选 A 项。

★五、集水廊道

如图 6-6-5 所示，由式（6-6-8）：

$$\frac{\mathrm{d}h}{\mathrm{d}s} = -\frac{Q}{kA}$$

集水廊道一侧的过流断面取为单位宽度 1m 的矩形，$A = 1 \times h$，单位宽度流量 $q = \frac{Q}{1}$，代入上式，整理得：

$$\frac{q}{k}\mathrm{d}s = -h\mathrm{d}h$$

将上式从断面 1-1 到 2-2 积分：

$$\frac{qL}{k} = \frac{1}{2}(H^2 - h^2)$$

或
$$q = \frac{k(H^2 - h^2)}{2L} \qquad (6\text{-}6\text{-}14)$$

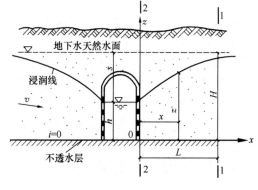

图 6-6-5　集水廊道示意图

式中，L 称为集水廊道的影响范围，在此范围以外，静水位基本上不受影响，即没有下降。因 $H^2 - h^2 = (H + h)(H - h)$，代入上式，并令 $(H - h)/L = \bar{J}$，整理得：

$$q = \frac{k}{2}(H + h)\bar{J} \qquad (6\text{-}6\text{-}15)$$

式中，$\bar{J}$ 是浸润线的平均水力坡度。$\bar{J}$ 可根据以下数值选取：对于粗砂及卵石，$\bar{J}$ 为 0.003～0.005；砂土为 0.005～0.015；砂质粉土为 0.03；粉质黏土为 0.05～0.10；黏土为 0.15。

集水廊道两侧的总渗流量 Q：

$$Q = 2qb \qquad (6\text{-}6\text{-}16)$$

式中，b 为垂直于纸面的廊道纵向长度。

习　题

6-6-1　（历年真题）在实验室中，根据达西定律测定某种土壤的渗透系数，将土样装在直径 $d = 30 \text{cm}$ 的圆筒中，在 90cm 水头差作用下，8h 的渗透水量为 100L，两测压管的距离为 40cm，该土壤的渗透系数为：

A. 0.9m/d　　　　B. 1.9m/d　　　　C. 2.9m/d　　　　D. 3.9m/d

6-6-2（历年真题）渗流流速 v 与水力坡度 J 的关系是：

A. v 正比于 J　　　　　　　　　B. v 反比于 J

C. v 正比于 J 的平方　　　　　　D. v 反比于 J 的平方

6-6-3（历年真题）地下水的浸润线是指：

A. 地下水的流线　　　　　　　　　B. 地下水运动的迹线

C. 无压地下水的自由水面线   D. 土壤中干土与湿土的界限

第七节 相似原理和量纲分析

★★★一、量纲分析

1. 量纲

在流体力学中涉及各种不同的物理量，如长度、时间、质量、力、速度、加速度、黏度等，所有这些物理量都是由自身的物理属性和为度量物理属性而规定的量度标准（或称量度单位）两个因素构成的。

我们把物理量的属性称为量纲或因次。显然，量纲是物理量的实质，不含有人为的影响。通常以 L 代表长度量纲，M 代表质量量纲，T 代表时间量纲。采用 $\dim q$ 代表物理量 q 的量纲，则面积 A 的量纲可表示为：$\dim A = L^2$；密度的量纲表示为：$\dim \rho = ML^{-3}$。不具量纲的量称为无量纲量，就是纯数，如圆周率 π。

根据物理量量纲之间的关系，把无任何联系且相互独立的量纲作为基本量纲，可以由基本量纲导出的量纲就是导出量纲。为了应用方便，并同国际单位制相一致，对于不可压缩流体运动，选取质量 M、长度 L、时间 T 三个基本量纲，其他物理量量纲均为导出量纲。因此，某一物理量 q 的量纲 $\dim q$ 都可用 3 个基本量纲的指数乘积形式表示：

$$\dim q = M^{\alpha} L^{\beta} T^{\gamma} \tag{6-7-1}$$

式（6-7-1）称为量纲公式。当量纲公式（6-7-1）中各量纲指数均为零，即 $\alpha = \beta = \gamma = 0$ 时，则 $\dim q = M^0 L^0 T^0 = 1$，该物理量是无量纲量。

2. 量纲和谐原理

量纲和谐原理是量纲分析的基础。量纲和谐原理的简单表述是：凡正确反映客观规律的物理方程，其各项的量纲一定是一致的。如，流体总流的能量方程式中，各项的量纲均为 L，这就是量纲和谐原理，也称为量纲齐次性。

由量纲和谐原理可引申出以下两点：

（1）凡正确反映客观规律的物理方程，一定能表示成由无量纲项组成的无量纲方程。因为方程中各项的量纲相同，只需用其中一项遍除各项，便得到一个由无量纲项组成的无量纲式，仍保持原方程的性质。

（2）量纲和谐原理规定了一个物理过程中有关物理量之间的关系。因为一个正确完整的物理方程中，各物理量量纲之间的关系是确定的，按物理量量纲之间的这一确定性，就可建立该物理过程中各物理量的关系式。

3. 量纲分析法

量纲分析法通常有两种方法：一种称为瑞利法，适用于较简单的问题；另一种称为 π 定理，它具有普遍性。

（1）瑞利法

瑞利法的基本原理是某一物理过程同几个物理量有关：

$$f(q_1, q_2, q_3, \cdots, q_n) = 0$$

其中的某一个物理量 q_i 可表示为其他物理量的指数乘积：

$$q_i = K q_1^a q_2^b \cdots q_{n-1}^p \tag{6-7-2}$$

写出量纲式：

$$\dim q_i = \dim(q_1^a \ q_2^b \cdots q_{n-1}^p)$$

将量纲式中各物理量的量纲按式（6-7-1）表示为基本量纲的指数乘积形式，并根据量纲和谐原理，确定指数 a、b、$\cdots$、p，就可得出表达该物理过程的方程式。

（2）π 定理

π 定理是由美国物理学家布金汉（Buckingham）提出，又称为布金汉定理。π 定理指出，若某一物理过程包含 n 个物理量，即：

$$f(\ q_1, q_2, \cdots, q_n) = 0$$

其中有 m 个基本量（量纲独立，不能相互导出的物理量），则该物理过程可由 n 个物理量构成的 $(n-m)$ 个无量纲项所表达的关系式来描述，即：

$$F(\pi_1, \pi_2, \cdots, \pi_{n-m}) = 0 \tag{6-7-3}$$

由于无量纲项用 π 表示，π 定理由此得名。

【例 6-7-1】 管流的压强损失 Δp 与流体的性质（密度 ρ、运动黏度 ν）、管道条件（管长 l、直径 d、壁面粗糙度 k_s）以及流动情况（速度 v）有关。确定管流的压强损失 Δp 的表达式。

【解答】（1）选基本项。已知的有关量的个数 $n=7$，选 v、d、ρ 为基本量，即 $m=3$。

（2）组成 π 项，π 数为 $n-m=4$，为：Δp、v、l、k_s：

$$\pi_1 = \frac{\Delta p}{v^{a_1} d^{b_1} \rho^{c_1}}$$

$$\pi_2 = \frac{\nu}{v^{a_2} d^{b_2} \rho^{c_2}}$$

$$\pi_3 = \frac{l}{v^{a_3} d^{b_3} \rho^{c_3}}$$

$$\pi_4 = \frac{k_s}{v^{a_4} d^{b_4} \rho^{c_4}}$$

（3）确定各 π 项基本量指数

π_1：$\dim \Delta p = \dim(v^{a_1} d^{b_1} \rho^{c_1})$

$\quad$ $ML^{-1}T^{-2} = (LT^{-1})^{a_1} (L)^{b_1} (MT^{-3})^{c_1}$

$\quad$ M：$1 = c_1$

$\quad$ L：$-1 = a_1 + b_1 - 3c_1$

$\quad$ T：$-2 = -a_1$

得：$a_1 = 2$，$b_1 = 0$，$c_1 = 1$，$\pi_1 = \dfrac{\Delta p}{v^2 \rho}$

同理，可得：$\pi_2 = \dfrac{\nu}{vd}$，$\pi_3 = \dfrac{l}{d}$，$\pi_4 = \dfrac{k_s}{d}$

（4）整理方程式

$$f\left(\frac{\Delta p}{v^2 \rho}, \frac{\nu}{vd}, \frac{l}{d}, \frac{k_s}{d}\right) = 0$$

上式改写为：$\qquad$ $f_1\left(\dfrac{\Delta p}{v^2 \rho}, \dfrac{vd}{\nu}, \dfrac{l}{d}, \dfrac{k_s}{d}\right) = 0$

雷诺数 $Re = \dfrac{vd}{\nu}$，上式写为：$f_1\left(\dfrac{\Delta p}{v^2\rho}, Re, \dfrac{l}{d}, \dfrac{k_s}{d}\right) = 0$

对 $\dfrac{\Delta p}{v^2\rho}$ 求解：$\dfrac{\Delta p}{v^2\rho} = f_2\left(Re, \dfrac{l}{d}, \dfrac{k_s}{d}\right)$

上式可改写成压强损失表达式：

$$\Delta p = \rho v^2 f_2\left(Re, \dfrac{l}{d}, \dfrac{k_s}{d}\right)$$

【例 6-7-2】（历年真题）合力 F、密度 ρ、长度 l、速度 v 组合的无量纲数是：

A. $\dfrac{F}{\rho v l}$
　　　　　　　　　　　B. $\dfrac{F}{\rho v^2 l}$

C. $\dfrac{F}{\rho v^2 l^2}$
　　　　　　　　　　　D. $\dfrac{F}{\rho v l^2}$

【解答】$\dim F = MLT^{-2}$

$\dim(\rho v^2 l^2) = ML^{-3}(LT^{-1})^2 L^2 = MLT^{-2}$

应选 C 项。

【例 6-7-3】（历年真题）流体的压强 p、速度 v、密度 ρ 正确的无量纲数组合是：

A. $\dfrac{p}{\rho v^2}$
　　　　B. $\dfrac{\rho p}{v^2}$
　　　　C. $\dfrac{\rho}{p v^2}$
　　　　D. $\dfrac{p}{\rho v}$

【解答】$\dim p = (MLT^{-2})L^{-2} = ML^{-1}T^{-2}$

$\dim(\rho v^2) = ML^{-3}(LT^{-1})^2 = ML^{-1}T^{-2}$

应选 A 项。

【例 6-7-4】（历年真题）L 为长度量纲，T 为时间量纲，则沿程损失系数 λ 的量纲为：

A. L
　　　　　　　　　　　B. L/T

C. L^2/T
　　　　　　　　　　　D. 无量纲

【解答】圆管层流：$\lambda = \dfrac{64}{Re}$，故 λ 无量纲，应选 D 项。

二、相似原理

1. 相似概念

流体力学的相似内容包括几何相似、运动相似、动力相似，以及边界条件和初始条件相似。

（1）几何相似

几何相似指原型和模型流场的几何形状相似，即相应的线段长度成比例、夹角相等。以角标 p 表示原型（prototype），m 表示模型（model），则：

$$\lambda_l = \frac{l_p}{l_m} \tag{6-7-4}$$

称为长度比尺。由长度比尺可推得相应的面积比尺 λ_A 和体积比尺 λ_V：

$$\lambda_A = \frac{A_p}{A_m} = \frac{l_p^2}{l_m^2} = \lambda_l^2$$

$$\lambda_V = \frac{A_p}{A_m} = \frac{l_p^2}{l_m^3} = \lambda_l^3$$

可见几何相似是通过长度比尺 λ_l 来表征的。

（2）运动相似

运动相似是在原型和模型流场中的相应点上（如果是非恒定流，则还必须是在相应时刻）存在的同名速度都成一定的比例，且方向相同。如果以 v_p 表示原型中某一点的速度，v_m 表示模型中相应点的速度，则速度比尺 λ_v 为：

$$\lambda_v = \frac{v_p}{v_m} = \frac{l_p/t_p}{l_m/t_m} = \frac{\lambda_l}{\lambda_t} \tag{6-7-5}$$

同理，加速度比尺 λ_a 应为：

$$\lambda_a = \frac{a_p}{a_m} = \frac{\lambda_v}{\lambda_t} = \frac{\lambda_l/\lambda_t}{\lambda_t} = \frac{\lambda_l}{\lambda_t^2} \tag{6-7-6}$$

上述式中，$\lambda_t = t_p/t_m$，称为时间比尺。

（3）动力相似

动力相似指两个流动相应点处质点受同名力作用，力的方向相同、大小成比例。根据达朗贝尔原理，对于运动的质点，设想加上该质点的惯性力，则惯性力与质点所受作用力的合力平衡。

影响流体运动的作用力主要是黏滞力、重力、压力，有时还考虑其他的力。如分别以符号 T、G、P 和 I 代表黏滞力、重力、压力和惯性力，则：

$$T + G + P + \cdots + I = 0$$

$$\frac{T_p}{T_m} = \frac{G_p}{G_m} = \frac{P_p}{P_m} = \cdots = \frac{I_p}{I_m} \tag{6-7-7}$$

比尺

$$\lambda_T = \lambda_G = \lambda_P = \lambda_I \tag{6-7-8}$$

黏性力比尺：

$$\lambda_T = \frac{\left(A\mu \frac{du}{dy}\right)_p}{\left(A\mu \frac{du}{dy}\right)_m} = \lambda_\mu \lambda_l \lambda_v = \lambda_\rho \lambda_V \lambda_l \lambda_v \tag{6-7-9}$$

重力比尺：

$$\lambda_G = \frac{(\rho g V)_p}{(\rho g V)_m} = \lambda_\rho \lambda_g \lambda_l^3 \tag{6-7-10}$$

压力比尺：

$$\lambda_P = \frac{(pA)_p}{(pA)_m} = \lambda_p \lambda_l^2 \tag{6-7-11}$$

惯性力比尺：

$$\lambda_I = \frac{(\rho V a)_p}{(\rho V a)_m} = \lambda_\rho \lambda_l^3 \lambda_a = \lambda_\rho \lambda_l^2 \lambda_v^2 \tag{6-7-12}$$

（4）边界条件和初始条件相似

边界条件相似指两个流动相应边界性质相同，如原型中的固体壁面，模型中相应部分也是固体壁面。对于非恒定流，还要满足初始条件相似。边界条件和初始条件相似是保证流动相似的充分条件。

几何相似是运动相似和动力相似的前提，运动相似是几何相似和动力相似的具体表现，动力相似是决定流动相似的主导因素。

★★★2. 相似准则

实现原模和模型流动的力学相似：首先要满足几何相似，几何相似是力学相似的前提条件。其次是实现动力相似。要使两个流动动力相似，前面定义的各项比尺须符合一定的约束关系，这种约束关系称为相似准则。

（1）雷诺准则——黏性力相似

由式（6-7-8）：$\lambda_T = \lambda_I$

将式（6-7-7）、式（6-7-12）代入上式，得 $\frac{\lambda_v \lambda_l}{\lambda_\nu} = 1$

上式可写为：

$$\frac{v_p l_p}{\nu_p} = \frac{v_m l_m}{\nu_m} \qquad (6\text{-}7\text{-}13)$$

$$(Re)_p = (Re)_m$$

无量纲数 $Re = \frac{vl}{\nu}$，即为雷诺数，它表征惯性力与黏性力之比。两流动相应的雷诺数相等，则黏性力相似。

（2）弗劳德准则——重力相似

由式（6-7-8）：$\qquad \lambda_G = \lambda_I$

将式（6-7-10）、式（6-7-12）代入上式，得 $\frac{\lambda_v}{\sqrt{\lambda_g \lambda_l}} = 1$

上式可写为：

$$\frac{v_p}{\sqrt{g_p l_p}} = \frac{v_m}{\sqrt{g_m l_m}} \qquad (6\text{-}7\text{-}14)$$

$$(Fr)_p = (Fr)_m$$

无量纲数 $Fr = \frac{v}{\sqrt{gl}}$，称为弗劳德数。弗劳德数 Fr 表征惯性力与重力之比。两流动相应的弗劳德数相等，重力相似。

（3）欧拉准则——压力相似

由式（6-7-8）：$\qquad \lambda_P = \lambda_I$

将式（6-7-11）、式（6-7-12）代入上式，得 $\frac{\lambda_p}{\lambda_\rho \lambda_v^2} = 1$

上式可写为：

$$\frac{p_p}{\rho_p v_p^2} = \frac{p_m}{\rho_m v_m^2} \qquad (6\text{-}7\text{-}15)$$

$$(Eu)_p = (Eu)_m$$

无量纲数 $Eu = \frac{p}{\rho v^2}$，称为欧拉数。欧拉数 Eu 表征压力与惯性力之比。两流动相应的欧拉数相等，压力相似。

若决定流动的作用力是黏滞力、重力和压力，则只要其中两个同名作用力和惯性力成比例，另一个对应的同名力也将成比例。通常压力是待求量，这样只要黏滞力、重力相似，压力将自行相似。由此可知，当雷诺准则、弗劳德准则成立时，欧拉准则可自行成立,所以将雷诺准则、弗劳德准则称为定性准则,欧拉准则称为导出准则。

(4) 其他准则

柯西准则,柯西数 Ca 表征惯性力与弹性力之比。

韦伯准则,韦伯数 We 表征惯性力与表面张力之比。

马赫数 Ma 表征高速气流速度与声速之比,此时,高速气流弹性力起主要作用。

流体的运动是边界条件和作用力决定的,当两个流动一旦实现了几何相似和动力相似,就必然以相同的规律运动。由此得出结论,几何相似与定性准则成立是实现流体力学相似的充分和必要条件。

3. 模型实验

为了使模型和原型流动完全相似,除要几何相似外,各独立的相似准则应同时满足。但实际上要同时满足各准则很困难,甚至是不可能的。因此,一般只能达到近似相似。就是保证对流动起主要作用的力相似,这就是模型律的选择问题。如有压管流、潜体绕流,黏滞力起主要作用,应按雷诺准则设计模型;堰顶溢流、闸孔出流、明渠流动等,重力起主要作用,应按弗劳德准则设计模型。

【例 6-7-5】(历年真题)进行水力模型实验,要实现有压管流的相似,应选用的相似准则是:

A. 雷诺准则   B. 弗劳德准则

C. 欧拉准则   D. 马赫数

【解答】有压管流,黏滞力起主要作用,故采用雷诺准则,应选 A 项。

【例 6-7-6】(历年真题)烟气在加热炉回热装置中流动,拟用空气介质进行实验。已知空气黏度 $\nu_{空气}=10\times10^{-6}\,m^2/s$,烟气运动黏度 $\nu_{烟气}=60\times10^{-6}\,m^2/s$,烟气流速 $v_{烟气}=3\,m^2/s$,若实际长度与模型长度的比尺 $\lambda_l=5$,则模型空气的流速应为:

A. 3.75m/s   B. 0.15m/s   C. 2.4m/s   D. 60m/s

【解答】按雷诺准则,$Re=\dfrac{\lambda_v\lambda_l}{\lambda_\nu}=1$,则:

$$\lambda_v=\frac{\lambda_\nu}{\lambda_l}=\frac{60\times10^{-6}/(15\times10^{-6})}{5}=0.8$$

$$v_{空气}=\frac{v_{烟气}}{\lambda_v}=\frac{3}{0.8}=3.75m/s$$

应选 A 项。

【例 6-7-7】(历年真题)图示溢水堰模型试验,实际流量为 $Q_n=537\,m^3/s$,若在模型上测得流量 $Q_n=300\,L/s$,则该模型长度比尺为:

A. 4.5   B. 6

C. 10   D. 20

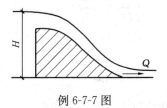

例 6-7-7 图

【解答】按弗劳德准则,$\dfrac{\lambda_v}{\sqrt{\lambda_g\lambda_l}}=1$,得:$\lambda_v=\lambda_l^{\frac{1}{2}}$

由 $\lambda_Q=\lambda_v\lambda_l^2=\lambda_l^{\frac{1}{2}}\lambda_l^2=\lambda_l^{2.5}=537/0.3=1790$

得：$\lambda_l = 1790^{0.4} = 20$，应选 D 项。

习　题

6-7-1（历年真题）量纲和谐原理是指：

A. 量纲相同的量才可以乘除　　　　B. 基本量纲不能与导出量纲相运算

C. 物理方程式中各项的量纲必须相同　　D. 量纲不同的量才可以加减

6-7-2（历年真题）用同种流体，同一温度进行管道模型实验。按黏性力相似准则，已知模型管径 0.1m，模型流速 4m/s，若原型管径为 2m，则原型流速为：

A. 0.2m/s　　　　B. 2m/s　　　　C. 80m/s　　　　D. 8m/s

6-7-3（历年真题）雷诺数的物理意义是：

A. 压力与黏性力之比　　　　　　B. 惯性力与黏性力之比

C. 重力与惯性力之比　　　　　　D. 重力与黏性力之比

6-7-4（历年真题）几何相似、运动相似和动力相似的关系是：

A. 运动相似和动力相似是几何相似的前提

B. 运动相似是几何相似和动力相似的表象

C. 只有运动相似，才能几何相似

D. 只有动力相似，才能几何相似

第六章　习题解答

第七章　电　气　与　信　息

本章内容是复习备考的难点，特别是书中需要扫描二维码在线阅读的内容，读者可根据自身的实际情况进行取舍。

第一节　电磁场基本理论

★★★一、静止电荷的电场

1. 库仑定律

（1）电荷

把表示物体所带电荷多少的物理量称为电荷量，在国际单位制中，电荷量的单位是 C（库仑），1C 等于导线中的恒定电流等于 1A 时，在 1s 内通过导线横截面的电荷量。物体所带的电荷只有两种，分别称为正电荷和负电荷。带同号电荷的物体互相排斥，带异号电荷的物体互相吸引。在一个与外界没有电荷交换的系统内，无论经过怎样的物理过程，系统内正、负电荷的代数和总是保持不变，这就是由实验总结出来的电荷守恒定律。

到目前为止，电子或质子是自然界带最小电荷量的自由粒子，任何带电体或其他微观粒子所带的电荷量都是电子或质子电荷量的整数倍。一个电子或一个质子所带的电荷量就是这个基本单元，称为元电荷，用 e 表示。2010 年 e 的国际推荐值为 $e = 1.602176565 (35) \times 10^{-19} \mathrm{C}$。

（2）库仑定律

1785 年，库仑从实验结果总结出了点电荷之间相互作用的静电力所服从的基本规律，称为库仑定律，即两个静止点电荷之间相互作用力（亦称静电力）的大小与这两个点电荷的电荷量 q_1 和 q_2 的乘积成正比，而与这两个点电荷之间的距离 r_{12}（或 r_{21}）的平方成反比，作用力的方向沿着这两个点电荷的连线，同号电荷相斥，异号电荷相吸，可表示为：

$$F_{12} = k \frac{q_1 q_2}{r_{12}^2} e_{r12} \qquad (7\text{-}1\text{-}1)$$

式中，k 为比例系数；F_{12} 为 q_2 对 q_1 的作用力；e_{r12} 为由点电荷 q_2 指向点电荷 q_1 的单位矢量(图 7-1-1)。

根据实验测得在真空中的比例系数 $k = 8.9875 \times 10^9 \mathrm{N} \cdot \mathrm{m}^2 / \mathrm{C}^2$，通常引入新的常量 ε_0（称为真空电容率）来代替 k，并把 k 写成 $k = 1/(4\pi\varepsilon_0)$，取 $\varepsilon_0 \approx 0.854 \times 10^{-12} \mathrm{C}^2 / (\mathrm{N} \cdot \mathrm{m}^2)$。于是，真空中库仑定律就可写作：

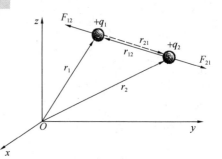

图 7-1-1　两个点电荷之间的作用力

$$F_{12} = -F_{21} = \frac{1}{4\pi\varepsilon_0} \frac{q_1 q_2}{r_{12}^2} e_{r12} \tag{7-1-2}$$

（3）静电力的叠加原理

当空间有两个以上的点电荷时，作用在某一点电荷上的总静电力等于其他各点电荷单独存在时对该点电荷所施静电力的矢量和，这一结论叫做静电力的叠加原理，即：

$$F = \sum_{i=1}^{n} F_i = \frac{1}{4\pi\varepsilon_0} \sum_{i=1}^{n} \frac{qq_i}{r_i^2} e_{r_i} \tag{7-1-3}$$

注意，库仑定律只适用于点电荷，欲求带电体之间的相互作用力，可将带电体看作是由许多电荷元组成的，电荷元之间的静电力则可应用库仑定律求得，最后根据静电力的叠加原理求出两带电体之间的总静电力。

2. 静电场与电场强度

静电场是指相对于观察者为静止的电荷在其周围所激发的电场。

电场强度是指将试探电荷 q_0 放在电场中，该试探电荷所受的力与其所带电荷量之比，用符号 E 表示，为一个矢量，即：

$$E = \frac{F}{q_0} \tag{7-1-4}$$

由上式可知，电场中某点的电场强度的大小等于单位电荷在该点所受的力的大小，其方向为正电荷在该点受力的方向。在国际单位制中，力的单位是 N，电荷量的单位是 C，根据上式，电场强度的单位是 N/C，电场强度的单位也可以写成 V/m。

电场强度叠加原理是指点电荷系在空间任一点所激发的总电场强度等于各个点电荷单独存在时在该点各自所激发的电场强度的矢量和，即：

$$E = E_1 + E_2 + \cdots + E_n = \sum_{i=1}^{n} E_i \tag{7-1-5}$$

如果电荷分布已知，则从点电荷的电场强度公式出发，根据电场强度的叠加原理，就可求出任意电荷分布所激发电场的场强。

设在真空中有一个静止的点电荷 q（称为源电荷），则距 q 为 r 的 P 点（一般称场点）的电场强度 E 为：

$$E = \frac{1}{4\pi\varepsilon_0} \frac{q}{r^2} e_r \tag{7-1-6}$$

式中，e_r 为由点电荷 q 指向 P 点的单位矢量。当 q 为正电荷时，E 的方向与 e_r 的方向一致，即背离 q；当为负电荷时，E 的方向与 e_r 的方向相反，即指向 q。

如果电场是由 n 个点电荷 q_1、q_2、$\cdots$、q_n 共同激发的，而场点 P 与各点电荷的距离分别为 r_1、r_2、$\cdots$、r_n，在 P 点所激发的总电场强度 E 为：

$$E = E_1 + E_2 + \cdots + E_n = \sum_{i=1}^{n} \frac{q_i}{4\pi\varepsilon_0 r_i^2} e_{ri} \tag{7-1-7}$$

连续分布电荷的电场强度的计算就是把带电体看成是许多极小的连续分布的电荷元 $\mathrm{d}q$ 的集合，每一个电荷元 $\mathrm{d}q$ 都当作点电荷来处理，而电荷元 $\mathrm{d}q$ 在 P 点所激发的电场强度，按点电荷的电场强度公式可写为：

$$\mathrm{d}E = \frac{1}{4\pi\varepsilon_0} \frac{\mathrm{d}q}{r^2} e_r \tag{7-1-8}$$

式中，e_r 为从 $\mathrm{d}q$ 所在点指向 P 点的单位矢量。带电体的全部电荷在 P 点激发的电场强度 E 为：

$$E = \int \mathrm{d}E = \frac{1}{4\pi\varepsilon_0} \int \frac{\mathrm{d}q}{r^2} e_r \tag{7-1-9}$$

【例 7-1-1】（历年真题）真空中，点电荷 q_1 和 q_2 的空间位置如图所示，q_1 为正电荷，且 $q_2 = -q_1$，则 A 点的电场强度的方向是：

A. 从 A 点指向 q_1

B. 从 A 点指向 q_2

C. 垂直于 $q_1 q_2$ 连线，方向向上

D. 垂直于 $q_1 q_2$ 连线，方向向下

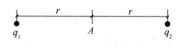

例 7-1-1 图

【解答】根据点电荷电场强度的方向，A 点的 E 的方向从 A 点指向 q_2（负电荷），应选 B 项。

3. 静电场的高斯定理

（1）电场强度通量（亦称 E 通量）

借助于电场线的概念，把电场中通过某一有向曲面的电场线的条数称为该曲面上的 E 通量，用符号 Φ_e 表示，则：

$$\Phi_e = ES\cos\theta = E \cdot S$$

任意曲面的 E 通量为：
$$\Phi_e = \int_S E \cdot \mathrm{d}S \tag{7-1-10}$$

（2）静电场的高斯定理

高斯定理是指在静电场中，通过任一闭合曲面的 E 通量等于该曲面内电荷量的代数和除以 ε_0，即：

$$\oiint_S E \cdot \mathrm{d}S = \frac{1}{\varepsilon_0} \sum_{i=1}^n q_i \tag{7-1-11}$$

由高斯定理可知，如闭合曲面内含有正电荷，则 E 通量为正，有电场线穿出闭合面；如闭合曲面内含有负电荷，则 E 通量为负，有电场线穿进闭合面。因此，静电场是有源场。

在高斯定理的表达式中，右端 $\sum_{i=1}^n q_i$ 是闭合曲面内电荷量的代数和，说明决定通过闭合曲面 E 通量的只是闭合曲面内的电荷量（图 7-1-2 中的 q_1、q_2 和 q_3）；而左端的电场强度 E 却是空间所有电荷（图 7-1-2 中的 q_1、q_2、q_3 和 q_4）在闭合曲面上任一点所激发的总电场强度，也就是说，闭合曲面外的电荷（图 7-1-2 中的 q_4）对闭合曲面上各点的电场强度也有贡献，但对整个闭合曲面上 E 通量的贡献却为零。

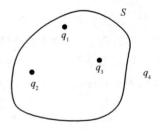

图 7-1-2　闭合曲面内外均有电荷

只有当电荷分布具有某些特殊的对称性，从而使相应的电场分布也具有一定的对称性时，就有可能应用高斯定理来计算电场强度。例如，常见的高对称性的电荷分布有：①球对称性，如点电荷、均匀带电球面或球体等；②轴对称性，如均匀带电直线、柱面或柱体等。

【**例 7-1-2**】如图所示为无限长的均匀带电的直棒（半径为 R），其单位长度所带的电荷量为 λ，距离直棒 a 处 P 点的电场强度大小为：

A. $\dfrac{\lambda}{2\pi\varepsilon_0 a}$　　　　B. $\dfrac{\lambda}{2\pi\varepsilon_0 a^2}$

C. $\dfrac{\lambda}{4\pi\varepsilon_0 a}$　　　　D. $\dfrac{\lambda}{4\pi\varepsilon_0 a^2}$

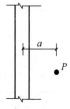

例 7-1-2 图

【**解答**】过 P 点作一个与带电直棒共轴的圆柱形闭合高斯面 S，柱高为 h，半径为 a。通过圆柱两底面的 $\boldsymbol{E}$ 通量为零，而圆柱曲面上各点 E 的大小相等，则由高斯定理：

$$\oiint\limits_{S} \boldsymbol{E} \cdot \mathrm{d}S = 2\pi a h E = \frac{\lambda h}{\varepsilon_0}$$

$$E = \frac{\lambda}{2\pi\varepsilon_0 a}$$

应选 A 项。

★★★二、恒定电流的磁场

1. 磁感应强度 $\boldsymbol{B}$

运动的电荷除产生电场外，还要产生磁场。

实验发现：①当运动试探电荷以同一速率 v 沿不同方向通过磁场中某点 P 时，磁场力的方向却总是与电荷运动方向（v）垂直；②在磁场中 P 点存在着一个特定的方向，当电荷沿这个特定方向（或其反方向）运动时，磁场力为零。因此，定义：P 点磁场的方向是沿着运动试探电荷通过该点时不受磁场力的方向；③如果电荷在 P 点沿着与磁场方向垂直的方向运动时，所受到的磁场力最大。研究得到，比值 $F_{\mathrm{m}}/(qv)$ 反映该点磁场强弱的性质，故定义为该点磁感应强度的大小：

$$\boldsymbol{B} = \frac{\boldsymbol{F}_{\mathrm{m}}}{qv} \tag{7-1-12}$$

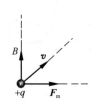

图 7-1-3　$\boldsymbol{B}$、$\boldsymbol{F}_{\mathrm{m}}$、$v$ 的方向有关系（对正电荷）

根据最大磁场力 $\boldsymbol{F}_{\mathrm{m}}$ 和 v 的方向确定 $\boldsymbol{B}$ 的方向，如图 7-1-3 所示，按右手螺旋定则，伸直右手大拇指并使其他四个手指由 $\boldsymbol{F}_{\mathrm{m}}$ 的方向经过 $90°$ 转向 v 的方向，大拇指方向就是 $\boldsymbol{B}$ 的方向。

磁感应强度 $\boldsymbol{B}$ 是描述磁场性质的基本物理量，在国际单位制中，$\boldsymbol{B}$ 的单位为 T（特斯拉）。

2. 磁通量

利用磁感应线来描绘磁场的分布。在磁场中，通过一给定曲面的总磁感应线的条数称为通过该曲面的磁通量（也称为磁通），其单位为 Wb（韦伯），用 Φ 表示，则：

$$\Phi = BS\cos\theta = \boldsymbol{B} \cdot \boldsymbol{S}$$

任意曲面的磁通量 Φ 为：

$$\Phi = \int_{S} \boldsymbol{B} \cdot \mathrm{d}\boldsymbol{S} \tag{7-1-13}$$

3. 毕奥-萨伐尔定律

毕奥-萨伐尔定律是指电流元 $I\mathrm{d}l$ 在任一点 P 处激发的 $\mathrm{d}B$ 大小为：

$$dB = k \frac{I dl \sin\alpha}{r^2}$$

或
$$d\boldsymbol{B} = \frac{\mu_0}{4\pi} \frac{\boldsymbol{I} dl \times \boldsymbol{e}_r}{r^2} \tag{7-1-14}$$

式中，$\mu_0 = 4\pi \times 10^{-7}$ T·m/A 称为真空磁导率；$\boldsymbol{e}_r$ 是电流元指向场点的单位矢量。$d\boldsymbol{B}$ 的方向按右手螺旋定则，即右手的弯曲四指由 $\boldsymbol{I} dl$ 经小于 $180°$ 的角转向 r 时，大拇指的指向就是 $d\boldsymbol{B}$ 的方向。

任意线电流所激发的总磁感应强度为：

$$\boldsymbol{B} = \int_L d\boldsymbol{B} = = \frac{\mu_0}{4\pi} \int_L \frac{\boldsymbol{I} dl \times \boldsymbol{e}_r}{r^2} \tag{7-1-15}$$

上式也是 $\boldsymbol{B}$ 叠加原理的体现。

4. 恒定磁场的高斯定理

恒定磁场的高斯定理是指通过任一闭合曲面的总磁通量恒等于零，即：

$$\oiint_S \boldsymbol{B} \cdot d\boldsymbol{S} = 0 \tag{7-1-16}$$

恒定磁场的高斯定理揭示了磁场的磁感应线无头无尾，恒是闭合的，所以磁场可称作无源场。

5. 安培环路定理

恒定磁场的安培环路定理是指在磁场中，沿任何闭合曲线 $\boldsymbol{B}$ 矢量的线积分（$\boldsymbol{B}$ 矢量的环流）等于真空的磁导率 μ_0 乘以穿过以该闭合曲线为边界所张开的任意曲面的各恒定电流的代数和，即：

$$\oint_L \boldsymbol{B} \cdot d\boldsymbol{l} = \mu_0 \sum I \tag{7-1-17}$$

上式中电流的正、负与积分时在闭合曲线上所取的绕行方向有关，如果所取积分的绕行方向与电流流向满足右手螺旋定则，则电流为正，相反的电流为负。例如，如图 7-1-4 所示的两种情况，$\boldsymbol{B}$ 沿各闭合曲线的线积分分别为：

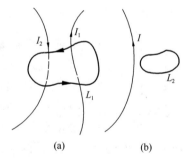

$$\oint_{L_1} \boldsymbol{B} \cdot d\boldsymbol{l} = \mu_0 (I_1 - I_2)$$

$$\oint_{L_2} \boldsymbol{B} \cdot d\boldsymbol{l} = 0$$

注意，安培环路定理中的 I 只是穿过环路的电流，它说明 $\boldsymbol{B}$ 的环流 $\oint_L \boldsymbol{B} \cdot d\boldsymbol{l}$ 只和穿过环路的电流有关，而

图 7-1-4 安培环路定理的符号规则

与未穿过环路的电流无关，但是环路上任一点的磁感应强度 $\boldsymbol{B}$ 却是所有电流（无论是否穿过环路）所激发的场在该点叠加后的总磁感应强度。

当电流分布具有某种对称性时，利用安培环路定理可以很简单地算出磁感应强度 $\boldsymbol{B}$。

当电流的磁场中有磁介质存在时，引入磁场强度 $\boldsymbol{H}$，其单位为 A/m，并且有：

$$\boldsymbol{B} = \mu_0 \mu_r \boldsymbol{H} = \mu \boldsymbol{H}$$

式中，$\mu = \mu_0 \mu_r$ 称为磁介质的磁导率；μ_r 称为磁介质的相对磁导率。于是，有磁介质时的安培环路定理写成：

$$\oint \boldsymbol{H} \cdot \mathrm{d}\boldsymbol{l} = \sum \boldsymbol{I}$$
(7-1-18)

如图 7-1-5(a) 所示无限长的载流直导线，其电流为 I，其产生的磁场的方向按右手螺旋定则，即右手握住导线，大拇指的指向与电流方向一致，弯曲的四指指向为磁场的方向，也即在与直导线垂直的平面中，磁感应线是围绕直导线的圆；距离直导线为 r 的点的 B 为：

$$B = \frac{\mu_0 I}{2\pi r}$$

如图 7-1-5(b) 所示环形电流（如线圈），让右手弯曲的四指与环形电流方向一致，大拇指的指向就是磁场的方向。

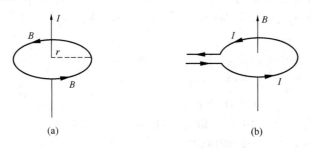

(a)　　　　　　　　　　　(b)

图 7-1-5　电流与磁场的方向

(a) 直导线电流的磁场；(b) 线圈电流的磁场

【例 7-1-3】（历年真题）图示长直导线上的电流产生的磁场：

A. 方向与电流方向相同

B. 方向与电流方向相反

C. 顺时针方向环绕长直导线（自上向下俯视）

D. 逆时针方向环绕长直导线（自上向下俯视）

【解答】 恒定电流产生的磁场的方向按右手螺旋定则，故选 D 项。

【例 7-1-4】（历年真题）图示两长直导线的电流 $I_1 = I_2$，L 是包围 I_1、I_2 的闭合曲线，以下说法中正确的是：

A. L 上各点的磁场强度 H 的量值相等，不等于 0

B. L 上各点的 H 等于 0

C. L 上任一点的 H 等于 I_1、I_2 在该点的磁场强度的叠加

D. L 上各点的 H 无法确定

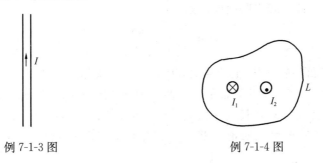

例 7-1-3 图　　　　　　　　例 7-1-4 图

【**解答**】根据安培环路定理：

$$\oint_L \boldsymbol{B} \cdot \mathrm{d}l = \mu_0 \sum I, \text{即} : \oint_L H \cdot \mathrm{d}l = \sum I = I_1 + I_2 = 0$$

故选 C 项。

6. 洛伦兹力

一个带电荷量为 q 的粒子，以速度 v 在磁场中运动时，磁场对运动电荷作用的磁场力称为洛伦兹力，如果速度 v 与磁场 $\boldsymbol{B}$ 方向的夹角为 θ，则洛伦兹力 $\boldsymbol{F}$ 的大小为：

$$F = qvB\sin\theta$$

或

$$\boldsymbol{F} = q\boldsymbol{v} \times \boldsymbol{B} \tag{7-1-19}$$

$\boldsymbol{F}$ 的方向垂直于 $\boldsymbol{v}$ 和 $\boldsymbol{B}$ 所决定的平面，指向由 $\boldsymbol{v}$ 经小于 $180°$ 的角转向 $\boldsymbol{B}$ 按右手螺旋定则确定。对于正电荷，$\boldsymbol{F}$ 的方向如图 7-1-6 所示；对于负电荷，则所受的力的方向正好相反。

7. 安培力

电流元 $\boldsymbol{I}\mathrm{d}l$ 在磁场中某点所受到的磁场力 $\mathrm{d}\boldsymbol{F}$ 为：

$$\mathrm{d}F = I\mathrm{d}l\,B\sin\theta$$

或

$$\mathrm{d}\boldsymbol{F} = \boldsymbol{I}\mathrm{d}l \times \boldsymbol{B} \tag{7-1-20}$$

式中，θ 为电流元 $\boldsymbol{I}\mathrm{d}l$ 与 $\boldsymbol{B}$ 的夹角。$\mathrm{d}\boldsymbol{F}$ 的方向垂直于 $\boldsymbol{I}\mathrm{d}l$ 与 $\boldsymbol{B}$ 所决定的平面，指向由右手螺旋定则确定。

一段任意形状的载流导线所受的磁场力 $\boldsymbol{F}$（亦称安培力）为：

$$\boldsymbol{F} = \int_L \mathrm{d}\boldsymbol{F} = \int_L \boldsymbol{I}\mathrm{d}l \times \boldsymbol{B} \tag{7-1-21}$$

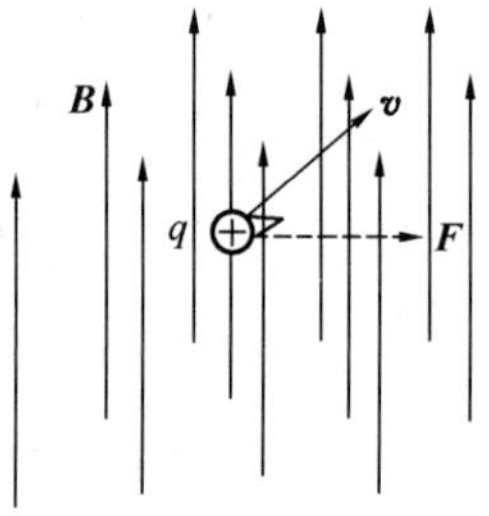

图 7-1-6　运动电荷在
磁场中所受磁场力
的方向

★★★三、电磁感应定律

当穿过一个闭合导体回路所包围的面积内的磁通量发生变化时，不管这种变化是由什么原因引起的，在导体回路中就会产生感应电流。这种现象称为电磁感应现象。

闭合回路中感应电流的方向，总是使得它所激发的磁场来阻止引起感应电流的磁通量的变化（增加或减少），这称为楞次定律。

电磁感应定律可表述为：通过回路所包围面积的磁通量发生变化时回路中产生的感应电动势与磁通量对时间的变化率成正比，即：

$$\mathscr{E}_i = -\frac{\mathrm{d}\varPhi}{\mathrm{d}t} \tag{7-1-22}$$

式中的负号反映了感应电动势的方向，它是楞次定律的数学表现。

如果回路是由 N 匝导线串联而成，则：

$$\mathscr{E}_i = -N\frac{\mathrm{d}\varPhi}{\mathrm{d}t} \tag{7-1-23}$$

应用电磁感应定律确定感应电动势的方向：首先，要标定回路的绕行方向，并规定电动势方向与绕行方向一致时为正；然后，根据回路的绕行方向，按右手螺旋定则确定回路所包围面积的正法线方向；其次，根据已确定的正法线方向求出通过回路的磁通量；最后，按式（7-1-22）求出感应电动势 $\mathscr{E}_i$，根据计算结果的正、负确定感应电动势的方向。

对简单问题，用楞次定律确定感应电动势的方向较简便。

使磁通量 Φ 发生变化的方法，可归纳为两类：①磁场保持不变，导体回路或导体在磁场中运动，由此产生的电动势称为动生电动势；②导体回路不动，磁场发生变化，由此产生的电动势称为感生电动势。

【例 7-1-5】（历年真题）图示铁心线圈通以直流电流 I，并在铁心中产生磁通 Φ，线圈的电阻为 R，那么，线圈两端的电压为：

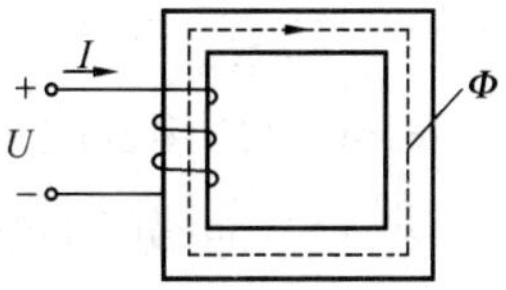

A. $U = IR$ B. $U = N\dfrac{\mathrm{d}\Phi}{\mathrm{d}t}$

例 7-1-5 图

C. $U = -N\dfrac{\mathrm{d}\Phi}{\mathrm{d}t}$ D. $U = 0$

【解答】由于铁芯中磁通量 Φ 不变，故感应电动势 $\mathscr{E}_{\mathrm{i}} = -\dfrac{\mathrm{d}\Phi}{\mathrm{d}t} = 0$；又线圈电阻为 R，则 $U = IR$。

应选 A 项。

<h2 style="text-align:center">习　　题</h2>

7-1-1　（历年真题）点电荷 $+q$ 和点电荷 $-q$ 相距 30cm，那么，在由它们构成的静电场中：

A. 电场强度处处相等

B. 在两个点电荷连接的中点位置，电场力不为 0

C. 电场方向总是从 $+q$ 指向 $-q$

D. 位于两个点电荷连线的中点位置上，带负电的可移动体将向 $-q$ 处移动

7-1-2　（历年真题）关于电场和磁场，下述说法中正确的是：

A. 静止的电荷周围有电场；运动的电荷周围有磁场

B. 静止的电荷周围有磁场；运动的电荷周围有电场

C. 静止的电荷和运动的电荷周围都只有电场

D. 静止的电荷和运动的电荷周围都只有磁场

7-1-3　（历年真题）真空中有三个带电质点，其电荷分别为 q_1、q_2 和 q_3，其中，电荷为 q_1 和 q_3 的质点位置固定，电荷为 q_2 的质点可以自由移动，当三个质点的空间分布如图所示时，电荷为 q_2 的质点静止不动，此时如下关系成立的是

题 7-1-3 图

A. $q_1 = q_2 = 2q_3$ B. $q_1 = q_3 = |q_2|$

C. $q_1 = q_2 = -q_3$ D. $q_2 = q_3 = -q_1$

7-1-4　（历年真题）在一个孤立静止的点电荷周围：

A. 存在磁场，它围绕电荷呈球面状分布

B. 存在磁场，它分布在从电荷所在处到无穷远处的整个空间中

C. 存在电场，它围绕电荷呈球面状分布

D. 存在电场，它分布在从电荷所在处到无穷远处的整个空间中

7-1-5 （历年真题）图中线圈 a 的电阻为 R_a，线圈 b 的电阻为 R_b，两者彼此靠近如图所示，若外加激励 $u = U_M \sin \omega t$，则：

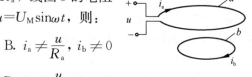

A. $i_a = \dfrac{u}{R_a}$，$i_b = 0$ B. $i_a \neq \dfrac{u}{R_a}$，$i_b \neq 0$

C. $i_a = \dfrac{u}{R_a}$，$i_b \neq 0$ D. $i_a \neq \dfrac{u}{R_a}$，$i_b = 0$

题 7-1-5 图

7-1-6 （历年真题）在图示变压器中，左侧线圈中通以直流电流 I，铁芯中产生磁通 Φ。此时，右侧线圈端口上的电压 U_2 是：

A. 0

B. $\dfrac{N_2}{N_1} \dfrac{\mathrm{d}\Phi}{\mathrm{d}t}$

C. $N_1 \dfrac{\mathrm{d}\Phi}{\mathrm{d}t}$

D. $\dfrac{N_1}{N_2} \dfrac{\mathrm{d}\Phi}{\mathrm{d}t}$

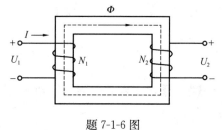

题 7-1-6 图

第二节　直　流　电　路

一、电路的基本概念

1. 电路的组成与功能

电路就是电流的通路，是一种由导线将各种电气设备或元件连接而成的、以实现某些特定功能的电流的通路。根据电路的连接目的和功能，电路可分为力能电路和信号电路两大类，但它们均包含电源、功能部件和连接导线三个组成部分。其中，电源为"电能的来源"，是驱动电路工作的激励能源，特指那些将非电能转换为电能的装置；功能部件是指实现电气装置功能所必需的元器件，包括电阻器、电容器、电感器、晶体管、集成电路芯片、控制开关以及其他电热的、电动的、光电的转换器件等；连接导线确保电路电能量或电信号的传输。

2. 电路的基本物理过程

用电目的不同，电路的结构形式也各不相同，但是它们工作时总是伴随着三种基本的物理现象，即：

（1）电荷定向运动形成电流，电荷流动过程中在导电材料内部发生碰撞，摩擦起热，产生热效应，当热量被其他介质吸收后，出现电能量的消耗；

（2）电荷流动产生磁场效应，出现电能量向磁场能的转换现象；

（3）正、负电荷之间产生电场效应，即电路中的电能量转换为电场能储存起来。

3. 电路的基本物理量及参考方向

（1）电流

在国际单位制中，电流的单位是安培（A）。在计量小电流时，常以毫安（mA）或微安（μA）为单位，各单位之间的关系为：$1A = 10^3 \, mA = 10^6 \, \mu A$。

规定正电荷的运动方向为电流的实际方向。为了便于分析与计算，事先选择一个方向作为电流的方向称为参考方向（也称为正方向）。在分析与计算中，所选参考方向并不一

定与实际方向相同，当电流的实际方
向与参考方向相同时，电流为正值；
反之，当电流的实际方向与参考方向
相反时，则电流为负值。如图 7-2-1
所示。

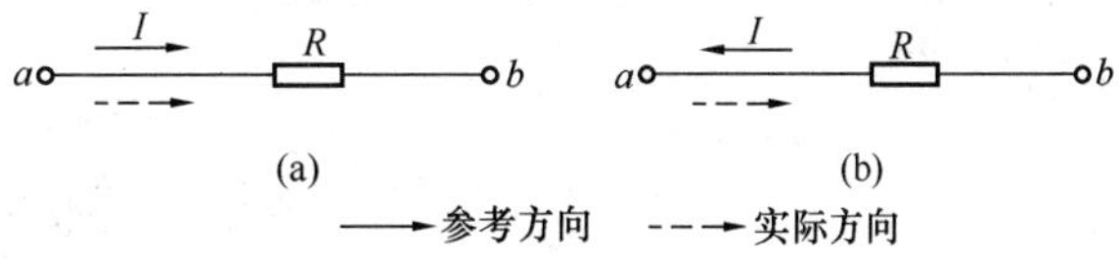

图 7-2-1　电流的参考方向

（a）$I>0$；（b）$I<0$

　（2）电位与电压

　电位、电压的单位都是伏特
（V）。a、b 两点间的电压在数值上等于电场力把单位正电荷从 a 点移到 b 点所做的功，也就是两点之间的电位差，即 $U_{ab}=V_a-V_b$，其中，V_a 为 a 点的电位，V_b 为 b 点的电位，U_{ab} 为 a、b 间的电压。

　电压的实际方向（极性）规定为从高电位点指向低电位点，即电位降的方向。与电流类似，在复杂电路中，两点间电压的实际方向往往很难预测，故事先设定一个参考方向（参考极性）。为了方便分析，常将电压、电流取一致的参考方向称为关联参考方向，即在同一元件上，电流的参考方向从电压参考极性的"＋"极指向"－"极。这样，在一个元件上只要设定一个参考方向（电压或电流），另一个就自然确定了。

　（3）电动势

　电动势是表示电源性质的物理量。它表征了电源内部非电场力对正电荷做功的能力或者说电源将其他形式能量转换成为电能的能力。电动势在数值上等于非电场力将单位正电荷从负极经电源内部移动到正极时所做的功。电动势用 E 表示，其单位也是伏特（V）。电动势的实际方向规定在电源内部是从低电位端指向高电位端，即电位升的方向。

　4.理想电路元件及其约束关系

　为了便于对实际电路进行分析，引入若干理想电路元件，每个理想元件仅与一种基本物理现象对应。为了表达方便，用大写字母表示直流量（如 U、I），用小写字母表示交流量（如 u、i）。

　（1）电阻 R

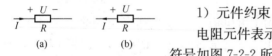

图 7-2-2　电阻元件符号
　　　及元件约束

（a）U 与 I 关联参考方向；

（b）U 与 I 非关联参考方向

　1）元件约束

　电阻元件表示消耗电能量，元件参数用 R 表示，其元件符号如图 7-2-2 所示。流过电阻 R 的电流 I 和两端的电压 U 的关系满足欧姆定律：

$$U=\pm RI$$

　当电流 I、电压 U 的参考方向按关联参考方向（亦称关联方向）设定时，上式取"＋"号，反之，取"－"号。

　2）电阻 R 消耗的功率

　在关联方向下（或非关联方向下），电阻是一种耗能元件，其消耗的功率为：

$$P=UI=RI^2=\frac{U^2}{R}$$

　（2）电感 L

　1）元件约束

　电感是一种可以将电能转换为磁场能（储能）而不消耗能量的电路元件，描述参数用

L 表示。流过电感上的电流 i 和两端的电压 u 的方向按关联方向设定时（图 7-2-3），它们具有约束关系：

$$u = L\frac{\mathrm{d}i}{\mathrm{d}t}$$

2）电感 L 储存的能量

当电流 i 通过电感元件时，可存储磁场能 W_L，其计算式为：

$$W_\mathrm{L} = \frac{1}{2}Li^2$$

注意，电感在直流电路中，$u = L\dfrac{\mathrm{d}i}{\mathrm{d}t} = 0$，相当于短路。

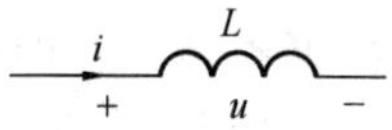

图 7-2-3　电感元件符号 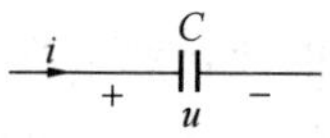　　　图 7-2-4　电容元件符号

（3）电容

电容是一种可以将电能转换为电场能（储能）而不消耗能量的电路元件，其描述参数用 C 表示，其元件约束关系为：

$$i = \begin{cases} C\dfrac{\mathrm{d}u}{\mathrm{d}t} & u \text{ 与 } i \text{ 关联方向设定（图 7-2-4）} \\[2mm] -C\dfrac{\mathrm{d}u}{\mathrm{d}t} & u \text{ 与 } i \text{ 非关联方向设定} \end{cases}$$

当电容元件两端存在电压 u 时，可存储电场能 W_C，其计算式为：

$$W_\mathrm{C} = \frac{1}{2}Cu^2$$

注意，电容在直流电路中，$i = C\dfrac{\mathrm{d}u}{\mathrm{d}t} = 0$，相当于开路。

（4）独立电源

独立电源是指能够单独对电路产生激励作用的电源。产生电压激励的电源为电压源，理想独立电压源符号见图 7-2-5(a)，其两端电压 u 与通过的电流 i 无关，元件约束为 $u = U_\mathrm{s}$；实际独立电压源见图 7-2-5(b)、（c）。产生电流激励的电源为电流源，理想独立电流源符号见图 7-2-6(a)，其通过的电流 i 与两端电压 u 无关，元件约束为 $i = I_\mathrm{s}$；实际独立电

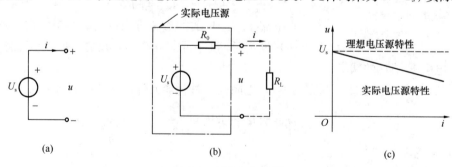

图 7-2-5　独立电压源

（a）理想电压源；（b）实际电压源模型；（c）伏安特性

流源见图 7-2-6（b）、（c）。

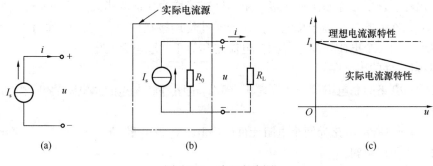

图 7-2-6　独立电流源

（a）理想电流源；（b）实际电流源模型；（c）伏安特性

（5）受控电源

受控电源是另一类电源模型，它的输出具有理想电源的特征，但其参数却受到电路中其他变量的控制。受控电源的特点是：当控制的电压或电流消失或等于零时，受控电源的电压或电流也将等于零；当控制的电压或电流方向改变时，受控电源的电压或电流方向也将随之改变。按照受控电源输出端表现的电压源特性或电流源特性，以及控制的变量为电压或电流，受控电源共分4 种，如图 7-2-7 所示。

★★★5. 电路模型

电路模型是指由电路元件模型组成的电路。

（1）实际电路元件的电路模型

实际电压源模型如图 7-2-5（b）所示，实际电流源

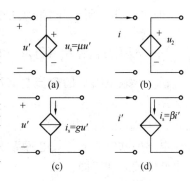

图 7-2-7　受控源元件符号

（a）电压控制的电压源 VCVS；

（b）电流控制的电压源 CCVS；

（c）电压控制的电流源 VCCS；

（d）电流控制的电流源 CCCS

模型如图 7-2-6（b）所示。单纯耗能的设备基本物理现象只有消耗电能量，可通过电阻 R 元件描述。

电感线圈工作于在低频交流电情况下，既有较强的磁场效应，又有热效应产生，可由电感元件 L 与电阻元件 R 串联表示，如图 7-2-8 所示。电容器工作时主要体现电场效应，可由电容元件 C 描述。

连接导线则可用 $R=0$ 的导线表示。

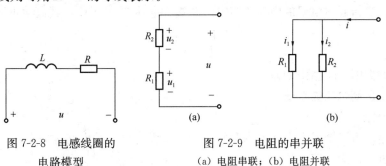

图 7-2-8　电感线圈的
电路模型

图 7-2-9　电阻的串并联
（a）电阻串联；（b）电阻并联

（2）元件的串并联连接

几个元件按首尾相连原则一个接一个顺序连接称为元件的串联，这些元件流过同一个电流，各个元件电压之和等于总电压。几个元件均连接在两个节点之间称为元件的并联，这些元件承受同一个电压，流过各元件电流之和等于并联电路总电流。

1）电阻元件的串并联

电阻串联电路的总电阻等于各个电阻之和；电阻并联电路的总电阻的倒数等于各个电阻倒数之和。

图 7-2-9(a) 所示电路为两个电阻元件的串联，等效电阻：$R = R_1 + R_2$，每个电阻上的电压根据分压作用可得：

$$u_1 = \frac{R_1}{R_1 + R_2}u, \ u_2 = \frac{R_2}{R_1 + R_2}u$$

图 7-2-9(b) 所示电路为两个电阻元件的并联，等效电阻：$\frac{1}{R} = \frac{1}{R_1} + \frac{1}{R_2}$，$R = \frac{R_1 R_2}{R_1 + R_2}$，根据分流作用可得每个电阻通过的电流，即：$i_1 = \frac{R_2}{R_1 + R_2}i$，$i_2 = \frac{R_1}{R_1 + R_2}i$。

任一并联电阻上的分流与其电阻值的大小成反比。此外，R_1 与 R_2 并联，可写作：$R_1 \mathbin{/\mkern-5mu/} R_2$。

2）电感元件的串并联

电感串联电路的等效电感等于各个电感之和，电感并联电路的等效电感的倒数等于各个电感倒数之和，即：

n 个电感串联的等效电感：$L = L_1 + L_2 + \cdots + L_n$

n 个电感并联的等效电感：$\frac{1}{L} = \frac{1}{L_1} + \frac{1}{L_2} + \cdots + \frac{1}{L_n}$

3）电容元件的串并联

电容串联电路的等效电容的倒数等于各个电容倒数之和，电容并联电路的等效电容等于各个电容之和，即：

n 个电容串联的等效电容：$\frac{1}{C} = \frac{1}{C_1} + \frac{1}{C_2} + \cdots + \frac{1}{C_n}$

n 个电容并联的等效电容：$C = C_1 + C_2 + \cdots + C_n$

6. 欧姆定律

欧姆定律是指通过电阻的电流 I 与电阻两端的电压 U 成正比，其数学表达式为：

$$\frac{U}{I} = R$$

式中，R 为该段电路的电阻（Ω）。

★★★二、基尔霍夫定律

1. 基本概念

（1）支路。由一个或多个元件串联组成的一条没有分支的电路称为支路。一条支路流过同一个电流，称为支路电流。

（2）节点。在电路中具有三条或三条以上支路的连接点称为节点。两个节点之间的电压称为节点电压。

（3）回路。电路中由一条或多条支路所组成的任一闭合路径称为回路。

（4）网孔。在平面电路中，内部不含其他支路的回路称为网孔。网孔也称为独立回路。

2. 基尔霍夫电流定律（KCL）

基尔霍夫电流定律（KCL）是指在任一瞬间，流向节点的电流之和等于从该节点流出的电流之和，即：

$$\Sigma I_\text{入} = \Sigma I_\text{出}$$

应用 KCL 需预先假定各支路电流正方向。如果规定正方向指向节点的电流取正号，背向节点的取负号，则 KCL 还可表示为：

$$\Sigma I = 0$$

即在任一瞬间，节点上电流代数和为零。

如图 7-2-10 所示，节点 a 处有 4 条支路，各支路电流正方向如图所示，则：

$$I_1 + I_2 = I_3 + I_4$$

或
$$I_1 + I_2 - I_3 - I_4 = 0$$

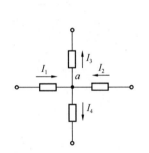 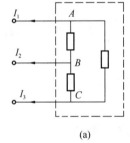 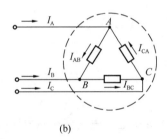

$$(a) \qquad\qquad (b)$$

图 7-2-10 节点上的 KCL　　　　图 7-2-11 广义节点上的 KCL

KCL 可以推广应用到广义节点上，如图 7-2-11 所示两个电路，可以看成广义节点，按 KCL 其关系式分别为：

$$I_1 + I_2 + I_3 = 0, \ I_\text{A} + I_\text{B} + I_\text{C} = 0$$

3. 基尔霍夫电压定律（KVL）

基尔霍夫电压定律（KVL）是指任何电路中，任意时刻绕任意一个回路一周所有支路电压（降）的代数和恒等于零，即：

$$\Sigma u_k(t) = 0$$

应用 KVL 时，首先需要指定一个回路绕行方向（顺时针或逆时针）。当支路电压的参考方向与回路绕行方向一致时（电压降），在求和式中取"＋"号；当支路电压参考方向与回路绕行方向相反时（电压升），在求和式中取"－"号。例如，在图 7-2-12 所示电路中，则：

回路Ⅰ（$abda$）：　　　　　　　$U_a + U_b - U_c = 0$

回路Ⅱ（$bcdb$）：　　　　　　　$U_b + U_e - U_d = 0$

回路Ⅲ（$bcdab$）：　　　　　　$U_b + U_e - U_c + U_a = 0$

KVL 除了适用于闭合的电路外，还可以应用于不闭合的电路或某一段电路。例如，如图 7-2-13(a) 所示，根据 KVL，有 $U_{AB}+U_B-U_A=0$，所以 $U_{AB}=U_A-U_B$，即电路中任意两点间的电压等于这两点间各段支路电压的代数和。其中，支路电压的方向与这两点间电压方向相同的取正号，相反的取负号。如图 7-2-13(b) 所示，由 KVL，有：$U_{ab}=U_1+U_2$。

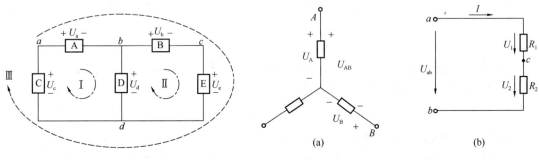

图 7-2-12　回路中的 KVL　　　　　　图 7-2-13　KVL 的推广应用

【例 7-2-1】（历年真题）图示电路中，电流 I_s 为：

A. $-0.8A$　　　　　　　　　　　B. $0.8A$

C. $0.6A$　　　　　　　　　　　 D. $-0.6A$

【解答】设流过电阻 10Ω 的电流为 I_R，方向向下，10Ω 上端节点处：

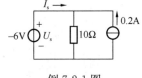

例 7-2-1 图

$$0.2+I_s=I_R=\frac{U_s}{R}=\frac{-6}{10}=-0.6$$

$I_s=-0.8A$，应选 A 项。

★★★三、电压源和电流源模型的等效变换

一个实际的独立电源可以用两种模型来表述，即实际电压源模型和实际电流源模型。当用这两种模型表述同一个电源时，它们之间是可以等效互换的，这两个互换的电源模型具有完全相同的外部特性。图 7-2-14 中实际电压源模型和实际电流源模型分别为实际电源的等效模型。

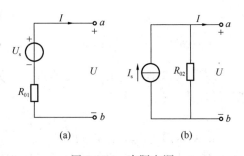

图 7-2-14　实际电源
（a）实际电压源模型；（b）实际电流源模型

由图 7-2-14(a) 可知：

$$U=U_s-R_{01}I$$

由图 7-2-14(b) 可知：　　$U=(I_s-I)R_{02}=I_sR_{02}-IR_{02}$

若两种电源对外等效，则：

$$\begin{cases} R_{01}=R_{02}=R_0 \\ U_s=I_sR_0 \end{cases}$$

两种电源互换时，注意电压源（U_s）和电流源（I_s）的方向，必须保证转换前后，输出电流、电压的参考方向不变，如图 7-2-15 所示。

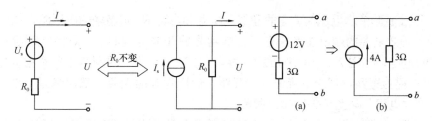

图 7-2-15　两种电源的等效变换　　　　图 7-2-16　电源等效变换

两种实际电源模型之间的等效互换，可应用于电路的化简。计算时，通常将与理想电压源串联的电阻（或与理想电流源并联的电阻）当成电源的内阻，然后利用两种电源互换的方法进行计算。

例如，图 7-2-16(a) 所示电路，其等效的电流源为 7-2-16(b)。又如，图 7-2-17(a) 所示电路，其等效的电流源为 7-2-17(c)。由图 7-2-17(b) 可知，与理想电压源 12V 并联的 6Ω 电阻，对外电路不起作用，可认为开路。

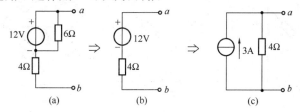

图 7-2-17　电源等效变换

★★★四、等效电源定理

在复杂电路中，当只需计算某一条支路的电压或电流，可以首先将待求支路从电路中分离出来，然后找出其余部分电路（二端网络）的等效电源，这样可计算出待求的电压或电流，这就是等效电源定理。这个二端网络如果用实际电压源等效，则称为戴维宁定理；如果用实际电流源等效，则称为诺顿定理。下面仅介绍戴维宁定理。

戴维宁定理的表述：任何一个线性有源二端网络，如图 7-2-18(a) 所示，对外电路而

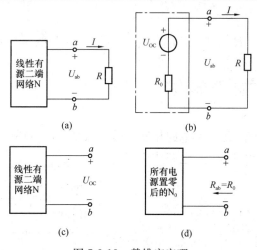

图 7-2-18　戴维宁定理

（a）线性有源二端网络；（b）戴维宁等效电路；（c）求开路电压 U_{OC} 示意电路；（d）求等效电阻 R_0 示意图

言，可以等效成一个端电压为 U_{OC} 的理想电压源和内阻 R_0 相串联的电压源，如图 7-2-18（b）所示。等效电源的端电压就是有源二端网络的开路电压 U_{OC}，即将负载断开后 a、b 两端之间的电压，如图 7-2-18(c) 所示，内阻 R_0 等于有源二端网络中所有独立电源置零（理想电压源视为短路，理想电流源视为开路）后所得到的无源二端网络 N_0 在 a、b 两端看进去的等效电阻，如图 7-2-18(d) 所示。

线性有源二端网络变为无源二端网络，其除源原则是：对于理想电压源供出电压为零，将其视为短路；对于理想电流源供出电流为零，将其视为开路。

【例 7-2-2】 电路如图（a）所示，已知 $R_1=20\Omega$，$R_2=30\Omega$，$R_3=30\Omega$，$R_4=20\Omega$，$R_5=16\Omega$，$U_s=20V$，则电流 I_5（A）为：

A. -0.05 B. -0.1 C. 0.05 D. 0.10

例 7-2-2 图
(a) 电路；(b) 求开路电压 U_{OC}；(c) 求等效电阻 R_0

【解答】 该电路的等效电源的参数，见图（b）、（c）。

$$U_{OC}=U_{ab}=U_{ad}-U_{bd}$$

$$=\frac{R_2}{R_1+R_2}U_s-\frac{R_4}{R_3+R_4}U_s=\frac{30}{20+30}\times20-\frac{20}{30+20}\times20$$

$$=4V$$

$$R_0=R_1 // R_2+R_3 // R_4=\frac{20\times30}{20+30}+\frac{30\times20}{30+20}=24\Omega$$

则： $$I_5=\frac{U_{ab}}{R_5+R_0}=\frac{4}{16+24}=0.1A$$

故应选 D 项。

【例 7-2-3】（历年真题）图示两电路相互等效，由图（b）可知，流经 10Ω 电阻的电流 $I_R=1A$，由此可求得流经图（a）电路中 10Ω 电阻的电流 I 等于：

A. 1A   B. $-1A$

C. $-3A$ D. 0.3A

【解答】 图（a）、图（b）对负载 20Ω 等效，则流过 20Ω 的电流均为 1A，方向向上，则：

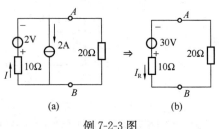

例 7-2-3 图

图（a）：$2=I+1$，$I=1$A

应选 A 项。

【例 7-2-4】（历年真题）在图（a）电路中有电流 I 时，可将图（a）等效为图（b），其中等效电压源电动势 E_s 和等效电源内阻 R_0 分别为：

A. -1V，5.143Ω

B. 1V，5Ω

C. -1V，5Ω

D. 1V，5.143Ω

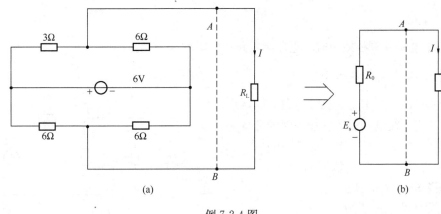

例 7-2-4 图

【解答】A、B 断开，求 E_s：

图中上排 3Ω 与 6Ω 串联，图中下排 6Ω 与 6Ω 串联，$E_s = \dfrac{6}{3+6} \times 6 - \dfrac{6}{6+6} \times 6 = 1$V

电压源为短路，求 R_0：

$$R_0 = 3 \mathbin{/\mkern-5mu/} 6 + 6 \mathbin{/\mkern-5mu/} 6 = \frac{3 \times 6}{3+6} + \frac{6 \times 6}{6+6} = 5\Omega$$

应选 B 项。

【例 7-2-5】（历年真题）图示电路中，a-b 端左侧网络的等效电阻为：

A. $R_1 + R_2$

B. $R_1 \mathbin{/\mkern-5mu/} R_2$

C. $R_1 + R_2 \mathbin{/\mkern-5mu/} R_L$

D. R_2

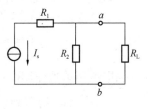

例 7-2-5 图

【解答】电流源为开路：

$R_0 = R_2$，应选 D 项。

★★★五、叠加原理

叠加原理是指在任何含有多个独立电源的线性电路中，每一支路的响应（电压或电流）都可以看成每个电源单独作用（其他独立电源置零，即电压源"短路"，电流源"开路"，而电源内阻保留）在该支路产生的响应的代数和。

应用叠加原理，需要注意的是：

（1）叠加定理是电路线性关系的应用，只适用于求解线性电路的电压和电流响应，电路中功率与激励电源的关系为二次函数，不具有线性关系，故不能直接用来计算功率。

（2）叠加时只将独立电源分别考虑，而受控电源（如前面讲的 VCVS 等）的使用则不遵循叠加原理。

【例 7-2-6】（历年真题）已知电路如图所示，其中响应电流 I 在电流源单独作用时的分量为：

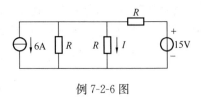

A. 因电阻 R 未知，故无法求出

B. 3A

C. 2A

D. -2A

例 7-2-6 图

【解答】电流源单独使用时，电压源断路；电阻均为 R，则：

$I=-\dfrac{1}{3}\times 6=-2$A，应选 D 项。

【例 7-2-7】（历年真题）已知电路如图所示，其中，响应电流 I 在电压源单独作用时的分量为：

A. 0.375A   B. 0.25A

C. 0.125A   D. 0.1875A

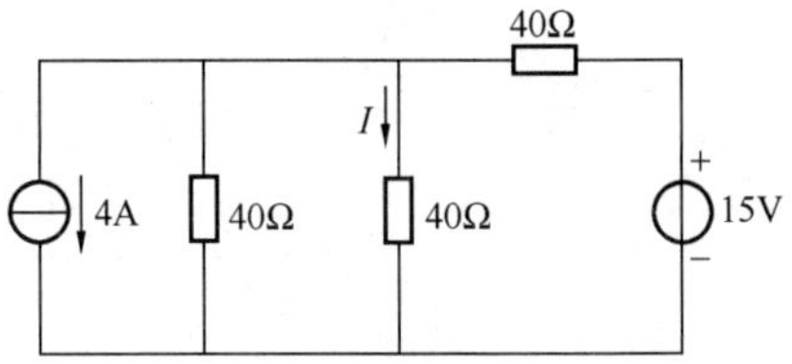

【解答】电压源单独作用时，电流源开路，此时，通过 40Ω 的电流 I 为：

$$I=\frac{15}{40+40/\!/40}\times\frac{40}{40+40}=0.125\text{A}$$

应选 C 项。

例 7-2-7 图

【例 7-2-8】图示电路，则 AB 两端的电压 U_{AB} 为：

A. -6V   B. -12V

C. -18V   D. -21V

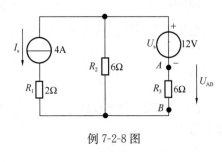

【解答】当电流源单独作用时：

$$U'_{AB}=-(R_2/\!/R_3)\times 4$$

$$=-\frac{6\times 6}{6+6}\times 4=-12\text{V}$$

例 7-2-8 图

当电压源单独作用时：

$$U''_{AB}=-\frac{R'_3}{R_2+R_3}U_s=-\frac{6}{6+6}\times 12=-6\text{V}$$

由叠加原理，电流源、电压源共同作用下：$U_{AB}=-12-6=-18$V，应选 C 项。

★★★六、支路电流法

支路电流法是求解电路的常规方法之一。如果一个电路具有 n 个节点、m 个（条）支路，则该电路的独立节点数和独立回路数（即网孔数）分别为 $n-1$ 个和 $m-n+1$ 个。一般来说，如果每次取回路都包含一条新的、其他回路不包含的支路，则这些回路是相互独立的。运用支路电流法求解电路的步骤如下：

（1）确定电路中 m 条支路电流的名称和正方向；

（2）根据 KCL，列出 $n-1$ 个独立节点电流方程；

（3）设定回路巡行方向，根据 KVL，列出 $m-n+1$ 个独立的回路电压方程；

（4）联立 $(n-1)+(m-n+1)=m$ 个独立方程解得各支路电流，进一步可求出各支路电压和功率。

如图 7-2-19 所示，该电路具有 2 个节点，3 条支路，其独立节点数为 $n-1=2-1=1$ 个，在节点 a 处，由 KCL，则：

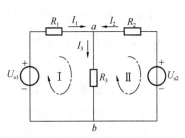

$$I_1+I_2-I_3=0$$

独立回路数（网孔数）为 $m-1+1=3-2+1=2$ 个，由 KVL，则：

图 7-2-19　支路电流分析法

网孔 I：　　$R_1 I_1+R_3 I_3-U_{s1}=0$

网孔 II：　$-R_2 I_2-R_3 I_3+U_{s2}=0$

联解上述方程组，可得 I_1、I_2 和 I_3 值。

注意，当电路中有电流源时，电流源所在支路的电流也就已知了，支路个数也减少，但由于电流源的端电压未知，因此，应选择不含电流源的回路作为 KVL 列写对象。

【例 7-2-9】（历年真题）用于求解图示电路的 4 个方程中，有一个错误方程，这个错误方程是：

A. $I_1 R_1+I_3 R_3-U_{s1}=0$

B. $I_2 R_2+I_3 R_3=0$

C. $I_1+I_2-I_3=0$

D. $I_2=-I_{s2}$

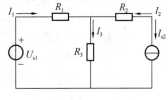

例 7-2-9 图

【解答】A 项，根据 KVL，正确。

B 项，由于电流源存在，电流源的端电压 U_{s2} 由外电路决定，故 $I_2 R_2+I_3 R_3=U_{s2}\neq 0$，应选 B 项。

【例 7-2-10】（历年真题）已知电路如图所示，其中电流 I 等于：

A. 0.1A　　　　B. 0.2A

C. -0.1A　　　D. -0.2A

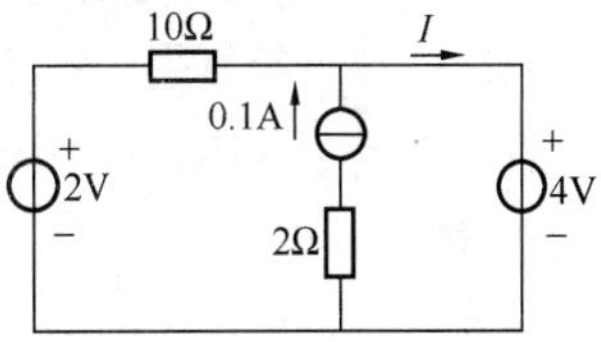

【解答】设流过 10Ω 的电流为 I_R，方向向右，则：

$$I_R+0.1=I$$

例 7-2-10 图

由 2V、4V 构成的回路：$10I_R+4-2=0$，$I_R=-0.2$A

则：$I=-0.2+0.1=-0.1$A，应选 C 项。

【例 7-2-11】（历年真题）图示电路中，电压 U 等于：

A. 0V　　　　B. 4V

C. 6V　　　　D. -6V

【解答】由 KVL，逆时针方向，则：

$$U+2\times 2+2=0,\ U=-6\text{V}$$

应选 D 项。

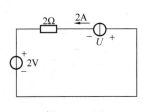

例 7-2-11 图

习　题

7-2-1　（历年真题）图示电路消耗电功率 2W，则下列表达式中正确的是：

A. $(8+R)I^2=2$，$(8+R)I=10$

B. $(8+R)I^2=2$，$-(8+R)I=10$

C. $-(8+R)I^2=2$，$-(8+R)I=10$

D. $-(8+R)I=10$，$(8+R)I=10$

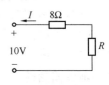

题 7-2-1 图

7-2-2　（历年真题）电路如图所示，U_s 为独立电压源，若外电路不变，仅电阻 R 变化时，将会引起的变化是：

A. 端电压 U 的变化

B. 输出电流 I 的变化

C. 电阻 R 支路电流的变化

D. 上述三者同时变化

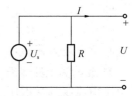

题 7-2-2 图

7-2-3　（历年真题）对于图示电路，可以列写 a、b、c、d 4 个节点的 KCL 方程和①、②、③、④、⑤ 5 个回路的 KVL 方程，为求出 6 个未知电流 $I_1 \sim I_6$，正确的求解模型应该是：

A. 任选 3 个 KCL 方程和 3 个 KVL 方程

B. 任选 3 个 KCL 方程和①、②、③ 3 个回路的 KVL 方程

C. 任选 3 个 KCL 方程和①、②、④ 3 个回路的 KVL 方程

D. 写出 4 个 KCL 方程和任意 2 个 KVL 方程

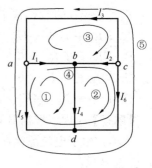

题 7-2-3 图

7-2-4　（历年真题）在直流稳态电路中，电阻、电感、电容元件上的电压与电流大小的比值分别为：

A. R，0，0 　　　　　　　　　　B. 0，0，∞

C. R，∞，0 　　　　　　　　　D. R，0，∞

7-2-5　（历年真题）在图示电路中，$I_1=-4A$，$I_2=-3A$，则 I_3 为：

A. $-1A$ 　　　　　　　　　　　　B. $7A$

C. $-7A$ 　　　　　　　　　　　　D. $1A$

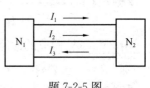

题 7-2-5 图

7-2-6　（历年真题）设电阻元件 R、电感元件 L、电容元件 C 上的电压电流取关联方向，则如下关系成立的是：

A. $i_R=R \cdot u_R$ 　　　　　　　　B. $u_C=C\dfrac{di_C}{dt}$

C. $i_C=C\dfrac{du_C}{dt}$ 　　　　　　D. $u_L=\dfrac{1}{L}\int i_C dt$

第三节　正弦交流电路

一、正弦交流电的时间函数描述

正弦交流电是指按照正弦规律变化的电压或电流，是周期函数。正弦交流电路是指含有正弦交流电源而且电路各部分所产生的电压和电流（响应）均按正弦规律变化的电路。

以正弦交流电流为例，其波形图见图 7-3-1，其时间函数的描述形式（即三角函数式）为：

$$i(t) = I_m \sin(\omega t + \psi_i) \text{ 或 } i(t) = \sqrt{2}I \sin(\omega t + \psi_i)$$

式中，I_m 为正弦交流电流的最大值或幅值，I 为正弦交流电流的有效值，ω 为正弦交流电流的角频率，ψ_i 为正弦交流电流的初相位。

同理，正弦交流电压的时间函数可描述为：

$$u(t) = U_m \sin(\omega t + \psi_u) \text{ 或 } u(t) = \sqrt{2}U \sin(\omega t + \psi_u)$$

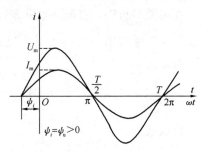

图 7-3-1　正弦交流电波形

上述式中，幅值、角频率、初相位称为正弦交流电的三要素。

1. 最大值与有效值的关系

$$I_m = \sqrt{2}I, \; U_m = \sqrt{2}U$$

2. 周期 T、频率 f 和角频率 ω 的关系

$$\omega = 2\pi f = \frac{2\pi}{T}$$

我国电力系统的交流电频率 $f = 50\text{Hz}$，称为工频，则 $T = \dfrac{1}{f} = 0.02\text{s}$，$\omega = 2\pi f = 314\text{rad/s}$。

3. 初相位和相位差

正弦交流电 $i(t) = I_m \sin(\omega t + \psi_i)$ 中的 $(\omega t + \psi_i)$ 为相位，$t = 0$ 时的相位为初相位 ψ_i，约定初相位取值范围为 $(-\pi, +\pi)$。

两个同频率正弦量的相位之差即初相位之差称为相位差，用 φ 表示。

（1）同相：如图 7-3-1 所示，u 和 i 的初相位 $\psi_u = \psi_i$，则它们的相位差 $\varphi = \psi_u - \psi_i = 0$，这种情况称为同相。它说明 u 和 i 步调一致，同时过零，又同时达到正的最大值或负的最大值。在纯电阻的交流电路中，u 和 i 就是同相关系。

（2）反相：若 u 和 i 的相位差 $\varphi = \psi_u - \psi_i = \pm\pi$，说明 u 和 i 步调相反，总是一个达到正的最大值时，另一个为负的最大值，故把相位差 $\varphi = \pm\pi$ 的这种情况称为反相，如图 7-3-2 中 i_2 与 u 的相位差为反相关系。

（3）超前与滞后：若 $\varphi = \psi_u - \psi_i > 0$，

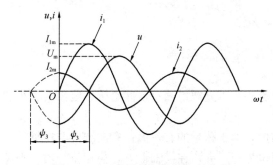

图 7-3-2　正弦波的初相位和相位差

即 u 与 i 随时间 t 变化时，u 比 i 先到达零值点（或正的最大值）。这时称电压超前电流 φ 角，或者称电流滞后电压 φ 角。如图 7-3-2 中 i_2 超前 i_1 90°，或者称 i_1 滞后 i_2 90°。

同样规定 $|\varphi| \leqslant \pi$。若 $|\varphi| > \pi$，则可用 $2\pi - |\varphi|$ 来表示相位差，但原来超前的要改为滞后，即 φ 记为负角；或原来滞后的要改为超前，即 φ 记为正角。

★★★二、正弦交流电的相量描述

1. 相量

在电路分析中，将按逆时针方向以均匀角速度旋转的矢量称为相量。用大写英文字母上加 "·" 来表示，如 $\dot{I}$、$\dot{U}$ 等。以电流相量 $\dot{I}$ 为例，利用复数可描述为（图 7-3-3）：

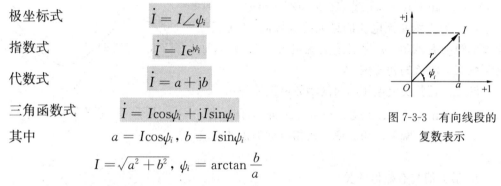

极坐标式 $\qquad \dot{I} = I \angle \psi_i$

指数式 $\qquad \dot{I} = I\mathrm{e}^{\mathrm{j}\psi_i}$

代数式 $\qquad \dot{I} = a + \mathrm{j}b$

三角函数式 $\qquad \dot{I} = I\cos\psi_i + \mathrm{j}I\sin\psi_i$

其中 $\qquad a = I\cos\psi_i,\ b = I\sin\psi_i$

$$I = \sqrt{a^2 + b^2},\ \psi_i = \arctan\frac{b}{a}$$

图 7-3-3　有向线段的复数表示

极坐标式或指数式适用于复数的乘、除运算；代数式适用于复数的加、减运算；三角函数式适用于代数式与极坐标（或指数）式的相互转换。

当一个复数的模等于某正弦量的有效值或幅值，幅角等于该正弦量的初相位时，该复数就可以表示该正弦量。

正弦量的时域形式　　正弦量的相量形式

$$i = \sqrt{2}I\sin(\omega t + \varphi) \Leftrightarrow \dot{I} = I\angle(\omega t + \varphi)$$

在由线性电路元件组成的正弦交流电路中，由于其激励和响应（即电流、电压）是同频率的交流电，在交流电路稳态分析中只涉及同频率正弦交流电的分析与计算问题。因此，正弦量的相量只保留幅值（或有效值）、初相位两个要素，于是相量简记为：$\dot{I} = I\angle\psi_i$，$\dot{I} = I(\cos\psi_i + \mathrm{j}\sin\psi_i)$ 和 $\dot{I} = I\mathrm{e}^{\mathrm{j}\psi_i}$。此外，通常情况下，正弦量的相量是指有效值相量，即用正弦量的有效值与相量的模相对应。需要注意的是，正弦交流电与相量之间仅是映射关系，不是相等关系，即：

$$i = \sqrt{2}I\sin(\omega t + \psi_i) \neq \dot{I} = I\angle\psi_i$$

$$i = \sqrt{2}I\sin(\omega t + \psi_i) \Leftrightarrow \dot{I} = I\angle\psi_i$$

2. 相量图

复平面坐标系上画出同频率的电压、电流相量可直观地表示这些电压、电流的大小和相位关系，这种几何表达方式称为相量图。

在相量图中，有向线段的长度为复数的模，即正弦量的有效值；有向线段与横轴的夹角为复数的幅角，即正弦量的初相位，初相位为正，夹角在横轴上方，初相位为负，则夹角在横轴下方。

如图 7-3-4 所示相量图，反映了 i 与 u 的相位关系是：电流 i 超前电压 u。

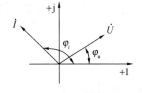

图 7-3-4　u 与 i 相量图

【例 7-3-1】（历年真题）已知电流 $i(t) = 0.1\sin(\omega t + 10°)$A，电压 $u(t) = 10\sin(\omega t - 10°)$V，则如下表述中正确的是：

A. 电流 $i(t)$ 与电压 $u(t)$ 呈反相关系

B. $\dot{I} = 0.1\angle 10°$A，$\dot{U} = 10\angle -10°$V

C. $\dot{I} = 70.7\angle 10°$mA，$\dot{U} = -7.07\angle 10°$V

D. $\dot{I} = 70.7\angle 10°$mA，$\dot{U} = 7.07\angle -10°$V

【解答】$\dot{I} = I\angle \psi_i = \dfrac{0.1}{\sqrt{2}}\angle 10° = 0.070\angle 10°A= 70.7\angle 10°$mA

$$\dot{U} = \frac{10}{\sqrt{2}}\angle -10° = 7.07\angle -10°\text{V}$$

应选 D 项。

【例 7-3-2】图示电路中，设电流为：

$$i_1 = 100\sqrt{2}\sin(314t + 30°)\text{A}$$
$$i_2 = 60\sqrt{2}\sin(314t + 120°)\text{A}$$

两电流之和为 i，则 i 的相量为：

A. $116.7\angle 61°$A　　　B. $86.6\angle 51°$A

C. $67.2\angle 30°$A　　　D. $30.7\angle 36°$A

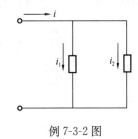

例 7-3-2 图

【解答】$\dot{I}_1 = 100\angle 30°$，$\dot{I}_2 = 60\angle 120°$

$$\dot{I} = \dot{I}_1 + \dot{I}_2 = 100\angle 30° + 60\angle 120°$$
$$= 100(\cos 30° + \text{j}\sin 30°) + 60(\cos 120° + \text{j}\sin 120°)$$
$$= (86.6 + \text{j}50) + (-30 + \text{j}52) = (86.6 - 30) + \text{j}(50 + 52)$$
$$= 56.6 + \text{j}102 = 116.7\angle 61°\text{A}$$

应选 A 项。

★★★三、复阻抗及阻抗

1. 复阻抗及阻抗的定义

对任何一个无源二端网络端口上的电压电流的相量之比称为该无源二端网络的复阻抗 Z。如图 7-3-5 所示，无源二端网络的复阻抗可定义为：

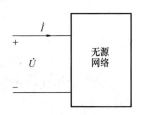

图 7-3-5　无源二端网络

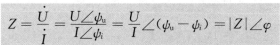

$$Z = \frac{\dot{U}}{\dot{I}} = \frac{U\angle \psi_u}{I\angle \psi_i} = \frac{U}{I}\angle(\psi_u - \psi_i) = |Z|\angle \varphi$$

其中，$|Z| = \dfrac{U}{I}$，称为阻抗，$|Z|$ 等于端口电压与端口电流有效值之比，也是复阻抗的模；$\varphi = \psi_u - \psi_i$，称为阻抗角。当 $\varphi > 0$ 时，电压超前电流 φ 角；当 $\varphi < 0$ 时，电流超前电压 φ 角。

2. 电阻（R）、电感（L）和电容（C）元件的复阻抗

假设流过无源元件 R、L、C 的电流 i 和两端的电压 u 参考方向为关联参考方向，而

且电流 i、电压 u 可以用相量形式描述时，根据元件的时域约束关系，可得的相量形式的约束关系（即欧姆定律）分别为：

电阻元件：
$$\dot{U} = R\dot{I}$$

电感元件：
$$\dot{U} = \mathrm{j}\omega L\dot{I}$$

电容元件：
$$\dot{U} = \frac{1}{\mathrm{j}\omega C}\dot{I}$$

根据复阻抗的定义，可得：

（1）电阻元件的复阻抗：$Z_R = R$，其相量域模型及相量图见图 7-3-6。

（2）电感元件的复阻抗：$Z_L = \mathrm{j}\omega L = \mathrm{j}X_L$，$X_L$ 为感抗，单位 Ω，与频率成正比，其相量域模型及相量图见图 7-3-7。

（3）电容元件的复阻抗：$Z_C = \dfrac{1}{\mathrm{j}\omega C} = -\mathrm{j}X_C$，$X_C$ 为容抗，单位 Ω，与频率成反比，其相量域模型及相量图见图 7-3-8。

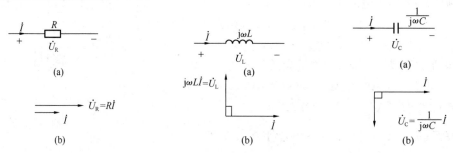

图 7-3-6　电阻元件相量域　　图 7-3-7　电感元件相量域　　图 7-3-8　电容元件相量
　　　　　模型及相量图　　　　　　　　　模型及相量图　　　　　　　域模型及相量图

于是，电感、电容元件的欧姆定律可写为：

$$\dot{U}_L = \mathrm{j}\omega L\dot{I} = \mathrm{j}X_L\dot{I} = Z_L\dot{I}$$

$$\dot{U}_C = \frac{1}{\mathrm{j}\omega C}\dot{I} = -\mathrm{j}X_C\dot{I} = Z_C\dot{I}$$

3. 无源二端网络的复阻抗

复阻抗的串联和并联的等效阻抗的计算方法和直流电路中电阻的串联和并联的计算方法相同，即：

串联
$$Z = Z_1 + Z_2 + \cdots + Z_n$$

并联
$$\frac{1}{Z} = \frac{1}{Z_1} + \frac{1}{Z_2} + \cdots + \frac{1}{Z_n}$$

【**例 7-3-3**】（历年真题）如图所示，设流经电感元件的电流 $i = 2\sin1000t$ A，若 $L = 1\mathrm{mH}$，则电感电压：

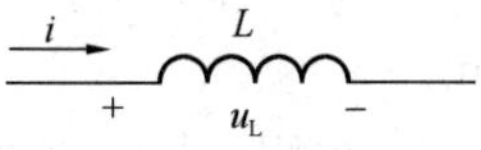

A. $u_L = 2\sin1000t\,\mathrm{V}$

B. $u_L = -2\cos1000t\,\mathrm{V}$

C. u_L 的有效值 $U_L = 2\mathrm{V}$

例 7-3-3 图

D. u_L 的有效值 $U_L = 1.414V$

【解答】$j\omega L = j1000 \times 1 \times 10^{-3} = j1$

$\dot{U}_L = j\omega L \dot{I} = j1 \times \dfrac{2}{\sqrt{2}} = \sqrt{2}\angle 90°$，应选 D 项。

4. RLC 串联稳态交流电路

如图 7-3-9(a) 所示 R、L 和 C 串联电路，各元件上流过相同的电流 i，设 $i = I_m\sin\omega t$ 为参考正弦量，则总电压为：

$$u = u_R + u_L + u_C$$

采用相量法，设 $\dot{I} = I\angle 0°$，则：

$$\dot{U} = \dot{U}_R + \dot{U}_L + \dot{U}_C = R\dot{I} + jX_L\dot{I} - jX_C\dot{I}$$

$$= [R + j(X_L - X_C)]\dot{I} = Z\dot{I}$$

式中
$$Z = R + j(X_L - X_C) = |Z|\angle\varphi$$

其相量图如图 7-3-9(b) 所示。

阻抗（复阻抗模）　$|Z| = \sqrt{R^2 + (X_L - X_C)^2} = \sqrt{R^2 + X^2}$

阻抗角　$\varphi = \arctan\dfrac{X_L - X_C}{R} = \arcsin\dfrac{X}{|Z|}$

上述式中 X 称为电抗，即为感抗与容抗之差，其大小为：$X = X_L - X_C$

由 $|Z|$、R 及 X 构成的阻抗三角形如图 7-3-10 所示。

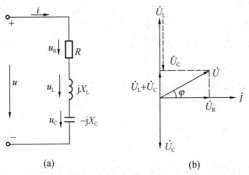 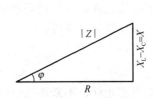

图 7-3-9　电阻、电感与电容元件串联的交流电路
(a) 电路图；(b) 相量图

图 7-3-10　阻抗三角形

在图 7-3-9(b) 中，由 $\dot{U}_R$、$\dot{U}_L + \dot{U}_L$、$\dot{U}$ 构成电压三角形，故可求出总电压值为：
$$U = \sqrt{U_R^2 + (U_L - U_C)^2}$$

由电压三角形或阻抗三角形可以得到电压与电流的相位差即阻抗角 φ，即：
$$\varphi = \arctan\dfrac{U_L - U_C}{U_R} = \arctan\dfrac{X_L - X_C}{R} = \arctan\dfrac{X}{R}$$

(1) 当 $X>0$，即 $X_L>X_C$ 时，则 $\varphi>0$，电压超前电流 φ 角，称为电感性电路。

(2) 当 $X<0$，即 $X_L<X_C$ 时，则 $\varphi<0$，电压滞后电流 φ 角，称为电容性电路。

(3) 当 $X=0$，即 $X_L=X_C$ 时，$\varphi=0$，电压与电流同相位，称为电阻性电路，此时电路发生谐振。有关谐振的内容，见本节后面内容。

★★★四、交流电路功率与功率因数

1. 交流电路功率

（1）正弦交流电路的三个功率

1）有功功率 P：指负载消耗的电能量，其计算式为：

$$P = UI\cos\varphi$$

这部分能量转变为电路对外部所用的有用功，单位为 W（瓦）。$\cos\varphi$ 称为交流电路的功率因数。

2）无功功率 Q：是指用于负载与电源之间的能量交换，其计算式为：

$$Q = UI\sin\varphi$$

该功率并不转换为有用功，单位为 var（乏）。

3）视在功率 S：指电源供出的总电压和总电流的有效值的乘积，其计算式为：

$$S = UI$$

它表示负载工作时所占用的电源容量，单位为 VA（伏安）。

上述三个功率构成直角三角形，称为功率三角形，如图 7-3-11 所示。

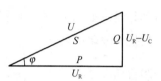

三个功率满足关系式：

$$S = UI = \sqrt{P^2 + Q^2}$$

图 7-3-11　功率与电压三角形

（2）电阻、电感与电容元件的功率

对于电阻元件，只消电能量，不存在与电源间的能量交互，所以：

$$P_R = U_R I_R = R I_R^2 = U_R^2 / R$$
$$Q_R = 0$$

对于电感元件，不断地吸收电能量和放出磁场能，它和电源之间只形成等量的能量交换，并不消耗能量，所以：

$$P_L = 0$$
$$Q_L = U_L I_L = X_L I_L^2 = U_L^2 / X_L$$

对于电容元件，不断地与电源之间只形成等量的能量交换，不消耗能量，所以：

$$P_C = 0$$
$$Q_C = -U_C I_C = -X_C I_C^2 = -U_C^2 / X_C$$

电路的总有功功率等于 R、L、C 各元件有功功率之和，即：

$$P = \Sigma P_R + \Sigma P_L + \Sigma P_C = \Sigma P_R$$

电路的总无功功率等于：

$$Q = (U_L - U_C) I = Q_L + Q_C$$

2. 功率因数

功率因数 $\cos\varphi$ 表示交流电路中实际消耗的有用功在整个容量中所占的比例，代表了交流电路中电能有效利用的程度。功率因数 $\cos\varphi$ 的计算式为：

$$\cos\varphi = \frac{P}{UI}$$

式中的 φ 为阻抗角。功率因数 $\cos\varphi$ 还可根据阻抗三角形计算，即：

$$\cos\varphi = \cos\left(\arctan\frac{X}{R}\right) = \cos\left(\arcsin\frac{X}{|Z|}\right) = \cos\left(\arccos\frac{R}{|Z|}\right)$$

可见，$\cos\varphi$ 是由电路参数所决定的。

3. 功率因数的提高

在供电系统的负载中，大多数属于感性负载。例如在工矿企业中大量使用的异步电动机，控制电路中的交流接触器，以及照明用的日光灯等，都是感性负载。感性负载的电流滞后于电压（$\varphi\neq0$)，所以功率因数总小于 $1(\cos\varphi<1)$。这导致电源容量不能得到充分利用，增加了线路的电压降落和功率损失等。

提高电路（而非负载）功率因数的方法是，在感性负载两端并联电容，产生一个超前电压 90° 的电流 $\dot{I}_C$，以补偿感性负载的无功电流分量，使总电流减小，如图 7-3-12（a）所示。

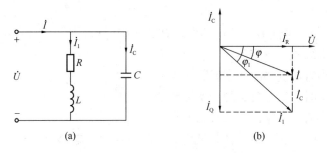

图 7-3-12 并联电容提高功率因数

在图 7-3-12(b) 所示相量图中，未并联电容 C 时，总电流 $\dot{I}=\dot{I}_1$，其有功分量为 $\dot{I}_R$，无功分量为 $\dot{I}_Q$；并联电容 C 后，总电流 $\dot{I}=\dot{I}_1+\dot{I}_C$。由于 $\dot{I}_C$ 补偿了一部分无功电流分量 $\dot{I}_Q$，故 $I<I_1$；从相位上看，$\varphi<\varphi_1$，$\cos\varphi>\cos\varphi_1$。电路的功率因数 $\cos\varphi$ 得到提高（而负载的 $\cos\varphi_1$ 不变）。

应注意的是：

（1）并联电容 C 前后，原负载的工作状态并无任何变化，即通过负载的电流和负载的功率因数均未改变，提高功率因数是仅就整个电路（包括并联 C）对原电路（未并联 C）而言。

（2）线路总电流的减小是由于并联电容后总电流无功分量减小的结果，而电流的有功分量在并联后并无改变。从相量图上可以看出。

现分析补偿电容的计算，从相量图 7-3-12(b) 上可以看出：

$$I_C = I_1\sin\varphi_1 - I\sin\varphi$$

因为 $I_1 = \dfrac{P}{U\cos\varphi_1}$，$I = \dfrac{P}{U\cos\varphi}$，$I_C = \dfrac{U}{X_C} = \omega CU$，则：

$$\omega CU = \frac{P}{U}\tan\varphi_1 - \frac{P}{U}\tan\varphi，即：$$

$$C = \frac{P}{\omega U^2}(\tan\varphi_1 - \tan\varphi)$$

补偿的无功功率为:

$$Q_C = I_C U = \omega C U U = P(\tan\varphi_1 - \tan\varphi)$$

当外加电源电压一定时,电容值 C 越大,$I_C = U_C/X_C = U_C\omega C$ 也越大,由图 7-3-12
(b) 可知,当 $\dot{I}_C$ 很大时,$\dot{I} = \dot{I}_C + \dot{I}_1$,$\dot{I}$ 会滞后电压 $\dot{U}$,功率因数 $\cos\varphi$ 即由 1 变为小于 1 的值(亦称功率因数下降),这称为过补偿,应避免过补偿。

【例 7-3-4】(历年真题)一交流电路由 R、L、C 串联组成,其中 $R=10\Omega$,$X_L=8\Omega$,$X_C=6\Omega$,通过该电路的电流为 10A,则该电路的有功功率、无功功率和视在功率分别为:

A. 1kW,1.6kvar,2.6kV·A

B. 1kW,200var,1.2kV·A

C. 100kW,200var,223.6V·A

D. 1kW,200var,1.02kV·A

【解答】有功功率 P 为:$P = I^2 R = 10^2 \times 10 = 1000\text{W} = 1\text{kW}$

无功功率 Q 为:$Q = I^2(X_L - X_C) = 10^2 \times (8-6) = 200\text{var}$

视在功率 S 为:$S = \sqrt{1000^2 + 200^2} = 1020\text{V·A} = 1.02\text{kV·A}$

应选 D 项。

【例 7-3-5】(历年真题)在图示电路中,开关 S 闭合后:

A. 电路的功率因数一定变大

B. 总电流减小时,电路的功率因数变大

C. 总电流减小时,感性负载的功率因数变大

D. 总电流减小时,一定出现过补偿现象

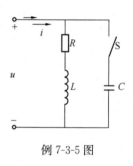

例 7-3-5 图

【解答】开关 S 闭合前,为感性负载电路;S 闭合后,电容电流相位超越前电压,故整个电路的总电流减小;由于功率因数补偿不采用过补偿,故整个电路的功率因数变大,应选 B 项。

【例 7-3-6】(历年真题)额定容量为 20kVA、额定电压为 220V 的某交流电源,为功率为 8kW、功率因数为 0.6 的感性负载供电后,负载电流的有效值为:

A. $\dfrac{20 \times 10^3}{220} = 90.9\text{A}$

B. $\dfrac{8 \times 10^3}{0.6 \times 220} = 60.6\text{A}$

C. $\dfrac{8 \times 10^3}{220} = 36.36\text{A}$

D. $\dfrac{20 \times 10^3}{0.6 \times 220} = 151.5\text{A}$

【解答】$I = \dfrac{P}{U\cos\varphi} = \dfrac{8000}{220 \times 0.6} = 60.6\text{A}$

应选 B 项。

★五、谐振电路

在包含电感和电容元件的电路上,如果电压和电流同相,则电路发生谐振现象。

1. 串联谐振

如图 7-3-9(a) 所示 R、L、C 串联电路中发生的谐振称为串联谐振,谐振频率为:

$$\omega_0 = \frac{1}{\sqrt{LC}}, \quad f_0 = \frac{1}{2\pi\sqrt{LC}}$$

这时电路阻抗值最小,为:

$$|Z| = \sqrt{R^2 + (X_L - X_C)^2} = R$$

电路中电流达到最大值,为:

$$I = I_0 = \frac{U}{R}$$

串联谐振的相量图见图 7-3-13。

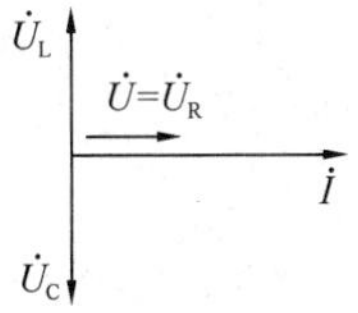

电路品质因素为：

$$Q = \frac{U_C}{U} = \frac{U_L}{U} = \frac{\omega_0 L}{R} = \frac{1}{\omega_0 CR}$$

它表示谐振时电容或电感元件上的电压是电源电压的 Q 倍。

2. 并联谐振

在图 7-3-12(a) 所示并联电路中发生的谐振称为并联谐振，谐振频率为：

$$\omega_0 \approx \frac{1}{\sqrt{LC}}, \quad f_0 \approx \frac{1}{2\pi\sqrt{LC}}$$

谐振时电路阻抗值最大，为：

$$|Z_0| = \frac{L}{RC}$$

电路中电流达最小值，为：

$$I = I_0 = \frac{U}{|Z_0|}$$

并联谐振的相量图，$\dot{I}_0 = \dot{I}_C + \dot{I}_1$，见图 7-3-14。

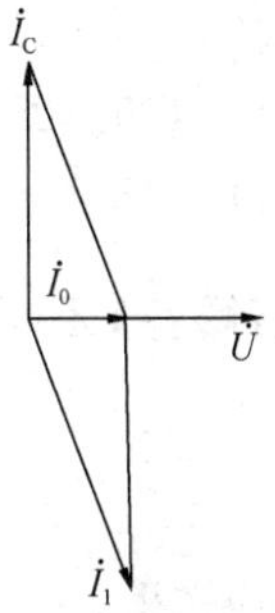

电路的品质因素为：

$$Q = \frac{I_1}{I_0} = \frac{2\pi f_0 L}{R} = \frac{\omega_0 L}{R} = \frac{1}{\omega_0 RC}$$

它表示谐振时支路电流 I_C 或 I_1 是总电流 I_0 的 Q 倍。

图 7-3-13 串联
谐振相量图

图 7-3-14 $2\pi f_0 L$
$\gg R$ 时并联谐振
相量图

★★★六、单相正弦交流电路的计算

在引入了电压、电流的相量形式以及复阻抗概念后，直流电路中所叙述的各个定律、定理和分析方法，都可以推广到正弦交流电路。主要包括：欧姆定律、基尔霍夫定理、电压源与电流源等效变换、戴维宁定理、叠加原理、支路电流法等。只要将其中所涉及的电压、电流和电源用相量表示，电阻用复阻抗表示，求和则求相量和即可。例如，KVL：$\Sigma \dot{U} = 0$；KCL：$\Sigma \dot{I} = 0$。

【例 7-3-7】如图(a) 所示电路，则 ab 支路的电流 $\dot{I}_{ab}$(A) 为：

A. $-1\angle -137°$　　　B. $-2\angle -53°$　　　C. $1\angle -137°$　　　D. $2\angle -53°$

【解答】根据戴维宁定理，如图（b）、（c）所示，求 U_{ab} 和 Z_0：

$$\dot{U}_{ab} = \dot{U}_{ad} - \dot{U}_{bd} = 10 \times \frac{1-j1}{(1+j1)+(1-j1)} - 10 \times \frac{1}{1+1} = -j5V$$

$$Z_0 = \frac{(1+j1)(1-j1)}{(1+j1)+(1-j1)} + \frac{1 \times 1}{1+1} = 1.5\Omega$$

$$\dot{I}_{ab} = \frac{\dot{U}_{ab}}{1.5+2.5+j3} = \frac{5\angle -90°}{5\angle -37°} = 1\angle -127°$$

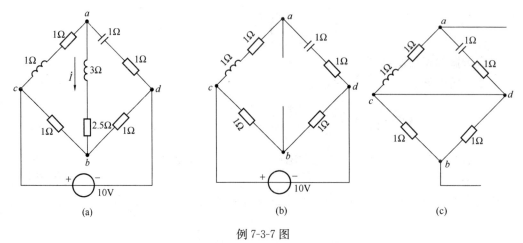

例 7-3-7 图

(a) 电路；(b) 求开路电压 U_{ab}；(c) 求等效阻抗 Z_0

应选 C 项。

【例 7-3-8】（历年真题）图示电路中，当端电压 $\dot{U}=100\angle0°\text{V}$ 时，$\dot{I}$ 等于：

A. $3.5\angle-45°\text{A}$

B. $3.5\angle45°\text{A}$

C. $4.5\angle26.6°\text{A}$

D. $4.5\angle-26.6°\text{A}$

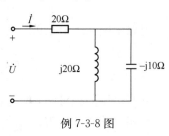

例 7-3-8 图

【解答】 $Z=20+\dfrac{\text{j}20\cdot(-\text{j}10)}{\text{j}20-\text{j}10}=20-\text{j}20$

$$\dot{I}=\frac{100\angle0°}{20\sqrt{2}\angle-45°}=\frac{5}{\sqrt{2}}\angle45°=3.5\angle45°\text{A}$$

应选 B 项。

【例 7-3-9】（历年真题）用电压表测量图示(a)电路 $u(t)$ 和 $i(t)$ 的结果是 10V 和 0.2A，设电流 $i(t)$ 的初相位为 $10°$，电压与电流呈反相关系，则如下关系成立的是：

A. $\dot{U}=10\angle-10°\text{V}$

B. $\dot{U}=-10\angle-10°\text{V}$

C. $\dot{U}=10\sqrt{2}\angle-170°\text{V}$

D. $\dot{U}=10\angle-170°\text{V}$

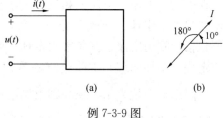

例 7-3-9 图

【解答】 电压表（或电流表）测量值为有效值，如图（b）所示，电流的初相位为 $10°$，则电压的初相位 $=-\pi+10°=-170°$，$\dot{U}=10\angle-170°\text{V}$，应选 D 项。

【例 7-3-10】（历年真题）图示电路中，$Z_1=(6+\text{j}8)\Omega$，$Z_2=-\text{j}X_C\Omega$，为使 I 取得最大值，X_C 的数值为：

A. 6   B. 8

C. -8 D. 0

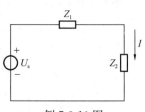

例 7-3-10 图

【解答】总阻抗 Z 为：$Z = Z_1 + Z_2 = 6 + \text{j}8 - \text{j}X_C$

可知，当 I 取最大值时，Z 应为最小，故取 $X_C = 8$，应选 B 项。

【例 7-3-11】（历年真题）在阻抗 $Z = 10\angle45°\ \Omega$ 两端加入交流电压 $u(t) = 220\sqrt{2}\sin(314t + 30°)\text{V}$ 后，电流 $i(t)$ 为：

A. $22\sin(314t + 75°)\text{A}$

B. $22\sqrt{2}\sin(314t + 15°)\text{A}$

C. $22\sin(314t + 15°)\text{A}$

D. $22\sqrt{2}\sin(314t - 15°)\text{A}$

【解答】$\dot{I} = \dfrac{220\angle30°}{10\angle45°} = 22\angle-15°$

故应选 D 项。

★★★七、三相电路及计算

1. 三相电源

三相正弦交流电是由三相发电机产生。三相发电机和三相变压器的二次侧都有三个绕组，如图 7-3-15 所示，图中 A、B、C 称为绕组的首端，X、Y、Z 称为绕组的末端，分别称为 A 相绕组、B 相绕组、C 相绕组。三相绕组产生的电动势分别为 e_A、e_B、e_C。

如图 7-3-16(a) 所示，在我国低压配电线路中将三相变压器二次侧的三个绕组的末端连在一起，称为中性点（或零点），用 N 表示。从始端 A、B、C 引出的导线称为相线或端线。端线与中性线间形成的电压称为相电压，如图中的 $\dot{U}_A$、$\dot{U}_B$、$\dot{U}_C$；端线与端线间形成的电压称为线电压，如图中的 $\dot{U}_{AB}$、$\dot{U}_{BC}$、$\dot{U}_{CA}$。由于 $\dot{U}_A = \dot{E}_A$，$\dot{U}_B = \dot{E}_B$，$\dot{U}_C = \dot{E}_C$，故电源提供的三相电压是对称三相电压。一般用 U_p 表示相电压的有效值。设三相电源的时域表达式分别为：

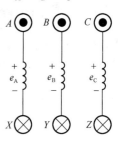

图 7-3-15　三相绕组

$$u_A = \sqrt{2}U_p\sin\omega t,\ u_B = \sqrt{2}U_p\sin(\omega t - 120°),\ u_C = \sqrt{2}U_p\sin(\omega t + 120°)$$

则它们的相量域形式为：$\dot{U}_A = U_p\angle0°,\ \dot{U}_B = U_p\angle-120°,\ \dot{U}_C = U_p\angle120°$

对于星形联接（Y 形联接）的三相电源，其线电压的描述分别为：

时域：$u_{AB} = \sqrt{2}U_L\sin(\omega t + 30°),\ u_{BC} = \sqrt{2}U_L\sin(\omega t - 90°),\ u_{CA} = \sqrt{2}U_L\sin(\omega t + 150°)$

相量域：$\dot{U}_{AB} = U_L\angle30°,\ \dot{U}_{BC} = U_L\angle-90°,\ \dot{U}_{CA} = U_L\angle150°$

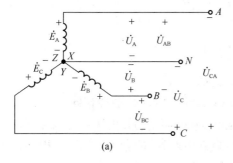

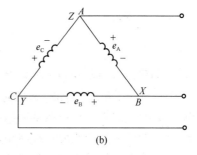

图 7-3-16　三相电源

(a) 星形联接（Y 形联接）；(b) 三角形联接（△形联接）

且线电压有效值 U_L 和相电压有效值的关系为：

$$U_\mathrm{L} = \sqrt{3} U_\mathrm{p}$$

我国低压供电系统中，三相电源相电压有效值 $U_\mathrm{p} = 220\mathrm{V}$，$U_\mathrm{L} = 380\mathrm{V}$。

由于三相电源的所有输出电压具有严格的对应关系，当已知其一时，必可推出其他电压。

如图 7-3-16(b) 所示为三角形联接，它只能向负载提供线电压，其线电压的描述与 Y 形联接的线电压的描述相同。

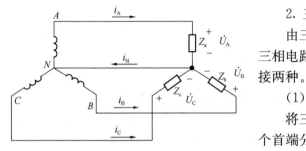

图 7-3-17　负载星形联接的三相四线制电路

2. 三相负载

由三相电源为三相负载供电的电路称为三相电路。三相负载有星形联接和三角形联接两种。

（1）三相负载的星形联接

将三相负载的三个末端联接到中线，三个首端分别接到三根相线上，这样的接法称为星形联接法，如图 7-3-17 所示。设三相负载阻抗分别为 Z_a、Z_b 和 Z_c，以相电压 $\dot{U}_\mathrm{A} = U_\mathrm{p}\angle 0°$ 为参考相量，则流过各相负载的电流分别为：

$$\dot{I}_\mathrm{A} = \frac{\dot{U}_\mathrm{A}}{Z_\mathrm{a}} = \frac{\dot{U}_\mathrm{p}}{|Z_\mathrm{a}|} \angle -\varphi_\mathrm{a}$$

$$\dot{I}_\mathrm{B} = \frac{\dot{U}_\mathrm{B}}{Z_\mathrm{b}} = \frac{\dot{U}_\mathrm{p}}{|Z_\mathrm{b}|} \angle -120° -\varphi_\mathrm{b}$$

$$\dot{I}_\mathrm{C} = \frac{\dot{U}_\mathrm{C}}{Z_\mathrm{c}} = \frac{\dot{U}_\mathrm{p}}{|Z_\mathrm{c}|} \angle 120° -\varphi_\mathrm{c}$$

中性线电流为：

$$\dot{I}_\mathrm{N} = \dot{I}_\mathrm{A} + \dot{I}_\mathrm{B} + \dot{I}_\mathrm{C}$$

如果 $Z_\mathrm{a} = Z_\mathrm{b} = Z_\mathrm{c}$，则称该三相电路为三相对称电路。在此情况下，负载中的电流（称为相电流）为对称的电流，各相电流与相应的线电流相等，它们的有效值为：

$$I_\mathrm{p} = I_\mathrm{L} = U_\mathrm{p} / |Z|$$

根据 KCL 可得：

$$\dot{I}_\mathrm{N} = \dot{I}_\mathrm{A} + \dot{I}_\mathrm{B} + \dot{I}_\mathrm{C} = 0$$

可见，对称负载星形联接电路的中线可以去掉。

三相不对称星形联接电路中，构成三相负载的各单相负载不再相同，即 $Z_\mathrm{a} \neq Z_\mathrm{b} \neq Z_\mathrm{c}$。当电路接有中性线 N 时，各单相负载依然能够获得额定的相电压，可以保证负载正常工作。但是，如果去掉中性线，电源中点 N 与负载中点 N' 间会出现电压，根据基尔霍夫电压定律，可推知，此时各单相负载上的电压有效值会大于或小于电源相电压有效值，从而造成负载因超压或欠压而不能正常工作，甚至造成负载的损坏。

（2）三相负载三角形联接

如图 7-3-18 所示为负载的三角形联接，这里三相负载 Z_{ab}、Z_{bc} 与 Z_{ca} 首尾顺次相接成三角形状，每相负载承受电源的线电压，故不论负载是否对称，其相电压总是对称的。

若已知每相负载 Z_{ab}、Z_{bc} 和 Z_{ca}，以线电压 $\dot{U}_{AB} = U_L\angle 0°$ 为参考相量，则流过各相负载的电流分别为：

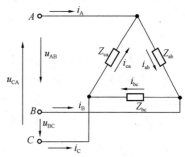

$$\dot{I}_{ab} = \frac{\dot{U}_{AB}}{Z_{ab}} = \frac{U_L}{|Z_{ab}|}\angle -\varphi_{ab}$$

$$\dot{I}_{bc} = \frac{\dot{U}_{BC}}{Z_{bc}} = \frac{U_L}{|Z_{bc}|}\angle -\varphi_{bc} - 120°$$

$$\dot{I}_{ca} = \frac{\dot{U}_{CA}}{Z_{ca}} = \frac{U_L}{|Z_{ca}|}\angle -\varphi_{ca} + 120°$$

图 7-3-18　负载三角形联接的三相电路图

根据 KCL，三个线电流分别为：

$$\dot{I}_A = \dot{I}_{ab} - \dot{I}_{ca}$$

$$\dot{I}_B = \dot{I}_{bc} - \dot{I}_{ab}$$

$$\dot{I}_C = \dot{I}_{ca} - \dot{I}_{bc}$$

如果负载是对称的，即 $Z_{ab} = Z_{bc} = Z_{ca} = Z$，由 $\dot{I}_{ab}$、$\dot{I}_{bc}$ 和 $\dot{I}_{ca}$ 计算公式，可以看出三个相电流对称，即大小相等，相位互差 120°；只需要计算一相电流，其余两相电流可对称推出。

同理，负载对称时，三个线电流也对称，在大小上有 $I_L = \sqrt{3}I_p$，相位上线电流滞后对称三角形负载相应相电流 30°，如 $\dot{I}_A$ 滞后 $\dot{I}_{ab}$ 30°，$\dot{I}_B$ 滞后 $\dot{I}_{bc}$ 30°，$\dot{I}_C$ 滞后 $\dot{I}_{ca}$ 30°，用相量可表示为：$\dot{I}_L = \sqrt{3}\dot{I}_p\angle -30°$。

3. 三相电路的功率

三相电路无论负载采用何种联接方式，总的有功功率等于各相相应的有功功率之和，总的无功功率等于各相无功功率之和，即：

$$P = P_A + P_B + P_C = U_A I_A \cos\varphi_A + U_B I_B \cos\varphi_B + U_C I_C \cos\varphi_C$$

$$Q = Q_A + Q_B + Q_C = U_A I_A \sin\varphi_A + U_B I_B \sin\varphi_B + U_C I_C \sin\varphi_C$$

总的视在功率为：

$$S = \sqrt{P^2 + Q^2}$$

对称负载星形联接时，有 $U_p = \frac{1}{\sqrt{3}}U_L$；对称负载三角形联接时，有 $I_p = \frac{1}{\sqrt{3}}I_L$。因此，无论对称负载是星形联接还是三角形联接，其各类总功率分别为：

有功功率：　　　　$$P = 3P_p = 3U_p I_p \cos\varphi = \sqrt{3}U_L I_L \cos\varphi$$

无功功率：　　　　$$Q = 3U_p I_p \sin\varphi = \sqrt{3}U_L I_L \sin\varphi$$

视在功率：　　　　$$S = 3U_p I_p = \sqrt{3}U_L I_L$$

式中，φ 是各相负载的阻抗角，或是各相负载的相电压与相电流的相位差。

【例 7-3-12】（历年真题）某三相电路中，三个线电流分别为 $i_A = 18\sin(314t + 23°)$ (A)、$i_B = 18\sin(314t - 97°)$ (A)、$i_C = 18\sin(314t + 143°)$ (A)。当 $t = 10s$ 时，三个电流之和为：

A. 18A B. 0A C. $18\sqrt{2}$A D. $18\sqrt{3}$A

【解答】对称三相交流电，任意时刻，三相电流之和为 0，应选 B 项。

【例 7-3-13】一台三相异步电动机接在线电压为 380V 的线路上，其输出功率 P_n 为 10kW，效率 92%，功率因数 0.85。其额定线电流 I_L（A）为：

A. 11.2 B. 12.2 C. 19.4 D. 21.1

【解答】$I_L = \dfrac{P_n/\eta}{\sqrt{3}U_L\cos\varphi} = \dfrac{10000/0.92}{\sqrt{3} \times 380 \times 0.85} = 19.4A$

应选 C 项。

【例 7-3-14】在图示电路中，三相负载对称，$Z = 38\angle 30°\Omega$，线路上的电流 $\dot{I}_A$、$\dot{I}_B$ 和 $\dot{I}_C$。已知电源线电压为 380V，$\dot{U}_{AB} = 380\angle 0°V$。则线电流 $\dot{I}_A$ 为：

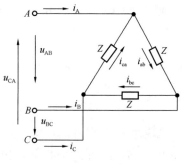

A. $10\sqrt{3}\angle -60°$A B. $10\sqrt{3}\angle -30°$A

C. $10\angle -60°$A D. $10\angle -30°$A

【解答】$\dot{I}_{ab} = \dfrac{\dot{U}_{ab}}{Z} = \dfrac{380\angle 0°}{30\angle 30°} = 10\angle -30°$

$\dot{I}_A = \sqrt{3}\dot{I}_{ab}\angle -30° = \sqrt{3} \times 10\angle -30°\angle -30° = 10\sqrt{3}\angle -60°$A

例 7-3-14 图

应选 A 项。

此外，由对称性，可得：$\dot{I}_B = 10\sqrt{3}\angle -60° -120° = 10\sqrt{3}\angle -180°$A

$\dot{I}_C = 10\sqrt{3}\angle -60° +120° = 10\sqrt{3}\angle 60°$A

进一步，可以验证：$\dot{I}_A + \dot{I}_B + \dot{I}_C = 0$。

【例 7-3-15】（历年真题）已知图示三相电路中三相电源对称，$Z_1 = z_1\angle\varphi_1$，$Z_2 = z_2\angle\varphi_2$，$Z_3 = z_3\angle\varphi_3$，若 $U_{NN'} = 0$，则 $z_1 = z_2 = z_3$，且：

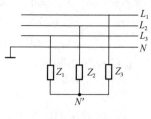

A. $\varphi_1 = \varphi_2 = \varphi_3$

B. $\varphi_1 - \varphi_2 = \varphi_2 - \varphi_3 = \varphi_3 - \varphi_1 = 120°$

C. $\varphi_1 - \varphi_2 = \varphi_2 - \varphi_3 = \varphi_3 - \varphi_1 = -120°$

D. N' 必须接地

例 7-3-15 图

【解答】由于 $U_{NN'} = 0$，N 接地，故负载为对称的，则：

$Z_1 = Z_2 = Z_3$，即：$z_1 = z_2 = z_3$，$\varphi_1 = \varphi_2 = \varphi_3$

应选 A 项。

★八、安全用电常识

1. 触电的危险和预防

人身触电是指人身接触到了电气设备的带电部分，或是接触到了由于绝缘损坏而使金属外壳带电的设备，这时有电流流过人体。触电会严重损伤心脏和神经系统，甚至危及生命，严重的程度与通过人体的电流的大小、通过时间的长短、经过的人体部位以及电流频率等因素有关。超过 50mA 的电流流经人体就有生命危险，而 25～300Hz 的电流较其他频率更危险。

根据欧姆定律，触电电流等于加在人体的电压除以人体电阻。人体电阻主要在皮肤的表层部分，与皮肤的干燥程度、清洁与否等因素有关。如果皮肤干燥，约为 $10^3 \sim 10^4 \Omega$，在潮湿情况下可下降到 $800 \sim 1000\Omega$，且阻值随所加电压的增加和持续时间的增加而减小。

电源中性点接地的单相触电如图 7-3-19 所示，这时人体处于相电压之下，危险性较大。如果人体与地面的绝缘较好，危险性可以大大减小。

两相触电如图 7-3-20 所示，当人体同时接触三相电源的两跟相线而处于线电压之下时，就会产生两相触电，这种情况下通过人体的电流最大，也最为危险，但一般较少出现。

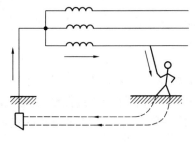
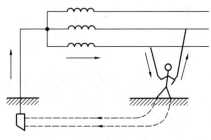

图 7-3-19 电源中性点接地的单相触电　　　图 7-3-20 两相触电

图 7-3-21 为电源中性点不接地的单相触电，这是考虑到导线与地面间的绝缘可能不良（对地绝缘电阻为 R'），甚至有一相接地，此时，人体中就有电流通过。

一方面，对于绝缘损坏的导线，应及时更换或修理，对电力设备应采取接地或接零措施；另一方面，人们应注意遵守操作规程，不能直接接触或过分靠近电气设备的带电部分。

在工矿企业中，根据工作和环境条件规定了安全电压值，一般有 36V、24V、12V 三种。

2. 接地和接零

为了保护人身安全和保证电力设备的正常运行，电气设备一般都安装接地装置。接地装置包括接地体和接地线。接地体为埋入地中与大地直接接触的金属导体(一般为钢管)，接地线是将设备外壳与接地体联接的导线。

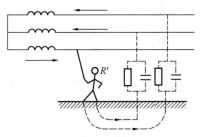

图 7-3-21 电源中性点不接地的
单相触电

（1）三相五线制中的工作接地和保护接零

将电力系统的中性点接地称为工作接地。当一相接地而人体触及另外两相之一时，工作接地可使人体触电电压从电源线电压降低到相电压；另外，因为一相接地的短路电流较大，能使保护电器迅速动作切断故障。

在三相五线制系统中，由于负载往往不对称，工作零线 N（中性线）通常有电流，因而工作零线 N 对地电压不为零。为了更安全起见，确保设备外壳对地电压为零，在采用保护接零的同时，还应专设一条保护零线，如图 7-3-22 所示，工作零线 N 在进建筑物入口处要接地，进户后再另设一保护零线 PE，这样就成为三相五线制。将电气设备的金属外壳接到 PE 线上，即保护接零。

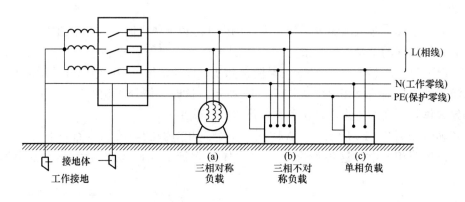

图 7-3-22　三相五线供电制

（2）保护接地

保护接地是指将电气设备在正常运行时不带电的金属外壳接地。它一般用于中性点不接地的低压系统。当设备内部绝缘损坏致使外壳带电时，由于外壳通过接地装置与大地有良好接触，当人触及外壳时，人体相当于接地装置的并联支路，而接地装置的电阻比人体电阻小得多，故通过人体的电流很小，无危险。

【例 7-3-16】（历年真题）三相电路如图所示，设电灯 D 的额定电压为三相电源的相电压，用电设备 M 的外壳线 a 及电灯 D 另一端线 b 应分别接到：

A. PE 线和 PE 线

B. N 线和 N 线

C. PE 线和 N 线

D. N 线和 PE 线

【解答】根据三相五线制，应选 C 项。

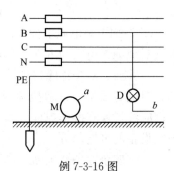

例 7-3-16 图

习　题

7-3-1　（历年真题）RCL 串联电路如图所示，在工频电压 $u(t)$ 的激励下，电路的阻抗等于：

A. $R + 314L + 314C$

B. $R + 314L + 1/314C$

C. $\sqrt{R^2 + (314L - 1/314C)^2}$

D. $\sqrt{R^2 + (314L + 1/314C)^2}$

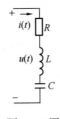

题 7-3-1 图　　　　　　　题 7-3-2 图

7-3-2 图示电路中，$u=10\sin(1000t+30°)$V，如果使用相量法求解图示电路中的电流 i，那么，如下步骤中存在错误的是：

步骤 1：$\dot{I}_1=\dfrac{10}{R+\mathrm{j}1000L}$；

步骤 2：$\dot{I}_2=10\cdot\mathrm{j}1000C$；

步骤 3：$\dot{I}=\dot{I}_1+\dot{I}_2=I\angle\psi_i$；

步骤 4：$\dot{I}=I\sqrt{2}\sin\psi_i$。

A. 仅步骤 1 和步骤 2 错　　　　　　B. 仅步骤 2 错

C. 步骤 1、步骤 2 和步骤 4 错　　　D. 仅步骤 4 错

7-3-3 图示电路中，若 $u(t)=\sqrt{2}U\sin(\omega t+\varphi_u)$ 时，电阻元件上的电压为 0，则：

A. 电感元件断开了

B. 一定有 $I_L=I_C$

C. 一定有 $i_L=i_C$

D. 电感元件被短路了

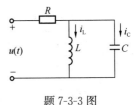

题 7-3-3 图

7-3-4 （历年真题）已知有效值为 10V 的正弦交流电压的相量图如图所示，则它的时间函数形式是：

A. $u(t)=10\sqrt{2}\sin(\omega t-30°)$V

B. $u(t)=10\sin(\omega t-30°)$V

C. $u(t)=10\sqrt{2}\sin(-30°)$V

D. $u(t)=10\cos(-30°)+10\sin(-30°)$V

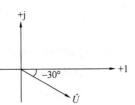

题 7-3-4 图

7-3-5 （历年真题）如图所示，测得某交流电路的端电压 u 和电流 i 分别为 110V 和 1A，两者的相位差为 30°，则该电路的有功功率、无功功率和视在功率分别为：

A. 95.3W，55var，110V·A

B. 55W，95.3var，110V·A

C. 110W，110var，110V·A

D. 95.3W，55var，150.3V·A

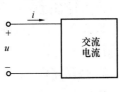

题 7-3-5 图

7-3-6 （历年真题）已知交流电流 $i(t)$ 的周期 $T=1$ms，有效值 $I=0.5$A，当 $t=0$ 时，$i=0.5\sqrt{2}$A，则它的时间函数描述形式是：

A. $i(t) = 0.5\sqrt{2}\sin 1000\pi t\,A$ B. $i(t) = 0.5\sin 2000\pi t\,A$

C. $i(t) = 0.5\sqrt{2}\sin(2000\pi t + 90°)A$ D. $i(t) = 0.5\sqrt{2}\sin(1000\pi t + 90°)A$

7-3-7 如图（a）所示功率因数补偿电路中，当 $C=C_1$ 时得到相量图如图（b）所示，当 $C=C_2$ 时得到相量图如图（c）所示，则：

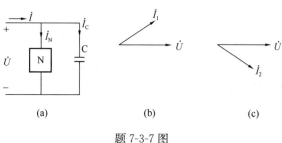

题 7-3-7 图

A. C_1 一定大于 C_2

B. 当 $C=C_1$ 时，功率因数 $\lambda|_{C_1} = -0.866$；当 $C=C_2$ 时，功率因数 $\lambda|_{C_2} = 0.866$

C. 因为功率因数 $\lambda|_{C_1} = \lambda|_{C_2}$，所以采用两种方案均可

D. 当 $C=C_2$ 时，电路出现过补偿，不可取

7-3-8 图示电流 $i(t)$ 和电压 $u(t)$ 的相量分别为：

A. $\dot{I} = j2.12A$，$\dot{U} = -j7.07V$

B. $\dot{I} = 2.12\angle 90°A$，$\dot{U} = -7.07\angle -90°V$

C. $\dot{I} = j3A$，$\dot{U} = -j10V$

D. $\dot{I} = 3A$，$\dot{U}_m = -10V$

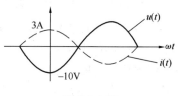

题 7-3-8 图

第四节 一阶线性电路的暂态响应

一、电路暂态特性

1. 电阻暂态

在一定的条件下电路达到一种稳定状态。当条件改变时，电路就向新的稳定状态变化。电路从一种稳态向另一种稳态变化的过程，称为暂态过程，简称暂态。

产生暂态过程的外因是电路发生换路，例如电路的接通或断开、短路、电压改变或电路参数改变等；内因则是电路中含有储能元件，它们所储存的能量不能跃变，其积累和消耗都需要一定的时间，故而发生暂态过程。

2. 换路定则

假定电路在 $t=0$ 时刻发生换路，以 $t=0_-$ 表示换路前的最后瞬间，$t=0_+$ 表示换路后的最初瞬间。换路定则是：在换路发生的前后瞬间，电容上的电压和电感上的电流不能发生突变，即：

$$u_C(0_-) = u_C(0_+)$$

$$i_L(0_-) = i_L(0_+)$$

因为电容中储有电能 $\frac{1}{2}Cu_C^2$，电感中储有磁能 $\frac{1}{2}Li_L^2$，换路时能量不能跃变，反映在电容上的电压和电感上的电流不能跃变；从另一个角度来看，如果 u_C 和 i_L 在换路瞬间可以发生跃变，则 $i_C = C\frac{\mathrm{d}u_C}{\mathrm{d}t}$ 和 $u_L = L\frac{\mathrm{d}i_L}{\mathrm{d}t}$ 都将趋于无穷大，这需要无穷大的功率源。

利用换路定则，可以确定响应的初始值。

注意，电阻不是储能元件，在换路瞬间，电阻上的电压和电流是可以跃变的。另外，电容上的电流和电感上的电压也是可以跃变的。

★★★二、R-C、R-L 一阶线性电路暂态响应

只含有一个（或等效为一个）储能元件（即一个电容或一个电感元件）的线性电路称为一阶电路，如图 7-4-1 所示。

暂态分析是指含储能元件电路发生换路后，从一个稳态向另一个稳态过渡过程（即暂态过程）中各物理量所遵循的规律。设电路在 $t=0$ 时刻发生换路，某响应 $f(t)$ 换路后开始瞬间取值为 $f(0_+)$、换路后的新稳态值为 $f(\infty)$，$f(t)$ 在暂态过程中的变化规律为：

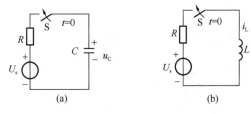

图 7-4-1　一阶电路
(a) 一阶 RC 电路；(b) 一阶 RL 电路

$$f(t) = f(\infty) + [f(0_+) - f(\infty)]\mathrm{e}^{-\frac{t}{\tau}}\ (t \geqslant 0)$$

上式中的 $f(0_+)$ 初始值、$f(\infty)$ 稳态值、τ 时间常数为 $f(t)$ 在暂态过程中的三要素。τ 的大小与电路结构有关，对于图 7-4-1(a)、(b) 所示电路，时间常数分别为：

$$\tau = RC$$

$$\tau = \frac{L}{R}$$

τ 决定了暂态进程的快慢，τ 越大，进程越慢，反之则越快。

上式中，$f(t)$ 指 R-C、R-L 一阶电路在暂态过程中任意元件上的任何电压、电流响应，如 i_L、u_L、i_C、u_C、i_R 和 u_R 等。

三要素法求解步骤如下：

1. 计算初始值

(1) 由 $t=0_-$ 电路求 $i_L(0_-)$ 或 $u_C(0_-)$；

(2) 根据换路定则求 $i_L(0_+)$ 或 $u_C(0_+)$。

2. 由换路后电流计算稳态值

设定电路激励为恒定直流电源，所以 $t\to\infty$ 电路中的电感视为短路，电容视为开路，求出 $i_L(\infty)$ 或 $u_C(\infty)$。

3. 计算时间常数

针对换路后的电路，拿走电容或电感元件（即将电容或电感两端断开），将电路的剩余部分视为二端网络，求出该二端网络的无源网络等效电阻 R，则：

一阶 RC 电路的时间常数：$\tau = RC$

一阶 RL 电路的时间常数：$\tau = \frac{L}{R}$

4. 求全响应

根据前面 $f(t)F$ 的计算式，用三要素法求出 $i_L(t)$、$u_C(t)$；如果还需求 $u_L(t)$、$i_C(t)$，则可根据 $u_L(t)=L\dfrac{\mathrm{d}i_L(t)}{\mathrm{d}t}$，$i_C(t)=C\dfrac{\mathrm{d}u_C(t)}{\mathrm{d}t}$ 得到；其他 i_R 和 u_R 的求解可根据原电路应用 KCL 和 KVL 进一步求出。

【例 7-4-1】如图所示，已知：$R_1=R_2=10\Omega$、$L=20\mathrm{mH}$、$I_s=2\mathrm{A}$，且开关闭合前电感中无电流，求 $t\geqslant0$ 时的 $i_L(t)$ 和 $u_L(t)$。

【解答】电路换路前已处于稳定状态，$i_L(0_-)=0\mathrm{A}$，可得 $i_L(0_+)=0\mathrm{A}$

$t\to\infty$ 时电路达到稳态，电感相当于短路，故根据分流公式可得：

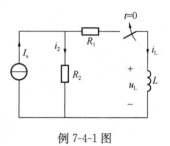

例 7-4-1 图

$$稳态值\ i_L(\infty)=\frac{R_2}{R_1+R_2}I_s=\frac{10}{10+10}\times2=1\mathrm{A}$$

$$时间常数\ \tau=\frac{L}{R}=\frac{L}{R_1+R_2}=\frac{20}{10+10}=1\mathrm{ms}$$

根据三要素公式，可得：

$$i_L(t)=i_L(\infty)+[i_L(0_+)-i_L(\infty)]\mathrm{e}^{-\frac{t}{\tau}}$$
$$=1+[0-1]\mathrm{e}^{-\frac{t}{1}\times1000}=1-\mathrm{e}^{-1000t}\mathrm{A}(t\geqslant0)$$

$$u_L(t)=L\frac{\mathrm{d}i_L(t)}{\mathrm{d}t}=20\mathrm{e}^{-1000t}\mathrm{A}(t\geqslant0)$$

【例 7-4-2】（历年真题）电路如图所示，电容初始电压为零，开关在 $t=0$ 时闭合，则 $t\geqslant0$ 时 $u(t)$ 为：

A. $(1-\mathrm{e}^{-0.5t})\ \mathrm{V}$　　　B. $(1+\mathrm{e}^{-0.5t})\ \mathrm{V}$

C. $(1-\mathrm{e}^{-2t})\ \mathrm{V}$　　　D. $(1+\mathrm{e}^{-2t})\ \mathrm{V}$

【解答】$u_C(0_-)=u_C(0_+)=0\mathrm{V}$

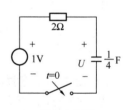

例 7-4-2 图

电容开路，$u_C(\infty)=1\mathrm{V}$，$\tau=RC=2\times\dfrac{1}{4}=\dfrac{1}{2}\mathrm{s}$

$$u_C(t)=1+(0-1)\mathrm{e}^{-\frac{t}{1/2}}=1-\mathrm{e}^{-2t}\mathrm{V}$$

应选 C 项。

【例 7-4-3】（历年真题）图示电路中，电感及电容元件上没有初始储能，开关 S 在 $t=0$ 时刻闭合，那么，在开关闭合瞬间，电路中取值为 10V 的电压是：

A. u_L　　　　B. u_C

C. $u_{R_1}+u_{R_2}$　　　D. u_{R_2}

【解答】开关闭合瞬间：

$u_C(0_-)=u_C(0_+)=0$

$I_L(0_-)=I_L(0_+)=0$，则 $u_{R_{1(0_+)}}=u_{R_{2(0_+)}}=0$

由 KVL，列出方程：

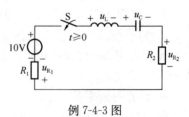

例 7-4-3 图

$$u_{\mathrm{L}}(0_+) + u_{\mathrm{L}}(0_+) + u_{\mathrm{R_1}}(0_+) + u_{\mathrm{R_2}}(0_+) - 10 = 0$$

得：$u_{\mathrm{L}}(0_+) = 10\mathrm{V}$，应选 A 项。

★三、电路频率特性

习　　题

7-4-1 （历年真题）图示电路中，开关 K 在 $t=0$ 时刻打开，此后，电流 i 的初始值和稳态值分别为：

A. $\dfrac{U_{\mathrm{s}}}{R_2}$ 和 0

B. $\dfrac{U_{\mathrm{s}}}{R_1 + R_2}$ 和 0

C. $\dfrac{U_{\mathrm{s}}}{R_1}$ 和 $\dfrac{U_{\mathrm{s}}}{R_1 + R_2}$

D. $\dfrac{U_{\mathrm{s}}}{R_1 + R_2}$ 和 $\dfrac{U_{\mathrm{s}}}{R_1 + R_2}$

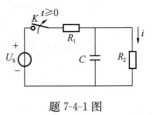

题 7-4-1 图

7-4-2 （历年真题）已知电路如图所示，设开关在 $t=0$ 时刻断开，那么，如下表述中正确的是：

A. 电路的左右两侧均进入暂态过程

B. 电流 i_1 立即等于 i_s，电流 i_2 立即等于 0

C. 电流 i_2 由 $\dfrac{1}{2}i_\mathrm{s}$ 逐步衰减到 0

D. 在 $t=0$ 时刻，电流 i_2 发生了突变

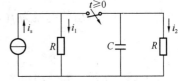

题 7-4-2 图

7-4-3 （历年真题）已知电路如图所示，设开关在 $t=0$ 时刻断开，那么：

A. 电流 i_C 从 0 逐渐增长，再逐渐衰减为 0

B. 电压从 3V 逐渐衰减到 2V

C. 电压从 2V 逐渐增长到 3V

D. 时间常数 $\tau = 4C$

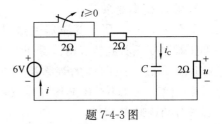

题 7-4-3 图

第五节　变压器与电动机

★★★一、变压器

变压器是一种实际的电器设备，是利用电磁感应作用传递交流电能和信号的，在某些场合，变压器也作为电流变换器、阻抗变换器使用。

变压器由一个铁心和绕在铁心上的两个或多个匝数不等的线圈（绕组）组成，其中，

一个（或一组）线圈与交流电源相接，称为一次绕组，另一个（或一组）线圈与负载相接，称为二次绕组。两个绕组中没有电气的连接。将变压器接于电源和负载之间后，线圈中便有电流流通，在其作用下，铁心中有较强的磁场产生，因此会有线圈电阻和铁心对电功率的损耗现象出现，但是与变压器的输入功率和输出功率相比，这一损耗占有的比例很小。因此，在对变压器电路的分析中，通常将损耗忽略掉。忽略线圈电阻和铁心损耗以及很小的空载励磁电流的变压器称为理想变压器。

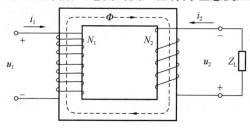

图 7-5-1　变压器的负载运行

如图 7-5-1 所示为单相变压器负载运行示意图。一次绕组接额定频率、额定电压的交流电源。二次绕组接负载阻抗 Z_L。当变压器二次绕组输出端接上负载时，二次侧有电流 i_2 流过。负载 Z_L 上电压 u_2 的正方向与 i_2 正方向一致。当 i_2 与 u_2 同时为正或同时为负时，表示负载从变压器二次绕组吸收功率。

1. 电压变换

若在变压器原绕组接上电源电压 u_1，则副绕组空载电压为 u_2，有：

$$\frac{u_1}{u_2} = \frac{N_1}{N_2} = K$$

式中，K 为变压器的变比，即原绕组线圈匝数 N_1 与副绕组线圈匝数 N_2 的比。

变压器空载时，原、副绕组的电压与匝数成正比。原绕组电压一定时，改变匝数比就可以得到不同的输出电压 u_2。

2. 电流变换

若变压器原绕组的电流为 i_1，副绕组的电流为 i_2，由于 $P_1 = P_2$，即 $u_1 i_1 = u_2 i_2$，则：

$$\frac{i_2}{i_1} = \frac{N_1}{N_2} = K$$

变压器原绕组、副绕组电流的大小与匝数成反比。

3. 阻抗变换变系

如图 7-5-2(a) 所示变压器电路图，将变压器和变压器的负载整体看作一个二端网络，该二端网络的等效阻抗为 R'_L，即用图 7-5-2(b) 代替图 7-5-2(a) 虚线部分的总阻抗，则：

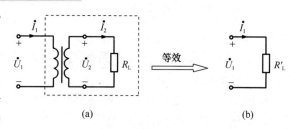

图 7-5-2　变压器的阻抗变换

$$R'_L = \frac{\dot{U}_1}{\dot{I}_1} = \frac{-K\dot{U}_2}{-\frac{1}{K}\dot{I}_2} = K^2 \frac{\dot{U}_2}{\dot{I}_2} = K^2 R_L$$

利用阻抗匹配可以使电路的电源输出最大功率，或者说使电源的负载获得最大功率。

例如，一个正弦信号源的电压 $U_s = 50V$，$R_s = 1000W$，负载电阻 $R_L = 40\Omega$。若电源与负载直接相连，见图 7-5-3(a)，则：$I_1 = U_s/(R_L + R_s)$，负载消耗功率 $P = R_L I_1^2 = 0.0925W$。若电源通过变压器与负载相连，见图 7-5-3(b)，根据理想变压器的特点（$P_1 = $

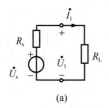 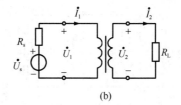

图 7-5-3　变压器的阻抗匹配作用

（a）电源与负载直接相连；（b）电源与负载通过变压器相连

P_2），并利用阻抗变换表达式（$R'_L = K^2 R_L$），可得负载的消耗功率为：$P = I_2^2 R_L = I_1^2 (K^2 R_L) = I_1^2 R'_L$，当 $R'_L = R_s$ 时，等效阻抗 R'_L 可从电源处获得最大功率，也即当变压器变比 $K = \sqrt{R_s/R_L} = \sqrt{1000/40} = 5$ 时，负载 R_L 的最大功率 $P_{max} = 0.625W$。

【例 7-5-1】（历年真题）图示变压器空载运行电路中，设变压器为理想器件，若 $u = \sqrt{2}U\sin\omega t$，则此时：

A. $U = \dfrac{\omega L \cdot U}{\sqrt{R^2 + (\omega L)^2}}$，$U_2 = 0$

B. $u_1 = u$，$U_2 = \dfrac{1}{2}U_1$

C. $u_1 \neq u$，$U_2 = \dfrac{1}{2}U_1$

D. $u_1 = u$，$U_2 = \dfrac{1}{2}U_1$

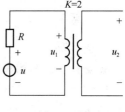

例 7-5-1 图

【解答】变压器空载运行时，$R_L \to \infty$，故 $K^2 R_L \to \infty$，则 $u_1 = u$

$$U_2/U_1 = 1/K，\text{则} U_2 = \frac{1}{2}U_1$$

应选 B 项。

此外，变压器空载运行时，可认为原边电流为零，则 $u_1 = u$。

【例 7-5-2】（历年真题）图示变压器为理想变压器，且 $N_1 = 100$ 匝，若希望 $I_1 = 1A$ 时，$P_{R2} = 40W$，则 N_2 应为：

A. 50 匝

B. 200 匝

C. 25 匝

D. 400 匝

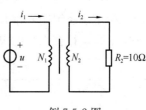

例 7-5-2 图

【解答】$I_2 = \sqrt{\dfrac{P}{R_2}} = \sqrt{\dfrac{40}{10}} = 2A$

$$K = \frac{I_2}{I_1} = \frac{2}{1} = 2，N_2 = \frac{N_1}{K} = \frac{100}{2} = 50 \text{ 匝}$$

应选 A 项。

【例 7-5-3】（历年真题）如图（a）所示变压器为理想器件，且 $u_s = 90\sqrt{2}\sin\omega t V$，开关 S 闭合时，信号源的内阻 R_1 与信号源右侧电路的等效电阻相等，那么，开关 S 断开后，电压 u_1：

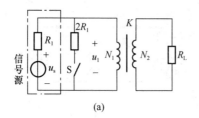 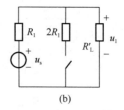

例 7-5-3 图

A. u_1 因变压器的匝数比 K、电阻 R_L、R_1 未知而无法确定

B. $u_1 = 45\sqrt{2}\sin\omega t \mathrm{V}$

C. $u_1 = 60\sqrt{2}\sin\omega t \mathrm{V}$

D. $u_1 = 30\sqrt{2}\sin\omega t \mathrm{V}$

【解答】如图（b）所示，将 R_L 等效为 R'_L，$R'_L = K^2 R_L$

当 S 闭合时，$R_1 = 2R_1 \ /\!/ \ R'_L$，则 $R'_L = 2R_1$

当 S 打开后，$u_1 = \dfrac{R'_L}{R'_L + R_1} u_s = \dfrac{2}{2+1} u_s = 60\sqrt{2}\sin\omega t \mathrm{V}$

应选 C 项。

★★★二、三相异步电动机特性

电动机是一种将电能转化为机械能的旋转电器。三相异步电动机转子的转速低于旋转磁场的转速，转子绕组因与磁场间存在着相对运动而感生电动势和电流，并与磁场相互作用产生电磁转矩，实现能量变换。

1. 转速和转向

三相异步电动机的转速 n，也就是它的转子转速，取决于定子绕组通三相交流电后产生的旋转磁场的转速 n_0（称为同步转速）。同步转速可用下式计算：

$$n_0 = \frac{60 f_1}{p}(\mathrm{r/min})$$

式中，f_1 为电源频率；p 为电动机的磁极对数。

可知，同步转速不仅与电流频率有关还与旋转磁场的磁极对数有关，而磁极对数 p 又与三相定子绕组的安排有关。如果电动机的磁极对数和电源频率不变，则同步转速 n_0 为一个常数。接在工频电源上不同极数的异步电动机的同步转速 n_0 见表 7-5-1。

三相异步电动机 p 与 n_0 的关系 表 7-5-1

p	1	2	3	4	5	6
n_0（r/min）	3000	1500	1000	750	600	500

异步电动机的转速 $n < n_0$。转差率 s 是用来表示 n 与 n_0 相差程度的物理量，即：

$$s = \frac{n_0 - n}{n_0} \times 100\%$$

或

$$n = (1-s)n_0$$

一般异步电动机在额定负载时的转差率为 $1\% \sim 9\%$，而在启动开始瞬间由于 $n=0$，而 $s=1$ 为最大。

三相异步电动机的型号中，最后一位数字是表示磁极数。例如 Y160M-4 型号说明该电动机为 4 极（即 $p=2$）电机。根据这个数字就可以判断电动机的转速，反过来也可以根据转速确定磁极数。

异步电动机的转向与旋转磁场的转向相同。要改变电动机转向，只要任意对调两根连接电源的导线即可。

2. 电磁转矩

异步电动机的转矩是由旋转磁场的每极磁通与转子电流相互作用而产生的。转矩与定子电压的平方成正比，并与转子回路的电阻和感抗、转差率以及电动机的结构有关。

（1）额定转矩 T_N：指电动机在额定负载时的转矩。

$$T_N = \frac{9550 P_N}{n_N}(\text{N} \cdot \text{m})$$

式中，P_N 为电动机的额定输出功率（kW）；n_N 为电动机的额定转速（r/min）。

（2）负载转矩 T_L：指电动机在实际负载下发出的实际转矩。

$$T_L = \frac{9550 P_2}{n}(\text{N} \cdot \text{m})$$

式中，P_2 为电动机的实际输出功率（kW）；n 为电动机的实际转速（r/min）。

（3）最大转矩 T_{max}：指电动机能发出的最大转矩。

$$T_{max} = \lambda T_N$$

式中，λ 为电动机的过载系数，一般为 1.8～2.5。电动机发出最大转矩时对应的转速为临界转速 $n_{临界}$。

（4）启动转矩 T_{st}：指电动机启动时发出的转矩。一般有：

$$T_{st} = (1.0 \sim 2.0) T_N$$

3. 星形接法和三角形接法

鼠笼式异步电动机接线盒内有 6 根引出线，分别标以 U_1、U_2、V_1、V_2 和 W_1、W_2。其中，U_1 和 U_2 是定子第一相绕组的首末端，V_1 和 V_2、W_1 和 W_2 分别是第二相和第三相绕组的首末端。定子三相绕组的联接法有星形和三角形两种，见图 7-5-4。

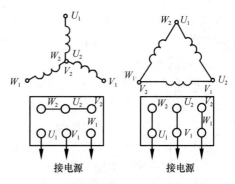

图 7-5-4　定子绕组的星形联接和三角形联接

4. 功率、效率和功率因数

电动机的输入功率为：

$$P_1 = \sqrt{3} U_L I_L \cos\varphi$$

式中，U_L 和 I_L 分别为线电压和线电流；$\cos\varphi$ 为电动机的功率因数。

电动机的输出功率 $P_2 < P_1$，其差值为电动机本身的功率损耗，包括铜损、铁损以及机械损耗。电动机的效率为：

$$\eta = \frac{P_2}{P_1}$$

电动机额定负载时，η 约为 0.7～0.9，轻载和空载时 η 很低，约为 0.1～0.2。

5. 三相异步电动机的启动

将三相异步电动机接到电源上，转速从零开始一直上升到匀速转速的过程，称为启动。三相异步电动机的启动电流约为额定电流的 4~7 倍。由于启动时间很短，不会造成过热，但会使线路上电压降大增，从而使负载端电压降低，影响邻近负载的工作，有必要采取措施来降低启动电流。此外，对于重载启动的电动机，如果其启动转矩不足以启动，还要设法提高其启动转矩。

三相异步电动机根据其转子的结构分成鼠笼式和绕线型两种。鼠笼式异步电动机的启动方法有直接启动和降压启动两种。

（1）鼠笼式异步电动机的直接启动

给电动机加上额定电压直接启动，这种方法简单可靠，只要电网容量允许，启动不太频繁的电动机通常都采用此法。此法启动电流大，只适用于小型电动机（如电动机容量小于 10kW），或容量不超过电源变压器容量的 15%~20% 时，启动电流不会影响同一供电线路上的其他用电设备正常工作。

（2）鼠笼式异步电动机的降压启动

如果电动机容量较大，直接启动引起电网电压降落过大，则需要采取降压启动方式，即启动时降低加在电动机定子绕组上的电压，以减小启动电流，启动完毕后再恢复全压供电。降压启动常用的有星形-三角形换接启动和自耦降压启动等。

1）星形-三角形（Y-△）换接启动

采用此法的电动机正常运行时必须是三角形接法的。在启动时接成星形，这时定子绕组仅承受电源相电压，等到转速上升接近额定值时再换接成三角形全压运行。由于星形启动时的电压仅为三角形直接启动时的 $1/\sqrt{3}$，绕组星形联接时，$I_{1Y} = I_p = U_p/|Z|$，绕组三角形联接时，$I_{1\triangle} = \sqrt{3} I_p = \sqrt{3} U_L/|Z| = \sqrt{3} \cdot \sqrt{3} U_p/|Z| = 3I_{1Y}$，所以启动电流和启动转矩都下降至直接启动时的 1/3，可见此法仅适用于空载或轻载启动的情况。

2）自耦降压启动

自耦降压启动是利用三相自耦变压器来达到启动时降低定子端绕组端电压的目的，启动电流和启动转矩都降为直接启动的 $1/K^2$，K 为自耦变压器的变比。自耦降压启动适用于空载或轻载启动，通常自耦降压启动的电动机容量比星形-三角形换接降压启动的电动机容量大，且可适用于正常运行时接成星形的电动机。

（3）绕线式异步电动机的启动

绕线式异步电动机采用转子绕组串入附加电阻的方法来启动电动机。增加转子电阻可以减小转子电流，从而减小定子电流，还可增大启动转矩，适用于要求启动转矩大的生产机械，如卷扬机、起重机、转炉和球磨机等。启动时使转子所串电阻最大，随着转速上升，逐级切除电阻，最后全部切除，进入正常运行。

6. 三相异步电动机的调速和制动

（1）三相异步电动机的调速

调速就是在同一负载下能得到不同的转速，以满足生产过程的要求。改变电动机的转速有三种方法：改变电源频率的调速；改变电动机磁极对数的调速；改变电动机转差率的调速。前两者是鼠笼式异步电动机的调速方法，后者是绕线式异步电动机的调速方法。

（2）三相异步电动机的制动

三相异步电动机制动就是给电动机一个与转动方向相反的转矩使它迅速停转（或限制其转速）。异步电动机的制动常用下列几种方法：

1）能耗制动

这种制动方法就是在切断三相电源的同时，接通直流电源，使直流电流通入定子绕组从而产生制动转矩。因为这种方法是用消耗转子的动能来进行制动的，所以称为能耗制动。这种制动能量消耗小，制动平稳，但需要直流电源。

2）反接制动

在电动机停车时，将接到电源的三根导线中任意两根的一端对调位置，从而产生制动转矩的制动方法。这种制动比较简单、效果较好，但能量消耗较大，且当转速接近零时，要利用某种控制电器将电源自动切断，否则电动机将反转。

3）发电回馈制动

当转子的转速超过旋转磁场的转速时，这时的转矩也是制动的。当起重机快速下放重物时，就会发生这种情况。实际上这时电动机已转入发电机运行，将重物的位能转换为电能而反馈到电网里去，所以称为发电回馈制动。

【例 7-5-4】（历年真题）对于三相异步电动机而言，在满载启动情况下的最佳启动方案是：

A. Y-△启动方案，启动后，电动机以 Y 接方式运行

B. Y-△启动方案，启动后，电动机以△接方式运行

C. 自耦调压器降压启动

D. 绕线式电动机串转子电阻启动

【解答】Y-△启动方案、自耦调压器降压启动适用于轻载或空载启动，故应选 D 项。

【例 7-5-5】（历年真题）设某△接异步电动机全压启动时的启动电流 $I_{st}=30A$，启动转矩 $T_{st}=45N \cdot m$，若对此台电动机采用 Y-△降压启动方案，则启动电流和启动转矩分别为：

A. 17.32A，35.98N・m

B. 10A，15N・m

C. 10A，25.98N・m

D. 17.32A，15N・m

【解答】Y-△降压启动，启动电流 $=\dfrac{1}{3} \times I_{st}=\dfrac{1}{3} \times 30=10A$

启动转矩 $=\dfrac{1}{3} \times T_{st}=\dfrac{1}{3} \times 45=15N \cdot m$

应选 B 项。

【例 7-5-6】（历年真题）设三相交流异步电动机的空载功率因数为 λ_1，20％的额定负载时的功率因数为 λ_2，满载时功率因数为 λ_3，那么以下关系成立的是：

A. $\lambda_1 > \lambda_2 > \lambda_3$

B. $\lambda_3 > \lambda_2 > \lambda_1$

C. $\lambda_2 > \lambda_1 > \lambda_3$

D. $\lambda_3 > \lambda_1 > \lambda_2$

【解答】空载功率因数很小，满载功率因数最大，故选 B 项。

★★★三、三相异步电动机继电接触器控制

1. 常用低压控制电器

（1）刀开关和组合开关

刀开关（刀闸）和组合开关属于常用的手动开关电器，用于隔离电源和负载。

刀开关有单极、双极、三极等几种，以适合不同的需要。图 7-5-5 为刀开关的结构图和三极刀开关的电路符号。

组合开关的作用与刀开关相同，但在结构和外观上有所不同，其密闭的结构可防止电

弧灼伤，组合开关的文字符号为 SA，见电路符号图 7-5-6。

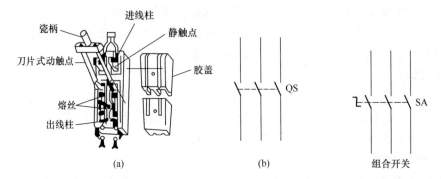

图 7-5-5　刀开关的结构和电路符号

（a）刀开关的结构；（b）三级刀开关的符号

图 7-5-6　组合开关的电路符号

（2）熔断器

熔断器俗称保险丝（片），用于电路的短路保护。一旦电路短路或严重过载，熔断器迅速熔断，断开电路，其电路符号见图 7-5-7。

（3）按钮

按钮属于手动控制电器，其结构原理图和电路符号如图 7-5-8 所示。图 7-5-8（a）中，aa' 和 bb' 两个触点是固定不动的，称为静触点；中间和弹簧相连的触点称为动触点，动触点的两个触点间处于导通状态，且会随按钮的钮帽一起运动。当按下钮帽时，触点 aa' 由闭合变为断开，故称其为常闭触点或动断触点；触点 bb' 由断开变为闭合，故称其为常开触点或动合触点。

图 7-5-7　熔断器的电路符号

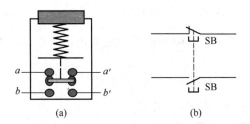

图 7-5-8　按钮的结构原理图和电路符号

按钮的结构形式有多种，有的只有一个动合触点，有的只有一个动断触点。图 7-5-8（b）所示的按钮同时有一个动合触点和一个动断触点，称为复合按钮。复合按钮的两个触点的动作特点是：先断后合。

（4）交流接触器

交流接触器是一种自动控制电器，用于通断大容量的电力负载。图 7-5-9 为交流接触器的结构示意图，由触点系

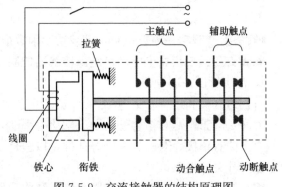

图 7-5-9　交流接触器的结构原理图

490

统和电磁铁系统两部分构成。其中，触点部分分为主触点和辅助触点，前者允许通过较大的电流，用于主电路；后者允许通过的电流小，用于控制电路。交流接触器的工作原理是：线圈通电，衔铁被电磁铁吸合，弹簧被拉开，衔铁带动固定于其上的连杆左移，固定在连杆上的动触点将动合触点接通，将动断辅助触点断开；线圈断电，则衔铁和触点在弹簧的作用下，恢复到自然状态（即未通电状态）。

在应用时，三个主触点的一端接三相交流电源，另一端接三相负载（如电动机）。当线圈通电时，三个主触点闭合，将负载和电源接通；当线圈断电时，将负载和电源断开。

接触器的电路符号如图 7-5-10 所示，图 7-5-10（a）为线圈的符号、图 7-5-10（b）为主触点的符号、图 7-5-10（c）为辅助触点的符号。

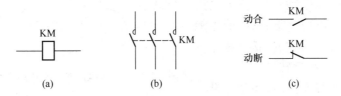

(a)　　　　　　　　　(b)　　　　　　　　　(c)

图 7-5-10　接触器的电路符号

（5）热继电路

热继电器主要用于电机的过载保护。早期的热继电器都是采用机械式结构，其结构原理图如图 7-5-11（a）所示，其中，双金属片一端固定，另一端为自由端，正常时被扣板压住；扣板右侧为一个动断触点。热继电器的电路符号如图 7-5-11（b）所示，其发热元件串联在主电路（电动机所在电路）中，动断触点串联在控制电路中。

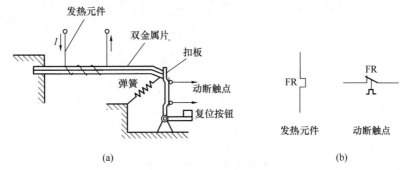

(a)　　　　　　　　　　　　　　(b)

图 7-5-11　双金属片式热继电器的结构原理图和电路符号

2.异步电动机的基本控制电路

（1）异步电动机的直接启动和停止控制

图 7-5-12 为三相异步电动机的直接启动和停止控制电路，该电路具有启动—自保持—停止的功能。

在画电路图时应注意：

1）控制电路和主电路要分开画。

2）同一个电器如接触器 KM 的线圈、触点不论在什么位置都用相同的字母符号 KM；热继电器 FR 的热元件、动断触点不论在什么位置都用相同的字母符号 FR。

3）控制电路中所有触点的状态均为相应电器的自然（没有通电的）状态。

（2）正反转控制

三相异步电动机的正反转控制电路如图 7-5-13（a）所示，在主电路中用两个交流接触器的主触点使电动机与电源连接，其中一个代表正转，另一个则交换两相电源线，<mark>完成相序的改变，实现反转</mark>，图中 KM_F、KM_R 分别为控制正转和反转的接触器。

若接触器 KM_F 的主触点闭合，电源的 A、B、C 三相与电动机定子绕组连接，电动机正转；若接触器 KM_R 的主触点闭合，电源的 A、C 两相换接（相序变为 C、B、A），电动机反转。

<mark>同中 SB1 为总停车按钮，SB_F、SB_R 分别为正、反转的启动控钮。</mark>

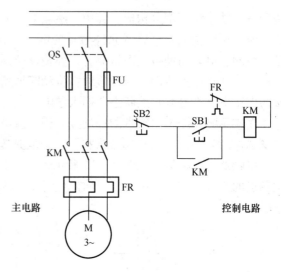

图 7-5-12　异步电动机的直接启动和停止控制电路

为了使两个接触器不会同时接通，将动断触点 KM_R 串联在线圈 KM_F 的控制支路中，

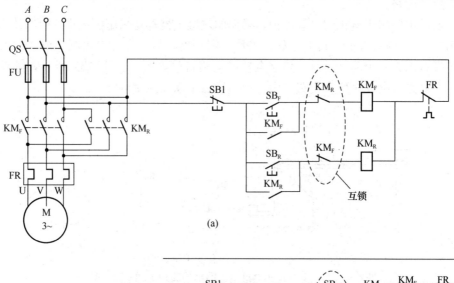

(a)

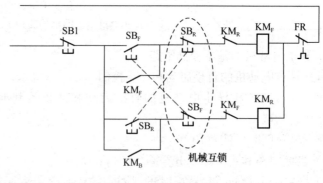

(b)

图 7-5-13　三相异步电动机正反转控制电路
（a）正反转控制电路；（b）直接正反转控制电路

使线圈 KM_R 断电成了线圈 KM_F 通电的必要条件；同理，动断触点 KM_F 串联在线圈 KM_R 的控制支路中。这种连接称为"互锁"，互锁保证了 KM_R 和 KM_F 不会同时被接通，从而避免主电路短路。

图 7-5-13（a）控制电路当需要从正转变为反转时，必须先停止再反转，其操作不方便。因此，需要改进，利用每一个复合按钮有一个动合触点和一个动断触点的特点，将复合按钮 SB_F 的动断触点串联在 KM_R 线圈的控制支路中，同时将复合按钮 SR_R 的动断触点串联在 KM_F 线圈的控制支路中，实现"机械互锁"，如图 7-5-13（b）所示，其工作过程如下：

无论电动机处于反转还是停止状态，在按下正转的启动按钮 SB_F 时，SB_F 的动断触点先断开，使得 KM_R 线圈控制支路断电（已经通电就先断电，没有通电则不能通电），KM_R 动断触点闭合，然后才使得 KM_F 线圈通电，电动机正转。同理，此时如果再按下反转的启动按钮 SB_R，对应 SB_R 的动断触点先断开，使得 KM_F 线圈控制支路断电，KM_F 动断触点闭合，然后才使得 KM_R 线圈通电，电动机反转。按下停止按钮SB1，无论正转还是反转，电动机都停止工作。

【例 7-5-7】（历年真题）接触器的控制线圈如图（a）所示，动合触点如图（b）所示，动断触点如图（c）所示，当有额定电压接入线圈后：

A. 触点 KM1 和 KM2 因未接入电路均处于断开状态

B. KM1 闭合，KM2 不变

C. KM1 闭合，KM2 断开

D. KM1 不变，KM2 断开

【解答】当接触器的 KM 通电后，KM1 闭合，KM2 断开，应选 C 项。

例 7-5-7 图

【例 7-5-8】（历年真题）为实现对电动机的过载保护，除了将热继电器的热元件串接在电动机的供电电路中外，还应将其：

A. 常开触点串接在控制电路中   B. 常闭触点串接在控制电路中

C. 常开触点串接在主电路中   D. 常闭触点串接在主电路中

【解答】热继电器的常闭触点串接在控制电路中，应选 B 项。

【例 7-5-9】（历年真题）为实现对电动机的过载保护，除了将热继电器的常闭触点串接在电动机的控制电路中外，还应将其热元件：

A. 也串接在控制电路中   B. 再并接在控制电路中

C. 串接在主电路中   D. 并接在主电路中

【解答】为实现过载保护，热继电器的热元件串接在主电路中，应选 C 项。

【例 7-5-10】（历年真题）能够实现用电设备连续工作的控制电路为：

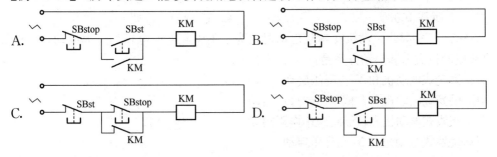

【解答】由于控制电路中所有控制元件均是电器元件没有通电下的自然状态，所以，B、D项错误；C项，SBstop无法控制KM，错误。

应选A项。

习　题

7-5-1　（历年真题）有一容量为10kV·A的单相变压器，电压为3300/220V，变压器在额定状态下运行，在理想的情况下副边可接40W、220V、功率因数$\cos\varphi=0.44$的日光灯盏数为：

A. 110　　　　　　　B. 200　　　　　　　C. 250　　　　　　　D. 125

7-5-2　（历年真题）图示电路中，设变压器为理想器件，若$u=10\sqrt{2}\sin\omega t\text{V}$，则：

A. $U_1=\dfrac{1}{2}U$，$U_2=\dfrac{1}{4}U$

B. $I_1=0.01U$，$I_1=0$

C. $I_1=0.002U$，$I_2=0.004U$

D. $U_1=0$，$U_2=0$

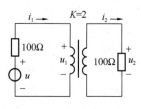

题7-5-2图

7-5-3　图示变压器空载运行电路中，设变压器为理想器件，若$u=\sqrt{2}U\sin\omega t$，则此时：

A. $\dfrac{U_2}{U_1}=2$

B. $\dfrac{U}{U_2}=2$

C. $u_2=0$，$u_1=0$

D. $\dfrac{U}{U_1}=2$

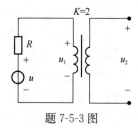

题7-5-3图

7-5-4　设某△接三相异步电动机的全压启动转矩为66N·m，当对其使用Y-△降压启动方案时，当分别带10N·m、20N·m、30N·m、40N·m的负载启动时：

A. 均能正常启动

B. 均无法正常启动

C. 前两者能正常启动，后两者无法正常启动

D. 前三者能正常启动，后者无法正常启动

7-5-5　（历年真题）某单相理想变压器，其一次线圈为550匝，有两个二次线圈。若希望一次电压为100V时，获得的二次电压分别为10V和20V，则$N_2\mid_{10V}$和$N_2\mid_{20V}$应分别为：

A. 50匝和100匝　　　　　　　　　　B. 100匝和50匝

C. 55匝和100匝　　　　　　　　　　C. 110匝和55匝

7-5-6　三相异步电动机在满载启动时，为了不引起电网电压的过大波动，应该采用的异步电动机类型和启动方案是：

A. 鼠笼式电动机和Y-△降压启动

B. 鼠笼式电动机和自耦调压器降压启动

C. 绕线式电动机和转子绕组串电阻启动

D. 绕线式电动机和Y-△降压启动

7-5-7　（历年真题）在信号源（u_s，R_s）和电阻 R_L 之间接入一个理想变压器，如图所示，若 $u_s = 80\sin\omega t\text{V}$，$R_L = 10\Omega$，且此时信号源输出功率最大，则变压器的输出电压 u_2 等于：

A. $40\sin\omega t\text{V}$

B. $20\sin\omega t\text{V}$

C. $80\sin\omega t\text{V}$

D. 20V

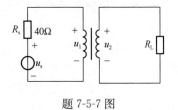

题 7-5-7 图

第六节　模 拟 电 子 技 术

一、半导体二极管

半导体是指导电能力介于导体和绝缘体之间且在电气方面具有独特性质的物体，如锗、硅等。用半导体材料做成的二极管、三极管称半导体管或晶体管。在纯净的半导体（亦称本征半导体）中，自由电子和空穴总是成对出现，自由电子带负电，空穴带正电，两者所带电量相等，统称为载流子。在本征半导体中，载流子数量很少，导电能力很弱，其载流子是由热激发产生的自由电子和空穴。载流子的浓度与温度有直接的关系。

本征半导体中掺入微量五价元素（杂质），如磷或砷或锑等，可使自由电子浓度大大增加，自由电子成为多数载流子（简称多子），空穴是少数载流子（简称少子）。这种以电子导电为主的半导体称 N 型半导体。

本征半导体中掺入微量三价元素，如硼或铝等，则空穴的浓度大大增加，空穴是多数载流子，而电子是少数载流子。这种以空穴导电为主的半导体称 P 型半导体。

若在一块完整的半导体上，一边制成 N 型，另一边制成 P 型，则在它们的交界面处形成 PN 结，见图 7-6-1（a）。PN 结具有单向导电性，即在 PN 结两端施加正向电压（P 区电位高于 N 区电位，称 PN 结正向偏置），PN 结正向导通；当 PN 结加反向电压（P 区电位低于 N 区电位，称 PN 结反向偏置），PN 结呈截止状态；当反向电压超过一定数值后，反向电流急剧增加，PN 结发生反向击穿，单向导电性被破坏。

半导体二极管是在一个 PN 结的两侧各引出一根金属电极，并用外壳封装起来而构成的。由 P 区引出的电极称阳极（正极），由 N 区引出的电极称阴极（负极）。电路符号见图 7-6-1（b）。

★★★1. 二极管的伏安特性

二极管两端电压 U 与流过二极管的电流 I 之间的关系，称为二极管的伏安特性。如图 7-6-2 所示，它包含了二极管的正向特性、反向特性和反向击穿特性。

（1）正向特性：二极管两端加正向电压时，产生正向电流。从伏安特性上可以看到，当正向电

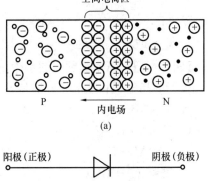

图 7-6-1　二极管的符号

（a）PN 结的形成；（b）二极管的符号

压较小时，正向电流很小，几乎为零（图 7-6-2 中的 $0A$ 段），这个区域通常称为死区，对应的电压称死区电压（或阈值电压）U_{th}，锗管约 0.1V，硅管约 0.5V。当正向电压超过死区电压后，二极管正向导通。正向导通时的管压降 U_D，硅管约 $0.6\sim 0.7V$，锗管约 $0.1\sim 0.2V$。

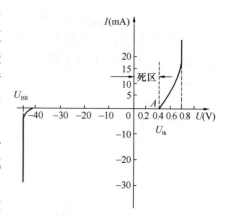

图 7-6-2　二极管的伏安特性

（2）反向特性：二极管两端加反向电压较小时，反向电流几乎为零。此时，二极管呈现高阻截止状态。

（3）反向击穿特性：当反向电压增大到某一数值 U_{BR} 时，反向电流突然急剧增加，这种现象称二极管反向击穿，U_{BR} 称反向击穿电压。

2. 二极管的主要参数

（1）最大整流电流 I_F：当二极管长时间使用时，允许通过的最大正向平均电流。使用时，不能超过此值。

（2）最大反向工作电压 U_{RM}：指允许加在二极管上的反向电压的最大值，为安全起见，U_{RM} 约为反向击穿电压 U_{BR} 的一半。

（3）最大反向电流 I_R：指二极管未被击穿时的反向电流值，I_R 越小，说明二极管单向导电性越好，温度稳定性越好。

半导体二极管具有单向导电性，即在二极管两端施加正向电压时，二极管导通，管压降几乎为 0，二极管可视为一个理想二极管。当理想二极管正偏导通时，等效为导线接通；当二极管反偏截止时，等效为断路。

【例 7-6-1】（历年真题）二极管应用电路如图所示，图中 $u_A = 1V$，$u_B = 5V$，$R = 1k\Omega$，设二极管均为理想器件，则电流 i_R 为：

A. 5mA　　　　　　B. 1mA

C. 6mA　　　　　　D. 0mA

【解答】$u_B > u_A$，D_2 先导通，则 D_1 截止，$u_F = 5V$。

$$i_R = \frac{u_F}{R} = \frac{5}{1000} = 5mA$$

例 7-6-1 图

应选 A 项。

【例 7-6-2】（历年真题）图示为三个二极管和电阻 R 组成的一个基本逻辑门电路，输入二极管的高电平和低电平分别是 3V 和 0V，电路的逻辑关系式是：

A. $Y = ABC$

B. $Y = A + B + C$

C. $Y = AB + C$

D. $Y = (A + B) C$

【解答】当 $V_A = 3V$，$V_B = 0V$，$V_C = 0V$ 时，则 $V_Y = 0V$，将 3V 视为高电平"1"，0V 视为低电平"0"，故 B 项错误。

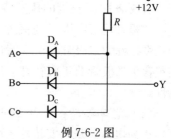

例 7-6-2 图

当 $V_A=0V$，$V_B=3V$，$V_C=3V$ 时，则 $V_Y=0V$，故 C、D 项错误。

应选 A 项。

二、二极管的应用

★★★1. 二极管整流电路

整流电路是指将交流电转换成直流电的电路。整流电路的类型很多，按输出波形可分为半波和全波整流，按输入电源的相数可分单相和多相整流电路等。

（1）单相半波整流电路

简单的单相整流电路如图 7-6-3（a）所示。设变压器副边电压有效值为 U_2，则其瞬时值 $u_2=\sqrt{2}U_2\sin\omega t$。

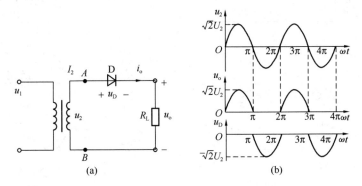

图 7-6-3 简单的单相整流电路

（a）单相半波整流电路；（b）单相半波整流电路的波形

当 u_2 在正半周 $0\sim\pi$ 期间时，二极管 D 处于正向导通状态，当忽略二极管正向电压即作为理想二极管时，则 $u_o=u_2$；而当 u_2 在负半周 $\pi\sim2\pi$ 期间时，二极管 D 则处于反向截止状态，负载电阻上无电流流通，使 $u_o=0$。如此周而复始，得输出波形如图 7-6-3（b）所示。输出电压 u_o 的平均值 U_o 与输入电压的有效值 U_2 具有以下关系：

$$U_o=\frac{1}{2\pi}\int_0^\pi\sqrt{2}U_2\sin\omega t\,\mathrm{d}(\omega t)=\frac{\sqrt{2}}{\pi}U_2=0.45U_2$$

负载电流 I_o、二极管电流 I_D、变压器二次电流（次级绕组电流）有效值 I_2，存在下列关系：

$$I_D=I_o$$

$$I_2=1.57I_o$$

如图 7-6-3（b）所示，当 u_2 在负半周时，二极管在截止时承受的电压 u_o，其最大电压 $U_{DRM}=\sqrt{2}U_2$。

该电路实现了交流变直流功能，但由于在每一个周期中，只有输入电压的正半个周期得到利用，故称图 7-6-3（a）电路为"半波整流"电路。

（2）二极管单相桥式整流电路

半波整流电路只利用了输入电压的半个周期，所得整流电压的脉动较大。为了克服这些问题，采用四个二极管组成图 7-6-4（a）的单相桥式整流电路。图 7-6-4（b）是它的简化画法。设该电路中变压器副边电压为 $u_2=\sqrt{2}U_2\sin\omega t$，它的波形如图 7-6-5 所示。

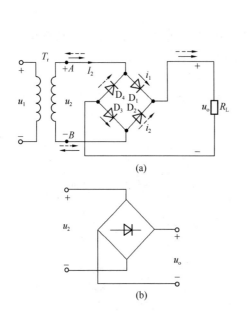

图 7-6-4　单相桥式整流电路
（a）原理电路；（b）简化画法

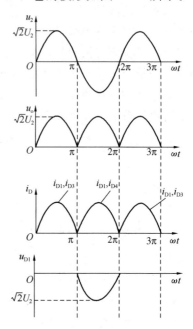

图 7-6-5　单相桥式整流的波形

当 u_2 在正半周 $0\sim\pi$ 时，图 7-6-4（a）电路中 A 端为正，B 端为负，D_1、D_3 正偏，D_2、D_4 反偏，导电回路为：$A\rightarrow D_1\rightarrow R_L\rightarrow D_3\rightarrow B$。电源电压在负半周 $\pi\sim2\pi$ 时，B 端为正，A 端为负，D_2、D_4 正偏，D_1、D_3 反偏，导电回路为：$B\rightarrow D_2\rightarrow R_L\rightarrow D_4\rightarrow A$。因此，负载 R_L 上得到一个单方向的全波脉动电压 u_o，其波形如图 7-6-5 所示，输出电压 u_o 的平均值 U_o 为：

$$U_o = \frac{1}{\pi}\int_0^\pi \sqrt{2}U_2\sin\omega t\,\mathrm{d}(\omega t) = \frac{2}{\pi}\sqrt{2}U_2 = 0.9U_2$$

在此整流电路中，两组二极管 D_1、D_3 和 D_2、D_4 轮流导通，因此，流经每个二极管的平均电流为输出平均电流的一半，即：

$$I_{D(AV)} = \frac{1}{2}I_{O(AV)} = \frac{1}{2}\times\frac{U_{O(AV)}}{R_L} \doteq \frac{1}{2}\times\frac{0.9U_2}{R_L} = 0.45\times\frac{U_2}{R_L}$$

因此，在选择整流管时应保证其最大整流电流 $I_F > I_{D(AV)}$。

如图 7-6-5 所示，二极管在截止时承受的最大反向电压为：

$$U_{DRM} = \sqrt{2}U_2$$

考虑到整流二极管的长期安全工作，在选择整流二极管时通常选择其最高反向击穿电压 $U_{RM}\approx2U_{DRM}$。

此外，变压器二次电流（次级绕组电流）有效值 I_2 与负载电流 I_o 存在如下关系：

$$I_2 = 1.11I_o$$

【**例 7-6-3**】在图 7-6-4（a）所示电路中，已知输出电压平均值 $U_{O(AV)} = 15V$，负载电流平均值为 100mA。试问：（1）变压器二次电压有效值 U_2 为多少？（2）设电网电压波动范围为 $\pm 10\%$，在选择二极管的参数时，其最大整流平均电流 I_F 和最高反向电压 U_{RM} 的下限值约为多少？

【**解答**】（1）输出电压平均值 $U_{O(AV)} = 0.9U_2$，则变压器二次电压有效值为：

$$U_2 = \frac{U_{O(AV)}}{0.9} \approx 16.7V$$

（2）考虑到电网电压波动范围为 $\pm 10\%$，整流二极管的参数为：

$$I_{D(AV)} = 1.1 \times \frac{I_{O(AV)}}{2} = 55mA, \quad I_F > I_{D(AV)} = 55mA$$

$$U_{DRM} = 1.1 \times \sqrt{2}U_2 = 26V, \quad U_{RM} = 2U_{DRM} = 52V$$

【**例 7-6-4**】（历年真题）二极管应用电路如图所示，设二极管为理想器件，当 $u_i = 10\sin\omega t$ V 时，输出电压 u_o 的平均值 U_o 等于：

A. 10V

B. $0.9 \times 10 = 9V$

C. $0.9 \times \frac{10}{\sqrt{2}} = 6.36V$

D. $-0.9 \times \frac{10}{\sqrt{2}} = -6.36V$

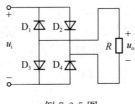

例 7-6-4 图

【**解答**】由图示可知：

$$U_o = -0.9U_i = -0.9 \times \frac{10}{\sqrt{2}} = -6.36V$$

应选 D 项。

【**例 7-6-5**】（历年真题）图示电路中，$u_i = 10\sin\omega t$，二极管 D_2 因损坏而断开，这时输出电压的波形和输出电压的平均值为：

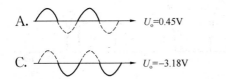

例 7-6-5 图

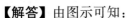

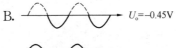

A. ⌇⌇ $U_o = 0.45V$ B. ⌇⌇ $U_o = -0.45V$

C. ⌇⌇ $U_o = -3.18V$ D. ⌇⌇ $U_o = 3.18V$

【**解答**】当 D_2 损坏而断开，电路变为半波整流电路，u_i 正半周 $0 \sim \pi/2$，电路截止，排除 A、D 项。

$$U_o = -0.45U_i = -0.45 \times \frac{10}{\sqrt{2}} = -3.18\text{V}$$

应选 C 项。

★2. 滤波电路

整流电路的输出电压虽然是单一方向的，但是由于周期性的脉动波形可以分解成恒定分量和多种不同频率的正弦分量的波形，其含有较大的交流成分，不能适应大多数电子电路的需要。滤波电路用于滤去整流输出电压中的高频成分，将脉动的直流电压变为平滑的直流电压。

利用电容、电感能够储存能量、放出能量，容抗、感抗随频率改变的特点，将电容和负载并联，电感线圈和负载串联来实现滤波。常用的滤波电路有图 7-6-6 所示的几种形式。

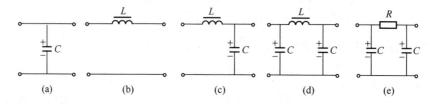

图 7-6-6　常用的几种滤波电路

(a) 电容滤波；(b) 电感滤波；(c) LC 滤波；(d) LCπ 型滤波；(e) RCπ 型滤波

电容滤波电路如图 7-6-7 (a) 所示。当电路刚接通时，u_2 从正半周的零值开始增大，二极管 D_1、D_3 导通，导通电流一路向负载 R_L 供电，另一路向电容 C 充电，由于二极管导通电阻很小，充电时间常数小，电容两端电压 u_C 几乎与 u_2 同步增大，很快到达最大值 $\sqrt{2}U_2$。当 $u_C = \sqrt{2}U_2$ 时，u_2 开始下降，此时 $u_2 < u_C$。二极管受反向电压作用而截止，电容 C 向 R_L 放电，由于放电时间常数 $\tau_d = R_L C$ 较大，u_C 按指数规律缓慢下降。当下降到 $u_C = |u_2|$ 时，u_2 的负半周使 D_2、D_4 正偏导通，电容 C 又充电，重复上述过程，得图 7-6-7 (b) 所示波形，显然比没有滤波时平滑得多。

对于图 7-6-7 (a) 的电容滤波电路，通常满足下式：

$$\tau = R_L C \geqslant (3 \sim 5)\frac{T}{2}$$

式中，R_L 为负载电阻；C 为滤波电容的电容量；T 为正弦电源的周期。

此时，全波整流电容滤波后的输出电压平均值 U_o 按 $U_o = 1.2U_2$ 估算；变压器二

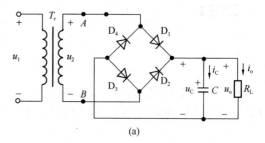

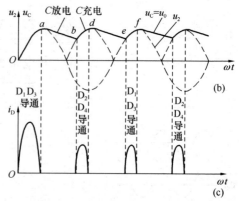

图 7-6-7　单相桥式整流电容滤波电路

(a) 电路图；(b) u_2、u_C、u_o 波形；

(c) 二极管电流 i_D 波形

次电流（次级绕组电流）有效值 I_2 按 $I_2 = (1.5 \sim 2)I_。$ 估算，其中 $I_。$ 为流过负载 R_L 的电流。

【例 7-6-6】 整流滤波电路如图 7-6-7（a）所示，已知 u_1 是 220V、频率 50Hz 的交流电源，在负载工作时，要求直流电压 $U_{O(AV)} = 30\text{V}$，负载电流 $I_{O(AV)} = 50\text{mA}$。试问，确定电源变压器二次电压 u_2 的有效值 U_2，并选择整流二极管及滤波电容（取 $R_L C = 4 \times \dfrac{T}{2}$）。

【解答】（1）变压器二次电压的有效值

取 $U_{O(AV)} = 1.2U_2$，则：$U_2 = \dfrac{U_{O(AV)}}{1.2} = \dfrac{30}{1.2}\text{V} = 25\text{V}$

（2）选择整流二极管

流经整流二极管的平均电流为：$I_D = \dfrac{I_{O(AV)}}{2} = \dfrac{50}{2}\text{mA} = 25\text{mA}$

二极管承受的最大反向电压为：$U_{DRM} = \sqrt{2}U_2 = 35\text{V}$

（3）选择滤波电容

$$R_L = \frac{U_{O(AV)}}{I_{O(AV)}} = \frac{30}{50 \times 10^{-3}} = 0.6\text{k}\Omega$$

$$R_L C = 4 \times \frac{T}{2} = 4 \times 0.01\text{s} = 0.04\text{s}，则：$$

$$C = \frac{0.04}{R_L} = \frac{0.04}{600}\text{F} = 66.6\mu\text{F}$$

电容所承受的最高电压为：

$$U_{cm} = \sqrt{2}U_2 = \sqrt{2} \times 25 = 35.4\text{V}$$

★★★三、稳压二极管

稳压管二极管是可以工作于反向击穿区的二极管，但它是用特殊工艺制造的。由于它在电路中能起稳定电压的作用，故称为稳压管。它的伏安特性曲线见图 7-6-8（a）。由图可知，稳压管的正向特性曲线与普通二极管相似，而反向特性比较陡，反向击穿电压比较低，容许通过的电流较大。当反向击穿电流在较大范围内变化时，其两端电压变化很小，

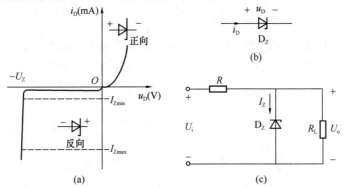

图 7-6-8　稳压二极管的图形符号、特征及应用电路

（a）稳压二极管的伏安特性；（b）稳压二极管的图形符号；（c）应用电路

从它两端可获得一个稳定的电压。只要反向电流不超过允许范围，稳压管就不会因热击穿而损坏。为此，在电路中，稳压管必须串联一个适当的限流电阻。

1. 稳压管的主要参数

（1）稳定电压 U_Z：即反向击穿电压。即使是同一型号的稳压管，其 U_Z 值也不完全相同，有一定的离散范围。

（2）稳定电流 I_Z：稳压管正常使用时的参考电流值，满足：$I_{Zmin} < I_Z < I_{Zmax}$，$I_{Zmin}$、$I_{Zmax}$ 分别为最小、最大工作电流。

（3）动态电阻 r_Z：它是指稳压管两端电压变化量与对应的电流变化量之比，$r_Z = \dfrac{\Delta U_Z}{\Delta I_Z}$，$r_Z$ 越小，则稳压效果越好。

（4）最大工作电流 I_{Zmax} 和最大耗散功率 P_{ZM}：I_{Zmax} 指稳压管允许通过的最大电流；P_{ZM} 等于稳定电压 U_Z 和 I_{Zmax} 的乘积，即 $P_{ZM} = U_Z \cdot I_{Zmax}$。

稳压二极管稳定电路如图 7-6-8（c）所示，稳压电路为负载提供稳定的输出电压。

2. 稳压管的工作原理

引起输出电压不稳定的原因有交流电源（或电网）电压波动和负载（电流）变化等。

（1）当电网电压 U_1 升高时，可能引起输出电压 U_o（即 U_Z）升高，则稳压二极管电流 I_Z 显著增加，引起电阻 R 上的电流 I_R 和电压降 $I_R R$ 增大。这部分增量抵消了电网电压的增量，因而使输出电压基本不变。

（2）若负载电阻 R_L 变小，则负载电流 I_o 可能变大，引起电阻 R 上的电流 I_R 和电压降 $I_R R$ 增大。由于 U_1 保持不变，可能导致输出电压 U_o 减小。但是，U_o（U_Z）减小引起 I_Z 显著减小，这部分减量抵消了电流 I_R 的增量，因而使输出电压 U_o 基本不变。

可见，当某种原因使输出电压变化时，稳定管自动调节其电流 I_Z，并通过电阻 R 转化为电压，用 U_R 的变化自动调节输出电压 U_o。因此 D_Z 和 R 两者是缺一不可的。

【例 7-6-7】稳压二极管稳压电路如图 7-6-8（c）所示，R 是限流电阻，且 $R = 1.0k\Omega$，稳压二极管的稳压值 $U_Z = 6V$，最大稳压电流 $I_{Zmax} = 25mA$，R_L 是负载电阻，且 $R_L = 0.5k\Omega$，试问：（1）$U_i = 15V$ 时，稳压电路是否能稳压？（2）当 $U_i = 25V$ 时，稳压电路是否正常工作？

【解答】（1）当 $U_i = 15V$ 时，假设稳压二极管断开，则稳压二极管两端的电压为：

$$U_{DZ} = \frac{R_L}{R + R_L} \cdot U_i = \frac{0.5}{1 + 0.5} \times 15V = 5V < 6V$$

即 $U_{DZ} < U_Z = 6V$，稳压二极管两端的电压没有达到击穿电压，不能起到稳压的作用。

（2）当 $U_i = 25V$ 时，假设稳压二极管断开，则稳压二极管两端的电压为：

$$U_{DZ} = \frac{R_L}{R + R_L} \cdot U_i = \frac{0.5}{1 + 0.5} \times 25V = 8.33V$$

即 $U_{DZ} > U_Z = 6V$，稳压二极管反向击穿。稳压时，稳压二极管的电流为：

$$I_Z = \frac{U_i - U_Z}{R} - \frac{U_Z}{R_L} = \frac{25 - 6}{1} - \frac{6}{0.5} = 7mA < 25mA$$

即 $I_Z < I_{Zmax}$，所以稳压二极管能正常工作。

【例 7-6-8】（历年真题）整流滤波电路如图所示，已知 $U_1 = 30V$，$U_o = 12V$，$R =$

$2k\Omega$，$R_L = 4k\Omega$，稳压管的稳定电流 $I_{Zmin} = 5mA$ 与 $I_{Zmax} = 18mA$。通过稳压管的电流和通过二极管的平均电流分别是：

A. 5mA，2.5mA　　　　　　　　B. 8mA，8mA

C. 6mA，2.5mA　　　　　　　　D. 6mA，4.5mA

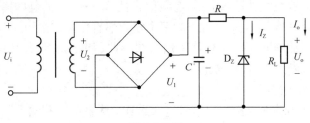

例 7-6-8 图

【解答】通过 R 的电流：$I_R = \dfrac{U_1 - U_o}{2000} = \dfrac{30 - 12}{2000} = 9mA$

$$I_D = 9 - \frac{12}{4000} = 6mA$$

通二极管的平均电流 $= \dfrac{I_R}{2} = 4.5mA$

应选 D 项。

★四、双极型晶体三极管
★★★五、共发射极放大电路
★六、共集电极放大电路

★★★七、运算放大器

运算放大器（简称运放），是一种高增益的差分放大器，能够放大直流至一定频率范围的交流信号。运放的符号如图 7-6-22（a）所示，它是一个多端器件，有两个输入端（一个反相输入端和一个同相输入端，分别用"－"和"＋"表示）和一个对地的输出端，还有一对施加直流电源的出线端。

输出端和地端之间的电压 u_o 与输入两个端子对地电压 u_N 和 u_P 之间的关系为：

$$u_o = A_{uo}(u_P - u_N)$$

式中，A_{uo} 为运放本身的放大倍数。上式表明输出电压 u_o 与两个输入电压 u_P 和 u_N 的差值成比例。

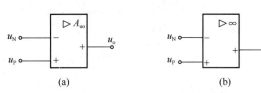

图 7-6-22　运算放大器的图形符号

运算放大器有很高的输入电阻 r_i（在 $10^5 \sim 10^{11}\Omega$ 之间），很低的输出电阻 r_o（在几十欧到几百欧之间）和很高的开环电压放大倍数 A_{uo}（通常在 $10^4 \sim 10^7$ 之间）。根据运放的特点，可以假设运放具有下列理想特性：① 开环电压放大倍数 $A_{uo} \to \infty$；② 输入电阻 r_i

→∞；③ 输出电阻 r_o→0。此外，还认为器件的频带为无限宽，没有噪声。输入信号为零时，输出端处于恒定的零电位，具有这些理想特性的运放称理想运放。理想运放的符号如图 7-6-22 (b) 所示。

对于工作在线性区的理想运放，利用它的理想特性可以得出下面两条重要法则：

（1）由于理想运放在线性区内 u_o 是有限值，且 A_{uo}→∞，故其两输入端之间的电压差趋于零，即 $u_P - u_N \approx 0$ 或 $u_P \approx u_N$，运放的两个输入端看作是"虚短路"，简称虚短。

（2）由于理想运放的 r_i→∞，故其两输入端不取用电流，即 $i_N = i_P \approx 0$，运放的两个输入端之间视为"虚断路"，简称虚断。

1. 反相运算放大电路

反相运算放大器的基本结构是：信号送入运算放大器的反相输入端，并将反相输入端与输出端通过元件相连，对于同相输入端则与"地"相连。典型的反相运算放大器有反相比例运算、反相求和运算、反相积分运算、反相微分运算等线性运算。

（1）反相比例运算

反相比例运算电路如图 7-6-23 所示。在图中，因 $u_+ = 0$，有 $u_- \approx u_+ = 0$，然而 $i_- \approx 0$，即电路中的反相输入端电位为 0，但又未与"地"相接，故称此点为"虚地"点，故容易作出以下分析：

因为 $i_- \approx 0$，故流经电阻 R_1 与电阻 R_F 的电流相同，又因 $u_+ = u_- = 0$，可得：$\dfrac{u_i}{R_1} = -\dfrac{u_o}{R_F}$，则：

$$u_o = -\frac{R_F}{R_1}u_i$$

式中，"—"表示电路的输出与输入成反相关系，比例值可通过电阻值进行调节。

（2）反相加法运算

反相加法运算电路至少为两信号的加法运算，因此实现电路至少比反相比例运算电路多一条或多条输入支路，如图 7-6-24 所示。利用叠加原理分析如下：

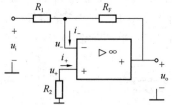

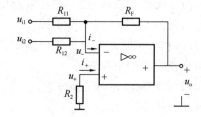

图 7-6-23　反相比例运算电路　　图 7-6-24　反相加法运算电路

令 u_{i1} 单独作用，即 $u_{i2} = 0$，得：$u_o' = -\dfrac{R_F}{R_{11}}u_{i1}$

令 u_{i2} 单独作用，即 $u_{i1} = 0$，得：$u_o'' = -\dfrac{R_F}{R_{12}}u_{i2}$

当 u_{i1}、u_{i2} 共同作用时，则：

$$u_o = u_o' + u_o'' = -\left(\frac{R_F}{R_{11}}u_{i1} + \frac{R_F}{R_{12}}u_{i2}\right)$$

（3）反相积分运算和反相微分运算

把反相比例运算电路中的电阻 R_F 换成电容，即可实现对输入信号的积分运算，见图 7-6-25。利用虚地点和反相输入端电流为 0，容易导出：

$$u_o = -\frac{1}{R_1 C}\int u_i dt$$

将反相积分运算电路中的电阻、电容对调位置，即可得到对信号的反相微分运算电路，如图 7-6-26 所示。

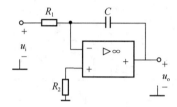

图 7-6-25　反相积分运算电路

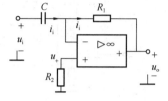

图 7-6-26　反相微分运算电路

利用虚地点的概念和反相输入端电流为 0，设电容电流与电容电压取关联参考方向，则电容电流为 $i_i = C\dfrac{du_i}{dt}$，该电流同样流过电阻 R_1，因此 $i_i = -\dfrac{u_o}{R_1}$，可得：

$$u_o = -CR_1\frac{du_i}{dt}$$

【例 7-6-12】（历年真题）运算放大器应用电路如图所示，其中 $C = 1\mu F$，$R = 1M\Omega$，$U_{oM} = \pm 10V$，若 $u_i = 1V$，则 u_o：

A. 等于 0V

B. 等于 1V

C. 等于 10V

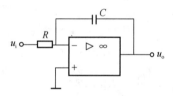

例 7-6-12 图

D. $t < 10s$ 时，为 $-t$；$t \geqslant 10s$ 后，为 $-10V$

【解答】

$$u_o = -\frac{1}{RC}\int u_i dt$$

$$= -\frac{1}{RC}\int 1 dt = -\frac{t}{RC} = -\frac{t}{1\times 10^6 \times 1\times 10^{-6}} = -t$$

当 $t < 10s$ 时，$u_o = -t$；当 $t \geqslant 10s$ 时，电路出现反向饱和，为 $-10V$。

应选 D 项。

2. 同相运算放大电路

同相运算放大电路通常包括同相比例运算放大电路和同相加法运算放大电路，均为线性运算电路，这种电路的输出与输入之间呈现同相关系。同相运算放大电路中的输入信号从运算放大器的同相输入端输入。

注意，在由运算放大器组成的同相运算电路中，因同相输入端不再接地，其反相输入端也就不再是虚地点，但仍有 $u_+ \approx u_-$，$i_- \approx 0$，$i_+ \approx 0$。

（1）同相比例运算

同相比例运算放大器如图 7-6-27 所示，由于 $i_- \approx 0$，因此，反相输入端的电压 $u_- =$

$\dfrac{R_1}{R_1+R_F}u_o$，再利用 $u_+ \approx u_-$，得 $u_i = u_+ = u_- = \dfrac{R_1}{R_1+R_F}u_o$，则：

$$u_o = \left(1+\dfrac{R_F}{R_1}\right)u_i$$

当 $R_f = 0$ 时（或 $R_1 \to \infty$ 时，或 $R_F = 0$，$R_1 \to \infty$ 时），$\left(1+\dfrac{R_F}{R_1}\right)=1$，所以 $u_i = u_o$，称此时的同相比例运算电路为电压跟随器，或称缓冲器，电路如图 7-6-28 所示。

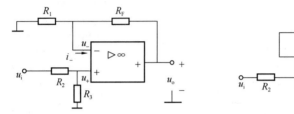

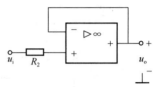

图 7-6-27　同相比例运算放大器　　　　图 7-6-28　电压跟随器

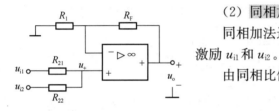

图 7-6-29　同相加法
运算放大器

（2）同相加法运算

同相加法运算电路如图 7-6-29 所示，该电路有两个激励 u_{i1} 和 u_{i2}。

由同相比例比算，可知：

$$u_o = \left(1+\dfrac{R_F}{R_1}\right)u_+$$

该两个激励（u_{i1} 和 u_{i2}）等效为电流源，分别为：u_{i1}/R_{21}、u_{i2}/R_{22}，R_{21} 和 R_{22} 的等效电阻 $R_{\text{等}}$ 为：$1/R_{\text{等}} = 1/R_{21} + 1/R_{22}$，则：

$$\dfrac{u_+}{R_{\text{等}}} = \dfrac{u_{i1}}{R_{21}} + \dfrac{u_{i2}}{R_{22}}，\text{即}：u_+ = \dfrac{\dfrac{u_{i1}}{R_{21}}+\dfrac{u_{i2}}{R_{22}}}{\dfrac{1}{R_{21}}+\dfrac{1}{R_{22}}}$$

可得：

$$u_o = \left(1+\dfrac{R_F}{R_1}\right)\dfrac{\dfrac{u_{i1}}{R_{21}}+\dfrac{u_{i2}}{R_{22}}}{\dfrac{1}{R_{21}}+\dfrac{1}{R_{22}}}$$

当电路有三个电压激励 u_{i1}、u_{i2} 和 u_{i3}，相应电阻为 R_{21}、R_{22}、R_{23}，同理，可得：

$$u_o = \left(1+\dfrac{R_F}{R_1}\right)\dfrac{\dfrac{u_{i1}}{R_{21}}+\dfrac{u_{i2}}{R_{22}}+\dfrac{u_{i3}}{R_{23}}}{\dfrac{1}{R_{21}}+\dfrac{1}{R_{22}}+\dfrac{1}{R_{23}}}$$

上述结论可推广到 n 个电压激励情况。

3. 减法运算

如图 7-6-30 所示，运算放大器电路的两个输入端分别输入两个激励 u_{i1} 和 u_{i2}。利用叠加原理分析如下：

令 u_{i1} 单独作用，此时 u_{i2} 不作用，则 u_{i2} 短接到地，电路相当于反相比例运算，则：

$$u_o' = -\frac{R_f}{R_1}u_{i1}$$

令 u_{i2} 单独作用，此时 u_{i1} 不作用，则 u_{i1} 短接到地，电路相当于同相比例运算，则

$$u_o'' = \left(1+\frac{R_f}{R_1}\right)\frac{R_3}{R_2+R_3}u_{i2}$$

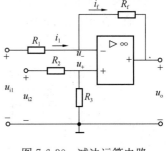

图 7-6-30　减法运算电路

当 u_{i1}、u_{i2} 共同作用时，则：

$$u_o = u_o'' + u_o' = \left(1+\frac{R_f}{R_1}\right)\frac{R_3}{R_2+R_3}u_{i2} - \frac{R_f}{R_1}u_{i1}$$

可见，实现了激励的减法运算。

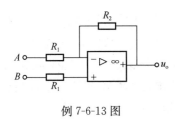

例 7-6-13 图

【例 7-6-13】（历年真题）图示运算放大器应用电路，设运算放大器输出电压的极限值为±11V。如果将−2.5V电压接入"A"端，而"B"端接地后，测得输出电压为10V，如果将−2.5V电压接入"B"端，而"A"端接地，则该电路的输出电压 u_o 等于：

A. 10V

B. −10V

C. −11V

D. −12.5V

【解答】"A"端接−2.5V，"B"端接地，构成反相比例运算：

$$u_o = -\frac{R_2}{R_1}u_i，即：$$

$$\frac{R_2}{R_1} = -\frac{u_o}{u_i} = -\frac{10}{-2.5} = 4$$

当"A"端接地，"B"端按−2.5V，构成同相比例运算：

$$u_o = \left(1+\frac{R_2}{R_1}\right)u_i = (1+4)\times(-2.5) = -12.5V$$

由于放大器输出电压的极限值为±11V，故取 $u_o = -11V$，应选 C 项。

★八、基于运算放大器的比较器电路

比较器是运放工作在非线性区的最基本电路。比较器是指对输入信号进行鉴别和比较的电路，根据输入信号是大于参考值还是小于参考值来决定输出状态。

电压比较器电路如图 7-6-31（a）所示，该比较器的作用是将输入信号电压 u_i 与参考电压 U_R 作比较，比较结果用输出电压的正、负极性（或有与无）来显示。

因为运算放大器的输出电压与输入电压满足以下关系：

$$u_o = A_{uo}(u_R - u_i)$$

所以，根据两输入信号的差值，u_o 应有三种输出，即：

$$u_o = -\begin{cases} U_{om} & u_i > u_R \\ 0 & u_i = u_R \\ +U_{om} & u_i < u_R \end{cases}$$

理想运放的传输特性如图 7-6-31（b）所示。

当输入信号 u_i 为正弦波时，设 $u_R > 0$，比较器输出波形如图 7-6-31（c）所示。

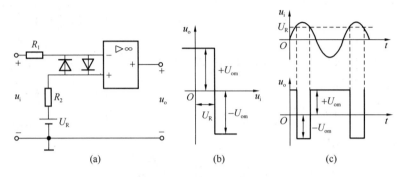

图 7-6-31　电压比较器

（a）电路；（b）电压传输特性；（c）工作波形

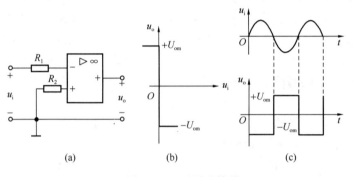

图 7-6-32　过零比较器

（a）电路；（b）传输特性；（c）波形

在图 7-6-31（a）中，输入信号加在反相端，称为反相比较器。若输入信号加在同相端，参考电压加在反相端，则称同相比较器。

当参考电压 $U_R = 0$ 时的电压比较器称为过零比较器，图 7-6-32（a）是反相过零比较器，u_i 信号接在运放反相端；图 7-6-32（b）是其电压传输特性；图 7-6-32（c）是输入信号为正弦波时输出电压 u_o 的波形，过零比较器把输入的正弦波变换为方波输出。

【例 7-6-14】（历年真题）图示电路中，运算放大器输出电压的极限值 $\pm U_{oM}$，输入电压 $u_i = U_m \sin \omega t$，现将信号电压 u_i 从电路的"A"端送入，电路的"B"端接地，得到输出电压 u_{o1}。而将信号电压 u_i 从电路的"B"端输入，电路的"A"接地，得到输出电压 u_{o2}。则以下正确是：

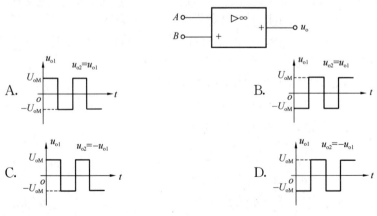

【解答】A 点是反相输入端，B 点是同相输入端，故排除 A、B 项。

u_{o2} 是 B 点同相输入时的输出电压，由 $u_i = U_m \sin \omega t$，即在 $0 \sim \dfrac{\pi}{2}$ 时，u_i 为正，则 u_{o2} 的 U_{oM} 为正，故选 C 项。

【例 7-6-15】（历年真题）图（a）所示的电路中，运算放大器输出电压的极限值为 $\pm U_{oM}$，当输入电压 $u_{i1} = 1V$，$u_{i2} = 2\sin \omega t$ 时，输出电压波形如图（b）所示。如果将 u_{i1} 从 1V 调至 1.5V，将会使输出电压的：

A. 频率发生改变

B. 幅度发生改变

C. 平均值升高

D. 平均值降低

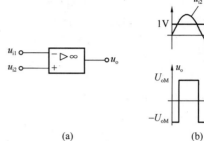

例 7-6-15 图

【解答】当 u_{i1} 从 1V 调为 1.5V，在图（b）中，$0 \sim \dfrac{\pi}{2}$ 内，U_{oM} 变窄，而相应的 $-U_{oM}$ 变宽；在 $\dfrac{\pi}{2} \sim \pi$，$-U_{oM}$ 变宽，所以，输出电压的平均值降低，应选 D 项。

习　题

7-6-1　（历年真题）二极管应用电路如图所示，设二极管 D 为理想器件，$u_i = 10\sin \omega t V$，则输出电压 u_o 的波形为：

A.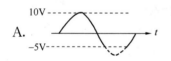

B.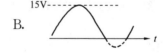

C.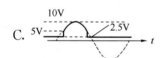

D.

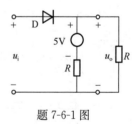

题 7-6-1 图

7-6-2　（历年真题）二极管应用电路如图（a）所示，电路的激励 u_i，输出电压如图（b）所示，设二极管为理想器件，则电路的输出电压 u_o 的平均值 U_o 为：

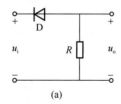
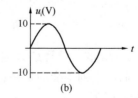

题 7-6-2 图

A. $\dfrac{10}{\sqrt{2}} \times 0.45 = 3.18V$

B. $10 \times 0.45 = 4.5V$

C. $-\dfrac{10}{\sqrt{2}} \times 0.45 = -3.18V$

D. $-10 \times 0.45 = -4.5V$

7-6-3 （历年真题）二极管应用电路如图（a）所示，电路的激励 u_i 如图（b）所示，设二极管为理想器件，则电路输出电压 u_o 的波形为：

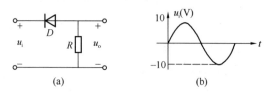

题 7-6-3 图

7-6-4 （历年真题）晶体管非门电路如图所示，已知 U_{CC} =15V，U_B=−9V，R_C=3kΩ，R_B=20kΩ，β=40，当输入电压 U_i=5V 时，要使晶体管饱和导通，R_X 的值不得大于：（设 U_{BE}=0.7V，集电极和发射极之间的饱和电压 U_{CES}=0.3V）

A. 7.1kΩ

B. 35kΩ

C. 3.55kΩ

D. 17.5kΩ

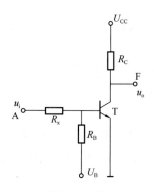

题 7-6-4 图

7-6-5 （历年真题）图示电路中，能够完成加法运算的电路：

A. 是图（a）和图（b）　　　　B. 仅是图（a）

C. 仅是图（b）　　　　　　　D. 是图（c）

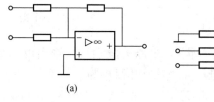

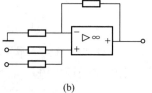

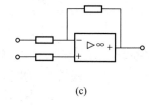

(a)　　　　　　　　　(b)　　　　　　　　　(c)

题 7-6-5 图

7-6-6 （历年真题）晶体三极管放大电路如图所示，在并入电容 C_E 后，下列不变的量是：

A. 输入电阻和输出电阻

B. 静态工作点和电压放大倍数

C. 静态工作点和输出电阻

D. 输入电阻和电压放大倍数

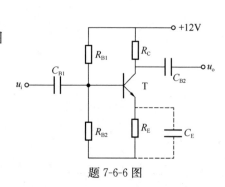

题 7-6-6 图

第七节　数字电子技术

数字电路主要是对在时间和大小上都是离散的数字信号进行存储、变换和运算等处理。数字电路的基本工作信号是二进制的数字信号。数字电路中的输入和输出限于高、低电平两种可能，电平是一种特定的电压范围。通常记高电平信号为"1"、低电平信号为"0"。数字电路研究的主要问题是输入信号的状态（高电平或低电平）和输出信号的状态（高电平或低电平）之间的关系，即所谓逻辑关系，采用的数字工具是逻辑代数。

数字电路按其完成的逻辑功能的不同分为组合逻辑电路和时序逻辑电路两大类。其中，组合逻辑电路的特点是：在任意时刻的稳定状态仅取决于这一时刻的输入信号，而与输入信号作用前电路的状态无关。门电路是组合逻辑电路的基本单元器件。

时序逻辑电路的输出不仅与当前的输入信号有关，还与之前的输出状态有关，电路因引入了反馈而具有记忆功能。完成这一功能的基本电路是触发器，触发器是构成时序逻辑电路的基本单元。

★★★一、逻辑门及其逻辑功能

逻辑门电路是实现逻辑运算的电路总称，简称门电路。逻辑门电路除了有"与"、"或"、"非"基本逻辑电路外，还有"与非"门、"或非"门、"异或"门等。

1. 基本逻辑门

（1）逻辑与

只有决定事物结果的全部条件同时具备时，结果才发生，这种因果关系称为逻辑与，或者称为逻辑乘。逻辑与运算表达式为：

$$Y = A \cdot B = AB$$

逻辑与运算的图形符号如图 7-7-1（a）所示，真值表见表 7-7-1。

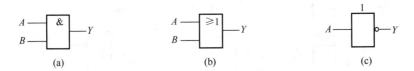

图 7-7-1　逻辑与、或、非的图形符号

(a) 与；(b) 或；(c) 非

逻辑与关系的真值　　　　　　　　　　　　　表 7-7-1

A	B	Y	A	B	Y
0	0	0	1	0	0
0	1	0	1	1	1

（2）逻辑或

在决定事物结果的诸条件中，只要有任何一个满足，结果就会发生，这种因果关系称为逻辑或，也称为逻辑加。逻辑或运算表达式为：

$$Y = A + B$$

逻辑或运算的图形符号如图 7-7-1（b）所示，真值表见表 7-7-2。

逻辑或关系的真值　　　　　　　　　　　　　　　　表 7-7-2

A	B	Y	A	B	Y
0	0	0	1	0	1
0	1	1	1	1	1

（3）逻辑非

只要条件具备了，结果便不会发生，而条件不具备时，结果一定发生，这种因果关系称为逻辑非，也称为逻辑求反。逻辑非运算表达式为：

$$Y = \overline{A}$$

逻辑非运算的图形符号如图 7-7-1（c）所示，真值表见表 7-7-3。

逻辑非关系的真值　　　　　　　　　　　　　　　　表 7-7-3

A	Y
0	1
1	0

2. 复合逻辑

与非逻辑表达式：$Y = \overline{AB}$

或非逻辑表达式：$Y = \overline{A + B}$

异或逻辑表达式：$Y = \overline{A}B + A\overline{B} = A \oplus B$

同或逻辑表达式：$Y = AB + \overline{AB} = A \odot B$

可见，同或与异或互为反运算，即 $A \odot B = \overline{A \oplus B}$

与或非逻辑表达式：$Y = \overline{AB + CD}$

图 7-7-2 中分别给出了上述复合逻辑运算的图形符号，符号上的小圆圈表示非运算。

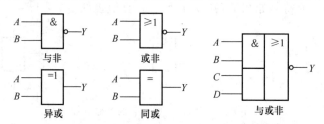

图 7-7-2　复合逻辑运算的图形符号

除与或非外，表 7-7-4 分别给出了上述复合逻辑运算的真值表。

复合逻辑运算的真值表　　　　　　　　　　　　　　　表 7-7-4

A	B	Y（与非）	Y（或非）	Y（异或）	Y（同或）
0	0	1	1	0	1
0	1	1	0	1	0
1	0	1	0	1	0
1	1	0	0	0	1

除"非"门为单输入，"异或"门为两输入外，其他门的输入信号均可以多于两个。

3. 逻辑代数的基本定理

根据逻辑与、或、非三种基本运算法则可得到逻辑运算的一些基本定律与公式，见表 7-7-5。

基本定律与恒等式 表 7-7-5

序号	名称	恒等式	
0		$\bar{0}=1$	$\bar{1}=0$
1	自等律	$A+0=A$	$A \cdot 1=A$
2	0-1律	$A+1=1$	$A \cdot 0=0$
3	重叠律	$A+A=A$	$A \cdot A=A$
4	互补律	$A+\bar{A}=1$	$A \cdot \bar{A}=0$
5	吸收律	$A+AB=A$	$A(A+B)=A$
6	交换律	$A+B=B+A$	$AB=BA$
7	结合律	$(A+B)+C=A+(B+C)$	$(AB)C=A(BC)$
8	分配律	$A(B+C)=AB+AC$	$A+BC=(A+B)(A+C)$
9	反演律	$\overline{AB}=\bar{A}+\bar{B}$	$\overline{A+B}=\bar{A} \cdot \bar{B}$
10	非非律	$\overline{\bar{A}}=A$	

注：反演律也称为摩根定理。

★★★二、简单组合逻辑电路

组合逻辑电路是指输出状态仅与当前的输入状态有关，与电路前一时刻的状态无关的电路。它是单纯由逻辑门器件组成的，逻辑电路中不含存储元件。常见的组合逻辑电路有全加器、数值比较器、译码器、编码器、数据选择器和数据分配器等。

组合逻辑功能的常见表述方式有：经简化处理的逻辑表达式；真值表。

组合逻辑电路是由逻辑门器件组成的，从输入到输出，逐级写出各门的输出，即可得到该组合逻辑电路的逻辑表达式。图 7-7-3 就是一个组合逻辑电路的例子。根据电路图可以列出函数表达式如下：

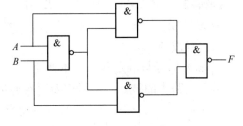

$$F=\overline{\overline{ABA} \cdot \overline{ABB}}=\overline{ABA}+\overline{ABB}$$
$$=(\bar{A}+\bar{B})A+(\bar{A}+\bar{B})B$$
$$=A\bar{B}+\bar{A}B$$

列出真值表，见表 7-7-6。

图 7-7-3　逻辑电路图

真值表 表 7-7-6

A	B	F	A	B	F
0	0	0	1	0	1
0	1	1	1	1	0

【例 7-7-1】（历年真题）基本门如图（a）所示，其中，数字信号 A 由图（b）给出，

那么，输出 F 为：

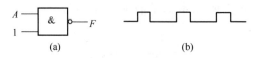

例 7-7-1 图

A. 1

B. 0

C.

D.

【解答】$F=\overline{A \cdot 1}$，当 $A=0$ 时，$F=\overline{0 \cdot 1}=1$，排除 B、C 项。

当 $A=1$ 时，$F=\overline{1 \cdot 1}=0$，故选 D 项。

【例 7-7-2】（历年真题）图示逻辑门的输出 F_1 和 F_2 分别为：

A. 0 和 $\overline{B}$ 　　B. 0 和 1 　　C. A 和 $\overline{B}$ 　　D. A 和 1

例 7-7-2 图

【解答】$F_1=A \cdot 0=0$，$F_2=\overline{B+0}=\overline{B}$

应选 A 项。

【例 7-7-3】（历年真题）图示逻辑门电路的输出 F_1 和 F_2 分别为：

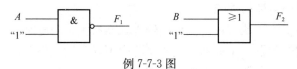

例 7-7-3 图

A. A 和 1

B. 0 和 B

C. A 和 B

D. $\overline{A}$ 和 1

【解答】$F_1=\overline{A \cdot 1}=\overline{A}$，$F_2=B+1=1$

应选 D 项。

三、触发器

1. 脉冲信号与触发器的基本概念

数字电路中的被处理信号以及时钟脉冲多为矩形波脉冲，用来表示二进制数的 0 和 1

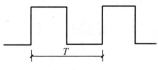

反映在电路上就是脉冲信号的高、低电平。理想脉冲的波形如图 7-7-4 所示。

通常用 0 表示低电平，1 表示高电平。脉冲波形通常采用理想波形。

图 7-7-4　理想脉冲波形

触发器具有记忆功能。根据触发器逻辑功能的不同，分为 RS 触发器、JK 触发器和 D 触发器等，根据触发方式的不同，又分为电平触发、边沿触发、脉冲触发等类型。针对历年考试题目的特点，后面主要介绍电平触发、边沿触发。

除基本 RS 触发器以外的所有触发器都是在时钟脉冲 CP（clock pulse）作用期间输入触发信号才产生作用，时间点可以是脉冲的上升沿、下降沿或高电平、低电平期间。通常将 CP 作用前的输出状态定义为"现态"，用 Q^n 表示，将 CP 作用后的触发器输出状态定义为"次态"，用 Q^{n+1} 表示。

2. RS 触发器

（1）基本 RS 触发器

如图 7-7-5（a）所示，与非门组成的基本 RS 触发器（也称为 RS 锁存器）是由两个与非门交叉耦合而成，它有两个互为反变量的输出端 Q 和 $\overline{Q}$，同时，有两个输入端 $\overline{S}_D$ 和 $\overline{R}_D$。该电路是低电平作为输入信号，在图 7-7-5（b）用输入端的小圆圈表示用低电平作输入信号，即低电平有效。规定：$Q=1$、$\overline{Q}=0$ 为

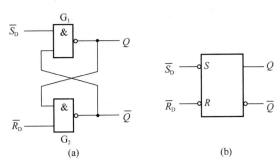

图 7-7-5　基本 RS 触发器
（a）电路图；（b）图形逻辑符号

基本 RS 触发器的 1 状态；$Q=0$、$\overline{Q}=1$ 为基本 RS 触发器的 0 状态。$\overline{S}_D$ 称为置位端（也称为置 1 端），$\overline{R}_D$ 称为复位端（也称为置 0 端）。注意，基本 RS 触发器没有触发信号的输入。

基本 RS 触发器的工作原理如下：

（1）当 $\overline{S}_D = \overline{R}_D = 1$ 时，触发器处于保持状态，即触发器的次态等于现态，即 $Q^{n+1} = Q^n$，$\overline{Q}^{n+1} = \overline{Q}^n$。

（2）当 $\overline{S}_D = 0$（低电平有效）、$\overline{R}_D = 1$ 时，无论触发器的现态为何值，次态都置 1，即 $Q^{n+1} = 1$，$\overline{Q}^{n+1} = 0$。

（3）当 $\overline{S}_D = 1$、$\overline{R}_D = 0$（低电平有效）时，无论触发器的现态为何值，次态都置 0，即 $Q^{n+1} = 0$，$\overline{Q}^{n+1} = 1$。

（4）当 $\overline{S}_D = \overline{R}_D = 0$ 时，则 $Q^{n+1} = \overline{Q}^{n+1} = 1$。此既非 0 态也非 1 态，因此称为不定状态。在实际应用中，不允许出现 $\overline{S}_D = \overline{R}_D = 0$，即 $\overline{S}_D$、$\overline{R}_D$ 应满足约束条件：$S_D R_D = 0$。

可见，基本 RS 触发器有四种工作状态，其特性表见表 7-7-7。

基本 RS 触发器的特性表　　　　　　　　　　　　　　　　　　　　表 7-7-7

$\overline{S}_D$	$\overline{R}_D$	Q^n	Q^{n+1}	备注
1	1	0	0	状态保持
1	1	1	1	
0	1	0	1	置 1
0	1	1	1	
1	0	0	0	置 0
1	0	1	0	
0	0	0	1*	状态不定
0	0	1	1*	

注：表中 * 号表示 $S_D R_D = 1$，状态不定。

注意，掌握基本 RS 触发器的特性表，只需要了解其工作原理。

（2）同步 RS 触发器

如图 7-7-6（a）所示，该电路由两部分组成：与非门 G_1、G_2 组成基本 RS 触发器；与非门 G_3、G_4 组成输入控制电路。该电路增加了一个触发信号（时钟信号 CP）的输入端，只有当触发信号到来时，触发器才能按照输入的置1、置0信号置成相应的状态，并保持下去。图 7-7-6 为电平触发的同步 RS 触发器。

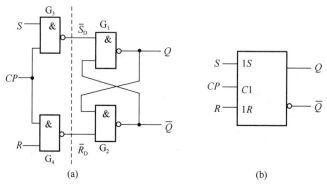

图 7-7-6　同步 RS 触发器

（a）电路图；（b）图形逻辑符号

在图 7-7-6（b）中，C1 表示时钟信号 CP 是编号为 1 的一个控制信号，1S 和 1R 表示受 C1 控制的两个输入信号。在 CP 的输入端没有小圆圈表示 CP 以高电平为有效信号；反之，若 CP 的输入端有小圆圈则表示 CP 以低电平为有效信号。因此，在图 7-7-6（b）中，CP 以高电平为有效信号。

同步 RS 触发器的工作原理如下：

当 $CP = 0$ 时，门 G_3 和 G_4 被封锁（输出均为 1），输入信号 R、S 不会影响触发器的输出状态，故触发器保持原来的状态。

在 $CP = 1$ 期间，R 和 S 端的信号通过 G_3、G_4 门反相后加到由 G_1 和 G_2 组成的基本 RS 触发器的输入端，S 和 R 信号变化将引起触发器输出端状态的变化。根据 S 与 R 的状态不同，同步 RS 触发器有以下四种工作状态：

1）当 $R = S = 0$ 时，触发器处于保持状态，即触发器的次态等于现态，即 $Q^{n+1} = Q^n$。

2）当 $R = 0$、$S = 1$（高电平有效）时，无论触发器的现态为何值，次态都置 1，即 $Q^{n+1} = 1$。

3）当 $R = 1$（高电平有效）、$S = 0$ 时，无论触发器的现态为何值，次态都置 0，即 $Q^{n+1} = 0$。

4）当 $R = S = 1$ 时，则有 $Q^{n+1} = \overline{Q}^{n+1} = 1$。输出既非 0 态也非 1 态，即状态不定，仍然要求触发器输入满足约束条件：$SR = 0$

同步 RS 触发器的特性表见表 7-7-8。

同步 RS 触发器的特性表　　　　　　　　　　　　　表 7-7-8

CP	S	R	Q^n	Q^{n+1}	备注
0	×	×	0	0	保持原来状态
0	×	×	1	1	

续表

CP	S	R	Q^n	Q^{n+1}	备注
1	0	0	0	0	状态保持
1	0	0	1	1	
1	0	1	0	0	置0
1	0	1	1	0	
1	1	0	0	1	置1
1	1	0	1	1	
1	1	1	0	1*	状态不定
1	1	1	1	1*	

注：表中 * 号表示 SR＝1，不满足约束条件，状态不定。

注意，掌握同步 RS 触发器的特性表，只需要了解其工作原理。

根据真值表，可得到其特性方程为：

$$\begin{cases} Q^{n+1} = S + \overline{R}Q^n \\ SR = 0\text{（约束条件）} \end{cases}$$

★★★3. JK 触发器

（1）边沿触发的概念

为了增强触发器的抗干扰能力，可使触发器的次态仅取决于 CP 信号下降沿（或上升沿）到达时刻的输入信号状态，而在 CP 时钟信号的其余时间触发器均保持不变，即在此之前和之后输入状态的变化对触发器的次态没有影响，边沿触发器由此而生。边沿触发器的一种电路结构是利用门电路的传输延迟时间 t_{pd} 来实现边沿触发。

（2）JK 触发器

如图 7-7-7（a）所示为下降沿触发的 JK 触发器，它由两个与或非门组成的基本 RS 触发器和两个输入控制门 G_7、G_8 组成。时钟信号 CP 经 G_7、G_8 延时，所以到达 G_2、G_6 的时间比到达 G_3、G_5 的时间晚一个 t_{pd}，这就保证了触发器的动作对应 CP 的下降沿。

图7-7-7（b）为下降沿触发的JK触发器的图形逻辑符号，CP输入端处框内">"表示边沿触发方式，CP输入端处小圆圈"○"表示下降沿触发。反之，当CP输入端处无

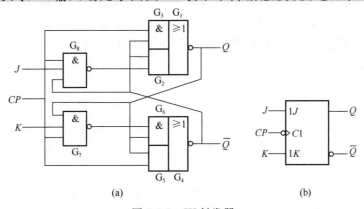

(a)　　　　　　　　　　(b)

图 7-7-7　JK 触发器

（a）电路结构；（b）图形逻辑符号

小圆圈"○",则表示上升沿触发。

JK 触发器的工作原理，设触发器的初始状态 $Q=0$，$\overline{Q}=1$。例如，$J=1$，$K=0$，其电路分析如下：

1）当 $CP=0$ 时，G_3 和 G_5 被封锁，同时 G_7、G_8 输出为 1，所以基本 RS 触发器的状态通过 G_2、G_6 得以保持，即 J、K 变化对触发器状态无影响。

2）当 CP 由 0 变为 1 后，即上升沿到达时，G_3、G_5 首先解除封锁，基本 RS 触发器状态通过 G_3、G_5 继续保持原状态不变。经过 G_7、G_8 延迟后输出分别为 0 和 1，G_2、G_6 被封锁，所以对基本 RS 触发器状态没有影响。$Q=0$ 封锁了 G_7，阻塞了 K 变化对触发器状态影响，又因 $\overline{Q}=1$，故 G_3 输出为 1，使 Q 保持为 0，所以 $CP=1$ 期间触发状态不变化。

3）当 CP 由 1 变为 0 后，即下降沿到达时，G_3、G_5 立即被封锁，但由于 G_7、G_8 存在传输延迟时间，输出不会马上改变。因此，在瞬间出现 G_2、G_3 两个与门输入端各有一个为低电平，使 $Q=1$，并经过 G_6 输出 1，使 $\overline{Q}=0$。由于 G_8 的传输延迟时间足够长，可以保证 $\overline{Q}=0$ 反馈到 G_2，所以在 G_8 输出低电平消失后触发器的 $Q=1$ 态仍然保持下去。

同理，对 J、K 为不同取值时触发器的工作过程进行分析，得到边沿 JK 触发器的特性表见表 7-7-9，表中"⌐∟"可用"↓"表示。

JK 触发器的特性表

表 7-7-9

CP	J	K	Q^n	Q^{n+1}	状态
$\times$	$\times$	$\times$	0	0	保持原来状态
$\times$	$\times$	$\times$	1	1	
⌐∟	0	0	0	0	状态保持
⌐∟	0	0	1	1	
⌐∟	0	1	0	0	置0
⌐∟	0	1	1	0	
⌐∟	1	0	0	1	置1
⌐∟	1	0	1	1	
⌐∟	1	1	0	1	翻转
⌐∟	1	1	1	0	

注意，掌握 JK 触发器的特性表，只需要了解其工作原理。对比 JK 触发器与同步 RS 触发器，JK触发器没有约束条件，当 $J=1$、$K=1$ 时，Q^n 进行翻转为 Q^{n+1}，即 $Q^{n+1}=\overline{Q}^n$；其他两者均相同。

JK 触发器的特性方程为：

$$Q^{n+1} = J\overline{Q}^n + \overline{K}Q^n$$

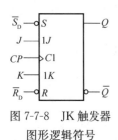

如图 7-7-8 所示为上升沿触发的 JK 触发器图形符号，并增加了异步置位端 $\overline{S}_D$（也称为置 1 端）、异步复位端 $\overline{R}_D$（也称为置 0 端）的功能。异步置位端和复位端不受时钟信号 CP 的控制。

当 $\overline{S}_D=0$、$\overline{R}_D=1$ 时，无论输入端 J、K 和时钟信号 CP 为何种状态，都会使触发器输出置1。同样，当 $\overline{S}_D=1$、$\overline{R}_D=0$ 时，无论输入端 J、K 和时钟信号 CP 为何种状态，都会使触发器输出置0。

图 7-7-8　JK 触发器
图形逻辑符号

触发器在时钟信号 CP 控制下正常工作时，应使 $\overline{S}_D = 1$、$\overline{R}_D = 1$，即 $\overline{S}_D$ 和 $\overline{R}_D$ 处于高电平。

注意，$\overline{S}_D$ 和 $\overline{R}_D$ 不能同时有效，即不能同时为低电平。

【例 7-7-4】（历年真题）JK 触发器及其输入信号波形如图所示，那么，在 $t = t_0$ 和 $t = t_1$ 时刻，输出 Q 分别为：

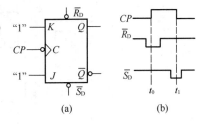

　　A. $Q(t_0) = 1$，$Q(t_1) = 0$

　　B. $Q(t_0) = 0$，$Q(t_1) = 1$

　　C. $Q(t_0) = 0$，$Q(t_1) = 0$

　　D. $Q(t_0) = 1$，$Q(t_1) = 1$

例 7-7-4 图

【解答】图示为下降沿触发的 JK 触发器。

t_0 时刻，$\overline{R}_D$ 为低电平，置 0，即：$Q(t_0) = 0$；

t_1 时刻，$\overline{S}_D$ 为低电平，置 1，即：$Q(t_1) = 1$，应选 B 项。

【例 7-7-5】（历年真题）如图（a）所示电路中，复位信号、数据输入及时钟脉冲信号如图（b）所示，经分析可知，在第一个和第二个时钟脉冲的下降沿过后，输出 Q 分别等于：

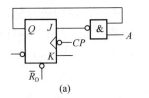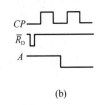

　　A. 0　　0　　　　　　B. 0　　1

　　C. 1　　0　　　　　　D. 1　　1

　　附：触发器的逻辑状态表为：

例 7-7-5 图

J	K	Q^{n+1}
0	0	Q^n
0	1	0
1	0	1
1	1	$\overline{Q}^n$

【解答】K 悬空时，$K = 1$；图示为下降沿触发的 JK 触发器，其 $J = \overline{Q \cdot A}$，其输出 Q 见例 7-7-5 解图，应选 C 项。

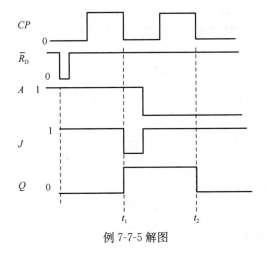

例 7-7-5 解图

★★★4. D触发器

如图7-7-9所示同步RS触发器的输入S和R之间接一非门，输入信号只从S端输入，并改称S端为D端，这种触发器称为D触发器。图7-7-9为上升沿触发的D触发器。

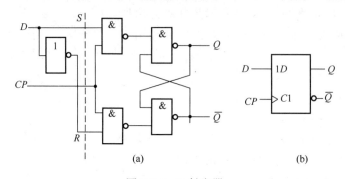

图 7-7-9　D触发器

（a）电路结构；（b）图形逻辑符号

D触发器的工作原理如下：

（1）当$CP=0$时，由于控制门被封锁，触发器的状态保持不变。

（2）当CP上升沿到达时，控制门被打开：

1）若$D=1$，则$S=1$，$R=0$，无论Q^n为0或1，次态$Q^{n+1}=1$。

2）若$D=0$，则$S=0$，$R=1$，无论Q^n为0或1，次态$Q^{n+1}=0$。

D触发器的特性表见表7-7-10，表中"┌─"可用"↑"表示。

D触发器的特性表　　　　　　　　　　　　　　　　　　　表 7-7-10

CP	D	Q^n	Q^{n+1}	状态
×	×	0	0	保持原来状态
×	×	1	1	
┌─	0	0	0	置0
┌─	0	1	0	
┌─	1	0	1	置1
┌─	1	1	1	

注意，掌握D触发器的特性表，只需要了解其工作原理。

D触发器的特性方程为：

$$Q^{n+1}=D$$

【例 7-7-6】（历年真题）如图（a）所示电路中，复位信号$\overline{R}_D$、信号A及时钟脉冲信号CP如图（b）所示，经分析可知，在第一个和第二个时钟脉冲的下降沿时刻，输出Q先后等于：

A. 0　0

B. 0　1

C. 1　0

D. 1　1

附：触发器的逻辑状态表为：

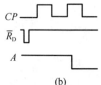

（a）　　　　　　　　　例 7-7-6 图　　　　　　　（b）

D	Q^{n+1}
0	0
1	1

【解答】图示为上升沿触发的 D 触发器，输入 $D=A$，其输出 Q 见例 7-7-6 解图，应选 D。

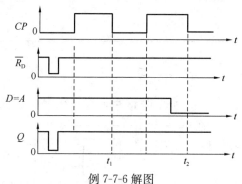

例 7-7-6 解图

【例 7-7-7】（历年真题）如图（a）所示电路中，复位信号 $\overline{R}_D$、信号 A 及时钟脉冲信号 CP 如图（b）所示，经分析可知，在第一个和第二个时钟脉冲的下降沿时刻，输出 Q 分别等于：

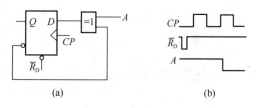

例 7-7-7 图

A. 0　0　　　　　B. 0　1

C. 1　0　　　　　D. 1　1

附：触发器的逻辑状态表为：

D	Q^{n+1}
0	0
1	1

【解答】图示为上升沿触发的 D 触发器，输入 $D = AQ + \overline{Q}\,\overline{A} = A \oplus \overline{Q}$，其输出 Q 见例 7-7-7 解图，应选 A 项。

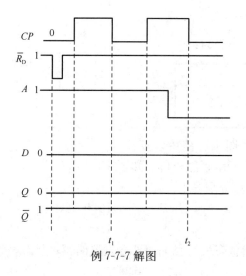

例 7-7-7 解图

★★★四、时序逻辑电路

习　题

7-7-1　（历年真题）如图（a）所示电路中，复位信号、数据输入及时钟脉冲信号如图（b）所示，经分析可知，在第一个和第二个时钟脉冲的下降沿过后，输出 Q 先后等于：

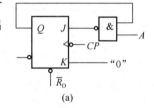 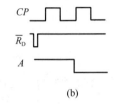

A. 0　0

B. 0　1

C. 1　0

D. 1　1

题 7-7-1 图

附：触发器的逻辑状态表为：

J	K	Q^{n+1}
0	0	Q_n
0	1	0
1	0	1
1	1	$\overline{Q_n}$

7-7-2　（历年真题）图（a）所示电路中，复位信号 $\overline{R}_D$、信号 A 及时钟脉冲信号 CP 如图（b）所示，经分析可知，在第一个和第二个时钟脉冲的下降沿时刻，输出 Q 先后等于：

A. 0　0

B. 0　1

C. 1　0

D. 1　1

附：触发器的逻辑状态表为：

D	Q^{n+1}
0	0
1	1

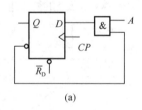

题 7-7-2 图

7-7-3　（历年真题）图示电路中，复位信号及时钟脉冲信号如图所示，经分析可知，在 t_1 时刻，输出 Q_{JK} 和 Q_D 分别等于：

A. 0　0

B. 0　1

C. 1　0

D. 1　1

附：D 触发器的逻辑状态表为表1；JK 触发器的逻辑状态表为表2。

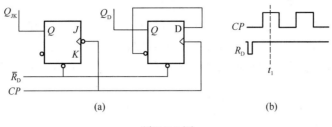

题 7-7-3 图

表 1	
D	Q^{n+1}
0	0
1	1

表 2		
J	K	Q^{n+1}
0	0	Q^n
0	1	0
1	0	1
1	1	$\overline{Q^n}$

第八节　信号、信息与模拟信号

一、信号与信息

客观事物的存在方式和运动状态的变化称为信息。信息具有一定的形态（如数字、文本、图像、音频、视频等），各种形态之间又能互相转换。一般来说，信息在不同领域有不同的概念。信息是抽象的。

信号一般是指物理信号，它是可以被观测到的物理现象。通常所说的光、热、声、机械振动等现象都是物理信号。信号是具体的客观的。信号具有可加工、处理、转换、传输等特点。

信号是信息的物理载体，是运载信息的工具。而信息隐含于信号中，必须对信号进行必要的分析和处理才能从中提取出所需要的信息。

从信号中获取信息的渠道有以下两条：

（1）直接观测对象：借助被测对象发出的真实信号直接获取信息。例如，通过观测化学反应器中的温度、压力、流量等随时间变化的信号可以获取化学反应过程的信息；通过观测机械零件和建筑结构中的应力、变形等信号可以获取机械或建筑物的状态信息等。

（2）通过人与人之间的交流：用符号对信息进行编码，然后以信号的形式传送出去，人们在收到这种编码信号并对它进行必要的处理（译码）之后间接获取信息。例如书籍用的是文字符号编码，交谈、演讲用的是语音信号编码，数字系统中使用的是数字信号编码等，它们传递的是预先编制好的信息。

★★★二、信号的分类

根据信号自身的形态及其传送信息的方式，可分为多种类型。信号类型的不同，描述、分析、处理及应用方式也有所不同。例如，模拟信号、采样信号、数字信号以及确定性信号和不确定性信号等。

1. 模拟信号与数字信号

模拟信号是由观测对象直接发出的原始形态的信号转换而来的电信号，如电压信号或电流信号。模拟信号在时间上和数值上都是连续取值的信号。如图 7-8-1（a）所示，原始压力信号是由观测对象直接发生的信号；图 7-8-1（b）是压力的模拟信号，即模拟压力信号 p 的电压信号 u。

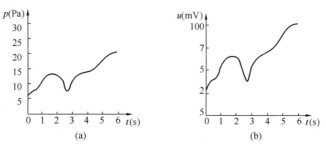

图 7-8-1　原始信号和模拟信号

（a）原始压力信号；（b）压力的模拟信号

图 7-8-1 两个信号数值大小不同，量纲不同，但它们随时间变化的规律相同，所以模拟信号 u 所携带和传送的信息与原始信号 p 是相同的。

如图 7-8-2 所示数字信号是指在时间上和数值上都是离散取值的信号，它是经过人工处理后以数字编码形式出现的离散电脉冲序列，属于代码信号。

2. 连续信号与离散信号

连续信号是时间和数值都连续取值的信号。连续信号可以用连续的时间函数曲线描述，如图 7-8-1（b）的模拟信号，就是连续时间信号，可用如下时间函数描述：

图 7-8-2　数字信号

$$u = f(t)$$

离散信号是时间或数值离散取值，或者两者都离散取值的信号。如图 7-8-2 所示的数字信号，就是离散信号，它只能用离散的时间序列表示，即

$$u = \left[f(0), f(T), f(2T), \cdots \right]$$

3. 采样信号与采样保持信号

通过采用等时间间隔（称为采样周期）读取连续信号瞬时值方法所获取的信号为采样信号。采样信号是一种离散信号，是连续信号的离散化形式。如图 7-8-3（a）所示采样信

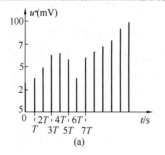
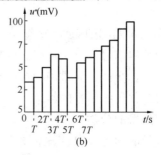

图 7-8-3　采样信号和采样保持信号

（a）采样信号；（b）采样保持信号

号是时间离散、幅值连续的离散信号，T 为采样周期。

按照著名的采样定理，取采样频率 f（$f=1/T$）为信号中最高谐波频率的 2 倍以上时，采样信号即可保留原始信号的全部信息。

将采样得到的每一个瞬时值在其采样周期内保持不变所形成的信号称为采样保持信号，如图 7-8-3（b）所示。采样保持信号兼有离散和连续的双重性质。

4. 周期信号和非周期信号

周期信号是依一定时间间隔周而复始，而且是无始无终的时间信号。对连续时间周期信号，它可以表示为：

$$f(t) = f(t+nT)，n = 0，\pm 1，\pm 2，\cdots（任意整数）$$

满足上述关系式的 T 最小值称为信号的周期 T。只要知道信号在一个周期内的变化过程，便可知道信号在任意一个时刻的幅值。

非周期信号在时间上不具有周而复始的特性。若令周期信号的周期 T 趋于无穷大，则为非周期信号。

5. 确定性信号与不确定性信号

在任何指定的时刻都可以确定相应数值的信号是确定性信号，否则为不确定性信号或随机信号。确定性信号可以用一个确定的连续时间函数加以描述，如正弦函数所描述的交流电信号等；由于随机信号在指定的时刻无法确定它的准确数值，所以不能用确定的时间函数描述，只能知道它的统计特性，如在指定时刻取某一数值的概率，如噪声信号、干扰信号等。

【例 7-8-1】（历年真题）在以下关于信号的说法中，正确的是：

A. 代码信号是一串电压信号，故代码信号是一种模拟信号

B. 采样信号是时间上离散、数值上连续的信号

C. 采样保持信号是时间上连续、数值上离散的信号

D. 数字信号是直接反映数值大小的信号

【解答】采样信号是时间上离散、数值上连续的信号，应选 B 项。

【例 7-8-2】（历年真题）图示电路的任意一个输出端，在任意时刻都只出现 0V 或 5V这两个电压值（例如，在 $t=t_0$ 时刻获得的输出电压从上到下依次为 5V，0V，5V，0V），那么该电路的输出电压：

A. 是取值离散的连续时间信号

B. 是取值连续的离散时间信号

C. 是取值连续的连续时间信号

D. 是取值离散的离散时间信号

例 7-8-2 图

【解答】由题目条件，输出电压是取值离散（0V 或 5V）的连续时间信号，应选 A 项。

【例 7-8-3】（历年真题）通过两种测量手段测得某管道中液体的压力和流量信号如图中曲线 1 和曲线 2 所示，由此可以说明：

A. 曲线 1 是压力的模拟信号

B. 曲线 2 是流量的模拟信号

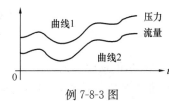

例 7-8-3 图

C. 曲线 1 和曲线 2 均为模拟信号

D. 曲线 1 和曲线 2 均为连续信号

【解答】曲线 1 和曲线 2 均满足模拟信号的定义，故选 C 项。

【例 7-8-4】（历年真题）某温度信号如图（a）所示，经温度传感器测量后得到图（b）波形，经采样后得到图（c）波形，再经保持器得到图（d）波形，则：

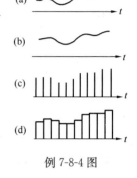

A. 图（b）是图（a）的模拟信号

B. 图（a）是图（b）的模拟信号

C. 图（c）是图（b）的数字信号

D. 图（d）是图（a）的模拟信号

【解答】图（b）是图（a）的模拟信号，图（c）是图（a）的采样信号，应选 A 项。

例 7-8-4 图

★★★三、模拟信号与信息

1. 基本概念

模拟信号是由观测对象直接发出的原始形态的信号转换而来的电信号，它提供对象原始形态的信息，是"信息的表现形式"。

模拟信号是连续的时间信号，可以用连续的时间函数描述，也可以用时间函数的曲线形式表述。模拟信号借助时间函数的变化规律来反映被测对象的变化规律，某一时刻的数值表示了被测对象的状态。模拟信号的这类描述称为时域描述。

模拟信号也可采用频域描述。模拟信号在频域里可以借助不同频率、不同相位和不同幅值的信号（谐波分量）的叠加表示。模拟信号不同，分解的谐波分量不同。因此，从频域角度看，信息载于模拟信号的谐波分量中。通过频域分析可以从中提取更加丰富、更加细微的信息。

2. 模拟信号的时域描述（时域法）

模拟信号按时间函数的描述形式可分为周期信号和非周期信号。周期信号随时间周期性地重复变化，如正弦交流电信号；非周期信号则不具有周期性，如阶跃信号。

（1）周期信号的时域描述

1）正弦周期信号

正弦周期信号是最基本的周期信号，如图 7-8-4 所示，信号随时间按正弦规律变化，其时域描述形式为：

$$f(t) = K\sin(\omega t + \theta)$$

式中，K 为振幅；ω 为角频率；θ 为初相位。其周期 T 与角频率 ω 和频率 f 满足下列关系式：

$$T = \frac{2\pi}{\omega} = \frac{1}{f}$$

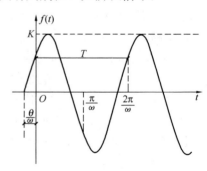

图 7-8-4　正弦周期信号

2）非正弦周期信号

非正弦周期信号，如周期矩形信号（图 7-8-5）、周期锯齿脉冲信号、周期三角脉冲信号等。

任何满足狄利克雷条件（函数在一个周期内只有有限个第一类间断点和至多只有有限个极大值和极小值）的非正弦周期信号都可以利用傅里叶级数分解为无穷多个谐波分量的叠加，即：

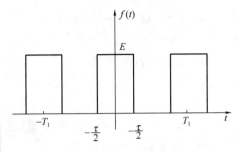

图 7-8-5　周期矩形信号

$$f(t) = a_0 + \sum_{k=1}^{\infty} \left[a_k \cos(k\omega t) + b_k \sin(k\omega t) \right]$$

$$(k = 1, 2, \cdots) \qquad (7\text{-}8\text{-}1)$$

或
$$f(t) = a_0 + \sum_{k=1}^{\infty} A_{km} \sin(k\omega t + \psi_k) \qquad (k = 1, 2, \cdots) \qquad (7\text{-}8\text{-}2)$$

式中，$\omega_1 = \dfrac{2\pi}{T}$，称为基波频率（$\omega$ 的下标"1"表示基波，即一次谐波）；$a_0 = \dfrac{1}{T}$ $\int_0^T f(t)\mathrm{d}t$，为 $f(t)$ 的直流分量；$a_k = \dfrac{2}{T} \int_0^T f(t)\cos(k\omega t)\mathrm{d}t$，为 k 次谐波的余弦分量的幅值；$b_k = \dfrac{2}{T} \int_0^T f(t)\sin(k\omega t)\mathrm{d}t$，为 k 次谐波的正弦分量的幅值；$A_{km} = \sqrt{a_k^2 + b_k^2}$，为 k 次谐波分量的幅值；$\psi_k = \arctan\left(\dfrac{a_k}{b_k}\right)$，为 k 次谐波分量的初相位。

上式说明，谐波分量形式都是正弦周期函数形式，各次谐波的频率是周期信号频率的整数倍（$k\omega, k = 1, 2, \cdots, \infty$）。$k = 1$ 为一次谐波，$k = 2$ 为二次谐波，……周期函数的直流分量 a_0 也称为零次谐波。

（2）非周期信号的时域描述

非周期信号如阶跃信号、冲激信号等。

1）阶跃信号

单位阶跃信号的波形如图 7-8-6（a）所示，通常以符号 $u(t)$ 表示：

$$u(t) = \begin{cases} 0 & (t < 0) \\ 1 & (t > 0) \end{cases}$$

在跳变点 $t = 0$ 处，函数值未定义，或在 $t = 0$ 处规定函数值 $u(0) = \dfrac{1}{2}$。

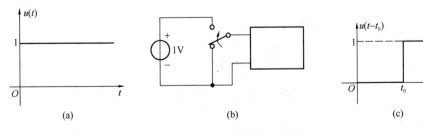

图 7-8-6　单位阶跃信号

单位阶跃信号的物理背景是：在 $t=0$ 时刻对某一电路接入单位电源（可以是直流电压源或直流电流源），并且无限持续下去。如图 7-8-6（b）所示接入 1V 直流电压源的情况，在接入端口处电压为阶跃信号 $u(t)$。

如果接入电源的时间推迟到 $t=t_0$ 时刻（$t_0 > 0$），那么，可用一个"延时的单位阶跃信号"表示：

$$u(t-t_0) = \begin{cases} 0 & (t < t_0) \\ 1 & (t > t_0) \end{cases}$$

波形如图 7-8-6（c）所示。

阶跃信号鲜明地表现出信号的单边特性，即信号在某接入时刻 t_0 以前的幅度为零。利用阶跃信号的这一特性，可以较方便地以数学表示式描述各种信号的接入特性。具体见后面的案例。

2）冲激信号

某些物理现象需要用一个时间极短但取值极大的信号模型来描述，例如，力学中瞬间作用的冲击力，电学中的雷击电闪等。"冲激信号"的概念就是以这类实际问题为背景而引出的。

冲激信号可由不同的方式来定义。如图 7-8-7 所示为矩形脉冲演变为冲激信号的过程，当保持矩形脉冲面积 $\tau \cdot \dfrac{1}{\tau} = 1$ 不变，而使脉宽 τ 趋近于零时，脉冲幅度 $\dfrac{1}{\tau}$ 必趋于无穷大，此极限情况即为单位冲激信号，常记作 $\delta(t)$。

冲激信号用箭头表示，如图 7-8-8 所示，其示意表明，$\delta(t)$ 只在 $t=0$ 点有一"冲激"，在 $t=0$ 点以外各处，函数值都是零。如果矩形脉冲的面积不是固定为 1，而是 E，则表示一个冲激强度为 E 倍单位值的 δ 函数，即 $E\delta(t)$（在用图形表示时，可将此强度 E 注于箭头旁）。

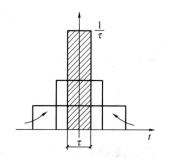 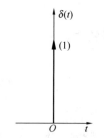

图 7-8-7　矩形脉冲演变为冲激信号　　　　图 7-8-8　冲激信号 $\delta(t)$

狄拉克给 δ 冲激信号的另一种定义方式：

$$\begin{cases} \displaystyle\int_{-\infty}^{\infty} \delta(t)\mathrm{d}t = 1 \\ \delta(t) = 0 \quad (\text{当 } t \neq 0) \end{cases}$$

单位冲激信号是偶函数，即：$\delta(t) = \delta(-t)$。

由狄拉克定义可知：

$$\begin{cases} \int_{-\infty}^{t} \delta(\tau)d\tau = 1 \quad (\text{当 } t > 0) \\ \int_{-\infty}^{t} \delta(\tau)d\tau = 0 \quad (\text{当 } t < 0) \end{cases}$$

将这对等式与单位阶跃信号 $u(t)$ 的定义进行比较，可得：

$$\int_{-\infty}^{t} \delta(\tau)d\tau = u(t)$$

即：单位冲激信号的积分等于单位阶跃信号。

反过来，单位阶跃信号的微分应等于单位冲激信号，即：

$$\frac{du(t)}{dt} = \delta(t)$$

【例7-8-5】（历年真题）单位冲激信号 $\delta(t)$ 是：

A. 奇函数   B. 偶函数

C. 非奇非偶函数   D. 奇异函数，无奇偶性

【解答】单位冲激信号是偶函数，应选 B 项。

【例7-8-6】（历年真题）单位阶跃信号 $\varepsilon(t)$ 是物理量单位跃变现象，而单位冲激信号 $\delta(t)$ 是物理量产生单位跃变（ ）的现象。

A. 速度   B. 幅度   C. 加速度   D. 高度

【解答】由于 $\delta(t) = \dfrac{d\varepsilon(t)}{dt}$，所以选 A 项。

【例7-8-7】（历年真题）图示非周期信号 $u(t)$，若利用单位阶跃函数 $\varepsilon(t)$ 将其写成时间函数表达式，则 $u(t)$ 等于：

A. $5-1=4V$

B. $5\varepsilon(t) + \varepsilon(t-t_0)V$

C. $5\varepsilon(t) - 4\varepsilon(t-t_0)V$

D. $5\varepsilon(t) - 4\varepsilon(t+t_0)V$

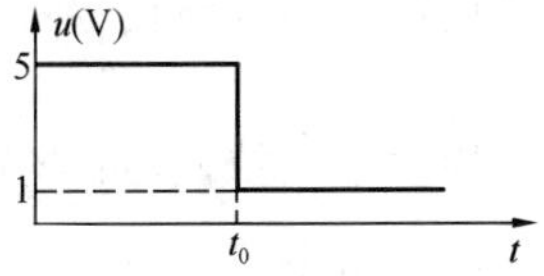

【解答】$u = 5\varepsilon(t) - 4\varepsilon(t-t_0)$，应选 C 项。

例 7-8-7 图

【例7-8-8】（历年真题）图示非周期信号 $u(t)$ 的时域描述形式是：[注：$\mathbf{1}(t)$ 是单位阶跃函数]

A. $u(t) = \begin{cases} 1V, & t \leqslant 2 \\ -1V, & t > 2 \end{cases}$

B. $u(t) = -\mathbf{1}(t-1) + 2 \cdot \mathbf{1}(t-2) - \mathbf{1}(t-3)V$

C. $u(t) = \mathbf{1}(t-1) - \mathbf{1}(t-2)V$

D. $u(t) = -\mathbf{1}(t+1) + \mathbf{1}(t+2) - \mathbf{1}(t+3)V$

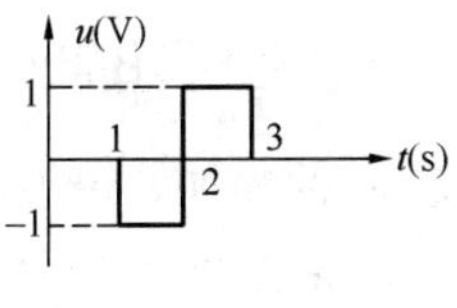

例 7-8-8 图

【解答】$u(t) = -\mathbf{1}(t-1) + 2 \cdot \mathbf{1}(t-2) - \mathbf{1}(t-3)$

应选 B 项。

3. 模拟信号的频域描述

模拟信号可以看作是由无限个频率不同、幅值不同、初相位不同的交流信号叠加而成的，这些交流信号分量的幅值和初相位对频率的关系称为频谱。

（1）周期信号的频域描述与频谱

　　任何满足狄利克雷条件的非正弦周期信号都可以通过傅里叶级数表示。如图 7-8-9 所示为常见的非正弦周期信号。

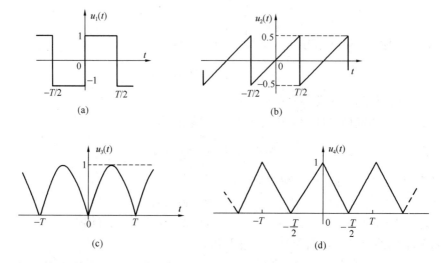

图 7-8-9　常见的非正弦周期信号

　　上述非正弦周期信号的频域描述为：

周期方波信号：$u_1(t) = \dfrac{4}{\pi}\left[\sin(\omega t) + \dfrac{1}{3}\sin(3\omega t) + \dfrac{1}{5}\sin(5\omega t) + \cdots\right]$

周期锯齿波信号：$u_2(t) = \dfrac{1}{\pi}\left[\sin(\omega t) - \dfrac{1}{2}\sin(2\omega t) + \dfrac{1}{3}\sin(3\omega t) - \cdots\right]$

周期全波整流信号：$u_3(t) = \dfrac{4}{\pi}\left[\dfrac{1}{2} - \dfrac{1}{3}\cos(2\omega t) - \dfrac{1}{15}\cos(4\omega t) - \dfrac{1}{35}\cos(6\omega t) - \cdots\right]$

周期三角波信号：$u_4(t) = \dfrac{1}{2} + \dfrac{4}{\pi^2}\left[\cos(\omega t) + \dfrac{1}{9}\cos(3\omega t) + \dfrac{1}{25}\cos(5\omega t) + \cdots\right]$

　　由上可知，当周期信号为偶函数时，即信号波形相对于纵轴是对称的，见图 7-8-9 (c)、(d)，其傅里叶级数中只可能含有直流项和余弦项，不会含有正弦项。当周期信号为奇函数时，即信号波形相对于纵轴是反对称的，见图 7-8-9 (a)、(b)，其傅里叶级数中只可能含有正弦项，不会含有余弦项。

　　不同的周期信号的谐波构成是不同的。以周期方波信号为例，k 次谐波的幅值为 $\dfrac{4}{\pi k}$。随着 k 的增加，谐波的幅值越来越小，初相位却保持为 $0°$ 不变。图 7-8-10 表示周期方波信号由谐波叠加的情况。图 7-8-10 (a) 表示原始波形及其 1、3、5 次谐波，其中 A_1、A_2、A_3 分别指第 1、3、5 次谐波的幅值，图 7-8-10 (b) 表示的是 1、3 次谐波叠加后的波形和原始波形的比较，图 7-8-10 (c) 表示的是 1、3、5 次谐波叠加后的波形和原始波形的比较。可以看出，叠加的谐波越多，叠加后的波形越来越趋近原始的方波。

　　图 7-8-11 以线图的形式表示周期方波各次谐波的幅值和初相位随 $k\omega(k = 1,2,3,\cdots)$ 的变化状况，称之为频谱。图 7-8-11 (a) 为幅度频谱，图 7-8-11 (b) 为相位频谱。谱线只出现在频率为 $\omega = \omega,3\omega,5\omega,\cdots$ 这些离散点上，谱线顶点的连线称为频谱的包络线（图中虚线所示。

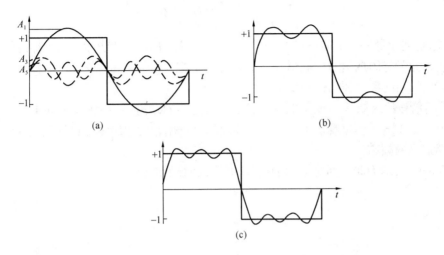

图 7-8-10 周期方波信号的谐波叠加

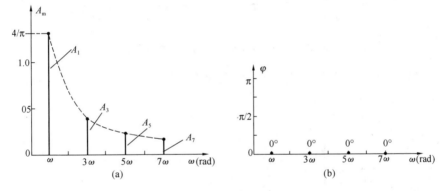

图 7-8-11 周期方波信号的频谱

（a）幅度频谱；（b）相位频谱

由上图可知：

1）周期信号的频谱是离散频谱，其谱线只能出现在周期信号频率 ω 的整数倍上。这是周期信号频谱的主要特点。

2）各条幅值谱线的高度随谐波次数的增大而减小。

3）频谱包络线的形状对了解周期信号的特征至关重要；不同的周期信号，其频谱包络线的形状是不同的。

4）在实际应用中，次数足够高的谐波由于其幅度足够小可以忽略不计，而把模拟信号视为由有限个谐波组成的。

（2）非周期信号的频域描述与频谱

由于非周期信号的周期趋于无穷大，$f(t)$ 的描述形式由傅里叶级数求和形式转化为傅里叶积分形式，即：

$$f(t) = \frac{1}{2\pi} \int_{-\infty}^{+\infty} F(\mathrm{j}\omega)\,\mathrm{e}^{\mathrm{j}\omega t}\,\mathrm{d}t \tag{7-8-3}$$

经过反变换可得：

$$F(\omega) = \int_{-\infty}^{+\infty} f(t) e^{-j\omega t} dt \qquad (7\text{-}8\text{-}4)$$

式中，ω 已是连续量，$F(\omega)$ 是一个复函数，$F(\omega)$ 的模 $|F(\omega)|$ 和相位 $\varphi(\omega)$ 都是频率 ω 的连续函数。为了与周期信号的频谱相一致，习惯上把 $|F(\omega)|$-ω 与 $\varphi(\omega)$-ω 曲线分别称为非周期信号的幅度频谱和相位频谱。

非周期信号的周期 $T \to \infty$，频谱中各次谐波之间的距离趋于消失，因此信号的频谱也从离散频谱变成了连续频谱。由于频谱是连续的，故用它的包络线（谱线顶点连线）来表示非周期信号的频谱。

图 7-8-12 所示为非周期矩形脉冲信号的波形和幅值频谱。

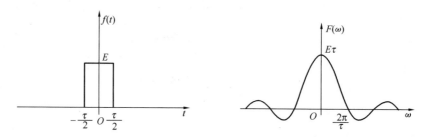

图 7-8-12　非周期矩形脉冲信号的波形和幅值频谱

又如，非周期单位冲激信号的波形和幅值频谱见图 7-8-13，非周期单位阶跃信号的波形和幅值频谱见图 7-8-14。

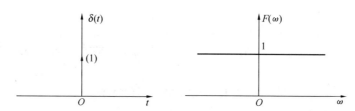

图 7-8-13　单位冲激信号的波形和幅值频谱

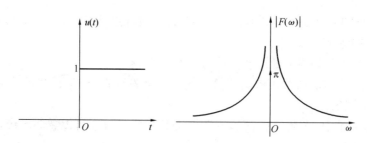

图 7-8-14　单位阶跃信号的波形和幅值频谱

总之，模拟信号的时间函数和频谱（包括周期信号的离散频谱和非周期信号的连续频谱）是一一对应的，数学上是可以相互转换的，因此两者对模拟信号的描述是等效的。虽然模拟信号的时域描述和分析比较直观，但时域法的分析和处理能力较差，手段较少，不能进行复杂的信号分析。模拟信号的频谱分析方法可以根据频谱的特征进行信号的识别和提取精细的信息，它是模拟信号和处理的基础，在工程上有着广泛的应用。

【**例 7-8-9**】（历年真题）设周期信号 $u(t)$ 的幅值频谱如图所示，则该信号：

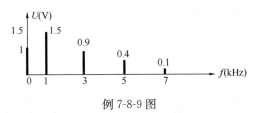

例 7-8-9 图

A. 是一个离散时间信号　　　　　　B. 是一个连续时间信号

C. 在任意瞬间均取正值　　　　　　D. 最大瞬时值为 1.5V

【**解答**】周期信号的幅值频谱是离散频谱，周期信号是连续时间信号，应选 B 项。

【**例 7-8-10**】（历年真题）若某周期信号的一次谐波分量为 $5\sin10^3 t$V，则它的三次谐波分量可表示为：

A. $U\sin3\times10^3 t$，$U > 5$V　　　　B. $U\sin3\times10^3 t$，$U < 5$V

C. $U\sin10^6 t$，$U > 5V$　　　　　　D. $U\sin10^6 t$，$U < 5V$

【**解答**】三次谐波分量 $U_3\sin3\omega t = U\sin3\times10^3 t$，$U_3 = U < U_1 = 5$，应选 B 项。

【**例 7-8-11**】（历年真题）设周期信号 $u(t) = \sqrt{2}U_1\sin(\omega t + \psi_1) + \sqrt{2}U_3\sin(3\omega t + \psi_3) + \cdots$

$$u_1(t) = \sqrt{2}U_1\sin(\omega t + \psi_1) + \sqrt{2}U_3\sin(3\omega t + \psi_3)$$

$$u_2(t) = \sqrt{2}U_1\sin(\omega t + \psi_1) + \sqrt{2}U_5\sin(5\omega t + \psi_5)$$

则：

A. $u_1(t)$ 较 $u_2(t)$ 更接近 $u(t)$

B. $u_2(t)$ 较 $u_1(t)$ 更接近 $u(t)$

C. $u_1(t)$ 与 $u_2(t)$ 接近 $u(t)$ 的程序相同

D. 无法做出三个电压之间的比较

【**解答**】周期信号中各次谐波的幅值随频率的增大而减小，故 $u_1(t)$ 较 $u_2(t)$ 更接近 $u(t)$，应选 A 项。

【**例 7-8-12**】（历年真题）模拟信号 $u_1(t)$ 和 $u_2(t)$ 的幅值频谱分别如图（a）和图（b）所示，则在时域中：

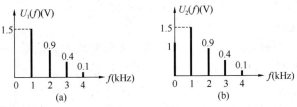

例 7-8-12 图

A. $u_1(t)$ 和 $u_2(t)$ 是同一个函数

B. $u_1(t)$ 和 $u_2(t)$ 都是离散时间函数

C. $u_1(t)$ 和 $u_2(t)$ 都是周期性连续时间函数

D. $u_1(t)$ 是非周期性时间函数，$u_2(t)$ 是周期性时间函数

【解答】由题目图示可知，$u_1(t)$ 和 $u_2(t)$ 都是周期性连续时间函数，应选 C 项。

【例 7-8-13】（历年真题）模拟信号 $u_1(t)$ 和 $u_2(t)$ 的幅值频谱分别如图（a）和图（b）所示，则：

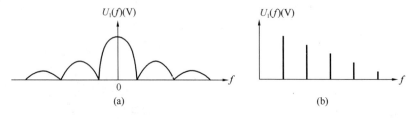

例 7-8-13 图

A. $u_1(t)$ 是连续时间信号，$u_2(t)$ 是离散时间信号

B. $u_1(t)$ 是非周期性时间信号，$u_2(t)$ 是周期性时间信号

C. $u_1(t)$ 和 $u_2(t)$ 都是非周期性时间信号

D. $u_1(t)$ 和 $u_2(t)$ 都是周期性时间信号

【解答】$u_1(t)$ 是非周期性时间信号，$u_2(t)$ 是周期性时间信号，应选 B 项。

【例 7-8-14】（历年真题）模拟信号 $u_1(t)$ 和 $u_2(t)$ 的幅值频谱分别如图（a）和图（b）所示，则：

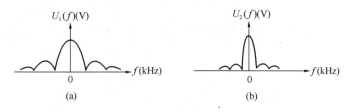

例 7-8-14 图

A. $u_1(t)$ 和 $u_2(t)$ 都是非周期性时间信号

B. $u_1(t)$ 和 $u_2(t)$ 都是周期性时间信号

C. $u_1(t)$ 是周期性时间信号，$u_2(t)$ 是非周期性时间信号

D. $u_1(t)$ 是非周期性时间信号，$u_2(t)$ 是周期性时间信号

【解答】$u_1(t)$ 和 $u_2(t)$ 都是非周性时间信号，应选 A 项。

4. 模拟信号的处理

模拟信号中含有多种信息。对信号的处理，如信号放大、信号变换及信号滤波等都必须服从于信息处理需要，以此实现增强、识别和提取信息。

（1）模拟信号增强

从客观对象接收到的模拟信号一般很微弱，必须通过一个电子电路把相对微弱的模拟信号增强到满足应用的要求。信号放大包括电压放大和功率放大，可以通过放大器实现。模拟信号放大最主要的要求就是保证放大前后的信号波形不变或频谱结构不变。

从放大器的外部来看，放大器是一个二端口网络，从输出端口看，放大器输出电信号和电能量，对于负载相当于一个电源；从输入端看，输入电信号控制放大器的工作，使放大器输出放大后的信号，相对信息源来说，放大器相当于负载，所以，二端口网络内部可以用一个受控的电源模型来描述，如图 7-8-15 所示。

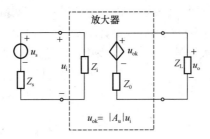

图 7-8-15　放大器示意图

$$\frac{u_o}{u_i} = \frac{Z_L}{Z_0 + Z_L} \mid A_u \mid, \quad \frac{u_i}{u_s} = \frac{Z_i}{Z_s + Z_i}$$

故放大器放大能力 A 为：

$$A = \frac{u_o}{u_s} = \frac{u_o}{u_i} \cdot \frac{u_i}{u_s} = \frac{Z_L}{Z_0 + Z_L} \cdot \frac{Z_i}{Z_s + Z_i} \mid A_u \mid$$

上述均为理想化的情况，实际的放大器不可能做到，这是因为：非线性失真、频率失真、信噪比等。

【例 7-8-15】模拟信号放大环节的输出 u_o 与输入 u_i 的关系如图（a）所示，若输入信号为 $u_i = 0.1\sin\omega t\mathrm{V}$，如图（b）所示，下列选项中正确的是：

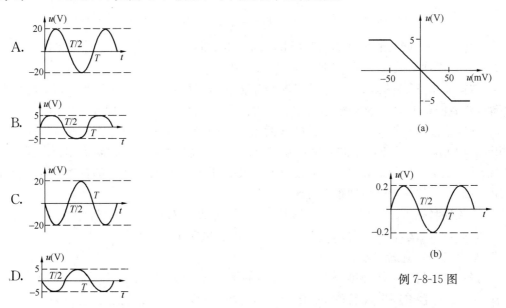

例 7-8-15 图

【解答】由图可知，电压放大器具有非线性特性，即线性放大区域 $\dfrac{u_o}{u_i} = -\dfrac{5}{50 \times 10^{-3}} = -100$，电压放大倍数 $\left|\dfrac{u_o}{u_i}\right| = 100$，$u_o$ 与 u_i 的相位互差 $180°$，最大输出为 5V，故信号在放大的同时可能会出现失真现象。输入信号 $u_i = 0.1\sin\omega t\mathrm{V}$，经该放大器后的信号为 $u_o = 20\sin(\omega t + 180°)\mathrm{V}$，因此，大于 5V 的信号被削掉，应选 D 项。

可知，造成本例放大器输出波形失真的原因是由于构成放大环节的电子器件特性是非线性的。由于这种特性无法保证放大环节的输出信号与输入信号是线性变换，也就导致了输入信号经放大环节之后可能出现失真，也就是放大器的非线性失真。

【例 7-8-16】 放大器的传递特性曲线及频率特性分别如图（a）、（b）所示。若周期方波信号 u_i 如图（c）作为放大器的输入信号，则输出波形为：

A. 仍为方波信号　　　　　　　　　　B. 出现非线性失真

C. 出现频率失真　　　　　　　　　　D. 出现两种失真

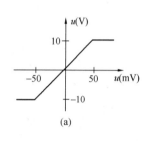 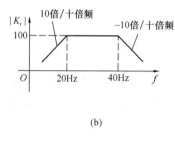 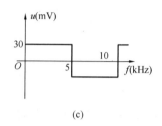

（a）　　　　　　　　　（b）　　　　　　　　　（c）

例 7-8-16 图

（a）传递特性；（b）幅频特性；（c）方波信号

【解答】 周期方波信号的傅里叶级数为：

$$u_i(t) = \frac{4 \times 30}{\pi} \left[\sin(2\pi ft) + \frac{1}{3}\sin(3 \times 2\pi ft) + \frac{1}{5}\sin(5 \times 2\pi ft) + \cdots \right]$$

$$= 38.2\sin(2\pi f_1 t) + 12.7\sin(2\pi f_3 t) + 7.6\sin(2\pi f_5 t) + \cdots$$

可知，一次谐波的频率 $f_1 = 10\text{kHz}$，$u_{1m} = 38.2\text{mV}$；三次谐波的 $f_3 = 30\text{kHz}$，$u_{3m} = 12.7\text{mV}$；五次谐波的 $f_5 = 50\text{kHz}$，$u_{5m} = 7.6\text{mV}$。

根据模拟信号的放大要求，只有输入信号的各次谐波得到同样的放大，即同时放大 A 倍后，才能保证放大后的信号与原有信号的频谱结构相同，也才能保证输出信号不失真。

一次谐波的频率 f_1 和三次谐波的频率 f_3 均在通频带范围，故这两个谐波的放大倍数相同，均为 100，而五次谐波的频率为 50kHz，大于通频带的上限频率 40kHz，所以，五次谐波乃至更高次的谐波的放大倍数均小于 100，因此，输入信号 u_i 的各次谐波不能得到相同的放大，输出信号出现频率失真。

由传递特性曲线可知，放大器线性放大区域所对应的输入信号为 $[-50\text{mV}, 50\text{mV}]$，而 u_{1m} 为最大，且 $u_{1m} = 38.2\text{mV}$，故不会出现非线性失真。

综上可知，应选 C 项。

【例 7-8-17】　（历年真题）设放大器的输入信号为 $u_1(t)$，放大器的幅频特性如图所示，令 $u_1(t) = \sqrt{2}u_1 \sin 2\pi ft$，且 $f > f_H$，则：

A. $u_2(t)$ 的出现频率失真

B. $u_2(t)$ 的有效值 $U_2 = AU_1$

C. $u_2(t)$ 的有效值 $U_2 < AU_1$

D. $u_2(t)$ 的有效值 $U_2 > AU_1$

例 7-8-17 图

【解答】 由图可知，当 $f \leqslant f_H$ 时，$U_2 = AU_1$；当 $f > f_H$ 时，$U_2 < AU_1$，应选 C 项。

【例7-8-18】（历年真题）放大器在信号处理系统中的作用是：

A. 从信号中提取有用信息　　　　　　B. 消除信号中的干扰信号

C. 分解信号中的谐波成分　　　　　　D. 增强信号的幅值以便于后续处理

【解答】放大器在信号处理系统中，其作用是增强信号的幅值，以便于后续处理，应选D项。

（2）模拟信号滤波

滤波就是从模拟信号中滤除部分谐波信号，它是实现从模拟信号中去除无用信息提取有用信息的一种重要技术手段，实现滤波的电路称为滤波器。

先简单介绍传递函数的概念，图7-8-16表示一个滤波器，输入频率为 ω 的交流信号 $u_i(\omega)$，经过滤波器后，输出交流信号 $u_o(\omega)$，滤波器的传递函数 $H(j\omega)$ 为：

$$H(j\omega) = \frac{u_o(\omega)}{u_i(\omega)} = |H(j\omega)| \underline{/\varphi(\omega)}$$

图7-8-16　滤波器示意图

式中，$|H(j\omega)|$ 称为幅频响应；$\varphi(\omega)$ 称为相频响应。

滤波器有以下几种类型：

1）低通滤波器

只允许信号中频率低于某一特定值的谐波分量通过，称为低通滤波。低通滤波器的频率响应如图7-8-17（a）所示。当频率低于 ω_H 时，滤波器的幅频响应为1，而高于 ω_H 时的幅频响应等于零。因此低通滤波器阻止了 $\omega > \omega_H$ 的谐波分量通过，而 $\omega < \omega_H$ 的谐波分量则畅通无阻。

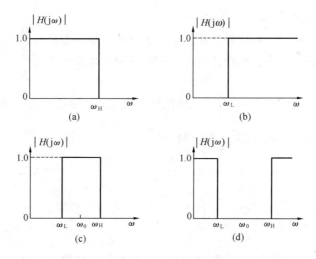

图7-8-17　几种类型滤波器的幅频响应

2）高通滤波器

与低通滤波相反，高通滤波只允许信号中频率高于某一特定值的谐波分量通过。高通滤波器的幅频响应如图7-8-17（b）所示。当频率低于 ω_L 时，滤波器的幅频响应为0，而高于 ω_L 时的幅频响应等于1。

3）带通滤波器

带通滤波器只允许信号中 $\omega_L < \omega < \omega_H$ 的谐波分量通过，而阻止该频带以外的谐波分

量通过。带通滤波器的幅频响应如图 7-8-17 （c） 所示，当频率低于 ω_L 时或高于 ω_H 时，滤波器的幅频响应为 0。而当 $\omega_L < \omega < \omega_H$ 时滤波器的幅频响应等于 1。$(\omega_H - \omega_L)$ 称为通带宽度，ω_0 为通带的中心频率。

4）带阻滤波器

与带通滤波器相反，带阻滤波器阻止信号中 $\omega_L < \omega < \omega_H$ 的谐波分量通过，而该频带以外的谐波分量则畅通无阻。带阻滤波器的频率响应如图 7-8-17 （d） 所示。$(\omega_H - \omega_L)$ 称为阻带宽度，ω_0 为阻带的中心频率。

【例 7-8-19】（历年真题）一个低频模拟信号 $u_1(t)$ 被一个高频的噪声信号污染后，能将这个噪声滤除的装置是：

A. 高通滤波器　　　　　　　　　　B. 低通滤波器

C. 带通滤波器　　　　　　　　　　D. 带阻滤波器

【解答】采用低通滤波器可滤除高频的噪声信号，应选 B 项。

【例 7-8-20】（历年真题）以下几种说法中正确的是：

A. 滤波器会改变正弦波信号的频率

B. 滤波器会改变正弦波信号的波形形状

C. 滤波器会改变非正弦周期信号的频率

D. 滤波器会改变非正弦周期信号的波形形状

【解答】正弦波信号，滤波路不会改变它的波形形状，也不会改变它的频率。

非正弦周期信号变为频域描述时，其高频分量经滤波器滤除后，滤波器会改变其波形形状，故选 D 项。

（3）模拟信号变换

将一种信号变换成另一种信号是模拟信号处理的一项主要内容。在模拟系统中，常见的信号变换包括加法、减法、比例、微分、积分等线性运算。模拟信号的运算都是使用运算放大电路实现的。

【例 7-8-21】图示运算放大电路，正确描述输出 $u_o(t)$ 与输入 $u_i(t)$ 的波形是：

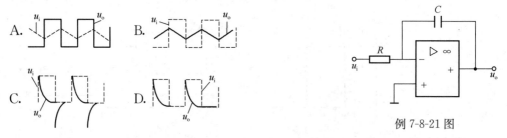

例 7-8-21 图

【解答】本题目的电路是一个积分电路，输出信号 u_o 与输入信号 u_i 满足积分关系：

$$u_o = -\frac{1}{RC}\int u_i(t)\,dt$$

因此，当输入信号 u_i 为方波信号时，经过积分电路后将被变换为一个三角波信号 u_o，应选 B 项。

假若例 7-8-21 图中电阻 R 与电容 C 相互交换位置，则变为微分电路，$u_o = -CR\dfrac{du_i}{dt}$，即一个三角波信号经过微分变换后被变换为一个方波信号。

习　题

7-8-1 （历年真题）某空调器的温度设置为 25℃，当室温超过 25℃后，它便开始制冷，此时红色指示灯亮，并在显示屏上显示"正在制冷"字样，那么：

A. "红色指示灯亮"和"正在制冷"均是信息

B. "红色指示灯亮"和"正在制冷"均是信号

C. "红色指示灯亮"是信号，"正在制冷"是信息

D. "红色指示灯亮"是信息，"正在制冷"是信号

7-8-2 （历年真题）如果一个十六进制数和一个八进制数的数字信号相同，那么：

A. 这个十六进制数和八进制数实际反映的数量相等

B. 这个十六进制数两倍于八进制数

C. 这个十六进制数比八进制数少 8

D. 这个十六进制数与八进制数的大小关系不定

7-8-3 （历年真题）某模拟信号放大器输入与输出之间的关系如图所示，那么，能够经该放大器得到 5 倍放大的输入信号 $u_i(t)$ 最大值一定：

A. 小于 2V

B. 小于 10V 或大于 −10V

C. 等于 2V 或等于 −2V

D. 小于等于 2V 且大于等于 −2V

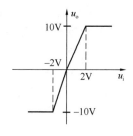

题 7-8-3 图

7-8-4 （历年真题）连续时间信号与通常所说的模拟信号的关系是：

A. 完全不同 　　　　　　　　　B. 是同一个概念

C. 不完全相同 　　　　　　　　D. 无法回答

7-8-5 （历年真题）图示周期为 T 的三角波信号，在用傅里叶级数分析周期信号时，系数 a_0、a_n 和 b_n 判断正确的是：

A. 该信号是奇函数且在一个周期的
　平均值为零，所以傅里叶系数 a_0
　和 b_n 是零

B. 该信号是偶函数且在一个周期的
　平均值不为零，所以傅里叶系数
　a_0 和 a_n 不是零

C. 该信号是奇函数且在一个周期的
　平均值不为零，所以傅里叶系数
　a_0 和 b_n 不是零

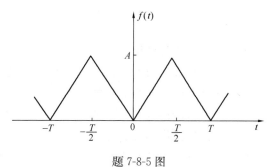

题 7-8-5 图

D. 该信号是偶函数且在一个周期的平均值为零，所以傅里叶系数 a_0 和 b_n 是零

7-8-6 （历年真题）关于信号与信息，如下几种说法中正确的是：

A. 电路处理并传输电信号

B. 信号和信息是同一概念的两种表述形式

C. 用"1"和"0"组成的信息代码"1001"只能表示数量"5"

D. 信息是看得到的,信号是看不到的

7-8-7 (历年真题)模拟信号经线性放大器放大后,信号中被改变的量是:

A. 信号的频率   B. 信号的幅值频谱

C. 信号的相位频谱   D. 信号的幅值

7-8-8 (历年真题)图示电压信号 u_o 是:

A. 二进制代码信号

B. 二值逻辑信号

C. 离散时间信号

D. 连续时间信号

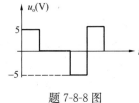

题 7-8-8 图

7-8-9 (历年真题)在模拟信号、采样信号和采样保持信号这几种信号中,属于连续时间信号的是:

A. 模拟信号与采样保持信号   B. 模拟信号和采样信号

C. 采样信号与采样保持信号   D. 采样信号

7-8-10 (历年真题)下述四个信号中,不能用来表示信息代码"10101"的图是:

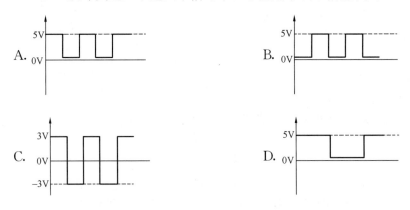

第九节　信号、信息与数字信号

一、数字信号与信息

数字信号具有极强的表达能力,有着广泛的应用,包括文字信息处理、图形信息处理、图像信息处理、语音信息处理等。

通常使用的数字信号是取值为0V和5V的电压信号,而0V和5V分别用"0"和"1"两个抽象的符号或代码表示。

数字信号可以用来对"数"进行编码,实现数值信息的表示、运算、传送和处理;数字信号可以用来对符号进行编码,实现符号信息的表达、传送和处理;数字信号可以用来表示逻辑关系,实现逻辑演算、逻辑控制等。

★★★二、数字信号与数值信息

1. 数字信号

数字信号是二值信号,用它来表示数并进行数的运算,就必须采取二进制形式,并按照二进制数的运算法则进行数的运算。二进制数用符号"0"和"1"两个数字、采取逢二进一的原则来表示。二进制数的位按从右向左的次序排列，分别记为第 0 位、第 1 位、第 2 位、……。每一位称为一个比制（bit）。二进制数的每一位对应于数字信号的一个脉冲位置，所以，一个 $n$bit 的二进制数可以用一个 $n$bit 的数字信号来表示。

2. 数制与转换

(1) 进位计数制

计算机中存放的是二进制数，为了书写和表示方便，还引入了八进制数和十六进制数。这就有着相互转换的问题。无论哪种数制，其共同之处都是进位计数制。在采用进位计数的数字系统中，如果只用 r 个基本符号（例如 0，1，2，…，$r-1$）表示数值，则称其为 r 进制数，r 称为该数制的"基数"，而数制中每一固定位置对应的单位值称为"权"。

例如，在十进制数中，678.34 可表示为：

$$678.34 = 6 \times 10^2 + 7 \times 10^1 + 8 \times 10^0 + 3 \times 10^{-1} + 4 \times 10^{-2}$$

各种进位计数制中的权的值恰好是基数 r 的某次幂。因此，对任何一种进位计数制表示的数都可以写出按其权展开的多项式之和，任意一个 r 进制数 N 可表示为：

$$
\begin{aligned}
(N)_r &= a_{n-1}a_{n-2}\cdots a_1 a_0 a_{-1}\cdots a_{-m} \\
&= a_{n-1} \times r^{n-1} + a_{n-2} \times r^{n-2} + \cdots + a_1 \times r^1 + a_0 \times r^0 + a_{-1} \times r^{-1} + \cdots + a_{-m} \times r^{-m} \\
&= \sum_{i=-m}^{n-1} a_i \times r^i
\end{aligned}
\tag{7-9-1}
$$

式中，a_i 是数码；r 是基数；r^i 是权；不同的基数，表示是不同的进制数。

常用的几种进位计数制，见表 7-9-1。

常用的几种进位计数制 表 7-9-1

进位制	二进制	八进制	十进制	十六进制
规则	逢二进一	逢八进一	逢十进一	逢十六进一
基数	$r=2$	$r=8$	$r=10$	$r=16$
基本符号	0，1	0，1，2，…，7	0，1，2，…，9	0，1，…，9，A，B，…，F
权	2^i	8^i	10^i	16^i
角标表示	B（Binary）	O（Octal）	D（Decimal）	H（Hexadecimal）

例如，将下列不同进位制数转换为十进制数：

$(110111.01)_B = 1 \times 2^5 + 1 \times 2^4 + 1 \times 2^2 + 1 \times 2^1 + 1 \times 2^0 + 1 \times 2^{-2} = (55.25)_D$

$(456.4)_O = 4 \times 8^2 + 5 \times 8^1 + 6 \times 8^0 + 4 \times + 8^{-1} = (302.5)_D$

$(A12)_H = 10 \times 16^2 + 1 \times 16^1 + 2 \times 16^0 = (2578)_D$

(2) 十进制数转换成 r 进制数

将十进制数转换为 r 进制数时，可将此数分成整数与小数两部分分别转换，然后再拼接起来即可。

1) 整数部分：采用除以 r 取余法，即将十进制整数不断除以 r 取余数，直到商为 0，余数从右到左排列，首次取得的余数最右。

2) 小数部分：采用乘以 r 取整法，即将十进制小数不断乘以 r 取整数，直到小数部分为 0 或达到所求的精度为止（小数部分可能永远不会得到 0）；所得的整数从小数点自左往右排列，取有效精度，首次取得的整数最左。

例如，将十进制数（100.345）转换成二进制数，具体如下：

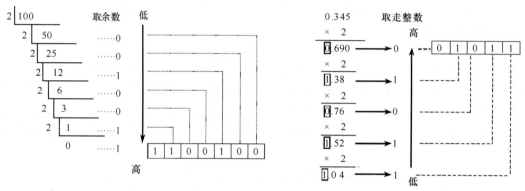

转换结果：$(100.345)_D \approx (1100100.01011)_B$

又如，将十进制数 $(193.12)_D$ 转换成八进制数，具体如下：

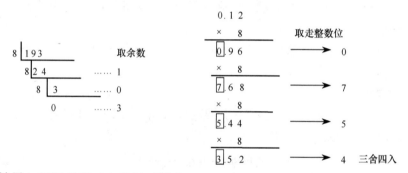

转换结果：$(193.12)_D \approx (301.0754)_O$

注意，小数部分转换时可能是不精确的，要保留多少位小数没有规定，主要取决于用户对数据精度的要求。

3. 二进制、八进制、十六进制数间的相互转换

由于二进制、八进制和十六进制之间存在特殊关系：$8^1 = 2^3$、$16^1 = 2^4$，即一位八进制数相当于三位二进制数；一位十六进制数相当于四位二进制数。因此，转换方法就比较容易，见表 7-9-2。

八进制与二进制、十六进制与二进制之间的关系   表 7-9-2

十进制	八进制	二进制	十进制	十六进制	二进制	十进制	十六进制	二进制
0	0	000	0	0	0000	9	9	1001
1	1	001	1	1	0001	10	A	1010
2	2	010	2	2	0010	11	B	1011
3	3	011	3	3	0011	12	C	1100
4	4	100	4	4	0100	13	D	1101
5	5	101	5	5	0101	14	E	1110
6	6	110	6	6	0110	15	F	1111
7	7	111	7	7	0111	16	10	00010000
8	8	001000	8	8	1000			

根据这种对应关系，二进制数转换成八进制数时，以小数点为中心向左右两边分组，每三位为一组，两头不足三位补零即可。同样，二进制数转换成十六进制数，只要四位为一组进行分组。

例如，将二进制数（1101101110.110101）$_B$转换成十六进制数：

$$\underset{3}{(\underline{0011}}\underset{6}{\underline{0110}}\underset{E}{\underline{1110}} \cdot \underset{D}{\underline{1101}}\underset{4}{\underline{0100})_B} = (36E.D4)_H（整数高位和小数低位补零）$$

又如，将二进制数（1101101110.110101）$_B$转换成八进制数：

$$\underset{1}{(\underline{001}}\underset{5}{\underline{101}}\underset{5}{\underline{101}}\underset{6}{\underline{110}} \cdot \underset{6}{\underline{110}}\underset{5}{\underline{101})_B} = (1556.65)_O$$

同样，将八（或十六）进制数转换成二进制数只要一位化三（或四）位即可，举例如下：

$$(2C1D.A1)_H = \underset{2}{(\underline{0010}}\underset{C}{\underline{1100}}\underset{1}{\underline{0001}}\underset{D}{\underline{1101}} \cdot \underset{A}{\underline{1010}}\underset{1}{\underline{0001})_B}$$

$$(7123.14)_O = \underset{7}{(\underline{111}}\underset{1}{\underline{001}}\underset{2}{\underline{010}}\underset{3}{\underline{011}} \cdot \underset{1}{\underline{001}}\underset{4}{\underline{100})_B}$$

注意，整数前的高位 0 和小数后的低位 0 可取消。

【例 7-9-1】（历年真题）将（11010010.01010100）$_2$表示成十六进制数是：

A.（D2.54）$_H$ B. D2.54   C.（D2.A8）$_H$ D.（D2.54）$_B$

【解答】$\underset{D}{(\underline{1101}}\underset{2}{\underline{0010}} \cdot \underset{5}{\underline{0101}}\underset{4}{\underline{0100})_2} = (D2.54)_H$

应选 A 项。

★★★三、数字信号的数值编码与数值演算

1. 数值编码与 BCD 代码

为了用二进制代码表示十进制数的 0～9 这十个状态，二进制代码至少应当有 4 位。4 位二进制代码一共有十六个（**0000～1111**），取其中哪十个以及如何与 0～9 相对应，有多种方案。表 7-9-3 中列出了常见的几种十进制代码，它们的编码规则各不相同。

常见的十进制代码   表 7-9-3

编码种类\十进制数	8421 码（BCD 代码）	余 3 码	2421 码	5211 码	余 3 循环码
0	0000	0011	0000	0000	0010
1	0001	0100	0001	0001	0110
2	0010	0101	0010	0100	0111
3	0011	0110	0011	0101	0101
4	0100	0111	0100	0111	0100
5	0101	1000	1011	1000	1100
6	0110	1001	1100	1001	1101
7	0111	1010	1101	1100	1111
8	1000	1011	1110	1101	1110
9	1001	1100	1111	1111	1010
权	8421		2421	5211	

8421 码又称 BCD（Binary Coded Decimal）码，是十进制代码中最常用的一种。在这种编码方式中，每一位二值代码的 1 都代表一个固定数值，将每一位的 1 代表的十进制数

加起来，得到的结果就是它所代表的十进制数码。由于代码中从左到右每一位的 1 分别表示 8、4、2、1，所以将这种代码称为 8421 码。每一位的 1 代表的十进制数称为这一位的权。8421 码中每一位的权是固定不变的，它属于恒权代码。

其他码，此处略。

例如，十进制数（27）$_D$ 对应的 BCD 码为：$\underset{2}{(\underline{0010}}\underset{7}{\underline{0111})_{BCD}}$

又如，$(53.2)_D = \underset{5}{(\underline{0101}}\underset{3}{\underline{0011}}\underset{2}{\underline{0010})_{BCD}}$

【例 7-9-2】（历年真题）十进制数字 88 的 BCD 码为：

A. 00010001　　　　B. 10001000　　　　C. 01100110　　　　D. 01000100

【解答】 $(88)_D = \underset{8}{(\underline{1000}}\underset{8}{\underline{1000})_{BCD}}$，应选 B 项。

【例 7-9-3】（历年真题）十进制数字 16 的 BCD 码为：

A. 0010000　　　　B. 00010110　　　　C. 00010100　　　　D. 00011110

【解答】 $(16)_D = \underset{1}{(\underline{0001}}\underset{6}{\underline{0110})_{BCD}}$，应选 B 项。

2. 数值数据在计算机中的表示

计算机中的数值数据分为整数和浮点数两大类。

在计算机中，整数的小数点隐含在个位数的右边，也叫做定点数。计算机中的整数分为无符号整数和有符号整数。

（1）无符号整数

无符号整数是指所有二进位都用来表示数值，它只能存放正整数或存放无数值概念的地址。如果一个无符号整数占一个字节，则能表示 00000000～11111111B，其十进制取值范围为 0～255（2^8-1）。对占任意 n 位的无符号整数，则取值范围为 0～2^n-1。

（2）有符号整数

为了表示数的正（"＋"）、负（"－"）号，就要将数的符号以"0"和"1"编码。通常把一个有符号数的最高位定义为符号位，用 0 表示正，1 表示负，称为数符；其余位仍表示数值。例如，一个 8 位二进制数－0101101，它在计算机中表示为：10101101，见图 7-9-1。

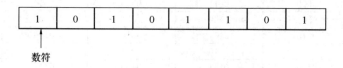

图 7-9-1　有符号整数的计算机表示实例

将一个数在计算机内的表示形式统称为"机器数"，而它代表的数值称为此机器数的"真值"。在上例中，10101101 为机器数，－0101101 为此机器数的真值。

（3）有符号数的编码

为了方便带符号位的计算机运算，一般将有符号的数用三种编码表示：原码、反码和补码。

1）原码

整数 X 的原码是指：其数符位 0 表示正，1 表示负；其数值部分就是 X 绝对值的二进制表示。通常用 $[X]_原$ 表示 X 的原码。例如：

$[+1]_原$＝00000001　　$[+127]_原$＝01111111

$[-1]_原$＝10000001　　$[-127]_原$＝11111111

2）反码

整数 X 的反码是指：对于正数，反码与原码相同；对于负数，反码的数符位为 1，其数值位 X 的绝对值取反。通常用 $[X]_反$ 表示 X 的反码。例如：

$[+1]_反$＝00000001　　$[+127]_反$＝01111111

$[-1]_反$＝11111110　　$[-127]_反$＝10000000

3）补码

整数 X 的补码是指：对于正数，补码与原码、反码相同；对于负数，补码的数符位为 1，其数值位 X 的绝对值取反最右加 1，即为反码加 1。通常用 $[X]_补$ 表示 X 的补码。例如：

$[+1]_补$＝00000001　　$[+127]_补$＝01111111

$[-1]_补$＝11111111　　$[-127]_补$＝10000001

引入补码是为了解决减法的问题，见后面的案例。

3. 二进制数的算术运算

（1）加法运算

与十进制数加法一样，二进制数加法也是从最低位开始逐位完成两数相加和进位操作，如图 7-9-2（a）所示。二进制数加法的进位原则是逢二进一。

$$
\begin{array}{r}
1001 \\
+\ 0101 \\
\hline
1110
\end{array}
\qquad
\begin{array}{r}
1001 \\
-\ 0101 \\
\hline
0100
\end{array}
$$

(a) (b)

图 7-9-2　二进制数的加法与减法运算实例

（2）减法运算

在二进制数运算中采用补码的形式表示负数，从而将减法运算转化为被减数代码和减数补码之间的加法运算。一个二进制数的补码等于这个数的反码加 1，如图 7-9-1（b）中 1001−0101 可转换成：

$$1001+(1010+1)=(1)0100$$

舍去进位后刚好是 0100。

（3）乘法运算

如图 7-9-3（a）所示，二进制数的乘法运算是从右向左操作的，其运算过程可以总结为一系列的"左移—相加"操作，即被乘数逐步左移并逐步相加完成乘法运算。值得注意的是：在进行左移操作过程中，被乘数左移的位数与乘数中取值"1"所处的位数相同。

（4）除法运算

如图 7-9-3（b）所示，二进制数的除法运算是从左向右操作的，其运算过程可以总结

```
        1 0 0 1
      × 0 1 0 1
    ─────────────
        1 0 0 1
        0 0 0 0
      1 0 0 1
      0 0 0 0
    ─────────────
      0 1 0 1 1 0 1
```

(a)

```
                    1.1 1 . . .
          ────────────────
    0 1 0 1 / 1 0 0 1
              0 1 0 1
            ─────────
              1 0 0 0
              0 1 0 1
            ─────────
              0 1 1 0
              0 1 0 1
            ─────────
              0 0 1 0
```

(b)

图 7-9-3　二进制数的乘法与除法运算实例

为一系列的"右移—相减"操作，即以除数逐步右移并逐步和被除数（或余数）相减的方式完成除法运算。

★★★四、数字信号的逻辑编码与逻辑演算

1. 数字信号的逻辑编码

数字逻辑是用数字信号表示并采用数字信号处理方法实现演算的逻辑体系，它是二值的，对应于逻辑学中的命题逻辑体系。在应用中采用由布尔（Boole）所建立的数字逻辑体系来描述数字逻辑及其演算法则。由于采用了布尔代数描述逻辑关系，所以也称为逻辑代数或布尔代数。

（1）符号

逻辑变量：用大写英文字母（$ABC\cdots XYZ$）表示。

数值：0、1表示逻辑变量的取值，0表示"假"（F），1表示"真"（T）。

运算符："＋""·"分别表示逻辑"或"和逻辑"与"运算；逻辑求反运算用变量上方加一横线表示，如$\overline{A}$、$\overline{B}$等。和代数运算一样，逻辑"与"运算符"·"通常可以忽略。

（2）逻辑运算

逻辑运算的详细内容，见本章第七节。

逻辑与运算表达式为：$Y = A \cdot B = AB$

逻辑或运算表达式为：$Y = A + B$

逻辑非运算表达式为：$Y = \overline{A}$

（3）基本运算法则

逻辑运算的基本运算法则，见本章第七节。

2. 逻辑函数化简

根据真值表写出的逻辑函数表达式，以及由此画出的组合逻辑图往往比较复杂，需要简化处理。简化后的逻辑表达式能清晰反映出逻辑变量内在的逻辑关系，同时减少了组合逻辑电路的组成器件，提高了电路的可靠性。

利用逻辑代数的运算法则对逻辑函数表达式进行化简。由于比较常见的逻辑表达式是"与或"形式，因此，通常逻辑函数化简是指逻辑表达式为最简的"与或"表达式，即逻辑函数"与或"表达式中所含"或"项的数目最少，每个"与"项中变量的个数最少。

3. 数字信号的逻辑演算

数字信号逻辑关系以及任意复杂的逻辑函数演算可通过基本逻辑门搭建满足要求的逻辑电路来实现，见本章第七节。

【例7-9-4】（历年真题）对逻辑表达式 $ABCD+\overline{A}+\overline{B}+\overline{C}+\overline{D}$ 的简化结果是：

A. 0   B. 1   C. $ABCD$ D. $\overline{A}\,\overline{B}\,\overline{C}\,\overline{D}$

【解答】 $ABCD+\overline{A}+\overline{B}+\overline{C}+\overline{D}=ABCD+\overline{ABCD}=1$

应选 B 项。

【例7-9-5】（历年真题）对逻辑表达式 $ABC+A\overline{B}+AB\overline{C}$ 的化简结果是：

A. A B. $A\overline{B}$ C. AB D. $AB\overline{C}$

【解答】 $ABC+A\overline{B}+AB\overline{C}=AB(C+\overline{C})+A\overline{B}=AB+A\overline{B}$
$$=A(B+\overline{B})=A$$

应选 A 项。

【例7-9-6】（历年真题）对逻辑表达式 $\overline{AD+\overline{A}\,\overline{D}}$ 的化简结果是：

A. 0   B. 1

C. $\overline{A}D+A\overline{D}$ D. $\overline{A}D+AD$

【解答】 $\overline{AD+\overline{A}\,\overline{D}}=\overline{AD}\cdot\overline{\overline{A}\,\overline{D}}=(\overline{A}+\overline{D})\cdot(A+D)$
$$=\overline{A}A+\overline{A}D+\overline{D}A+\overline{D}D=\overline{A}D+\overline{D}A$$

应选 C 项。

【例7-9-7】（历年真题）已知数字电路输入信号 A 和信号 B 的波形如图所示，则数字输出信号 $F=\overline{AB}$ 的波形为：

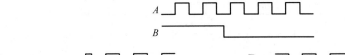

A. F B. F

C. F D. F

【解答】 $F=\overline{AB}$，从左到右，当 $0\sim\dfrac{T}{2}$ 时，$F=\overline{0\cdot1}=1$，排除 A、D 项。

当 $\dfrac{9}{4}T\sim\dfrac{5}{2}T$ 时，$F=\overline{0\cdot0}=1$，C 项错误，应选 B 项。

【例7-9-8】（历年真题）已知数字信号 A 和数字信号 B 的波形如图所示，则数字信号 $F=\overline{A+B}$ 的波形为：

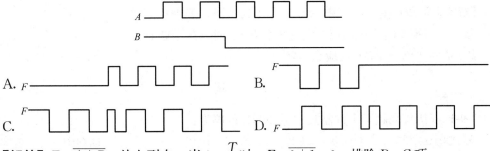

A. F B.

C. F D. F

【解答】 $F=\overline{A+B}$，从左到右，当 $0\sim\dfrac{T}{2}$ 时，$F=\overline{0+1}=0$，排除 B、C 项。

当 $\dfrac{T}{2} \sim T$ 时，$F = \overline{1+1} = 0$，排除 D 项，应选 A 项。

【例 7-9-9】（历年真题）逻辑函数 $F = f(A, B, C)$ 的真值表如下，由此可知：

A	B	C	F
0	0	0	0
0	0	1	0
0	1	0	0
0	1	1	1
1	0	0	0
1	0	1	0
1	1	0	1
1	1	1	1

A. $F = BC + AB + \overline{A}\,\overline{B}C + B\overline{C}$　　　　　B. $F = \overline{A}\,\overline{B}\,\overline{C} + AB\overline{C} + AC + ABC$

C. $F = AB + BC + AC$　　　　　D. $F = \overline{A}BC + AB\overline{C} + ABC$

【解答】 从题目的真值表中找出 F 为 1 的情况，表中从上往下：

第 1 个 $F=1$ 时，由相应的 A、B、C 的取值，可知，$F = \overline{A}BC$

同理，第 2 个 $F=1$ 时，$F = AB\overline{C}$；第 3 个 $F=1$ 时，$F = ABC$

故：$F = \overline{A}BC + AB\overline{C} + ABC$，应选 D 项。

【例 7-9-10】（历年真题）逻辑函数 $F = f(A, B, C)$ 的真值表如下表所示，由此可知：

A	B	C	F
0	0	0	0
0	0	1	1
0	1	0	1
0	1	1	0
1	0	0	0
1	0	1	0
1	1	0	0
1	1	1	0

A. $F = \overline{A}\overline{B}C + A\overline{C}$　　　　　B. $F = \overline{A}\,\overline{B}C + \overline{A}B\overline{C}$

C. $F = \overline{A}\overline{B}\overline{C} + \overline{A}BC$　　　　　D. $F = A\overline{B}C + \overline{A}BC$

【解答】 从题目的真值表中找出 F 为 1 的情况，表中从上向下：

第 1 个 $F=1$ 时，$F = \overline{A}\,\overline{B}C$；第 2 个 $F=1$ 时，$F = \overline{A}B\overline{C}$

故：$F = \overline{A}\,\overline{B}C + \overline{A}B\overline{C}$，应选 B 项。

习　题

7-9-1　（历年真题）十进制数字 10 的 BCD 码为：

A. 00010000　　　　B. 00001010　　　　C. 1010　　　　D. 0010

7-9-2　（历年真题）对逻辑表达式 $\overline{AB} + \overline{BC}$ 的化简结果是：

A. $\overline{A}+\overline{B}+\overline{C}$ B. $\overline{A}+2\overline{B}+\overline{C}$ C. $\overline{A+C}+B$ D. $\overline{A}+\overline{C}$

7-9-3 （历年真题）对逻辑表达式 $AC+DC+\overline{AD}\cdot C$ 的化简结果是：

A. C B. $A+D+C$ C. $AC+DC$ D. $\overline{A}+\overline{C}$

7-9-4 （历年真题）已知数字信号 A 和数字信号 B 的波形如图所示，则数字信号 $F=A\overline{B}+\overline{A}B$ 的波形为：

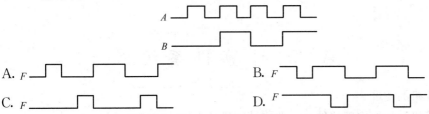

7-9-5 （历年真题）已知数字信号 A 和数字信号 B 的波形如图所示，则数字信号 $F=\overline{A+B}$ 的波形为：

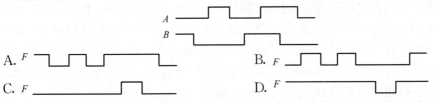

7-9-6 （历年真题）逻辑函数 $F=f$ (A,B,C) 的真值表如下所示，由此可知：

A	B	C	F
0	0	0	1
0	0	1	0
0	1	0	0
0	1	1	1
1	0	0	1
1	0	1	0
1	1	0	0
1	1	1	1

A. $F=\overline{A}$ $(\overline{B}C+B\overline{C})$ $+A$ $(\overline{B}\overline{C}+BC)$ B. $F=\overline{B}C+B\overline{C}$

C. $F=\overline{B}\overline{C}+BC$ D. $F=\overline{A}+\overline{B}+\overline{BC}$

第七章 习题解答

第八章 计 算 机 应 用 基 础

第一节 计 算 机 系 统

一、计算机的发展

根据计算机采用的物理器件，一般将计算机的发展分成四个阶段。

1. 第一代电子计算机

第一代电子计算机是电子管计算机，时间大约为 1946—1958 年。世界上第一台电子计算机是 1946 年 2 月由宾夕法尼亚大学研制成功的 ENIAC（电子数字积分计算机）。电子管计算机的基本特征是采用电子管作为计算机的逻辑元件，内存所使用的器件采用磁芯存储器。用机器语言或汇编语言编写程序。每秒运算速度仅为几千次，内存容量仅几个 kB。因此，第一代电子计算机体积庞大，造价很高，主要用于军事和科学研究工作，其代表机型有 IBM650（小型机）、IBM709（大型机）。

2. 第二代电子计算机

第二代电子计算机是晶体管电路电子计算机，时间大约为 1956—1964 年。其基本特征是逻辑元件逐步由电子管改为晶体管，内存所使用的器件大都使用磁芯存储器，外存储器有了磁盘、磁带，外设种类也有所增加。运算速度达每秒几十万次，内存容量扩大到几十 kB。与此同时，出现了 FORTRAN、COBOL、ALGOL 等高级语言。与第一代计算机相比，晶体管电子计算机体积小、成本低、功能强、可靠性大大提高。除了科学计算外，它还用于数据处理和事务处理，其代表机型有 IBM7090、CDC7600。

3. 第三代电子计算机

第三代电子计算机是集成电路计算机，时间大约为 1964—1970 年，其基本特征是逻辑元件采用小规模集成电路 SSI 和中规模集成电路 MSI。第三代电子计算机的运算速度每秒可达几十万次到几百万次。存储器进一步发展，体积越来越小、价格越来越低。高级程序设计语言在这个时期有了很大发展，并出现了操作系统和会话式语言，计算机开始广泛应用在各个领域，其代表机型有 IBM360。

4. 第四代电子计算机

第四代电子计算机称为大规模集成电路电子计算机，时间从 1971 年至今。进入 20 世纪 70 年代以来，计算机逻辑器件采用大规模集成电路 LSI 和超大规模集成电路 VLSI 技术，在硅半导体上集成了大量的电子元器件。集成度很高的半导体存储器代替了磁芯存储器。目前，计算机的速度最高可以达到每秒几千万亿次浮点运算。操作系统不断完善，应用软件种类繁多。

未来计算机将向更深、更广、更快的方向发展，其发展趋势可以概括为高性能、人性化、网络化、多极化、多媒体化、智能化，特别在量子计算机、生物计算机和光计算机等方面将取得革命性的突破。

二、计算机的分类

根据用途及其使用的范围，计算机可分为通用计算机和专用计算机。其中，通用计算机的特点是通用性强，具有很强的综合处理能力，能够解决各种类型的问题。专用计算机则功能单一，配有解决特定问题的软、硬件，但能够高速、可靠地解决特定的问题。

根据计算机的运算速度和性能等指标，计算机可分为：高性能计算机、中型机、小型机、服务器、工作站、微型计算机（个人计算机）、嵌入式计算机等。这种分类标准不是固定不变的，只能针对某一个时期。现在是大中型机，过了若干年后可能成了小型机。

微型计算机的种类很多，主要分成四类：桌面型计算机；笔记本电脑；平板电脑；移动设备。

嵌入式计算机如数字电视机、数字照相机等。

三、计算机系统组成

一个完整的计算机系统是由硬件系统和软件系统两部分组成的。

硬件是指计算机装置，即物理设备。硬件系统是组成计算机系统的各种物理设备的总称，是计算机完成各项工作的物质基础，如图 8-1-1 所示。

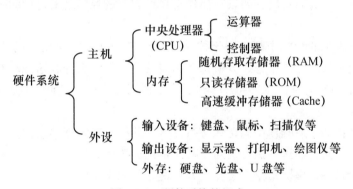

图 8-1-1　硬件系统的组成

软件是指用某种计算机语言编写的程序、数据和相关文档，软件系统则是在计算机上运行的所有软件的总称。

★★★四、计算机硬件系统

1945 年美籍匈牙利数学家冯·诺依曼和他的同事们研制的 EDVAC（离散变量自动电子计算机）对后来的计算机在体系结构和工作原理上产生了重大影响。在 EDVAC 中采用了"存储程序"的概念。以此概念为基础的各类计算机统称为冯·诺依曼机。它的主要特点如下：

（1）采用二进制表示数据。

（2）"存储程序"，即程序和数据一起存储在内存中，计算机按照程序顺序执行。

（3）计算机应由五个基本部分组成：运算器、控制器、存储器、输入设备和输出设备。

几十年来，计算机的基本结构没有变，都属于冯·诺依曼计算机，其基本结构如图 8-1-2 所示。

1. 运算器

运算器的主要功能是算术运算和逻辑运算。算术运算是指加、减、乘、除等基本运

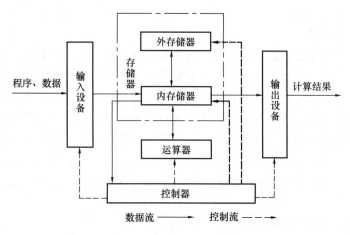

图 8-1-2　计算机的基本结构

算；逻辑运算是指逻辑判断、关系比较以及其他的基本逻辑运算。运算器只能做这些最简单的运算，复杂的计算都要通过基本运算一步步实现。运算器中的数据取自内存，运算的结果又送回内存。运算器对内存的读写操作是在控制器的控制之下进行的。

2. 控制器

控制器是计算机的指挥中枢，用于控制计算机各个部件按照指令的功能要求协同工作，其基本功能是从内存取指令、分析指令和向其他部件发出控制信号。控制器的主要部件由程序计算器（PC）、指令寄存器（IR）、指令译码器（ID）、时序控制电路以及微操作控制电路等组成。

（1）程序计数器。对程序中的指令进行计数，使得控制器能够一次读取指令。

（2）指令寄存器。在指令执行期间暂时保存正在执行的指令。

（3）指令译码器。识别指令的功能，分析指令的操作要求。

（4）时序控制电路。生成时序控制信号，协调在指令执行周期的各部件的工作。

（5）微操作控制电路。产生各种控制操作命令。

控制器与运算器共同组成了中央处理器（Central Processing Unit，CPU），是计算机的核心部分。

3. 存储器

存储器主要用来存储程序和数据。对存储器的基本操作是按照指定位置存入或取出二进制信息。

按功能的不同，计算机中的存储器一般分为内存储器和外存储器两种类型：

（1）内存储器简称内存或主存，用来存放要执行的程序和数据，计算机可以直接从内存储器中存取信息。

按存储器的读写功能划分，内存可分为随机存取存储器（RAM）和只读存储器（ROM）。前者既可以读取数据，又可以写入数据；后者只能从中读取数据，不能写入数据。通常所说的内存主要指 RAM，如果断电，RAM 中的信息会自动消失。内存的特点是存取速度快，但容量小、价格贵。

（2）外存储器简称外存或辅存，用来长期存放程序和数据。外存一般只与内存进行数据交换。外存的特点是容量大、价格低，但存取速度慢。为了解决对存储器要求容量大、速度快、成本低三者之间的矛盾，目前通常采用多级存储器体系结构，即使用高速缓冲存储器（Cache）、主存储器和外存储器，这时内存包括主存与高速缓存两部分。

在计算机中，数据存储的最小单位为一个二进制位（bit，b）。一位可存储一个二进制数0或1。由于bit太小，无法用来表示出数据的信息含义，所以把8个连续的二进制位组合在一起就构成一个字节（Byte，B），一般用字节来作为计算机存储容量的基本单位。

常用的单位有 B、kB、MB、GB、TB、PB，它们之间的换算关系如下：

$1kB=2^{10}B=1024B$；$1MB=2^{20}B=1024kB$

$1GB=2^{30}B=1024MB$；$1TB=2^{40}B=1024GB$

$1PB=2^{50}B=1024TB$

4. 输入设备

输入设备用于接受用户输入的原始数据和程序，并将它们转换成计算机可以识别的形式（二进制）存放到内存中。常用的输入设备有键盘、鼠标、触摸屏、摄像头、扫描仪、游戏杆、话筒等。

5. 输出设备

输出设备用于将存放在内存中由计算机处理的结果转变为用户可接受的形式。常用的输出设备有显示器、触摸屏、打印机、绘图仪、音箱等。

输入设备和输出设备简称为 I/O（Input/Outut）设备。

6. 总线与接口

在计算机系统中，总线（Bus）是各部件（或设备）之间传输数据的公用通道。从主机各个部件之间的连接，到主机与外部设备之间的连接，几乎都采用了总线结构，所以计算机系统是多总线结构的计算机。

（1）根据总线传送信息的类别，可以把总线分为三类：

1）数据总线：用于传送程序或数据；

2）地址总线：用于传送主存储器地址码或外围设备码；

3）控制总线：用于传送控制信息。

（2）根据数据传输方式，总线可分为串行总线和并行总线：

1）串行总线二进制数据逐位通过一根数据线发送到目的部件（或设备），常见的串行总线有 RS-232、PS/2、USB 等。

2）并行总线数据线有许多根，故一次能发送多个二进制位数据，如 PCI 总线等。

各种外部设备通过接口与计算机主机相连，即通过接口，可以把打印机、扫描仪、U盘、数码相机（DC）、数码摄像机（DV）、移动硬盘、手机等外部设备连接到电脑上。

微型计算机主板上常见的接口有 USB 接口、HDMI 接口、音频接口和显示接口等。

【例 8-1-1】（历年真题）在计算机的运算器上可以：

A. 直接解微分方程　　　　　　　　　B. 直接进行微分运算

C. 直接进行积分运算　　　　　　　　D. 进行算术运算和逻辑运算

【解答】运算器上可以进行算术运算和逻辑运算，应选 D 项。

【例 8-1-2】（历年真题）程序计数器（PC）的功能是：

A. 对指令进行译码 B. 统计每秒钟执行指令的数目

C. 存放下一条指令的地址 D. 存放正在执行的指令地址

【解答】程序计数器的功能是存放下一条指令的地址，应选 C 项。

【例 8-1-3】（历年真题）计算机存储器是按字节进行编址的，一个存储单元是：

A. 8 个字节 B. 1 个字节

C. 16 个二进制数位 D. 32 个二进制数位

【解答】一个存储单元是 1 个字节，即 8 个二进制数位，应选 B 项。

【例 8-1-4】（历年真题）总线中的控制总线传输的是：

A. 程序和数据 B. 主存储器的地址码

C. 控制信息 D. 用户输入的数据

【解答】总线中的控制总线传输的是控制信息，应选 C 项。

★★★五、计算机软件系统

软件的分类，一种分类方法是根据国家标准《计算机软件分类与代码》中有关规定，将软件分为：系统软件（操作系统）、支撑软件（软件开发工具、数据库管理系统等）和应用软件三类。其中，支撑软件是指支援其他软件的编写制作和维护的软件。

按传统分类方法，将软件分为：系统软件、应用软件。

1. 系统软件

系统软件是指控制计算机的运行，管理计算机的各种资源，并为应用软件提供支持和服务的一类软件。在系统软件的支持下，用户才能运行各种应用软件。系统软件通常包括操作系统、语言处理程序和各种实用程序等。

（1）操作系统

为了使计算机系统的所有软、硬件资源协调一致，有条不紊地工作，就必须有一个软件来进行统一的管理和调度，这种软件就是操作系统。它也是最靠近硬件一层，其作用是管理资源；提供用户界面，提高用户的工作效率。详细内容见本章第二节。

（2）程序设计语言与语言处理程序

1）程序设计语言

程序设计语言是人与计算机交流的工具，是用来书写计算机程序的工具，也可用不同语言来进行描述。通常将程序设计语言分为机器语言、汇编语言和高级语言三类。

机器语言是由"0"和"1"二进制代码按一定规则组成的，能被机器直接理解、执行的指令集合。机器语言中的每一条语句实际上是一条二进制形式的指令代码。

汇编语言是使用一些反映指令功能的助记符来代替机器语言的符号语言。例如用 ADD 表示加、SUB 表示减、JMP 表示程序跳转等，这种指令助记符的语言就是汇编语言（也称为符号语言）。

高级语言是一种接近与自然语言和数学公式的程序设计语言。高级语言之所以"高级"，就是因为它使程序员可以不用与计算机的硬件打交道，可以不必了解机器的指令系统，极大地提高了编程的效率。典型的高级语言有：FORTRAN、COBOL、BASIC、Pascal、C、C++、JaVa、Python 等。其中，JaVa 主要为网络应用开发使用；Python 可用于应用程序开发、网络编程、网站设计等。

2）语言处理程序

除了用机器语言编制的程序能够被计算机直接理解和执行外，其他的程序设计语言编写的程序计算机都不能直接执行，这种程序称为源程序，必须将源程序经过一个翻译过程才能转换为计算机所能识别的机器语言程序，实现这个翻译过程的工具是语言处理程序。针对不同的程序设计语言编写出的程序，语言处理程序也有不同的形式。

汇编程序是将汇编语言编制的程序（称为源程序）翻译成机器语言程序（也称为目标程序）的工具。

高级语言翻译程序是将高级语言编写的源程序翻译成目标程序的工具。翻译程序有两种工作方式：解释方式和编译方式。相应的翻译工具也分别称为解释程序和编译程序：

①解释方式。这种方式如同"同声翻译"，解释程序对源程序进行逐句分析，若没有错误，将该语句释译成一个或多个机器语言指令，然后立即执行这些指令；若当它解释时发现错误，会立即停止，报错并提醒用户更正代码。解释方式不生成目标程序。

②编译方式。这种方式如同"笔译"，编译程序对整个源程序经过编译处理，产生一个与源程序等价的目标程序，但目标程序还不能直接执行，因为程序中还可能要调用一些其他语言编写的程序或库函数，所有这些程序通过连接程序将目标程序和有关的程序库组合成一个完整的可执行程序，见图8-1-3。产生的可执

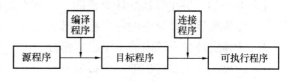

图 8-1-3　编译方式的工作过程

行程序可独立存在并反复使用。故编译方式执行速度快，但每次修改源程序，都必须重新编译。大多数高级语言都是采用编译方式。

2. 数据库系统

数据库系统由数据库（存放数据）、数据库管理系统（管理数据）、数据库应用程序（应用数据）、数据库管理员（管理数据库系统）和硬件等组成。

数据库管理系统是数据库系统的重要组成部分，其主要提供的功能有：建立数据库、编辑、修改、增删数据库内容等对数据的维护功能；对数据的检索、排序、统计等使用数据库的功能；友好的交互式输入/输出能力；使用方便、高效的数据库编程语言；允许多用户同时访问数据库；提供数据独立性、完整性、安全性的保障。目前常用数据库管理系统有：Access、SQLServer、Oracle、Sybase、DB_2 等。

3. 应用软件

利用计算机的软硬件资源为某一专门的应用目的而开发的软件称为应用软件。

（1）办公软件包。常用的文字处理软件有微软公司的 Microsoft Word 和我国金山公司的 WPS 等。常用的电子表格处理软件有 Microsoft Excel 等。

（2）计算机辅助设计软件。在工程技术领域计算机辅助设计 CAD 软件被广泛使用。常用的计算机辅助设计软件是 AutoCAD，它极大地提高了土木工程设计人员的工作效率。

（3）图像处理软件。图像软件主要用于创建和编程位图文件。Windows 自带的"画图"是一个简单的图像软件，Adobe 公司开发的 Photoshop 软件是目前流行的图像软件。常见的动画制作软件有 3D MAX、Flash 等。

（4）网络服务软件。网络服务软件繁多，常用的有浏览器、电子邮件、FTP 文件传输、博客、微信、即时通信等软件等。

【**例 8-1-5**】（历年真题）目前，人们常用的文字处理软件有：

A. Microsoft Word 和国产文字处理软件 WPS

B. Microsoft Excel 和 AutoCAD

C. Microsoft Access 和 Visual Foxpro

D. Visual BASIC 和 Visual C++

【**解答**】常用的文字处理软件是 Microsoft Word 和国产 WPS，应选 A 项。

【**例 8-1-6**】（历年真题）用高级语言编写的源程序，将其转换成能在计算机上运行的程序过程是：

A. 编译、连接、执行　　　　　　　　B. 编辑、编译、连接

C. 连接、翻译、执行　　　　　　　　D. 编程、编辑、执行

【**解答**】高级语言编写的源程序，当为编译方式时，其过程为：编译、连接、执行，应选 A 项。

【**例 8-1-7**】（历年真题）计算机的支撑软件是：

A. 计算机软件系统内的一个组成部分

B. 计算机硬件系统内的一个组成部分

C. 计算机应用软件内的一个组成部分

D. 计算机专用软件内的一个组成部分

【**解答**】支撑软件是计算机软件系统内的一个组成部分，应选 A 项。

【**例 8-1-8**】（历年真题）计算机可以直接执行的程序是用：

A. 自然语言编制的程序　　　　　　　B. 汇编语言编制的程序

C. 机器语言编制的程序　　　　　　　D. 高级语言编制的程序

【**解答**】计算机可以直接执行的是机器语言编制的程序，应选 C 项。

习　题

8-1-1　（历年真题）计算机系统中，存储器系统包括：

A. 寄存器组、外存储器和主存储器

B. 寄存器组、高速缓冲存储器（Cache）和外存储器

C. 主存储器、高速缓冲存储器（Cache）和外存储器

D. 主存储器、寄存器组和光盘存储器

8-1-2　（历年真题）计算机系统内的系统总线是：

A. 计算机硬件系统的一个组成部分　　B. 计算机软件系统的一个组成部分

C. 计算机应用软件系统的一个组成部分　D. 计算机系统软件的一个组成部分

8-1-3　（历年真题）软件系统中，能够管理和控制计算机系统全部资源的软件是：

A. 应用软件　　　　B. 用户程序　　　　C. 支撑软件　　　　D. 操作系统

8-1-4　（历年真题）计算机系统的内存存储器是：

A. 计算机软件系统的一个组成部分　　B. 计算机硬件系统的一个组成部分

C. 隶属于外围设备的一个组成部分　　D. 隶属于控制部件的一个组成部分

8-1-5　（历年真题）根据冯·诺依曼结构原理，计算机的硬件由：

A. 运算器、存储器、打印机组成

B. 寄存器、存储器、硬盘存储器组成

C. 运算器、控制器、存储器、I/O 设备组成

D. CPU、显示器、键盘组成

8-1-6　（历年真题）当前微机所配备的内存储器大多是：

A. 半导体存储器　　　　　　　　　　B. 磁介质存储器

C. 光线（纤）存储器　　　　　　　　D. 光电子存储器

8-1-7　（历年真题）根据冯·诺依曼结构原理，计算机的 CPU 是由：

A. 运算器、控制器组成　　　　　　　B. 运算器、寄存器组成

C. 控制器、寄存器组成　　　　　　　D. 运算器、存储器组成

8-1-8　（历年真题）计算机的信息数量的单位常用 kB、MB、GB、TB 表示，它们中表示信息数量最大的一个是：

A. kB　　　　　　B. MB　　　　　　C. GB　　　　　　D. TB

第二节　常用操作系统

一、概述

操作系统的三个基本特征：并发性、共享性和随机性。其中，随机性是指操作系统的运行是在一个随机的环境中进行的。

★★★1. 操作系统的分类

按系统的功能分类，操作系统可分为三种基本类型：批处理系统，分时系统，实时系统。随着计算机体系结构的发展，又出现了许多种操作系统，如个人计算机操作系统（如Windows、Linux）、网络操作系统（如 Windows Server）和智能手机操作系统（如 Android、iOS）。

（1）批处理系统

批处理系统的主要特点是允许用户将由程序、数据以及说明如何运行该作业的操作说明书组成的作业一批批地提交系统，然后不再与作业发生交互作用，直到作业运行完毕后，才能根据输出结果分析作业运行情况，确定是否需要适当修改再次上机。目前较少采用批处理系统。

（2）分时操作系统

分时操作系统的主要特点是将 CPU 的时间划分成时间片，轮流接收和处理各个用户从终端输入的命令。典型的分时操作系统有 UNIX、Linux 等。

（3）实时操作系统

实时操作系统的主要特点是指对信号的输入、计算和输出都能在一定的时间范围内完成。实时操作系统可以分成两类：实时控制系统（如飞机自动导航系统）和实时信息处理系统（如机票订购系统、联机检索系统）。常用的实时操作系统有 RDOS 等。

2. 常用操作系统

常用操作系统目前主要有 Windows、UNIX、Linux、Mac OS 和 Android。

【例 8-2-1】（历年真题）允许多个用户以交互方式使用计算机的操作系统是：

A. 批处理单道系统　　　　　　　　　B. 分时操作系统

C. 实时操作系统 　　　　　　　　　 D. 批处理多道系统

【解答】分时操作系统是指允许多个用户以交互方式使用计算机，应选 B 项。

二、操作系统的基本功能

操作系统的基本功能是处理机管理、存储管理、文件系统和设备管理。

★★★1. 进程和处理机管理（也称为程序管理）

处理机管理的主要功能是把 CPU 的时间有效地、合理地分配给各个正在运行的程序。在许多操作系统中，包括 CPU 在内的系统资源是以进程为单位分配的，因此，处理机管理在某种程度上也可以说是进程管理。

（1）程序

在早期的计算机系统中，一旦某个程序开始运行，它就占用了整个系统的所有资源，直到该程序运行结束，这就是所谓的单道程序系统。

为了提高系统资源的利用率，后来的操作系统都允许同时有多个程序被加载到内存中执行，这样的操作系统称为多道程序系统。在多道程序系统中，从宏观上看，系统中多道程序是在并行执行；从微观上看，在任一时刻仅能执行一道程序，各程序是交替执行的。因此，操作系统必须能够对包括处理机在内的系统资源进行管理。

（2）进程

进程可以认为是一个正在执行的程序，或者说，进程是一个程序与其数据一道在计算机上顺序执行时所发生的活动。一个程序被加载到内存，系统就创建了一个进程，程序执行结束后，该进程也就消亡了。当一个程序同时被执行多次时，系统就创建了多个进程，尽管是同一个程序。

进程的基本特征是：动态性、并发性、独立性和异步性。

并发性是指系统中可以同时有几个进程在活动，也就是说，同时存在几个程序的执行过程。并发性是进程的重要特征之一，也就是操作系统的重要特征。

异步性是指进程按各自独立的、不可预知的速度前进，也就是说，进程是按异步方式运行的。

进程在它的整个生命周期中有三个基本状态：就绪，运行，挂起（也称为"等待"或"睡眠"）。在运行期间，进程不断地从一个状态转换到另一个状态。处于执行状态的进程，因时间片用完就转换为就绪状态，因为需要访问某个资源，而该资源被别的进程占用，则由执行状态转换为挂起状态；处于挂起状态的进程因发生了某个事件后（需要的资源满足了）就转换为就绪状态；处于就绪状态的进程被分配了 CPU 后就转换为执行状态。

程序和进程的主要差异是：

1）程序是一个静态的概念，指的是存放在外存储器上的程序文件；进程是一个动态的概念，描述程序执行时的动态行为。

2）程序可以脱离机器长期保存，即使不执行的程序也是存在的。而进程是执行着的程序，当程序执行完毕，进程也就不存在了。

3）一个程序可多次执行并产生多个不同的进程。

（3）线程

随着硬件和软件技术的发展，为了更好地实现并发处理和共享资源，提高 CPU 的利用率，目前许多操作系统把进程再"细分"成线程（threads）。线程描述进程内的执行，是某些操作系统分配 CPU 时间的基本单位。

一个进程可以有多个线程，它们共享许多资源。采用多线程的优点有：响应效果好、资源共享、经济、更好地应用多处理器结构。

目前，在 UNIX 中，进程仍然是 CPU 的分配单位，而在 Windows 中，线程是 CPU 的分配单位。目前大部分的应用程序都是多线程的结构。

【例 8-2-2】（历年真题）操作系统中的进程与处理器管理的主要功能是：

A. 实现程序的安装、卸载

B. 提高主存储器的利用率

C. 使计算机系统中的软硬件资源得以充分利用

D. 优化外部设备的运行环境

【解答】进程与处理器管理的主要功能是使计算机系统的软硬件资源得以充分利用，应选 C 项。

【例 8-2-3】（历年真题）可以这样来认识进程，进程是：

A. 一段执行中的程序   B. 一个名义上系统软件

C. 与程序等效的一个概念   D. 一个存放在 ROM 中的程序

【解答】进程是一段执行中的程序，应选 A 项。

【例 8-2-4】（历年真题）下面四条有关线程的表述中，其中错误的一条是：

A. 线程有时也称为轻量级进程

B. 有些进程只包含一个线程

C. 线程是所有操作系统分配 CPU 时间的基本单位

D. 把进程再仔细分成线程的目的是为更好地实现并发处理和共享资源

【解答】线程不是所有操作系统（如 UNIX）分配 CPU 时间的基本单位，应选 C 项。

2. 存储管理

（1）虚拟内存

由于内存的容量相对较小，往往无法满足实际的需要。为了解决这个问题，操作系统使用硬盘空间模拟内存，为用户提供了一个比实际内存大得多的内存空间。在计算机的运行过程中，当前使用的部分保留在内存中，其他暂时不用的存放在外存中，操作系统根据需要负责进行内外存的交换。虚拟内存的最大容量与 CPU 的寻址能力有关。虚拟内存在 Windows 中又称为页面文件。

（2）存储器分配

存储器分配是存储管理的重要部分。

此外，存储管理的功能还有地址的转换、信息的保护等。

3. 设备管理

（1）设备的分类

操作系统所管理的设备是指除 CPU 和内存储器以外的所有输入/输出设备。这些设备可以从不同的角度进行分类。

1）按设备的使用特性分类。它可分为：①存储设备，如硬盘；②输入/输出设备。

2）按设备的共享属性分类。它可分为：①独享设备；②共享设备；③虚拟设备。

3）按设备的从属关系分类。它可分为：①系统设备，如键盘、显示器等；②用户设备，如网卡、扫描仪等。

（2）Windows 的设备管理

设备驱动程序是操作系统管理和驱动设备的程序。用户使用设备之前，必须已经安装驱动程序，否则无法使用。Windows 的设备管理功能有：即插即用、热插拔、通用即插即用、集中统一管理。在 Windows 中，对设备进行集中统一管理的是设备管理器和控制面板。

4. 文件系统与管理

在操作系统中，负责管理和存取文件信息的部分称为文件系统或信息管理系统。在文件系统的管理下，用户可以按照文件名访问文件，而不必考虑各种外存储器的差异，不必了解文件在外存储器上的具体物理位置以及如何存放的。文件系统为用户提供了一个简单、统一的访问文件的方法，因此也被称为用户与外存储器的接口。

（1）文件夹（也称为目录）与文件路径

在计算机中，任何一个文件都有文件名。一般来说，文件名分为文件主名和扩展名两个部分。文件扩展名表示文件的类型。

一个磁盘上的文件成千上万，为了有效地管理和使用文件，用户通常在磁盘上创建文件夹（目录），在文件夹下再创建子文件夹（子目录），也就是将磁盘上所有文件组织成树状结构，然后将文件分门别类地存放在不同的文件夹中。

访问磁盘上的文件，文件路径有两种方式：

1）绝对路径：从根目录开始，依序到该文件之前的名称。

2）相对路径：从当前目录开始到某个文件之前的名称。

在 Windows 中，桌面上有"我的文档""我的电脑""网上邻居""回收站"等系统专用的文件夹，不能改名，被称为系统文件夹。

（2）Windows 的文件管理

Windows 中"我的电脑"和"资源管理器"是 Windows 提供的用于管理文件和文件夹的工具，利用它们可以显示文件夹的结构和文件的详细信息，启动应用程序，打开文件，查找文件，复制文件以及直接访问 Internet 等。用户可以根据自己的习惯和要求来选择这两种工具中的一种。

习　题

8-2-1　（历年真题）操作系统作为一种系统软件，存在着与其他软件明显不同的三个特征是：

A. 可操作性、可视性、公用性　　　　B. 并发性、共享性、随机性

C. 随机性、公用性、不可预测性　　　D. 并发性、可操作性、脆弱性

8-2-2　（历年真题）在计算机系统中，设备管理是指对：

A. 除 CPU 和内存储器以外的所有输入/输出设备的管理

B. 包括 CPU 和内存储器以及所有输入/输出设备的管理

C. 除 CPU 外，包括内存储器以及所有输入/输出设备的管理

D. 除内存储器外，包括 CPU 以及所有输入/输出设备的管理

8-2-3　（历年真题）Windows 提供了两个十分有效的文件管理工具，它们是：

A. 集合和记录

B. 批处理文件和目标文件

C. 我的电脑和资源管理器

D. 我的文档、文件夹

8-2-4 （历年真题）操作系统中采用虚拟存储技术，是为了对：

A. 外围存储空间的分配   B. 外存储器进行变换

C. 内存储器的保护   D. 内存储器容量的扩充

8-2-5 （历年真题）操作系统中采用虚拟存储技术，实际上是为实现：

A. 在一个较小的内存储空间上，运行一个较小的程序

B. 在一个较小的内存储空间上，运行一个较大的程序

C. 在一个较大的内存储空间上，运行一个较小的程序

D. 在一个较大的内存储空间上，运行一个最大的程序

8-2-6 （历年真题）在下面四条有关进程特征的叙述中，其中正确的一条是：

A. 静态性、并发性、共享性、同步性

B. 动态性、并发性、共享性、异步性

C. 静态性、并发性、独立性、同步性

D. 动态性、并发性、独立性、异步性

8-2-7 （历年真题）操作系统的设备管理功能是对系统中的外围设备：

A. 提供相应的设备驱动程序、初始化程序和设备控制程序等

B. 直接进行操作

C. 通过人和计算机的操作系统对外围设备直接进行操作

D. 既可以由用户干预，也可以直接执行操作

8-2-8 （历年真题）操作系统中的文件管理是：

A. 对计算机的系统软件资源进行管理   B. 对计算机的硬件资源进行管理

C. 对计算机用户进行管理   D. 对计算机网络进行管理

8-2-9 （历年真题）若干台计算机相互协作完成同一任务的操作系统属于：

A. 分时操作系统   B. 嵌入式操作系统

C. 分布式操作系统   D. 批处理操作系统

8-2-10 （历年真题）批处理操作系统的功能是将用户的一批作业有序地排列起来：

A. 在用户指令的指挥下、顺序地执行作业流

B. 计算机系统会自动地、顺序地执行作业流

C. 由专门的计算机程序员控制作业流的执行

D. 由微软提供的应用软件来控制作业流的执行

第三节　计算机中数据的表示

一、信息在计算机的表示

1. 信息和数据

数据是对客观事物的性质、状态以及相互关系等进行记载的物理符号或是这些物理符

号的组合。数据是可识别的、抽象的符号。这些符号不仅指数字，而且包括字符、文字、图形等。

数据经过处理后，其表现形式仍然是数据。处理数据是为了便于更好地解释，只有经过解释，数据才有意义，才成为信息。因此，信息是经过加工并对客观世界产生影响的数据。信息与数据是不同的，信息有意义，而数据没有。通常，在计算机中经常将信息和数据这两个词不加以严格区分，互换使用。

2. 二进制编码

在计算机中要将数值、文字、图形、图像、声音等各种数据进行二进制编码才能存放到计算机中进行处理。计算机中存放的任何形式的数据都以"0"和"1"的二进制编码表示和存放。采用二进制编码的优点如下：

（1）物理上容易实现，可靠性强。

（2）运算简单，通用性强。

（3）计算机中二进制数的0、1数码与逻辑量"假"和"真"的0与1吻合，便于表示和进行逻辑运算。

因此，进入计算机中的各种数据都要进行二进制编码的转换。同样，从计算机输出数据而进行逆向的转换称为解码。

3. 数制转换

数制转换的内容，见本书第七章第九节。二进制的角标为 B；八进制的角标为 O；十进制的角标为 D；十六进制的角标为 H。

【例 8-3-1】（历年真题）十进制的数 256.625 用十六进制表示则是：

A. 100. B

B. 200. C

C. 100. A

D. 96. D

【解答】 $256 \div 16$　可得余数分别为：0、0、1，故整数为 100；

0.625×16　可得整数位数为：10，故小数为 A。

综上，$(256.625)_D = (100.A)_H$，应选 C 项。

【例 8-3-2】（历年真题）十进制的数 256.625，用八进制表示则是：

A. 412.5

B. 326.5

C. 418.8

D. 400.5

【解答】 $256 \div 8$　可得余数分别为：0、0、4，故整数为 400；

0.625×8　可得整数位数为：5，故小数为 5。

综上，$(256.625)_D = (400.5)_O$，应选 D 项。

★★★二、数据在计算机中的表示

1. 数值数据在计算机中的表示

数值数据在计算机中的表示，见本书第七章第九节。

2. 非数值数据在计算机中的表示

非数值数据有字符编码、多媒体信息编码等。其中，字符包括西文字符（英文字母、数字、各种符号）和中文字符。

（1）西文字符编码

对西文字符编码最常用的是 ASCII 字符编码（美国信息交换标准代码）。ASCII 是用

7 位二进制编码，它可以表示 2^7，即 128 个字符，见表 8-3-1。每个字符用 7 位基 2 码表示，其排列次序为 $d_6d_5d_4d_3d_2d_1d_0$，d_6 为高位，d_0 为低位。

7 位 ASCII 代码表　　　　　　　　　　　　　　　　表 8-3-1

$d_3d_2d_1d_0$ ＼ $d_6d_5d_4$		000	001	010	011	100	101	110	111
		0	1	2	3	4	5	6	7
0000	0	NUL	DLE	SP	0	@	P	、	P
0001	1	SOH	DC1	!	1	A	Q	a	q
0010	2	STX	DC2	”	2	B	R	b	r
0011	3	EXT	DC3	#	3	C	S	c	s
0100	4	EOT	DC4	$	4	D	T	d	t
0101	5	ENQ	NAK	%	5	E	U	e	u
0110	6	ACK	SYN	&.	6	F	V	f	v
0111	7	BEL	ETB	,	7	G	W	g	w
1000	8	BS	CAN	(	8	H	X	h	x
1001	9	HT	EM	)	9	I	Y	i	y
1010	A	LF	SUB	*	:	J	Z	j	z
1011	B	VT	ESC	+	;	K	[	k	{
1100	C	FF	FS	,	<	L	\	l	|
1101	D	CR	GS	—	=	M	]	m	}
1110	E	SO	RS	·	>	N	↑	n	～
1111	F	SI	US	/	?	O	↓	o	DEL

在 ASCII 码表中可以看出，十进制码值 0～32 和 127（即 NUL～SP 和 DEL）共 34 个字符称为非图形字符（也称为控制字符）；其余 94 个字符称为图形字符（也称为普通字符）。在这些字符中，从"0"～"9""A"～"Z""a"～"z"都是顺序排列的，且小写比大写字母码值大 32，即位值 d_5 为 1（小写字母）、0（大写字母），这有利于大、小写字母之间的编码转换。

（2）汉字字符编码

由于汉字具有特殊性，计算机在处理汉字时，汉字的输入、存储、处理和输出过程中所使用的汉字编码不同，之间要进行相互转换，过程如图 8-3-1 所示。

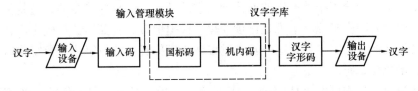

图 8-3-1　汉字信息处理系统的模型

1）汉字输入码

汉字的输入码就是利用键盘输入汉字时对汉字的编码。目前常用的输入码主要分为两类：一类是音码类，如全拼码；另一类是形码类，如五笔字型法。

2）汉字国标码

国标码是我国 1980 年发布的《信息交换用汉字编码字符集——基本集》GB 2312—80，是中文信息处理的国家标准，也称汉字交换码，简称 GB 码。考虑到与 ASCII 编码的关系，国标码中每个汉字用两个字节表示，使用了每个字节的低 7 位。

3）汉字机内码

一个汉字国标码占两个字节，每个字节最高位仍为"0"；英文字符的机内代码是 7 位 ASCII 码，最高位也为"0"。为了在计算机内部能够区分是汉字编码还是 ASCII 码，将汉字国标码的每个字节的最高由"0"变为"1"，变换后的国标码称为汉字机内码。由此可知汉字机内码的每个字节都大于 128，而每个西文字符的 ASCII 码值均小于 128。

4）汉字字形码

汉字字形码又称汉字字模，用于汉字在显示屏或打印机输出。汉字字形码通常有两种表示方式：点阵和矢量。

用点阵表示字形时，汉字字形码指的就是这个汉字字形点阵的代码。根据输出汉字的要求不同，点阵的多少也不同。字库中存储了每个汉字的点阵代码，当显示输出时才检索字库，输出字模点阵得到字形。

矢量表示方式存储的是描述汉字字形的轮廓特征，当要输出汉字时，通过计算机的计算，由汉字字形描述生成所需大小和形状的汉字。矢量化字形描述与最终文字显示的大小、分辨率无关，因此可产生高质量的汉字输出。

【例 8-3-3】（历年真题）在计算机内，ASCII 码是为：

A. 数字而设置的一种编码方案
B. 汉字而设置的一种编码方案
C. 英文字母而设置的一种编码方案
D. 常用字符而设置的一种编码方案

【解答】ASCII 码是为常用字符（英文字母、数字、符号）而设置的一种编码方案，应选 D 项。

【例 8-3-4】（历年真题）汉字的国标码是用两个字节码表示，为与 ASCII 码区别，是将两个字节的最高位：

A. 都置成 0
B. 都置成 1
C. 分别置成 1 和 0
D. 分别置成 0 和 1

【解答】汉字国标码将两个字节的最高位都置成 1，应选 B 项。

（3）多媒体信息编码

1）声音信息编码

声音是由空气中分子振动产生的波传到人们的耳朵，引起耳膜振动，这就是人们听到的声音。声波在时间上和幅度上都是连续变化的模拟信号。若要用计算机对声音处理，就要将模拟信号转换成数字信号，这一转换过程称为模拟音频的数字化。数字化过程涉及声音的采样、量化和编码。

采样和量化的过程可由 A/D（模/数）转换器实现。经采样和量化的声音信号再经编码后就成为数字音频信号，以数字声波文件形式保存在计算机的存储介质中。若要将数字声音输出，必须通过 D/A（数/模）转换器将数字信号转换成原始的模拟信号。

数字音频的质量由三项指标组成：采样频率、量化位数（即采样精度）和声道数。

数字音频信息在计算机中是以文件的形式保存，通常有：WAV（wav）文件、MIDI（mid）文件、MP3 文件、RA（ra）文件和 WMA（wma）文件。

2）图形和图像信息编码

图形一般是指通过绘图软件绘制的由直线、圆、圆弧、任意曲线等图元组成的画面，以矢量图形文件形式存储，占用的存储空间小。矢量图形文件存储的是描述生成图形的指令，因此不必对图形中每一点进行数字化处理。

图像是由扫描仪、数字照相机、摄像机等输入设备捕捉的真实场景画面产生的映像，数字化后以位图形式存储。位图文件中存储的是构成图像的每个像素点的亮度、颜色，位图文件的大小与分辨率和色彩的颜色种类有关，放大、缩小要失真，占用的存储空间比矢量文件大。

现实中的图像是一种模拟信号。图像的数字化是指将一幅真实的图像转变成为计算机能够接受的数字形式，这涉及对图像的采样和量化。

采样就是将空间上连续的图像转换成离散点的过程，采样的实质就是用多少个像素（pixels）点来描述这一幅图像，称为图像的分辨率，用"列数×行数"表示，分辨率越高，图像越清晰，存储量也越大。

量化则是在图像离散化后，将表示图像色彩浓淡的连续变化值离散化为整数值的过程。把量化时所确定的整数值取值个数称为量化级数，表示量化的色彩值（或亮度）所需的二进制位数称为量化字长。一般可用 8 位、16 位、24 位、32 位等来表示图像的颜色，24 位可以表示 $2^{24}=16777216$ 种颜色，称为真彩色。

将采样和量化后的数字数据转换成用二进制数码 0 和 1 表示的形式。

图像的分辨率和像素位的颜色深度决定了图像文件的大小，计算公式为：

列数×行数×颜色深度÷8＝图像字节数

例如，当要表示一个分辨率为 1280×1024 的"24 位真彩色"图像，则图像大小为：$1280×1024×24÷8≈4MB$。

可见，数字化后的图像数据量十分巨大，必须采用编码技术来压缩信息。

图形图像文件格式通常有：BMP（bmp）文件、GIF（gif）文件、JPEG（jpg）文件、WMF（wmf）文件和 PNG（png）文件等。

【例 8-3-5】（历年真题）一幅图像的分辨率为 640×480 像素，这表示该图像中：

A. 至少由 480 个像素组成　　　　　　B. 总共由 480 个像素组成

C. 每行由 640×480 个像素组成　　　　D. 每列由 480 个像素组成

【解答】排除法，A、B、C 项均错误，应选 D 项。

习　题

8-3-1　（历年真题）将二进制数 11001 转换成相应的十进制数，其正确结果是：

A. 25　　　　　　　B. 32　　　　　　　C. 24　　　　　　　D. 22

8-3-2　（历年真题）图像中的像素实际上就是图像中的一个个光点，这光点：

A. 只能是彩色的，不能是黑白的

B. 只能是黑白的，不能是彩色的

C. 既不能是彩色的，也不能是黑白的

D. 可以是黑白的，也可以是彩色的

8-3-3 （历年真题）下面四个二进制数中，与十六进制数 AE 等值的一个是：

A. 10100111　　　　　B. 10101110　　　　　C. 10010111　　　　　D. 11101010

8-3-4 （历年真题）计算机中度量数据的最小单位是：

A. 数 0　　　　　　　B. 位　　　　　　　　C. 字节　　　　　　　D. 字

8-3-5 （历年真题）在下面列出的四种码中，不能用于表示机器数的一种是：

A. 原码　　　　　　　B. ASCII 码　　　　　C. 反码　　　　　　　D. 补码

8-3-6 （历年真题）影响计算机图像质量的主要参数有：

A. 存储器的容量、图像文件的尺寸、文件保存格式

B. 处理器的速度、图像文件的尺寸、文件保存格式

C. 显卡的品质、图像文件的尺寸、文件保存格式

D. 分辨率、颜色深度、图像文件的尺寸、文件保存格式

第四节　计 算 机 网 络

一、计算机网络的概念与功能

当今人类社会是一个以网络为核心的信息社会，其特征是数字化、网络化和信息化。其中，信息化的三大技术支柱是计算机技术、通信技术和计算机网络。

1. 计算机网络的概念

计算机网络就是一群具有独立功能的计算机通过通信线路和通信设备互联起来，在功能完善的网络软件（网络协议、网络操作系统等）的支持下，实现计算机之间数据通信和资源共享的系统。

在计算机网络中，各计算机都安装有操作系统，能够独立运行。也就是说，在没有网络或网络崩溃的情况下，各计算机仍然能够运行。

2. 计算机网络的功能

计算机网络的基本功能有两个：数据通信和资源共享。

（1）数据通信是计算机网络最基本的功能。其他所有的功能都是构筑在数据通信基础上的，没有数据通信功能，也就没有所有功能。

（2）资源共享是计算机网络最主要的功能。可以共享的网络资源包括硬件、软件和数据。其中，最重要的是数据资源。

★★★二、计算机网络的分类

1. 按网络覆盖的地理范围分类

按网络覆盖的地理范围，计算机网络可分为：局域网、城域网和广域网。

（1）**局域网**

局域网（LAN）是指地理范围在几米到十几公里内的计算机及外围设备通过高速通信线路相连的网络，常见于一幢大楼、一个工厂、一个企业或一个校园内。这样的网络常称为企业网或校园网。常见的局域网主要有两种：以太网（Ethernet）和无线局域网（WLAN）。

（2）**城域网**

城域网（MAN）覆盖了一个城市。典型的城域网例子有两个：一个是有线电视网；

另一个是宽带无线接入系统。常见到的是作为一个公用设施，被一个或几个单位所拥有，将多个局域网互联起来的城域网，采用的技术是以太网技术。

（3）广域网

广域网（WAN），也称为远程网，所覆盖的范围从几十公里到几千公里，它能连接多个城市或国家，或横跨几个洲并能提供远距离通信，目的是将分布在不同地区的局域网或计算机系统互连起来以达到资源共享。常见的广域网主要有：公用数据网（PDN）、数字数据网（DDN）、综合业务数据网（ISDN）、帧中继网（FR）、千兆以太网（GE）与10GE 的光以太网等。它们使用的通信干线主要有光缆、微波中继线等。

2. 按网络的交换功能分类

按照交换的功能将计算机网络分类，常用的交换方法有电路交换、报文交换和分组交换。其中，电路交换类似于传统的电话交换方式；报文交换类似于古代的邮政通信，邮件由途中的驿站逐个存储转发；分组交换是将一个长的报文划分为许多定长的报文分组，以分组作为传输的基本单位。分组交换优于电路交换、报文交换。

3. 其他分类

（1）按采用的传输介质，可分为双绞线网、同轴电缆网、光纤网、无线网等。

（2）按网络传输技术，可分为广播式网络和点到点式网络。

（3）接线路上所传输信号的不同，可分为基带网和宽带网。

（4）按网络的使用范围进行分类，可分为公用网和专用网。

【例 8-4-1】（历年真题）若按采用的传输介质的不同，可将网络分为：

A. 双绞线网、同轴电缆网、光纤网、无线网

B. 基带网和宽带网

C. 电路交换类、报文交换类、分组交换类

D. 广播式网络、点到点式网络

【解答】按传输介质的不同，网络可分为双绞线网、同轴电缆网、光纤网、无线网，应选 A 项。

【例 8-4-2】（历年真题）广域网，又称为远程网，它所覆盖的地理范围一般：

A. 从几十米到几百米　　　　　　　B. 从几百米到几公里

C. 从几公里到几百公里　　　　　　D. 从几十公里到几千公里

【解答】广域网所覆盖的地理范围一般是从几十公里到几千公里，应选 D 项。

【例 8-4-3】（历年真题）构成信息化社会的主要技术支柱有三个，分别是：

A. 计算机技术、通信技术、网络技术

B. 数据库、计算机技术、数字技术

C. 可视技术、大规模集成技术、网络技术

D. 动画技术、网络技术、通信技术

【解答】构成信息化社会的三个技术支柱是计算机技术、通信技术、网络技术，应选 A 项。

★★★三、计算机网络的组成

1. 从逻辑功能上，计算机网络的组成

从逻辑功能上看，计算机网络由通信子网和资源子网组成（图 8-4-1）。

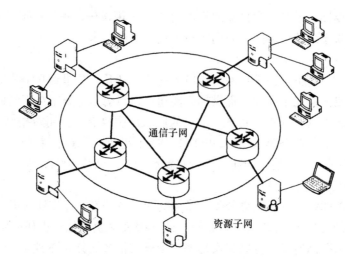

图 8-4-1　通信子网和资源子网

（1）通信子网

由通信设备和通信线路组成的传输网络，位于网络内层，负责全网的数据传输、加工和交换等通信处理工作。

（2）资源子网

代表网络的数据处理资源和数据存储资源，位于网络的外围，负责全网数据处理和向网络用户提供资源及网络服务。

2．从网络硬件系统和软件系统上看，计算机网络的组成

一个计算机网络由网络硬件系统和网络软件系统两大部分组成。

（1）网络硬件

网络硬件主要包括计算机设备、接口设备、传输媒体、互联设备等。

1）计算机设备

网络中的计算机设备通常有服务器和客户机之分。

① 服务器：通常是指速度快、容量大的特殊计算机，它是整个网络系统的核心，对客户机进行管理并提供网络服务。

② 客户机：是网络中使用共享资源的普通计算机，用户通过客户端软件可以向服务器请求提供各种服务，例如邮件服务、打印服务等。

2）接口设备

网卡是网络适配器（或称网络接口卡）的简称，是计算机和网络之间的物理接口。计算机通过网卡接入计算机网络。

3）网络传输介质

传输介质就是连接计算机的通信线路。常用的传输介质可分为有线介质和无线介质，有线介质主要有同轴电缆、双绞线、光纤，无线介质主要有无线电波、红外线等。

4）网络互联设备

要将多台计算机连接成局域网，除了需要插在计算机中的网卡、连接计算机的传输媒体外，还需要交换机、路由器等这样的网络互联设备。

（2）网络软件

网络软件主要有以下三类：

1）网络协议软件。网络协议负责保证网络中的通信能够正常进行。目前在局域网上常用的网络协议是 TCP/IP 协议。

2）网络操作系统。网络操作系统是具有网络功能的操作系统，主要用于管理网络中所有资源，并为用户提供各种网络服务。网络操作系统一般都内置了多种网络协议软件。目前常用的网络操作系统有：Windows Server、UNIX 和 Linux。

3）网络应用软件。网络应用软件是各式各样的，目的是为网络用户提供各种服务。例如，浏览网页的工具 Internet Explorer。

【例 8-4-4】（历年真题）在计算机网络中，常将负责全网络信息处理的设备和软件称为：

A. 资源子网　　　　　　　　　　B. 通信子网

C. 局域网　　　　　　　　　　　D. 广域网

【解答】在计算机网络中，常将负责全网络信息处理的设备和软件称为资源子网，应选 A 项。

★四、网络体系结构与协议

网络协议就是指在计算机网络中，通信双方为了实现通信而设计的规则。

在网络协议的分层结构中，相似的功能出现在同一层内；每层都是建立在它的前一层的基础上，相邻层之间通过接口进行信息交流；对等层间有相应的网络协议来实现本层的功能。这样网络协议被分解成若干相互有联系的简单协议，这些简单协议的集合称为协议栈。计算机网络的各个层次和在各层上使用的全部协议统称为计算机网络体系结构。目前，计算机网络存在两种系统结构占主导地位：OSI 体系结构和 TCP/IP 体系结构。OSI 体系结构具有七层，TCP/IP 体系结构具有四层。

1. ISO/OSI 参考模型

OSI（Open System Interconnection）参考模型是由国际标准化组织（ISO）于 1978 年制定的，这是一个异种计算机互联的国际标准。OSI 模型分为七层，其结构如图 8-4-2 所示。

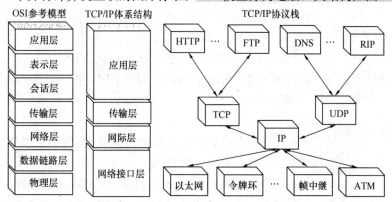

图 8-4-2　TCP/IP 体系结构与 OSI 参考模型对照关系

2. TCP/IP 体系结构

TCP/IP 采用四层体系结构，见图 8-4-2。TCP/IP 协议并不是一个协议，而是由 100

多个网络协议组成的协议族，因为其中的传输控制协议（TCP）和网际协议（IP）最重要，所以被称为 TCP/IP 协议。

IP 协议是为数据在 Internet 上发送、传输和接收制定的详细规则，凡使用 IP 协议的网络都称为 IP 网络。IP 协议不能确保数据可靠地从一台计算机发送到另一台计算机，因为数据经过某一台繁忙的路由器时可能会被丢失。确保可靠交付的任务由 TCP 协议完成。

★五、局域网

1. 局域网的拓扑结构

网络中的计算机等设备要实现互联，就需要以一定的结构方式进行连接，这种连接方式就称为拓扑结构。通常局域网的拓扑结构有：总线型结构、环形结构、星形结构、树形结构等。

2. 常用局域网

美国电气和电子工程师学会（IEEE）于 1980 年 2 月成立了局域网标准委员会（简称 IEEE 802 委员会），专门从事局域网标准化工作，并制定了一系列标准，统称为 IEEE 802 标准。目前最为常用的局域网标准有两个：IEEE802.3（以太网）和 IEEE802.11（无线局域网）。

采用 IEEE 802.3 标准组建的局域网就是以太网（Ethernet）。以太网是有线局域网，在局域网中历史最为悠久、技术最为成熟、应用最为广泛。

采用 IEEE 802.11 标准组建的局域网就是无线局域网（WLAN），它是局域网与无线通信技术相结合的产物，采用红外线或者无线电波进行数据通信，能提供有线局域网的所有功能，同时，还能按照用户的需要方便地移动或改变网络。目前无线局域网还不能完全脱离有线网络，它只是有线网络的扩展和补充。

【例 8-4-5】（历年真题）下列选项中不属于局域网拓扑结构的是：

A. 星形　　　　　　B. 互联形　　　　　　C. 环形　　　　　　D. 总线型

【解答】局域网拓扑结构有星形、环形、总线型，无互联形，故选 B 项。

★★★六、因特网

1. IP 地址和域名

在社会中，每一个人都有一个身份证号码。在 Internet 上，每一台计算机也有一个身份证号码，即 IP 地址。在 IPv4（IP 的 v4 版本）中，IP 地址占用 4 个字节 32 位。由于几乎无法记住二进制形式的 IP 地址，所以 IP 地址通常以点分十进制形式表示。而点分十进制形式也难以让人记住，所以服务器采用域名表示。用户上网时输入域名，由域名服务器将域名转换成为 IP 地址，如图 8-4-3 所示。

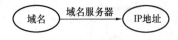

图 8-4-3　域名服务器

（1）IP 地址

IP 地址由网络地址和主机地址组成。根据网络规模的大小，IP 地址分成 A、B、C、D、E 五类，其中 A 类、B 类和 C 类地址为基本地址，它们的格式如图 8-4-4 所示。地址数据中的全 0 或全 1 有特殊含义，不能作为普通地址使用。例如，网络地址 127 专用于测试，不可用于其他用途。如果某计算机发送信息给 IP 地址为 127.0.0.1 的主机，则此信息将传送给该计算机自身。

1）A 类地址。网络地址部分有 8 位，其中最高位为 0，所以第一字节的值为 1～126

图 8-4-4 Internet 上的地址类型格式

（0 或 127 有特殊用途），即只能有 126 个网络可获得 A 类地址。主机地址是 24 位，一个网络中可以拥有 $2^{24}-2=16777214$ 台主机。A 类地址用于大型网络。

2）B 类地址。网络地址部分有 16 位，其中最高 2 位为 10，所以第一字节的值为 128～191（10000000B～10111111B）之间。主机地址也是 16 位，一个网络可含有 $2^{16}-2=65534$ 台主机。B 类地址用于中型网络。

3）C 类地址。网络地址部分有 24 位，其中最高 3 位为 110，所以第一字节地址范围在 192～223（11000000B～11011111B）之间。主机地址是 8 位，一个网络可含有 $2^8-2=254$ 台主机。C 类地址用于主机数量不超过 254 台的小网络。

采用点分十进制形成的 IP 地址很容易通过第一字节的值识别是属于哪一类。例如，202.112.0.36 是 C 类地址。

由于地址资源紧张，因而在 A、B、C 类 IP 地址中，保留部分地址，保留的 IP 地址段不能在 Internet 上使用，但可重复地使用在各个局域网内。

（2）域名

1）域名结构

域名采用层次结构，整个域名空间好似一个倒置的树，树上每个节点上都有一个名字。一台主机的域名就是从树叶到树根路径上各个节点名字的序列，中间用"."分隔。域名从右到左（即由高到低或由大到小）分别称为顶级域名、二级域名、三级域名等。典型的域名结构为：主机名 . 单位名 . 机构名 . 国家名。

2）顶级域名

顶级域名分为两类：一是国际顶级域名，共有 14 个，例如，com 表示商业类，edu 表示教育类；二是国家顶级域名，用两个字母表示世界各个国家和地区，例如，cn 表示中国，hk 表示中国香港地区，jp 表示日本，us 表示美国，de 表示德国，gb 表示英国。

3）中国国家顶级域名

中国国家顶级域名即是 .cn，注册的管理机构为中国互联网信息中心（CNNIC）。 与 .cn 对应的中文顶级域名". 中国"于 2009 年生效，并自动把 .cn 的域名免费升级为". 中国"，同时支持简体和繁体。

二级域名分为类别域名和行政区域名两类。其中，行政区域名对应我国的各省、自治区和直辖市，采用两个字符的汉语拼音表示。例如，bj 为北京市、sh 为上海市等。

2. 因特网接入

Internet 服务提供商（ISP）是接入 Internet 的桥梁。无论是个人还是单位的计算机都不是直接连到 Internet 上的，而是采用某种方式连接到 ISP 提供的某一台服务器上，通过它再连到 Internet。

Internet 接入技术主要有 ADSL（非对称数字用户环路）接入、有线电视接入、光纤接入和无线接入。

上述接入方式都可以使一台计算机使用一个账号接入 Internet。如果要使一批计算机接入 Internet，而只使用一个账号，这种方式称为共享接入。共享接入通过构建局域网，将能接入 Internet 的计算机与其他计算机连接起来，其他计算机通过共享方式接入 Internet。常见的共享方式是利用路由器接入到 Internet，而其他的计算机或设备只要连接到路由器就能上网了。

3. 因特网提供的服务与应用

(1) WWW 服务

WWW（World Wide Web，万维网）是 Internet 上应用最广泛的一种服务。通过WWW，任何一个人都可以立即访问世界上每一个网页查找、检索、浏览或发布信息。

浏览器访问服务器时所看到的画面称为网页（亦称 Web 页）。多个相关的网页合在一起便组成一个 Web 站点。用户输入域名访问 Web 站点时看到的第一个网页称为主页（Home Page），它是一个 Web 站点的首页。从主页出发，通过超链接可以访问所有的页面，也可以链接到其他网站。主页文件名一般为 index. html 或者 default. html。

为了使客户程序能找到位于整个 Internet 范围的某个信息资源，WWW 系统使用统一资源定位（Uniform Resource Locator，URL）规范。URL 由四部分组成：资源类型、存放资源的主机名、端口号、资源文件名。

WWW 采用客户机/服务器工作模式。用户在客户机上使用浏览器发出访问请求，服务器根据请求向浏览器返回信息。浏览器和服务器之间交换数据使用超文本传输协议（HTTP）。为了安全，可以使用 HTTPS 协议。

搜索引擎是用来搜索网上资源的工具。自 1994 年，斯坦福大学的 David Filo 和美籍华人杨致远共同创办了超级目录索引 Yahoo。目前，国内搜索引擎有：百度、搜狗搜索、360 搜索等。

(2) 其他服务与应用

因特网还提供文件传输、电子邮件、即时通信（如腾讯的微信和 QQ）、微博、远程桌面（它是以用户在本地计算机上控制远程计算机的一种技术）等服务与应用。

【例 8-4-6】（历年真题）域名服务器的作用是：

A. 为连入 Internet 网的主机分配域名

B. 为连入 Internet 网的主机分配 IP 地址

C. 为连入 Internet 网的一个主机域名寻找所对应的 IP 地址

D. 将主机的 IP 地址转换为域名

【解答】域名服务器的使用是为连入 Internet 网的一个主机域名寻找对应的 IP 地址，应选 C 项。

【例 8-4-7】（历年真题）下列有关因特网提供服务的叙述中，错误的一条是：

A. 文件传输服务、远程登录服务　　　　B. 信息搜索服务、WWW 服务

C. 信息搜索服务、电子邮件服务　　　　D. 网络自动连接、网络自动管理

【解答】因特网提供的服务有 A、B、C 项，无 D 项，故应选 D 项。

★七、网络管理

根据国际标准化组织定义,网络管理有五大功能:故障管理、配置管理、性能管理、安

全管理、计费管理。

性能管理负责监视整个网络的性能，完成收集网络设备和网络通道实际运行的质量数据，为网络管理人员提供评价、分析、预测网络性能的手段，从而提高整个网络的运行效率。主要包括三个功能，即性能数据的采集和存储功能、性能门限的管理功能、性能数据的显示和分析功能。

配置管理负责完成整个网络系统的配置。这要涉及网络设备、网络的物理连接和物理接口。它不但要负责建立、修改、删除和优化网络配置参数，而且还要通过配置管理来提高整个网络的性能。配置管理包括网络实际配置和配置数据管理两部分。

网络管理协议有：

1. SNMP

简单网络管理协议（SNMP）的前身是 1987 年发布的简单网关监控协议（SGMP）。SGMP 给出了监控网关的直接手段，SNMP 则是在其基础上发展而来。最初，SNMP 是作为一种可提供最小网络管理功能的临时方法开发的，它具有两个优点：①能够迅速、简便地实现；②积累了大量的操作经验。

2. CMIP

CMIP 是一个应用较广、功能较为完善的网络管理协议。在网络管理过程中，CMIP 不是通过轮询而是通过事件报告进行工作，由网络中的各个设备监测设施在发现被检测设备的状态和参数发生变化后及时向管理进程进行事件报告。CMIP 采用的方法是：一般都对事件进行分类，并根据事件发生时对网络服务影响的大小来划分事件的严重等级。CMIP 的缺点在于需要 OSI 协议栈的支持，协议的开销非常大，协议占用的资源也较多；由于 CMIP 协议十分繁杂，使其执行速度也受到了一定的影响。

★★★八、网络安全及信息安全

1. 网络安全与信息安全

网络安全是指网络系统的硬件、软件及其系统中的数据受到保护，不因偶然的或者恶意的原因而遭受到破坏、更改、泄露，系统连续可靠正常地运行，网络服务不中断。网络安全从其本质上来讲就是网络上的信息安全。

信息安全是指保障信息不会被非法阅读、修改和泄露。信息安全主要包括软件安全和数据安全。对信息安全的威胁有两种：即信息泄漏和信息破坏。信息泄漏指由于偶然或人为原因将一些重要信息为别人所获，造成泄密事件。信息破坏则可能由于偶然事故和人为因素故意破坏信息的正确性、完整性和可用性。

目前人们对网络安全提出的要求如下：

（1）保密性：信息不泄露给非授权用户、实体或过程，或供其利用的特性。

（2）完整性：数据未经授权不能进行改变的特性，即信息在存储或传输过程中保持不被修改、不被破坏和丢失的特性。

（3）可用性：可被授权实体访问并按需求使用的特性，即当需要时能否存取所需的信息。例如网络环境下拒绝服务、破坏网络和有关系统的正常运行等都属于对可用性的攻击。

（4）可控性：对信息的传播及内容具有控制能力。

（5）可审查性：出现的安全问题时提供依据与手段。

2. 网络安全对策

网络的安全威胁主要来自于自然灾害、系统故障、操作失误和人为的蓄意破坏，对前三种威胁的防范可以通过加强管理和采取各种技术手段来解决，而对于病毒的破坏和黑客的攻击等人为的蓄意破坏则需要进行综合防范。

（1）计算机病毒和网络病毒

计算机病毒是指编制或者在计算机程序中插入的破坏计算机功能或者数据，影响计算机使用并且能够自我复制的一组计算机的指令或者程序代码。传统单机病毒主要以破坏计算机的软硬件资源为目的，具有破坏性、传染性、隐蔽性和可触发性等特点，可通过杀毒软件进行预防。

网络病毒则主要通过计算机网络来传播，病毒程序一般利用操作系统中存在的漏洞，通过电子邮件附件和恶意网页浏览等方式来进行传播，其破坏性和危害性都非常大。网络病毒主要分为蠕虫病毒和木马病毒两大类。

预防网络病毒应先了解网络病毒进入计算机的途径，然后采取对策切断这些入侵的途径，从而提高网络系统的安全性。

（2）常用的网络安全技术对策

1）加密

加密是保护数据安全的重要手段，加密的作用是保障信息被人截获后不能读懂其含义，防止计算机网络病毒，安装网络防病毒系统。

2）数字签名

数字签名也称电子签名，如同出示手写签名一样，能起到电子文件认证、核准和生效的作用。数字签名机制提供了一种鉴别方法，以解决伪造、抵赖、冒充、篡改等问题。数字签名采用一种数据交换协议，使得收发数据的双方能够满足两个条件：接受方能够鉴别发送方所宣称的身份；发送方事后不能否认他曾经发送过数据这一事实。

数据签名一般采用不对称加密技术，发送方对整个明文进行加密变换，得到一个值，将其作为签名。接收者使用发送者的公开密钥对签名进行解密运算，如其结果为明文，则签名有效，证明对方的身份是真实的。

3）鉴别

鉴别的目的是验明用户或信息的正身。对实体声称的身份进行唯一性的识别，以便验证其访问请求，或保证信息来自或到达指定的源和目的。鉴别技术可以验证消息的完整性，有效地对抗冒充、非法访问、重演等威胁。

4）访问控制

对用户访问网络资源的权限进行严格的认证和控制。例如，进行用户身份认证，对口令加密、更新和鉴别，设置用户访问目录和文件的权限，控制网络设备配置的权限等。

5）防火墙

防火墙是位于计算机与外部网络之间或内部网络与外部网络之间的一道安全屏障，其实质就是一个软件或者是软件与硬件设备的组合。用户通过设置防火墙提供的应用程序和服务以及端口访问规则，达到过滤进出内部网络或计算机的不安全访问。

防火墙的主要功能包括用于监控进出内部网络或计算机的信息，保护内部网络或计算机的信息不被非授权访问、非法窃取或破坏，过滤不安全的服务，提高企业内部网的安全性，并记录了内部网络或计算机与外部网络进行通信的安全日志等。

【例 8-4-8】（历年真题）为有效地防范网络中的冒充、非法访问等威胁，应采用的网络安全技术是：

A. 数据加密技术　　　　　　　　　B. 防火墙技术

C. 身份验证与鉴别技术　　　　　　D. 访问控制与目录管理技术

【解答】为防范网络中的冒充、非法访问等，应采用的网络安全技术是防火墙技术，应选 B 项。

【例 8-4-9】（历年真题）杀毒软件应具有的功能是：

A. 消除病毒　　　　　　　　　　　B. 预防病毒

C. 检查病毒　　　　　　　　　　　D. 检查并消除病毒

【解答】杀毒软件应具有检查并消除病毒的功能，应选 D 项。

习　　题

8-4-1　（历年真题）计算机病毒以多种手段入侵和攻击计算机信息系统，下面有一种不被使用的手段是：

A. 分布式攻击、恶意代码攻击

B. 恶意代码攻击、消息收集攻击

C. 删除操作系统文件、关闭计算机系统

D. 代码漏洞攻击、欺骗和会话劫持攻击

8-4-2　（历年真题）一个典型的计算机网络主要是由两大部分组成，即：

A. 网络硬件系统和网络软件系统

B. 资源子网和网络硬件系统

C. 网络协议和网络软件系统

D. 网络硬件系统和通信子网

8-4-3　（历年真题）在计算机网络中，常将实现通信功能的设备和软件称为：

A. 资源子网　　　　　B. 通信子网　　　　　C. 广域网　　　　　D. 局域网

8-4-4　（历年真题）联网中的每台计算机：

A. 在联网之前有自己独立的操作系统，联网以后是网络中的某一个节点

B. 在联网之前有自己独立的操作系统，联网以后它自己的操作系统屏蔽

C. 在联网之前没有自己独立的操作系统，联网以后使用网络操作系统

D. 联网中的每台计算机有可以同时使用的多套操作系统

8-4-5　（历年真题）在下面有关信息加密技术的论述中，不正确的是：

A. 信息加密技术是为提高信息系统及数据的安全性和保密性的技术

B. 信息加密技术是防止数据信息被别人破译而采用的技术

C. 信息加密技术是网络安全的重要技术之一

D. 信息加密技术是清除计算机病毒而采用的技术

8-4-6　（历年真题）下面四个选项中，不属于数字签名技术的是：

A. 权限管理

B. 接收者能够核实发送者对报文的签名

C. 发送者事后不能对报文的签名进行抵赖

D. 接收者不能伪造对报文的签名

8-4-7 （历年真题）下列选项中，不是计算机病毒特点的是：

A. 非授权执行性、复制传播性

B. 感染性、寄生性

C. 潜伏性、破坏性、依附性

D. 人机共患性、细菌传播性

8-4-8 （历年真题）若按网络传输技术的不同，可将网络分为：

A. 广播式网络、点到点式网络

B. 双绞线网、同轴电缆网、光纤网、无线网

C. 基带网和宽带网

D. 电路交换类、报文交换类、分组交换类

第八章　习题解答

第九章 工 程 经 济

第一节 资金的时间价值

一、资金时间价值的概念

在工程经济分析中，项目技术方案所消耗的人力、物力和自然资源和项目完成后的经济效益，最后都是以价值形态，即资金的形式表现出来的。资金运动反映了物化劳动和活劳动的运动过程，而这个过程也是资金随时间运动的过程。因此，资金的价值是随时间变化而变化的，是时间的函数，随时间的推移而增值，其增值的这部分资金就是原有资金的时间价值。其实质是资金作为生产经营要素，在扩大再生产及其资金流通过程中，资金随时间周转使用的结果。

★★★二、利息及计算

在借贷过程中，债务人支付给债权人超过原借贷金额的部分就是利息，即：

$$I = F - P \tag{9-1-1}$$

式中，I 为利息；F 为目前债务人应付（或债权人应收）总金额，即还本付息总额；P 为原借贷金额，常称为本金。

利率是指在单位时间内所得利息 I 与原借贷金额之比，通常用百分数表示，即：

$$i = \frac{I}{P} \times 100\% \tag{9-1-2}$$

式中，i 为利率。

用于表示计算利息的时间单位称为计息周期，计息周期通常为年、半年、季、月、周或天。

通常用利息作为衡量资金时间价值的绝对尺度，用利率作为衡量资金时间价值的相对尺度。

1. 单利

单利是指在计算利息时，仅用最初本金来计算，而不计入先前计息周期中所累积增加的利息，即通常所说的"利不生利"的计息方法。其计算式如下：

$$I_t = P \times i_单 \tag{9-1-3}$$

式中，I_t 为代表第 t 计息周期的利息额；P 为代表期初本金；$i_单$ 为计息周期单利利率。

第 n 期末单利本利和 F 等于本金加上总利息，即：

$$F = P + I_n = P(1 + n \times i_单) \tag{9-1-4}$$

式中，I_n 为代表 n 个计息周期所付（或所收）的单利总利息，即 $I_n = P \times n \times i_单$。

单利计息不符合客观的经济发展规律，没有反映资金随时都在增值的概念，也即没有完全反映资金的时间价值。因此，在工程经济分析中，单利使用较少，通常只适用于短期投资或短期贷款。

2. 复利

复利是指在计算某一计息周期的利息时，其先前周期上所累积的利息要计算利息，即"利生利""利滚利"的计息方式。其表达式如下：

$$I_t = i \times F_{t-1} \tag{9-1-5}$$

式中，i 为计息周期复利利率；F_{t-1} 为表示第（$t-1$）期末复利本利和。

期初本金为 P，第 t 期末复利本利和的表达式如下：

$$F_t = F_{t-1} \times (1+i) = P(1+i)^n \tag{9-1-6}$$

复利计息比较符合资金在社会再生产过程中运动的实际状况。因此，在工程经济分析中，一般采用复利计算。

复利计算有间断复利和连续复利之分。按期（年、半年、季、月、周、日）计算复利的方法称为间断复利（即普通复利）；按瞬时计算复利的方法称为连续复利。在实际使用中都采用间断复利。

★★★三、实际利率和名义利率

在复利计算中，利率周期通常以年为单位，它可以与计息周期相同，也可以不同。当计息周期小于一年时，就出现了名义利率和有效利率的概念。

名义利率 r 是指计息周期利率 i 乘以一年内的计息周期数 m 所得的年利率，即：

$$r = i \times m \tag{9-1-7}$$

若计息周期月利率为 1%，则年名义利率为 12%。显然，计算名义利率时忽略了前面各期利息再生的因素，这与单利的计算相同。通常所说的年利率都是名义利率。

有效利率是指资金在计息中所发生的实际利率，包括计息周期有效利率和年有效利率两种情况。

1. 计息周期有效利率的计算

计息周期有效利率，即计息周期利率 i，其计算由式（9-1-7）可得：

$$i = \frac{r}{m} \tag{9-1-8}$$

2. 年有效利率的计算

若用计息周期利率来计算年有效利率，并将年内的利息再生因素考虑进去，这时所得的年利率称为年有效利率（也称年实际利率）i_{eff}。根据利率的概念即可推导出年有效利率的计算式。

已知名义利率 r，一个利率周期内计息 m 次，则计息周期利率为 $i = r/m$。在某个利率周期的期初有本金 P，根据复利计算公式可得该利率周期的本利和 F，即：

$$F = P\left(1 + \frac{r}{m}\right)^m$$

根据利息的定义可得该利率周期的利息 I 为：

$$I = F - P = P\left(1 + \frac{r}{m}\right)^m - P = P\left[\left(1 + \frac{r}{m}\right)^m - 1\right]$$

再根据利率的定义可得该利率周期的实际利率 i_{eff} 为：

$$i_{\text{eff}} = \frac{I}{P} = \left(1 + \frac{r}{m}\right)^m - 1 \tag{9-1-9}$$

现设年名义利率 $r = 10\%$，则年、半年、季、月、日计息的年实际利率见表 9-1-1。

年实际利率与年名义利率的关系　　　　　　　　　　表 9-1-1

年名义利率（r）	计息期	年计息次数（m）	计息期利率（$i = r/m$）	年实际利率（i_{eff}）
10%	年	1	10%	10%
	半年	2	5%	10.25%
	季	4	2.5%	10.38%
	月	12	0.833%	10.47%
	日	365	0.0274%	10.52%

从表 9-1-1 可以看出，每年计息期 m 越多，年实际利率 i_{eff} 与年名义利率 r 相差越大。所以，在工程经济分析中，如果各方案的计息期不同，就不能简单地使用名义利率来评价，而必须换算成实际利率进行评价。

【例 9-1-1】（历年真题）某项目借款 2000 万元，借款期限 3 年，年利率为 6%，若每半年计复利一次，则实际年利率会高出名义利率多少？

　　A. 0.16%　　　　　B. 0.25%　　　　　C. 0.09%　　　　　D. 0.06%

【解答】年实际利率为：

$$i = \left(1 + \frac{r}{m}\right)^m - 1 = \left(1 + \frac{6\%}{2}\right)^2 - 1 = 6.09\%$$

年实际利率高出名义利率：6.09% − 6% = 0.09%，应选 C 项。

四、现金流量及现金流量图

在工程经济分析中，需要将所考察的对象（如一个建议项目或一个企业等）视为一个系统，投入的资金、花费的成本、获取的收入均可看成该系统以货币形式体现的资金流出或资金流入。这种所考察系统一定时期各时点上实际发生的资金流出或资金流入称为现金流量，其中，流出系统的资金称为现金流出（CO），流入系统的资金称为现金流入（CI），现金流入与现金流出之差（$CI - CO$）称为净现金流量（Net Cash Flow，NCF）。

对于一个经济系统，其现金流量的流向（流出或流入）、数额和发生时点都不尽相同。为正确地进行经济评价，有必要借助现金流量图或现金流量表。

现金流量图是一种反映经济系统资金运动状态的图式，即把经济系统的现金流量绘入一时间坐标图中，表示出各现金流出、流入与相应时间的对应关系，如图 9-1-1 所示。现以图 9-1-1 说明现金流量图的作图方法和规则：

（1）以横轴为时间轴，向右延伸表示时间的延续，轴上每一刻度表示一个时间单位，可取年、半年、季或月等；0 表示时间序列的起点，当年的年末同时也是下一年的年初。

图 9-1-1　现金流量图

（2）相对于时间坐标的垂直箭线代表不同时点的现金流量，在横轴上方的箭线表示现金流入，即表示效益；在横轴下方的箭线表示现金流出，即表示费用或损失。

（3）现金流量的方向（流出与流入）是对特定系统而言的。贷款方的流入就是借款方的流出；反之亦然。

（4）在现金流量图中，箭线长短与现金流量数值大小本应成比例，但由于经济系统中各时点现金流量的数额常常相差悬殊而无法成比例绘出，故在现金流量图绘制中，箭线长短只是示意性地体现各时点现金流量数额的差异，并在各箭线上方（或下方）注明其现金流量的数值即可。

（5）箭线与时间轴的交点即为现金流量发生的时点。现金流量发生的时点可服从年末习惯法或年初习惯法。在工程经济分析中，一般采用年末习惯法。

总之，要正确绘制现金流量图，必须把握好现金流量的三要素，即现金流量的大小（资金数额）、方向（资金流入或流出）和作用点（资金的发生时点）。

★★★五、资金等值计算的常用公式及复利系数表的应用

1. 终值和现值计算

根据现金流量的时间分布，现金流量可分为一次支付和多次支付。而在多次支付中，等额支付系列现金流量又是常用的支付情形。

（1）一次支付现金流量的终值和现值计算

一次支付（也称整付）是指所分析系统的现金流量，无论是流入还是流出，均在一个时点上一次发生，如图 9-1-2所示。在图 9-1-2 中，i 为计息期利率；n 为计息期数；P 为现值（即现在的资金或本金，Present Value），或资金发生在（或折算为）某一特定时间序列起点时的价值；F 为终值（n 期末的资金或本利和，Future Value），或资金发生在（或折算为）某一特定时间序列终点的价值。

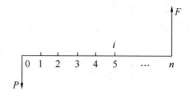

图 9-1-2　一次支付现金流量图

1）终值计算（已知 P 求 F）

$$F=P（1+i)^n \tag{9-1-10}$$

式中，$(1+i)^n$ 称为一次支付终值系数，用 $(P/F, i, n)$ 表示，故式（9-1-10）又可写成：

$$F = P(F/P,i,n) \tag{9-1-11}$$

在 $(F/P, i, n)$ 这类符号中，括号内斜线上的符号表示所求的未知数，斜线下的符号表示已知数。整个 $(F/P, i, n)$ 符号表示在已知 i、n 和 P 的情况下求解 F 的值。为了计算方便，通常按照不同的利率 i 和计息期 n 计算出 $(1+i)^n$ 的值，并列于复利系数（亦称复利因子）表中。在计算 F 时，只要从复利系数表中查出相应的复利系数再乘以本金即为所求。

例如：表 9-1-2 是利率为 4％的复利系数表的一部分。

复利系数表（利率为 4%）

表 9-1-2

年份 n	一次支付		等额支付			
	终值系数 $(1+i)^n$ $(F/P,i,n)$	现值系数 $\dfrac{1}{(1+i)^n}$ $(F/P,i,n)$	终值系数 $\dfrac{(1+i)^n-1}{i}$ $(F/A,i,n)$	偿债基金系数 $\dfrac{i}{(1+i)^n-1}$ $(A/F,i,n)$	资金回收系数 $\dfrac{i(1+i)^n}{(1+i)^n-1}$ $(A/P,i,n)$	现值系数 $\dfrac{(1+i)^n-1}{i(1+i)^n}$ $(P/A,i,n)$
1	1.0400	0.9615	1.0000	1.0000	1.0400	0.9615
2	1.0816	0.9246	2.0400	0.4902	0.5302	1.8860
3	1.1249	0.8890	3.1216	0.3203	0.3603	2.7751
4	1.1699	0.8548	4.2465	0.2355	0.2755	3.6299
5	1.2167	0.8219	4.4163	0.1846	0.2246	4.4518
6	1.2653	0.7903	6.6330	0.1508	0.1908	4.2421
7	1.3159	0.7599	7.8983	0.1266	0.1666	6.0021
8	1.3686	0.7307	9.2142	0.1085	0.1485	6.7327
9	1.4233	0.7026	6.5828	0.0945	0.1345	7.4353
10	1.4802	0.6756	12.0061	0.0833	0.1233	11.1109

2）现值计算（已知 F 求 P）

由式（9-1-10）即可求出现值 P：

$$P=F(1+i)^{-n} \tag{9-1-12}$$

式中，$(1+i)^{-n}$ 称为一次支付现值系数，用符号 $(P/F,i,n)$ 表示。在工程经济分析中，一般是将未来值折现到零期。计算现值 P 的过程叫"折现"或"贴现"，其所使用的利率常称为折现率、贴现率或收益率。贴现率、折现率反映了利率在资金时间价值计算中的作用，而收益率反映了利率的经济含义。故 $(1+i)^{-n}$ 或 $(P/F,i,n)$ 也可叫折现系数或贴现系数。式（9-1-12）常写成：

$$P=F(P/F,i,n) \tag{9-1-13}$$

（2）等额支付系列现金流量的终值、现值计算

等额支付系列现金流量是指各期的现金流量序列是连续的，且数额相等，如图 9-1-3 所示。

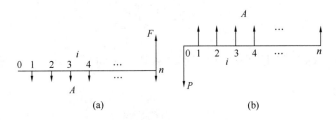

图 9-1-3 等额支付系列现金流量示意图
(a) 年金与终值关系；(b) 年金与现值关系

图 9-1-3 中 A 称为年金，是发生在（或折算为）某一特定时间序列各计息期末（不包括零期）的等额资金序列的价值。

1）终值计算（已知 A，求 F）[图 9-1-3(a)]

由一次支付终值计算式，即式（9-1-10）逐一计算汇总可得出等额支付系列现金流量的终值为：

$$F = \sum_{t=1}^{n} A_t (1+i)^{n-t} = A[(1+i)^{n-1} + (1+i)^{n-2} + \cdots + (1+i) + 1]，即：$$

$$F = A \frac{(1+i)^n - 1}{i} \tag{9-1-14}$$

式中，$\dfrac{(1+i)^n - 1}{i}$ 称为等额支付系列终值系数或年金终值系数，用符号 $(F/A, i, n)$ 表示，则式（9-1-14）又可写成：

$$F = A(F/A, i, n) \tag{9-1-15}$$

2）偿债基金计算（已知 F 求 A）［图 9-1-3(a)］

偿债基金计算是等额系列终值计算的逆运算，通过式（9-1-14）可得：

$$A = F \frac{i}{(1+i)^n - 1} \tag{9-1-16}$$

式中，$\dfrac{i}{(1+i)^n - 1}$ 称为等额系列偿债基金系数，用符号 $(A/F, i, n)$ 表示，则式（9-1-16）又可写成：

$$A = F(A/F, i, n) \tag{9-1-17}$$

3）现值计算（已知 A 求 P）［图 9-1-3(b)］

由式（9-1-12）和式（9-1-14）得：

$$P = F(1+i)^{-n} = A \frac{(1+i)^n - 1}{i(1+i)^n} \tag{9-1-18}$$

式中，$\dfrac{(1+i)^n - 1}{i(1+i)^n}$ 称为等额系列现值系数或年金现值系数，用符号 $(P/A, i, n)$ 表示，则式（9-1-18）又可写成：

$$P = A(P/A, i, n) \tag{9-1-19}$$

4）资金回收计算（已知 P 求 A）［图 9-1-3(b)］

等额系列资金回收计算是等额系列现值计算的逆运算，故由式（9-1-18）可得：

$$A = P \frac{i(1+i)^n}{(1+i)^n - 1} \tag{9-1-20}$$

式中，$\dfrac{i(1+i)^n}{(1+i)^n - 1}$ 称为等额系列资金回收系数，用符号 $(A/P, i, n)$ 表示，则式（9-1-20）又可写成：

$$A = P(A/P, i, n) \tag{9-1-21}$$

（3）复利计算公式使用注意事项

1）计息期数为时点或时标，本期末即等于下期初。0 点就是第一期初，也叫零期；第一期末即等于第二期初；以此类推。

2）P 是在第一计息期开始时（0 期）发生。

3）F 发生在考察期期末，即 n 期末。

4) 各期的等额支付 A，发生在各期期末。

5) 当问题包括 P 与 A 时，系列的第一个 A 与 P 隔一期，即 P 发生在系列 A 的前一期期末。

6) 当问题包括 A 与 F 时，系列的最后一个 A 是与 F 同时发生。

【例 9-1-2】（历年真题）某企业年初投资 5000 万元，拟 10 年内等额回收本利，若基准收益率为 8%，则每年年末应回收的资金是：

A. 540.00 万元　　　B. 1079.46 万元　　　C. 745.15 万元　　　D. 345.15 万元

【解答】 $A = P(A/P, i, n) = 5000 \times \dfrac{8\% \times (1+8\%)^{10}}{(1+8\%)^{10} - 1}$

$$= 745.15 \text{ 万元}$$

应选 C 项。

【例 9-1-3】（历年真题）某企业准备 5 年后进行设备更新，到时所需资金估计为 600 万元，若存款利率为 5%，从现在开始每年年末均等额存款，则每年应存款：

[已知：$(A/F, 5\%, 5) = 0.18097$]

A. 78.65 万元　　　B. 108.58 万元　　　C. 120 万元　　　D. 165.77 万元

【解答】 $A = F(A/F, i, n) = 600 \times (A/F, 5\%, 5)$

$$= 600 \times 0.18097 = 108.58 \text{ 万元}$$

应选 B 项。

2. 资金等值计算

由于资金有时间价值，我们将这些不同时期、不同数额但其"价值等效"的资金称为等值。在工程经济分析中，资金等值为我们提供了一个计算某一经济活动有效性或者进行方案比较、优选的可能性。资金等值计算公式和复利计算公式的形式是相同的。等值基本公式相互关系见图 9-1-4，与前面的终值和现值复利计算图的区别是：等值计算时资金的 P、F、A 均在现金流图的同一侧。

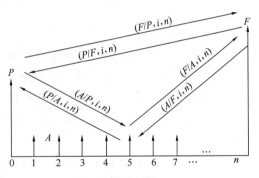

图 9-1-4 等值基本公式相互关系示意图

影响资金等值的因素有三个：资金数额的多少、资金发生的时间长短（即换算的期数）、利率（或折现率）的大小。其中利率是一个关键因素，一般等值计算中是以同一利率为依据的。

【例 9-1-4】 图示某项目技术方案的净现金流量，单位为万元，取折现率为 6%。确定该项目的净现金流量折现到零期的现值之和

为：[已知：$(P/A, 6\%, 5) = 4.2124$]

A. 684.96 万元　　　B. 508.12 万元

C. 499.61 万元　　　D. 386.62 万元

【解答】 折现到零期的现值之和（也称净现值）NPV 为：

例 9-1-4 图

$$NPV = 1000 + 400 \times (P/A, 6\%, 5) \times (P/F, 6\%, 2)$$

$$=-1000+400\times 4.2124\times \frac{1}{(1+6\%)^2}$$

$$=499.61 \text{万元}$$

应选 C 项。

习　题

9-1-1 （历年真题）某公司拟向银行贷款 100 万元，贷款期为 3 年，甲银行的贷款利率为 6%（按季计息），乙银行的贷款利率为 7%，该公司向（　　）贷款付出的利息较少。

A. 甲银行　　　　　　　　　　　　B. 乙银行

C. 两家银行的利息相等　　　　　　D. 不能确定

9-1-2 （历年真题）某企业拟购买 3 年期一次到期债券，打算三年后到期本利和为 300 万元，按季复利计息，年名义利率为 8%，则现在应购买债券：

A. 119.13 万元　　　B. 236.55 万元　　　C. 283.15 万元　　　D. 282.70 万元

9-1-3 （历年真题）某项目向银行借款，按半年复利计息，年实际利率为 8.6%，则年名义利率为：

A. 8%　　　　　　B. 8.16%　　　　　　C. 8.24%　　　　　　D. 8.42%

第二节　财务效益与费用估算

一、项目的分类

对建设项目可以从不同的角度进行分类，通常有以下分类方法：

（1）按建设项目的目标，可分为经营性项目和非经营性项目；

（2）按建设项目的产出属性（产品或服务），可分为公共项目和非公共项目；

（3）按建设项目的投资管理形式，可分为政府投资项目和非政府投资（也称企业投资）项目；

（4）按建设项目与企业原有资产的关系，可分为新建项目和改扩建项目；

（5）按建设项目的融资主体，可分为新设法人项目和既有法人项目；

（6）按建设项目的功能与用途，可分为工业项目、民用项目和基础设施项目等。

二、项目的计算期

项目的计算期是指在工程经济分析中为进行动态分析所设定的期限，包括建设期和运营期。

建设期是指项目技术方案从资金正式投入开始到技术方案建成投产为止所需要的时间。

运营期分为投产期和达产期两个阶段。

（1）投产期。它是指项目技术方案投入生产，但生产能力尚未完全达到设计能力时的过渡阶段。

（2）达产期。它是指生产运营达到设计预期水平后的时间。

运营期一般应根据项目技术方案主要设施和设备的经济寿命期（或折旧年限）、产品寿命期、主要技术的寿命期等多种因素综合确定。行业有规定时，应从其规定。

计算期较长的技术方案多以年为时间单位。对于计算期较短的技术方案，在较短的时间间隔内（如月、季、半年或其他非日历时间间隔）现金流水平有较大变化，可根据技术方案的具体情况选择合适的计算现金流量的时间单位。

三、财务效益与费用

建设项目经济评价包括财务评价和国民经济评价。

财务效益与费用的估算是财务分析重要的基础工作，正确的财务评价结论必须在全面、准确的相关数据支持下才能做出。财务评价是从项目的角度进行评价，具体见本章第四节；国民经济评价是从国家经济全局的角度进行评价，具体见本章第五节。

1. 财务效益

财务效益是指项目实施后获得的营业收入、补贴收入等。

（1）营业收入

营业收入是指项目技术方案实施后各年销售产品或提供服务所获得的收入，即：

$$营业收入 = 产品销售量（或服务量）\times 产品单价（或服务单价）$$

营业收入是经济效果分析的重要数据，其估算的准确性极大地影响着技术方案经济效果的评价。因此，营业收入的计算既需要在正确估计各年生产能力利用率（或称生产负荷）基础之上的年产品销售量（或服务量），同时，需要合理确定产品（或服务）的价格。

（2）补贴收入

某些项目还应按有关规定估算企业可能得到的补贴收入，补贴收入包括如下内容：

1）先征后返的增值税。对于国家鼓励发展的经营性项目，可以获得增值税的优惠，先征后返的增值税应记作补贴收入，作为财务效益进行核算。

2）按销量或工作量等依据国家规定的补贴定额计算并按期给予的定额补贴。

3）属于财政扶持而给予的其他形式的补贴。

【例 9-2-1】（历年真题）对于国家鼓励发展的增值税的经营项目，可以获得增值税的优惠。在财务评价中，先征后返的增值税应记作项目的：

A. 补贴收入   B. 营业收入

C. 经营成本   D. 营业外收入

【解答】根据建议项目经济评价的规定，应选 A 项。

2. 财务费用

★★★（1）建设项目总投资

建设项目总投资一般是指某建设项目从筹建开始到全部竣工投产为止所发生的全部资金投入。建设项目总投资由建设投资、建设期利息和流动资金三部分组成，如图9-2-1所示。

建筑安装工程投资由建筑工程费和安装工程费两部分组成。

工程建设其他投资是指属于整个建设项目所必需而又不能包括在单项工程建设投资中的费用。它可分为三类：①土地费用；②与项目建设有关的其他费用，如建设单位管理费、勘察设计费、科学研究试验费、样品样机购置费、引进技术和进口设备其他费、工程监理费等；③与未来企业生产经营有关的费用，如联合试运转费、生产职工培训费、办公及生活用具购置费。

★★★1）建设期利息

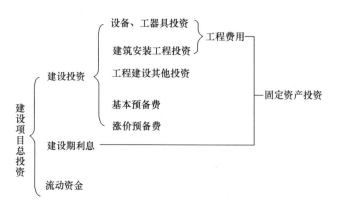

图 9-2-1　建设项目总投资构成图

建设期利息是指项目在建设期内因使用债务资金而支付的利息。在项目投产后偿还债务资金时，建设期利息一般也作为本金计算项目投入使用后各期的利息。

项目建设期，一般各种债务资金服从平均分布。在工程经济分析中，可假定借款在年中支用，即当年借款支用额按半年计息，上年借款按全年计息。

当建设期未能付息时，建设期各年利息采用复利方式计息，其计算公式为：

$$各年应计利息 = \left(年初借款本息累计 + \frac{本年借款支用额}{2}\right) \times 年实际利率$$

$$= \left(P_{j-1} + \frac{1}{2}A_j\right) \times i_{\text{eff}} \tag{9-2-1}$$

例如，某新建项目，建设期为 3 年，在建设期第一年借款 300 万元，第二年借款 400 万元，第三年借款 300 万元，每年借款平均支用，年实际利率为 5.6％。用复利法计算建设期借款利息。

建设期各年利息计算如下：

$P_0 = 0$，$A_1 = 300$ 万元，$I_1 = 0.5 \times 300 \times 5.6\% = 8.4$ 万元

$P_1 = 300 + 8.4 = 308.4$ 万元，$A_2 = 400$ 万元

$I_2 = (308.4 + 0.5 \times 400) \times 5.6\% = 28.47$ 万元

$P_2 = 300 + 8.4 + 400 + 28.47 = 736.87$ 万元，$A_3 = 300$ 万元

$I_3 = (736.87 + 0.5 \times 300) \times 5.6\% = 49.66$ 万元

到建设期末累计借款本利为 $736.87 + 300 + 49.66 = 1086.53$ 万元，其中，建设期利息为 $8.4 + 28.47 + 49.66 = 86.53$ 万元。

【例 9-2-2】（历年真题）某建设项目的建设期为 2 年，第一年贷款额为 400 万元，第二年贷款额为 800 万元，贷款在年内均衡发生，贷款年利率为 6％，建设期内不支付利息，计算建设期贷款利息为：

　　A. 12 万元　　　　　B. 48.78 万　　　　　C. 60 万元　　　　　D. 60.72 万元

【解答】第一年贷款利息：$\dfrac{400}{2} \times 6\% = 12$ 万元

第二年贷款利息：$(400 + 800/2 + 12) \times 6\% = 48.72$ 万元

建设期贷款利息：$12 + 48.72 = 60.72$ 万元

应选 D 项。

★2）流动资金

流动资金是指生产经营性项目投产后，为进行正常生产运营，用于购买原材料、燃料，支付工资及其他经营费用等所需的周转资金，不包括运营中需要的临时性营运资金。流动资金估算一般是参照现有同类企业的状况采用分项详细估算法，个别情况或者小型项目可采用扩大指标法。

① 分项详细估算法

对计算流动资金需要掌握的流动资产和流动负债这两类因素应分别进行估算。为简化计算，仅对存货、现金、应收账款、预付账款等流动资产和应付账款、预收账款等流动负债进行估算，计算公式如下：

$$流动资金 = 流动资产 - 流动负债$$
$$流动资产 = 应收账款 + 预付账款 + 存货 + 现金$$
$$流动负债 = 应付账款 + 预收账款$$
$$流动资金本年增加额 = 本年流动资金 - 上年流动资金$$

② 扩大指标估算法

a. 按建设投资的一定比例估算。

b. 按经营成本的一定比例估算。

c. 按年营业收入的一定比例估算。

d. 按单位产量占用流动资金的比例估算。

流动资金一般在投产前开始筹措。在投产第一年开始按生产负荷进行安排，其借款部分按全年计算利息。流动资金利息应计入财务费用。项目计算期末回收全部流动资金。

★★★（2）运营期成本费用

运营期成本费用（亦称总成本费用）是指在一定时期为生产和销售产品或提供服务所发生的全部费用。

总成本费用可按生产成本加期间费用估算法。其中，生产成本是指项目在运营期生产经营过程中实际消耗的直接材料费、直接工资、其他直接支出和制造费用；期间费用是指项目在运营期的一定会计期间发生的与生产经营没有直接关系和关系不密切的管理费用、财务费用和营业费用。期间费用不计入产品的生产成本，直接体现为当期损益。

$$总成本费用 = 生产成本 + 期间费用 \tag{9-2-2}$$

按生产要素估算法，总成本费用为：

$$总成本费用 = 外购原材料成本 + 外购燃料动力成本 + 工资及福利费 + 修理费$$
$$+ 折旧费 + 维简费 + 摊销费 + 利息支出 + 其他费用 \tag{9-2-3}$$

★★★1）折旧费

固定资产是指使用年限在 1 年以上，单位价值在一定限额以上，在使用过程中始终保持原有物质形态的资产。固定资产主要包括房屋、建筑物、机械、运输设备和其他与生产经营有关的设备、器具、工具等。

固定资产原值是指项目建成投产时核定的固定资产值，其大小等于购入或自创固定资产时所发生的全部费用。固定资产预计净残值是指项目寿命期结束时，预估的固定资产的残余价值(一般指当时市场上可以实现的价值)。

固定资产折旧是指固定资产在使用中会逐渐磨损和贬值,使用价值逐步转移到产品中去,这种伴随固定资产损耗发生的价值转移称为固定资产折旧。转移的价值以折旧的形式计入成本,通过产品销售以货币的形式回到投资者手中。我国现行的固定资产折旧方法,一般采用平均年限法、工作量法或加速折旧法(分为双倍余额递减法和年数总和法)。

① 平均年限法

平均年限法(亦称直线法)根据固定资产的原值、预计净残值率和折旧年限计算折旧。房屋、建筑物和经常使用的机械设备可采用平均年限法计算折旧。其计算公式为:

$$年折旧率 = \frac{1}{折旧年限} \times 100\%$$

$$年折旧费 = (固定资产原值 - 预计净残值) \times 年折旧率$$
$$= 固定资产原值 \times (1 - 预计净残值率) \times 年折旧率$$

固定资产计算折旧的最低年限如下:房屋、建筑物,为 20 年;飞机、火车、轮船、机器、机械和其他生产设备,为 10 年;与生产经营活动有关的器具、工具、家具等,为 5 年;飞机、火车、轮船以外的运输工具,为 4 年;电子设备,为 3 年。

在工程经济分析中,一般采用平均年限法计算折旧费。

② 工作量法

工作量法是指按实际工作量计提固定资产折旧额的一种方法。对于下列专用设备可采用工作量法计提折旧:

a. 交通运输企业和其他企业专用车队的客货运汽车,按照行驶里程计算折旧费,其计算公式如下:

$$单位里程折旧费 = \frac{原值 \times (1 - 预计净残值率)}{规定的总行驶里程}$$

$$年折旧费 = 单位里程折旧费 \times 年实际行驶里程$$

b. 不经常使用的大型专用设备,可根据工作小时计算折旧费,其计算公式如下:

$$每小时折旧费 = \frac{原值 \times (1 - 预计净残值率)}{规定的总工作小时}$$

$$年折旧费 = 每工作小时折旧费 \times 年实际工作小时$$

③ 双倍余额递减法

双倍余额递减法是以平均年限法确定的折旧率的双倍乘以固定资产在每一会计期间的期初账面净值,从而确定当期应提折旧的方法。其计算公式为:

$$年折旧率 = \frac{2}{折旧年限} \times 100\%$$

$$年折旧费 = 年初固定资产账面原值 \times 年折旧率$$

实行双倍余额递减法的固定资产应当在其固定资产折旧年限到期前两年内,将固定资产净值扣除预计净残值后的净额平均摊销,即最后两年改用直线折旧法计算折旧。

④ 年数总和法

年数总和法是以固定资产原值扣除预计净残值后的余额作为计提折旧的基础,按照逐年递减的折旧率计提折旧的一种方法。采用年数总和法的关键是每年都要确定一个不同的折旧率。其计算公式为：

$$年折旧率 = \frac{折旧年限 - 已使用年数}{折旧年限 \times (折旧年限 + 1) \div 2} \times 100\%$$

$$年折旧费 = (固定资产原值 - 预计净残值) \times 年折旧率$$

例如，某种设备的原价为 1 万元，预计净残值为 400 元，折旧年限为 5 年。采用双倍余额递减法计算其折旧费，见表 9-2-1；用年数总和法计算其折旧费，年数总和 $= \frac{1}{2} \times 5 \times (5+1) = 15$，见表 9-2-2。

双倍余额递减法计算折旧费　　　　　　　　　　表 9-2-1

年	年折旧率	年折旧费（元）
1	$\frac{2}{5} = 40\%$	$10000 \times 40\% = 4000$
2	40%	$(10000 - 4000) \times 40\% = 2400$
3	40%	$(10000 - 4000 - 2400) \times 40\% = 1440$
4	$\frac{1}{2} = 50\%$	$(10000 - 4000 - 2400 - 1440 - 400) \times 50\% = 880$
5	50%	880

年数总和法计算折旧费　　　　　　　　　　表 9-2-2

年	年折旧率	年折旧费（元）
1	$\frac{5-0}{15} = \frac{5}{15}$	$(10000 - 400) \times \frac{5}{15} = 3200$
2	$\frac{5-1}{15} = \frac{4}{15}$	$(10000 - 400) \times \frac{4}{15} = 2560$
3	$\frac{5-2}{15} = \frac{3}{15}$	$(10000 - 400) \times \frac{3}{15} = 1920$
4	$\frac{5-3}{15} = \frac{2}{15}$	$(10000 - 400) \times \frac{2}{15} = 1280$
5	$\frac{5-4}{15} = \frac{1}{15}$	$(10000 - 400) \times \frac{1}{15} = 640$

★2）摊销费

无形资产是指企业能长期使用而没有实物形态的资产，包括专利权、非专利技术、商标权、商誉、著作权和土地使用权等。

递延资产是指应当在运营期内的前几年逐年摊销的各项费用，包括开办费和其他长期待摊费用。

无形资产和递延资产的原始价值要在规定的年限内按年度或产量转移到产品的成本中，这一部分被转移的无形资产和递延资产的原始价值，称为摊销。企业通过计提摊销费，回收无形资产及递延资产的资本支出。计算摊销费采用直线法，并且不留残值。

★3）维简费

维简费是指采掘、采伐工业按生产产品数量（采矿按每吨原矿产量，林区按每立方米原木产量）提取的固定资产更新和技术改造资金，即维持简单再生产的资金，简称"维简费"。企业发生的维简费直接计入成本，其计算方法和折旧费相同。这类采掘、采伐企业不计提固定资产折旧。

★★★4）经营成本

经营成本是指项目从总成本费用中扣除折旧费、维简费、摊销费和利息支出后的成本，即：

$$经营成本 = 总成本费用 - 折旧费 - 维简费 - 摊销费 - 利息支出 \qquad (9\text{-}2\text{-}4)$$

或 　经营成本 = 外购原材料、燃料和动力费 + 工资及福利费 + 修理费 + 其他费用

经营成本是工程经济分析特有的概念。它涉及产品生产及销售、企业管理过程中的物料、人力和能源的投入费用，反映企业的生产和管理水平。在工程经济分析中，经营成本被应用于现金流量的分析。

★5）固定成本与变动成本

从理论上讲，年成本费用可分为固定成本、变动成本和混合成本三大类。

① 固定成本是指在一定的产量范围内，不随产量变化而变动的成本，如按直线法计提的固定资产折旧费、计时工资及修理费等。

② 变动成本是指随着产量的变化而变动的成本，如原材料费用、燃料和动力费用等。

③ 混合成本是指介于固定成本和变动成本之间，既随产量变化又不成正比例变化的成本，又称为半固定和半变动成本。

在工程经济分析中，为便于计算和分析，可将总成本费用中的原材料费用及燃料和动力费用视为变动成本，其余各项均视为固定成本。

★6）沉没成本、机会成本和边际成本

沉没成本是指由于过去的决策已经发生的，而不能由现在或将来的任何决策改变的成本。它是指已经发生不可收回的支出，如时间、金钱等。

机会成本是指资源用于某种用途后放弃了其他用途而失去的最大收益。

边际成本是指在任何产量水平上，增加一个单位产量所需要增加的人工工资、原材料和燃料等变动成本。

【例 9-2-3】(历年真题) 某项目投资中有部分资金源于银行贷款，该贷款在整个项目期间净等额偿还本息。项目预计年经营成本为 5000 万元，年折旧费和摊销为 2000 万元，则该项目的年总成本费用应：

A. 等于 5000 万元　　　　　　　　　B. 等于 7000 万元

C. 大于 7000 万元　　　　　　　　　D. 在 5000 万元与 7000 万元之间

【解答】年总成本费用包括年经营成本、年折旧费和摊销，以及年利息支出等，故应选 C 项。

四、项目评价涉及的税费

1. 营业税金及附加

营业税金主要有增值税、消费税、城市维护建设税、资源税等。附加是指教育费附加

和地方教育费附加。

（1）增值税

增值税是对我国境内销售货物、进口货物以及提供加工、修理修配劳务的单位和个人，就其取得货物的销售额、进口货物金额、应税劳务收入额计算税款，并实行税款抵扣制的一种流转税。增值税是价外税。

我国增值税率针对一般纳税人和小规模纳税人分别征收。

1）一般纳税人

对一般纳税人而言，纳税人销售货物、劳务、有形动产租赁服务或者进口货物，适用基本税率13％。纳税人销售交通运输、邮政、基础电信、建筑、不动产租赁服务、与人们生活密切相关的基本生活用品、不动产、转让土地使用权，适用较低税率9％。纳税人销售服务、无形资产以及增值电信服务，除另有规定外，适用低税率6％。纳税人出口货物、劳务等，适用零税率。

一般纳税人缴纳增值税可按下列公式计算：

$$增值税应纳税额＝销项税额－进项税额 \tag{9-2-5}$$

$$销项税额＝销售额×增值税率$$
$$＝营业收入（含增值税销售额）÷（1＋增值税率）×增值税率 \tag{9-2-6}$$

$$进项税额＝外购原材料、燃料及动力费（含增值税进项额）÷（1＋增值税率）$$
$$×增值税率 \tag{9-2-7}$$

2）小规模纳税人

由于小规模纳税人会计核算不健全，采用简便方式，按照其销售额与规定的征收率计算缴纳增值税，不准许抵扣进项税，其计算公式为：

$$应纳税额 ＝ 销售额×征收率 \tag{9-2-8}$$

小规模纳税人在国内销售服务、无形资产，适用税率3％。一般纳税人销售不动产，小规模纳税人销售不动产及出租不动产可选择适用简易计税方法，征收率为5％。

（2）消费税

消费税是在普遍征收增值税的基础上，根据消费政策、产业政策，有选择地对部分消费品征收的一种特殊的税种。消费税的税率有定额税率和比例税率两种。消费税采用从价定率和从量定额两种计税方法计算应纳税额，一般以应税消费品的生产者为纳税人，在销售时纳税。

（3）城市维护建设税

城市维护建设税是以增值税和消费税额为计税依据征收的一种附加税。城市维护建设税按纳税人所在地区实行差别税率：项目所在地为市区的，税率为7％；项目所在地为县城、镇的，税率为5％；项目所在地为乡村的，税率为1％。城市维护建设税以纳税人实际缴纳的增值税和消费税额为计税依据，其应纳税额计算公式为：

$$应纳税额 ＝（增值税＋消费税）的实纳税额×适用税率 \tag{9-2-9}$$

（4）教育费附加

教育费附加是为了加快地方教育事业的发展,扩大地方教育经费的资金来源而开征的一种附加费。教育费附加随消费税、增值税同时缴纳。教育费附加的计征依据是各缴纳人实际缴纳的消费税和增值税的税额,征收率为 3%。

(5) 地方教育费附加

地方教育费附加是为增加地方教育的资金投入,促进省教育事业发展而开征的一项政府基金。地方教育费附加征收标准统一为单位和个人实际缴纳的增值税和消费税税额的 2%。

(6) 资源税

资源税是以原油、天然气、煤炭、金属或非金属矿、盐和水资源等各种应税自然资源为课税对象,为了调节资源级差收入并体现国有资源有偿使用而征收的一种税。资源税采用从价定率和从量定额征收,因此,其税率形式有比例税率和定额税率两种。

2. 企业所得税

(1) 利润总额

利润总额是企业在一定时期内生产经营活动的最终财务成果。利润总额的估算公式为:

$$利润总额 = 营业收入(含增值税) - 营业税金及附加 - 总成本费用 \quad (9\text{-}2\text{-}10)$$

(2) 企业所得税

根据税法的规定,企业取得利润后,先向国家缴纳所得税。企业所得税是现金流出项。

纳税人每一纳税年度的收入总额减去准予扣除项目的余额,为应纳税所得额。

纳税人发生年度亏损的,可用下一纳税年度的所得弥补;下一纳税年度的所得不足弥补的,可以逐年延续弥补,但是延续弥补期最长不得超过 5 年。

企业所得税的应纳税额计算公式如下:

$$所得税应纳税额 = 应纳税所得额 \times 25\% \quad (9\text{-}2\text{-}11)$$

在工程经济分析中,一般是按照利润总额作为企业所得乘以 25% 税率计算企业所得税。

★五、总投资形成的资产

工程经济分析(即建设项目评价)中的总投资是指项目建设和投入运营所需的全部投资,包括建设投资、建设期利息和流动资金。建设项目评价应按有关规定将全部投资中的各分项分别形成固定资产原值、无形资产原值和其他资产原值。

1. 固定资产

在总投资中形成固定资产、构成固定资产原值的费用包括:①工程费用,即设备购置费和建筑安装工程费;②工程建设其他费用;③预备费(包括基本预备费和涨价预备费);④建设期利息。

2. 无形资产

在总投资中形成无形资产、构成无形资产原值的费用主要包括技术转让费或技术使用费(含专利权和非专利技术)、商标权和商誉等。

3. 其他资产

其他资产是指除流动资产、长期投资、固定资产、无形资产以外的其他资产。

在总投资中形成其他资产、构成其他资产原值的费用主要包括生产准备费、开办费、出国人员费、来华人员费、图纸资料翻译复制费、样品样机购置费等。

4. 流动资产

总投资中的流动资金与流动负债共同形成流动资产。

【例 9-2-4】（历年真题）以下关于项目总投资中流动资金的说法正确的是：

A. 是指工程建设其他费用和预备费之和

B. 是指投产后形成的流动资产和流动负债之和

C. 是指投产后形成的流动资产和流动负债的差额

D. 是指投产后形成的流动资产占用的资金

【解答】根据流动资产的计算规定，应选 C 项。

习　　题

9-2-1　（历年真题）关于总成本费用的计算公式，下列正确的是：

A. 总成本费用＝生产成本＋期间费用

B. 总成本费用＝外购原材料、燃料和动力费＋工资及福利费＋折旧费

C. 总成本费＝外购原材料、燃料和动力费＋工资及福利费＋折旧费＋摊销费

D. 总成本费＝外购原材料、燃料和动力费＋工资及福利费＋折旧费＋摊销费＋修理费

9-2-2　（历年真题）建设项目评价中的总投资包括：

A. 建设投资和流动资金　　　　　　　B. 建设投资和建设期利息

C. 建设投资、建设期利息和流动资金　D. 固定资产投资和流动资产投资

9-2-3　（历年真题）某建设工程建设期为 2 年，其中第一年向银行贷款总额为 1000 万元，第二年无贷款，贷款年利率为 6%，则该项目建设期利息为：

A. 30 万元　　　　B. 60 万元　　　　C. 61.8 万元　　　　D. 91.8 万元

9-2-4　（历年真题）在下列选项中，应列入项目投资现金流量分析中的经营成本的是：

A. 外购原材料、燃料和动力费　　　　B. 设备折旧

C. 流动资金投资　　　　　　　　　　D. 利息支出

9-2-5　（历年真题）在下列费用中，应列入项目建设投资的是：

A. 项目经营成本　　　　　　　　　　B. 流动资金

C. 预备费　　　　　　　　　　　　　D. 建设期利息

第三节　资金来源与融资方案

★★★一、项目资金筹措的主要方式

1. 融资主体

在项目融资过程中，首先应明确融资主体，由融资主体进行融资活动，并承担融资责任和风险。项目融资主体的组织形式主要有既有项目法人融资和新设项目法人融资两种形式。其中，既有项目法人融资形式是指依托现有法人进行的融资活动；新设项目法人融资形式是指新组建项目法人进行的融资活动。

采用既有法人融资方式，项目所需资金来源有：既有法人内部融资；新增资本金；新增债务资金。采用新设法人融资方式，项目所需资金来源有：项目公司股东投资的资本金；项目公司承担的债务资金。

2. 项目资本金筹措的主要方式

（1）项目资本金的概念

项目资本金是指在项目总投资中，由投资者认缴的出资额，为部分资金对项目的法人而言属非债务资金，投资者可以转让其出资，但不能以任何方式抽回。我国实行固定资产投资项目资本金制度。项目资本金可以用货币出资，也可以用实物、工业产权、非专利技术、土地使用权、资源开采权等作价出资。作价出资的实物、工业产权、非专利技术、土地使用权和资源开采权，必须经过有资格的资产评估机构依照法律法规评估作价。

（2）项目资本金筹措的主要方式

1）股东直接投资。股东直接投资包括政府授权投资机构入股资金、国内外企业入股资金、社会团体和个人入股的资金以及基金投资公司入股的资金，分别构成国家资本金、法人资本金、个人资本金和外商资本金。既有法人融资项目，股东直接投资表现为扩充既有企业的资本金，包括原有股东增资扩股和吸收新股东投资。新设法人融资项目，股东直接投资表现为投资者为项目提供资本金。

2）股票融资。既有法人融资项目或新设法人融资项目，凡符合规定条件的，均可以通过发行股票在资本市场募集股本资金。股票融资可以采取公募和私募两种形式。

3）政府投资。政府投资资金，包括各级政府的财政预算内资金、国家批准的各种专项建设基金、统借国外贷款、土地批租收入、地方政府按规定收取的各种费用及其他预算外资金等。政府投资主要用于基础性项目和公益性项目。

3. 项目债务资金的筹措方式

（1）项目债务资金的特点

项目债务资金的特点是：到期必须偿还，并按期支付利息，增大了融资风险；利息可以作为费用列支，可以降低所得税，因此，其资金成本一般低于权益资金的资本成本；不会分散投资者对企业的控制权。

（2）项目债务资金的筹措方式

国内借入资金的来源方式有：商业银行贷款；政策性银行贷款；非银行的金融机构的贷款；发行债券；融资租赁等。

国外借入资金的来源方式有：外国政府贷款；外国商业银行贷款；出口信贷；银团贷款；国际金融机构贷款。

1）出口信贷

出口信贷亦称长期贸易信贷，是指商品出口国的官方金融机构或商业银行以优惠利率向本国出口商、进口方银行或进口商提供的一种贴补性贷款，是争夺国际市场的一种筹资手段。出口信贷主要有卖方信贷和买方信贷。其中，卖方信贷是指在大型设备出口时，为便于出口商以延期付款的方式出口设备，由出口商本国的银行向出口商提供的信贷。买方信贷是由出口方银行直接向进口商或进口方银行所提供的信贷。

2）发行债券

发行债券是指项目法人以自身的财务状况和信用条件为基础，通过发行企业债券筹集资金，用于项目建设的融资方式。债券筹资的利息允许在所得税前支付，且可发挥财务杠杆作用，提高自有资金收益率；但债券筹资也具有发行限制条件较多，还本付息负担较重的问题。

3）融资租赁

融资租赁是指由出租人按承租人要求，融通资金购买设备，租给承租人使用，由承租人支付租金获取设备使用权的一种方式。采用这种方式，一般是由承租人选定设备，由出租人购置后租给承租人使用，承租人按期交付租金。租赁期满后，出租人可以将设备作价售让给承租人。这种融资方式实际上是通过租赁设备融通到所需资金，从而形成债务资金。

4. 准股本资金

准股本资金是指具有资本金和债务资金双重性质的资金，主要包括优先股和可转换债券。

（1）优先股

优先股较普通股具有某些优先的权利，主要包括先于普通股分配股利和清算时剩余财产的优先分配权。具体的优先条件须有公司章程予以明确规定。优先股股东不参与公司经营管理，没有公司控制权，只支付固定的股息，一般不参加公司的红利分配。

优先股通常处于较后的受偿顺序，且股息在税后利润中支付。在项目评价中，优先股股票应视为项目资本金。

（2）可转换债券

可转换债券是公司债券的一种，即这种债券的持有者可根据自己的意愿，在一定的时候按规定的价格转换公司发行的股票。它的性质主要有：可转换性；债权性；股权性。

在项目评价中，可转换债券应视为项目债务资金。

5. 既有法人的内部融资

既有法人的内部融资的方式包括：可用于项目建设的货币资金；资产变现的资金；资产经营权变现的资金；直接使用非现金资产。

【例 9-3-1】（历年真题）下列筹资方式中，属于项目资本金的筹集方式的是：

A. 银行贷款　　　　　　　　　　B. 政府投资
C. 融资租赁　　　　　　　　　　D. 发行债券

【解答】项目资本金的筹集方式有政府投资，应选 B 项。

二、融资方案

1. 资金成本的概念

资金成本就是投资者在建设项目实施中，为筹集和使用资金而付出的代价。资金成本由两部分组成，即资金筹集成本和资金使用成本。

资金筹集成本是指投资者在资金筹措过程中支付的各项费用。它主要包括向银行借款的手续费；发行股票、债券而支付的各项代理发行费用，如印刷费、手续费、公证费、担保费和广告费等。资金筹集成本一般属于一次性费用。

资金使用成本又称资金占用费，其主要包括支付给股东的各种股利、向债权人支付的贷款利息以及支付给其他债权人的各种利息费用等。资金使用成本是资金成本的主要内容。

★2. 资金成本的计算

（1）资金成本计算的一般形式

资金成本可用绝对数表示，也可用相对数表示。为便于分析比较，资金成本一般用相对数表示，称为资金成本率。其一般计算公式为：

$$K = \frac{D}{P-F} = \frac{D}{P(1-f)} \tag{9-3-1}$$

式中，K 为资金成本率（一般通称为资金成本）；P 为筹集资金总额；D 为资金占用费；F 为筹资费；f 为筹资费费率（即筹资费占筹集资金总额的比率）。

（2）各种资金来源的资金成本计算

1）银行贷款的资金成本

不考虑资金筹集成本时的资金成本为：

$$K_d = (1-T) \times R \tag{9-3-2}$$

式中，K_d 为银行借款的资金成本；T 为所得税税率；R 为银行借款利率。

考虑资金筹集成本时的资金成本为：

$$K_d = \frac{(1-T) \times R}{1-f} \tag{9-3-3}$$

2）债券资金成本

发行债券的成本主要是指债券利息和筹资费用。债券利息的处理与长期借款利息的处理相同，应以税后的债务成本为计算依据。债券的筹资费用一般比较高，不可在计算融资成本时省略。债券资金成本的计算公式为：

$$K_b = \frac{I_b(1-T)}{B(1-f_b)} = \frac{R_b(1-T)}{(1-f_b)} \tag{9-3-4}$$

式中，K_b 为债券资金成本；B 为债券筹资额；f_b 为债券筹资费率；I_b 为债券年利息；R_b 为债券利率。

若债券溢价或折价发行，为了更精确地计算资金成本，应以其实际发行价格作为债券筹资额。

3）优先股成本

与负债利息的支付不同，优先股的股利不能在税前扣除，因而在计算优先股成本时无需经过税赋的调整。优先股成本的计算公式为：

$$K_p = \frac{D_p}{P_p(1-f_p)} = \frac{i}{1-f_p} \tag{9-3-5}$$

式中，K_p 为优先股资金成本；D_p 为优先股每年股息；P_p 为优先股股票面值；f_p 为优先股筹资费率；i 为股息率。

4）普通股资金成本

普通股资金成本属权益融资成本。权益资金的资金占用费是向股东分派的股利，而股利是以所得税后净利润支付的，不能抵减所得税。计算普通股资金成本，常用的方法有：

评价法；资本资产定价模型法。

① 评价法

$$K_c = \frac{D_c}{P_c(1-f_c)} + G \tag{9-3-6}$$

式中，K_c 为普通股资金成本；D_c 为预期年股利额；P_c 为普通股筹资额；f_c 为普通股筹资费率；G 为普通股利年增长率。

② 资本资产定价模型法

$$K_c = R_f + \beta(R_m - R_f) \tag{9-3-7}$$

式中，R_f 为无风险报酬率；R_m 为平均风险股票必要报酬率；β 为股票的风险校正系数。

5）留存盈余资金成本

留存盈余是指企业未以股利等形式发放给投资者而保留在企业的那部分盈利，即经营所得净收益的积余，包括盈余公积和未分配利润。留存盈余是所得税后形成的，其所有权属于股东。股东将留存盈余留用于公司，是想从中获取投资报酬，所以留存盈余也有资金成本，它与普通股成本的计算基本相同，只是不考虑筹资费用。如按评价法，计算公式为：

$$K_r = \frac{D_c}{P_c} + G \tag{9-3-8}$$

式中，K_r 为留存盈余资金成本。

（3）加权平均资金成本

建设项目的资金筹集一般采用多种融资方式，不同来源的资金，其资金成本各不相同。为了对建设项目的整个融资方案进行筹资决策，在计算各种融资方式个别资金成本的基础上，还要计算整个融资方案的加权平均资金成本，以反映建设项目的整个资金方案的资金成本状况。其计算公式为：

$$K_w = \sum_{j=1}^{n} K_j \times W_j \tag{9-3-9}$$

式中，K_w 为加权平均资金成本；K_j 为第 j 种融资渠道的资金成本；W_j 为第 j 种融资渠道筹集的资金占全部资金的比重。

【例 9-3-2】（历年真题）某公司向银行借款 5000 万元，期限为 5 年，年利率为 10%，每年年末付息一次，到期一次还本，企业所得税率为 25%。若不考虑筹资费用，该项借款的资金成本率是：

A. 7.5%　　　　　B. 10%　　　　　C. 12.5%　　　　　D. 37.5%

【解答】$K_d = (1-T) \times R = (1-25\%) \times 10\% = 7.5\%$

应选 A 项。

【例 9-3-3】（历年真题）某公司发行普通股筹资 8000 万元，筹资费率为 3%，第一年股利率为 10%，以后每年增长 5%，所得税率为 25%，则普通股资金成本为：

A. 7.37%　　　　　B. 10.31%　　　　　C. 11.48%　　　　　D. 15.31%

【解答】$K_c = \frac{D_c}{P_c(1-f_c)} + G = \frac{8000 \times 10\%}{8000 \times (1-3\%)} + 5\% = 15.31\%$

应选 D 项。

★★★3. 债务偿还的主要方式

（1）等额利息法

每期付息额相等，期中不还本金，最后一期归还本期利息和本金。

（2）等额本金法

每期偿还相等的本金和相应的利息，其计算公式为：

$$A_t = \frac{I_c}{n} + I_c \times \left(1 - \frac{t-1}{n}\right) \times i \qquad (9\text{-}3\text{-}10)$$

式中，A_t 为第 t 期的还本付息额；I_c 为还款开始的期初借款余额；$\frac{I_c}{n}$ 为每年偿还的本金；n 为约定的还款期；i 为借款的年利率。

第 t 年支付的利息 $= I_c \times \left(1 - \frac{t-1}{n}\right) \times i$。

（3）等额本息法（亦称等额摊还法）

每期偿还本金和利息相等，其计算公式为：

$$A = P(A/P, i, n) = P \cdot \frac{i(1+i)^n}{(1+i)^n - 1} \qquad (9\text{-}3\text{-}11)$$

（4）一次性偿付法

最后一次偿还本金和利息。

（5）量入偿还法

根据项目的盈利大小，任意偿还本息，到期末全部还清本息。

量入偿还法是最常用的债务偿还方式。

【例 9-3-4】(历年真题) 某公司向银行借款 2400 万元，期限为 6 年，年利率为 8%，每年年末付息一次，每年等额还本，到第 6 年年末还完本息。则该公司第 4 年年末应还的本息和是：

A. 432 万元　　　　B. 464 万元　　　　C. 496 万元　　　　D. 592 万元

【解答】按偿还等额本金法计算：

方法一：每年应偿还的本金均为：2400/6＝400 万元

前 3 年已经偿还本金：400×3＝1200 万元

尚未偿还本金：2400－1200＝1200 万元

第 4 年年末应还利息：I_4＝1200×8%＝96 万元，本息和＝400＋96＝496 万元

方法二：按公式计算：

$$A_4 = \frac{I_c}{n} + I_c\left(1 - \frac{t-1}{n}\right)i = \frac{2400}{6} + 2400 \times \left(1 - \frac{4-1}{6}\right) \times 8\% = 496 \text{ 万元}$$

应选 C 项。

【例 9-3-5】(历年真题) 某公司向银行借款 150 万元，期限为 5 年，年利率为 8%，每年年末等额还本付息一次（即等额本息法），到第 5 年年末还完本息。则该公司第 2 年年末偿还的利息为：

[已知：$(A/P, 8\%, 5) = 0.2505$]

A. 9.954 万元　　　　B. 12 万元　　　　C. 25.575 万元　　　　D. 37.575 万元

【解答】按偿还等额本息法计算：

$$A = P(A/P, 8\%, 5) = 150 \times 0.2505 = 37.575 \text{ 万元}$$

第 1 年年末偿还本金为：37.575－150×8％＝25.575 万元

第 2 年年末偿还利息为：(150－25.575)×8％＝9.954 万元

应选 A 项。

习　　题

9-3-1　（历年真题）关于准股本资金的下列说法中，正确的是：

A. 准股本资金具有资本金性质，不具有债务资金性质

B. 准股本资金主要包括优先股股票和可转换债券

C. 优先股股票在项目评价中应视为项目债务资金

D. 可转换债券在项目评价中应视为项目资本金

9-3-2　（历年真题）新设法人融资方式，建设项目所需资金来源于：

A. 资本金和权益资金　　　　　　　　B. 资本金和注册资本

C. 资本金和债务资金　　　　　　　　D. 建设资金和债务资金

9-3-3　（历年真题）下列筹资方式中，属于项目债务资金的筹集方式是：

A. 优先股　　　　　　　　　　　　　B. 政府投资

C. 融资租赁　　　　　　　　　　　　D. 可转换债券

第四节　财　务　分　析

一、财务评价的内容

★★★1. 财务评价的基本概念

财务评价（亦称财务分析）是在国家现行财税制度和市场价格体系下，从项目的角度，分析预测项目的财务效益与费用，计算财务分析指标，考察经营性项目的盈利能力、偿债能力和财务生存能力，据以判断项目的财务可行性。对于非经营性项目，财务评价主要是分析项目的财务生存能力。

财务评价指标的分类：（1）按是否考虑资金时间价值，将其分为静态评价指标和动态评价指标，见表 9-4-1。（2）按评价指标的性质，将其分为盈利能力分析指标、偿债能力分析指标和财务生存能力指标，如图 9-4-1 所示。

财务评价指标　　　　　　　　　　　　　　表 9-4-1

静态评价指标	动态评价指标
静态投资回收期、总投资收益率、资本金净利润率、利息备付率、偿债备付率、资产负债率、速动比率、流动比率	动态投资回收期、财务净现值、财务内部收益率

★2. 财务评价的内容

财务评价内容主要包括盈利能力分析、偿债能力分析、财务生存能力分析，以及风险与不确定性分析（见本章第六节）。财务分析可分为融资前分析和融资后分析，一般先进行融资前的分析。

（1）融资前分析

融资前分析不考虑具体债务融资条件，从项目投资总获利能力的角度，进行盈利能力

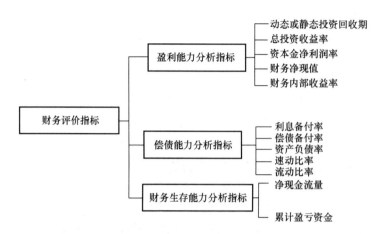

图 9-4-1　财务评价指标体系

分析，考察项目技术方案设计的合理性，作为投资决策的依据。融资前分析以考虑资金时间价值的动态分析为主，不考虑资金时间价值的静态分析为辅。融资前分析的内容如下：

1）估算营业收入、建设投资、流动资金、经营成本、营业税金及附加、所得税；

2）编制项目投资现金流量表，计算项目投资财务内部收益率、财务净现值和项目静态投资回收期等指标；

3）根据计算指标进行方案的评判取舍；如果分析结果表明方案可行，再进行融资后的分析；如果分析结果不能满足要求，可进行方案的修改完善，必要时甚至可以放弃方案。

（2）融资后分析

融资后分析应以融资前分析和初步的融资方案为基础，考虑项目在拟定融资条件下的财务分析，主要分析考察项目在融资条件下的盈利能力、偿债能力和财务生存能力，判断项目方案在融资条件下的可行性。融资后分析用于比选融资方案，作为投资者进行融资决策的依据。融资后分析的内容如下：

1）在融资前分析结论满足要求情况下，初步设定融资方案；

2）在财务分析辅助报表的基础上，编制项目总投资使用计划、资金筹措表和建设期利息估算表；

3）编制资本金现金流量表，计算项目资本金财务内部收益率指标，考察资本金可获得的收益水平；

4）编制投资各方现金流量表，计算投资各方财务内部收益率指标，考察投资各方可获得的收益水平。

财务分析报表与财务评价指标的关系见表 9-4-2。

财务分析报表与财务评价指标的关系　　　　　　　　表 9-4-2

财务分析内容		分析报表	财务分析指标	
			静态指标	动态指标
融资前分析	盈利能力分析	项目投资现金流量表	静态投资回收期	投资财务内部收益率 投资财务净现值 动态投资回收期

财务分析内容		分析报表	财务分析指标	
			静态指标	动态指标
融资后分析	盈利能力分析	项目资本金现金流量表	资本金静态投资回收期	资本金财务内部收益率 资本金动态投资回收期
		投资各方现金流量表	—	投资各方财务内部收益率
		利润与利润分配表	总投资收益率 资本金净利润率	—
	偿债能力分析	借款还本息计划表	偿债备付率 利息备付率	—
		资产负债表	资产负债率 速动比率 流动比率	—
	财务生存能力分析	财务计划现金流量表	累计盈亏资金	—

【**例 9-4-1**】（历年真题）下列财务评价指标中，反映项目盈利能力的指标是：

A. 流动比率   B. 利息备付率

C. 投资回收期   D. 资产负债率

【**解答**】反映项目盈利能力的指标有投资回收期，应选 C 项。

二、盈利能力分析

★★★1. 投资回收期

（1）静态投资回收期（P_t）

静态投资回收期是在不考虑资金时间价值的条件下，以项目技术方案投入运营后的净现金流量回收项目总投资所需的时间。静态投资回收期可以从项目技术方案建设开始年算起，也可以从投产年开始算起，但应予注明。如果投入和产出现金流量均服从年末习惯法，自建设开始年算起。静态投资回收期 P_t（以年表示）的计算公式如下：

$$\sum_{t=0}^{P_t} (CI - CO)_t = 0 \qquad (9\text{-}4\text{-}1)$$

式中，P_t 为静态投资回收期；CI 为现金流入量；CO 为现金流出量；$(CI-CO)_t$ 为第 t 年时点的净现金流量。

静态投资回收期可根据项目技术方案的现金流量表计算。其具体计算又分以下两种情况：

1）项目技术方案建成投产后各年的净现金流量均相同，则静态投资回收期的计算公式如下：

$$P_t = \frac{I}{A} \qquad (9\text{-}4\text{-}2)$$

式中，I 为项目技术方案投入的总投资；A 为项目技术方案投产后各年的净现金流量，即 $A = (CI-CO)_t$。

2）项目技术方案建成投产后各年的净现金流量不相同，则静态投资回收期可根据项目技术方案的投资现金流量表计算累计净现金流量求得,也就是在现金流量表中累计净现金流量由负值转向正值的时点。其计算公式为:

$$P_t = (累计净现金流量出现正值的时点 - 1)$$

$$+ \frac{上一时点累计净现金流量的绝对值}{出现正值时点的净现金流量} \tag{9-4-3}$$

将计算出的静态投资回收期 P_t 与所确定的基准投资回收期 P_c 进行比较:若 $P_t \leqslant P_c$,表明项目技术方案投入的总资金能在规定的时间内收回,则项目技术方案可以考虑接受;若 $P_t > P_c$,则项目技术方案不可行。

(2)动态投资回收期(P'_t)

动态投资回收期是在计算回收期时考虑了资金的时间价值。如果投入与产出的现金流量均服从年末习惯法,自建设开始年算起,其计算公式为:

$$\sum_{t=0}^{P'_t} (CI - CO)_t (1 + i_c)^{-t} = 0 \tag{9-4-4}$$

式中,P'_t 为动态投资回收期(年);i_c 为基准收益率。

判别准则:设基准动态投资回收期为 P'_c,若 $P'_t < P'_c$,项目技术方案可行;否则,应予拒绝。

动态投资回收期的实用计算公式为:

$$P'_t = (累计折现值出现正值的时点 - 1) + \frac{上个时点累计折现值的绝对值}{出现正值时点的折现值} \tag{9-4-5}$$

一般地,项目技术方案的动态投资回收期大于静态投资回收期。

静态或动态投资回收期的不足主要是:没有全面地考虑项目技术方案在整个计算期内的现金流量,即只考虑回收之前的效果,不能反映投资回收之后的情况,故无法全面衡量项目技术方案在整个计算期内的经济效果。

例如,某项目技术方案的净现金流量见表 9-4-3,基准收益率 $i_c = 10\%$,基准投资回收期 $P_c = 7$ 年。确定其静态和动态投资回收期。

某项目技术方案的净现金流量表(万元)　　　　　　　　　　　表 9-4-3

项目年份	0	1	2	3	4	5	6
净现金流量	−40	−450	−100	100	250	300	300
累计现金流量	−40	−480	−580	−480	−230	70	370
折现系数	1	0.9091	0.8264	0.7513	0.6830	0.6209	0.5654
折现值	−40	−409.10	−82.64	75.13	170.75	186.27	169.62
累计折现值	−40	−449.10	−531.74	−456.61	−285.86	−99.59	70.03

具体计算过程见表 9-4-3,则:

$$P_t = (5 - 1) + \frac{|-230|}{300} = 4.77 \text{ 年}$$

$$P'_t = (6 - 1) + \frac{|-99.59|}{169.62} = 5.59 \text{ 年}$$

经过计算得出 $P_t < P_c$，$P'_t < P_c$，所以该项目技术方案可行。

★★★2. 财务净现值（Financial Net Present Value）

财务净现值（$FNPV$）是反映项目技术方案在计算期内盈利能力的动态评价指标。项目技术方案的财务净现值是指用一个预定的基准收益率（或设定的折现率）i_c，分别把整个计算期间内各年所发生的净现金流量都折现到技术方案开始实施时的现值之和。财务净现值计算公式为：

$$FNPV = \sum_{t=0}^{n} (CI - CO)_t (1+i_c)^{-t} \tag{9-4-6}$$

式中，$FNPV$ 为财务净现值；$(CI - CO)_t$ 为项目技术方案第 t 年的净现金流量（应注意"+"和"−"号）；i_c 为基准收益率；n 为项目技术方案计算期。

财务净现值是评价技术方案盈利能力的绝对指标。当 $FNPV > 0$ 时，说明该项目技术方案除了满足基准收益率要求的盈利之外，还能得到超额收益的现值，财务上可行；当 $FNPV = 0$ 时，说明该技术方案基本能满足基准收益率要求的盈利水平，该技术方案财务上还是可行的；当 $FNPV < 0$ 时，说明该技术方案不能满足基准收益率要求的盈利水平，该技术方案财务上不可行。对多个互斥技术方案评价时，在所有 $FNPV_j \geqslant 0$ 的技术方案中，以财务净现值最大的技术方案为财务上相对更优的方案，即财务净现值最大化原则。

财务净现值指标的优点是：考虑了资金的时间价值，并全面考虑了项目技术方案在整个计算期内现金流量的时间分布的状况；经济意义明确，能够直接以货币额表示技术方案的盈利水平；判断直观。其缺点是：必须首先确定一个符合经济现实的基准收益率，而基准收益率的确定往往是比较困难的；在互斥方案评价时，财务净现值必须慎重考虑互斥方案的寿命，如果互斥方案寿命不等，必须构造一个相同的分析期限，才能进行各个方案之间的比选；财务净现值不能反映技术方案投资中单位投资的使用效率等。

例如，已知某项目技术方案的净现金流量，见表 9-4-4，设 $i_c = 8\%$。确定其财务净现值（$FNPV$）。

某技术方案的净现金流量（万元）　　　　　　　　　　　表 9-4-4

年份	1	2	3	4	5	6
净现金流量	−3200	−4000	2000	2500	3000	3000

$$FNPV = -3200 \times \frac{1}{(1+8\%)} - 4000 \times \frac{1}{(1+8\%)^2} + 2000 \times \frac{1}{(1+8\%)^3}$$

$$+ 2500 \times \frac{1}{(1+8\%)^4} + 3000 \times \frac{1}{(1+8\%)^5} + 3000 \times \frac{1}{(1+8\%)^6}$$

$$= -3200 \times 0.9259 - 4000 \times 0.8573 + 2000 \times 0.7938 + 2500 \times 0.7350$$

$$+ 3000 \times 0.6806 + 3000 \times 0.6302$$

$$= 965.4 \ 万元$$

由于 $FNPV = 965.4$ 万元 > 0，所以该项目技术方案在经济上可行。

当不考虑现金流量的来源时，用净现值（NPV）表示，即：对于财务现金流量，用财务净现值（$FNPV$）表示；对于国民经济评价的经济现金流量，用经济净现值（$ENPV$）表示。净现值（NPV）的内涵、计算公式、优缺点与财务净现值（$FNPV$）是一致的。

★★★3. 财务内部收益率（Financial Internal Rate of Return）

常规现金流量的技术方案（亦称常规投项目技术方案），简称常规技术方案，它是指在计算期内，开始时有支出而后才有收益，且其净现金流量序列的符号只改变一次的现金流量的技术方案。不属于常规技术方案的技术方案称为非常规技术方案。

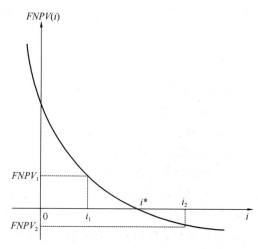

图 9-4-2　常规技术方案的财务净现值函数曲线

常规技术方案的财务净现值的大小与折现率的高低有直接的关系。若已知某常规技术方案各年的净现金流量，则该常规技术方案的财务净现值就完全取决于所选用的折现率，即财务净现值是折现率的函数，其表达式如下：

$$FNPV(i) = \sum_{t=0}^{n} (CI - CO)_t (1+i)^{-t}$$

常规技术方案的财务净现值 $FNPV(i)$ 与 i 之间的关系一般如图 9-4-2 所示。

从图 9-4-2 可以看出，按照财务净现值的评价准则，只要 $FNPV(i) \geqslant 0$，技术方案就可接受。但由于 $FNPV(i)$ 是 i 的递减函数，故折现率 i 定得越高，技术方案被接受的可能性越小。i 最大可以大到多少，仍使技术方案可以接受呢？显然，i 可以大到使 $FNPV(i) = 0$，这时 $FNPV(i)$ 曲线与横轴相交，i 达到了其临界值 i^*，因此，i^* 是财务净现值评价准则的一个分水岭。i^* 就是财务内部收益率 $FIRR$。

对常规技术方案，财务内部收益率其实质就是使技术方案在整个计算期内各年净现金流量的现值累计等于零时的折现率，它是考察项目盈利能力的相对量指标。其数学表达式为：

$$FNPV(FIRR) = \sum_{t=0}^{n} (CI - CO)_t (1 + FIRR)^{-t} = 0 \qquad (9\text{-}4\text{-}7)$$

式中，$FIRR$ 为财务内部收益率。

财务内部收益率是一个未知的折现率，求方程式（9-4-9）中的折现率需解高次方程。在实际工作中，一般通过软件直接计算，手算时可采用试算法确定财务内部收益率 $FIRR$。试算法确定 $FIRR$ 的计算过程如下：

首先，试用 i_1 计算 $FNPV_1$（实际工作中 i_1 的确定，往往是根据给出的基准收益率 i_c 作为第一步试算依据）。若得 $FNPV_1 > 0$，再试用 i_2（$i_2 > i_1$）计算 $FNPV_2$；如果 $FNPV_2 > 0$，再用 i_3 来计算，以此类推，直到 $FNPV < 0$ 时为止；若 $FNPV_2 < 0$，则 $FNPV = 0$ 时的 $FIRR$ 一定在 $i_2 \sim i_1$ 之间，如图 9-4-2 所示。此时，可用线性内插公式求出 $FIRR$ 的近似值，即：

$$FIRR = i_1 + \frac{FNPV_1}{FNPV_1 + |FNPV_2|} (i_2 - i_1) \qquad (9\text{-}4\text{-}8)$$

式中，$FNPV_1$ 为折现率 i_1 时的财务净现值（正）；$FNPV_2$ 为折现率 i_2 时的财务净现值（负）。

$FIRR$ 计算出来后，与基准收益率 i_c 进行比较，若 $FIRR \geqslant i_c$，则项目技术方案在财务上可以接受；$FIRR < i_c$，则技术方案在财务上应予拒绝。

财务内部收益率容易被人误解为是项目技术方案的初期投资的收益率。事实上，财务内部收益率的经济含义是技术方案占用的尚未回收资金的获利能力。

财务内部收益率是项目技术方案到计算期末正好将未收回的资金全部收回来的折现率，也可以理解为技术方案对贷款利率的最大承担能力。

由于财务内部收益率不是初始投资在整个计算期内的盈利率，因而它不仅受项目技术方案的初始投资规模的影响，而且受技术方案计算期内各年净收益大小的影响（即各年净收益大小分布的影响）。

财务内部收益率（$FIRR$）的优点是：它考虑了资金的时间价值以及技术方案在整个计算期内的经济状况，不仅能反映投资过程的收益程度，而且 $FIRR$ 的大小不受外部参数影响，完全取决于技术方案投资过程净现金流量系列的情况。这种技术方案内部决定性，使它在应用中具有一个显著的优点，即避免了像财务净现值之类的指标那样须事先确定基准收益率这个难题，而只需要知道基准收益率的大致范围即可。

$FIRR$ 的缺点是：对于非常规技术方案，其财务内部收益率 $FIRR$ 在某些情况下甚至不存在或存在多个解，而对多个解的分析、检验和判断是比较复杂的；$FIRR$ 也不能直接用于多个互斥方案之间的比选。因此，财务内部收益率 $FIRR$ 适用于独立的、具有常规现金流量的技术方案的经济评价和可行性判断。

同理，当不考虑现金流量的来源时，用内部收益率（IRR）表示。对于财务现金流量，用财务内部收益率（$FIRR$）表示；对于国民经济评价的经济现金流量，用经济内部收益率（$EIRR$）表示。内部收益率（IRR）的内涵、计算公式、优缺点与财务内部收益率（$FIRR$）是一致的。

【例 9-4-2】（历年真题）某项目动态投资回收期刚好等于项目计算期，则以下说法中正确的是：

A. 该项目动态回收期小于基准回收期　　　B. 该项目净现值大于零

C. 该项目净现值小于零　　　　　　　　　D. 该项目内部收益率等于基准收益率

【解答】根据项目的内部收益率的定义，当项目的动态回收期正好等于项目计算期时，内部收益率就等于基准收益率，应选 D 项。

【例 9-4-3】（历年真题）以下关于项目内部收益率指标的说法正确的是：

A. 内部收益率属于静态评价指标

B. 项目内部收益率就是项目的基准收益率

C. 常规项目可能存在多个内部收益率

D. 计算内部收益率不必事先知道准确的基准收益率 i_c。

【解答】根据项目的内部收益率的优缺点，应选 D 项。

此外，对于 B 项：非常规技术方案可能存在多个解，其中的解不是项目的内部收益率。

对于 C 项：常规技术方案只有唯一解，该解是项目的内部收益率。

★4. 总投资收益率（ROT）

总投资收益率是指项目技术方案达到设计生产能力时的一个正常年份的年息税前利润

或运营期内年平均息税前利润与项目总投资的比率。其计算公式为：

$$ROI = \frac{EBIT}{TI} \times 100\% \tag{9-4-9}$$

式中，ROI 为总投资收益率；$EBIT$ 为项目技术方案达到设计能力后正常年份的年息税前利润或运营期内年平均息税前利润；TI 为项目总投资。

年息税前利润 = 年利润总额 + 计入年成本费用的利息支出

= 年营业收入 − 年营业税金及附加

− 年总成本费用 + 利息支出

当计算出的总投资收益率高于行业收益率参考值时，认为该项目盈利能力满足要求。

★5. 项目资本金净利润率（ROE）

项目资本金净利润率表示项目资本金的盈利水平，是指项目技术方案达到设计能力后正常年份的年净利润或运营期内年平均净利润与项目资本金的比率。其计算公式为：

$$ROE = \frac{NP}{EC} \times 100\% \tag{9-4-10}$$

式中，ROE 为项目资本金净利润率；NP 为项目技术方案达到设计能力后正常年份的年净利润或运营期内年平均净利润；EC 为项目资本金。

当计算出的项目资本金净利润率高于行业净利润率参考值时，表明用项目资本金净利润率表示的盈利能力满足要求。

★★★三、偿债能力分析

偿债能力指标主要有：利息备付率、偿债备付率、资产负债率、流动比率和速动比率。其中，资产负债率、流动比率、速动比率等指标是项目技术方案偿债能力分析中考察企业财务状态的主要指标。

1. 利息备付率（ICR）

利息备付率（也称已获利息倍数）是指在项目技术方案借款偿还期内各年企业可用于支付利息的息税前利润（$EBIT$）与当年应付利息（PI）的比值。其计算公式为：

$$ICR = \frac{EBIT}{PI} \tag{9-4-11}$$

式中，$EBIT$ 为息税前利润，即利润总额与计入总成本费用的利息费用之和；PI 为计入总成本费用的应付利息。

利息备付率应在借款偿还期内分年计算，它从付息资金来源的充裕性角度反映企业偿付债务利息的能力，表示企业使用息税前利润偿付利息的保证倍率。利息备付率高，说明利息支付的保证度大，偿债风险小。正常情况下利息备付率应当大于1，并结合债权人的要求确定。一般情况下，利息备付率不宜低于2。

2. 偿债备付率（DSCR）

偿债备付率是从偿债资金来源的充裕性角度反映偿付债务本息的能力，是指在项目技术方案借款偿还期内，各年可用于还本付息的资金（$EBITDA - T_{AX}$）与当期应还本付息金额（PD）的比值。其计算公式为：

$$DSCR = \frac{EBITDA - T_{AX}}{PD} \tag{9-4-12}$$

式中，$EBITDA$ 为企业息税前利润加折旧和摊销费；T_{AX} 为企业所得税；PD 为应还本付息的金额，包括当期应还贷款本金额及计入总成本费用的全部利息。融资租赁费用可视同借款偿还；运营期内的短期借款本息也应纳入计算。

偿债备付率应在借款偿还期内分年计算，它表示企业可用于还本付息的资金偿还借款本息的保证倍率。偿债备付率低，说明偿付债务本息的资金不充足，偿债风险大。正常情况下偿债备付率应当大于1，并结合债权人的要求确定。

3. 资产负债率（$LOAR$）

资产负债率（$LOAR$）是指各期末负债总额同资产总额的比率。其计算公式为：

$$LOAR = \frac{TL}{TA} \times 100\% \qquad\qquad (9\text{-}4\text{-}13)$$

式中，$LOAR$ 为资产负债率；TL 为期末负债总额；TA 为期末资产总额。

适度的资产负债率，表明企业经营安全、稳健，具有较强的筹资能力，也表明企业和债权人的风险较小。

【例 9-4-4】（历年真题）某建设项目预计第三年息税前利润为 200 万元，折旧与摊销为 30 万元，所得税为 20 万元。项目生产期第三年应还本付息金额为 100 万元。该年的偿债备付率为：

A. 1.5 　　　　　B. 1.9 　　　　　C. 2.1 　　　　　D. 2.5

【解答】偿债备付率 $= \dfrac{\text{税前利润} + \text{折旧与摊销} - \text{所得税}}{\text{应还本付息金额}}$

$= \dfrac{200 + 30 - 20}{100} = 2.1$ 万元

应选 C 项。

【例 9-4-5】（历年真题）某建设项目预计生产期第三年息税前利润为 200 万元，折旧与摊销为 50 万元，所得税为 25 万元，计入总成本费用的应付利息为 100 万元，则该年的利息备付率为：

A. 1.25 　　　　　B. 2 　　　　　C. 2.25 　　　　　D. 2.5

【解答】利息备付率 $= \dfrac{\text{息税前利润}}{\text{应付利息}} = \dfrac{200}{100} = 2$

应选 B 项。

★四、财务生存能力分析

财务生存能力分析应在财务分析辅助表和利润与利润分配表的基础上编制财务计划现金流量表，通过合并项目计算期内的投资、融资和经营活动所产生的各项现金流入和流出，计算净现金流量和累计盈余资金，分析项目是否有足够的净现金流量维持正常运营，以实现财务可持续性。

项目财务生存能力的具体判断：

一是拥有足够的经营净现金流量是财务可持续性的基本条件；

二是各年累计盈余资金不出现负值是财务生存的必要条件。

财务可持续性首先体现在有足够大的经营活动净现金流量，其次体现在各年累计盈余资金不应出现负值。若出现负值，应进行短期借款，同时分析短期借款的年份长短和数额大小，判断财务可持续性是否受到影响。

★五、财务分析报表

进行财务分析需要编制相关的财务分析报表。财务分析报表主要包括：项目投资现金流量表；项目资本金现金流量表；投资各方现金流量表；利润与利润分配表；财务计划现金流量表；资产负债表；借款还本付息计划表等。

1. 项目投资现金流量表

项目投资现金流量表不分投资资金来源，以全部投资作为计算基础；反映投资方案在整个计算期（包括建设期和生产运营期）内的现金流入和流出，其现金流量表的构成见表9-4-5。通过投资现金流量表可计算方案的投资财务内部收益率、投资财务净现值和静态投资回收期等全部经济效果评价指标，考察项目全部投资的盈利能力，为各个投资方案（不论其资金来源及利息多少）进行比较建立共同基础。根据需要，可从所得税前或所得税后两个角度进行考察，选择计算所得税前或所得税后指标。项目投资现金流量分析是融资前分析。

注意，在增值税条例执行中，为了体现固定资产进项税抵扣导致技术方案应纳增值税额的降低进而致使净现金流量增加的作用，应在现金流入中增加销项税额，同时在现金流出中增加进项税额以及应纳增值税，见表9-4-5。

【例9-4-6】（历年真题）在进行融资前项目投资现金流量分析时，现金流量应包括：

A. 资产处置收益分配　　　　　　　B. 流动资金

C. 借款本金偿还　　　　　　　　　D. 借款利息偿还

【解答】根据项目投资现金流量表，应包括流动资金，应选B项。

项目投资现金流量表（人民币，单位：万元）　　　　　　表9-4-5

序号	项　　目	合计	计算期					
			1	2	3	4	……	n
1	现金流入							
1.1	营业收入							
1.2	补贴收入							
1.3	销项税额							
1.4	回收固定资产余值							
1.5	回收流动资金							
2	现金流出							
2.1	建设投资							
2.2	流动资金							
2.3	经营成本							
2.4	进项税额							
2.5	应纳增值税							
2.6	营业中税金及附加							
2.7	维持运营投资							
3	所得税前净现金流量（1—2）							
4	累计税前净现金流量							
5	调整所得税							
6	所得税后净现金流量（3—5）							
7	累计所得税后净现金流量							

计算指标：　　　　　所得税前：　　　　所得税后：

投资财务内部收益率（%）：

投资财务净现值（$i_c=$　%）：

投资回收期

2. 项目资本金现金流量表

资本金现金流量表是在拟定融资方案后，从项目技术方案权益投资者整体（即项目法人）角度出发，以技术方案资本金作为计算的基础，把借款本金偿还和利息支付作为现金流出，用以计算资本金财务内部收益率，反映在一定融资方案下投资者权益投资的获利能力，用以比选融资方案，为投资者投资决策、融资决策提供依据。项目资本金现金流量表构成见表 9-4-6。

项目资本金现金流量表（人民币，单位：万元） 表 9-4-6

序号	项　目	合计	计算期					
			1	2	3	4	……	n
1	现金流入							
1.1	营业收入							
1.2	补贴收入							
1.3	销项税额							
1.4	回收固定资产余值							
1.5	回收流动资金							
2	现金流出							
2.1	技术方案资本金							
2.2	借款本金偿还							
2.3	借款利息支付							
2.4	经营成本							
2.5	进项税额							
2.6	应纳增值税							
2.7	营业中税金及附加							
2.8	所得税							
2.9	维持运营投资							
3	净现金流量（1—2）							

计算指标：

资本金财务内部收益率（%）

3. 投资各方现金流量表

投资各方现金流量表是分别从项目技术方案各个投资者的角度出发，以投资者的出资额作为计算的基础，用以计算技术方案投资各方财务内部收益率。

一般情况下，技术方案投资各方按股本比例分配利润和分担亏损及风险，因此，投资各方的利益一般是均等的，没有必要计算投资各方的财务内部收益率。只有技术方案投资者中各方有股权之外的不对等的利益分配时，投资各方的收益率才会有差异，此时常需要计算投资各方的财务内部收益率，以看出各方收益是否均衡，或者其非均衡性是否在一个合理的水平，有助于促成技术方案投资各方在合作谈判中达成平等互利的协议。

4. 利润与利润分配表

利润与利润分配表是反映项目技术方案计算期内各年营业收入、总成本费用、利润总额等情况，以及所得税后利润的分配，用于计算总投资收益率、项目资本金净利润率等指标的一张报表。

5. 财务计划现金流量表

财务计划现金流量表反映项目技术方案计算期各年的投资、融资及经营活动所产生的现金流入和流出，用于计算净现金流量和累计盈余资金，考察资金平衡和余缺情况，分析技术方案的财务生存能力，即分析技术方案是否能为企业创造足够的净现金流量维持正常运营，进而考察实现财务可持续性的能力。

6. 资产负债表

资产负债表综合反映项目计算期内各年末资产、负债和所有者权益的增减变化及对应关系，以考察项目资产、负债、所有者权益的结构是否合理，用以计算资产负债率、流动比率及速动比率，进行偿债能力分析。资产负债表的编制依据是:资产＝负债＋所有者权益。

7. 借款还本付息计划表

借款还本付息计划表反映项目计算期内各年借款本金偿还和利息支付情况，用于计算偿债备付率和利息备付率指标。固定资产投资贷款还本付息估算主要是测算还款期的利息和偿还贷款的时间，从而观察借款项目的偿还能力和收益，为财务效益评价和项目决策提供依据。

上述财务分析报表与财务评价指标的关系见前述表 9-4-2。

★六、基准收益率 (i_c)

基准收益率是企业或行业或投资者确定的投资项目最低标准收益水平。它表明投资决策者对项目资金时间价值的估价，是投资应当获得的最低盈利率水平，是评价和判断项目在财务上是否可行的依据，是一个重要的经济参数。对于竞争性项目，财务评价时的基准收益率的确定一般以行业的平均收益率为基础，同时综合考虑资金成本、投资风险、通货膨胀，以及资金限制等影响因素。

1. 资金成本或机会成本 (i_1)

基准收益率应不低于单位资金成本或单位投资的机会成本，这样才能使资金得到最有效的利用。

2. 风险贴补率 (i_2)

在整个项目技术方案计算期内，存在着发生不利于技术方案的环境变化的可能性，这种变化难以预料，即投资者要冒着一定的风险作决策。为此，投资者自然就要求获得较高的利润，否则他是不愿去冒风险的，故在确定基准收益率时，还应考虑风险因素，通常以一个适当的风险贴补率 i_2 来提高 i_c 值。即以一个较高的收益水平补偿投资者所承担的风险，风险越大，风险贴补率越高。

3. 通货膨胀率 (i_3)

通货膨胀是指由于货币（这里指纸币）的发行量超过商品流通所需要的货币量而引起的货币贬值和物价上涨的现象。为反映和评价出拟实施技术方案在未来的真实经济效果，在确定基准收益率时，应考虑这种影响，结合投入产出价格的选用决定对通货膨胀因素的处理。通货膨胀以通货膨胀率 i_3 来表示，通货膨胀率主要表现为物价指数的变化，即通货膨胀率约等于物价指数变化率。

综合以上分析，投资者自行测定的基准收益率可确定如下：

若技术方案现金流量是按当年价格预测估算的，则应以年通货膨胀率 i_3 修正 i_c 值。即：

$$i_c = (1+i_1)(1+i_2)(1+i_3)-1 \approx i_1+i_2+i_3 \qquad (9\text{-}4\text{-}14)$$

若技术方案的现金流量是按基年不变价格预测估算的，预测结果已排除通货膨胀因素的影响，就不再重复考虑通货膨胀的影响去修正 i_c 值，即：

$$i_c = (1+i_1)(1+i_2)-1 \approx i_1+i_2 \qquad (9\text{-}4\text{-}15)$$

上述近似处理的条件是 i_1、i_2、i_3 都为小数。

习　题

9-4-1　（历年真题）某项目建设工期为两年，第 1 年年初投资 200 万元，第 2 年年初投资 300 万元，投产后每年净现金流量为 150 万元，项目计算期为 10 年，基准收益率 10%，则此项目的财务净现值为：

[已知：$(P/A,10\%,8)=5.3349$]

A. 331.97 万元

B. 188.63 万元

C. 171.48 万元

D. 231.60 万元

9-4-2　（历年真题）财务生存能力分析中，财务生存的必要条件是：

A. 拥有足够的经营净现金流量

B. 各年累计盈余资金不出现负值

C. 适度的资产负债率

D. 项目资本金净利润高于同行业的净利润率参考值

9-4-3　（历年真题）对于某常规项目（IRR 唯一），当设定折现率为 12% 时，求得的净现值为 130 万元；当设定折现率为 14% 时，求得的净现值为 -50 万元，则该项目的内部收益率应是：

A. 11.56%　　　　B. 12.77%　　　　C. 13%　　　　D. 13.44%

9-4-4　（历年真题）下列财务评价指标中，反映项目偿债能力的指标是：

A. 投资回收期

B. 利息备付率

C. 财务净现值

D. 总投资收益率

9-4-5　（历年真题）某项目第 6 年累计净现金流量开始出现正值，第 5 年年末累计净现金流量为 -60 万元，第 6 年当年净现金流量为 240 万元，则该项目的静态投资回收期为：

A. 4.25 年　　　B. 4.75 年　　　C. 5.25 年　　　D. 6.25 年

9-4-6　（历年真题）某项目第 1 年年初投资 5000 万元，此后从第 1 年年末开始每年年末有相同的净收益，收益期为 10 年。寿命期结束时的净残值为 100 万元。若基准收益率为 12%，则要使该投资方案的净现值为零，其年净收益应为：

[已知：$(P/A,12\%,10)=5.6500$；$(P/F,12\%,10)=0.3220$]

A. 879.26 万元　　B. 884.96 万元　　C. 890.65 万元　　D. 1610 万元

9-4-7　（历年真题）某投资项目原始投资额为 200 万元，使用寿命为 10 年，预计净残值为零，已知该项目第 10 年的经营净现金流量为 25 万元，回收营运资金 20 万元，则该项目第 10 年的净现金流量为：

    A. 20 万元   B. 25 万元   C. 45 万元   D. 65 万元

9-4-8　（历年真题）某项目方案各年的净现金流量见表（单位：万元），其静态投资回收期为：

年份	0	1	2	3	4	5
净现金流量	−100	−50	40	60	60	60

    A. 2.17 年   B. 3.17 年   C. 3.83 年   D. 4 年

第五节　经济费用效益分析

★一、经济费用效益

1. 基本概念

经济费用效益分析是按合理配置稀缺资源和社会经济可持续发展的原则，采用影子价格、社会折现率等费用效益分析参数，从国民经济全局的角度出发，分析项目投资的经济效益和对社会福利所做出的贡献，评价项目的经济合理性。

应作经济费用效益分析的项目有：①具有垄断特征的项目，如电力、电信、交通运输等行业的项目；②产出具有公共产品特征的项目；③外部效果显著的项目；④资源开发项目；⑤涉及国家经济安全的项目；⑥受过度行政干预的项目。

经济效益分为直接经济效益和间接经济效益，经济费用分为直接经济费用和间接经济费用。直接经济效益和直接经济费用是与投资主体有关的，可称为内部效果。因投资主体而产生，却被其他主体所承担的间接经济效益和间接经济费用，称为外部效果。外部效果分为货币性和技术性两类：（1）货币性外部效果指效益在各部门的重新分配，如税收或补贴等。货币性外部效果并不引起社会资源的变化，故在效益费用分析中不考虑。（2）技术性外部效果是指外部效果确实使社会总生产和社会总消费起变化，如水利设施项目，除产生电力外，还使粮食产量增加。技术性外部效果反映了社会生产和消费的真实变化，这种真实变化必然引起社会资源配置的变化。所以应在费用效益分析中加以考虑。为防止外部效果计算扩大化，项目的外部效果一般只计算一次相关效果，不应连续计算。

2. 识别经济效益和经济费用的原则

（1）**"有无对比"增量分析的原则**。项目经济费用效益分析应建立在增量效益和增量费用识别和计算的基础之上，不应考虑沉没成本和已实现的效益。应按照"有无对比"增量分析的原则，通过项目的实施效果与无项目情况下可能发生的情况进行对比分析，作为计算机会成本或增量效益的依据。

（2）**考虑关联效果原则**。应考虑项目投资可能产生的其他关联效应。

（3）**以本国居民作为分析对象的原则**。

（4）**剔除转移支付的原则**。在经济费用效益分析中，税赋、补贴、借款和利息属于转移支付。一般在进行经济费用效益分析时，不得再计算转移支付的影响。

3. 经济效益和经济费用的计算原则

经济效益的计算原则：

（1）**支付意愿原则**。项目产出物的正面效果的计算遵循支付意愿（WTP）原则，用于分析社会成员为项目所产出的效益愿意支付的价值。

（2）**受偿意愿原则**。项目产出物的负面效果的计算遵循接受补偿意愿（WTA）原则，用于分析社会成员为接受这种不利影响所得到补偿的价值。

经济费用的计算原则：机会成本原则。项目投入的经济费用的计算应遵循机会成本原则，用于分析项目所占用的所有资源的机会成本。

此外，经济效益和经济费用均应遵循的计算原则是：实际价值计算原则，即采用反映资源真实价值的实际价格进行计算，不考虑通货膨胀因素的影响，但应考虑相对价格变动。

★二、经济费用效益分析参数

经济费用效益分析参数是经济费用效益分析的基本判据，对比选优化方案具有重要作用。经济费用效益分析的参数主要包括：社会折现率、影子汇率、影子工资和影子价格等，这些参数由有关专门机构组织测算和发布。

1. 社会折现率（i_s）

社会折现率是用以衡量资金时间价值的重要参数，代表社会资金被占用应获得的最低收益率。它是建设项目国民经济评价中衡量经济内部收益率（$EIRR$）的基准值，也是计算项目经济净现值（$ENPV$）的折现率，用作不同年份价值换算的折现率，是项目经济可行性和方案比选的主要判据。

2. 影子汇率

影子汇率是指能够正确反映国家外汇经济价值的汇率。在建设项目国民经济评价中，项目的进口投入物和出口产出物应采用影子汇率换算系数调整计算进出口外汇收支的价值。影子汇率可通过影子汇率换算系数来计算，影子汇率换算系数是影子汇率与国家外汇牌价的比值。影子汇率应按下式来计算：

$$影子汇率 = 外汇牌价 \times 影子汇率换算系数 \qquad (9-5-1)$$

3. 影子工资

影子工资反映国民经济为项目使用劳动力所付出的真实代价，由劳动力机会成本与因劳动力转移而引起的新增资源耗费两部分构成，即：

$$影子工资 = 劳动力机会成本 + 新增资源耗费 \qquad (9-5-2)$$

劳动力的机会成本是指劳动力如果不就业于拟建项目而从事其他生产经营活动所创造的最大效益。新增资源耗费是指项目使用劳动力，由于劳动者就业或者迁移而增加的城市管理费用和城市交通等基础设施投资费用。影子工资一般通过影子工资换算系数来计算。影子工资换算系数是指影子工资与项目财务评价中劳动力工资之间的比值。影子工资可按下式来计算：

$$影子工资 = 财务工资 \times 影子工资换算系数 \qquad (9-5-3)$$

4. 影子价格

影子价格是计算国民经济效益与费用时专用的价格，它能够真实反映项目投入物和产出物的真实经济价值，是反映市场供求状况和资源稀缺程度、使资源得到合理配置的计算价格。

市场定价货物的影子价格计算如下：

（1）可外贸货物的影子价格

$$出口产出的影子价格（出厂价）＝离岸价（FOB）×影子汇率－出口费用 \quad (9\text{-}5\text{-}4)$$

$$进口投入的影子价格（到厂价）＝到岸价（CIF）×影子汇率＋进口费用 \quad (9\text{-}5\text{-}5)$$

离岸价、到岸价均以项目所在国口岸为依据。进口或出口费用是指货物进出口环节在国内发生的相关费用，包括运输、储运、装卸、运输保险等以及物流环节的各种损失、损耗等。在一般情况下，大致包括国内运杂费和贸易费用。

（2）非外贸货物的影子价格

非外贸货物的影子价格是指以市场价格加上或者减去国内运杂费作为影子价格，即：

$$投入物影子价格（到厂价）＝市场价格＋国内运杂费 \quad (9\text{-}5\text{-}6)$$

$$产出物影子价格（出厂价）＝市场价格－国内运杂费 \quad (9\text{-}5\text{-}7)$$

【例 9-5-1】（历年真题）某项目要从国外进口一种原材料，原始材料的 CIF（到岸价格）为 150 美元/t，美元的影子汇率为 6.5，进口费用为 240 元/t，则这种原材料的影子价格是：

A. 735 元人民币　　　B. 975 元人民币　　　C. 1215 元人民币　　　D. 1710 元人民币

【解答】影子价格（到厂价）＝$150×6.5＋240＝1215$ 元人民币/t

应选 C 项。

★三、经济费用效益指标

经济费用效益分析以盈利能力评价为主，评价指标包括经济内部收益率（EIRR）、经济净现值（ENPV）和效益费用比（R_{BC}）。其中，经济净现值是经济分析的主要评价指标，经济内部收益率和效益费用比是辅助评价指标。

1. 经济内部收益率（EIRR）

经济内部收益率是反映项目对国民经济净贡献的相对指标。它是项目在计算期内各年经济净效益流量的现值累计等于零时的折现率，其计算公式为：

$$\sum_{t=0}^{n}(B-C)_t(1+EIRR)^{-t}=0 \quad (9\text{-}5\text{-}8)$$

式中，B 为国民经济效益流量；C 为国民经济费用流量；$(B-C)_t$ 为第 t 年的国民经济净效益流量；n 为计算期。

判别准则：经济内部收益率不小于社会折现率，表明项目对国民经济的净贡献达到或超过了要求的水平，这时应认为项目是可以接受的。

2. 经济净现值（ENPV）

经济净现值是反映项目对国民经济净贡献的绝对指标。它是指用社会折现率将项目计算期内各年的净效益流量折算到建设期初的现值之和，其计算公式为：

$$ENPV=\sum_{t=0}^{n}(B-C)_t(1+i_s)^{-t} \quad (9\text{-}5\text{-}9)$$

式中，i_s 为社会折现率。

判别准则：项目经济净现值不小于零，表示国家拟建项目付出代价后，可以得到符合社会折现率的社会盈余，或除了得到符合社会折现率的社会盈余外，还可以得到以现值计算的超额社会盈余，这时就认为项目是可以考虑接受的。

3. 效益费用比（R_{BC}）

　　效益费用比是项目在计算期内效益流量的现值与费用流量的现值的比率，是经济费用效益分析的辅助评价指标。其计算公式为：

$$R_{BC} = \frac{\sum_{t=0}^{n} B_t (1+i_s)^{-t}}{\sum_{t=0}^{n} C_t (1+i_s)^{-t}} \tag{9-5-10}$$

　　式中，R_{BC} 为效益费用比；B_t 为第 t 期的经济效益；C_t 为第 t 期的经济费用。

　　如果效益费用比大于 1，表明项目资源配置的经济效益达到了可以被接受的水平。

　　【例 9-5-2】（历年真题）交通部门拟修建一条公路，预计建设期为一年，建设期初投资为 100 万元，建设后即投入使用，预计使用寿命为 10 年，每年将产生的效益为 20 万元，每年需投入保养费 8000 元。若社会折现率为 10%，则该项目的效益费用比为：

　　[已知：$(P/A, 10\%, 10) = 6.1446$]

　　A. 1.07　　　　　　B. 1.17　　　　　　C. 1.85　　　　　　D. 1.92

　　【解答】项目建设期 1 年、使用寿命 10 年，则项目计算期为 11 年，其现金流量图见下图。

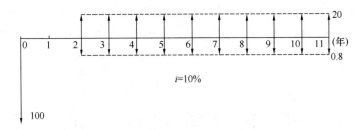

例 9-5-2 解图

　　效益：$B = 20 \times (P/A, 10\%, 10) \times (P/F, 10\%, 1)$
　　　　　$= 20 \times 6.1446 \times 0.9091 = 111.72$ 万元

　　费用：$\quad C = 0.8 \times (P/A, 10\%, 10) \times (P/F, 10\%, 1) + 100$
　　　　　$= 0.8 \times 6.1446 \times 0.9091 + 100 = 104.47$ 万元

$$R_{BC} = \frac{B}{C} = \frac{111.72}{104.72} = 1.07$$

　　应选 A 项。

习　题

　　9-5-1　（历年真题）可外贸化物的投入或产出的影子价格应根据口岸价格计算，下列公式正确的是：

　　A. 出口产出的影子价格（出厂价）= 离岸价（FOB）× 影子汇率 + 出口费用

　　B. 出口产出的影子价格（出厂价）= 到岸价（CIF）× 影子汇率 − 出口费用

　　C. 出口投入的影子价格（到厂价）= 到岸价（CIF）× 影子汇率 + 进口费用

　　D. 出口投入的影子价格（到厂价）= 离岸价（FOB）× 影子汇率 − 进口费用

　　9-5-2　（历年真题）以下关于项目经济费用效益分析的说法中，正确的是：

A. 经济费用效益分析应考虑沉没成本

B. 经济费用和效益的识别不适宜"有无对比"原则

C. 识别经济费用效益时应剔除项目的转移支付

D. 为了反映投入物和产出物真实经济价值，经济费用效益分析不能使用市场价格

9-5-3 （历年真题）以下关于社会折现率的说法中，不正确的是：

A. 社会折现率可用作经济内部收益率的判别基准

B. 社会折现率可用作衡量资金时间经济价值

C. 社会折现率可用作不同年份之间资金价值转化的折现率

D. 社会折现率不能反映资金占用的机会成本

9-5-4 （历年真题）影子价格是商品或生产要素的任何边际变化对国家的基本社会经济目标所做贡献的价值，因而影子价格是：

A. 目标价格

B. 反映市场供求状况和资源稀缺程度的价格

C. 计划价格

D. 理论价格

9-5-5 （历年真题）某项目的产出物为可外贸货物，其离岸价格为 100 美元，影子汇率为 6 元人民币/美元，出口费用为每件 100 元人民币，则该货物的影子价格为：

A. 500 元人民币
B. 600 元人民币
C. 700 元人民币
D. 800 元人民币

第六节　不确定性分析

不确定性分析是指研究和分析当影响技术方案经济效果的各项主要因素发生变化时，拟实施技术方案的经济效果会发生什么样的变化，以便为正确决策服务的一项工作。常用的不确定性分析方法有盈亏平衡分析和敏感性分析。其中，盈亏平衡分析只适用于财务评价，敏感性分析适用于财务评价和国民经济评价。

★★★一、盈亏平衡分析

盈亏平衡分析是研究建设项目的产品的成本费用、产销量与盈利的平衡关系的方法。对于一个建设项目而言，随着其产品的产销量的变化，盈利与亏损之间一般至少有一个转折点，这种转折点称为盈亏平衡点 BEP（Break Even Point）。在这点上，营业收入与成本费用相等，既不亏损也不盈利。盈亏平衡分析就是要找出项目方案的盈亏平衡点。一般来说，建设项目的产品有市场前景，其盈亏平衡点越低，项目盈利的可能性就越大，对不确定因素变化所带来的风险的承受能力就越强。

盈亏平衡分析的基本方法是建立成本与产量、营业收入与产量之间的函数关系，通过对这两个函数及其图形的分析，找出盈亏平衡点。

1. 线性盈亏平衡分析

为简化数学模型，对线性盈亏平衡分析作了如下假设：

（1）生产量等于销售量，即当年生产的产品（或提供的服务，下同）扣除自用量，当年完全销售出去；

（2）产销量变化，单位产品变动成本不变，总成本费用是产销量的线性函数；

（3）产销量变化，单位产品销售价格不变，销售收入是产销量的线性函数；

（4）只生产单一产品，或者生产多种产品，但可以换算为单一产品计算，不同产品的生产负荷率的变化应保持一致。

根据上述假设，线性盈亏平衡分析的基本公式如下：

年营业收入：

$$R = P \cdot Q \tag{9-6-1}$$

年总成本费用：

$$C = F + V \cdot Q + T \cdot Q \tag{9-6-2}$$

年利润：

$$B = R - C = (P - V - T)Q - F \tag{9-6-3}$$

式中，R 为年营业收入；P 为单位产品销售价格；Q 为项目设计生产能力或年产量；C 为年总成本费用；F 为年总成本中的固定成本；V 为单位产品变动成本；T 为单位产品税金及附加；B 为年利润。

当盈亏平衡时，$B=0$，则年产量的盈亏平衡点：

$$BEP_Q = \frac{F}{P - V - T} \tag{9-6-4}$$

营业收入的盈亏平衡点：

$$BEP_R = P\left(\frac{F}{P - V - T}\right) \tag{9-6-5}$$

盈亏平衡点的生产能力利用率：

$$BEP_Y = \frac{BEP_Q}{Q} = \frac{F}{(P - V - T)Q} \tag{9-6-6}$$

产品销售价格的盈亏平衡点：

$$BEP_p = \frac{F}{Q} + V + T$$

单位产品变动成本的盈亏平衡点：

$$BEP_V = P - T - \frac{F}{Q}$$

以上分析如图 9-6-1 所示。

2. 非线性盈亏平衡分析

营业收入与产销量之间是非线性的，单位产品变动成本随产销量是变化的，即总成本与产销量之间也是非线性的。这种情况下，盈亏平衡点可能不止一个。

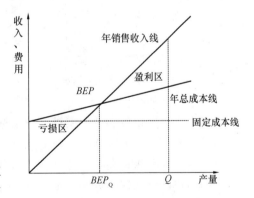

图 9-6-1 线性盈亏平衡分析图

【例 9-6-1】（历年真题）某企业设计生产能力为年产某产品 40000t，在满负荷生产状态下，总成本为 30000 万元，其中固定成本为 10000 万元，若产品价格为 1 万元/t，则以生产能力利用率表示的盈亏平衡点为：

A. 25%　　　　B. 35%　　　　C. 40%　　　　D. 50%

【解答】单位产品变动成本 $=\dfrac{30000-10000}{40000}=0.5$ 万元/t

$$BEP_Q=\frac{F}{P-V-T}=\frac{10000}{1-0.5-0}=20000$$

$BEP_Y=\dfrac{BEP_Q}{Q}=\dfrac{20000}{40000}=50\%$ ，应选 D 项。

【例 9-6-2】（历年真题）某企业生产一种产品，年固定成本为 1000 万元，单位产品的可变成本为 300 元、售价为 500 元，则其盈亏平衡点的销售收入为：

A. 5 万元　　　　B. 600 万元　　　　C. 1500 万元　　　　D. 2500 万元

【解答】 $BEP_Q=\dfrac{F}{P-V-T}=\dfrac{10000\times10^4}{500-300-0}=5\times10^4$

BEP_Q 对应的营业收入 $=500\times5\times10^4=2500$ 万元

应选 D 项。

★★★二、敏感性分析

1. 基本概念

在项目技术方案经济效果评价中，有些因素可能仅发生较小幅度的变化就能引起经济评价指标发生大的变动；而另一些因素即使发生了较大幅度的变化，对经济评价指标的影响却不是太大。将前一类因素称为敏感性因素，后一类因素称为非敏感性因素。

敏感性分析就是在项目技术方案确定性分析的基础上，通过进一步分析、预测技术方案主要不确定因素的变化对技术方案经济评价指标（如财务内部收益率、财务净现值等）的影响，从中找出敏感因素，确定评价指标对该因素的敏感程度和技术方案对其变化的承受能力。

敏感性分析有单因素敏感性分析和多因素敏感性分析两种。其中，单因素敏感性分析是对单一不确定因素变化对技术方案经济效果的影响进行分析，即假设各个不确定因素之间相互独立，每次只考察一个因素变动，其他因素保持不变，以分析这个可变因素对经济效果评价指标的影响程度和敏感程度。

2. 单因素敏感性分析的步骤

（1）确定分析指标

项目技术方案评价的各种经济评价指标，如财务净现值、财务内部收益率、静态投资回收期等，都可以作为敏感性分析的指标。其中，财务内部收益率是最基本的分析指标。

由于敏感性分析是在确定性经济效果分析的基础上进行的，一般而言，敏感性分析的指标应与确定性经济评价指标一致，不应超出确定性经济评价指标范围而另立新的分析指标。

（2）选择需要分析的不确定性因素

对于一般技术方案来说，通常从以下几方面选择敏感性分析中的不确定性因素：

1) 从收益方面来看，主要包括产销量与销售价格、汇率。

2) 从费用方面来看，包括成本、建设投资、流动资金占用、折现率、汇率等。

　　3）从时间方面来看，包括技术方案建设期、生产期，生产期又可考虑投产期和正常生产期。

　　此外，选择的不确定性因素要与选定的分析指标相联系。例如，折现率因素对静态评价指标不起作用。

　　（3）分析每个不确定性因素的波动程度及其对分析指标可能带来的增减变化情况

　　1）对所选定的不确定性因素，应根据实际情况设定这些因素的变动幅度，其他因素固定不变。不确定性因素的变动可以按照一定的变化幅度（如±5％、±10％、±15％、±20％等）改变它的数值。

　　2）计算不确定性因素每次变动对技术方案经济效果评价指标的影响。

　　3）对每一因素的每一变动，均重复以上1）、2）。然后，把因素变动及相应指标变动结果用敏感性分析表和敏感性分析图的形式表示出来，以便于确定敏感因素。

　　（4）确定敏感性因素

　　敏感性分析的目的在于寻求敏感因素，这可以通过计算敏感度系数和临界点来判断。

　　1）敏感度系数（S_{AF}）

　　敏感度系数表示技术方案经济效果评价指标对不确定性因素的敏感程度，其计算公式为：

$$S_{AF} = \frac{\Delta A/A}{\Delta F/F} \tag{9-6-7}$$

式中，S_{AF}为评价指标A对于不确定性因素F的敏感度系数；$\Delta F/F$为不确定性因素F的变化率（％）；$\Delta A/A$为不确定性因素F发生ΔF变化时，评价指标A的相应变化率（％）。

　　计算敏感度系数判别敏感因素的方法是一种相对测定法。

　　$S_{AF}>0$，表示评价指标与不确定性因素同方向变化；$S_{AF}<0$，表示评价指标与不确定性因素反方向变化。$|S_{AF}|$越大，表明评价指标A对于不确定性因素F越敏感；反之，则不敏感。据此可以找出哪些因素是最关键的因素。

　　2）临界点

　　临界点是指技术方案允许不确定性因素向不利方向变化的极限值。超过极限，技术方案的经济评价指标将不可行。临界点可用临界点百分比或者临界值分别表示某一变量的变化达到一定的百分比或者一定数值时，技术方案的经济评价指标将从可行转变为不可行。临界点可用软件计算，也可由敏感性分析图直接求得近似值。

　　利用临界点判别敏感因素的方法是一种绝对测定法。

　　临界点的高低与分析指标的判别标准设定值有关。例如：财务内部收益率的判别标准为基准收益率i_c，对同一个技术方案，随着基准收益率设定值的提高（如$i_c=10％$变为$i_c=16％$），临界点就会变低。

　　在一定指标判断标准（如基准收益率）下，在若干个不确定性因素中，临界点越低，说明该因素对技术方案经济效果指标影响越大，技术方案对该因素就越敏感。

　　例如，某项目技术方案的基本方案的现金流量表见表9-6-1，现金流量服从年末习惯法，基准收益率$i_c=10％$。选定财务内部收益$FIRR$为评价指标。拟分析的不确定性因素是：年营业收入；年经营成本；建设投资。确定其敏感度系数、临界点。

基本方案的现金流量表（万元）　　　　　　　表 9-6-1

年份	1	2	3	4	5	6
1　现金流入		600	600	600	600	800
1.1　年营业收入		600	600	600	600	600
1.2　期末残值回收						200
2　现金流出	1400	250	250	250	250	250
2.1　建设投资	1400					
2.2　年经营成本		250	250	250	250	250
3　净现金流量	−1400	350	350	350	350	550

$$NPV(FIRR) = -1400(1+FIRR)^{-1} + 350\sum_{i=2}^{5}(1+FIRR)^{-t} + 550(1+FIRR)^{-6} = 0$$

由试算法可得：$FIRR = 11.33\%$。

当年营业收入的变动幅度为 $+5\%$ 时，则：

$$NPV(FIRR) = -1400(1+FIRR)^{-1} + 380\sum_{i=2}^{5}(1+FIRR)^{-t} + 580(1+FIRR)^{-6} = 0$$

由试算法可得：$FIRR = 14.24\%$

同理，可得不确定性因素的变动，其相应的 $FIRR$ 值见表 9-6-2。

敏感度系数：年营业收入 $S_{AF} = \dfrac{(17.09\% - 5.29\%)/11.33\%}{10\% - (-10\%)} = 5.21$

单因素变动对 $FIRR$（%）的影响及敏感度　　　　　　表 9-6-2

不确定性因素	变动幅度					敏感度系数	临界点（%）
	−10%	−5%	0	+5%	+10%		
年营业收入	5.29	8.35	11.33	14.24	17.09	5.21	−2.23
年经营成本	13.76	12.55	11.33	10.09	8.85	−2.17	5.36
建设投资	15.40	13.28	11.33	9.52	7.85	−3.33	3.67

单因素敏感性分析图如图 9-6-2 所示。

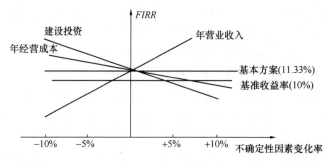

图 9-6-2　单因素敏感性分析图

由表 9-6-2 可知，年营业收入的 $|S_{AF}| = 5.21$ 最大，故对 $FIRR$ 最敏感；年营业收入的临界点最低，故对 $FIRR$ 最敏感。

由图 9-6-2 可知，年营业收入的斜率的绝对值大于建设投资的斜率的绝对值、年经营成本的斜率的绝对值，故年营业收入对 $FIRR$ 最敏感。

【例 9-6-3】（历年真题）某项目在进行敏感性分析时，得到以下结论：产品价格下降 10%，可使 $NPV=0$；经营成本上升 115%，$NPV=0$；寿命期缩短 20%，$NPV=0$；投资增加 25%，$NPV=0$。则下列因素中，最敏感的是：

A. 产品价格   B. 经营成本   C. 寿命期   D. 投资

【解答】产品价格变化幅度最小，致使 $NPV=0$，故其最敏感，应选 A 项。

习 题

9-6-1 （历年真题）关于盈亏平衡点的下列说法中，错误的是：

A. 盈亏平衡点是项目的盈利与亏损的转折点

B. 盈亏平衡点上，销售（营业、服务）收入等于总成本费用

C. 盈亏平衡点越低，表明项目抗风险能力越弱

D. 盈亏平衡分析只用于财务分析

9-6-2 （历年真题）在对项目进行盈亏平衡分析时，各方案的盈亏平衡点生产能力利用率有如下四种数据，则抗风险能力较强的是：

A. 30%   B. 60%   C. 80%   D. 90%

9-6-3 （历年真题）某拟建生产企业设计年产 6 万 t 化工原料，年固定成本为 1000 万元，单位可变成本、销售税金和单位产品增值税之和为 800 元/t，单位产品售价为 1000 元/t。销售收入和成本费用均采用含税价格表示。以生产能力利用率表示的盈亏平衡点为：

A. 9.25%   B. 21%   C. 66.7%   D. 83.3%

第七节 方案经济比选

一、方案比选的概述

1. 方案比选的类型

多方案比选的类型有：独立方案，互斥方案，互补方案，混合型方案等。

（1）独立方案

独立方案是指多方案间互不干扰、在经济上互不相关的方案，即这些方案是彼此独立无关的，选择或放弃其中一个方案，并不影响对其他方案的选择。

（2）互斥方案

在若干备选方案中，各个方案彼此可以相互代替，因此，方案具有排他性，选择其中任何一个方案，则其他方案必然被排斥。这种择此就不能择彼的若干方案，称为互斥方案。

（3）混合型方案

混合型方案是指独立方案、互斥方案等混合的情况。

2. 方案比选的经济评价指标计算

净现值（NPV）的计算与前面的财务净现值（$FNPV$）计算相同，即：

$$NPV = \sum_{t=0}^{n}(CI - CO)_t + (1 + i_c)^{-t} \tag{9-7-1}$$

净现值（NAV），也称等额年值、等额年金，是以基准收益率 i_c 将项目计算期内净现金流量等值换算而成的等额年值，即：

$$NAV = NPV(A/P, i_c, n) = NPV \frac{i(1+i_c)^n}{(1+i_c)^n - 1} \tag{9-7-2}$$

由于 $(A/P, i_c, n) > 0$，故对同一个方案经济评价，NPV 与 NAV 的结论总是一致的，即：$NPV \geqslant 0$（或 $NAV \geqslant 0$），项目技术方案在经济上可以接受；否则，应予拒绝。

在费用比选法中，常用到下面的评价指标：

费用现值（PW，Present Waste）的计算公式为：

$$PW = \sum_{t=0}^{n} CO_t(1+i_c)^{-t} \tag{9-7-3}$$

费用年值（AC，Annual Cost）的计算公式为：

$$AC = PW(A/P, i_c, n) \tag{9-7-4}$$

二、独立方案的方案经济比选的方法

独立方案在经济上是否可接受，取决于方案自身的经济性，即方案的经济效果是否达到或超过了预定的评价标准。通过计算方案的经济评价指标，并按照指标的判据（或判别标准）加以检验就可判别。这种对方案自身经济性的检验叫做"绝对经济效果检验"。对独立方案，若方案通过了绝对经济效果检验，就认为方案在经济上是可行的；否则，应予拒绝。

例如，当应用净现值 NPV 评价时，首先依据现金流量表和确定的基准收益率计算方案的净现值 NPV；根据净现值 NPV 的评价判据，当 $NPV \geqslant 0$，方案可行。

当应用内部收益率 IRR（其计算公式与财务内部收益率 $FIRR$ 的计算公式完全相同）评价时，首先依据技术方案现金流量表示出 IRR 值；然后，当 $IRR \geqslant i_c$ 时，方案可行。

★★★三、互斥方案的方案经济比选的方法

互斥方案经济效果评价包含两部分内容：一是考察各个方案自身的经济效果，即进行绝对经济效果检验；二是对通过绝对经济效果检验的备选方案，再考察哪个方案相对经济效果最优，即相对经济效果检验。两种检验的目的和作用不同，通常缺一不可。

互斥方案的比选分为两种情况：计算期相同；计算期不同。

1. 计算期相同的互斥方案的比选

比选的方法可以采用效益比选法、费用比选法、最低价格法等。

（1）效益比选法

1）**净现值法（NPV 法）**

首先，分别计算各方案的净现值 NPV，剔除 $NPV < 0$ 的方案，即绝对经济效果检验；

其次，对所有 $NPV \geqslant 0$ 的方案，选择净现值最大的方案为最佳方案，即相对经济效果检验。

2）**净年值法（NAV 法）**

首先，分别计算各方案的净年值 NAV，剔除 $NAV < 0$ 的方案；

其次，对所有 $NAV \geqslant 0$ 的方案，选择净年值最大的方案为最佳方案。

3）**增量内部收益率法（ΔIRR 法）**

增量内部收益率（ΔIRR），也称增量投资内部收益率、差额内部收益率，是指两互

斥方案各年净现金流量的差额的现值之和等于零时的折现率。

例如，现有两个互斥方案，其技术方案的现金流量见表 9-7-1。已知基准收益率 i_c $=10\%$。

某项目技术方案的净现金流量表（万元）　　　　　　　　　　表 9-7-1

方案	净现金流量				
	0	1	2	3	4
甲	−6000	1000	2000	5000	3000
乙	−3000	1000	1000	2000	2000

可得：$NPV_甲 = 2368$ 万元，$IRR_甲 = 24\%$，通过绝对检验

$NPV_乙 = 1604$ 万元，$IRR_乙 = 30\%$，通过绝对检验

当用净现值法时，$NPV_甲 > NPV_乙$，甲方案为佳。

当用内部收益率分析时，$IRR_甲 < IRR_乙$，乙方案为佳。

上述出现矛盾，此时，应采用增量内部收益率法（ΔIRR 法），即：

$$\Delta NPV(\Delta IRR) = [-6000 - (-3000)] + (1000 - 1000)/(1 + \Delta IRR)$$
$$+ (2000 - 1000)/(1 + \Delta IRR)^2 + (5000 - 2000)/(1 + \Delta IRR)^3$$
$$+ (3000 - 2000)/(1 + \Delta IRR)^4 = 0$$

由试算法可得：

$$\Delta IRR = 19\% > i_c = 10\%$$

故选初始投资大的甲方案为佳，这与净现值法（NPV 法）的结论一致。可知，互斥方案绝对效果检验不能直接采用 IRR，而应采用 ΔIRR 法。

综上可知：

① 计算各方案的 IRR，分别与基准收益率 i_c 比较，剔除 $IRR < i_c$ 的方案。

② 将 $IRR \geqslant i_c$ 的方案按初始投资额由小到大依次排列。按初始投资额由小到大依次计算相邻两个方案的增量内部收益率 ΔIRR，若 $\Delta IRR > i_c$，则说明初始投资大的方案优于初始投资小的方案，保留投资大的方案；反之，则保留投资小的方案。直至 $\Delta IRR \geqslant i_c$ 的全部方案比较完毕，保留的方案就是最佳方案。

【例 9-7-1】（历年真题）某项目有甲、乙两个建设方案，投资分别为 500 万元和 1000 万元，项目期均为 10 年，甲项目年收益为 140 万元，乙项目年收益为 250 万元。假设基准收益率为 8%。已知 $(P/A, 8\%, 10) = 6.7101$，则下列关于该项目方案选择的说法中正确的是：

A. 甲方案的净现值大于乙方案，故应选择甲方案

B. 乙方案的净现值大于甲方案，故应选择乙方案

C. 甲方案的内部收益率大于乙方案，故应选择甲方案

D. 乙方案的内部收益率大于甲方案，故应选择乙方案

【解答】　$NPV_甲 = -500 + 140 \times 6.7101 = 439.414$ 万元

$NPV_乙 = -1000 + 250 \times 6.7101 = 677.525$ 万元 $> NPV_甲$

故应选 B 项。

【例 9-7-2】（历年真题）已知甲、乙为两个寿命期相同的互斥项目，其中乙项目投资

大于甲项目。通过测算得出甲、乙两项目的内部收益率分别为 17% 和 14%。增量内部收益 ΔIRR(乙－甲)＝13%，基准收益率为 14%，以下说法中正确的是：

  A. 应选择甲项目   B. 应选择乙项目

  C. 应同时选择甲、乙两个项目   D. 甲、乙两项目均不应选择

  【解答】甲、乙项目 IRR 均大于基准收益率，通过绝对效果检验，均可行。

  ΔIRR(乙－甲)＝13%＜i_c＝14%，故投资小的项目为优，选 B 项。

  【例 9-7-3】（历年真题）现有两个寿命期相同的互斥投资方案 A 和 B，B 方案的投资额和净现值都大于 A 方案，A 方案的内部收益率为 14%，B 方案的内部收益率为 15%，差额的内部收益率为 13%，则使 A、B 两方案优劣相等时的基准收益率应为：

  A. 13%   B. 14%

  C. 15%   D. 13%～15% 之间

  【解答】当 ΔIRR＝13%＝i_c 时，A、B 方案优劣相等，并且 IRR_A＝14%＞i_c＝13%，IRR_B＝15%＞13%，A、B 方案均可行，故应选 A 项。

  （2）费用比选法

  对效益相同或效益基本相同但难以具体估算的方案，以及无效益的公共项目的方案，其比选时，可采用费用比选法。

  1）费用现值法（PW 法）

  分别计算各方案的费用现值 PW，费用现值最低的方案为最佳方案。

  2）费用年值法（AC 法）

  分别计算各方案的费用年值 AC，费用年值最低的方案为最佳方案。

  （3）最低价格法

  最低价格法也称服务收费标准比较法。在相同产品方案比选中，以净现值为零推算备选方案的产品最低价格（P_{min}），应以最低产品价格较低的方案为优。

  【例 9-7-4】（历年真题）甲、乙为两个互斥的投资方案。甲方案现时点的投资为 25 万元，此后从第 1 年年末开始，年运行成本为 4 万元，寿命期为 20 年，净残值为 8 万元；乙方案现时点的投资额为 12 万元，此后从第 1 年年末开始，年运行成本为 6 万元，寿命期也为 20 年，净残值 6 万元。若基准收益率为 20%，则甲、乙方案费用现值分别为：

  ［已知：$(P/A, 20\%, 20)＝4.8696$，$(P/F, 20\%, 20)＝0.02608$］

  A. 50.80 万元，－41.06 万元   B. 54.32 万元，41.06 万元

  C. 44.27 万元，41.06 万元   D. 50.80 万元，44.27 万元

  【解答】$PW_甲＝25＋4(P/A, 20\%, 20)－8(P/F, 20\%, 20)$

      $＝25＋4\times4.8696－8\times0.02608＝44.27$ 万元

    $PW_乙＝12＋6(P/A, 20\%, 20)－6(P/F, 20\%, 20)$

      $＝12＋6\times4.8696－6\times0.02608＝41.06$ 万元

  故选 C 项。

  注意，由本题目的选项，根据 $PW_甲$，可直接确定 C 项。

  2. 计算期不同的互斥方案的比选

  比选的方法可以采用净年值法（或费用年值法）、最小公倍数法、研究期法等。

  （1）净年值法（NAV 法）

首先，分别计算各方案的净年值 NAV，剔除 $NAV<0$ 的方案；

其次，对所有 $NAV \geqslant 0$ 的方案，选择净年值最大的方案为最佳方案。

由上可知，净年值法适用于计算期相同、不相同的两种情况。

（2）最小公倍数法

最小公倍数法是以各备选方案计算期的最小公倍数作为方案比选的共同计算期，并假设各个方案均在这样一个共同的计算期内重复进行，即各备选方案在其计算期结束后，均可按与其原方案计算期内完全相同的现金流量系列周而复始地循环下去直到共同的计算期。

在上述基础上，分别计算各方案的净现值 NPV，剔除 $NPV<0$ 的方案；

其次，对所有 $NPV \geqslant 0$ 的方案，选择净现值最大的方案为最佳方案。

注意，对于某些不可再生资源开发型项目，或者寿命原本较长的项目，在进行计算期不同的互斥方案比选时，方案可重复实施的假定不再成立，这时最小公倍数法不适用。

（3）研究期法

研究期法就是确定一个适当的分析期作为各个方案共同的计算期。

一般以方案中年限最短或最长方案的计算期作为互斥方案评价的共同研究期。通过比较各个方案在该研究期内的净现值 NPV 来对方案进行比选，以净现值最大的方案为最佳方案。

注意，对于计算期比共同研究期长的方案，要对其在研究期以后的现金流量余值进行估算，并回收余值。该项余值估算的合理性及准确性，对方案比选结论有重要影响。

【例 9-7-5】（历年真题）在项目无资金约束、寿命不同、产出不同的条件下，方案经济比选只能采用：

A. 净现值比较法　　　　　　　　　B. 差额投资内部收益率法

C. 净年值法　　　　　　　　　　　C. 费用年值法

【解答】寿命不同，可采用净年值法，应选 C 项。

习　　题

9-7-1　（历年真题）下列项目方案类型中，适于采用净现值法直接进行方案选优的是：

A. 寿命期相同的独立方案　　　　　B. 寿命期不同的独立方案

C. 寿命期相同的互斥方案　　　　　D. 寿命期不同的互斥方案

9-7-2　（历年真题）下列项目方案类型中，适于采用最小公倍数法进行方案比选的是：

A. 寿命期相同的互斥方案　　　　　B. 寿命期不同的互斥方案

C. 寿命期相同的独立方案　　　　　D. 寿命期不同的独立方案

第八节　改扩建项目的经济评价特点

改扩建项目是指既有企业利用原有资产与资源，投资形成新的生产（服务）设施，扩大或完善原有生产（服务）系统的活动，包括改建、扩建、迁建和停产复建等。

★一、改扩建项目的特点

(1) 项目是既有企业的有机组成部分,同时项目的活动与企业的活动在一定程度上是有区别的。

(2) 项目的融资主体是既有企业,项目的还款主体是既有企业。

(3) 项目一般要利用既有企业的部分或全部资产与资源,且不发生资产与资源的产权转移。

(4) 建设期内既有企业生产(运营)与项目建设一般同时进行。

★二、改扩建项目的经济评价特点

(1) 经济评价应正确识别与估算"无项目""有项目""现状""新增""增量"等五种状态下的资产、资源、效益与费用。"无项目"与"有项目"的口径与范围应当保持一致。

1) "无项目":是指既有企业利用拟建项目范围内的部分或全部原有生产设施(资产),在项目计算期内可能发生的效益与费用流量。

2) "有项目":是指既有企业进行投资活动后,在项目的经济寿命期内,在项目范围内可能发生的效益与费用流量。

(2) 应明确界定项目效益和费用范围。

(3) 财务分析采用一般建设项目财务分析的基本原理和分析指标。由于项目与既有企业既有联系又有区别,一般可进行项目层次和企业层次两个层次的分析。

1) 项目层次分析

① 盈利能力分析。应遵循"有无对比"原则,利用"有项目"与"无项目"的效益与费用计算增量效益和增量费用,分析项目的增量盈利能力,并作为项目决策的主要依据之一。符合简化条件时,项目层次可直接用"增量"数据和相关指标进行分析。

② 清偿能力分析。应分析"有项目"的偿债能力,若"有项目"还款资金不足,应分析"有项目"还款资金的缺口,即既有企业应为项目额外提供的还款资金数额。

③ 财务生存能力分析。应分析"有项目"的财务生存能力。

2) 企业层次分析

分析既有企业以往的财务状况与今后可能的财务状况,了解企业生产与经营情况、资产负债结构、发展战略、资源利用优化的必要性、企业信用等。应特别关注企业为项目融资的能力、企业自身的资金成本或与项目有关的资金机会成本。

(4) 应注意分析项目对既有企业的贡献。

(5) 经济费用效益分析应采用一般建设项目的经济费用效益分析原理,其分析指标为增量经济净现值和经济内部收益率。

(6) 应根据项目目的、项目层次与企业层次财务分析的结果、经济费用效益分析的结果,结合不确定性分析和风险分析的结果,以及项目对企业的贡献等,进行多指标投融资决策。

(7) 应处理好计算期的可比性、原有资产利用、停产减产损失和沉没成本等问题。

【例9-8-1】(历年真题)以下关于改扩建项目财务分析的说法中正确的是:

A. 应以财务生存能力分析为主

B. 应以项目清偿能力分析为主

C. 应以企业层次为主进行财务分析

D. 应遵循"有无对比"原则

【解答】根据改扩建项目财务分析的规定，应选 D 项。

习　题

9-8-1　（历年真题）属于改扩建项目经济评价中使用的五种数据之一的是：

A. 资产　　　　　　B. 资源　　　　　　C. 效益　　　　　　D. 增量

第九节　价 值 工 程

★★★一、价值工程原理

1. 基本概念

价值工程又称价值分析，是一种把功能与成本、技术与经济结合起来进行技术经济评价的方法。它不仅广泛应用于产品设计和产品开发，而且也应用于工程建设中。

价值工程是以提高产品（或作业）价值和有效利用资源为目的，通过有组织的创造性工作，寻求用最低的寿命周期成本，可靠地实现使用者所需功能，以获得最佳的综合效益的一种管理技术。设对象（如产品、作业）的功能为 F，寿命周期成本为 C，价值为 V，则：

$$V = \frac{F}{C} \tag{9-9-1}$$

（1）价值

价值是一个相对的概念，是指作为某种产品（或作业）所具有的功能与获得该功能的全部费用的比值。它不是对象的使用价值，也不是对象的交换价值，而是对象的比较价值，是作为评价事物有效程度的一种尺度。

（2）功能

功能是对象能满足某种需求的效用或属性。任何产品（或作业）都具有功能。功能的分类如下：

1）按功能的重要程度分类，产品的功能一般可分为基本功能和辅助功能。

2）按功能的性质分类，产品的功能可划分为使用功能和美学功能。

3）按用户的需求分类，产品的功能可分为必要功能和不必要功能。

4）按功能的量化标准分类，产品的功能可分为过剩功能与不足功能。

5）按总体与局部分类，产品的功能可划分为总体功能和局部功能。

（3）寿命周期成本

产品的寿命周期成本由生产成本、使用及维护成本组成。

2. 价值工程的特点

（1）价值工程的目标，是以最低的寿命周期成本使产品具备其所必须具备的功能。

（2）价值工程的核心，是对产品进行功能分析。

（3）价值工程将产品价值、功能和成本作为一个整体同时来考虑。

（4）价值工程强调不断改革和创新。

（5）价值工程是以集体智慧开展的有计划、有组织、有领导的管理活动。

3. 提高价值的途径

价值取决于功能和成本两个因素，因此提高价值的途径可归纳如下：

（1）保持产品的必要功能不变，降低产品成本，即：$\dfrac{F\rightarrow}{C\downarrow}=V\uparrow$。

（2）保持产品成本不变，提高产品的必要功能，即：$\dfrac{F\uparrow}{C\rightarrow}=V\uparrow$。

（3）成本稍有增加，但必要功能增加的幅度更大，即：$\dfrac{F\uparrow\uparrow}{C\uparrow}=V\uparrow$。

（4）适当去除用户不需要的功能，大幅度降低产品成本，即：$\dfrac{F\downarrow}{C\downarrow\downarrow}=V\uparrow$。

（5）提高产品的功能，同时，降低产品成本，即：$\dfrac{F\uparrow}{C\downarrow}=V\uparrow\uparrow$。

二、价值工程的实施步骤

1. 价值工程的工作程序

价值工程的一般工作程序见表 9-9-1。其中，对象选择、功能分析、功能评价、方案创新与评价是工作程序的关键内容，体现了价值工程的基本原理和思想，是不可缺少的。

价值工程的一般工作程序 表 9-9-1

工作阶段	设计程序	工作步骤		对应问题
		基本步骤	详细步骤	
准备阶段	制定工作计划	确定目标	1. 工作对象选择	1. 这是什么？
			2. 信息搜集	
分析阶段	规定评价（功能要求事项实现程度）的标准	功能分析	3. 功能定义	2. 这是干什么用的？
			4. 功能整理	
		功能评价	5. 功能成本分析	3. 它的成本是多少？
			6. 功能评价	4. 它的价值是多少？
			7. 确定改进范围	
创新阶段	初步设计（提出各种设计方案）	制定改进方案	8. 方案创新	5. 有其他方法实现这一功能吗？
	评价各设计方案，对方案进行改进、选优		9. 概略评价	6. 新方案的成本是多少？
			10. 调整完善	
			11. 详细评价	
	书面化		12. 提出方案	7. 新方案能满足功能要求吗？
实施阶段	检查实施情况并评价活动成果	实施评价成果	13. 审批	8. 偏离目标了吗？
			14. 实施与检查	
			15. 成果鉴定	

★★★2. 价值工程的对象选择

价值工程对象选择的一般原则是：市场反馈迫切要求改进的产品；功能改进和成本降低潜力较大的产品。对象选择的方法有经验分析法、百分比法、价值指数法、ABC 法和强制确定法等。

（1）**经验分析法**

经验分析法是根据有丰富实践经验的设计人员、施工人员以及企业的专业技术人员和管理人员对产品中存在问题的直接感受，经过主观判断确定价值工程对象的一种方法。经验分析法是定性分析方法，其优点是简便易行，考虑问题综合全面，是目前实践中采用较为普遍的方法，其缺点是缺乏定量分析。

（2）**百分比法**

百分比法是通过分析产品对两个或两个以上经济指标的影响程度（百分比）来确定价值工程对象的方法。百分比法的优点是当企业在一定时期要提高某些经济指标且拟选对象数目不多时，具有较强的针对性和有效性，其缺点是不够系统和全面。

（3）**价值指数法**

根据价值的表达式 $V=F/C$，在产品成本已知的基础上，将产品功能定量化，就可以计算产品价值。在应用该法选择价值工程的对象时，应当综合考虑价值指数偏离 1 的程度和改善幅度，优先选择 $V<1$ 且改进幅度大的产品或零部件。

例如，某机械制造厂生产三种型号的挖土机，各种型号挖土机的主要技术参数及相应的成本，见表 9-9-2。

挖土机主要技术参数及相应成本　　　　　　　　表 9-9-2

产品型号	甲	乙	丙
技术参数（百 m³/台班）	1.55	1.60	1.30
成本（百元/台班）	1.15	1.30	1.45
价值指数	1.35	1.23	0.90

运用价值指数法，首先计算各型号的价值指数，见表 9-9-2；其次，丙型号 $V=0.90$ <1，故选择挖土机丙作为价值工程对象。

（4）**ABC 分析法**

ABC 分析法是根据研究对象对某项目技术经济指标的影响程度和研究对象数量的比例大小两个因素，把所有研究对象划分成主次有别的 A、B、C 三类的方法。通过这种划分，明确关键的少数和一般的多数，准确地选择价值工程对象。研究对象类别划分的参考值见表 9-9-3和图 9-9-1。A类作为重点分析对象，B 类只作一般分析，C 类可以不加分析。

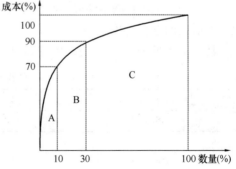

图 9-9-1　ABC 分析曲线图

A、B、C 类别划分参考值　　　　　　　　表 9-9-3

类别	数量占总数百分比	成本占总成本百分比
A 类	10%左右	70%左右
B 类	20%左右	20%左右
C 类	70%左右	10%左右

（5）强制确定法

强制确定法（亦称 FD 法）是以功能重要程度作为选择价值工程对象的一种分析方法。具体做法如下：

1）确定对象的功能评价系数。通过"01"评分法、"04"评分法、直接评分法和倍比法等计算功能评价系数。

①"01"评分法。首先把构成产品的零件排列起来，按其功能重要程度，进行一对一的比较，重要的得 1 分，次要的得 0 分。然后把各零件的得分进行累计，为防止功能得分为零的情况发生，用各加 1 分的方法予以修正，具体例子见表 9-9-4。

$$功能评价系数 = \frac{某零件功能得分}{全部零件功能得分合计}$$

②"04"评分法。它是对"01"评分法的改进，即：①非常重要的功能得 4 分，很不重要的功能得 0 分；②比较重要的功能得 3 分，不太重要的功能得 1 分；③两个功能重要程度相同时各得 2 分；④自身对比不得分。

③倍比法。它是利用评价对象之间的相关性进行比较来确定的。

2）确定成本系数，确定各零件的现实成本，则：

$$成本系数 = \frac{某零件现实成本}{全部零件现实成本}$$

3）确定价值系数（也称价值指数）V_i

$$V_i = \frac{功能评价系数}{成本系数}$$

4）计算结果 V_i 存在如下三种情况：

① $V_i < 1$，表明该零件或产品的重要程度小而成本高，应作为研究对象。

② $V_i > 1$，表明该零件或产品的重要程度大而成本低，需作进一步分析其存在的具体原因，可作为研究对象。

③ $V_i = 1$，表明该零件或产品的重要程度与成本相当，即功能与成本匹配，不作为价值工程活动的选择对象。

具体例子见表 9-9-4，应选零件 D 作为价值工程的选择对象。

强制确定法案例表　　　　　　　　　　　　　　　表 9-9-4

零件代号	一对一比较				得分	功能评价系数	成本（元）	成本系数	V_i
	A	B	C	D					
A	×	1	0	1	2+1	0.3	120	0.24	1.25
B	0	×	0	1	1+1	0.2	100	0.20	1.00
C	1	1	×	1	3+1	0.4	180	0.36	1.11
D	0	0	0	×	0+1	0.1	100	0.20	0.50
小计					10	1	500	1	

【例 9-9-1】（历年真题）某产品共有五项功能 F_1、F_2、F_3、F_4、F_5，用强制确定法确定零件功能评价体系时，其功能得分分别为 3、5、4、1、2，则 F_5 的功能评价系数为：

A. 0.20　　　　B. 0.13　　　　C. 0.27　　　　D. 0.33

【解答】F_3 的功能评价系数 = 4/(3+5+4+1+2) = 0.27

应选 C 项。

3. 功能分析

功能分析包括功能定义和功能整理。功能分析是价值工程的核心。

功能定义就是根据收集到的信息资料，透过对象产品或作业的物理特征（或现象），找出其效用或功用的本质东西，并逐项加以区分和规定，以简洁的语言描述出来。通常用一个动词加一个名词表述，如发光、保温等。

功能整理是用系统的观点将已经定义了的功能加以系统化，找出各局部功能相互之间的逻辑关系是并列关系还是上下位置关系，并用图表形式表达（如功能系统图），以明确产品的功能系统，从而为功能评价和方案构思提供依据。

★★★4. 功能评价

功能评价是在功能定义和功能整理完成之后，在已定性确定问题的基础上进一步作定量的确定，即评定功能的价值。功能价值 V 的计算方法可分为两大类：功能成本法与功能指数法。

（1）功能成本法

功能成本法为绝对值计算法。价值工程的成本有两种，一种是现实成本 C_i，是指目前的实际成本；另一种是目标成本，即功能评价值 F_i。功能评价就是找出实现功能的最低费用作为功能的目标成本，以功能目标成本为基准，通过与功能现实成本的比较，求出两者的比值（功能价值 V_i）和两者的差异值（改善期望值 $\Delta C_i = C_i - F_i$），然后选择功能价值低、改善期望值大的功能作为价值工程活动的重点对象。

功能的现实成本 C_i 的计算：需要根据传统的成本核算资料，将产品或构配件的现实成本换算成功能的现实成本。

目标成本即功能评价值 F_i 的计算：是企业预期的、理想的成本目标值，常用功能重要性系数进行计算。

功能成本法计算价值系数为：

$$V_i = \frac{F_i}{C_i} \tag{9-9-2}$$

式中，V_i 为第 i 个评价对象的价值系数；F_i 为第 i 个评价对象的功能评价值（目标成本）；C_i 为第 i 个评价对象的现实成本。

由公式（9-9-2），功能的价值系数 V_i 的情况如下：

$V_i = 1$，表示功能评价值等于功能现实成本。这表明评价对象的功能现实成本与实现功能所必需的最低成本大致相当，说明评价对象的价值为最佳，一般无需改进。

$V_i < 1$，此时功能现实成本大于功能评价值。这表明评价对象的现实成本偏高，而功能要求不高，一种可能是存在着过剩的功能；另一种可能是功能虽无过剩，但实现功能的条件或方法不佳，以致使实现功能的成本大于功能的实际需要。

$V_i > 1$，说明该评价对象的功能比较重要，但分配的成本较少，即功能现实成本低于功能评价值。应具体分析，可能功能与成本分配已较理想，或者有不必要的功能，或者应该提高成本。

【例 9-9-2】（历年真题）某项目整体功能的目标成本为 10 万元，在进行功能评价时，得出某一功能 F^* 的功能评价系数为 0.3，若其成本改进期望值为 -5000 元（即降低 5000

元），则 F^* 的现实成本为：

A. 2.5 万元   B. 3 万元   C. 3.5 万元   D. 4 万元

【解答】功能 F^* 的目标成本＝0.3×10＝3 万元

功能 F^* 的现实成本＝3＋0.5＝3.5 万元

应选 C 项。

（2）功能指数法

功能指数法为相对值计算法。它通过计算评价对象的功能评价系数、成本系数，从而确定其价值系数 V_i。

1）功能重要性系数的确定

确定功能重要性系数的方法与前面的强制确定法相同，即"01"评分法、"04"评分法等。

2）功能评价系数

第 i 个评价对象的功能评价系数：

$$F_i^I = \frac{第\ i\ 个评价对象的功能得分}{全部评价对象的功能得分合计} \tag{9-9-3}$$

对于零件功能评价，其功能评价系数可按前面的强制确定法。

3）成本系数

第 i 个评价对象的成本系数按现实成本计算，即：

$$C_i^I = \frac{第\ i\ 个评价对象现实成本}{全部评价对象现实成本合计} \tag{9-9-4}$$

4）价值系数（亦称价值指数）

$$V_i^I = \frac{F_i^I}{C_i^I} \tag{9-9-5}$$

V_i^I 的结果也有三种情况：$V_i^I = 1$；$V_i^I < 1$；$V_i^I > 1$，其内涵见前述。

例如，某住宅工程有 3 个设计方案（A、B 和 C 方案），每个方案有 4 项功能 F_1、F_2、F_3 和 F_4。对功能重要性系数采用"01"评分法见表 9-9-5，各方案的功能得分及单方造价见表 9-9-6。价值系数计算见表 9-9-7，如 A 方案：$F_i^I = \frac{8.2}{25.6} = 0.32$，$C_i^I = \frac{1360}{4000} = 0.34$，$V_i^I = \frac{0.32}{0.34} = 0.94$。

功能重要性系数   表 9-9-5

功能	一对一比较				得分	功能重要性系数
	F_1	F_2	F_3	F_4		
F_1	×	1	0	1	2＋1	0.3
F_2	0	×	0	1	1＋1	0.2
F_3	1	1	×	1	3＋1	0.4
F_4	0	0	0	×	0＋1	0.1
合计					10	1

功能评价　　　　　　　　　　　　　　表 9-9-6

方案功能	功能得分		
	A	B	C
F₁	8	9	9
F₂	9	8	9
F₃	8	7	10
F₄	8	10	8
单方造价（元/m²）	1360	1400	1240
各方案功能得分	8.2	8.1	9.3
所有方案功能得分合计	25.6		
所有方案造价合计（元/m²）	4000		

价值系数计算表　　　　　　　　　　　表 9-9-7

方案	A	B	C
功能评价系数（F_i^I）	0.32	0.32	0.36
成本系数（F_i^I）	0.34	0.35	0.31
价值系数（V_i^I）	0.94	0.91	1.26
最优方案			—

【例 9-9-3】（历年真题）某产品的实际成本为 10000 元，它由多个零部件组成，其中一个零部件的实际成本为 880 元，功能评价系数为 0.140，则该零部件的价值指数为：

A. 0.628　　　　　B. 0.880　　　　　C. 1.400　　　　　D. 1.591

【解答】成本系数 $C_i^I = \dfrac{880}{1000} = 0.088$

价值指数 $= \dfrac{0.140}{0.088} = 1.591$，应选 D 项。

习　题

9-9-1（历年真题）ABC 分类法中，部件数量占 60%～80%，成本占 5%～10% 的为：

A. A 类　　　　　B. B 类　　　　　C. C 类　　　　　D. 以上都不对

9-9-2（历年真题）在对象选择中，通过对每个部件与其他各部件的功能重要程度进行逐一对比打分，相对重要的得 1 分，不重要的得 0 分，此方法称为：

A. 经验分析法　　　B. 百分比法　　　C. ABC 分析法　　　D. 强制确定法

9-9-3（历年真题）某项目由 A、B、C、D 四个部分组成，当采用强制确定法进行价值工程对象选择时，它们的价值指数分别如下所示，其中不应作为价值工程分析对象的是：

A. 0.7559　　　　B. 1.0000　　　　C. 1.2245　　　　D. 1.5071

9-9-4（历年真题）下面关于价值工程的论述中正确的是：

A. 价值工程中的价值是指成本与功能的比值

B. 价值工程中的价值是指产品消耗的必要劳动时间

C. 价值工程中的成本是指寿命周期成本，包括产品在寿命期内发生的全部费用

D. 价值工程中的成本就是产品的生产成本，它随着产品功能的增加而提高

9-9-5 （历年真题）某工程设计有四个方案，在进行方案选择时计算得出：甲方案功能评价系数 0.85，成本系数 0.92；乙方案功能评价系数 0.6，成本系数 0.7；丙方案功能评价系数 0.94，成本系数 0.88；丁方案功能评价系数 0.67，成本系数 0.82。则最优方案的价值系数为：

A. 0.924   B. 0.857   C. 1.068   D. 0.817

9-9-6 （历年真题）某项目打算采用甲工艺进行施工，但经广泛的市场调研和技术论证后，决定用乙工艺代替甲工艺，并达到了同样的施工质量，且成本下降 15%。根据价值工程原理，该项目提高价值的途径是：

A. 功能不变，成本降低

B. 功能提高，成本降低

C. 功能和成本均下降，但成本降低幅度更大

D. 功能提高，成本不变

9-9-7 （历年真题）用强制确定法（FD 法）选择价值工程的对象时，得出某部件的价值系数为 1.02，则下列说法正确的是：

A. 该部件的功能重要性与成本比重相当，因此应将该部件作为价值工程对象

B. 该部件的功能重要性与成本比重相当，因此不应将该部件作为价值工程对象

C. 该部件功能重要性较小，而所占成本较高，因此应将该部件作为价值工程对象

D. 该部件功能过高或成本过低，因此应将该部件作为价值工程对象

第九章　习题解答

第十章 法 律 法 规

本章内容为高频考点，读者可扫描二维码在线阅读。

第十章 法律法规

附录一

一级注册结构工程师执业资格考试基础考试大纲（上午段）

Ⅰ. 工程科学基础

一、数学

1.1 空间解析几何

向量的线性运算；向量的数量积、向量积及混合积；两向量垂直、平行的条件；直线方程；平面方程；平面与平面、直线与直线、平面与直线之间的位置关系；点到平面、直线的距离；球面、母线平行于坐标轴的柱面、旋转轴为坐标轴的旋转曲面的方程；常用的二次曲面方程；空间曲线在坐标面上的投影曲线方程。

1.2 微分学

函数的有界性、单调性、周期性和奇偶性；数列极限与函数极限的定义及其性质；无穷小和无穷大的概念及其关系；无穷小的性质及无穷小的比较极限的四则运算；函数连续的概念；函数间断点及其类型；导数与微分的概念；导数的几何意义和物理意义；平面曲线的切线和法线；导数和微分的四则运算；高阶导数；微分中值定理；洛必达法则；函数的切线及法平面和切平面及切法线；函数单调性的判别；函数的极值；函数曲线的凹凸性、拐点；偏导数与全微分的概念；二阶偏导数；多元函数的极值和条件极值；多元函数的最大、最小值及其简单应用。

1.3 积分学

原函数与不定积分的概念；不定积分的基本性质；基本积分公式；定积分的基本概念和性质（包括定积分中值定理）；积分上限的函数及其导数；牛顿—莱布尼兹公式；不定积分和定积分的换元积分法与分部积分法；有理函数、三角函数的有理式和简单无理函数的积分；广义积分；二重积分与三重积分的概念、性质、计算和应用；两类曲线积分的概念、性质和计算；求平面图形的面积、平面曲线的弧长和旋转体的体积。

1.4 无穷级数

数项级数的敛散性概念；收敛级数的和；级数的基本性质与级数收敛的必要条件；几何级数与 p 级数及其收敛性；正项级数敛散性的判别法；任意项级数的绝对收敛与条件收敛；幂级数及其收敛半径、收敛区间和收敛域；幂级数的和函数；函数的泰勒级数展开；函数的傅里叶系数与傅里叶级数。

1.5 常微分方程

常微分方程的基本概念；变量可分离的微分方程；齐次微分方程；一阶线性微分方程；全微分方程；可降阶的高阶微分方程；线性微分方程解的性质及解的结构定理；二阶常系数齐次线性微分方程。

1.6 线性代数

行列式的性质及计算；行列式按行展开定理的应用；矩阵的运算；逆矩阵的概念、性质及求法；矩阵的初等变换和初等矩阵；矩阵的秩；等价矩阵的概念和性质；向量的线性表示；向量组的线性相关和线性无关；线性方程组有解的判定；线性方程组求解；矩阵的特征值和特征向量的概念与性质；相似矩阵的概念和性质；矩阵的相似对角化；二次型及其矩阵表示；合同矩阵的概念和性质；二次型的秩；惯性定理；二次型及其矩阵的正定性。

1.7 概率与数理统计

随机事件与样本空间；事件的关系与运算；概率的基本性质；古典型概率；条件概率；概率的基本公式；事件的独立性；独立重复试验；随机变量；随机变量的分布函数；离散型随机变量的概率分布；连续型随机变量的概率密度；常见随机变量的分布；随机变量的数学期望、方差、标准差及其性质；随机变量函数的数学期望；矩、协方差、相关系数及其性质；总体；个体；简单随机样本；统计量；样本均值；样本方差和样本矩；χ^2 分布；t 分布；F 分布；点估计的概念；估计量与估计值；矩估计法；最大似然估计法；估计量的评选标准；区间估计的概念；单个正态总体的均值和方差的区间估计；两个正态总体的均值差和方差比的区间估计；显著性检验；单个正态总体的均值和方差的假设检验。

二、物理学

2.1 热学

气体状态参量；平衡态；理想气体状态方程；理想气体的压强和温度的统计解释；自由度；能量按自由度均分原理；理想气体内能；平均碰撞频率和平均自由程；麦克斯韦速率分布律；方均根速率；平均速率；最概然速率；功；热量；内能；热力学第一定律及其对理想气体等值过程的应用；绝热过程；气体的摩尔热容量；循环过程；卡诺循环；热机效率；净功；制冷系数；热力学第二定律及其统计意义；可逆过程和不可逆过程。

2.2 波动学

机械波的产生和传播；一维简谐波表达式；描述波的特征量；阵面，波前，波线；波的能量、能流、能流密度；波的衍射；波的干涉；驻波；自由端反射与固定端反射；声波；声强级；多普勒效应。

2.3 光学

相干光的获得；杨氏双缝干涉；光程和光程差；薄膜干涉；光疏介质；光密介质；迈克尔逊干涉仪；惠更斯—菲涅尔原理；单缝衍射；光学仪器分辨本领；衍射光栅与光谱分析；X 射线衍射；布喇格公式；自然光和偏振光；布儒斯特定律；马吕斯定律；双折射现象。

三、化学

3.1 物质的结构和物质状态

原子结构的近代概念；原子轨道和电子云；原子核外电子分布；原子和离子的电子结构；原子结构和元素周期律；元素周期表；周期族；元素性质及氧化物及其酸碱性。离子键的特征；共价键的特征和类型；杂化轨道与分子空间构型；分子结构式；键的极性和分子的极性；分子间力与氢键；晶体与非晶体；晶体类型与物质性质。

3.2 溶液

溶液的浓度；非电解质稀溶液通性；渗透压；弱电解质溶液的解离平衡；分压定律；解离常数；同离子效应；缓冲溶液；水的离子积及溶液的 pH 值；盐类的水解及溶液的酸碱性；溶度积常数；溶度积规则。

3.3 化学反应速率及化学平衡

反应热与热化学方程式；化学反应速率；温度和反应物浓度对反应速率的影响；活化能的物理意义；催化剂；化学反应方向的判断；化学平衡的特征；化学平衡移动原理。

3.4 氧化还原反应与电化学

氧化还原的概念；氧化剂与还原剂；氧化还原电对；氧化还原反应方程式的配平；原电池的组成和符号；电极反应与电池反应；标准电极电势；电极电势的影响因素及应用；金属腐蚀与防护。

3.5 有机化学

有机物特点、分类及命名；官能团及分子构造式；同分异构；有机物的重要反应：加成、取代、消除、氧化、催化加氢、聚合反应、加聚与缩聚；基本有机物的结构、基本性质及用途：烷烃、烯烃、炔烃、芳烃、卤代烃、醇、苯酚、醛和酮、羧酸、酯；合成材料：高分子化合物、塑料、合成橡胶、合成纤维、工程塑料。

四、理论力学

4.1 静力学

平衡；刚体；力；约束及约束力；受力图；力矩；力偶及力偶矩；力系的等效和简化；力的平移定理；平面力系的简化；主矢；主矩；平面力系的平衡条件和平衡方程式；物体系统（含平面静定桁架）的平衡；摩擦力；摩擦定律；摩擦角；摩擦自锁。

4.2 运动学

点的运动方程；轨迹；速度；加速度；切向加速度和法向加速度；平动和绕定轴转动；角速度；角加速度；刚体内任一点的速度和加速度。

4.3 动力学

牛顿定律；质点的直线振动；自由振动微分方程；固有频率；周期；振幅；衰减振动；阻尼对自由振动振幅的影响—振幅衰减曲线；受迫振动；受迫振动频率；幅频特性；共振；动力学普遍定理；动量；质心；动量定理及质心运动定理；动量及质心运动守恒；动量矩；动量矩定理；动量矩守恒；刚体定轴转动微分方程；转动惯量；回转半径；平行轴定理；功；动能；势能；动能定理及机械能守恒；达朗贝尔原理；惯性力；刚体作平动和绕定轴转动（转轴垂直于刚体的对称面）时惯性力系的简化；动静法。

五、材料力学

5.1 材料在拉伸、压缩时的力学性能

低碳钢、铸铁拉伸、压缩实验的应力—应变曲线；力学性能指标。

5.2 拉伸和压缩

轴力和轴力图；杆件横截面和斜截面上的应力；强度条件；虎克定律；变形计算。

5.3 剪切和挤压

剪切和挤压的实用计算；剪切面；挤压面；剪切强度；挤压强度。

5.4 扭转

扭矩和扭矩图；圆轴扭转切应力；切应力互等定理；剪切虎克定律；圆轴扭转的强度条件；扭转角计算及刚度条件。

5.5 截面几何性质

静矩和形心；惯性矩和惯性积；平行轴公式；形心主轴及形心主惯性矩概念。

5.6 弯曲

梁的内力方程；剪力图和弯矩图；分布载荷、剪力、弯矩之间的微分关系；正应力强度条件；切应力强度条件；梁的合理截面；弯曲中心概念；求梁变形的积分法、叠加法。

5.7 应力状态

平面应力状态分析的解析法和应力圆法；主应力和最大切应力；广义虎克定律；四个常用的强度理论。

5.8 组合变形

拉/压——弯组合、弯——扭组合情况下杆件的强度校核；斜弯曲。

5.9 压杆稳定

压杆的临界载荷；欧拉公式；柔度；临界应力总图；压杆的稳定校核。

六、流体力学

6.1 流体的主要物性与流体静力学

流体的压缩性与膨胀性；流体的粘性与牛顿内摩擦定律；流体静压强及其特性；重力作用下静水压强的分布规律；作用于平面的液体总压力的计算。

6.2 流体动力学基础

以流场为对象描述流动的概念；流体运动的总流分析；恒定总流连续性方程、能量方程和动量方程的运用。

6.3 流动阻力和能量损失

沿程阻力损失和局部阻力损失；实际流体的两种流态—层流和紊流；圆管中层流运动；紊流运动的特征；减小阻力的措施。

6.4 孔口管嘴管道流动

孔口自由出流、孔口淹没出流；管嘴出流；有压管道恒定流；管道的串联和并联。

6.5 明渠恒定流

明渠均匀水流特性；产生均匀流的条件；明渠恒定非均匀流的流动状态；明渠恒定均匀流的水平力计算。

6.6 渗流、井和集水廊道

土壤的渗流特性；达西定律；井和集水廊道。

6.7 相似原理和量纲分析

力学相似原理；相似准则；量纲分析法。

Ⅱ. 现代技术基础

七、电气与信息

7.1 电磁学概念

电荷与电场；库仑定律；高斯定理；电流与磁场；安培环路定律；电磁感应定律；洛仑兹力。

7.2 电路知识

电路组成；电路的基本物理过程；理想电路元件及其约束关系；电路模型；欧姆定律；基尔霍夫定律；支路电流法；等效电源定理；叠加原理；正弦交流电的时间函数描述；阻抗；正弦交流电的相量描述；复数阻抗；交流电路稳态分析的相量法；交流电路功

率；功率因数；三相配电电路及用电安全；电路暂态；R-C、R-L 电路暂态特性；电路频率特性；R-C、R-L 电路频率特性。

7.3　电动机与变压器

理想变压器；变压器的电压变换、电流变换和阻抗变换原理；三相异步电动机接线、启动、反转及调速方法；三相异步电动机运行特性；简单继电—接触控制电路。

7.4　信号与信息

信号；信息；信号的分类；模拟信号与信息；模拟信号描述方法；模拟信号的频谱；模拟信号增强；模拟信号滤波；模拟信号变换；数字信号与信息；数字信号的逻辑编码与逻辑演算；数字信号的数值编码与数值运算。

7.5　模拟电子技术

晶体二极管；极型晶体三极管；共射极放大电路；输入阻抗与输出阻抗；射极跟随器与阻抗变换；运算放大器；反相运算放大电路；同相运算放大电路；基于运算放大器的比较器电路；二极管单相半波整流电路；二极管单相桥式整流电路。

7.6　数字电子技术

与、或、非门的逻辑功能；简单组合逻辑电路；D 触发器；JK 触发器；数字寄存器；脉冲计算器。

7.7　计算机系统

计算机系统组成；计算机的发展；计算机的分类；计算机系统特点；计算机硬件系统组成；CPU；存储器；输入/输出设备及控制系统；总线；数模/模数转换；计算机软件系统组成；系统软件；操作系统；操作系统定义；操作系统特征；操作系统功能；操作系统分类；支撑软件；应用软件；计算机程序设计语言。

7.8　信息表示

信息在计算机内的表示；二进制编码；数据单位；计算机内数值数据的表示；计算机内非数值数据的表示；信息及其主要特征。

7.9　常用操作系统

Windows 发展；进程和处理器管理；存储管理；文件管理；输入/输出管理；设备管理；网络服务。

7.10　计算机网络

计算机与计算机网络；网络概念；网络功能；网络组成；网络分类；局域网；广域网；因特网；网络管理；网络安全；Windows 系统中的网络应用；信息安全；信息保密。

Ⅲ．工程管理基础

八、法律法规

8.1　中华人民共和国建筑法

总则；建筑许可；建筑工程发包与承包；建筑工程监理；建筑安全生产管理；建筑工程质量管理；法律责任。

8.2　中华人民共和国安全生产法

总则；生产经营单位的安全生产保障；从业人员的权利和义务；安全生产的监督管

理；生产安全事故的应急救援与调查处理。

8.3 中华人民共和国招标投标法

总则；招标；投标；开标；评标和中标；法律责任。

8.4 中华人民共和国合同法

一般规定；合同的订立；合同的效力；合同的履行；合同的变更和转让；合同的权利义务终止；违约责任；其他规定。

8.5 中华人民共和国行政许可法

总则；行政许可的设定；行政许可的实施机关；行政许可的实施程序；行政许可的费用。

8.6 中华人民共和国节约能源法

总则；节能管理；合理使用与节约能源；节能技术进步；激励措施；法律责任。

8.7 中华人民共和国环境保护法

总则；环境监督管理；保护和改善环境；防治环境污染和其他公害；法律责任。

8.8 建设工程勘察设计管理条例

总则；资质资格管理；建设工程勘察设计发包与承包；建设工程勘察设计文件的编制与实施；监督管理。

8.9 建设工程质量管理条例

总则；建设单位的质量责任和义务；勘察设计单位的质量责任和义务；施工单位的质量责任和义务；工程监理单位的质量责任和义务；建设工程质量保修。

8.10 建设工程安全生产管理条例

总则；建设单位的安全责任；勘察设计工程监理及其他有关单位的安全责任；施工单位的安全责任；监督管理；生产安全事故的应急救援和调查处理。

九、工程经济

9.1 资金的时间价值

资金时间价值的概念；利息及计算；实际利率和名义利率；现金流量及现金流量图；资金等值计算的常用公式及应用；复利系数表的应用。

9.2 财务效益与费用估算

项目的分类；项目计算期；财务效益与费用；营业收入；补贴收入；建设投资；建设期利息；流动资金；总成本费用；经营成本；项目评价涉及的税费；总投资形成的资产。

9.3 资金来源与融资方案

资金筹措的主要方式；资金成本；债务偿还的主要方式。

9.4 财务分析

财务评价的内容；盈利能力分析（财务净现值、财务内部收益率、项目投资回收期、总投资收益率、项目资本金净利润率）；偿债能力分析（利息备付率、偿债备付率、资产负债率）；财务生存能力分析；财务分析报表（项目投资现金流量表、项目资本金现金流量表、利润与利润分配表、财务计划现金流量表）；基准收益率。

9.5 经济费用效益分析

经济费用和效益；社会折现率；影子价格；影子汇率；影子工资；经济净现值；经济内部收益率；经济效益费用比。

9.6　不确定性分析

盈亏平衡分析（盈亏平衡点、盈亏平衡分析图）；敏感性分析（敏感度系数、临界点、敏感性分析图）。

9.7　方案经济比选

方案比选的类型；方案经济比选的方法（效益比选法、费用比选法、最低价格法）；计算期不同的互斥方案的比选。

9.8　改扩建项目经济评价特点

改扩建项目经济评价特点。

9.9　价值工程

价值工程原理；实施步骤。

一级注册结构工程师执业资格考试基础试题配置说明（上午段）

Ⅰ．工程科学基础（共 78 题）

数学基础	24 题	理论力学基础	12 题
物理基础	12 题	材料力学基础	12 题
化学基础	10 题	流体力学基础	8 题

Ⅱ．现代技术基础（共 28 题）

电气技术基础	12 题	计算机基础	10 题
信号与信息基础	6 题		

Ⅲ．工程管理基础（共 14 题）

工程经济基础	8 题	法律法规	6 题

注：试卷题目数量合计 120 题，每题 1 分，满分为 120 分。考试时间为 4 小时。